国家出版基金项目
NATIONAL PUBLICATION FOUNDATION

ZHONGGUO GUDAI

ZHICI

GONGCHENG JISHUSHI

中国古代
制瓷
工程技术史

熊 寥 / 著

山西出版传媒集团
山西教育出版社

《中国古代工程技术史大系》编委会

图1　商–原始瓷豆–德清火烧山窑址出土–德清县博物馆藏

图2　西周–原始瓷尊–三合塔墓出土–德清县博物馆藏

图3　东汉–青釉布纹双系壶–上海博物馆藏

图4 三国–青釉堆塑人物罐–上海博物馆藏

图5 东晋–德清窑黑釉鸡首壶–浙江博物馆藏

图6 唐–长沙窑青瓷花鸟纹执壶–南京西水关出土–南京博物院藏

图7　浙江上虞上林湖遗址出土的唐代龙窑

图8　江西丰城罗湖寺前山遗址出土的隋唐龙窑

图9　浙江温州永嘉出土的唐代龙窑的尾部

图10-1　陕西扶风法门寺地宫出土的唐秘色瓷葵口圈足碗

图10-2　陕西扶风法门寺地宫出土的唐秘色瓷葵口圈足碗的底部

图11　南宋-浙江杭州郊坛下官窑的装烧模型

图12　宋-瓷轴帽-江西吉安永和镇遗址出土-江西省博物馆藏

图13　南宋-官窑贯耳瓶-浙江杭州南宋官窑博物馆藏

图14　浙江杭州郊坛下遗址出土的南宋官窑龙窑的头部

图15　元–蓝釉描金折枝花朵云纹匜–保定元代窖藏出土–北京故宫博物院藏

图17　明永乐–甜白釉僧帽壶–北京故宫博物院藏

图16　元–青花蓝地白花双凤纹菱口盘– 伊朗国家博物馆藏

图18　明宣德–斗彩莲池鸳鸯纹盘–景德镇官窑博物馆藏

图19　清雍正–粉彩会棋报捷纹盘–南京博物院藏

图20　景德镇瓷石原料传统沉淀池

序 言

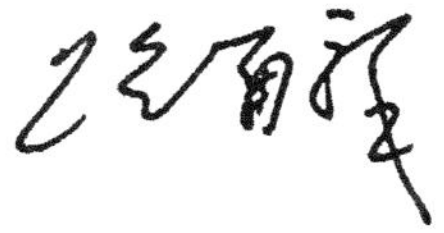

“工程技术”活动是人类最为基本的社会实践之一。现代工程技术主要表现为以科学发现引导技术创新，并应用于生产；又围绕生产过程对技术实行集成，并以理论的形态，形成诸多独立的学科，起到联结科学与生产的桥梁作用。工程技术是在人类利用和改造自然的实践过程中逐渐产生并发展起来的。在古代，人们只有有限且不太系统的科学知识；科学与生产的联系也不像今天这样直接和紧密。古代工程技术，主要表现为累积了世代经验的生产手段和方法，这些手段和方法，有的经过了一定的总结和概括，有的就蕴含于生产过程之中。当然，由于目的及所采用的手段和方法的不同，古代工程技术也形成了许多门类。就中国古代工程技术而言，最为主要的有以下内容：采矿技术、冶铸技术、机械技术、建筑技术、水利技术、纺织和印染技术、造纸和印刷技术、陶瓷技术、军事技术、日用化工技术等。这些门类，也就是《中国古代工程技术史大系》所要包括的内容。

在科学技术突飞猛进的现代，来研究中国古代工程技术史，我觉得不能不思考三个问题，一是中国古代工程技术发展的特点或规律，二是中国古代工程技术实践的历史意义，三是中国古代工程技术实践的现实价值。我是学现代工程技术的，近些年因工作关系，与科学史界有较多接触，这次《中国古代工程技术史大系》编委会要我担任主编，也促使我有意识地对这些问题进行了思考，借此机会，谨将一些初步的认识梳理罗列于下，以与海内外科学史界的朋友交流、讨论。

（1）中国古代工程技术发展的主要特点

根植于中华农业文明，发展进程具有连续性、渐进性和相对独立性。

国家因素起着重大作用，具有强大组织功能的中央集权制国家机器推动产生了一系列规模宏大的工程技术实践。

独特的环境、独特的资源和独特的历史，孕育了诸多独特的发明创造。

辽阔与各具特点的地域，既孕育了丰富多样的技术成果，也导致了技术发展的地区差异。

（2）中国古代工程技术实践的历史意义

与中国古代农业技术相结合，共同构成了中华农业文明体系的技术基础。

以富有特色的大量发明创造，形成了世界古代工程技术的独特体系。

以一系列独具匠心的发明，对人类文明进步和近代世界发展做出了贡献。

凝聚了中国古代对于自然以及人与自然关系的丰富而独到的认识。

（3）中国古代工程技术实践的现实价值

当前我们正面临一个全球化的时代，现代化和全球化不能以失落传统为代价，未来世界应当是一个高度发达，同时又保有多样文化传统的多彩世界，中国古代工程技术实践的成果结晶既是中华民族文化传统的有机组成部分，也是人类科学技术传统的重要组成部分。

基于"敬于悯人"的意识，中国先贤一直以"顺天而动""因时制宜""乘势利导""节约民力"为工程技术活动的重要原则，由于多种因素的交互作用，既有成功，也有失败，这部"悲欣交集"的历史长卷，对于今天的工程技术实践乃至整个人类的活动，仍有丰富的启迪意义。历史的经验和教训从来都是一笔宝贵的财富，后来者要善于以史为鉴、服务当今、创造未来。

以上诸点，只是粗线条的概括性认识。我相信，本书各卷的撰著者，必然都从各自的领域和角度对这些问题进行了深入的思考，并以大量的资料进行论证，从而得出自己独立的见解，为读者展现出丰富而生动的学术成果。

中国科技史研究以往存在重数理而轻技术的现象，我希望这次通过编纂《中国古代工程技术史大系》，能够集中全国各方面专家学者的力量，对中国古代工程技术实践进行系统的整理和研究，力求科学地理解中国古代工程技术发展的历史，并对以往有关中国古代工程技术史的研究进行一次总结。

前　　言

中国古代制瓷工程技术成就辉煌。中华祖先早在距今4000多年的夏代就发明了原始瓷，又在距今2000多年的东汉时期发明了成熟的瓷器。中国制瓷先民在4000多年的工艺实践中积累了丰富的经验，在制胎、成型、制釉、色料、装饰、装烧和窑炉等方面都取得了重大技术成就。

一、制胎与成型

我国古代制瓷常见五种制胎原料及其配方：1. 单用高硅质黏土——瓷土制胎；2. 单用瓷石制胎；3. 单用高岭石质瓷土制胎；4. 高铝质黏土原料并掺加塑性原料配伍制胎；5. 瓷石掺和紫金土制胎。景德镇窑场在明代中期以前均单用瓷石制胎，明代晚期先后采用过，单用瓷石制胎，湖田石末掺和麻仓土配伍制胎，麻仓土、余干土、石末、坯屑、石斛纸配伍制胎，婺源土、余干土、石末、坯屑配伍制胎，婺源土掺和麻仓官土二元配方制胎等工艺。其中，前三种属瓷石制胎，后两种属高岭土掺和瓷石制胎。清代雍正、乾隆年间，景德镇官窑精细瓷器单用瓷石一种原料制胎，粗厚瓷器采用高岭土掺入瓷石二元配方制胎。

（一）制胎配方

在夏、商、周三代，我国先民主要用高硅质黏土——瓷土制胎。由于高硅质黏土原料的硅含量一般大于70%，而原料中的助熔剂 CaO、MgO、K_2O、Na_2O 的总含量又与之相匹配，因此在偏低的温度中烧成后的胎质显得较为致密。然而天然高硅质黏土——瓷土存储量较少，东汉时期制陶先民对存储量巨大的瓷石矿山的发现和开采为中国瓷器发展奠定了坚实的物质基础。三国、两晋、南北朝制陶先民继承东汉制胎工艺传统，依然采用瓷石为制胎原料。隋、唐、五代南方制瓷先民，继承汉晋制胎工艺传统，单独采用瓷石一种原料制胎。北方新兴窑场多采用高铝质黏土原料并掺加塑性原料配伍制胎。隋代邢窑白瓷部分样品由于在胎料中加入了大量的钾长石，成瓷后的胎体气孔率低，胎体致密洁白，对光有透明感。另外还有少数窑场采用高岭石质瓷土原料制胎。宋代南方多数窑场单独采用瓷石为制胎原料。龙泉窑青瓷可能采用龙泉县所产瓷石掺和紫金土为制胎原料，宋代景德镇湖田窑一度采用三宝蓬瓷石为制胎原料。宋代潮州窑、西夏灵武磁窑堡窑、宋代吉州窑的部分产品，则单用高岭石质瓷土一种原料制胎。单用高岭石质瓷土一种原料制胎的瓷器，往往胎质吸水率偏高。北宋建窑包括供御用的建盏在内的黑瓷采用更为耐火的高铁黏土——铁矾红土和另一种塑性较大的所谓的软泥（多含伊利石、云母类矿物以及黏土）制胎。宋代北方窑场采用高铝质黏土掺和熔剂性原料制胎，宋、金三座窑场（即宋金定窑、辽金龙泉务窑和汝窑）的制胎工艺及其产品质地颇有特色。元代景德镇、衢州、玉溪、建水等南方窑场烧造的瓷胎的化学组成、显微结构都表明：它们依然单用瓷石一种原料制胎。文献中也明确记载：元代景德镇单用瓷石制胎。元代龙泉青瓷则继承南宋工艺传统，依然采用瓷石掺和紫金土制胎。元代北方彭城磁州窑等窑场继承宋代制胎工艺传统，采用高铝质黏土掺和熔剂性原料制胎。杭州老虎洞南宋修内司官窑故址元代地层出土的青瓷，不仅与南宋修内司官窑青瓷一样，而且其化学组成也和北京故宫博物院收藏的传世哥器标本的化学组成十分接近，由此证实文献所载：元代哥窑坐落在杭州凤凰山下，制胎原料也出自窑场附近的矿区。元代德化窑胎体的透光率较高，与其所用原料的烧成温度有直接关系。

明代洪武至正德年间，景德镇窑场（包括官窑和民窑）依然单用瓷石一种原料制胎。到了明代后期的嘉靖、万历年间，景德镇御器厂为烧造特大件的御用龙缸不断调整制胎配方，先后出现了湖田石末掺和麻仓土配伍制胎，麻仓土、余干土、石末、坯屑、石斛纸配伍制胎，婺源土、余干土、石末、坯屑配伍制胎，婺源土（高岭土）掺和麻仓官土（瓷石）二元配方制胎等工艺。其中前两项制胎配方均属用瓷石制胎工艺，后两项则属高岭土掺和瓷石制胎工艺。景德镇高岭土掺和瓷石二元配方制胎工艺，形成于明代万历年间。

清代雍正、乾隆年间，景德镇官窑有单用瓷石一种原料制胎和高岭土掺入瓷石二元配方制胎两种工艺同时并存。精细瓷器一般单用祁门瓷石一种原料制胎。烧造粗厚器皿则采用高岭土掺入瓷石二元配方制胎。民窑瓷器多采用高岭土掺入瓷石二元配方制胎工艺。雍正、乾隆年间，所用高岭土多产于“高岭山”；乾隆、嘉庆年间，浮梁西乡李家田、浮梁县龙潭大洲也出高岭土。清代还一度使用滑石为制胎原料。

（二）原料加工

东汉瓷石原料粉碎加工机械设备——水碓的发明为中国瓷器的发展奠定了坚实的物质基础。嗣后，水碓成为历代瓷石粉碎的一种主要工具。

我国早在商代烧造原始瓷时就启用了原料淘洗技术。东汉期间，我国南方窑场采用了比商周时期更为进步的淘洗技术。唐、五代铜官镇黄堡窑制瓷作坊出土了原料淘洗设施——由单个淘洗池、沉淀池和陶缸组成。不过，这些淘洗设施与后世（例如明、清）景德镇的原料淘洗设施相比，淘洗池过少，尚停留在捞渣的初级阶段。宋代的淘洗池和沉淀池的容积比唐、五代大为增加，同时由唐、五代的单组淘洗池和沉淀池的组合，改为多组淘洗池和沉淀池的组合，这种变革对提高原料的细腻度和可塑性十分有益。元代原料淘洗在继承宋代淘洗工艺传统的基础上，做了两方面的改进，一是淘洗池和沉淀池的面积缩小，二是淘洗池和沉淀池数目增加，这样既便于管理，又增加了原料淘洗的次数，更加有利于原料的细腻度和可塑性的提高。明代景德镇御器厂当时对在矿场经过淘洗后的制胎原料还要进行再加工，主要方法是采用“入缸水澄”工艺。清康熙年间继承明代传统，依然采用“入缸水澄”的“沉降分离法”。清雍正、乾隆年间，在“入缸水澄”的“沉降分离法”的基础上，把用木钯扰标（漂）、起渣后，以马尾细箩过滤所得的“最细料”再用双层绢袋进行第二次过滤；经过双层绢袋过滤的“极细料”，分注过泥匣钵，使其水渗浆稠。从工艺角度讲，对制胎原料进行精细淘洗加工，一方面可以去除原料中的游离石英、岩石碎屑，因而提高了细分散的部分铝含量，从而增加胎中 Al_2O_3 含量，提高胎的抗变形能力，另一方面又能提高原料中高岭石黏土矿物和绢云母矿物细颗粒部分的含量，从而提高了瓷胎的精细程度。

（三）成型

瓷器的成型技术是从陶器成型技术借鉴过来的。陶器的拉坯成型技术约发明于新石器时代晚期后段，其中，生活在大溪文化第四期（距今 5330 年—5230 年）的制陶先民，开始采用快轮拉坯成型工艺。到了龙山文化时期，快轮拉坯成型工艺就广为流行，并具有相当水平，之后又用到了原始瓷上。春秋战国时期，制瓷先民所使用的拉坯成型工具的结构不详。浙江上虞帐子山东汉窑址出土了一件“陶车”构件——瓷质盔头（又称“轴顶碗”），表明中国窑场所使用的成型工具——陶车，至迟在东汉就已采用。唐、五代黄堡窑拉坯用的辘轳（陶车）的转盘和立轴皆为木质，转盘和立轴的连接部分出现专用的生铁铸件和耐磨的瓷质构件。转盘上安装瓷质盘头，修坯、刮泥有特制的玉石刮板和瓷质刮泥板，表明成型设施已趋完善。宋代窑场出土拉坯成型的主要工具——辘轳（陶车）的部件及其遗存的数量比唐、五代大大增多，使得陶车的整个形制清晰起来，也表明拉坯成型技术在宋代得以普及。宋代部分窑场（例如耀州窑和四川彭县窑等）的陶工还把辘轳（陶车）的转盘由木质改为石质。元代部分窑场辘轳（陶车）的立轴为木质，但是转盘、轴顶碗和档箍等部件则为瓷质。明代景德镇窑场所用陶车为木质结构，据宋应星《天工开物·陶埏》说明：“造此器坯，以制陶车，车竖直木一根，埋三尺入土内，使之安稳。上高二尺许，上下列圆盘，盘沿以短竹棍拨运旋转，盘顶正中用檀木刻成盔头，冒其上。”

景德镇至迟于宋代开始采用利坯工艺。宋代利坯工具——利头为瓷质，清代景德镇利头改为木质，呈木桩状。桩的大小视坯而定。其顶端浑圆，称为顶钟，上面裹着丝帛，以防止损坏坯。利坯时，利坯工将利头立于轮车车盘的中心部位，然后将坯扣合桩上，拨轮使转，用刀镟削，则里外皆光滑平整。

明代景德镇窑场把瓷器形制及其成型方法分为两大类别，即“圆器”与“印器”。圆器成型是在陶车（辘轳）上进行。印器成型，先以黄泥塑成模印，其模或对半分开，或做成前后两截，或单独成模，然后把坯泥揉填进印模，印成器坯，以釉水涂合其缝，烧成后自然完整无隙。

清代景德镇则把瓷器形制分为圆器、琢器和镶器三大类。一切碗、盘、酒杯、碟俱名圆器。圆器成型一般分为拉坯、印坯、镟坯和镟柄挖足四道工序。这四道工序均在轮车上进行。一切大小花瓶、缸、盆俱名琢器。琢器中的浑圆者制作方法与圆器相同。其方菱者则用布包泥，以平板拍练成片，裁方黏合。六方、八方花瓶之类为镶器。镶器成型，乃是先将泥料打成薄饼状，然后将泥状薄饼按照预定的形制拼镶成器。

二、制釉技术

釉是施于陶瓷坯体表面上的一层极薄的玻璃体状物。中国古代釉的配制大致经历了三个阶段：第一阶段是用草木灰掺和胎泥；第二阶段是用釉灰掺和胎泥；第三阶段是用釉灰掺和釉果。按照釉的助熔剂的性质，中国古代瓷釉大致可分为灰釉、灰—碱釉、碱—灰釉、高碱釉等。按照釉的烧成温度，中国古代瓷釉主要分为高温釉和低温釉两大类。以碱金属氧化物 K_2O 和 Na_2O 为主要助熔剂的高碱釉的烧成温度介于高温釉和低温釉之间。

（一）釉的配制

自夏商直至唐、五代，瓷釉主要是用胎泥和草木灰配制而成。宋代制瓷先民推出了“釉灰”新工艺。釉灰是用植物枝叶与石灰石叠合炼制而成的。制釉时一般用釉灰掺加胎泥配伍而成。在制釉工艺中，釉灰的启用对提高制釉质量有重大意义。这是因为，在釉灰炼制过程中，当草木煅烧时，石灰石烧失，$CaCO_3$变为 CaO，CaO 经水淋变为 $Ca(OH)_2$，以后再吸收空气中的 CO_2变为 $CaCO_3$，经此过程后就可制成含很细的 $CaCO_3$的釉浆原料，这样制成的釉灰就比草木灰的工艺性能好得多了。元代制釉一方面继承宋代工艺传统，依然采用植物枝叶与石灰石叠合炼制釉灰；另一方面又改变了宋代的采用胎泥与釉灰配伍制釉的传统做法，而改用“釉泥”（又称“釉果”）与釉灰配伍制釉。虽然在我国南方窑场，釉果和胎泥都属瓷石类原料，其矿物组成主要是石英和绢云母，但是由于风化程度的不同，瓷石中还含有一定量的高岭石或长石。其中风化程度深的瓷石，含有一定量的高岭石；风化程度浅的瓷石，则含有一定量的长石。前者适宜制胎，后者适宜制釉。适宜制釉的这一类瓷石又称为釉石。釉果就是用这类风化程度较浅的瓷石经过粉碎、淘洗加工而成。因此，釉果的启用，一方面表明我国元代景德镇陶工对制瓷胎、制釉原料的认识进一步深化；另一方面对推动景德镇瓷器技术的发展具有重要意义。因为含有一定量长石矿物的釉果中的 K_2O 代替了部分 CaO，这样既可提高釉的高温黏度和熔融范围，又可减弱釉的高温熔融 Fe^{2+} 的能力，从而可以提高釉面白度，因此釉果的启用，乃是提高景德镇白瓷质量的一项有力技术措施。

（二）助熔剂

按照釉的助熔剂的性质，中国古代瓷釉大致可分为灰釉、灰—碱釉、碱—灰釉等。灰釉是指釉中以碱土金属氧化物 CaO 为主要助熔剂，CaO 含量超过了 10%，这类釉又叫“高钙釉”。由于草木灰中都含有一定量的 MgO 和 K_2O，因此可从其含量得知草木灰的具体种类。然而，商周原始瓷灰釉中 K_2O 与 MgO 的含量变化波动比较大，表明商周配制瓷釉所用草木灰并不限于某个特定种类。东汉青瓷均采用灰釉工艺，釉中的 CaO 和P_2O_5含量比商周原始青瓷釉中的 CaO 和 P_2O_5含量大幅度提高，表明东汉制釉先民对草木灰在青釉中的作用认识更为深刻。东汉瓷器灰釉基本上克服了商周时期原始青瓷釉容易剥落的毛病，但是由于烧成时还原气氛掌握不太好，导致烧成气氛不稳定，有时在高温或冷却过程中形成若干氧化气氛，使得绝大部分青瓷釉呈青黄色，这一特征又与商周原始青瓷釉较为接近。三国、两晋、南朝时期的制瓷先民配制灰釉所用草木灰的种类富于变化。唐、五代时期，我国南方部分窑场选用狼棘柴灰或山茶树灰作为配釉用草木灰的原料。而宋代部分窑场配制灰釉改用 MgO 含量明显低于 K_2O 含量的植物，例如，柿树、毛竹或松树等与石灰石炼灰配釉。元代南方多数窑场陶工配制灰釉比前代减少了石灰石的用量，相应地增加了“釉泥”的用量。明代景德镇基本不用灰釉，到了清代，景德镇出于仿制古代名瓷的需要，对部分制品又恢复使用灰釉。清代景德镇配制灰釉用的草木灰的种类与元代有所不同，石灰石的用量比元代有所增加，配制灰釉时的胎泥用量则比元代有所降低。

灰—碱釉是以碱土金属氧化物 CaO 和碱金属氧化物 K_2O 或 Na_2O 为主要助熔剂的一种瓷釉，釉中的 CaO 含量在5% ~11%之间，K_2O 或 Na_2O 的含量超过 MgO 含量。灰—碱釉具有较高的烧成温度，烧成时的高温黏度也明显比灰釉高，因而烧成时不易流釉。同时由于灰—碱釉中 K_2O 含量增高，使釉的烧成范围也得到增宽；商周原始瓷灰—碱釉中 CaO 和 P_2O_5含量比同时期灰釉的大幅度降低，乃是因配制灰—碱釉釉料时草木灰用量减少所致；夏商、西周和春秋原始瓷灰—碱釉中 SiO_2 含量比同时期灰釉的高，则是因配制灰—碱釉时胎泥用量增加所致；商周原始瓷灰—碱釉由于釉中 Fe_2O_3含量偏高、CaO 含量偏低，釉色多呈灰青，有的外观呈酱褐色。汉晋时期基本停用灰—碱釉。隋唐时期少数窑场，例如，隋代内丘邢窑、唐代黄堡窑和唐浑源窑的部分产品采用灰—碱釉工艺，但是，隋唐时期配制灰—碱釉所用草木灰的种类与用量都与商周时期的不同。南宋龙泉窑灰—碱釉中存在高含量 K_2O 的主要原因有两个：一是采用毛竹灰配釉，毛竹灰 K_2O 含量高达27%；二是配釉用的胎泥中的钾含量也很高。元代景德镇枢府瓷和元大都出土的哥窑型青瓷灰—碱釉面都显乳浊感。前者乃是釉中存在较多的残留石英和气泡，使入射光产生散射，导致枢府釉略带乳浊感；后者则是釉中有数量相当多的钙斜长石针晶，比较均匀地分布于整个釉中，特别是针晶与针晶之间的部位都存在数量不少的亚显微散射颗粒，从而使釉面产生乳浊感。明清两代配制灰—碱釉所用石灰石和釉泥的用量不同，所用草木灰的种类也有区别。

灰—镁釉又称“含氧化镁的灰釉”，它以碱土金属氧化物 CaO 和 MgO 为主要助熔剂，CaO 含量一般在 7% 以下，MgO 的含量既超过 Na_2O 的含量，又超过或接近 K_2O 的含量。

中国古瓷中的灰—镁釉主要见于唐、五代和宋代。唐、五代部分窑场出现的灰—镁釉中的 MgO，一般是通过白云石质灰岩以及其他镁质原料引入的。关于宋代灰—镁釉中的 MgO 的来源有三种说法：一说，宋代定窑灰—镁釉中的 MgO 是在釉料中掺加一定量的白云石或其他镁质原料配制而成；二说，宋代定窑灰—镁釉中的 MgO 是在釉中加入一定量的长石和白云石配制成；三说，辽金龙泉务窑的灰—镁釉是在钠钾类长石矿物（或钠长石和钾长石的混合物）中加入适量的黏土和白云石配制而成。

碱—灰釉是指釉中碱金属氧化物 K_2O 与 Na_2O 的总含量超过了碱土金属氧化物 CaO 与 MgO 的总含量。早在商代，碱—灰釉工艺就已问世。商代江西鹰潭角山等文化遗址出土的部分原始青瓷碱—灰釉，不仅釉中 K_2O 与 Na_2O 两者含量之和超过了 CaO 与 MgO 两者含量之和，而且釉中 K_2O 含量还大大超过了 CaO 的含量。但在汉晋时期则很少使用碱—灰釉。隋代内丘邢窑白瓷部分产品重又用碱—灰釉技术。隋代内丘邢窑配制碱—灰釉的草木灰的用量比商代减少，胎泥用量则相应的得到增加。有学者认为，隋代内丘邢窑制瓷先民在配制碱—灰釉时，可能在釉料中引进过钾长石。北宋观台窑、宋代金凤窑和辽金北京龙泉务窑等少数窑场配制瓷釉时也采用过碱—灰釉工艺。其化学组成有如下特点：宋、辽、金时配制碱—灰釉时釉灰的用量比隋代内丘邢窑碱—灰釉略有提高，其胎泥原料的种类与隋代不同，而其胎泥原料用量也比隋代增大。有学者认为，宋金磁州窑配制碱—灰釉是采用水冶所产白釉土加胎泥和植物灰配制而成；另有学者认为，宋代磁州窑以及磁州窑系中的各窑大都用安阳釉石制作釉料，其具体工艺是将安阳釉石粉碎，加水研磨后直接施于坯上。辽金北京龙泉务窑碱—灰釉是在钠钾类长石矿物（或钠长石和钾长石混合物）中加入适量黏土和白云石配制而成的。元代主要有两个窑场——景德镇和霍州窑采用碱—灰釉工艺，但是两者使用的碱—灰釉的配制方法不同。元代霍州窑碱—灰釉的配制，可采用闻喜长石和石英、大同砂石及草木灰等原料配制。景德镇使用的碱—灰釉则是通过两个途径来实现的：一是，在元代景德镇灰—碱釉配方的基础上降低釉灰的用量、提高釉果的用量；二是，通过选择风化程度较深的釉果，或者对釉果进行精细的淘洗，因为淘洗后也会提高云母和降低长石的含量。元代景德镇的碱—灰釉主要用于枢府卵白釉瓷，元代霍州窑碱—灰釉主要用于白瓷。明代景德镇洪武、正德和嘉靖青花，永乐铜红釉、甜白釉瓷的部分产品也采用碱—灰釉工艺。然而，明代配制碱—灰釉所用草木灰的种类与元代有别，所用釉果的产地也与元代不同；石灰石用量比元代有所降低，釉果用量比元代低。明代景德镇碱—灰釉中的 K_2O 和 Na_2O 总含量的提高，主要是通过对釉果进行精细的淘洗来实现的。清代景德镇窑场出产的部分五彩、粉彩和青花产品所用碱—灰釉中石灰石的用量，比明代景德镇碱—灰釉中的有较大幅度的降低；所用草木灰的种类与明代景德镇配制碱—灰釉用的草木灰有所不同；釉果用量则比明代景德镇有所增加。

（三）高温釉

从釉的着色剂角度进行考查，中国古代高温瓷釉可分为铁系釉、铜系釉和钴系釉等类型。

铁系釉是以铁为着色剂的一类釉，主要有青釉、白釉、黑釉三大类。

青釉是一种以铁为着色元素、以 CaO 为主要助熔剂的高温釉。中国古代著名青釉品种主要有晚唐五代越窑秘色釉、北宋汝官窑、南宋龙泉窑粉青和梅子青釉、南宋官窑和元代哥窑青瓷纹片釉等。晚唐五代越窑秘色瓷釉呈现出纯净的青绿色，釉层厚薄均匀，釉面光泽滋润。中国北宋汝官窑烧造的青瓷釉面有月白、粉青、豆青、天青、灰青、虾青、卵青等七大类的色调，釉面质感又可分完全失透感、玉质感和玻璃质感三大类。南宋龙泉窑青瓷粉青和梅子青釉的形成大致有如下三方面原因：一是采用灰—碱釉配方；二是推出了多次施釉与多次素烧相结合的上釉方法；三是合理的烧成制度及止火温度的巧妙把握。南宋官窑和元代哥窑青瓷纹片釉是通过调整胎釉配方来实现的，总的原则是使釉的膨胀系数明显大于胎。

白釉实际上是一种很薄的无色透明的玻璃，一般说来，白瓷胎釉中的着色杂质，如铁含量应在 1% 以下。白釉瓷在东汉时萌发，南北朝时得到初步发展，但是，白釉瓷技术真正成熟是在隋代。隋唐邢窑精细白瓷的白度高，又有特别好的半透明度。宋金定窑白瓷精品白度高达 73%，釉面非常薄且微带乳白，使釉下刻花和印花能清晰地显现。辽金北京龙泉务窑细白瓷釉面呈现洁白光亮的风采，这与胎釉的配方及烧成技术有关。宋代景德镇窑青白瓷釉属灰釉，其含铁量与同时代的白瓷的水平差不多，但是色调与白瓷有异，这与其助熔剂组成、烧成制度、烧成气氛和釉层厚度有关。元代著名白瓷釉品种主要有景德镇枢府卵白釉和德化白釉。元代景德镇枢府卵白釉略带乳浊，在外观上给人以玉石感。元代德化白釉瓷的白度达到 85%，为元代白瓷之最，乃是因为胎釉中的着色剂 Fe_2O_3 和 TiO_2 含量都特别低。明代德化白釉瓷有三大特点：白度非常高，透明度好，釉色光润明亮、乳白似凝脂。明景德镇永乐白瓷釉面甜润如玉，有时出现橘皮纹。

黑釉和青釉一样，都是以铁为着色剂的铁系色釉，黑釉中的着色元素 Fe_2O 含量要比青釉中的 Fe_2O 含量高得多。中国古代著名黑釉品种有：宋代建窑的油滴、兔毫、曜变和吉州窑的窑变天目、剪纸天目、木叶天目和清代乌金釉等。建窑油滴是指在黑釉面上布满银灰色金属光泽的好似油滴的小圆斑的一类釉，其成因大致有如下两种说法：一是，天目釉的液相界上异相成核；二是，与釉层中气泡的产生和铁的氧化物在气泡四周富集有关。兔毫是指在黑釉面上布满呈棕黄色或银白色等的细流纹，且细流纹分布到口沿顶部越来越细和分散的一种釉，它是由于这种细流纹的釉面极似兔毫而得名。关于兔毫纹的形成也有两种说法：一是由于钙长石析晶而引起铁的富集；二是气泡的作用。建窑曜变是在釉面上有直径大小不等、状如豹皮的圆形和椭圆形斑点，其周围存在薄的干涉膜的物理光学现象的影响，致使阳光照射下，由于内反射，釉层会放出宝光或佛光。对于曜变的成因大致有三种说法：一是气泡说；二是薄膜干涉说；三是烧成条件说。宋代吉州窑的窑变天目釉是由底釉和面釉，在烧成过程中通过流淌、渗透、扩散、交融、化学反应及液相分离等一系列复杂的物理—化学过程，而在釉面形成千姿百态、色调多变的玳瑁、虎皮、油滴、兔毫等各种斑块和流纹。吉州窑剪纸天目是先在坯上施加一层黑色底釉，再把剪纸纹样贴在底釉上，接着在未被纹样遮住的部分施加一种高温黏度较低而色调较淡的面釉，然后把剪纸纹样揭去，烧成后在色调较浅的背景上显示出黑色的剪纸纹样。宋代吉州窑木叶天目纹是先在坯上施加一层黑釉底釉，然后贴上经特殊处理而留存下来的木叶脉络，再全部荡黑釉，当木叶脉络撕去时，纹样就显现了。

清康熙乌金釉的釉色漆黑光亮犹如金属，它是用钴料、白釉、紫金釉和釉灰配制而成。

铜系釉是以铜为着色剂的一类釉，以铜为着色剂的高温铜红釉的制作技术在唐代长沙窑首现。由于铜红呈色很不稳定，工艺上不容易控制，所以发展缓慢，直到宋代的钧窑才比较多见，但也不是通体一色的铜红。直到明代永乐、宣德年间，景德镇烧造铜红釉工艺才完全成熟。明代永乐、宣德高温铜红釉多为暗粉红色，具有脂感，不甚透明，俗称祭红。器物口边一圈是白色或淡青白色，俗称“灯草边”。清代景德镇烧造高温铜红釉品种有祭红、郎窑红和桃花片。清代景德镇烧造的祭红外观与明代有所不同，清代景德镇祭红釉多泛黑，个别的较为浅淡鲜亮；釉面失透深沉，釉如橘皮；有的因釉质较粗而呈垂流状，足边往往因垂流积釉而呈黑褐色。清代景德镇烧造郎窑红与明永乐、宣德祭红釉差别更大，釉面多开有较深纹路的片纹，釉色浓淡不一：深色红艳，浓者泛黑，间有黑色小点与渍久形成的酱色污垢斑点和纹路；浅色粉红如桃花。明代永乐、宣德高温铜红釉的“灯草边”为自然天成；康熙郎窑红釉的“灯草边”属于人工所致，即在器口和足部涂施一层厚而含粉质的白釉或浆白釉。清代景德镇烧造的“桃花片”，局部呈现浓淡相应的仙桃红色，其间散布着一些绿色苔点，某些部位红中泛绿，甚至出现苹果绿，色泽柔和，莹润秀丽。

明清两代景德镇烧造的高温铜红釉之所以在外观上出现差异，乃是由于它们的配方和制造工艺不同。明代永乐、宣德祭红釉配方失传。清代景德镇烧造高温铜红釉的主要品种有：霁红、郎窑红、桃花片等。烧造霁红釉有两种配方：一是用红铜条、紫英石合成，兼配碎器、宝石、玛瑙；二是用白釉、麻仓釉为主，入红铜花、紫英石合成，加乐平绿石、火青少许。在制作工艺上，郎窑红一般采用灰釉或灰—碱釉两种配方工艺。明代永乐、宣德霁红釉则采用灰—碱釉或碱—灰釉配方，清代景德镇霁红釉均采用灰釉工艺。

钴系釉是以钴为着色剂的一类釉，中国古代钴系釉始现于元代景德镇。元代景德镇创烧的以钴为着色剂的高温蓝釉，基础釉为灰—碱釉，所用色料与元青花瓷相同，即采用高铁、低锰的进口天然钴土矿为原料。明代景德镇烧造高温蓝釉则用高锰、低铁的国产钴土矿为色料。由此引起它们两者在外观特征上有所差异：元代高温蓝釉呈现蓝色娇艳、光泽莹润的色调；明代为暗蓝色，呈现深沉安定的风采。

其他类型的高温釉主要见于钧釉和茶叶末釉。宋金钧窑釉的呈色是过渡元素中的铜（Cu）和铁（Fe）起主要作用。蓝钧和紫钧釉中的铁（Fe）大多以低价状态存在，钧釉的青蓝色主要同釉中铁离子所引起的选择性吸收有关，它的呈色质量和颜色深浅同釉中的 Fe_2O_3 含量有着直接的关系。钧釉中的铜（Cu）是以离子通过液相分离使小滴产生选择性吸收和散射来呈色的。宋金钧窑的紫红釉是在蓝钧釉中添加少量的铜和锡的化合物配合而成的，由于它们之间比例的不同，烧成时造成钧瓷呈现不同的颜色。正是以其含量多寡，控制钧窑釉从蓝紫、紫、紫红、玫瑰红到红色的呈色。SnO_2 是一种乳浊剂，它对铜红的呈色有稳定的作用，在釉的配方中加入少量氧化锡，使其在胶体铜微粒周围生成一层保护膜，从而使釉色保持正常。唐宋茶叶末釉均属于辉石类型的结晶釉。辽金代北京龙泉务窑茶叶末釉中有数量较多的钙长石和普通辉石结晶，还有残留石英和磁铁矿晶体。

（四）低温釉

釉的烧成温度在 1100℃ 以下的色釉称为低温釉，其中以铅为助熔剂的低温釉的烧成温度更低，一般在 850℃ 以下。中国古代著名低温色釉品种有矾红釉、黄釉、胭脂水釉、炉钧、素三彩等。以铁为着色剂的矾红釉至迟出现于明代嘉靖年间，制备工艺是先用青矾炼红，俗称“生红”，再按 1:5 的比例，将“生红”与铅粉配伍，用广胶合成。从西方引进的胭脂水釉是以胶体金粒子悬浮于铅硼熔剂中制备。由于对光有选择性吸收，其色略带紫红。我国低温黄釉从汉代开始历代都有烧造，但是明代以前的低温黄釉的色调不是真正的黄色，多数为黄褐色或深黄色，明代弘治、正德时期的黄釉才是真正的黄色。明代低温黄釉采用铅末与赭石配制而成，着色剂中的 Fe_2O_3 是通过赭石引入的。清代浇黄釉用牙硝、赭石合成。明代弘治黄釉采用底釉上再施面釉的工艺，成瓷后，釉面平整，而且光泽好，透明度也很高。

清雍正、乾隆年间，景德镇仿宜钧，称为炉钧。炉钧釉用牙硝、晶料配釉合成，有荤有素，素者不见金红，荤者有金红斑点。低温色釉中的素三彩是将几种不同色调的低温色釉，按照瓷胎上预先雕刻好的图案花纹，按相应部位填釉而制成的。素三彩色釉装饰是明代正德时期创制的新品种，其特征是所用色釉不用红色。清代康熙素三彩釉表现方法较为多样，较为常见的，一是在素坯上先刻划花纹，施白釉高温烧成素瓷，然后素瓷上施底色，待其干燥后，刮去纹样中应施其他色彩的底釉，填绘所需色釉，经800℃～850℃低温烧成；二是在素胎上刻划纹饰后，即高温烧成素瓷，再施以各种彩釉，然后罩上一层雪白，用低温（850℃～900℃）烧成；三是胎体不加刻划，通体由黄、绿、紫、白等色点染而成斑点状，经晕散形成犹如虎皮斑状；四是在白釉瓷上涂一层色地，然后再加彩料，如黄地加绿、紫、白彩，绿地加黄、紫彩等。

（五）高碱釉

高碱釉是指以碱金属氧化物 K_2O 和 Na_2O 为主要助熔剂的一类釉，大多用牙硝和石末按一定比例配制而成，少数高碱釉中含有氧化铅。烧成温度介于高温釉和低温釉之间。有学者称其为“中温釉”，也有学者把它划为低温釉。用于瓷器装饰的高碱蓝釉，我国至迟产生于元代磁州窑。其有三个特征：一是釉呈翠蓝色、釉面光亮，二是釉面出现细碎开片，三是釉面剥落严重。明代景德镇高碱釉与元代磁州窑相比有如下五个特征：1. 元代磁州窑高碱釉仅为高钾釉，明代景德镇高碱釉则有高钾釉和高钠釉两大类。2. 釉色丰富。元代磁州窑高碱釉瓷仅限于以铜为着色剂的孔雀绿，明代景德镇陶工在高碱釉中加入 Mn、Co、Cu 和 Fe 等着色剂而制成各种不同的美丽色釉，主要有紫黑、茄皮紫、紫蓝、绿松石色等色。3. 发色明艳。釉的发色比前代更为明艳。4. 釉面有细碎片纹。5. 胎釉结合紧。

三、刻划印花剔花装饰技术

刻划印花装饰品种主要有划花、刻花、印花、跳刀席纹等，主要流行于唐宋时期。

（一）刻划花

划花是用类似织毛衣针的竹木工具，在坯体表面用力均等地划饰，划痕较浅，多以曲线为主，粗细一致，流畅活泼。刻花是用刻刀（或竹针削成斜面）直接在半干半湿的坯体上刻制花纹的一种装饰技法。划花装饰早在新石器时代的陶器上就已使用，在原始瓷产生不久的商代后期，就开始用划花技法来美化瓷器，东汉瓷器出现后，各主要窑场几乎都先后使用了划花装饰。但是，在魏、晋、南北朝时期，划花装饰主要是与其他装饰技法相配合，以划花技法来单独表现主题纹样则始自唐代。宋代往往是刻花和划花两种装饰技法同时并用。刻花多用于纹样的轮廓线，使形象突起；划花常用于纹样的细部刻划，形成阴刻效果。

（二）珍珠地划花

珍珠地划花是把划花与珍珠地工艺结合起来的一种装饰。它是在敷好化妆土的器坯上划出主题纹饰，再用一种圆管状工具（例如芦苇或金属管等）在主题纹饰以外的空隙处戳印细小的圆圈，使划线主题纹饰以外形成布满小圆圈的地纹，由于这些小圆圈密如攒珠，因而称为珍珠地。然后在器坯的表面抹上一层色粉，再用力拂去，使色粉只附着于有纹线处，最后在器表涂抹一层透明薄釉，待釉干后入窑烧成。这种装饰始现于晚唐的密县西关窑。宋代珍珠地划花装饰在制作工艺上与唐代密县西关窑基本一致，但在艺术风格上则自有特色。

（三）印花

印花是通过刻有装饰纹样的印模，在尚未干透的胎体上印出花纹的一种装饰技法。隋唐及五代印花有戳印、印贴、模印和模塑四种表现手法。戳印是用小块印模，在坯体上印饰花纹。印贴装饰是先用胎泥烧制成凹刻阴纹模具，然后再将胎泥在这种阴刻扁平形模具上压印出花纹。所模制的纹样如不理想，可用雕刀修整。待其半湿未干之际，用胎泥将其粘贴于坯体需要装饰的部位，最后上釉入窑烧成，堆贴纹样具有浮雕装饰效果。模印是用带有花纹的模具在坯体上印制花纹。它与前述戳印印花的区别是：模印印花对坯体进行整体装饰，而戳印印花只对坯件进行局部美化。模印印花要先制作好模型，再用模型翻制出“陶范”的内壁形状，外壁用手抹成馒头形。成型后再用尖状工具在内壁刻划花纹，然后入窑烧成。宋代印花主要流行模印印花，它是用印花模具对坯件进行整体装饰。这一工序兼具印花和修坯的功能。宋代印花模具分为母模和子模。印花子模大部分由母模复制。

四、剔花

剔花又称剔化妆土，它将花纹以外的化妆土剔去，使花纹微微凸出于器面，主要流行于宋金北方窑场。表现手法有白釉剔花、黑釉剔花、黑剔花刻填和剔花留地等。白釉剔花是在坯体上先上一层化妆土，再把花纹以外的化妆土剔去，露出较深的胎色，在花纹轮廓以内，用以表现植物的叶脉、花蕊和动物的羽翼以及其他花纹。细部的划线则依然保留，最后施盖透明釉，烧成后灰色、褐色、赭色或褐黑色的胎质与白色化妆土对比，取得纹样和底色不同的装饰效果。黑釉剔花是先在坯上施一层白色化妆土，再在局部或全部施加一层黑色彩料（亦称黑色化妆土，它是用斑花石、制胎用的泥浆和黑釉按比例配制而成的），刻划花纹及其花蕊叶筋，将花纹以外部分的黑色化妆土剔去，又不伤及白色化妆土，然后上透明釉，釉层厚度一般比白地绘黑花瓷要厚一倍。烧成后黑花突起，黑白相衬，浮雕感极强。

黑剔花刻填是先剔出动物的轮廓，再划线，随后在划纹上填黑彩。剔花留地是在上釉的坯体上刻出花纹。刻花的花纹的线条为阴文。剔花则是将花纹整体刻出，然后将花纹内的釉及胎泥浅层剔除，使花纹全体下凹成阴文，纹内涩胎。

五、绞胎

绞胎是指器物的坯体或器表，用白褐两色或多色泥料相间糅合而成，然后罩盖透明釉烧成的一种装饰。这种装饰主要流行于唐宋时期的北方窑场。唐代启用的绞胎装饰分为全绞胎和贴面绞胎两类。全绞胎是采用两种（多为白色和红棕色）

色调反差较大的胎泥分别加水糅合并压成薄片，然后把它们相间叠合到一定的厚度，再按垂直于叠合面的方向切割成薄片，并将这些薄片按需要切割成不同形状的小块或小条，再放在模具中拼接成型，施釉后入窑烧成。贴面绞胎又称半绞贴片，先制好素胎，然后将事先绞好的带有花纹的绞胎泥片敷贴或镶嵌在坯体表面，再上釉烧制而成。宋代绞胎工艺与唐代相同，但是绞胎纹理更富于变化，或似木理，或为羽毛，或仿编织，纹理较为细腻。

六、画彩装饰

中国古瓷中的画彩装饰主要分为釉下彩和釉上彩两大类。

（一）釉下彩

釉下彩是用色料在坯体上进行彩绘，然后入窑高温烧成，成瓷后花纹在釉下，故得名。中国古代釉下彩主要有以铁为着色剂的釉下黑褐彩、以钴为着色剂的青花和以铜为着色剂的釉里红等。

唐代以铁为着色剂的釉下黑褐彩主要流行于温州窑、鹤壁集窑、长沙窑和邛崃窑等。其中唐代温州窑釉下彩以富铁釉料为色料，唐代长沙窑和邛崃窑釉下彩以氧化铁矿物为着色剂，唐代鹤壁集釉下彩用斑花石（褐铁矿）为色料。宋金北方窑场釉下黑彩和釉下褐彩的彩料均为斑花石，它们两者在颜色上的差别，主要取决于彩料中所用着色矿物的含量，黑彩的含铁量是褐彩的一倍以上。

唐代巩县黄冶窑创烧的青花瓷，以伴生有少量铁和铜的硫钴矿或方硫钴矿着色。关于唐代青花色料的来源目前主要有三种说法：1. 商人从南非、中亚或甘肃等地获得硫钴矿或方硫钴矿，经丝绸之路到达唐青花产地。2. 河北某地的钴硫化物矿与黄铜矿伴生矿区，在采集铜矿石作为陶瓷色料的过程中偶然获得硫钴矿或方硫钴矿来装饰白瓷。3. 来自甘肃的优质钴土矿。浙江龙泉金砂塔的塔基出土的宋代青花所用钴料为国产钴土矿。元代浙江江山碓河窑及云南元代玉溪和建水窑均由当地出产的钴料为色料。元代景德镇至正型青花瓷和非至正型青花瓷所用色料均为“进口钴料”。其中，至正型青花瓷所用色料，可能来自中亚或欧洲以及我国处于与中亚同一地质构造的甘肃、新疆地区所产“钴毒砂矿”；非至正型青花瓷所用色料的来源，可能来自三处不同的钴矿。明代洪武官窑青花瓷和永乐部分官窑青花瓷，采用与元代相同的进口钴料为色料；永乐和宣德官窑部分青花瓷以进口“苏麻离青”钴料为色料。关于苏麻离青的产地，目前有两种说法：一说是西亚的波斯；二说是索马里，集散地在西亚某地。宣德官窑部分青花瓷采用元代存留的进口钴料与国产钴料的混合料为色料。明成化早期，景德镇御器厂部分官窑青花产品，采用进口的苏麻离青钴料掺加江西乐平所产陂塘青的混合钴料为色料。正德至万历年间，景德镇官窑青花采用进口回青与国产石子青混合钴料为色料。明代洪武至崇祯历朝景德镇民窑青花均用国产钴土矿为色料。明代前期，未见景德镇对青花钴料加工的记载。明代后期嘉靖年间，景德镇御器厂对进口回青钴料的加工有敲青、淘青、研乳、验青等工序。明代末期，景德镇运用煅烧和研乳方法，对国产青花钴料进行加工。无论是进口钴料还是国产钴料，在一定条件下由于色料中的铁或锰的局部富集，都易形成黑斑。进口钴料形成的黑斑大都有银白色金属光泽，国产钴料形成的黑斑不会出现银白色金属光泽。清代景德镇（包括官窑和民窑在内）青花瓷均用国产钴料为色料，并在继承明末钴料加工工艺的基础上，形成了一套较为完整的钴料加工工艺流程，大致有选料与洗涤、煅烧、拣选、开水淘洗、研乳等五道工序。由于加工得法，不仅色料的含钴量富集，而且青料中的 Al_2O_3 的含量也得以提高。使用含高钴、高铝的青料着色，不但色泽鲜艳，纹路清晰，而且烧成工艺易于掌握。

元代景德镇创烧的釉里红是一种用铜花做基本着色料，绘于生坯表面，其上罩盖一层透明釉，在高温还原焰中烧成的釉下彩瓷。元代釉里红装饰方法有线绘、拔白和涂绘等三种。明代景德镇洪武釉里红与元代景德镇釉里红一样，是一种以氧化铜为着色剂的釉下彩瓷产品。它有两个特点：一是红彩区有绿苔点，二是釉里红纹样边缘晕散。绿苔点的形成与色料的配方和施彩工艺有关。釉里红纹样边缘晕散的出现，则受制于色料和基础釉的配方。

（二）釉上彩

釉上彩是在素瓷釉面上进行彩绘，然后第二次入炉低温烤烧而成，因彩附于釉面之上而得名。中国古代釉上彩主要有红绿彩、五彩、珐琅彩、粉彩等。中国古代釉上彩于金代在北方的一些窑场，例如河北的磁州窑、山西长治的东山窑等首先烧制成功。金代釉上彩以红、绿彩为主，因而俗称红绿彩。

明代釉上彩俗称五彩，所用色料主要有红、绿、黄、紫四色。矾红是以青矾炼制成的生红、铅粉为原料，再用广胶合成。黄彩用黑铅末、赭石配制而成。绿彩用炼过的黑铅末、古铜末、石末合成。紫彩用黑铅末、石子青和石末合成。自清康熙起，景德镇多用釉上五彩技法仿明代彩瓷，嗣后景德镇就把五彩装饰称为古彩。清代康熙古彩所用色料，一方面沿用明代五彩中的红、绿、黄等色，另一方面，在色料的使用上有五大特点：一是釉上蓝彩的发明及其运用；二是描金的使用；三是黑彩呈乌金般的色泽；四是部分矾红彩开始采用分染工艺；五是在古彩色料中，除了矾红和黑料外，其他色彩则继承明代传统，依然用平涂法填色。

珐琅彩即珐琅彩瓷画，又名瓷胎画珐琅。它是用珐琅为色料在瓷胎釉面上作画，再入炉低温烤烧而成。我国金、元、明釉上彩瓷和清代五彩（除矾红外）的色彩均为平涂，所作纹饰趋于图案化，画面缺乏立体感和真实感。清代宫廷首现的珐琅彩瓷画具有阴阳向背、明暗深浅之分，形象生动活泼。清代珐琅彩瓷均在清宫制作，康熙宫廷珐琅彩瓷至迟于康熙五十七年烧成，然而当时的彩料完全依赖欧洲进口。装饰画面多以黄、蓝、紫红或豆绿为色底，纹样趋于图案化。雍正六年七月，清宫造办处珐琅作的工艺家，在破译欧洲珐琅彩工艺基础上自行炼制出珐琅彩色料。嗣后，清宫造办处工艺家采用这种国产珐琅彩色料及其技法在宫内进行创作的彩瓷，称为清宫（国产）珐琅彩。景德镇艺术家采用这种色料及其技法在景德镇御窑厂或民间作坊烧造的彩瓷则为粉彩。粉彩工艺吸收了欧洲进口珐琅彩中常用色料及其配制方法的合理工艺因素，同时采用以砷为乳浊剂的“玻璃白”技法。“玻璃白”的作用有三：一是将玻璃白直接作为白颜料使用；二是将玻璃白作为粉化剂，对粉彩中的净颜料进行“粉化”；三是通过砷白玻璃对色料进行洗染，使画面富有立体感。

七、装烧

商周直至春秋时期，原始瓷一律采用明火裸烧技术。西周至春秋早期德清窑，开始采用垫隔具技术。战国时期，支烧具技术在德清窑场装烧原始瓷工艺中得到广泛使用。东汉各大窑场普遍采用支烧具技术。支烧具的形制有六类：一是斜底直筒状和斜底束腰喇叭状支烧具；二是凹双足器；三是覆钵形支烧具；四是筒形、束腰形支烧具和覆钵形垫具；五是斜面与斜底支烧具；六是双足支烧具。在先秦原始瓷装烧工艺中的垫隔具是以泥点、窑渣和瓷粉来充当，瓷器的内底和外底往往黏附其间隔具。东汉陶工为了克服这种装烧工艺的缺陷，先后推出了圆片形垫饼和三足支钉垫隔具。东汉、三国时期的明火裸露坯体直接置放在窑床上或者放在支座上裸烧。到了两晋、南北朝时期，部分窑场陶工为了减少窑火对坯体的污染，先后推出了罐套烧和匣钵装烧工艺。东晋、南朝开始采用的匣钵装烧技术在唐五代得到初步发展，南朝启用的泥点垫隔技术，入唐后得到广泛流行，嗣后又推出泥条、垫圈和石英砂垫隔。宋代瓷器装烧的垫隔具，一方面继承前代工艺，沿用垫圈（垫环）、石英砂、三足支钉，另一方面又先后推出了垫饼、垫托、涩圈、圈足粘钉、裹釉支烧（又称包釉支烧）、刮釉垫烧、多级垫钵（或垫盘）覆烧、匣内支圈覆烧和支圈组合覆烧等装烧技法。

元代景德镇窑场等日用粗瓷一般采用涩圈叠烧或支圈组合覆烧，较为精细的瓷器多用一匣一器的仰烧法。元代浙江地区窑场多沿用南宋官窑和龙泉窑的裹足刮釉装烧工艺。元代龙窑由于前部和中部为最佳烧成地带，因此精细瓷器装匣置放于龙窑前部和中部，普通粗货制品裸烧并安放在窑室的后部。明代景德镇御器厂用胎泥制成的垫饼装烧器坯入匣烧成，精细瓷器除了圈足的足端不上釉外，包括圈足内外的足墙在内的其余部分，统统都可上釉。成瓷后，未上釉的圈足的足端也显得洁白细腻。清代景德镇窑场匣钵装烧时，匣钵内底要敷一层沙子，沙层要用细高岭粉覆盖。凡坯入匣内必用渣饼垫足，精细瓷坯垫足用的渣饼是用胎泥制成。装坯工从料板上提坯时，使用工具把坯轻轻地提起来，放在匣钵内的垫饼上。窑内装烧，一般在窑内中央部位安置最精细的瓷坯，在其后面装次等瓷坯，入口处装颜色较深的器坯。或者上下四围俱满粗瓷卫火，中央十路位次俱满细瓷，每排匣钵柱最下面的两个匣钵和匣钵柱最上面的匣钵都不装坯。

八、窑炉

中国古代烧造陶瓷先后采用过升焰窑、半倒焰窑、平焰龙窑、分室龙窑、葫芦窑、覆瓮窑和阶级窑七种类型窑炉。升焰窑主要流行于商周时期，分室龙窑出现在宋元时期。半倒焰窑和平焰龙窑流行时间较长，自商周一直延续到元代。在这一历史阶段，北方地区窑场多用半倒焰窑，南方地区窑场多用平焰龙窑。景德镇早在元代就出现葫芦窑，明和清代康熙、雍正早期，景德镇基本采用葫芦窑，雍正后期开始使用覆瓮窑。福建漳州地区在明清时期使用阶级窑。

（一）升焰窑

升焰窑是指烧窑时，窑内的火焰从窑底上升，流经制品，然后由窑顶排出窑外的一种窑炉。原始社会流行的穴窑（包括横穴窑和竖穴窑）属于升焰窑的范畴。与原始社会流行的升焰穴窑相比，商周流行的升焰窑有两大特点：一是建在地面上；二是在窑的上部砌有拱顶（中间穿洞以排烟）。商周升焰窑由火膛、窑柱、窑室、窑箅等部分组成。窑床与火膛上下重叠，火膛在下，上部为窑床，中间隔着窑箅，装烧时，器坯自窑箅叠置至窑顶。窑顶部多为圆拱形，窑顶处开设烟洞。烧成时烟火从下部火膛透过窑箅进入窑室，穿过坯间的空隙而上升到窑顶，再经窑顶的烟洞排出窑外。

（二）半倒焰窑

半倒焰窑由火膛、窑室、烟囱、窑门等部分组成，烟囱位于窑后，窑室底下有烟道与窑尾的烟囱相通。烧成时火焰自火膛先喷至窑顶，因为顶上没有出路，然后倒向窑底流经坯体，使坯体烧熟，最后烟气自窑尾竖烟囱排出。

商代半倒焰窑体形制大致有长方形、葫芦状、椭圆形、瓢状和马蹄形等五种。商代半倒焰火膛的形状不详，周代半倒焰窑火膛底部平面形制大致有扇形（又称半圆形、半月形）、漏斗状、不规则的三角形、椭圆形和梯形等五种。商周半倒焰火膛一般低于窑床。周代半倒焰窑床的形制大致有椭圆形、圆角长方形、长方形、弧形、方形等五类。窑床的面积大小不一，总的趋势是随着时间的推移，窑床面积逐渐增大。窑床底部所设火道的数量不一，一般为一股火道至三股火道。排烟设施，除了在窑床设置火道外，又在窑尾安设排烟口、烟道和烟囱。商周半倒焰窑中的烟道构建大致有三种方式：单烟道、双烟道、三股烟道，半倒焰窑后的烟囱多近方形或长条形，底径大小不一，一般开一个窑门。

汉代半倒焰窑的窑体形制主要有长方形、圆形、矩形、漏斗状、梯形、马蹄形等五种，窑体面积比周代有所扩大，火膛底部平面主要有梯形和半圆形两类，窑床的形制主要为长方形、长方台形、正方台形、梯形和近圆形五类。在窑室与火膛的连接处、窑床边上，横向有一道隔火墙，隔火墙在每一层中，两砖之间均留有宽约 5 厘米的进火孔，相邻上下层的进火孔错位排列。排烟设施由进烟口、烟道和烟囱组成。所设烟道的形制和数量不一，有的设一条烟道，有的设三条烟道，有的设四条烟道。其中以设三条烟道为常见。窑尾的烟囱设置大概有单烟囱、三根烟囱、四根烟囱等三种形式，其中，以单烟囱为常见。窑门残留高度一般在0.5米~1.44米，宽度一般在0.48米~0.84米。

六朝半倒焰窑窑门近方形或长方形，火膛前窄后宽、前低后高，底面以上皆弧形，火膛底面一般低于窑室底面0.1米~0.3米。窑室为弧形顶，底部较平整，窑床平面或为正方形或近长方形，窑室内一般开设2~3条烟道，所设烟道多为长方形凹槽状，垂直分布于窑室后壁，以木柴为燃料。

隋、唐、五代马蹄窑火膛的形制大致有扇形、三角形和弧壁梯形三种。隋代马蹄窑的火膛底与窑床大致在一个平面上，入唐后，火膛往往低于窑床的水平面。窑床形制或近方形或为长方形，床底部均铺沙，窑门宽度一般在0.4米~1.1米之间。烟囱处于窑室尾部，大致有三种类型：一为单烟囱，二为双烟囱，三为三个烟囱。排烟设施一般有五种装置，一是通过窑室后面隔墙底部的排烟孔与烟囱相连；二是通过窑床后壁正中下部的一条烟道与窑后面的烟室相连；三是通过窑床后壁左右两侧的排烟孔与烟囱相连；四是通过窑室后部的三条烟道交会成一个烟囱口，将烟气排出窑外；五是通过隔墙底部的排烟孔与窑尾的烟室相连。

唐代马蹄窑与前代一样以木材为燃料，火膛结构比较简单，既不设漏灰装置，又不设通风道，只在窑门内砌出一个低于窑床的凹槽，柴薪可直接投在火膛内燃烧，前面留出投柴口，兼做通风洞。宋代改用煤为燃料，煤的燃点比柴薪高，不容易发火起燃，一旦燃烧后，火力的持续性则不如柴强。另外，用煤为燃料，升温速度慢。为适应这一变化，宋代窑工对马蹄窑，特别是对火膛的建构进行了改革，增加了通风道和漏灰装置等。宋代马蹄窑通风道的构筑一般有三种类型：一是通风道设在窑的前面地下，风道狭小，但却很长；二是通风道短，但有三条；三是通风道宽大且深，与落灰坑没有明显的分界线。在这三大类型通风道中，以第一类通风道居多。

宋代马蹄窑的火膛底部形制大致有扇形、三角形和弧壁梯形三种。部分火膛底部用卵石铺底，底部一般低于窑床0.1米~1.9米。容积有大有小，一般约占室内面积的三分之一。火膛构建有四种形式：一是在火膛底部挖落灰坑，在落灰坑上端铺设炉栅；二是不设落灰坑，而是在炉膛底部搭建炉桥和炉栅等设施；三是用煤炭和沙的混合物在火膛内烧结而形成类似炉桥和炉栅的功能；四是用耐火土烧制的粗大炉条搭置炉栅。窑室与火膛之间砌有挡火墙。窑门高度一般在1米~2.4米之间波动，宽度在0.36米~2.6米之间波动。排烟装置主要由隔烟墙、排烟孔、烟囱或排烟室组成。隔烟墙的宽度一般与窑室相同，多用砖砌成。排烟孔一般安设于窑尾隔烟墙的下端，其数量一般在6~24个波动，或作一排布列，或作两排布列，或作三排布列。隔烟墙后面的烟囱以两个烟囱为多见，烟囱底大致有半月形、圆角方形、方形、长方形、圆形五种。烟囱大致有三种构建方式：一是在窑尾建一个烟囱，二是在窑尾建两个烟囱，三是在窑尾建三个烟囱。烧成温度及其气氛的调节，多是通过烟火孔的堵塞或开启来实施的。

元代马蹄窑容积相对稳定，且容量较大。火膛底部形制均为扇形。炉栅的构建主要有两种式样：一是在火膛底部向下挖建灰炕；二是在火膛中建三道灰渣墙，在灰墙之上覆扣筒形匣钵残片，其上再密密地搭上特制的炉条。排烟装置则有四种类型：一是在窑尾后面的两个烟囱之间的隔烟墙上安装一个方形小吸烟孔，火膛内的火焰和烟气通过吸烟孔导入烟道墙排出；二是烟囱下部与烟道相连；三是在挡火墙与烟囱相连接的排烟孔中塞有砖头和残匣钵片用来调节排烟量；四是烟道分两部分，穹形烟室有三个烟孔相通，内室间大，可以保证充足的氧气，使窑膛火候均匀。

（三）平焰龙窑

我国古代南方流行的平焰龙窑沿山冈倾斜砌筑，最低的一端为火膛（在窑头内），最高的一端为排烟口（在窑尾），窑室为装烧坯件的空间，烧成时似一条火龙从山而下。其作用原理犹如一座倾斜放置的隧道窑，属平焰窑。龙窑既能利用烟气来预热坯体，又可利用产品冷却时发出的热来预热空气，使烧成温度可达1300℃，烧成时升温快，降温也快，可以快烧，可以维持还原气氛。

我国古代龙窑始自商代，商代龙窑的长度一般在3米~7米左右，春秋、战国时期，窑的长度增长到11米~15米左右。窑顶均坍塌不存，但是从部分文化遗址龙窑的遗存物可知，龙窑的窑顶基本为拱顶。有的火膛与窑室连成一体，有的火膛平面呈半椭圆形。商代龙窑的窑床或为泥底，或为细沙底，春秋、战国时期龙窑的窑床均铺沙。东汉龙窑在装烧容量上比战国时扩容，长度一般在10米~20米，窑的形制多为弧形顶，窑床坡度往往为前急后缓状，底部铺沙，窑尾烟火柱墙（又称隔火墙、排烟孔墙）的排烟孔宽窄不一，砌筑材料大致有黄泥和泥坯砖两大类。三国、两晋龙窑窑体容积比东汉时期有所增加，火膛构建也比前代有所改进：商代龙窑的火膛与窑室连成一体；春秋战国时期龙窑的火膛与窑室开始分离出来，而且火膛底部由后向前略作倾斜，但是与窑室底部处于同一平面上；三国龙窑火膛底部要比装烧坯体的窑室底部（又称窑床）低得多。火膛底部比窑室底部低，有助于火膛中的火焰燃烧。隋、唐、五代期间，南方大多数窑场继承汉晋传统，仍用龙窑烧造瓷器。出土龙窑数量比汉晋大大增加。隋代龙窑装烧容量比三国两晋时扩容60%，唐代龙窑装烧窑量又比隋代扩大1~3倍。隋、唐、五代龙窑多依天然山坡砌建，因而窑体坡度多为斜坡状，其坡度从窑头向窑尾逐渐增大。窑顶全部塌毁，但从出土实物资料遗存可推知为拱顶，拱顶的修建采用竹木龙骨技术。火膛多为单火膛，有等腰梯形、扇形、长方形、倒梯形四种形制。火膛面积大小不一，火膛坡度一般在9°~20°。龙窑火膛后壁的挡火墙的中间部分留有随时可堵、可拆的空当。修建材料有砖、砖和砾石、匣钵、土坯等，窑室主要用夯土和砖、土坯砖、废匣钵、夯土和砖合构或土坯砖与熟砖混合砌建。底部均铺沙，绝大多数窑底为斜坡状。隋、唐、五代龙窑的隔火墙、烟孔、烟道等排烟装置安设在窑尾，窑以木柴为燃料。宋代龙窑随山势地形修建，容积变化较大，但是基本形制沿袭前朝传统。由于宋代龙窑出土数量比唐五代时大大增多，因而龙窑的结构展示得比前代更为清晰。宋代龙窑由窑头、火膛（燃烧室）、窑室、窑尾等部分组成。窑头前端正中设火门，其下为风门。风门向火膛后壁展开若干股为通风道，通风道的上面覆以匣钵底片，凹面向下，中心穿孔，形成透火眼。火膛内的主要设施是炉栅、灰坑等。火膛平面多呈半圆形，火膛底部一般低于窑床 0.23 米～0.65 米。构成炉栅的炉条多为 9 条，其排列或为扇形，或作辐射状。制造炉条所用材料也不尽相同，有的用砖坯，有的用熟砖，有的用匣钵砌筑。火膛中的灰池或作长方形凹坑，或呈半圆形平底，其容积也大小不尽相同。宋代修建龙窑火膛膛壁的材料主要是熟砖。窑床坡度大致有四种类型：1. 倾斜状；2. 前段平缓，后段较陡；3. 前段陡，后段平缓；4. 总体呈斜坡状，但是各段的倾斜度不一致。汉唐南方龙窑的投柴孔的结构及其设置情况不明，宋代龙窑窑室侧壁上的投柴孔有方斗形、圆形和椭圆形三种。一般外壁较敞，窑墙里面较窄，到墙里壁又敞开。投柴孔的大小及其设置，也因窑而异。宋代龙窑所存窑门在 9～17 个之间，窑门大小也有所变化，宽度一般在 0.39 米～0.63 米之间波动。残高或复原高度在 1.15 米～1.3 米之间。所设位置大致有四种，一是窑门开于窑炉的一侧；二是多数窑门设在窑体的一侧，另一侧开设一个窑门；三是窑门分别开于窑炉的两侧；四是在接近窑室尾端开门或集中于窑室的前中段设置窑门。宋代龙窑与汉唐时期一样，尾部不设烟囱，排烟设施由窑尾墙、烟火柱墙、聚烟室（又称排烟室）、烟火弄（又称排烟孔）和出烟口等部分组成。窑尾墙位于窑的最末端，窑尾墙的前面若干厘米处为烟火柱墙。烟火柱墙的上部为挡火墙，挡火墙直通窑顶。烟火柱墙下部之间的空隙构成若干烟火弄（又称排烟孔）。窑尾墙与烟火柱墙之间构成一窄条状的空间为聚烟室（又称排烟室），聚烟室的顶部开出烟口。烧成时窑内烟气通过烟火柱墙间的烟火弄流向聚烟室内，最后从聚烟室上部的出烟口或出烟孔排泄出窑外。从总体上看，元代龙窑的建构继承宋代传统，但是，元代龙窑又有自己的时代特点：元代龙窑往往依山形貌顺势而为，窑体走向多有一定的弧度，一般修建在较为平缓的山坡上，窑体则是依照筑窑匠师认定的结构，修筑得规整笔直，在元代筑窑匠师看来，窑床斜直线的布局，有利于窑炉内的火焰均匀地流布。元代龙窑长度，不像前代那样窑体长短波动较大，元代龙窑除了个别窑外，长度一般控制在 35 米～60米之间。元代龙窑随着长度的缩短，坡度也大为减缓。

（四）分室龙窑

自商周以来直至隋唐，流行于南方地区的龙窑窑室均不分室而连成一体，可称为“通室龙窑”。宋元两代南方部分窑场工匠在修建龙窑时，把长长的窑室分成若干间，而构成“分室龙窑”。宋代分室龙窑一般由火膛、窑室、窑门、火道（火厢或挡火墙）、窑尾排烟装置五个部分组成，但是，宋代分室龙窑遗存数量少并且残缺不全，目前只能窥见分室及其火道的结构。

从分室中的火道形式角度来看，宋代出现的分室龙窑的结构有两种类型：第一种类型是在分室之间构筑火厢，第二种类型是在分室之间设置挡火墙。元代分室龙窑的火道与宋代分室龙窑有所不同，它有两种建构形式：第一种火道的建构是在窑室内建双排隔墙（挡火墙），前墙的窑顶处筑投柴孔，墙的下面安设烟火弄；后墙则不到顶。这两排隔墙的间距很小，一般在 20 厘米左右。烧窑时，先烧窑头火膛，把靠近火膛第一间内的瓷器烧熟后，再在第二间窑室中的前墙窑顶投柴孔处投柴燃烧。第二种是分室龙窑中的隔墙只建一堵，但是同样在隔墙窑顶处修筑投柴孔，隔墙下面建烟火弄；与此同时，在隔墙前后的窑室的两边墙壁下各修一条火道，这条火道与隔墙的烟火弄相通，从窑头到窑尾形成一条窑炉加热系统。明代残存的分室龙窑结构有五大特点：一是火道的建构有两种类型；二是窑室的数量较多，窑室的面积较大；三是每间分室均开一个窑门；四是窑尾的排烟设施由窑尾挡火墙、排烟坑等组成；五是砌建材料为砖、匣钵等。

（五）葫芦窑

元代景德镇开始出现的葫芦窑有四大特点：一、景德镇葫芦窑是从龙窑衍生出来的；二、景德镇葫芦窑的形制为腰部内收，窑床平面形状犹如卧地葫芦；三、景德镇葫芦窑的火膛面积比龙窑火膛大为增加；四、窑尾没有龙窑常见的排烟设施。

明代景德镇葫芦窑有八大特点：一、明代葫芦窑的长度比元代葫芦窑的窑体大大缩短；二、明代早期葫芦窑的前室大，后室小；三、明代晚期葫芦窑的前室小，后室大；四、景德镇民间葫芦窑的容积，比御器厂所用同类型的葫芦窑的容积要大得多；五、明代葫芦窑火膛形制与面积同元代葫芦窑较为接近；六、明代葫芦窑的尾部安设有烟囱；七、明代御器厂所用葫芦窑往往设有护窑墙；八、明代葫芦窑多用砖砌筑。另外，明代葫芦窑用木柴为燃料。

清代康熙至雍正初年葫芦形窑继承明代早期工艺传统，窑形似卧地葫芦，窑室前大后小，如育婴鼎器。康熙年间，景德镇葫芦窑的高度为两寻（1 寻为 1.62 米，两寻为 3.24 米），长度近四寻（6.45 米）。雍正初年，景德镇葫芦窑深一丈五尺（5 米），腹阔一丈五尺（5 米）。清代康熙至雍正初年葫芦形窑具体结构如下：顶有火门、火窗、库口、对口、引火处、牛角抄、平风起、末墙、火眼、过桥处、鹰嘴、余堂、靠背以至烟囱。架屋以蔽风雨。烟囱居屋之外，以腾火焰。

（六）覆瓮窑（蛋形窑）

雍正、乾隆年间，景德镇在葫芦形窑的基础上，推出了覆瓮窑。按照唐英《陶冶图说》所载，雍正、乾隆年间的景德镇覆瓮窑结构如下：“长圆形如覆瓮，高宽皆丈许（3.3米多），深长倍之（6.6米多）。上罩以大瓦屋名窑棚。其烟突围圆，高二丈余（近7米），在后窑棚之外。”这种覆瓮窑又因其形状酷似一个平卧在地的半个鸭蛋，故又称“蛋形窑”（或称“蛋壳窑”）。雍正、乾隆时期景德镇覆瓮窑前端高而宽，逐渐向窑尾收缩，窑尾有一独立的、高度等于窑长的烟囱，窑身长6.6米多，前端为窑门，封闭窑门后留一投柴孔，窑底自前向后逐渐倾斜向上，构成一定坡度。蓝浦著、郑廷桂补辑的《景德镇陶录》卷一谈到嘉庆时期景德镇的窑制时，与唐英《陶冶图说》所载相似：“窑制：长圆形如覆瓮，高宽皆丈余，深长倍之，上罩窑棚，其烟突围圆，高二丈余，在窑棚之外。”覆瓮窑由于火焰前进方向较平，又称平焰式窑或横焰窑。

（七）阶级窑

明代首现的阶级窑又称横室连房阶级窑，依山坡而建，后室顶部要高于前一室，全窑整体呈阶级状，由火膛、窑室、出烟室三大部分组成。

明代阶级窑主要见于福建漳州平和县，这类窑的每间窑室单独成间，窑底为斜坡式，底部铺沙。窑室两边设窑门，窑室前壁下部（一般在窑室左右的两座窑门之间的长条形的连接线处）设截面呈凹弧形的燃烧沟。燃烧沟低于窑床。窑室后壁下部设有一排整齐的栅栏状通火孔（即出烟孔）。烧窑时，火膛点燃后，火焰自窑顶倒向窑底，经隔墙下部通火孔进入次室加热器坯，最后从窑尾出烟室排走。阶级窑可以利用坡度增加抽力，利用烟气预热以后各室的坯体，又可以烧还原气氛。清代阶级窑主要见于福建漳州华安县，其结构与明代阶级窑相似，主要由火膛、窑室、出烟室三大部分组成，窑底部为斜坡状，每间窑室的两侧均开有窑门。但是清代阶级窑的容积比明代增大，窑室的间数也比明代有所增加。

正由于中国古代制瓷先民在长期制瓷实践中，摸索出并积累了一套比较成熟的工艺技术，因而不仅在各个历史时期推出了不少稀世佳珍的名品，丰富了中华民族的物质生活和精神生活，而且有力地推动了中国古代其他领域的科学技术的发展。

目录

CONTENTS

第　一　章

原始社会制陶技术的主要成就

瓷器是以瓷土、瓷石或高铝质黏土等为原料，表面施釉后，在1100℃以上的温度中烧制出来的一种产品，它主要用作碗、杯、碟等日常生活日用器，因其具有质地致密坚强、吸水率低、光洁美观、经济耐用且易于获得等优点，故自发明出来后便一直受到世人的青睐。制瓷技术的发明是我国古代一项重要的科技成就，它是在制陶、冶金技术之后，我国古代高温物理化学技术的又一项重要成果。大约从唐代起，我国瓷器便行销海外，成为我国与世界各国人民友好交往的重要物品。直到科学技术已高度发达的现代社会，各种各样的陶瓷制品依然是人们日常生活的必需品，并运用于社会生产的许多重要部门。

我国古代制瓷技术是在制陶技术的基础上发明出来的，它们的成型技术、装烧技术、筑窑技术，及至原料选择和加工技术等，都有许多共同之处；在瓷器发明之前，相关的许多器物都是用陶制造的。所以从这个意义上看，陶器亦可看作是烧造瓷器的前身。

古代制陶技术发明于新石器时代早期，依其发展状况，大体上可分为三个阶段：（1）发明期，新石器时代早期。出土过早期陶器的遗址主要有：江西万年仙人洞和吊桶环，距今12000～10000年；距今为10000～9000年的遗址还有河北徐水南庄头、广西桂林甑皮岩下层。此期所出陶器都较少，器形较为简单，质地疏松粗糙，有的还含有大颗粒石英砂。其中出土陶片较多的是仙人洞和吊桶环，器形完整的陶器是仙人洞陶罐。（2）发展期，相当于新石器时代中期，包括贾湖文化、裴李岗—磁山文化、大地湾一期文化等。总体上看，从新石器时代早期到中期，陶器数量和种类依然是较少的，器形较为简单；均为手制，往往使用贴片法；火候较低，质地松脆，或素或只有一些工艺性纹饰；非工艺性纹饰较少，习见有压印凹点纹、划纹、乳钉纹等。最初南、北皆用夹砂陶，稍后南方许多地方一度以夹炭陶为主；湖南岳阳坟山堡等处还发明了高镁质白陶，湖南洪江高庙还发现了距今7800年的白陶。（3）成熟期，相当于新石器时代晚期，即与仰韶文化和龙山文化年代相当的诸考古学文化。此时制陶技术得到了较大发展，不但生产陶器的数量和种类急剧增加，而且从原料选择到成型加工、表面装饰和烧成技术，都有了较大的进步。如原料方面，启用高硅型黏土和高铝质黏土；在成型工艺上，推广泥条盘筑法，发明了快轮制陶；在装饰上，除了成型过程中制作的繁杂机械纹外，“陶衣”技术、彩陶技术等都得到了较为充分的发展；在龙山文化晚期，不少地方还推广了快轮制陶。在烧成上，先后启用了卧穴窑和竖穴窑，并掌握了窑内渗碳工艺及据保温时间长短的变化来烧成黑陶和黑皮陶，或通过窑外渗碳工艺使陶器局部色泽变黑的技术。

从世界范围看，多数古文化民族都经历过制作陶器、使用陶器的阶段，但唯独我们民族在制陶技术之后，又于夏代早期发明了原始瓷技术，其中缘由也是很值得我们研究的。下面分别介绍我国原始社会制陶技术及其主要技术成就。

第一节 原料的选择和加工技术

为了了解原始制陶原料的选择和加工技术，自20世纪60年代以来，许多学者对南北考古发掘出来的古陶片进行了各种各样的考察和科学分析。表1－1－1所示为91枚原始社会陶器的化学成分，其年代由12400年前至4000年前，其地点有南方也有北方，其考古文化有万年仙人洞、桂林甑皮岩、跨湖桥、徐水南庄头、罗家角文化、裴李岗—磁山文化、仰韶文化、大溪文化、龙山文化、齐家文化等。从化学成分看，制作这些陶器的原料大体上可区分为四种类型：一为普通易熔型黏土，二为高镁质易熔原料，三为高铝质黏土，四为高硅质黏土。从使用范围来看，在原始社会中采用普通易熔型黏土原料制陶的窑场数量最多，但从陶向瓷转化的角度来看，则以高硅质黏土原料的发现和运用最为重要。

一、普通易熔型黏土原料

表1－1－1统计的黄河流域和长江流域一带的新石器时代的制陶窑场大都采用易熔黏土为制陶原料。经统计，这些陶片分属仙人洞、徐水南庄头、桂林甑皮岩、广东翁源青塘、跨湖桥、裴李岗文化、磁山文化、仰韶文化、大汶口文化、马家窑文化、龙山文化、齐家文化、大溪文化、屈家岭文化、罗家角文化、河姆渡文化、良渚文化、红山文化等文化遗址，有红陶、黑陶、灰陶、夹砂陶、夹炭陶、夹蚌陶、泥质陶、彩陶等。由表1－1－1可知，普通易熔型黏土原料在化学组成上有几个明显的特点：第一个特点是SiO_2含量通常低于70%，在49.05%～69.84%之间波动，超过了这一含量，通常便可视为高硅黏土而非易熔黏土。以普通易熔型黏土为制胎原料的陶器六十七个标本（表1－1－1，第1、3～7、13～37、39～41、44～52、57～66、73～80、82、84～88号）Al_2O_3含量较低，在12.56%～23.85%之间波动，平均含量为17.74%。第二个特点是着色剂Fe_2O_3和TiO_2含量很高，其中Fe_2O_3含量一般都在5%～9%之间波动，平均含量为5.38%。TiO_2含量一般都在0.46%～1.38%之间波动，平均含量为0.89%。由于原料中Fe_2O_3和TiO_2含量较高，因而在氧化气氛下烧成呈红色，在还原气氛下烧成呈灰色或黑色。第三个特点是熔剂CaO（2.59%）、MgO（1.86%）、K_2O（2.43%）、Na_2O（1.14%）总含量较高，平均含量为8.02%，使得陶器的烧成温度不能超过1000℃，最高为1100℃。如果超过这一极限，坯体中就会产生大量玻璃相，从而使制品发生变形甚至熔融。由于烧成温度的限制，制品中的气孔必然较多，因而使得用易熔型黏土为原料烧成的红陶、黑陶、灰陶中的空隙度大部分都在20%～30%之间。

有学者认为，仰韶文化、马家窑文化彩陶和龙山文化黑陶都是用黄河流域岸边的沉积黏土为制胎原料。这种经过河水千百次涨水、落潮、冲洗、拍打、沉淀，含沙的粗泥慢慢沉积在下面，上面精细、均匀、纯净的黄黏土、红土也逐渐聚集在一起而成为既具有可塑性又有一定黏性的用来制陶的天然原料[1]。有学者则认为，黄土高原上的马兰黄土和全新世黄土颗粒粗、含钙量高、可塑性差，不能作为制陶原料，只有那种以低 SiO_2、低 Al_2O_3、高助熔剂为特征，黏性好、可塑性强，地质学上所谓的"第四纪红土"才是制陶的理想原料[2]。还有学者认为，河南新密古城寨等龙山文化遗址出土陶器的原料不是遗址中普通的黄土，而属易熔黏土，胎体中含有较多的熔剂元素[3]。我国幅员辽阔，人们尽可利用各地的自然资源，来创造各地的陶器文明。

二、高镁质易熔原料

高镁质易熔黏土型陶器在化学组成上的主要特点是高镁和低铁、低硅、低铝。表中所列以高镁质易熔黏土为原料的陶器十一个标本（表 1－1－1，第 10、11、54～56、67～72 号）胎中 MgO 含量为 10.92%～23.99%，平均含量 17.62%；Al_2O_3 含量则很低，在 1.98%～10.66% 之间波动，平均含量为 7.72%；Fe_2O_3 含量也较低（1.33%～9.72%），平均含量为 3.97%；助熔剂 CaO（5.69%）、MgO（17.62%）、K_2O（0.54%）、Na_2O（0.25%）总量高达 24.10%。

高镁质易熔黏土原料和普通易熔型铁质黏土原料一样，由于熔剂（CaO、MgO、K_2O、Na_2O）含量较高，这类黏土的烧成温度不能超过 1000℃，否则就会产生大量玻璃相，使器物严重变形，甚至软化倒塌。一般认为，高镁质易熔黏土原料很可能是辉石、角闪石、绿泥石或滑石一类矿物的风化物[4]。高镁质黏土由于 Fe_2O_3 含量比较低，常被用于制造白陶。以高镁质易熔黏土为原料烧制的高镁低铁白陶始见于皂市下层文化的岳阳坟山堡遗址，约属公元前 5500 年[5]；稍后在罗家角遗址下层、大溪文化遗址等都有出土。

三、高铝质黏土原料

高铝质黏土，即含铝量高的黏土。南方陶瓷原料中的高岭土，北方陶瓷原料中的沙石、坩子土等都属于高铝质黏土的范畴。用这种原料烧成的陶器在化学组成上的特点是 Al_2O_3 含量较高。以高铝质黏土为原料制成的高铝白陶主要见于黄河流域，及与山东龙山文化年代相近的江西修水地区的山背文化。其四个标本（表 1－1－1，第 38、42、43、81 号）胎中 SiO_2 含量较低，平均含量为 57.22%；Al_2O_3 含量在 25.3%～29.51% 之间波动，平均含量为 27.99%；熔剂 CaO（2.25%）、MgO（1.88%）、K_2O（1.82%）、Na_2O（0.28%）总含量为 6.23%。高铝质黏土原料由于 Al_2O_3 含量较高，在 1000℃ 以下烧成时，所成器物多为红陶和灰质陶，但胎体中气孔率往往很高。但是高铝白陶的发明和高铝黏土的使用，在制陶技术发展史上具有重要的意义，因为如果在高铝黏土原料中，掺以相匹配的熔剂原料，在一定条件下可能实现由陶向瓷的转变。

四、高硅型黏土原料

高硅型（含二氧化硅量大于 70%）制陶黏土原料化学成分的基本特征是含硅

量较高。新石器时期采用高硅型黏土为原料来烧造陶器的窑场并不多见，到目前为止，仅见跨湖桥和珠海新石器时代文化遗址等少数窑场（夹砂陶含硅量较高，但本书未把它列入高硅黏土制品范畴）。表中所列浙江萧山跨湖桥和珠海遗址三个标本（表1－1－1，第21、89、90号）胎中SiO_2含量在70.13%～72.16%之间波动，平均含量为70.90%。Al_2O_3含量较低，在15.84%～19.28%之间波动，平均含量为17.50%。熔剂CaO（0.78%）、MgO（0.55%）、K_2O（1.48%）、Na_2O（0.66%）总含量平均为3.49%左右。着色剂Fe_2O_3含量在1.76%～2.63%之间波动，平均含量为2.19%。TiO_2含量为0.64%～0.98%。

高硅形制陶黏土原料因其化学成分与原始瓷和早期真瓷较为接近，因而这类原料的启用，对原始瓷的发明会在不同程度上产生一定的影响。但是由于当时窑温不够高，例如，浙江萧山跨湖桥早期文化遗址一个标本（表1－1－1，第21号）烧成温度只有750℃～830℃[6]，因而不能达到高硅黏土的玻化温度。高硅陶虽然传世较少，但它对人们的认识在不同程度上具有一定的启发作用。另外，陶寺文化遗址还出土过多枚SiO_2量大于69%的标本，这对原始瓷的发明，都有一定的启发。

对于新石器时代制陶原料是否采用过淘洗工艺，目前学术界有两种不同的看法：一种意见认为新石器时期对制陶原料加工的常用方法是选用质地较细、杂质较少的原料，必要时略加筛选，没有必要进行费时费力的淘洗，经过选择的陶土多较细腻、纯净，如裴李岗文化的一些细红陶，颗粒度常在15微米以下，很少有超过了100微米的[4]。也有学者认为，新石器时期制陶原料采用了淘洗工艺，因为甘肃兰州白道沟坪遗址马厂类型窑场中发现有淘洗池遗存：一个圆坑，口径0.58米、深0.44米、底径0.2米，坑壁有红胶泥，圆坑周围的地面上还发现许多红胶泥以及用红胶泥搓成的泥条等[7]；甘肃秦安大地湾二期文化许多精美的彩陶，其陶土经过淘洗；秦安大地湾和天水一带的半坡、庙底沟类型的器物也多用淘洗过的陶土成型[8]。有的学者还认为，裴李岗文化河南瓦窑嘴窑址出土的“泥质红陶和泥质黑陶均经过淘洗”[9]。有学者认为，秦安大地湾二期文化对细泥陶土的淘洗方法一般是将陶土放在石板或石臼中磨细，然后注水制成泥浆，进行逐级细化。由于石灰石较硬，难于磨碎，故而在泥浆粗分过程中留于粗泥中，上层的泥浆液转入另一池中沉降，因石膏类矿物微溶于水，经过磨细后，一部分留在上层清液中除去。经过淘洗之后的黏土细腻、致密[8]，提高了陶土的可塑性，易于制作特殊器形的器物，增大了器物的防渗水能力。通过淘洗降低了陶土中钙的含量，去除了使烧成之后陶器表面崩裂、掉皮甚至开裂的因素。在彩陶有很重要用途的时代，淘洗陶土是器物制作过程中重要的一环[10]。我们以为，这些说法都是可能的，人们完全可以依据不同的自然条件和对产品质量的不同要求来选定原料制备工艺。

五、羼和料

我国制陶先民为了改善黏土原料的工艺性能，往往在黏土原料中加入沙子或其他颗粒较粗的物料，学术界通常把这些加入物称为“羼和料”。

一般地讲，我国新石器时代制陶用的羼和料以砂粒（石英）为主。其目的在于减少陶土的黏结性能，以利于成型；增加胎壁强度，防止和减少坯体在干燥和烧制过程中的开裂，提高成品率；增加制品的抗急冷急热性能，避免陶器在火上加热时发生爆裂，延长使用年限。特别是作为炊器的鼎、鬲、釜等，羼和料的加入量相当高，有时为30%左右[11]。新石器时代早期镇江营一期制陶用的羼和料为云母类矿物碎末[12]。新石器时代早期甘肃秦安大地湾二期文化的陶片中加入了以碎透闪石为主的羼和料[10]。

羼和料除了砂粒、云母类、透闪石矿物外，还有水稻皮壳或植物枝叶及其炭化物、蚌壳碎屑、陶末、页岩碎屑、碎透闪石等。新石器时代长江流域及其以南的一些地区（如罗家角文化遗址、余姚河姆渡遗址和湖北枝江关庙山大溪文化遗址等）烧造陶器，采用水稻皮壳或植物枝叶及其炭化物作为羼和料，这类陶器叫做“夹炭陶”，又称为“夹植物陶”。对于水稻皮壳或植物枝叶炭化物羼入陶土时的具体形态，学术界曾有过两种不同的看法：一说它是未做炭化处理，而直接以谷壳、稻秆或其他植物茎叶的形式加入，在烧制过程中炭化作用的结果[11]；二说“稻壳和植物茎叶事先经过燃烧炭化，然后放到黏土中加水拌和使用”[13]。有学者为此进行了模拟试验，最后认为大溪文化陶器多数的“炭”皆事先做了炭化处理，只有少数陶片使用了未做炭化处理的碎稻壳，这种碎壳很可能是舂米时筛下来的，并认为“用炭化稻壳作羼和料的优点较多，用粗稻壳作羼和料的缺点较多，碎稻壳可以作羼和料，但效果不如炭化稻壳”[14]。罗家角文化遗址出土过一种使用贝壳碎屑为羼和料的陶器[15]，崧泽文化遗址也出土了以大颗粒或微小颗粒的蚌壳为羼和料的陶器[16]。大溪文化关庙山类型则大量利用夹蚌陶做炊器。位于长江南岸的红花套和清水滩遗址、长江当中的中堡岛遗址的不少炊器也用蚌壳末作为羼和料[14]。马家窑文化马厂期可能用蛭石为羼和料[17]。新石器时代有的窑场，例如舞阳贾湖窑场，先后分别采用过稻壳、蚌片、骨屑、云母片和滑石粉作为羼和料[18]。有学者认为，舞阳贾湖烧造的陶片中，除了掺有植物的炭化物外，还可能有一些植物的枝叶[19]。

新石器时代制陶用的羼和料，对后世多种复合材料技术、合金技术等的发展都有一定影响。

表1－1－1　新石器时代陶胎的化学成分

序号	文化类型、器物种类	成分（%）										参考文献
		SiO_2	Al_2O_3	Fe_2O_3	TiO_2	CaO	MgO	K_2O	Na_2O	MnO	P_2O_5	烧损	
1	万年仙人洞第4层砂质陶	69.51	14.15	2.55	0.92	0.80	1.31	1.34	0.05	0.02	0.07	9.30	[20]
2		76.62	15.60	2.81	1.01	0.88	1.44	1.48	0.06	0.02	0.08	0.00	

续表

序号	文化类型、器物种类	成分（%） SiO$_2$	Al$_2$O$_3$	Fe$_2$O$_3$	TiO$_2$	CaO	MgO	K$_2$O	Na$_2$O	MnO	P$_2$O$_5$	烧损	参考文献
3	万年仙人洞第3层砂质陶	54.31	18.49	7.23	0.81	1.21	1.11	1.80	0.45	0.02	0.41	14.05	〔20〕
4		63.26	21.54	8.43	0.94	1.41	1.29	2.10	0.52	0.02	0.48	0.00	
5		61.57	15.74	6.24	1.01	0.80	0.91	2.04	0.05	0.04	0.41	10.95	
6		69.59	13.77	5.23	0.74	0.44	1.01	2.19	0.19	0.06	0.14	6.54	
7	万年仙人洞第2层砂质陶	68.57	21.14	4.03	1.05	0.99	1.43	2.38	0.26	0.03	0.11	0.00	
8		75.09	11.12	1.43	0.62	0.81	0.62	0.84	0.12	0.02	0.20	9.01	
9		77.71	14.35	2.76	0.98	1.05	1.02	1.95	0.05	0.02	0.11	0.00	
10		71.34	13.17	2.53	0.90	0.96	0.94	1.79	0.05	0.02	0.10	8.19	
11	徐水南庄头砂质陶	49.49	13.65	9.72	0.42	5.78	10.92	0.68	0.27	0.10	0.19	0.00	〔21〕
12		54.25	14.96	10.66	0.46	6.34	11.97	0.75	0.30	0.11	0.21	0.00	
13	桂林甑皮岩夹砂红陶	50.70	20.19	6.05	1.18	—	5.73	0.78	0.6	—	—	14.5	〔22〕
14		59.47	23.68	7.10	1.38	0.00	6.74	0.91	0.70	0.00	0.00	0.00	〔23〕
15	翁源青塘红陶	59.39	23.85	3.24	1.02	1.98	0.95	0.65	0.63	—	—	8.5	〔22〕
16	湖桥早期遗址夹炭黑陶	69.51	21.54	2.36	0.54	1.02	1.34	2.52	1.17	0.01	0.05	—	〔23〕
17		66.74	22.59	3.91	0.59	1.63	1.26	2.23	0.92	0.02	0.35	—	
18		63.18	20.78	6.22	1.11	2.12	2.85	2.64	1.10	0.07	0.10	—	
19		64.77	24.01	3.80	0.62	1.41	1.59	2.67	1.13	0.02	0.13	—	
20		68.89	20.65	4.24	0.51	0.95	1.44	2.10	1.24	0.02	0.05	—	
21		72.16	19.28	2.19	0.64	0.99	1.26	2.30	1.19	0.01	0.06	—	
22	裴李岗 细泥红陶	60.0	18.61	8.84	1.01	1.15	2.75	2.0	1.13	0.05	0.96	5.53	〔24〕
23	裴李岗 夹砂红陶	56.09	19.51	9.0	0.71	1.07	1.45	3.58	0.17	0.13	1.65	7.56	
24	裴李岗 红陶	57.43	17.11	7.31	0.96	1.55	1.96	1.33	2.24	—	4.07	6.19	〔22〕
25	河北武安磁山文化红陶	59.43	21.41	3.97	0.53	0.85	2.95	0.98	5.31	—	—	4.34	
26		62.98	17.11	5.49	0.67	2.42	2.61	2.81	1.62	—	—	3.59	
27		49.68	19.48	8.45	1.16	2.01	1.67	2.93	0.93	—	3.08	9.89	

续表

序号	文化类型、器物种类		成分（%）											参考文献
			SiO_2	Al_2O_3	Fe_2O_3	TiO_2	CaO	MgO	K_2O	Na_2O	MnO	P_2O_5	烧损	
28	红陶	仰韶文化	66.50	16.56	6.24	0.88	2.28	2.28	2.98	0.69	0.06	—	1.43	〔25〕
29	夹砂红陶		64.66	17.35	6.52	0.77	2.39	3.35	3.35	1.26	009	—	—	
30			67.08	16.07	6.40	0.8	1.67	1.75	3.00	1.04	0.09	—	1.47	
31			60.47	15.79	5.98	0.74	6.87	3.45	3.3	1.17	—	—	1.75	〔22〕
32			50.87	16.63	6.61	0.87	14.13	5.26	3.01	0.81	—	—	2.09	
33	黄陶		51.00	14.90	8.80	1.10	15.10	4.00	2.00	1.50	—	—	1.40	〔25〕
34	陶坯		60.22	17.07	6.99	0.79	1.02	2.57	3.21	1.14	0.03	—	6.72	
35	赤峰水泉红山文化红陶		65.91	13.07	4.52	0.73	4.95	2.71	3.19	0.91	—	—	3.43	〔22〕
36			62.68	14.92	5.76	0.84	6.30	2.00	2.46	1.28	—	—	3.75	
37	王因红陶	大汶口	49.05	21.29	7.45	1.24	2.34	2.26	2.19	1.38	0.14	6.66	5.65	
38	白陶		66.24	25.30	2.42	1.05	1.54	0.44	1.61	0.28	—	—	1.74	
39	甘谷彩陶	马家窑	57.20	13.56	5.28	0.71	12.36	1.76	2.94	1.17	—	—	4.91	
40	临洮辛店		54.92	17.47	6.17	0.75	9.28	3.18	3.59	0.69	0.23	—	3.39	
41	天水西上坪		59.64	16.44	6.22	1.05	7.21	3.46	2.84	1.07	—	—	2.48	
42	薄胎白陶	龙山文化	63.03	29.51	1.59	1.47	0.74	0.82	1.48	0.18	0.03	—	1.45	
43	白陶		49.48	27.75	1.71	1.09	5.33	6.15	1.79	0.44	—	—	5.91	
44	黑陶		67.98	13.97	6.13	0.79	2.34	2.38	2.73	1.35	0.05	—	1.52	〔25〕
45	薄胎黑陶		61.11	18.26	4.89	0.81	2.7	1.34	1.55	2.42	0.11	—	6.97	
46	黑陶		63.57	15.20	5.99	0.92	2.65	2.43	2.77	1.62	0.07	—	5.39	
47	黑陶		65.53	13.77	4.49	0.79	2.05	1.41	2.98	2.13	0.07	0.69	—	〔22〕
48	红陶	齐家	65.16	13.10	5.50	0.69	9.26	0.44	3.39	1.15	—	—	1.17	
49	夹砂红陶		62.42	17.16	6.38	0.84	1.84	2.68	4.13	1.42	—	—	2.81	

续表

序号	文化类型、器物种类		成分（%）											参考文献
			SiO_2	Al_2O_3	Fe_2O_3	TiO_2	CaO	MgO	K_2O	Na_2O	MnO	P_2O_5	烧损	
50	泥质红陶	大溪文化	63.68	15.28	6.69	0.88	1.47	0.99	3.05	0.53	0.16	2.25	4.79	〔24〕
51	夹炭红陶		54.87	7.10	4.85	0.94	2.5	0.71	2.22	0.29	0.09	4.4	8.49	
52	夹蚌陶		64.72	14.49	5.24	0.90	1.85	0.53	1.52	0.89	0.11	3.68	5.77	
54	白陶		66.46	3.68	1.64	0.01	0.37	23.97	0.15	0.04	0.03	0.17	3.45	
55	泥质白陶		67.79	5.52	3.41	—	1.18	18.01	0.61	0.69	—	—	—	〔26〕
56			68.33	5.57	1.33	—	0.53	19.31	0.34	0.41	—	—	3.27	
57	白陶		69.71	22.12	1.54	1.00	0.21	0.81	3.08	0.13	0.01	0.06	1.27	〔24〕
58	细泥黑陶		61.42	19.01	4.43	—	0.90	0.79	1.87	1.51	—	—	5.31	〔26〕
59	泥黑陶		64.83	17.83	5.17	—	0.54	1.44	1.83	0.94	—	—	6.04	
60	泥质白陶		68.12	20.57	2.68	—	1.85	0.09	2.43	0.75	—	—	—	〔24〕
61	薄胎黑陶	屈家岭	60.54	18.27	5.41	1.05	1.45	1.14	2.6	0.44	0.04	2.43	3.29	
62	泥质浅灰陶		64.85	19.8	6.41	0.87	0.75	1.80	2.16	0.87	0.04	0.46	1.68	
63	夹炭黑陶	河姆渡	60.88	17.18	1.44	0.68	1.44	1.0	2.18	1.4	0.06	0.3	13.42	〔13〕
64	夹炭黑陶		57.72	17.31	4.13	0.89	2.01	0.79	1.96	0.76	0.14	2.13	12.58	
65	夹砂黑陶		67.44	15.4	1.63	0.77	0.88	0.66	3.39	1.31	0.04	0.41	8.74	
66	夹砂灰陶		63.01	16.58	3.97	0.75	1.54	0.89	2.41	1.05	0.11	2.33	7.5	

续表

序号	文化类型、器物种类		成分（%）											参考文献
			SiO_2	Al_2O_3	Fe_2O_3	TiO_2	CaO	MgO	K_2O	Na_2O	MnO	P_2O_5	烧损	
67	一层白陶	罗家角文化	52.13	5.53	1.98	0.4	9.49	19.62	0.18	0.12	0.09	3.88	6.38	〔24〕
68	二层白陶		58.25	6.35	2.01	0.28	9.39	21.48	0.47	0.16	0.04	0.57	0.94	
69	一层红陶		57.08	6.74	2.82	0.37	6.44	16.31	0.69	0.16	0.1	2.80	—	
70	一层白陶		59.08	8.2	3.32	0.45	7.48	18.94	0.72	0.11	0.05	1.1	1.14	
71	灰白陶		51.7	8.29	3.12	0.34	7.91	16.25	0.5	0.11	0.13	—	6.74	
72	灰白陶		54.34	6.47	3.76	0.29	7.75	17.04	0.81	0.1	0.11	—	6.21	
73	夹砂红陶		60.9	15.36	6.32	0.54	1.78	1.04	2.14	0.86	0.05	3.37	7.01	
74	四层夹炭黑陶		61.03	14.64	5.13	0.94	1.61	0.94	1.78	1.32	0.11	4.2	9.11	
75			60.22	15.45	5.04	0.98	1.93	0.88	1.45	0.95	0.13	4.37	7.96	
76	质灰红陶	河姆渡	61.23	16.22	3.62	0.86	1.68	1.53	2.78	1.33	0.09	3.43	7.27	〔13〕
77	夹砂红陶		65.2	14.78	5.04	0.47	0.87	0.68	2.63	1.05	0.04	3.24	6.49	
78	二层泥质红陶		55.77	19.05	5.93	0.98	1.29	1.77	2.77	0.98	0.07	4.79	6.53	
79			55.46	20.33	10.0	1.28	0.63	1.77	2.4	0.67	0.07	3.59	3.25	
80	良渚灰陶		54.09	21.34	9.45	1.29	1.14	2.36	2.71	0.8	0.08	3.21	3.98	〔22〕
81	跑马岭红陶		50.14	29.38	4.16	1.28	1.4	0.1	2.39	0.23	—	—	10.56	
82	昙石山下层细砂陶		52.52	19.88	9.14	1.16	0.56	1.2	1.3	1.29	—	—	7.71	

续表

序号	文化类型、器物种类	成分（%）											参考文献
		SiO_2	Al_2O_3	Fe_2O_3	TiO_2	CaO	MgO	K_2O	Na_2O	MnO	P_2O_5	烧损	
83	陶寺类型早期夹砂灰陶	70.22	14.8	3.47	—	0.82	0.92	1.44	1.55	—	—	2.77	〔27〕
84	陶寺类型早期泥质红陶	69.84	16.23	5.28	—	0.32	0.81	2.33	2.55	—	—	0.71	
85	陶寺类型早期泥质陶	69.20	16.23	6.28	—	0.16	0.91	2.29	2.48	—	—	1.05	
86	陶寺类型晚期泥质灰陶	69.37	15.95	4.21	—	1.94	0.80	2.47	1.38	—	—	0.63	
87	陶寺庙底沟二期泥质红陶	69.18	16.48	6.04	—	—	0.90	2.60	2.60	—	—	1.05	
88	崧泽下层夹沙陶	66.86	16.51	5.13	0.72	0.87	1.72	3.90	1.94	0.10	0.18	1.54	〔28〕
89	崧泽中层泥质陶	64.67	18.10	6.41	0.98	0.93	2.18	3.32	1.09	0.06	0.49	1.76	
90	珠海泥质红陶	70.42	15.84	2.63	—	0.95	0.30	0.95	0.30	—	—	5.66	〔29〕
91	珠海三灶岛草堂湾泥质黄陶T⑥3	70.13	17.37	1.76	—	0.39	0.10	1.19	0.49	—	—	7.67	

表1－1－2　新石器时代陶器的孔隙度、吸水率、烧成温度和气氛

编号	文化类型	孔隙度（%）	吸水率（%）	烧成温度（℃）	烧成气氛	参考文献
1	大地湾文化一期绳纹 QY2	—	—	750±20	还原	〔30〕
2	石岭下类型白彩橙红陶 SI1	28.2	14.9	1020±20	氧化	
3	半坡类型黑彩红陶 BP1	22.9	11.6	950±20	氧化	
4	庙底沟类型夹砂黑陶	24.6	12.3	800±50	氧化	
5	庙底沟类型黑彩红陶 MD3	—	—	1000±20	氧化	〔31〕
6	马家窑类型黑彩橙黄陶 MJ2	27	12.3	1000左右	氧化	
7	半山类型黑彩橙陶 RS1	28.8	16.4	1000±20	氧化	
8	马厂类型黑彩橙黄陶 MC2	26.3	13.7	800左右	氧化	
9	珠海三灶岛草堂湾泥质黄陶 T⑥3	—	15.14	650	—	〔29〕
10	珠海三灶岛草堂湾泥质黄陶 T⑥4	—	14.71	650	—	
11	龙山文化襄汾陶寺类型灰陶	—	—	750～851	—	〔27〕
12	河姆渡第四文化层夹炭黑陶 YMT23（4）	28.29	16.77	850～900	—	
13	河姆渡第四文化层夹炭黑陶 YMT27（4）	32.82	19.71	800～850	—	〔33〕
14	河姆渡第三文化层夹炭黑陶 YMT30（3）	39.27	25.37	830～870	—	
15	龙山文化城子崖薄胎黑陶 46A	—	—	1000	—	
16	龙山文化城子崖红陶 64A	—	—	950±20	—	〔34〕
17	龙山文化陕西长安 60C	—	—	1000±50	—	
18	新郑裴李岗泥质陶 EN2	—	—	910±20	—	
19	新郑裴李岗砂质陶 EN4	—	—	820±20	—	〔35〕
20	武安磁山砂质陶 EN4	—	—	1020±20	—	
21	武安磁山泥质陶 EN7	—	—	890±20	—	

第二节　成型技术

我国新石器时代陶器的成型工艺主要有三种，即直接成型、模制成型（包括泥片贴筑法和泥条盘筑法）和轮制成型。直接成型出现于新石器时代早期的前期阶段（距今 9000 年前），模制成型流行于新石器时代早期的后期阶段（距今 9000 年—6000 年），轮制成型主要见于新石器时代晚期。

一、直接成型

考古出土资料表明，中国距今一万多年的甑皮岩遗址下层陶器的成型，采用直接成型法。具体操作是：对一块黏土（或者是一层黏土）从不同方向加以猛击、挤压，也就是对一团泥土单独用手反复拍打挤压，或者是对一团放在模具中的黏土从不同位置锤击而成。因而在其出土陶片的断面上，呈现着密致的纹理，但走向很不规则。如一段水平式的走向，突然被斜向纹理打断，而斜向纹理走向又会忽然变化，总之，整个纹理走向是很乱的。在这种纹理的改变走向处绝不见两层泥片的黏合痕，而统统是属于在一块泥土中形成的痕迹。如一处从器表到内壁表皮的通贯全部厚度的横向纹理，上部的中心微向内凹，显然是因手指捏紧它时形成的[1]。

有学者按照甑皮岩遗址下层出土的陶器标本腹部较矮，胎壁厚薄不匀，下腹部最厚处达到 3.6 厘米，制作粗糙，形状不规则，而且不见泥片贴筑或泥条盘筑痕迹，推断其为捏制成型（捏塑法）[2]。

二、模制成型

流行于新石器时代早期的后期阶段（距今 9000 年—6000 年）的模制成型，主要有泥片贴筑法和泥条盘筑法两种工艺。

泥片贴筑法又称为模具敷泥或模具敷贴法。成型用的模具分内模和外模两种，皆低温烧制。模具经过烧成后不怕水，又不会开裂，还有吸收水分的性能。甘肃大地湾一期文化遗址发现了制作器物的内模和制作壶口的外模，均为经烧制的实心泥质模具[3]。内模主要用于器身成型。成型时利用内模为依托，逐层敷泥形成器身胎心。外模常用于壶的颈部，通常分作数块，每块皆呈弧形，利用外模做依托，逐层敷泥形成壶颈的胎心。壶的器身内模往往分为上下两半，以便于脱模。壶的颈部外模则分为左右两半，合拢后便于敷泥，拆开后便于脱模。敷泥法包括两种操作方法，一是挤压法，二是抹泥法。前者以模具（器身内模和壶颈外模）做依托，用手指挤压料，适用于敷胎心和有绳纹的外表层。后者用手指涂抹泥料，适用于各类器物的内表层和壶的外表层。操作时往往以挤压法为主，抹泥法为辅。

有学者认为，内模成型和外模成型均是在转轮上进行的。内模成型法是将内模（据推测多是些圆形的葫芦和果实，将其一半切下）扣在轮盘上，与圆心订正，然后将泥拍成厚薄均匀的圆形泥片，放在内模的半圆上，拍实、刮平，修去口部不匀齐部分的泥料。如果需做成宽口盆时，则在口部再加一条泥条，基本修光，然后扣出，除去内模后晾半干。圜底器可放在器座上，平底器放在地上。用内模成型法成型多见于大口圜底的碗、钵、盆等。关于外模成型问题，在巴尔姆格特《半山及马厂随葬陶器》一书中载有：一件器物上部内壁有从口部到腹部四周用手扒泥时扒出的手指纹印。这是在有外模的情况下，用泥条盘筑或拍成泥片后向四周将泥扒匀而留下的痕迹。有学者用外模的方法复制陶器也这样处理时，同样留有这种痕迹，可见马家窑文化半山时期彩陶中有一部分是采用外模成形制陶。其外模可能就是其他罐的上部和下部，两半模在其腹部的最宽处接口[4]。

泥片贴筑法在新石器时代早期的后期阶段（距今9000年—7000年）较为流行，浙江余姚河姆渡一期文化[15]、甘秦安大地湾一期文化[6]、山东省滕县北辛早期文化遗址[16]、北京平谷上宅文化遗址[17]、湖北城背溪文化遗址[18]、河南密县莪沟文化遗址[19]、湖北皂市下层文化遗址[18]、陕西临潼白家文化遗址[20]、粤北翁源青塘类型遗址[21]等遗址均采用这种成型工艺[7]。

泥条盘筑法比泥片贴筑法出现稍晚些，大概在距今7000年—6000年之际[8]。泥条盘筑成型也是在模具上进行的，它分为盘筑和圈筑两种技法。其法是先将器底拍打成型，接着用泥条盘筑器壁，泥条用坯泥搓成，一根一根连续延长，盘旋上升（盘筑）；或者一圈又一圈，每圈首尾相接地落叠而上（圈筑），然后内外抹平制成器型，做出口沿，最后里外抹平。

有学者认为，仰韶文化时期，大地湾遗址出土的泥条盘筑法成型工具——制陶平底托盘，器体厚重，盘中心有一圈凸起的泥棱，另一件为敞口平底陶盆，出土时，盆底恰好形成一个盘筑泥条的工作台面。出土的这类制陶平底托盘自成一个系列[9]。泥条盘筑法成型，应是在轮子上做成的，因为那些又长又大的尖底瓶和半人高的大缸能找到很准确的同心轴，如果不用轮子成型而由人托着泥条绕着器形去转圈实在是难以想象的。其方法应该是：把泥放在轮子和器座上，一边盘筑，一边旋转，直到完成所需要的形状为止。将泥条推垒起来，继续转动轮子（多用脚协助——现在一些土法制陶也是用左脚来推动轮子转动，这样可以解放两只手），两只手一内一外将泥条纹抹平，使器壁厚薄均匀，外表初步光滑，制坯就算完成了[10]。

泥条盘筑成型时修坯的方法主要有拍打、刮削、抹平三种。拍打时内外分别用河卵石（或陶垫）和木制陶拍内外夹攻。拍打具有使坯体定型、提高致密度、消除泥条间隙、防止开裂等作用。刮削的工具可能是用竹片或木料制成的。刮削和抹平一般是将毛坯置于慢轮上边旋转边进行的，这样做可使坯体形状规整、厚薄均匀。

渭河流域至黄河流域进入盘筑法技术的年代，大概在距今7000年—6000年之际，长江中游约在距今6000年的上半期开始实行盘筑法。长江下游发生在距今6000年的中期以后，珠江三角洲流行盘筑法技术的年代，大概要晚到距今5000多年[11]。

三、轮制成型

轮制成型包括慢轮修整与快轮拉坯成型两种。慢轮修整技术是指采用转速较慢的轮车来修整坯体。轮车空盘旋转一圈一般用1.2秒～1.25秒，手拨放置器物盘转一圈一般用1.11秒～1.23秒。由于轮车转速较慢而只能用于修整坯体。

仰韶文化半坡类型较晚阶段出土的少数陶器的口沿，留有同心圆旋纹痕，表明慢轮修整工艺至迟于此时出现。仰韶文化庙底沟类型口沿留有同心圆旋纹痕的器物，不仅数量增多，而且同心圆旋纹痕由口沿延续到上腹，表明慢轮修整工艺得到进一步发展。有学者认为，仰韶文化晚期，慢轮修整得到广泛应用[12]。

对于慢轮轮车的质地目前有三种不同的说法：第一种说法为陶质[13]，第二种说法为石质[14]；第三种说法为慢轮轮车由陶质和木质转盘组合而成[10]。对于慢轮的工作原理也有三种不同的认识。有学者认为：陶质慢轮轮车是一种转速较慢的转盘，作斜腹翻唇圆盘状。盘的口径约在30厘米左右，底径只为口径的三分之一。转盘的通高仅7.5厘米，翻唇垂直高约7.2厘米，翻唇下还有3.9厘米的底沿。翻唇周缘设有较大的穿孔。慢轮虽未配置旋转中轴，但因盘体中剖面可呈顶大底小倒置等腰梯形，盘面和底的圆心都设在均分等腰梯形的垂直线上，该垂直线可构成一条看不见的重力中轴，整个盘体围绕此重力中轴均衡布局。力的中心支点设在盘的小底，从而保证了盘的可转性和运转时的平衡性。如用手把握盘沿进行转动，即可带动整个盘体进行旋转，然而陶质慢轮由于形体低矮，小底径约占盘面径的三分之一，这样又限制了旋转的速度和持久性[11]。有学者对下孟村出土的陶质慢轮进行过旋转模拟测试，结果表明：手拨轮车空盘盘沿圈速为1.2秒~1.25秒，手拨放置器物盘沿圈速为1.11秒~1.23秒，手拨盘穿把手空盘盘沿圈速为1.28秒，手拨盘穿把手放置器物盘沿圈速为0.94秒~1.25秒[12]。

有学者则认为，甘肃秦安大地湾遗址出土的石轮和石棍是当时先民用来轮制制陶的工具（图1-2-1）。该石轮直径约12厘米，厚约2厘米~3厘米，中间的空心圆直径约3厘米左右，石轮中间空心的圆呈中间窄、两边宽，石轮两面较平。另有一根石棍，长约10厘米，直径3厘米~4厘米，两头稍尖，一头尖端部分有经旋转而留下的痕迹。该石轮为轮盘，石棍为轮轴。其使用方法如下：将石轴固定在地上或木头上（打个洞将其嵌入），使其稳定不动，再将石轮安在石轴上，加上些动物油脂做润滑剂，石轮就能做圆周运动。大地湾遗址出土的一种器座乃是制陶和修坯放在轮盘上作固定圜底器和小底器的辅助工具使用的。使用时，先将器座放置在轮盘上转动轮子，调整器座使它做同心圆旋转，轮子停止后，用软泥将器座固定，然后放上陶坯，使之卡在上部的喇叭口内，订正后就可以修坯了[13]。

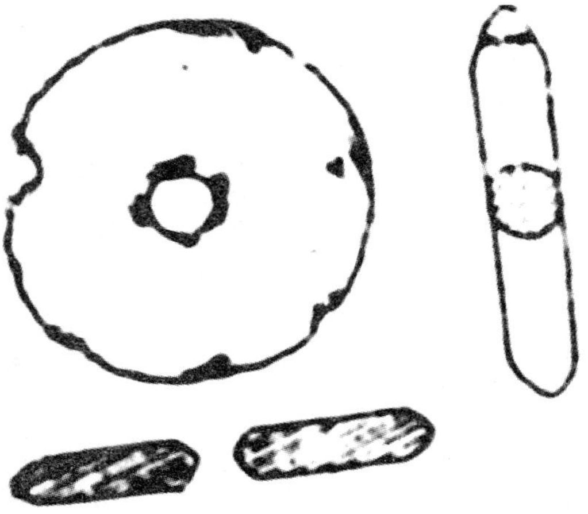

图1-2-1　秦安大地湾遗址出土的成型工具（石轮和石棍）
采自文献〔4〕

主张慢轮轮盘由陶质和木质转盘组合而成的学者认为，使用这类慢轮进行修整陶坯时，把陶质转盘放置在另一个木质转盘上，陶工转动木质转盘同时也就带动了上面的陶质转盘。在操作使用时，陶质转盘的小平底和沿面是朝上，这是因为慢轮制陶时往往从器底做起，小平底凸起向上，翻沿向下，其外周有宽平厚重的边沿，把它置于木质转盘上较平稳；同时可将半干坯体器口向下复置其宽平沿面之上，以便于制作和加工；由于陶质转盘的腹壁呈反弧形，可将小于转盘口径的陶坯扣在小平底和宽平沿之间的凹槽内制作和修理[10]。

快轮又称陶车和轮车，它是在改进慢轮基础上发展起来的一种拉坯成型工具。快轮的特点是旋转速度快而平稳，产生的离心力强而均匀。快轮拉坯系指利用陶车快速旋转所产生的离心力，将位于陶车盘中心的泥料提拉成所需形状的器坯。通过快轮拉坯成型的坯体一般器型规整，壁厚均匀，并可做出很薄的制品来。采用快轮拉坯成型，往往是主件、附件分别制造，一般是先制主件，后安附件。

经快轮拉坯成型的器物往往在器表残留下三种不同的痕迹。一是底部内表和器壁留有拉坯时形成的平行密集的螺旋形拉坯指痕。二是外底会留偏心涡纹，纹理呈不规则的螺旋形（即轮盘尚在旋转时用绳子将坯体从陶轮上切割下来的痕迹）；或正心涡纹，纹理呈规则的螺旋形（即将已经切割下来的坯体扣放在陶轮上，边旋转边用平头工具从外底中央向边缘逐渐移动刮削修整时遗留的痕迹）。三是有时坯体内外表面还可看到细密的麻花状扭转皱纹[14]。此三种痕迹，也是今人鉴别古代陶器是否轮制的重要依据。其中“螺旋形拉坯指痕”是主要的，“外底偏心涡纹”有时在慢轮制陶中也可看到，“坯体麻花状扭转皱纹”则往往较难看到。当然，经过了较好的修整和装饰，这几种痕迹都可能消失。

黄河下游和长江中游是我国境内轮制法使用最早的两个地区。其中，生活在大溪文化第四期（距今5330年—5230年）的制陶先民，开始启用快轮拉坯成型工艺[10]。到了新石器时代晚期的龙山文化，快轮拉坯成型工艺就广为流行，并具有相当水平。

第三节　器面装饰工艺

原始社会陶器的器面装饰工艺包括陶纹制作、表面磨光、涂施色衣和彩绘四种。

一、陶纹制作

由陶胎本身构成的陶纹，系器体的一个部分，其制作工艺包括压印法、拍打法、滚压、刻划、剔刺法、堆砌法和镂孔七种。压印法系将绳子缠在细木棒上压印陶坯，可得到绳纹、篮纹、方格纹及其他几何形纹。拍打法乃是在陶拍上刻出条形、方格形或其他几何形阴纹，便可在坯体上拍打出相应的花纹。一部分绳纹和线纹是在修坯过程中拍印上的，拍印纹饰具有加固器壁和装饰的双重作用。不管压印还是拍印，加工时均须在陶坯里面垫以卵石或陶垫，以便于加工和防止变形。对于加固胎壁来说，使用刻有阴纹的拍子，要比素面拍子来得更有效。还有一部分绳纹和线纹是滚压而成的。附加堆纹常用一段段泥条接续成带状或者用手指压成波浪状。刻划是用利器在器面上划饰而成，常见弦纹、三角和网状三种。在陶器表面另外堆上一些泥条或泥块，得到的花纹叫“附加堆纹”，这种花纹除装饰外，还可起到加固器壁的作用。镂孔主要见于圈足器。镂孔有圆形、方形、三角形等几种。大地湾一期文化在器物成型后用缠绳的木棍在器表滚压，形成交错绳纹。施加绳纹可提高陶胎致密度，加强各层之间的结合程度。

二、涂施陶衣

无釉陶器在中国史前时期使用时间很长。无釉陶器存在不少难以克服的缺点，如器表毛糙、使用时易于沾污、不易清洗、气孔多、储藏液体易于渗漏等。为了克服这些缺点，制陶先民先后启用涂施陶衣和打磨等工艺，使之器面光洁，增加美观，减少渗漏；龙山文化黑陶在烧成后期用烟熏法，使烟气中的碳微粒渗入到陶器的气孔中，以达到减少渗漏的目的。

陶衣又称色衣，也叫涂层。它是用粒度较细的陶土或调入颜料的细陶土加水调成泥浆，涂刷到将干而未干的坯体表面之后入窑烧成，使陶器表面附着一层陶衣。其作用是变更陶质的原色，增加美观，增强致密性。陶衣习见的颜色有红、白、黑三色。跨湖桥文化遗址陶器上的红色陶衣是通过在陶坯表面涂一层 Fe_2O_3 含量较高的细颗粒泥浆涂层烧制而成的。其原料可能是遗址附近的一种红色矿石（主要物相是白云母、石英、赤铁矿和长石）磨成粉料添加到颗粒很细的黏土里形成泥浆涂在陶坯表面，烧成后期，铁在氧化气氛下氧化或保持原来红色的氧化状态，形成陶器红色表面层[1]。大溪文化枝江关庙山遗址彩陶上的红陶衣是以含铁量很高的红黏土为原料[2]，其白色陶衣是以含铁量很低的白黏土泥浆为原料[3]。有学者认为大溪文化彩陶上的白色陶衣是以高岭土为原料，河南郑州大河村仰韶文化遗址彩陶上的白色陶衣也是以高岭土为原料[2]。良渚文化盛行的黑色陶衣的原料是经过精细淘洗的胎料泥浆，其中红胎黑衣是在氧化烧成之后进行窑内渗碳的结果，灰胎黑衣是在还原烧成之后进行窑内渗碳的结果。良渚文化黑陶衣出现“带铅色光亮”与该窑用松脂较多的松柴进行渗碳有关[4]。有学者认为，甘肃古代各文化时期彩陶上的陶衣用料，乃是用白垩土或红土调成泥浆或在泥浆中调入了一定量的颜料，如赭石、高岭石和铁锰矿而成[5]。

对于粒度较细或比制胎原料更细的陶衣原料的加工方法有两种，一是用石磨磨成粉料，例如，上述跨湖桥文化遗址陶器上的红色陶衣用料——遗址附近的一种红色矿石，是用石磨磨成粉料添加到颗粒很细的黏土里形成陶衣泥浆；二是采用淘洗工艺，例如，城背溪文化遗址出土的“个别器物涂刷红陶衣所用的泥浆是经过淘洗的”[6]。河南舞阳贾湖遗址还发现了用于加工陶衣原料的淘洗池[7]。

涂施陶衣一般采用涂刷法。陶衣的厚度取决于泥浆的浓度，陶衣的光泽取决于打磨的程度及打磨时器表的干湿程度。给陶器施加陶衣，一方面是为了器表漂亮悦目，另一方面也增加了器体表面的致密度。仰韶文化彩陶多施红色陶衣，马家窑文化彩陶多施红、白、橙等色陶衣。有的陶器陶衣很厚，达 1 毫米；有的很薄，只有 0.1 毫米。

三、磨光与刮磨

磨光是通过手工将坯体表面打磨而达到光平美化的目的，多用于新石器时代早期和中期的灰陶和彩陶。刮磨是利用一种原始的机械装置将器壁变薄而达到薄而光平的目的，主要用于新石器时代晚期龙山文化的薄胎器皿。

坯体表面磨光操作是在坯体并未全干时进行，做法是用砾石或骨器等在其表面进行滚动摩擦或滑动摩擦，使之出现光泽。磨光分为连片磨光和间隔磨光两种手法。连片磨光多见于碗的内壁和罐底。磨光时，工具横向运动，磨光一片之后，转动一下坯体，再磨光另一片。间隔磨光法多用于划纹和凹弦纹组成的图案内，工具为斜向运动，操作时要避免磨掉纹样。

坯体表面磨光工艺至迟发明于裴李岗和磁山文化时期。仰韶文化和大溪文化、屈家岭文化的彩陶绘彩后也要经过磨光。这是因为彩陶一般采用矿物颜料，例如赤铁矿、磁铁矿、锰铁矿、白垩和石膏等来装饰陶器。由于矿物颜料直接涂绘于器表不容易附着（当时人们尚未掌握在颜料中加胶的方法）而无法彩绘，经过长期摸索后，人们将颜料涂于未干的陶坯表面，再磨压，颜料与陶坯表面形成一种镶嵌结构，即彩绘图案嵌入到器表，烧成之后，陶坯上的绘饰图案就不易脱落。而且，经过打磨使器表质地致密，黏土和矿物颜料的晶体有规则地排列，从而使器表产生光泽。这一工艺发明具有非常重要的意义，由此产生了中国古代绚丽多姿的彩陶文化[8]。彩陶磨光一般是利用贝壳或光滑的卵石沿彩绘平行的方向压磨，将颜料嵌入到陶器表面；或者彩绘完毕后用圆棍在陶器表面滚压。

有学者通过显微镜和 X 光摄影观察山东日照两城镇龙山文化薄胎陶杯发现，为使快轮制作的器壁达到最薄，陶杯在晾干之后，器壁又被进一步刮磨，并推测：当时制作陶器时，陶轮是被固定在一个起支撑作用的车床上，而且为了控制陶胎的厚度，车床上安装有刮尺。陶杯内壁每隔 1 毫米 ~1.1 毫米就有一道较深的凹槽，这些凹槽说明在制作观察中使用的刮尺是一种多齿的修整工具，刮尺自下而上做水平圆周旋转，以使器壁变薄。每一道凹槽与在车床上加工过程中留下的木质或石质器具的修整痕相似，但后者是螺旋形的[9]。

四、彩绘

原始社会中的彩绘是在已经烧成的陶器器面之上，用不同的彩料绘画，绘后不再烧造。由于未经高温处理，色料不会因分解、氧化而变色，故可供选用的色料品种比较多，色彩比彩陶更为丰富多样，而且每种彩都有深浅浓淡的变化，但是彩料和胎结合不牢，色彩易于脱离。其色料可以是矿物颜料，也可以是有机染料，选料范围较宽，多用作殉葬陶器的加彩美化。此技术约萌发于江西万年仙人洞第二层文化遗址[10]，嗣后不断发展。在大地湾一期文化出土的碎陶片中，发现了一件先磨制后彩绘的白色彩绘陶。其标本样品（Q. D303H398）是在磨压后的罐内壁上用白色烧石灰或烧料礓石粉末和水彩绘而成。由于烧石灰或烧料礓石粉末具有气硬性和水硬性特点，彩绘之后硬化而附于器表[11]。安阳鲍家堂仰韶文化晚期遗址出土了极少数烧成后绘彩的彩绘陶，出土时颜色鲜艳极易抹掉。其中盂施朱红色陶衣，绘深红色彩，肩上绘三周平行带纹，腹下绘一周平行带纹，中间夹绘人字形纹，人字形纹两侧向外各有平行线纹[12]。甘肃秦安大地湾仰韶文化晚期遗物中出现白色和朱红色的彩绘陶，其中白色颜料经过分析为白垩，红色为朱砂[13]。新石器时代中期的大溪文化、新石器时代晚期的屈家岭文化、中原龙山文化陶寺类型也有一些彩绘陶[14]。

距今3600年的内蒙古赤峰夏家店下层文化墓地出土的彩绘陶都是以黑灰色地陶器表面为底色，绘以白、红两色花纹。两种颜料经鉴定的几例标本为陶器上脱落下来的碎屑，其中白色为方解石（$CaCO_3$），红色为为朱砂（HgS）[15]。随葬石皿中出土一团红褐色颜料，经鉴定是用赤铁矿粉（其中含少量的钨酸铁）加工而成[16]。少量颜色在陶器上显现橙黄，与红色相间使用充当白，与白色相间使用充当红。这类颜料经鉴定是红、白颜料相混合所致。发掘者在清除陶器彩绘表面附着的泥土和水锈时，发现彩绘的颜色不易被水或乙醇（C_2H_5OH）浸解而脱落，并在个别器物上颜料调得浓、着色厚的地方能看到颜色凝固过程中表面结膜的褶皱。这褶皱是由于颜色表面首先结成膜，膜下的颜色陆续凝固收缩，致使表面膜随之出现的，表明调色的调合剂应是不易渗入陶质，表面能先结膜的，所以很可能是用某种胶质或油质做颜色的调合剂。从观察彩绘笔道粗细和颜色浓淡的变化中判断，只应是以毛笔作画才能出现这样的效果[15]。有学者通过X衍射分析后发现，陶寺遗址彩绘陶器上所用的彩绘颜料主要是朱砂、方解石、孔雀石、蒙脱石等天然矿物，其中，红色颜料为朱砂（HgS），绿色颜料的主矿物为孔雀石〔$CuCO_3 \cdot Cu(OH)_2$〕，白色颜料主矿物为方解石（$CaCO_3$），黄色颜料为蒙脱石，化学成分为 $(Al、Mg)_2$〔Si_4O_{10}〕$(OOH)_2 \cdot nH_2O$[17]。

彩绘陶的操作工艺是先在器的外壁涂一层黑色陶衣，再在陶衣外面施一层白粉，然后在白粉层上进行彩绘，彩绘以墨、朱两色为主，个别的则以银色作为主体。泥质红陶多施白衣，个别的涂黄粉，然后彩绘，彩绘则以红色为主。彩绘图案以几何纹和云纹为主。有学者认为，新石器时代大地湾遗址仰韶文化晚期遗物中已出现了白色和朱红色的彩绘陶。其中，朱绘陶片上已明显地出现应用胶结介质的迹象[18]。

目前所知最早的彩绘陶，为新石器时代早期的甘肃秦安大地湾一期文化出土的用白色方解石彩绘的陶罐残片（公元前5400年）[14]和湖北枝江市城背溪遗址（公元前4400—前3300年）出土的一件陶盘上涂朱砂的彩绘陶[19]。新石器时代中期的大溪文化和新石器时代晚期屈家岭文化、中原龙山文化陶寺类型也有一些彩绘陶[14]。其中，西王村类型中还有一种粉白彩，它是在陶器烧成后绘上去的，容易脱落，有圆点纹、波折纹和弧线纹[20]。

五、彩陶

彩陶是在陶器泥坯尚未干燥时就用颜料在陶坯上绘画各种纹样，然后用光滑的细小石器（河卵石）、骨器等在陶坯表面沿一定方向压磨，使颜料嵌入器坯中，形成一种咬合结构，入窑烧成后彩料就烧牢在坯体之上而不易脱落[21]。彩陶技术约发明于新石器时代中期，贾湖文化、大地湾一期、河姆渡文化一期（最下层）、新郑裴李岗新石器时代遗址等都有少量彩陶出土；新石器时代晚期，在仰韶文化、马家窑文化、大汶口文化中，彩陶技术都得到了充分发展，其中尤以马家窑文化为盛。

彩陶的彩色主要有赭红、黑、白三色，另外还有少量的紫彩、棕彩。光谱分析结果表明，赭红彩的主要着色剂是铁[22]。有学者认为，彩陶中的红彩主要是由含 a—Fe_2O_3的矿物组成，a—Fe_2O_3是显色剂，对彩陶的颜色起着决定性的作用，并且红彩中的Fe_3O_4含量极少。半山类型的红彩中还含有锰元素[23]。仰韶文化宝鸡北首岭遗址出土的红颜料，实验结果断定为“天然赤铁矿（a—Fe_2O_3）矿物颜料”[24]。有学者认为仰韶文化彩陶中赭红彩的原料可能是用赭石制成[22]。用作红彩的颜料还有朱砂（HgS）[25]。甘肃、宁夏等地有些彩陶上的红彩呈现为紫色，是以紫色泥岩为颜料。大溪文化关庙山遗址彩陶上的红彩是以赤铁矿的风化物赭石（主要成分是Fe_2O_3）或含铁量很高的红黏土为颜料[26]。

黑彩的主要着色剂是铁和锰，其原料可能是一种含铁量很高的红土[27]。有学者通过 XRD 和 PIXE 分析后发现：仰韶文化姜寨遗址彩陶所用黑色颜料是某种锰铁矿，而不属通常的地表红土[28]。河南淅川县下王岗遗址出土仰韶文化一期的一块黑颜料，经鉴定也为锰铁矿石[29]。仰韶文化庙底沟时期的河南渑池县班村遗址出土彩陶上的黑彩的显色物相则为锌铁矿[30]。有学者认为大溪文化枝江关庙山彩陶上的黑彩和棕彩除含有较多量的锰和铁外，还含有微量元素钴等，与当地丘陵地红黏土层之下的河卵石层当中的一种扁球形的“铁锰结核”所含元素相同。将“铁锰结核”加水研磨成浆状就成为良好的黑彩颜料[31]。有学者认为，黑彩颜料的主要成分是磁铁矿或锰铁矿[23]。马家窑文化彩陶中的许多器物表面黑彩犹如黑漆一样光亮，究其原因有二：一是选择了黑色颜料相纯度高的矿石，二是颜料的细化程度的提高以及打磨工序更为精细。至于其在黑彩四周有微小的毛刺状黑边，乃是打磨时颜料扩散所致[32]。

关于仰韶文化彩陶白色彩料的原料有四种不同说法：一说是用一种含铁量低的瓷土加少量助熔剂制成[33]，另一说是方解石和硬石膏的混合物、高岭土等都可用作彩陶的白色颜料[5]，第三种说法是仰韶文化庙底沟时期的河南渑池县班村遗址出土的彩陶上白彩的显色物相为非晶态的铝土矿[30]，第四种说法是新石器时代彩陶的白色彩料以高岭土为原料[34]。

彩陶上的棕彩，经光谱分析，它与黑彩的化学组成基本相同，但是，棕彩的锰含量低于黑彩，铁含量则高于黑彩，可能它是以红黏土与铁锰结核的混合物为颜料[34]。

原始社会彩陶颜料的加工方法是，先把红色颜料（赤铁矿）和黑色颜料（磁铁矿和锰铁矿）粗矿带到制陶作坊，用手选的方法去掉粗矿中的杂质（其他岩石、黏土等）后，放在石臼中撞击，使其成为较粗的粉末，然后再在石臼或石砚中研磨，达到一定的细度后，用来绘制彩陶图案[35]。仰韶文化临潼县姜寨遗址第二期出土了彩陶颜料的加工工具石砚、磨棒和石盖[36]。仰韶文化兰州白道沟坪和临潼县姜寨遗址还有红颜料和陶水杯等[37]。另外还出土了配色用的陶碟，陶碟分格，格中配有紫红色颜料[38]。

彩陶纹样多为几何纹，也有动物和人物图案。这些图案细腻流畅，形象生动。

有学者从所绘纹饰上的尖细笔锋推测，似为毛笔所绘；在这些笔中，不仅有软毛做的“笔”，而且还有硬毛做的“笔”。可见仰韶文化半山、马厂类型描绘那些细长流畅线条纹样的“笔”，可能是狼、鹿的硬毫制成的长锋笔[39]。也有学者推测绘画彩陶纹样所用工具是在木棍一端缠上纤维类物质，然后蘸上颜料浆在陶坯上描画[35]。有学者则认为，仰韶文化、马家窑文化彩陶纹样的绘制，多采用轮绘技术制成，即绘彩时，握笔的手不动，或做上下、斜形、弧形等简单的机械运动，它的直线既不靠直尺，它的曲线也不靠圆规，主要是靠陶坯本身在陶车上做圆周运动，因此用这种方法绘制出来的图案，就产生了与其他图案迥然不同的装饰效果。具体绘制步骤如下：先将修磨好而未干透的陶坯放置在有轮盘的器座上，绘画时先转动轮子，画上几个主要的圈纹，将画面分成几个部分，再将几个主要部位的花纹定点画出来，然后转动轮子，用弧线、斜线将这些定点的花纹连接起来，再用圆圈纹、波浪纹等将它们组合成为一个整体。绘画时是将轮子按前→左→后→右，按顺时针方向旋转的。

仰韶文化半坡时期彩陶纹样多以直线或斜线为主，这是因为当时的轮盘尚处于低级阶段，轮盘转动速度慢。马家窑文化马家窑时期和马厂时期是轮绘彩陶的高峰阶段，器壁上黑亮均匀的弦纹一圈又一圈，而且均匀、整齐，没有一点毛边，不见头、尾（起笔和落笔），每根弦纹之间的距离都相等。同心圆随着器形的弧度从颈部到腹部一个比一个大，又从腹部到底部一个比一个小，这是任何不借助轮子的高级手工技师都做不到的；然而，只要将陶坯在轮盘上放定后，转动轮子，将饱蘸颜料的笔，按一定距离一次又一次地向下移动，就可以得到这无数均匀整齐的同心圆[40]。出土资料表明，马家窑文化马厂时期，类似圆规的作图工具在施彩中也得到了应用。

第四节　陶窑及烧造技术

新石器时代早期陶器为无窑露天平地堆烧而成，自新石器时代中期开始，我国制陶先民开始在地下挖穴为窑烧造陶器。新石器时代中期流行卧穴窑（又称横穴窑），新石器时代晚期出现竖穴窑。与此同时，我国制陶先民认识到窑内气氛对陶器呈色的影响，并掌握了通过窑内渗碳工艺及其保温时间长短的变化来烧成黑陶和黑皮陶，或通过窑外渗碳工艺使陶器局部色泽变黑的技术。

一、升焰穴窑

原始社会早期烧造陶器为露天堆烧，到了新石器时代中期制陶先民发明了升焰穴窑。穴窑一般由火膛（燃烧室）、火道（火焰流由火膛进入窑室的通道）和窑室三个部分构成。按照窑室和火膛的设置情况，原始社会的升焰穴陶窑可分为两大类型：一为卧穴窑，二为竖穴窑。

竖穴窑的特点是：火膛直接位于窑室（装烧坯体的空间）之下，火焰自窑底上升到窑室，将坯体加热后，自顶部排出。卧穴窑火膛则位于窑的侧方，火焰经倾斜火道进至窑室底部，再上升进入窑室，将陶坯加热后自窑顶排走[1]。由此可见，无论是卧穴窑还是竖穴窑，它们都属升焰窑。

新石器时代中期发明的陶窑为卧穴窑（又称横穴窑），窑室和火膛横置地面以下，在圆形窑室的前方有较长的穹形筒状火膛，火膛和窑室基本位于同一水平上，燃烧时火焰由火膛沿着火道进入窑室；后来升高窑室，使火膛位于窑室的下侧方，燃烧时火焰通过倾斜的火道和均匀地分布于窑室周围的火眼进入窑室。其形制大致有窑室和火膛紧密相连、窑室和火膛分界比较明确、火道上加设窑箅和火眼、窑室作长方形或方形圆角而底部有窑墩子、有并列的两处火膛、窑室底部有两股以上的火道、火道呈叶脉状等七种类型〔2〕。

第一种类型为窑室和火膛紧密相连。这种类型的卧穴窑主要见于仰韶文化半坡类型东庄村 Y202 号窑。该窑的窑体平面呈瓢形，残长 1.8 米，窑室北壁平面呈半圆形，直径约 1.06 米，残高 0.12 米~0.5 米，火膛平面呈梯形，最宽处 0.5 米、高 0.25 米，拱顶，平底，火膛由南向北渐宽通向窑室，窑室底部和火膛底部连为同一平面，窑室与火膛相连处无明显分界，火口侧视呈半圆形〔3〕。

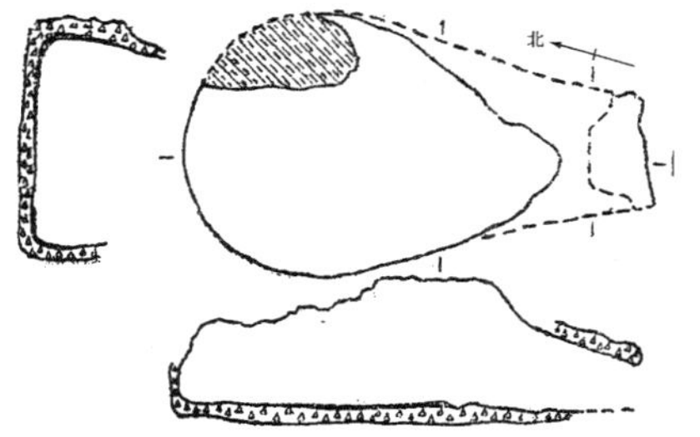

图 1-4-1　仰韶文化半坡类型东庄村 Y202 号卧穴窑　采自文献〔3〕

第二种类型为窑室和火膛分界比较明确。这种类型的卧穴窑主要见于仰韶文化半坡类型姜寨 72T12 号窑。该窑的窑室为圆形，直径 1.83 米，底部沿窑壁附近挖有一道环形火道。在环形火道的正中又有一条东西向的直条形火道，火道长宽 0.18 米，深 1.35 米。这些火道把窑室底部分割成南北相对的两个椭圆形土墩子，中间的火道的底部与地面呈 35 度夹角，作斜坡状与火膛相通。火膛为长条形，长 0.9 米，底部平坦，但比窑室的底部低 1 米左右〔4〕。

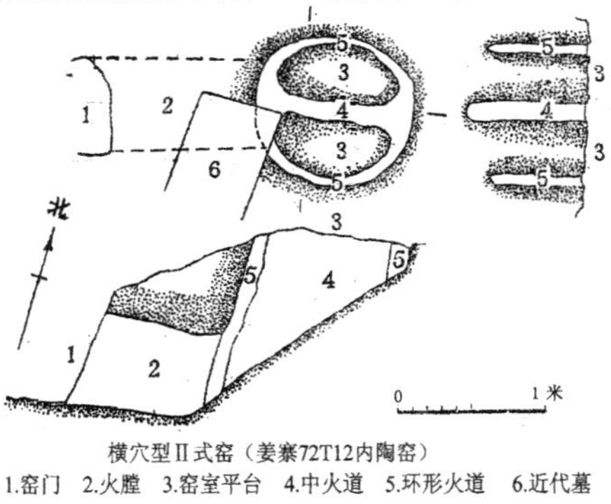

图 1-4-2　仰韶文化半坡类型姜寨 72T12 号卧穴窑　采自文献〔4〕

第三种类型为火道上加设窑箅和火眼。这种类型的卧穴窑主要见于仰韶文化庙底沟类型下孟村 Y2 号窑，该窑的平面作“8”字形，窑室呈圆筒状，直径 1.34 米，深 0.8 米，周壁涂有一层厚 5 毫米的草拌泥，被火烧灼成十分坚硬的青灰色硬面。窑室底部沿室壁挖有一条环形火道，使窑室底部形成一个底面较平的土墩。环形火道之上部敷有一层草泥土，使之与窑室底部连为同一平面，形成一层窑箅，然后又在草泥土上距离均等地挖有 10 个菱形火眼。火膛作圆形，口径约 0.45 米，下面通过一道与其口径差不多宽窄的过道与窑室下面的环形火道连接。火膛底部低于窑室的底部[5]。

第四种类型为窑室作长方形或方形圆角而底部有窑柱。这种类型的卧穴窑主要见于红山文化四棱山 Y1 号卧穴窑。该窑的整个平面略似网球拍，全长 2.6 米，窑室南北长 1.4 米，东西宽 1.38 米，现存高度 0.4 米。周壁用石块砌成，里壁抹一层厚 0.008 米～0.01 米的泥土。窑室内有 4 个排列有序的用石块砌成的窑柱，四周抹一层草拌泥，窑室中心形成十字形火道，后排 2 个窑柱为圆角形，长 0.4 米，宽 0.34 米，前排 2 个窑柱呈圆角三角形，柱面长 0.52 米～0.56 米，宽 0.3 米，高 0.34 米。陶坯放在窑柱上，直接与火接触。前排 2 个窑柱既起到分火的作用，也起到窑床的作用。火膛长 1.2 米，宽 0.6 米～0.8 米，呈斜坡状[6]。

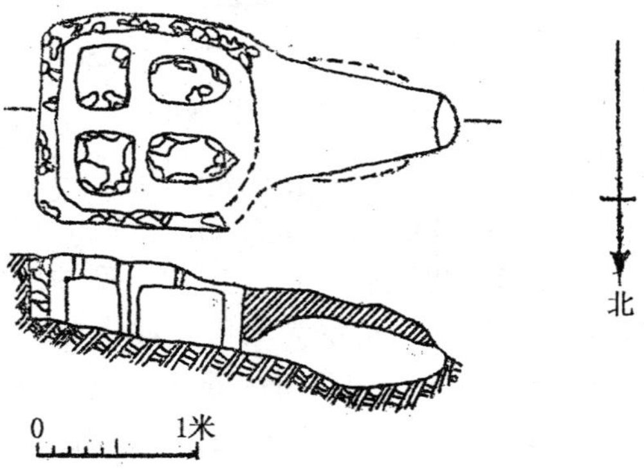

图 1－4－3　红山文化四棱山 Y1 号卧穴窑

采自文献〔6〕

第五种类型为有并列的双火膛的连窑室。这种类型的卧穴窑主要见于红山文化四棱山 Y6 号卧穴窑。该窑的窑室平面为长方形，东西长 2.7 米，南北宽 1 米，窑壁残高 0.4 米～0.5 米，用石块砌筑而成，里壁抹有草拌泥，厚 0.005 米～0.01 米。全窑分为前后两部分，前边是火膛，后面是窑室，火膛与窑室之间有一道隔梁，斜坡状的火道经过隔梁进入窑室，窑室底部有 8 个有一定间隔的窑墩子。东西两头的 4 个窑墩子较大，中部的 4 个窑墩子较小。窑室的东西两头均开设有两个火膛。火膛两头窄，中间宽，呈椭圆形，长约 1.8 米，宽 0.8 米～0.95 米，高 0.6 米～0.9 米，在黄土上掏洞而成。两个火膛的底部均作斜坡状向上通入窑室[7]。

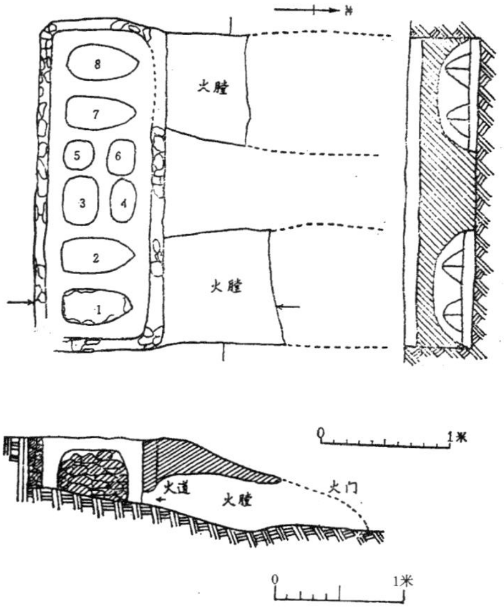

图 1－4－4　红山文化四棱山 Y6 号卧穴窑
平、剖面图　采自文献〔6〕

第六种类型为窑室底部有两股以上的火道。这种类型的卧穴窑主要见于新石器时代中期秦安大地湾遗址出土的 QDY800 号卧穴窑和河南龙山文化三里桥 Y4 号卧穴窑。前者窑室上口距地面 0.52 米，距火膛底部 1 米，火膛呈长方形，一般深 0.5 米～1 米。火道分三股向上斜通入圆形或椭圆形的窑室，中间火道将窑室分成两个半圆形的平台，两侧火道贴附在窑室底部的周壁。窑室底部和窑壁抹草泥土[8]。后者不仅加大了窑室容积，还增设了四条间隔均匀的沟状火道。火膛与窑室之间有一道隔梁，火力作斜坡状向上通向窑室，底部则分为四股扩散开来。

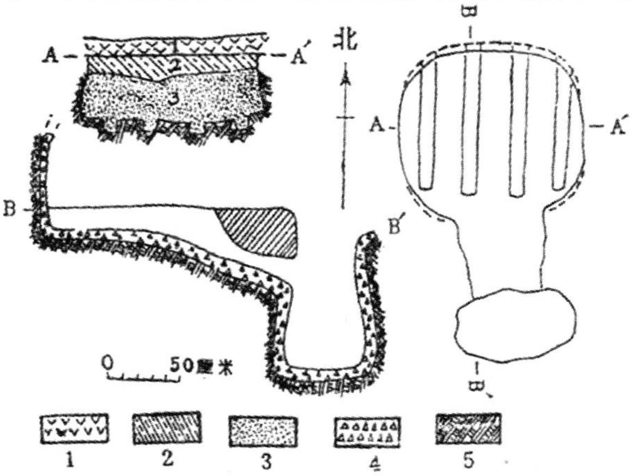

横穴型窑Ⅵ式(三里桥Y4)
图例：1.耕土　2.黄褐土　3.黄灰土　4.红烧土
5.生土

图 1－4－5　河南龙山文化三里桥 Y4 号卧穴窑
采自文献〔13〕

第七种类型为火道呈叶脉状。这种类型的卧穴窑主要见于新石器时代大汶口文化大汶口窑。该窑总体横长，一端宽大，一端窄小。窑室呈圆形，底部有三股主火道，每股主火道又各分出两三股浅而短的分火道，形成叶脉状[9]。

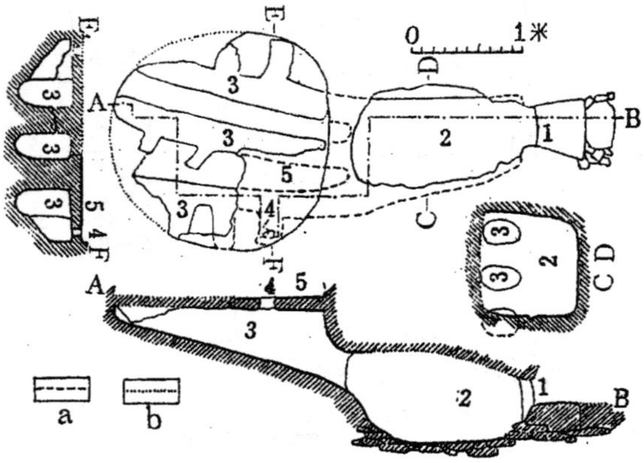

横穴Ⅶ式窑（大汶口陶窑）

图例：a.隐蔽部分 b.复原部分

图 1-4-6 大汶口文化大汶口卧穴窑

采自文献〔9〕

新石器时代晚期出现的竖穴窑，把火膛与窑室从卧式布置改为立式布置，火膛为口小底大的袋形坑，整个窑室坐落在火膛的正上方，大致可分为只设一两个火眼和安设多个火眼两种类型。

原始社会竖穴窑的第一种类型，只设一两个火眼。这种类型的竖穴窑主要见于仰韶文化半坡类型西安半坡遗址 Y2 号窑，该窑的窑室平面略作圆形，窑底中部有两个火眼。火膛设在窑室的下部，火膛底部作椭圆形，东西长 2.24 米，残高 0.9 米。火膛与窑室之间的隔间构成窑箅，箅上有两股火道与窑室底部的火眼相通[10]。

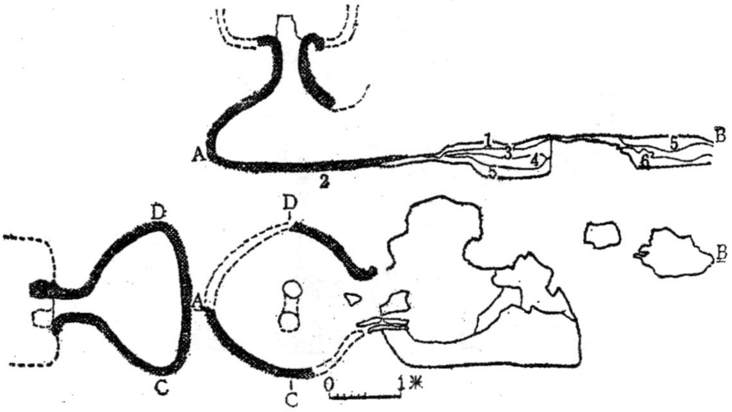

图 1-4-7 仰韶文化半坡类型西安半坡遗址 Y2 号竖穴窑

采自文献〔10〕

原始社会竖穴窑的第二种类型为安设多个火眼。这种类型的竖穴窑主要见于仰韶文化秦王寨类型汤泉沟遗址竖穴窑和山西襄汾陶寺遗址陶寺文化偏早阶段LY3窑。前者窑的底部是用草拌泥筑成的平面近圆形的窑箅。箅的周边和窑壁之间有一宽0.03米~0.04米的环形火道，同时为保持箅的稳固，又在箅的周围和窑壁之间用草拌泥做了6个黏附点，从而形成了6个弧形火眼（箅孔），在箅的中部还留有1个直径约0.05米的圆形火眼（箅孔），共7个火眼。火膛在窑箅之下，火膛的中部竖立两个并列的窑柱以支撑窑箅[11]。

陶寺文化偏早阶段LY3窑有两条主火道，每条主火道向窑壁垂直伸出六条分火道。主火道长1.2米，宽0.14米，深0.12米~0.16米。在火道上用草拌泥间隔覆盖而成的窑箅呈网格状，间隔距离0.06米~0.1米，留出16个火孔，孔径0.04米~0.1米[12]。

新石器时代晚期陕县庙底沟遗存的竖穴窑火道却增至8条，其上设出火孔25个，凡是离火膛远的出火孔均较大，以减小火焰在该处流出的阻力[13]。又如，新石器时代晚期的山西万泉龙山文化遗存的竖穴窑设有两条主火道和三条分火道。靠近火膛的主火道较深，接近窑室的另一端逐渐变浅，分火道更浅，这就更利于引导烟火向上运动，有利于提高空气吸入量、强化燃料燃烧过程和提高窑内的温度[14]。

卧穴窑出现于新石器时代中期，竖穴窑诞生于新石器时代晚期。虽然竖穴窑与卧穴窑的烧成温度比较接近，两者都在900℃~1050℃之间，但是，竖穴窑由于结构比卧穴窑更趋合理，其烧成温度和气氛均相对稳定，这从两者烧成陶器的成色可以反映出来：新石器时代中期秦安大地湾一期文化制陶先民采用卧穴窑烧造陶器，陶器多呈暗红或砖红色，表面上夹有灰色或黑色斑块，往往还有内黑外红或两面红中间黑的现象[16]，这是因燃烧不充分致使火候不匀造成的；新石器时代晚期仰韶文化、马家窑文化和龙山文化制陶先民采用竖穴窑烧造陶器，多数陶器就克服了器面色泽斑驳不一的毛病，器表呈色趋于一致。新石器时代早期的露天平地堆烧，烧成温度比较低，一般只有600℃~800℃，只能烧氧化焰。

新石器时代使用的穴窑四周有窑壁，可以避免大量的冷空气，烧成温度要比无窑露天堆烧的温度高得多，但是由于难以控制空气量，所以仍是1000℃以下的氧化气氛[1]。

二、气氛控制和陶器呈色

在新石器时代，我国制陶先民通过长期的生产实践认识到窑内气氛对陶器呈色的影响，在此基础上掌握了通过窑内渗碳工艺及其保温时间长短的变化来烧成黑陶和黑皮陶，或通过窑外渗碳工艺使陶器局部色泽变黑的技术。

新石器时代陶器表面呈现出各种不同的颜色，主要与陶器化学成分和窑炉气氛等因素有关。在陶器化学成分中，通常对呈色影响较大的是含铁量的多寡。

窑内“气氛”性质主要是依燃烧产物中游离氧及还原成分的含量而定。一般以游离氧含量8%~10%为强氧化气氛；游离氧含量4%~5%为普通氧化气氛；游离氧含量1%~1.5%为中性气氛；游离氧含量小于1%，而一氧化碳含量在2%~7%为还原气氛。在氧化焰中，陶器内的铁大部分转化成了Fe^{3+}，还原比值很低，陶器呈土红色；在还原焰中，大部分铁转化成了 Fe^{2+}，还原比值很高，陶器呈灰色到灰黑色[17]。

新石器时代早期陶器以红胎见多，晚期则以灰胎见长。陶器颜色的这种变化反映了我国制陶先民对窑内气氛控制技术的提高和整个烧造技术的进步。

三、窑内外渗碳和黑陶工艺

黑陶的化学成分与一般的红陶和灰陶并无显著差别（见表 1－1－1），只是灼减比较高些，灼减高的原因是由于胎中含有相当高的碳。碳的存在是造成黑陶呈现黑色的直接原因。黑陶是我国古代制陶工艺的一项重要成就，因其胎炭粒可填充到陶胎的孔隙中，故黑陶的孔隙度较灰陶和红陶皆低，结构也就更为紧密，在相同条件下，也就更为坚固。

黑陶中碳的来源，乃是通过窑内渗碳（CO）工艺造成的。大汶口文化和龙山文化制陶先民烧造黑陶多采用窑内渗碳工艺，大溪文化制陶先民烧造黑陶多采用窑外渗碳工艺。

窑内渗碳（CO）工艺的要点是：陶坯先在氧化焰中烧成，在烧成将近结束时封闭窑顶，并在窑顶上喷水入窑，使之在窑内产生强还原焰，从而使之成为黑陶。窑内渗碳工艺的保温时间的长短对黑陶的形成至关重要。如果保温时间长，则胎心也变黑；如果保温时间短，胎心仍呈红色或灰色。龙山文化制陶先民采用窑内渗碳工艺烧造陶器，由于保温时间较长，烧造出通体一色的黑陶；良渚文化制陶先民采用窑内渗碳工艺烧造陶器，由于保温时间较短，则烧造出外表为黑色，胎心仍呈红色或灰色的“黑皮陶”。良渚文化黑皮陶常出现“带铅色光亮”，有学者认为，可能与其利用含松脂较多的松柴进行渗碳有关[18]。

大溪文化制陶先民烧造黑陶除了通体全黑的产品外，还有外红内黑、上红下黑和数条黑道等三类产品。其中通体全黑的产品是通过窑内渗碳工艺烧造而成，另外三类产品则是采用了窑外渗碳工艺，所用渗碳剂很可能是稻壳。窑外渗碳法包括单个渗碳、扣合渗碳、累叠渗碳、涂刷渗碳、贴木片或贴树皮渗碳等。操作时，利用刚出窑的红热陶器所保持的热量，使渗碳产生黑烟，黑烟反过来渗入陶胎。随着窑外渗碳不同方法的运用，或使陶器局部变黑，或外红内黑，或内表黑，或下部黑，或在器物上产生黑道等[19]。

图 1－4－8　大汶口文化晚期黑陶高柄杯　山东省诸城县前寨遗址 62 号墓出土，北大考古文博学院博物馆展品

四、硬度和渗水性

原始社会陶器的烧成温度比较低，一般在 700℃～1050℃之间，烧成的陶器一般摩氏硬度在 2～4 之间，具有渗水性。烧制火候只有高于 1100℃，摩氏硬度达到 5 时才可以获得不渗水的效果[20]。在原始社会中，由于制陶原料性质和窑炉技术的限制，烧制火候高于 1100℃是不可能的，因而要避免陶器渗水是非常困难的。

到了龙山文化时期，制陶匠人使用其他方法来减少陶胎的气孔，降低陶器的渗水性。例如，加厚器壁、加固器壁、加固接合点、磨压器表、在陶器表面涂抹动物的脂肪、加施黏土陶衣、拉坯时挤压器壁、在对夹沙陶进行后期精加工时使用拍子和砧拍打磨压器壁等。测试研究结果表明，龙山文化的24件陶片标本中，有5件陶片可以满足基本不渗水标准[20]。

陶器的发明及其发展，在人类社会生活中发挥了极其重大的作用。与其他自然物（例如石器、木器或骨器）比较起来，陶器具有耐高温、抗氧化、不易腐蚀等优点。人类长期把这类器物作为储藏、饮食的日常生活器皿，从根本上保证了人类的健康正常发展。进入青铜时代后，陶器自身的天然缺陷越来越明显，特别是其胎体孔隙度高，例如仰韶文化西安半坡彩陶的孔隙度为30%[17]，山东日照两城镇龙山文化陶器的孔隙度在22%～42%之间波动[20]。陶器由于孔隙度过高就易渗透而不宜盛装液体，无论是充当炊器还是饮食或储藏的容器，都远远不如青铜器。于是人们，特别是上层社会，把自己的注意力向青铜器倾斜。但随着岁月的推移，青铜器的缺陷也逐渐暴露出来：成本昂贵，无法在社会普及；易受氧化腐蚀，往往与所盛装的食物，特别是液体性物质发生化学反应，对人体健康不利，因而不适宜充当人类的日常生活器皿。在这种历史背景下，人类迫切希望一种既能保存陶器那种抗氧化耐腐蚀的功能，又能消除陶器易渗透、难洗涤缺陷的器物出现。

值得指出的是，地球上各个地区的先民，大都经历过烧制陶器的历史，但是他们在相当长的历史时期内都无法实现由烧造陶器转向烧制瓷器的飞跃，唯独我中华先民在距今四千多年的夏代初期就实现了这种飞跃——创烧出原始瓷。这是由于中华先民制陶历史悠久、延续时间长、生产的品种繁多（红陶、黑陶、黑皮陶、灰陶、白陶、彩绘陶、彩陶等），并在长期的生产实践中积累了十分丰富的实践经验，形成了一系列的专门技术，在制陶技术上走在世界最前列。

而我国制陶先民在烧造陶器时所积累起来的对原料选择及其加工、高温窑炉的建造及其更新、从美化器面的陶衣装饰转向对釉层探索这三方面的技术成就，正是发明瓷器的关键所在，为夏代原始瓷的发明奠定了坚实的物质技术基础。

参考文献

第一节　原料的选择和加工技术

〔1〕李湘生：《试析仰韶文化彩陶的泥料、制造作工艺、轮绘技术和工艺》，《中原文物》，1984年第1期。

〔2〕李新燕：《甘肃彩陶制作工艺实验与探索》，《考古与文物》，2005年第6期。

〔3〕鲁晓珂等：《新密古城寨龙山文化遗址陶器研究》，《2009年古陶瓷科学技术国际讨论会论文集》，上海科学技术文献出版社，2009年。

〔4〕张福康：《中国新石器时代制陶术的主要成就》，《中国古代陶瓷科学技术成就》，上海科学技术出版社，1985年。

〔5〕任式楠：《公元前五千年前中国新石器文化的几项主要成就》，《考古》，1995年第1期。

〔6〕邓泽群等：《跨湖桥遗址陶器的研究》，《2005年古陶瓷科学技术国际讨论会论文集》，上海科学技术文献出版社，2005年。

〔7〕李新燕：《甘肃彩陶制作工艺实验与探索》，《考古与文物》，2005年第6期；甘肃省文物管理委员会：《兰州新石器时代的文化遗存》，《考古学报》，1957年第1期。

〔8〕马清林等：《中国文物分析鉴别与科学保护》，科学出版社，2001年，第52页。

〔9〕廖永民等：《瓦窑嘴裴李岗文化遗存试析》，《中原文物》，1997年第1期。文中说：该地发现的泥质红陶和泥质黑陶均经淘洗。

〔10〕马清林等：《甘肃秦安大地湾遗址出土陶器成分分析》，《考古》，2004年第2期。

〔11〕中国硅酸盐学会：《中国陶瓷史》，文物出版社，1982年，第38页。

〔12〕李文杰：《中国古代制陶工艺研究》，科学出版社，1996年，第343页。

〔13〕李家治等：《河姆渡遗址陶器的研究》，《硅酸盐学报》，1979年第2期。

〔14〕李文杰等：《大溪文化的制陶工艺》，《中国原始文化论集——纪念尹达八十诞辰》，文物出版社，1989年。

〔15〕张福康：《罗家角陶片的初步研究》，《浙江省文物考古所学刊》，文物出版社，1981年。

〔16〕陈显求等：《崧泽遗址古陶的化学组成、痕量元素和显微结构》，《1992年古陶瓷科学技术国际讨论会论文集》，上海古陶瓷科学技术研究会，1992年。

〔17〕马清林等：《中国文物分析鉴别与科学保护》，科学出版社，2001年，第45页。该文作者认为，马家窑文化马厂期和沙井文化的陶片中含有蛭石，或许是人们作为羼和料而加入，或许是为了美观而加入。

〔18〕张居中：《淮河上游新石器时代绚丽画卷》，《东南文化》，1992年第2期。

〔19〕左健等：《河南舞阳贾湖遗址陶片的研究》，《文物》，1997年第12期。

〔20〕吴瑞等：《江西万年仙人洞遗址出土陶片的科学技术研究》，《考古》，2005年第7期。

〔21〕李家治等：《新石器时代早期陶器的研究》，《考古》，1996年第5期。

〔22〕中国硅酸盐学会：《中国陶瓷史》，文物出版社，1982年，第50页。

〔23〕邓泽群等：《跨湖桥遗址陶器的研究》，《2005年古陶瓷科学技术国际讨论会论文集》，上海科学技术文献出版社，2005年。

〔24〕张福康：《中国新石器时代制陶术的主要成就》，《中国古代陶瓷科学技术成就》，上海科学技术出版社，1985年。

〔25〕周仁等：《我国黄河流域新石器时代和殷周时代制陶工艺的科学总结》，《考古学报》，1964 年第 1 期。

〔26〕李敏生等：《湖北枝江关庙山新石器时代遗址陶片的初步研究》，《中国原始文化论集——纪念尹达八十诞辰》，文物出版社，1989 年。

〔27〕中国社会科学院考古研究所实验室：《山西襄汾陶寺遗址陶片测试和分析》，《考古》，1993 年第 2 期。

〔28〕陈显求等：《崧泽遗址古陶的化学组成、痕量元素和显微结构》，《1992 年古陶瓷科学技术国际讨论会论文集》，上海古陶瓷科学技术研究会，1992 年。

〔29〕珠海市博物馆等：《珠海考古发现与研究》，广东人民出版社，1991 年。

〔30〕马清林等：《甘肃古代各文化时期制陶工艺研究》，《考古》，1981 年第 3 期。

〔31〕马清林等：《中国文物分析鉴别与科学保护》，科学出版社，2001 年，第 41 页。

〔32〕李文杰：《中国古代制陶工艺研究》，科学出版社，1996 年，第 351 页。

〔33〕李家治等：《河姆渡遗址陶器的研究》，《中国古陶瓷论文集》，文物出版社，1982 年 12 月，第 6 页。

〔34〕李家治等：《中国古陶瓷工艺发展过程的再研究》，《1992 年古陶瓷科学技术国际讨论会论文集》，上海古陶瓷科学技术研究会，1992 年。

〔35〕李家治等：《新石器时代早期陶器的研究》，《1995 年古陶瓷科学技术国际讨论会论文集》，上海科学技术文献出版社，1995 年，第 6 页。

第二节　成型技术

〔1〕俞伟超：《中国早期的模制法制陶术》，《文物与考古论集》，文物出版社，1986 年 12 月，第 237 页。

〔2〕李新燕：《甘肃彩陶制作工艺实验与探索》，《考古与文物》，2005 年第 6 期。也有学者推测，泥片贴筑法很可能用光滑的卵石做模具，在上面逐层粘贴泥片，逐渐移动这种模具，以至全器形成。参阅俞伟超：《中国早期的模制法制陶术》，《文物与考古论集》，文物出版社，1986 年 12 月，第 235 页。

〔3〕李湘生：《试析仰韶文化彩陶的泥料、制作工艺、轮绘技术》，《中原文物》，1984 年第 1 期。

〔4〕俞伟超：《中国早期的模制法制陶术》，《文物与考古论集》，文物出版社，1986 年 12 月，第 231 页。

〔5〕甘肃省博物馆文物工作队：《甘肃秦安大地湾遗址 1978 至 1982 年发掘的主要收获》，《文物》，1983 年第 11 期。

〔6〕俞伟超：《中国早期的模制法制陶术》，《文物与考古论集》，文物出版社，1986 年 12 月，第 230 页。

〔7〕俞伟超：《中国早期的模制法制陶术》，《文物与考古论集》，文物出版社，1986 年 12 月，第 236 页。

〔8〕禚振西：《我国制陶转盘的起源及早期的应用》，《考古与文物》，1989 年第 4 期。马清林先生等也持同样看法：慢轮修整至迟于仰韶文化半坡时期就已发明。半坡、庙底沟类型器物经过模制法成型后，再用慢轮修整。参阅马清林等：《中国文物分析鉴别与科学保护》，科学出版社，2001 年，第 41 页。

〔9〕李仰松：《仰韶文化慢轮制陶技术的研究》，《考古》，1990 年第 12 期。

〔10〕禚振西：《我国制陶转盘的起源及早期的应用》，《考古与文物》，1989 年第 4 期。有学者把此物称为“帽式陶转盘”，属于“慢轮”装置上的构件，扣在轮盘上使用。轮盘有轴能旋转，陶转盘随轴之旋转，在其小平底上用泥条筑成坯体和修整坯体。其作用类似现在陶轮装

置上的木盘。参阅李文杰等：《黄河流域新石器时代制陶工艺的成就》，《华夏考古》，1993年第3期。

〔11〕禚振西：《我国制陶转盘的起源及早期的应用》，《考古与文物》，1989年第4期。

〔12〕李湘生：《试析仰韶文化彩陶的泥料、制作工艺、轮绘技术》，《中原文物》，1984年第1期。李仰松先生也认为：石质转盘（或称石轮）和石轴曾出自秦安大地湾仰韶文化层内。参阅李仰松：《仰韶文化慢轮制陶技术的研究》，《考古》，1990年第12期。

〔13〕李文杰：《试谈快轮所制陶器的识别——从大溪文化晚期轮制陶器谈起》，《文物》，1988年第10期，第92页。

〔14〕李文杰：《试谈快轮所制陶器的识别——从大溪文化晚期轮制陶器谈起》，《文物》，1988年第10期，第94页。

〔15〕浙江省文物管理委员会：《河姆渡遗址第一次发掘报告》，《考古学报》，1978年第1期。

〔16〕吴汝祚：《北辛遗址与北辛文化》，《中国考古学研究》，文物出版社，1986年。

〔17〕北京市文物研究所等：《北京平谷上宅新石器时代遗址发掘简报》，《文物》，1989年第8期。

〔18〕杨权喜：《试论城背溪文化》，《东南文化》1991年第10期。

〔19〕河南省博物馆等：《河南省密县莪沟北岗新石器时代遗址》，《文物》，1979年第5期。

〔20〕中国社会科学院考古研究所陕西六队：《陕西临潼白家村新石器时代遗址发掘简报》，《考古》，1984年第11期。

〔21〕广东省博物馆：《广东翁源青塘新石器时代遗址》，《考古》，1961年第11期。

第三节　器面装饰工艺

〔1〕邓泽群等：《跨湖桥遗址陶器的研究》，《2005年古陶瓷科学技术国际讨论会论文集》，上海科学技术文献出版社，2005年。

〔2〕李文杰：《中国古代制陶工艺研究》，科学出版社，1996年，第344页。

〔3〕李敏生等：《湖北枝江关庙山新石器时代遗址陶片的初步研究》，《中国原始文化论集——纪念尹达八十诞辰》，文物出版社，1989年。

〔4〕李文杰：《中国古代制陶工艺研究》，科学出版社，1996年，第345页。

〔5〕马清林等：《甘肃古代各文化时期制陶工艺研究》，《考古》，1991年第3期。

〔6〕李文杰：《城背溪文化的制陶工艺》，《中国历史博物馆馆刊》，1993年第1期。

〔7〕河南省文物考古研究所：《舞阳贾湖》，科学出版社，1999年。

〔8〕马清林等：《中国文物分析鉴别与科学保护》，科学出版社，2001年，第54页。

〔9〕范黛华等：《山东日照市两城镇龙山文化陶器的初步研究》，《考古》，2005年第8期。

〔10〕万年仙人洞第二层文化遗址出土有涂有朱红的夹粗砂红陶片。参阅江西省文物管理委员会：《江西省万年大源仙人洞洞穴遗址第二次发掘报告》，《文物》，1976年第12期。

〔11〕马清林等：《中国文物分析鉴别与科学保护》，科学出版社，2001年，第53页。

〔12〕中国社会科学院考古研究所安阳队：《安阳鲍家堂仰韶文化遗址》，《考古学报》，1988年第2期。

〔13〕马清林等：《中国文物分析鉴别与科学保护》，科学出版社，2001年，第204页；郑乃武：《大地湾》，《中国大百科全书·考古学卷》，中国大百科全书出版社，1986年。

〔14〕马清林等：《中国文物分析鉴别与科学保护》，科学出版社，2001年，第204页。

〔15〕中国社会科学院考古研究所：《大甸子——夏家店下层文化遗址与墓地发掘报告》，科学出版社，1996年，第102页。

〔16〕赵匡华：《红色矿物颜料的检测报告》，《大甸子——夏家店下层文化遗址与墓地发掘报告》，科学出版社，1996 年，第 337 页。

〔17〕李敏生等：《陶寺遗址陶器和木器上彩绘颜料的鉴定》，《考古》，1994 年第 9 期。

〔18〕马清林等：《中国文物分析鉴别与科学保护》，科学出版社，2001 年，第 216 页。

〔19〕陈振裕等：《宜都县城背溪遗址》，《中国考古学 1984 年鉴》，文物出版社，1984 年，第 140 页。

〔20〕谢端琚等：《简论我国中西部彩陶》，《考古与文物》，1998 年第 1 期。

〔21〕马清林等：《陶质文物保护方法综述》，《考古》，1993 年第 1 期。

〔22〕周仁等：《我国黄河流域新石器时代和殷周时代制陶工艺的科学总结》，《考古学报》，1964 年第 1 期。

〔23〕马清林等：《中国文物分析鉴别与科学保护》，科学出版社，2001 年，第 46 页。

〔24〕中国社会科学院考古研究所：《宝鸡北首岭·附录三》，文物出版社，1983 年。

〔25〕马清林等：《中国文物分析鉴别与科学保护》，科学出版社，2001 年，第 47 页。

〔26〕李文杰：《中国古代制陶工艺研究》，科学出版社，1996 年，第 345～346 页。

〔27〕周仁等：《中国古陶瓷研究论文集》，轻工业出版社，1982 年第 1 期，第 171 页。

〔28〕承焕生等：《姜寨遗址古陶的 PIXE 研究》，《1999 年古陶瓷科学技术国际讨论会论文集》，上海科学技术文献出版社，1999 年。

〔29〕河南省文物研究所等：《淅川下王岗》，文物出版社，1989 年；马清林等：《中国文物分析鉴别与科学保护》，科学出版社，2001 年，第 202 页。

〔30〕王昌燧等：《班村遗址出土彩陶分析》，《1995 年古陶瓷科学技术国际讨论会论文集》，上海科学技术文献出版社，1995 年。

〔31〕李敏生等：《湖北枝江关庙山新石器时代遗址陶片的初步研究》，《中国原始文化论集》，文物出版社，1989 年；李文杰：《中国古代制陶工艺研究》，科学出版社，1996 年，第 346 页。

〔32〕马清林等：《中国文物分析鉴别与科学保护》，科学出版社，2001 年，第 54 页。

〔33〕张福康：《中国古陶瓷的科学》，上海人民美术出版社，2000 年，第 26 页。

〔34〕李文杰：《中国古代制陶工艺研究》，科学出版社，1996 年，第 346 页。

〔35〕马清林等：《中国文物分析鉴别与科学保护》，科学出版社，2001 年，第 215 页。

〔36〕西安半坡博物馆：《姜寨》，文物出版社，1990 年；西安半坡博物馆：《姜寨》，文物出版社，1990 年；马清林等：《中国文物分析鉴别与科学保护》，科学出版社，2001 年，第 202 页。

〔37〕西安半坡博物馆：《姜寨》，文物出版社，1990 年；甘肃省文管会：《兰州新石器时代文化遗存》，《考古学报》，1957 年第 1 期。

〔38〕严文明：《甘肃彩陶的源流》，《文物》，1978 年第 10 期。

〔39〕李新燕：《甘肃彩陶制作工艺实验与探索》，《考古与文物》，2005 年第 6 期。

〔40〕李湘生：《试析仰韶文化彩陶的泥料、制作工艺、轮绘技术和艺术》，《中原文物》，1984 年第 1 期。

第四节 陶窑及烧造技术

〔1〕刘振群：《窑炉的改进和我国古陶瓷发展的关系》，《中国古陶瓷论文集》，文物出版社，1982 年，第 164 页。

〔2〕徐元邦等：《我国新石器时代——西周陶窑综述》，《考古与文物》，1982 年第 1 期，第 8～10 页。

〔3〕中国科学院考古研究所山西工作队：《山西芮城东庄村和西王村遗址的发掘》，《考古学报》，1973 年第 1 期。

〔4〕西安半坡博物馆等：《1972 年春临潼姜寨遗址发掘简报》，《考古》，1973 年第 3 期。

〔5〕徐元邦等：《我国新石器时代——西周陶窑综述》，《考古与文物》，1982 年第 1 期，第 9 页。

〔6〕辽宁省博物馆等：《敖汉旗小河沿三种原始文化的发现》，《文物》，1977 年第 12 期，第2 ~3 页。

〔7〕辽宁省博物馆等：《敖汉旗小河沿三种原始文化的发现》，《文物》，1977 年第 12 期，第 3 页。

〔8〕西安半坡博物馆：《临潼姜寨新石器时代遗址的新发现》，《考古》，1973 年第 3 期。

〔9〕山东省文物管理处：《大汶口新石器时代墓葬发掘报告》，文物出版社，1974 年。

〔10〕中国科学院考古研究所：《西安半坡》，文物出版社，1963 年。

〔11〕河南省文化局文物工作队：《河南偃师汤泉沟新石器时代遗址的试掘》，《考古》，1962 年第 11 期。

〔12〕中国社会科学院考古研究所山西队等：《山西襄汾陶寺城址 2002 年发掘报告》，《考古学报》，2005 年第 3 期。

〔13〕中国科学院考古研究所：《庙底沟与三里桥》，科学出版社，1959 年。

〔14〕刘可栋：《试论我国古代的馒头窑》，《中国古陶瓷论文集》，文物出版社，1982 年，第 177 ~178 页。

〔15〕中国社会科学院考古研究所山西队等：《山西襄汾陶寺城址 2002 年发掘报告》，《考古学报》，2005 年第 3 期。

〔16〕马清林等：《甘肃古代各文化时期制陶工艺研究》，《考古》，1991 年第 3 期。

〔17〕周仁等：《中国古陶瓷研究论文集》，轻工业出版社，1982 年，第 175 页。

〔18〕李文杰：《中国古代制陶工艺研究》，科学出版社，1996 年，第 345 页。

〔19〕李文杰：《中国古代制陶工艺研究》，科学出版社，1996 年，第 146 ~147 页。

〔20〕范黛华等：《山东日照市两城镇龙山文化陶器的初步研究》，《考古》，2005 年第 8 期，第 70 页。

第 二 章

夏、商、周时期原始瓷的发明和发展

夏、商、周三代是我国古代文明产生和发展的重要阶段，前后经历了 1800 多年，在中国文明史、世界文明史上都占有重要的地位。

夏朝是我国古代历史上第一个统一的国家政权，依据“夏、商、周断代工程”的研究，夏代约始于公元前 2070 年，终于公元前 1600 年；夏代早期与龙山文化晚期相当。夏代的终年便是商代的始年，乡尸沟商城最早，郑州商城稍后，二者为商代前期都城，殷墟则为商代晚期都城。商终于公元前 1046 年。周则终于公元前 256 年。夏、商、周三代又是我国政治体制、文化体制和经济体制的奠基时期。夏人、商人、周人，都是古老的氏族；夏、商、周三代的更替，并不是在原有文化技术基础上建立新的体制，而是一个氏族取代另一个氏族的统治，故其间明显地存在着文化和生产技术上不衔接的现象。夏代早期，我国大体还处于铜石并用时代，中晚期始进入早期青铜时代；商代晚期，我国古代青铜技术便发展到较为成熟的阶段。战国时期，我国便完成了由青铜时代向铁器时代的转变。

夏、商、周时期的陶瓷技术有较大发展，至迟在周代设置了管理陶业的专官——“陶正”，即左丘明《左传·襄公二十五年》所载：“昔虞阏父为周陶正，以服事我先王。”文献上也出现了关于陶业管理的记载，《考工记》说到过两种陶工，一名为“陶人”，主管制甗、盆、甑、鬲、庾等；一名为旊人，主管制簋、豆等。文中还对这些器物的形制和质量提出了明确要求。如甗，“实二鬴，厚半寸，唇寸”。“凡陶、旊之事，髻垦薜暴不入市。”这是世界上关于制陶器尺寸和质量管理的较早记载。

我国古代原始瓷技术约发明于夏代早期，它是在新石器时代制陶技术的基础上，通过反复试验，实现三大技术突破（即制作瓷胎原料的发现、高温窑炉的采用、高温釉的发明）而创烧出来的。

夏、商、周时期我国先民选用两类原料烧造原始瓷胎：一是高硅质黏土——瓷土；二是高岭石质黏土。从瓷器发明的角度讲，其中选用与瓷石成分相近的高硅质黏土——瓷土作为制胎原料更为重要。自商代起，我国制瓷先民还采用了原料陈腐技术。夏、商、周时期原始瓷釉由原始瓷胎泥掺加草木灰配制烧成。商代原始瓷器采用刷釉法上釉；西周时期，有的窑场采用蘸釉法上釉。夏商时期原始瓷一律采用明火裸烧技术；西周至春秋早期德清窑采用垫隔具技术；战国时期，支烧具技术在德清窑场装烧原始瓷工艺中得到广泛使用。商代南方出现的龙窑由于升温快、降温也快，可以快烧，可以维持还原气氛，成为烧造青瓷的摇篮。商周南方龙窑的改革主要朝着装烧容积的扩容、窑底倾斜坡度和窑尾设施的合理构建方向进行探索。

第一节　原始瓷的发明及其初步发展

原始瓷的烧造萌发于夏及其与之相当的年代，商代中期之后原始瓷获得一定的发展，西周原始瓷器的出土范围更为广泛。关于商周北方地区出土的原始瓷的产地，学术界一直存在不同的看法。

一、原始瓷的发明

原始瓷是介于陶和瓷之间的一种器物，其物理性能和胎的矿物组成已接近瓷器。它的基本特征是：（1）以瓷土或瓷石或高铝质黏土等为制胎原料；（2）烧成温度达到或超过1100℃，烧成后的胎质比较致密，吸水率较低，具有一定光泽，敲击时能发出类似于金属之声；（3）外表覆盖一层高温釉。但是，它具有若干不成熟特征：气孔率较高；由于没有掌握好炼泥技术，致使胎中带有较多层扁平大气孔，从而大大降低胎体透光率；样品釉的厚薄明显不均匀，还有剥釉现象，尚不能完全符合一般所承认的“瓷”的定义。到目前为止，年代较早的原始瓷遗址约有两处：一是夏代初年山西夏县东下冯遗址；一是夏末商初上海马桥文化遗址。

夏代初年山西夏县东下冯遗址第3层（龙山文化晚期）中出土原始瓷碎片约20余片，从残片推知，有罐、钵类器，器表饰篮纹、方格纹，而以素面为多，胎骨青灰色，质地坚硬而较致密，火候较高，吸水率小，击之尚有铿锵声。器表施有青绿色薄釉，釉色不纯正，或青中泛黄，或黄中呈绿。其年代可借与它同一地层出土的共存物——东下冯龙山晚期房址（F 203）内的石灰面，经碳-14测定年代为公元前2080年[1]，依“夏、商、周断代工程”，夏纪年始于公元前2070年，因此山西夏县东下冯遗址出土原始瓷碎片属夏代初期，这就表明，我国原始瓷至迟应诞生于夏代初期。

夏末商初上海马桥文化遗址出土的原始黑釉瓷罐腹片，外壁施黑釉，釉层光亮，完全玻化，釉层最厚处达0.15毫米，并与胎结合良好。胎体为深褐色，内壁高低不平，有垫窝痕，气孔率1.64%~3.56%，釉下拍印叶脉纹。据测试，其胎的化学组成与浙江早期青瓷组成接近[1]。

二、原始瓷的初步发展

商代早期，原始瓷出土量依然较少，分布地域也较窄。商代中期之后原始瓷获得一定的发展，大江南北的不少文化遗址或墓葬都有原始瓷出土。北方地区出土原始瓷的商代文化遗址有郑州、河北藁城台西村、河南辉县琉璃阁、山东济南大辛庄、河南安阳苗圃等处。

商代前期河南郑州二里岗遗址（公元前1620—前1595年）出土的原始瓷皆为碎片，不能复原，但从残片可以看出器型多为尊、罐、罍等，胎体多呈灰白或棕白色，纹样以弦纹、篮纹、小方格和席纹等为主。器表釉面多呈青绿或豆绿色。

郑州人民公园一期文化遗址（商代后期偏早）出土的原始瓷，多系残片，不能复原，能看出器型多为尊、罍等，胎呈灰白，施豆绿或暗青色釉，器表饰小方格纹或篮纹、菱纹等[3]。商代郑州南顺街遗址出土了三件原始瓷尊，均为青灰色釉。其中两件为圈足尊，灰胎，另一件为圜底尊，红胎。圈足尊釉的附着力弱，剥落严重[4]。商代郑州小双桥遗址出土的原始瓷也以尊类器为主，灰胎或灰白胎，釉的附着力很差，有的甚至剥落全尽[5]。郑州铭功路西侧商代墓出土一件原始瓷尊，出土时成碎块，经复原，束颈，大敞口，折颈，深腹圆鼓，壁斜直，圆底内凹，口沿内侧有清楚的转轮时遗留的凸弦纹。器表和器内的上部皆遍涂深黄绿釉，器内外和口沿有泪痕，泪痕呈深绿色，釉亮色润[6]。河南安阳苗圃文化遗址（商代后期偏早）出土的原始瓷碎片共有204片，苗圃王裕口探方中出土了6片烧坏了的废品。能辨出器型的有豆、罐、壶和瓿，多数为灰青胎，釉为青绿色或褐色，个别呈紫绛色，大多有流釉现象。施波浪纹、弦纹或云雷纹、压印圈点和网状方格等[7]。河北藁城台西村商代后期文化遗址出土的原始瓷共现172块残片，器类有尊、瓮、罍等，胎骨以灰色居多，而灰色又有深浅之别，有的灰中透白，呈灰白色，有的呈灰黄、黄绿或紫褐等色，其中以紫褐色最少。釉呈豆青、豆绿、黄、棕四色，其中棕釉约占出土原始瓷三分之一。黄釉色泽也不纯正，有的黄中微带橘红，有的呈暗淡而无光泽的土黄色。棕釉中有带深红或深酱或褐色。施方格纹、S形纹、弦纹、附加堆纹、云雷纹、篦纹、人字纹、业脉纹、曲线纹等[8]。河南辉县琉璃阁商代后期文化遗址出土的原始瓷，器类有尊、罐等，胎骨灰白或淡黄，施方格纹、S形纹等[9]。山东济南大辛庄商代后期文化遗址出土的原始瓷，器类有碗、罐和簋等，胎骨有深灰和灰色两种，釉呈淡黄色或绿色，纹饰分细网、翼纹、素面三种，从残存看是簋、碗类器[10]。

我国南方地区出土原始瓷的商代文化遗址和窑址有上海马桥、湖北黄陂盘龙城、江西鹰潭角山、江西樟树吴城文化、浙江德清火烧山遗址等处。

图2-1-1　商代德清火烧山窑址出土的原始瓷豆

浙江省博物馆80周年文物特展——德清原始瓷窑址考古成果暨原始瓷精品展品

商代前期上海马桥文化遗址出土的原始青瓷的器型为罐和豆两类[11]。湖北黄陂盘龙城商代前期遗址和墓葬出土的原始瓷，器类有尊、瓮，胎骨灰白，釉呈青绿或黄绿，器表纹饰有方格纹、人字纹、弦纹、绳纹、S 形纹、曲折纹、编织纹、云雷纹等[12]。江西鹰潭角山商代文化遗址出土的原始瓷分成三类，第一类胎骨呈青灰色，釉层较薄，易剥落，釉色为青褐色，在釉层极薄处则呈青黑色；第二类胎骨不够致密，胎色灰白，釉层较薄，胎釉结合略好于第一类；第三类胎质疏松，胎色灰白，器面有网纹，网眼处嵌有酱黑色物质，可能为生烧残片，因而没有产生熔化的釉层[13]。江西樟树吴城商代文化遗址出土的原始瓷，第一期（商前期，公元前 1427—前 1330 年）占出土陶瓷总数的 0.23%，第二期（商中期，公元前 1370—前 1191 年）占 1.21%，第三期（商后期，公元前 1205—前 1038 年）上升到 12.6%。商代吴城文化遗址出土的原始瓷，胎体大多为灰白色，只有极少数为纯白而略带黄色或灰带黄色。吴城文化原始瓷除少数为素面外，多数是釉下施几何纹，常见有方格纹、弦纹、篮纹、S 形纹、圆圈纹、圈点纹、水波纹、云雷纹、锯齿状堆纹、刻划纹、人字纹等。器类有罐、盆、尊、豆、盂、瓮、碗等[14]。

西周原始瓷器的出土范围更为广泛，已广及陕西、河南、山西、河北、湖北、湖南、江西、安徽、江苏、上海、浙江和福建等省市。

图 2－1－2　西周德清三合塔墓出土原始瓷尊

浙江省博物馆 80 周年文物特展——德清原始瓷窑址考古成果暨原始瓷精品展品

河南洛阳于 1963—1983 年考古发掘了 370 余座西周墓，其中百余座均有原始瓷器及其碎片出土。这些瓷器及碎片能够辨别出器型者共有 350 多件，可以复原的近有 60 件。器型种类有豆、器盖、罍、尊、瓿、簋、瓮、匜、碟、瓮等。各类原始瓷的胎骨皆为灰白色，小件器物如豆、碟等的釉色一般呈淡青或油青色，中型器物如罍、尊、瓿、簋釉色一般呈青或草绿色。大型器物如瓮釉色均呈深绿色，釉面泪痕现象十分严重。大多有纹饰，主要有弦纹、波折纹、波浪纹、方格、乳钉纹、云雷纹等。洛阳西周百余座墓中所出原始瓷有三种组合：或仅有豆一种，或有豆、罍两种，或豆、罍、簋三种，或豆、罍、簋、瓮四种以上，其墓主的身份都是较高的。这些原始瓷器，有的与青铜器同出，有的是与车马器同出，有的因被盗缘故，没出铜器，但墓形都较大，其墓的长度至少是在4米以上。往往是出土原始瓷器越多的墓，规模就越大，出土的其他遗物也越丰富。并且有的原始瓷器，如原始瓷豆使用时，还要装入嵌有蚌泡饰的漆器内。有好些豆出土时，只有豆盘部分，豆柄被有意折断，残断部分十分规矩，并研磨光滑，这些豆盘下面或周围都有一层朱红色漆痕和许多蚌泡，M41墓出土的一件残原始瓷豆，它所装入的嵌有蚌泡的漆器较为完整，制作得十分精致美观，由此可见，原始瓷器在西周时期是十分珍贵的，在当时只有那些高级的奴隶主贵族才能享用[15]。但在南方地区，西周时出土原始瓷最多的是土墩墓和土墩石室墓，例如安徽屯溪发现的两座西周土墩墓共出土文物102件，内有原始瓷71件，占总数的69.6%[16]。又如浙江义乌县平畴西周墓共出土器物114件，其中原始瓷就有100件，占总数的87.7%[17]。

西周后期至战国时期，原始瓷的发展在南方地区达到了鼎盛时期，而在北方地区几乎绝迹。东周和春秋战国期间，原始瓷器主要集中在长江下游以南的吴越境内，在今江苏南部、上海市和浙江境内的遗址和墓葬中，都有大量的原始瓷器出现。浙江又是原始瓷的主要产地，绍兴、萧山、诸暨、德清、吴兴等县发现原始瓷窑群，而绍兴、萧山、诸暨三县的交界处则是窑址集中分布的地区。在德清县的龙山、二都和洛舍乡，先后发现春秋早期至战国的窑址10处，多数窑场专门生产原始瓷，个别窑兼烧几何印纹硬陶。

三、商周北方原始瓷的烧造地点

关于商周北方地区出现的原始瓷的产地，学术界一直存在两种不同的看法：一种看法是商周北方地区出现的原始瓷是由南方烧造传过去的；另一种认为商周北方出现的原始瓷是由北方窑场自行烧造的。

主张商周北方地区出现的原始瓷是由南方窑场烧造的见解主要有两个理由支撑：一是通过对我国南北地区出土的商周始瓷器的常量元素的化学组成进行测试分析后，发现（除广东饶平出土的原始瓷外）其组成与南方汉晋以后所产瓷石相符，而瓷石的产地在南方；有的学者通过对江西吴城、湖北荆南寺、盘龙城、铜鼓山和河南郑州等五个商代早中期遗址的陶片和32片原始瓷进行常、微量元素的组成中子活化分析后也认为，商代原始瓷系南方少数几个中心生产的。并进一步推测说，在殷墟晚期，商王室改变了原始瓷的供应来源，可能有两个新的生产供应地。在殷墟晚期，殷王室可能不再从吴城地区输入原始瓷，而由那两个新的原始瓷生产地点为其供应瓷器，也许一主一副。进入西周后，至少其中的一个生产地点（很可能是殷墟最晚期作为瓷供应者的那个地点）继续生产，并成为供应西周王室和贵族原始瓷器的主要生产地点。这两个新的生产基地，它们也在南方[18]。二是，商代南方烧造原始瓷的窑址已被发现，例如，江西鹰潭商代角山文化遗址出土龙窑的窑底部堆积中发现两块原始瓷[19]，而商代北方却未见这类窑址。

主张商周北方窑场自行烧造原始瓷的依据有如下三条：一是，北方（如郑州）

商代遗址出土的一些原始瓷，例如敞口、高颈、折肩、鼓腹、圜底尊类器和瓮等原始瓷，与当地所烧造红陶尊、灰陶瓮是基本相同的，甚至纹饰也一样。但在器型、纹饰、釉色与南方商代遗址（如湖北黄陂盘龙城、江西清江吴城等）所产有明显区别；二是，郑州二里岗和藁城台西村等商代文化遗址均发现过烧裂后釉面显出“鼓泡”[20]的原始瓷残器，郑州商代遗址还出土过与原始青瓷尊的形制、胎质、纹饰完全相同的原始素瓷尊，只是器表没有施釉，在当时交通不便的情况下，长途贩运易于破碎的原始青瓷是有一定困难的，更不可能把烧胀烧裂了的原始瓷残器和没有施釉的瓷器由江南运到黄河中下游或更远的地方去出售[21]；三是，有的学者通过对北方（河南郑州和山西垣曲）商代文化遗址与南方江西吴城商代文化遗址等所产原始瓷的微量元素进行测试研究后发现：“北方商城遗址出土的原始瓷，除河南郑州商城样品 ZS4 外，其余 5 块样品的微量、痕量元素组成接近，明显不同于其他地区的原始瓷，包括江西吴城遗址，这一结果不支持我国北方的商代原始瓷源于南方的观点。”这一结果，暗示我国古代的原始瓷具有多个产地[22]。

关于商周北方地区出现的原始瓷的产地问题的争论，从论理的逻辑角度来说，后者占据上风。但是，自夏商直至东汉近两千多年的时间，烧造原始瓷的窑场均散布在南方，直至今天未见北方窑场在这一历史时期内烧造瓷器的报道，对于这些问题的真相，还有待后来的学者揭秘。

第二节　原料的选择和加工技术

在夏、商、周三代，由于水碓尚未发明，我国先民主要选用两类土质原料烧造原始瓷胎：一是高硅质黏土——瓷土；二是高岭石质瓷土。从瓷器发明的角度讲，其中选用与瓷石成分相近的高硅质黏土——瓷土作为制胎原料更为重要。因为高硅质黏土原料的硅含量大于 70%，而原料中的助熔剂 CaO、MgO、K_2O、Na_2O 的总含量又与之相匹配，因此在偏低的温度中烧成后的胎质显得较为致密。原始青瓷胎中的 Fe_2O_3 的含量随着时代的推移而逐步下降的客观事实，表明我国制瓷先民对制瓷原料性能的认识逐步提高。另外自商代起，我国制瓷先民还采用了原料淘洗技术。

一、高硅质黏土——瓷土

高硅质黏土原料的基本特征是含氧化硅量较高（SiO_2 大于 70%），与瓷石的化学组成接近，又称瓷土。如第一章所述，早在新石器时期，我国少数窑场的制陶先民曾经采用过高硅质黏土来烧造陶器，但由于当时穴窑的窑温低，不仅未能烧成瓷器，而且连烧制出的陶片结构也显得疏松。进入夏、商、周三代以后，人们对其理化性能认识更为深刻，使之成为烧造原始瓷的一种主要原料。

表 2－2－1 中所列夏商周三代以高硅质黏土为制胎原料的四十七个原始瓷标本（表 2－2－1，第 1～21、24～27、30、32～52 号）胎中 SiO_2 含量平均为 75.09%。Al_2O_3 含量平均为 17.08%。助熔剂 CaO（含量平均为 0.42%）、MgO（含量平均为 0.63%）、K_2O（含量平均为 2.36%）、Na_2O（含量平均为 0.53%）总含量平均为

3.94%。胎中着色剂 Fe_2O_3 含量平均为 2.99%，TiO_2 含量平均为 0.96%。夏、商、周三代高硅质瓷器胎的这种化学组成与东汉上虞窑青瓷胎非常接近（表 2－2－1，标本第 68 号），而东汉上虞窑青瓷是用瓷石为制胎原料的，由此可见，高硅质黏土属于瓷石类原料。

显微结构观察研究结果同样显示：夏、商、周三代部分原始瓷胎是用与瓷石成分相同的原料所制成。例如，夏末商初和商代前期上海马桥文化遗址出土的原始青瓷胎中石英颗粒细，有云母、长石残骸和莫来石针晶，并发育良好，有较多扁平大气孔[1]。又如，有学者通过光学显微镜、电子显微镜和扫描电子显微镜研究观察西周洛阳北瑶遗址出土的原始瓷片的显微结构后断定，其胎都是含砂质结构，主要由黏土质、石英和玻璃组成。X 射线分析发现，标本中均有残留 a－石英，但莫来石很少[2]。其显微结构已接近瓷胎。但均未发现长石，研究者认为很可能是一种风化程度较深的瓷石[2]。再如西周屯溪墓出土原始青瓷，在矿物组成上与西周长安张家坡原始青瓷也非常相似，胎中的莫来石发育较大，在放大 500 倍的显微镜下到处可见[3]。有学者认为，夏商上海马桥文化遗址出土的原始青瓷胎的化学组成与浙江龙泉木岱紫金土的化学组成很接近，由此可以推断：夏商上海马桥文化遗址出土的原始青瓷就是用这类黏土原料制胎，而木岱紫金土类黏土很可能是由含铁量较高的瓷石经风化后形成的[4]。

二、高岭石质瓷土原料

商周时期，广东地区和江西鹰潭角山窑场等地区先民一度采用高岭石质瓷土来烧造原始瓷。用高岭石质瓷土烧造的瓷器的主要特征是：Al_2O_3 含量比高硅质瓷高，一般在 24% 左右。另外还有一类高岭石质瓷器，Al_2O_3 含量波动很大。

高岭石质瓷土一方面具有像高岭土那样 Al_2O_3 含量比较高的特征，另一方面又具有像瓷石那样单独成瓷的性能。正因为它在理化性能上具有这种双重属性，它的化学组成波动较大。例如，广东博罗梅花墩文化遗址出土的这种制胎原料土样标本（表 2－2－1，第 70～72 号）Al_2O_3 含量在 23.64%～30.98% 之间波动；助熔剂 CaO（平均含量为 0.63%）、MgO（1.15%）、K_2O（2.59%）、Na_2O（0.49%）总含量平均为 4.86%。博罗梅花墩文化遗址土样的这种组成与广东潮州市东北 3.5 公里飞天燕山所产高岭质瓷土的化学组成比较接近。飞天燕山原矿标本（表 2－2－1，第 77 号）SiO_2 含量较高，一般在 76.03%～78.08% 之间波动，平均含量为 77.19%；Al_2O_3 含量偏低，一般在 14.31%～14.82% 之间波动，平均含量为 14.56%；但是广东潮州飞天燕山所产高岭质瓷土原矿经过淘洗后而形成的洗泥，Al_2O_3 含量得以大幅度地提高。例如，标本广东潮州飞天燕山高岭质瓷土洗泥（表 2－2－1，第 78 号）Al_2O_3 含量为 24.56%，高出原矿 0.69 倍。广东潮州飞天燕山高岭质“土胆”（表 2－2－1，第 79 号）中 Al_2O_3 含量则比原矿高一倍多，可达 36.47%，但土胆分布不匀，选矿困难。飞天燕山所产高岭质瓷土的助熔剂（CaO、MgO、K_2O、Na_2O）平均总含量为 4.45%。这类原料的主要黏土矿物成分是伊利石，其化学组成与瓷器坯体相仿，它不需要掺加其他制胎原料即可直接用于制胎[5]。

商代广东饶平文化遗址、春秋广东博罗横岭山墓地和博罗梅花墩文化遗址等出土的原始青瓷十七个标本（表2-2-1，第22、23、53~67号）胎中SiO_2含量在50.20%~70.05%之间波动；Al_2O_3含量在21.76%~40.48%之间波动；助熔剂CaO（0.28%）、MgO（0.50%）、K_2O（1.68%）、Na_2O（0.31%）平均总含量为2.77%。这类原始瓷大概是用广东潮州市飞天燕山所产高岭质瓷土为制胎原料。

商代鹰潭角山窑场烧造的部分原始瓷也采用高岭石质瓷土为制胎原料。该遗址出土的采用高岭石质瓷土为原料制胎的原始瓷三个标本（表2-2-1，第28、29、31号）Al_2O_3含量在23.82%~25.10%之间波动，平均含量为24.60%；助熔剂CaO（0.44%）、MgO（1.13%）、K_2O（1.42%）、Na_2O（0.51%）平均总含量为3.50%。由于夏、商、周三代时期，我国制瓷先民烧造瓷器技术还处于低级阶段，还不能通过淘洗加工的办法来提高原料中的助熔剂含量，因此，商代鹰潭角山窑场出土的这一类瓷器所用原料，当与商代广东博罗地区文化遗址有所不同。

采用高岭石质瓷土为原料制胎的原始瓷，不仅在化学组成上与高硅质瓷不同，而且胎的晶相组成结构与采用高硅质瓷土为原料制胎的原始瓷的晶相组成结构有所不同：前者胎的“晶相组成主要为石英、方石英及莫来石”[6]；后者，如上所述，瓷胎晶相主要为莫来石针晶、云母残骸、铁质残留和少量长石残骸[1]。

从瓷器发明和发展的角度讲，以认识和使用高硅型黏土（瓷土）制胎原料更为重要。这是因为高铝质黏土原料中Al_2O_3含量比较高，而助熔剂含量偏低，需要在1300℃左右的温度中烧成才能使胎骨致密。然而，夏、商、周三代建造窑炉的烧成温度虽然从新石器时代穴窑900℃~1050℃提高到1100℃~1200℃，而且我国南方地区烧造瓷器的龙窑的烧成温度在较长的时间内，也大致维持在这一水平上，但对于以高铝质黏土矿物为制胎原料的原始瓷坯体来说，这样的烧成温度只有很少玻璃相产生。在窑炉内烧成，如果没有足够的玻璃相，胎体就很难完全致密化，因而使得成瓷胎体显气孔率和吸水率都过高。例如，商代鹰潭角山窑场烧造的部分原始瓷胎吸水率为6.8%~12.6%（表2-2-2，第5~7号）。春秋广东惠州博罗梅花墩原始青瓷标本（B3010）胎吸水率也高达7.79%（表2-2-2，第34号）。在这种历史技术条件背景下，选用以高岭石质瓷土作为制胎原料的做法在当时没有得到推广。

而与瓷石成分相近的高硅型黏土——瓷土，属含石英和绢云母为主体的矿物，其中绢云母有和高岭土一样的塑性，又有长石一样的熔剂作用，兼有高岭土和长石在瓷器中的作用，加之还含有大量石英，单独用它做原料，经过成型也能在1200℃左右的温度中烧结成瓷[7]，因此在夏、商、周三代，高硅型黏土原料——瓷土就成为烧造原始青瓷的主要制胎原料。

三、原料的选择与加工

在夏、商、周三代，虽然部分原始青瓷胎的化学组成显示出是由瓷石类型的原料制成，但是笔者认为，在这个历史时期，由于未出现水碓，原始青瓷制胎原料不可能是从天然瓷石矿中开采及加工而得来，而是在自然界中发现了一种与瓷石化学成分接近的高硅型黏土原料——瓷土或高岭石质瓷土，理由如下：一是，在夏、商、周三代，烧造原始瓷的产地变动较大。例如，具有一定规模的江西樟树吴城商代文化窑场进入西周后就凋谢。春秋萧山前山窑和战国绍兴富盛窑存留时间也不长，显然，这与没有发现瓷石矿（或者发现了瓷石矿，但由于当时技术条件的限制而不能开采加工）而无法持续供应制瓷原料有关。二是，据研究，“瓷土是瓷石风化后的产物，是一种适合于制造瓷器的伊利石质或绢云母质黏土。它与高岭土的区别是：富含云母类矿物，石英、长石等碎屑矿物的含量也较高；在化学成分上往往 SiO_2 含量偏高，一般大于 70%；Al_2O_3 含量较低，在 16% ~24%；K_2O 和 Na_2O 总含量较高，在 2% ~8%。瓷石和瓷土在地质产状上常密切共生，即表部为瓷土，往深部随着风化程度的降低就过渡为瓷石”[8]。三是，考古发掘和科学测试与模拟烧成实验研究结果表明，在自然界确实存在这种天然瓷土原料，例如，商代鹰潭角山窑场遗址附近泥土质白色瓷土样品的化学成分与遗址出土的原始瓷化学成分相近[9]。考古发掘专家推测：该遗址留存的“陈腐池”中的原料为烧造原始瓷的原料，而且商代鹰潭角山窑场的“窑工对原料采掘加工即是利用被天然山泉浸泡而成的瓷泥，稍加炼制”而成瓷坯[10]；又如，夏商代前期上海马桥文化遗址出土的原始青瓷胎是用一种与龙泉木岱紫金土相类似的黏土制成。这类瓷土原料与普通瓷石相比较，除氧化铁含量略高外，其他氧化物含量基本相同，而且两者的矿物组成也基本相同，都含有大量的石英和绢云母。而木岱紫金土类黏土很可能是由含铁量较高的瓷石经风化后形成。由于这类黏土中有很多绢云母的存在，致使样品在 1000℃就会有莫来石晶体的生长，在 1100℃ ~1200℃具有良好的瓷化性能[11]。再如，江西清江商代吴城遗址出土的原始瓷也是“由瓷石风化而成的瓷土做成”[12]。四是，用于粉碎瓷石的技术设备，到东汉时才发明（详见本书第三章第二节），如果单用人力把瓷石粉碎，难度极大而无法实现，因此当时选用瓷石作为制瓷原料的可能性不大。

测试资料表明，夏商间，以高硅质黏土——瓷土为制胎原料的原始青瓷胎中 Fe_2O_3 含量较高，表中所列夏商以高硅质黏土——瓷土为制胎原料的原始青瓷二十六个标本（表 2-2-1，第 1~21、24~27、30 号）胎中 Fe_2O_3 平均含量为2.89%。到了西周、春秋时期，以高硅质黏土——瓷土为制胎原料的原始青瓷胎中 Fe_2O_3 含量有所下降。表中所列西周、春秋、战国时期以高硅质黏土——瓷土为制胎原料的原始青瓷二十一个标本（表 2-2-1，第 32~52 号）胎中 Fe_2O_3 平均含量为 2.03%。即胎中 Fe_2O_3 的平均含量从商代的 2.89%，到西周、春秋、战国时期降低到 2.03%。在古代，由于制瓷原料中的 Fe_2O_3 含量无法通过淘洗等技术予以清除或降低，而只能通过对原料的选择来实现。这是因为原料中的 Fe^{3+} 离子主要存在于绢云母晶格中，用淘洗的方法很难除去，有时淘洗反而会提高 Fe_2O_3 的含量[13]。我国夏、商、周原始青瓷胎中的 Fe_2O_3 含量逐步下降的客观事实，表明我国制瓷先民对制瓷原料的性能认识及其选择技术逐步得到提高。

据测试，夏、商、周原始瓷烧造温度一般在 1100℃以上（表 2-2-2，第 1~34 号），有的甚至达到 1290℃（表 2-2-2，第 34 号）。对胎的显微结构观察研究也显示，原始瓷烧成温度较高。例如，洛阳西周青釉器标本胎中，在显微镜下可看到小颗粒的残余石英的边缘已被熔蚀，而且有较多玻璃相出现；X 射线分析和显微镜观察都发现有莫来石存在。这说明它们已有较高的烧成温度和较好的烧结程度[14]，有个别样品的吸水率只有0.77%（表2-2-2，第1号）和0.78%（表2-2-2，第15号），这不仅证实原始瓷已达到较高的烧成温度，而且还表明，这类优质原始瓷胎，已经接近现代瓷器标准[14]。但是，从总体上看，夏、商、周原始瓷在工艺技术上还处于不成熟的低级阶段：由于当时没有掌握好炼泥技术，因而大多数器物的气孔率较高，胎中带有较多层扁平大气孔，从而大大降低了胎的透光率。

商代吴城遗址的留存表明，商代吴城先民烧造原始瓷采用了淘洗工艺。该遗址发现的明显的陶洗池有两处，均在地上挖坑建成，大的一处由空心砖、大实心砖组成长方形的池壁，池底铺花纹砖，可能有排水管道相连接，长3.65米，宽4.55米，残深0.2米。小的一处最为明显，四壁及底部都为花纹砖，但是四壁砖均遭破坏。西北角发现两个管道，较低的管道与池底的西北角相连通，较高的管道南端残缺。池子长1.2米，宽0.86米，残高0.09米。低管道长3.3米，高管道长1.9米，向北穿过北墙夯基分别连接主道路南侧排水沟。考古发掘工作者通过对池底沉积泥土痕迹的分析，推测淘洗过程是先将底部管道口堵住，然后将黏土倒入池中，加入水后搅拌均匀，撇去上部漂浮物，下部泥水静置沉淀时，泥水顺着下部管道渗出。陶泥沉淀后，上部形成一层细腻的可用陶泥，底层含有固态杂质的土泥挖起扔掉。小池的东部约4.1米发现一处由筒瓦、板瓦、下水管道组成的近似屋顶的淘洗池排水凹面，极为别致[12]。

表2-2-1　夏、商、周原始青瓷胎与部分原料的化学组成

编号	年代器物样号	成分(%)										参考文献
		SiO_2	Al_2O_3	Fe_2O_3	TiO_2	CaO	MgO	K_2O	Na_2O	MnO	P_2O_5	
1	夏、商马桥XM4胎	72.10	16.50	5.30	1.10	0.60	0.60	2.10	1.10	0.03	0.20	〔1〕
2	商前期马桥XM1胎	71.60	19.10	2.90	1.00	0.60	0.70	2.50	1.00	0.01	0.20	
3	商前期马桥XM2胎	73.50	17.90	3.80	1.00	0.60	0.70	1.50	0.40	0.01	0.20	
4	商前期马桥XM3胎	75.80	16.30	1.80	1.00	0.80	0.40	2.20	1.00	0.02	0.10	
5	商中期郑州HZZ01胎	77.85	15.66	1.55	0.97	0.25	0.65	1.78	0.41	0.03	0.06	〔16〕
6	商郑州HXZ04胎	75.72	16.02	3.50	1.07	0.32	0.87	1.50	0.70	0.056	0.097	

续表

编号	年代器物样号	成　分（%）										参考文献
		SiO_2	Al_2O_3	Fe_2O_3	TiO_2	CaO	MgO	K_2O	Na_2O	MnO	P_2O_5	
7	商郑州二里岗 Sh8 胎	76. 38	14. 91	2. 27	0. 91	0. 67	1. 18	2. 06	0. 79	0. 09	—	〔17〕
8	商郑州 HZH1 胎	79. 10	15. 06	1. 60	0. 99	0. 20	0. 42	1. 87	0. 24	0. 01	—	
9	商河南遗址 Sh16 胎	71. 97	19. 75	1. 66	0. 85	0. 30	0. 37	3. 88	0. 54	0. 03	—	
10	商殷墟遗址 Sh10 胎	76. 00	17. 10	2. 02	0. 77	0. 51	0. 85	2. 15	0. 75	0. 10	—	
11	商藁城遗址 Sh12 胎	73. 16	18. 05	3. 52	1. 02	0. 29	1. 00	2. 49	0. 52	0. 02	痕量	
12	商湖北盘龙城 Sh13 胎	83. 19	11. 60	1. 62	1. 11	0. 33	0. 51	0. 91	0. 13	0. 01	0. 58	
		82. 49	11. 51	1. 61	1. 10	0. 33	0. 50	0. 90	0. 13	—	—	
13	商晚期吴城 JQS11	72. 54	18. 29	3. 16	1. 49	0. 23	0. 86	1. 99	0. 33	0. 05	0. 10	〔15〕
14	商晚期吴城 JQS13	74. 18	17. 14	3. 22	1. 16	0. 33	0. 74	1. 45	0. 49	0. 04	0. 16	
15	商晚期吴城 JQS15	72. 16	18. 63	3. 76	1. 12	0. 56	1. 01	1. 77	0. 47	0. 04	0. 24	
16	商晚期吴城 JQS16	79. 40	14. 19	1. 95	1. 12	0. 23	0. 57	0. 91	0. 31	0, 02	0. 25	
17	商江西吴城 JQS9	69. 23	21. 43	3. 05	0. 96	0. 29	0. 56	2. 92	0. 52	0. 07	0. 05	
18	商安徽肥西胎	76. 94	14. 50	2. 66	1. 05	0. 68	0. 88	2. 28	0. 79	—	0. 03	〔20〕
19	商屋背岭 W1 胎	73. 17	18. 88	2. 15	0. 55	0. 46	0. 73	2. 52	1. 11	—	—	〔18〕
20	商屋背岭 W2 胎	72. 95	19. 56	2. 46	0. 67	0. 34	0. 60	2. 13	0. 61	—	—	
21	商屋背岭 W3 胎	74. 78	17. 27	2. 45	0. 50	0. 50	0. 83	2. 53	0. 64	—	—	
22	商广东饶平 R3 胎	66. 47	26. 39	3. 05	1. 45	0. 29	0. 37	0. 76	0. 17	—	—	
23	商广东饶平 Sh15 胎	67. 30	26. 04	2. 88	1. 91	0. 23	0. 16	0. 66	0. 04	0. 01	0. 08	〔17〕
		67. 77	26. 22	2. 90	1. 92	0. 23	0. 16	0. 66	0. 04	0. 01	—	

续表

编号	年代器物样号	成分(%)										参考文献
		SiO_2	Al_2O_3	Fe_2O_3	TiO_2	CaO	MgO	K_2O	Na_2O	MnO	P_2O_5	
24	商鹰潭角山 YJ27 胎	73.11	19.34	3.77	0.75	0.29	0.67	0.66	0.43	0.01	0.02	〔9〕
25	商鹰潭角山 YJ28 胎	69.85	20.28	3.99	0.74	0.44	1.30	2.02	0.40	0.02	0.02	
26	商鹰潭角山 YJ29 胎	71.12	19.53	2.78	0.78	0.42	1.37	2.14	0.87	0.02	0.01	
27	商鹰潭角山 YJ31 胎	70.31	19.26	4.96	0.71	0.30	1.31	1.71	0.43	0.03	0.01	
28	商鹰潭角山 YJ32 胎	64.19	25.10	4.61	0.76	0.47	1.51	1.77	0.59	0.02	0.02	
29	商鹰潭角山 YJ33 胎	68.43	23.82	2.61	0.78	0.48	1.01	1.54	0.33	0.01	0.21	
30	商鹰潭角山 YJ34 胎	70.20	21.10	3.21	0.64	0.42	1.20	1.82	0.43	0.01	0.02	
31	商鹰潭角山 YJ35 胎	66.09	24.87	4.33	0.92	0.37	0.88	0.95	0.60	0.01	0.16	
32	西周张家坡 H2:8 胎	72.36	19.32	1.64	0.83	1.03	0.45	3.75	1.04	0.07	—	〔3〕
33	西周张家坡 H423:8 胎	75.46	17.55	1.48	1.13	0.41	0.95	2.75	0.23	0.03	—	
34	西周张家坡 T26:10 胎	76.16	14.40	2.88	1.59	1.21	0.47	2.86	0.65	0.05	—	
35	西周屯溪 1:67胎	71.95	19.28	1.83	1.11	1.48	0.51	3.24	0.57	0.03	—	
36	西周洛阳北瑶 M668 胎	75.15	16.25	1.35	0.90	0.42	0.28	4.32	0.65	0.03	—	〔2〕
37	西周洛阳北瑶 M37 胎	72.78	18.65	1.71	0.67	0.27	0.57	3.42	0.82	0.03	—	
38	西周洛阳北瑶 M25 胎	73.52	18.43	1.58	0.90	0.43	0.43	3.67	0.68	0.05	—	
39	西周洛阳北瑶 M198 胎	77.61	16.74	1.22	1.10	0.27	0.47	2.58	0.17	0.06	—	
40	西周洛阳北瑶 M32:5 胎	75.33	18.58	1.34	1.00	0.20	0.42	3.05	0.35	0.03	—	
41	东周上虞 SY31 胎	76.75	16.28	2.02	1.23	0.40	0.25	2.85	0.35	0.07	—	

续表

编号	年代器物样号	成分（%）										参考文献
		SiO_2	Al_2O_3	Fe_2O_3	TiO_2	CaO	MgO	K_2O	Na_2O	MnO	P_2O_5	
42	西周北京房山 ZH8 号瓷豆残片胎	75.95	16.67	2.03	0.74	0.26	0.52	2.36	0.19	0.02	—	
		76.83	16.95	2.07	0.75	0.26	0.33	2.39	0.19	0.02	—	
43	西周江山地山岗 ZHJ4 - 1 胎	75.11	17.10	1.99	0.81	0.08	0.45	2.73	0.22	0.01	—	
		76.11	17.33	2.01	0.82	0.08	0.45	2.76	0.22	0.01	—	
44	西周江山地山岗 ZHJ4 - 2 胎	78.88	15.73	1.78	1.16	0.08	0.47	2.51	0.15	0.02	—	
45	西周江山地山岗 ZHJ4 - 3 胎	72.08	21.00	2.08	0.80	0.18	0.44	3.32	0.37	0.03	—	
46	西周江山大麦山 ZHJ5 胎	76.15	17.43	1.90	0.97	0.25	0.33	2.94	0.54	0.02	0.05	[17]
47	西周扶风周原 ZH9 胎	78.48	14.41	1.54	0.92	0.12	0.29	3.58	0.21	0.01	—	
48	西周德清皇坟山 ZH10 胎	79.51	13.34	2.08	1.12	0.25	0.66	1.79	0.46	0.02	—	
49	东周侯马 ZH2 号胎	78.81	14.15	1.97	1.25	1.00	1.13	1.36	0.55	0.04	—	
50	东周萧山 ZH11 胎	79.50	13.69	1.68	0.70	0.38	0.45	2.50	0.73	0.02	—	
51	东周富盛 Y1 - g 号胎	75.73	15.54	2.34	1.09	0.47	0.63	2.43	0.69	0.03	—	
52	东周宜兴 ZH7 胎	75.73	16.23	2.21	1.05	0.33	0.50	2.12	0.71	—	—	

续表

编号	年代器物样号	成分(%)										参考文献
		SiO_2	Al_2O_3	Fe_2O_3	TiO_2	CaO	MgO	K_2O	Na_2O	MnO	P_2O_5	
53	西周博罗横岭山 H21 胎	67.12	26.11	2.62	1.05	0.06	0.49	0.76	0.37	—	—	
54	西周横岭山 H22 胎	62.47	31.02	2.28	0.69	0.08	0.72	1.18	0.30	—	—	
55	西周横岭山 H23 胎	52.32	40.48	2.89	0.83	0.04	0.65	1.02	0.30	—	—	
56	西周横岭山 H24 胎	64.95	27.31	2.99	0.77	0.24	0.53	1.66	0.37	—	—	
57	西周横岭山 H25 胎	67.98	24.65	2.79	0.70	0.16	0.61	1.85	0.21	—	—	
58	西周横岭山 H26 胎	68.06	24.79	3.12	0.77	0.08	0.43	1.05	0.21	—	—	
59	春秋横岭山 H37 胎	69.09	23.69	1.77	0.70	0.04	0.45	2.76	0.30	—	—	
60	春秋横岭山 H38 胎	64.36	28.50	2.69	0.83	0.14	0.55	1.28	0.45	—	—	〔18〕
61	春秋横岭山 H39 胎	70.50	21.76	1.95	0.72	0.06	0.54	2.66	0.20	—	—	
62	春秋横岭山 H40 胎	65.56	26.74	1.86	0.89	0.13	0.99	2.41	0.22	—	—	
63	春秋横岭山 H41 胎	67.07	23.85	3.37	0.55	0.23	0.57	2.52	0.37	—	—	
64	春秋横岭山 H42 胎	70.07	23.16	2.59	0.73	0.11	0.37	1.64	0.20	—	—	
65	春秋梅花墩 M1 胎	61.77	29.20	1.28	1.45	1.35	0.34	3.05	0.56	—	—	
66	春秋梅花墩 M2 胎	70.10	24.53	2.17	0.60	0.15	0.47	1.83	0.52	—	—	
67	春秋梅花墩 M3 胎	68.03	24.35	1.89	0.67	0.12	0.62	2.56	0.71	—	—	
68	东汉上虞窑 ZH1 胎	76.07	15.94	2.42	1.06	0.24	0.57	2.59	0.55	0.02	—	〔16〕
69	龙泉木岱紫金土	74.02	17.17	3.81	0.59	0.15	0.94	3.26	0.36	—	—	〔21〕

续表

编号	年代器物样号	成　分（%）										参考文献
		SiO_2	Al_2O_3	Fe_2O_3	TiO_2	CaO	MgO	K_2O	Na_2O	MnO	P_2O_5	
70	广东梅花墩1号土样	68.49	23.64	1.39	0.44	0.36	1.97	2.07	0.52	—	—	〔18〕
71	广东梅花墩2号土样	61.21	30.98	0.13	0.43	1.31	0.67	3.57	0.43	—	—	
72	广东梅花墩3号土样	63.39	28.71	2.71	0.56	0.22	0.81	2.13	0.52	—	—	
73	商角山遗址瓷土	70.49	21.34	0.06	1.51	3.09	1.10	1.83	0.58	—	—	〔9〕
74	商角山蓄泥棚青胶泥	69.70	19.71	0.09	1.14	2.22	0.43	5.10	0.62	—	—	
75	商角山炼泥池青胶泥	67.80	21.25	0.12	1.23	2.04	0.46	5.40	0.69	—	—	
76	商角山炼泥池青胶泥	66.46	21.71	0.11	1.33	2.20	0.36	6.13	0.70	—	—	
77	广东飞燕天高岭土原矿	76.03	14.82	0.80	—	0.10	1.02	2.82	0.37	—	—	〔22〕
		77.45	14.31	0.77	0.11	0.08	0.08	3.41	0.08	—	—	
		78.08	14.54	0.63	0.11	0.03	0.17	3.30	0.13	—	—	
78	广东飞燕天高岭洗泥	66.53	24.56	0.35	—	0.55	0.60	2.98		—	—	
79	广东飞燕天高岭土胆	45.58	36.47	0.40	—	1.03	0.11	4.98	0.38	—		

表2-2-2　夏、商、周原始青瓷的烧成温度与吸水率、气孔率

编号	名　　称	烧成温度（℃）	吸水率（%）	气孔率（%）	参考文献
1	夏商上海马桥文化遗址原始瓷片 XM1	1150±20	0.77	1.64	〔4〕
2	夏商上海马桥文化遗址原始瓷片 XM3	1179±20	1.68	3.56	
3	商代晚期江西清江吴城原始瓷片 JQS15	1250±20	—	—	〔15〕
4	商代晚期江西清江吴城原始瓷 JQS9	1100±20	—	—	
5	商代鹰潭角山原始瓷 YJ27	1180±20	12.6	31	〔9〕
6	商代鹰潭角山原始瓷 YJ29	1110±20	6.8	17	

续表

编号	名　　称	烧成温度(℃)	吸水率(%)	气孔率(%)	参考文献
7	商晚期鹰潭角山原始瓷 JYJ8	1130±20	—	—	
8	商浙江江山 ZHJ3	1220	—	—	〔16〕
9	商中期郑州 HZZ01	1190±20	—	—	
10	商中期郑州 HZH1	1170	—	—	〔17〕
11	商浙江江山 ZHJ3	1220	3.09	6.59	
12	商～西周清江樊城堆 JQF1	1150±20	—	—	〔16〕
13	商～西周清江樊城堆 JQF3	1170±20	—	—	
14	西周前期洛阳原始青瓷 M－250	1150±20	3.92	8.64	〔14〕
15	西周前期洛阳原始青瓷 M－198	1220±20	0.78	1.69	
16	西周前期洛阳原始青瓷 M－32:5	1220±20	—	—	
17	西周前期洛阳原始青瓷 M－37	1130±20	—	—	〔16〕
18	西周前期洛阳原始青瓷 M－668	1120±20	—	—	
19	西周洛阳瓦机厂 HZH3	1130	—	—	
20	西周浙江江山大麦山 ZHJ5	1250	—	—	
21	西周陕西扶风 ZH9	1280	—	—	
22	西周陕西张家坡 ZH3	1220	—	—	〔17〕
23	西周早期浙江江山 ZHJ4（1）	1200	—	—	
24	西周早期浙江江山 ZHJ4（2）	1200	—	—	
25	西周晚期浙江江山 ZHJ5	1250	—	—	
26	西周中期至春秋中期清江吴城 JQS4	1250±20	—	—	
27	西周中晚期江西安义台山 JLO1	1250±20	—	—	〔16〕
28	东周江苏宜兴 ZH－7	1140±20	—	—	
29	东周山西侯马 33	1230±20	—	—	
30	西周博罗横岭山墓地 3 期 H22	1220	—	—	〔18〕
31	春秋博罗横岭山墓地 4 期 H40	1270	—	—	

续表

编号	名　称	烧成温度（℃）	吸水率（%）	气孔率（%）	参考文献
32	春秋广东惠州博罗梅花墩原始青瓷 B3040	1280±20	2.63	—	〔19〕
33	春秋广东惠州博罗梅花墩原始青瓷 B3030	1240±20	4.43	—	
34	春秋广东惠州博罗梅花墩原始青瓷 B3010	1290±20	7.79	—	

第三节　成型技术

夏商之际，原始瓷大型器物多用泥条盘筑法成型。商周时期，小型器皿在泥条盘筑法成型的基础上，将坯件放在慢轮上予以修整。直到西周晚期至春秋早期，我国原始瓷成型才采用拉坯工艺，战国以后拉坯成型工艺得以全面推广。

一、泥条盘筑法

夏商之际，原始瓷成型工艺继承了陶器工艺传统，对大型器物采用泥条盘筑法成型。成型时，先把坯泥搓成泥条，然后按照预先设定的器型，把泥条一层一层地叠上去，或用一长泥条作螺旋状地盘旋向上筑。如夏商马桥遗址出土的原始黑瓷罐，样品（马桥ⅡTD203）内壁有高低不平的指垫凹痕，胎体有层状的大气孔〔1〕，就是泥条盘筑成型留下的痕印。成型后，再用双手在器内外抹平。为使上下泥条黏接，器壁结构坚固，在整修器形时，往往进行一次或多次拍打。一些构造较为复杂的器形，例如豆盘、鼎、簋等，则采用接合法。即将各个部件通过泥条盘筑法做好，然后拼接成器。然而，纯用手工很难把凹凸不平的器面抹平、抹光，所以夏商时大型的原始瓷器，形制不甚规整，存在器身歪斜、高低不平和圆器不圆的状况，胎壁厚薄也不匀，比较粗笨。

二、泥条盘筑与慢轮修整

商代前期的小型器皿在泥条盘筑法成型的基础上，将坯件放在慢轮上予以修整。如商代前期马桥遗址出土的两件原始青瓷豆盘（编号为马桥ⅡT621③C:3，马桥ⅡTC21③）盘的内壁有轮旋痕，外壁则有工具的刮削痕〔2〕。江西清江吴城商代原始瓷，几乎所有容器，特别是口沿部分都有一道道规整的轮纹〔3〕。商代中晚期鹰潭角山窑出土原始瓷敞口器内外车轮纹，小口器颈部也有车轮纹，内壁则见抵手凹窝〔4〕。口沿部分较为密集的轮纹和器内外车轮纹，乃是使用慢轮修整的痕迹。

周代仍然沿袭这种工艺，例如浙江衢州云溪乡出土的西周原始青瓷，一般采用泥条盘筑法成型，再进行慢轮修整，圈足均为黏接。大件器物有分块黏合的明显痕迹〔5〕。又如安徽屯溪西周墓出土的原始瓷Ⅰ式碗口沿面向内倾斜有弦纹三道。

Ⅰ式C型豆，口沿面近平，有弦纹三道。Ⅱ式豆口沿面全平，也有弦纹三道。Ⅴ式豆口沿面内斜，有弦纹三道。原始瓷盂、罐、尊还在肩、腹间以弦纹作为美化器物的间隔。显然，器皿上的弦纹，系启用慢轮工艺修整坯体的产物。然而，坯体的成型则是通过泥条盘筑法而成。当时主持发掘的考古学家对此做了专门的研究和报告：器的内底面或腹壁内表，大都存在有泥条圈叠和按捺压平的遗痕，从器表釉层里显露出来。器腹和器口不正圆。圈足器的圈足或圈座与器身留有分做的痕迹，也有少数圈足的足内壁凹入周壁上，留有挖制的遗痕。平底器的下底面有草印痕，而且底面倾斜不平，因而器的高度也呈现出左高右低的现象（圈足器也有此现象，但没有平底器那样显著）。在脱釉部分或无釉部分的腹壁或足的外表面，可以看出用湿手抹平的残痕[6]。

牟永杭、毛兆廷在发掘研究浙江江山县西周古遗址和墓葬出土的原始瓷时，也发现了类似的情况："在器物的内外壁常有许多道平行凸弦纹，圈足和盘壁合成一条和谐流畅的曲线。但是，在一些大件器物的内壁，尚可见到泥条叠筑痕迹。又在一些圈足内壁和器底成反弧相交的锐角，似难以用轮制法挖底，据此推测，当时仍用泥条法制坯，然后可能再用轮修法整形。器形有尊、罐、豆等三种，以豆最多见。"又说："罐的腹壁拍印编织纹，近底处在编织纹上再轮修成细密的弦纹。拍印几何纹是原始瓷比较少见，亦可再次证实：当时原始瓷还是用泥条盘筑法成型。"[7]

从浙江义乌平畴西周墓出土的原始青瓷盉、盂、豆、碗等器皿来看，其内壁，特别是内底，大部分有明显的泥条盘筑痕迹（留有宽大的凸旋纹），表明没有经过修整。但器物上半部，外表都很规整、光滑，原始瓷豆、碗、盂等器皿的口沿外或上腹部，尚留有细密的轮纹，显然这是轮修痕迹。原始瓷盘内底有装饰的，也进行轮修；但矮小器物，如碗、豆等，下腹部分不经轮修，可能因其矮小，置放在转轮上，下腹部分不易操作，而改用竹、木刀削修，所以它们大都在下腹留有明显的刀削痕迹。圈足部分是先用泥条盘筑，然后进行轮修，所以圈足形状虽然各异，但圈足内均有细密轮纹。西周原始瓷，圈足与器体不是一次制成，而是分别制成，然后再予以拼接。这从一些圈足已经掉落的碗底上的拼接痕迹可以看出[8]。

浙江绍兴地区西周晚期至春秋早期出土的原始瓷也呈现出这种特征：原始瓷豆、碗、盂等的内壁，特别是内底均有明显的泥条盘筑痕迹，但器物的口沿和束腰处已经轮修，显得平整，并留有细密轮纹。对于一些极矮小的器物，因下腹不易在转轮上操作修整，而采用竹刀或木刀刮削，故器下腹留有削修痕迹。原始瓷豆的圈足，则是将一条泥条圈成一圆形贴于豆盘部，并用手沿泥条内侧转抹一周，使之更好地黏接在盘底上[9]。同样，浙江德清西周晚期至春秋早期火烧山窑和防风山窑原始瓷的成型也是如此：罐类器的内壁有泥条盘筑痕迹，部分碗的底腹之间接痕明显[10]。

三、拉坯成型

如前所述，拉坯成型即利用陶车的快速转动，置坯泥于其上，陶工双手按住坯泥，随着陶工手法的屈伸收放，拉制出各种各样的形制。这种成型方法奠定了后来瓷器成型的工艺技术基础。浙江德清地区出土的部分原始瓷实物资料表明，在西周晚期至春秋早期烧造的一部分原始瓷是采用拉坯成型工艺制成。考古工作者在报告这一史实时写道，西周晚期至春秋早期德清火烧山窑和防风山窑一部分原始瓷成型，采用泥条盘筑与轮修相结合的技法。另有一部分碗则系拉坯成型，外底都有粗大的线割痕，器形较规整，胎体厚薄匀称。碗、盘、盂等器的内底至腹壁普遍有螺旋纹。春秋中晚期至战国早期德清白漾坞窑、泉源坞窑、叉路岭窑等出土的原始瓷以碗、盅等小件饮食器为主，制作均一次拉坯成型，器形规整，胎体厚薄匀称，内底至腹壁的螺旋纹趋于细密，外底有一道道线割痕迹[11]。江苏地区的考古出土实物资料则表明，拉坯成型工艺在西周至春秋时期的镇江地区逐步风行开来。刘兴先生在报告这则史实时写道，镇江地区春秋遗址出土的原始瓷成型方法有两类：一类是用泥条盘筑法，器物内部可以看到一些吻合的接缝；另一类是在轮盘上旋挖坯胎（拉坯成型），器物的内部留下一些螺旋纹，器表上有时留有旋转抹平的印迹。这类器物均属素面，或仅在口部用篦状器划出弦纹和水波纹。这种旋挖方法，西周时期原始瓷豆、盅、碗等小件器物已经采用。到春秋时较大器物也采用这种方法成型。例如镇江丹阳县导士乡留干村出土的腹径 21.2 厘米的大罐，腹内有轮制的螺纹[12]。春秋中晚期，绍兴地区越国所产原始青瓷碗，采用一次拉坯成型，器形规整，胎体厚薄匀称。内底至腹壁均留有密集的螺旋纹，外底则为切坯时留下的线割痕[13]。

到了战国时期，原始瓷拉坯成型工艺得以全面的推广，这从出土实物资料中可得到证明。上海金山战国盛家墩遗址出土的原始瓷的内壁留有规整的螺旋纹及其底部保存着线割的痕迹，考古发掘者认为，该遗址出土的原始瓷都是轮制的[14]。绍兴地区出土的战国早中期出土原始瓷坯体采用轮制成型，器形规整[15]。战国中期以后的德清南山窑、亭子桥窑和冯家山窑等原始瓷瓿，采用上下分制后衔接的成型工艺[16]。

绍兴漓渚汉墓出土的 130 件战国原始瓷，包括罐、鼎、鐎、杯、匜、盂、碗、钵、盘、碟等器的器身全系轮制，因而器形规整[17]。萧山进化区临江乡茅湾里战国遗址出土的原始瓷器的内部自底至口部有十分规矩整齐的螺旋纹。旋纹以器底中心为起点，显然属轮制的痕迹[18]。江西清江战国墓出土的原始瓷杯，是轮制而成[19]。考古学家从绍兴富盛战国窑址出土的原始青瓷碗中发现其内底有一圈细密的螺旋纹，外底留有一道道切割的线痕，因此认定它是拉坯成型的[20]。另外，从富盛战国窑址原始瓷残片的底部内侧发现相距约 2 毫米 ~3 毫米的同心圆环条纹，也表明它们是在原始陶车上拉坯成型的。

第四节 制釉、施釉和装饰技术

人类最早使用的陶器是无釉的，器面施釉是由陶向瓷转化的关键之一，所以釉的发明及其运用，在制瓷技术上具有特殊的意义。由于古代瓷釉主要是用胎泥和草木灰配制而成，而历代瓷釉中的助熔剂 CaO、MgO、K_2O、Na_2O 的含量变化与瓷胎中的助熔剂 CaO、MgO、K_2O、Na_2O 的含量变化大多不一致，特别是瓷胎中的 CaO 含量甚微，因此考察瓷釉中的助熔剂 CaO、MgO、K_2O、Na_2O 的含量变化，在一定程度上可以揭示古代瓷釉的变迁。按照釉的助熔剂的性质，商周瓷釉大致可分为灰釉、灰—碱釉、碱—灰釉三大部类。从釉的着色元素进行考察，商周原始瓷釉主要是以铁元素着色的青釉和黑釉。商代原始瓷器采用刷釉法上釉，西周时期有的窑场采用蘸釉法上釉。原始瓷器装饰，继承陶器工艺传统，主要采用拍印、锥刺、篦纹、附加堆纹等装饰技法予以美化。

釉是施于陶瓷坯体表面上的一层极薄的玻璃体。它是在原始社会陶衣工艺基础上诞生的。早在新石器时代中期，我国先民就用粒度较细的陶土或调入颜料的细陶土加水调成泥浆涂刷到将干而未干的陶器坯体表面之后入窑烧成，使之表面附着一层陶衣而变光洁，增加美观，减少渗漏。由于陶衣化学组成中的助熔剂含量低，加之当时的窑温又比较低，因而这层附予陶器表层的陶衣始终无法与器体熔融形成玻璃体。到了夏代，随着作为助熔剂物质——草木灰的性能的发现及其应用和高温窑炉的出现，原始瓷釉工艺秘密终于被制瓷先民揭示出来了。

如本书第一章所述，中国最早出现的原始瓷为夏代初年山西夏县东下冯遗址第 3 层（龙山文化晚期）中出土原始瓷残器，其器表有青绿色薄釉。由于未经测试，其化学组成目前尚不可知。夏至商初上海马桥文化遗址出土了四件原始瓷残器，其中三件为青釉原始瓷，另一件为黑釉原始瓷。经有关部门进行科学鉴定：釉层光亮、完全玻化或有少量残留物和气泡，釉层厚度已有 0.15 毫米 ~0.25 毫米厚，这说明釉层是当时工匠为装饰陶瓷而人工施加的[1]。这就表明中国原始瓷釉最迟出现于夏至商初。测试研究结果表明，夏至商初马桥文化原始瓷釉是用草木灰和胎泥配制而成的。夏至商初时期马桥文化原始瓷四个标本（表 2－4－1，第 1 ~4号）釉中 CaO 含量在 8.85% ~17.37% 之间波动，平均含量为 12.26%，这不仅与常见的草木灰化学组成差别较大，而且也与已发表的 39 种草木灰的化学组成有明显差别（表 2－4－1，第 49 ~53、62 ~67 号）。这样就可排除用单组分草木灰制釉的可能性，而可能是用当地黏土加草木灰配制烧成。关于配釉用的黏土无非有三种可能：一是与釉同样品质的胎泥；二是当时当地制软陶的胎泥；三是当时硬陶表面施加涂层用的易熔黏土。为了探讨当时使用哪一种黏土的可能性最大，有关研究者将已分析过的夏至商初马桥原始瓷胎、釉、软陶陶胎和硬陶上的涂层的化学组成（表 2－4－1，第 54 ~61 号）进行比较，并计算出它们的 SiO_2/Al_2O_3 值，原始瓷釉之值为 4.24，原始瓷胎之值为 4.19，软陶陶胎之值为 3.247，印纹硬陶涂层之值为 3.12。数据明显表明，夏至商初马桥原始青瓷釉的 SiO_2/Al_2O_3 值与其胎最接近，而与当时的软陶和涂层相差较大，由此可以确定：马桥夏至商初原始青瓷釉乃是用原始瓷胎泥加草木灰配制而成的。研究者为了证实这个结论的可靠性，挑选一种钙、镁含量高于原始青瓷釉，而其他氧化物含量则与釉相对接近的草木灰，根据胎、釉和草木灰组成中钙、镁含量的差异，经过有关逻辑推算，进一步确论马桥夏商原始瓷釉是由原始瓷胎泥掺加草木灰配制烧成的[2]。

一、釉的分类

按照釉的助熔剂的性质，中国古代瓷釉大致可分为灰釉、灰—碱釉、碱—灰釉、高碱釉等。从釉的烧成温度考查，中国古代瓷釉可分为高温釉和低温釉，其中，高温釉一般在1100℃以上，低温釉一般在850℃以下。从釉的着色元素进行考查，中国古代瓷釉可分为铁系釉、铜系釉和钴系釉等类型。铁系釉中主要有青釉、白釉、黑釉三大类。青釉中的名品有唐五代的秘色釉、宋代的梅子青、粉青、橄榄青等。白釉中的名品有隋唐邢窑白釉、宋代定窑粉定、宋代景德镇青白瓷、元代景德镇枢府卵白釉、明代永乐甜白和明代德化象牙白等。黑釉中的名品有宋代建窑兔毫、油滴和曜变，吉州的剪纸贴花、木叶天目和虎皮斑，清代景德镇乌金釉等。铜系釉主要有铜红、桃花片和郎窑红等。钴系釉主要见于蓝釉等。

（一）灰釉

灰釉是指釉中以碱土金属氧化物 CaO 为主要助熔剂，CaO 含量接近或超过10%以上的釉，又叫“高钙釉”。灰釉的主要优点是：釉中 CaO 含量较高，在高温过程中釉的黏度小，流动性较好，釉面硬度和光泽度都比较高。缺点是：在用还原焰烧成时，釉极易烟熏，影响釉面质量；在高温烧成时，由于熔解能力强，而使胎内的 Fe_2O_3易于熔解，以致影响釉的白度。

夏、商、周原始瓷主要流行灰釉，其三十二个标本（表2－4－1，第1～3、5～9、11～14、17、18、24～28、30、31、33～37、40～44、46号）釉中四种助熔剂 CaO（平均为14.99%）、MgO（平均为2.70%）、K_2O（平均为2.97%）、Na_2O（平均为0.62%）总含量平均为21.28%。其中，CaO 平均含量（高达14.99%），为 K_2O（2.97%）、Na_2O（0.62%）含量之和的4.18倍。

夏、商、周原始瓷六十七个标本（表2－2－1，第1～67号），除了一个标本（表2－2－1，第24号）胎中的 K_2O 与 MgO 的含量相近外，其余六十六个标本胎中的 K_2O 的含量均高于 MgO 的含量。但是商周原始瓷灰釉中 K_2O 与 MgO 的含量变化波动比较大。例如，商周上海马桥四个灰釉标本（表2－4－1，第1～4号）中，其中三个灰釉标本（表2－4－1，第1～3号）釉中 MgO 含量大于 K_2O 含量，另一个灰釉标本（表2－4－1，第4号）釉中则 MgO 含量小于 K_2O 含量。又如，江西鹰潭商代角山四个灰釉标本（表2－4－1，第13、14、17、18号），其中三个灰釉标本（表2－4－1，第17、18、24号）釉中的 MgO 含量大于 K_2O 含量，另一个灰釉标本（表2－4－1，第13号）釉中的 MgO 与 K_2O 含量相近。再如，洛阳西周北瑶灰釉四个标本（表2－4－1，第24、26～28号），其中，一个灰釉标本（表2－2－1，第24号）釉中 MgO 含量大于 K_2O 含量，另外三个标本（表2－4－1，第26～28号）釉中 MgO 含量则小于 K_2O 含量。另外，广西博罗西周和春秋横岭山墓地出土原始瓷灰釉中 MgO 与 K_2O 的含量也富于变化。

由于草木灰中都含有一定量的 MgO 和 K_2O，而且，随着草木灰的种类不同，其含量变化也不同（表2－4－1，第62～67号），因此，可从其含量得知草木灰的具体种类。然而，商周原始瓷灰釉中 K_2O 与 MgO 的含量变化波动比较大，这就表明，夏、商、周配制瓷釉所用草木灰并不限于某个特定种类。

（二）灰—碱釉

灰—碱釉是以碱土金属氧化物 CaO 和碱金属氧化物 K_2O 和 Na_2O 为主要助熔剂的一种瓷釉，釉中的 CaO 含量在5%～11%之间；釉中的 K_2O 或 Na_2O 的含量超过

MgO 含量。灰—碱釉是从灰釉工艺中衍生出来的，即在胎泥掺加草木灰配制釉工艺中，减少釉灰用量，与此同时增加胎泥的用量。因而灰—碱釉的釉中 CaO 含量从灰釉中的高 CaO 含量降低到 11% 以下，碱性熔剂 K_2O 或 Na_2O 含量相对升高。灰—碱釉有较高的烧成温度，更宽的烧成范围，以及较高的亮度。

夏、商、周原始瓷灰—碱釉与同时期灰釉相比具有如下三大特征：一是，灰—碱釉中 CaO 含量比同时期灰釉降低。夏、商、周原始瓷灰—碱釉十二个标本（表2－4－1，第 4、10、16、20～22、29、32、38、45、47、48 号）釉中 CaO 含量平均为 6.18%，仅为同时期灰釉三十一个标本（表 2－4－1，第 1～3、5～9、11～14、18、24～28、30、31、33～37、40～44、46 号）釉中 CaO 含量（平均为 14.99%）的 41.23%；二是，灰—碱釉中 P_2O_5 含量也比同时期灰釉有所降低，商吴城 JQS15（表 2－4－1，第 10 号）和商鹰潭角山 YJ32（表 2－4－1，第 16 号）两个标本釉中 P_2O_5 含量（平均为 0.34%），仅为夏、商、周原始瓷灰釉十五个标本（表 2－4－1，第 1～3、7～9、11～14、17、18、30、31、33 号）釉中的 P_2O_5 平均含量（为 0.77%）的 44.16%；三是，灰—碱釉中 SiO_2 含量比同时期灰釉有较大幅度增加，夏、商、周原始瓷灰—碱十二个标本（表 2－4－1，第 4、10、16、20～22、29、32、38、45、47、48 号）釉中 SiO_2 含量（平均为 63.78%）比同时期灰釉二十七个标本（表 2－4－1，第 1～3、5～9、11～14、17、18、30、31、33～37、40～44、46 号）釉中 SiO_2 含量（平均为 60.10%）增加了 6.12%。

一般说来，中国古代瓷釉中 CaO 和 P_2O_5 含量变化主要是由草木灰用量的变化引起的，因此，夏、商、周原始瓷灰—碱釉中 CaO 和 P_2O_5 含量比同时期灰釉大幅度降低，乃是因配制灰—碱釉釉料时草木灰用量要比灰釉的用量减少所致；而釉中 SiO_2 的含量变化则与所用釉石（瓷石）的用量有直接关系[3]。因此，夏、商、周原始瓷灰—碱釉釉中 SiO_2 含量比同时期灰釉有较大幅度增加一事表明：配制灰—碱釉所用胎泥的用量要比配制灰釉的用量大。

灰—碱釉具有较高的烧成温度。例如，商代晚期吴城原始瓷灰—碱釉中的一个标本（JQS15）烧成温度可达 1250±20℃（表 2－2－2，第 3 号）。春秋时期广东惠州博罗梅花墩窑原始瓷灰—碱釉的两个标本（B3030 和 B3010）烧成温度分别可达 1280℃±20℃和 1290℃±20℃（表 2－2－2，第 33～34 号）。灰—碱釉烧成时的高温黏度也明显比灰釉高，因而烧成时不易流釉，同时灰—碱釉由于釉中 K_2O 含量增高，致使釉的烧成范围也得到增宽。

（三）碱—灰釉

碱—灰釉是指釉中碱金属氧化物（K_2O 与 Na_2O 两者之和）的总含量超过了碱土金属氧化物 CaO 与 MgO 总含量的釉。商周时期仅见江西鹰潭角山和商周清江樊城两个文化遗址出土的部分原始青瓷釉具有这种特征。其三个标本（表 2－4－1，第 15、19、23 号）釉中 CaO 平均含量为 0.94%，MgO 平均含量为 1.56%，K_2O 平均含量为 6.25%，Na_2O 平均含量为 1.09%。也就是说，不仅釉中 K_2O 与 Na_2O 两者之和（7.34%）超过了 CaO 与 MgO 两者含量之和（2.50%），而且釉中 K_2O 含量还大大超过了釉中 CaO 的含量。

有学者认为，由于商周时期江西鹰潭角山文化遗址两个碱—灰釉标本（YJ31

和 YJ35）的化学组成（表 2－4－1，第 15、19 号），与其胎（YJ31 和 YJ35）的化学组成（表 2－2－1，第 27、31 号）非常接近，但是釉中 CaO 含量甚低，因此推测这类原始瓷釉的主要原料为经过处理的瓷土[4]。

（四）原始青釉

商周原始瓷主要流行青釉。青釉是一种以铁为着色元素的瓷釉，釉中着色剂 Fe_2O_3 含量一般在 4% 以下[5]。从釉中助熔剂角度考查，商周原始瓷青釉可分为三大类：灰釉、灰—碱釉、碱—灰釉。其中，采用灰釉工艺是商周原始瓷青釉的主流。商周原始青瓷灰釉三十一个标本（表 2－4－1，第 1、3、5、7～9、11～14、17～18、24～28、30、31、33～37、39～44、46 号）釉中着色剂 Fe_2O_3 含量平均为 2.40%，TiO_2 为 0.80%，釉中四种助熔剂 CaO（14.77%）、MgO（2.69%）、K_2O（2.96%）、Na_2O（0.62%）总含量为 21.04%。商周原始青瓷采用灰—碱釉和碱—灰釉工艺者较少，前者为六个标本（表 2－4－1，第 16、29、32、38、47、48 号），釉中有 CaO（6.95%）、MgO（2.26%）、K_2O（3.68%）、Na_2O（0.78%）；后者仅见两例（表 2－4－1，第 15、19 号），釉中有 CaO（0.96%）、MgO（1.46%）、K_2O（6.83%）、Na_2O（1.25%）。

商周采用灰釉工艺的原始瓷青瓷，釉色多泛褐黄、青褐或酱褐色（图 2－4－1），例如西周横岭山 Boluo1（表 2－4－1，第 34 号）原始瓷豆盘部外侧所施青釉为浅黄色[6]；商代鹰潭角山文化遗址两个青釉标本 YJ28、YJ29（表 2－4－1，第 13、14 号）釉色为青褐，在釉层极薄处则呈青黑色[7]，这是因为釉中 Fe_2O_3 和 TiO_2 含量过高所致。釉中着色氧化物 Fe_2O_3 属过渡元素，以离子状态着色，即 Fe 是以 Fe^{3+} 和 Fe^{2+} 两种状态存于釉中，致使呈现较深的褐黄色[8]。此外，商周原始瓷青瓷灰釉中 TiO_2 含量也偏高（平均为 0.80%），釉中 TiO_2 含量愈高，着色就愈深。这是由于 Fe_2O_3 和 TiO_2 在高温下生成 $FeO \cdot TiO_2$ 与 $2\,FeO \cdot TiO_2$ 以及 $Fe_2O_3 \cdot TiO_2$ 等化合物使胎着色之故[9]。加之商周原始瓷青瓷灰釉的草木灰用量过高，致使釉中 CaO 含量过高（平均为 14.77%）。由于釉中的 Fe 着色主要是 Fe^{2+} 着色，而釉中 Fe^{2+} 着色随着 CaO 含量的增高而加深[10]。另外，商周制瓷先民对胎、釉原料加工粗糙及其烧成技术落后，釉层薄，釉面不均匀，坯、釉间大多尚未形成明显反应的中间层，从而使得胎釉往往结合不紧密，有的釉层开裂或剥落，甚至有的釉已完全脱落，充分表现出其处于瓷器发展的初级阶段。对于商周原始青釉的原料，目前有三种说法：一是用草木灰掺和胎泥配制而成[11]；二是主要原料可能是草木灰配以少量瓷土[4]；三是商周少数原始青釉的主要原料是经过处理的瓷土[4]。

图2－4－1　商代原始瓷大口尊
江西新干县大洋洲出土

(五) 原始黑釉

黑釉也是铁系瓷釉中的一个重要分支。商周原始瓷黑釉中着色剂含量比青釉高，Fe_2O_3含量一般在5%以上。商周原始瓷黑釉，例如春秋博罗横岭山文化遗址出土的原始瓷黑釉由于高铁的作用，釉呈黑青色[12]。

商周原始瓷六个黑釉标本就有五个标本采用灰—碱釉工艺（表2－4－1，第4、20～22、45号），釉中有Fe_2O_3（5.90%）、TiO_2（0.90%）、CaO（6.11%）、MgO（1.28%）、K_2O（2.87%）、Na_2O（0.82%）。另一个黑釉标本（表2－4－1，第23号）属碱—灰釉工艺，釉中Fe_2O_3含量高达8.97%，CaO含量则低至0.91%。

商周原始瓷黑釉中含铁量虽然高，但是釉色却呈黑青色，其主要原因乃是釉中CaO含铁量偏低所致。如前所说，釉中着色氧化物Fe_2O_3是过渡元素以离子状态着色，即Fe是以Fe^{3+}和Fe^{2+}两种状态存于釉中，而具有强烈吸收紫外线的能力。如果釉中Fe_2O_3含量偏高，铁离子浓度也随之增高。然而，釉中Fe^{2+}离子着色又随着CaO含量的增加而加深[10]，因此，釉中CaO含量低势必影响铁离子的着色效果。

对于制作商周原始瓷黑釉的原料，目前也有两种说法：一是用含铁量高（10%以上）的软陶胎泥加少量含钾量高，含铝、钙量低的草木灰配制而成[13]；二是由含Fe_2O_3较多的黏土制得的[14]。

二、上釉技术

施釉的目的主要在于改善坯体的使用性能和艺术效果。商周时期原始瓷器上釉多采用刷釉技术。刷釉又称拓釉，即用刷子蘸取釉浆涂刷器坯。这种上釉方法，可从出土器物遗存中显示出来。例如，西周江山县南区遗址出土的原始瓷碗，“从一些圈足局部无釉处观察，釉层确系人为涂刷，推测当时的釉浆极稀，加之坯体不够致密，初汗状凝聚斑生成，可能是斑点周围的釉浆被坯体所吸收”[15]造成的。由于采用涂刷法上釉，釉层往往厚薄不一，常见聚凝的釉斑，胎釉结合欠佳，釉面有时开裂，脱釉较为严重。又如，西周屯溪墓葬出土的原始瓷，也是“釉层涂于器面，易于脱落，个别器皿表面几乎全部脱釉。施釉处浓淡不匀，浓的地方还有少数流痕”[16]。西周时期，有的窑场采用蘸釉法上釉，例如安徽屯溪西周墓出土的71件原始瓷，其中61件采用刷釉法工艺进行施釉，另外10件采用蘸釉工艺施釉。蘸釉又称浸釉，它是用手抓住器物圈足将坯件浸入釉浆中，使除手抓之处外的坯体内外均附着一层均匀的釉水。坯体所附釉水的厚薄，乃由坯体浸入釉浆中的时间长短和釉浆的浓度所决定。屯溪西周墓出土的采用蘸釉工艺施釉的10件原始瓷，器内外都有釉，仅圈足无釉，釉层既薄且匀，但少数器物，如罍的下底部还有一些裂缝，可见当时蘸釉的工艺还不够成熟[16]。

夏至商代早期，原始瓷釉的制作尚处在襁褓时期，为了节省釉料，采用单面施釉工艺。夏商之际马桥遗址出土的原始黑釉瓷罐，施釉于罐外；其出土的原始青瓷罐也在罐外施釉，罐内则不上釉。商代前期马桥遗址出土的原始瓷豆盘，则在豆盘的内面上釉，豆盘之外都不上釉[17]。商代中期以后，原始瓷施釉大多采用器内外两面上釉。例如商代中后期江山遗存出土的原始瓷豆，器内外披青绿釉，釉面均匀地布满汗状凝聚斑[18]。清江吴城商代中后期遗址出土的原始青瓷罐、壶多施釉于器物的表面，但器内施釉也不少，如原始瓷豆、钵之类[30]。西周江山墓葬出土的原始瓷也是器内外披黄绿釉，其风格与商代原始瓷一样，釉面均匀地布满初汗状凝聚斑，光泽度较好，仅色调稍黄[18]。

春秋时期，镇江地区出土的原始瓷上釉方法已经采用浸釉、荡釉和刷釉等各种技术。器表主要采用浸釉，器内明显地采用荡釉，釉层厚而均匀，有的也采用刷釉法上釉，其釉面多有刷痕[19]。战国早、中期绍兴地区出土的原始瓷器，为了装烧的需要，多为局部施釉。凡适宜于叠烧的部分碗、盘、洗、匜、鉴、甑等，内外底不施釉；罐类贮藏器，上釉不及底[20]。

表2－4－1　夏、商、周原始瓷釉、釉料等的化学组成

编号	年代、出土地点	成分（%）										参考文献
		SiO_2	Al_2O_3	Fe_2O_3	TiO_2	CaO	MgO	K_2O	Na_2O	MnO	P_2O_5	
1	商前期马桥 XM1	57.02	15.02	3.89	0.81	17.37	2.22	2.07	1.31	0.29	0.70	〔2〕
2	商前期马桥 XM2	64.75	13.70	4.45	0.70	11.34	2.25	1.74	0.85	0.25	0.50	
3	商前期马桥 XM3	66.04	14.18	3.09	0.89	11.47	1.82	1.37	0.96	0.21	0.50	
4	夏商马桥 XM4	63.65	13.95	6.36	0.95	8.85	2.06	2.39	1.50	0.29	0.40	

续表

编号	年代、出土地点	成分（%）										参考文献
		SiO_2	Al_2O_3	Fe_2O_3	TiO_2	CaO	MgO	K_2O	Na_2O	MnO	P_2O_5	
5	晚商郑州 SH16	58.96	15.47	1.66	0.62	13.06	2.01	4.75	1.07	0.44	—	
6	商郑州 SH20	60.79	16.89	4.42	0.94	10.60	2.13	2.37	0.26	0.41	—	〔31〕
7	商郑州 HZH1	62.85	12.56	2.13	0.78	12.70	2.38	3.84	0.46	0.29	0.69	
8	商吴城 JQS13	58.00	16.93	2.44	1.01	13.66	3.15	3.56	0.50	0.16	0.57	
9	商晚期吴城 JQS11	60.09	18.12	3.51	1.86	9.68	2.26	3.63	0.36	0.16	0.31	〔30〕
10	商吴城 JQS15	60.98	17.70	6.90	1.32	4.61	2.18	4.34	0.50	0.88	0.58	
11	郑州二里岗殷墟 YG1	54.60	14.46	2.63	1.44	19.27	2.67	3.51	0.81	0.29	1.80	〔32〕
12	郑州二里岗殷墟 YG2	57.74	14.00	2.94	0.67	15.44	2.55	3.94	0.83	0.32	1.46	
13	商鹰潭角山 YJ28	59.69	12.76	2.75	0.42	17.64	2.69	2.70	0.35	0.28	0.25	
14	商鹰潭角山 YJ29	58.64	13.17	2.56	0.40	16.66	3.91	3.47	0.20	0.42	0.36	
15	商鹰潭角山 YJ31	64.05	17.15	3.62	0.54	0.94	2.17	9.25	1.28	0.03	0.01	
16	商鹰潭角山 YJ32	64.44	15.36	3.14	0.48	4.06	3.69	5.85	1.96	0.18	0.10	〔33〕
17	商鹰潭角山 YJ33	62.44	15.08	2.00	0.45	12.43	4.30	1.82	0.47	0.39	0.24	
18	商鹰潭角山 YJ34	57.95	12.52	2.72	0.35	19.93	3.38	1.93	0.23	0.44	0.36	
19	商鹰潭角山 YJ35	68.15	19.91	3.31	0.24	0.98	0.75	4.40	1.22	0.03	0.03	

续表

编号	年代、出土地点	成　分（%）										参考文献
		SiO_2	Al_2O_3	Fe_2O_3	TiO_2	CaO	MgO	K_2O	Na_2O	MnO	P_2O_5	
20	商饶平 R1－g	62. 97	16. 94	6. 64	0. 97	6. 42	1. 28	2. 55	0. 36	—	—	
21	商饶平 R2－g	61. 88	19. 94	5. 14	0. 93	5. 06	1. 41	3. 65	0. 91	—	—	〔12〕
22	商饶平 R3－g	62. 37	18. 06	5. 69	0. 92	5. 77	1. 37	3. 11	0. 59	—	—	
23	商周清江樊城 JQF3	68. 49	12. 16	8. 97	1. 25	0. 91	1. 76	5. 09	0. 77	0. 48	—	〔34〕
24	西周北瑶 M－668	—	13. 49	3. 06	1. 41	18. 42	3. 86	2. 98	0. 81	0. 52	—	
25	西周北瑶 M－37	—	14. 53	3. 80	1. 41	17. 94	—	2. 84	1. 13	0. 76	—	
26	西周北瑶 M－250	—	17. 08	3. 76	1. 43	16. 73	0. 94	3. 25	1. 01	0. 93	—	〔35〕
27	西周北瑶 M－198	—	14. 80	2. 26	1. 57	12. 95	2. 09	2. 90	0. 52	0. 54	0. 20	
28	西周北瑶 M－325	—	15. 68	2. 03	1. 37	11. 75	2. 28	3. 80	1. 07	0. 58	—	
29	西周江山地山岗 ZHJ4－1	67. 57	15. 61	2. 07	0. 57	7. 32	1. 36	3. 17	0. 30	0. 29	—	
30	西周江山地山岗 ZHJ4－2	66. 26	15. 05	1. 84	0. 97	10. 07	1. 62	3. 74	0. 42	0. 52	0. 82	
31	西周江山地山岗 ZHJ4－3	54. 35	21. 44	2. 23	0. 73	13. 86	2. 12	3. 70	0. 57	0. 39	1. 03	〔36〕
32	西周大麦山 ZHJ5	61. 08	19. 35	3. 11	0. 91	7. 33	0. 95	3. 30	0. 70	0. 02	—	
33	西周安义 JL01	50. 00	12. 07	1. 74	0. 47	25. 20	3. 52	3. 21	0. 53	0. 73	2. 03	〔34〕
34	西周横岭山 Boluo1	63. 34	9. 93	2. 02	0. 77	19. 16	2. 50	1. 13	0. 22	0. 70	—	〔6〕
35	西周横岭山 Boluo2	63. 97	15. 76	2. 24	0. 92	11. 34	1. 91	2. 81	0. 36	0. 50	—	

续表

编号	年代、出土地点	成分（%）										参考文献
		SiO_2	Al_2O_3	Fe_2O_3	TiO_2	CaO	MgO	K_2O	Na_2O	MnO	P_2O_5	
36	西周横岭山 H21－g	63.94	15.41	1.73	0.48	11.23	3.18	2.28	0.53	—	—	〔12〕
37	西周横岭山 H24－g	59.80	13.82	1.73	0.35	17.18	3.42	3.06	0.50	—	—	
38	西周横岭山 H25－g	67.17	14.91	3.54	0.55	6.97	2.76	2.48	0.55	—	—	
39	西周横岭山 H26－g	64.62	13.82	1.70	0.35	12.99	2.65	2.02	0.54	—	—	
40	西周晚期至春秋早期九江神堆 JQ01	56.11	13.88	1.69	0.72	18.93	4.41	2.39	0.47	0.52	1.37	〔14〕
41	西周晚期至春秋早期九江神堆 JQ02	51.85	14.00	3.56	0.67	21.23	2.88	3.04	0.64	0.16	1.37	
42	春秋横岭山 H37－g	62.19	13.05	1.24	0.32	14.63	3.24	3.96	0.55	—	—	〔12〕
43	春秋横岭山 H38－g	65.83	12.92	1.93	0.32	11.27	3.74	2.14	0.59	—	—	
44	春秋横岭山 H39－g	64.10	17.01	1.70	0.40	9.79	1.78	3.47	0.52	—	—	
45	春秋横岭山 H42－g	63.63	20.91	5.66	0.72	4.43	0.30	2.64	0.75	—	—	
46	春秋梅花墩 M1－g	61.33	14.22	1.84	0.32	14.19	3.98	2.42	0.70	—	—	
47	春秋梅花墩 M2－g	65.72	16.15	1.79	0.43	8.41	2.14	3.66	0.69	—	—	
48	春秋梅花墩 M3－g	63.92	18.19	1.90	0.46	7.58	2.67	3.63	0.50	—	—	

续表

编号	年代、出土地点	成分（%）										参考文献
		SiO_2	Al_2O_3	Fe_2O_3	TiO_2	CaO	MgO	K_2O	Na_2O	MnO	P_2O_5	
49	松树灰（中国）	24.35	9.71	3.41	—	39.73	4.45	8.98	3.77	2.74	2.78	
50	松枝灰（景德镇）	57.08	14.75	6.12	—	8.04	2.30	5.32	0.39	2.22	1.67	
51	蛇母树灰	34.60	4.38	0.49	—	47.71	5.99	2.51	0.06	0.33	3.93	〔37〕
52	松叶灰（景德镇）	35.44	9.66	2.29	—	12.08	5.62	21.56	0.24	4.06	未测	
53	松果灰（中国）	24.23	21.86	3.67	0.37	16.19	20.25	9.30	0.23	3.70	未测	
54	夏商马桥软陶胎 XM13	67.30	20.60	6.30	1.10	0.82	1.10	2.70	1.00	0.02	0.34	
55	夏商马桥软陶胎 XM14	67.20	23.30	5.10	1.00	0.98	1.20	2.30	1.00	0.02	0.13	
56	夏商马桥软陶胎 XM15	65.30	17.80	10.80	0.90	0.70	0.80	1.80	1.20	0.03	0.10	
57	夏商马桥软陶胎 XM16	67.10	20.50	5.60	1.00	0.87	1.00	1.90	1.00	0.02	0.13	
58	夏末商初马桥 XM5 硬陶涂层	67.21	18.40	4.59	0.96	1.16	0.79	4.67	2.17	—	—	〔2〕
59	夏末商初马桥 XM9 硬陶涂层	70.20	18.90	4.70	1.00	0.80	0.90	2.20	0.70	0.01	0.20	
60	夏末商初马桥 XM11 硬陶涂层	60.40	18.90	8.50	1.00	2.30	1.80	5.30	1.00	0.07	0.20	
61	夏末商初马桥 XM12 硬陶涂层	61.10	26.90	5.60	1.10	0.80	1.10	2.20	0.50	0.03	—	

续表

编号	年代、出土地点	成分(%)										参考文献
		SiO_2	Al_2O_3	Fe_2O_3	TiO_2	CaO	MgO	K_2O	Na_2O	MnO	P_2O_5	
62	景德镇狼棘柴灰	55.02	19.32	1.67	0.30	8.56	7.44	4.81	0.56	1.36	0.92	〔38〕
63	景德镇杉树枝叶灰	30.83	6.98	2.73	—	34.73	6.34	11.54	0.25	4.05	—	
64	景德镇松树枝叶灰	57.98	14.75	6.12	—	8.04	2.30	5.32	0.39	2.22	1.67	
65	景德镇松树灰	24.35	9.71	3.41	—	39.73	4.45	8.98	3.77	2.74	2.73	
66	汝窑木灰原灰	20.78	4.13	1.35	0.32	34.12	2.98	3.93	0.32	0.26	1.94	
67	均窑木灰原灰	14.58	3.27	0.79	0.28	39.86	3.52	1.88	0.44	0.13	2.28	

注：66 号烧失 29.87%；67 号烧失 32.97%。

三、装饰技术

原始瓷器装饰，继承陶器工艺传统，主要采用拍印、锥刺、篦纹、附加堆纹等装饰技法予以美化。原始瓷拍印装饰技法是用印模在坯体上拍打半干的坯体而烙下印模上的纹样构成的一种装饰。目前留存下来的拍印印模主要有石质和陶质两类。石质拍印印模，上面的纹样雕刻难度较大，使用不广，流存下来的实物也很少。江西修水山背张家嘴遗址出土的石质印模，体呈长方形，两段平整，一刻面刻有不规整的云雷纹。遗存最多的为陶质拍印印模，形制也多样：有的为长方形，有的为蘑菇形，有的为柱状蹄形，有的为方形，有的为扁椭圆形，有的为圆角长方形，有的为半圆形，有的为乒乓球拍形〔21〕。广东海丰狮岭遗存出土的长方形拍印陶模一面刻叶脉纹，另一面刻方格纹，两侧则刻斜条纹〔22〕。福建长汀河田区出土的长方形陶拍，一面为云雷纹，另一面为斜线夹圆点纹。该遗址出土的另一件长方形陶拍，一面为席纹，另一面为不规则的斜线纹〔23〕。浙江钱山漾遗址上层出土的蘑菇形带把陶拍，拍面上戳刺一个个圆凹点纹〔24〕。南京锁金村遗址出土扁椭圆形陶拍，两面都刻有一道道弦纹，弦纹之间刻凹点纹〔25〕。广东英德大平圩遗址出土的半圆形陶拍，一面刻篮纹，另一面光滑〔26〕。江苏连云港市的涧村出土的乒乓球拍状的陶拍，拍面上刻划有平行线曲折纹和方形纹〔27〕。

拍印工序是在坯体制成后，待其晾干到一定程度时进行的，一般是从上到下，即先拍印肩腹部，然后拍印腹上部，再次腹下部。在右手执模压印纹饰的同时，左手必须持石垫或陶垫在内壁相应的托住，所以原始瓷烧成后往往在内壁留下托垫的凹窝。西周时期绍兴地区出土的原始瓷盂肩的针孔纹和原始瓷簋肩部上的圆圈纹，是用工具在坯体上直接锥刺而构成装饰纹样。前者是用细小的竹针，后者用空心的小竹管[28]。屯溪西周墓出土的原始瓷盂，则用指甲在坯体上锥刺作为一种装饰[29]。绍兴地区出土战国原始瓷Ⅲ式罐上腹的篦纹[28]和衢州出土的西周原始瓷尊肩部上的篦纹[39]，都是采用篦纹工艺技法制作而成。其工具是将竹片削成细长条，一端削成二至四道齿不等，在慢轮转动时，将带齿的一端戳刺在一定部位而组成篦纹。

附加堆纹意指器体表面上附加的泥条或泥饼，它可以加固泥条盘筑的接缝，并兼有把手、器耳等实用作用。到了商周时期，它演化成原始瓷的一种装饰手法，形状有锯齿、波浪、绳索、螺旋、S、圆饼等。有些附加堆纹，例如江西吴城青铜文化中的罐、坛、瓮的肩部最常见的锯齿状附加堆纹，其间距基本为等距离，只有在慢轮上才有可能产生这种工艺效果。其制法大体是用扁而薄的竹刀的一端（其宽度就是锯齿状附加堆纹之间的距离）垂直插进一些器表，然后随着慢轮将一层薄薄的细泥刮起，刮完一道后，稍隔开一点，再刮第二道，又隔开一点，再刮第三道……其隔开而留下的泥线就显得凸起，这就形成了一圈圈凸起的附加堆纹，再用竹刀在表面刻成一道道锯齿状纹[30]。

第五节　装烧技术

商周直至春秋时期，原始瓷一律采用明火裸烧技术，即瓷坯入窑后直接放在窑床单烧（大型器坯）或叠烧（小型器坯）。西周至春秋早期德清窑，启用垫隔具技术，该窑采用的垫隔方法是多样的，除了垫珠之外，还同时采用砂垫。嗣后春秋绍兴窑场、战国绍兴富盛窑场、战国萧山进化区窑场等都相继采用垫烧具技术。战国时期，支烧具技术在德清窑场装烧原始瓷工艺中得到广泛使用。

一、支烧具技术

支烧具是把瓷坯从窑的底基上升高的支承窑具。使用支烧具的目的是使入窑的坯体避免在窑底“低温带”生烧致废，并防止窑底沙尘污染釉面，它是把烧成物支托到最佳窑位上的辅助窑柱。支烧具在窑址发掘报告中，有各种不同的习惯称呼，如称作：窑座、支柱、窑柱、垫柱、支垫、底脚、底托、窑垫、窑台、垫烧柱和支托等，本书将其概称为支烧具。支烧具和处于坯件之间的垫隔具有所不同，它是安放在窑床上，以支承或托起坯件为主要功能的窑具。

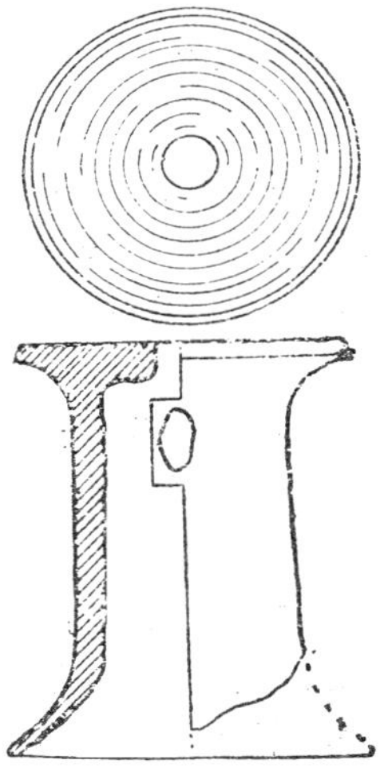

图2－5－1　战国中期德清南山窑、亭子桥窑、冯家山窑烧造原始瓷的支烧具
采自文献〔1〕

在支烧具未发明之前，原始瓷坯体装烧入窑是直接安放在窑床之上，例如湖州商代晚期至周代初期黄梅山遗址出土的原始瓷豆豆把下部圈足内，大多粘有烧结的泥沙就是这种装烧方式导致的（器底粘上窑床床面上的泥沙）。商代鹰潭角山窑炉的废弃堆积物中，发现了数量不少的陶支座。从其形制和出地分析，推测它不仅具有支座功能而

且还有窑具功能，即在窑室内用以支撑放置坯体，起着支烧具的作用[11]。支烧具发明之后，坯体置放于支烧具的托面之上，烧成后，不仅使器物底足不受沾污，而且也大大提高烧成质量。但是这种先进装烧窑具的发明及其功用，未引起当时陶工的重视，因而昙花一现，即行消失。直到战国中期，浙江德清窑场陶工在装坯入窑时才重新启用支烧具。考古学家在战国中期德清南山窑、亭子桥窑和冯家山窑三处窑址，均发现了窑底垫座窑具——支烧具，形状是上端有个圆形托面，托面有高矮大小不一的圆孔，下接筒形座。座的形状有直筒形、喇叭形两种，并镂不规则孔一个，或刻有“O”、“丨”等符号（图2－5－1）。质地粗，托面有细密的擦痕，托座内壁有旋痕，外壁多数呈黑或紫褐色，似经过反复使用，托面粘连的瓷土粉末与器物所粘连的一致[1]。

战国时期，尽管支烧具在德清窑场装烧原始瓷工艺中得到广泛使用，但是在其他地区窑场的陶工却还是墨守成规，支烧具技术受到排斥。装烧时人们还是习惯把坯件直接放在窑床床面的沙层之上。与德清相隔不远的绍兴富盛战国窑址，考古学家在清理该窑址的一座龙窑时，发现龙窑窑床的沙层上遗有少量原始瓷和间隔具——扁圆形托珠，但不见支烧具。龙窑附近的废品堆积层中也没有发现任何支烧具[2]，这就表明战国绍兴富盛窑场在装烧技术上未启用支烧具，而是把坯件直接放在窑床沙层之上烧成。这种极其原始的装烧工艺带来的苦果是：不少原始瓷碗、盘、碟、钵等器底，严重生烧而呈砖红色，胎骨粗松，易渗水，但其上部和中部胎骨则已烧结，胎质坚硬。这种现象的产生，乃是由于器底紧扣窑床床面而无法受到火焰，火焰在坯体的中上部通过，致使上下受热不匀。另外像安徽屯溪西周墓[3]、上海金山春秋至战国盛家墩墓[4]、绍兴离渚汉墓[5]等地出土的原始瓷，器型上部火候较高，胎呈灰白色，击之发出铿锵声，器底则胎质松软，呈砖红色，都是由于未采用支烧具技术，而在装烧时把坯体直接放在窑床床面之上导致的。

二、器坯叠摞技术

器坯在窑炉内熔烧，不可能只平放一层，而必须层层堆垒安放（叠烧），否则就要大大浪费窑炉内的空间容量。夏商期间，我国原始瓷装烧尚未启用垫隔具技术，而是器坯互相堆叠，这从商代晚期至周代初期湖州黄梅山窑址出土的原始瓷遗存中可以得到证实[1]。该遗址出土的一件带云雷纹的原始瓷罐的底部粘连有同类罐，后者的口部连着前者的底，并塌陷下去。这就显示，当时的叠烧工艺，没有采用间隔窑具，而是器坯与器坯直接叠摞上去。这种非常原始的装烧技术的弊病是显而易见的，它不仅会严重沾污坯体而且容易使其变形。

三、垫珠与瓷粉垫隔具技术

垫隔具是陶瓷装烧过程中器坯与器坯之间起垫隔作用，防止釉液粘连，提高窑炉竖向空间利用率的辅助窑具。

目前所知，我国最早采用垫隔具技术的时间是在西周。南京博物院发表在《考古》1997年第5期题为《江苏句容县浮山果园西周墓》一文中，就报道了此事：该墓出土的两件带釉的豆盘底部，有三个直条形支痕，另外在盘壁上还有两处窑粘。文中所说的“三个直条形支痕”和“两处窑粘”，即是瓷器烧成后垫隔具在瓷坯上所烙下的印痕。南京博物院于上世纪80年代初，第二次发掘句容浮山果园西周中期至春秋土墩墓时，又发现了类似情况，该墓出土的原始瓷豆、碗、钵、罐器底内留有叠烧时粘连的白泥丁[6]。

按照目前所发表的考古报告资料，我国古代最早采取垫烧具技术的窑场是西周至春秋早期德清窑，该窑采用的垫隔方法是多样的，除了垫珠之外，还同时采用砂垫[7]。嗣后春秋绍兴地区窑场[8]、战国绍兴富盛窑场[2]、战国萧山进化区窑场[9]等都相继采用垫烧具技术。

在周代和春秋战国期间，我国原始瓷窑场装烧时采用的垫隔具均呈颗粒形，因此又称其为垫珠或托珠，质料是泥、窑渣或瓷粉，装烧时作三足鼎立式散点安放。烧成后，它们在瓷器上留下相应的印痕。春秋中期萧山前山窑原始瓷，装烧直腹碗，器型雷同，唯有大小之别，烧时大小相套，除叠烧最上件外，一般内外均有三个圆饼状的叠烧痕迹。春秋中晚期绍兴窑址出土的原始瓷内外底都留有三个垫珠垫隔后的疤痕。考古工作者从吼山原始青瓷窑址采集的部分碗、盘类废品上，还黏附着1～3颗凹面向下，排列匀称的垫珠。那些形制特小的碟类产品，因为外底无法容纳三颗垫珠，则用细小的窑渣来间隔[8]。战国绍兴富盛窑址出土的碗、盘、碟、钵和盖等绝大部分器物的内外底也都有三个托珠垫隔后所留下的垫痕（图2－5－2），有的废品中也黏附着1～3颗垫珠，托珠基本上呈圆形，颗粒比较大[10]。

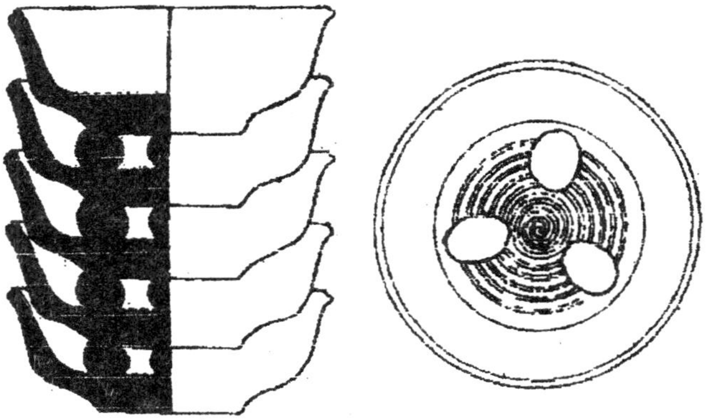

图2－5－2　战国富盛窑原始瓷装烧复原图
采自文献〔10〕

春秋战国德清原始瓷窑址的垫烧具与同时期的绍兴原始瓷相似，叠烧的器物之间，经常使用一种普通泥点或不规则的泥条作为防止粘釉的间隔物。但是，形制较为细小的碗碟，叠烧时不用窑渣而用瓷土粉末垫隔具，烧成后，器底往往粘有这种物质[7]。在萧山进化区战国原始瓷窑址，充当叠烧间隔具的垫珠也是经过煅烧的泥沙块，对此，王士伦先生在《浙江萧山进化区古代窑址》（《考古》1957年第2期）中做了具体报导：探沟中，发现了五件青黄色薄釉瓷器粘在一起，在每件器物的重叠之处，都隔着三块泥沙块。单独的盘状器里的底上还黏着一颗坚硬的泥沙块。考察者认为："这种'泥沙块'的作用，应该是在瓷器做好坯胎后，依次叠烧，在每个器物相隔的地方，垫上三颗泥沙块，避免器物之间相互粘住。"考察者在同地又发现了几颗零星的并未粘在器物上的泥沙块，都是经过加工且经过煅烧的。

第六节 窑炉技术

商周期间的陶瓷窑炉主要有升焰圆窑、半倒焰窑和平焰窑三大类型。升焰窑又称直焰窑，建在地面上，窑体一般呈上小下大的覆钵状，窑的上部为圆拱顶，烧成时烟火从火膛透过窑箅进入窑室，穿过坯间的空隙而上升到窑顶，再经窑顶的圆洞排出窑外。商代始现的半倒焰的特点是火膛和窑室连为一个空间。烧成时窑内的火焰自火膛先喷至窑顶，因为顶上没有出路，然后倒向窑底，流经坯体，使坯体烧熟，烟气则自排烟口从竖烟道排出窑外。商代发明的龙窑沿山岗倾斜砌筑，最低的一端为火膛（在窑头内），最高的一端为排烟口（在窑尾），窑室为装烧坯件的空间，烧成时似一条火龙从山而下。其作用原理犹如一座倾斜放置的隧道窑，属平焰窑。从瓷器发明和发展的角度讲，商周平焰龙窑和半倒焰马蹄窑的启用意义更大，并成为创烧原始瓷、发展中国古代制瓷的关键技术之一。

一、升焰窑

升焰窑（又称直焰窑）是指烧窑时，窑内的火焰从窑底上升，流经制品，然后由窑顶排出窑外的一种窑炉。原始社会流行的穴窑（包括横穴窑和竖穴窑）属于升焰窑的范畴。与原始社会流行的升焰穴窑相比，商周流行的升焰窑有两大特点：一是建在地面上；二是在窑的上部砌有拱顶（中间穿洞以排烟）。

商周时期，使用升焰窑的窑场主要有：商代早期河南郑州洛达庙、郑州商城、商代江西樟树吴城二期文化、商代河北唐山古冶、商代郑州铭功路、商代末期河南郑州碧沙岗、商代河北邯郸涧沟村、西周长安沣西马王村、西周晚期长安沣东洛水村、西周广东平远县石正圩水口山、山西侯马晋国文化遗址等。

商周升焰窑由火膛、窑柱、窑室、窑箅等部分组成。窑床（窑室底部）与火膛上下重叠，火膛在下，上部为窑床，中间隔着窑箅，烧成时，器坯自窑箅叠置至窑顶。窑顶多为圆拱形，顶处开设烟洞。烧成时烟火从下部火膛透过窑箅进入窑室，穿过坯间的空隙而上升到窑顶，再经窑顶的烟洞排出窑外。具体结构如下。

商周升焰窑的窑体有：略成方形或圆角三角形或圆角方形而上弧收成拱顶圆形覆钵状、圆形、袋形、筒状而上部内收、半圆形等五种类型。

商周时期窑体呈略成方形或圆角三角形或圆角方形而上弧收成拱顶圆形覆钵状，主要见于商代早期河南郑州洛达庙1号升焰窑、商代吴城二期文化遗址74Y1号窑、75Y1号窑和87清吴Y1号窑等。其中，商代早期河南郑州洛达庙1号升焰窑距地面1.6米，窑体下面略成方形，往上成弧度而收缩，依此可知窑的上部呈拱形，中腰直径1.2米~1.4米[1]；商代吴城二期文化遗址74Y1号窑窑体呈上小下大之圆形覆钵状，窑残高0.8米；商代吴城二期文化遗址75Y1号升焰窑，窑体与74Y1号窑相同，呈上小下大覆钵状，窑膛最大径东西为1.4米，南北宽1.3米[1]；商代吴城二期文化遗址87清吴Y1号在窑壁高1.05米处开始内收成弧形券顶[2]。

商周时期窑体呈圆形的升焰窑有：商代河北唐山古冶Y1号，窑体为圆形竖穴式[3]；商代早期郑州铭功路110号窑，直径1.16米；商代末期郑州碧沙岗8号[4]；商代河北邯郸涧沟村升焰窑[5]等。窑体呈袋形的升焰窑主要见于西周广东平远县石正圩水口山文化遗址升焰窑[6]。窑体呈筒状的升焰窑主要见于山西侯马晋国文化遗址Y2号升焰窑，该窑的窑身为筒状，窑体上部内收，中部微外鼓，窑顶无存[7]。窑体呈半圆形的升焰窑，主要见于商代邢台曹演庄2号窑，该窑的窑顶塌毁，从现存窑墙（高度一般为0.28米）的弧度来看，原来的顶可能为半圆形[8]。

商周升焰窑底部长度一般在1.1米~1.3米，宽度一般在1米~1.25米之间波动。其中，商代吴城二期文化遗址74 Y1号升焰窑，南北长1.1米，东西宽1米；商代吴城二期文化遗址75 Y1号升焰圆窑窑底南北长1.3米，东西宽1.25米[1]；商代早期郑州铭功路110号升焰窑底直径1.16米[4]；山西侯马晋国文化遗址Y2号升焰窑底径东西长1.36米，南北宽1.12米，高1.4米[7]；西周广东平远县石正圩水口山窑4号升焰窑的窑底长度1.8米，宽度1.5米[6]。

但是，商代江西吴城文化遗址87清吴Y1号窑较为独特，不仅窑底部面积较大（南北长4.6米，东西残宽2.1米，窑壁残高0.7米~0.9米），而且还在窑床中砌建火道，即在窑床中部设置四个烧土墩构成五条火道。烧土墩残高，自南至北为0.5米、0.62米、0.4米、0.45米。各为近似0.5米的圆角方形柱。五个火道口宽自南往北为0.45米、0.4米、0.5米、0.45米、0.44米。火道底呈平面斜连窑床和火膛底。窑床底部高出火膛底0.1米[2]。

商周升焰窑的火门多与窑底处于同一平面，但形制和大小不一，长度一般在0.15米~0.9米之间。商代早期郑州铭功路升焰窑的火门为方形，内大外小，向外渐次成向上倾斜，高、宽均为0.36米[4]。商代河北唐山古冶Y1号窑的火门向南，长0.8米，宽0.9米，高0.4米。该文化遗址2号窑的火门也朝南，拱形，长0.7米，宽0.6米，高0.4米[9]。商代江西樟树吴城二期文化74Y1号升焰窑的火门墙长0.15米，高约0.6米，宽0.55米[10]。商代河北邯郸涧沟村升焰窑的火门为长方形[5]。山西侯马晋国文化遗址Y2号升焰窑的长方形火门位于窑东部正中，与窑底处于同一平面，高0.36米，宽0.3米，深0.4米，火门内存有残炉条，南北各竖放两根，上部横放两根，里面有部分已进入火膛[7]。商代郑州商城C11Y113号窑火门位于火膛南面，呈内宽外窄的尖形，尖口处高于火膛底部约0.4米。C11Y111号窑火门位于火膛南部，宽0.38米，残长0.24米[4]。

商周升焰窑的火膛形状大致有：斜坡状、弧形、马蹄形、圆形、半圆形、锅形、椭圆体、桃形、略近长方形等九类。商代吴城文化遗址1975年出土的Y1号升焰圆窑的窑底火膛朝南，呈斜坡状[10]。商代河北唐山古冶Y1号窑火膛顶部呈弧形[11]；商代邢台曹演庄2号升焰窑的火膛顶部也呈弧形，部分稍向下沉，底部呈马蹄形，四边凸起，中间略低[12]。商代末期郑州碧沙岗8号升焰窑的火膛为圆形，向下渐收成平底[4]。商代郑州商城C11Y111号窑火膛呈不够规整的圆形。火膛口部略大于底部[13]。西周晚期长安沣东洛水村5号窑火膛是从西南壁底下向内掘进去的横洞，横洞口和横洞平面均呈圆形，洞口以内的切面呈半圆形[14]。商代河北邯郸涧沟村升焰窑的火膛底形如锅[5]。商代郑州商城 C11Y111 号窑火膛呈不够规整的圆形，火膛口部略大于底部。商代郑州商城 C11Y113 号窑的火膛口部平面呈前窄尖后宽圆的桃形，周壁上大下小，平底[15]。广东平远县石正圩水口山西周文化遗址出土升焰窑的火膛呈纵扁椭圆体，后壁与窑床平齐，前壁外突[6]。

商周升焰窑的火膛面积也大小不一。火膛长度一般在 0.6 米～1.92 米，宽度一般在 0.46 米～1.62 米。商代吴城文化遗址 75Y1 号升焰圆窑的窑底火膛口宽 0.46 米，长 0.6 米[10]。商代河北唐山古冶 Y1 号窑火膛直径 1.4 米；该文化遗址 Y2 号窑的火膛直径 1.4 米，高 0.6 米[9]。商代邢台曹演庄 2 号升焰窑的火膛长 1.6 米，宽 1.35 米[12]。商代郑州商城 C11Y103 号窑火膛口径南北中长 1.4 米，东西中宽 1.2 米，残深 1.01 米。商代郑州商城 C11Y111 号窑火膛口径南北长 1 米，东西宽 1 米，残存深度 0.24 米。商代郑州商城 C11Y113 号窑的火膛口径南北长 1.56 米，东西中宽 1.3 米，残深 0.8 米[16]。西周广东平远县石正圩水口山窑 1 号窑火膛宽 1.47 米，高 0.88 米，深 1.6 米；4 号窑火膛宽 1.55 米，高 0.88 米，深 1.92 米；3 号窑火膛宽 1.62 米，深 1.8 米。膛底部垫细沙，厚 0.02 米～0.03 米[17]。商代江西樟树吴城 87 清吴 Y1 号窑火膛面积较大，南北长为 4.4 米，东西宽 1.1 米[2]。

商周升焰窑的火膛残存高度一般在 0.5 米～0.88 米之间。例如，商代河北唐山古冶 Y1 号窑火膛高 0.5 米，该文化遗址 Y2 号窑的火膛高 0.6 米[18]；西周广东平远县石正圩水口山窑 1 号窑火膛高 0.88 米[17]。

为了助燃，有些升焰窑还在窑的下部开设风口。商代吴城文化遗址 75Y1 号升焰窑的窑壁东西贴底处，开有 3 个椭圆形孔，孔的直径为 0.1 米[1]。商代吴城文化遗址 75Y1 号升焰窑和商代邢台曹演庄 2 号升焰窑在窑体下部所安设的这些圆孔，似应为风口。升焰窑由于窑内的火焰温度高，热空气比重小而上浮，有自然向上涌出窑顶的趋势，因而能把外界冷而重的空气自窑底吸进来，因此在窑体下部，开设若干圆孔，有利于吸收窑外的空气进入窑内助燃。

商周升焰窑的窑箅形状主要有圆形、长方形、半圆拱形、椭圆形四种，其中，以圆形为多。商代河北唐山古冶 Y1 号窑[11]、商代末期郑州碧沙岗 8 号升焰窑[4]、商代邢台曹演庄 2 号升焰窑[8]、西周晚期长安沣东洛水村 5 号窑的窑箅均呈圆形[14]。商代河北唐山古冶 Y2 号窑的窑箅则为长方形[11]。西周广东平远县石正圩水口山窑的窑箅位于窑体亚腰部位，呈半圆拱形[6]。

商周升焰窑的窑箅厚薄不一，厚度一般在 0.1 米～0.6 米之间。商代郑州商城 C11Y103 号窑残存窑箅碎块厚度为 0.1 米左右[19]；商代早期郑州铭功路 110 号升焰窑箅厚 0.25 米～0.28 米，商代末期郑州碧沙岗 8 号升焰窑窑箅厚 0.45 米[4]；商代河北唐山古冶 Y1 号窑箅厚 0.59 米，Y2 号窑的窑箅厚 0.5 米[18]；西周广东平远县石正圩水口山 1 号窑的窑箅中心厚 0.3 米，周边厚 0.6 米，该文化遗址 3 号窑箅中心厚 0.2 米，周边厚 0.54 米[17]。

商周升焰窑窑箅的面积也大小不一，窑箅的直径一般在 0.85 米～1.74 米之间。商代河北唐山古冶 Y2 号窑窑箅东西长 0.9 米，南北宽 0.85 米；商代河北唐山古冶 Y1 号窑窑箅直径为 1.5 米[3]；商代邢台曹演庄 2 号升焰窑窑箅直径为 1.52 米[8]；商代末期郑州碧沙岗 8 号升焰窑窑箅直径为 1.74 米[4]；邢台曹演庄商代文化遗址 2 号窑窑箅直径为 1.52 米[8]；西周广东平远县石正圩水口山 1 号窑的窑箅长乘宽为 1.86 米×1.3 米[6]。

商周升焰窑的窑箅中所设火眼的数量和大小也不一致。商代末期郑州碧沙岗 8 号升焰窑窑箅上有 5 个火眼，上通窑室，下达火膛。中间的一个火眼是圆的，直径 0.2 米。其余 4 个在箅的四周，长圆形，长 0.05 米，最宽处 0.14 米[4]。商代邢台曹演庄 2 号升焰窑的窑箅上面有 6 个火眼上通窑室，下达火膛。一眼位于中央，近似方形，长 0.16 米，宽 0.17 米。其余 5 个分设于窑箅的四周，与窑墙相连，全为狭长梯形。靠窑墙的一端较宽，尺寸大小一般都是长 0.24 米，宽 0.05 米。火眼的中部或上部有的地方附有一块挡火板。其作用可能是使火焰在窑内多停留一些时间：火焰遇到挡板后，不能继续上升而折回，然后再从另一端或两边冒出，直至窑顶再折回，最后从窑顶中的烟洞排出[12]。商代河北唐山古冶 Y1 号窑的窑箅设有 7 个火眼，正中一圆形火眼，直径 0.12 米，四周环绕 6 个圆形火眼，各长 0.12 米，宽 0.04 米。该文化遗址 Y2 号窑的窑箅也设有 7 个火眼，正中圆形火眼，直径 0.12 米，四周辐射状环绕着 6 个长方形火眼，每个火眼长 0.14 米，宽 0.02 米[9]。商代河北邯郸涧沟村升焰窑的窑箅为 9 孔，1 孔居中，其他 8 孔等距离地围绕四周[5]。商代早期郑州铭功路 110 号升焰窑箅的中间已损坏，仅靠近壁处保存一少部分。箅上有火眼数十个，直径约 0.1 米[4]。西周晚期长安沣东洛水村 5 号窑的窑箅里面有直立的椭圆形箅孔 3 个，推测原来可能是 5 个，即中间 1 个，东南西北各一个[14]。西周广东平远县石正圩水口山窑箅中有箅孔 3～11 个，孔径上小下大。中心较薄，渐向四周增厚。其中，1 号窑的窑箅箅孔 3 个，成等边三角形排列，前小后大；4 号窑的窑箅箅孔外周 7 个，中间 3 个半圆的残孔，均衡地排列。按平面布局，中心尚有 1 个，共 11 个箅孔。外围孔径大于内圈孔径。每孔均上小下大；3 号窑的窑箅为 9 个箅孔[17]。

火膛内的窑箅距地面有一定高度。例如，商代早期河南郑州洛达庙 1 号升焰窑现存高度为 1.6 米，窑箅安设于中腰部位；商代末期郑州碧沙岗 8 号升焰窑窑箅距地面高 0.75 米[4]。

商周升焰窑窑箅的安设有两种形式：一是用窑柱支撑；二是在窑壁间开洞孔安插炉条构成。用窑柱支撑窑箅的构筑方式主要流行于商代。郑州商城 C11Y111 号升焰窑架设窑箅的窑柱位于火膛的中部与东壁之间，与火门略呈斜形。柱的前端呈凸圆状，柱长 0.6 米，宽 0.2 米，残高 0.24 米。郑州商城 C11Y103 号窑架设窑箅的窑柱位于火膛中部与后壁（北壁）之间，窑柱南北长 0.84 米，中宽约 0.12 米，残高（后部）1 米。它是挖筑火膛时留出的。柱的周壁与顶部抹有光滑的草拌泥面。C11Y113 号窑架设窑箅的窑柱位于火膛的中部与后壁处，残存窑柱南北长 0.4 米，宽 0.2 米，残高 0.4 米[13]。商代早期郑州铭功路 C11Y 110 号升焰窑箅也是由高 0.6 米，长 0.175 米，宽 0.075 米的方形窑柱支撑着箅子[4]。周代升焰窑的窑箅则采用在火膛内壁开洞孔安插炉条来承托。山西侯马晋国文化遗址 Y2 号窑火膛内的窑箅，则是在离窑底 0.3 米～0.34 米处安插炉条所构成，因而在窑高 0.3

米~0.34米处的西壁间，有间距0.08米~0.1米的安插炉条的龛状洞孔四个，洞孔为长方形或近方形，宽0.15米~0.2米，高0.2米~0.24米，深0.08米。在紧靠火门处的北壁亦有一孔，两壁相对位置已倒塌[7]。

商周升焰窑的排烟部位在窑顶，即在窑顶中间开洞作为烟囱，以便在烧窑时排出烟气。商代河北唐山古冶Y1号窑从其残存的痕迹来看，窑顶原来可能为穹隆形[11]。商代吴城文化遗址1974年出土的1号升焰圆窑的顶部为圆形拱顶，顶壁厚0.06米。窑顶上偏东有一烟囱，烟囱内径0.15米[10]。西周长安沣西马王村1号窑上部是个圆拱顶，顶中间穿一个洞作为烟囱；西周晚期长安沣东洛水村5号窑上部的圆拱顶中间也是穿开一个洞作为烟囱[14]。

升焰窑烧成时，烟火从火膛透过窑箅进入窑室，穿过坯间的空隙而上升到窑顶，再经窑顶的圆洞排出窑外。商周升焰窑的燃料多为草本和木本植物。例如，商代河北唐山古冶Y1号窑火膛平底尚残存大量的草木灰烬；该文化遗址Y2号窑火膛及火门底部残留着0.27米厚的草木灰烬[11]。商代邢台曹演庄2号升焰窑的火膛内灰烬中，残存有木炭碎块，表明当时烧窑用的燃料主要是木材[12]。西周晚期长安沣东洛水村5号窑火膛底部留下约0.2米厚的草本和木本植物灰烬，其中还夹杂着大量的牲畜粪便灰烬，在其他5个窑火膛内也有同样的发现，可见牲畜粪便也是当时的一种燃料，或者是作为保存火种之用[14]。西周广东平远县石正圩水口山窑火膛底部遗留有木柴灰烬[6]。

草拌泥是商周升焰窑的一种重要构建材料。商代早期郑州铭功路升焰窑的构筑，乃是就地挖个圆坑，用草拌泥筑成窑墙、柱和窑箅[4]。商代邢台曹演庄1号升焰窑的建构，也是先在地下挖一个0.2米~0.3米深的圆坑，然后在坑的周围用草拌泥筑成窑墙。该遗址21号升焰窑是在地下挖一个深0.28米的圆坑，底部铲平，四周以草拌泥筑成窑墙。然后再从坑底的一端（靠火口处）向下0.54米处向里掘成一洞作为火膛。火膛四周也糊以草拌泥[8]。商代郑州商城C11Y103窑火膛内侧堆积有许多草拌泥残窑箅碎块；C11Y111和C11Y113两窑火膛周壁则涂有草拌泥面[15]。西周广东平远县石正圩水口山出土的升焰窑的窑床和窑箅用草拌泥涂抹和铺筑，经高温烧结后坚硬似红砖[6]。西周晚期长安沣东洛水村5号窑上部的圆拱顶也可能是用草拌泥做的[14]。另外，山西侯马晋国文化遗址出土的升焰窑的窑壁经火烧后，壁面敷一层厚0.01米的灰色烧土[7]。

商周升焰窑与原始社会流行的穴窑相比，有如下三大特点：一是，在地面用草拌泥砌筑窑炉不受地面水的影响，窑又可以建得高些，窑室可以扩大些，既有利于扩容，建造方式又比原始社会穴窑更为方便。二是，在结构上，火膛位于窑体最下方，窑体多呈圆形覆钵状，窑墙上部有了弧度，拱顶穿洞排烟。加之窑内的火焰温度高，热空气比重小而上浮，有自然向上涌出窑顶的趋势，从而使烧成温度提高到1200℃。由于没有烟囱，基本上还是烧氧化气氛，偶尔也能烧还原气氛，原始瓷就是在这种情况下烧成的[20]。三是，升焰窑也有其局限性，主要是这种窑很难控制空气量，如果燃料加少了，往往空气过多，会降低火焰温度，同时火焰中含有用不完的氧气，形成氧化气氛；如果燃料加多了，空气严重不足，燃烧不充分，产生游离碳，使产品熏烟，因此基本上还是烧氧化气氛。由于陶瓷坯体釉中的铁质总是和氧结合在一起而形成氧化铁，在氧化气氛中，这些铁质能和足够的氧结合，而处于高价铁状态（三氧化二铁）。高价的铁呈黄赤色，所以在氧化气氛中烧成的陶瓷带黄、褐、红等颜色。

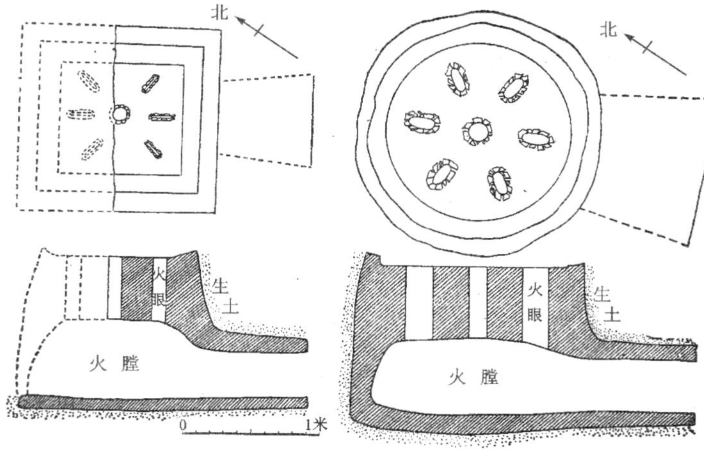

图 2－6－1　商代河北唐山古冶 Y1 号升焰窑

采自文献〔3〕

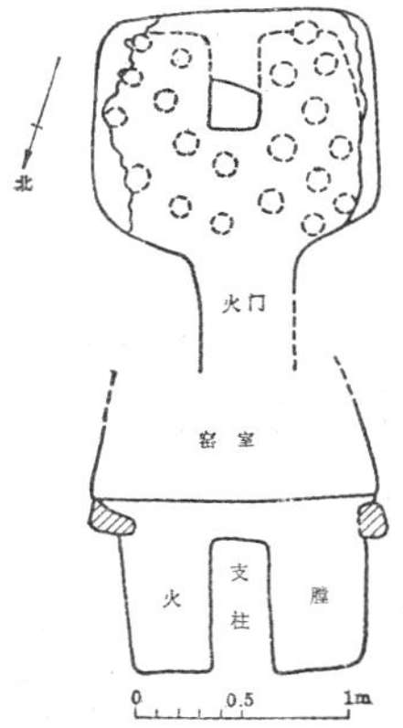

图 2－6－2　商代早期河南郑州洛达庙 1 号升焰窑

采自文献〔4〕

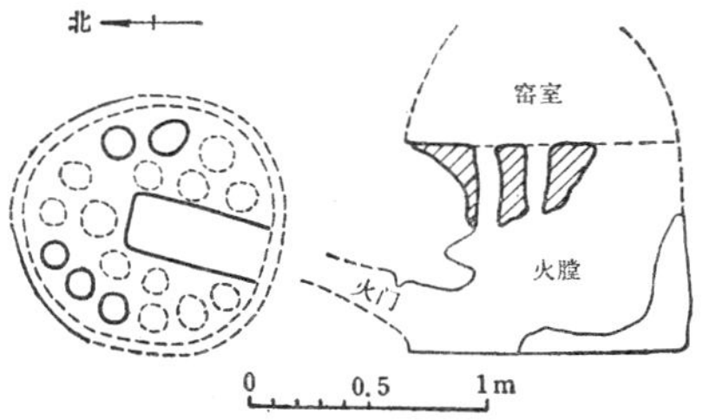

图 2－6－3　商代早期郑州铭功路 110 号升焰窑

采自文献〔4〕

二、半倒焰窑

商代早期出现的半倒焰窑是从原始社会的升焰卧穴式圆窑发展而来的。

半倒焰窑由火膛、窑室、烟囱、窑门等部分组成，烟囱位于窑后，窑室底下有烟道与窑尾的烟囱相通。烧成时火焰自火膛先喷至窑顶，因为顶上没有出路，然后倒向窑底流经坯体，使坯体烧熟，最后烟气自窑尾竖烟囱排出。

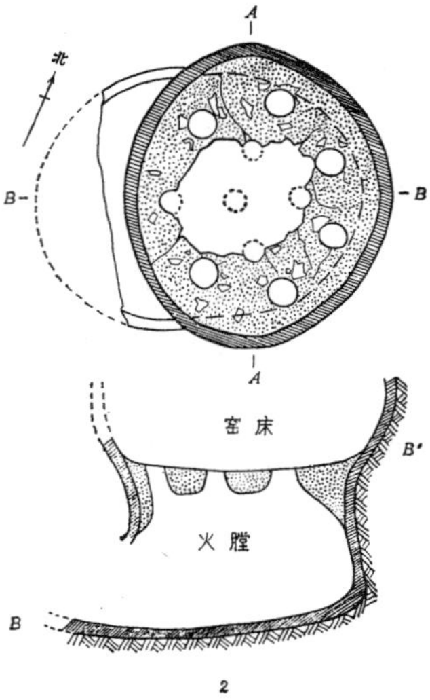

图 2－6－4　西周广东平远县石正圩水口山窑升焰窑　采自文献〔17〕

我国古代半倒焰窑至迟出现于商代早期。商代江西鹰潭角山遗址所出土的四座半倒焰窑残窑，有的残留有部分弧状窑顶，有的残留有烟道，绝大部分只剩底部。到了东周、战国时期，半倒焰窑遗存增多：秦都咸阳故城遗址、东周湖北江陵县纪南城毛家山、春秋战国河北武安县午汲古城、西周晚期洛阳王湾和战国郑韩故城、战国鹤壁、郑州战国城文化遗址都出土了半倒焰窑。

商周年间半倒焰窑的窑体形制大致有：长方形、葫芦状、椭圆形、瓢状、马蹄形、半圆形等六种。秦都咸阳故城遗址 2 号窑呈长方形，筑在高台上[21]。春秋战国河北武安县午汲古城 1 号窑的形状像葫芦[22]。战国郑韩故城 Y4、Y5 两座窑的平面都近椭圆形；战国晚期郑韩故城 Y2 窑体平面[27]以及战国中晚期洛阳王城 Y14 窑[40]也为椭圆形。西周晚期洛阳王湾窑（图 2－6－5），窑形略似瓢状[23]。春秋战国秦都咸阳故城遗址 4 号窑平面呈马蹄形[21]。战国洛阳王城文化遗址出土 Y2、Y3、Y11、Y12 窑火膛呈半圆形[24]。

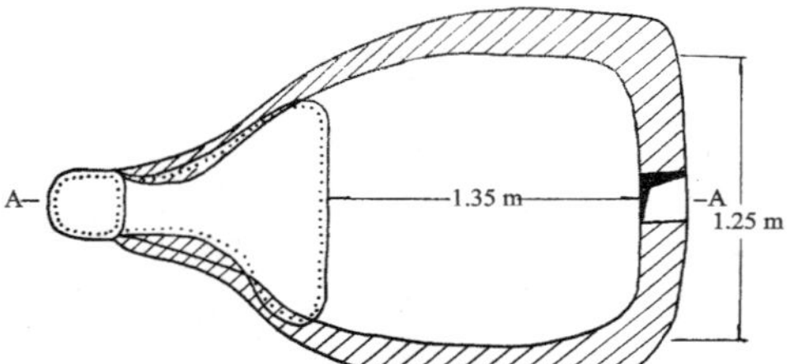

图 2－6－5　西周晚期洛阳王湾窑　采自文献〔23〕

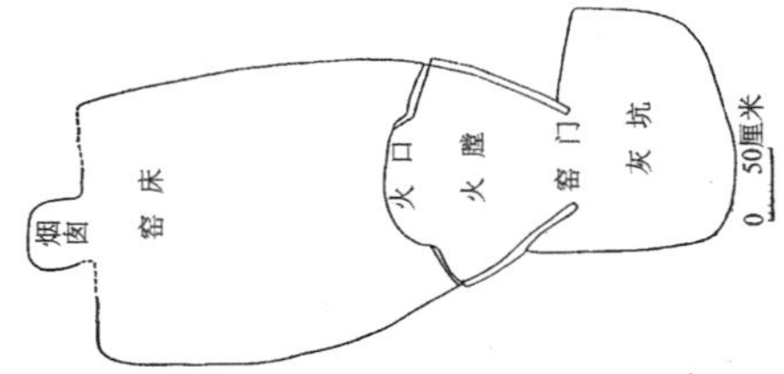

图 2－6－6　秦都咸阳故城遗址 Y11 号窑　采自文献〔30〕

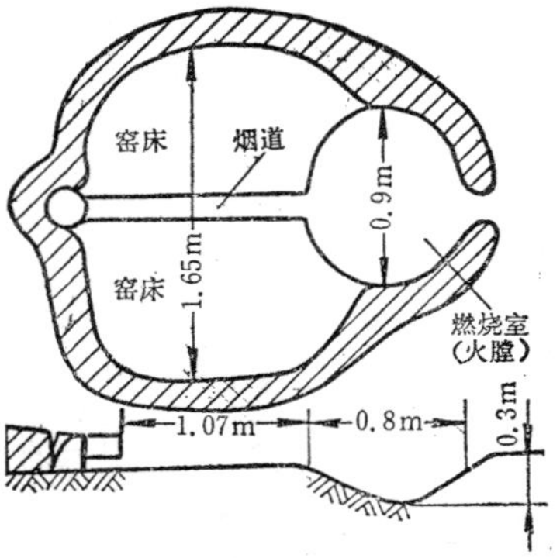

图 2－6－7　战国武安午汲 T26－2 窑　采自文献〔22〕

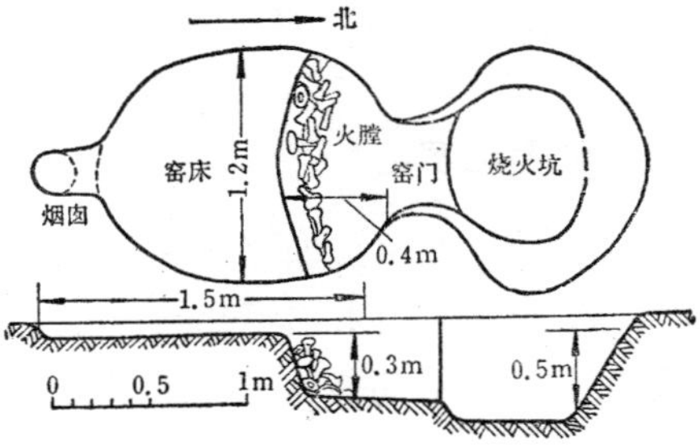

图 2－6－8　东周江陵毛家山窑　采自文献〔28〕

商代半倒焰窑的面积较小，商代江西鹰潭角山遗址倒焰窑直径一般 1 米～

2 米〔25〕。进入周代，窑体面积逐步增大。西周晚期洛阳王湾窑（图 2－6－5），窑室上口长约 1.5 米，宽 1 米～1.6 米，从上口到底窑墙稍向内拢，窑床平整呈青灰色硬面[23]。春秋战国秦都咸阳故城遗址 Y11 号窑窑顶距地表 1.60 米[26]。春秋战国河北武安县午汲古城 1 号半倒焰窑通长 2 米，宽 1.65 米（都以窑的内壁算起），残高 0.8 米。战国河北武安县午汲古城 2 号半倒焰窑通长 2.27 米，宽 1.4 米，残高 1.65 米[22]。战国郑韩故城 Y4 号窑纵长 4 米，宽 2.2 米，窑壁残高 0.2 米；Y5 号窑纵长 3.7 米，宽 2.1 米，残深 0.35 米[27]。战国洛阳王城文化遗址出土 Y2、Y3 、Y11、Y12 号窑火膛面积较大，最宽 2.4 米～2.5 米，进深 1.5 米～1.6 米，深 0.4 米～0.5 米[24]。

商周半倒焰火膛位于窑室的前面，商代半倒焰火膛的形状不详，周代半倒焰窑火膛底部平面形制大致有扇形（又称半圆形、半月形）、漏斗状、不规则的三角形、椭圆形和梯形五种。西周晚期洛阳王湾窑火膛的平面呈漏斗状[23]；春秋战国河北武安县午汲古城 T44－1 号窑火膛从剖面看也近漏斗状[22]；东周毛家山窑火膛平面为扇形[28]；战国秦都咸阳故城遗址 T14－2 号窑火膛平面呈半圆形；秦都咸阳故城遗址 T14－3 号窑火膛呈锅底状，平面半月形；秦都咸阳故城遗址T17－4号窑火膛呈不规则的三角形，膛底为锅底形[21]；战国洛阳王城 Y1、Y4、Y8、Y10、Y18 窑火膛呈三角形，面积小而深，宽 1.2 米～1.9 米，进深 0.9 米～1.5 米[29]；战国秦都咸阳故城遗址 Y11 号窑的火膛平面呈椭圆形，口大底小，膛底下凹如舟形[30]；战国郑州商城 C8Y1 火膛平面呈略呈前（北）宽后（南）窄不甚规整的梯形[31]；战国洛阳王城文化遗址出土 Y14 窑火膛呈半圆形[34]。

商代半倒焰火膛的面积不详，周代半倒焰火膛的面积大小不一。东周毛家山窑火膛进深约 0.4 米[28]；秦都咸阳故城遗址 T14－2 号窑火膛其壁微向内凹，深约 0.3 米；该文化遗址 4 号窑 T14－3 号窑火膛距后壁约 2.05 米，平面直径 1.5 米；该文化遗址 4 号窑火膛 T17－4 号窑火膛长约 1.35 米，最宽处 1.6 米[21]；战国洛阳王城文化遗址出土 Y5 窑火膛面积较大，最宽处 2.3 米～2.4 米，进深 0.9 米～1.4 米，深度很浅为 0.25 米～0.4 米[35]；战国洛阳王城文化遗址出土 Y14 窑火膛宽处为 2.2 米～2.7 米，进深 0.9 米～1.2 米、深 0.3 米～0.45 米[34]；春秋战国河北武安县午汲古城 T44－1 号窑火膛南北宽 0.9 米，进深 0.8 米[22]；战国郑州商城 C8Y1 火膛前宽 1.4 米，后宽 2.4 米，两侧壁长 1.3 米，火膛底部向下凹深 0.9 米～1.2 米[36]；战国秦都咸阳故城遗址 Y11 号窑的火膛口部东西径 1.66 米，南北径 0.53 米，北壁下深 1 米，南壁下深 1.24 米[30]。

商周半倒焰火膛一般低于窑床。其中，东周毛家山窑火膛比窑床低 0.3 米[32]；秦都咸阳 4 号窑火膛 T17－4 号窑火膛低于窑床 0.63 米[21]。

周代半倒焰窑床的形制大致有椭圆形、圆角长方形、长方形、弧形、方形、近圆形、梨形七类。窑床的形制为椭圆形的窑场有：东周毛家山窑[32]，战国郑韩故城 Y4、Y5 窑[37]。战国秦都咸阳故城遗址 Y11 号窑室平面近似椭圆形，剖面呈“馒头形”[30]。战国晚期郑韩故城 Y3 号半倒焰窑室平面近圆角长方形[37]。秦都咸阳故城遗址 T14－2 号窑床呈长方形[21]。战国郑州古城 C8Y1 号窑床平面略呈前部稍窄、后部微宽、中部略外鼓的南北长方形[36]。秦洛阳王城 Y14 号窑床前沿内凹，呈弧形[38]。战国郑州古城 C8Y11 号窑窑床平面近方形[39]。战国洛阳王城文化遗址出土 Y17 号窑床为三角形，从底部往上作弧形内收[40]。战国洛阳王城 Y2、Y3、Y11、Y12 窑室平面近圆形[24]。战国洛阳王城 Y1、Y4、Y8、Y10、Y18 窑室平面呈梨形，前窄后宽，窑壁垂直[29]。

半倒焰窑床面积的大小不一，但是总的趋势是随着时间的推移，窑床面积逐渐增大。例如，西周晚期洛阳王湾窑，窑室上口长约 1.5 米，宽 1 米 ~ 1.6 米，从上口到底窑墙稍向内拢[23]；东周毛家山窑室南北长约 1.5 米，东西宽 1.2 米[32]；春秋战国河北武安县午汲古城 T44 – 1 号窑窑床的面宽 1.65 米，中线长 1.07 米，高 0.35 米[22]。战国秦都咸阳故城遗址 T14 – 2 号窑床长 2.15 米 ~ 2.35 米，宽 1.35 米[21]；战国洛阳王城 Y1、Y4、Y8、Y10、Y18 窑床平面呈梨形，前窄后宽，窑壁垂直[29]。战国郑韩故城 Y3 窑窑室纵长 3 米，宽 1.86 米，深 1.55 米左右。战国郑州古城 C8Y1 号窑床前宽 2.23 米，后宽 2.46 米，中长 2.5 米。战国郑州古城 C8Y11 号窑床长 2.4 米，宽 2.3 米[27]。战国洛阳王城文化遗址出土 Y5 窑床进深 0.6 米 ~ 1.25 米[35]。战国洛阳王城 Y2、Y3、Y11、Y12 窑室直径 2.5 米左右[24]。战国洛阳王城 Y1、Y4、Y8、Y10、Y18 窑室长 2.3 米 ~ 3.2 米，宽 1.6 米 ~ 2.5 米，进深 1.2 米 ~ 2 米[29]。

商周半倒焰窑床底部一般平整，但不铺沙，多为青灰色硬面，并设有火道（又称支烟道）。火道一头与火膛相通，另一头直接达到后壁的烟囱中，起着顺通烟火的作用。火道的形状一般有两种：一为十字形，二为“凹”字形。战国河北武安县午汲古城 T26 – 2 号半倒焰窑窑床中的火道为十字形的深槽[22]；战国鹤壁 Y2 号窑窑床下的火道为“凹”字形槽状[41]。

半倒焰窑的排烟设施，除了在窑床设置火道（又称支烟道）外，又在窑尾安设排烟口（又称烟门、烟洞、烟孔、进烟孔）、烟道（又称出烟孔道）和烟囱。其构成方式是：窑室的后壁设进烟口（又称排烟孔），进烟口后面连接烟道，烟道后面连接烟囱。烧成时，窑内的烟气最后由烟囱排出窑外。进烟口一般设在窑室的后壁。

战国秦都咸阳故城遗址 T14 – 2 号窑烟孔为方形，位于窑后壁正中，下沿与窑床平齐，宽 0.4 米，高 0.26 米，深 0.6 米。孔内四壁为青灰色硬面。秦都咸阳故城遗址 3 号窑后壁残高 0.35 米，长 1.3 米，残壁正中有一个烟孔，孔宽 0.35 米，高 0.2 米，残深 0.25 米[21]。战国洛阳王城文化遗址出土 Y1、Y4 、Y8、Y10 窑在窑室后壁底部向外开一方形排烟孔，向上与通向地面的烟道相连。烟道入口一般宽 0.3 米 ~0.4 米，高 0.3 米，深 0.2 米 ~0.4 米[42]。半倒焰窑后壁中的进烟口后面与烟道相连接。

商周半倒焰窑中的烟道构建大致有三种方式：单烟道、双烟道、三股烟道等。战国郑韩故城 Y4、Y5 号窑床底部只设一股烟道与烟囱相连[27]。战国鹤壁遗址 Y2 号窑窑床底部东端壁面处建有两个“凹”字形的槽状烟道与烟囱贯通[41]。战国晚期郑韩故城 Y3 号窑窑床底设有三股烟道与烟囱连接[27]。春秋战国秦都咸阳故城遗址 Y28 号窑的后壁也应有三条烟道，然而，残窑壁部分只留下中间和西侧的两条。但是，根据两侧的烟道向上 0.7 米 ~0.8 米后，向中部斜向弯曲与中烟道同归于一的迹象来看，东侧也有一条烟道。烟道的修筑方法是：先在后壁上挖出深槽，然后用土坯垒砌槽口，内留烟道，外与窑室相隔。西烟道下部有一个完整的入烟口，呈梯形，下底长 0.62 米，上底长 0.27 米，高 0.45 米。入烟口的底部作“V”形槽，槽口宽 0.13 米～0.17 米，中深 0.4 米。烟道向上 0.7 米又向中烟道斜向弯曲而相通。烟道截面长 0.2 米，宽 0.16 米。中烟道竖直向上，下部入烟口下底长 0.69 米，上底长 0.28 米，高 0.45 米，其底部仍有一“V”形槽，槽口宽 0.21 米，中深 0.1 米[30]。

半倒焰窑后的烟道与烟囱相连。窑尾部烟囱的设立是半倒焰窑区别于直焰窑的一个重要特征。直焰窑是在窑圆拱顶部的中间开一个洞作为排烟口，而半倒焰窑则是在窑的后部砌筑烟囱。战国郑州古城 C8Y1 号窑烟囱位于窑室后壁（即南壁）底根处，烟囱共三个，中间一个，两侧各一个，作东西向排列[39]。

半倒焰窑后烟囱多近方形或长条形，底径大小不一。其中，春秋战国河北武安县午汲古城 T44－1 号窑烟囱的横断面略成方形，宽 0.2 米[22]。秦都咸阳故城遗址 4 号窑烟囱在窑室后壁正中，平面呈方形；该文化遗址 2 号窑烟囱只存下半部，为长条形[43]。战国郑州古城 C8Y1 号窑烟囱为椭圆形，其三个烟囱的筑法基本相同，都是先由窑室后壁底部向后壁内各挖一个直壁横行洞穴，再在每个横行洞穴内向上挖掘一个近椭圆形口的竖洞穴。横洞穴和竖洞穴相连接，即构成了窑室后部的烟囱。三个烟囱中，中间的烟囱较小，横洞穴进深 0.17 米，宽 0.14 米，高 0.28 米。竖烟囱直径 0.19 米～0.23 米。两侧的两个烟囱较中间的烟囱稍大，横洞穴进深均为 0.17 米，宽 0.2 米，高 0.3 米。两侧竖烟囱直径均为 0.39 米～0.45 米。战国郑州古城 C8Y11 号窑外壁也有三个不规则的半圆形烟囱[39]。

半倒焰窑一般开一个窑门，春秋战国秦都咸阳故城遗址 Y11 号窑窑门北开，形为竖壁弧顶，门宽 1.3 米，顶部已塌[30]。东周毛家山窑窑门朝北，宽约 0.5 米[32]。战国河北武安县午汲古城 T26－2 号半倒焰窑窑门朝南，为掏凿而成的拱形券门，底宽 0.3 米，高 0.45 米[22]。战国洛阳王城文化遗址出土的 Y2、Y5 号窑门均呈拱形，其中，Y2 号窑门宽 0.52 米，高 0.52 米，进深 0.35 米；Y5 号窑门宽 0.45 米，高 0.5 米，窑门底部比火膛稍高约 0.3 米[44]。战国洛阳王城文化遗址出土的 Y14 窑门宽 0.6 米，两边用铜瓦立起做门柱，底部比火膛高出约 0.25 米[34]。战国洛阳王城文化遗址出土的 Y1、Y8 、Y10、Y18 窑窑门宽 0.4 米～0.6 米。Y4 号窑门保存良好，呈拱形，高 0.4 米，宽 0.5 米，进深 0.3 米[29]。

春秋战国时的半倒焰窑多用草和木柴为燃料。例如，春秋战国河北武安县午汲古城窑 T44－1 号窑从火膛与灰坑中所出的大量柴炭灰来看，是一座用草和木柴作为燃料的窑[22]；又如，战国郑韩故城 Y4、Y5 这两座窑也是用木柴为燃料[27]。战国洛阳王城文化遗址出土的 Y5 窑火膛内存大量草木灰[35]。战国洛阳王城文化遗址出土的 Y2、Y3 、Y11、Y12、Y14 窑火膛内也存有大量草木灰[45]。

土坯和砖是春秋战国时砌筑半倒焰窑的主要材料。秦都咸阳故城遗址 Y11 号窑（图 2－6－6）的窑顶、窑壁都是直接在原生土上挖削而成，受火后呈青红二色两层。不过，烟道的修筑是在后壁上挖出深槽，然后用土坯垒砌槽口，内留烟道，外与窑室相隔。所用土坯长 0.325 米，宽 0.125 米，厚 0.055 米[33]。秦都咸阳故城遗址 T17－4 号窑，顶已塌，根据残迹观察，可知原为土坯砌筑，东西壁用大小不等的砖砌成，火口两边砌砖[30]。战国郑韩故城Y3窑壁由厚大的长方体砖块砌成[37]。战国郑州古城C8Y1号窑火膛的两侧壁用大小不等和火候较低的小砖垒砌。战国郑州古城C8Y11号窑火膛周围的窑壁多用长方砖砌成，砖的形状不太规则，砖外还涂有泥皮[36]。东周湖北江陵毛家山窑所有壁面和窑床底部均涂一层厚约0.02米的胶泥，并拍打坚实[32]。

战国洛阳王城文化遗址出土半倒焰窑壁均部分涂抹一层草拌泥[35]。战国洛阳王城文化遗址出土的Y14窑火膛周壁局部涂抹一层草拌泥[34]。战国洛阳王城Y4窑壁在涂抹草拌泥后，再进行夯打，夯窝十分明显[42]。

半倒焰窑由于烟囱的设立，改变了燃烧气体在窑内的运动方向，火焰必然部分改为横向运动，部分升至窑顶再折回来，两部分经过坯间的空隙，然后集中到送烟口，经烟囱排出窑外，火焰在窑内运动的行程增长了，与坯体进行热交换的机会增多了，有利于提高窑温。另外，半倒焰窑还靠窑后的烟囱产生的抽力来控制一定的空气进窑，烧成温度较高，可以达到1300℃，可以烧还原气氛[20]。

表2-6-1　夏、商、周半倒焰窑火膛与窑室尺寸表（米）

编号、名称	火膛		窑室		窑体		参考文献
	长	宽	长	宽	长	宽	
1. 西周晚期洛阳王湾窑	—	—	上口长约1.5	上口宽约1～1.6	—	—	〔23〕
2. 河北武安县午汲古城中的春秋战国T44-1号窑	0.8	0.9	中线长1.07	1.65	2	1.65	〔22〕
3. 河北武安县午汲古城中的战国T26-2号窑	—	—	—	—	2.27	1.4	〔22〕
4. 郑韩故城陶作坊遗址出土战国2号窑	—	—	—	—	3	1.86	〔27〕
5. 郑韩故城陶作坊遗址出土战国3号窑	—	—	—	—	3.7	2.1	〔27〕
6. 郑韩故城陶作坊遗址出土战国4号窑	—	—	—	—	4	2.2	〔27〕
7. 郑韩故城陶作坊遗址出土战国晚期5号窑	—	—	5	1.8	—	—	〔27〕

续表

编号、名称	火膛		窑室		窑体		参考文献
	长	宽	长	宽	长	宽	
8. 江陵毛家山东周窑	约0.4	—	—	—	1.5	1.2	〔32〕
9. 洛阳东周王城战国中晚期Y14号窑	1.12	1.66	2.08	2.18	3.62	2.18	〔38〕
10. 战国秦都咸阳故城遗址Y11号窑	膛口东西径1.66	南北径0.53	北半部东西径2.07;南半部南北径2.59	—	—	—	〔26〕
11. 战国秦都咸阳故城遗址Y14－2窑	—	—	2.15～2.35	1.85	—	—	〔21〕
12. 战国秦都咸阳故城遗址Y14－3窑	直径1.5	—	—	—	—	—	〔21〕
13. 战国秦都咸阳故城遗址Y14－4窑	约1.35	最宽处1.6	2.3	前宽1.7,中宽2.2,后宽2	—	—	〔21〕

注：第2号，河北武安县午汲古城中的春秋战国T44－1号窑，窑体略似葫芦，残高0.8米，火膛剖面似漏斗状，从地表算起深1.45米。

第3号，河北武安县午汲古城中的战国T26－2号窑，窑体近似椭圆形，残高1.65米，拱形券门底宽0.3米。

第4号，郑韩故城陶作坊遗址出土战国2号窑，窑体深1.55米。

第5号，郑韩故城陶作坊遗址出土战国3号窑，窑室平面近圆角方形。

第8号，江陵毛家山东周窑，窑门宽0.5米，火膛平面作扇形。

第10号，战国秦都咸阳故城遗址Y11号窑，窑室中高1.87米。

第13号，战国秦都咸阳故城遗址14－4窑，火膛呈不规则三角形，火膛低于窑床0.63米，膛底为锅底形。

三、平焰龙窑

我国古代南方流行的平焰龙窑沿山岗倾斜砌筑，最低的一端为火膛（在窑头内），最高的一端为排烟口（在窑尾），窑室为装烧坯件的空间，烧成时似一条火龙从山而下。其作用原理犹如一座倾斜放置的隧道窑，属平焰窑。龙窑能利用烟气来预热坯体，又可利用产品冷却余热来预热空气，使烧成温度达到1300℃，烧成时升温快，降温也快，可以快烧，可以维持还原气氛。

我国古代龙窑始现于商代。商周时期，我国南方出土龙窑的文化遗址主要有：商代晚期江西樟树吴城文化遗址、商代晚期江西鹰潭童家镇徐家村遗址、商代浙江上虞百官镇遗址、春秋至战国浙江萧山前山窑址、春秋广东博罗梅花墩窑址、战国绍兴富盛长竹园窑址、战国广东增城西瓜岭窑址等。

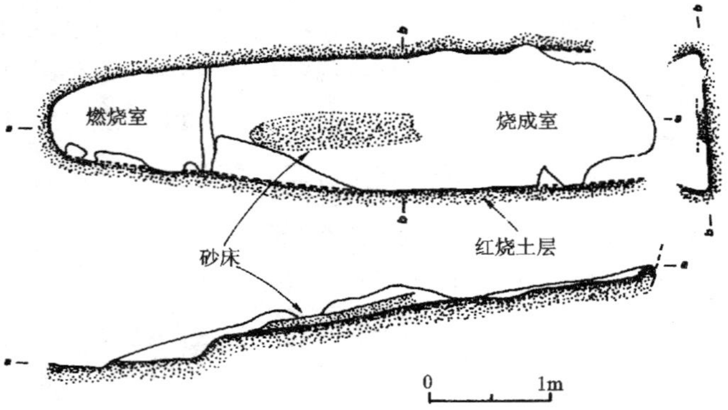

图2－6－9　商代浙江上虞百官镇 Y2 龙窑

采自文献〔46〕

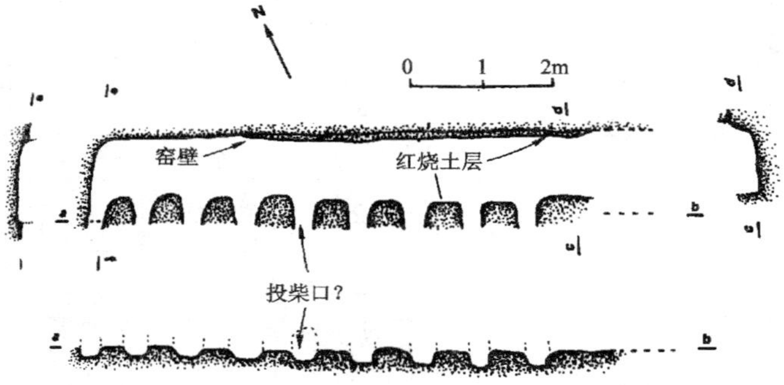

图2－6－10　吴城商代6号龙窑

（李玉林《吴城商代龙窑》，《文物》1989年第1期）

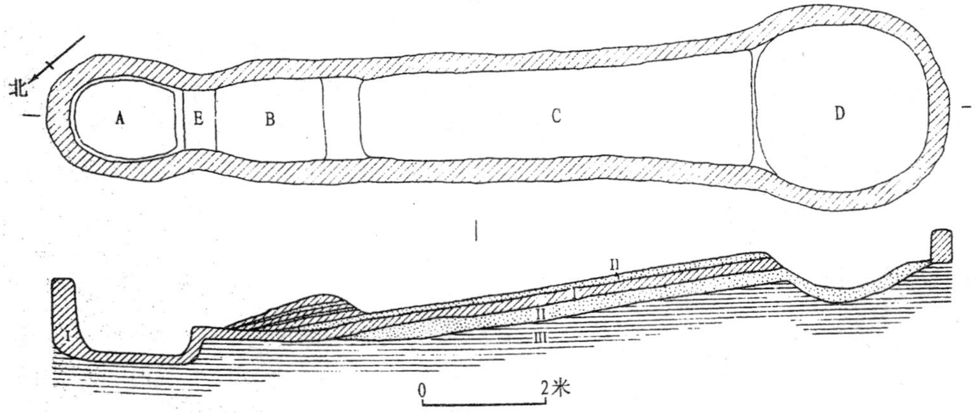

图三　窑址平、剖面图

A．火膛　B．火道　C．窑床　D．窑尾　E．小平台　Ⅰ．窑底与窑壁　Ⅱ．铺沙层　Ⅲ．垫土

图2－6－11　春秋广东博罗梅花墩

采自文献〔48〕

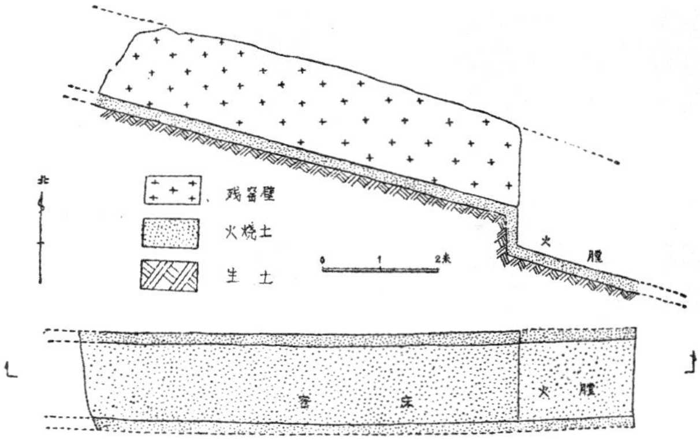

图 2－6－12 增城战国西瓜岭龙窑

采自文献〔50〕

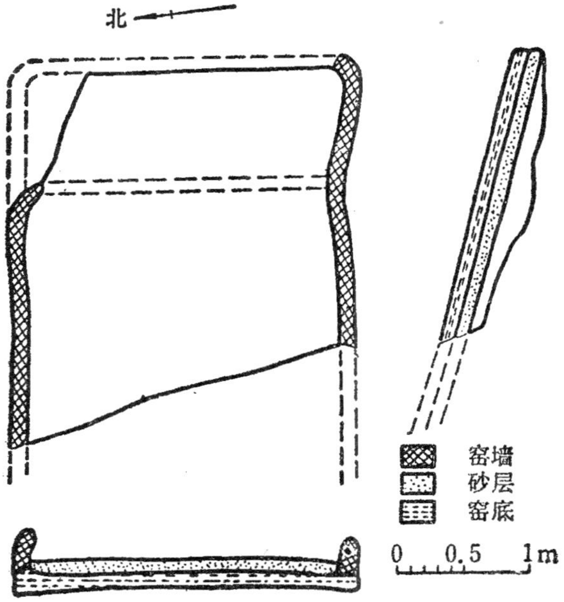

图 2－6－13 绍兴富盛战国龙窑

采自文献〔49〕

商代始用的龙窑较短，窑的长度一般在 3 米～8 米（表 2－6－2，第 1～3 号）左右，其中，商代鹰潭童家镇角山龙窑的窑长 3.15 米，宽 1.45 米[25]；商代浙江上虞百官镇文化遗址 2 号龙窑全长 5.1 米，最宽处 1.22 米[46]；商代晚期江西省清江县吴城文化遗址 6 号龙窑，从窑头至窑尾残长 7.54 米，窑膛内底宽 0.92 米～1.07 米，水平测量窑尾高于窑头 0.25 米[10]。到了春秋战国时期，窑的长度增长到 11 米～15 米左右，其中，春秋战国杭州萧山区进化镇邵家塔村 Y2 号窑头南尾北全长 13 米。其中窑室长度约 11.5 米，窑底宽 2.3 米～2.4 米[47]；春秋广东博罗梅花墩龙窑全长 15 米[48]。

商周时期龙窑的窑顶坍塌不存，但是从部分文化遗址龙窑的遗存物可知，龙窑的窑顶基本为拱顶。例如，春秋战国浙江萧山前山遗址 Y2 号的窑顶坍块基本平整地倒塌在窑底，烧结的一面朝下覆于窑床上，顶厚 0.16 米 ~0.18 米。窑壁自底部逐渐向侧弧收，从窑底开始起拱顶，窑壁与窑顶连为一体[47]。又如，战国浙江绍兴富盛龙窑的窑墙，自底起就逐渐向内弧收，说明当时窑的两旁还不用墙，而是从窑底就开始起拱。窑室较矮，拱顶厚 0.15 米，相当平整地倒塌在窑内，成为一条窑内窑外的分界线[49]。

龙窑中的火膛又称燃烧室。商代鹰潭童家镇角山遗址龙窑火膛与窑室连成一体，只是火膛比窑室略宽、略平些[25]。商代浙江上虞百官镇文化遗址 Y2 号龙窑火膛平面呈半椭圆形，长 1.3 米，残宽 0.96 米[46]（表 2-6-2，第 2 号）。广东博罗梅花墩遗址春秋龙窑的火膛略呈椭圆形，长 1.95 米，宽 1.05 米 ~1.30 米，深 0.5 米，火道呈斜坡状，坡度约 20 度[48]。春秋战国浙江萧山前山遗址 Y2 号龙窑火膛的平面呈半圆形，底部由后向前略作倾斜。火膛后壁宽 2.3 米，高 0.6 米，后壁至火门长 1.5 米[47]。

龙窑中的窑室底部称为窑床。商代龙窑的窑床或为泥底，或为细沙底。商代角山文化遗址龙窑窑床留有一层细沙[25]；商代浙江上虞百官镇文化遗址 2 号龙窑窑床底部绝大部分铺有一层沙砾，厚度 0.05 米 ~0.1 米不等[46]。商代晚期吴城文化遗址龙窑的窑床并非直接修建在生土上，乃是利用坡地挖高补低，平整夯实成“垫层”，上面再铺一层细泥作为窑底[25]。

春秋战国时期龙窑的窑床均铺沙。春秋战国浙江萧山前山遗址 Y2 号窑床铺有沙层，若干部位已烧结成块，厚度 0.08 米 ~0.1 米[47]。广东博罗梅花墩春秋龙窑窑床分为三层，第一层是铺沙层，厚 0.12 米 ~0.14 米，沙质纯净，经火烧后呈红褐色；第二层系窑底的烧结硬面，厚 0.15 米 ~0.2 米，烧结程度较高，呈红褐色；第三层是第二层硬面下的垫沙层，厚 0.24 米 ~0.26 米，沙为灰色而较纯净，直接压铺在垫土层上[48]。战国富盛龙窑底上铺一层沙粒，厚 0.08 米 ~0.1 米，已经烧结成块[49]。

商周时期，我国南方龙窑的坡度一般在 12 度 ~18 度之间波动。商代鹰潭童家镇角山龙窑的坡度为 15 度 ~18 度[25]。商代晚期吴城文化遗址龙窑窑头与窑尾水平高差 0.13 米，坡度为 17 度[1]。春秋战国萧山前山窑龙窑坡度约为 15 度[47]。春秋梅花墩龙窑窑床前窄后宽，呈斜坡状，坡度为 12 度[48]。战国龙窑在增城西瓜岭仅发掘了一座，倾斜度为 15.5 度[50]，战国富盛龙窑倾斜度为 16 度[49]。

龙窑由于窑身较长，仅靠火膛内的火力，还达不到（或维持不了）瓷器理想的烧成温度与气氛，于是古代窑工在窑室侧壁上安设若干个投柴孔。商代晚期江西省清江县吴城文化遗址的龙窑，东北一侧窑壁设九个投柴孔，一字形排开。距窑头约 1 米处是 1 号投柴孔，尔后每隔 0.4 米左右设一投柴孔，孔残高 0.17 米 ~0.22 米，内宽 0.3 米左右。9 号投柴孔的孔壁与窑尾相接，连为一体。据窑头与投柴孔的结构分析，烧窑时，可能是先点燃窑头火膛，用土砖封闭，再依次点燃 1 ~9 号投柴孔，逐步加温。投柴孔是否封闭，尚无资料可证。9 个投柴孔全设在一侧，与后期两侧设投柴孔有别[51]。烧成时，先烧窑头火膛，将坯预热，待第一排投柴孔下的坯体快烧熟时，停止窑头烧火，改自投柴孔燃烧，使该处坯体烧熟，然后移向后一排投柴，依次烧至窑尾。

商周时期龙窑的窑尾均遭破坏，从某些遗存推测，龙窑的窑尾可能为挡火墙及其烟火柱和烟火弄。春秋广东博罗梅花墩龙窑的窑尾近圆形，残高0.5米~0.9米，破坏较严重，烟道不存〔48〕。浙江绍兴富盛战国龙窑的窑尾也遭破坏，但底部保存较好，南墙的东端向北折进成东墙，墙内是沙底，墙外是下一座窑的窑顶的塌土，表明窑的东端到此为止；根据窑的北墙在残长2米处向内弧收的残迹推测，这里可能有一堵挡火墙，墙下有几个烟火柱和烟火弄。挡火墙与东墙之间长方形的一块是出烟孔〔49〕。商代晚期江西省清江县吴城文化遗址Y6号龙窑尾端近窑尾处的小孔，即第9号孔呈弧形凹进东壁，与其他孔有明显区别，应为排烟口〔51〕。

春秋战国时期的龙窑砌筑主要用黏土、白色瓷土和灰色黏土混合夯筑、耐火土板筑分层夯打三种类型的材料。用黏土砌筑龙窑主要见于春秋战国浙江萧山前山Y2号龙窑和浙江绍兴富盛战国龙窑。前者的拱顶、火膛壁、窑室的壁部均以黏土制成。砌筑拱顶的黏土中掺有稻草。拱顶厚0.16米~0.18米，其烧结面见有枝条绑扎、竹篾编织的痕迹。窑壁也用黏土砌成，近窑底由于有护窑土的保护，比窑顶略薄，厚0.12米~0.14米〔47〕。后者的拱顶、窑墙和窑底都用当地黏性很好的红色黏土做成，窑墙厚0.12米~0.15米〔49〕。用白色瓷土和灰色黏土混合夯筑龙窑，主要有广东博罗梅花墩春秋龙窑，因此该窑的窑壁上留有许多夯打的沟槽痕迹，并往往见有青绿色的“窑汗”。窑壁边缘清晰，壁土经火烧后白中泛红黑〔48〕。用耐火土板筑分层夯打而成的龙窑，主要见广东增城西瓜岭战国龙窑〔50〕。

商周时期龙窑均用木材为燃料。鹰潭童家镇商代龙窑焚口前端有一条喇叭形沟，沟内留有大量灰烬〔25〕；商代晚期江西省清江县吴城文化遗址Y6号的龙窑投柴孔外堆积有柴灰，窑床内有红烧土和炭屑的混合物。投柴孔内也有炭屑和灰土的混合物〔51〕，表明鹰潭童家镇商代龙窑和商代晚期江西省清江县吴城文化遗址Y6号的龙窑都以木材为燃料。春秋广东博罗梅花墩龙窑的火膛内含有大量的炭屑和灰烬〔48〕；春秋战国萧山前山窑Y2号窑火膛内填满了红烧土及大量灰烬〔47〕，表明这两窑也以木材为燃料。商周龙窑烧造原始瓷的温度一般在1150±20℃~1280±20度之间波动（表2-6-3）。

表2-6-2　夏、商、周龙窑火膛、窑室、窑体尺寸表（米）

编号、名称	火膛		窑室		窑体		参考文献
	长	宽	长	宽	长	宽	
1. 商代鹰潭童家镇角山龙窑	—	—	—	—	3.15	1.45	〔1〕
2. 商代上虞百官镇遗址2号窑	1.3	（残）0.96	—	—	5.1	最宽处1.22	〔46〕
3. 商代晚期吴城遗址6号窑	—	0.92~1.07	—	—	（残）7.54	—	〔51〕

续表

编号、名称	火膛		窑室		窑体		参考文献
	长	宽	长	宽	长	宽	
4. 春秋战国萧山前山 Y2 号窑	1.5	2.3	11.5	2.3～2.4	13	—	〔47〕
5. 春秋博罗梅花墩龙窑	1.95	1.05～1.5	6.5	1.4～2	15	—	〔48〕
6. 战国绍兴富盛 Y1 号窑	—	—	—	—	(残)3	2.42	〔49〕

注：春秋博罗梅花墩龙窑火道残高0.5米～1.3米、窑床残高0.4米～1.1米，窑尾长2.5米，宽2米～2.9米。

表2－6－3　夏、商、周原始瓷器的烧成温度与吸水率、气孔率

编号	名　称	烧成温度(℃)	吸水率(%)	气孔率(%)	参考文献
1	夏末商初马桥遗址	—	1.25	2.49	〔52〕
2	商代前期马桥遗址	1150±20	0.77	1.64	
3		—	1.15	2.55	
4		1179±20	1.68	3.56	
5	商代江西鹰潭角山	1180±20	12.6	31	〔53〕
6		1110±20	6.8	17	
7	晚商江西清江吴城	1100±20	—	—	〔10〕
8		1250±20	—	—	
9	商浙江江山和睦乌里山	1220±20	3.09	6.59	〔54〕
10	商河南郑州	1170±20	—	—	
11	西周洛阳北瑶	1220±20	0.78	1.69	〔55〕
12			0.82	1.78	
13		1150±20	3.92	8.64	
14		1130±20	6.57	13.96	
15		1120±20	8.09	16.87	
16	春秋广东惠州博罗梅花墩窑	1260±20	2.68	—	〔56〕
17		1290±20	7.79	—	
18		1240±20	4.34	—	
19		1280±20	2.63	—	

从瓷器发明和发展的角度讲，商周平焰龙窑和半倒焰窑的启用意义更大，这是因为我国最早发明的原始瓷主要是以铁为着色元素的青釉瓷。陶瓷坯体胎釉中的铁总是和氧结合在一起成氧化铁存在。入窑烧成时，如处在氧化气氛中，这些铁质能和足够的氧结合，而处于高价状态（三氧化二铁），呈黄赤色；如在还原气氛中，火焰中的氧气不足，会把胎釉中氧化铁里的氧夺去一部分，使铁还原处于低价状态（氧化亚铁）而带青色。如果胎釉中含铁甚多，则成黑釉瓷。因此，控制窑炉内的还原气氛，就成为烧造原始瓷的关键技术之一。平焰龙窑和半倒焰窑由于能有效地控制温度变化和维持还原气氛，从而为以铁为着色剂的青瓷的问世和发展在烧成技术上提供了保证。而升焰窑由于窑炉自身结构上的原因，在烧成中无法在窑内维持还原气氛，使得烧成出窑后的陶瓷多带黄、褐、红等颜色，因而被后世废弃。

参考文献

第一节 原始瓷的发明及其初步发展

〔1〕中国社会科学院考古研究所东下冯考古队等：《山西夏县东下冯龙山文化遗址》，《考古学报》，1983年第1期。

〔2〕宋建：《马桥文化原始瓷和印纹陶研究》，《文物》，2000年第3期；宋建等：《上海市闵行区马桥遗址1993—1995年发掘报告》，附陈尧成等：《上海市马桥遗址原始瓷、印纹陶的科学鉴定》，《考古学报》，1997年第2期。

〔3〕河南省文物考古研究所：《郑州商城》，文物出版社，2001年。

〔4〕河南省文物考古研究所等：《郑州南顺街青铜器窖藏坑发掘简报》，《华夏考古》，1998年第3期。

〔5〕河南省文物考古研究所等：《1995年郑州小双桥遗址发掘》，《华夏考古》，1996年第3期。

〔6〕河南省文物工作队：《郑州市铭功路两侧发现商代制陶工场房基遗址》，《文物参考资料》，1956年第1期。

〔7〕中国科学院考古研究所安阳队：《1975年安阳殷墟的新发现》，《考古》，1976年第4期；中国社会科学院考古研究所：《殷墟发掘报告1958—1961》，文物出版社，1987年。

〔8〕河北文物研究所：《藁城台西商代遗址》，文物出版社，1985年。

〔9〕中国科学院考古研究所：《辉县发掘报告》，科学出版社，1956年。

〔10〕山东省文物管理处：《济南大辛庄商代遗址勘查纪要》，《文物》，1959年第10期。

〔11〕宋健：《马桥文化原始瓷和印纹陶研究》，《文物》，2000年第3期。

〔12〕湖北省博物馆等：《1963年湖北黄陂盘龙城商代遗址的试掘》，《文物》，1976年第1期。

〔13〕吴瑞等：《江西鹰潭角山窑址出土印纹陶片的科技研究》，《2002年古陶瓷科学技术国际讨论会论文集》，上海科学技术文献出版社，2002年。

〔14〕江西省文物考古研究所：《吴城——1973～2002年考古发掘报告》，科学出版社，2005年。

〔15〕张剑：《洛阳西周原始瓷器探讨》，《景德镇陶瓷》，1982年第4期。

〔16〕安徽省文化局文物工作队：《安徽屯溪西周墓葬发掘报告》，《考古学报》，1959年第4期。

〔17〕金华地区文物管理委员会：《浙江义乌县平畴西周墓》，《考古》，1985年第7期。

〔18〕陈铁梅、G. Rapp、荆志淳：《商周时期原始瓷胎的中子活化分析初步研究》，《1999年古陶瓷科学技术国际讨论会论文集》，上海科学技术文献出版社，1999年。

〔19〕周广明：《江西地区商代窑业技术概述》，《2002年古陶瓷科学技术国际讨论会论文集》，上海科学技术文献出版社，2002年；吴瑞等：《鹰潭角山商代窑场出土原始瓷的科技研究》，《2005年古陶瓷科学技术国际讨论会论文集》，上海科学技术文献出版社，2005年。

〔20〕河北文物研究所：《藁城台西商代遗址》，文物出版社，1985年。

〔21〕安金槐：《对于我国瓷器起源问题的初步探讨》，《考古》，1978年第3期。

〔22〕朱剑等：《商周原始瓷产地的再分析》，《吴城——1973～2002年发掘报告》，科学出版社，2005年。

第二节 原料的选择和加工技术

〔1〕陈尧成等：《夏商原始瓷和瓷釉的起源》，《2002年古陶瓷科学技术国际讨论会论文集》，上海科学技术文献出版社，2002年，第33页。

〔2〕程朱梅等：《洛阳西周青釉器碎片的研究》，《中国古陶瓷研究》，科学出版社，1987年，第35～36页。

〔3〕周仁等：《张家坡西周陶瓷烧造地区的探讨》，《考古》，1961年第8期。

〔4〕陈尧成等：《上海马桥夏商原始瓷的制作工艺》，《陶瓷学报》1996年第17卷第3期，第29页。

〔5〕方邺森等：《瓷石和瓷土的类型特征》，《景德镇陶瓷学院学报》，1988年第9卷第1期。

〔6〕吴瑞等：《鹰潭角山商代窑场出土原始瓷的科技研究》，《2005年古陶瓷科学技术国际讨论会论文集》，上海科学技术文献出版社，2005年第35页。

〔7〕李国桢等：《中国名瓷工艺基础》，上海科学技术出版社，1988年第25页。

〔8〕方邺森等：《瓷石和瓷土的类型特征》，《景德镇陶瓷学院学报》，1988年第9卷第1期；朱剑等：《商周原始瓷产地分析》，《吴城——1973～2002年考古发掘报告》，科学出版社，2005年。

〔9〕吴瑞等：《鹰潭角山商代窑场出土原始瓷的科技研究》，《2005年古陶瓷科学技术国际讨论会论文集》，上海科学技术文献出版社，2005年，第38页。

〔10〕周广明等：《江西地区商代窑业技术概述》，《2002年古陶瓷科学技术国际讨论会论文集》，上海科学技术文献出版社，2002年。

〔11〕陈尧成等：《上海马桥夏商原始瓷的制作工艺》，《陶瓷学报》，1996年第17卷第3期，第30页。

〔12〕周广明：《吴城遗址原始青瓷分析》，《吴城——1973～2002年考古发掘报告》，科学出版社，2005年。

〔13〕李国桢等：《中国名瓷工艺基础》，上海科学技术出版社，1988年，第26页。

〔14〕程朱梅等：《洛阳西周青釉器碎片的研究》，《中国古陶瓷研究》，科学出版社，1987年，第39页。

〔15〕江西省文物考古研究所：《吴城——1973～2002年考古发掘报告》，科学出版社，2005年。

〔16〕李家治等：《中国陶器和瓷器工艺发展过程的研究》，《1992年古陶瓷科学技术国际讨论会文集》，上海科学技术出版社，1992年。

〔17〕李家治：《原始瓷的形成和发展》，《中国古代陶瓷科学技术成就》，上海科学技术出版社，1985年。

〔18〕吴隽等：《广东博罗横岭山墓葬群出土陶器及原始瓷的科学技术研究》，《2005年古陶瓷科学技术国际讨论会论文集》，上海科学技术文献出版社，2005年。

〔19〕胡晓力等：《博罗梅花墩窑古陶瓷的研究》，《中国陶瓷》，1996年第32卷第2期。

〔20〕张福康：《中国古陶瓷的科学》，上海人民美术出版社，2000年。

〔21〕周仁等：《龙泉青瓷原料的研究》，《中国古陶瓷研究论文集》，轻工业出版社，1982年。

〔22〕方邺森等：《中国主要类形制瓷高岭土的特征》，《景德镇陶瓷学院学报》1985年第6卷第1期。

第三节　成型技术

〔1〕宋建：《马桥文化原始瓷和印纹陶研究》，《文物》2000年第3期；宋建等：《上海市闵行区马桥遗址1993～1995年发掘报告》，附陈尧成等：《上海市马桥遗址原始瓷、印纹陶的科学鉴定》，《考古学报》，1997年第2期。

〔2〕宋健：《马桥文化原始瓷和印纹陶研究》，《文物》，2000年第3期。

〔3〕李科友等：《略论江西吴城商代原始瓷器》，《文物》，1975 年第 7 期。

〔4〕廖根深：《试论角山窑的年代及其相关问题》，《考古》，1996 年第 5 期。

〔5〕衢州市文物管理委员会：《浙江衢州市发现原始青瓷》，《考古》，1984 年第 2 期。

〔6〕安徽省文化局文物工作队：《安徽屯溪西周墓葬发掘报告》，《考古学报》，1959 年第 4 期。

〔7〕牟永杭等：《江山县南区古遗址墓葬的调查与试掘》，《1981 年浙江省文物考古所学刊》，文物出版社，1981 年。

〔8〕贡昌，金华地区文物管理委员会：《浙江义乌县平畴西周墓——兼论原始青瓷器的制作工艺》，《考古》，1985 年第 7 期。

〔9〕周燕儿：《绍兴出土越国原始青瓷的初步研究》，《考古与文物》，1996 年第 6 期，第 34 页。

〔10〕朱建明：《浙江德清原始青瓷窑址调查》，《考古》，1989 年第 9 期，第 779 页。

〔11〕朱建明：《浙江德清原始青瓷窑址调查》，《考古》，1989 年第 9 期，第 782 页。

〔12〕刘兴：《镇江地区出土的原始青瓷》，《文物》，1979 年第 3 期。

〔13〕周燕儿：《绍兴出土越国原始青瓷的初步研究》，《考古与文物》，1996 年第 6 期，第 34 ~ 35 页。

〔14〕上海市文物管理委员会：《上海市金山县盛家墩遗址发掘简报》，《考古》，1973 年第 1 期。

〔15〕周燕儿：《绍兴出土越国原始青瓷的初步研究》，《考古与文物》，1996 年第 6 期，第35 页。

〔16〕朱建明：《浙江德清原始青瓷窑址调查》，《考古》，1989 年第 9 期，第 783 页。

〔17〕浙江省文物管理委员会：《绍兴漓渚汉墓》，《考古学报》，1957 年第 1 期。

〔18〕王士伦：《浙江萧山区古代窑址的发现》，《考古通讯》，1957 年第 2 期。

〔19〕江西省博物馆等：《江西清江战国墓清理简报》，《考古》，1977 年第 5 期。

〔20〕绍兴县文物管理委员会：《浙江绍兴富盛战国窑址》，《考古》1979 年第 3 期。

第四节　制釉、施釉和装饰技术

〔1〕上海市文物管理委员会：《上海市闵行区马桥遗址 1993—1995 年发掘报告》，附陈尧成等：《上海市马桥遗址原始瓷、印纹陶的科学鉴定》，《考古学报》，1997 年第 2 期。

〔2〕陈尧成等：《夏商原始瓷和瓷釉的起源》，《2002 年古陶瓷科学技术国际讨论会论文集》，上海科学技术文献出版社，2002 年，第 36 页。

〔3〕李国桢等：《中国名瓷工艺基础》，上海科学技术出版社，1988 年，第 31 页。

〔4〕吴瑞等：《鹰潭角山商代窑场出土原始瓷的科技研究》，《2005 年古陶瓷科学技术国际讨论会论文集》，上海科学技术文献出版社，2005 年，第 38 页。

〔5〕关于商周原始瓷青釉中的铁含量，目前有两种说法：一是，商周原始瓷青釉中铁含量一般介于 2.2% ~3.8%（参阅张福康：《铁系高温釉》，《中国古陶瓷科学技术成就》，上海科学技术出版社，1985 年。）；二是，原始瓷青釉 Fe_2O_3 含量在 5% 以下，并把这类原始瓷青釉称为“富 CaO 原始瓷釉”。（参阅罗宏杰：《原始瓷釉的化学组成及显微结构研究》，《1992 年古陶瓷科学技术国际讨论会论文集》，上海科学技术出版社，1992 年。）本书采用前说。

〔6〕李青会等：《横岭山先秦墓地原始瓷釉的化学成分分析》，《博罗横岭山——商周时期墓地 2000 年发掘报告》，科学出版社，2005 年。

〔7〕吴瑞等：《鹰潭角山商代窑场出土原始瓷的科技研究》，《2005 年古陶瓷科学技术国际讨论会论文集》，上海科学技术文献出版社，2005 年，第 34 页。

〔8〕李国桢等：《历代越窑青瓷胎釉研究》，《中国陶瓷》，1988 年第 1 期。

〔9〕郭演仪等:《中国历代南北方青瓷的研究》,《中国古陶瓷论文集》,文物出版社,1982年,第19页。

〔10〕郭演仪等:《历代德化白瓷的研究》,《中国古陶瓷研究》,科学出版社,1987年,第151页。

〔11〕陈尧成等:《夏商原始瓷和瓷釉的起源》,《2002年古陶瓷科学技术国际讨论会论文集》,上海科学技术文献出版社,2002年,第39页。

〔12〕吴隽等:《广东博罗横岭山墓葬群出土陶器及原始瓷器的科学技术研究》,《2005年古陶瓷科学技术国际讨论会论文集》,上海科学技术文献出版社,2005年。

〔13〕陈尧成等:《夏商原始瓷和瓷釉的起源》,《2002年古陶瓷科学技术国际讨论会论文集》,上海科学技术文献出版社,2002年,第37页。

〔14〕罗宏杰:《原始瓷釉的化学组成及显微结构研究》,《1992年古陶瓷科学技术国际讨论会论文集》,上海科学技术出版社,1992年。

〔15〕牟永杭等:《江山县南区古遗址墓葬的调查与试掘》,《1981年浙江省文物考古所学刊》,文物出版社,1981年,第71页。

〔16〕安徽省文化局文物工作队:《安徽屯溪西周墓葬发掘报告》,《考古学报》,1959年第4期。

〔17〕宋建:《马桥文化原始瓷和印纹陶研究》,《文物》,2000年第3期;上海市文物管理委员会:《上海市闵行区马桥遗址1993~1995年发掘报告》,附陈尧成等:《上海市马桥遗址原始瓷、印纹陶的科学鉴定》,《考古学报》,1997年第2期。

〔18〕牟永杭等:《江山县南区古遗址墓葬的调查与试掘》,《1981年浙江省文物考古所学刊》,文物出版社,1981年,第70页。

〔19〕刘兴:《镇江地区出土的原始青瓷》,《文物》,1979年第3期。

〔20〕周燕儿:《绍兴出土越国原始青瓷的初步研究》,《考古与文物》,1996年第6期,第34页。

〔21〕江西省文管会:《江西修水山背地区考古调查与试掘》,《考古》,1962年第7期。

〔22〕杨式挺等:《略谈佛山河岩遗址的重要发现——兼谈广东地区的印纹陶》,1980年庐山印纹陶问题学术讨论会论文。

〔23〕林惠祥:《福建长汀县河田区新石器时代遗址》,《厦门大学学报》,1957年第1期。

〔24〕浙江省文管会:《吴兴钱山漾遗址第一、二次发掘报告》,《考古学报》,1960年第2期。

〔25〕尹焕章等:《南京锁金村遗址第一、二次发掘报告》,《考古学报》,1957年第3期。

〔26〕广东省文管会:《广东北部山区新石器时代遗存》,《考古》,1961年第11期。

〔27〕南京博物院展品。

〔28〕周燕儿:《绍兴出土越国原始青瓷的初步研究》,《考古与文物》,1996年第6期,第35页。

〔29〕安徽省文化局文物工作队:《安徽屯溪西周墓葬发掘报告》,《考古学报》,1959年第4期。

〔30〕江西省文物考古研究所:《吴城——1973~2002年考古发掘报告》,科学出版社,2005年。

〔31〕李家治:《原始瓷的形成和发展》,《中国古代陶瓷科学技术成就》,上海科学技术出版社,1985年。

〔32〕张福康:《中国传统高温釉的起源》,《中国古陶瓷研究》,科学出版社,1987年。

〔33〕吴瑞等:《鹰潭角山商代窑场出土原始瓷的科技研究》,《2005年古陶瓷科学技术国际

讨论会论文集》，上海科学技术文献出版社，2005 年，第 34 页。

〔34〕李家治等：《中国陶器和瓷器工艺发展过程的再研究》，《1992 年古陶瓷科学技术国际讨论会文集》，上海科学技术出版社，1992 年。

〔35〕程朱海等:《洛阳西周青釉器碎片的研究》，《中国古陶瓷研究》，科学出版社，1987 年。

〔36〕李家治等：《浙江江山泥釉黑陶及原始瓷的研究》，《中国古陶瓷研究》，科学出版社，1987 年。

〔37〕张福康：《中国传统高温釉的起源》，《中国古陶瓷研究》，科学出版社，1987 年。

〔38〕李国桢等：《中国名瓷工艺基础》，上海科学技术出版社，1988 年。

〔39〕衢州市文物管理委员会：《浙江衢州市发现原始青瓷》，《考古》，1984 年第 2 期。

第五节　装烧技术

〔1〕潘林荣等：《黄梅山原始瓷窑址调查简报》，《东方博物》第 4 辑，浙江大学出版社，1999 年。

〔2〕绍兴县文物管理委员会：《浙江绍兴富盛战国窑址》，《考古》，1979 年第 3 期。

〔3〕安徽省文化局文物工作队：《安徽屯溪西周墓葬发掘报告》，《考古学报》，1959 年第 4 期。

〔4〕上海市文物管理委员会：《上海市金山县盛家墩遗址发掘简报》，《考古》，1973 年第 1 期。

〔5〕浙江省文物管理委员会：《绍兴漓渚汉墓》，《考古学报》，1957 年第 1 期。

〔6〕南京博物院：《江苏容浮山果园土墩墓第二次发掘报告》，《文物资料丛刊》第 6 辑，文物出版社，1982 年。

〔7〕朱建明：《浙江德清原始青瓷窑址调查》，《考古》，1989 年第 9 期。

〔8〕周燕儿：《绍兴出土越国原始青瓷的初步研究》，《考古与文物》，1996 年第 6 期。

〔9〕王士伦：《浙江萧山区古代窑址的发现》，《考古通讯》，1957 年第 2 期。

〔10〕李毅华：《浙江绍兴富盛窑——兼谈原始青瓷》，《中国古代窑址调查发掘报告集》，文物出版社，1984 年。

〔11〕周广明：《江西地区商代窑业概述》，《2005 年古陶瓷科学技术国际讨论会论文集》，上海科学技术文献出版社，2005 年。

第六节　窑炉技术

〔1〕周广明：《江西地区商代窑业概述》,《2005 年古陶瓷科学技术国际讨论会文集》，上海科学技术文献出版社，2005 年，第 379 页。

〔2〕黄水根等：《吴城商代遗址窑炉的新发现》，《南方文物》，2002 年第 2 期，第 3 页。

〔3〕河北省文物研究所：《唐山市古冶商代遗址》，《考古》，1984 年第 9 期，第 769 页。

〔4〕马全等：《郑州发现的几个时期的古代窑址》，《文物参考资料》，1957 年第 10 期，第 59 页。

〔5〕河北省文化局文物工作队：《河北邯郸涧沟村遗址发掘简报》，《考古》，1961 年第 4 期，第 201 页。

〔6〕广东省博物馆：《广东平远县西周陶窑清理简报》，《考古》，1983 年第 7 期，第 588 页。

〔7〕山西省考古研究所侯马工作站:《侯马晋国陶窑遗址勘探与发掘》,《考古与文物》，1989 年第 3 期，第 14 页。

〔8〕云明等：《邢台遗址中的陶窑》，《文物参考资料》，1956 年第 12 期，第 53 页。

〔9〕河北省文物研究所：《唐山市古冶商代遗址》，《考古》，1984 年第 9 期，第 769 ~ 770 页。

〔10〕江西省文物考古研究所：《吴城——1973 ~ 2002 年考古发掘报告》，科学出版社，2005 年，第 447 页。

〔11〕河北省文物研究所：《唐山市古冶商代遗址》，《考古》，1984 年第 9 期，第 770 页。

〔12〕云明等：《邢台遗址中的陶窑》，《文物参考资料》，1956 年第 12 期，第 54 页。

〔13〕河南省文物考古所：《郑州商城》，文物出版社，2001 年，第 426 页。

〔14〕中国科学院考古研究所丰镐考古队：《1961—1962 年陕西长安沣东试掘简报》，《考古》，1963 年第 8 期，第 407 页。

〔15〕河南省文物考古研究所：《郑州商城》，文物出版社，2001 年，第 426 ~ 427 页。

〔16〕河南省文物考古研究所：《郑州商城》，文物出版社，2001 年，第 427 页。

〔17〕广东省博物馆:《广东平远县西周陶窑清理简报》,《考古》，1983 年第 7 期，第 588、590 页。

〔18〕河北省文物研究所：《唐山市古冶商代遗址》，《考古》，1984 年第 9 期，第 770 页。

〔19〕河南省文物考古研究所：《郑州商城》，文物出版社，2001 年，第 425 页。

〔20〕刘振群：《窑炉的改进和我国古陶瓷发展的关系》，《中国古陶瓷论文集》，文物出版社，1983 年，第 165 页。

〔21〕陕西省博物馆等：《秦都咸阳故城遗址发现的窑址和铜器》，《考古》，1974 年第 1 期，第 16 页。

〔22〕河北省文物管理委员会：《河北武安县午汲古城中的窑址》，《考古》，1959 年第 7 期，第 338 页。

〔23〕刘可栋:《试论我国古代馒头窑》，《中国古陶瓷论文集》，文物出版社，1983 年，第 181 页。

〔24〕洛阳市文物工作队：《洛阳东周王城战国陶窑遗址发掘报告》，《洛阳考古集成：补编》，北京图书馆出版社，第 278 页。

〔25〕周广明：《江西地区商代窑业概述》，《2005 年古陶瓷科学技术国际讨论会文集》，上海科学技术文献出版社，2005 年，第 380 页。

〔26〕秦都咸阳考古工作站：《秦都咸阳古窑址调查与试掘简报》，《考古与文物》，1986 年。

〔27〕河南省文物考古研究所新郑工作站：《郑韩故城发现战国时大形制陶作坊遗址》，《中原文物》2003 年第 1 期，第 5 ~ 6 页。

〔28〕纪南城考古工作队：《江陵毛家山发掘记》，《考古》，1977 年第 3 期，第 165 页。

〔29〕洛阳市文物工作队：《洛阳东周王城战国陶窑遗址发掘报告》，《洛阳考古集成：补编》，北京图书馆出版社，2007 年，第 280 页。

〔30〕秦都咸阳考古工作站：《秦都咸阳古窑址调查与试掘简报》，《考古与文物》，1986 年第 3 期，第 3 页。

〔31〕河南省文物考古研究所：《郑州商城》，文物出版社，2001 年，第 963 页。

〔32〕纪南城考古工作队：《江陵毛家山发掘记》，《考古》，1977 年第 3 期，165 页。

〔33〕陕西省博物馆等：《秦都咸阳故城遗址发现的窑址和铜器》，《考古》，1974 年第 1 期，第 16 ~ 17 页。

〔34〕洛阳市文物工作队：《洛阳东周王城战国陶窑遗址发掘报告》，《洛阳考古集成：补编》，北京图书馆出版社，2007 年，第 277 页。

〔35〕洛阳市文物工作队：《洛阳东周王城战国陶窑遗址发掘报告》，《洛阳考古集成：补

编》，北京图书馆出版社，2007 年，第 276 页。

〔36〕河南省文物考古研究所：《郑州商城》，文物出版社，2001 年，第 964 页。

〔37〕河南省文物考古研究所新郑工作站：《郑韩故城发现战国时大形制陶作坊遗址》，《中原文物》，2003 年第 1 期，第 5 ~ 6 页。

〔38〕洛阳市文物工作队：《洛阳东周王城内的古窑址》，《考古与文物》，1983 年第 3 期，第 15 页。

〔39〕河南省文物考古研究所：《郑州商城》，文物出版社，2001 年，第 965 页。

〔40〕洛阳市文物工作队：《洛阳东周王城战国陶窑遗址发掘报告》，《洛阳考古集成：补编》，北京图书馆出版社，2007 年，第 273 页。

〔41〕张长安：《河南鹤壁古代陶窑遗址浅析》，《华夏考古》，2003 年第 3 期，第 80 页。

〔42〕洛阳市文物工作队：《洛阳东周王城战国陶窑遗址发掘报告》，《洛阳考古集成：补编》，北京图书馆出版社，2007 年，第 281 页。

〔43〕陕西省博物馆等：《秦都咸阳故城遗址发现的窑址和铜器》，《考古》，1974 年第 1 期，第 17 页。

〔44〕洛阳市文物工作队：《洛阳东周王城战国陶窑遗址发掘报告》，《洛阳考古集成：补编》，北京图书馆出版社，2007 年，第 273 ~ 278 页。

〔45〕洛阳市文物工作队：《洛阳东周王城战国陶窑遗址发掘报告》，《洛阳考古集成：补编》，北京图书馆出版社，2007 年，第 277 ~ 278 页。

〔46〕浙江省文物考古研究所：《浙江上虞县商代印纹陶窑址发掘简报》，《考古》，1987 年第 11 期。

〔47〕浙江省文物考古研究所等：《浙江萧山前山窑址发掘报告》，《文物》，2005 年第 5 期。

〔48〕广东省文物考古研究所等：《广东博罗县园洲梅花墩窑址的发掘》，《考古》，1998 年第 7 期。

〔49〕绍兴县文物管理委员会：《浙江绍兴富盛战国窑址》，《考古》，1979 年第 3 期。

〔50〕曾广亿：《广东古陶瓷窑炉及有关问题初探》，《中国考古学会第二次年会论文集》，文物出版社，1980 年。

〔51〕李玉林：《吴城商代龙窑》，《文物》，1989 年第 1 期。

〔52〕陈尧成等：《夏商原始瓷和瓷釉的起源》，《2002 年古陶瓷科学技术国际讨论会论文集》，上海科学技术文献出版社，2002 年。

〔53〕吴瑞等：《鹰潭角山商代窑场出土原始青瓷片的科技研究》，《2005 年古陶瓷科学技术国际讨论会论文集》，上海科学技术文献出版社，2005 年。

〔54〕李家治等：《中国陶器和瓷器工艺发展过程研究》，《中国古代陶瓷科学技术成就》，上海科学技术出版社，1985 年。

〔55〕程朱梅等：《洛阳西周青釉器碎片的研究》，《中国古陶瓷研究》，科学出版社，1987 年。

〔56〕胡晓力等：《博罗梅花墩窑古陶瓷的研究》，《中国陶瓷》，1996 年第 32 卷第 2 期。

〔57〕洛阳市文物工作队：《东周王城战国至汉代陶窑遗址发掘简报》，《文物》，2004 年第 7 期。

第　三　章

秦至西汉原始瓷的发展和东汉瓷器的出现

秦始皇于公元前221年扫灭六国，结束了二百多年的七国纷争的局面，定都咸阳，建立了中国历史上第一个中央集权的封建专制的国家。秦帝国虽然存世只有短暂的十五年，但是，秦始皇在统一全国后，在政治、经济、文化等领域，所进行的一系列改革，特别是统一行政区划组织的郡县制、修驰道、车同轨、通水路、统一度量衡、统一币制，统一文字等举措，对促进中华民族共同经济生活和共同文化的形成，具有重大的历史意义。

西汉武帝吸取秦王朝短期覆没的教训，采取“约法省禁，轻田租”的休养生息政策，并采取“开关梁，弛山泽之禁”等措施，使得汉帝国的经济进入一个繁荣期。张骞奉命出使西域，沟通了亚洲内陆的交通要道，促进了东西经济文化的广泛交流，开拓了“丝绸之路”。汉武帝时代的中国，西至葱岭，东、南至大海，北至大漠，成为当时世界上版图最大、人口最多、物产最丰富的国家。

东汉光武帝在汉初的政治经济日益发展、日益巩固的基础上，“外事四夷，内兴功利”，平定割据东南沿海的东瓯、闽越等地，大力抗击匈奴、伐大宛、开通西域及南海道路，奠定了地大物博和多民族的中国的伟大规模的基础，促进了汉族与周围各少数民族的融合，密切了中外经济文化交流。在边境和关中实行屯田牛耕的使用、灌溉水利工程的发展对于推动农业生产的发展都有积极的意义。

由于战国末年的动乱，烧制原始瓷的工艺一度失传，致使秦汉时期的原始瓷无论是品质还是工艺都出现了退化现象。

东汉是我国制瓷技术发展史上一个非常重要的时期，我国制瓷先民在东汉发明了成熟的瓷器。东汉瓷器制胎原料——瓷石的采用及其瓷石原料粉碎加工机械设备——水碓的发明和原料淘洗技术的问世，为中国瓷器的发展奠定了坚实的物质基础和技术基础。东汉陶车构件——瓷质盔头的出土，标志着圆器拉坯技术趋于成熟。东汉瓷器装饰主要采用拍印、轮制弦纹、堆贴和印纹装饰带等四种技法。东汉青瓷制釉技术，继承先秦工艺传统，制釉配方依然采用以胎泥掺加草木灰配制而成，但配制技术比先秦原始瓷更为进步，上釉方法也从先秦时的刷釉改成蘸釉，从而使得东汉瓷器的釉面比先秦时显得均匀。东汉制瓷先民对战国时期的装烧窑具——支烧具进行了改良，推出了斜底直筒状、斜底束腰喇叭状支烧具等六类支烧具。东汉支烧具用瓷石原料制成，由于瓷石原料硬度高，因而瓷质支烧具相对增加了坯件的承重量，同时又与坯件的膨胀与收缩率相一致，大大减少了器坯的变形率。东汉启用的圆片形垫在烧成过程中，不会与未上釉的坯件粘连。东汉晚期启用的三足支钉的承托面缩小到三个支点，同时又与器坯的底足接触，它至多只会在器坯的圈足留下窄窄的印痕而已。东汉制瓷先民对龙窑的结构也进行了改革，不仅窑的装烧容量比战国时增大，而且延长了流动的火焰在窑室内停留的时间，有利于窑温的提高和分布均匀，同时还可控制还原焰的强弱和升降温度的速率。

第一节 秦汉原始瓷的发展和东汉瓷器的出现

秦至西汉时期恢复烧造的原始瓷主要产地在长江下游的浙江和苏南，其胎质量往往不太稳定，采用器底和器身分开制作然后黏结成型的方式，施釉法主要有浸釉和刷釉两种，早期前者居多，后期后者居多。装饰纹样比较简朴。

由于东汉烧造瓷器的窑场在浙江、江西和湖南发现了多处；东汉墓葬，特别是不少东汉纪年墓又出土了一定数量的东汉瓷器。通过测试研究，东汉瓷器的质量与近代瓷基本相似，这就表明我国在东汉时期已创烧出真正成熟的瓷器。

一、秦汉原始瓷的发展

由于战国末年的动乱，烧制原始瓷的工艺一度失传。秦至西汉时期恢复烧造的原始瓷，瓷胎质量往往不太稳定。有的烧成温度较高，胎骨致密；有的烧成温度稍低，便胎质疏松，气孔较多，吸水率较高。在成型工艺上，一改战国时期拉坯成器和线割器底的成型技法，普遍采用器底和器身分开制作，底身分制然后黏结成型的方式。

秦汉原始瓷釉依然是含 CaO 量较高的铁系高温釉，主要熔剂是 CaO，主要着色剂是铁，此釉高温黏度较小，流动性较好，透明度稍高，但易产生“泪痕”和聚釉现象。此期气氛控制往往欠佳，故釉色颇不一致，有的青中泛黄，有的呈黄褐色。施釉法由战国通体施釉改成了口、肩、内底等局部施釉。釉层较战国时期为厚，釉色也比战国时期为深，多呈青绿或黄褐色。西汉初年原始瓷以仿青铜礼器的鼎、盒、壶、钫、锺、瓿等为常见，器型大方端庄，施青绿或黄褐色釉。西汉中期原始瓷，不如汉初精致，施釉部位也缩小。西汉晚期，鼎、盒一类制品归于消失，壶、瓿、罐、钫、奁、洗、盆、勺等一类日常生活用器急剧增多，同时出现牛、马、屋等明器。秦至西汉初年，原始瓷装饰纹样比较简朴，一般器物上都只饰以简单的弦纹或水波纹。西汉中期以后，装饰手法发生了某些变化，本来是用简单的划线弦纹，却改用粘贴细扁的泥条。所饰刻画花纹有水波、卷草、云气和人字纹等。西汉晚期原始瓷的制作日趋繁盛。出土资料表明，当时原始瓷的分布地域很广，在浙江、上海、江苏、安徽的汉墓和遗址中都有大量的发现；江西、湖南、湖北、陕西、河南、山东等地的一部分墓葬和遗址中也有少量出土。这些地区发现原始瓷的墓葬多数是大中型的贵族墓，其中有河北省定县的中山穆王刘畅墓、陕西临潼秦始皇陵内城与外城之间的秦代房基。东汉中晚期还出现了一种称之为“酱色釉陶”的产品，大体上亦可归于原始瓷范围。其胎含铁较高，常呈暗红、紫或紫褐色；因其可在较低温度下烧成，故多数器胎仍较坚硬致密。多皆通体施釉，釉层丰厚而富有光泽，质坚而耐用。它的出现，为黑釉的发展打下了良好的基础[1]。

秦汉原始瓷产地主要在长江下游的浙江和苏南。江苏宜兴丁蜀镇，浙江省的德清、余杭、诸暨、绍兴、上虞、余姚、慈溪、宁波、鄞县、武义、龙游、永嘉等县市都有发现。有的规模较大，例如上虞县大顶尖山有窑场十一处[2]；江苏宜兴丁蜀镇有窑场十六处[3]。

西汉原始瓷窑在浙江等许多地方都有发现，其中又以上虞为最，不但窑场多，而且时间连续，展现了陶瓷技术发展的一系列变化。东汉早中期时，陶器烧造依然较多，并兼烧部分原始瓷；随着时间的推移，原始青瓷品种增多，质量提高，并逐渐取得了陶、瓷合烧中的主导地位，最后便完成了由原始瓷向青瓷的转变。西汉时人们往往把原始瓷称为“资”。例如，西汉初年湖南长沙马王堆辛追墓出土的木简和系在器物上的木牌中，发现有用隶书的“资”字，其中有多件原始瓷器皿上带有“资”字的木牌[4]，表明当时人们把原始瓷称为“资”。有学者认为，西汉时的“资”字即后世的“瓷”字[5]。

二、东汉瓷器的出现

瓷器是在原始瓷基础之上发展起来的。它一方面包含有原始瓷的特征，即以瓷土（高硅质黏土）、瓷石或高铝质黏土为原料，器表施釉后，在高温下（烧成温度需在1100℃以上）烧制出来的胎质致密、吸水率低、击之有类似于金属之声的一种产品；另一方面，它又基本上克服了原始瓷的胎质质量不够稳定、气孔率和吸水率有一定的波动、釉层薄易脱落的毛病，具有胎呈灰白色，胎体较薄者透光性较好，0.8毫米的薄片可微透光，又有一定的机械强度，瓷釉透明而呈玻璃质层不吸水的特点（彩图3）。

把瓷器出现的时间定在东汉是有大量考古出土资料为依据的。

首先，东汉烧造瓷器的古窑址发现了多处。浙江省境内上虞县帐子山、小仙坛、畚箕岙、倒转岗东汉窑址以烧造青瓷为主，品种有碗、盏、盘、钵、盆、壶、锺、垒、酒樽、唾壶和五联罐。装饰花纹有弦纹、水波纹和铺首等。另外还生产少量器表施绿褐色釉或黑釉瓷器。上虞联江乡红光村帐子山东汉一号龙窑，以烧制碗、盏类小件器物为主，青瓷多而黑瓷少；二号龙窑则以罍、瓶、罐、壶大件器物多见，青瓷少而黑瓷多[6]。宁波市江北区鸡步山、郭塘岙、季岙三处东汉窑址出土青瓷，胎质灰色，釉层较薄，除弦纹外，还有拍印几何纹（有方格纹、菱形纹、蝶形纹、羽毛纹、席纹、蛛网纹等）。烧造器形以罐、罍、壶为大宗，还有盘、洗（盆）等[7]。东汉绍兴夏履镇新民村外潮山窑址，总面积约1500平方米，烧造的产品主要为罍、钵、罐、洗、壶等。其中Ⅰ式罍施青釉，Ⅲ式罍施酱褐色厚釉；Ⅰ式钵和Ⅱ式钵施青釉，Ⅲ式钵施酱褐色釉。瓷罐、洗、壶则均施青釉。东汉绍兴外潮山窑烧造的产品主要为罍、钵、罐、洗、壶等。釉色青黄，瓷罍腹饰竖线格纹，钵口饰宽凹弦纹，瓷罐肩部饰上下弦纹间竖向波浪纹，罐系和壶系面印饰杉叶纹[8]。

东汉上林湖吴石岭窑场青瓷产品有罐、罍、壶等，器表拍印窗棂纹、网格纹、席纹、羽毛纹等。上林湖大庙岭东汉窑场青瓷产品有罐、钟、罍等，部分器表划重线波浪纹，拍印席纹、羽毛纹、蝶形纹、窗棂纹等。上林湖横塘山东汉窑场产品有罐、罍、钟等。上林湖黄鳝山东汉窑场产品有碗、洗、罐等，部分器物饰弦纹、波浪纹等。上林湖桃园山东汉窑场产品有罐、钵、尊、碗、盏等，纹饰以波浪纹为主，还有席纹、蝶形纹、羽毛纹、网纹等。上林湖周家岙窑青瓷产品有碗、罐、罍、钵、洗、碗、盏等，釉色青褐。纹饰有席纹、网纹、蝶形纹、窗棂纹、重线波浪纹、铺首和弦纹等。上林湖黄婆岙东汉窑青瓷产品有罍、钟、罐等，青黄釉，釉层不匀，有泪釉现象，拍印花纹有网纹、蝶形纹、窗棂纹等。上林湖普济寺东汉窑青瓷产品有罍、钟、罐等，部分器表拍印网纹、窗棂纹等[9]。

东汉温州后背山窑，位于温州永嘉县罗东镇箬岙村的后背山南面的山坡。主要为青瓷，间有少量黑瓷。青瓷胎质白中泛灰，釉色有淡青和青中泛黄两种，黑瓷釉色为黑褐。器型主要有碗、壶、罐、盆、罍等。碗为直口、圆沿、平底。壶为盘口、筒颈、球腹、平底稍内凹，肩设双耳或四耳。罐为唇外折，略向下斜，短颈，圆肩，鼓腹，平底，双耳或四耳。盆为圆沿略外折，罍为敛口，广弧肩，器形高大。东汉温州殿岭山窑，位于温州永嘉县罗东镇芦田村东北。主要为黑褐瓷和青瓷两种。器形主要有罐、罍、碗、钵等。有的施青釉，釉色青黄；有的外壁施黑釉，黑中泛褐色。碗，外施青釉，釉色青黄。钵，施青釉，釉色青黄。东汉温州小坟山窑，位于温州永嘉县罗东镇芦湾村小坟山南面山脚，面积约1000平方米，保存基本完好。主要有青瓷和黑瓷两种。青釉釉色稳定，青中泛灰，胎质细白。黑釉釉层厚薄不匀，色呈黑褐，缺乏光泽。主要器物有钵、碗、罐、罍。钵，敛口，厚壁，深腹，平底。碗，直口稍外撇，深腹，平底。罐，圆唇直口，或圆唇外撇，圆肩，鼓腹，平底，肩设两耳。罍，敛口，阔唇，鼓腹。此外，尚有瓶、洗、唾壶等。以上三窑出土的瓷器器皿，普遍使用重线三角纹、斜方格纹、米字纹、方格纹、水波纹、弦纹、席纹、卷绳纹、窗棂纹等拍印装饰[10]。

江西丰城洪州窑的港塘新村和港塘清丰河遗存也发现了东汉瓷窑。东汉晚期丰城窑瓷器在许多方面还保留着原始瓷器的特征，器形有双唇罐、罐、盘口壶、盆、钵等，其中罐数量多，式样复杂，胎质较粗，质地坚硬，呈黑灰色或灰色。釉色有黑、黄黑、青、深黄等多种，色调较深。施釉较薄者，釉面显得粗糙；施釉较厚者，釉面显得细腻。纹饰简单，常见有麻布纹和水波纹[11]。

东汉湘阴青竹寺窑位于湖南省湘阴县城西南七千米的安静乡的湘江河湾东岸，窑址分布范围约一万平方米，深2米左右。窑址上层为宋元堆积层，下层为东汉陶瓷堆积层。该层出土青瓷坛、双口坛、盂、系纽罐、钵、盆、釜、酒钜、壶、钟、瓶等。釉色玉青、水绿或酱黄，施半釉。器外表印方格纹、多变的水波纹和少量三角折线纹、弦纹。纽部印米字、菱形和蕉叶纹等。另外，湘阴白枚窑下层湘阴樟树窑和湘阴头山窑也出土了东汉湘阴青竹寺特点的青瓷残器[12]。

其次，东汉墓葬特别是不少东汉纪年墓都出土了东汉瓷器。江西湖口县象山永初七年（113年）墓出土的青瓷有双系罐、四系罐、盘口壶、盂、钵等[13]。安徽亳县元宝坑建宁三年（170年）1号墓出土的瓷器釉色有三类：一是素面青色玻璃碎釉；二是棕黄色玻璃釉；三是黑色釉[14]。浙江奉化白杜熹平四年（175年）墓出土的有青瓷耳杯、五联罐、水井、熏炉和鬼灶。这组青瓷器形端正，造型别致，釉色青翠，釉面匀称润厚，玻化良好，胎釉结合牢固，胎质细腻致密[15]。湖南资兴10座东汉墓中出土38件青瓷，胎质灰白或青白，釉有青黄、青绿、淡青，局部有银灰色[16]。另外，河南洛阳烧沟初平元年（190年）147号墓[17]、江苏高邮邵家沟遗址[18]、江苏邗江甘泉永平十年（公元67年）墓[19]、江西南昌青山湖东汉墓[20]、河南洛阳中州路东汉墓[21]、湖北当阳刘家冢子东汉画像石墓[22]、安徽合肥大殿岗东汉墓[23]、安徽合肥蔡家郢子东汉墓[24]、安徽亳县凤凰街东汉墓[25]、河北安平县逯家庄熹平五年（176年）墓[26]、河南洛阳中州路东汉墓[27]、湖南长沙丝茅冲军营基地东汉墓[28]、湖南耒阳城关东汉墓[29]、湖南益阳羊舞岭东汉墓[30]、四川新津保子山崖东汉墓[31]、四川成都土桥镇东汉墓[32]、四川大邑盐店东汉墓[33]、四川涪陵北岩寺东汉墓[34]、四川大邑马王坟东汉墓[35]、广东徐闻东汉墓[36]、江西宜春下浦东汉墓[37]、湖南长沙的泥塘东汉永和元年（136年）墓[38]等都出土了质量很高的东汉瓷器，其中绝大多数为青瓷。涉及的器形有罐、壶、洗、瓮、罍、钵、碗、盏、盂、耳杯、簋、熏炉、五连罐、杯等日用生活器皿和水井、灶等随葬明器。

再次，通过抽样测试研究，东汉瓷器的质量与近代瓷基本相似。东汉上虞上浦乡小仙坛窑址出土的青瓷残器的胎、釉经中国科学院上海硅酸盐研究所有关专家测试研究后确认：除胎体由于TiO_2含量较高而使胎呈灰色外，其余均符合近代瓷的标准[39]。具体表现为：其在化学组成分布图上的位置接近瓷器的组成点，烧成温度达1310℃ ±20℃，瓷胎已烧结，不吸水。它的显气孔率和吸水率分别为0.62%和0.28%，抗弯强度（6个试样的平均值）达7.1×10^7Pa。胎的显微结构也与近代瓷基本相似。胎釉结合较好。其釉无论是外观上还是显微结构上都已摆脱了原始瓷釉的那种原始性。

既然东汉墓葬特别是不少东汉纪年墓出土了一定数量的东汉瓷器，同时又发现了多处东汉烧造瓷器的窑场，加之通过抽样测试研究，东汉瓷器的质量与近代瓷基本相似，这就表明我国在东汉时期已创烧出真正成熟的瓷器了。

东汉各大制瓷窑场以烧造青瓷为主，另外还烧制少量黑瓷。镇江东汉元光十三年墓出土了黑瓷小罐[40]；安徽亳县元宝坑一号曹操宗族建宁三年（170年）墓中也出土了黑瓷[41]。浙江考古工作者先后于1976年和1977年在上虞红光帐子山[42]和宁波郭塘岙[43]发现了青瓷和黑瓷同烧的窑址。凌志达先生通过测试研究也发现，“东汉时期对于黑釉瓷的烧制已达到相当水平”[44]。不过东汉黑瓷多呈棕褐、棕黄、绿褐色，而非纯黑。

也有学者认为，西汉时期，我国少数地区便出现了瓷器[45]。西汉初年軑侯利苍的妻子辛追墓里出土了一批木简和系在器物上的竹牌，其中，25根上面有用墨笔隶书体写的“资”字[46]，就是“瓷”字[47]。当然，事物发展是不平衡的，特别是在东汉时期许多墓葬和一些窑址都出土了器型多样的青瓷和白瓷的历史背景下，不能排除个别地方早在西汉便有了瓷器的可能性。

第二节　东汉瓷器制胎和成型技术

东汉瓷器制胎原料——瓷石的采用、瓷石原料粉碎加工机械设备——水碓的发明，同时又采用了比商周时期更为进步的淘洗技术，为中国瓷器的发展奠定了坚实的物质基础和技术基础。东汉瓷器成型主要是采用拉坯法，有时也兼用泥条盘筑手制和模制等成型法。器形较为复杂的器物，则动用了拍片、模印、捏塑、堆贴和镂雕等多种成型技法。

一、瓷石的开采及其使用

东汉时期，我国南方窑场均用高硅质原料制胎，这可从东汉时期我国南方窑场烧造的瓷器（包括青瓷和黑瓷）胎的化学组成显示出来。东汉时期南方窑场出产（包括青瓷和黑瓷）的十五个标本（表3-2-1，第1~15号）均以高硅、低铝为基本特征，SiO_2含量在72.54%~77.42%之间波动，平均含量为75.73%；Al_2O_3含量在15.71%~20.58%之间波动，平均含量为17.16%。胎中助熔剂（CaO、MgO、K_2O、Na_2O）平均总含量为4.29%。其中东汉时期南方窑场青瓷十二个标本（表3-2-1，第1~12号）胎中着色剂Fe_2O_3平均含量为1.86%，杂质TiO_2平均含量为0.88%。

东汉时期南方窑场出产器物（包括青瓷和黑瓷）的这种化学组成，与夏、商、周三代采用高硅质瓷土为原料制胎的器物（表2-2-1，第1~21，24~27，30，32~52号）胎的化学组成（SiO_2平均含量为75.09%；Al_2O_3平均含量为17.08%）比较接近。然而，东汉南方窑场制瓷匠师在继承前朝工艺传统的基础上，又对瓷器制胎技术作了重大改进，即从先秦原始瓷以高硅质黏土——瓷土为原料，改而采用瓷石作为制胎原料。

关于先秦原始瓷以高硅质黏土——瓷土为制胎原料一事，本书在第二章第二节已作了说明。本书所持东汉时期改而采用瓷石作为制胎原料的理由主要有如下两点：一是，自东汉以后，南方各大窑场烧造瓷器稳定，延续的时间长，显然与采用存储量极为丰富的瓷石为制胎原料有关；二是，东汉发明了水碓（详见后文），有条件将瓷石进行粉碎。

瓷石原料主要是一种含石英、高岭石、绢云母的花岗岩类风化后的矿物。有些风化程度差些的含部分长石，风化程度厉害的则含有部分高岭石黏土矿物。这就形成了一种天然有利条件，以这种瓷石作为原料就可以制成瓷器的胎，因为它里面包含了制备瓷胎所必需的三种基本成分，即石英、高岭和绢云母，因此单纯用瓷石作原料，经过成形和烧成即可成瓷[1]。显微结构观察研究结果表明，凡用瓷石为制胎原料的胎体，一般在显微镜下可以清楚地看到许多云母类矿物残骸。例如，东汉湘阴青竹寺窑[2]、东汉绍兴窑[3]、东汉上林湖窑等[4]瓷胎的显微结构显示，胎中有大量石英和少量云母残余物以及玻璃相。我国的瓷石矿蕴藏量极为丰富，只要一旦发现和开采，就能较长时间向窑场提供制胎原料。另外，我国的瓷石矿富藏于南方诸省，因而使得东汉、三国、两晋、南北朝期间瓷器的烧造主要集中在南方。

不过，采用瓷石为制瓷原料，还有一个前提，因为要把坚硬的瓷石粉碎加工为细润的泥质原料，仅靠人力是无济于事的，必须有相应的技术设备。这种设备——水碓，至迟在东汉时期就已发明了。对此，成书于东汉的《桓子新论》有明确记载："宓牺之制杵舂，万民以济，及后人加巧，因延力借身重以践碓，而利十倍杵舂。又复设机关，而驴、骡、牛、马及役水而舂，其利乃且百倍。"文中所说"役水而舂"，就是指粉碎瓷石的水碓。这就表明，至迟在桓谭所生活的年代，"役水而舂"的水碓已经出现了。《桓子新论》的作者桓谭，"字君山，沛国相人"，"哀平间（公元前6年—公元5年）以父任为郎"，"（王）莽时（9—13年）为掌乐大夫，更始初（23年），召拜中大夫。世祖即位（25年），征待诏，上书言事失旨，不用。后大司空宋弘荐谭，拜议郎给事中……是时帝方信谶，多以决定嫌疑，桓谭极言其非，帝怒，贬桓谭为六安郡丞。赴任道中病卒"。同书又载："初谭著书言当世行事二十九篇，号曰《桓子新论》，上书献之，世祖善焉。"[5]按照这个记载，桓谭写成《桓子新论》的时间是在东汉光武帝执政时期。由此可知，至迟在东汉光武帝执政年间（25—55年），水碓就已经发明和投入使用了。东汉孔融《肉刑论》也载："水碓之巧，胜于斲木掘地。"[6]又据《三国志》卷十五《张既传》："又与夏侯渊讨宋建，别攻临洮狄道，平之。是时太祖徙民以充河北、陇西、天水、南安，民相恐动，扰扰不安。既假三郡人为将吏者休课，使治屋宅，作水碓，民心遂安。"据《后汉书》卷九《孝汉献帝纪》第九载：太祖（曹操）于汉献帝建安十九年（215年）十月"遣将夏侯渊讨宋建于抱罕，获之"。这就表明，到了东汉晚期，水碓的使用较为普及。

水碓是由水轮、碓杆和碓臼三部分组成。水轮是由水力带动的原动机，南方，特别是从初春直到仲夏的南方，雨水充足，水碓就是依靠这天然水力，昼夜运转而把瓷石舂臼成泥质状的制胎原料。随着瓷石的发现和采用，以及粉碎瓷石的技术设备——水碓的使用，从制胎原料及其加工技术方面，为中国古代制瓷技术的发展，提供了强大的物质基础和技术基础。嗣后，水碓成为历代瓷石粉碎的一种主要工具。

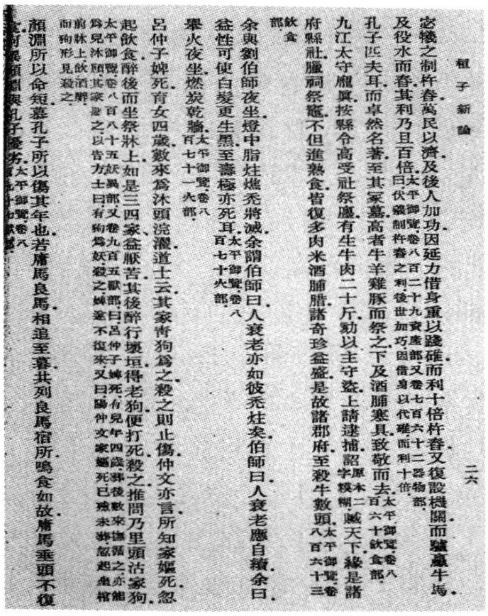
桓子新論　二六

宓犧之制杵舂，萬民以濟，及後人加功，因延力借身重以踐碓，而利十倍杵舂，又復設機關，而驢贏牛馬及役水而舂，其利乃且百倍。（太平御覽卷八百二十九資產部，又卷七百六十二器物部。曰：伏犧制杵舂之利，後世加巧，因借身以代碓，而利十倍。）

孔子匹夫耳，而卓然名著，至其冢墓，高者牛羊雞豚而祭之，下及酒脯寒具，致敬而去。（太平御覽卷八百六十飲食部。）

九江太守龐眞，按縣令高受社祭臘，有生牛肉二十斤，劾以主守盜，上請逮捕，詔（原本二字模糊）赦天下，緣是諸府縣社臘祠祭竈，不但進熟食，皆復多肉米酒脯腊，諸奇珍益盛，是故諸郡府至殺牛數頭。（太平御覽卷八百六十三飲食部。）

余與劉伯師夜坐，燈中脂炷燋禿將滅，余謂伯師曰，人衰老亦如彼禿炷矣。伯師曰，人衰老應自續。余曰，益性可使白髮更生黑，至壽極亦死耳。（太平御覽卷八百七十火部。）

舉火夜坐，燃炭乾牆。（太平御覽卷八百七十一火部。）

呂仲子婢死，有女四歲，數來爲沐頭浣濯，道士云，其家青狗爲之，殺之則止。偽仲文亦言所知家嫗死，忽起飲食，醉後而坐祭牀上，如是三四家，益厭苦，其後醉行壞垣，得老狗，便打死殺之，推問乃里頭沽家狗。（太平御覽卷八百八十五妖異部，又卷九百五獸部。曰：呂仲子婢死，有兒年四歲，葬後數來撫循之，亦能爲兒沐頭，其家患之，以告方士，曰：有狗爲妖，殺之，婢遂不復來。又曰：陽仲文家嫗死，已殯未葬，忽起坐棺前牀上，飲酒醉，而狗形見，殺之。）

顏淵所以命短，慕孔子所以傷其年也，若庸馬良馬相追至暮，其列良馬宿所鳴食如故，庸馬垂頭不復

图3－2－1　《桓子新论》：设水碓"役水而舂"

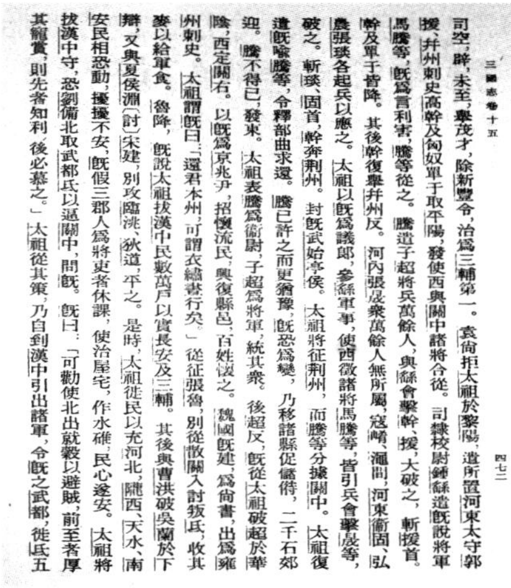
三國志卷十五　四七二

司空，辟，未至，舉茂才，除新豐令，治爲三輔第一。袁尚拒太祖於黎陽，遣所置河東太守郭援、幷州刺史高幹及匈奴單于取平陽，發使西與關中諸將合從。司隸校尉鍾繇遣既說將軍馬騰等，既爲言利害，騰等從之。騰遣子超將兵萬餘人，與繇會擊幹、援，大破之，斬援首。幹及單于皆降。其後幹復舉幷州反。河內張晟衆萬餘人無所屬，寇崤、澠間，河東衛固、弘農張琰各起兵以應之。太祖以既爲議郎，參繇軍事，使西徵諸將馬騰等，皆引兵會擊晟等，破之。斬琰、固首，幹奔荆州。封既武始亭侯。太祖將征荆州，而騰等分據關中。太祖復遣既喻騰等，令釋部曲求還。騰已許之而更猶豫，既恐爲變，乃移諸縣促儲偫，二千石郊迎。騰不得已，發東。太祖表騰爲衛尉，子超爲將軍，統其衆。後超反，既從太祖破超於華陰，西定關右。以既爲京兆尹，招懷流民，興復縣邑，百姓懷之。魏國既建，爲尚書，出爲雍州刺史。太祖謂既曰："還君本州，可謂衣繡晝行矣。"從征張魯，別從散關入討叛氐，收其麥以給軍食。魯降，既說太祖拔漢中民數萬戶以實長安及三輔。其後與曹洪破吳蘭於下辯，又與夏侯淵〔討〕宋建，別攻臨洮、狄道，平之。是時，太祖徙民以充河北，隴西、天水、南安民相恐動，擾擾不安，既假三郡人爲將吏者休課，使治屋宅，作水碓，民心遂安。太祖將拔漢中守，恐劉備北取武都氐以逼關中，問既。既曰："可勸使北出就穀以避賊，前至者厚其寵賞，則先者知利，後必慕之。"太祖從其策，乃自到漢中引出諸軍，令既之武都，徙氐五

图3－2－2　《三国志》卷十五《张既传》：东汉末年，张既在陇西、天水、南安作水碓

二、原料加工

瓷石经过水碓舂碎之后，各类矿物成分分离和细化，但总有部分粗颗粒存在。要去除粗颗粒部分和杂质矿物，必须经过淘洗以提高其使用质量。这是因为瓷石中的粗颗粒大部分是游离态结晶 SiO_2，通过对制胎原料进行淘洗，可除去原料中的游离石英和岩石碎屑，从而提高了原料中细分散部分铝含量，从而提高原料中 Al_2O_3 的含量。

东汉瓷胎化学组成表（表3－2－1）中显示，东汉期间，我国南方窑场烧造的十五个瓷器标本（表3－2－1，第1～15号）胎中的 Al_2O_3 平均含量为17.13%；我国南方地区所产瓷石三个标本（表3－2－1，第16～18号）中的 Al_2O_3 平均含量为15.48%，即东汉瓷胎 Al_2O_3 平均含量要比瓷石中的 Al_2O_3 平均含量高出10.66%。与此同时，东汉期间南方窑场烧造的十五个瓷器标本（表3－2－1，第1～15号）胎中的 TiO_2 平均含量（0.88%）又比夏、商、周原始青瓷胎中的 TiO_2 平均含量（0.96%）（表2－2－1，第1～21，24～27，30，32～52号）要低8.3%。东汉期间，我国南方窑场烧造的瓷器的胎中 Al_2O_3 平均含量高出瓷石原料，而胎中 TiO_2 含量比夏、商、周青瓷胎中的含量大幅度降低。这一事实，表明东汉制瓷先民对瓷器制胎原料的加工，采取了比商周时期更为进步的淘洗技术。

测试资料还表明，在东汉时期各大窑场中，以浙江上虞地区窑场所产青瓷的胎体质量为高。其五个标本（表3－2－2，第1、2、4、12、13号）胎的吸水率在0.16%～0.75%之间波动，平均为0.40%。而且，东汉上虞窑青瓷的外观特征也比同时期其他窑场的产品为好：胎体致密，呈浅灰色，有闭口小孔[5]。（而东汉绍兴窑青瓷标本灰胎较粗，且有气孔[1]）这与其化学组成有关。东汉上虞窑青瓷六个标本（表3－2－1，1～6号）胎中 Fe_2O_3（平均含量为1.79%）与 TiO_2（平均含量为0.87%）总含量为2.66%；东汉绍兴窑青瓷两个标本（表3－2－1，7～8号），胎中 Fe_2O_3（平均含量为2.53%）与 TiO_2（平均含量为0.75%）总含量为3.28%。也就是说，东汉上虞青瓷胎中 Fe_2O_3 与 TiO_2 总含量（平均为2.66%），要比东汉绍关青瓷胎中 Fe_2O_3 与 TiO_2 总含量（平均为3.28%）低23%。由于中国古代青瓷胎呈现不同的灰色，乃是因胎中所含 Fe_2O_3 与 TiO_2 杂质着色所致[5]，所以东汉绍兴窑青瓷胎的质量就远不如同时期的上虞窑青瓷。

现在再来研究东汉上虞窑青瓷与东汉湘阴青竹寺青瓷胎的化学组成。东汉湘阴青竹寺窑青瓷胎三个标本（表3－2－1，10～12号）胎中 Fe_2O_3（平均含量为1.5%）与 TiO_2（平均含量为1.04%）总含量（平均为2.54%），虽然比东汉上虞窑青瓷六个标本（表3－2－1，1～6号）胎中 Fe_2O_3（平均含量为1.79%）与 TiO_2（平均含量为0.87%）总含量（2.66%）要低4.51%，但是，由于东汉湘阴青竹寺窑青瓷胎中的 TiO_2 含量（平均为1.04%），要比东汉上虞窑青瓷胎中的 TiO_2 含量（平均为0.87%）高出19.54%，而胎中 TiO_2 含量愈高着色愈深，这时因为胎中杂质 Fe_2O_3 和 TiO_2 在高温下生成 $FeO-TiO_2$ 和 $2\ FeO-TiO_2$ 以及 $Fe_2O_3-TiO_2$ 等化合物使胎着色所致[5]。

三、成型技术

东汉瓷器成型主要是采用拉坯法，有时也兼用泥条盘筑手制和模制等成型法。例如，宁波郭塘岙窑所烧青瓷主要有罍、钟、壶、罐、盆5种，除罍为手制外，其余4种皆为轮制，罍的口沿亦曾轮修。器耳多用模制，罍的口沿、钟的圈足是分段安装的[7]。上虞帐子山东汉窑址出土的一件“陶车”构件——盔头，不是用檀木刻成，而是用瓷器做就，考古学家称其为“轴顶碗”。瓷质碗内作臼状，壁内施以均匀而十分光滑的青釉。外壁成八角形，上小下大。如果把它镶嵌在轮盘正中部位的车筒顶部内壁，再加于轴顶上，一经外力的推动，即可使轮盘作快速而持续的旋转[6]。东汉陶车构件——盔头的发现，表明明清中国窑场所使用的成型工具——陶车，至迟在东汉就已采用，同时也表明东汉瓷器成型趋于成熟。器形较为复杂的器物，则动用了拍片、模印、捏塑、堆贴和镂雕多种成型技法。

表3－2－1　东汉瓷胎的化学组成

编号	年代、器物样号	成分（%）										参考文献
		SiO_2	Al_2O_3	Fe_2O_3	TiO_2	CaO	MgO	K_2O	Na_2O	MnO	P_2O_5	
1	东汉上虞小仙坛青瓷罐胎	77.42	16.28	1.56	0.82	0.38	0.53	2.67	0.58	—	—	〔1〕
2	东汉上虞小仙坛青瓷盆胎	75.40	17.73	1.75	0.86	0.31	0.57	3.00	0.49	0	—	
3	东汉上林湖青瓷罍胎SL11－2	74.85	17.08	2.50	0.78	0.29	0.53	2.58	0.81	0.03	0.06	〔4〕
4	东汉上虞小仙坛青瓷罍残片胎	76.87	16.64	1.66	0.89	0.26	0.55	2.69	0.47	—	—	〔10〕
5	东汉上虞小仙坛四耳罐胎Y8	78.47	15.26	1.64	0.91	0.23	0.46	2.50	0.48	—	—	
6	东汉上虞小仙坛印纹罍瓷片胎	75.85	17.47	1.64	0.97	0.20	0.52	2.66	0.54	0.03	—	〔11〕

续表

编号	年代、器物样号	成分（%）										参考文献
		SiO_2	Al_2O_3	Fe_2O_3	TiO_2	CaO	MgO	K_2O	Na_2O	MnO	P_2O_5	
7	东汉绍兴车水岭青瓷罐胎	74.56	17.86	2.44	0.72	0.28	0.46	2.33	0.88	0.02	—	〔3〕
8	东汉绍兴车水岭青瓷壶胎	75.96	16.85	2.63	0.78	0.35	0.46	2.33	0.92	0.03	—	
9	东汉上林湖青瓷罍胎 SL10－1	74.50	18.11	2.03	0.77	0.40	0.47	2.36	0.80	0.01	0.06	〔4〕
10	东汉湘阴青竹寺青瓷 T1－1 胎	76.64	17.55	1.37	1.03	0.01	0.62	2.62	—	—	0.03	〔2〕
11	东汉湘阴青竹寺青瓷 T1－4 胎	72.54	20.58	1.66	0.99	0.09	0.43	3.17	—	—	0.05	
12	东汉湘阴青竹寺青瓷 TV1－2 胎	75.54	18.20	1.47	1.04	0.02	0.65	2.62	—	—	0.03	
13	东汉上虞帐子山印纹黑瓷胎	76.00	15.71	2.35	0.83	0.36	0.52	3.14	0.92	—	—	〔12〕
14	东汉上虞帐子山黑瓷片胎	75.51	15.76	2.62	1.11	0.37	0.66	3.23	1.05	—	—	
15	东汉上虞帐子山黑瓷片胎	75.81	16.25	2.61	0.81	0.38	0.69	3.17	1.02	—	—	

续表

编号	年代、器物样号	成分（%）										参考文献
		SiO_2	Al_2O_3	Fe_2O_3	TiO_2	CaO	MgO	K_2O	Na_2O	MnO	P_2O_5	
16	龙泉毛家山瓷石（未风化）	76.60	15.33	0.54	—	0.14	0.66	4.39	0.20	0.07	—	〔13〕
17	龙泉源底瓷石	76.11	14.90	1.05	—	0.60	0.03	1.85	0.70	0.04	—	
18	龙泉岭根瓷石	74.95	16.21	0.31	—	—	0.16	3.04	0.25	0.03	—	
19	龙泉地区瓷石平均组成	75.67	15.48	0.83	—	0.37	0.28	3.09	0.38	—	—	

表 3-2-2　东汉瓷器的烧成温度与吸水率、气孔率

编号	名　　称	烧成温度（℃）	吸水率（%）	气孔率（%）	参考文献
1	东汉上虞小仙坛青瓷盆残片	1270±20	0.16	0.36	〔1〕
2	东汉小仙坛青瓷罐残片	1260±20	0.22	0.49	
3	东汉上林湖窑青瓷 SL11-2	1160±20	—	—	〔4〕
4	东汉上虞小仙坛青瓷罍残片 H-4	1160±20	0.32	0.66	〔11〕
5	东汉上虞小仙坛青瓷罍残片 H-5	1310±20	0.28	0.62	
6	东汉绍兴青瓷 SCDH-1	1080±20	—	—	〔3〕
7	东汉绍兴青瓷 SCDH-1	1050±20	—	—	
8	东汉湘阴青竹寺青瓷 T1-1	1280±20	1.34	3.00	〔2〕
9	东汉湘阴青竹寺青瓷 T1-4	1224±20	0.38	1.30	
10	东汉上虞黑釉残片 1 号	1020±20	2.80	—	〔12〕
11	东汉上虞黑釉残片 2 号	1200±20	6.40	—	
12	东汉上虞黑釉残片 3 号	1240±20	1.00	—	
13	东汉上虞上浦镇四峰山大园坪 DYP5	1270±20	0.57	1.2	〔14〕
14	东汉上虞上浦镇四峰山大园坪 DYP6	1200±20	0.75	2	

第三节　东汉瓷器制釉与装饰技术

东汉时期，我国南方窑场出产的瓷器，无论是青瓷还是黑瓷釉面，均采用灰釉工艺。

商周原始瓷釉中的 SiO_2 含量波动幅度较大，东汉时期瓷釉 SiO_2 含量变化相对趋于稳定，表明东汉时期陶工对配制瓷釉所需胎泥的用量，比前朝认识更为深刻。

东汉瓷器灰釉比商周原始青瓷灰釉中的 CaO 和 P_2O_5 含量均有提高，表明东汉制釉先民对草木灰在青釉中的作用的认识更为深刻。东汉黑釉由于助熔剂（CaO、MgO、K_2O、Na_2O）总含量较高，致使釉的膨胀系数较大，加之釉层较薄，因而釉面往往产生开裂。施釉法多采用蘸釉，但罍、钟、壶的内底则仍以刷釉法上釉。东汉瓷器装饰，继承原始瓷的技术传统，多采用拍印装饰、轮制弦纹和堆贴工艺。

一、灰釉

东汉时期，我国南方窑场出产的瓷器，无论是青瓷还是黑瓷釉面，均采用灰釉工艺。所谓灰釉是指釉中以碱土金属氧化物 CaO 为主要助熔剂，CaO 含量至少都高出 10%，这类釉又叫“高钙釉”。东汉灰釉的配制继承前朝传统，依然采用草木灰掺和胎泥配制而成。

从考察瓷釉中 SiO_2 含量的变化，能看出瓷釉配方中胎泥用量的变化[1]。这是因为釉中 SiO_2 的含量主要是由胎泥决定的，一般说来，釉中 SiO_2 含量愈高，所用胎泥的用量就愈大。商周时期，原始瓷釉中的 SiO_2 含量波动幅度较大。例如，西周安义文化遗址出土 1 号原始瓷釉中 SiO_2 含量为 50.00%（表 2-4-1，第 33 号）；商清江樊城文化遗址出原始瓷 23 号釉中 SiO_2 含量为 68.49%（表 2-4-1，第 23 号），波动幅度达 18.49%。表明商周时期陶工对配制瓷釉所需胎泥的用量尚处于摸索状态中。东汉时期瓷釉的化学组成显示，釉中 SiO_2 含量的变化相对趋于稳定，其十四个瓷釉标本（包括十二个青釉标本和两个黑釉标本）（表 3-3-1，第 1～14 号）中，SiO_2 含量仅在 55.27%～64.84% 之间波动，波动幅度为 9.57%，表明东汉时期陶工对配制瓷釉所需胎泥的用量，比前朝认识更为深刻。

从考察釉中 CaO 和 P_2O_5 的变化可推知配釉中草木灰的用量变迁。东汉瓷器釉中的 CaO 和 P_2O_5 含量比商周原始青瓷釉中的 CaO 和 P_2O_5 含量有较大幅度的提高。表中所列东汉青瓷十二个标本（表 3-3-1，第 1～12 号）釉中 CaO 的平均含量为 17.08%，比商周原始青瓷灰釉 CaO 的平均含量（14.99%）提高了 13.94%；东汉青瓷灰釉八个标本（表 3-3-1，第 1～8 号）釉中 P_2O_5 平均含量（为 1.07%）也比商周青瓷灰釉二十三个标本（表 2-4-1，第 1～3、7～8、11～14、17～18、24～28、30～31、33～35、40～41 号）釉中 P_2O_5 平均含量（为 0.78%）提高了 37.18%。

由于胎泥中的 CaO 和 P_2O_5 含量甚微，例如，东汉瓷器（包括青瓷和黑瓷）十五个标本（表 3-2-1，第 1～15 号）胎中 CaO 的平均含量为 0.26%，东汉瓷器五个标本（表 3-2-1，第 4、9～12 号）胎中 P_2O_5 的平均含量为 0.04%，因此，东汉瓷器釉中的 CaO 和 P_2O_5 含量比商周原始青瓷釉中的 CaO 和 P_2O_5 含量大幅度提高一事表明，东汉制釉先民对草木灰在青釉中的作用的认识更为深刻。

考察东汉瓷器釉中的 MgO 含量，可知其釉料配方比商周时期更为成熟些。

东汉瓷器（包括青瓷和黑瓷）十四个灰釉标本（表3－3－1，第1～14号）釉中 MgO 含量平均为2.27%，商周原始瓷灰釉中 MgO 含量平均为2.70%。虽然商周原始瓷灰釉中 MgO 的平均含量（2.70%），超出东汉瓷器（包括青瓷和黑瓷）十四个灰釉标本中 MgO 含量（2.27%）的 18.94%，但是，商周原始瓷灰釉中的 MgO 含量波动较大，一般在0.94%～4.41%，而东汉青瓷釉中的 MgO 含量相对稳定，一般在1.51%～2.78%，表明釉料配方显得比商周时期更为进步。

二、青釉

青釉是一种以铁为着色元素的瓷釉，它自夏商时期出现，到了东汉时期，在工艺上有两大进步。第一个进步表现在外观呈色：商周时期原始青瓷釉多呈褐黄[2]或青褐[3]，东汉青瓷釉变为淡绿偏灰黄[4]。其中佳者“釉呈青色”[5]。出现这种变化的主要原因，乃是东汉青釉的配制工艺作了改进：商周原始青瓷釉主要采用灰釉工艺，但是也有少数制品分别采用灰—碱釉、碱—灰釉配方。东汉青瓷均采用灰釉工艺，釉中着色剂Fe_2O_3含量比商周原始青瓷降低，其十二个标本（表3－3－1，第1～12号）釉中 Fe_2O_3含量平均为1.71%，比商周原始青瓷灰釉中着色剂 Fe_2O_3含量（平均为2.55%）降低32.94%。东汉青瓷釉中 TiO_2含量（平均为0.66%）也比商周原始青瓷灰釉中 TiO_2 含量（平均为0.76%）要低13.16%。由于东汉青瓷釉中着色元素 Fe_2O_3和杂质 TiO_2含量比商周原始青瓷釉中 Fe_2O_3和 TiO_2含量有较大幅度降低，因而东汉青瓷釉的呈色比商周时期才有较大的改观。

东汉青瓷釉第二个进步表现在：坯—釉之间开始形成中间层，基本克服了商周时期原始青瓷釉容易剥落的毛病。例如，东汉上虞大园坪遗址出土的青瓷“胎釉交界处偶见少量钙长石晶体自胎向釉生长，形成稀薄而不连续的坯—釉中间层”[4]。有的标本则形成一个反应层，例如东汉上虞小仙坛青釉印纹罍的“胎釉交界处可见多量的斜长石晶体自胎向釉生长而形成一个反应层，使得胎釉结合较好”[5]。随着胎、釉之间反应层的形成，釉层就与胎体相融合，因此东汉青瓷开始改变商周时期原始瓷釉容易剥落的毛病。

东汉青瓷在施釉方法上，继承商周时期工艺传统，依然采用刷釉法上釉，东汉上虞大园坪青瓷釉面不均匀，有涂刷痕，但是涂刷的釉层比前代加厚，东汉上虞大园坪青瓷釉厚度达13毫米[4]。由于东汉青瓷釉层比前代加厚，所以釉面显得比商周时期原始瓷釉“透明光亮”[5]。有学者认为，东汉上虞大园坪青瓷釉色呈淡绿偏灰黄，与其烧成气氛偏氧化有关[4]。东汉湘阴青竹寺窑青瓷釉呈青绿中微带黄的色调，则因其烧成气氛不稳定和有时在高温或冷却过程中形成若干氧化气氛所致[6]。

三、黑釉

黑釉和青釉一样，都是以铁为着色剂的铁系色釉，黑釉中着色元素 Fe_2O_3 含量要比青瓷釉中的 Fe_2O_3 含量高得多。东汉上虞窑黑釉标本的发色比商周原始瓷黑釉有明显进步：商周原始瓷黑釉，例如春秋博罗横岭山文化遗址出土的原始瓷黑釉呈黑青色[7]，东汉上虞窑黑釉标本则为深绿褐色或黑棕色[8]，“乃至黑色”[9]。其原因大致如下：① 东汉上虞窑黑釉中着色剂 Fe_2O_3 含量（平均为 5.11%）虽然比商周原始瓷黑釉中 Fe_2O_3 含量（5.90% ~8.97%）有所降低，但是东汉上虞窑黑釉中着色杂质 TiO_2 含量（平均为 1.10%）则比商周原始瓷黑釉中的 TiO_2 含量（平均为 0.90%）提高了 22.22%。由于东汉上虞窑黑釉中的 TiO_2 含量比商周原始瓷黑釉中的 TiO_2 含量高得多，所以东汉上虞窑黑釉中的 Fe_2O_3 的发色效果就比商周原始瓷黑釉显得深沉。这是因为，在铁系瓷器（包括黑瓷、白瓷和青瓷）胎、釉中的着色杂质 TiO_2 含量的多寡，会影响到 Fe_2O_3 的着色效果，例如，在白瓷中，如果单含铁而不含钛时，尽管含铁量均高出 1%，但在还原焰下烧成后瓷胎仍然呈白色。如果同时存在有 TiO_2，则着色效果格外显著。TiO_2 的含量愈高，则复合着色的效果愈显著。这是由于 Fe_2O_3 和 TiO_2 在高温下生成 $FeO \cdot TiO_2$ 与 $2FeO \cdot TiO_2$ 以及 $Fe_2O_3 \cdot TiO_2$ 等化合物使胎着色之故[10]。② 商周原始瓷黑釉基本采用灰—碱釉工艺，个别标本用碱—灰釉配方。商周原始瓷采用灰—碱釉配方的黑釉五个标本（表 2-4-1，第 4、20 ~22、45 号）釉中 CaO 平均含量只有 6.11%；采用碱—灰釉配方的黑釉一个标本（表 2-4-1，第 23 号）釉中 CaO 含量则低为 0.91%。东汉上虞窑黑釉的配制则采用灰釉工艺，其两个标本（表 3-4-1，第 13 ~14 号）釉中 CaO 含量高达 16.49%。以 Fe_2O_3 为主要着色元素的黑釉，釉中 CaO 含量高对釉的呈色有利，这是由于釉中 Fe^{2+} 离子着色随着 CaO 含量的增高而加深，因为在高温时 Fe^{2+} 离子易于在较低黏度的高钙釉进行扩散的缘故[1]。③ 东汉上虞窑黑瓷釉中含铁总量中的 FeO 的比量值高，其两个标本（表 3-3-1，第 13、14 号）釉中含铁总量中的 FeO 的比量值分别为 56.30% 和 64.65%（表 3-3-1，第 13、14 号）。东汉上虞窑黑瓷这一化学组成特征，也对釉面发色有利。因为在铁系高温釉中，凡釉色纯正、清亮者，釉中的 FeO/Fe_2O_3 比值高[8]。但是，东汉上虞窑黑瓷釉有一个弊病——釉面往往出现开裂，这是由于胎和釉中熔剂总含量偏高所致。东汉上虞黑瓷两个标本（表 3-3-1，第 13、14 号）釉中的四种助熔剂（CaO、MgO、K_2O、Na_2O）总含量平均高达 22.34%，比商周五个采用灰—碱釉工艺的原始瓷黑釉标本（表 2-4-1，第 4、20 ~22、45 号）釉中四种助熔剂（CaO、MgO、K_2O、Na_2O）总含量（11.08%）高出一倍多。东汉上虞两个黑瓷标本（表 3-2-1，第 14、15 号）胎中的四种助熔剂（CaO、MgO、K_2O、Na_2O）总含量（平均为 5.30%），比商周三个采用灰—碱釉工艺的原始黑瓷标本（表 2-2-1，第 1、22、64 号）胎中的四种助熔剂（CaO、MgO、K_2O、Na_2O）总含量（2.77%）也要高出 91.34%。而黑瓷胎、釉中的助熔剂总含量过高，往往容易导致釉面出现开裂[8]。

四、上釉

商周时期原始瓷器上釉多采用刷釉技术，东汉青瓷多改用蘸釉法上釉。施釉时，手持器坯浸入釉中，藉坯体的吸水性，使釉浆均匀地吸附于坯体的表面。釉层的厚度决定于坯体的吸水率、釉浆的密度与浸入时间等。蘸釉法上釉的优点是坯体吸附釉料比较均匀，但是手抓坯体的部位无法上釉，因而往往使得施釉不能到底，而露出胎骨的本色。

表3－3－1　东汉瓷釉和草木灰的化学组成

编号	年代、出土地点、名称	成分（%）										FeO占Fe_2O_3总%	参考文献
		SiO_2	Al_2O_3	Fe_2O_3	TiO_2	CaO	MgO	K_2O	Na_2O	MnO	P_2O_5		
1	东汉上虞小仙坛青瓷釉	57.87	13.73	1.60	0.59	19.74	2.39	2.05	0.69	0.00	0.89	—	〔1〕
2	东汉鄞县谷童岙青瓷Y1釉	55.27	12.15	0.65	1.72	20.18	2.62	1.80	0.59	0.32	1.41	—	〔12〕
3	东汉鄞县谷童岙青瓷Y2釉	56.93	13.30	0.64	—	18.75	2.37	1.81	0.52	0.38	1.08	—	
4	东汉绍兴车水岭青瓷罐釉	64.31	14.18	2.13	0.77	12.80	1.89	1.94	0.95	0.24	0.67	—	〔13〕
5	东汉绍兴车水岭青瓷壶釉	59.81	13.19	2.46	0.74	16.32	2.78	1.79	0.85	0.39	0.87	—	
6	东汉湘阴青竹寺青瓷T1釉	59.04	13.21	1.61	0.79	19.05	2.58	2.05	—	—	1.59	—	〔6〕
7	东汉湘阴青竹寺青瓷T2釉	59.22	14.53	1.53	0.72	17.75	1.78	2.71	0.20	0.26	1.29	—	
8	东汉上林湖青瓷罍釉SL11－2	61.63	13.74	2.45	0.65	14.26	1.51	1.89	0.81	0.53	0.72	—	〔14〕

续表

编号	年代、出土地点、名称	成分（%）										FeO占Fe_2O_3总%	参考文献
		SiO_2	Al_2O_3	Fe_2O_3	TiO_2	CaO	MgO	K_2O	Na_2O	MnO	P_2O_5		
9	东汉上虞大园坪DYP5青釉	63.75	11.93	1.93	0.31	16.18	2.45	2.13	0.51	—	—	—	〔4〕
10	东汉上虞大园坪DYP6青釉	64.84	12.33	1.85	0.31	14.85	2.36	2.41	0.32	—	—	—	
11	东汉上虞大园坪DYP7青釉	62.57	12.05	1.75	0.29	17.76	1.99	2.05	0.53	—	—	—	
12	东汉上虞大园坪DYP8瓷釉	62.62	12.01	1.87	0.33	17.35	2.83	1.93	0.06	—	—	—	
东汉青瓷釉平均含量		60.66	13.03	1.71	0.66	17.08	2.30	2.05	0.55	0.35	1.07	—	—
13	东汉上虞黑瓷片釉	56.45	14.15	4.92	1.22	16.58	2.20	3.67	0.91	0.26	—	56.30	〔8〕
14	东汉上虞黑瓷片釉	56.13	13.81	5.29	0.97	16.40	2.02	3.79	1.09	0.30	—	64.65	
东汉黑釉平均含量		56.29	13.98	5.11	1.10	16.49	2.11	3.73	1.00	0.28	—	—	—

五、装饰

东汉瓷器装饰主要采用拍印、轮制弦纹和堆贴三种技法。

（一）拍印

东汉瓷器装饰，继承原始瓷的工艺技术传统，多采用拍印装饰，即用印模在坯体上拍打半干的坯体，而烙下印模上的纹样，这已由出土实物资料所证实。例如温州永嘉县罗东镇箬岙村后背山东汉窑址、罗东镇芦田村殿岭山东汉窑址、罗东镇芦湾村小坟山东汉窑址出土的东汉瓷罍、罐、壶、钵、碗、盆等器物，普遍使用拍印重线三角纹、蝶纹、方格纹、米字纹、卷绳纹、窗棂纹等[20]。东汉宁波郭塘岙窑址出土的瓷罍的肩腹部的席纹、多线棱形纹、蝶纹、杉叶纹和双口泡茶罐腹部的方格纹，瓷盆口沿下的波浪纹都是采用拍印工艺制成的[16]。绍兴外潮山东汉窑址出土的Ⅱ式瓷罍器腹的竖线纹，Ⅲ式瓷罍肩部的席纹，也是采用拍印技术制成的[17]。丰城港塘东汉窑址出土的瓷罐上的麻布纹和水波纹，也是采用拍印技法制作而成[18]。另外，东汉上虞上浦乡窑址出土的罍外壁布纹、窗棂纹、三角纹、蝶纹同样是拍印而成的[20]。东汉瓷器上的拍印装饰，虽然在技术上沿用了原始瓷时期的工艺传统，但在装饰风格上却有自己的时代特征。原始瓷的拍印装饰，往往通体一片，而东汉瓷器的拍印纹样却退作一隅而显得更为秀丽。

（二）轮制弦纹

所谓轮制弦纹装饰技术，乃是在转轮修坯时，利用刮刀的运作而在坯体上留下凸起和凹下的弦纹而形成的一种装饰。这种装饰工艺也萌发于原始瓷工艺传统，但是东汉瓷器的轮制弦纹装饰，则比原始瓷更富于变化。例如东汉宁波郭塘岙窑出土的瓷罍肩部的弦纹[16]，三条为一组，上下两组对称呼应，给人以庄重秀美之感。

（三）堆贴

堆贴装饰乃是先用坯泥捏塑成立体物像，再用稀释的坯泥，黏附在坯体上，待其干燥牢固后入窑高温烧成。这种装饰工艺是从原始瓷附加堆纹装饰技法发展而来。它是由下列几个动作完成的：（1）搓，把坯泥放在左手掌心，用右手拇指或食、中指同时使用，将坯泥搓成一定粗细、长短、尖圆的泥团或泥条，其形状根据预先设计的纹样而定。（2）揿，把搓成一定形状的泥条或泥团，用右手拇指照纹样要求，揿到坯体上去，用力的方向基本上是和坯体表面垂直。泥团、泥条被揿的时候，一般是在宽的方面加大，长度增加得较少。（3）拓，把各种大小形状的坯泥揿在坯体上，然后用右手拇指把泥拓开成各种不同的形态，拇指不仅向坯体垂直方向用力，而且还要向上下左右方向移动，使泥也跟着拇指的移动而改变在坯体上的涂布位置。东汉瓷器堆贴装饰工艺比原始瓷更为进步，贴塑的物象既有人形，又有龙形、虎形等。东汉浙江省宁波玉缸山窑场出土的青瓷五联罐上堆贴动物纹样[16]；东汉浙江宁波奉化白杜熹平四年墓出土的青瓷葫芦形五联罐的束腰部堆贴有人物、鸟、兽等纹饰[19]；东汉上虞上浦乡窑址出土的青瓷洗的腹部堆贴铺首衔环[20]。

第四节 东汉瓷器装烧技术

东汉瓷器装烧，承袭前朝传统，继续采用明火裸烧技术，但对前朝的装烧窑具——支烧具进行了改良，推出了斜底直筒状、斜底束腰喇叭状支烧具等六类支烧具。东汉支烧具用瓷石原料制成，由于瓷石原料硬度高，因而瓷质支烧具相对增加了坯件的承重量，同时又与坯件的膨胀与收缩率相一致，大大减少了器坯的变形率。

东汉制瓷窑场还启用了圆片形垫饼和三足支钉作为装烧用垫隔具。东汉的圆片形垫饼是用陶土掺和沙子、蚌壳和禾本茎叶为原料制成，其形体较为平整而又薄圆，在烧成过程中，它不会与未上釉的坯件粘连。三足支钉的承托面缩小到三个支点，同时又是与器坯的底足接触，它至多只会在器坯的圈足留下窄窄的印痕而已。

一、支烧具

先秦原始瓷烧造经验表明，把坯体直接安放在窑床床面之上，会阻碍火力在窑床床面上的流通，致使原始瓷器皿下部均遭生烧。直到战国中期德清窑场才开始启用支烧具，然而，其他地区的窑场还是墨守成规。东汉各大窑场普遍采用支烧具技术。东汉支烧具主要有六种类型：斜底直筒状和斜底束腰喇叭状支烧具，凹双足器、覆钵形支烧具，筒形、束腰形支烧具，覆钵形垫具，斜面与斜底支烧具，双足支烧具。

（一）斜底直筒状和斜底束腰喇叭状支烧具

东汉上虞帐子山窑一号龙窑出土的支烧具为斜底直筒状，二号窑出土的支烧具呈束腰斜底喇叭状，体型较大，其中有的高达 33.5 厘米、托面直径 20.5 厘米、底径 22 厘米，且都采用瓷土制作。

东汉宁波谷塘岙窑出土的斜底束腰喇叭形筒状支烧具，内外有弦纹，呈棕色。由于它直接与窑底泥沙接触，底部残粘了许多烧得发紫的泥沙，外表也呈灰黑色。有的上面还粘有圆形垫饼[1]。东汉绍兴外潮山出土的筒形支烧具分为二式：I 式，宽平面，身筒形，腰微束，腰中部镂圆孔，制作粗糙。上面径 12 厘米、底径 10.7 厘米、高 21 厘米；II 式，宽平面束腰，喇叭形底，用粗质耐火土制作，器表红褐色，有光泽，似上釉，实为窑汗，面径 10.8 厘米、底径 13 厘米、高 28 厘米[2]。

东汉温州后背山、殿岭山和小坟山三处窑址出土的喇叭形支烧具，瓷土制成，宽厚壁，直筒，中空，束腰处上下渐向外撇成喇叭形，并有对称孔二组，以通火焰。外壁除体型大的为素面外，一般均有一层青中略带褐色釉。规格大致有三种：一种高 33.5 厘米、托面直径 20 厘米、底径 24 厘米；第二种高 21 厘米、托面直径 12 厘米、底径 14 厘米；第三种，高 16 厘米、托面直径 9.2 厘米，底径 11 厘米[3]。东汉、三国丰城港塘窑出土圆筒形支烧具，支面下凹，中部开一个圆孔，壁设圆形或三角形气孔，胎质较粗，呈深灰或深灰红色，饰弦纹、麻布纹，其中一件还施青黑釉。图 3-4-1 中标本①，港塘小学前窑址出土，壁下部内敛，残存部分有一个圆形气孔，饰麻布纹，深灰色胎，无釉，高 7.6 厘米、面径约 20 厘米。图 3-4-1 中标本②，港塘新村窑址出土，束腰，残存部分有两个不完整的三角形气孔，饰弦纹，深灰色胎，无釉，残高 14 厘米、面径 18 厘米[4]。

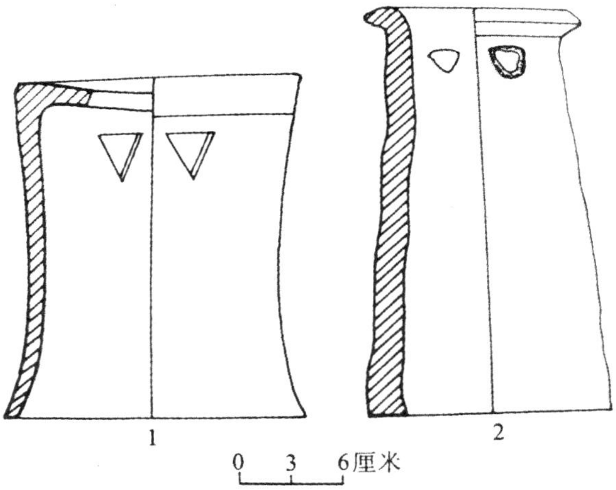

图3－4－1 东汉丰城港塘窑出土支烧具：1. 圆筒形支烧具 2. 束腰状支烧具 采自文献〔10〕

（二）凹双足器

东汉宁波谷塘岙窑址出土的支烧具——凹双足器，一个圆形垫饼下附两个圆锥形足。用泥手工捏成，表面粗糙，质地极疏松。有的在黄泥中还掺和了稻草等禾本科纤维。其中大的圆锥形足，高25厘米，二足之间宽40厘米；小的足高仅8厘米，足宽12厘米[5]。

东汉鄞县谷童岙窑址出土的双足器，高低基本一致，棱角分明，规格几乎统一。标本Y3：22，长15.5厘米、宽12厘米、高6厘米[6]。装烧时，将双足器的双足插入窑床床面的沙层中，无足的一端搭放在窑床的坡面之上，双足器的托面正好处于水平状态，再在其水平状态的托面上安放其他支烧具或直接置大型坯件，如瓷锺、罍、罐、泡菜坛等。

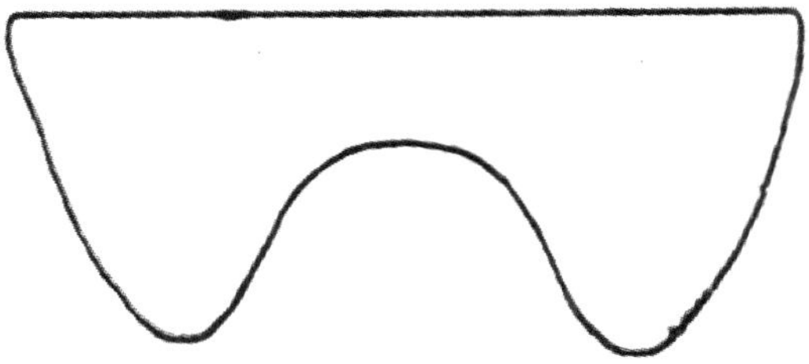

图3－4－2 东汉宁波郭塘岙窑出土的凹双足器 采自文献〔5〕

东汉温州后背山窑址出土的双足器托面平整，呈椭圆形，一端下有圆锥形双足。该式窑具能平稳地放置坯件，以适应窑床坡度。规格以一件为例，高9.6厘米，托面径15厘米～21厘米[7]。

（三）覆钵形支烧具

东汉绍兴外潮山窑址出土的覆钵形支烧具分二式：Ⅰ式，宽平面，弧腹，平底微内凹，腹镂小圆孔，用瓷土制作，插面留坯件粘连碎片，器外呈灰黄色，面径16厘米、底径12厘米、高4.3厘米。Ⅱ式，宽平面，斜腹，平底，用耐火土制成，器表呈棕色红色，面径 18 厘米、底径 13.6 厘米、高 4.5 厘米[2]。东汉温州后背山窑址出土的覆钵形支烧具，用瓷土制成，宽平沿，浅腹，平底，高 2.8 厘米[7]。东汉宁波郭塘岙窑址出土的覆钵形支烧具，承托面平坦，略小于底廓，器身四周和内壁有明显的旋纹，腹中部有三个小圆孔，孔径为 3.2 厘米[1]。

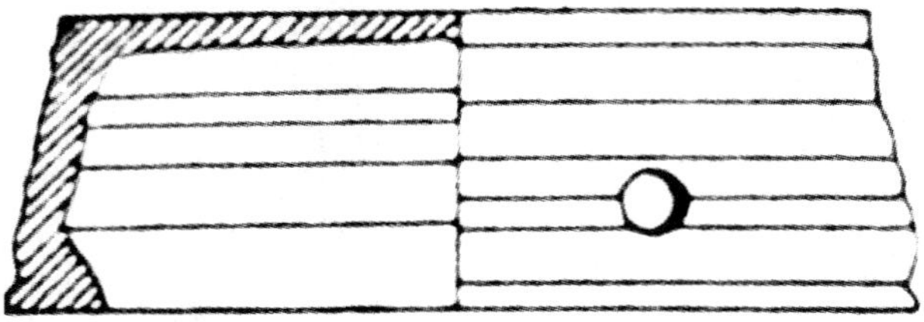

图 3－4－3　宁波郭塘岙东汉窑址出土的覆钵形支烧具
采自文献〔1〕

（四）筒形、束腰形支烧具和覆钵形垫具

为了把器坯抬高到理想的火力烧成带，为了利于窑床床面火力的流通，东汉筒形和腰形支烧具都制作得比较高，例如上虞帐子山东汉二号龙窑出土的支烧具，高度达 33.5 厘米[8]；又如宁波谷塘岙东汉窑址出土束腰喇叭形支烧具高达 32 厘米[1]。

然而支烧具的高度应有一定的限度，否则会造成坯体的崩溃。为了考虑到碗、盘、碟等低矮坯件的烧成效果，东汉制瓷匠师推出了一种新型支烧具——覆钵形垫具，其外形呈覆钵状，承托面平坦，略小于底部，腹中部有三个小圆孔。这种覆钵形垫具在东汉时特别风行，几乎在东汉各大窑场都能见到。东汉绍兴外潮山窑[2]和东汉温州窑[7]的考古发掘报告中所说的“钵形（盆形）”垫具，实际上就是指覆钵形垫具。装烧时，把覆钵形支烧具置于窑床床面之上，其承托面上安放筒形支烧具，再在筒形支烧具的托面之上置放坯件，这样既抬高了坯体的装烧高度，又达到使支烧具相对稳固的装烧目的，而且覆钵形支烧具腹部上的三个小圆孔又有利于火焰的流通。

（五）斜面与斜底支烧具

东汉龙窑布局均有一定坡度，而且当时的坡度还比较大。例如上虞帐子山东汉一号龙窑的坡度前段为 28 度，后段为 21 度；二号龙窑前段坡度为 31 度，后段为 14 度。东汉上林湖窑场的龙窑坡度在 20 度～29 度之间。东汉陶艺家正是从当时龙窑这种特定结构现实出发，在创制装烧窑具时，推出了斜底或斜面的独特的支烧窑具。例如上虞东汉帐子山一号龙窑出土的直筒支垫具为斜底[9]，东汉上林湖桃园山窑址出土的筒形支烧具为斜面[1]。装烧时，支烧器的斜底或斜面龙窑窑床的倾斜坡度相叠合，从而使所装烧的坯件达到水平状态。

出土资料表明，东汉支承坯件的支烧具，大多用瓷土制成。瓷质支烧窑具有三大优点：一是瓷土耐火度高，在坯件成瓷过程中，避免或减少垫具与坯件之间的相互粘连；二是瓷土硬度高，相对增加了坯件的承重量；三是瓷土垫具与坯件的膨胀与收缩率相一致，从而减少了器坯的变形率。

二、垫隔具

在先秦原始瓷装烧工艺中的垫隔具是以泥点、窑渣和瓷粉来充当，这种垫隔窑具虽然有置点自由和节约原料的一面，但装放坯件比较费时间，而且在器物烧成后，瓷器的内底和外底往往黏附其间隔具，从而影响了瓷器的美观和质量。东汉时期，只有个别窑场的少数器物装烧，沿袭这种装烧工艺，例如东汉时期烧造的瓷钟的圈足上所遗留的泥点支烧痕，就是采用这种装烧工艺的结果。东汉陶工为了克服这种装烧工艺的缺陷，推出了一种新式垫隔具——圆片形垫饼。宁波东汉郭塘岙窑址出土的圆片形垫饼，直径在22厘米至30厘米之间，厚度约5厘米[1]。

温州东汉窑址出土的圆片形垫饼，径11.2厘米，厚度在2.4厘米~4厘米之间[3]。由于这种圆片形垫饼是用陶土掺和沙子、蚌壳和禾本茎叶为原料制成，加之它形体较为平整而又薄圆，在烧成过程中，它不会与未上釉的坯件粘连。这种间隔具出现之后，一度在东汉窑场得到推广。

东汉创制的圆片形垫饼，虽然解决了瓷器内底和圈足粘连托珠或瓷粉的弊病，但是由于它与坯体接触面积大，容易烧结在一起成为废品，加之成瓷后往往在瓷器内底或外底烙下一块块较大面积的垫烧痕，虽然这种印痕不损伤瓷器的内在质量，但是毕竟影响器物的美观。

为了缩小间隔具在坯体上的印痕，东汉陶艺家推出了一种新式间隔具——三足支钉，即圆形托面之下，附设三个间距相等的乳钉状三足。鄞县东汉玉缸山窑址出土的三足支钉，大小规格都有，大者10.2厘米，小者3.5厘米，高2厘米~1.5厘米[1]。使用时，三个乳钉足向下，放在坯件的内底，圆形托面之上，再安放坯件。由于三足支钉的托面与下面的乳钉足是一个不可分割的整体，它至多只会在器坯的内底烙下三个支钉痕，而且这种支钉痕的印痕，比起圆片形垫具的印痕小得多。三足支钉的承托面又是与器坯的底足接触，它至多只会在器坯的圈足留下窄窄的印痕而已。三足支钉的这种特点，使得它在东汉，乃至后来的三国时期都得到广泛运用与推广。

三、装烧方式

从出土的器物底部与窑具黏结情况来分析，东汉瓷器装烧主要有垫底窑具承托明火单烧法和明火叠烧法两种方式。

垫底窑具承托明火单烧法的具体装置形式一般根据器物大小高低而定，垫底窑具灵活配置叠用，直至器坯抬高至窑内最佳“烧成带”即可。把口、底部呈喇叭形、底面微斜，中束腰，上腹有两对孔的喇叭形窑具，或直口直腹呈圆筒状的圆筒形窑具，作为垫底窑具，将其底部插入铺沙的窑床内以固定，在其上面放置直径略大于下面垫底窑具的圆形垫饼直接来承托待烧的碗、盘、盆、壶等坯件，使坯件达到最佳“烧成带”。对于两种窑具叠烧仍不能使坯件达到窑内最佳位置的，则在前面两件窑具相叠的基础上，再加置覆钵形窑具，以抬高基础窑位。

采用垫底窑具承托明火叠烧法装烧时，按照大小件器物套烧，用三足支钉或泥点为间隔具，在大件器物内底放置三足支钉或泥点，安放时，三足向下，托面向上，再在托面安放上坯件；如是同类器坯则予以叠烧，即在前面垫底窑具作底基的基础上（一般采用较多的是以喇叭形或筒形窑具垫底，上覆圆形垫饼），直接放置碗、盘、洗等器坯。其中同类器坯相重叠，中间以泥点或三足支钉相间隔。

由于东汉晚期器物施釉多不及底，而窑具质地又粗糙疏松，多数是用陶土掺和沙、蚌壳和禾本茎叶制成，所以器物底面往往直接与窑具接触，很少发生黏结现象。

第五节 汉代窑炉技术

商周期间，我国古代陶瓷窑炉主要有升焰窑、半倒焰和平焰窑三大类型，到了秦、汉时期，升焰窑被淘汰，主要使用半倒焰和平焰窑。一般说来，南方流行平焰龙窑；北方风行半倒焰马蹄窑。

一、半倒焰窑

汉代半倒焰马蹄窑与前代相比，主要进步表现在：一是窑室的面积增大，增加了装烧容量；二是用砖来修补窑壁，增加了窑壁的强度和窑的使用寿命。

汉代北方出土半倒焰窑的文化遗址主要有：汉代洛阳王城文化遗址、汉代河南新乡北站区前郭村、汉代长安城六村堡乡相家巷、汉代河南温县、东汉河北武安午汲等文化遗址。东汉江西新余也出土了半倒焰窑。

汉代半倒焰窑的窑体形制主要有长方形、圆形、矩形、漏斗状、梯形、马蹄形等六种，窑体面积比周代有所扩大，火膛底部平面主要有梯形和半圆形两类，窑床的形制主要为长方形、长方台形、正方台形、梯形、近圆形等五类。在窑室与火膛的连接处、窑床边上，横向有一道隔火墙，隔火墙在每一层中，两砖之间均留有宽约5厘米的进火孔，相邻上下层的进火孔错位排列。排烟设施由进烟口、烟道和烟囱组成。所设烟道的形制和数量不一：有的设一条烟道，有的设三条烟道，有的设四条烟道。其中以设三条烟道为常见。窑尾的烟囱设置大概有单烟囱、三根烟囱、四根烟囱等三种形式，其中，以单烟囱为常见。窑门残留高度一般在0.5米~1.44米、宽度一般在0.48米~0.84米。所用燃料为木柴，砌建用的材料主要有筑夯土墙、土坯、砖等。具体结构略述如下。

商周年间半倒焰的窑体形制大致有长方形、葫芦状、椭圆形、瓢状和马蹄形五种。汉代半倒焰窑的窑体形制也有五种，但是具体形制与商周有所差异，主要为长方形、圆形、矩形、漏斗状和马蹄形五种。西汉河北武安午汲文化遗址遗存的四座半倒焰窑平面都略成长方形。东汉河北武安午汲文化遗址遗存的九座半倒焰窑形制分为圆形和矩形两种，但是，圆形者比较少，矩形者比较多。汉长安城六村堡乡相家巷村窑址出土的七座半倒焰的平面呈漏斗状[1]。东汉江西新余出土的Y1号半倒焰窑为马蹄形[2]。

商代半倒焰的面积较小，周代半倒焰的长度多在1.5米~4米之间波动，宽度多在1米~2.2米之间波动。汉代半倒焰窑的面积比周代有所扩大：长度多在2.60米~5.5米之间波动，宽度多在0.6米~2.95米之间波动。其中，汉河南新乡北站区前郭村1号窑全长5.1米、南北宽2.5米、窑壁残高1.30米；2号窑东西长2.60米、南北宽0.6米~1.80米、窑壁残高0.9米；3号窑东西长4.62米、南北宽2.85米、窑壁残高1米[3]。东汉河北武安午汲文化遗址遗存的九座半倒焰窑长度通常为2.9米~5.5米，一般为4米左右，宽1.4米~2.95米，不足3米者占多数[4]。汉代河南洛阳王城 3 号窑从窑门至后壁长 4.16 米、宽 2.10 米[5]。这就是说，汉代半倒焰窑的面积比商代半倒焰窑的面积增加近一倍。

商周半倒焰窑的火门形制不详，汉长安城半倒焰窑的火门立面有拱形和五角形两种。其中，汉代西安未央区六村堡乡相家巷村 8 号窑火门立面呈五角形，顶部厚 0.5 米、火门高 0.74 米、底宽 0.48 米、进深 0.17 米，火门上部由两长条砖砌成人字形；汉代西安未央区六村堡乡 1 号窑火门呈拱形，高 0.8 米、底宽 0.64 米、进深 0.17 米、顶部厚 0.6 米[6]。

周代半倒焰窑的火膛底部平面形制主要有扇形（又称半圆形、半月形），漏斗状、不规则的三角形和梯形三大类。汉代半倒焰窑的火膛底部平面主要有梯形、半圆形、弧形和等腰三角形三类。其中，汉代西安未央区六村堡乡文化遗址所留存的二十座半倒焰窑火膛底部呈梯形[6]。汉代河南新乡北站区前郭村所留存的两座半倒焰窑[3]和汉代河南洛阳王城 Y11 号窑火膛底部均呈半圆形，前圆后平，火膛上部的窑壁向后呈弧形[5]。东汉江西新余出土的 Y1 号半倒焰窑火膛底部平面大体为等腰三角形[2]。汉代半倒焰窑的火膛底部长度一般在 1.32 米 ~2 米之间波动、宽度一般在 0.64 米 ~2.82 米之间波动。例如，汉代西安未央区六村堡乡 11 号窑火膛底部长 1.6 米，前（北）、后（南）两端宽分别为 0.64 米、1.7 米，内高 0.8 米 ~1.28 米[6]；汉长安城六村堡乡相家巷村窑址 3 号窑火膛长 1.75 米，现存顶高 0.82 米；4 号窑火膛长 1.82 米，现存顶高 1.02 米；Y8 号窑火膛长 1.36 米 ~1.46 米，现存顶高 1 米[1]。汉代河南洛阳王城 Y11 号窑火膛半径 1 米[5]。

汉代半倒焰窑的火膛底部一般低于窑床 0.38 米 ~0.7 米，其中，汉代西安六村堡乡相家巷村 11 号窑火膛底低于窑床 0.38 米[1]；汉温县窑火膛平面比窑室平面低 0.50 米[7]；汉代西安未央区六村堡乡窑址出土的 7 座窑的火膛都低于窑床 0.25 米 ~0.5 米[6]；汉代河南洛阳王城 Y11 号窑火膛平底，低于窑床 0.7 米[5]。

汉代半倒焰窑窑床的形制主要为长方形、长方台形、正方台形、梯形和近圆形五类。其中，汉代西安未央区六村堡乡窑址出土的 7 座窑的窑床平面为长方形[6]。汉河南新乡北站区前郭村 1 号窑窑床呈长方台形、3 号窑窑床略呈近正方台形、2 号窑的窑床呈上窄下宽的梯形[3]。汉温县窑窑室近方形[7]。西汉早期韩故城遗址 Y1 号窑室近圆形[8]。汉代半倒焰窑的窑床长度在 2.16 米 ~2.88 米之间波动、宽度在 1.7 米 ~2.72 米之间波动。其中，汉代西安六村堡乡相家巷村 Y3 号窑的窑床长 2 米、宽 1.9 米，Y4 号窑床长 2.2 米、宽 1.7 米，现存壁高 0.85 米[1]。汉代西安未央区六堡村 8 号窑的窑床长 2.2 米、宽 1.7 米，11 号窑窑床长 2.2 米、宽 1.88 米 ~1.96 米，窑壁残高 1.02 米[6]。汉代温县窑窑床长 2.88 米、宽 2.72 米[7]。西汉早期韩故城遗址 Y1 号窑室长径 2.75 米、短径 2.66 米、深 2.6 米[8]。汉代河南新乡北站区前郭村 1 号窑窑床东西长 2.70 米、南北宽 2.44 米 ~2.54 米、窑壁残高约 1.3 米，2 号窑床面长 1.40 米、宽 1.40 米 ~1.78 米[3]。汉代河南洛阳王城 3 号窑火膛长 2.65 米、宽 2.10 米。窑床周边的窑壁竖直，残高 1.40 米[5]。

汉代半倒焰窑在窑室与火膛的连接处、窑床边上，横向砌有一道隔火墙。例如，汉代西安六村堡乡相家巷村窑址出土的半倒焰的隔火墙，用长条砖单砖顺砌。隔火墙在每一层中，两砖之间均留有宽约 5 厘米的进火孔。相邻上下层的进火孔错位排列，可使火膛中火力通过隔火墙进火孔均匀进入窑室。在窑床上与上述隔火墙成垂直方向，又有一道砖砌分火道隔墙，其一端与隔火墙成“丁”字形相接；另一端相接于窑室后壁，它将窑室纵分为大小相同的两部分。此墙为单砖顺砌，每一层砖与砖之间留有宽约5厘米的通火孔。相邻上下层的进火孔错位排列，可使火膛进入窑室两部分的火力，通过窑室分火道隔墙的通火孔均匀流通〔1〕。

汉代半倒焰窑的排烟设施由进烟口（又称烟门或烟洞或烟孔）、烟道（又称出烟孔道）和烟囱组成。其构成方式是：窑室的后壁设进烟口，进烟口后面连接烟道，烟道后面连接烟囱。烧成时窑内的烟气最后由烟囱排出窑外。

汉代半倒焰窑的进烟口均开在窑室的后壁。汉代西安未央区六堡村窑址出土的半倒焰窑，在窑室后壁开有左、中、右三个进烟口，以中进烟口为主，设于窑室后壁底部居中位置，形状有长方形、梯形、三角形、五角形和拱形等。其中，该文化遗址Y8号窑的窑室后壁的中进烟口立面呈长方形，宽0.38米、高0.24米。左、右进烟口位于窑室后壁（东）底部的两角，均呈不规则的长方形，宽0.2米、高0.25米~0.36米〔6〕。汉代温县窑在窑室后壁所开三个方形进烟口，高0.3米、边宽0.26米〔7〕。东汉河北武安午汲文化遗址T49的18号窑后壁墙根与床面相接处，开设的三个烟门，高0.3米、宽0.2米〔4〕。

进烟口（又称烟门或烟洞）后面连接烟道。但是汉代半倒焰窑所设烟道的形制和数量不一：有的设一条烟道，有的设三条烟道，有的设四条烟道。其中以设三条烟道为常见。汉代半倒焰窑只设一条烟道的窑场有：西汉河北武安午汲半倒焰窑〔4〕、汉代河南新乡北站区前郭村文化遗址2号窑〔3〕、汉代河南洛阳王城Y11号窑〔5〕等。其中，西汉河北武安午汲半倒焰窑所设“烟道”的横断面有方形、长方形和扇面形三种，数目多为一个〔4〕。

汉代河南新乡北站区前郭村文化遗址2号窑只设一个烟道，烟道做法为：直接挖好烟道，然后用大板瓦隔成烟囱。再向瓦上（朝窑里的一面）抹上厚约0.05米的带有沙粒的泥，经烤烧形成坚硬的烧结面〔4〕。汉代河南洛阳王城Y11号窑的单烟道位于后壁中间，其底部与窑床处于同一平面。排烟孔作拱形，正对窑门，高0.4米、宽0.4米。烟道竖直向上，呈筒状，位于后壁外，残高1.40米〔5〕。

汉代半倒焰窑设三条烟道窑场有：汉代西安汉城六村堡乡相家巷村窑、汉代西安未央区六堡村窑和西汉河北武安午汲半倒焰窑T16号和T23号窑等。汉代河南新乡北站区前郭村文化遗址3号窑的后壁安设三个烟道。烟道做法为：紧靠后壁下部窑床处挖造，烟道略呈方形，高约0.3米。烟囱用砖隔成。具体做法是：先挖好0.3米的直通烟道，然后用单砖横立垒起，下边留出一个约0.3米高的方形烟道口，在砖上抹上厚约0.04米的带有沙粒的泥，经烤烧形成坚硬的烧结面。两边的烟囱略向中间倾斜〔3〕。汉代西安汉城六村堡乡相家巷村窑3号窑后壁所设三条烟道。其中，中间烟道口宽0.6米；东边烟道口宽0.25米、进深0.43米，斜道现存长0.22米；西边烟道口宽0.25米、进深0.4米，斜道现存长0.23米。该遗址4号窑后壁所设三条烟道中，中间烟道口宽0.4米、高0.38米，拱形顶、进深0.98米；东边烟道口宽0.3米、进深0.35米，斜道现存长0.75米。西边烟道口宽0.28米、进深0.35米，斜道现存长0.70米。该遗址8号窑后壁所设三条烟道中，中间烟道口呈长方形，宽0.68米、高0.24米、进深0.96米；北边烟道保存完好，口宽0.2米、进深0.22米，斜道长0.64米，有三块侧立的镶砖。斜道一端与烟囱之间由一条长0.42米的烟道相连。南边烟道口宽0.21米、进深0.22米，斜道现存长0.48米，残留有两块侧立的镶砖。东、西两条烟道相向靠拢，然后拐向中央主烟道与其会合[1]。汉代西安未央区六堡村窑址出土半倒焰窑室后壁均设三条烟道，其中，8号窑的排烟设施保存基本完整，左右进烟口位于窑室后（东）壁底部的两角，均呈不规则长方形，宽0.2米、高0.25米~0.36米、直道长0.22米。自左、右直道顶部以上，烟道向上，向中间倾斜，贯通于现存主烟道上口（出烟口）之下，形成左右对称的两个出烟口。现（南）烟道及出烟口已残，左（北）出烟口宽0.2米、高0.16米。窑室后壁上左烟道明槽现存封砖四块，通长0.62米、宽0.2米、烟道内高0.13米。中进烟口立面长方形，宽0.38米、高0.24米，直道长0.58米。主烟道直径0.3米，上部已残，现存深0.88米~0.96米。现存主烟道上口平面略呈椭圆形，长轴0.34米、短轴0.3米。该文化遗址11号窑的排烟设施也保存较好：中进烟口为长方形，两侧壁微弧，底宽0.28米、高0.36米，直道长0.28米。主烟道直径0.24米、深0.55米~1.02米。排烟口近方形，边长0.25米。左右进烟口距中进烟口分别为0.58米、0.7米。二进烟口均呈长方形，左进烟口底宽0.23米、高0.18米，直道长0.22米；右进烟口底宽0.18米、高0.38米，直道长0.22米。左进烟口顶部平砌两层砖。左烟道长0.84米、宽0.28米、内高0.12米；右烟道长0.9米、宽0.22米、内高0.12米，左右烟道明槽口上均用砖封砌。左右烟道斜向上通于主烟道排烟口之下0.3米处，成左右出烟口。左出烟口底宽0.15米、高0.16米；右出烟口底宽0.13米、高0.75米[6]。汉代河北武安午汲T16号和T23号窑也设有三条烟道[4]。

汉代半倒焰窑设四条烟道主要见于汉代河南新乡北站区前郭村文化遗址1号窑和西汉早期郑韩故文化遗址1号窑。前者所建四个烟道，中间两个较大，两边的烟道紧靠壁角挖造。烟道做法为紧靠窑床挖造，进深约0.5米后，中间两个长0.48米、宽0.4米，边上长0.25米、宽0.22米。两边的烟道出窑壁后往中间内收约0.12米，等于拐个小弯，进而增加了抽力作用，以补偿烟囱小的不足[3]。后者窑室后壁四条烟道汇成一起[8]。

汉代半倒焰窑窑尾的烟囱设置大概有单烟囱、三根烟囱、四根烟囱三种形式。其中，以单烟囱为常见。汉代采用单烟囱的窑场有：汉代河南新乡北站区前郭村文化遗址、汉代西安未央区六堡村窑、汉代西安汉城六村堡乡相家巷村窑、西汉河北武安午汲窑、西汉早期郑韩故文化遗址等。汉代河南新乡北站区前郭村文化遗址2号窑后面的一根烟囱呈长方形，长0.46米、宽0.26米[3]。

汉代西安未央区六堡村窑址出土各个半倒焰窑室后壁的左右两条烟道相向靠拢，然后拐向中央主烟道与其会合，主烟道上口为全窑三个烟道的统一排烟口，一般为圆形或椭圆形。排烟口之上砌筑烟筒[6]。西汉河北武安午汲半倒焰窑T16号和T23号窑所设三条烟道，烟道也是最后相拱会合于壁外的一个总烟囱出烟[4]。西汉早期郑韩故文化遗址Y1窑窑室后壁四条烟道会成一根烟囱[8]。

汉代半倒焰采用三个烟囱的窑场主要见于汉代温县窑、东汉河北武安午汲半倒焰和东汉新余出土的Y1号半倒焰窑。汉代温县窑窑中间的烟囱是垂直的，两边两个烟囱作弧形向中间靠拢[7]。东汉河北武安午汲半倒焰窑后三条烟道和烟囱各为一体，成为三个出烟口[4]。

东汉新余出土的Y1号半倒焰窑尾烟囱伸出窑外，横断面呈喇叭状，长0.22米~0.3米、宽0.2米~0.22米。纵截面分两段，上部大体为长方形，下端呈喇叭状。上部比下部略宽[2]。

汉代半倒焰窑采用四烟囱的窑场主要见于汉代河南新乡北站区前郭村文化遗址1号窑。该窑窑室后壁的四个烟门穿出窑壁分别形成四条烟道时，即在其上用土坯垒起，形成四个烟囱，中间两个长0.48米、宽0.4米，边上长0.25米、宽0.22米。两边的烟道出窑壁后往中间内收约0.12米，等于拐个小弯，进而增加了抽力作用，以补偿烟囱小的不足[3]。

汉代半倒焰窑的窑门残留高度一般在0.5米~1.44米、宽度一般在0.48米~0.84米。汉河南新乡北站区前郭村1号窑门门道宽0.6米、2号窑门宽0.6米、3号窑门宽0.64米[3]；汉长安城六村堡乡相家巷村窑Y3号窑门高0.5米、宽0.78米，Y4号窑门高0.75米、宽0.75米，Y8号窑门高0.46米、高0.5米。门槛上平铺两层砖，形成封火墙，顶部有两块呈“人”字形斜放的砖[1]。汉温县窑的窑门，拱形，高1.44米、宽0.84米[7]。汉代河南洛阳王城Y11号窑门为拱券顶，以小砖砌成，高1.18米、宽0.7米[5]。

汉代半倒焰窑所用燃料为木柴，这可从其火膛中所遗留的柴木灰反映出来。汉河南新乡北站区前郭村1号窑火膛底有厚约0.2米的柴木灰、2号窑火膛内发现厚达0.7米的柴木灰[3]。汉长安城六村堡乡相家巷村窑址出土的7座窑的火膛底有一层厚0.05米~0.10米的炭灰[1]。西汉河北武安午汲陶窑10座，火膛底部遗存有黑白相间的柴灰，厚度由0.005米~0.007米不等[4]。汉温县窑火膛炉箅下遗留有厚约0.15米的白灰和未燃尽的木炭[7]。

汉代半倒焰窑砌建用的材料主要有：筑夯土墙、土坯、砖等。汉代西安未央区六堡村窑在生土壁内侧加筑夯土墙。墙壁和窑床表面抹一层麦秸泥，经火烧烤已成青灰色烧结面[6]。

东汉河北武安午汲陶窑利用砖（可能原为土坯）来修补窑壁。葺窑所用的砖有大小两种，大者规格为长37厘米、宽18厘米、厚9厘米；小者规格为长2.5厘米、宽12厘米、厚4厘米。砖都无纹饰。绳纹砖是作为砌券门和封闭窑门来用的[4]。汉温县窑窑室底部为砖铺地面，四壁用土坯砌成，向上逐渐收拢[7]。

汉代半倒焰窑的窑壁和窑床面多抹一层厚0.05米~0.15米的泥面，经火烧烤成一层坚硬的青灰色的烧结面。

表 3－5－1　东汉半倒焰窑火膛与窑室尺寸表（米）

编号、名称	火膛		窑室		窑体		参考文献
	长	宽	长	宽	长	宽	
1. 西汉早期韩故城遗址 Y1 号窑室	—	—	2.66～2.75	—	—	—	〔8〕
2. 汉河南新乡北站区前郭村 1 号窑	2.43	1.1	2.70	2.44～2.54	5.1	2.5	〔3〕
3. 汉河南新乡北站区前郭村 2 号窑	—	—	1.40	1.4～1.78	2.6	0.6～1.8	
4. 汉河南新乡北站区前郭村 3 号窑	—	—	2.3	1.9	—	—	
5. 汉代西安未央区六堡村 8 号窑	—	—	2.16	1.66～1.84	—	—	〔6〕
6. 汉代西安未央区六村堡乡 11 号窑	1.6	0.64～1.7	1.4	—	—	—	
7. 汉长安城六村堡乡相家巷村窑址 3 号窑	1.75	—	2	0.7～1.1	—	—	〔1〕
8. 汉长安城六村堡乡相家巷村窑址 4 号窑	1.82	—	2.3	1.1	—	—	
9. 汉长安城六村堡乡相家巷村窑址 8 号窑	1.36～1.46	—	2.2	1.66～1.84	—	0.64～0.92	
10. 汉代洛阳王城 Y3 号窑	2.65	2.10	—	—	4.16	2.10	〔5〕
11. 汉代洛阳王城 Y11 号窑	半径 1	—	—	—	—	—	
12. 汉代温县窑	—	—	2.88	2.72	—	—	〔7〕
13. 东汉江西新余出土的 Y1 号	2	2.62～2.82	—	—	—	—	〔2〕

注：

第 2 号汉河南新乡北站区前郭村 1 号窑壁残高 1.3 米。

第 3 号汉河南新乡北站区前郭村 2 号窑壁残高 0.9 米。

第 6 号汉代西安未央区六村堡乡 11 号窑火膛内高 0.8 米～1.28 米。

第 7 号汉长安城六村堡乡相家巷村窑址 3 号窑火膛高 0.82 米。

第 8 号汉长安城六村堡乡相家巷村窑址 4 号窑火膛高 1.02 米。

第 9 号汉长安城六村堡乡相家巷村窑址 8 号窑火膛现存高 1 米。

第 10 号汉代洛阳王城 Y3 号窑室残高 1.4 米。

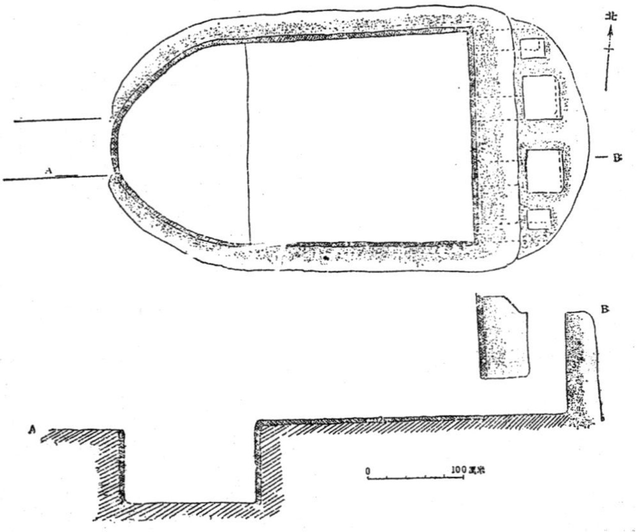

图3－5－1　汉代河南新乡北站区前郭村1号窑
采自文献〔3〕

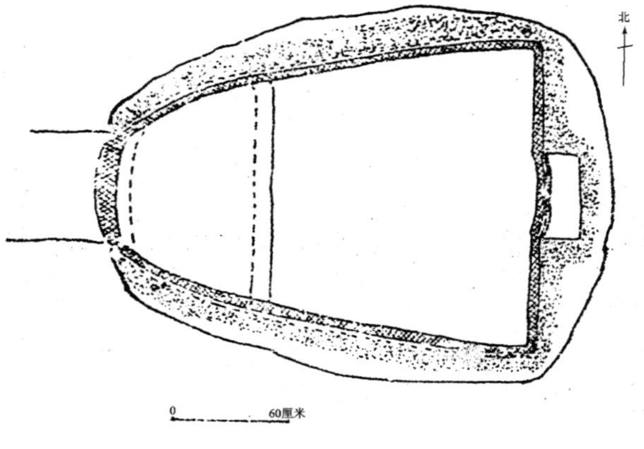

图3－5－2　汉代河南新乡北站区前郭村2号窑
采自文献〔3〕

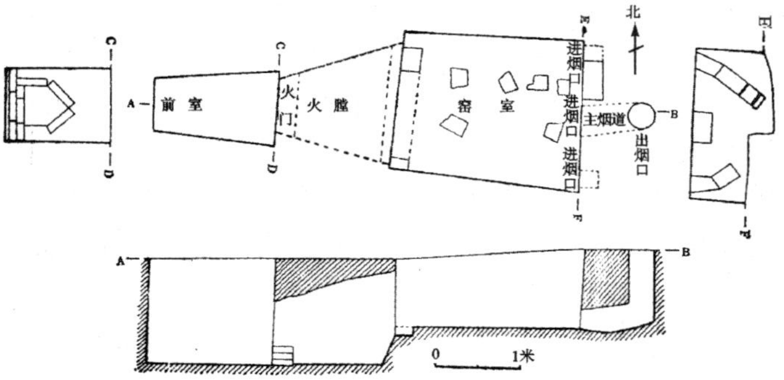

图3－5－3　汉代西安未央区六村堡乡相家巷村8号窑
采自文献〔1〕

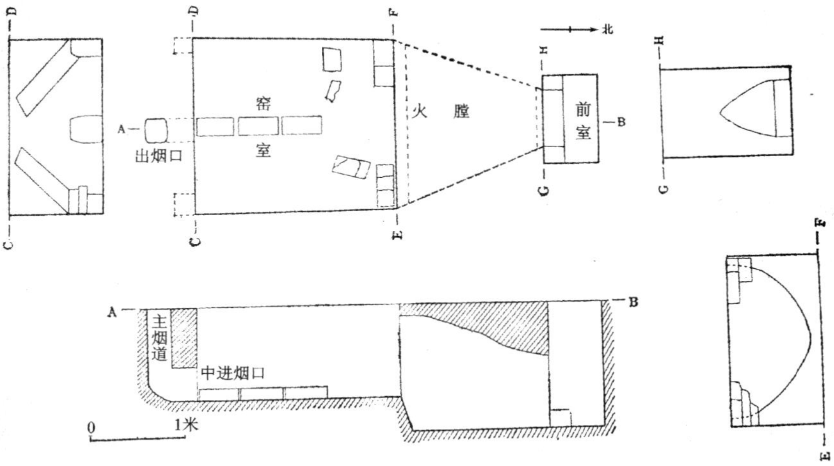

Y11平、剖面图

图 3-5-4　汉代西安未央区六村堡乡相家巷村 11 号窑
采自文献〔1〕

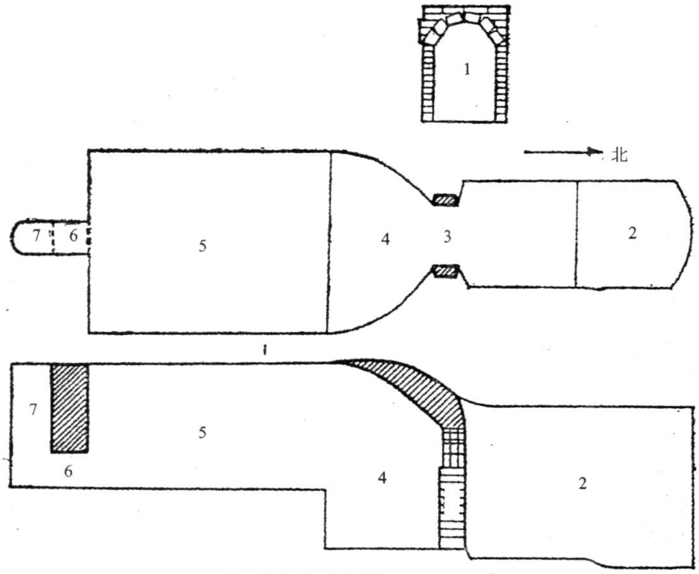

十一号窑平、剖面图（1/120）
1.窑门　2.烧坑　3.窑道　4.火膛　5.窑床　6.排烟孔　7.烟道

图 3-5-5　汉代河南洛阳王城 Y11 号窑
采自文献〔5〕

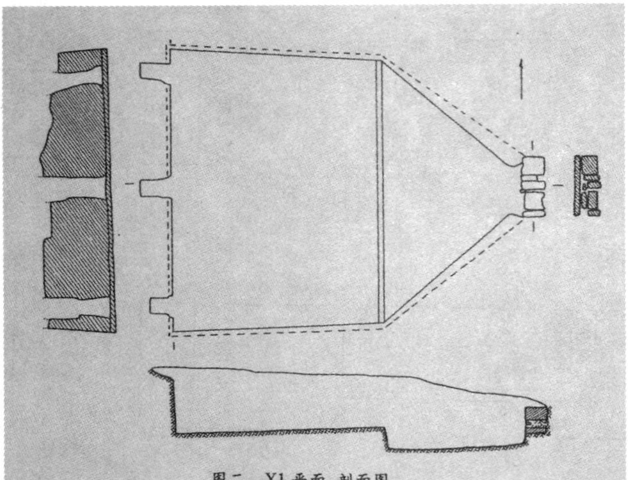

图3-5-6 东汉新余出土的Y1号半倒焰窑
采自文献〔2〕

二、平焰龙窑

浙江上虞上浦帐子山东汉瓷窑址和上林湖地区大庙岭、横塘山和桃园山东汉窑址都发现了东汉龙窑遗存，另外浙江温州后背窑、江西丰城港塘新村东汉瓷窑址也出土了东汉龙窑残存。这些遗存表明：东汉龙窑在装烧容量上比战国时扩容，窑的形制多为弧形顶，窑床坡度往往为前急后缓状，底部铺沙，窑尾烟火柱墙（又称排烟孔墙）的排烟孔宽窄不一，砌筑材料大致有黄泥和泥坯砖两大类。

窑身比较低矮的龙窑，为了扩展坯件的装烧量，只有借助于延伸窑室的长度。如前所述，战国绍兴富盛龙窑，全长只有6米、宽度为2.42米，高度不明〔9〕。东汉遗址出土龙窑的长度一般在10米~20米左右，窑床底部宽度在1.6米~2.5米之间波动，高度约1.4米~1.9米。其中，东汉浙江上虞帐子山一号龙窑的前段已被破坏，后段残长3.9米，估计全长10米左右。窑床残长2.98米，上口宽为2.6米~2.21米，底宽1.97米~2.02米。窑顶结构为弧顶拱券，高1.4米左右（图3-5-7）〔10〕；东汉晚期上林湖桃园山窑址长度在10米以上；东汉上林湖横塘山窑Y22号，窑底部分保存尚可，窑床宽2.5米、残高0.45米、窑壁厚度0.2米〔11〕；东汉晚期丰城港塘新村窑龙窑长约10米，宽约2米〔12〕；东汉温州永嘉县后背山窑龙窑，高1.9米、宽1.6米~1.8米、残长20米〔13〕。东汉龙窑比战国龙窑窑体的加长，不仅增加了坯件的装烧量，而且延长了流动的火焰在窑室内停留的时间，有利于窑温的提高和均匀分布。

东汉浙江上虞帐子山东汉一号龙窑的窑顶原为黏土块砌筑的弧形顶，发掘时塌入窑底。据发掘者估计，拱顶至窑底的垂直高度在1.10米左右〔10〕。东汉温州永嘉县后背窑龙窑，高1.9米、宽1.6米~1.8米、残长20米。也为拱顶〔13〕。

东汉龙窑的窑床坡度多为前急后缓状。例如，浙江上虞帐子山东汉一号龙窑的窑床前段为28度，比较陡峻，抽力较大，火焰旺而升温快，后段为21度，角度稍微缓和，火焰减弱，前后温差过大，因此造成窑尾器物生烧。上虞帐子山东汉二号龙窑的前急后缓的倾斜度比一号龙窑更为严重：前段倾斜度为31度，后段为14度[10]。东汉晚期丰城港塘新村窑龙窑的窑床倾斜度也具有前急后缓的这种特征：倾斜度前面19度，后面9度[12]。东汉温州永嘉县后背山龙窑的底部铺沙层0.2米，夹有烧结面数层[13]。浙江上虞帐子山东汉一号龙窑窑床底面铺两层沙[10]。

东汉浙江上虞帐子山东汉一号龙窑的窑尾烟道部分有烟火柱墙（又称排烟孔墙），厚0.26米，高0.18米~0.23米，排烟孔（又称烟火弄）的宽窄不一，中间较狭，为0.17米~0.185米，靠东边宽为0.24米，西北角被破坏。烟道下有0.66米~0.7米、高0.28米~0.37米，宽与窑床相同的出灰坑。上虞帐子山东汉二号龙窑排烟孔并不规则，设在靠窑壁两边和中间，共三个。东边的一个用黏土堵住，不平整，不规则。西边的一个用两块黏土砖堵住，留有一条宽0.13米、高0.2米的小孔道[10]。

东汉龙窑的砌筑材料大致有黄泥和泥坯砖（又称黏土块、生坯砖、土坯砖等）两大类。

浙江上虞帐子山东汉一号龙窑的弧形拱顶用黏土块砌筑[10]，上林湖桃园山东汉晚期窑址、东汉上林湖黄婆岙龙窑Y94等窑砖多用在窑头火膛部分，使用了泥坯砖；上林湖横塘山窑址东汉龙窑（Y22）、上林湖湖东吴石岭东汉龙窑的窑壁则用黄泥构筑，呈红色，较坚硬[11]。东汉温州后背窑龙窑，高1.9米、宽1.6米~1.8米、残长20米。拱顶和墙用生坯砖砌成[13]。

三、烧成温度与气氛

在东汉各大窑场中，以东汉上虞窑和湘阴青竹寺窑的烧成温度为高，前者两个标本（表3-2-2，第8、9号）的烧成温度在1224℃±20℃~1280℃±20℃之间波动；后者三个标本（表3-2-2，第1~3号）的烧成温度在1160±20℃~1270±20℃之间波动。东汉湘阴青竹寺窑釉色青绿中带微黄[14]，乃是由于烧成气氛不稳定和有时在高温冷却过程中形成若干氧化气氛所致。

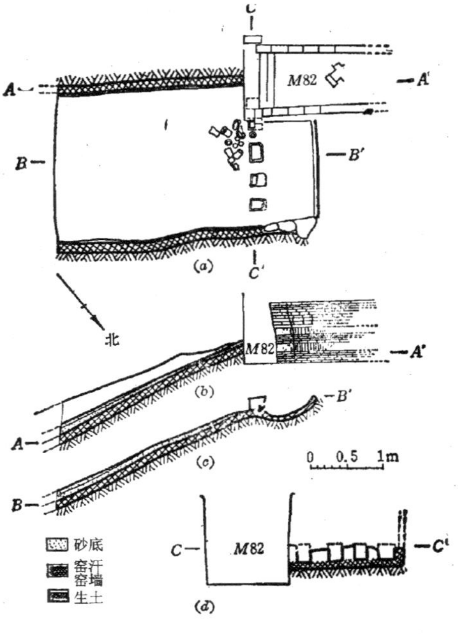

图3-5-7　东汉上虞帐子山一号龙窑
采自文献〔10〕

参考文献

第一节　秦汉原始瓷的发展和东汉瓷器的出现

〔1〕〔2〕中国硅酸盐学会：《中国陶瓷史》，文物出版社，1987 年。

〔3〕宜兴陶瓷公司陶瓷史编写组：《江苏宜兴丁蜀镇附近汉代窑址调查》，《中国古代窑址调查发掘报告集》，文物出版社，1984 年。

〔4〕湖南省博物馆：《长沙马王堆一号汉墓》，文物出版社，1973 年；宋伯胤：《关于我国瓷器渊源问题的探讨》，《中国古陶瓷论文集》，文物出版社，1982 年。

〔5〕唐兰等：《座谈长沙马王堆一号汉墓》，《文物》，1972 年第 9 期；宋伯胤：《关于我国瓷器渊源问题的探讨》，《中国古陶瓷论文集》，文物出版社，1982 年。

〔6〕浙江省文物考古所等：《浙江上虞县发现的东汉窑址》，《考古》，1964 年第 4 期。

〔7〕林士民：《浙江宁波汉代瓷窑调查》，《考古》，1980 年第 4 期。

〔8〕绍兴文物保管所：《浙江绍兴外潮山馒头山古窑址》，《江汉考古》，1994 年第 4 期。

〔9〕林士民：《青瓷与越窑》，上海古籍出版社，1999 年。

〔10〕金柏东：《温州东汉瓷窑的初步调查》，《1999 年古陶瓷科学技术国际讨论会论文集》，上海科学技术文献出版社，1999 年。

〔11〕江西省文物考古研究所等：《江西丰城洪州窑遗址调查报告》，《南方文物》，1995 年第 2 期。参阅：万良田：《从丰城东汉青瓷窑址谈洪州窑的创烧年代和承启关系》，《江西历史文物》，1986 年第 1 期。

〔12〕周世荣：《岳州窑新论》，《1989 年古陶瓷科学技术国际讨论会论文集》，上海科学技术文献出版社，1989 年。

〔13〕杨赤宁：《湖口县象山东汉纪年墓》，《江西历史文物》，1986 年第 1 期。

〔14〕安徽亳县博物馆：《亳县曹操宗室墓》，《文物》，1978 年第 8 期。

〔15〕王利华等：《奉化白杜汉熹平四年墓清理简报》，《浙江省文物考古所辑刊》，文物出版社，1981 年。

〔16〕湖南省博物馆：《湖南东汉墓》，《考古学报》，1984 年第 1 期。

〔17〕中国科学院考古研究所：《洛阳烧沟汉墓》，科学出版社。

〔18〕江苏省文物管理委员会：《江苏十年来考古工作中的重要发现》，《考古》，1960 年第 7 期。

〔19〕南京博物院：《江苏邗江甘泉二号汉墓》，《文物》，1981 年第 11 期。

〔20〕江西省博物馆：《南昌市郊东汉墓清理》，《考古》，1965 年第 9 期。

〔21〕中国科学院考古研究所编著：《洛阳中州路》，科学出版社，1959 年。

〔22〕沈宜阳：《湖北当阳刘家冢子东汉画像石墓发掘简报》，《文物资料丛刊》第 1 辑，文物出版社。

〔23〕胡悦谦等：《合肥东郊大殿岗古残墓清理简报》，《文物参考资料》1953 年，第 5、6 期。

〔24〕安徽省博物馆筹备处清理小组：《合肥西郊乌龟墩古墓清理简报》，《文物参考资料》1956 年第 2 期。

〔25〕亳县博物馆：《亳县凤凰台一号汉墓清理简报》，《考古通讯》，1957 年第 3 期。

〔26〕河北省文化局文博组：《安平彩色壁画汉墓》，《光明日报》，1972 年 6 月 22 日。

〔27〕中国科学院考古研究所编著：《洛阳中州路》，科学出版社，1959 年。

〔28〕李建毛：《湖南出土的东汉早期白瓷》，《中国古代白瓷国际学术讨论会论文集》，上

海书画出版社，2005 年。

〔29〕衡阳市文物工作队：《湖南耒阳城关发现东汉墓》，《南方文物》，1992 年第 2 期。

〔30〕益阳文物工作队：《益阳羊舞岭战国东汉墓清理简报》，《湖南考古辑刊》，1984 年第 2 期。

〔31〕四川省博物馆文物工作队：《四川新津县堡子山崖墓清理简报》，《考古通讯》，1956 年第 4 期。

〔32〕成都市文物管理处：《四川成都曹家包东汉画像砖石墓》，《文物》，1981 年第 10 期。

〔33〕丁祖春：《四川大邑县出土两件东汉青瓷罐》，《文物》，1984 年第 11 期。

〔34〕四川省文物管理委员会：《四川涪陵东汉崖墓清理简报》，《考古》，1984 年第 12 期。

〔35〕四川省文物管理委员会：《四川大邑县马王坟汉墓》，《考古》，1980 年第 3 期。

〔36〕何纪生等：《广东徐闻东汉墓——兼论汉代徐闻的地理位置和海山交通》，《考古》，1977 年第 4 期。

〔37〕江西省文物考古研究所等：《江西宜春下浦古墓群发掘报告》，《南方文物》，1991 年第 2 期。

〔38〕高至喜：《略论湖南出土青瓷》，《中国考古学会第三次年会论文集》，文物出版社，1984 年。

〔39〕李家治：《我国瓷器出现时期研究》，《中国古陶瓷研究论文集》 文物出版社，1982 年。

〔40〕张福康：《中国古陶瓷的科学》，上海人民美术出版社，2000 年。

〔41〕安徽亳县博物馆：《亳县曹操宗族墓》，《文物》，1978 年第 8 期。

〔42〕朱伯谦：《中国·越窑》，上海人民美术出版社，1983 年。

〔43〕林士民：《浙江宁波汉代瓷窑调查》，《考古》，1980 年第 4 期。

〔44〕凌志达：《我国古代黑釉瓷的初步研究》，《中国古陶瓷研究论文集》，文物出版社，1982 年。

〔45〕何堂坤：《中国古代手工业工程技术史》“陶瓷技术”部分（待刊稿）。（据作者见告：此书估计 2010 年出版。）

〔46〕湖南省博物馆等：《长沙马王堆一号汉墓》，文物出版社，1972 年。

〔47〕唐兰等：《座谈长沙马王堆一号汉墓》，《文物》，1972 年第 9 期；宋伯胤：《关于我国瓷器渊源问题的初步探讨》，《中国古陶瓷研究论文集》，文物出版社，1982 年。

第二节 东汉瓷器制胎和成型技术

〔1〕郭演仪：《中国历代南北方青瓷的研究》，《中国古陶瓷论文集》，文物出版社，1982 年 12 月。

〔2〕郭演仪：《东汉湘阴寺青竹寺窑青瓷》，《1992 年古陶瓷科学技术国际讨论会论文集》，上海古陶瓷科学技术研究会，1992 年。

〔3〕邓泽群等：《绍兴越窑青釉瓷的科学技术研究》，《1995 年古陶瓷科学技术国际讨论会论文集》，上海科学技术文献出版社，1995 年。

〔4〕李家治等：《上林湖历代越窑瓷胎釉及其工艺的研究》，《1989 年古陶瓷科学技术国际讨论会论文集》，上海科学技术文献出版社，1989 年。

〔5〕《后汉书》卷二十八《桓谭传》。

〔6〕宋代学者王应麟《困学纪闻》卷十八：评宋黄庭坚《题王黄州墨迹》后诗“掘地与斲木，智不如机舂”，示例：尝观孔融《肉刑论》云，“贤者所制或愈超圣人，水碓之巧，胜于斲木掘地”。

〔7〕本书第二章第二节。

〔8〕林士民：《浙江宁波汉代瓷窑调查》，《考古》，1980年第4期。
〔9〕中国硅酸盐学会主编：《中国陶瓷史》，文物出版社，1987年。
〔10〕〔11〕李国祯等：《历代越窑青瓷胎釉的研究》，《中国陶瓷》，1988年第1期。
〔12〕凌志达:《我国古代黑釉瓷的初步研究》，《中国古陶瓷论文集》，文物出版社，1982年。
〔13〕周仁等:《龙泉青瓷原料的研究》，《中国古陶瓷研究论文集》，轻工业出版社，1982年。
〔14〕徐霁明等：《大园坪东汉青瓷胎、釉及其工艺的研究》，《2009年古陶瓷科学技术国际讨论会论文集》，上海科学技术出版社，2009年。

第三节　东汉瓷器制釉与装饰技术

〔1〕郭演仪：《中国历代南北方青瓷的研究》，《中国古陶瓷论文集》，文物出版社，1982年12月。
〔2〕李青会等：《横岭山先秦墓地原始瓷釉的化学成分分析》，《博罗横岭山—商周时期墓地2000年发掘报告》，科学出版社，2005年。
〔3〕吴瑞等：《鹰潭角山商代窑场出土原始瓷的科技研究》，《2005年古陶瓷科学技术国际讨论会论文集》，上海科学技术文献出版社，2005年。
〔4〕徐霁明等：《大园坪东汉青瓷胎釉及其工艺研究》，《2009年古陶瓷科学技术国际讨论会论文集》，上海科学技术文献出版社，2009年。
〔5〕李家治：《我国瓷器出现时期的研究》，《硅酸盐学报》，1978年第3期。
〔6〕郭演仪：《东汉湘阴寺青竹寺窑青瓷》，《1992年古陶瓷科学技术国际讨论会论文集》，上海古陶瓷科学技术研究会，1992年。
〔7〕吴隽等：《广东博罗横岭山墓葬群出土陶器及原始瓷器的科学技术研究》，《2005年古陶瓷科学技术国际讨论会论文集》，上海科学技术文献出版社，2005年。
〔8〕凌志达:《我国古代黑釉瓷的初步研究》，《中国古陶瓷论文集》，文物出版社，1982年。
〔9〕中国硅酸盐学会主编：《中国陶瓷史》，文物出版社，1987年；浙江省文物考古研究所等：《浙江上虞县发现的东汉瓷窑址》，《文物》，1987年第10期。
〔10〕郭演仪等：《历代德化白瓷的研究》，《中国古陶瓷研究》，科学出版社，1987年。
〔11〕承焕生等：《上林湖窑晚唐秘色瓷生产工艺的初步探讨》，《越窑秘色瓷》，上海古籍出版社，1996年。
〔12〕张福康：《中国古陶瓷的科学》，上海人民美术出版社，2000年。
〔13〕邓泽群等：《绍兴越窑青釉瓷的科学技术研究》，《1995年古陶瓷科学技术国际讨论会论文集》，上海科学技术文献出版社，1995年。
〔14〕李家治等：《上林湖历代越窑瓷胎釉及其工艺的研究》，《1989年古陶瓷科学技术国际讨论会论文集》，上海科学技术文献出版社，1989年。
〔15〕金柏东：《温州东汉瓷窑的初步调查》，《1999年古陶瓷科学技术国际讨论会论文集》，上海科学技术文献出版社，1999年。
〔16〕林士民：《浙江宁波汉代瓷窑调查》，《考古》，1980年第4期。
〔17〕绍兴文物保管所：《浙江绍兴外潮山馒头山古窑址》，《江汉考古》，1994年第4期。
〔18〕江西省文物考古研究所等：《江西丰城洪州窑遗址调查报告》，《南方文物》，1995年第2期。
〔19〕王利华等：《奉化白杜熹平四年墓清理简报》，《浙江省文物考古研究所学刊》，1981年。

〔20〕浙江省文物考古研究所等：《东汉上虞县发现的东汉瓷窑址》，《文物》，1987 年第 10 期。

第四节　东汉瓷器装烧技术

〔1〕林士民：《浙江宁波汉代瓷窑调查》，《考古》，1980 年第 4 期。

〔2〕绍兴文保所：《浙江绍兴外潮山馒头山古窑址》，《江汉考古》，1994 年第 4 期。

〔3〕金柏东：《温州东汉瓷窑的初步调查》，《1999 年古陶瓷科学技术国际讨论会论文集》上海科学技术文献出版社，1999 年。

〔4〕江西省文物考古研究所等：《江西丰城洪州窑遗址调查报告》，《南方文物》，1995 年第 2 期。

〔5〕林士民：《浙江宁波汉代窑址的勘察》，《考古》，1986 年第 9 期。

〔6〕浙江省文管会：《浙江鄞县古瓷窑址调查纪要》，《考古》，1964 年第 4 期。

〔7〕金柏东：《温州东汉瓷窑的初步调查》，《1999 年古陶瓷科学技术国际讨论会论文集》，上海科学技术文献出版社，1999 年。

〔8〕浙江省文物考古研究所等：《浙江上虞县发现的东汉瓷窑址》，《文物》，1981 年第 10 期。

〔9〕朱伯谦：《试论我国古代的龙窑》，《文物》，1984 年第 3 期。

〔10〕权奎山：《论洪州窑的装烧工艺》，《考古学研究》第 4 辑，北京大学出版社，2002 年。

第五节　汉代窑炉技术

〔1〕中国社会科学院考古研究所汉城工作队：《汉长安城 2～8 号窑址发掘简报》，《考古》，1992 年第 2 期。

〔2〕江西省文物考古研究所等：《江西新余东汉窑炉、东汉至隋唐墓葬清理简报》，《南方文物》，2003 年第 2 期。

〔3〕新乡市文管会：《河南新乡北站区前郭村汉代窑址发掘》，《考古》，1989 年第 5 期。

〔4〕河北省文物管理委员会：《河北武安县午汲古城中的窑址》，《考古》，1959 年第 7 期。

〔5〕洛阳市文物工作队：《洛阳东周王城内的古窑址》，《考古与文物》，1983 年第 3 期。

〔6〕中国社会科学院考古研究所汉城队：《汉长安城窑址发掘报告》，《考古学报》，1994 年第 1 期。

〔7〕河南省博物馆等：《河南省温县烘范窑发掘简报》，《文物》，1976 年第 9 期。

〔8〕河南省文物考古研究所新郑工作站：《郑韩故城发现战国时大形制陶作坊遗址》，《中原文物》，2003 年第 1 期。

〔9〕绍兴县文物管理委员会：《浙江绍兴富盛战国窑址》，《考古》，1979 年第 3 期。

〔10〕朱伯谦：《试论我国古代的龙窑》，《文物》，1984 年第 3 期。

〔11〕林士民：《青瓷与越窑》，上海古籍出版社，1999 年。

〔12〕江西省文物考古研究所等：《江西丰城洪州窑遗址调查报告》，《南方文物》，1995 年第 2 期。参阅万良田：《从丰城东汉青瓷窑址谈洪州窑的创烧年代和承启关系》，《江西历史文物》，1986 年第 1 期。

〔13〕金柏东：《温州东汉瓷窑的初步调查》，《1999 年古陶瓷科学技术国际讨论会论文集》，上海科学技术文献出版社，1999 年。

〔14〕郭演仪：《东汉湘阴青竹寺窑青瓷》；上海古陶瓷科学技术研究会：《1992 年古陶瓷科学技术国际讨论会论文集》。

第四章

三国、两晋、南北朝瓷器的初步发展

公元220年，东汉政权被魏、蜀、吴三国鼎立的局面所代替。公元265年，司马炎代魏，建立西晋王朝，不久统一全国。晋武帝死后，诸王争权夺利，演变成“八王之乱”，前后达十六年之久。西晋亡后，北方进入十六国时期，入居中原的匈奴、鲜卑、羯、氐、羌五族统治者互相攻杀兼并，混战了一百多年。北魏太武帝统一了北方，后分裂为东、西魏，不久又分别为北齐和北周所取代。

公元317年，司马睿在江南建立东晋。从公元420年刘裕代晋，到公元589年陈灭于隋，共169年，南方经历了宋、齐、梁、陈四个朝代，史称南朝。三国、两晋、南北朝是中国历史上一个动荡战乱的年代，连续的战争使北方经济遭到破坏，江南经济文化则有一定发展。南朝《宋书》卷五十四记载：“荆城跨南楚之富，扬部有全吴之沃；鱼盐杞梓之利，充仞八方；丝、棉、布帛之饶，覆衣天下。”随着人口的增加，经济的繁荣，出现了建康、京口、山阴、寿春、襄阳、江陵、成都、番禺等重要城市。建康（今南京）是六朝（三国·吴、东晋、宋、齐、梁、陈六个朝代相继建都于此）的政治、文化和商业的中心。山阴（今浙江绍兴）为豪门大族聚居之处。《南史》卷二十三《王华传附华从弟琨传》：“世云：广州刺史但经城门一过，便得三千万。”

三国、两晋、南北朝期间，我国制瓷技术得到初步发展，具体表现在：烧造青瓷的窑场增多；在南方，东晋德清窑黑瓷比东汉时进步，在北方，则烧制出了早期白瓷；拉坯成型技术得到普及；器形较为复杂的方圆棱角之琢器，则综合采用模制、拍片、黏合、堆贴、镂雕等多种技法；装饰主要采用印纹装饰带、褐彩（包括高温釉上彩和釉下彩两种技法）、透雕三种工艺。我国南方青瓷制釉，从东汉时用枹树灰与胎泥配伍，改为狼蕀柴灰掺和胎泥制釉。两晋、南北朝时期，我国南方绝大多数窑场虽然沿用前朝的明火烧成工艺，但对装烧窑具进行了改革，推出了锯齿口间隔具、盂形垫具与托珠组合叠烧、托珠承托仰置叠烧、对口合烧与套烧、罐套烧等新型装烧技术。东晋、南朝在装烧技术上的另一项重要技术成果，是东晋、南朝江西丰城窑和南朝桂林窑启用匣钵及其装烧技术，这对推动中国瓷器的发展，提高瓷器的烧成质量具有不可估量的历史意义。三国、两晋出土龙窑的装烧容积比东汉龙窑扩容，同时窑身改为前宽后窄，窑底倾斜坡度也更趋合理，从而更有利于提高烧成质量。

第一节　三国、两晋、南北朝瓷业的初步发展

三国、两晋、南北朝瓷业的基本特点是：南方青瓷技术有了进步，东晋至南朝温州窑（当时称为瓯窑）流行用褐彩装饰纹样来美化青瓷。东晋德清窑场重点烧造质量较高的黑瓷。北方窑场则烧出了白瓷，而白瓷的出现则是一项重要的技术成就。

一、青瓷的初步发展

三国、两晋、南北朝期间，烧造青瓷的窑场基本上都散布在南方。主要窑场有：浙江地区的上虞窑、绍兴窑、温州窑和德清窑，江西的丰城窑，湖南的湘阴窑等。北方瓷窑遗址发现很少，迄今为止只在山东淄博发现了北朝的寨里窑，山东枣庄发现了北朝中陈郝窑，河南巩义寺北山口镇白河村发现了北魏时期的制瓷窑场。

三国时期上虞窑址散布在曹娥江中游两旁的山脚下。主要在凤凰山、尼姑婆山、联江乡帐子山、鞍山、上浦乡大陆岙、胡家埭石门槛、皂湖乡庙后山、梁湖乡猪头山、路东乡回龙山、百官镇九浸畈及横塘乡庙山等地[1]。其中凤凰山窑址和尼姑婆山窑址烧造规模较大。例如凤凰山窑址面积约为180万平方米，遗物堆积层很厚，可辨认的器型有碗、钵、碟、罐、洗、盘口壶、谷仓等。三国时期上虞窑场青瓷，胎骨坚硬，呈淡灰色，釉以淡青色为主，兼有青灰、青黄等色。常见产品有碗、碟、罐、盘口壶、盆、尊、钵、耳杯、熏炉、唾壶、虎子、蛙形水盂及随葬用的灶、磨、踏碓、狗圈、猪圈、鸡舍、谷仓、鐎斗、米筛等。熊形灯盏和青瓷羊是这一时期的珍品。纹饰比较朴素，常见有弦纹、水波纹、铺首纹和叶脉纹等。晚期渐趋繁复，出现斜方格网纹、连珠纹、佛像、云气纹、仙人、神兽、龙纹、鱼纹，并在谷仓上堆塑人物、飞鸟、亭阙、走兽等（彩图4）。

西晋时期上虞窑场烧造的青瓷胎色灰白，釉色以青绿为主，青黄、青灰次之，除保留三国时的大部分品种外，又创烧出狮形烛台、鸡首壶、扁壶、鸟形杯等。西晋晚期，部分产品上出现褐色点彩[2]。西晋上虞窑普遍应用弦纹、斜方格网纹、联珠纹或用飞禽走兽组成的花纹带。东晋中期以后，上虞地区窑场瓷器造型趋向简朴。常见产品有罐、壶、盘、碗、钵、盆、洗、灯、砚、水盂、香炉、唾壶、虎子和羊形烛台等。东晋青瓷釉色多为青中泛灰，纹样大为减少，主要是弦纹，但普遍采用褐彩装饰，晚期出现莲瓣纹等。

南朝上虞窑器物种类以碗、盘、罐、鸡首壶为多见，其他尚有钵、槅、虎子、灯盏、砚台等。瓷器器型比东晋时期更加瘦长秀丽，罐的口径增大，腹最大径上移，四桥系所处位置靠近颈部。鸡首壶、盘口壶器修长，口径增大，槅比前期缩小，格梁减少，一般分四小格及内圈，砚台的砚面内凹，出现蓄水槽，足增至六足。在装饰艺术上，当时由于佛教盛行，刻划莲瓣纹成为主流装饰。江浙地区六朝早期墓葬出土的精致青瓷，很多是上虞窑的产品。有些器物还刻有“会稽上虞”字样，如南京赵士岗吴墓出土的赤乌元年（238年）青瓷虎子，江苏镇江晋代出土

的青瓷器物等。

东晋绍兴馒头山窑址，位于绍兴城西约22公里的富盛镇青塘村下青塘以东的麻地岙馒头山南坡，散存范围东西长30米，南北宽20米，堆积厚度在1.5米以上。东晋馒头山窑址出土的瓷器形制有碗、碟、盆、钵、罐、盘、砚、虎子等，其中以各式碗、碟居多，盆、罐、壶次之。东晋绍兴馒头山窑址出产的瓷器胎骨普遍呈灰白色，细腻坚硬，外施青绿釉，釉面青亮莹润，青黄色釉较为少见。器外壁一般施釉不及底，露胎部分呈灰黄、棕红和棕褐色，器底多为平底微内凹。有的浅圈足碗甚至出现施满釉现象。装饰纹样比较简单，一般口沿外饰1~2圈宽凹弦纹，唯有碗类产品上偶有斜方格纹。罐类产品也仅见系面模印杉叶纹。东晋时新兴的施点彩工艺，在该窑中尚未普及[3]。

东晋永嘉夏甓山窑址坐落在楠溪江下游东岸乡芦田村境内。烧造的瓷器胎白中带灰色，釉色以淡青为标准，也有少量青中泛黄，器型有鸡首壶、盘口壶、四系罐、双领罐、盘口罐、直口罐、钵、洗、碗等。壶、罐类器肩部多设半环形横系、桥形系或半环形复竖系。东晋温州窑又称东瓯窑，其名出自晋杜预《舛赋》："器择陶拣，出自东瓯。"司马迁《史记·东越列传》："孝惠三年，举高帝时越功，曰闽君摇功多，其民便附，乃立摇为东海王，都东瓯。"汉代东海王的都城东瓯，即今天的温州市。

三国时期金华窑青瓷，出现水盂、虎子、带咀罐、双系三足罐、笔筒、乐伎五管瓶。造型一般肥矮，底变小，盘口较浅，肩部和耳间多饰弦纹，而不再遍布整体。主要纹饰除沿用弦纹、水波纹外，还出现网纹等。东吴时期佛教已在传播，因此青瓷上出现佛造像，例如武义陶器厂三国晚期墓出土的谷仓上有模印佛像六尊，佛像双手拱于腹部，盘坐在莲花座上。胎呈浅灰色，断面较粗糙。釉层一般淡青，也有呈青灰或青中泛黄，裂纹密布[4]。西晋晚期金华地区窑场瓷胎质一般较粗，多呈深灰和紫色，胎的外表多施一层质地细腻的灰白色化妆土，釉呈青灰、青黄或青黄泛紫色，颜色较深，釉面较光润。有些胎釉结合较差，釉易剥落。六朝常见水波纹、网纹带饰、菱形纹带饰、联珠纹等，还有少量的铺首纹和褐色点彩。南朝金华地区窑场瓷器釉层呈青黄色，胎釉结合较差，易剥落，碗、钵、盏数量增多，出现盏托，常见有水波纹、网纹带饰、菱形纹带饰、联珠纹等，还有少量的铺首纹和褐色点彩。

东吴、西晋丰城窑烧造的青瓷，逐渐摆脱了原始瓷器的影子，器型增加了鸡首壶、唾盂、虎子、灯、砚台等，造型较规整。胎质较细，以浅灰色为主，另有少量的为黑灰色。釉呈青、黑褐、青深黄色，以青色最常见，釉层均匀，釉面较光洁。装饰花纹除麻布纹和水波纹外，西晋时流行在盘口壶等器物的肩部、盆和钵的上腹部饰一周斜方格纹带，同时常见的还有铺首纹。西晋晚期出现了在器物口沿、肩部等部位点绘褐色彩的装饰技法。东晋、南朝丰城窑青瓷器型急剧增多，碗、耳杯、托杯、分格盆、盏盘、博山炉和明器灶在这时期出现并流行起来。胎质较细腻，呈浅灰色。施青釉或青泛黄色釉，青釉色泽较淡，微微泛白灰色。开始使用匣钵装烧，器物釉面光洁、晶莹。装饰以褐色点彩和刻划的莲花纹、莲瓣纹为主。点彩主要用于盘口壶、钵等器物的口沿部，莲花纹主要饰于盘、碟和杯托的内侧，莲花瓣则饰于碗、杯的外侧[5]。

三国、晋代湘阴头山窑，位于湘阴铁角嘴，即铁角嘴的“下窑”区。遗物分布范围约1万平方米，深0.5米~1米，其中青瓷标本有盆（大口，外折唇，扁腹下收，大平底，中腰饰凹弦纹，施酱釉）、罐（弇口，溜肩，扁圆腹，大平底，肩安直式附纽，外壁印方格纹，施酱釉）、碗（敞口，大平底，施青釉，有的口沿饰弦纹）[6]。晋至南朝湘阴城关镇窑，位于湘阴县城堤垸一带。出土的晋代风格的瓷器有盘口阔底四耳壶、天鸡壶、网状斜方格纹青瓷钵残片、阔底钵、大平底托盘、青瓷褐色点彩阔底体、褐色带彩系耳罐、圆饼状平底碗杯。出土的南朝器物有圆饼状小平底盘、碗、浅盘形碟，高足盘、盘口扁腹的唾壶，印花矮足盘、洗等[7]。晋代和南朝湘阴窑瓷器，常见褐色点彩和莲瓣纹。

东汉至南北朝期间，北方窑场遗址发现很少，迄今为止，只在山东淄博发现了北朝寨里窑、中陈郝窑和朱陈窑以及河南巩义北魏白河窑。山东地区的北朝窑场专门烧造青瓷，巩义北魏白河窑既烧造青瓷又创烧白瓷。

北朝寨里窑位于山东淄博市淄川区城东十余公里。出土的残器器型有碗、盆、器盖、高足盘、盒、瓶、贴花罐等。施青釉或黑釉。釉色呈青褐色和黄褐色，少数为深褐色。釉面厚薄不匀，呈斑块状。碗类数量最多，式样单一，第一类碗浅腹，器高近于器口半径，平足内凹。口沿下有一道弦纹。第二类碗，腹较深，器高一般大于器口半径。盆的形体较大，口沿为方唇，有的底部刻划连弧纹，有的刻同心圆或莲瓣纹。罐均四系，系纽呈桥形或曲状，罐的口唇无釉。高足盘的足部粘有三叉形支具。盒带子口。贴花罐堆贴的花纹有莲花、宝相花、宝塔等[8]。北朝中陈郝北窑，位于山东薛城邹坞乡中陈村蟠龙河沿北。窑址周边延续0.5千米，瓷片堆积达2米以上。窑址出土的残器器型有碗、罐、盘口壶、盆、高足盘、杯等。以青釉器为多。碗敞口或直口，实圈足，或无底微内凹。罐常见弦纹或凸棱。盆的口沿外卷，实圈足，盆内饰弦纹和波浪纹。高足盘的喇叭状圈足上承托敞口浅盘，盘内有三叉支钉烧痕，内施满釉，外釉施至柄。盘口壶的颈部饰两至三道凸棱或近肩部有折棱。钵，浅腹，平底，敛口，腹下饰两条细弦纹。圆底器，内底及外腹下饰弦纹。从出土残片的纹样看，该窑装饰以划花为主，常见纹样有波浪、草叶、方格、半圆、同心弦纹等[9]。巩义北魏白河窑出土的青瓷，以碗为主，皆为深腹，底部附圆饼状实足，口沿外饰一道弦纹。胎壁较厚，器内满釉，器心积釉现象较为明显，器外壁半釉，垂釉现象较普遍。除碗之外，另有盘、豆、钵、盆等，胎体一般都较厚重，大都有垂釉现象。[19]

二、褐彩和黑瓷

褐彩装饰至迟在三国吴末至晋初就出现了。江苏省南京市雨花台区长岗村吴末至西晋初的5号墓，出土了褐彩带盖盘口壶，胎上用褐彩通体绘有纹饰，外罩青黄色釉，釉层厚薄均匀，透明度较强。盘口壶釉下彩绘纹饰由上至下可分盖、颈、腹三个部分。第一部分，盖面周绘四组类似纹饰：两个人首鸟身的动物，分别在一株仙草上方相对飞舞，仙草两侧各有一只动物。第二部分，颈绘七只异兽，除两只并列外，其余几只之间皆有形状相似的半身异兽图像。第三部分，腹部绘两排持节羽人，上排有 11 人，下排有 10 人，高低交错排列，其间绘有疏密有致、飘然欲动的仙草和云气。各部分纹饰之间隔以折线朵花纹带或瓣纹带等。另外，在器盖内面、盘口内外等部位，亦绘有一些仙草、云气、连弧、弧纹等[10]。不过南京地区出土的褐彩瓷的产地至今尚不明确，这批褐彩装饰瓷器究竟是釉下彩还是高温釉上彩还需进行测试研究。

东晋至南朝温州窑流行褐彩装饰，东晋永嘉夏甓山窑窑址褐彩瓷，占标本总数的 30% 以上。其装饰形式有两种：一种是在器物的口沿及肩腹加几点褐彩，或在器物的肩腹部用褐色点彩组成各种图案；另一种是成长条形，线条的长短和粗细视画面的大小而定[11]。东晋至南朝，温州窑烧造的褐彩瓷经测试为高温釉上彩。

东晋时，上虞帐子山窑和宁波郭塘岙窑停烧黑瓷，但是德清窑则以生产黑瓷为主。东晋德清窑黑瓷胎多呈砖红、紫色或浅褐色。釉层较厚，其中最出色产品的釉面滋润，釉光闪闪（彩图 5）。器物造型较好，外轮廓线柔和，罐、壶类器腹部浑圆。东晋至南朝，德清窑已发现的古瓷窑址有县城东郊的焦山和西南郊的戴家山、陈山、丁山四处，遗物堆积丰富。“河南巩义市北魏白河窑出土的黑釉瓷器，器型主要是碗，造型与青釉碗相同，圆唇，直口，深弧腹，饼足微凹，足缘斜削一周。灰白胎。器内满釉，器表半釉。钵可复原 1 件。标本 T120H7B14，方唇，敛口，鼓腹，平底。沿下及腹部各有两周凹弦纹。灰白胎。黑釉，局部泛茶叶末色。器内满釉，外壁施釉过腹。口径 14 厘米，底径 8 厘米，高 12 厘米。[19]”

三、白瓷的萌发

白瓷习惯上称为白釉。关于白瓷的呈色，目前有两种说法：一是“白瓷应该是白胎上施以透明釉后高温烧成的瓷器。白瓷的白色是胎土的颜色，而不是施以白色釉”[12]；二是“它是一层很薄的接近于透明无色的玻璃，有时带有轻微的乳浊感，在积釉处或釉层较厚处则往往呈现白中带青或白中带黄的色调。由于胎本身或化妆土是白色的，所以白瓷的色调实际上是釉色和胎色，或釉色和化妆土加在一起的合成色”[13]。本书采用后一种说法。白瓷的出现是低含铁量制瓷原料的发现和制瓷工艺进步的结果。白瓷的制作，应在原料加工和烧成时，有效地控制瓷胎和瓷釉中铁的含量，克服铁元素在呈色上的干扰，使其含量下降到 1% 以下，将窑内气氛控制为还原焰。

关于白瓷的出现，有学者认为早在东汉湖南地区就已问世[14]。由于湖南长沙东汉文化遗存所出的被称为“白瓷”的灰釉器，“胎质灰白，釉层匀润，已接近白釉”[15]，有学者把这类东汉白瓷称为“原始白瓷”[16]。

南北朝时，河南洛阳大市遗址和北齐武平六年（575 年）的河南安阳范粹墓都出土了白瓷。其中，洛阳大市遗址所出Ⅱ式杯胎质洁白，釉呈乳浊。釉层薄而透明，微透白色胎骨[17]；北齐武平六年（575 年）河南安阳范粹墓出土的碗、杯、三系罐、长颈瓶等 10 件白瓷，釉呈乳白泛青色，厚釉处则呈青色，仅釉薄处呈乳白色，挂釉不到底，露胎处呈淡黄褐色[18]。“北魏白河窑烧制的白瓷胎体细白，釉色一般白中泛青。器型主要有杯、碗等器物，其中白釉碗出土数量最多，多为深腹，底部附圆饼状实足，器壁厚薄均匀，器内满釉，器外施釉过腹，杯出土数量次于碗，制法与碗相同，但形制较小，多为直口，深腹。盘出土很少。标本T1206H11，方唇，敞口，弧腹，饼足微凹，足缘斜削一周。沿下施一周凹弦纹，腹内壁及底各饰一周凹弦纹，内底有两个支烧痕。器表施釉至下腹。洗复原1件。标本T1307H2238，方唇，敞口，弧腹，平底。沿下一周凹弦纹，腹底处和底部各两周凹弦纹，内壁上腹、底部及内心各施两周凹弦纹。器底黏结三足支烧。器表施釉近底部。器心积釉，垂釉。”[19]

四、三国、两晋瓷器文献

有关中国制瓷的文献，至迟出现于魏晋时期。杜预（222—284年）《荈赋》中所咏“器择陶拣，出自东瓯”，乃是指茶具应选用东瓯窑所产。从潘岳（247—300年）《笙赋》所咏“披黄苞以授甘，倾缥瓷以酌醽”，可知当时风行的酒具也为东瓯窑出产的“缥瓷”。这两则文献表明，魏晋时期，文人士大夫饮茶、喝酒的器具都是选用东瓯窑的瓷器产品。魏晋时期的东瓯窑坐落在今浙江温州地区。考古资料也揭示，温州永嘉县箬岙村的后背山、温州永嘉县芦田村东北的殿岭山、温州永嘉县芦湾村小坟山都遗存有东汉窑址。温州永嘉楠溪江下游原芦田村夏甓山遗存有晋代窑址。

第二节　制胎和成型技术

三国、两晋、南北朝期间，南方窑场继承东汉制胎工艺传统，依然采用瓷石为制胎原料。不过用于制作黑瓷胎的原料加工要比青瓷原料加工简单些，这样一来使得黑瓷胎的吸水率远远超过青瓷。晋至南朝浙江上虞地区窑场烧造的青瓷胎的质量比东晋至南朝湘阴城关镇窑青瓷为好。三国、两晋、南北朝时期，瓷器成型普遍采用陶车拉坯的轮制法，器型较为复杂的方圆棱角之琢器，则采用模制、拍片、黏合、堆贴、镂雕等多种成型技法。

一、单用瓷石制胎

三国、两晋、南朝时期，南方窑场继承东汉制胎工艺传统，单用瓷石制胎。胎的化学组成以高硅、低铝为基本特征。包括青瓷和黑瓷在内的四十五个标本（表4-2-1，第1~45号）SiO_2含量平均为75.56%；Al_2O_3含量平均为16.74%。从本书第三章第二节可知：东汉青瓷和黑瓷胎中SiO_2平均含量为75.73%，Al_2O_3平均含量为17.16%，由此可见，三国、两晋、南朝瓷胎（包括青瓷和黑瓷）与东汉瓷（包括青瓷和黑瓷）胎中的SiO_2和Al_2O_3含量比较接近。再从胎中CaO、MgO、K_2O、Na_2O四种助熔剂的含量来看，三国、两晋、南朝南方窑场青瓷和黑瓷与东汉南方窑场出产的瓷胎（包括青瓷和黑瓷）也非常接近。三国、两晋、南朝南方窑场包括青瓷和黑瓷在内的四十五个标本（表4-2-1，第1~45号）胎中助熔剂CaO（0.35%）、MgO（0.57%）、K_2O（2.60%）、Na_2O（0.61%）含量为4.13%，与东汉瓷（包括青瓷和黑瓷）胎中助熔剂（CaO、MgO、K_2O、Na_2O）平均总含量4.11%也非常接近。这就表明，三国、两晋、南朝的南方窑场瓷胎的化学组成与东汉南方窑场瓷胎的化学组成非常接近。

有学者观察三国、两晋、南朝绍兴窑[1]、晋代瓯窑[2]、东晋至南朝德清小马山窑黑瓷胎[3]、南朝怀安窑[11]等瓷胎显微结构时也发现，胎中主要含有石英、少量发育不良的莫来石、少量长石云母残骸以及玻璃相等，这也表明，它们与东汉瓷器一样，都是用瓷石为原料烧制而成的。

在三国、两晋、南朝期间，上虞窑青瓷十二个标本（表4－2－1，1～3、9～13、22、23、29、32号）胎中 Fe_2O_3（平均含量为2.11%）与 TiO_2（平均含量为0.80%）总含量为2.91%，比东汉上虞窑青瓷六个标本（表3－2－1，1～6号）胎中 Fe_2O_3（平均含量为1.79%）与 TiO_2（平均含量为0.87%）总含量为2.66%，提高了近10%。这种现象的出现有两种可能，一是三国、两晋、南朝期间，上虞窑制瓷工匠对制胎原料的选择不如东汉时严格；二是上虞窑制瓷工匠对制胎原料的淘洗不如东汉时细致。三国、两晋、南朝期间，上虞窑青瓷十二个标本（表4－2－1，1～3、9～13、22、23、29、32号）胎中 Fe_2O_3（平均含量为2.11%）比东汉上虞窑青瓷六个标本（表3－2－1,1～6号）胎中 Fe_2O_3（平均含量为1.79%）要高出18%；而东汉上虞窑青瓷六个标本（表3－2－1，1～6号）胎中 TiO_2（平均含量为0.87%），要比三国、两晋、南朝期间的十二个标本（表4－2－1，1～3、9～13、22、23、29、32号）胎中 TiO_2（平均含量为0.80%）高8.75%。由于胎中的杂质 TiO_2 可通过淘洗工艺予以除去或降低，而在中国古代，对于胎中的杂质 Fe_2O_3 的存在是无能为力的。这就表明，三国、两晋、南朝期间，上虞窑制瓷工匠对制胎原料的选择不如东汉时严格，即用了比东汉时期含铁量偏高的瓷石原料来烧造瓷器。

三国、两晋、南朝期间，绍兴窑青瓷八个标本（表4－2－1，3、4、16～19、25、26号），胎中 Fe_2O_3（平均含量为2.32%）与 TiO_2（平均含量为0.69%）总含量为3.01%，比东汉绍兴窑青瓷两个标本（表3－2－1，7～8号），胎中 Fe_2O_3（平均含量为2.53%）与 TiO_2（平均含量为0.75%）总含量（3.28%）降低了9.23%。由此可知，三国、两晋、南朝期间，绍兴窑青瓷胎中 Fe_2O_3 含量（平均为2.32%）比东汉绍兴窑青瓷胎中 Fe_2O_3 含量（平均为2.53%）降低了9.1%；三国、两晋、南朝期间，绍兴窑青瓷胎 TiO_2（平均含量为0.69%）比东汉时期胎中的 TiO_2 含量（平均为0.75%）降低了8.7%。这就表明，三国、两晋、南朝期间，绍兴窑制瓷工匠对制胎原料的选择与淘洗技术都比东汉时期有所进步。

三国、两晋、南朝期间，湘阴城关镇窑青瓷胎中所含 Fe_2O_3 和 TiO_2 与东汉湘阴青竹寺窑青瓷胎相比有如下特征：三国、两晋、南朝期间，湘阴城关镇窑青瓷六个标本（表4－2－1，8、18、33～36号），胎中 Fe_2O_3（平均含量为1.65%）与 TiO_2（平均含量为0.75%）总含量为2.4%，比东汉湘阴青竹寺窑青瓷胎三个标本（表3－2－1，10～12号）胎中 Fe_2O_3（平均含量为1.5%）与 TiO_2（平均含量为1.04%）总含量（2.54%）降低了5.51%。由于三国、两晋、南朝期间，湘阴城关镇窑青瓷胎中的 Fe_2O_3 含量（平均为1.65%），比东汉湘阴青竹寺窑青瓷胎中的 Fe_2O_3 含量（平均为1.5%）高出10%；而三国、两晋、南朝期间，湘阴城关镇窑青瓷胎中的 TiO_2 含量（平均为0.75%），比东汉湘阴青竹寺窑青瓷胎中的

TiO_2 含量（平均为 1.04%）低 27.88%，这就表明三国、两晋、南朝期间，湘阴城关镇窑制瓷工匠对制胎原料的选择与淘洗技术也比东汉时期有所进步。但是由于三国、两晋、南朝期间的湘阴城关镇窑的烧成温度偏低（1095℃ ±20℃ ~1128℃ ±20℃，见表 4－2－2，第 13、14 号），致使胎体的气孔率高为 9.9% ~17.3%。

三国浙江上虞地区窑场烧造的青瓷三个标本胎的化学组成（表 4－2－1，第 1~3号）与东晋和南朝湘阴城关镇窑五个标本青瓷胎（表 4－2－1，第 8、18、33~35 号）非常接近，但是，前者胎的吸水率较低，其中十一个标本（表 4－2－2，第1、3~10、15、18 号）胎的吸水率平均为 0.87%；后者胎的吸水率较高，其两个标本（表 4－2－2，第 13、14 号）胎的吸水率在 4.90% ~8.20% 之间波动。这就表明，三国浙江上虞青瓷胎料的淘洗工艺远比东晋和南朝湘阴城关镇窑青瓷更为进步。由于东晋和南朝湘阴城关镇窑淘洗工艺粗糙，使得样品胎中大多含有毫米级的粗颗粒[3]；而晋至南朝浙江上虞地区窑场烧造的青瓷胎体细腻致密[4]。晋至南朝浙江上虞地区窑场烧造的青瓷胎的质量比东晋至南朝湘阴城关镇窑青瓷为好的另一个重要原因，是晋至南朝浙江上虞青瓷的烧成温度比东晋至南朝湘阴城关镇窑青瓷要高得多。据测试，晋至南朝浙江上虞地区窑场青瓷三个标本（表 4－2－2，第 1、9、10 号）的烧成温度在 1220℃ ±20℃ ~1300℃ ±20℃之间波动，而东晋至南朝湘阴城关镇窑青瓷两个标本（表 4－2－2，第 13、14 号）的烧成温度为 1095℃ ±20℃ ~1128℃ ±20℃。也就是说，晋至南朝浙江上虞青瓷的烧成温度要比东晋至南朝湘阴城关镇窑青瓷要高出 125℃ ±20℃ ~172℃ ±20℃。

表 4－2－1　三国、两晋、南北朝瓷胎的化学组成

编号	年代、出土地点、名称	成分（%）										参考文献
		SiO_2	Al_2O_3	Fe_2O_3	TiO_2	CaO	MgO	K_2O	Na_2O	MnO	P_2O_5	
1	三国上虞小仙坛青瓷罍残片	78.66	14.85	1.63	0.96	0.22	0.54	2.52	0.50	—	—	〔4〕
2	三国上虞青瓷碗 SHT1－2 胎	75.83	16.60	2.23	0.84	0.33	0.54	2.90	0.60	0.02	—	〔13〕
3	三国上虞小仙坛青瓷壶残片胎	77.50	15.19	2.36	0.78	0.24	0.54	2.23	0.71	—	—	〔6〕

续表

编号	年代、出土地点、名称	成分（%）										参考文献
		SiO_2	Al_2O_3	Fe_2O_3	TiO_2	CaO	MgO	K_2O	Na_2O	MnO	P_2O_5	
4	三国绍兴陶官山青瓷STSG－1胎	79.15	13.64	1.92	0.73	0.44	0.51	2.03	0.79	0.01	—	〔1〕
5	三国绍兴陶官山青瓷STSG－2胎	74.37	18.20	2.66	0.76	0.32	0.56	2.53	0.83	0.02	—	
6	三国上林湖青瓷盆SL10－2－胎	75.40	17.31	1.84	0.88	0.37	0.56	2.39	0.67	0.02	0.02	〔7〕
7	三国上林湖青瓷残碗SL11－1胎	74.66	17.94	1.97	0.76	0.29	0.48	2.62	0.70	0.02	0.02	
8	东晋湘阴城关镇青瓷钵残片胎	76.49	15.32	1.33	0.69	0.19	0.53	2.57	0.14	0.01	—	〔3〕
9	西晋上虞小仙坛青瓷尊残片胎	76.83	16.32	1.90	0.69	0.30	0.60	2.65	0.62	—	—	〔4〕
10	西晋上虞小仙坛青瓷钵残片胎	76.77	16.21	2.06	0.78	0.24	0.54	2.06	0.58	—	—	
11	西晋上虞小仙坛青瓷洗残片胎	76.60	16.09	1.88	0.85	0.30	0.57	3.00	0.89	0.02	—	〔13〕
12	西晋上虞龙泉塘青瓷片胎	73.51	18.06	2.72	1.11	0.29	0.50	2.46	0.93	0.02	—	〔8〕
13	西晋上虞帐子山青瓷片胎	76.82	15.71	2.38	0.71	0.19	0.52	2.72	0.70	0.01	—	

续表

编号	年代、出土地点、名称	成　分（%）										参考文献
		SiO_2	Al_2O_3	Fe_2O_3	TiO_2	CaO	MgO	K_2O	Na_2O	MnO	P_2O_5	
14	西晋绍兴畚箕山青瓷 SBXJ－1 胎	79.83	13.77	2.00	0.81	0.23	0.51	2.09	0.46	0.02	0.06	〔1〕
15	西晋绍兴畚箕山青瓷 SBXJ－2 胎	80.65	12.61	1.98	0.85	0.22	0.44	1.88	0.45	0.02	0.04	
16	东晋绍兴馒头山青瓷 SMDJ－1 胎	79.66	13.75	2.04	0.61	0.18	0.40	2.46	0.55	0.03	0.04	
17	东晋绍兴馒头山青瓷 SMDJ－2 胎	79.18	14.13	2.09	0.65	0.24	0.48	2.43	0.63	0.02	0.04	
18	东晋湘阴城关镇青瓷 2 号胎	72.96	18.42	1.74	0.82	0.19	0.73	2.99	0.15	0.01	—	〔3〕
19	东晋瓯窑青瓷罐片 OJ1 胎	74.20	17.70	1.60	0.90	0.70	1.00	2.90	0.40	0.03	0.1	〔9〕
20	东晋瓯窑青瓷碗片 OJ2 胎	75.10	16.60	1.60	1.00	1.20	0.90	2.50	0.40	0.02	0.1	
21	东晋瓯窑青瓷罐片 OJ3 胎	72.20	20.00	1.90	0.90	0.20	0.90	2.80	0.30	0.02	0.1	
22	东晋上虞小仙坛青瓷钵残片胎	76.92	16.01	2.26	0.88	0.28	0.57	2.48	0.48	—	—	〔4〕
23	东晋上虞小仙坛青瓷碗残片胎	77.03	16.12	1.91	0.79	0.30	0.60	2.62	0.52	—	—	

续表

编号	年代、出土地点、名称	成分（%）										参考文献
		SiO_2	Al_2O_3	Fe_2O_3	TiO_2	CaO	MgO	K_2O	Na_2O	MnO	P_2O_5	
24	东晋德清窑青瓷残片DG1胎	73.36	18.00	3.07	1.06	0.50	0.55	2.42	0.76	—	—	〔10〕
25	东晋德清窑青瓷残片DG2胎	72.83	17.57	3.32	1.08	0.64	0.56	2.77	0.89	—	—	
26	东晋德清窑青瓷残片DG3胎	73.77	17.06	3.09	1.15	0.57	0.54	2.34	0.96	—	—	
27	东晋德清窑青瓷残片DG4胎	73.34	16.97	3.54	1.03	0.51	0.53	2.66	1.00	—	—	
28	东晋德清窑青瓷残片DG5胎	75.25	17.45	2.25	0.96	0.34	0.47	2.25	0.75	—	—	
29	南朝上虞小仙坛青瓷碗残片胎	77.29	15.92	2.05	0.73	0.34	0.67	2.61	0.66	—	—	〔4〕
30	南朝绍兴凤凰山青瓷SFNC－1	75.18	16.99	2.45	1.05	0.44	0.66	2.01	0.66	0.02	—	〔7〕
31	南朝绍兴凤凰山青瓷SFNC－2	78.90	13.95	2.17	0.73	0.61	0.51	1.86	0.84	0.02	—	
32	南朝上虞小仙坛青瓷	77.05	16.12	1.91	0.47	0.39	0.60	2.66	0.62	—	—	〔6〕

续表

编号	年代、出土地点、名称	成分（%）										参考文献
		SiO_2	Al_2O_3	Fe_2O_3	TiO_2	CaO	MgO	K_2O	Na_2O	MnO	P_2O_5	
33	南朝湘阴城关镇青瓷壶3号胎	76.48	15.94	1.62	0.71	0.48	0.60	2.58	0.13	0.02	—	〔3〕
34	南朝湘阴城关镇青瓷罐4号胎	71.22	19.90	1.42	0.86	0.18	0.64	2.83	0.15	0.01	—	
35	南朝湘阴城关镇青瓷5号胎	73.47	17.56	1.98	0.70	0.21	0.70	2.89	0.12	0.02	—	
36	南朝湘阴城关镇青瓷洗残片胎	71.99	18.79	1.83	0.74	0.16	0.43	3.58	0.18	0.01	—	
37	南朝怀安窑青瓷盘口壶胎	80.57	14.51	0.54	0.72	0.21	0.24	3.07	0.47	0.04	—	〔11〕
38	南朝怀安窑青瓷残片胎	77.22	15.90	1.11	0.63	0.22	0.35	3.64	0.49	0.03	—	
39	南朝怀安窑青瓷L10残片胎	68.87	22.62	2.61	1.06	0.31	0.73	3.61	0.76	0.04	—	
40	南朝瑞安青瓷残片胎	72.31	20.18	1.96	0.97	0.23	0.47	2.89	0.85	0.03	—	
	三国、两晋、南朝青瓷平均组成	76.02	16.54	1.93	0.80	0.22	0.57	2.63	0.54	0.02	0.06	—
41	东晋德清窑黑瓷残片胎	73.41	17.92	2.86	0.92	0.48	0.65	2.58	1.02	—	—	〔12〕
42	东晋余杭窑黑瓷残片胎	74.60	16.80	2.77	0.93	0.46	0.78	2.28	1.10	—	—	

续表

编号	年代、出土地点、名称	成分（%）										参考文献
		SiO_2	Al_2O_3	Fe_2O_3	TiO_2	CaO	MgO	K_2O	Na_2O	MnO	P_2O_5	
43	东晋德清窑黑瓷残片DB1胎	74.29	16.80	2.83	1.00	0.34	0.44	2.42	0.89	—	—	〔10〕
44	东晋德清窑黑瓷残片DB2胎	74.39	17.45	2.55	0.85	0.42	0.55	2.68	0.68	—	—	
45	东晋德清窑黑瓷残片DB3胎	73.92	18.24	2.74	1.13	0.32	0.58	2.53	0.67	—	—	
	三国、两晋、南朝黑瓷平均组成	74.00	17.44	2.75	0.97	0.40	0.60	2.50	0.87	—	—	—
46	北朝景县封氏墓出土青釉器胎碎片W1	67.29	26.94	1.11	1.17	0.59	0.53	1.86	0.2	—	—	〔15〕

二、高铝质黏土掺加熔剂性原料制胎

北朝景县封氏墓出土的青釉器W1胎中Al_2O_3含量（26.94%）较高，而在三国、两晋、南朝期间，南方窑场烧造的瓷器胎中Al_2O_3含量都较低。例如，三国、两晋、南朝期间，南方窑场烧造的包括青瓷和黑瓷在内的四十五个标本（表4－2－1,第1～45号）胎中Al_2O_3含量在12.61%～20%之间波动，平均含量为16.74%。也就是说，北朝景县封氏墓出土的青釉器W1胎中Al_2O_3含量（26.94%）要高出南方窑场烧造的瓷器胎中Al_2O_3含量（平均为16.74%）60.93%。与此同时，北朝景县封氏墓出土的青釉器W1胎中所含四种助熔剂CaO（0.59%）、MgO（0.53%）、K_2O（1.86%）、Na_2O（0.2%）总含量（3.18%），又比三国、两晋、南朝期间，南方窑场烧造的包括青瓷和黑瓷在内的四十五个标本（表4－2－1，第1～45号）胎中四种助熔剂CaO（平均为0.35%）、MgO（平均为0.57%）、K_2O（平均为2.60%）、Na_2O（平均为0.61%）总含量（4.13%）低29.87%。由此可见，北朝景县封氏墓出土的青釉器胎，不可能是像南方窑场那样，采用瓷石进行烧造，而是用北方习见的高铝质黏土制成的。

高铝质黏土，即含铝量高的黏土。南方陶瓷原料中的高岭土，北方陶瓷原料中的砂石、坩子土等都属于高铝质黏土的范畴。虽然早在原始社会，我国先民就开始用高铝质黏土原料来烧造陶器，但是不能单独用它来烧造瓷器，这是因为高铝质黏土原料中的 Al_2O_3 含量太高，而助熔剂含量却非常低。例如，河北出产的赞皇白家窑白坩土（表5－2－1，第127号）Al_2O_3 含量为32.56%，四种助熔剂 CaO（0.25%）、MgO（0.30%）、K_2O（0.62%）、Na_2O（0.26%）总含量为1.43%；又如，灵山坩土（表5－2－1，第129号）Al_2O_3 含量为37.04%，而四种助熔剂 CaO（0.12%）、MgO（0.32%）、K_2O（0.26%）、Na_2O（0.73%）总含量为1.07%。高铝质黏土原料中由于 Al_2O_3 含量太高，助熔剂含量又非常低，即使在1400℃温度下也难以烧结致密。

然而，北朝景县封氏墓出土的青釉器 W1 胎中所含四种助熔剂，又比北方常见的高铝质黏土中的助熔剂含量高得多。北朝景县封氏墓出土的青釉器 W1 胎中所含四种助熔剂 CaO（0.59%）、MgO（0.53%）、K_2O（1.86%）、Na_2O（0.2%）总含量平均为3.18%，比河北赞皇白家窑白坩土中的四种助熔剂（CaO、MgO、K_2O、Na_2O）总含量（1.43%）高出1.22倍；比灵山坩土中的四种助熔剂（CaO、MgO、K_2O、Na_2O）总含量（1.07%）高出1.97倍。由此可见，北方窑场制瓷工匠在制作北朝景县封氏墓出土的青釉器这类器物时，必定在高铝质黏土中掺加了熔剂性原料。在北朝期间，地处北方的窑场烧造瓷器尚处于起步阶段，因此，高铝质黏土掺加熔剂性原料的配比制胎技术还不够成熟，具体表现在胎中助熔剂与 Al_2O_3 含量配比失调，而导致成瓷后的胎体中的气孔率高达21.3%（表4－2－2，第23号）。

三、成型技术

东汉瓷器成型主要是采用拉坯法，有时也兼用泥条盘筑手制和模制的成型法。到了三国、两晋、南北朝时期，我国南方窑场泥条盘筑法成型工艺基本上被淘汰，而普遍采用陶车拉坯的轮制法，尤其是碗、钵等圆器，器面、器壁常见同心圆状的圆圈制痕。器底不做过多的修整即装烧入窑，因此平底器器底多有方向一致、大小不等，且不规则的多重圆圈，但圆圈的中心不在器底的中部，圆弧排列，一侧紧密，一侧疏松。饼足修整，亦用陶车，所以足外侧可见圆圈状刮痕。足底的同心圆，一般经抹平，修抹明显者，足面内凹。南朝拉坯成型技术，比东晋明显提高，特别是中小型器物，器壁薄匀，形体流畅，造型大小相近。大件器物，成型后一般未经细致修坯即罩釉，所以内外器壁略有凹凸。小型器坯，修整光滑后才予以上釉。

三国两晋时期流行的象形器，诸如羊形尊、狮形烛台、熊形灯、蛙形注滴等器物的制作，得力于模印成型技术。上虞皂湖公社宋家山晋代瓷窑遗址出土的狮形烛台陶模和鸡首壶的鸡首陶模由对合两片构成，其模具用陶土素烧而成。用这种模具制作器物，是把坯泥分别填满模具，然后将两片黏合对接成器。这类模具的内壁尚遗留有高低不平的按捺痕。

晋代出现的扁壶、槅之类器物，乃是采用拍片成型技法。例如扁壶的成型，先拍成器物形状所需的方形、长方形，或椭圆形的薄片，然后黏合成器。为了使器型规整，扁壶的腹片在外模中进行修整。瓷槅成型方法也是如此：器座和槅档都是先行分别拍成薄片，再黏合而成。器型较为复杂的器物，例如绍兴出土的东吴永安三年（260 年）铭文高达 47 厘米的青瓷谷仓罐的成型则动用了快轮拉坯、拍片、模印、捏塑、堆贴和镂雕等多种成型技法。罐的主体部位器口与器腹，分别拉坯成型，然后予以黏接。谷仓罐上的乐伎人物、鱼、龙、水龟、守卫门犬、飞禽走兽，有的用手工先行捏塑，有的用陶模压印成型，有的拍成薄片，然后堆贴到罐体上。谷仓罐的口部和腹部的中小圆孔则是采用镂雕技法为之。

表 4－2－2　三国、两晋、南北朝瓷器的烧成温度与吸水率、气孔率

编号	名　称	烧成温度℃	吸水率%	气孔率%	参考文献
1	三国上虞帐子山青瓷碗残片	1240 ± 20	0.45	1.06	〔13〕
2	三国上林湖窑青瓷 SL11－1	1092 ± 20	—	—	〔7〕
3	三国上虞小仙坛青瓷罍残片	—	0.71	1.55	〔4〕
4	三国上虞小仙坛青瓷盘残片	—	2.54	5.45	
5	西晋上虞小仙坛青瓷尊残片	—	1.43	3.01	
6	西晋上虞小仙坛青瓷钵残片	—	1.02	3.06	
7	东晋上虞小仙坛青瓷钵残片	—	0.50	1.27	
8	东晋上虞小仙坛青瓷碗残片	—	0.67	1.43	
9	西晋上虞青瓷洗残片 SY－16	1220 ± 20	0.5	1.06	〔13〕
10	西晋上虞龙泉塘墓青瓷 J4 瓷片	1300 ± 20	0.42	0.92	〔14〕
11	东晋温州窑青瓷 OJ1	—	0.38	0.81	〔9〕
12	东晋温州窑青瓷 OJ3	—	0.44	0.97	
13	东晋湘阴城关镇窑青瓷 1 号	1128 ± 20	8.20	17.30	〔3〕
14	南朝湘阴城关镇窑青瓷 3 号	1095 ± 20	4.90	9.90	
15	西晋上虞帐子山青瓷 J5	1180 ± 20	0.60	1.31	〔14〕
16	东晋绍兴墓青瓷四系罐残片 J6	1270 ± 20	1.22	2.68	
17	东晋金华竹马馆瓷片 J6	1180 ± 20	1.21	2.91	
18	南朝上虞帐子山青瓷 NB4 瓷片	1190 ± 20	0.73	1.70	
19	东晋德清窑青瓷残片	1120 ~ 1280	—	—	〔10〕
20	东晋德清窑黑瓷残片	1120 ~ 1310	—	—	
21	东晋德清窑黑瓷	1150 ± 20	0.8	—	〔12〕
22	晋余杭窑黑瓷	1130 ± 20	1.7	—	
23	北朝景县封氏墓出土青釉器碎片 W1	1200 ± 30	—	21.3	〔15〕

第三节　制釉和装饰技术

三国、两晋、南北朝期间，我国南方青瓷制釉技术，一方面继承前朝工艺传统，制釉配方依然采用以胎泥掺加草木灰配制而成；另一方面又对制釉配方进行改良：配制瓷釉时提高胎泥用量，降低草木灰的用量。东晋德清窑黑釉瓷主要是从提高釉中的含钙量和含铁量以及增加釉层厚度来提高釉的发色。

三国、两晋、南北朝的装饰技法，主要有印纹装饰带、高温釉上彩（又称花釉）、透雕三种工艺。东晋温州窑彩瓷装饰采用高温釉上彩工艺技术。

一、釉的配方

三国、两晋、南朝期间，制釉继承前朝工艺传统，依然采用草木灰掺和胎泥配制瓷釉，但是在具体配比上比前朝有所改进。从考察三国、两晋、南朝和东汉釉中 SiO_2 含量的变化可知：在三国、两晋、南朝期间，配制青瓷釉的胎泥用量比东汉时期有所增加。东汉时期十四个青瓷釉标本（包括十二个青釉标本和两个黑釉标本）（表 3－3－1，第 1～14 号）釉中 SiO_2 含量平均为 58.48%，而三国、两晋、南朝期间包括青瓷和黑瓷在内的三十五个标本（表 4－3－1，第 1～35 号）釉中 SiO_2 含量平均为 60.60%，也就是说，三国、两晋、南朝期间瓷釉中的 SiO_2 含量（平均为 60.60%）比东汉釉中 SiO_2 含量（58.48%）增加了 3.6%。如前所述，釉中 SiO_2 含量的增加表明配制瓷釉的胎泥用量的增加。由于制釉草木灰的用量过大，制成釉料的料浆颗粒较粗，缺乏黏性，且易开裂，施釉性能和黏附性都差。为了克服这个毛病，在配制瓷釉时提高胎泥用量，以降低草木灰的用量。

二、灰釉

三国、两晋、南朝期间，浙江绍兴、上虞等南方窑场烧造的青瓷、黑瓷等，继承东汉南方瓷器制釉传统，绝大多数产品都采用灰釉工艺。在包括青瓷、黑瓷在内的三十五个标本中，除了一个标本（表 4－3－1，第 9 号）采用灰—碱釉配方外，其余三十四个标本（表 4－3－1，第 1～8，10～35 号）均采用灰釉工艺，釉中 CaO 含量平均为 17.20%，比商周原始瓷灰釉 CaO 的平均含量（15.55%）和东汉釉中 CaO 含量（17%）有所提高。

从灰釉助熔剂中的 K_2O 和 MgO 含量之间的变化关系来考察，三国、两晋、南朝期间的青瓷灰釉工艺，与东汉时期一样，一部分样品十七个标本（表 4－3－1，第 1、2、6～8、10、11、13～18、25～27、33 号）釉中 K_2O 含量（平均为 1.72%）明显低于 MgO 含量（2.44%）；另一部分样品十六个标本（表 4－3－1，第 3～5、12、19～24、28、29、31、32、34、35 号）釉中 K_2O 含量（平均为 2.10%）则明显高于 MgO 含量（1.63%）。

同一个窑场的灰釉标本也具有这种特征，例如，三国、两晋、南朝绍兴窑七个青瓷灰釉标本（表 4－3－1，第 3、4、8、18、19、25、26 号）内有四个标本（表 4－3－1，第 8、18、25、26 号）釉中的 MgO 含量高于 K_2O 含量；另外三个标本（表4-3-1，第3、4、19号）釉中的MgO含量则低于K_2O含量。又如，晋代瓯窑三个标本（表4-3-1，第9~11号）内中一个标本（表4-3-1，第9号）釉中的MgO含量（1.90%）低于K_2O含量（4.30%）；另外两个标本（表4-3-1，第10、11号）釉中的MgO含量则高于K_2O含量；再如，三国、两晋、南朝上虞窑青瓷灰釉四个标本（表4-3-1，第5~7、27号）内中有三个标本（表4-3-1，第6、7、27号）釉中的MgO含量高于K_2O含量，另外一个标本（表4-3-1,第5号）釉中的MgO含量低于K_2O含量。这就表明，三国、两晋、南朝时期的制瓷配制灰釉所用草木灰的种类富于变化。

三、灰—碱釉

灰—碱釉是以碱土金属氧化物CaO与碱金属氧化物K_2O、Na_2O为主要助熔剂的一种瓷釉，釉中的CaO含量在5%~11%之间；釉中的K_2O或Na_2O的含量超过MgO含量。灰—碱釉工艺在商周时期出现，但是，东汉烧造瓷器基本不用灰—碱釉工艺。三国、两晋、南朝各大窑场烧造瓷器，也很少采用灰—碱釉工艺，目前仅见晋代温州窑（又称瓯窑）少数产品用灰—碱釉配方，其一个灰—碱釉标本（表4-3-1,第9号）釉中CaO含量为5.60%、MgO含量为1.90%、K_2O含量为4.30%、Na_2O含量为1.20%。

晋代温州窑灰—碱釉工艺与商周灰—碱釉相比有如下特点：①晋代温州窑一个灰—碱釉标本（表4-3-1，第9号）中CaO含量（5.60%），比夏、商、周原始瓷灰—碱釉十二个标本（表2-4-1，第4、10、16、20~22、29、32、38、45、47、48号）釉中CaO含量（平均为6.18%）低9.39%，表明晋代温州窑配制灰—碱釉的草木灰的用量比夏、商、周时有所降低。②晋代温州窑灰—碱釉标本（表4-3-1,第9号）中SiO_2含量（66.20%），比夏商、周原始瓷灰—碱十二个标本（表2-4-1，第4、10、16、20~22、29、32、38、45、47、48号）釉中SiO_2含量（平均为63.78%）高出3.79%，表明晋代温州窑配制灰—碱釉的胎泥用量比夏、商、周时有所增加。

四、青釉

三国、两晋、南朝时期，东晋温州窑青瓷釉色呈淡青，俗称缥瓷，深受当时士大夫的喜爱。

东晋温州窑青釉缥瓷风格的形成，主要得力于配釉工艺。东晋温州窑青瓷无论是采用灰釉工艺还是采用灰—碱釉工艺，均选用铁含量较低的瓷石作为制作胎和釉的原料，烧成后，胎、釉中Fe_2O_3含量比同时期其他窑场烧造的青瓷低。

东晋温州窑青瓷三个标本（表4-2-1，第19~21号）胎中Fe_2O_3含量平均为1.70%，比三国、两晋、南朝时期的其他窑场，例如上林湖、上虞、绍兴、湘阴城关镇、德清窑等三十三个青瓷标本（表4-3-1，第1~8、12~36号）胎中Fe_2O_3含量（平均为2.20%）低22.73%。东晋温州窑青瓷三个标本（表4-2-1，第19~21号）胎中TiO_2含量（平均为0.93%）则比三国、两晋、南朝时期的其他窑场，例如上林湖、上虞、绍兴、湘阴城关镇、德清窑等三十三个青瓷标本（表4-

3－1，第1～8、12～36号）胎中 TiO_2 含量（平均为0.83%）高出12.05%。

东晋温州窑青瓷三个标本（表4－2－1，第9～11号）釉中 Fe_2O_3 含量平均为1.90%，比三国、两晋、南朝时期的其他窑场，例如上林湖、上虞、绍兴、湘阴城关镇、德清窑等二十四个青瓷标本（表4－3－1，第1～18、22～27号）釉中 Fe_2O_3 含量（平均为2.26%）低15.93%。东晋温州窑青瓷三个标本（表4－2－1，第9～11号）釉中 TiO_2 含量平均为0.73%，也比三国、两晋、南朝时期的其他窑场，例如上林湖、上虞、绍兴、湘阴城关镇、德清窑等二十四个青瓷标本（表4－3－1，第1～8、12～27号）釉中 TiO_2 含量（平均为0.80%）平均低8.75%。

这就是说，东晋温州窑青瓷胎、釉中 Fe_2O_3 含量均低于三国、两晋、南朝时期的其他窑场青瓷；虽然东晋温州窑青瓷胎中 TiO_2 含量高出三国、两晋、南朝时期的其他窑场，但是，东晋温州窑青瓷釉中 TiO_2 含量却低于三国、两晋、南朝时期的其他窑场青瓷。由于青瓷中的着色剂 Fe_2O_3 和 TiO_2 在高温时产生 $FeO \cdot TiO_2$ 与 $2\ FeO \cdot TiO_2$ 以及 $Fe_2O_3 \cdot TiO_2$ 等化合物，使胎着呈深浅不同的灰色[1]，因此东晋温州窑青瓷釉面就容易形成“缥瓷”这样独特的美感。

三国、两晋、南朝绍兴青釉绝大多数青釉碎片呈青黄色[1]，也与釉的配方有关。其九个标本（表4－3－1，第3、4、8、16～19、25、26号）釉中 Fe_2O_3 含量平均为2.23%，比东晋温州窑青瓷两个标本（表4－2－1，第10、11号）釉中 Fe_2O_3 含量（平均为1.80%）要高23.89%。三国、两晋、南朝绍兴窑青瓷九个标本（表4－3－1，第3、4、8、16～19、25、26号）釉中 TiO_2 含量平均为0.70%，则与东晋温州窑青瓷两个标本（表4－2－1，第10、11号）釉中 TiO_2 含量（平均为0.70%）相同。三国、两晋、南朝绍兴窑青瓷釉中由于 Fe_2O_3 含量偏高，致使釉呈青黄色。

北朝景县封氏墓出土青釉器碎片的质量颇高，其中一个标本（表4－3－1，第36号），釉中 Fe_2O_3（含量1.65%）和 TiO_2（含量0.69%）总含量为2.34%，比三国、两晋、南朝时期的南方窑场二十六个青瓷灰釉标本（表4－3－1，第1～8、10～27号）釉中 Fe_2O_3（平均含量为2.22%）和 TiO_2（平均含量为0.79%）总含量（3.01%）低22.26%；其中北朝景县封氏墓出土青釉器釉中 TiO_2 含量（0.69%）也比三国、两晋、南朝时期的南方窑场釉中的 TiO_2 含量（平均为0.79%）低12.66，表明当时烧造北朝景县封氏墓出土青釉器的窑场，在原料的选择和淘洗加工工艺方面，比同时期南方窑场更为精细。

五、黑釉

东晋德清窑烧造的黑瓷釉面的呈色比东汉黑釉瓷好，其中佳者“釉面滋润，色黑如漆”[3]。该窑主要是从下述四方面来提高黑釉的发色：一是提高釉中的含铁量；二是提高釉中的含钙量；三是提高釉中的含钛量；四是增加釉层厚度。

首先，东晋德清窑黑釉中的含铁量，比东汉上虞窑黑釉的含铁量有所增加。东汉上虞窑黑釉瓷两个标本（表3－3－1，第13、14号）釉中 Fe_2O_3 含量平均为5.11%，而东晋德清窑四个标本（表4－6－1，第29～32号）釉中 Fe_2O_3 含量平均为7.13%。也就是说，东晋德清窑黑釉中 Fe_2O_3 含量（平均为7.13%），比东汉上

虞窑黑釉 Fe_2O_3 含量（平均为5.11%）增加了39.53%。由于东晋德清窑黑釉中着色剂 Fe_2O_3 含量比东汉上虞窑黑釉的含量高，因此釉的发色必然超过东汉上虞窑黑釉。

其次，东晋德清窑烧造的黑釉瓷与东汉时期出产的黑釉瓷均采用灰釉工艺，但是，东晋德清窑黑釉中的 CaO 含量则比东汉上虞窑黑釉的 CaO 含量有所增加，东汉上虞窑黑瓷两个标本（表3－4－1，第13～14号）釉中 CaO 平均含量为16.49%，而东晋德清窑烧造的黑釉瓷四个标本（表4－3－1，第29～32号）釉中 CaO 含量平均为19.89%，比东汉黑釉瓷 CaO 平均含量（16.49%）高出20.62%。由于釉中含钙量越高，在高温时其黏度越小，流通度越大，Fe_2O_3 的溶解度也越大，故 Fe_2O_3 含量相近的釉在同一条件下烧成时，往往含 CaO 越高，釉色越深；反之釉色则越浅[4]，因此东晋德清窑黑釉中的 CaO 含量比东汉上虞窑黑釉的含量增加也有助于釉的发色。

再次，东晋德清窑黑釉，增加釉层厚度，也有利于釉的发色。中国古代黑釉的色调实际上是棕色或棕黑色，而不是真正的黑色，釉层叠到一定厚度时，由于叠加效应，釉色才显示黑色。有学者在测试东晋小马山德清窑黑釉瓷时发现，釉层厚度在0.25毫米～0.40毫米时，呈棕色或浅黄色；釉层厚度在0.75毫米时呈黑色[5]，可见釉层厚度对黑釉的呈色有较大的影响。东晋德清窑之所以出现一些“釉面滋润，色黑如漆”的佳制，表明东晋德清窑场陶工认识到并初步掌握了黑釉釉层厚度与黑釉呈色两者之间的关系及釉层加厚技术。

六、乳光釉

具有蓝色乳光现象的分相釉称为乳光釉。所谓分相釉是指在合理的烧成制度和较慢的冷却速度下烧成时，会分离成两个成分不同、互不混溶的液相，其中一相以无数孤立小液滴（一般为≤0.2微米）的形式分散于另一个连续相中。乳光釉瓷至迟在南朝问世，因为南朝福建怀安窑出土的少数南朝瓷片的釉，整体呈粉蓝色乳光。据测试研究，其化学组成与汉晋青瓷釉无太大的区别，如果不分相或分相后回溶，则它的呈色，视气氛是还原还是氧化，当为青绿或青黄；如果分相后，乃因分相小滴散射蓝光与铁离子在其中同时参与呈色所致，则总体上呈粉蓝乳光，在暗场光学显微镜下散射着鲜蓝色乳光，表明釉中含有亚微米散射颗粒[6]。

七、施釉

三国、两晋和南北朝瓷器上釉，继承东汉传统，依然采用蘸釉法上釉。由于采用蘸釉法上釉是以手持器坯浸入釉中，器物一般外部施半釉，釉往往施至腹部或下腹，个别器物施釉及底。碗类器物器内施满釉，器外施釉近足部。部分器物的底部，有被刮去的痕迹，这是为防止搭釉而采取的措施。少数造型复杂的器体，如莲花尊等，则沿用商周原始瓷的刷釉法施釉。

表 4－3－1　三国、两晋、南北朝瓷釉的化学组成

编号	年代、出土地点、名称	成分（%）										参考文献
		SiO_2	Al_2O_3	Fe_2O_3	TiO_2	CaO	MgO	K_2O	Na_2O	MnO	P_2O_5	
1	三国上林湖青瓷盆 SL10－2 釉	58.89	12.67	1.53	0.65	19.08	1.94	1.80	0.72	0.38	0.92	［14］
2	三国上林湖青瓷残碗 SL11－1 釉	60.28	13.47	2.25	0.62	16.23	2.34	1.91	1.25	0.40	0.85	
3	三国绍兴窑青瓷残碗 TSG－1 釉	65.47	11.97	1.86	0.71	13.53	1.56	2.37	0.72	0.32	0.62	［2］
4	三国绍兴窑青瓷残碟 TSG－1 釉	62.50	12.79	2.20	0.68	14.12	1.87	2.60	0.99	—	0.82	
5	三国上虞青瓷残片 Y20 釉	62.60	11.64	3.34	0.71	14.14	2.61	3.21	0.77	0.54	0.44	［15］
6	西晋上虞小仙坛青瓷 Y23 釉	56.33	11.74	2.75	0.70	17.85	3.27	2.28	0.69	0.58	0.80	
7	东晋上虞小仙坛青瓷 Y67 釉	53.96	13.78	2.65	0.63	20.85	3.77	2.19	0.63	0.62	0.94	
8	东晋绍兴青瓷残罐 SBXJ－2 釉	64.65	10.16	2.00	0.76	17.07	1.84	1.21	0.39	0.17	1.34	［2］
9	晋代瓯窑青瓷残碗 OJ1 釉	66.20	16.50	2.30	0.80	5.60	1.90	4.30	1.20	0.30	0.50	［10］
10	晋代瓯窑青瓷残碗 OJ2 釉	59.50	15.30	1.80	0.7	15.20	2.70	2.20	0.90	0.50	0.70	
11	晋代瓯窑青瓷残罐 OJ3 釉	57.40	15.30	1.80	0.7	15.80	3.50	2.40	0.70	1.00	0.90	

续表

编号	年代、出土地点、名称	成分（%）										参考文献
		SiO_2	Al_2O_3	Fe_2O_3	TiO_2	CaO	MgO	K_2O	Na_2O	MnO	P_2O_5	
12	西晋上虞青瓷残片 J4 釉	59.55	13.12	2.61	1.06	16.09	1.84	2.08	0.77	0.18	0	〔16〕
13	西晋宜兴均山青釉碎片 J1	61.30	11.30	1.87	0.97	17.92	2.03	1.23	0.54	0.30	1.07	
14	西晋宜兴周墓墩青釉碎片 J2	62.24	16.17	1.99	0.77	13.25	2.79	1.48	1.16	0.26	—	
15	西晋宜兴周墓墩青釉碎片 J3	60.79	11.23	2.60	1.14	17.95	2.25	1.42	0.74	0.16	—	
16	西晋绍兴青瓷残碗 SBXJ－1 釉	63.10	12.95	2.53	0.71	13.46	2.07	1.38	0.72	0.42	0.86	〔2〕
17	西晋绍兴青瓷残罐 SBXJ－2 釉	64.65	10.16	2.00	0.76	17.07	1.84	1.21	0.39	0.17	1.34	
18	东晋绍兴青瓷残盆 SMDJ－1 釉	65.11	9.68	1.74	0.76	18.60	1.61	1.37	0.49	0.33	0.75	
19	东晋绍兴青瓷残罐 SMDJ－2 釉	69.13	10.39	2.19	0.56	12.49	1.48	1.94	0.64	0.34	0.42	

续表

编号	年代、出土地点、名称	成分（%）										参考文献
		SiO_2	Al_2O_3	Fe_2O_3	TiO_2	CaO	MgO	K_2O	Na_2O	MnO	P_2O_5	
20	东晋德清窑青瓷 DG1 釉	60.42	12.65	1.96	0.84	18.83	1.35	1.41	0.50	0.32	0.90	〔5〕
21	东晋德清窑青瓷 DG2 釉	61.87	13.57	1.99	0.69	17.50	1.26	1.80	0.57	0.04	0.64	
22	东晋德清窑青瓷 DG3 釉	61.08	13.48	1.90	0.76	17.86	1.28	1.73	0.63	0.10	0.66	
23	东晋德清窑青瓷 DG4 釉	61.39	12.75	1.95	0.68	19.84	1.23	1.26	0.44	0.05	0.58	
24	东晋德清窑青瓷 DG5 釉	58.25	12.93	2.07	1.90	19.94	1.39	1.42	0.56	0.26	0.74	
25	南朝绍兴青瓷罐肩釉 SFNC－1	59.37	13.11	2.63	0.71	19.58	2.20	1.17	0.52	0.29	0.82	〔2〕
26	南朝绍兴青瓷碗釉 SFNC－2	62.92	12.61	2.86	0.65	16.19	1.94	1.40	0.75	0.31	0.63	
27	南朝上虞青瓷残片釉	58.02	9.99	2.72	0.69	21.33	2.83	2.19	0.68	0.54	1.04	〔15〕
28	东晋余杭窑黑釉残片 142 号	56.59	14.19	6.74	0.96	17.80	1.26	1.56	0.82	0.26	—	〔17〕
29	东晋德清窑黑釉残片 141 号	52.10	11.25	8.13	0.93	22.99	1.63	1.80	0.72	0.19	—	

续表

编号	年代、出土地点、名称	成分(%)										参考文献
		SiO_2	Al_2O_3	Fe_2O_3	TiO_2	CaO	MgO	K_2O	Na_2O	MnO	P_2O_5	
30	东晋德清窑黑瓷残片DB1釉	55.24	12.07	7.56	0.85	19.66	1.60	1.35	0.56	0.30	0.89	〔5〕
31	东晋德清窑黑瓷残片DB2釉	56.42	12.06	6.60	0.90	18.35	1.33	2.00	0.64	0.30	0.56	
32	东晋德清窑黑瓷残片DB3釉	56.92	12.01	6.60	1.21	18.55	1.37	1.93	0.64	0.29	0.57	
33	南朝怀安窑残片分相釉L10	61.08	12.96	2.67	0.59	14.16	3.39	2.83	0.88	0.40	—	〔6〕
34	南朝怀安窑残片分相釉L8	62.75	10.95	1.53	0.81	16.31	2.08	3.77	0.68	0.34	1.17	
35	南朝怀安窑残片分相釉L9	62.86	11.27	2.56	0.54	15.16	2.58	2.79	0.54	0.38	0.92	
36	北朝景县封氏墓出土青釉器碎片W1	57.25	16.35	1.65	0.69	17.99	3.35	2.51	0.52	0.06	—	〔2〕

注：表第28号东晋余杭窑黑釉残片142号中，FeO占Fe_2O_3总量的36.48%；表第29号东晋德清窑黑釉残片141号中，FeO占Fe_2O_3总量的43.17%；表第33号南朝怀安窑残片分相釉L10中，含有CuO0.019%。

八、刻划印贴装饰

三国、两晋和南北朝时期的刻划印贴装饰，有划花、刻花、堆贴和印纹装饰带四种技法。

划花是用尖状工具在未干的坯体表面划饰各种细线花纹，再罩釉入窑烧成。瓷器上的划花装饰至迟在南北朝时期出现。北朝中陈郝北窑划花纹样有波浪、草叶、方格和网纹等[7]。北齐武平七年（576年）河南濮阳李云墓出土的六系罐的肩腹部用划线表现几何纹、简单的植物纹和水禽纹[8]。北朝淄博寨里窑址出土的盆的底部刻画连弧纹、莲瓣纹，有的碗壁刻画莲瓣纹，有的在瓶体上刻鳞纹和三角纹[9]。

南北朝时出现的刻花是用刀类工具在未干的坯体进行刻制花纹的一种装饰技法，当时主要用于对堆贴莲瓣及其塑出的部分进行加工，最多的是对莲瓣的瓣尖进行刻制，也有些刻出莲瓣的外轮廓，刻纹深而简单。

东汉流行的堆贴装饰到了三国、两晋、南北朝有了初步发展。三国、两晋时期的堆贴装饰虽然与东汉时一样，大多用于魂瓶之类的冥器，但数量大大增多，形式和纹样也愈加丰富，堆贴的纹样有人物、佛像、羊、龟、鸟和楼阙等。到了南北朝堆贴装饰转而用于佛教礼器，例如，湖北武昌何家大湾齐永明三年（485年）刘凯墓和南京梁代大墓出土莲花尊，器腹上部堆贴双瓣覆莲[3]；北朝寨里窑址出土莲花瓣尊，尊腹残片堆贴莲花和宝相花[9]。

西晋期间，南方青瓷流行印纹装饰带工艺。它是从东汉拍印装饰中演化出来的一种装饰技法。所使用的印模成细长方形，压印印纹多为细网柱状，网纹的上下端常常以联珠纹（多由一个个并列连接的花蕊组成，只有少数简化为圆圈纹）为饰。网纹的变化较多，有单纯用斜方格纹组成，也有在斜方格内用斜线划分成九格或十六格等。压印时，围绕器坯作圆周形，压成后成一条细长带状装饰。印纹上下往往以弦纹作边饰，有时在装饰带中缀饰铺首或其他堆贴纹饰。例如浙江慈溪鸣鹤杜湖出土的西晋太康元年（280 年）青瓷四系盘口壶，器肩的印纹装饰带中，间置兽首衔环和蕉叶纹。又如浙江余姚五星墩出土的西晋青瓷提梁人物鸡头壶，器肩四周连珠、弦纹与印纹装饰带构成装饰图案。这类条带状印纹，多在器物口外或肩部。浙江地区西晋时期瓷窑青瓷几乎无一例外地都印有这类纹饰。到东晋咸和年（326—334年）以后就比较少见。

图 4－3－1　南京林山南朝・梁代大墓出土的莲花尊　采自南京博物院

透雕又称镂空或镂雕，它是在坯体上把纹样雕通而形成的一种装饰。例如宜兴周墓墩出土的西晋青瓷香熏的球形熏体，中腰以上的三角形烟孔就是采用透雕工艺做成的。

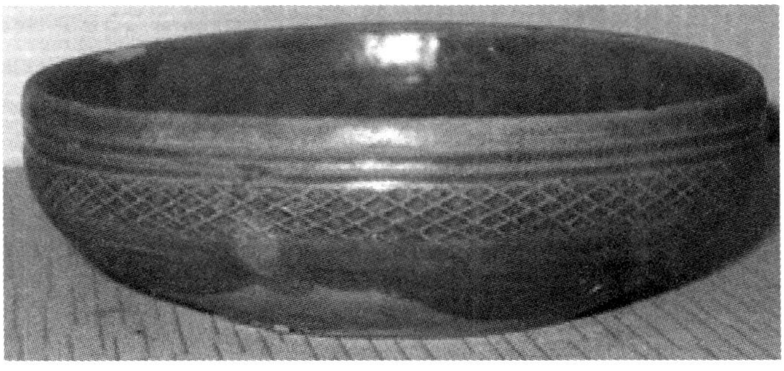

图 4－3－2　西晋印花菱纹装饰带盏　采自南京博物院

九、高温釉上彩

高温釉上彩是在生坯釉层表面用另一种彩料做出点彩、或绘画、或随手涂抹成不规则形状，即用笔蘸彩料在生坯的白釉釉面上进行绘画，干燥后高温一次烧成。在烧成过程中，彩料熔融并扩散到下面的釉层中去，使釉的中上部位着色。高温釉上彩由于没有面釉覆盖，光泽度较差，有的呈木光或半木光，在烧成后期易受二次氧化，故其色调呈棕黑色，彩薄处更加明显。

东晋瓯窑高温釉上彩是在青釉釉面施褐彩，在1200℃以上高温一次烧成，因为彩瓷装饰中的彩料色层都在釉的表面。这色层的物相结构为褐色玻璃相，无色料残留；其釉上彩彩料很可能是富铁釉料。由于富铁釉料中含熔剂量高，在烧成过程中很容易与青釉作用而形成褐色玻璃相，表面也就不会有色料残留[10]。

从装饰形式说，晋至南朝温州窑的高温釉上彩，主要采用点彩法，即用褐彩釉料点彩的多寡、大小、浓淡、参差，来表现装饰图案的风采。一般说来，东晋瓯窑青瓷高温釉上点彩呈豆状，南朝瓯窑青瓷高温釉上点彩稍加大，一般呈拇指状。褐彩点饰色调，东晋早期多为墨黑，干涩无光，稍后渐趋浓艳，褐中泛黑。南朝中期，褐色匀净。褐彩点饰的位置，东晋早期一般点饰于口沿。东晋至南朝早期，一般点饰于口沿、肩、腹部组成多层虚线或十字形、菱形、环形。南朝中期以后，稀疏的点饰位于系面、口沿，并且点饰与刻划莲纹组合。

西晋晚期，浙江地区一些窑场烧造青釉褐斑装饰也为高温釉上彩，它是在青釉上用笔蘸褐釉点上若干个瓜子大小的斑点，入窑在高温中一次烧成后得到青釉褐斑点彩[11]。西晋湘阴城关窑址也烧造青釉酱彩斑高温釉上彩瓷[12]。北朝中陈郝北窑烧造的高温釉上彩也是在青釉上绘褐斑[13]。

第四节　装烧技术

东汉、三国时期明火裸露，坯体直接置放在窑床上或者放在支座上裸烧。到了两晋、南北朝时期，部分窑场陶工为了减少窑火对坯体的污染，先后琢磨出了罐套烧和匣钵装烧工艺。

一、罐套烧

罐套烧是通过大罐来保护置放在罐内的坯体不受火焰侵害的一种烧制方法，由东晋后期至南朝丰城龙雾洲窑和罗湖象山窑首先启用，其方法如下：在青瓷四系或六系大口罐内套装钵、碗、盘、杯、灯等形体较小的器物，每个罐内套装的数量不等。装烧尺寸较大、形制复杂的器物（例如瓷灯）一般放一件，器物与罐底之间置一个圆形锯齿状间隔具；装烧碗、杯类器物，一般叠置3～4件，器物之间、器物与罐底之间用圆形锯齿状间隔具隔开；装烧盘类器物，一般叠置4件，器物之间用圆形锯齿状间隔具隔开。罐内套烧的器物往往高出罐口，有的上面再置一摞钵，还有的将套装上器坯的罐置于一摞钵上[1]。

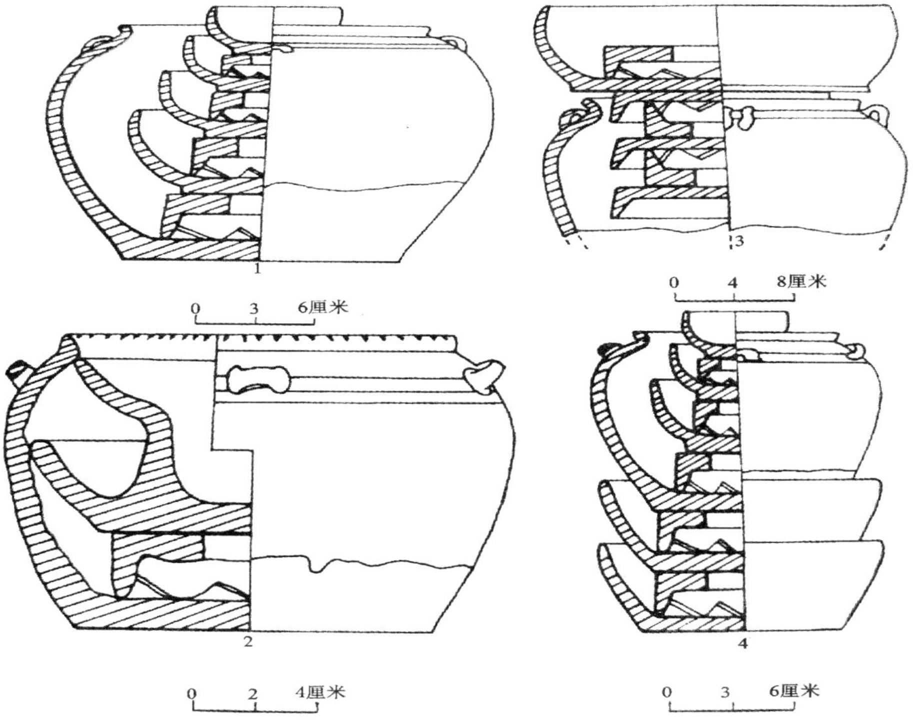

图4－4－1　东晋后期至南朝丰城窑罐套烧

1、3、4为罗湖象山窑址C1－②出土　2为龙雾洲乌龟山窑址出土　采自文献〔1〕

二、匣钵装烧

匣钵是在瓷器烧成过程中，保护制品的耐火容器，它为装填进去的坯件创造了一个比较洁净的烧成环境，使釉层不受烟尘火烧的污染。它不仅能耐相当高的温度，而且在高温中没有荷重软化性，或荷重软化性极小，能抵抗温度的急变，因而能在窑炉停烧时，避免外部骤冷空气侵入造成窑内突然降温，而导致坯件的收缩致裂。由于匣钵为耐火材料预制而成，故承重力强，可层层叠摞，直到窑顶。在匣具内装填瓷坯，安放稳定，避免了明火裸烧时坯件因堆叠过高倒塌而造成过多的废品。

江西丰城陶瓷考古工作者于1982年在丰城境内的东晋、南朝龙雾洲乌龟山窑址中首次发现了匣钵及其粘连瓷器。翌年他们又在龙雾洲的乌龟山和李子岗发现了同类匣钵和另两件较小的匣钵〔2〕。1992年，江西省文物考古所与北京大学考古系对洪州窑遗存进行联合调查和发掘，在调查中又采集到多件具有南朝时期特征的莲瓣纹青瓷碗和莲花青瓷盘粘连在匣钵内的标本。接着在洪州窑遗址寺前山、象山窑址发掘的东晋晚期地层中出土了大量废弃的匣钵，有的匣钵外壁饰青灰釉。匣钵中伴出具有东晋特征的青釉瓷器〔3〕。这就表明，我国至迟在东晋至南朝时期，匣钵装烧工艺就已经问世了。

东晋后期丰城窑出土的匣钵，主要为桶形匣，匣体下部大多都开 4 ~6 个三角形、不规则方形或椭圆形大气孔。由于丰城窑启用的匣钵处于初创阶段，形体上还有许多不合理之处。例如，有的口唇部施釉、口径大于底径，上面不能再摞匣钵；有的壁较薄，并向内倾斜，腹壁向外弧鼓，叠摞时承重能力差，不能摞至相应的高度；有的腹深口小，装取物很不方便，叠摞时不稳，易倒塌；大多壁上气孔大而多，不利于保护坯件，极易污染釉面。尽管如此，它的出现，毕竟掀开了中国古瓷装烧工艺新的一页[1]。

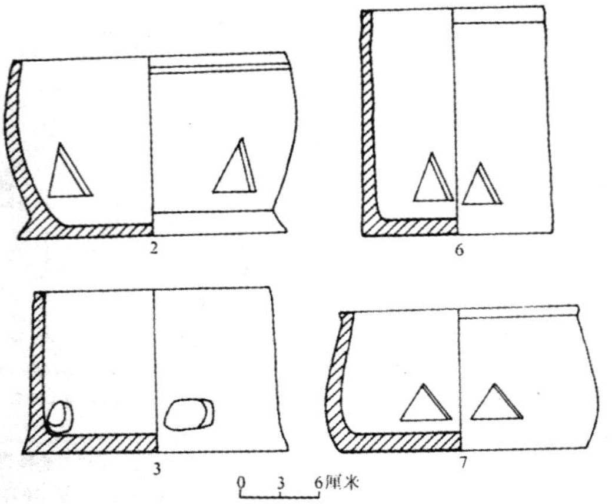

图 4-4-2 东晋后期至南朝早期罗湖象山窑址出土的匣钵
采自文献〔1〕

东晋后期至南朝早期丰城窑出土匣钵装烧的器物，均为碗、盘、杯、盏等饮食器，每个匣钵内装烧的器物数量不多。从目前发现的考古资料来看，大多数都是装一件做工精良的碗，少数匣钵才装两件。器物之间、器物与匣钵之间，用圆形锯齿状或环形间隔具隔开。

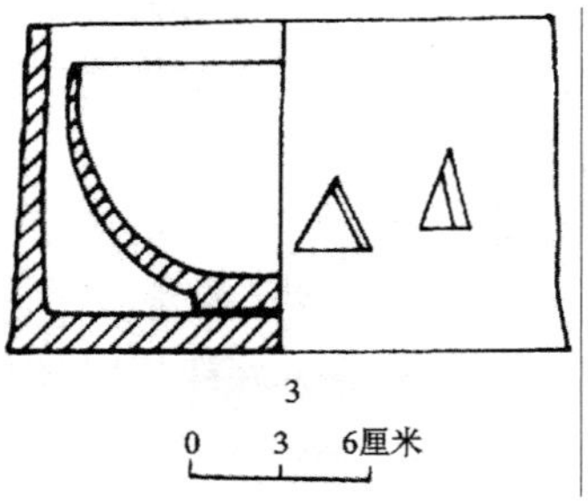

图 4-4-3 东晋后期至南朝早期
丰城罗湖象山窑址一匣一器装烧
采自文献〔1〕

东晋至南朝丰城窑，一般说来，除了部分盘外，碗、盘、杯、盏等圆器基本上都是放在匣钵内装烧。每个匣钵内装烧的器物数量不等，大体上可分为两类：一是一匣一器，器物多为刻划莲瓣纹、菊瓣纹的碗和杯，内侧施满釉，外侧施釉至足部，成品质量好，属于这时期出产的精品；二是一匣多器，即在一个匣钵内叠装 5 ~6 件同类器物，但尺寸不尽相同，有的是下面两件相同，以上依序次之，有的则是自下往上一个较一个小。器物之间、器物与匣钵之间用圆形锯齿状或环形间隔具隔开。这时期有些碗类器物的内外侧均施半釉，所以叠装半釉器物，有的就不使用间隔具。匣钵内装烧的除最上面的一件外，其余均为施半釉的碗类器物，上面的4件之间无间隔具，下面2或3件之间，均置有环形间隔具，这是因为它们的尺寸相同或接近，不用间隔具，下面一件的口部就会粘连在上一件的腹部，间接起到了防止两件器物相互粘连的作用。至于最上面的一件器物内侧施满釉，是因为它的上面不再叠置器物而没有粘连的问题。通过这个现象可以看出，当时人们还是喜欢内侧施满釉的器物，尽一切可能来烧制，外侧施半釉完全出自于装烧方便上的举措[1]。

三、环形间隔具

两晋丰城窑启用的环形间隔具有环形、环形带平槽或边沿凸起、环形三足状（环形三枚锥状支钉）三种。东晋至南朝龙雾洲李子岗窑址出土的环形间隔具，呈深灰或紫红色粗胎，厚0.8厘米，直径4.8厘米。东晋至南朝罗湖狮子山窑址出土的环形间隔具，厚0.55厘米，直径5.1厘米。

东晋至南朝罗湖象山窑址出土的环形带平槽或边沿凸起间隔具，为灰或深灰色粗胎，厚2.1厘米，直径6.4厘米。东晋至南朝丰城郭桥缺口城窑址出土的环形带平槽或边沿凸起间隔具，厚0.6厘米，直径5.7厘米。东晋至南朝丰城罗湖外宋窑出土的环形带三足（三枚锥状支钉）间隔具，深灰色粗胎，高2.3厘米，直径5.5厘米[1]。

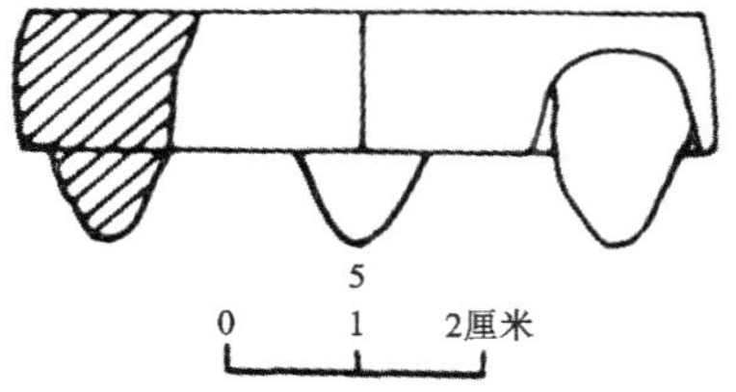

图4-4-4　东晋至南朝龙雾洲乌龟山窑址出土的环形带三足间隔具
采自文献〔1〕

四、锯齿形间隔具

两晋、南北朝装烧技术发展的另一项成果是锯齿形间隔具的推出。它是建立在对东汉、三国时期流行的三足支钉间隔具进行改良的基础之上的。由于东汉、三国流行的间隔窑具——三足支钉（即圆形托面之下，附设三个间距相等的乳钉状三足），在使用过程中，坯件的重量集中在三个足尖上，叠装时足尖往往陷入坯体底部，烧成后，瓷器内底器下有三个烙印痕迹。西晋陶艺家为了克服这种装烧窑具的弊病，在实践中不断探索，在掌握力学知识的基础上，创制出一种着力点更多的多齿口间隔具。

晋代余姚上林湖窑和东晋德清窑的锯齿形间隔具呈盂形。东晋永嘉夏甓山窑址出土的盂形锯齿形间隔具，垫面弧线内凹，扁鼓腹，钝角齿状足。一件高2.5厘米、面径4.5厘米、底径4厘米；另一件高3.2厘米、面径5.8厘米、底径4.3厘米[6]。晋至南朝宜兴窑址出土的锯齿口盂形垫托口沿划作连弧尖状，一般5~7个齿，作为支钉，在窑具中它的数量最多，口径5.5厘米~14.5厘米[5]。东晋永嘉夏甓山窑址出土的钵形锯齿形间隔具，垫面弧线内凹，有的正中镂一圆孔。垫面边缘稍向外凸，矮直壁，下作钝角齿状足。一件高5厘米、面径12厘米、底径10.5厘米，另一件高4厘米、面径5.8厘米、底径5.3厘米[6]。

晋代鄞县窑的锯齿形间隔具，平底，承托处作锯齿状[7]。东晋绍兴馒头山窑址出土的圆形锯齿形间隔具，支物面平，弧腹微内收，底面划作连弧状，并有7~10个锯齿，面上粘有坯件，质地较细，通体土黄色，面径4.4厘米、底径5.9厘米、高2厘米。另一种，底面微内凹，腹壁内弧纹，底有锯齿9个，面上留有7个泥点痕，面径9厘米、底8.9厘米、高3.7厘米[8]。晋代萧山上董窑址出土的锯齿形间隔具，既有支圈形，又有圆底多足式。萧山上董晋代窑齿边圆形垫隔具承托叠烧，先把窑具放在下面，上面放瓷坯，瓷坯内放两个底对底相合的窑具，窑具上再放瓷坯，依次层层垛起，窑具与瓷坯内壁接触面，放砻糠灰或高岭土一类物质作隔离物，以免窑具粘连（因糠灰含矽质成分，现龙泉一带烧窑尚在使用）。如此叠起，不仅窑内尽量容纳瓷坯，而且瓷器烧成后容易分离。更因器与器的中间有了间隙，使火力易于通过。由于使用这类窑具的缘故，致使器底部都留有火力接触面不等的印痕[9]。

南朝德清窑圆形锯齿形间隔具的大小和高低是根据所垫隔的器型需要而定的，最小的底径5厘米，最大的底径14厘米，最低的高3厘米，最高的高27厘米[10]。

南朝灌县窑场出土的圆形锯齿形间隔具大小不等，皆作圆状，有收腰、桶腰，齿足垂直，直收、外张均有。一般齿足为五板，大者六板，但数量极少。器径4.5厘米~10.5厘米，高2厘米~5厘米。南朝灌县六马槽窑圆形锯齿形间隔具与环垫承托叠烧方法是：将器口沿向下着于环垫，底足向上，然后在底足上托以一圆形锯齿支钉，钉上再托第二个器件，依次重叠数个至十个不等入窑煅烧[11]。

东晋至南朝丰城龙雾洲窑出土的锯齿形间隔具为支圈状，可分为四式：Ⅰ式，齿形足3~8个，高2.5厘米~3.5厘米，直径6厘米~10厘米；Ⅱ式，顶内塑凸棱一道，齿形足3~9个，高3厘米~3.5厘米，直径7.5厘米~11厘米；Ⅲ式，筒形，与Ⅰ式略同，高3.8厘米~5厘米，直径8厘米~11厘米；Ⅳ式，平顶，顶面有凸棱一道，中镂小圆孔，齿形足内收[3]。

两晋、南北朝的锯齿形间隔具与东汉三国时期的三足支钉相比，其最大特点是间隔具的支点增多（从三个增加到五至十二个），这样就使间隔具的承重力得到分散，而大大减轻了间隔具的齿足对坯体的压力，因而减弱间隔具对坯体的烙痕损伤。有些窑场，例如东汉绍兴外潮山窑还在齿口间隔具的锯齿和托面上分别敷以白色泥点[8]，以达到淡化印痕的目的。加之齿边间隔具多由瓷土制成，并且相对规整，不仅可多次重复使用，而且装烧又较为方便快捷，因而在两晋和南北朝时得到广泛使用。

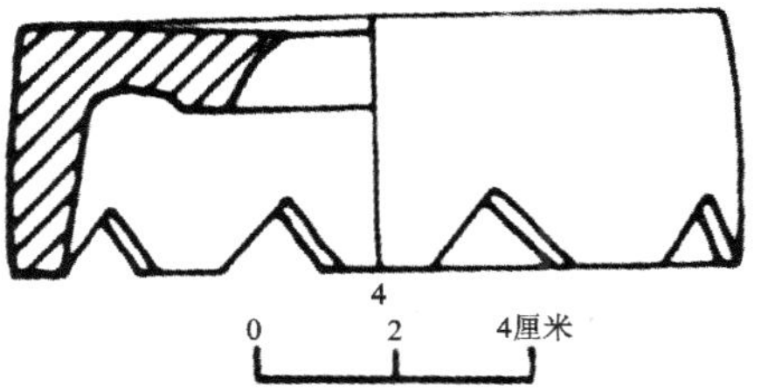

图 4 -4 -5　东晋至南朝龙雾洲乌龟山窑址出土的锯齿形间隔具

采自文献〔1〕

五、泥渣、泥点垫隔

西晋启用的锯齿形间隔具，虽然比东汉、三国时的三足支钉间隔具，具有支点多、着力分散、承重力大的优点。但是，它又存在两大缺陷：一是器物烧成后，往往在器底烙下面积很大的垫烧痕；二是必须一件坯器配一只垫具，而且在烧成时，它一旦与器坯发生粘连，间隔具和器坯两者都将成为废品。为了克服这两大弊端，西晋江苏宜兴均山窑开始使用泥渣作为垫烧坯件的间隔物，一般皆施三块泥渣[5]。嗣后，浙江东晋德清窑等也相继采用，但对其法稍作改良，即把形体较大的泥渣改为扁圆形的泥点[10]。泥点的优点是质地疏松，利于瓷坯焙烧时的收缩，易于从烧成瓷器上剥落下来；加之泥点细小，排列密集，着力点分散，承重力又强，可以多装坯件，增加装烧量；而且产品釉面留下的泥点痕也小；同时还可节省制作窑具的工时和原料，是一项既增加产量又具有很大经济价值的装烧工艺。

六、三足支钉垫隔

北朝中陈郝窑址多以三足支钉为间隔具。这类间隔具为手制而成，底面有指纹，多数平面呈内向弧边三角形，角部捏成钉状足。只有一种式样，胎较粗，肉红色，平面呈圆角内弧边三角形，胎体扁平，三足较矮。标本 T137⑥:6 最大足径 5.7 厘米[12]。

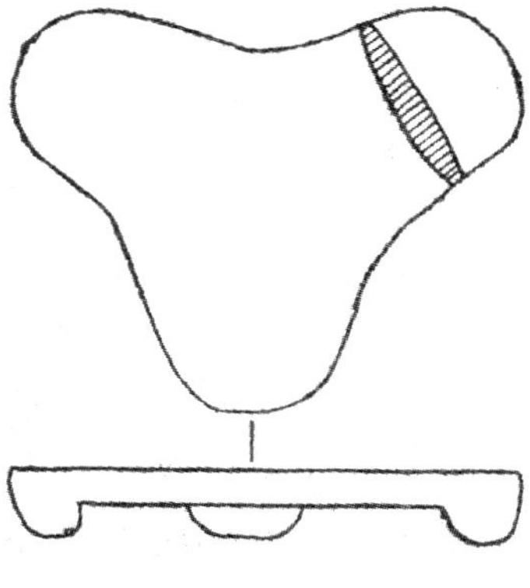

图 4 -4 -6　北朝中陈郝窑址出土的三足支钉

采自文献〔12〕

第五节 窑炉技术

三国、两晋、南北朝时期，我国出土陶瓷窑炉数量较少，半倒焰窑遗存仅见于六朝四川重庆云阳县巴阳镇乔家院子文化遗址。六朝半倒焰窑的结构主要由窑门、火膛、窑室和烟道四部分组成。窑门近方形或长方形，火膛前窄后宽、前低后高，底面以上皆弧形，火膛底面一般低于窑室底面 0.1 米 ~0.3 米。窑室为弧形顶，底部较平整，窑床平面或为正方形或近长方形，窑室内一般开设 2 ~3 条烟道，所设烟道多为长方形凹槽状，垂直分布于窑室后壁，以木柴为燃料。

三国、两晋、南北朝时期的平焰龙窑出土数量比半倒焰窑稍多，主要有三国上虞联江乡凌湖鞍山窑龙窑、三国丰城陈家山窑龙窑、晋代上虞帐子山窑龙窑和南朝丰城郭桥缺口城窑龙窑等残存。三国龙窑窑体的容积比东汉龙窑有所增加。与前代相比，三国、两晋、南朝龙窑有三个特点：一是火膛的底部要比装烧坯体的窑室底部（又称窑床）低；二是火膛与窑床之间砌有一堵黏土墙（称为挡火墙）；三是战国时期部分龙窑开始设置投柴孔，采用分段烧成技术。

一、半倒焰窑

六朝四川重庆云阳县巴阳镇乔家院子文化遗址所出三座半倒焰窑（简称：六朝半倒焰窑）的窑门位于火膛的正前方，近方形或长方形，火门在其中。Y4 号窑门近方形，Y5 号窑门近长方形。构成方式是：先挖出土洞，然后砖砌四周。Y4 号窑是挖出宽 0.68 米 ~0.74 米、高 0.62 米的土洞，然后砖砌四周；Y5 号窑是先挖出宽 0.43 米、高 0.51 米的土洞，然后以砖砌门。Y4 号窑的砌法是：先在两侧各纵向侧置两砖，两侧砖间距 0.24 米，再在底部横置两层砖，夹于两侧砖之间，最后在顶部横向交错叠砌三层砖，形成高 0.22 米的火门。Y5 号窑的砌法是：先将两块素面砖和一块长 0.41 米的菱形花纹砖平铺为底，再在其上两侧各砌一块纵向侧置素面砖为壁，间距 0.19 米，最后在顶部侧砌一素面砖为顶，形成高 0.14 米的火门[1]。

六朝半倒焰窑的火膛位于窑室之前，结构为前窄后宽、前低后高，底面以上皆弧形。弧形顶后端正视为近半圆状的弓形，平面形状似漏斗[1]。汉代半倒焰窑的火膛底部长度一般在 1.32 米 ~1.82 米之间波动、宽度一般在 0.64 米 ~1.70 米之间波动[2]，六朝半倒焰窑的火膛面积与之接近，长度一般在 1.1 米 ~1.32 米、宽 0.7 米 ~2.14 米之间波动。其中，六朝四川重庆云阳县巴阳镇乔家院子文化遗址所出 Y4 号窑南北长 1.1 米、东西宽 0.7 米 ~2.14 米、纵长高度 0.65 米 ~0.9 米；Y5 号窑火膛长 1.32 米、宽 0.7 米 ~2.14 米，纵长高度 0.47 米 ~0.72 米[1]。汉代半倒焰窑的火膛底部一般低于窑床 0.38 米 ~0.7 米[2]，六朝半倒焰窑火膛底面较平整，与窑室底面坡度有所减小，一般低于窑室底面 0.1 米 ~0.3 米[1]。

汉代半倒焰窑窑床的形制主要为长方形、长方台形、正方台形、梯形、近圆形五类[2]。

六朝半倒焰窑的窑床平面为正方形或近长方形，其中，Y4 号窑和 Y7 号窑的窑床平面呈正方形；Y5 号窑的窑室平面基本为横长方形[1]。

汉代半倒焰窑的窑床长度在2.16米~2.88米之间波动、宽度在1.70米~2.72米之间波动[2]。六朝半倒焰窑的窑床面积与之相近，其中，窑床呈正方形的半倒焰窑如Y4号窑的窑床边长2.14米；窑床近正方形Y7号窑的窑床东西长2.36米、南北宽2.38米。西半部窑壁已不存，东半部略有存留，残存最高0.2米。窑床为横长方形的Y5号窑的窑床东西长1.60米~1.70米、南北宽2.26米~2.30米。除南、北、东三面窑壁外，火膛上部还部分地保留着西（前）壁。窑壁残高0.90米~1.02米。六朝半倒焰窑的窑壁与窑室底面垂直，唯南壁向上稍内收。窑室顶部已不存，但从火膛后端上弧趋势分析，可能为弧形顶，窑室底部较平整[1]。

汉代半倒焰窑所设烟道有的为1条，有的设3条，有的设4条。其中以设3条烟道为常见[2]。六朝半倒焰窑一般开设2~3条烟道。其中，Y7号窑所设2条烟道为垂直分布于窑室后（东）壁南北两侧，间距0.73米。烟道断面近正方形，边长0.26米，残存最高0.16米。烟道下部与窑室底面平齐。Y4号窑的3条烟道等距离垂直发布于窑室后（南）壁，间距0.73米、进深0.12米、宽0.18米、残高0.6米~0.8米。烟道下部与窑室底面平齐。Y4号窑和Y5号窑安设3条烟道。所设烟道多为长方形凹槽状，垂直分布于窑室后（东）壁。其中，Y4号窑的3条烟道等距离垂直发布于窑室后（南）壁，间距0.73米、进深0.12米、宽0.18米、残高0.6米~0.8米。烟道下部与窑室底面平齐。Y5号窑的烟道共3条，约等距离垂直分布于窑室后（东）壁，间距0.74米~0.76米，中间烟道大致垂直，上下结构基本一致，但与中间烟道略有差别，呈上窄下宽结构，上宽0.14米、下宽0.18米、进深0.12米。烟道残高与窑室后壁相同，均在0.92米以上。烟道下部与窑室底面平齐。六朝Y5号窑火膛底部有一层草木灰烬，表明所用燃料与汉代半倒烟窑一样，也是用木柴为燃料[1]。

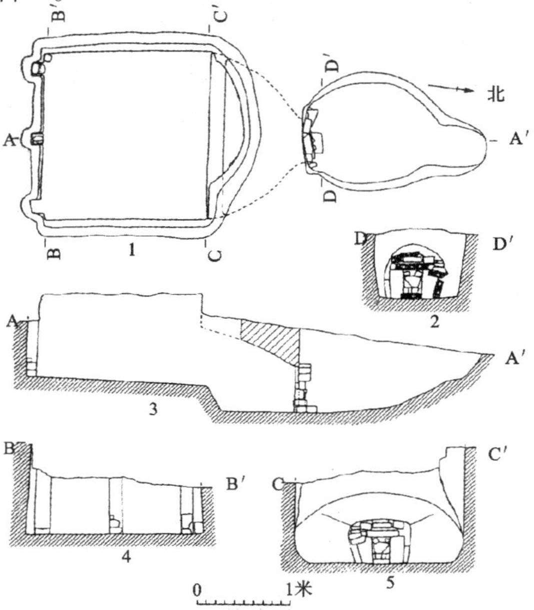

1.平面图　2.窑门正视图　3.剖面图　4.烟道正视图　5.火膛正视图

图4-5-1　六朝云阳县乔家院子文化遗址Y4窑

采自文献〔1〕

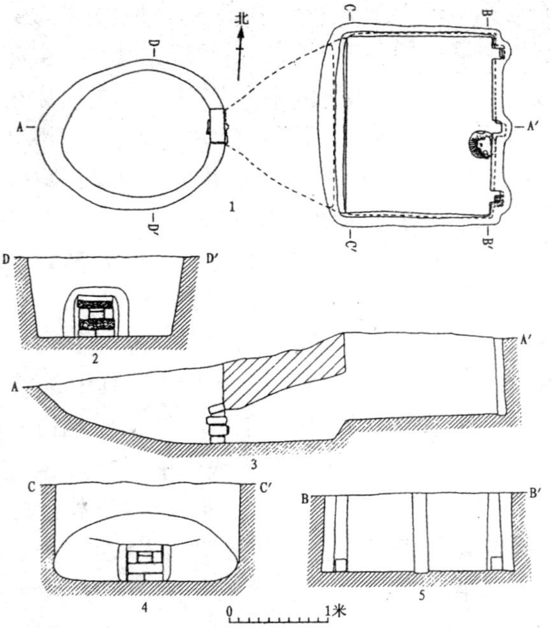

1. 平面图　2. 窑门正视图　3. 剖面图　4. 火膛正视图　5. 烟道正视图

图4－5－2　六朝云阳县乔家院子文化遗址 Y5 窑平、剖面图及正视图
采自文献〔1〕

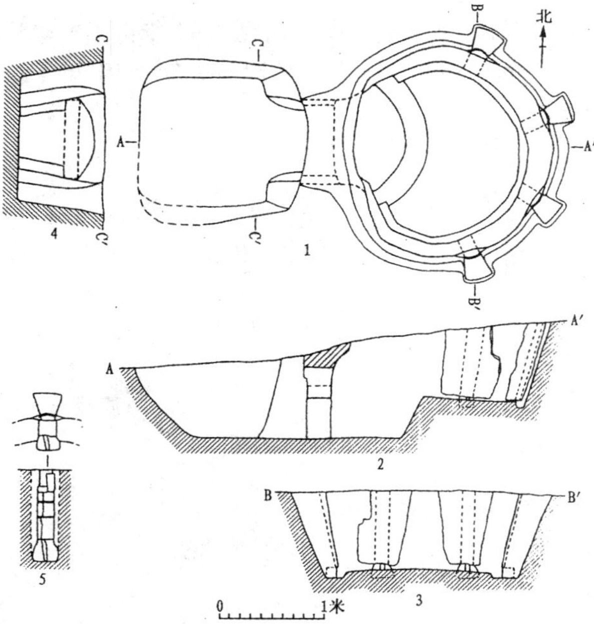

1. 平面图　2. 剖面图　3. 烟道正视图　4. 窑门正视图　5. 烟道解剖图

图4－5－3　六朝云阳县乔家院子文化遗址 Y6 窑平、剖面图及正视图
采自文献〔1〕

二、平焰龙窑

东汉平焰龙窑的长度一般在 10 米 ~20 米，窑床底部宽度在 1.6 米 ~2.5 米之间波动，高度在 1.4 米 ~1.9 米[2]。三国、两晋龙窑窑体容积比东汉时期有所增加，其中，三国上虞联江乡凌湖鞍山北麓窑址出土的龙窑全长 13.32 米，宽 2.21 米 ~2.4 米[3]；三国丰城陈家山窑龙窑，窑体长 23.8 米，窑床平面呈长条形，残长 22.4 米，室内最宽 2.4 米，残高 0.3 米[4]。晋代上虞帐子山窑址出土龙窑，仅存窑床后段和出烟坑部分，残长 3.27 米，宽 2.4 米，其中窑床残长 2.05 米[3]。

东汉浙江上虞帐子山东汉 1 号龙窑和东汉温州永嘉县后背窑龙窑都为拱顶，三国上虞联江乡凌湖鞍山龙窑也为拱顶，该窑是从窑室用黏土筑成窑墙高 0.3 米 ~0.37 米处之上，用黏土砖坯起拱顶的[3]。

三国上虞联江乡凌湖鞍山龙窑的火膛与前代龙窑的火膛相比，有两个特点：一是火膛的底部要比装烧坯体的窑室底部（又称窑床）低。鹰潭童家镇角山遗址商代龙窑火膛与窑室（装烧坯体的空间）连成一体[5]，广东博罗梅花墩春秋龙窑和浙江萧山前山春秋龙窑的火膛与窑室开始分离出来，而且火膛底部由后向前略作倾斜，但是与窑室底部处于同一平面上[6]。东汉龙窑火膛情况不明，三国时期的两座龙窑火膛底部均比窑室底部低得多，其中，三国上虞联江乡凌湖鞍山龙窑的火膛底部低于窑床 0.42 米[3]；三国丰城陈家山窑龙窑火膛低于窑床 0.2 米[4]。二是商代和春秋时期的龙窑的火膛与后面装烧坯体的窑室，直通相连[7]。东汉龙窑火膛情况不明。但是，三国上虞联江乡凌湖鞍山龙窑的火膛与窑床之间砌有一堵黏土墙（称为挡火墙），厚 0.11 米，朝火膛的一面，有薄薄的窑汗[3]。

龙窑利用山坡建造形成一定的高度差而产生自然抽力。如果窑的坡度小，抽力也小，不仅烧成时间长、产量低，而且不利于窑内温度的提高；坡度过大，抽力也大，窑温不易控制，大量冷风进入窑内，温度低，不易维持还原气氛。对于龙窑窑床的合理坡度，一直处于摸索之中：商、西周、春秋和战国时期，我国南方龙窑的坡度一般在 12 度 ~18 度之间波动[7]。东汉龙窑的窑床坡度改为前急后缓状，前段陡峻为 28 度，后段稍和缓为 21 度[3]。

三国龙窑坡度则做了两方面的改进：一是窑床坡度改为前缓后急。例如，三国上虞联江乡凌湖鞍山龙窑则改为前段坡度和缓，为 13 度；后段坡度陡峻，为 23 度[3]。二是降低窑床坡度，并把窑床建成中部略上鼓、两侧凹下状。例如，三国丰城陈家山窑龙窑窑床坡度为 10 度。窑床中部略上鼓，两侧凹下[4]。三国龙窑坡度的这种结构，对烧成也不利，因为三国上虞联江乡凌湖鞍山龙窑窑床坡度由于前段坡度小，窑内的自然抽力不强，对发火和升温不利。后段过陡，自然抽力太大，造成火焰流速过快，不利于升温和保温，当时只好采用砌挡火墙和临时用黏土堵塞出烟孔的办法来缓解。即使这样，窑尾的温度仍然很低，从窑尾尾部不放置坯件就可以判断出当时龙窑后段的空间依然没有得到充分利用，原因是燃烧室的火焰达不到窑尾。三国丰城陈家山窑龙窑把窑床坡度建为 10 度，则造成火焰流速偏缓。三国、两晋龙窑的坡度设计虽然与前代有异，但是在窑床上铺沙[3]的做法则与前代相同。

三国丰城陈家山窑龙窑长达23.8米，窑两侧应设有投柴孔[4]。烧成时，先烧窑头火膛，将坯体预热，待第一排投柴孔下的坯体快烧熟时，停止窑头烧火，改自投柴孔投柴燃烧，使该处坯体烧熟，然后再向后一排投柴，依次烧至窑尾。

商、周和东汉时期的龙窑所设置的窑门情况不详，三国丰城陈家山窑龙窑的东壁中部，距窑前（北）墙11.9米处，开一个“八”字形窑门，门宽约0.8米[4]。

商、周[7]和东汉时期龙窑[2]的窑尾排烟设施一般由挡火墙及烟火柱和烟火弄组成。然而，三国上虞联江乡凌湖鞍山北麓窑址出土的龙窑的窑尾排烟设施较为特殊：窑尾部筑黏土矮墙一堵，高仅0.1米，顶平，两壁向下斜伸，墙面烧结坚硬。矮墙后0.57米~0.80米处，有前后参差不齐的烟火柱五个，高0.15米，柱面有烧结层，说明柱上无墙。柱后有黏土堆，它由许多黏土块搭成，高低不平，表面烧结。有的黏土块留有明显的手指印，显然是烧窑时为了调节窑内的火焰流速而临时封堵的[3]。

三国上虞联江乡凌湖鞍山龙窑窑室的窑墙用黏土筑成，高0.30米~0.37米，其上用黏土砖坯起拱顶[3]。三国丰城陈家山窑龙窑的窑墙用长条形砖坯平铺叠砌[4]，建筑用料与东汉龙窑相同。中国古代龙窑自商代出现，到三国时期，龙窑结构趋于完善。

青瓷烧成过程分氧化、还原和冷却三个阶段。其关键在于控制还原气氛和冷却阶段的气氛。以铁为着色元素的青釉，在氧化气氛中由于胎、釉中的铁质大部分转化为三价铁，即可使釉的颜色随着氧化气氛的强弱，而呈现出各种黄的色调。如在还原气氛中，则一氧化碳和碳化氢等气体，就从铁的氧化物中夺取氧，使三价铁转化为二价铁，随着还原气氛的强弱而呈现出不同程度的青色；在弱还原焰中烧成，釉色青中带黄；在强还原焰中烧成，釉呈较深的青色。如控制得当，即可取得色调纯正的淡青颜色。倘若控制不当，易产生熏烟，或是窑温过高而造成流釉或变形，或是烧成温度过低而生烧。三国、两晋、南北朝时期青瓷釉色的发色，趋于纯正稳定，表明这一历史阶段的窑工基本掌握了青釉的烧成技术。

三、火照的发明

火照是烧造瓷器测验生熟的窑具，也叫试火具、火标、试片、试样、试火板和火牌，统称照子。一般用瓷土制成，有些则以碗、盏、盘等的坯体加工而成。火照的作用是监视炉温、火候，在保证瓷器烧成质量方面起着关键作用。1994年，在江西丰城窑遗址考古发掘的东晋地层和南朝地层中出土了火照。东晋时的火照呈小盏形，盏呈尖圆唇，曲壁，浅圆饼足，应是将已施釉的盏体壁挖去一较大圆孔而成。南朝时火照的造型与东晋基本相同，也呈盏形，所不同的是盏较浅，有的挖孔较大[9]。东晋、南朝丰城窑遗址出土火照一事表明，我国至迟在东晋、南朝时期就已经运用火照来监控瓷窑的烧成进展情况。

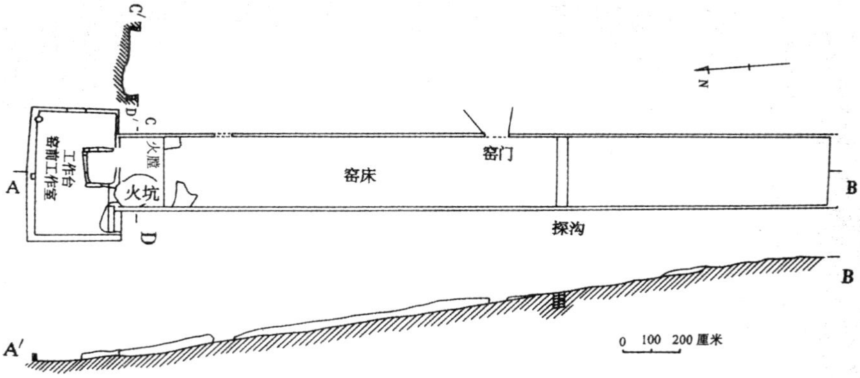

图4－5－4　三国丰城陈家山窑 Y2 号窑平、剖面图　采自文献〔4〕

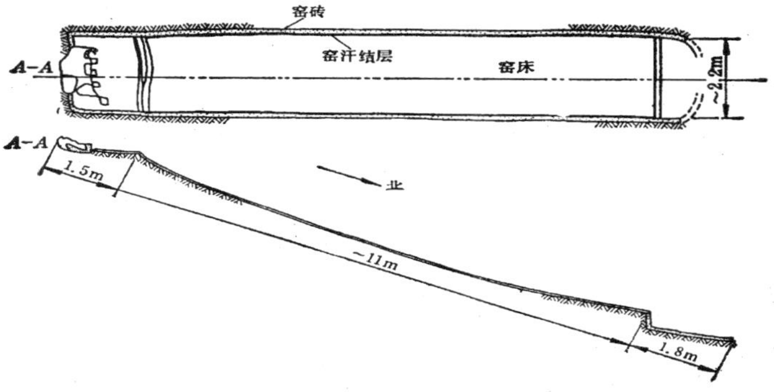

图4－5－5　三国上虞联江乡凌湖鞍山北麓窑址出土的龙窑
采自文献〔3〕

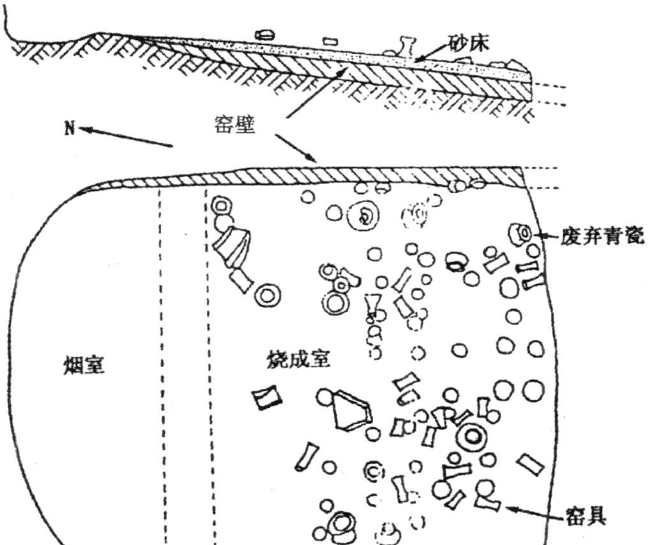

图4－5－6　晋代上虞帐子山龙窑残段　采自文献〔3〕

参考文献

第一节　三国、两晋、南北朝瓷业的初步发展

〔1〕浙江省文物管理委员会，上虞县文化馆于1977年联合发掘资料。转引自中国硅酸盐学会主编：《中国陶瓷史》，文物出版社，1982年；冯先铭：《三十年来我国陶瓷考古的收获》，《故宫博物院院刊》，1980年第1期。

〔2〕李刚：《上虞窑兴衰初探》，《江西文物》，1989年第3期。

〔3〕绍兴文物保护管理所：《浙江绍兴外潮山、馒头山古窑址》，《江汉考古》，1994年第4期。

〔4〕金华地区文管会等：《浙江武义陶器厂三国墓》，《考古》，1981年第4期。

〔5〕权奎山：《陆羽〈茶经〉与洪州窑瓷器》，《文物》，1995年第2期。

〔6〕周世荣：《岳州窑新探》，《1989年古陶瓷科学技术国际讨论会论文集》，上海科学技术文献出版社，1989年。

〔7〕周世荣：《湖南陶瓷》，紫禁城出版社，1988年。

〔8〕山东省博物馆等：《山东淄博寨里北朝青瓷窑址调查纪要》，《中国古代窑址调查发掘报告集》，文物出版社，1982年。

〔9〕枣庄市文物管理站：《山东枣庄古窑址调查》，《中国古代窑址调查发掘报告集》，文物出版社，1984年。

〔10〕易家胜：《南京出土的六朝早期青瓷釉下彩盘》，《文物》，1988年第6期。

〔11〕金柏东等：《永嘉夏甓山东晋窑址调查》，《东南文化》，1994年增刊。

〔12〕〔16〕汪庆正：《中国白瓷研究中若干问题的讨论》，《中国古代白瓷国际学术研讨会论文集》，上海书画出版社，2005年7月。

〔13〕张福康：《中国古陶瓷的科学》，上海人民美术出版社，2000年。

〔14〕周世荣：《浅谈湖南出土的白瓷》，《中国古代白瓷国际学术研讨会论文集》，上海书画出版社，2005年7月；李建毛：《湖南出土的东汉早期白瓷》，《中国古代白瓷国际学术研讨会论文集》，上海书画出版社，2005年7月。

〔15〕中国硅酸盐学会主编：《中国陶瓷史》，文物出版社，1982年。

〔16〕汪庆正：《中国白瓷研究中若干问题的讨论》，《中国古代白瓷国际学术研讨会论文集》，上海书画出版社，2005年7月。

〔17〕中国社会科学院考古研究所洛阳汉魏城队：《北魏洛阳城内出土的瓷器和釉陶器》，《考古》，1991年第12期。

〔18〕安阳县文教卫生管理站：《河南安阳县发现一座北齐墓》，《考古》，1972年第1期。

〔19〕河南省文物考古研究所等：《河南巩义市白河窑遗址发掘简报》，《华夏考古》，2011年第1期。

第二节　制胎和成型技术

〔1〕邓泽群等：《绍兴越窑青釉瓷的科学技术研究》，《1995年古陶瓷科学技术国际讨论会论文集》，上海科学技术文献出版社，1995年。

〔2〕陈尧成等：《瓯窑褐彩青瓷的初步研究》，《江西文物》，1991年第4期。

〔3〕陈士萍等：《湘阴城关镇窑历代青瓷的研究》，《1992年古陶瓷科学技术国际讨论会论文集》，上海科学技术文献出版社，1992年。

〔4〕李国桢等：《历代越窑青瓷胎釉的研究》，《中国陶瓷》，1988年第1期。

〔5〕郭演仪等：《中国历代南北方青瓷的研究》，《中国古陶瓷论文集》，文物出版社，1982年；李国桢等：《历代越窑青瓷胎釉的研究》，《中国陶瓷》，1988年第1期。

〔6〕张福康：《中国古陶瓷的科学》，上海人民美术出版社，2000年。

〔7〕李家治等：《上林湖历代越窑瓷胎釉及其工艺的研究》，《1989年古陶瓷科学技术国际讨论会论文集》，上海科学技术文献出版社，1992年。

〔8〕李家治：《中国陶器和瓷器工艺发展过程的研究》，《中国古代陶瓷科学技术成就》，上海科学技术出版社，1985年。

〔9〕陈尧成等：《瓯窑褐彩青瓷及其装饰工艺探讨》，《1992年古陶瓷科学技术国际讨论会论文集》，上海科学技术文献出版社，1992年。

〔10〕陈士萍等：《小马山德清窑残片的结构研究》，《河北陶瓷》，1986年第1期。

〔11〕陈显求等：《公元六世纪出现的分相瓷》，《硅酸盐学报》，1986年第2期。

〔12〕凌志达：《我国古代黑釉瓷的初步研究》，《中国古陶瓷论文集》，文物出版社，1982年。

〔13〕郭演仪等：《中国历代南北方青瓷的研究》，《中国古陶瓷论文集》，文物出版社，1982年。

〔14〕李家治等：《我国瓷器出现时期的研究》，《硅酸盐学报》第6卷第3期，1978年8月。

〔15〕周仁等：《中国历代名窑陶瓷工艺的初步科学总结》，《考古学报》，1960年第1期。

〔16〕河南省文物考古研究所等：《河南巩义市白河窑遗址发掘简报》，《华夏考古》，2011年第1期。

第三节　制釉和装饰技术

〔1〕郭演仪：《中国南北方青瓷》，《中国古代陶瓷科学技术成就》，上海科学技术出版社，1985年。

〔2〕邓泽群等：《绍兴越窑青釉瓷的科学技术研究》，《1995年古陶瓷科学技术国际讨论会论文集》，上海科学技术文献出版社，1995年。

〔3〕中国硅酸盐学会主编：《中国陶瓷史》，文物出版社，1982年，第145页、164页。

〔4〕李国桢等：《中国名瓷工艺基础》，上海科学技术出版社，1988年。

〔5〕陈士萍等：《小马山德清窑残片的结构研究》，《河北陶瓷》，1986年第1期。

〔6〕陈显求等：《公元六世纪出现的分相瓷》，《硅酸盐学报》，1986年第2期。

〔7〕〔13〕枣庄市文物管理站：《山东枣庄古窑址调查》，《中国古代窑址调查发掘报告集》，文物出版社，1984年。

〔8〕周到：《河南濮阳北齐李云墓出土的瓷器和墓志》，《考古》，1964年第9期。

〔9〕山东淄博陶瓷史编写组等：《山东淄博寨里北朝窑址调查纪要》，《中国古代窑址调查发掘报告集》，文物出版社，1984年。

〔10〕陈尧成等：《瓯窑褐彩青瓷的初步研究》，《江西文物》，1991年第4期。

〔11〕张福康：《中国古陶瓷的科学》，上海人民美术出版社，2000年。

〔12〕秦大树：《宋元时期北方地区陶瓷手工业装饰工艺的成就及其所反映的问题》，《文化的馈赠》，北京大学出版社，2000年。

〔13〕枣庄市文物管理站：《山东枣庄古窑址调查》，《中国古代窑址调查发掘报告集》，文

物出版社，1984 年。

〔14〕李家治等：《上林湖历代越窑瓷胎釉及其工艺的研究》，《1989 年古陶瓷科学技术国际讨论会论文集》，上海科学技术文献出版社，1989 年。

〔15〕李国桢等：《历代越窑青瓷胎釉的研究》，《中国陶瓷》，1988 年第 1 期。

〔16〕李家治等：《我国瓷器出现时期的研究》，《硅酸盐学报》，1978 年第 3 期。

〔17〕凌志达：《我国古代黑釉瓷的初步研究》，《中国古陶瓷论文集》，文物出版社，1982 年。

第四节　装烧技术

〔1〕权奎山：《论洪州窑的装烧工艺》，《考古学研究》第 4 辑，北京大学出版社，2002 年。

〔2〕江西省文物考古研究所等：《江西丰城洪州窑遗址调查报告》，《南方文物》，1995 年第 2 期。参阅万良田：《从丰城东汉青瓷窑址谈洪州窑的创烧年代和承启关系》，《江西历史文物》，1986 年第 1 期。

〔3〕江西省文物考古研究所等：《江西丰城洪州窑遗址调查报告》，《南方文物》，1995 年第 2 期。

〔4〕万良田：《江西省丰城龙雾洲瓷窑调查》，《考古》，1993 年第 10 期。

〔5〕肖梦龙：《宜兴小窑墩西晋、唐窑址的调查报告》，《中国陶瓷·古陶瓷研究专辑》增刊，1982 年第 7 期。

〔6〕金柏东等：《永嘉夏甓山东晋窑址调查》，《东南文化》，1994 年增刊。

〔7〕浙江省文管会：《浙江鄞县古瓷窑址调查纪要》，《考古》，1964 年第 4 期。

〔8〕绍兴文物保护管理所：《浙江绍兴外潮山、馒头山古窑址》，《江汉考古》，1994 年第 4 期。

〔9〕党华：《浙江省萧山县上董越窑址发现记》，《文物参考资料》，1955 年第 3 期。

〔10〕浙江省文物管理委员会：《德清窑瓷器》，《文物》，1959 年第 12 期。

〔11〕陈丽琼：《灌县、郫县南朝至唐古窑群调查》，《四川古陶瓷研究》，四川社会科学院出版社，1984 年。

〔12〕山东大学历史系考古专业等：《山东枣庄中陈郝瓷窑址》，《考古学报》，1989 年第 3 期。

第五节　窑炉技术

〔1〕西北大学考古队等：《重庆云阳县乔家院子遗址六朝及明代窑址的发掘》，《考古》，2006 年第 5 期。

〔2〕本书第三章第五节。

〔3〕朱伯谦：《试论我国古代的龙窑》，《文物》，1984 年第 3 期。

〔4〕张文江等：《江西丰城陈家山窑洪州窑遗址考古发掘的主要收获》，《中国古陶瓷研究》，紫禁城出版社，2006 年。

〔5〕周广明：《江西地区商代窑业概述》，《2005 年古陶瓷科学技术国际讨论会论文集》，上海科学技术文献出版社，2005 年。

〔6〕广东省文物考古研究所等：《广东博罗县园洲梅花墩窑址的发掘》，《考古》，1998 年第 7 期。

〔7〕本书第二章第六节。

〔8〕张文江等：《江西丰城陈家山窑洪州窑遗址考古发掘的主要收获》，《中国古陶瓷研究》，紫禁城出版社，2006 年；朱伯谦：《试论我国古代的龙窑》，《文物》，1984 年第 3 期。

〔9〕赖金明：《洪州窑制瓷工艺的突出成就》，《南方文物》，2001 年第 2 期。

第五章

隋、唐、五代瓷器的发展

隋朝存世虽然只有三十多年，但它统一全国，结束了汉末以来将近四百年的分裂动乱的局面，而且隋代开运河，为南北经济和文化的统一做出了贡献。

唐代实现了人民所渴望的国家空前规模的统一，成为中国古代的鼎盛时期，在经济、文化等各方面都取得了杰出成就。唐代极盛时期势力所及，东至朝鲜半岛，西北至葱岭以西的中亚，北至蒙古，南至中南半岛，是当时世界上最强大的封建帝国。唐代首都长安城，周围长约35.5千米，全城人口30多万户，南城商业区布满旅店和商铺，聚居着中亚、波斯、大食等国的外商。长安有五条大道通往全国，水路则“旁通巴汉，前诣闽越”，“控引河路，兼包淮海”。唐代的广州、洪州、扬州、洛阳、长安乃外国商胡集中之地〔1〕。唐代广州为中西海上交通要地。广州江中“有婆罗门、波斯、昆仑等船，不知其数，并载香药珍宝，积载如山，其舶深六七丈。狮子国、大石国、骨唐国、白蛮、赤蛮等往来居住，种类极多”〔2〕，成都、凉州等城市也都非常繁华富庶。

隋、唐、五代为中国瓷器烧造的发展时期，南方窑场增多，北方窑场兴起，极大地推动了中国制瓷技术的发展。南方各窑依然以烧造青瓷为主，其中以越窑秘色瓷名气为大，只有景德镇窑兼烧白瓷。陆羽《茶经》从品茶角度，十分推崇越窑青瓷；北方窑场则重点烧造白瓷，其中以内丘邢窑白瓷最为著名，只有少数窑场制造青瓷，当时唐代内丘邢窑白瓷名闻天下，从而形成“南青北白”的局面。另外，黑瓷、花釉、高温釉上彩和釉下彩在唐、五代得到进一步发展，并新创茶叶末釉、高温绿釉、高温铜红釉、青花和绞胎装饰瓷器。

隋、唐、五代南方制瓷先民，继承汉晋制胎工艺传统，单独采用瓷石一种原料制胎；北方新兴窑场多采用高铝质黏土原料并掺加塑性原料配伍制胎；另外还有少数窑场采用高岭石质瓷土原料制胎。制瓷原料加工通过淘洗池、沉淀池进行，并启用泥料炼制工艺。成型主要有轮制、模制和捏塑三种工艺，特别是轮制工具——辘轳（陶车）的设施及其部件与近代瓷器成型设施基本接近，表明轮制拉坯技术趋于成熟。

隋、唐、五代期间，一方面继承汉晋制釉工艺传统，南方窑场依然使用灰釉工艺；北方部分窑场则采用灰—碱釉或碱—灰釉或灰—镁釉工艺，同时又推出了不少新制釉技术及其产品。隋、唐、五代瓷器装饰技法比前朝更显丰富，划花、刻花、贴花技术比前朝有所发展，雕花、珍珠地划花和跳刀席纹等工艺装饰则为唐代首创。唐代推出的绞胎装饰分为全绞胎和贴面绞胎两种。唐代高温釉上彩除了沿袭晋代在青釉上绘彩外，又增加了黑釉上洒白彩、茶叶末釉上加彩、白釉上饰酱彩、酱釉上加彩等工艺。唐代还发明了青花等釉下彩装饰工艺。

东晋、南朝启用的匣钵装烧技术在唐五代得到初步发展，匣钵的形制随之增多，规整实用，用匣钵装烧坯体时十分重视匣钵的密封性。

隋、唐、五代期间，南方大多数窑场仍用龙窑烧造瓷器。隋代龙窑装烧容量比三国、两晋时扩容60%，唐代龙窑装烧容量又比隋代扩大1～3倍。龙窑多依天然山坡砌建，窑顶为拱顶，拱顶的修建采用竹木龙骨技术。火膛多为单火膛，有等腰梯形、扇形、长方形、倒梯形四种形制。火膛面积大小不一，·火膛坡度一般在9度至20度之间。底部均铺沙，隔火墙、烟孔、烟道等排烟装置安设在窑尾。修建材料有砖、砖和砾石、匣钵、土坯等。火照用器坯制成。隋、唐、五代北方窑场多用马蹄窑，隋、唐、五代邢窑和唐代巩县窑烧成温度最高都能达到1370℃，烧成温度普遍比同时代的南方窑场明显要高，表明当时北方地区的耐火材料和高温窑炉技术在全国处于领先地位。

第一节　隋、唐、五代瓷业的发展

隋、唐、五代是我国瓷器技术的发展时期，越窑秘色瓷工艺精细，釉色呈现出纯净的青绿偏灰色泽；以邢窑产品为代表的白瓷，胎质洁白，半透明性强，釉色乳白，光润晶莹。另外花釉、茶叶末釉、铜红釉、乳浊绿釉等都得到相应的发展，并新创绞胎瓷。在这一历史时期出现的以铁为着色剂的釉下彩瓷，特别是以钴为着色剂的青花瓷，则是中国古代制瓷技术的一项重要发明。

一、青瓷的繁荣

隋、唐、五代时期，青瓷仍是瓷器生产的主流。在隋代，所发现的窑址除了邢窑外，几乎都烧造青瓷。入唐后，南方各窑依然继续烧造青瓷，北方烧造白瓷的诸窑也多兼烧青瓷。就唐墓出土瓷器看，青瓷出土数量仍然多于白瓷。隋代烧造青瓷的重要窑址有山东曲阜窑、河南安阳窑、河北磁县贾壁村窑、安徽淮南窑、湖南湘阴窑、四川邛崃窑等。唐五代制造青瓷的重要窑场有越窑、婺州窑、岳州窑、丰城窑、黄堡窑、西村窑和潮州窑等。

唐代青瓷以越窑名气最大。唐代越窑，是指唐代越州境内的窑场。浙江上虞、慈溪、绍兴、余姚等地都发现了唐、五代青瓷窑场，它们都在唐代越州辖区之内。唐代陆羽《茶经》评论当时流行的茶具时，十分推崇越窑青瓷产品，到了晚唐及五代，越窑青瓷中的秘色瓷被人们广为赞颂。这是因为唐、五代越窑窑场烧造的青瓷釉，没有纯正的青绿色，不是偏灰，就是偏黄。而陕西扶风法门寺唐代地宫出土的秘色瓷大多呈现出纯净的青绿偏灰，少数为青黄色。晚唐陆龟蒙《秘色越器》诗把秘色瓷釉面比喻为“千峰翠色”；徐夤《贡余秘色茶盏》则以“嫩荷”、“明月”的色泽来模拟秘色瓷釉面。另外，“秘色瓷”工艺精细，拉坯成型或修坯镟底，从器物口、腹、底各个部位到转角突棱都做得一丝不苟，胎体厚薄均匀，造型规矩端庄。

二、白瓷的成熟

中国古代白瓷自南北朝萌发，到隋代制造技术成熟，产生了呈色稳定、洁白无瑕的白瓷。唐代是中国古代烧造白瓷的鼎盛时期。近四十年来，今江苏、浙江、湖南、广东、福建、新疆、甘肃、四川、河北等地唐墓都有白瓷出土。唐代烧造白瓷的重要窑场有内丘窑、临城窑和巩县窑等。其中，以内丘邢窑白瓷最为著名。

唐、五代邢窑白瓷，胎色白中微闪黄，器物多满釉，底心大部分施釉。有的细白瓷片薄如蛋壳，胎厚仅 0.1 毫米 ~0.25 毫米；有的胎釉几乎不分，浑然一体。唐代李肇《国史补》记唐开元至贞元年间（713—804 年）的见闻时写道："内丘白瓷瓯，端溪紫石砚，天下无贵贱通用之。"唐代元稹《元氏长庆集》卷十三《饮致用神麴酒三十韵》也咏赞邢窑白瓷："雕镌荆玉盏，烘透内丘瓶。"其中精品，例如，隋代内丘县北关遗址邢窑白瓷胎质洁白，半透明性强，釉色乳白，光润晶莹，类似乳白玻璃。唐代巩县窑也以生产白瓷为主，其中一部分精品作为贡品进献朝廷，即《元和郡县图志》所云："开元中，河南贡白瓷。"

三、颜色釉瓷的发展

唐、五代颜色釉装饰主要有：花釉、茶叶末釉、铜红釉和乳浊绿釉等。花釉是在黑釉、黄釉、黄褐釉、天蓝釉或茶叶末釉上饰以天蓝或月白色斑点。其斑点有的呈有规则的排列；有的则任意加上几点；有的又像波浪。由于它们都装饰在深色釉上，衬托出浅色彩斑，显得格外醒目。花釉首现于唐代[1]，就釉色和斑点的特色来讲，唐代花釉分两类：一类为黑色或黑褐色釉，饰以月白色或灰白色彩斑，器物有腰鼓和壶、罐；另一类为黑色、月白或钧蓝釉，饰以天蓝色细条纹彩斑，器物有壶和罐。唐代鲁山段店窑烧造的高温花釉，在黑釉上加施带蓝色的釉料，经高温窑变后，呈现天蓝色的块状彩斑。当高温熔融时，呈现大面积不规则的块斑，多用于装饰盆、碗、钵、盘、炉、枕、注子等[2]。禹县下白峪窑的高温花釉器物上饰有灰蓝色花斑，出土的黑釉蓝斑腰鼓，器型巨大，制作精良，釉色匀净，花斑艳丽[3]。

茶叶末釉是中国传统高温色釉品种之一，釉色黄、绿掺杂，在黄褐色的底色中散布着许多细小的绿色斑点，颇似茶叶细末。茶叶末釉至迟出现于唐代。唐代黄堡窑烧造的茶叶末釉，产品比较单一，釉色有黄绿、深绿、褐绿。唐代浑源生产的茶叶末釉，呈现出浓淡不一的透明黄褐色。唐末观台窑所产茶叶末釉呈黛色。

以铜为着色剂的高温铜红釉，始现于唐代长沙窑，唐代长沙窑首创的高温铜红釉不仅是红、绿共存，或红中散布点点绿色小圆斑，而且还出现了通体红色的高温铜红釉[4]。铜红釉对温度、气氛、冷却速度、铜含量等因素极为敏感，只有在这些条件都合适的情况下，才会出现铜红；如果工艺条件稍有偏离，就不能得到真正的红色，或者红色根本就不出现。唐代长沙窑高温铜红釉的问世，表明中国古代制瓷技术发展到一个新阶段。高温乳浊绿釉也是用铜为着色剂，中国古代掌握烧造高温乳浊绿釉生产技术的只有唐代长沙窑和邛崃窑[5]。

四、绞胎瓷器的出现

绞胎器是采用几种反差较大的色泥经绞合而成。绞胎工艺始创于盛唐。绞胎装饰器物既有陶胎，又有瓷质。西方学者把中国唐代绞胎装饰，叫做“大理石纹陶瓷（marbled ware）”。绞胎器常见的器型有碗、杯、瓶、钵、三足小盘、长方形小枕等。据考古发掘资料，唐代烧造绞胎装饰陶瓷的窑址有唐代河南巩县窑和唐代陕西黄堡窑两处。绞胎花纹有粗有细，可见木理纹、“几”形曲折纹、团花等，其中团花装饰又有朵花、如意云、菱花之别。按绞胎技法分，有绞胎和镶嵌贴面两种。绞胎泥色有白、褐、黑三种。有的白、黑两色相绞，有的白、褐两色相绞，也有白、褐、黑三色相绞。

五、釉下彩的发明

“釉下彩”是釉下彩瓷的简称，是用色料在坯体上画饰纹样之后，再罩盖透明釉，最后入窑高温一次烧成。成瓷后的纹样受到釉面保护，不易磨损和脱落。唐代出现的釉下彩主要是以铁为着色剂的釉下褐彩，唐代温州窑、长沙窑、邛崃窑、建阳将口窑、鹤壁集窑和黄堡窑等先后都采用过这种装饰工艺。其中，唐代长沙窑的釉下彩绘与绘画艺术相结合，笔法流利，色彩鲜明，人物、禽鸟、鱼龙、走兽、云气山水、蔓草、芦苇等都曾入画，开了以绘画技法来美化瓷器的先河（彩图6）。

唐代首现的青花瓷则是中国古代釉下彩瓷的一项重要发明。唐代扬州唐城地层多次出土了青花残器，经测试研究，这批青花瓷片胎的化学组成是以低硅、高铝和高钛为特征，属北方瓷胎系统。其胎的化学组成与邢窑和定窑白瓷胎的差别较大，而与唐代巩县窑白瓷接近，而且唐青花瓷胎组成中含高钛（0.83%～1.40%）[6]与唐代巩县窑白瓷相同（0.80%～1.23%）（见表5－2－1，第91～94号）；扬州唐城出土青花残器釉的外观和内在化学组成也与唐代巩县窑白瓷较为接近；另外，唐城出土青花残器的烧成温度、烧成气氛、显气孔率等均与唐代巩县窑白瓷甚为接近[7]。这就表明，唐代扬州唐城地层出土的青花残器和唐代巩县窑白瓷，两者不仅在胎、釉的化学组成上非常接近，而且在制作工艺和烧成技术上也很相似。另外，从印度尼西亚的勿里洞岛附近海域中打捞出水的9世纪阿拉伯或波斯木质沉船（打捞者把它命名为“黑石号”）中三件完整的唐青花瓷盘[8]的装饰风格也与扬州唐城遗址所出唐青花残片标本相同。2002年至2004年，河南巩县（今改名为巩义市）黄冶窑晚唐地层出土了青花瓷残器，器形有碗、罐、执壶等，装饰纹样风格与唐代扬州唐城地层出土的青花瓷接近[9]。

经测试研究，河南巩县黄冶窑晚唐地层出土的青花瓷胎的化学组成，不仅与巩义黄冶窑白瓷胎的化学组成相似，而且与扬州唐城出土的青花瓷胎也相符[10]。另外，河南洛阳白马寺唐代遗存也出土了一件唐青花瓷碗[11]，这就进一步确证，唐代黄冶窑为唐青花瓷的产地。

第二节　制胎原料的选择、加工与成型技术

隋、唐、五代南方窑场，继承汉晋制胎工艺传统，单独采用瓷石一种原料制胎；北方新兴窑场多采用高铝质黏土原料并掺加塑性原料配伍制胎；另外还有少数窑场采用高岭石质瓷土原料制胎。隋、唐、五代窑场善于选择含铁量低、含钛量也低的原料来烧造白瓷；隋代邢窑瓷胎半透明性的形成，主要是胎料中掺加了钾长石。隋、唐、五代制瓷原料加工通过淘洗池、沉淀池进行，不过当时的淘洗技术仍属“粗淘”工艺阶段，但此时启用的泥料炼制工艺则是制瓷技术的一大进步。成型主要有轮制、模制和捏塑三种工艺，特别是出土的轮制工具——辘轳（陶车）的设施及其部件与近代瓷器成型设施基本接近，表明轮制拉坯技术趋于成熟。

一、单用瓷石一种原料制胎

隋、唐、五代期间，南方窑场（除广东新会官冲窑外）烧造的青瓷和白瓷，均继承前朝制胎传统工艺，依然采用瓷石一种原料制胎，这可从胎的化学组成反映出来。经测试，隋、唐、五代南方窑场瓷石质瓷器（包括青瓷和白瓷）五十二个样品（表5－2－1，第1～52号）胎中SiO_2含量平均为75.19%；Al_2O_3含量平均为17.15%；四种助熔剂CaO（0.36%）、MgO（0.87%）、K_2O（2.48%）、Na_2O（0.44%）总含量为4.15%。隋、唐、五代南方窑场瓷胎这种化学组成特征，与东汉、三国、两晋、南朝南方窑场瓷胎的组成十分接近，可见隋、唐、五代南方窑场制胎所用原料与东汉和三国、两晋、南朝时一样，均单独用瓷石一种原料。

有关学者对隋、唐、五代期间，南方窑场瓷胎进行的显微结构观察研究，也得出类似的结论。例如，隋、唐、五代绍兴地区青瓷与三国、两晋、南朝青瓷一样，胎中主要含有石英、少量发育不良的莫来石、少量长石、云母残骸、少量未熔黏土以及玻璃相，此外有些瓷胎中还含有方石英[1]；唐代上林湖瓷胎中含有石英、长石、云母残骸，未熔黏土和玻璃相，莫来石发育不良，闭口气孔较多[2]；唐代湘阴窑青瓷胎中主要含有石英（有的残留石英颗粒达毫米级），二次发育不完全的莫来石针晶、长石残骸（有的长石残骸也达毫米级，有的还可见双晶）、云母残骸、含铁黏土、玻璃相，个别还可见到金红石等物相[3]；唐代邛崃十方堂窑瓷胎中有残留石英、黏土团、云母残骸、金红石、玻璃相、气孔等[4]，毋庸置疑，瓷胎中的这种显微结构乃用瓷石类原料烧造而成。

胎的显微结构研究结果表明，在以瓷石为原料的南方地区烧造青瓷的窑场中，以唐五代温州窑青瓷胎质量为佳。胎的显微结构显示该窑瓷胎中颗粒较细，一般都在25微米以下，石英颗粒有融蚀边，有绢云母残留，表明烧成温度较高，其制胎原料为石英—云母质瓷石矿物。胎的物理性能测试也证明，温州窑瓷胎质量不错[5]。经测试，唐代温州窑四个样品胎的吸水率在0.28%～0.37%之间波动；气孔率在0.64%～0.81%之间波动（表5－2－2，第9～12号）。

二、单用高岭质瓷土一种原料制胎

如本书第二章第二节所述，早在商周时期，广东部分地区烧造的原始瓷一度采用广东潮州市东北3.5千米的飞天燕山所产的高岭质瓷土为制胎原料。这种原料的特点是：Al_2O_3含量偏低，但是，经过淘洗后形成的洗泥中的Al_2O_3含量可以提高到24.56%，特别是高铝质“土胆”中Al_2O_3含量可达36.47%，这类原料不需要掺加其他制胎原料而可直接用于制胎[6]。唐代广东新会官冲窑出产的瓷器可能用这种原料制胎，其四件标本（表5－2－1，第53～56号）胎中Al_2O_3含量在14.01%～28.01%之间波动。

三、高铝质黏土掺加熔剂性原料制胎

高铝质黏土，即含铝量高的黏土。南方陶瓷原料中的高岭土，北方陶瓷原料中的砂石、坩子土等都属于高铝质黏土的范畴。虽然早在原始社会，我国先民就开始用高铝质黏土原料来烧造陶器，但是不能单独用它来烧造瓷器，这是因为高铝质黏土原料中的Al_2O_3含量太高，而助熔剂含量却非常低。例如，河北出产的赞皇白家窑白坩土（表5－2－1，第127号）Al_2O_3含量为32.56%，助熔剂CaO（0.25%）、MgO（0.30%）、K_2O（0.62%）、Na_2O（0.26%）总含量为1.43%；又如，灵山坩土（表5－2－1，第129号）Al_2O_3含量为37.04%，而四种助熔剂CaO（0.12%）、MgO（0.32%）、K_2O（0.26%）、Na_2O（0.37%）总含量为1.07%。高铝质黏土原料中由于Al_2O_3含量太高，助熔剂含量又非常低，即使在1400℃温度下也难使它致密烧结。

隋、唐、五代北方地区先民于是在高铝质黏土原料中掺加熔剂性原料来烧造瓷器。例如，隋代邢窑以高铝质的赞皇白家窑白坩土并掺以内丘神头长石为制胎原料[7]；晚唐、五代定窑白瓷制胎以当地所产灵山坩土原料为主，再掺入10%～20%的长石[8]；唐代巩县窑制胎原料也是在当地某些含铝过高的高铝黏土矿中加入少量长石[9]。唐代巩县窑白瓷使用纯度高的高铝黏土与适量长石混合制胎[10]，唐代浑源窑采用含铁质较多的黏土与石英、长石配合制胎[11]。

用高铝质黏土掺加熔剂性原料来烧造的瓷胎的化学组成与南方窑场用瓷石制造的瓷胎的化学组成不同，隋、唐、五代北方邢窑、定窑、巩县窑等四十四个标本（表5－2－1，第74～117号）胎中Al_2O_3平均含量高达30.01%，而助熔剂含量偏低，例如其四十四个标本（表5－2－1，第74～117号）胎中四种助熔剂CaO（平均为0.93%）、MgO（平均为0.66%）、K_2O（平均为2.07%）、Na_2O（平均为0.50%）总含量为4.16%。这就是说，隋、唐、五代北方地区采用高铝质黏土掺加熔剂性原料成瓷的化学组成，与同时期南方窑场采用瓷石成瓷的化学组成相比，前者胎中Al_2O_3含量（平均为30.01%），乃是后者胎中Al_2O_3含量（17.15%）的1.75倍；而前者胎中四种助熔剂CaO、MgO、K_2O、Na_2O总含量（4.16%），又与后者胎中四种助熔剂CaO、MgO、K_2O、Na_2O总含量（4.15%）相近。

由于以高铝质黏土掺加熔剂性原料成瓷的胎体中Al_2O_3含量偏高，因此需要比较高的烧成温度，例如，唐代巩县窑三个标本（表5－2－2，第21～23号）胎的烧成温度在1240℃～1400℃之间波动，邢窑白瓷三个标本（表5－2－2，第32～34号）胎的烧成温度在1190℃～1310℃之间波动，甚至超过1310℃。测试研究资料表明，隋、唐、五代期间，北方窑场制瓷匠师对于高铝质黏土原料与塑性原料配伍的比例尚不能完全正确地把握。例如，隋代邢窑白瓷两个标本（表5－2－1，第74、75号）胎中K_2O含量分别高达7.25%和5.20%，但是，唐代邢窑白瓷七个标本（表5－2－1，第76～82号）胎中K_2O平均含量只有0.89%。一般说来，高铝质黏土原料由于含铝量过高，必须掺加多量塑性原料才能在烧成时使之致密成瓷；如果塑性原料掺入量不够，往往使瓷胎质量下降。隋代邢窑白瓷部分样品由于在胎料中加入了多量的钾长石，成瓷后的胎体气孔率低，其两个样品（表5－2－2，第29、30号）胎的吸水率分别为0.56%和0.60%，胎体致密洁白，对光有透明感[12]，这是因为长石在1200℃即开始熔融成玻璃态质的熔体，这种熔体在高温下与高岭和石英反应，促使瓷胎在较低的温度下即可致密瓷化。与此同时，由于长石在高温下形成的熔融体的黏度大，如果烧成温度适当，则可使瓷器在烧成中不产生变形，而增加其透明度和釉的光泽度[13]。而唐代邢窑细白瓷胎由于胎料中加入钾长石量不够，如上所述，唐代邢窑白瓷七个标本（表5－2－1，第76～82号）胎中K_2O平均含量只有0.89%。也就是说，唐代邢窑细白瓷胎中的K_2O含量仅为隋代邢窑白瓷胎中的K_2O含量的12.28%～17.12%，因而成瓷后的胎体吸水率和气孔率与隋代相比显得比较高（表5－2－2，第29～34号）。唐代巩县白瓷胎的吸水率波动也比较大，其三个标本（表5－2－2，第21～23号）胎的吸水率在0.33%～6.40%之间波动。

表5－2－1　隋、唐、五代瓷胎及其原料的化学组成

序号	年代、窑场、器物种类	成分（%）										参考文献
		SiO_2	Al_2O_3	Fe_2O_3	TiO_2	CaO	MgO	K_2O	Na_2O	MnO	P_2O_5	
1	唐象山青瓷92号胎	78.01	14.23	1.82	0.80	0.44	0.53	2.75	0.81	0.04	—	〔20〕
2	唐余姚青瓷143号胎	75.83	17.17	1.82	1.00	0.29	0.55	2.67	0.87	—	—	
3	唐宜兴涧漴青瓷220号胎	77.73	14.84	2.25	1.04	0.45	0.56	1.78	1.25	0.03	—	
4	唐灌县玉堂青瓷133号胎	78.53	15.21	2.04	1.15	0.23	0.74	1.89	0.16	0.01	0.06	
5	唐上林湖青瓷SL5－2胎	75.40	16.82	1.75	0.78	0.32	0.53	2.73	1.08	0.02	0.06	〔21〕
6	唐上林湖青瓷碗SL6胎	75.24	16.82	2.07	0.80	0.36	0.63	2.52	0.92	0.02	0.07	
7	唐上林湖青瓷SL7－2胎	73.78	18.75	2.02	0.86	0.39	0.52	2.44	0.67	0.02	0.06	

续表

序号	年代、窑场、器物种类	成分（%）										参考文献
		SiO_2	Al_2O_3	Fe_2O_3	TiO_2	CaO	MgO	K_2O	Na_2O	MnO	P_2O_5	
8	唐上林湖青瓷11号胎	77.68	15.37	1.73	0.79	0.31	0.49	2.79	0.87	—	—	〔2〕
9	唐上林湖SY1青瓷片胎	74.81	17.00	2.19	0.79	0.17	0.88	3.16	0.78	—	—	〔22〕
10	唐上林湖SY2青瓷片胎	73.25	16.82	2.59	0.80	1.05	1.35	3.01	0.86	0.03	—	
11	唐上林湖SY4青瓷片胎	73.87	17.13	1.85	0.68	0.29	1.67	3.18	0.29	0.05	—	
12	唐绍兴羊山青瓷SYTD－1胎	75.73	17.31	1.81	0.84	0.32	0.60	2.31	0.68	0.01	0.04	〔1〕
13	唐绍兴羊山青瓷SYTD－2胎	76.20	16.44	2.37	0.78	0.28	0.57	2.37	0.66	0.01	0.01	
14	唐、五代温州青瓷OT4胎	73.30	18.70	1.50	0.9	0.50	1.10	2.90	0.40	0.03	0.10	〔5〕
15	唐、五代温州青瓷OT5胎	74.00	18.50	1.30	1.10	0.60	0.80	2.80	0.30	0.02	0.10	
16	唐、五代温州青瓷OT6胎	71.60	18.60	1.40	1.00	2.40	0.90	2.90	0.50	0.05	0.20	
17	唐、五代温州青瓷OT7胎	75.20	16.80	1.40	1.00	0.60	0.70	3.50	0.20	0.03	0.10	
18	隋湘阴青瓷罐16号胎	76.31	16.37	1.44	0.71	0.14	0.94	2.54	0.12	—	—	〔3〕
19	唐湘阴青瓷盘17号胎	71.89	18.51	2.21	0.67	0.24	0.67	2.28	0.11	0.01	—	
20	唐湘阴窑青瓷18号胎	77.64	14.75	1.74	0.75	0.12	0.63	2.41	0.13	0.02	—	
21	唐湘阴青瓷碗19号胎	71.67	19.93	2.42	0.69	0.22	0.68	2.67	0.13	0.01	—	
22	唐湘阴青瓷碗20号胎	76.44	15.73	1.71	0.64	0.12	0.51	2.12	0.10	0.01	—	
23	唐湘阴青瓷罐21号胎	72.51	18.13	2.18	0.69	0.27	0.68	2.54	0.12	0.01	—	

续表

序号	年代、窑场、器物种类	成分（%）										参考文献
		SiO_2	Al_2O_3	Fe_2O_3	TiO_2	CaO	MgO	K_2O	Na_2O	MnO	P_2O_5	
24	唐洪州青瓷豆 HU2 胎	78.10	15.61	1.71	0.97	0.14	0.52	1.94	0.19	0.02	—	〔23〕
25	唐洪州青瓷盘 HU4 胎	73.77	17.21	3.20	1.11	0.11	0.83	2.96	0.43	0.02	—	
26	唐洪州青瓷碗 HU9 胎	67.60	21.58	3.93	1.49	0.17	1.02	2.94	0.34	0.05	—	
27	唐洪州青瓷碗 HU19 胎	74.04	16.74	3.30	1.14	0.16	0.82	2.95	0.40	0.04	—	
28	唐邛崃窑青瓷 QL1 胎	76.59	14.49	3.52	1.03	0.32	1.63	1.62	0.37	—	0.29	〔4〕
29	唐邛崃窑青瓷 QL2 胎	72.32	15.59	3.41	1.13	0.48	3.92	2.18	0.50	—	0.32	
30	唐邛崃窑青瓷 QL3 胎	76.37	15.40	2.59	1.07	0.33	1.93	1.53	0.27	—	0.27	
31	唐邛崃窑青瓷 QL4 胎	74.71	15.48	2.64	1.00	0.30	2.79	1.92	0.73	—	0.27	
32	唐邛崃窑青瓷 QL5 胎	75.02	15.31	3.12	1.07	0.35	2.75	1.76	0.45	—	0.29	
33	唐邛崃窑青瓷 QL6 胎	75.43	14.75	2.63	1.00	0.34	2.31	2.03	1.07	—	0.29	
34	唐长沙铜官窑 TD－1 胎	75.21	18.79	1.59	1.34	0.10	0.66	2.39	0.08	0.02	0.10	〔24〕
35	唐长沙铜官窑 TD－2 胎	71.89	19.78	2.40	1.06	0.11	0.61	3.00	0.10	0.02	0.08	
36	唐长沙铜官窑 TD－3 胎	74.20	17.87	2.53	1.11	0.24	0.66	3.02	0.23	0.02	0.10	
37	唐长沙铜官窑 TD－4 胎	74.83	18.32	1.58	1.02	0.21	0.61	2.88	0.09	0.02	0.10	
38	唐长沙铜官窑 TD－5 胎	76.43	16.25	2.19	0.87	0.18	0.58	2.68	0.08	0.02	0.12	
39	唐长沙铜官窑 TD－8 胎	73.43	18.21	2.31	0.96	0.19	0.61	2.67	0.09	0.02	0.06	
40	唐长沙铜官窑 TD－11 胎	72.62	20.73	1.78	0.79	0.17	0.45	2.11	0.09	0.01	—	
41	唐长沙铜官窑 TD－12 胎	73.89	18.71	2.06	0.98	0.31	0.62	2.55	0.17	—	—	
42	唐长沙铜官窑 TD－13 胎	76.20	16.67	2.28	0.76	0.22	0.55	2.29	0.15	0.01	—	
43	唐长沙铜官窑 TD－14 胎	75.47	18.05	1.82	0.83	0.25	0.62	2.56	0.12	0.02	—	

续表

序号	年代、窑场、器物种类	成分（%）										参考文献
		SiO_2	Al_2O_3	Fe_2O_3	TiO_2	CaO	MgO	K_2O	Na_2O	MnO	P_2O_5	
44	唐杨梅亭 T2－1 白碗胎	77.48	16.93	0.77	—	0.80	0.51	2.63	0.35	0.12	—	〔25〕
45	唐杨梅亭 T2－2 白碗胎	76.96	18.04	0.81	—	0.57	0.35	2.97	0.25	0.07	—	
46	唐白虎湾 TS3－1 白胎	74.58	19.24	1.12	0.33	1.27	0.20	2.35	0.56	0.13	—	
47	唐白虎湾 TS3－2 白胎	75.84	18.33	1.00	0.21	0.73	0.76	2.44	0.40	—	—	
48	五代景德镇黄泥头白瓷 NO10 胎	78.23	16.80	0.64	0.03	0.28	0.29	0.86	0.67	0.13	—	〔26〕
49	五代景德镇黄泥头白瓷 NO11 胎	78.42	16.50	0.59	0.04	0.28	0.42	0.87	0.68	0.11	—	
50	五代景德镇黄泥头白瓷 NO23 胎	78.05	16.30	0.60	0.03	0.44	0.40	3.02	0.64	0.12	—	
51	五代景德镇黄泥头白瓷 NO24 胎	76.21	18.49	0.59	0.02	0.17	0.42	3.07	0.81	0.13	—	
52	五代景德镇黄泥头白瓷 NO25 胎	79.46	15.72	0.65	0.03	0.25	0.32	2.74	0.64	0.09	—	
53	唐官冲窑青瓷 XH6 胎	69.27	14.01	1.27	0.35	0.09	0.21	3.01	0.31	0.02	0.04	〔27〕
54	唐官冲窑青瓷 XH8 胎	69.83	22.89	1.40	0.40	0.07	0.19	2.93	0.29	0.02	0.07	
55	唐官冲窑青瓷 XH9 胎	64.54	28.01	1.08	0.48	0.05	0.21	3.72	0.35	0.02	0.07	
56	唐官冲窑青瓷 XH5 胎	66.41	27.24	1.70	0.43	0.05	0.20	2.61	0.28	0.02	0.05	
57	隋安阳窑青瓷 118 胎	68.46	25.28	1.30	1.14	0.17	0.42	2.22	0.20	—	0.02	〔20〕

续表

序号	年代、窑场、器物种类	成分（%）										参考文献
		SiO_2	Al_2O_3	Fe_2O_3	TiO_2	CaO	MgO	K_2O	Na_2O	MnO	P_2O_5	
58	唐黄堡窑青瓷 L4－TY 胎	65.49	26.22	2.20	1.55	0.48	0.77	1.60	0.12	0.01	—	〔28〕
59	唐黄堡窑青瓷 T－1 胎	65.92	19.77	1.93	1.72	0.89	0.72	1.51	0.12	0.02	0.13	
60	唐黄堡窑青瓷 TYZ－5 胎	62.32	29.82	2.34	1.79	0.42	0.96	2.70	0.19	0.006	0.09	〔29〕
61	唐黄堡窑青瓷 TYZ－4 胎	63.34	29.23	2.66	1.49	0.52	0.90	2.05	0.24	0.006	0.12	
62	唐黄堡窑青瓷 TYZ－46 胎	64.65	27.70	3.05	1.75	0.41	0.83	1.80	0.20	0.004	0.11	
63	唐黄堡窑青瓷 TYZ－41 胎	67.46	24.70	2.76	1.48	0.31	0.78	2.24	0.20	0.024	0.12	
64	唐黄堡窑青瓷 TYZ－44 胎	71.04	2.50	2.30	1.56	0.43	0.68	1.84	0.13	0.010	0.11	
65	唐黄堡窑青瓷 TYZ－49 胎	67.05	25.44	3.12	1.72	0.47	0.71	2.00	0.12	0.007	0.20	
66	五代黄堡窑青瓷 FYZ－63 号胎	62.14	28.34	1.60	0.93	0.28	0.61	5.58	0.15	0.006	0.09	
67	五代黄堡窑青瓷 FYZ－17 胎	63.97	27.90	3.18	1.77	0.60	0.89	2.07	0.14	0.009	0.15	
68	五代黄堡窑青瓷 FYZ－58 胎	61.70	30.78	2.54	1.96	0.46	0.76	1.88	0.17	0.01	0.16	
69	五代黄堡窑青瓷 FYZ－19 胎	63.47	28.34	2.37	1.70	1.80	0.83	1.98	0.20	0.013	0.19	
70	五代黄堡窑青瓷 FYZ－61 胎	62.61	28.97	2.80	1.91	0.52	0.84	1.97	0.14	0.006	0.08	
71	五代黄堡窑青瓷 FYZ－51 胎	59.77	30.60	2.50	1.89	1.10	0.92	2.06	0.22	0.009	0.06	
72	五代黄堡窑青瓷 FYZ－59 号胎	63.41	29.15	2.64	1.72	0.28	0.88	2.25	0.16	0.003	0.09	
73	五代黄堡窑青瓷 FYZ－18 号胎	68.09	22.77	1.45	0.33	1.07	0.43	5.77	0.14	0.008	0.11	

续表

序号	年代、窑场、器物种类	成分（%）										参考文献
		SiO_2	Al_2O_3	Fe_2O_3	TiO_2	CaO	MgO	K_2O	Na_2O	MnO	P_2O_5	
74	隋内丘邢窑 YN7 细白瓷胎	62.90	26.91	0.44	0.17	0.49	0.27	7.25	1.62	—	—	〔7〕
75	隋邢窑白碗 YN6 细白瓷胎	65.80	26.80	0.34	0.21	0.37	0.23	5.20	1.00	0.01	—	
76	唐内丘邢窑 YN9 细白瓷胎	68.00	27.00	0.57	0.34	0.78	1.50	0.91	0.91	0.02	—	
77	唐邢窑白瓷 YN11 细白瓷胎	62.89	32.37	0.47	0.41	0.66	0.81	1.16	0.94	0.02	—	
78	唐邢窑白瓷 NTB－2 胎	64.34	31.25	0.58	0.39	0.93	1.07	0.22	0.21	0.01	0.03	〔30〕
79	唐邢窑白瓷 NTB－3 胎	63.30	30.52	0.86	0.68	2.00	0.78	0.85	1.18	0.02	0.10	
80	唐邢窑白瓷 NTB－8 胎	63.32	31.72	0.76	0.42	1.90	0.90	1.39	0.46	0.04	0.07	
81	唐邢窑白瓷 NTB－9 胎	66.41	28.72	0.56	0.33	1.31	1.72	0.41	0.70	0.02	0.05	
82	唐邢窑白瓷 NTB－11 胎	62.79	32.00	0.94	0.78	1.35	0.66	1.28	0.25	0.04	0.03	

续表

序号	年代、窑场、器物种类	成　分（%）										参考文献
		SiO_2	Al_2O_3	Fe_2O_3	TiO_2	CaO	MgO	K_2O	Na_2O	MnO	P_2O_5	
83	唐临城祁村白瓷 LTB－2 胎	65.40	29.89	0.13	0.61	0.13	0.71	1.06	0.81	1.58	—	〔31〕
84	唐临城祁村白瓷 LTB－3 胎	61.37	35.02	0.17	0.57	0.38	0.54	0.85	0.54	1.01	—	
85	唐临城双井白瓷 LTB－4 胎	62.15	33.51	0.46	0.44	0.15	0.74	0.91	0.58	1.13	—	
86	唐临城祁村白瓷 LTB－6 胎	62.25	32.88	0.15	0.22	0.60	1.08	1.07	0.42	1.05	—	
87	唐临城祁村白瓷 LTB－8 胎	60.95	34.58	0.10	0.67	0.48	0.77	0.80	1.50	0.24	—	
88	唐临城祁村白瓷 LTB－10 胎	64.20	30.70	0.51	0.58	0.26	0.61	1.05	0.80	1.65	—	
89	唐临城祁村白瓷 LTB－13 胎	67.04	38.70	0.12	0.61	0.17	0.83	1.21	0.33	1.20	—	
90	唐临城祁村白瓷 LTB－14 胎	62.69	31.52	0.47	—	0.39	0.39	1.09	0.95	0.88	—	
91	唐巩县窑白瓷 HG1 胎	66.46	28.01	0.50	1.23	0.23	0.37	1.80	0.44	—	0.06	〔32〕
92	唐巩县窑白瓷 HG2 胎	63.06	30.27	1.30	1.20	0.47	0.49	2.00	0.50	—	0.06	
93	唐巩县窑白瓷 HG4 胎	53.41	37.15	0.65	0.80	0.55	0.41	5.05	2.10	—	0.04	
94	唐巩县窑白瓷 HG6 胎	52.75	37.49	0.73	0.85	0.61	0.40	5.12	2.23	—	0.04	

续表

序号	年代、窑场、器物种类	成分（%）										参考文献
		SiO_2	Al_2O_3	Fe_2O_3	TiO_2	CaO	MgO	K_2O	Na_2O	MnO	P_2O_5	
95	唐定窑白瓷2号胎	59.97	29.95	0.93	0.40	4.82	0.87	1.72	1.11	—	0.10	〔33〕
96	唐定窑白瓷1号胎	59.82	34.53	0.69	0.39	1.09	0.91	1.25	0.71	—	—	
97	五代定窑白瓷胎	61.23	32.90	0.59	0.58	3.36	0.92	1.25	0.13	0.02	—	
98	唐鹤壁集窑1号白碗胎	53.56	36.79	5.20	1.27	1.28	0	1.72	0.31	—	—	〔34〕
99	唐鹤壁集窑2号白碗胎	51.86	38.77	4.99	0.99	1.49	0	1.52	0.38	—	—	
100	五代鹤壁集窑1号白碗胎	54.20	36.91	4.52	1.12	1.34	0	1.56	0.34	—	—	
101	唐禹县下白峪TJ1胎	67.55	24.25	3.05	0.94	0.80	0.60	2.18	0.14	0.03	—	〔35〕
102	唐禹县下白峪TJ2胎	62.67	28.99	3.44	1.05	1.19	0.37	1.67	0.20	0.03	—	
103	唐禹县下白峪TJ3胎	67.46	23.74	3.51	1.17	0.80	0.60	2.28	0.25	0.03	—	
104	唐禹县下白峪TJ4胎	60.10	31.37	3.57	0.90	1.98	0.39	1.51	0.18	0.03	—	
105	唐禹县下白峪TJ5胎	64.50	28.17	2.86	1.15	1.04	0.36	1.40	0.17	0.02	—	
106	唐禹县下白峪TYX5胎	63.08	28.95	2.75	1.19	1.55	0.58	1.60	0.26	—	—	〔36〕
107	唐郏县黄道窑TJH1胎	63.06	28.78	2.43	0.97	1.73	0.48	1.68	0.31	—	—	
108	唐鲁山段店窑TLD－1胎	62.63	28.88	2.70	1.14	1.77	0.58	1.73	0.30	—	—	

续表

序号	年代、窑场、器物种类	成分（%）										参考文献
		SiO_2	Al_2O_3	Fe_2O_3	TiO_2	CaO	MgO	K_2O	Na_2O	MnO	P_2O_5	
109	唐代扬州唐城 TY1 青花胎	63.20	30.30	0.80	1.40	0.60	0.60	4.10	0.40	0.01	0.20	〔37〕
110	唐代扬州唐城 TBW 青花胎	63.80	28.71	0.93	0.83	0.88	0.47	2.27	0.44	0.01	—	
111	唐代扬州唐城 TBW4 青花胎	64.17	29.48	0.94	1.14	0.55	0.43	2.23	0.47	—	—	
112	唐代扬州唐城 TBW2 青花胎	61.19	30.95	1.58	1.47	0.66	0.55	2.41	0.55	—	—	
113	唐代巩县黄冶 Huangye1 号青花胎	62.60	30.40	0.84	1.19	0.30	—	2.48	—	0.01	—	〔38〕
114	唐代山西浑源窑 1 号胎	67.42	25.73	2.08	—	1.05	0.81	2.16		—	—	〔11〕
115	唐代山西浑源窑 2 号胎	66.00	28.03	1.84	—	1.21	0.71	2.39		—	—	
116	唐代山西浑源窑 3 号胎	66.00	27.20	1.91	—	0.91	0.88	2.30		—	—	
117	五代平定窑 4 号	60.16	33.83	0.91	—	1.99	0.81	1.72		—	—	
118	飞天燕高岭土原矿 1 号样品	76.03	14.82	0.80	0.10	1.02	2.82	0.37	—	—	—	〔6〕
119	飞天燕高岭土原矿 2 号样品	77.45	14.31	0.77	0.08	0.08	3.41	0.08	0.11	—	—	
120	飞天燕高岭土原矿 3 号样品	78.08	14.54	0.63	0.03	0.17	3.30	0.13	0.11	—	—	
121	飞天燕高岭洗泥	66.53	24.56	0.35	0.55	0.60	2.98		—	—	—	
122	飞天燕高岭土胆	45.58	36.47	0.40	1.03	0.60	4.98	0.38	—	—	—	

续表

序号	年代、窑场、器物种类	成分（%）										参考文献
		SiO_2	Al_2O_3	Fe_2O_3	TiO_2	CaO	MgO	K_2O	Na_2O	MnO	P_2O_5	
123	巩县后山黏土	59.82	25.08	0.80	—	0.58	0.55	4.13	0.88	—	—	〔39〕
124	巩县硬质中岭	48.08	37.42	0.71	—	0.89	0.39	0.01	0.03	—	—	
125	巩县软质中岭	44.64	38.04	0.54	—	0.83	0.23	1.78	0.41	—	—	
126	巩县乔沟黏土	63.35	23.73	1.66	—	0.29	0.56	4.03	—	—	—	
127	赞皇白家白坩土	64.62	32.56	0.40	0.79	0.25	0.30	0.62	0.26	—	—	〔12〕
128	内丘神头长石	64.23	18.57	0.13	0.01	0.67	0.80	11.02	2.60	—	—	
129	灵山坩土原矿	47.61	37.04	0.21	0.56	0.12	0.32	0.26	0.37	—	—	〔40〕
130	紫木节土原矿	44.90	33.50	0.59	1.69	1.68	0.84	0.20	0.40	—	—	
131	巩县坩土（原矿）	47.76	36.75	0.44	0.91	0.42	0.13	1.26	1.40	0.01	0.17	
132	巩县坩土（除烧失）	53.51	41.18	0.49	1.02	0.47	0.15	1.41	1.57	0.01	0.19	
133	泥池土（原矿）	62.35	24.73	1.08	0.93	0.27	0.45	2.10	0.10	0.01	—	
134	泥池土（除烧失）	67.76	26.88	1.17	1.01	0.29	0.49	2.28	0.11	—	—	

四、原料加工

唐、五代对制胎原料的加工，主要采取淘洗、炼泥和陈腐工艺。唐代巩县黄冶窑和唐、五代铜官镇黄堡窑都出土了原料淘洗设施。唐代巩县黄冶窑1号作坊ⅢZ1内遗存有淘洗池和沉淀池。淘洗池东西长3.50米，南北宽2.40米，残深0.56米。沉淀池，东西长3.10米，南北宽2米左右，残深0.60米。池底和四壁皆用不规则的河卵石和长方形砖砌成。淘洗池和沉淀池并列，两池间隔0.20米~0.30米，在池的隔墙西头砌一砖槽相通，槽宽0.12米~0.18米[16]。唐、五代铜官镇黄堡窑制瓷作坊出土的原料淘洗设施也由单个淘洗池和沉淀池组成。唐代黄堡窑古址出土的淘洗池，用耐火砖砌成，长方形，东西宽0.7米、南北长1.55米、深0.1米~0.15米。中间用8块耐火砖铺平，砖长0.45米、宽0.25米、厚0.08米。

周围用条状耐火砖竖砌，条状砖长0.25米、宽0.25米、厚0.06米。沉淀池位于淘洗池的西面，两者相距0.35米，长方形。东西长1.5米、南北宽0.65米、深0.60米。容积0.585立方米。南壁用耐火砖砌成，其余三面均为土壁。底部尚存有一层很薄的坩泥。在沉淀池周围，环绕放置9个陶缸。这些陶缸都已残破，圆口，卷沿，斜腹，平底。陶缸三分之一埋入地下，周围用坩泥填塞。陶缸最近的距沉淀池0.08米，最远的距沉淀池2.9米。陶缸埋入地下的部分基本完好，里面尚留存有细坩泥。露出地面部分已经残破。地面上有一层0.1米厚的踩踏层，全系坩泥成分，呈银灰色。此处露天作坊显然是专门制备泥料的[14]。五代黄堡窑遗址出土的淘洗池的结构与唐代淘洗池相近，例如，五代黄堡窑第66号作坊（编号86IVZ66）故址存留的一座淘洗池，长方形，长1.6米、宽0.45米、深0.40米。东西两壁用耐火砖砌成，南北两头用石块垒砌，池底铺耐火砖。铺底砖长0.45米、宽0.36米、厚0.06米。在淘洗池东南角，距池1米的地方，地上放置一个大陶缸，上部已残，底径0.25米[15]。

上述设施表明，当时的原料淘洗工艺大致如下：制胎原料放入淘洗池内而溶于水中成为泥浆，利用液体的沉浮原理，悬浮液中的粗粒杂质沉淀下来，而把密度小的泥浆放进沉淀池内，沉淀到一定程度，再把上层泥浆舀出来，倒入沉淀池周围事先准备好的大瓦缸内，待水分渗漏蒸发到一定程度，泥浆就变成了胎泥。

不过，从出土的由淘洗池、沉淀池和陶缸组成的原料淘洗设施与后世（例如明、清景德镇的原料淘洗设施——详见本书第八、九章）相比，唐、五代淘洗池过少，尚停留在捞渣的初级阶段。这也可从唐、五代黄堡窑瓷胎中的TiO_2含量反映出来。唐、五代黄堡窑瓷胎化学组成一个重要的特征是胎中TiO_2含量都比较高，其十六个标本（表5-2-1，第58~73号）胎中TiO_2平均含量为1.59%。如前所述，在古代制瓷技术条件下，制胎原料中的Fe_2O_3是无法通过淘洗工艺使其去除的，但是“精淘”工艺能大大降低TiO_2的含量，而“粗淘”工艺对于降低TiO_2含量的作用尚受到一定限制。

经过淘洗后的泥料，还要进行陈腐和炼制。唐代黄堡窑第24号作坊主室后部遗存的一处用石头铺底的练泥池，尚较完整，宽2.4米~2.6米、长4.8米、深0.1米~0.2米。练泥池内有四堆练好的坩泥，白色，分置于四角。这应当是当时没有用完的四堆泥[14]。五代黄堡窑第68号作坊（编号86VIZ68）遗留的练泥池为长方形，用薄砖砌成，已残，残长2.32米、残宽0.38米~0.64米、深0.34米。所用薄砖长0.5米、宽0.42米、厚0.04米。其筑法是先在地上挖一长方形土坑，将坑底整平、夯实，上垫一层碎匣钵片，再用砖铺底砌边。练泥池内残留有一层坩泥，最厚处达0.45米[15]。陈腐可以促使泥料中的水分均匀地分布，同时在陈腐过程中，还有细菌的作用促使有机物腐烂，并产生有机酸使泥料的可塑性进一步提高[17]。由于泥料中尚有气体残留，易造成坯体缺陷，只有通过反扑、践踏的练泥，才能排除泥料中的气体，提高成型性能。如本书第二章第二节所述，我国早在商代烧造原始瓷时就采用了练泥技术。唐、五代黄堡窑的原料炼制是在练泥池中进行的。

五、成型技术

唐代巩县黄冶窑和唐、五代黄堡窑均出土了部分成型设施。唐代巩县黄冶窑1号作坊ⅡZ1内遗存有五个安装拉坯成型工具辘轳坑，有圆锥形和上圆下方两种。口径最大者0.6米、深0.86米；最小的口径0.4米、深0.68米[16]。唐黄堡窑作坊遗址存留的成型设施及其部件有木质转盘、圆形木旋轮、铁轴顶帽、刮板、拨手（转盘拨动器）、轮轴帽、棱形铁圈等。

唐代黄堡窑遗址出土的木质转盘，圆形，一般直径0.8米，厚0.17米。转盘下的直轴轴径0.14米~0.69米，深埋0.9米。六棱形铁轴顶帽（安装于木旋轮中心），孔径0.09米，棱边长0.08米，厚0.04米。铁轴帽（镶嵌于旋轮底下中心部位）孔径0.09米，距旋轮0.35米。

铁制轮轴帽（转盘的底下中心镶嵌用）孔径0.9米、距圆形转盘0.35米，往下深埋0.53米。铁制正六边形棱形铁圈（圆形转轮中心的部件），孔径0.09米、棱长0.08米、宽0.025米、厚0.04米。拉坯时所用的刮板多为素烧，有片状、弧形，其中以弧形者为多。拨手（转盘拨动器）为瓷质，其中有的因长期使用，不仅磨去了釉，而且还磨掉了部分胎质。这表明在木质转盘上安置瓷质拨动器，可使转盘不致因磨损而经常更换[14]。

唐、五代黄堡窑出土成型部件有轴顶碗（又称轴顶帽）、荡箍、盘头等。轴顶碗为辘轳转盘安装的一种构件。出土5件，分为四型。A型，盘状，圆底。胎质坚硬，胎呈青灰色，内外施青釉。口径15厘米、底径7.5厘米、高3.2厘米。B型，敞口，平沿，沿外削成多角形，斜腹，圆底，外面呈凹底，胎呈灰色，口沿上刮釉，腹下及足底无釉，内外均施茶叶末釉。口径15.6厘米、底径11.4厘米、高6厘米。C型，呈多角盘状。敞口，平沿，浅腹，圆底，圈足，胎呈灰色，内外施青釉，口沿上擦釉，足底露胎。口径18.2厘米、足径16.8厘米、高4.5厘米。D型，圆形，折沿。胎呈深灰色。釉下施有化妆土。施青釉，口及底无釉。直径18.2厘米、高6厘米。荡箍2件，转盘下立轴上安装的一种构件，可分为二型。A型，圆环形，滑轮状。胎灰色，质坚硬。上下无釉，内外施青釉。箍内有长期使用痕迹，已将釉层磨掉，并磨去部分非常坚硬的胎。外径14.5厘米、内径7.6厘米、厚3.2厘米。B型，内圆，外呈五角形。胎细，坚硬，呈灰色。上下无釉，内外施青釉。箍内圈有转动磨损痕迹，已将釉层磨掉。外面五角边长12厘米、内径8.7厘米、厚2.5厘米。五代黄堡窑出土的两件盘头皆覆盆状，用时置于转盘上，是拉坯或修坯时使用的一种工具：Ⅰ式，胎呈橘红色。顶径9.6厘米、底径12厘米、高6.6厘米。Ⅱ式，直径12.2厘米、底径13.6厘米、高9.3厘米[18]。

上述出土成型及其部件表明，隋、唐、五代黄堡窑拉坯用的辘轳（陶车）的转盘和立轴皆为木质，转盘和立轴的连接部分出现专用的生铁铸件和耐磨的瓷质构件。另外，五代衡阳蒋家窑也出土了瓷质轴顶帽，平面呈八边形，半球形凹孔，平底，胎壁很厚，施青黄釉[19]。

唐、五代黄堡窑拉坯用的辘轳（陶车）的转盘和立轴皆为木质，转盘和立轴的连接部分出现专用的生铁铸件和耐磨的瓷质构件。转盘上安装瓷质盘头，修坯、刮泥有特制的玉石刮板和瓷质刮泥板，表明成型设施已趋完善。

隋、唐、五代瓷器成型主要有轮制、模制和捏塑三种工艺，技艺比前朝更为成熟。隋、唐、五代瓷器的轮制成型，继承汉、晋、南北朝传统，圆器（例如碗、盘、钵、盆、壶、罐等）皆在辘轳（陶车）上拉坯成型。再从成瓷后的器物来看，工艺比前朝更为进步，器胎上的轮施纹路细密而均匀，施釉以后表面光平，从器物口部朝器底看，可以看到中心轴线，各部分对此中心轴线基本上是对称的。对着直径方向看，长短一致，造型很规整。圆器上的一些附件，如壶的流、柄，则用合模的方法成型，然后再把它黏结在壶体上。一些小型器物，如盅、杯、壶盖等，多直接用模压制。一些异形器，如唐代耀州窑出产的花釉腰鼓有中段瘦长细直形和中段凹曲形两种，均为竹节形圆筒。在器身上可以看出，此器系分节制作后黏合而成，在接缝处有一圈泥条加固。这种分段合成的成型工艺，妥善处理了腰鼓成型中存在的器身长和束腰曲度过大且还要器壁薄的矛盾。贴泥合缝则不仅弥合了连接后段与段之间形成的缝隙，使鼓体经加固变得更结实，而且美化了鼓体[14]。瓷塑人物、动物（如狮子）等，通过模具成型。这类模具都要分成两块或多块分别模制，然后黏合。

表 5-2-2　隋、唐、五代瓷器的烧成温度与吸水率、气孔率

编号	名　称	烧成温度℃	吸水率%	气孔率%	参考文献
1	唐代耀州窑青瓷 TYZ-4 号	1310±20	1.03	2.38	〔29〕
2	唐代耀州窑青瓷 TYZ-5 号	1310±20	3.99	9.08	
3	唐代耀州窑青瓷 TYZ-45 号	1180±20	6.72	14.69	
4	五代耀州窑青瓷 TYZ-51 号	1180±20	0.42	0.96	
5	五代耀州窑青瓷 TYZ-58 号	1240±20	4.29	9.77	
6	唐代温州窑青瓷碗残片 92 号	1200±20	0.46	0.99	〔20〕
7	五代鄞县窑青瓷碗残片 143 号	1220±20	2.09	3.89	
8	唐代涧众窑青瓷碗残片 220 号	1220±20	1.63	3.65	〔20〕
9	唐代温州窑青瓷 OT5	—	0.28	0.64	〔5〕
10	唐代温州窑青瓷 OT4	—	0.37	0.81	
11	唐代温州窑青瓷 OT6	—	0.30	0.67	
12	唐代温州窑青瓷 OT7	—	0.35	0.75	
13	唐代临城窑白瓷 LTB-11	—	0.33	0.79	〔31〕
14	唐代临城窑白瓷 LTB-12	—	5.00	11.07	
15	唐代临城窑白瓷 LTB-2	1320±20	3.52	7.69	
16	唐代临城窑白瓷 LTB-3		2.47	5.73	

续表

编号	名　称	烧成温度℃	吸水率%	气孔率%	参考文献
17	晚唐定窑	1300±20	1.45	—	〔33〕
18	五代定窑	1300±20	0.66	—	
19	唐代上林湖窑碗	—	1.20	2.42	〔2〕
20	唐代上林湖下滩头窑碗	—	1.13	2.20	
21	唐代巩县窑白瓷 HG1	1290±20	4.17	9.09	〔41〕
22	唐代巩县窑白瓷 HG2	1260±20	6.40	13.45	
23	唐代巩县窑白瓷 HG3	1380±20	0.33	0.78	
24	唐代临城窑白瓷 LTB-2	1320±20	2.47	5.13	〔31〕
25	唐代临城窑白瓷 LTB-5	—	1.20	2.78	
26	唐代临城窑白瓷 LTB-6	—	4.16	9.59	
27	唐代临城窑白瓷 LTB-11	—	0.33	0.79	
28	唐代临城窑白瓷 LTB-12	—	5.00	11.07	
29	隋代内丘邢窑白瓷 YN-6	—	0.56	1.22	〔12〕
30	隋代内丘邢窑白瓷 YN-7	—	0.60	1.37	
31	唐代内丘邢窑白瓷 YN-9	—	3.34	7.41	
32	唐代内丘邢窑白瓷 NTB-3	>1310	1.34	3.01	〔30〕
33	唐代内丘邢窑白瓷 NTB-9	1210±20	4.48	9.77	
34	唐代内丘邢窑白瓷 NTB-5	>1310	1.34	3.01	
35	唐代内丘邢窑细白瓷 YN-10	1360±20	5.20	11.54	〔12〕
36	唐代邢窑细白瓷 HN5	1340±20	0.81	0.35	〔42〕
37	唐代邢窑细白瓷 YN-12	1360±20	1.43	3.26	〔12〕
38	唐代洪州窑青瓷 Hu-2	—	3.3	7.2	〔43〕
39	唐代洪州窑青瓷 Hu-9	—	5.6	10.7	
40	唐代洪州窑青瓷 Hu-19	—	18.40	29.50	
41	唐代新会窑 XH7	1310	—	—	〔27〕

续表

编号	名　称	烧成温度℃	吸水率%	气孔率%	参考文献
42	唐代长沙铜官窑 TD－1	1150±20	3.52	7.89	〔24〕
43	唐代长沙铜官窑 TD－2	1170	1.82	4.12	
44	唐代长沙铜官窑 TD－3	1110	6.23	13.29	
45	唐代长沙铜官窑 TD－4	1160	2.70	5.82	
46	唐代长沙铜官窑 TD－5	1140	8.85	18.69	
47	唐代长沙铜官窑 TD－8	1150	4.66	10.10	
48	唐代长沙铜官窑 TD－12	1200	5.27	11.69	
49	唐代郏县黄道窑 TJH－1	1230	3.90	—	〔36〕
50	唐代段店窑 TLD－1	1250	1.51	—	
51	唐代禹州下白峪窑 TYX－1	—	—	—	
52	唐景德镇杨梅亭白瓷碗残片 T2－1	1150～1200	1.63	0.81	〔25〕

第三节　制釉技术

隋、唐、五代期间，我国制瓷先民继承汉晋制釉工艺传统，在南方窑场多采用灰釉工艺，在北方部分窑场则采用灰—碱釉或碱—灰釉或灰—镁釉工艺。隋、唐、五代南方窑工在继承传统灰釉工艺的同时，又进行了某些技术改革。例如，配制灰釉所用草木灰的种类，改变了春秋、战国时期以来那种不限于某个特定的植物品种的做法，而是选用狼棘柴或山茶树；同时又推出了不少新的制釉技术及其产品：唐代越州窑烧造出釉色青绿的秘色瓷；唐代长沙窑和邛崃窑则烧造出以铜为着色剂的具有强烈乳浊感的高温绿釉；唐代长沙窑还首创以铜为着色剂的通体一色的高温铜红釉；唐代黄堡窑、浑源窑和观台窑等则研制出普通辉石（Augite）或深绿辉石为主晶相的茶叶末釉瓷器；唐代邛崃窑则用低温铅釉来装饰瓷器。隋代内丘邢窑精细白瓷白度高和半透明度特别好，乃是得益于胎、釉配方和较高的烧成温度。唐代临城窑细白瓷的釉色呈现粉白，由于釉中存在一定含量 P_2O_5 所致。五代景德镇黄泥头窑胎体较薄的白瓷具有光照见影的特点形成，与其胎、釉的化学组成有关。

一、灰釉及其配方

灰釉是指釉中以碱土金属氧化物 CaO 为主要助熔剂、CaO 含量高出 10% 以上的一类釉。

汉晋期间，我国制瓷先民为了提高灰釉的质量多从提高胎泥用量的角度进行制釉配方的调整，到了隋、唐、五代时期，我国制瓷先民则在提高草木灰制釉性能上进行摸索。这从它们的化学组成变化中显现出来。隋、唐、五代南方部分窑场（唐绍兴官山窑，唐象山窑，晚唐上林湖窑，五代景德镇窑，唐、五代温州窑，鄞县小洞岙窑，隋唐湘阴窑，唐洪州窑等）二十六个标本（表5－3－1，第1～26号）釉中SiO_2平均含量为61.16%，与三国、两晋、南北朝期间三十五个标本（表4－3－1，第1～35号）釉中SiO_2平均含量（61.18%）相近。这就表明，隋、唐、五代南方窑场制瓷先民在配制瓷釉时，不再一味追求胎泥用量的增加。

从考察灰釉中助熔剂含量的变化可知，唐、五代时期，我国南方部分窑场开始用狼棘柴灰或山茶树灰作为配釉用草木灰的原料。表5－3－1中显示，隋、唐、五代南方部分窑场（唐绍兴官山窑，唐象山窑，晚唐上林湖窑，五代景德镇窑，唐、五代温州窑，鄞县小洞岙，隋唐湘阴窑，唐洪州窑等）二十六个标本（表5－3－1，第1～26号）所用灰釉助熔剂的化学组成有三大特征：一是釉中的CaO含量与三国、两晋、南北朝南方窑场灰釉含量略有降低。南方部分窑场二十六个标本（表5－3－1，第1～26号）釉中CaO平均含量为16.17%，与三国、两晋、南北朝南方窑场三十四个（表4－3－1，第1～8、10～35号）灰釉瓷器标本中的CaO平均含量（17.20%）相比降低6.37%。二是隋、唐、五代灰釉中的MgO含量甚高。南方部分窑场二十六个标本（表5－3－1，第1～26号）釉中MgO含量平均为2.63%，而三国、两晋、南朝三十四个瓷器灰釉标本（表4－3－1，第1～8、10～35号）釉中MgO含量平均为2.06%。也就是说，隋、唐、五代南方窑场灰釉中的MgO要比三国、两晋、南北朝南方窑场灰釉中的MgO含量高出27.67%。如前所述，釉中MgO含量高有一个好处，即使在胎釉的膨胀系数偏大的情况下，釉面也很少产生裂纹。三是南方部分窑场中的多数标本的釉中MgO含量高于K_2O含量。例如在上述二十六个标本（表5－3－1，第1～26号）中，就有二十一个标本（表5－3－1，第1、2、5～16、20～26号）釉中MgO含量（平均为2.79%）高于K_2O含量（平均为1.66%）。在常见的草木灰中，MgO含量明显高于K_2O含量的植物主要有狼棘柴、山茶树等。由此可知，在隋、唐、五代时期，南方部分窑场选用狼棘柴灰或山茶树灰作为配釉用料的可能性很大。唐、五代南方部分窑场选用狼棘柴灰或山茶树灰作为配釉用料一事，表明我国制瓷先民为了提高瓷釉质量开始把精力和智慧倾注于草木灰的改良。

不过，唐、五代北方地区窑场在配制灰釉时，依然继承汉晋灰釉工艺传统，这也可从其釉中的化学组成反映出来。隋、唐北方地区窑场（例如，隋内丘邢窑、隋临城窑、唐黄堡窑、唐巩县窑等）所产灰釉十六个标本（表5－3－1，第36～45、48、50、52～55号）釉中SiO_2的平均含量为62.71%，比三国、两晋、南朝期间三十四个标本（表4－3－1，第1～8、10～35号）釉中SiO_2平均含量（61.8%）增加了2.5%，表明唐、五代北方窑场陶工在配制灰釉时，依然朝着提高胎泥的用量以降低草木灰用量的方向前进。

表中还显示，隋、唐北方地区部分窑场所产灰釉十六个标本（表5－3－1，第36～45、48、50、52～55号）釉中助熔剂的化学组成与同时期的南方窑场灰釉不同：其中，北方地区窑场十六个标本（表5－3－1，第36～45、48、50、52～55号）灰釉中的CaO含量（平均为14.36%）比同时期南方地区窑场灰釉中的CaO

含量（平均为 17.20%）低 16.51%；北方地区窑场十六个标本（表 5－3－1，第 36～45、48、50、52～55 号）灰釉中的 MgO 含量（平均为 1.98%）比同时期南方部分窑场二十六个标本（表 5－3－1，第 1～26 号）釉中 MgO 含量（平均为 2.63%）低 24.71%；北方地区窑场灰釉十六个标本（表 5－3－1，第 36～45、48、50、52～55 号）中的 K_2O 含量（平均为 2.12%）则比南方部分窑场二十六个标本（表 5－3－1，第 1～26 号）灰釉中的 K_2O 含量（平均为 1.73%）高出 22.54%。既然隋、唐时期南方和北方地区窑场所产灰釉标本的助熔剂有明显的差异，那就说明它们两者所用的草木灰的品种不同。

另外，唐、五代北方地区部分窑场所产灰釉一部分样品十个标本（表 5－3－1，第 36～41、44、52～54 号）釉中 MgO 含量（平均为 1.70%）低于 K_2O 含量（平均为 2.41%）；另一部分样品六个标本（表 5－3－1，第 42、43、45、48、50、55 号）釉中 MgO 含量（平均为 2.43%）高于 K_2O 含量（平均为 1.63%）。同一个窑场的灰釉标本也具有这种特征。例如，在唐、五代黄堡窑青瓷九个标本（表 5－3－1，第 36～44 号）中，内有七个标本（表 5－3－1，第 36～41、44 号）釉中 MgO 含量（平均为 1.79%）低于 K_2O 含量（平均为 2.09%）；另两个标本（表 5－3－1，第 42、43 号）釉中 MgO 含量（平均为 2.17%）高于 K_2O 含量（平均为 1.74%）。又如，在唐巩县窑四个灰釉标本（表 5－3－1，第 52～55 号）中，其中三个标本（表 5－3－1，第 52～54 号）釉中 MgO 含量（平均为 1.50%）低于 K_2O 含量（平均为 3.16%），另一个标本（表 5－3－1，第 55 号）釉中 MgO 含量（2.03%）高于 K_2O 含量（1.74%）。这就表明，隋、唐北方地区部分窑场制瓷先民继承汉晋工艺传统，配制瓷釉所用草木灰并不限于某个特定的植物品种。

二、灰—镁釉

唐、五代出现的灰—镁釉，又称“含氧化镁的灰釉”，它是从灰釉工艺中发展出来的一种瓷釉，其特点是以碱土金属氧化物 CaO 和 MgO 为主要助熔剂，CaO 含量一般在 7% 以下，MgO 的含量既超过 Na_2O 的含量，又超过或与 K_2O 含量接近的一种瓷釉。

唐、五代定窑、巩县窑、内丘邢窑、临城窑等灰—镁釉瓷五个标本（表 5－3－1，第 49、51、57、59、60 号）釉中四种助熔剂（CaO 含量平均为 4.22%，MgO 含量平均为 2.78%，K_2O 含量平均为 1.59%，Na_2O 含量平均为 1.49%）总含量为 10.08%。

唐、五代部分窑场出现的灰—镁釉中的 MgO，一般是通过白云石质灰岩以及其他镁质原料引入的。一般说，釉中的 MgO 以白云石和滑石引入时，有时釉中常常会形成微小的悬浮颗粒，以使釉呈现光亮的微带乳白现象[1]。另外，引入镁质釉料还有利于改善高温下釉的黏度，增强釉的流动度和透明性，并使釉呈现光亮和具乳浊性[2]。

三、灰—碱釉

灰—碱釉是以碱土金属氧化物 CaO 和碱金属氧化物 K_2O 或 Na_2O 为主要助熔剂

的一种瓷釉，釉中的 CaO 含量在 5% ~11% 之间；釉中的 K_2O 或 Na_2O 的含量超过 MgO 的含量。

早在商周时期，我国制瓷先民就启用了灰—碱釉工艺，但在汉晋时期基本停用。隋、唐时期少数窑场，例如，隋代内丘邢窑、唐代临城窑和巩县窑的部分产品采用灰—碱釉工艺，其三个标本（表 5-3-1，第 46、56、66 号）釉中四种助熔剂 CaO（平均为 7.67%）、MgO（平均为 1.32%）、K_2O（平均为 4.06%）、Na_2O（平均为 1.57%）总含量为 14.62%。

隋、唐灰—碱釉中助熔剂的这种化学组成，与晋代温州窑灰—碱釉相比较可以发现：隋、唐灰—碱釉中的 CaO 含量（平均为 7.67%），比晋代温州窑灰—碱釉中 CaO 含量（平均为 5.60%）提高了 36.96%；隋、唐灰—碱釉中的 MgO 含量（平均为 1.32%）比晋代温州窑灰—碱釉中 MgO 含量（平均为 1.90%）低；隋、唐灰—碱釉中的 K_2O 含量（平均为 2.63%），比晋代温州窑灰—碱釉 K_2O 含量（平均为 4.06%）降低了 35.7%；隋、唐灰—碱釉中的 Na_2O 含量（平均为 1.57%），比晋代温州窑灰—碱釉中 Na_2O 含量（平均为 1.20%）提高了 30.83%。这就表明隋、唐时期配制灰—碱釉所用草木灰的种类、用量与胎泥都与晋代温州灰—碱釉有所不同。隋代内丘邢窑、唐代临城窑和巩县窑的部分产品配制瓷釉时，由于采用灰—碱釉工艺，烧成时的高温黏度显著增高，成瓷后的釉面光泽柔和。

四、碱—灰釉

碱—灰釉是指釉中碱金属氧化物（K_2O 与 Na_2O 两者之和）的总含量接近或超过碱土金属氧化物 CaO 与 MgO 的总含量。早在商周时期，碱—灰釉工艺就已问世，但在汉晋时期则很少使用。隋代内丘邢窑白瓷部分产品重又用碱—灰釉技术，其标本（表 5-3-1，第 47 号）釉中 K_2O 含量（6.4%）和 Na_2O 含量（1.4%）之和（7.8%），约为 CaO 含量（2.70%）和 MgO 含量（0.70%）之和（3.40%）的 2.29 倍。

隋代内丘邢窑碱—灰釉的这种化学组成，与商周碱—灰釉化学组成相比较有如下特点：首先，隋代内丘邢窑碱—灰釉中的 CaO 含量（平均为 2.70%），为商周碱—灰釉中的 CaO 含量（平均为 0.94%）的 2.87 倍；其次，隋代内丘邢窑碱—灰釉中 MgO 含量（平均为 0.70%）仅为商周碱—灰釉中的 MgO 含量（平均为 1.56%）的 44.87%；再次，隋代内丘邢窑碱—灰釉中 K_2O 含量（平均为 6.40%）和 Na_2O 含量（平均为 1.4%）均比商周碱—灰釉中 K_2O 含量（平均为 6.25%）和 Na_2O 含量（平均为 1.09%）[3]略有增加。

隋代碱—灰釉与商周碱—灰釉的化学组成的这种差异，表明它们两者釉料的配方完全不同。有学者认为，隋代内丘邢窑制瓷先民在配制碱—灰釉时，可能在釉料中引进过钾长石[4]。

五、秘色瓷釉

晚唐秘色瓷釉属青釉系列的一个品种。青釉是一种以铁为着色元素、以 CaO 为主要助熔剂的高温釉。自夏商至秦汉，我国先民烧造的原始瓷绝大多数为青釉器。原始青瓷由于胎釉结合欠佳，釉面有时开裂，脱釉较为严重。汉晋青瓷胎釉结合较好，基本上克服了商周时期的原始青瓷釉容易剥落的毛病，但是由于烧成气氛不稳定，绝大部分青瓷釉呈青黄色。

唐、五代绍兴、余姚、上虞等越窑窑场烧造的青瓷釉中含钙量较高，属灰釉。这类瓷器由于釉中铁、钛含量较高，烧成时还原气氛不够稳定，没有纯正的青绿色，釉色多青中泛黄，呈艾叶色泽。而晚唐贡窑秘色瓷灰釉却呈现出纯净的青绿色，釉层厚薄均匀，釉面光泽滋润（被誉为“千峰翠色”），被晚唐诗人、墨客所赞颂。其工艺原因有三个：一是釉中的 Fe_2O_3 和 TiO_2 含量比同时期的越州其他窑场青釉低；二是釉中的 P_2O_5 含量比其他窑场青瓷釉高；三是烧成时善于控制还原气氛和装烧时使用特制的瓷质匣钵。

首先，晚唐贡窑秘色瓷釉中的 Fe_2O_3 含量比同时期的绍兴、象山、上林湖等窑青瓷釉有所降低。唐、五代绍兴官山、象山、上林湖等窑场青瓷九个标本（表5－3－1，第1～9号）釉中的 Fe_2O_3 平均含量为2.69%；釉中的 TiO_2 平均含量为0.63%。晚唐上林湖贡窑秘色瓷釉标本（表5－3－1，第11号）中的 Fe_2O_3 含量为1.80%；TiO_2 含量为0.60%。也就是说，贡窑秘色瓷釉比其他越窑瓷釉中的 Fe_2O_3 含量降低49.44%；TiO_2 含量也比其他越窑瓷釉有所降低。而历代青瓷釉中的 Fe_2O_3 和 TiO_2 的含量对釉色的影响很大，一般说来，釉中 Fe_2O_3 和 TiO_2 含量过高，往往使釉色偏黄，这是因为釉中的 Fe_2O_3 为着色氧化物，而且是过渡元素以离子状态着色，即Fe是以 Fe^{3+} 和 Fe^{2+} 两种状态于釉中，而具有强烈吸收紫外线的能力，如果 Fe_2O_3 含量偏高，则铁离子浓度也随之增高，釉中大部分呈 Fe^{3+} 状态，所以呈现较深的褐黄色[5]。在这种技术条件下，晚唐贡窑秘色瓷釉中 Fe_2O_3 含量比同时期的绍兴、余姚、上虞等越窑青瓷有所降低，自然对釉的呈色有利。

其次，晚唐贡窑秘色瓷釉中的 P_2O_5 含量比唐、五代绍兴官山、象山、上林湖等越窑窑场青瓷釉增高。唐、五代绍兴官山、象山、上林湖等窑场青瓷釉中的 P_2O_5 平均含量为1.26%（表5－3－1，第1～10号），晚唐上林湖贡窑秘色瓷釉中的 P_2O_5 含量为2.00%（表5－3－1，第11号），即晚唐秘色瓷釉中的 P_2O_5 含量比唐、五代越窑增加了58.73%。青瓷釉的发色与釉中 P_2O_5 含量有关，因为 P_2O_5 能单独形成玻璃，其在釉中含量过高会产生液相分离现象，有助于增强釉的玻璃感[6]。晚唐秘色瓷釉中的 P_2O_5 含量比唐、五代绍兴官山、象山、上林湖等越窑窑场青瓷釉大幅度增加，所以秘色瓷釉的呈色，必然比唐、五代绍兴官山、象山、上林湖等越窑青釉光亮。

再次，秘色瓷釉色比越窑一般产品更加青绿，还要归功于烧成时控制好还原气氛和装烧时使用特制的匣钵。装烧秘色瓷所用瓷质匣钵的胎体比普通匣钵致密，加上匣钵口沿用釉浆密封，这样就保证了其产品在密闭的条件下烧成，在开窑冷却时就能较好地避免二次氧化对釉色的不良影响[7]。

有学者也证实，“我们在田野和室内工作时都曾注意到，瓷质匣钵装烧的青瓷普遍釉面光洁，釉色湖绿，釉层素雅，富有玉质感”[8]。由于秘色瓷在烧成时采取了这些特殊措施，故釉中有较多的 Fe_2O_3 还原成 FeO[9]。这是因为，凡釉色纯正、清亮者，釉中的 FeO/Fe_2O_3 比值高；而釉色偏黄者，釉中的 FeO/Fe_2O_3 比值则要低得多。而决定釉中 FeO/Fe_2O_3 比值高低的最直接因素是烧成过程中的还原气氛的强弱。还原气氛强，釉中相当部分的氧化铁被还原，釉色就呈较纯净的青色，其比值就高；反之，还原气氛弱，釉中相当部分的铁仍保持氧化状态，釉色就表现为青中泛黄的色调，其比值就低[7]，因此，要想得到纯正、清亮的釉色，必须在烧成高温阶段控制好还原焰，既不能太强，又不能太弱，要恰到好处。化学分析结果表明，秘色瓷的还原率（二价铁与三价铁含量的百分比）高达55%；而五代上林湖窑青瓷标本淡青绿色釉和艾色釉的还原率分别为40%和45%，秘色瓷釉由于还原率明显高于上林湖窑等其他产品，故其色调比上林湖窑等一般产品更为青绿[9]。

另外，秘色瓷通体施釉，釉层厚薄均匀，釉面光泽滋润，少见剥釉和开片，这些改进则与施釉技术的提高密切相关。至于秘色瓷釉面上往往出现小黑点，主要是由于秘色瓷釉在烧成的高温阶段，釉层中的大部分气泡升到釉面处发生破裂而留下许多个凹坑，这些凹坑系由多种原因（包括釉层薄、烧成温度低、冷却时间快等因素）而未能被周围的釉填平，结果就在釉的表面形成大量火山口一样的破裂口。其中尺寸较大且数量密集的就形成“橘皮”，尺寸较小的称作“针孔”。“针孔”有一定深度[10]。有学者则认为，秘色瓷釉面上所存在的大量小黑点，可能是由于烧成时还原气氛过重，沉积于“针孔”中的游离碳未能全部氧化成二氧化碳而残留下来；或许是在烧成后期由于某些杂质进入破裂口而形成的[7]。

六、白釉

白釉实际上是一种很薄的透明无色的玻璃，因此白瓷制作的首要条件是找到和使用含铁量低的适合于制作白瓷胎和釉的原料。这是因为原料中着色元素中的 Fe^{3+} 主要存在于绢云母晶格中，用淘洗的方法很难除去，有时淘洗反而会提高 Fe_2O_3 的含量[11]。至迟于北齐年间我国就萌发了白瓷，例如，北齐武平六年（575年）河南安阳范粹墓出土的碗、杯、三系罐、长颈瓶等10件白瓷，釉呈乳白泛青色，厚釉处则呈青色，仅釉薄处呈乳白色，挂釉不到底，露胎处呈淡黄褐色[12]。

烧造白瓷技术成熟于隋代。隋、唐、五代时期的北方邢窑、定窑、巩县窑等之所以在烧造白瓷技术领域内获得突破，乃是发现和启用了含铁量和含钛量均低的原料。化学分析资料表明，隋、唐、五代北方窑场所用原料具有这种特性，例如，邢窑白瓷制胎原料——赞皇白家窑白坩土（表5-2-1，第127号）中的 Fe_2O_3 含量为0.40%，TiO_2 含量为0.79%；唐末、五代定窑白瓷制胎所用原料——灵山黏土（表5-2-1，第129号）中的 Fe_2O_3 含量为0.21%，TiO_2 含量为0.56%；唐代巩县窑制胎主要原料——巩县黏土（原矿）（表5-2-1，第131号）中的 Fe_2O_3 含量为0.44%，TiO_2 含量为0.91%。由此可见，隋、唐、五代北方窑场烧造白瓷与其善于选择含铁量低和含钛量也低的制胎原料有关。

隋、唐、五代时期的北方邢窑、定窑、巩县窑白瓷由于原料中铁、钛含量低，致使成瓷后的胎体中铁、钛含量也很低。例如，隋、唐内丘邢窑和唐代临城窑白瓷十七个标本（表5-2-1，第74~90号）中 Fe_2O_3（平均为0.45%）、TiO_2（平均为0.46%）含量都很低，这是造成隋、唐邢窑和唐代临城窑白瓷胎质洁白的主要原因。

隋代内丘邢窑精细白瓷的白度高又有特别好的半透明度，从工艺角度讲，主要由下述三个方面的原因造成：

第一个原因是胎、釉配方。隋代邢窑精细白瓷采用高铝质的赞皇白家窑白坩土并掺以内丘神头长石为制胎原料[4]，胎体的这种配方成瓷后具有两个优点：第一个优点是 Al_2O_3 含量适中稍偏高，例如，其两个标本（表5－2－1，第74、75号）胎中 Al_2O_3 含量平均为26.86%。胎中 Al_2O_3 含量适中稍偏高有一个好处，就是使胎骨具有较高的抗变形能力，但是，采用 Al_2O_3 含量适中稍偏高的原料烧造成瓷必须具备两个前提：一是胎和釉的配方中必须掺加助熔剂含量高的原料；二是要有较高的烧成温度。隋代邢窑为了适应这种技术条件，在配方中加入较多量的内丘神头长石，因而使得成瓷后的胎中助熔剂碱金属氧化物 R_2O（$K_2O + Na_2O$）含量特别高，其两个标本（表5－2－1，第74、75号）胎中 R_2O（$K_2O + Na_2O$）含量平均高达7.54%。同样，隋代邢窑精细白瓷釉由于采用碱—灰釉工艺，釉中的助熔剂碱金属氧化物 R_2O（$K_2O + Na_2O$）含量也特别高，其两个标本（表5－3－1，第46、47号）釉中碱金属氧化物 R_2O（$K_2O + Na_2O$）含量平均高达6.95%，胎、釉中 R_2O（$K_2O + Na_2O$）含量高是因为掺入了长石。隋代邢窑精细白瓷这种制胎、釉配方，可以利用长石高温下产生高黏度液相的特性，使得瓷胎充分烧结和具有透明度。这是因为，长石在1200℃即开始熔融成玻璃态质的熔体，这种熔体在高温下与高岭土和石英反应，促使瓷胎在较低的温度下即可致密瓷化。长石在高温下形成的熔体的黏度较大，如果瓷器的烧成温度适当，可使瓷器在烧成中不产生变形而增加其透明度和釉的光泽度，以改善瓷器的质量[14]。第二个优点是胎、釉中 $Fe_2O_3 + TiO_2$ 的含量都很低。其两个标本（表5－2－1，第74、75号）胎中 $Fe_2O_3 + TiO_2$ 的总含量平均为0.58%；两个标本（表5－3－1，第46、47号）釉中 $Fe_2O_3 + TiO_2$ 的总含量平均为0.6%。由于胎、釉中 $Fe_2O_3 + TiO_2$ 的含量特别低，使得烧成后透过釉面的胎体显得无色透明。这是因为原料中着色氧化物 Fe_2O_3 和 TiO_2 都可使瓷器白度降低。其中，Fe_2O_3 含量对瓷器白度影响最显著。TiO_2 在胎中着色不是其本身的作用，而是与氧化铁在高温下生成显色能力很强的深棕色的尖晶石（$TiO_2 \cdot Fe_2O_3$），使胎、釉着成深浅不同的灰色。TiO_2 含量愈高，则复合着色的效果愈显著[5]。如果胎、釉中的 Fe_2O_3 和 TiO_2 含量特别低，就能避免 Fe_2O_3 和 TiO_2 对胎、釉的着色影响。

第二个原因是烧成温度比较高。如上所述，采用 Al_2O_3 含量偏高的原料制胎，要配合较高烧成温度。隋、唐邢窑精细白瓷具有这种特点，例如，有的唐代邢窑精细白瓷烧成温度高达1340℃ ±20℃（表5－2－2，第35、37号）。烧成温度高既能增加瓷胎的强度，又可使胎与釉之间更好地熔合。这是因为，烧成温度高和胎内有较高的 Al_2O_3 含量，经高温反应后有较多的 Al_2O_3 熔入釉内，从而使胎釉交界处有明显的反应层，在靠近釉的一面有很多长短不一的斜长石自胎向釉生长[15]，从而使胎釉结合得更加紧密。

第三个原因是从遗存的隋、唐邢窑白瓷实物来看，釉色基本一致，极少有烟熏和泛黄的产品，瓷化程度近似，从而表明，隋、唐邢窑是采用还原气氛进行烧制的[16]。

一度作为向皇家提供贡瓷的唐代巩县窑烧造的精细白瓷，在工艺上也具有上述特点，即胎中 Al_2O_3 含量高；胎、釉中长石含量也高，而着色剂 $Fe_2O_3 + TiO_2$ 的含量又很低，加之烧成温度高，使得巩县窑精细白瓷别具一格。但是，唐代巩县窑精细白瓷胎中 Al_2O_3 含量过高，两个标本（表5－2－1，第93、94号）胎中 Al_2O_3 含量平均为37.32%，比隋代邢窑精细白瓷胎中 Al_2O_3 含量（平均为26.86%）要高出38.94%，而其胎中碱金属氧化物 R_2O（$K_2O + Na_2O$）总含量（平均为7.25%）与隋代邢窑 R_2O（$K_2O + Na_2O$）总含量（平均为7.54%）相近而略低，因而使得巩县窑精细白瓷致密成瓷的正品烧成率很低，也较难达到隋代邢窑精细白瓷胎体那种具有“半透明”的程度。另外，唐代巩县窑白瓷采用氧化气氛烧成，白瓷呈色白中闪黄[15]。

唐代临城窑细白瓷的釉色往往呈现粉白色，这是因为釉中存在较高的 P_2O_5。其两个标本（表5－3－1，第50、51号）釉中 P_2O_5 含量平均为0.565%。釉中存在较高含量 P_2O_5，对釉的液相分离起着特殊作用，使釉发生乳浊，对光有散射作用，从而产生釉呈粉白的艺术效果[16]。

五代景德镇黄泥头窑烧造的白瓷，釉色很白，胎色洁白而微泛青，断面有玻璃光泽，有些胎体较薄的产品可光照见影[17]。五代景德镇黄泥头窑白瓷这种特点的形成，主要有下述两方面的原因：一是采用铁、钛，特别是钛含量极低的原料为胎、釉原料。其五个标本（表5－2－1，第48～52号）胎中着色剂 Fe_2O_3 含量平均为0.61%；TiO_2 含量平均为0.03%。五代景德镇黄泥头窑白瓷胎中 Fe_2O_3 含量（平均为0.61%）虽然比隋代内丘邢窑精细白瓷两个标本（表5－2－1，第74、75号）胎中 Fe_2O_3 含量（平均为0.28%）高出1.18倍，但是，隋代内丘邢窑精细白瓷两个标本（表5－2－1，第74、75号）胎中 TiO_2 含量（平均为0.19%），则是五代景德镇黄泥头窑白瓷胎中 TiO_2 含量（平均为0.03%）的6.3倍。五代景德镇黄泥头窑白瓷釉的化学组成也具有这种特点，其六个标本（表5－3－1，第81～86号）釉中 Fe_2O_3 含量平均为1.08%、TiO_2 含量平均为0.04%。虽然釉中 Fe_2O_3 含量比隋唐丘邢窑细白瓷四个标本（表5－3－1，第46～49号）釉中 Fe_2O_3 含量（平均为0.68%）高出58.82%，但是，隋唐丘邢窑细白瓷四个标本（表5－3－1，第46～49号）釉中 TiO_2 含量（平均为0.12%）则是五代景德镇黄泥头窑白瓷釉中 TiO_2 含量（平均为0.04%）的3倍。在铁系高温釉（包括青瓷、白瓷和青白瓷）中，TiO_2 的含量多寡，对胎、釉呈色影响较大。一般来说，单含铁而不含钛时，尽管含铁量高出1%，在还原焰下烧成后仍然呈白色。如果同时存在有 TiO_2，则着色效果格外显著，TiO_2 的含量愈高，着色就愈深。这是由于 Fe_2O_3 和 TiO_2 在高温下生成 $FeO \cdot TiO_2$ 与 $2FeO \cdot TiO_2$ 以及 $Fe_2O_3 \cdot TiO_2$ 等化合物使胎釉着色之故[5]。二是五代景德镇黄泥头窑所用制作胎、釉原料——优质瓷石的独特的化学性能，在1250℃左右烧成后，瓷胎中就能产生相当多的玻璃相[17]，加之采用还原气氛烧成，因此成瓷就出现了胎体断面具有玻璃光泽，有些胎体较薄的产品可光照见影的艺术效果。

七、铜绿釉

中国古代以铜着色的低温绿釉较为多见，以铜为着色剂的具有强烈乳浊感的高温铜绿釉却只在唐代长沙窑和邛崃窑中可以见到。唐代长沙窑和邛崃窑铜绿釉的基础釉均属灰釉。

唐代长沙窑和邛崃窑高温乳浊绿釉的形成，有下述三个原因：第一，唐代长沙窑和邛崃窑高温乳浊绿釉的化学组成，均具有高硅、低铝的特征。唐代长沙窑高温乳浊绿釉一个标本（表 5－3－1，第 28 号）釉中 SiO_2 含量为 57.81%，Al_2O_3 含量为 8.13%，其硅、铝比值为 12.53。唐代长沙窑透明黄釉一个标本（表 5－3－1，第 27 号）釉中 SiO_2 含量为 62.08%，Al_2O_3 含量为 12.29%，其硅、铝比为 8.98。也就是说，唐代长沙窑高温乳浊绿釉的硅、铝比要比透明釉的硅、铝比高出 40.63%。唐代邛崃窑高温乳浊绿釉三个标本（表 5－3－1，第 29～31 号）釉中 SiO_2 平均含量为 55.37%，Al_2O_3 平均含量为 10.33%，其硅、铝比为 9.46。唐代邛崃窑高温透明绿釉一个标本（表 5－3－1，第 32 号）釉中 SiO_2 含量为 59.91%，Al_2O_3 含量为 10.11%，其硅、铝比为 10.45。表明唐代邛崃窑高温乳浊绿釉的硅、铝比比透明黄釉的硅、铝比低。而硅、铝比高的高温釉在烧成温度偏低的工艺条件下容易出现液相分离。第二，邛崃窑和长沙窑的高温乳浊绿釉中 P_2O_5 含量特别高，长沙窑高温乳浊绿釉 P_2O_5 含量为 2.31%（表 5－3－1，第 28 号），长沙窑透明黄釉的 P_2O_5 含量为 1.32%（表 5－3－1，第 27 号），即长沙窑高温乳浊绿釉 P_2O_5 含量要比透明黄釉的含量高出 0.75 倍。P_2O_5 含量高有利于液相分离的产生，而且 P_2O_5 含量本身也是乳浊剂。第三，长沙窑高温乳浊绿釉中（表 5－3－1，第 28 号）还含有 0.4% 的 SnO_2，SnO_2 是一种乳浊剂，有学者推测它是某种含铜矿物着色剂的伴生矿物（邛崃窑的高温乳浊绿釉中未发现这种氧化物）。第四，长沙窑高温乳浊釉中还含有大量钙长石析晶，这些析晶也会在一定程度上产生乳浊感（邛崃窑的高温乳浊绿釉中未发现有钙长石析晶的存在）。可见，高温乳浊绿釉出现强烈乳浊感的主要原因是液相分离，乳浊剂和钙长石析晶也有一定作用。釉具有乳浊性是因为釉中悬浮着许多异相颗粒，其尺寸大于投射光的波长，粒子浓度较高的乳浊釉，外观呈乳白色[6]。

八、铜红釉

铜是一种变价元素，铜的氧化物在高温下也会挥发，对气氛的氧化还原十分敏感，同时常随着使用颜料中含铜浓度的不同而呈现红、绿、褐等不同的色泽。用氧化焰烧成时它呈绿色，只有在特定的工艺条件下，配合适当的还原气氛它可能呈现红色。铜红很不稳定，许多工艺因素，例如，温度、气氛、铜含量、釉层厚度等都会影响它的效果，损害釉色，所以在中国传统釉彩中，铜主要用于低温绿色釉彩的着色剂。唐代长沙窑烧造的铜红釉不仅是红、绿共存，或红中散布点点绿色小圆斑，更难得的是出现了通体红色的红釉。

长沙窑铜红釉除了含有 CuO 和 SnO_2 外，其化学组成与长沙窑乳浊釉和透明釉基本相似，是一种 CaO 含量（19.75%～21.47%）相当高的灰釉（表 5－3－1，第33~35号）。釉中 P_2O_5 含量较高，并含有 SnO_2。釉中 SnO_2 的存在，可能是熔炼青铜器时留下的渣滓作为红（绿）着色剂而引入的。由于 SnO_2 的存在，更有利于着色元素还原，加上 P_2O_5 元素的存在更能进一步促使釉的乳浊和分相。唐代长沙窑铜红釉层断面一般在釉的表层具有不同厚度的透明釉，透明釉层下面为红色层或绿色层，或红绿共存，而在釉与胎的交界处也是一层透明釉，其断面色层分布类似于明代景德镇铜红釉的分布结构。唐代长沙窑铜红釉的红色层呈现出光散射效应，引起光散射的是釉基质中分离出大量亚微米的不混溶性液相分离结构。由于铜的氧化物离子着色，故釉色呈红色[18]。

九、黑釉

汉晋黑釉（表3-3-1，第9、10号；表4-3-1，第18~22号）CaO平均含量在16.40%~22.99%之间波动，属灰釉，但是唐代黑釉的化学组成发生了明显变化。唐代黑釉分为两类，一类为灰—碱釉，其一个标本（表5-3-1，第66号）釉中CaO平均含量下降到5.26%，而 K_2O 含量则高达3.19%；第二类为耀州窑黑瓷，属灰—镁釉，其一个标本（表5-3-1，第67号）釉中CaO含量为8.70%，MgO含量则高达3.41%。如前所述，灰—镁釉较灰釉的高温黏度大，易使釉面光滑平整并具乳浊性，膨胀系数也较小而与胎接近，可减少裂釉现象。同样，灰—碱釉也有类似的优点，其高温黏度明显比灰釉高，烧成时不易流釉，可使釉面厚而不流，气泡不致变大，有利于黑釉的呈色。正是基于这个原因，唐代耀州窑黑瓷釉一般色泽纯正，深黑光亮。

十、茶叶末釉

唐代黄堡窑、浑源窑和观台窑等先后烧造出的茶叶末釉，釉色黄绿掺杂，在黄褐色的底色中散布着许多细小的绿色斑点，颇似茶叶细末。化学组成特点是铁高、钙高、镁高，镁含量至少在2%以上。如果镁含量太低，就烧不出黄绿色的晶体。但从物理、化学角度来衡量，它应该属于另一类析晶釉，在矿物学上它属于辉石类型的结晶釉。辉石是一系列辉石族矿物的总称，其组成很复杂，至于它是辉石类中的哪一种矿物，则视釉中 Fe_2O_3、Al_2O_3 以及 R_2O（K_2O、Na_2O）含量而定。就 $CaO—MgO—Al_2O_3—SiO_2$ 系而论，唐代黄堡窑和浑源窑的茶叶末釉析出的晶石应以透辉石或以透辉石—斜顽辉石系列晶相为主。但是实际上釉中含有一定量的 Fe_2O_3，加之 Al_2O_3 含量相当高，在理论上其主晶相以析出普通辉石为最大可能。第二晶相为斜长石类（Plagioclase）中的培长石（Bytownite）[19]。观台窑茶叶末釉主晶相是属普通辉石类中的深绿辉石[20]。

茶叶末釉的艺术外观，受主晶相的含量、种类、Fe_2O_3 在釉中的浓度以及晶相的粒度和分散度所控制。就主晶相为普通辉石或深绿辉石〔$Ca(Mg, Fe, Al)(Si, Al)_2O_6$〕而言，唐代茶叶末釉的艺术外观，只能限于从黄褐色到黛绿的范围[19]。唐代茶叶末釉的呈色主要是由配方和烧造工艺条件的变化所致。一般说来，除了配方要符合要求外，釉料不宜过细，烧成温度控制在1250℃~1280℃之间，以还原气氛为主，冷却速度要慢。如果烧成气氛偏于氧化，会使颜色偏于褐色[21]。

十一、花釉

唐代北方窑场流行的花釉是通过不同色态的底釉和面釉在高温烧成中实现的。唐代花瓷所用底釉的化学组成，同唐、宋以来直到现在我国北方所习惯用的“黑药”相似，都是一种浅土黄色的天然黄土经淘洗除去粗颗粒硅砂等杂质而成。实践证明，这种“黑药”在氧化气氛下的充分成熟温度下限在1270℃左右[22]。有的学者认为，唐代花瓷所用底釉是普通的黑釉[23]。

有学者认为，通过不同方法（或用化学容量法，或用X射线荧光无损分析法）对唐代禹县下白峪窑、鲁山段店窑和郏县黄道窑三地的花瓷面釉的化学组成进行测试，所得的实验结果却非常接近，这就表明，这三地所产花瓷面釉所用原料和配方相同或相近。从其化学组成特点来看，它们很可能是用一种含较多游离石英的长石—石英岩类瓷石与一种草木灰以简单比例的二元配方配合而成[22]。

唐代花瓷釉面釉的化学组成还显示，它们都是含少量的 P_2O_5 的灰釉，其六个标本（表5－3－1，第74～79号）釉中 P_2O_5 平均含量为0.86%，CaO平均含量高达18.87%，而且都含有较低的 Al_2O_3（平均含量为8.09%）和较高的 SiO_2（平均含量为62.31%），因而具有较高的 SiO_2/Al_2O_3，加之面釉中含有更多的能促进分相的CaO和 P_2O_5 以及更少能抑制分相的 K_2O、Al_2O_3 和 SiO_2，正是基于这个原因，它比后来宋、元钧窑系釉具有更强的分相倾向。这表现在唐代花瓷面釉如果不施在黑色底釉之上，而是直接施在坯体上时，即使是在不利于分相的氧化焰中烧成，也能形成具有很强乳浊性的微带蓝色的月白色釉层；只有当施在黑色底釉之上，使上下两釉在高温下通过相互渗透熔融而降低了它的分相倾向后，才会变成像蓝钧一样美丽的弱乳浊状态，即乳光态。

花釉一般先施以一层黑釉料的底釉后再在其上局部（花斑）或全部（乳光釉）施以一层白釉料，然后入窑烧制，其烧成温度为1260℃～1300℃[23]。关于唐代花釉的烧成气氛一般认为属氧化气氛，但是，有学者认为，从下白峪出土的唐钧碎片的胎的新鲜断面来看，其颜色有的呈灰黄，有的呈浅灰，有的甚至呈灰黑。这种差别的原因虽然可能是烧成温度高低不同造成的，但也不排除是烧成气氛上的差异造成的，表明唐代花釉对烧成气氛没有太严格的要求[22]。有学者认为，“唐钧”花釉中的蓝斑和白斑与所施白釉的稠度有关。当在黑色底釉上施加白色的面釉时，如果用了较稠的白釉釉料，烧成后白斑中心部大部分无光泽，白釉釉料未完全玻化，边缘与黑釉接触的界线上有一道蓝色乳光线；如果用了较稀的白釉釉料，烧成后釉厚处依然粉白，釉薄处则窑变成大片的天蓝色乳光[23]。

十二、低温铅釉

唐代邛崃窑风行低温铅釉装饰，其常见的低温铅釉的釉色有绿色、黄色、棕色。它们分别以铜或铁为着色剂。还有一种以钴为着色剂的蓝釉，但属稀有品种。低温铅釉以铅为熔剂，表中五个标本（表5－3－1，第61～65号）低温铅釉中PbO含量在41.80%～66.70%之间波动，平均含量为54.68%。

表 5－3－1　隋、唐、五代瓷釉和部分制釉原料的化学组成

序号	年代、窑场、器物种类	成分（%）										参考文献
		SiO_2	Al_2O_3	Fe_2O_3	TiO_2	CaO	MgO	K_2O	Na_2O	MnO	P_2O_5	
1	唐绍兴官山 SYTD1 青釉	61.88	14.14	2.20	0.66	15.25	2.78	1.35	0.55	0.35	0.94	〔24〕
2	唐绍兴官山 SYTD2 青釉	60.65	13.59	2.57	0.71	17.66	2.41	1.34	0.60	0.20	1.05	
3	唐象山窑 92 号青釉	55.96	10.61	3.37	0.74	19.89	2.05	2.73	0.85	0.39	1.42	〔5〕
4	晚唐上林湖 SY2 青釉	61.68	12.86	3.68	0.53	14.21	2.92	1.63	0.70	0.70	0.83	〔7〕
5	晚唐上林湖 SY3 青釉	65.86	12.35	2.49	0.58	11.84	3.03	1.70	0.84	0.32	0.87	
6	晚唐上林湖 SY4 号青釉	65.18	11.44	3.36	0.55	11.58	3.07	2.82	0.92	0.28	0.69	
7	唐代上林湖 11 号青釉	58.95	13.27	2.06	0.72	14.67	5.29	1.48	0.81	0.80	1.97	〔25〕
8	唐代上林湖 SL6 青釉	63.60	12.54	2.17	0.64	13.39	2.57	1.70	0.82	0.40	1.30	〔26〕
9	五代上林湖 SL4－1 青釉	59.90	12.88	2.28	0.56	13.92	4.09	1.59	0.85	0.78	1.95	
10	唐鄞县小洞岙 Y11 青釉	58.18	12.80	0.38	1.85	18.22	2.82	1.26	0.67	0.27	1.57	〔27〕
11	晚唐上林湖贡窑秘色瓷	61.60	12.40	1.80	0.60	15.60	2.80	1.20	1.20	0.40	2.00	〔9〕
12	五代景德镇黄泥头 Y20 青瓷	59.93	15.38	1.47	0.26	17.94	1.66	0.87	0.24	0.12	0.33	〔27〕
13	唐五代温州窑 OT4 青釉	61.90	14.10	2.30	0.70	12.20	3.30	2.10	0.70	0.50	1.60	〔13〕
14	唐五代温州窑 OT5 青釉	59.50	14.90	2.50	0.80	13.80	3.00	2.00	0.60	0.60	1.80	
15	唐五代温州窑 OT6 青釉	58.00	15.40	2.00	0.70	15.80	2.70	1.90	0.70	0.70	1.60	
16	唐五代温州窑 OT7 青釉	64.10	12.70	1.60	0.60	14.20	2.10	2.30	0.50	0.40	1.00	

续表

序号	年代、窑场、器物种类	成分（%）										参考文献
		SiO_2	Al_2O_3	Fe_2O_3	TiO_2	CaO	MgO	K_2O	Na_2O	MnO	P_2O_5	
17	隋湘阴窑青瓷11号釉	58.19	12.57	1.78	0.72	21.01	1.74	1.79	0.29	0.30	1.00	
18	隋湘阴窑青瓷12号釉	62.25	12.67	1.85	0.73	17.36	1.66	2.05	0.15	0.33	0.95	
19	隋湘阴窑青瓷13号釉	64.38	12.74	1.47	0.81	15.72	1.70	1.76	0.19	0.27	0.96	
20	唐湘阴窑青瓷16号釉	64.74	12.31	1.47	0.77	15.80	1.81	1.60	0.06	0.45	0.99	〔28〕
21	唐湘阴窑青瓷19号釉	60.10	12.92	1.87	0.74	18.55	2.13	1.66	0.18	0.47	1.38	
22	湘阴窑青瓷20号釉	64.99	10.39	1.86	0.85	15.05	2.47	2.11	0.27	0.56	1.45	
23	唐洪州窑青瓷HU2釉	60.22	12.54	1.24	0.68	19.60	2.54	1.35	0.23	0.55	0.97	
24	唐洪州窑青瓷HU4釉	61.75	11.90	1.37	0.66	18.25	2.61	1.40	0.27	0.72	1.23	〔29〕
25	唐洪州窑青瓷HU9釉	59.11	14.89	1.35	0.85	16.60	2.79	1.90	0.36	0.54	1.46	
26	唐洪州窑青瓷HU19釉	57.56	22.41	1.07	0.64	22.32	2.38	1.35	0.28	0.61	1.31	
27	唐长沙窑TG15透明黄釉	62.08	12.29	1.40	0.88	14.91	2.25	1.98	0.11	0.47	1.32	
28	唐长沙窑TG11高温乳浊绿釉	57.81	8.13	1.21	0.68	18.78	2.78	2.17	0.32	0.45	2.31	
29	唐邛崃窑JN28高温乳浊绿釉	54.45	8.62	2.66	0.68	18.97	4.98	1.51	0.41	0.29	3.34	
30	唐邛崃窑JN29高温乳浊绿釉	54.80	10.10	2.90	0.80	18.00	3.40	2.40	0.80	0.30	2.30	〔6〕
31	唐邛崃窑JN26高温乳浊绿釉	56.85	12.23	2.50	0.87	16.64	4.69	1.50	0.07	0.25	3.70	
32	唐邛崃窑JN16透明绿釉	59.91	10.11	2.56	0.73	17.52	4.27	1.54	0.32	0.47	1.87	

续表

序号	年代、窑场、器物种类	成分（%）										参考文献
		SiO_2	Al_2O_3	Fe_2O_3	TiO_2	CaO	MgO	K_2O	Na_2O	MnO	P_2O_5	
33	唐长沙窑 TD－26 铜红釉（全红）	58. 25	9. 98	1. 66	1. 23	20. 06	3. 70	1. 88	0. 17	0. 67	2. 19	〔18〕
34	唐长沙窑 TD－27 铜红釉	58. 41	8. 61	1. 84	0. 90	21. 47	3. 30	1. 73	0. 23	0. 58	1. 95	
35	唐长沙窑 TD－28 铜红釉	58. 81	9. 05	1. 88	0. 88	19. 75	3. 41	1. 90	0. 22	0. 58	1. 95	
36	唐黄堡窑 L4－TY4 青釉	61. 41	16. 30	1. 92	0. 41	16. 00	1. 51	1. 75	0. 21	0. 07	0. 77	〔30〕
37	唐黄堡窑青瓷 TY 1 釉	63. 86	15. 92	1. 81	0. 90	10. 43	1. 30	1. 35	0. 24	0. 05	0. 37	
38	唐黄堡窑青瓷 TYZ－5 釉	61. 47	13. 06	2. 45	0. 19	17. 84	2. 33	2. 41	0. 32	0. 06	0. 64	〔31〕
39	唐黄堡窑青瓷 TYZ－41 釉	60. 92	13. 07	2. 45	0. 19	18. 34	2. 33	2. 41	0. 32	0. 065	0. 64	
40	唐黄堡窑青瓷 TYZ－44 釉	62. 85	19. 07	1. 73	0. 63	11. 87	1. 76	1. 91	0. 24	0. 038	0. 38	
41	唐黄堡窑青瓷 TYZ－46 釉	62. 30	15. 08	2. 17	0. 44	13. 67	1. 84	2. 55	0. 41	0. 045	0. 60	
42	唐黄堡窑青瓷 TYZ－49 釉	62. 38	14. 83	2. 51	0. 29	14. 34	2. 45	1. 90	0. 33	0. 07	0. 74	
43	五代黄堡窑青瓷 FYZ－17 釉	61. 71	14. 57	1. 52	0. 17	17. 41	1. 88	1. 58	0. 21	0. 06	0. 68	
44	五代黄堡窑青瓷 TYZ－58 釉	64. 49	12. 93	1. 26	0. 14	16. 12	1. 48	2. 25	0. 28	0. 063	0. 71	

续表

序号	年代、窑场、器物种类	成分（%）										参考文献
		SiO_2	Al_2O_3	Fe_2O_3	TiO_2	CaO	MgO	K_2O	Na_2O	MnO	P_2O_5	
45	隋内丘邢窑YN2 青釉粗瓷	57.11	15.37	1.81	0.47	16.80	1.97	1.64	3.61	0.09	0.94	〔4〕
46	隋内丘邢窑YN7 白釉细白瓷	69.40	13.30	0.60	<0.05	8.40	1.30	4.70	1.40	0.10	0.30	
47	隋内丘邢窑YN6 白釉细白瓷	71.00	16.90	0.40	0.20	2.70	0.70	6.40	1.40	0.04	0.30	
48	隋内丘邢窑白瓷YN5 白釉粗白瓷	64.17	4.18	0.71	0.13	14.61	2.86	1.64	0.84	0.06	0.63	
49	唐内丘邢窑YN9 白釉细白瓷	67.46	19.51	1.00	0.13	6.80	2.92	0.61	1.50	0.52	0.06	
50	隋临城窑白瓷YN4 釉	63.02	13.46	0.79	0.18	16.58	3.38	1.26	0.39	0.08	0.72	
51	唐临城窑白瓷YN8 釉	69.51	19.50	0.53	0.14	5.38	2.37	0.92	1.30	0.05	0.41	
52	唐巩县窑白瓷HG1 釉	64.65	13.90	0.84	0.16	12.29	1.89	2.97	2.17	—	—	〔32〕
53	唐巩县窑白瓷HG2 釉	67.66	15.87	0.87	0.43	10.85	1.53	2.43	0.78	—	—	
54	唐巩县窑白瓷HG4 釉	62.51	17.03	0.74	—	10.36	1.07	4.07	2.14	—	—	
55	唐巩县窑白瓷HG5 釉	62.87	17.85	0.78	0.32	12.18	2.03	1.74	1.03	—	—	
56	唐巩县窑白瓷HG5 釉	66.82	14.46	0.87	—	9.35	1.09	4.28	1.75	—	—	
57	唐巩县窑白瓷HG7 釉	69.99	17.04	0.47	0.33	3.30	4.14	2.86	2.79	0.12	—	

续表

序号	年代、窑场、器物种类	成分（%）										参考文献
		SiO_2	Al_2O_3	Fe_2O_3	TiO_2	CaO	MgO	K_2O	Na_2O	MnO	P_2O_5	
58	唐定窑白瓷DT－1号釉	71.57	16.18	0.77	—	5.72	1.74	2.29	1.22	—	—	
59	唐定窑白瓷DT－2釉	73.79	17.27	0.52	0.11	2.89	2.15	1.56	1.26	0.04	—	〔1〕
60	五代定窑白瓷DW－1釉	74.57	17.53	0.54	0.17	2.74	2.33	2.03	0.62	0.02	0.17	
61	唐邛崃窑JN1绿色铅釉	29.48	5.62	0.74	0.36	0.57	0.31	0.62	0.25	—	—	
62	唐邛崃窑JN12 黄色铅釉	36.25	10.06	1.11	0.61	0.44	0.51	0.61	0.29	—	—	
63	唐邛崃窑JN5黄色铅釉	未测	9.38	1.07	0.47	0.42	0.48	1.33	0.38	—	—	〔6〕
64	唐邛崃窑JN6棕红色铅釉	未测	6.28	0.95	0.44	0.24	0.32	0.85	0.28	—	—	
65	唐邛崃窑JNX2 蓝色铅釉	20.40	3.40	1.50	0.10	3.20	—	0.80	—	—	—	
66	唐57号黑釉	—	—	2.80	1.32	5.26	1.57	3.19	1.56	0.08	—	〔33〕
67	唐耀州窑TYZ9黑釉	65.92	12.80	5.24	0.83	8.70	3.41	2.83	0.26	—	—	〔34〕
68	唐耀州窑TYZ 4－1茶叶末釉	62.46	3.54	5.14	0.69	10.28	2.97	2.66	1.34	0.10	0.24	
69	唐耀州窑14号茶叶末釉	63.85	13.57	5.06	0.68	9.09	2.62	3.01	1.24	0.09	0.20	〔19〕
70	唐浑源窑Hyx茶叶末釉	68.37	12.57	4.35	0.57	7.21	2.32	3.00	0.88	0.08	0.17	
71	唐浑源窑Hyd 茶叶末釉	68.21	12.77	4.75	0.58	6.79	2.28	2.88	0.69	0.08	0.19	

续表

序号	年代、窑场、器物种类	成分（%）										参考文献
		SiO_2	Al_2O_3	Fe_2O_3	TiO_2	CaO	MgO	K_2O	Na_2O	MnO	P_2O_5	
72	钧台窑出土黑药渣	77.20	9.07	3.61	0.64	1.69	1.65	2.16	1.70	—	—	〔22〕
73	唐下白峪窑TYX1黑底釉	67.90	12.70	4.74	0.80	6.41	1.53	3.70	1.26	0.09	0.23	
74	唐下白峪窑TYX1 月白面釉	62.40	8.01	2.48	0.68	19.20	1.66	2.83	0.80	0.37	0.87	
75	唐下白峪窑TYX2 月白面釉	62.20	8.11	2.38	0.60	19.00	1.82	2.82	1.14	0.37	0.89	
76	唐下白峪窑TYX3 月白面釉	62.50	8.12	2.19	0.62	18.70	1.68	2.85	1.34	0.33	0.83	
77	唐下白峪窑TYX4 月白面釉	62.37	8.08	2.35	0.63	18.97	1.72	2.83	1.09	0.35	0.86	
78	唐黄道窑TJH1号月白面釉	61.80	8.04	2.21	0.50	19.12	1.60	3.87	1.42	—	0.88	
79	唐鲁山段店窑	62.58	8.20	2.55	0.46	18.21	1.50	3.60	1.40	—	0.83	
80	唐杨梅亭白碗T2-1釉	68.77	15.47	0.73	0.04	10.92	1.16	2.60	0.24	0.23	—	〔35〕

续表

序号	年代、窑场、器物种类	成　分（%）										参考文献
		SiO_2	Al_2O_3	Fe_2O_3	TiO_2	CaO	MgO	K_2O	Na_2O	MnO	P_2O_5	
81	五代景德镇黄泥头10号白瓷釉	66.18	15.41	1.19	0.05	12.72	1.37	1.73	0.45	0.25	0.19	
82	五代景德镇黄泥头11号白瓷釉	67.53	14.55	1.13	0.04	11.42	1.50	2.27	0.31	0.24	0.56	
83	五代景德镇黄泥头23号白瓷内釉	73.22	13.96	1.13	0.03	5.59	1.61	2.47	0.56	0.18	0.15	
84	五代景德镇黄泥头23号白瓷外釉	74.25	13.22	1.16	0.04	5.93	1.57	2.46	0.48	0.16	0.15	〔36〕
85	五代景德镇黄泥头24号白瓷釉	70.48	14.31	0.83	0.04	9.02	1.41	2.52	0.37	0.20	0.38	
86	五代景德镇黄泥头25号白瓷釉	67.29	15.70	1.02	0.05	10.73	1.74	1.87	0.35	0.18	0.67	
87	峰峰水冶白釉土	70.62	17.10	0.52	0.18	4.34	0.83	0.83	5.51	—	—	
88	临城水南寺1号釉土	60.32	20.53	1.41	0.52	4.03	6.88	5.22	6.09	—	—	
89	临城水南寺2号釉土	53.76	18.30	1.26	0.46	3.59	6.13	4.65	0.08	—	—	〔16〕
90	临城鸡亮白云石	4.98	0.94	1.51	0.08	28.71	19.35	—	—	—	—	
91	临城鸡亮滑石	41.58	19.98	0.66	0.05	0.37	25.45	0.15	0.05	—	—	
92	临城山下村方解石	0.31	0.15	0.04	—	55.07	—	—	—	—	—	

注：

第28号，唐长沙窑TG11高温乳浊绿釉中还含有CuO3.05%，SnO_2 0.4%。

第30号，唐邛崃窑JN29高温乳浊绿釉中还含有CuO 3.70%。

第 32 号，唐邛崃窑 JN16 透明绿釉中还含有 CuO 1.48%。

第 33 号，唐长沙窑 TD－26 铜红釉中还含有 CuO 1.51%，SnO_2 0.17%。

第 34 号，唐长沙窑 TD－27 铜红釉中还含有 CuO 0.99%，SnO_2 0.58%。

第 35 号，唐长沙窑 TD－28 铜红釉中还含有 CuO 1.35%，SnO_2 0.55%。

第 61 号，唐邛崃窑 JN1 绿色铅釉中还含有 CuO 1.35%，PbO 58.80%。

第 62 号，唐邛崃窑 JN12 黄色铅釉中还含有 PbO 50.20%。

第 63 号，唐邛崃窑 JN5 黄色铅釉中还含有 CuO 0.19%，PbO 41.80%。

第 64 号，唐邛崃窑 JN6 棕红色铅釉中还含有 CuO 0.05%，PbO 55.90%。

第 65 号，唐邛崃窑 JNX2 蓝色铅釉中还含有 CuO 0.60%，PbO 66.70%，CoO 2.80%。

第四节 装饰技术

隋、唐、五代瓷器装饰技法比前朝更显丰富，划花、刻花、贴花技术比前朝有所发展，雕花、珍珠地划花和跳刀席纹等工艺装饰则为唐代首创。唐代推出的绞胎装饰分为全绞胎和贴面绞胎两类。唐代高温釉上彩除了沿袭晋代在青釉上绘彩外，又增加了黑釉上洒白彩、茶叶末釉上加彩、白釉上饰酱彩、酱釉上加彩等工艺。唐代启用的釉下彩，多以氧化铁矿物为着色剂，罩盖色料的透明釉多为玻璃质感强的青釉。唐代巩县黄冶窑创烧的青花瓷，以伴生有少量铁和铜的硫钴矿或方硫钴矿着色，其矿源可能出自南非、中亚或我国甘肃、河北某地等。

一、化妆土

我国制瓷先民受到原始社会“陶衣”工艺的启迪，至迟在西晋晚期发明了化妆土技术。到了唐、五代时期，使用化妆土的窑场增多。这是因为唐、五代部分窑场，特别是北方窑场（例如唐磁州窑、鹤壁集窑等），由于制胎原料中铁含量比较高，在烧成过程中，原料中的铁很容易使胎着色成灰黄，或使胎有细小的黑点，降低了瓷胎的质量和白度。为了改善瓷胎的质量，遮盖胎中杂质污染带来的外观上的缺陷，于是他们在胎体表面施盖一层化妆土。

唐、五代时期，充当化妆土的原料多为含铁量低的高岭土，Al_2O_3含量远远超过胎体而接近纯高岭土的成分。其四个标本（表 5－4－1，第 2、4、6、8 号）Al_2O_3含量在 41.56%～44.48%之间波动，平均含量为 43.47%；Fe_2O_3含量在 0.66%～1.46%之间波动，平均含量为 1.09%；TiO_2含量在 0.22%～1.32%之间波动，平均为 0.76%。

化妆土的使用方法是：先将化妆土制成泥浆，然后把它均匀地涂施在坯体上，涂施的厚度为 0.3 毫米～0.4 毫米，化妆土层的厚度和釉层差不多，待其干燥后，再在其上罩盖釉，入窑高温烧成后，化妆土与釉，或胎与釉的交界处有大量钙长石析晶，因而使得胎、化妆土和釉三者紧密结合。原始社会陶器上的“陶衣”烧成后，由于“陶衣”与胎体之间没有反应层而极易脱落。

唐代洪州窑化妆土层主要含有比胎高得多的石英颗粒，其粒度小于 50 微米，熔剂较少，大多与釉无反应，同时化妆土和釉两者的热膨胀系数又显著不同，因而导致釉层剥落[1]。

表 5-4-1 唐、五代部分瓷胎、化妆土、彩料的化学成分

序号	年代、窑场、器物种类	品名	成分（%）								参考文献
			SiO_2	Al_2O_3	Fe_2O_3	TiO_2	CaO	MgO	K_2O	Na_2O	
1	唐磁州窑	胎	55.27	38.88	2.39	0.81	0.26	0	1.85	0.52	〔29〕
2		化妆土	50.53	43.58	1.46	1.15	0.61	0	1.91	0.75	
3	唐鹤壁集窑1号标本	胎	53.56	36.79	5.20	0.73	1.28	0	1.72	0.31	
4		化妆土	53.75	41.56	0.88	0.34	0.60	0	1.94	0.53	
5	唐鹤壁集窑2号标本	胎	51.86	38.77	4.99	1.12	1.49	0	1.52	0.38	
6		化妆土	52.03	44.24	1.36	1.32	0.36	0	1.42	0.68	
7	五代鹤壁集窑	胎	54.20	36.91	4.52	0.81	1.34	0	1.56	0.34	
8		化妆土	51.68	44.48	0.66	0.22	0.18	0	1.23	0.46	
9	唐长沙窑高温釉上褐彩1号标本	—	57.04	12.06	5.15	0.87	15.71	2.39	1.67	0.23	〔23〕
10	唐长沙窑高温釉上褐彩2号标本	—	—	11.91	6.54	0.95	13.77	2.23	1.98	0.13	
11	唐长沙窑高温釉上褐彩3号标本	—	58.77	11.25	10.71	—	11.75	2.43	2.36	0.24	
12	扬州唐城出土青花加釉1号标本	—	69.80	12.60	0.70	0.10	10.30	1.30	2.50	1.40	〔30〕
13	扬州唐城出土青花加釉2号标本	—	—	—	—	—	14	1.4	2.7	—	
14	扬州唐城出土青花加釉3号标本	—	—	—	—	—	14.30	1.80	2.10	1.20	

续表

序号	年代、窑场、器物种类	成 分（%）										参考文献
		SiO_2	Al_2O_3	Fe_2O_3	TiO_2	CaO	MgO	K_2O	Na_2O	MnO	P_2O_5	
15	扬州唐城出土青花加釉4号标本	—		68.60	12.20	1.36	0.15	11.20	—	3.16	—	〔31〕
16	扬州唐城出土青花加釉5号标本	—		66.80	13.50	1.34	0.16	13.00	—	2.90	—	
17	甘肃优质钴料	—		48.10	16.70	4.72	2.69	0.58	10.01	1.84	0.24	〔32〕

注：

第12号，扬州唐城出土青花加釉中还含有0.10%的MnO，小于0.01%的CuO。

第13号，扬州唐城出土青花加釉中还含有0.09%的MnO，0.09%的CuO，0.57%的CoO。

第14号，扬州唐城出土青花加釉中还含有0.07%的MnO，1.56%的CuO。

第15号，扬州唐城出土青花加釉中还含有0.38%的CoO。

第16号，扬州唐城出土青花加釉中还含有3.05%的CuO。

第17号，甘肃优质钴料还含有0.65%的MnO，2.69%的TiO_2，11.80%的CoO，0.03%的NiO，1.20%的CuO，MnO/CoO为0.055，Fe_2O_3/CoO为0.40。

二、刻划印花装饰

唐代刻划印花装饰有划花、刻花、雕花、珍珠地划花、印花、跳刀席纹等表现技法。

（一）划花

划花是用类似织毛衣针的竹木工具，在坯体表面用力均等地划饰，划痕较浅，多以曲线为主，粗细一致，流畅活泼。划花装饰早在新石器时代的陶器上就已使用，在原始瓷产生不久的商代后期，就开始用划花技法来美化瓷器。东汉瓷器出现后，各主要窑场几乎都先后使用了划花装饰。但是，在魏晋南北朝时期，划花装饰主要是与其他装饰技法相配合。以划花技法来单独表现主题纹样则始自唐代。北朝划花一般采用单线勾划，唐、五代划花既用单线，也用复线勾划；北朝时的划花多为简单的几何纹和莲瓣纹，入唐以后，往往用划花表现较为复杂的纹饰。例如，唐、五代越窑流行用划花表现对飞的鹦鹉、对蝶、鹤纹、团花、绶带及缠枝等〔2〕。晚唐、五代定窑白瓷用划花技法来展示对蝶和草叶纹的风姿〔3〕。唐代黄堡窑划花题材也比较丰富，有几何纹、云纹、动物纹和植物花卉纹等。几何纹有辐射纹、旋转纹和圆环纹等。动物纹仅见一种凤纹。植物花卉纹有葡萄纹、牡丹纹和菊花纹等[4]。

（二）刻花和雕花

刻花是用刻刀（或竹针削成斜面）直接在半干半湿的坯体上刻制花纹的一种装饰技法，它在南北朝时就已产生，当时主要用于对堆贴和塑出的部分进行加工。约从晚唐时开始用刻纹来表现较为复杂的花卉、动物等纹饰。这种刻花装饰又称半刀泥，即用刀类工具以偏锋在胎体斜刻出一边深、一边浅的花纹轮廓。如果是较为复杂的纹饰，还会用划线在刻纹内表现细部，填细线划纹或篦纹，作为刻纹的细部和补充，使花纹凸起，具有浅浮雕的效果。这种刻花装饰约在晚唐、五代时首先在南方的越窑使用[2]。北方陕西铜川黄堡窑约在五代时期也开始生产刻花青瓷[5]。一是直刀和斜刀相配合，采用一直一斜，直刀划线，斜刀剔泥，使纹样显示出来。二是剔刻相结合，大刀阔斧地将多余部分剔掉，犹如石刻中减地，并使纹样本身立体化，施釉烧成后，具有强烈的浮雕感。刻划花是指刻花和划花兼用。先用刀具刻出纹样的轮廓，后用划花手法点上花蕊，划上叶子的筋脉。

雕花是用刀具先刻划出花纹轮廓，再将轮廓以外的背衬部分全部剔除，使花凸起在坯胎之上，最后在花纹轮廓内用尖状工具划出阴线叶脉和花瓣的纹理。这种借鉴汉唐石刻艺术中的“减地刻”技法为装饰的瓷器，以五代耀州窑瓷器最为著名。

（三）珍珠地划花

珍珠地划花是把划花与珍珠地工艺结合起来的一种装饰。它是在敷好化妆土的器坯上划出主题纹饰，再用一种圆管状工具（例如芦苇或金属管等）在主题纹饰以外的空隙处戳印细小的圆圈，使划线主题纹饰以外形成布满小圆圈的地纹，由于这些小圆圈密如攒珠，因而称为珍珠地。然后在器坯的表面抹上一层色粉，再用力拂去，使色粉只附着于有纹线处，最后在器表涂抹一层透明薄釉，待釉干后入窑烧成[6]。对珍珠地划花纹样的着色，还有一种不同的说法：不是先划刻纹饰，然后在纹饰线条上填彩，而是一气呵成。具体做法是在划饰纹样和戳印珍珠地圆圈的同时随即蘸呈色剂，因而装饰画面的彩色与线条完全一致[7]。

珍珠地划花装饰始现于晚唐的密县西关窑[8]。唐代密县西关窑出土的珍珠地划花主题装饰多见禽鸟题材，并以花草纹为辅助纹样。例如，唐代密县西关窑出土的珍珠地划花鹦鹉纹枕，在腰圆形枕的顶面饰硕大的鹦鹉，周围以牡丹和草叶纹相衬，枕侧面饰圆圈纹、压印菊花纹[9]；唐代密县西关窑出土的珍珠地划花鹌鹑纹枕，枕侧面以鹌鹑纹为主题纹样。唐代密县西关窑珍珠地划花纹装饰还有一个特点，即主题纹样——禽鸟在画面中占的比例很大，有学者认为这是受同时期的金银器风格影响所致。唐代密县西关窑珍珠地划花纹样多呈红赭色[7]，装饰中的珍珠圆圈较小而且密集，排列不整齐，常有出格现象，有的甚至只印半圈[6]。

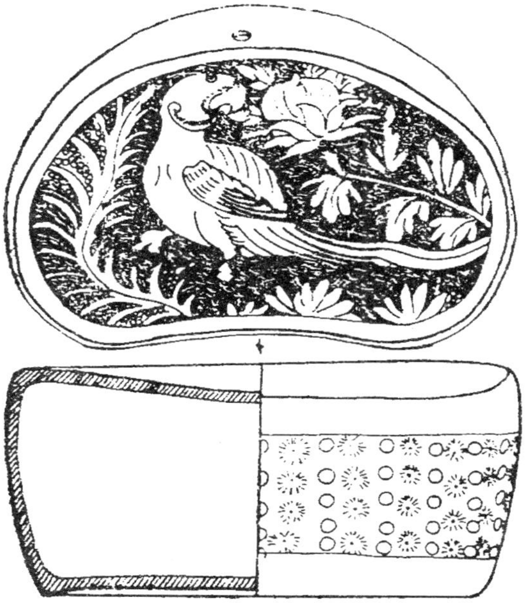

图 5-4-1　晚唐密县西关窑珍珠地划花鹦鹉纹枕

采自文献〔9〕

（四）印花

印花是通过刻有装饰纹样的印模，在尚未干透的胎体上印出花纹的一种装饰技法，隋、唐、五代印花有戳印、印贴、模印和模塑四种表现手法。

1. 戳印

戳印是用小块印模，在坯体上印饰花纹。由于戳印印模上的纹样多为阳纹，因此用戳印印模在坯体上施加的印成纹样均为阴纹，纹样积聚浓厚的釉，纹道较为显著。早在春秋战国时期，江南地区普遍出现的印纹硬陶上的装饰纹样亦属于戳印的范畴，不过当时是用印模拍打上去的。隋代丰城窑的戳印印模上的花纹多为凸出阳纹（图 5-4-2），在坯体上印饰的纹样具有剪纸艺术格调，在构图上多用独立的小块印模拼凑纹饰，即把两个印模相间排列，常见纹样为菊花、松枝、柏叶、蔷薇花、宝相花等。隋代内丘邢窑出土 3 件戳印印模均为白胎，阴模雕刻而成。标本内 T1H1：22，莲瓣纹，残高 10 厘米；标本内 T1H4：22，叶脉纹，残高 9 厘米；标本内 T1H1：23，叶脉纹、莲瓣纹，三者都可能为鹦鹉杯的模具〔10〕。唐代寿州窑戳印印花模为圆形戳记式阴纹模，印纹都为阳纹，多压印在瓶罐上。所印花纹为圆形几何形，纹内积聚浓厚的釉，纹道颇显著〔11〕。唐代长沙铜官窑戳印印模花纹多见凹刻阴纹，用这种凹刻阴纹印模进行戳印，所饰纹样具有浅浮雕的艺术效果，多用于盘、碟、碗、盅内底和壶、罐耳部。唐代长沙铜官窑遗址所出戳印印模花纹的纹样有单朵的莲花、飞翔云间的小鸟、生机勃勃的莲藕等〔12〕。

2. 印贴

印贴装饰是先用胎泥烧制成凹刻阴纹模具，然后再将胎泥在这种阴刻扁平形模具上压印出花纹。所模制纹样如不理想，可用雕刀修整。待其半湿未干之际，用胎泥将其粘贴在坯体所需要装饰的部位，最后上釉入窑烧成，堆贴纹样也具有浮雕装饰效果。

唐代寿州窑出土一种采用印贴装饰技法的忍冬纹的花饰[11]。唐代长沙铜官窑遗址所出印贴装饰多见于壶嘴和壶系下及洗腹上，纹样有葵花、荷花、双鱼、孩童戏莲、飞鱼凌空、立狮、游龙、蝴蝶、葡萄（图5－4－3）、人物等。有时还在堆贴纹样上涂饰酱彩[12]。

图5－4－2　隋代丰城窑出土的戳印宝相花纹印模

图5－4－3　南京西水关出土的唐长沙窑青瓷印贴葡萄纹壶　南京市博物馆展品

3．模印

模印是用带有花纹的模具在坯体上印制花纹。它与前述戳印印花的区别是：模印印花对坯体进行整体装饰，而戳印印花只对坯件进行局部美化。模印印花要先制作好模型，再用模型翻制出“陶范”的内壁形状，外壁用手抹成馒头形。成型后再用尖状工具在内壁刻划花纹，然后入窑烧成[13]。模印印花工艺大致如下，将坯泥置放于模具内模压成型，然后取出，模具内壁的纹样即印在器坯的外壁。模印印花的工艺特点是：印花时，器坯要覆于模具之上，在印花的同时进行修坯，也就是说，这一工序兼具印花和修坯的功能，制出的器物尺寸一致，器型规整。由于是在模具上修坯，所以器物的胎壁一般修得较薄。

模印印花装饰至迟在唐代出现，唐代内丘邢窑出土的细白瓷印花盘和菱形印花盘中的花纹就是用这种工艺制成的[14]。五代陕西铜川黄堡窑遗址出土的模印印花模具用胎泥烧成，外壁抹光，呈馒头形，内壁距口沿0.4厘米处阴刻一周弦纹，周壁也阴刻花纹，内底心微微凸起，外直径在7.1厘米～7.8厘米之间。这批印花模具的纹饰题材有几何纹、花卉纹和动物纹。动物纹中有狮子、虎、牛、猴、蝴蝶、瑞鸟等。五代黄堡窑模印印花由于模具内壁花纹为阴刻线，而且刻得较深，模印出来的花纹就为凸起的阳线，并具有浅浮雕的艺术效果[13]。

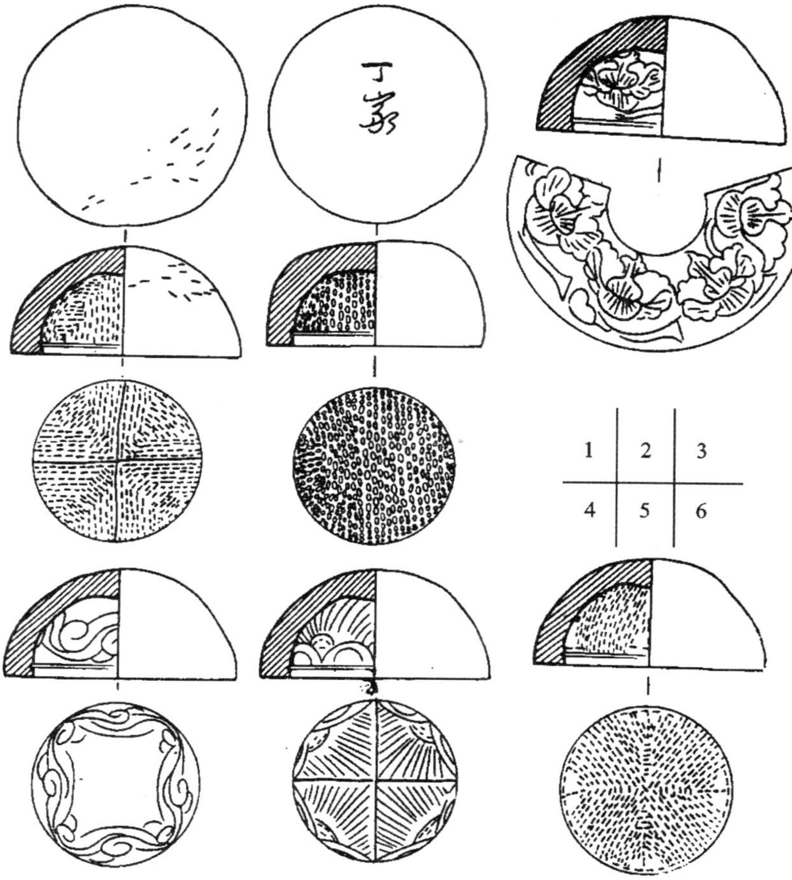

陶范

1.柳斗纹范（90013）　2.柳斗纹范（90010）　3.牡丹纹范（90017）　4.如意卷云纹范（90015）
5.日用纹范（90014）　6.柳斗纹范（90011）　（皆为1/2）

图5－4－4　五代陕西铜川黄堡窑出土的模印模具

采自文献〔13〕

4. 模塑

日用瓷器中的模塑印花装饰与瓷塑艺术中的模塑技法近似，即把器物坯体分解成若干部件，分别用模具分块模制，然后用胎泥把它们拼合成器。这种装饰工艺适合于器型复杂、不能用拉坯成型的器物，并使其表面有复杂的纹饰。模塑印花装饰工艺至迟在南北朝时期就已出现，北齐安阳范粹墓出土黄釉胡人乐舞纹扁壶[15]，就是通过各个印花模具部件分别压印出来，然后用胎泥把它们黏合成型。隋代内丘邢窑也出土了一件与北齐安阳范粹墓类似的青褐釉扁壶，腹部两面分别模印卷云纹图案，图案内外各有一圈联珠纹。隋内丘邢窑遗址出土双系花卉人物扁壶也是用模塑技法制作而成的（图5－4－5）[14]。

图 5-4-5　隋内丘模塑花卉人物扁壶
采自文献〔14〕

（五）跳刀席纹

所谓跳刀，是镟铲利坯时坯刀不能顺利旋削而出现的一种情况，它会留下跳刀痕，本是一种工艺缺陷。唐代陶工利用这种工艺缺陷，作为一种装饰手法，形成一种独特的跳刀装饰技法。这种工艺技法以刻饰席纹为宜。将半干后的坯体，安放在快速转动的陶轮上，手持富于弹性的坯刀，以一定的角度，使刀口与坯体相切，并走刀操作，修坯刀因受到特定阻力的作用，从而产生急促有序的跳动。模拟实验表明，陶艺家手执平刃坯刀，先用侧刃左旋向进行跳刀，再一次用反向侧进行右旋向跳刀，叠施于前次跳刀纹之上，即成跳刀席纹装饰[16]。唐代跳刀席纹装饰，在唐代北方窑场，如唐代曲阳、郏县、浑源等窑场应用较广。

三、绞胎装饰

陶瓷绞胎是指器物的坯体或器表，用白褐两色或多色泥料相间糅和而成，然后罩盖透明釉烧成的一种装饰。这种装饰首现于唐代，陕西、河南两省唐墓都出土过这类瓷器，有杯、碗、三足小盘、长方形小枕等[17]。唐代启用的绞胎装饰分为全绞胎和贴面绞胎两类。全绞胎是采用两种（多为白色和红棕色）色调反差较大的胎泥经绞合而制成。制作时先把这两种泥分别加水糅和并压成薄片，然后把它们相间叠合到一定的厚度，再按垂直于叠合面的方向切割成薄片，并将这些薄片按需要切割成不同形状的小块或小条，再放在模具中拼接成型，施釉后入窑烧成。这样烧制出来的产品是全绞胎。采用全绞胎技法作装饰的器物多为易于成型的碗、盆、盘、杯、盂等。运用全绞胎技法制作出来的产品，器胎内外壁绞花由表及里，内外相连，因而内外壁呈现的绞花纹理相同，故又称透花器。

贴面绞胎又称半绞贴片，制作方法是先制好素胎，然后将事先绞好的带有花纹的绞胎泥片敷贴或镶嵌在坯体表面，坯胎内面仍为素胎，再上釉烧制而成。从绞胎器碎片的断面来看，贴面绞贴泥片的厚度变化不定，厚的有 2 毫米，薄的不到 1 毫米。贴面往往只及胎骨厚度的三分之一至十分之一，局部会更薄，真正薄如一层纸[18]。

贴面绞胎所用釉有好几种：第一种是透明淡黄釉，第二种是孔雀绿釉。以上两种釉都属低温釉，均经第二次入炉并在低温氧化气氛中烧成。第三种是白釉，胎为瓷胎高温一次烧成。

有学者在唐代巩县黄冶窑遗址采集到一件唐代绞胎花枕素烧坯的残片，由此可知绞胎花枕是先素烧，烧出的正品再上釉。从这件标本的断面看，绞胎团花占枕面厚度的三分之一，三分之二为白胎，很像木器的包镶做法，表面用贵重物料包镶，里面衬以次料[19]。

有学者对绞胎制品进行高温重烧收缩测试。测试的结果是：胎的烧成温度为 1088℃ ±20℃。因重烧收缩为二次经受高温，所测烧成温度会略低一些，原烧成温度可能在 1100℃ 左右。绞胎罩釉的组成接近唐三彩铅釉，故其烧成温度约在 950℃，所以应属胎、釉分别烧成。这一测试结果也证明：绞胎制品确为胎体先进行素烧，选其正品再上釉进行第二次烤烧。唐代绞胎器的胎质，有的属瓷器，有的属陶器。烧成温度在 1100℃ 左右者为瓷，1000℃ 左右者为陶[18]。有学者认为，唐代巩县黄冶窑的绞胎制作始于盛唐。盛唐早期多用全绞技法，纹样单纯，主要是木瘿纹和木理纹；盛唐晚期流行半绞技法，绞胎纹样日趋复杂多样。唐代巩县黄冶窑还烧造一种搅釉器，它是以两种不同颜色的釉汁搅和在一起，然后用笔蘸釉汁在坯体上描绘、涂抹而成[20]。

四、素地黑彩与黑釉刻花填白彩

唐代黄堡窑素地黑彩瓷又称素地黑釉花瓷，它是先在素坯上加施一次化妆土，用作底色，后入窑素烧，出窑后使用黑彩釉料在施过化妆土的素胎上，点绘各种图案，纹饰题材近百种。由于彩料是一种稠度大、流动性小的黑釉料，加之是在浓稠状况下被点绘在器胎上的，第二次入窑高温烧成后，花纹均呈凸突状，具有浅浮雕装饰艺术的效果。唐黄堡窑素地黑彩装饰，常用于器物如碗、盘、钵、盏、小缸、罐、灯、盒等的美化[21]。据测试，其烧成温度在 1260℃ 左右[22]。唐代耀州窑先在坯体上通体施黑釉，待釉晾干后，用利器划出装饰纹样的轮廓，再用刻刀剔去拟成纹样部位的黑釉，使露胎部位呈现出要表现的纹样，然后在其上填饰白色的化妆土，由于填料较厚，使得填彩高出釉面。填饰的纹样有卷草纹、折枝花、朵花等，这种装饰往往用于美饰釜、灯、钵、罐、执壶等器物[21]。

五、高温釉上彩

晋代高温釉上彩只有一种表现手法，即在青釉上饰褐彩，唐、五代的高温釉上彩的技法增至四种，即青釉上加绿彩、青釉上加酱彩、茶叶末釉加彩、酱釉加彩等。唐代长沙窑和邛崃窑高温釉上彩往往以青釉为底釉，再用普通绿釉或酱釉在青釉底上用点彩或浸漫、蘸泼等技法制成高温釉上散点、或联珠纹、或斑块等装饰[23]。

长沙窑早期以斑点彩装饰为多，即在青釉瓷器上以褐色彩料或蓝绿色料点画成斑点，或画成简单的花草纹。褐色彩料是以含铁量高的矿物原料作为色料，蓝绿彩则以含氧化铜矿物原料或炼铜渣料作为色料，加工磨细后，配成彩料施于瓷器的四周。这种点彩斑在高温下烧成时常常流动，流下的绿色色彩有时会局部变成红色，这主要是其中所含的氧化铜被还原着色的缘故。

长沙窑高温釉上褐彩和绿彩所用色料是一种含有少量着色剂和大量助熔剂的普通色釉浆。褐彩中 Fe_2O_3 含量为 6% ~10.7%，MnO 含量为 3.5% 左右；绿彩中的 CuO 含量在 3.7% 左右；褐彩和绿彩中的助熔剂（CaO、MgO、K_2O、Na_2O）总含量大致为 18% ~23% 之间（表 5 -4 -1，第 9 ~11 号）。色釉浆中的着色剂已和釉料充分混合，烧成后形成着色玻璃。由于色釉浆中的着色剂分布比较均匀，而且色料在加热时全部熔于助熔剂中。

长沙窑高温釉上绿彩很少有透明绿色，绝大多数为乳浊的湖绿色或绿松石色，其中少数绿中泛蓝。在一般情况下，二价铜离子使釉呈现透明的绿色，不会出现乳浊现象。长沙窑绿色釉彩呈现乳浊感的主要原因与釉料中含有少量 P_2O_5、SnO_2、As_2O_3 等乳浊剂有关；此外，这类乳浊绿釉还含有大量细小的钙长石晶体，它们的存在也是造成绿彩产生乳浊感的原因之一[24]。唐代浙江象山窑高温釉上酱彩多为彩斑装饰，当坯体上釉并阴干后，再把酱色彩料涂饰或点饰在釉上，入窑烧成后，酱色彩料和青釉底釉相互熔融，最后在器物上出现大片酱色或褐色或浅黄色的彩斑[25]。

晚唐密县西关窑、鹤壁集窑、邢窑和巩县窑还有一种高温釉上彩工艺，即以白釉为底釉，再在白釉底上加施酱彩，入窑高温一次烧成白釉酱彩装饰瓷器。唐代黄堡窑烧造的高温釉上彩有一个品种为茶叶末釉彩瓷，它是以茶叶末釉为底釉，然后在施好釉的器物上面点绘白彩或蓝彩，或乳黄彩，或黄彩。上彩时，用毛笔蘸彩汁点画，笔锋有粗有细，视画面而定。有彩斑、杂花和折枝花纹等，点彩有大有小，大者直径 5 厘米 ~5.5 厘米（多装饰在腰鼓上），小者直径 2.8 厘米 ~3 厘米（装饰在小件器物如盂的肩腹上）。点彩有的排列有序，有的则任意点划。烧成后花釉瓷的底釉均为深色，彩皆浅色，绘出的花斑或花纹，格外醒目[21]。

六、釉下彩

唐代启用的釉下彩是指在坯体上用彩料绘饰，然后罩盖透明釉，入窑一次高温烧成后，色料层的上面被一层无色透明釉覆盖，彩色呈现在釉下的装饰技术。

唐代釉下彩主要有以铁为着色剂的釉下黑褐彩和以钴为着色剂的青花两大类。以铁为着色剂的釉下黑褐彩主要流行于温州窑、鹤壁集窑、长沙窑和邛崃窑等。其中唐代温州窑釉下彩以富铁釉料为色料[26]，长沙窑和邛崃窑釉下彩以氧化铁矿物为着色剂[23]，鹤壁集窑釉下彩用斑花石（褐铁矿）为色料[27]。

唐代温州窑釉下彩以富铁釉料为色料，由于富铁釉料中含熔剂量高，在烧成过程中很容易与青釉作用，加之罩盖色料的青釉釉层较薄，在高温烧成过程中，胎中的大量气泡涌出釉面，熔剂量很高的色料和青釉充分熔合，使得整个釉层都是褐色玻璃相[26]。

唐代温岭窑釉下褐彩装饰多在瑑器类的颈腹间采用赭红、褐黑彩绘画纹样，一笔到底，有如意状、云朵状或山形状等几何纹样[28]。唐代长沙窑和邛崃窑釉下彩以氧化铁矿物为着色剂，唐代长沙窑有的产品还使用氧化铜为着色剂。铜元素在还原性气氛下，釉彩中含量在千分之几或在1%～3%之间，易着成红色，浓度越高越易成绿色，如果在氧化气氛下极易生成绿色或蓝绿色。铁元素在低浓度下还原时釉成青色，氧化时釉呈黄色。长沙窑中以Fe_2O_3为着色剂的褐色釉彩中常常含有一定量的CuO，在还原气氛下烧成易还原成褐红色。绘于生胎上的色料层比较厚，一般为0.2毫米～0.3毫米，而彩绘后施加的一层透明釉却非常薄。在面釉层很薄的情况下，由于色料层中着色剂向上扩散，面釉往往被着色，故彩料层往往得不到保护而容易受到各种腐蚀[24]。

唐代鹤壁集窑釉下彩呈蓝褐色，其着色元素为铁，彩料是用斑花石（褐铁矿）。施彩之前，先在坯体上涂一层化妆土，待其干后，再用彩料在化妆土层绘画（形似芍药的五瓣形团花）纹样，然后罩盖透明釉入窑高温一次烧成[27]。扒村窑釉下黑彩是用铁含量高的矿石为彩料[29]。唐代黄堡窑出土的釉下白彩器有碗、盅、盒、罐数种。白彩绘于胎坯上，再罩盖青釉。由于黄堡窑场的唐代青釉的玻璃质感强，所以透过青釉的白彩图案具有清新淡雅之韵味。但釉下胎中的铁质经过还原气氛烧成，可以显透出很多小黑点[21]。

唐代巩县黄冶窑创烧的青花瓷，以伴生有少量铁和铜的硫钴矿或方硫钴矿着色。这可从钴料的化学组成显示出来。扬州唐城出土青花瓷（唐代巩县黄冶窑烧造）五个标本（表5-4-1，第12～16号）中青花加釉化学组成以低铁、低锰和含少量铜为基本特征，Fe_2O_3平均含量为1.13%，MnO平均含量为0.09%，CuO平均含量为1.18%。有学者通过X荧光分析和电子探针测定，钴料中还含硫（硫含量为0.14%），而无砷和镍，据此可知，唐代巩县黄冶窑烧造青花钴料用伴生有少量铁和铜的硫钴矿或方硫钴矿着色。据此，唐代青花色料的来源有两种可能，一是商人从南非、中亚或我国甘肃等地获得硫钴矿或方硫钴矿，经丝绸之路到达唐青花产地；另一种可能是在河北某地的钴硫化物矿与黄铜矿伴生矿区，在采集铜矿石作陶瓷色料的过程中偶然获得硫钴矿或方硫钴矿来装饰白瓷[30]。另有学者得到来自甘肃的优质钴土矿，并通过质子激发X荧光分析法（PIXE）测定其主要成分与唐代巩县黄冶窑烧造的青花钴料相近，其MnO/CoO为0.055、Fe_2O_3/CoO为0.40，并含有1.2%的CuO（表5-4-1，第17号），唐代青花所用钴料极有可能就是这种钴料[31]。唐代青花由于釉的含钙量平均高达12.56%（表5-4-1，第12～16号），高温黏度较小，加之釉层很薄，青花色料在高温烧成时易于扩散，因而青花色料往往扩散到整个釉面，在有色料部分将釉层染成蓝色玻璃体。

第五节　装烧技术

东晋、南朝启用的匣钵装烧技术在唐、五代得到初步发展，具体表现在使用匣钵装烧的窑场激增、匣钵的形制增多和瓷质匣钵的使用。山东地区的磁村、中陈郝和西太平窑等流行对口套烧。南朝启用的泥点垫隔技术，入唐后得到广泛流行，嗣后又推出泥条、垫圈和石英砂垫隔。

一、匣钵装烧技术的初步发展

匣钵装烧始于东晋后期，到了隋唐时期，匣钵装烧工艺得到较大程度的发展，主要表现在如下三个方面：①使用匣钵为装烧工具的窑场数量激增；②匣钵的形制比前朝大为增加；③瓷质匣钵的启用。

隋、唐、五代时期匣钵工艺的第一个特点是：使用匣钵为装烧工具的窑场数量增加。东晋至南朝采用匣钵的窑场目前仅见江西丰城窑场[1]，进入隋、唐后，匣钵的使用广为普及。在北方，隋代山东曲阜宋家村窑[2]，隋、唐、五代内丘邢窑[3]，隋、唐湘阴窑[4]，唐、五代枣庄中陈郝窑[5]，唐代临城窑[3]，唐密县西关窑[6]，唐、五代黄堡窑[7]和定窑[8]等都采用匣钵装烧。南方地区采用匣钵装烧的窑场有：初唐桂林窑[9]，唐代寿州窑[10]，唐、五代长沙铜官镇石渚湖窑[11]，唐慈溪上林湖荷花芯窑[12]，唐、五代慈溪寺龙口窑[13]，唐象山窑[14]，唐代宁波镇海小洞岙窑[15]，唐代四川邛崃十方堂窑[16]，唐、五代湖北鄂城梁子湖窑[17]，唐代潮安北堤窑[18]，唐代广东梅县水车窑[19]，唐代中期慈溪石马弄窑[20]，五代建阳庵尾山窑[21]等，它们都出土了数量不等的匣钵，其中，唐代四川邛崃十方堂窑还出土一件带有“贞元六年润”铭文的匣钵残片[16]；唐代慈溪上林湖荷花芯 Y37 号窑出土有“会昌三年”铭文夹细沙质匣钵[12]。

隋、唐、五代时期匣钵工艺的第二个特点是：匣钵的形制比前朝大为增加。如本书第四章第四节所述，东晋后期丰城窑出土的匣钵，主要为桶形匣。隋代部分窑场和初唐桂林窑继承前朝工艺传统，也多采用桶形匣钵，例如，初唐桂林窑出土的 50 件匣钵均为圆桶形[9]，但是，隋代内丘邢窑出土的匣钵形制有所增加，例如，隋代内丘邢窑出土筒形匣钵，为烧制细白瓷的专用匣钵，均为直筒形，平底，质较细，根据深浅和烧制器物的不同，可分两型。其中，A 型，深筒，出土较多，为烧制碗、瓶类用。只有 1 式，形体较小，细筒，壁较薄。B 型，浅筒，壁较厚，为烧制盘、砚类器皿用[3]。

唐代各大窑场使用的匣钵形制就更为多样了。唐代临城窑出土匣钵有盘状匣钵和筒状匣钵，其中盘状匣钵分深浅两种[3]；唐代宁波镇海小洞岙窑出土匣钵有钵形和覆钵形[15]；唐早期内丘邢窑除出土筒形匣钵外，还有盘形匣钵；唐中期内丘邢窑，除筒形和盘形匣钵外，新增杯形、盆形、盒形、盂形匣钵。其中以盘形、盆形、盒形匣钵为多见，唐晚期内丘邢窑又新出现漏斗形匣钵[3]。

唐代黄堡窑出土匣钵有桶形、方形、钵形[22]。五代黄堡窑普遍使用匣钵装烧，当时匣钵有盘形、钵形、筒形、漏斗形等几种形状，其中以漏斗形匣钵最多，也最为常见[23]。唐、五代长沙铜官窑除圆筒形匣钵外还使用漏斗形匣钵[11]，唐、五代慈溪上林湖寺龙口越窑出土匣钵有钵形、盂形、桶形和 M 形（又称漏斗形匣钵）四种[13]。另外五代定窑也采用 M 形（漏斗形）匣钵装烧[24]。

隋、唐、五代时期匣钵工艺的第三个特点是：瓷质匣钵的启用。唐、五代慈溪上林湖所使用的瓷质匣钵，用胎泥制成，装烧坯件后，并在接口处涂一层较厚的青釉密封，器物在密封状态下烧成，破匣才能取出产品[12]。有学者认为，这一工艺举措对唐、五代越窑成功地烧造出优质青瓷——秘色瓷具有重要的作用，这是因为这类瓷质匣钵的胎体较普通匣钵致密，加上匣钵口沿用釉浆密封，这样就保证了其产品在密闭的条件下烧成，在开窑冷却时就能较好地避免二次氧化对釉色的不良影响[25]。

唐、五代制造匣钵的原料大致有三类：瓷土、耐火土和“泥池黏土”。初唐广西桂林窑[9]、五代定窑[8]、唐寿州窑[10]、唐宁波镇海小洞岙窑[15]等制造匣钵的原料为耐火土；唐代黄堡窑制造匣钵的原料为黄堡窑附近所产“泥池黏土”[22]。“泥池黏土”乃为唐代黄堡窑烧造瓷胎的原料之一。唐、五代慈溪上林湖所使用的瓷质匣钵，用胎泥制成[12]。初唐广西桂林窑出土匣钵盖58件，器表呈深褐色，用夹砂瓷土制成[9]。

二、对口套烧

对口套烧是指两罐对口封闭式套烧，装烧时先将一罐正放在支座上，内用垫具托放一定数量的壶、杯、小罐和小瓶等坯件，然后上面覆扣一个口径大体相同的罐。这种装烧方法在唐、五代时主要流行于山东的磁村、中陈郝和西太平等地的窑场（图5－5－1）[26]。

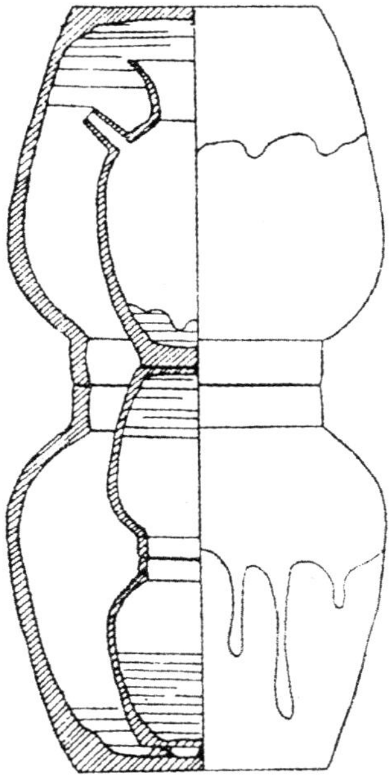

图5－5－1 晚唐、五代宁阳西太平窑两罐对口套烧

采自文献〔26〕

三、间隔具技术

隋、唐部分窑场继承前朝传统，依然采用齿形垫具为间隔具。南朝启用的泥点垫隔技术，入唐后得到广泛流行。另外，唐、五代先后还出现了泥条垫隔、垫

圈和石英砂间隔具。

两晋、南北朝流行的齿形垫具，隋、唐部分窑场（例如，隋代内丘邢窑、南朝至隋代桂林窑和唐代巩县黄冶窑等）依然继承采用。隋代内丘邢窑出土齿形垫具，灰胎较细，皆轮制，托面圆形，齿皆外撇，有三齿、六齿和多齿之分。三齿垫具体高而小，托面中心有一圆孔。六齿垫具和多齿垫具的齿尖粘有白色或黑色釉痕[3]。

南朝至隋代桂林窑址出土的圆形锯齿形间隔具数目较大，形制可分三式：Ⅰ式，带4～9个齿形足，瓷质，制作规正，直径6.2厘米～7.1厘米、高1.6厘米～3.6厘米；Ⅱ式，顶有凸棱一周，5～8个齿形足，瓷质，制作粗，直径8.5厘米～11厘米、高0.9厘米～4厘米；Ⅲ式，顶部稍下凹，中镂小圆孔，带7～16个齿形足，足内收，瓷质，制作粗糙，直径8.6厘米～13.2厘米、高3.1厘米～4.7厘米[9]。唐代巩县黄冶窑齿形垫具多为三齿，齿尖往往残留有酱黄釉[27]。

由于南朝出现的泥点垫隔装烧，具有可多装坯件、烧成留下的斑痕小、节省制作窑具的工时和原料，加之泥点具有质地疏松，利于瓷坯焙烧时的收缩，易于从烧成瓷器上剥落等优点，所以用泥点作为器坯与器坯之间的间隔具的装烧技术在唐代南方窑场得到普遍推广和普及。例如，唐代慈溪上林湖窑[12]、唐中晚期婺州窑[28]、唐代浙江龙游方坦窑[29]、唐代温岭窑[30]、唐代广东高明大岗山窑[31]、唐代广东新会官冲窑、唐代新会鹤山窑[32]、唐代绍兴上灶官山窑[33]、唐代慈溪寺龙口窑[13]（图5－5－2）、五代景德镇窑[34]和唐代萧县白土窑[10]等都采用泥点为垫隔具。用泥点为垫隔具一般按照器坯的大小，采用4～20个不等的泥点作为器坯与器坯之间的间隔具。烧成后，往往在大碗足沿和内底留下相应的泥点痕迹。

唐代浙江地区窑场充当垫隔具的泥点，多为未经淘洗的瓷土[35]。有的学者认为五代景德镇窑场充当垫隔具的泥点是含燧石的断层泥，这种泥料经测试研究其化学成分如下：SiO_2含量平均为83.7%、Al_2O_3含量平均为4.48%、Fe_2O_3含量平均为1.38%、TiO_2含量平均为0.44%、CaO含量平均为3.54%、MgO含量平均为1.42%[36]。

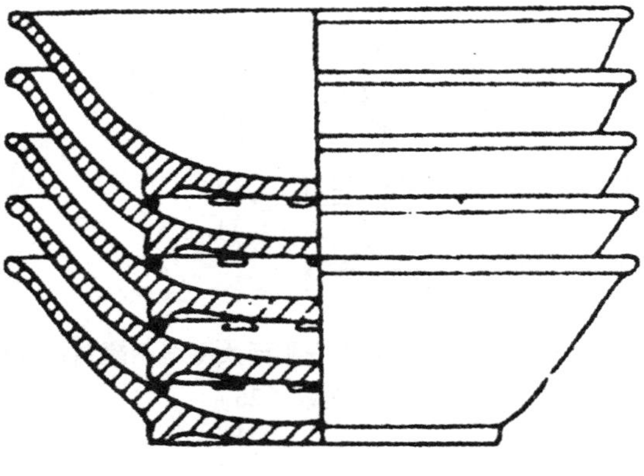

图5－5－2　唐代越窑泥点垫隔

采自文献〔35〕

晚唐、五代越窑匣钵单件装烧产品大多改用泥条垫隔。泥条质料与泥点没有差别，只是形态上呈细长条状。从泥点到泥条的变化的合理性有三：一是泥条形体长，受力均匀，一般不会在足底留下凹口；二是泥条比泥点更能充分间隔坯体与匣钵；三是支垫一件瓷坯所需泥条个数一般比泥点少，操作起来更为快捷。不过，晚唐、五代越窑匣钵单件装烧平底器（主要是平底盘）仍用泥点垫隔。这是因为，对于平底器来说，如用泥条垫隔，外底留下的垫痕更大，对釉面美观的损害也更严重，部分大型平底盘，胎骨薄，平底过大焙烧时略有变形就会与匣钵相粘连〔12〕。

五代时南方一些窑场对装烧间隔具又作了改革，从泥条支垫，改为垫圈支垫。五代间隔具之一的垫圈，呈圆筒状。制作垫圈的用材因窑而异，五代慈溪龙口窑所用垫圈有的用瓷土制成〔13〕，五代鄂城梁子湖窑垫圈的质地则为褐色沙泥〔17〕。

垫圈的出现与使用是装烧瓷工艺的一次变革，也是匣钵装烧工艺进一步走向成熟的标志。这是因为，垫圈是一种真正的窑具，可以多次使用；被垫圈支垫的器物，仅外底有支垫痕，足底可以包釉，达到了显美于外而隐瑕疵于内的效果；随着垫圈的使用，产品足底可以做得滚圆；瓷坯被垫圈顶托起来，与匣钵相触粘的可能性进一步减小；圈足的形态，可从支垫具的束缚中解放出来。另外，用垫圈支垫瓷坯时，不直接与器坯外底接触，而是在垫圈与器坯外底之间，用泥点（又称托珠）间隔，具体方法是取与器物形制相配套的匣钵，钵底置放数颗托珠，托珠上安放环形垫圈，垫圈上又放置托珠，再把坯件仰置于匣内，坯体的底足置放在托珠上，最后在匣钵上覆加一盖，盖与匣钵的接缝处的空隙，用釉封死，以防止火焰、灰尘侵入〔13〕。烧成后，器底的支烧痕不是完整的圆圈，而是一圈泥点痕。此时泥点的功用，除保证瓷坯收缩时的自由滑动外，还使垫圈与烧成的瓷器易于分离。五代鄂城梁子湖窑所用垫圈则在垫圈上安放支钉，垫圈大小厚薄不等，最大的直径为 8 厘米，最小的直径为 5.2 厘米，最厚者 0.9 厘米，最薄者只有 0.4 厘米。所用大号垫圈安 5 个支钉，支钉间距相等，支钉有尖状和方柱状两种，瓷坯烧成后器底只留下褐色的支钉痕〔17〕。

唐代有少数窑场，例如洪州窑、邢窑等，以石英砂间隔。唐邢窑在匣钵内底铺上石英沙后，再在其上置放坯件，以免烧成后互相粘连〔3〕。

唐代洪州窑碗、钵、盘坯体内外侧均施半釉，器坯叠装之间不用间隔具，只是在器坯内底撒一层细沙为间隔；器坯与匣钵底之间也无间隔，也是置以细沙而已〔37〕。

东晋、南朝始现的三足支钉垫隔具，到了隋、唐、五代时期主要流行于北方窑场。按照平面形状和支足的不同，这种垫隔具一般可分为三种类型：一是内向弧边三指形三足支钉，三指头底各捏出一个钉状足；二是三指脊棱形三足支钉，三指细长，指端较尖，指底皆突起刀刃状脊棱；三是直边圆头三角形三足支钉，这种垫隔器托垫的器坯的面积较大，不利于器坯的烧成〔26〕。隋代枣庄中陈郝三足支钉（图 5－5－3），手制，平面多呈内向弧边三角形，有两式，一是平面为方角的内向弧边三角形，胎体厚重，三足较高。标本 Y2：1，最大足距离 5.6 厘米。二是三叉细长，中间起棱，无钉状足。标本 T138：⑤：36，最大足距离 10.8 厘米〔5〕。

唐代巩县黄冶窑的三足支钉有的通体残留有黄、绿两色釉，有的拱面有三个支钉痕，周边残留有黄、绿两色釉（图 5－5－4 和图 5－5－5）〔27〕。唐、五代宁阳西太平村三足支钉平面呈圆角或方角内向弧边三角形，顶面平坦，足距 3 厘米～9 厘米〔38〕。隋代内丘邢窑和临城窑出土的三足支钉为三叉形，托面较小，形体瘦高。其中隋代内丘邢窑出土三足支钉标本 T1H1：9，高 3.8 厘米（图 5－5－6）。唐代早期内丘邢窑和临城窑出土三足支钉可分二式，一是托面变大，三叉不大明显，钉变矮，大小不一（图 5－5－7）；二是托面呈圆角三角形，钉矮。唐代中期内丘邢窑和临城窑出土三足支钉数量较多，只有一种式样：为弧角三角形，钉矮（图 5－5－8）。唐晚期出土三足支钉也只有一式，平面多作六边形，体薄（图 5－5－9）。五代内丘邢窑和临城窑出土三足支钉较多，多数已成圆饼形，钉极矮（图 5－5－10）。其中五代临城祁村窑出土标本 T4④：3，高 0.8 厘米，直径 6.4 厘米〔3〕。

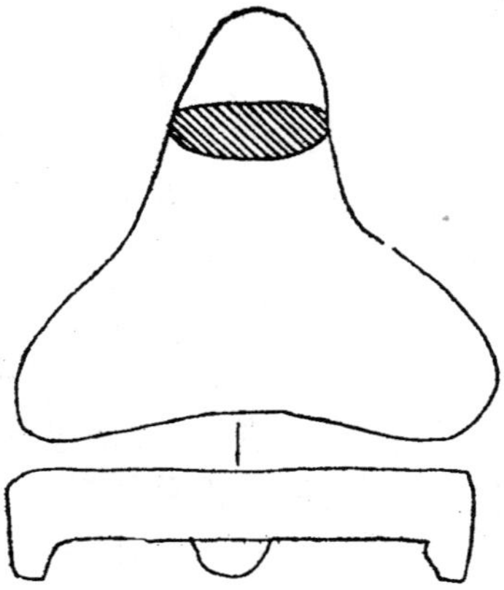

图 5－5－3　隋代枣庄中陈郝三足支钉　采自文献〔5〕

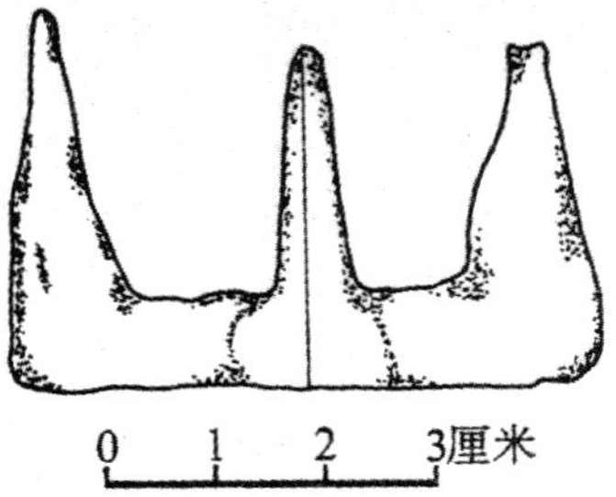

图 5－5－4　唐早期巩县黄冶窑出土的三足支钉　采自文献〔27〕

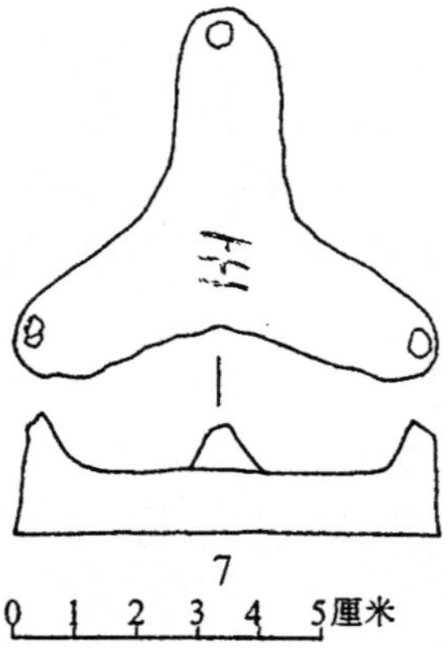

图 5－5－5　唐中期巩县黄冶窑出土的三足支钉　采自文献〔27〕

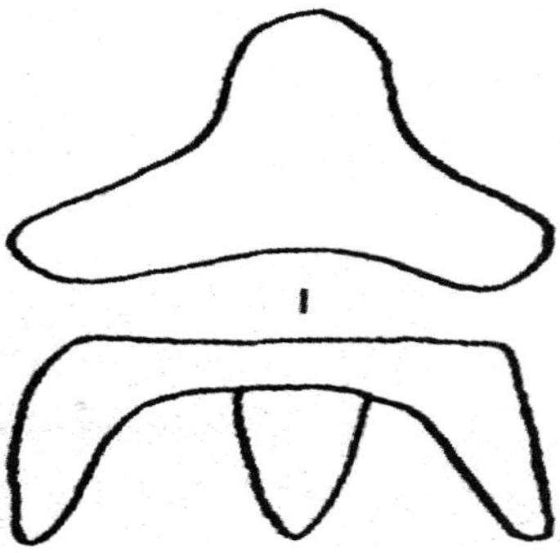

图 5－5－6　隋内丘邢窑出土的三足支钉　采自文献〔3〕

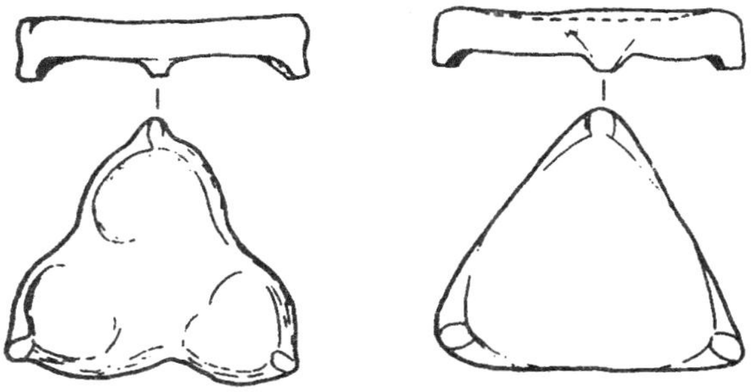

图 5－5－7　唐早期内丘邢窑出土的三足支钉
采自文献〔3〕

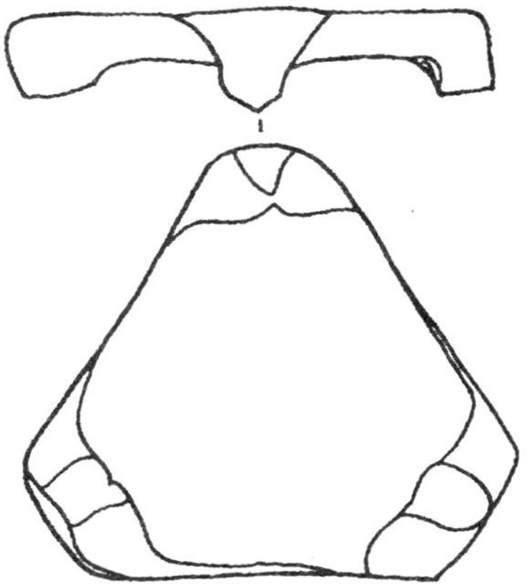

图 5－5－8　唐中期内丘邢窑出土的三足支钉　采自文献〔3〕

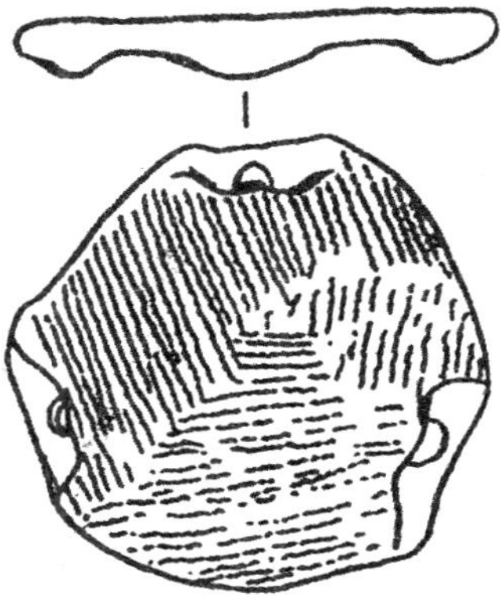

图 5－5－9　唐晚期临城祁村窑出土的三足支钉
采自文献〔3〕

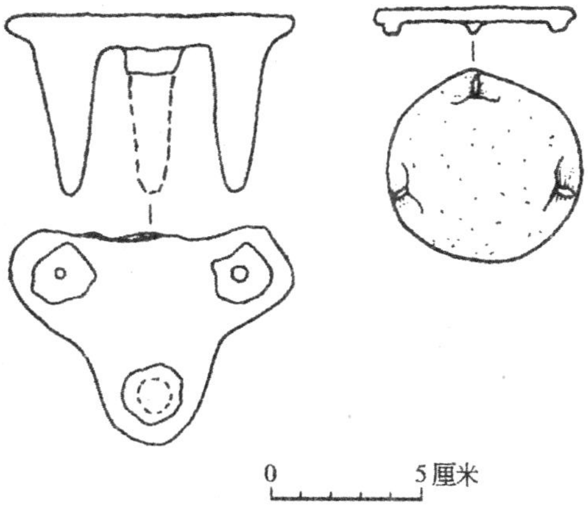

图 5－5－10　五代临城祁村窑出土的三足支钉
采自文献〔3〕

第六节　平焰龙窑技术

隋、唐、五代期间，南方大多数窑场继承汉晋传统，仍用龙窑烧造瓷器。出土龙窑数量比汉晋大大增加。隋代龙窑装烧容量比三国两晋时扩大，唐代龙窑装烧窑量，又比隋代扩大1~3倍。隋、唐、五代龙窑多依天然山坡砌建，因而窑体多为斜坡状，从窑头到窑尾坡度逐渐增大。虽窑顶全部塌毁，但从出土实物资料遗存可推知为拱顶，拱顶的修建采用竹木龙骨技术。火膛多为单火膛，有等腰梯形、扇形、长方形、倒梯形四种形制。火膛面积大小不一，火膛坡度一般在9度至20度。龙窑火膛后壁的挡火墙的中间部分留有随时可堵、可拆的空当。修建材料有砖、砾石、匣钵、土坯等，窑室主要用夯土和砖、土坯砖、废匣钵、夯土和砖合构或土坯砖与熟砖混合砌建。底部均铺沙，绝大多数窑底为斜坡状。隋、唐、五代龙窑的隔火墙、烟孔、烟道等排烟装置安设在窑尾。窑以木柴为燃料。

一、容量、坡度与拱顶

隋代丰城窑T8号龙窑窑体斜长18米，宽1.8米[1]（图5-6-1），入唐以后，绝大多数龙窑窑炉容量大大增加。例如，初唐象山窑，窑体长50米，宽约5米[2]（表5-6-1，第2号）；唐建阳将口1号窑长52米，宽2.3米~2.8米[3]（表5-6-1，第3号）；唐邛崃固驿龙窑，窑体长46.5米，宽1.9米~2.2米[4]（表5-6-1，第6号）；唐灌县玉堂窑窑体长42.92米，内宽1.76米~2.62米，残高1.04米~2.08米[5]（表5-6-1，第7号）；唐、五代建阳庵尾山窑92SJY5号龙窑残长74.6米，宽1米~3.3米，92SJY8-3号龙窑长96.5米，宽1.1米~2.0米，92SJY10号龙窑，残存窑炉斜长80米，宽1.3米~2.1米[6]（表5-6-1，第8~12号）。上述考古资料表明，唐代龙窑装烧窑量比三国两晋和隋代均大大扩容。

隋、唐、五代龙窑多依天然山坡砌建，因而窑体多为斜坡状，其坡度从窑头向窑尾逐渐增大（彩图7）。例如隋代丰城窑龙窑窑体前部坡度为18度，后部为24度，窑尾则增至27度[1]。又如，唐宜兴涧潈窑的坡度在2度~10度之间波动，其中窑头2度~4度、中段5度~8度、尾部8度~10度[7]。再如，唐代邛崃固驿窑龙窑倾斜度约6度~12度[4]，唐代玉堂罗象窑坡度为14度~18度[5]，唐、五代庵尾山窑5号窑，坡度为10度~15度[6]（表5-6-1）。

隋、唐、五代龙窑窑顶全部塌毁，但从出土实物资料遗存可推知为拱顶。例如，晚唐、五代建阳水吉镇庵尾山5号龙窑窑内局部保存较整齐的塌砖，多作横列，皆为楔形砖，长16厘米、上宽14.5厘米、下宽13厘米、厚5.5厘米。推测窑顶用楔形砖横向错缝起券[6]。唐代灌县玉堂罗象窑南北二墙自1.2米起券，似弧形拱顶[5]。唐高明窑2号窑窑室两壁在0.45米处开始平放叠砌，渐起券顶（图5-6-3）[8]。隋代丰城窑龙窑火膛前壁、券顶基本保存完好（彩图8），烧结面距券顶高1.28米~1.56米[1]。唐代长沙铜官窑2号窑（图5-6-2）的窑壁用长32米、宽24米、厚12厘米的土坯砖砌成，从第9块土坯砖开始起券，据以复原，推知窑室的高度在2米左右[9]。唐宜兴涧潈窑窑头的窑墙在0.8米处开始起券[7]。

唐高明窑2号窑的窑室用长方形砖侧放叠砌，至0.45米处开始平放叠砌，渐起券顶。窑砖有长方形和斧形两种，呈红褐或橙红色，其中长方形砖有长29厘米、宽14厘米、厚3.5厘米和长26.5厘米、宽9厘米、厚8厘米两种。斧形砖长9.5厘米、厚边宽9厘米、厚5厘米、薄边宽8厘米、厚1.5厘米[8]。

实物资料还表明，隋、唐、五代龙窑拱顶的修建采用竹木龙骨技术，例如唐代上林湖窑遗存中，发现有一种弧形的相当厚的红烧土，有的尚有竹木之痕[3]，推测这些是窑顶部位的构筑物，用竹、木做支撑，上堆筑黄泥，烧后即成为似面砖的坚硬面。晚唐、五代建阳水吉镇庵尾山窑92SJY8－3号窑墙可能是用竹木材料编结成栅格状，在外侧堆砌坯泥，在内面抹上泥层[6]。

二、火膛

隋唐五代龙窑火膛多为单火膛，少数龙窑，例如唐代邛崃固驿龙窑[4]和唐代灌县玉堂罗象窑龙窑为双火膛[5]。火膛形制也不一样，隋代丰城窑龙窑火膛为等腰梯形[1]，唐代长沙窑尖子山1号窑[9]、唐代慈溪上林湖荷花芯Y37号龙窑（图5－6－4）[10]和晚唐、五代建阳水吉庵尾山窑92SJY8－1火膛为扇形（又称半圆形）[6]，唐代高明窑龙窑2号窑火膛呈长方形[8]，晚唐、五代建阳水吉镇庵尾山窑Y5号龙窑火膛平面呈倒梯形，上宽1.14米，下宽0.86米[6]。唐高明窑2号窑的火膛与窑室连接处呈斜坡式，底部坡度为10度[8]。

隋、唐、五代龙窑火膛面积大小不一，唐、五代庵尾山窑92SJY8－1号窑的火膛长0.8米、宽1.26米[6]，唐长沙窑尖子山1号窑火膛长2.1米、宽3.4米[9]，为唐、五代庵尾山窑92SJY8－1号窑火膛面积的7倍多。隋、唐、五代龙窑火膛坡度一般在9度～20度，少数龙窑火膛坡度高达28度（表5－6－1）。龙窑火膛后壁的挡火墙，俗称“火屏”。唐宜兴涧潨窑挡火墙为一堵高0.54米、厚0.30米的矮墙，两侧为固定墙壁，中间部分留有随时可堵、可拆的空当，烧火时临时堵塞，出窑时即可拆去。唐代宜兴涧潨窑在挡火墙后部与窑室之间设一空室，其平面作不规则的圆形，长1.9米，宽2.2米，作调节温度用。空室上部似应设有投柴孔，为添加柴火之处[7]。

三、窑室

窑室为装烧坯件的空间。隋、唐、五代各个龙窑窑室的尺寸，详见表5－6－1。隋唐五代窑室底部（俗称窑床）绝大多数为斜坡式，窑床的倾斜坡度从窑头向窑尾逐渐增高，例如隋代丰城窑龙窑窑室前部坡度为18度，窑室后部为24度，窑尾则增至27度[1]。又如唐代邛崃固驿窑龙窑倾斜度为6度～12度，呈前缓后陡的结构[4]（表5－6－1）；唐代长沙铜官窑尖子山第1号窑的窑室底部坡度为20度[9]。谭家坡1号龙窑窑床按倾斜度不同，又可分为两段：第一段长23米，倾斜度为23度，西壁第三道窑门北侧与窑尾相接处升高，砌了三层砖，使窑尾坡度更加平缓[11]。晚唐灌县玉堂窑的窑床坡度为14度～18度，呈前缓后陡状，后段有10级台阶[4]。

隋、唐、五代龙窑窑床大多铺沙，不过各窑所铺沙层厚度不一样，唐代上林湖横塘山 Y23 号龙窑窑底铺一层 0.1 米厚度的细沙[3]，唐代江苏宜兴涧滘窑龙窑窑床铺沙厚约 0.17 米[7]；晚唐、五代建阳水吉镇庵尾山 92SJY8－1 窑所铺沙层厚 0.04 米～0.1 米；晚唐、五代建阳水吉镇庵尾山 92SJY8－2 号窑底部砂层厚 0.03 米～0.13 米[6]；唐高明窑 2 号窑床砂层厚度为 0.17 米[8]；唐代灌县玉堂罗象窑龙窑窑床底铺厚 0.15 米～0.24 米[5]；晚唐、五代建阳水吉镇庵尾山窑 Y10 龙窑窑床铺垫沙层厚度达 0.4 米。晚唐、五代建阳水吉镇庵尾山窑 92SJY8－3 号窑床铺沙厚达 0.27 米，分作三层，表明至少铺垫过三次。92SJY8－10 号窑的窑床铺沙厚达 0.4 米，并可明显地看出厚度较平均的七层[6]。然而，隋、唐有的龙窑窑床不铺沙，为土底，例如，唐高明窑 1 号窑床床面分为两段，每段均铺有一层 0.1 米～0.14 米的红褐色土层，以垫烧瓷器[8]。隋唐丰城罗湖窑窑床底部为生土夯筑[1]。

四、排烟装置

隋、唐、五代龙窑的排烟装置挡火墙（又称烟火柱墙或排烟孔墙）、烟孔和烟道都安设在窑尾（彩图 9）。例如，唐代邛崃固驿龙窑窑尾有挡火墙、竖烟道等[4]；唐代大中年间长沙铜官镇窑第 2 号窑烟孔、烟道设在窑床的北端后壁，上部已破坏，仅存烟孔和烟道底部。烟孔呈长方形，共 14 孔，高 0.24 米～0.32 米，宽约 0.12 米，与烟道相通。烟道底部平整，长 3.2 米，宽 0.46 米，残高 0.40 米[9]。唐代长沙谭家坡 1 号龙窑窑室末端为矩形烟囱，长度同窑床等宽，为 0.9 米。用青砖砌成，残存两层砖高，上层结构不明。烟囱与窑床之间有一长 3.1 米的平缓段，斜坡倾斜 11 度，其作用应是滞留窑室余火，以充分利用余热，最后从窑内排出。因此将其归属为窑尾的滞火段[11]。

五、窑门

隋代丰城窑龙窑在窑室右壁设五个门，左壁设一个窑门[1]。唐谭家坡 1 号龙窑东壁仅有一个窑门，西壁有三个窑门[11]。晚唐、五代建阳水吉庵尾山窑 92SJY5 号龙窑窑门仅见于窑墙东侧，共清理出六个，自窑头向窑尾依次编为 1～6 号。门的宽度为 0.6 米～1.0 米之间[6]。唐长沙窑 2 号窑龙窑（Y2）残存的西壁中部尚存一窑门。用土砖封堵，残高 1 米，宽 1.15 米[9]。唐代高明窑 2 号龙窑的窑门仅残存最下层两组用砖砌成的通风口。窑砖有长方形和釜形两种，呈红褐色或橙红色，其中，长方形砖有长 29 厘米、宽 14 厘米、厚 3.5 厘米和长 26.5 厘米、宽 9 厘米、厚 8 厘米两种；釜形砖长 9.5 厘米、厚边宽 9 厘米、薄边宽 8 厘米、厚 1.5 厘米[8]。唐代慈溪上林湖荷花芯 Y37 号龙窑残存窑门 7 个，门宽约 0.5 米，其中最宽为 0.6 米、最窄为 0.4 米，残高 0.2 米。窑门间距不均衡，窑门之间的最大距离为 3.75 米、最小的为 2.5 米[3]。

初唐丰城窑龙窑的窑室前段仅券顶塌毁，两壁大部分保存完好，但是窑顶和窑室均发现设置投柴孔的迹象；而在窑炉的各个窑门内底遗存的窑汗却都较厚，有的还结成一个大疙瘩；入门处往往高于窑床面。发掘者由此推测：窑门处应是分段烧成时添柴的地方，即装完窑后，封门时在下部或中下部留一孔，以供添柴之用[1]。

六、筑窑材料

隋、唐、五代龙窑火膛修建材料大致有砖、砖和砾石混砌、砖和匣钵混砌、砖和土坯混砌及土坯砌五类。用砖修建龙窑火膛主要见于唐代长沙铜官窑1号龙窑和隋青羊宫1号窑，前者火膛两边用青砖平砌，东二平、西四平，砖长30厘米、宽24厘米，厚12厘米[9]；后者的火膛前壁用特制的长35厘米、宽15厘米、厚12厘米的窑砖砌建[4]。用砖和砾石混砌火膛的窑场主要见于唐代灌县玉堂罗象窑[5]和唐代宜兴涧滘窑[7]。用砖和匣钵混砌火膛的窑场主要见于唐代长沙谭家坡1号龙窑。该窑火膛的东、南、西三方用砖砌成，残高1米，北面与储火段相接处用匣钵砌成，高约0.15米。匣钵外表糊泥抹平。火膛南壁砌了四道砖，第一道砖外面的土墙砖一侧有5厘米厚的红生土，砖内有3厘米厚的青色烧结面，似烧窑时在砖上抹了一层耐火泥。此烧结面内砌了两道砖，第二道砖的内侧又有3厘米。第三、四道砖中间无烧结痕，似为一次砌成。从以上现象分析，火膛曾经两次缩小，或向北移位[11]。用砖和土坯混砌火膛的窑场主要见于晚唐、五代建阳水吉镇庵尾山窑5号窑，该窑斜面部分用砖砌，斜长1.1米；火膛两侧墙用0.05米~0.09米宽的土坯砌成，残高0.05米~0.1米[6]。

隋、唐、五代龙窑窑室的砌建主要用土坯砖、砖、废匣钵、夯土和砖混砌、夯土和砖合构、土坯砖与熟砖混合砌建以及用红色土块和少量的砖块、垫柱和一种白色土块合构等七类材料。

用土坯砖修建龙窑窑室的窑场主要见于唐代灌县玉堂罗家窑、唐代江苏宜兴涧滘窑、唐长沙2号窑和唐、五代建阳庵尾山92SJY8-2号窑等。唐代灌县玉堂罗家窑的南北两墙，均用双层土坯砖平铺直砌1.2米起券，东墙（后墙）和隔墙都用单层土坯砖直砌，窑炉的内壁都抹了一层厚12厘米~16厘米的耐火土[5]。唐代江苏宜兴涧滘窑的窑壁依坡度用长方形砖坯单砖砌成。砖坯经高温焙烧以后，仍很疏松，砖色由土黄变成红色，断面内渗有炭末[7]。唐长沙2号窑窑床残存的西壁保存较为完整，壁用土砖砌成。土砖长32厘米、宽24厘米、厚12厘米，垒砌得不太规整[9]。用砖修建龙窑窑室的窑场主要见于唐代上林湖地区龙窑、唐谭家坡1号龙窑、隋唐五代洪州窑、唐代邛崃固驿窑龙窑、唐代广东高明窑龙窑2号窑等。其中，唐代上林湖地区龙窑大都用窑砖单砖错缝叠砌，保存下来窑壁的厚度有0.1米、0.12米、0.13米、0.15米、0.16米、0.17米等不同规格[3]；唐代谭家坡1号龙窑的窑壁用青砖砌成，砖长30厘米，宽22.5厘米，厚9厘米[11]；唐代广东高明窑龙窑2号窑的两壁用长方形砖侧放叠砌之0.45米处开始平放叠砌，渐起券顶[8]。用废匣钵修建龙窑窑室的窑场，主要见于晚唐五代衡阳蒋家窑龙窑。该窑的窑墙用双层匣钵垒砌，外表涂一层2厘米~5厘米的黄泥[11]。用夯土和砖合构龙窑窑室的窑场，主要见于唐代广东高明窑龙窑1号窑。该窑的窑壁基部为夯土，厚0.22米。在距窑底0.32米起，用长21厘米、宽18厘米、厚5厘米的长方形砖错缝叠砌，壁内糊抹有两层红褐色土，内层厚2厘米，外层厚2.5厘米，表面留有用手糊抹的指痕[8]。用废匣钵与砖混砌龙窑窑室的窑场，主要见于唐代邛崃十方堂五代窑龙窑[4]。用红色土块和少量的砖块、垫柱和一种白色土块合构龙窑窑室的窑场，主要见于晚唐、五代建阳庵尾山窑 92SJY8－2 号窑和晚唐、五代建阳庵尾山窑 92SJY8－3 号窑[6]。

隋、唐、五代有些龙窑在修建时还加竹骨或木骨，以加固和支撑窑壁。例如，唐代镇海小洞岙龙窑地层中发现成堆的红烧土块，其间有明显成排的、直径为 1 厘米～3 厘米的小竹印痕，表明这是建窑起拱时为了加固而嵌入的，起到了“筋骨”的作用。还有以十字交错竹编做筋[3]。唐代建阳将口窑残存窑壁的内面，均有既密集又深刻的竹木印痕，说明原窑壁内编有木骨，用以加固和支撑窑壁[12]。晚唐、五代建阳水吉庵尾山窑 92SJY8－3 号窑的中段窑墙内壁残存部分 1 厘米～2 厘米厚的泥质烧结面上可见较明显的手指印痕，还有五道直径约 1.5 厘米～3 厘米、间距约 2 厘米的圆形凹槽，方向与窑室走向平行，短的仅 8 厘米，最长的 240 厘米。另有 60 余道与窑室底大体垂直的圆锥状凹槽和孔槽，上口径 2 厘米～4.5 厘米、高 7 厘米～14 厘米、间距 0.4 厘米～3 厘米，分成上下的三至四排，其上端多与水平向凹槽相交。由此推测，该窑的窑墙可能是用竹木材料编结成栅格状，在外侧堆砌泥坯，在内端抹上泥层然后烧烤成的[6]。

七、燃料

隋唐五代龙窑均以木柴为燃料，例如，唐代长沙尖子山 Y1 号龙窑火膛内存炭渣甚多，炭渣较大的直径达 0.03 米[9]，说明燃料是薪柴。邛崃十方堂五代窑龙窑也以木材为燃料[4]。唐、五代庵尾山窑 92SJY8－1 号窑火膛底部也残留有少量灰烬。唐宜兴涧濎窑的火膛空室内发现有木炭块，表明该窑用木柴焙烧[7]。

表 5－6－1　隋、唐、五代龙窑窑体和火膛的容量、坡度表

编号和窑名	窑体尺寸（米）和坡度（度）			火膛尺寸（米）			窑床尺寸（米）			参考文献
	长	宽	坡度	长	宽	高	长	宽	高	
1. 隋唐丰城 T8 号窑	18	1.8	15～19	—	—	—	—	—	—	〔1〕
2. 初唐象山窑	50	5	—	—	—	—	—	—	—	〔2〕
3. 唐代建阳将口 1 号窑	52	2.3～2.8	—	—	—	—	—	—	—	〔12〕
4. 唐长沙尖子山 1 号窑	—	—	—	2.1	3.4	—	—	3.3	—	〔9〕
5. 唐长沙尖子山 2 号窑	—	—	—	—	—	—	残 9	3.24	残 1.4	

续表

编号和窑名	窑体尺寸（米）和坡度（度）			火膛尺寸（米）			窑床尺寸（米）			参考文献
	长	宽	坡度	长	宽	高	长	宽	高	
6. 唐邛崃固驿龙窑	46.5	1.9～2.2	6～12	—	—	—	—	—	—	〔4〕
7. 唐灌县玉堂罗象窑	42.92	1.7～2.62	1.4～18	—	—	1.04～2.08	—	—	—	
8. 唐、五代建阳庵尾山92SJY5号窑	74.6	1.0～3.3	10～15	1.10	上宽1.4，下宽0.86	—	—	—	—	〔6〕
9. 唐、五代建阳庵尾山92SJY8－1号窑	39.7	1.1～1.5	19～21	0.8	1.26	—	—	—	—	
10. 唐、五代建阳庵尾山92SJY8－2号窑	60.4	1.23～1.43	18～21	—	—	—	—	—	—	
11. 唐、五代建阳庵尾山92SJY8－3号	96.5	1.1～2	11～21	—	—	—	—	—	—	
12. 唐、五代建阳庵尾山92SJY10号窑	80	1.3～2.1	15～21	—	—	—	—	—	—	
13. 唐高明1号窑	—	—	—	—	—	—	残9.55	前宽2.64，后宽2.8	—	〔8〕
14. 唐高明2号窑	—	—	13	1.84	—	—	残7.22	2.4	—	
15. 唐宜兴涧㴚窑	残28.4	2.3（窑头部分）2.65（中段）	13	—	—	—	—	—	—	〔7〕
16. 唐代慈溪上林湖荷花芯Y37号龙窑	—	—	—	1.15	1.86	34	1.95～2.8	—	—	〔3〕

注：第1号，隋唐丰城T8号窑，窑体壁残高0.78米。

第3号，唐代建阳将口1号窑，窑体后段残长40米左右，窑体部位宽为2.3米～2.7米。

第8号，唐五代建阳庵尾山92SJY5号窑，窑体斜长74.6米，火膛坡度28度，窑门 6 个，宽度 0.6 米 ~1 米。

第 9 号，唐五代建阳庵尾山 92SJY8 -1 号窑，窑体斜长 60.6 米。

第 13 号，唐高明 1 号窑，窑室坡度 25 度。

图 5 -6 -1　隋唐丰城洪州龙窑
（江西省丰城博物馆提供）

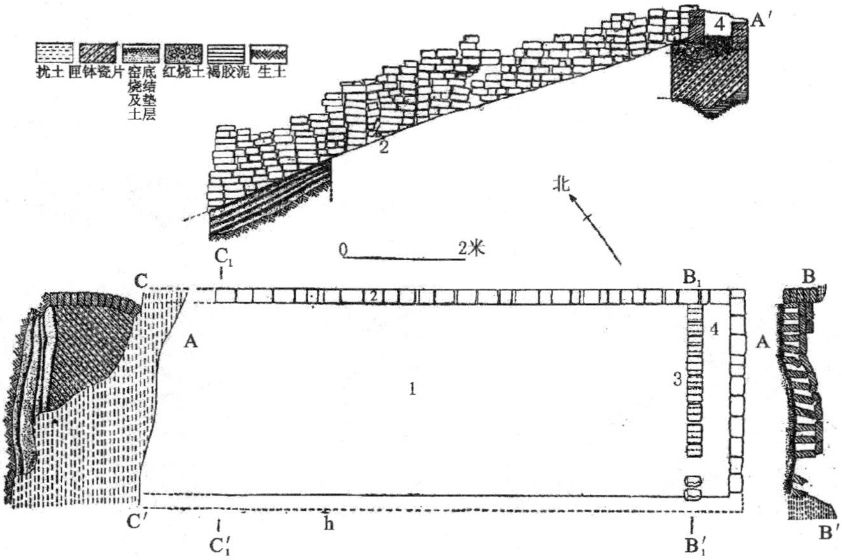

图 5 -6 -2　唐代长沙铜官 2 号龙窑
采自文献〔9〕

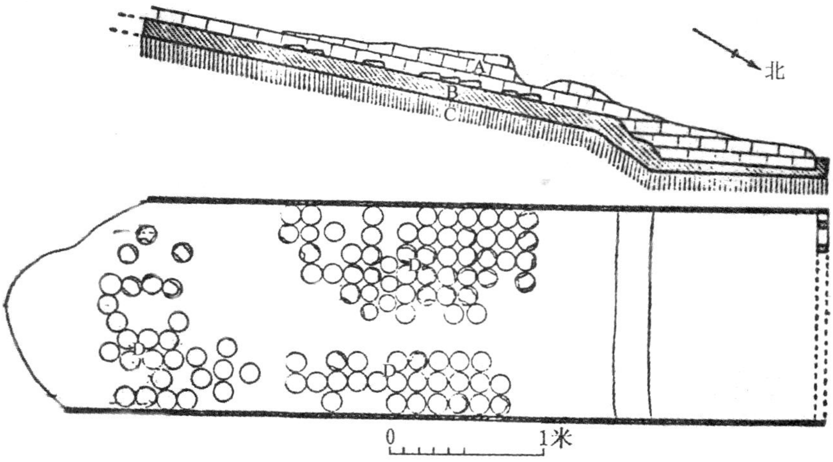

A.砖壁　B.窑底　C.出土　D.窑底垫座

图5－6－3　唐代高明2号窑平、剖面图

采自文献〔31〕

图5－6－4　唐代慈溪龙窑（熊寥　摄）

图5－6－5　唐代永嘉窑的龙窑窑尾（熊寥　摄）

第七节 半倒焰马蹄窑技术

隋唐时期出现的半倒焰马蹄窑是在商代至秦汉时期北方流行的半倒焰窑的基础上发展起来的。商代至秦汉时期北方流行的半倒焰窑的窑体形制大致有：长方形、葫芦状、椭圆形、似瓢状、马蹄形、半圆形等六种，隋唐时期出现的半倒焰重点发展了马蹄式的半倒焰窑。

隋唐五代时期出现的半倒焰马蹄窑，主要由燃烧装置、窑室和排烟装置组成，烧成时利用火焰上升的力量和烟囱产生的抽力，窑内火焰从火膛上升到窑顶，然后又顺窑顶的弧度倒向后壁，从隔烟的墙、排烟孔和烟囱排出窑外，整个火焰的流动呈半倒焰方式。

隋、唐、五代时期比较重要的半倒焰马蹄窑遗存有隋代中陈郝窑，隋、唐安阳盛家庄窑马蹄窑，唐宁阳西太平村窑马蹄窑，唐、五代黄堡窑马蹄窑，唐临城祁村窑马蹄窑，五代定窑马蹄窑等。南方湖北鄂城梁子湖窑、唐潮安北堤头窑和唐代广东梅县水车区窑等，也属马蹄窑。

隋、唐、五代马蹄窑，火膛的形制大致有扇形、三角形和弧壁梯形三种。隋代马蹄窑的火膛底与窑床大致在一个平面上，入唐后，火膛往往低于窑床的水平面。窑床形制或近方形或为长方形，床底部均铺沙，窑门宽度一般在0.4米~1.1米之间、高度往往在0.8米~1.5米之间波动。烟囱处于窑室尾部，大致有三种类型：一为单烟囱，二为双烟囱，三为三个烟囱。排烟设施一般有五种装置，一是通过窑室后面隔墙底部的排烟孔与烟囱相连；二是通过窑床后壁正中下部的一条烟道与窑后面的烟室相连；三是通过窑床后壁左右两侧的排烟孔与烟囱相连；四是通过窑室后部的三条烟道交会成一个烟囱口，将烟气排出窑外；五是通过隔墙底部的排烟孔与窑尾的烟室相连。火膛修建材料有耐火砖、废匣钵、垫柱和草拌泥等。砌建窑室所用材料有土壁、砖、土坯和石块混砌、耐火砖和石块混砌、夯土与耐火砖混砌等五类。窑门所用砌筑材料一般为耐火砖。

隋、唐邢窑和唐代巩县窑烧成温度最高能达到1370℃，烧成温度普遍比同时代的南方窑场明显要高，表明当时北方地区耐火材料和高温窑炉技术在全国处于领先地位。

一、燃烧装置

隋、唐、五代半倒焰马蹄窑的燃烧装置主要有通风道、火门、火膛和灰坑与灰道等。

（一）通风道

马蹄窑窑头火膛前面的通道称为通风道，又名火道、窑道。隋代中陈郝窑的2号马蹄窑火道呈长方形竖穴状，东西残长1.84米，南北宽0.76米~1.02米，两壁用砖石和土坯砌成，南壁残高0.1米~0.2米[1]。隋、唐安阳戚家庄2号窑火道呈长方形竖坑状，前半部为坡形，后半部平坦，长6.1米、宽0.65米、深1.15米[2]。

（二）火门

火门是马蹄窑向火膛（又称燃烧室）添加燃料的进口处。隋、唐马蹄窑的火门形制及大小因窑而异。隋、唐安阳戚家庄 1 号窑的火门拱形顶，内高 1.3 米，顶部厚 0.7 米，宽 0.6 米，进深 0.8 米。火门底部中央有一长 0.85 米、宽 0.25 米的灰道，灰道斜向直通火膛底部。灰道最东端底比火门底部高 0.55 米。2 号窑的火门上部微拱，门顶部与火膛上弧形坡顶的下沿相接。火门内高 0.75 米、宽 0.45 米、进深 0.3 米。火门由草拌泥筑成，其内壁和顶部均呈红色[2]。唐代禹县神垕镇下白峪窑的火门宽 0.6 米[3]。

（三）火膛

火膛又称燃烧室。隋、唐、五代马蹄窑的火膛形制大致有扇形（又称半圆形）、三角形和弧壁梯形三种。以扇形火膛为常见。

隋、唐、五代马蹄窑的火膛的第一种形制为扇形，火膛呈扇形的主要窑场有隋代枣庄中陈郝窑第 1 和第 2 号窑（图 5－7－1）[1]，唐代临城祁村窑第 3 和第 4 号窑（图 5－7－4）[4]，唐代黄堡窑第 6 号窑，唐代黄堡窑第 9 号窑[5]，五代黄堡窑 15 号窑[6]，唐、五代湖北鄂城梁子湖窑[7]，唐代广东梅县水车区 1 号和 2 号窑[8]等。隋、唐、五代马蹄窑火膛的第二种形制为三角形，主要见于隋、唐安阳戚家庄 2 号窑[2]和唐代临城祁村窑 1 号窑[4]。隋、唐、五代马蹄窑火膛的第三种形制为弧壁梯形，主要见于唐代禹县神垕镇下白峪窑 1 号窑[3]。唐巩县 5 号窑火膛近似梯形[9]。

唐代潮安北郊窑顶呈弧形，顶已崩塌成一个大洞，后壁垂直，用灰砖横砌而成[10]。隋代枣庄中陈郝 2 号窑的火膛底与窑床大致在一个平面上[1]。嗣后，马蹄窑的火膛往往低于窑床的水平面，但是，各个火膛低于窑床水平面的落差较大，一般在 0.3 米～1.16 米之间波动。其中，隋、唐安阳戚家庄窑 1 号窑的火膛东端低于窑床面 0.95 米（垂直距离），西端低于火门门道 0.55 米；2 号窑的火膛低于窑床面 0.65 米[17]；唐代黄堡窑马蹄窑 6 号窑的火膛底比窑床低 0.42 米[11]；晚唐宁阳西太平窑马蹄窑的火膛低于窑床水平面 1.1 米[12]；唐代潮安北郊窑火膛低于窑床 0.40 米[10]；五代黄堡窑 15 号马蹄窑的火膛比窑床低 0.3 米～0.7 米，五代黄堡窑 29 号和 32 号马蹄窑的火膛比窑床低 0.8 米[6]。唐代广东梅县水车区 1 号窑火膛比窑床低 1.16 米；2 号窑火膛比窑床低 1 米[8]。火膛的位置低于窑床水平面，抬高了窑床上器坯的高度，有利于烧成。

唐代有些马蹄窑的火膛呈斜坡台阶状，例如，唐代黄堡窑 6 号窑火膛由东往西，分为三个台阶。东边一级最低，东西残长 0.74 米，高 0.06 米。往上是第二级台阶，第二级台阶东西长 0.74 米。第三级台阶东西长 0.74 米，比第二级台阶高出 0.06 米[11]。唐五代马蹄窑火膛还有一个特点，即火膛的长径与窑床长度比较接近，这样有利于窑床上各个位置均匀受热。

表 5－7－1　隋、唐、五代马蹄窑的火膛与窑室尺寸表

编号、名称	火膛			窑室			参考文献
	长（米）	宽（米）	高（米）	长（米）	宽（米）	高（米）	
1. 隋代枣庄中陈郝窑 Y2 号窑	南北 2.43	东西 1.1	残 0.4	东西 3.08	2.04 ~ 2.82		〔1〕
2. 隋、唐东都外郭城 Y1 号窑	残 0.44	1.9	0.76	2.1	2 ~ 3.26	1.8	〔14〕
3. 隋、唐东都外郭城 Y4 号窑	0.98	0.88 ~ 1.6	1.5 ~ 1.62	2.1	1.66 ~ 2.2	残 1.54 ~ 1.62	〔14〕
4. 隋、唐安阳戚家庄 Y1 号窑	1.15	2.1	2.55	东西边长 2.53，南北边长 2.42 和 2.24	2.24 ~ 2.42	1.65	〔2〕
5. 隋、唐安阳戚家庄 Y2 号窑	南北长 0.8	东西横宽 2.1	火膛底距窑面 0.65	南北长 2.07	东西宽 2.18	1.2 ~ 1.3	
6. 晚唐临城祁村窑 Y1 号窑	1.05 ~ 2	—	2.26	3.5	2.2 ~ 3.05	残 0.62	〔4〕
7. 晚唐临城祁村窑 Y3 号窑	上口南北长 1.85，底长 1.62	上口东西最宽处 1.8，底宽 1.6	深 1.66	南北长 2.94	东西宽 2.1 ~ 2.36	—	
8. 晚唐临城祁村窑 Y4 号窑	内壁南北最长处 1.55，底南北长处 1.4	内壁东西宽 2.15，底东西宽 2	深 1.25	3	2.05 ~ 2.15	—	
9. 唐、五代宁阳西太平村 1 号窑	1.14	2.86	—	1.7	3.8	—	〔12〕
10. 唐黄堡窑 Y6 号窑	2.1	前宽 1.3，后宽 2.96	深 0.42 ~ 0.64	东西长 2.78	前宽 3.08，后宽 4.8	—	〔11〕

续表

编号、名称	火　膛			窑　室			参考文献
	长（米）	宽（米）	高（米）	长（米）	宽（米）	高（米）	
11. 唐黄堡窑 Y9 号窑	—	—	—	东西残长 2.05	南北宽 1.58～1.98	残 1.12	〔11〕
12. 唐黄堡窑 Y11 号窑	1.78	0.74～1.3	—	1.3～1.45	1.3～1.64	—	
13. 唐黄堡窑 Y14 号窑	0.98	0.3～0.74	—	3.16	0.3～1.46	—	
14. 唐黄堡窑 Y23 号窑	1.5	0.7～1.9	—	—	—	—	
15. 唐黄堡窑 Y28 号窑	3.15	残 0.36	—	东西 3	南北 2.25	—	
16. 五代黄堡窑 Y15 号窑	1.17	后宽 2.1	深 0.4～0.5	2.45	2.1～2.75	—	〔6〕
17. 五代黄堡窑 Y29 号窑	0.9	0.6～1.59	深 0.8	1.52	1.59～1.8	—	
18. 五代黄堡窑 Y31 号窑	—	南北 0.4～2.86	火膛底距窑床面 0.6～0.9	东西 2.56	南北 3.05	—	
19. 五代黄堡窑 Y32 号窑	东西 1.16	前宽 0.7，后宽 2.2	火膛南边墙残 0.89	东西 2.1	南北 2.3～2.74	—	
20. 五代黄堡窑 Y43 号窑	—	2.1	—	南北 2.75	前宽 2.3，后宽 2.6	—	
21. 五代黄堡窑 Y52 号窑	1.5	0.9～2.06	—	—	—	—	
22. 五代黄堡窑 Y58 号窑	—	前宽 0.9，后宽 2.06	0.46	—	—	—	
23. 五代曲阳涧磁村定窑	—	—	—	2.15	2.6	—	〔13〕

续表

编号、名称	火膛			窑室			参考文献
	长（米）	宽（米）	高（米）	长（米）	宽（米）	高（米）	
24. 唐禹县神垕镇下白峪 Y1 号窑	残 5.8	残 2.7	残 0.2	—	—	—	〔3〕
25. 唐五代鄂城梁子湖窑	1.52	2.72	—	2.66	2.72	—	〔7〕
26. 唐梅县水车区 Y1 号窑	1.9	2.22	火膛底距窑床面 1.16	3.4	最宽 2.06，最窄 1.6	—	〔8〕
27. 唐梅县水车区 Y2 号窑	1.7	2.48	火膛底距窑床面 1	2.48	最窄 1.88，最宽 2.48	—	
28. 内丘交通局家属楼邢窑 Y1 号窑	1.5	1	残 1.3	2.2	残 1.4	残 0.7	〔18〕
29. 唐潮安北堤头窑	0.8	1.6～2.2	—	2.32	2.12～2.26	—	〔10〕
30. 唐早期成都青羊宫 3 号窑	1.68	1.25	—	—	—	残高 0.88	〔19〕
31. 唐洛阳瀍河东岸 Y1 号窑	0.99	—	0.7	1.66	最宽 2.4	—	〔15〕
32. 唐洛阳瀍河东岸 Y2 号窑	0.56	—	0.7	1.94	最宽 2.4	—	
33. 唐洛阳瀍河东岸 Y3 号窑	0.84	—	0.7	—	最宽 2.4	—	
34. 唐洛阳瀍河东岸 Y4 号窑	0.88	—	0.66	2.2	最宽 2.96	—	
35. 唐洛阳瀍河东岸 Y5 号窑	1.02	—	0.5	1.94	最宽 3.8	—	
36. 唐洛阳瀍河东岸 Y6 号窑	0.56	—	0.7	1.8	最宽 3.3	—	

续表

编号、名称	火膛			窑室			参考文献
	长（米）	宽（米）	高（米）	长（米）	宽（米）	高（米）	
37. 唐巩义黄冶 Y4 号窑	—	口宽 0.54	深 0.4 ~0.6	1.34	前宽 0.66，后宽 1.03，中宽 1.04	残 0.5	〔15〕
38. 唐巩县黄冶 Y5 号窑	0.4	前宽 0.55，后宽 0.48	—	—	前宽 0.48	—	〔15〕
39. 五代邛崃十方堂马蹄窑	0.6	1.2	—	1.7	1.63	—	〔19〕

注： 第 1 号，隋代枣庄中陈郝窑 Y2 号窑，窑体长 6.44 米，最宽处 3.8 米。

第 6 号，晚唐临城祁村窑 Y1 号窑，窑体南北长 6.3 米，东西宽 3.45 米，残存最上部距地表深约 1 米。

第 7 号，晚唐临城祁村窑 Y3 号窑，窑体南北长 6.3 米，东西最宽处 2.8 米。

第 8 号，晚唐临城祁村窑 Y4 号窑，窑体南北长 5.85 米，东西最宽处 2.45 米。

第 17 号，五代黄堡窑 Y29 号窑，火膛底比窑室床面低 0.8 米。

第 20 号，五代黄堡窑 Y43 号窑，窑体南北残长 4.4 米，东西宽 2.5 米 ~2.8 米，残高 0.2 米 ~1.7 米；火膛底低于窑床 0.7 米。

第 23 号，五代曲阳涧磁村定窑，窑体长 5.8 米，宽 2.6 米。

第 25 号，唐五代鄂城梁子湖窑，窑体长 4.4 米，宽 2.94 米，内壁残高 0.5 米 ~0.68 米；火膛低于窑床 0.158 米。

第 26 号，唐梅县水车区 Y1 号窑，窑体长 5.3 米。

第 27 号，唐梅县水车区 Y2 号窑，窑体长 4.6 米。

第 29 号，唐潮安北堤头窑，窑体长 4.97 米，火膛低于窑床 0.4 米。

第 30 号，唐成都青羊宫 3 号窑，窑体长 10 米，中宽 3.76 米，底宽 3.6 米，火膛低于窑床 0.3 米。

第 37 号，唐巩义黄冶 Y4 号窑，火膛低于窑床 0.48 米。

第 38 号，唐巩义黄冶 Y5 号窑，火膛低于窑床 0.34 米。

第 39 号，五代邛崃十方堂马蹄窑，窑体长 3.1 米、宽 1.66 米。

（四）灰坑与灰道

马蹄窑的灰坑为火膛中储灰和出灰的地方。隋唐安阳戚家庄 1 号马蹄窑的灰坑在火膛中央的底部，长 0.85 米、宽 0.25 米。灰坑最东端底比火门底部高 0.55 米。灰道为火膛燃烧时落灰和出灰的通道。隋、唐安阳戚家庄 2 号窑火门的底部正中有一长 0.65 米、宽 0.5 米的灰道，灰道上覆盖一砖，斜下直通火膛〔2〕。隋代枣庄中陈郝窑 2 号窑的出灰道，位于火膛南壁，宽 0.62 米，为清理炉灰的出口〔1〕。

二、窑室和窑门

隋、唐、五代马蹄窑窑顶均已塌毁，但是从有些窑场的残存痕迹及其出土物分析，窑顶应为拱形顶。例如，隋、唐洛阳东都外郭城4号窑的窑门呈拱形，门底横起一土坑，中间有一长方形沟槽与窑门内火膛相通，较为光滑，呈黑褐色；沟槽长0.13米、宽0.18米、高0.08米，应为火膛助燃的进风口[14]。隋、唐、五代马蹄窑遗存由于顶部倒塌，因而窑室高度不明。从窑室底部（俗称窑床）面积来看，隋、唐、五代窑床面积波动较大，一般在1.42平方米~9.44平方米之间（表5-7-1）。

隋、唐、五代马蹄窑窑床形制主要有方形、长方形和梯形三种。隋唐安阳戚家庄1号和2号马蹄窑[2]、唐代黄堡窑14号窑[11]、五代黄堡窑32号窑[6]和五代定窑出土的马蹄窑窑床平面均略呈方形[13]。唐临城祁村窑3号窑[4]、五代黄堡窑15号窑、五代黄堡窑32号窑、五代黄堡窑43号窑等马蹄窑窑床则呈长方形[6]。唐临城祁村窑第1号窑窑床近似梯形[4]。唐代广东梅县水车区1号窑和2号窑也呈前宽后窄的梯形[8]。

隋、唐、五代马蹄窑窑床底部均铺沙，但是各窑窑床所铺细沙厚度不一。隋代中陈郝窑的1号马蹄窑窑床所铺沙层厚约0.2米[1]；五代黄堡窑第29号窑窑床所铺细沙厚约0.1米、五代黄堡窑31号窑窑床所铺沙层厚为0.05米~0.2米[6]。唐代临城祁村窑1号窑的窑床前高后低，高差0.38米[4]。唐代广东梅县水车区1号和2号窑窑床底部呈斜坡状[8]。

隋代中陈郝窑的2号马蹄窑窑床南壁的火膛与窑床的交界处，用瓷土坯砌成一个中心柱，以支撑窑炉顶部。中心柱断面呈长方形，长0.76米，宽0.7米，残高0.05米[1]。其他各窑均未见此设置。

隋、唐、五代马蹄窑窑门位于窑的最前面，大小不一，宽度一般在0.4米~1.1米之间波动；高度在0.8米~1.5米之间波动（表5-7-2），其中，隋代中陈郝窑的2号马蹄窑窑门较大，宽0.78米，残高0.36米[1]。隋、唐洛阳东都外郭城窑第4号马蹄窑的窑门呈拱形，高0.8米、宽0.76米、厚0.36米[14]，但是，五代黄堡窑31号马蹄窑的窑门较小。前者窑门宽度为0.54米[14]，后者窑门宽度为0.4米[6]。

隋、唐、五代马蹄窑的窑门所用砌筑材料一般为耐火砖。唐代洛阳市瀍河东岸1号窑所用砖规格（长×宽×高）为32厘米×15厘米×7厘米，砌法为横砖错缝平砌[15]。五代黄堡窑31号窑窑门用6层耐火砖平砌。五代黄堡窑29号窑门，下留有封门时用的耐火砖，砖为长方形，长0.22米、宽0.16米、厚0.06米[6]。

三、排烟装置

隋、唐、五代马蹄窑排烟设施主要有隔烟墙、排烟孔和烟囱等。

（一）隔烟墙与排烟孔

隋、唐、五代马蹄窑排烟设施有两种装置，一是通过窑室后面隔烟墙底部的排烟孔与烟囱相连；二是通过窑床后壁正中下部的一条烟道与窑后面的烟室相连；

三是通过窑床后壁左右两侧的排烟孔与烟囱相连；四是通过窑室后部的三条烟道交会成一个烟囱口，将烟气排出窑外；五是通过隔烟墙底部的多股烟道与窑尾的烟室相连。

隋、唐、五代马蹄窑的第一种排烟装置，主要通过窑室后面隔烟墙底部的排烟孔与烟囱相连。但是各个马蹄窑隔墙的体积大小不一。唐代黄堡窑第 11 号窑的隔墙东西长 1.66 米、南北宽 0.18 米、残高 0.22 米；唐代黄堡窑第 14 号窑的隔烟墙东西长 1.66 米、南北宽 0.18 米、残高 0.22 米[11]；五代黄堡窑第 32 号窑隔墙东西长 3.05 米、南北宽 0.2 米、残高 0.65 米～1.25 米。隔墙底部排烟孔的数量和大小也不一致[6]，唐代黄堡窑第 11 号窑隔烟墙底部的 4 个排烟孔各宽 0.17 米、深 0.18 米、残高 0.22 米、间距 0.19 米，用边长 0.18 米、厚 0.06 米的方形砖砌成[11]。

隋代洛阳东都外郭城窑 1 号窑的窑室后面，隔墙底部有 6 个烟孔连接窑室与烟室，隔墙长 3.3 米、厚 0.18 米、残高 0.24 米～1.48 米。烟室隔墙砌法先是在底部以横砖垒砌成 6 个近方形的烟道，宽 0.2 米～0.29 米、高 0.28 米～0.3 米。烟孔以上用横砖错缝平砌。砖的大小略有差异，多为长 0.39 米、宽 0.19 米、厚 0.08 米的砖[14]。唐代黄堡窑第 14 号窑隔烟墙底部东西各留两个排烟孔，通入两个烟囱内。东边的两个排烟孔，各宽 0.17 米、深 0.18 米、残高 0.22 米、间距 0.19 米，用方形砖砌成。方砖边长 0.18 米、厚 0.06 米。西边的两个排烟孔，各宽 0.17 米、深 0.18 米、间距 0.18 米、残高 0.13 米[11]。五代黄堡窑第 32 号窑隔墙的底部留有三排通往烟囱内的排烟孔，第一排在最下面，共有 3 个排烟孔，由东往西数，第 1 个孔高 0.35 米、宽 0.35 米、进深 0.2 米，第 2 个孔高 0.35 米、宽 0.25 米、进深 0.2 米，第 3 个孔高 0.35 米、宽 0.25 米、进深 0.2 米。它们的间距均为 0.3 米。第二排在第一排上面，相距 0.25 米，共有 7 个孔，自东往西数，第 1 孔高 0.2 米、宽 0.14 米、进深 0.2 米，第 2 孔高 0.2 米、宽 0.1 米、进深 0.2 米，第 3 孔高 0.2 米、宽 0.2 米、进深 0.2 米，第 4 孔高 0.2 米、宽 0.15 米、进深 0.2 米，第 5 孔高 0.2 米、宽 0.1 米、进深 0.2 米，第 6 孔高 0.2 米、宽 0.25 米、进深 0.25 米，第 7 孔高 0.2 米、宽 0.2 米、进深 0.2 米。第三排在最上面，比第二排高 0.15 米。上面残留有 5 个排烟孔。由东往西数，第 1 孔高 0.2 米、宽 0.1 米、进深 0.2 米，第 2 孔高 0.2 米、宽 0.15 米、进深 0.2 米、距第 1 孔 0.15 米，第 3 孔高 0.2 米、宽 0.15 米、进深 0.2 米、距第 2 孔 0.1 米，第 4 孔残高 0.1 米、宽 0.1 米、进深 0.2 米，距第 3 孔 0.4 米，第 5 孔距第 4 孔 0.1 米[6]。

隋、唐、五代马蹄窑第二种排烟装置，是通过窑床后边后壁正中下部的一条烟道与窑后面的烟室相连。例如，隋、唐安阳盛家庄 2 号窑马蹄窑窑室后壁正中下部为一烟道，长方形，高 0.55 米、宽 0.2 米、进深 0.3 米。草拌泥抹于其表，呈青灰色。烟道直通后面的烟室。烟室呈椭圆形直筒状，南北直径 0.7 米，东西直径 0.9 米，残高 0.6 米。上部烟囱不存[2]。

隋、唐、五代马蹄窑第三种排烟装置，是通过窑床后边后壁左右两侧的排烟孔与烟囱相连。例如，唐代黄堡窑第 9 号马蹄窑的窑床西壁底部，有排烟孔四个。南面南侧的排烟孔宽 0.3 米、深 0.16 米、残高 0.06 米；北侧的排烟孔宽 0.26 米、残高

0.06 米~0.30 米，距南侧排烟孔 0.36 米。北面的两个排烟孔与南面的相同[11]。又如，五代黄堡窑第 29 号窑位于窑床东面第一个排烟孔宽 0.16 米、高 0.27 米、进深 0.2 米，第二个排烟孔距第一个排烟孔 0.14 米，宽 0.14 米、高 0.27 米、进深 0.2 米。第二个排烟孔内竖有一块耐火砖，砖高 0.14 米、宽 0.2 米、厚 0.05 米，应是当时窑工烧窑时有意放置的[6]。唐潮安北堤头窑的窑后壁下端有 3 个长方形的烟门，各高 0.24 米、宽 0.15 米~0.19 米。其后是 3 个长方形的烟囱，通高 1.4 米[6]。

隋、唐、五代马蹄窑第四种排烟装置是通过窑室后部的三条烟道交会成一个烟囱口，将烟气排出窑外。例如，隋唐洛阳东都外郭城窑 4 号窑烟道位于窑室的北侧，是在窑室后壁挖三条沟槽，槽长 0.26 米~0.49 米、宽 0.2 米~0.38 米。烟道底部与窑床连接处留一方形烟孔，其上部以长 0.26 米、宽 0.2 米、厚 0.05 米的青砖垒砌后用泥抹平。中间烟道底部用一立砖将烟孔一分为二，砖下部垫有厚约 0.05 厘米的泥土，上部用单砖平砌，外抹泥，微向外凸。中间烟道竖直向上直达地面。两侧烟道呈圆弧状，在窑顶与中间烟道交会成一个烟囱口，但已不存。东西两侧烟囱的烟道平面均呈长方形，剖面呈弧形，长 0.26 米、宽 0.2 米、高 1.62 米。中间烟道平面呈长方形，直壁、平底，长 0.31 米、宽 0.38 米、高 1.62 米[14]。唐潮安北堤头窑则是通过窑室后壁下部的三条烟道把窑室内的烟气引入窑尾排出窑外。该窑的窑室后壁垂直，横剖面作半圆形，用灰色耐火砖叠砌而成，宽 2.12 米、高 1.32 米。其下端有三个长方形的烟门，各高 0.24 米、宽 0.15 米~0.19 米（中部的烟门为 0.19 米），其后是 3 个长方形的烟道[10]。

隋、唐、五代马蹄窑第五种排烟装置，是通过隔烟墙底部的多股烟道与窑尾的烟室相连。隋唐安阳戚家庄 1 号窑室东壁下端有 4 个烟道的进烟口，中间两个为梯形，两侧两个为拱形，四个烟道均直通后烟道室。烟室底大口小呈喇叭形。烟室底部南北长 1.9 米、东西宽 1 米、高 1.55 米[2]。唐巩县 5 号窑隔烟墙厚 0.1 米，在隔烟墙下有 4 个烟道分别通向后面的两个烟囱[9]。唐代洛阳市瀍河东岸唐代 1 号窑隔墙底部有 5 股烟道连接烟室和窑室。烟室隔墙先在底部以横砖拦成 5 个近方形的烟道，高 0.26 米、宽 0.2 米~0.28 米，烟道以上用横砖错缝平砌，砖的大小略有差异，规格多为 40 厘米×29 厘米×9.5 厘米。烟室立面略呈三角形，在距底部 0.6 米高处，烟室两侧开始用纵砖平砌，逐层内收，砖的一端放在隔墙上，另一端插入后壁的生土中，砖的大小与隔墙用砖相差无几。烟室距底部 1.22 米高处，内收成一长 0.74 米、宽 0.33 米的长方形的开口。开口处接有烟囱，现已毁。唐代洛阳市瀍河东岸唐代 3 号窑的排烟装置与 1 号窑相近，烟室在窑室后端，立面近三角形，底部长 2.6 米、宽 0.3 米、高 1.98 米。烟室与窑室用砖墙相隔，砖墙为单砖错缝平砌，砖的规格为 32 厘米×16 厘米×8 厘米。隔墙底部砌出 5 股烟道，两侧的烟道较大，高 0.18 米、宽 0.2 米。烟室内两侧较大的烟道与小烟道间有侧砖相隔，砖的规格与烟室隔墙所用相同[15]。

（二）烟囱

隋、唐、五代马蹄窑后面均安设烟囱，烟囱会对窑腔产生一定的负压，即抽力作用，将火膛内的火焰从前面引向后室，再加上火焰自然向上的特性，犹如给窑炉架设了一台大功率的鼓风机。隋、唐、五代马蹄窑烟囱处于窑室尾部，多用砖砌筑，少数用砖、土混砌。大致有三种类型：一为单烟囱，二为双烟囱，三为三个烟囱。

隋、唐、五代马蹄窑第一类烟囱为单烟囱，即在窑室尾部安设一个独立的烟囱，主要见于五代黄堡窑第43号马蹄窑和隋唐安阳戚家庄1号窑。五代黄堡窑第43号窑在窑床的后面有一个独立的烟囱，平面呈长方形，东面长2.75米、南北宽1.35米、残高1米~1.8米，依崖势挖成，后背略有弧度，越往上越小。烟囱内壁已被烧结。在烟囱和窑床之间有一道隔墙，用耐火砖砌成。隔墙东西长3.05米、南北宽0.2米、残高0.65米~1.25米，墙体上留有3排通往烟囱内的排烟孔，第一排在最下面，共有5个排烟孔，由东往西数，第1个孔高0.35米、宽0.35米、进深0.2米，第2个孔高0.35米、宽0.25米、进深0.2米，第3个孔高0.35米、宽0.25米、进深0.2米，第4个孔高0.35米、宽0.25米、进深0.2米，第5个孔高0.35米、宽0.25米、进深0.25米。它们的间距均为0.3米。第二排在第一排上面，相距0.25米，共有7个孔，自东往西数，第1个孔高0.2米、宽0.14米、进深0.2米，第2个孔高0.2米、宽0.1米、进深0.2米，第3个孔高0.2米、宽0.2米、进深0.2米，第4个孔高0.2米、宽0.15米、进深0.2米，第5个孔高0.2米、宽0.1米、进深0.2米，第6个孔高0.2米、宽0.25米、进深0.25米，第7个孔高0.2米、宽0.2米、进深0.2米。第三排在最上面，比第二排高0.15米。上面残留有5个排烟孔。由东往西，第1个孔高0.2米、宽0.1米、进深0.2米，第2个孔高0.2米、宽0.15米、进深0.2米、距第1个孔0.15米，第3个孔高0.2米、宽0.15米、进深0.2米、距第2个孔0.1米，第4个孔残高0.1米、宽0.1米、进深0.2米、距第3个孔0.4米，第5个孔距第4个孔0.1米〔6〕。隋唐安阳戚家庄1号窑尾烟室之上的单烟囱无存，烟囱底部呈不规则方形，东西长0.65米，南北宽0.7米〔2〕。

隋、唐、五代马蹄窑第二类烟囱为双烟囱，即两个烟囱并列于窑室后部，两个烟囱之间一般相距0.39米~0.5米。在隋、唐、五代马蹄窑中，这类烟囱比较多。烟囱的形制有圆形、半圆形、方形和长方形四种，但以方型烟囱为多。烟囱大小不一，圆形烟囱直径一般在1.4米。半圆形长度为1.15米，宽度为0.85米。长方形烟囱的长度一般在0.6米，宽度为0.36米。近方形烟囱的长度一般在0.46米~1.18米之间波动，宽度一般在0.35米~1.18米之间波动（表5-7-2）。五代黄堡窑第29号窑还在第二个烟孔内竖有一块耐火砖，其砖高0.14米，宽0.2米，厚0.05米〔6〕。烧成时通过这块耐火砖的正侧翻转变化，来调节烟囱抽力的大小，促使窑炉内的热能和烧成气氛达到最佳境界。

隋代中陈郝窑的2号马蹄窑的两个烟囱分别位于窑室的西南角和西北角。西南角的烟囱建于南壁外，呈长方形，南北长0.6米、东西宽0.36米、残高0.25米。西北角的烟囱位于窑床北壁内侧，近似圆形，仅残存底部，直径0.36米，残高0.06米〔1〕。

唐代临城祁村窑Y1号窑的两个烟囱东西并列，相距0.82米，烟囱平面近正方形，与窑床连接处各以单行耐火砖砌出两道立柱，立柱上再涂以0.02米厚的耐火泥，残高0.7米。烟囱底部凸凹不平。西烟囱南北0.82米，东西0.84米~0.86米；东烟囱南北宽0.77米，东西0.85米~0.9米。唐代临城祁村窑Y3号窑（图

5－7－3）的两个烟囱东西并列，相距1.2米，烟囱平面为长方形，东烟囱内径南北0.9米，东西0.54米。与窑床连接处可辨有3道立柱，形成每个烟囱皆有4个排烟道。唐代临城祁村窑Y4号窑两个烟囱分别有长0.2米的排烟道与窑床相连[4]。

唐代黄堡窑6号窑紧靠窑室西壁有两个烟囱，都用砖砌成。南面的烟囱底部平面近方形，用砖砌成，东宽1.18米、西宽1米、南北长1.16米。北壁残存6层砖，高0.36米。南壁残存5层砖，高0.22米。西壁砌砖为一平一竖，残高0.44米～0.76米。东壁中间砌成柱形，长0.38米、宽0.16米、残高0.08米。两侧形成两个排烟孔。南面的排烟孔宽0.4米、深0.16米、残高0.08米；北面的排烟孔宽0.4米、深0.16米、残高0.08米～0.30米。南北两个烟囱中间有隔墙，宽1.46米、残高0.2米～0.3米。隔墙东面用砖包砌，中间填土夯实。北面的烟囱底部平面亦呈方形，东宽1.18米、西宽1.16米、南北长1.18米。四面用砖砌成。南壁残存9层砖，高0.46米。北壁残高0.70米。西壁砌砖一平一竖，残高0.48米～0.58米。东壁中间也有砖柱痕迹，砖柱两侧各有一个排烟孔。南侧排烟孔宽0.40米、深0.16米、残高0.08米。北侧的排烟孔和南侧的相同，残高0.46米。唐代黄堡窑第9号窑两个烟囱位于窑床西壁后面，平面近方形，各东宽0.84米、西宽0.60米、南宽0.54米、北宽0.6米、残高0.54米～1.1米，用耐火砖砌成。耐火砖长0.35米～0.38米、宽0.16米、厚0.06米。唐代黄堡窑第14号窑烟囱的东、西、南三面用砖砌，北面未见用砖，土筑。此窑北高南低，烟囱底部北面依土崖，故只用砖砌其他三面。东边的烟囱长0.54米、宽0.35米、残高0.22米、距西边的烟囱0.39米，西边的烟囱长0.54米、宽0.37米、残高0.37米[11]。

五代黄堡窑第29号窑的两个烟囱分布在窑床后壁的左右两侧，底部有排烟孔和窑室相通。左侧烟囱呈长方形，东西宽0.42米、南北长0.58米、残高0.58米。用耐火砖砌成。底部靠近窑室一侧烟囱壁上有排烟孔两个，东面第一个排烟孔宽0.16米、高0.27米、进深0.2米。第二个排烟孔距第一个排烟孔0.14米、宽0.14米、高0.27米、进深0.2米。第二个排烟孔内竖有一块耐火砖，砖高0.14米、宽0.2米、厚0.05米，应是当时窑工烧窑时有意放置的。右侧烟囱距左侧烟囱0.5米，长方形，东西宽0.43米～0.46米、南北长0.6米、残高0.49米～0.58米。烟囱底部比窑床高0.07米。和左侧烟囱一样，在靠近窑床一侧底部有两个排烟孔，东边排烟孔宽0.17米、高0.3米、进深0.2米。西边排烟孔和东边的排烟孔相距0.12米、宽0.15米、高0.3米、进深0.2米。五代黄堡窑第32号窑两个烟囱位于窑床后壁的左右两侧。烟囱前宽0.7米、后宽0.54米、东西长0.46米，用耐火砖垒砌。在靠近窑床一侧的烟囱底部有两个排烟孔，孔宽0.2米、高0.3米、间距0.28米。左侧烟囱距右侧烟囱0.84米，结构和右侧相同[6]。五代定窑烟囱在后，两个并列，平面略呈长方形，长1.15米、宽0.85米、残高1米[13]。

表 5－7－2 隋、唐、五代马蹄窑的烟囱尺寸

编号、名称	形状	长（米）	宽（米）	高（米）	参考文献
1. 隋枣庄中陈郝窑 Y2 号窑－位于窑体西南角的烟囱	长方形	0.6	0.36	残高 0.25	〔1〕
2. 隋枣庄中陈郝窑 Y2 号窑－位于窑体西北角的烟囱	近似圆形	直径 0.36		—	
3. 晚唐临城祁村窑 Y1 号窑－西烟囱	近方形	南北 0.82	东西 0.8～0.86	—	〔4〕
4. 晚唐临城祁村窑 Y1 号窑－东烟囱	近方形	南北长 0.77	东西宽 0.85～0.9	—	
5. 晚唐临城祁村窑 Y3 号窑－东烟囱	长方形	内径长 0.9	内径宽 0.54	—	
6. 晚唐临城祁村窑 Y3 号窑－西烟囱	长方形	南北长 0.62	东西宽 0.38	—	
7. 晚唐临城祁村窑 Y4 号窑－东烟囱	长方形	南北 0.58	东西 0.36	—	
8. 晚唐临城祁村窑 Y4 号窑－西烟囱	长方形	南北 0.62	东西 0.38	—	
9. 唐黄堡窑 Y6 号窑－南烟囱	底部近方形	1.16	东宽 1.18，西宽 1	—	〔11〕
10. 唐黄堡窑 Y6 号窑－北烟囱	底部近方形	1.18	东宽 1.18，西宽 1.16	—	
11. 唐黄堡窑 Y9 号窑－西壁后面两个烟囱	近方形	—	东宽 0.84，西宽 0.6，南宽 0.54，北宽 0.6	0.54～1.1	
12. 唐黄堡窑 Y28 号窑－窑室后面南侧烟囱	近方形	上口长 1.03，底边长 1.24	上口宽 0.73～0.82，底边宽 0.92～0.85	0.9～1.55	
13. 唐黄堡窑 Y28 号窑－窑室后面北侧烟囱	长方形	上口长 1.01，底边长 1.24，底边长 1.06	上口宽 0.73～0.83，底边宽 0.77	残 1.05～1.48	

续表

编号、名称	形状	长（米）	宽（米）	高（米）	参考文献
14. 五代黄堡窑 Y29 号窑－窑床后边左侧烟囱	长方形	南北 0.58	东西 0.42	—	〔6〕
15. 五代黄堡窑 Y29 号窑－窑床后边右侧烟囱	长方形	南北 0.6	东西 0.43～0.46	残 0.49～0.58	
16. 五代黄堡窑 Y32 号窑－右侧烟囱	长方形	东西 0.46	前宽 0.7，后宽 0.54	残 0.3	
17. 五代黄堡窑 Y32 号窑－左侧烟囱	结构同上				
18. 五代黄堡窑 Y43 号窑单烟囱	长方形	2.75	1.35	残 1～1.8	
19. 唐巩义黄冶 Y4 号窑－左侧烟囱	近似方形	0.5	0.4	—	〔9〕
20. 唐巩义黄冶 Y4 号窑－右侧烟囱	近似方形	0.49	0.37	—	
21. 唐巩义黄冶 Y4 号窑烟囱	近似方形	0.4	0.34	—	

表 5－7－3　隋、唐、五代马蹄窑的窑门尺寸

编号、名称	宽（米）	高（米）	参考文献
1. 隋枣庄中陈郝窑 Y2 号窑	残 0.78	残 0.36	〔1〕
2. 隋、唐洛阳外郭城 4 号窑	0.76	残 0.8	〔14〕
3. 唐潮安北堤头窑	0.92	1	〔10〕
4. 唐、五代鄂城梁子湖窑	残 0.54	残 0.58	〔7〕
5. 唐成都青羊宫 3 号窑	1.1	—	〔19〕
6. 唐黄堡窑 Y12 号窑	0.4	残 0.12	〔11〕
7. 五代黄堡窑 Y15 号窑	上宽 1.1，下宽 1.2	残 0.35	〔6〕
8. 五代黄堡窑 Y29 号窑	0.6	残 0.06～0.2	
9. 五代黄堡窑 Y31 号窑	0.4	残 0.45	
10. 五代黄堡窑 Y58 号窑	0.4	残 0.14	

续表

编号、名称	宽（米）	高（米）	参考文献
11. 唐洛阳瀍河东岸 Y1 号窑	底宽 0.72	1.6	〔15〕
12. 唐洛阳瀍河东岸 Y2 号窑	底宽 0.68	—	
13. 唐洛阳瀍河东岸 Y3 号窑	底宽 0.76	1.73	
14. 唐洛阳瀍河东岸 Y4 号窑	底宽 0.9	2	
15. 唐洛阳瀍河东岸 Y5 号窑	底宽 0.8	1.9	
16. 五代邛崃十方堂马蹄窑	0.3	—	〔19〕

隋、唐、五代马蹄窑第三类烟囱形制——在窑室后面并列安设三个烟囱，仅见唐、五代宁阳西太平村窑出土马蹄窑。该窑目前仅能辨清中烟囱的平面形制略呈梯形，南北长 0.45 米，东西宽 0.48 米 ~0.56 米，残高 0.33 米 ~0.38 米。烟道口左侧竖放一块青砖，长 30 厘米，宽 15 厘米，厚 7 厘米[12]。

隋、唐、五代马蹄窑烟囱底部形制有长方形、近方形、圆形和梯形几种。烟囱底部呈长方形的窑场有唐、五代祁村窑第 3 号窑、第 4 号窑[4]，唐代黄堡窑第 14 号窑[11]，五代黄堡窑第 15 号、第 29 号、第 43 号[6]和五代定窑[13]等。隋中陈郝窑 Y2 号窑，其中一个烟囱底部呈长方形，南北长 0.6 米、东西宽 0.36 米、残高 0.25 米；另一个烟囱底部近似圆形，直径 0.36 米[1]。

四、筑窑材料

唐、五代马蹄窑火膛修建材料有耐火砖、废匣钵、垫柱、草拌泥、夯土等。用耐火砖修建火膛的窑场有唐代禹县神垕镇下白峪窑 1 号窑，唐代临城祁村窑 1 号窑，唐代黄堡窑第 11 号窑，五代黄堡窑第 15、29、31、32 号窑等。唐代禹县神垕镇下白峪窑 1 号窑的火膛用耐火砖砌筑，仅存北壁和南壁两面及封门砖一层[3]。唐代临城祁村窑 1 号窑火膛周壁皆用（长 × 宽 × 高）25 厘米 ×15 厘米 ×8 厘米的长方形砖单砖平置叠砌而成；从口部向下深约 1.5 米处的周壁用耐火砖和废匣钵砌起，壁面抹约 0.02 米厚的耐火泥；自深 1.5 米处向下至底系土壁[4]。唐代黄堡窑第 6 号窑火膛用砖砌成，底部用砖平铺，南北两侧用砖砌起，唐代黄堡窑第 11 号窑火膛四周及底面均用耐火砖砌成[11]。五代黄堡窑第 15、29、31、32 号窑的火膛周围窑壁用耐火砖垒砌，抹有耐火泥。五代黄堡窑 29 号窑火膛南北两壁各残留有 12 层耐火砖[6]。用砖、垫柱、匣钵混砌火膛，主要见于唐代临城祁村窑第 3 号窑，该窑火膛壁由垫砖、垫柱、匣钵等砌成，厚 0.2 米 ~0.35 米，表面涂约 0.05 米厚的耐火砖[4]。隋、唐安阳戚家庄 1、2 号窑火膛内壁表面抹草拌泥，烧成青灰色[2]。唐代潮安北郊窑壁和窑顶系用灰色耐火土夯筑而成，厚 0.1 米 ~0.12 米。窑厚壁垂直，横剖面作半圆形，系用灰色耐火砖叠砌而成[10]。

隋、唐、五代砌建马蹄窑窑室的所用材料大致有土壁、砖、土坯和石块混砌、耐火砖和石块混砌、夯土与耐火砖混砌五类。用土壁构建窑室的窑场主要有唐代洛阳瀍河东岸3号窑和隋、唐安阳戚家庄1号窑。前者窑室周壁为土壁，弯曲度较大[15]。后者的窑室南、北、东三壁未见土坯或砖垒砌痕迹，均用草拌泥抹于表层[2]。

用砖砌建窑室的窑场主要有隋代洛阳东都外郭城窑1号窑，唐代洛阳瀍河东岸1号窑，唐代黄堡窑第9号窑，五代黄堡窑第15、29、31、32号窑、晚唐临城祁村窑以及五代定窑等。隋代洛阳东都外郭城窑1号窑窑壁高残存1.8米，以单砖平砌，外抹一层泥，东西两壁略有弧度，砖长39厘米、宽19厘米、厚8厘米。窑壁呈青灰色，较为平整[14]。唐代洛阳瀍河东岸1号窑窑室四周除近窑门处为土壁外，其余均为砖构。砌法为横砖错缝平砌。所用砖的规格为32厘米×15厘米×7厘米[15]。

唐代黄堡窑第9号窑[11]、五代黄堡窑第15、29、31、32号窑[6]和晚唐临城祁村窑[6]的马蹄窑周围窑壁均为耐火砖垒砌，上抹一层0.02米~0.04米的耐火泥。用土坯和石块混砌窑室的窑场主要有隋代中陈郝窑的2号马蹄窑。该窑四壁用土坯和石块砌成，土坯长29厘米、宽18厘米~23厘米、厚9厘米，内壁涂一层厚约5厘米的瓷土。西壁用16层土坯砌成，窑顶分五层，每层厚约3厘米，系由瓷土、沙石等混合砌成。四壁高1.5米~1.6米。窑室内最高处可能在2米左右[1]。

用耐火砖和石块混砌窑室的窑场主要有唐代黄堡窑第11号窑和第14号窑。唐代黄堡窑第11号窑东壁长1.6米、厚0.07米~0.18米、残高0.24米。壁向上往里收。中间有一段长0.70米用自然石块垒砌，其余全部用耐火砖砌。耐火砖长0.24米、宽0.15米、厚0.04米。砖墙外面为红烧土，呈暗红色，厚0.05米~0.15米。西壁残长0.22米、厚0.05米~0.07米、残高0.05米~0.18米[11]。

用夯土与耐火砖混砌窑室的窑场主要有唐代黄堡窑14号窑，该窑窑室墙壁用耐火砖和石块砌成，东壁长1.6米、厚0.07米~0.18米、残高0.24米。壁向上往里收。中间有一段长0.70米用自然石块垒砌，其余全部用耐火砖砌。耐火砖长0.24米、宽0.15米、厚0.04米。砖墙外面为红烧土，呈暗红色，厚0.05米~0.15米。西壁残长0.22米、厚0.05米~0.07米、残高0.05米~0.18米[11]。

隋、唐、五代砌建马蹄窑的烟室隔墙、排烟孔、烟道、烟囱多用砖砌。隋代洛阳东都外郭城窑1号窑烟室隔墙砌法先是在底部以横砖垒砌成6个近方形的烟道，宽0.2米~0.29米、高0.28米~0.3米。烟孔以上用横砖错缝平砌。砖的大小略有差异，多为长39厘米、宽19厘米、厚8厘米的砖。隋唐洛阳东都外郭城窑4号窑烟道底部与窑床连接处留一方形烟孔，其上部以长26厘米、宽20厘米、厚5厘米的青砖垒砌后用泥抹平。中间烟道底部用一立砖将烟孔一分为二，砖下部垫有厚约5厘米的泥土，上部用单砖平砌，外抹泥，微向外凸[14]。唐代洛阳市瀍河东岸唐代1号窑烟室隔墙先在底部以横砖拦成5个近方形的烟道，高0.26米、宽0.2米~0.28米，烟道以上用横砖错缝平砌，砖的大小略有差异，规格（长×宽×高）多为40厘米×29厘米×9.5厘米[15]。唐代黄堡窑第11号窑隔烟墙底部的4个排烟孔用边长0.18米、厚0.06米的方形砖砌成。唐代黄堡窑第14号窑隔烟墙底部排烟孔用方形砖砌成。方砖边长0.18米、厚0.06米。唐代黄堡窑6号窑紧靠窑室西壁有两个烟囱用砖砌成[11]。五代黄堡窑第29、32号两座窑的烟囱用耐火砖砌成[6]。

五、燃料与火照

隋、唐、五代绝大多数马蹄窑都以木柴为燃料，这从出土马蹄窑遗存中可证：隋代中陈郝窑1号窑火膛底部堆积有0.2米~0.3米厚的草木灰，2号马蹄窑的出灰道外2平方米的范围内，发现较多的木柴灰，证明是木柴作燃料[1]；隋代洛阳东都外郭城窑1号窑火膛底有厚约0.2米的黑木炭灰，4号窑火膛底有厚约0.1米的黑木炭灰层[14]。隋代中陈郝窑2号马蹄窑在窑炉南壁外2平方米的范围内，发现较多的木炭和红烧土，应是从出灰道清理出的炉灰[1]。隋、唐安阳戚家庄2号窑的火膛内残留木炭灰层，厚约0.2米[2]。唐、五代宁阳西太平村窑1号马蹄窑火膛底部有一层厚约0.04米的草木灰[12]，唐代禹县神垕镇下白峪窑1号窑内底部有一层厚0.03米的类似木材燃烧后的白灰痕[3]。唐代洛阳市瀍河东岸唐代1号窑火膛底部深0.7米，内存大量草木灰[15]。唐代黄堡窑6号马蹄窑火膛三个台阶上均有木柴燃烧后留下的灰烬，唐代黄堡窑11号马蹄窑火膛存有0.05米~0.10米厚的木炭灰，唐代黄堡窑第14号窑火膛内堆满柴灰[11]。五代黄堡窑第15、29、31、32号马蹄窑的火膛底部均留有经过充分燃烧后剩下的木柴灰烬，烟囱的底部都落有0.06米厚的烟灰[6]。唐代临城祁村窑3号窑的火膛内上层草木灰和红烧土混杂[4]。唐代禹县神垕镇下白峪窑1号窑的火膛底部有一层类似木材燃烧后的灰[3]。唐五代山东宁阳西太平村窑1号窑火膛底部有一层厚约0.04米的草木灰[12]。唐代潮安北郊窑火膛内积满植物灰和碎块木屑[10]。隋、唐洛阳东都外郭城4号窑火膛底部有厚约0.1米的黑木炭灰层[14]。

唐、五代马蹄窑与南方窑场的龙窑一样，也是用火照来测定窑内烧成状况的。火照是用碗片或碗和圈足以及盘底的坯体制成，中穿有圆孔，烧成时可以随时勾出检验。五代黄堡窑出土火照12件，可分五种类型：一是用碗坯残片制成，中间有圆孔，胎呈灰色，内外施青釉，长6.5厘米~6.7厘米、高4.5厘米~4.7厘米、厚0.35厘米。二是利用圈足盘底生坯制成，底心有圆孔，胎呈灰白色，内外施青釉，足径6.1厘米、壁厚0.3厘米、孔径1.5厘米、足高0.8厘米、高1.2厘米。三是用圈足碗底生坯制成，底心有圆孔，胎呈灰色，内外施青釉，长6.1厘米、壁厚0.3厘米、孔径1.5厘米、足高0.8厘米、高1.2厘米。四是利用杯底生坯制成，杯弧腹，圈足外蹩，底心有一孔，胎呈深灰色，釉下有化妆土，内外施青釉，釉层厚，足径4.7厘米、足高0.8厘米、壁厚0.3厘米~0.8厘米、高2.1厘米。五是利用小碗底生坯制成，小碗为圈足，底心有圆孔，胎呈灰白色，内外施青釉，釉色青中泛黄，没有光泽，足径5厘米、壁厚0.3厘米、孔径1.6厘米、高1.2厘米[6]。唐代有的窑场采用测温环来监测窑内烧成状况。唐代中期内丘邢窑和临城窑使用测温环，用泥条捏制而成，上为圆环，下有底座（图5-7-13)。其中临城祁村出土的标本T1②：3色土黄，满施釉，生烧，环直径6厘米[4]。

据测试，北方窑场制瓷大多在马蹄窑中烧成，烧成温度普遍比同时代的南方龙窑窑场明显要高。隋、唐巩县窑烧成温度最高能达到1380℃ ±20℃（表5-2-2，第23号），唐代临城窑烧成温度最高能达到1320℃ ±20℃（表5-2-2，第24

号），唐代内丘邢窑烧成温度为1360℃ ±20℃（表5－2－2，第35、37号）。隋、唐、五代北方马蹄窑既可以烧氧化焰，也能烧还原焰。例如，素有“类银”、“类雪”之称的邢窑白瓷是在还原气氛中烧成的[16]；有学者通过分光反射率和透光度研究，发现晚唐、五代定窑白瓷也是用还原气氛烧成的[17]。但是那种胎色泛黄或发灰色、釉色白中微闪黄的白瓷则是在氧化气氛下烧成的，这就表明当时北方地区的耐火材料和高温窑炉技术在全国乃至全世界处于领先地位。

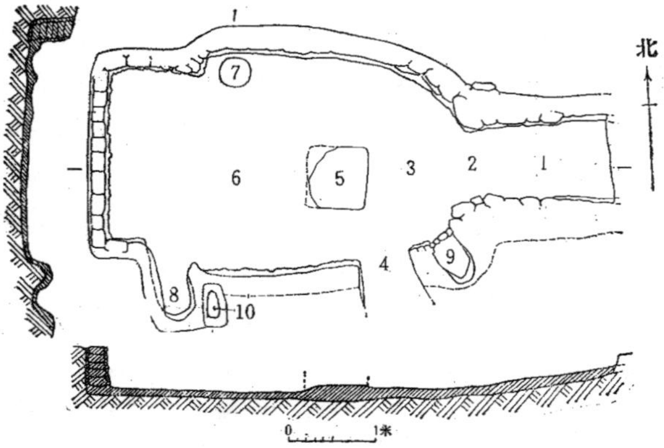

1.火道 2.窑门 3.火膛 4.出灰道 5.中心柱
6.窑床 7.烟囱 8.烟囱 9.烟囱(？) 10.柱洞

图5－7－1 隋枣庄中陈郝2号窑平、剖面图
采自文献〔1〕

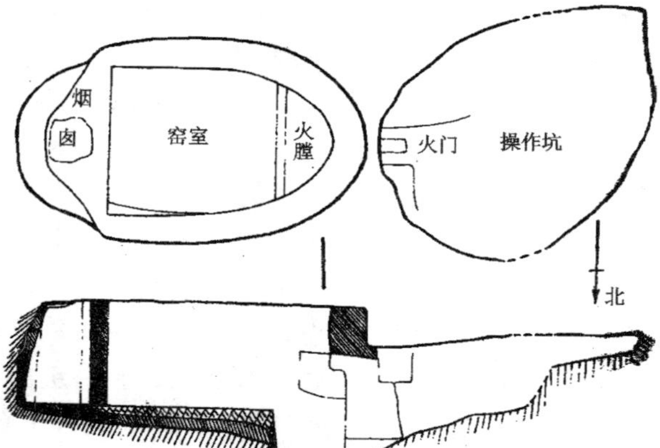

图5－7－2 隋唐安阳戚家庄1号窑平、剖面图
采自文献〔2〕

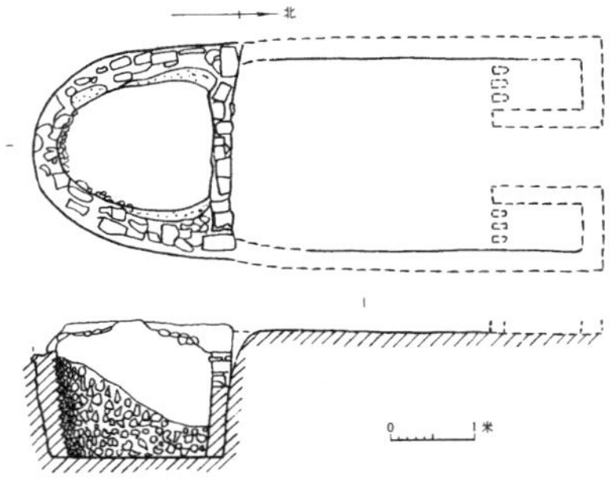

图 5-7-3　唐、五代临城祁村 Y3 号窑平、剖面图
采自文献〔4〕

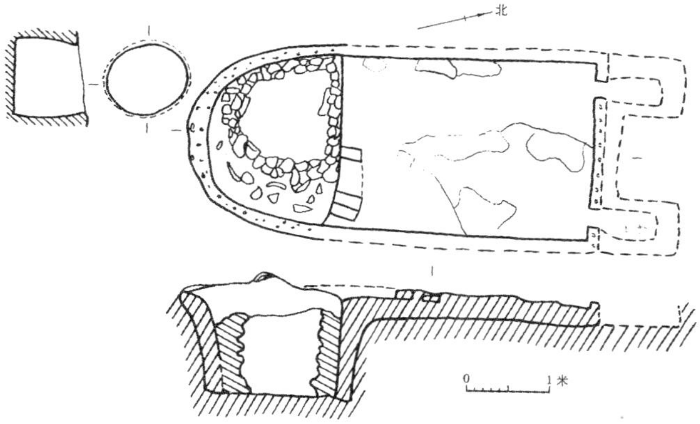

图 5-7-4　唐、五代临城祁村 4 号窑平、剖面图
采自文献〔4〕

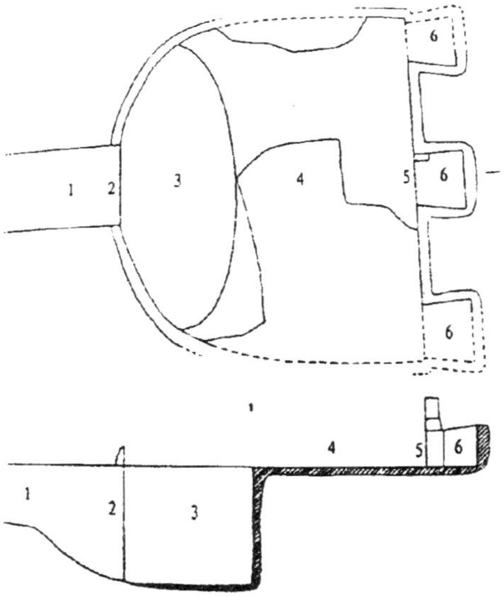

1. 火道　2. 窑门　3. 火膛　4. 窑床　5. 排烟孔　6. 烟囱

图 5-7-5　唐、五代宁阳西太平 1 号窑
采自文献〔12〕

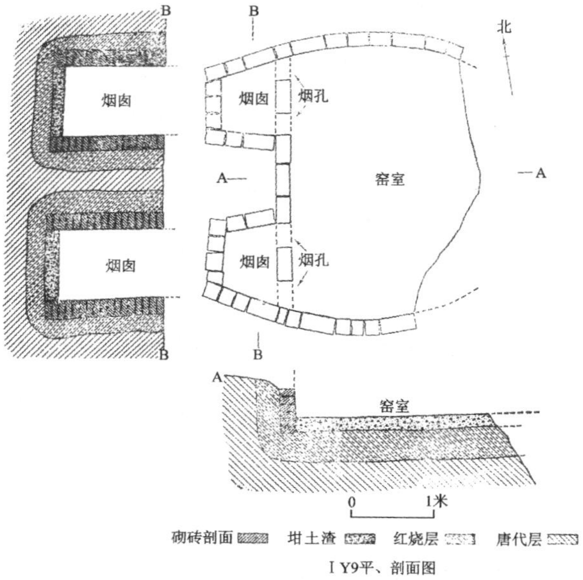

图5－7－6　唐黄堡9号窑

采自文献〔11〕

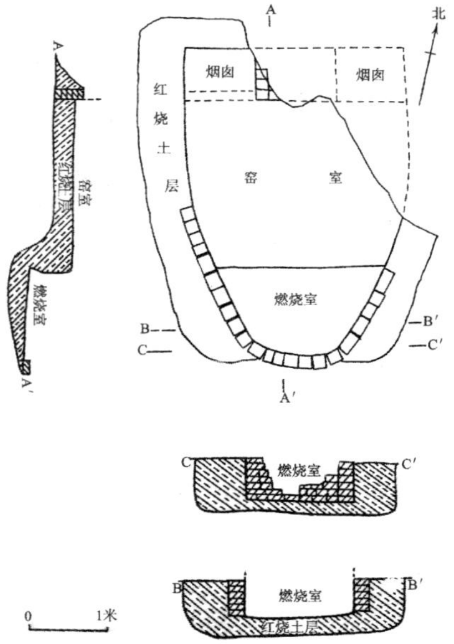

图5－7－7　五代黄堡15号窑

采自文献〔6〕

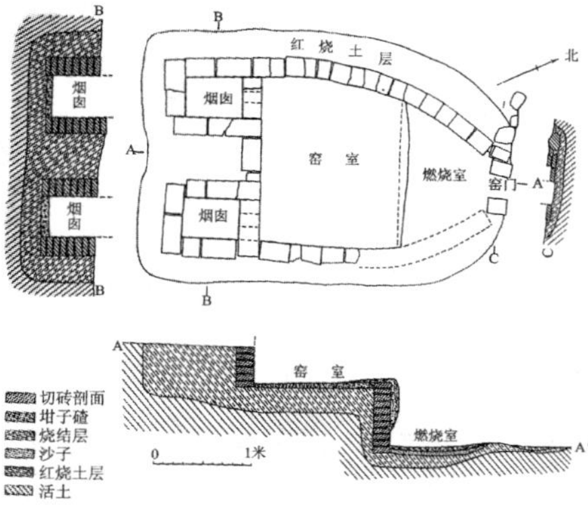

图5－7－8　五代黄堡29号窑

采自文献〔6〕

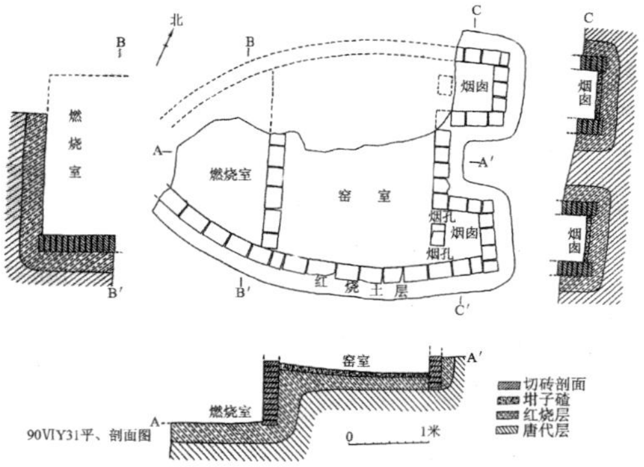

图5－7－9　五代黄堡31号窑

采自文献〔6〕

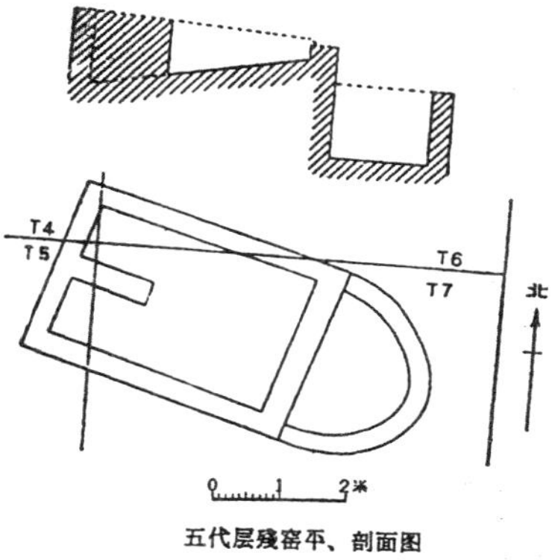

图5－7－10　五代定窑
采自文献〔13〕

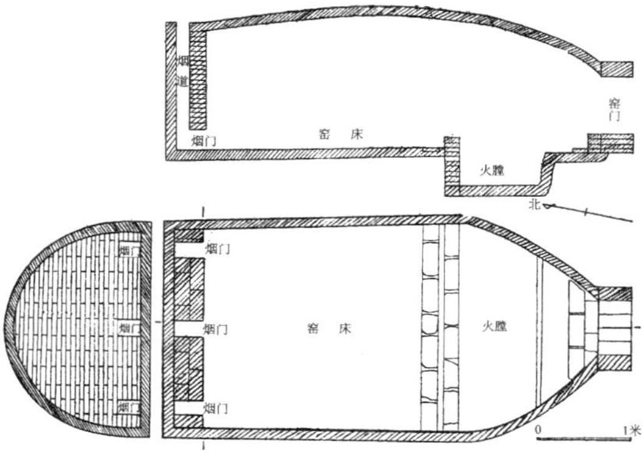

图5－7－11　唐代潮州北堤头窑平、剖面图
采自文献〔10〕

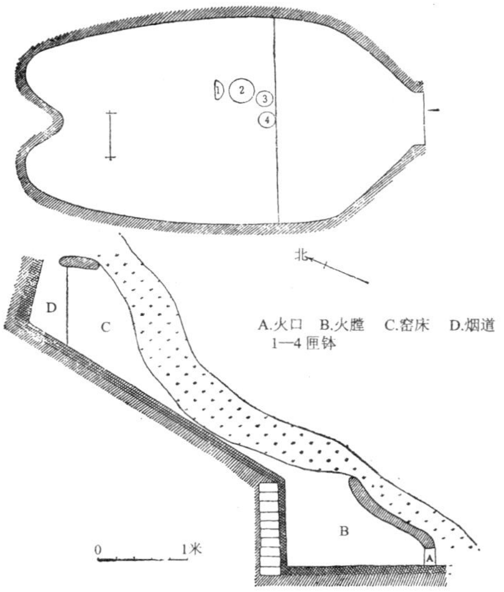

图5－7－12　唐五代梅县水车窑3号窑平、剖面图
采自文献〔8〕

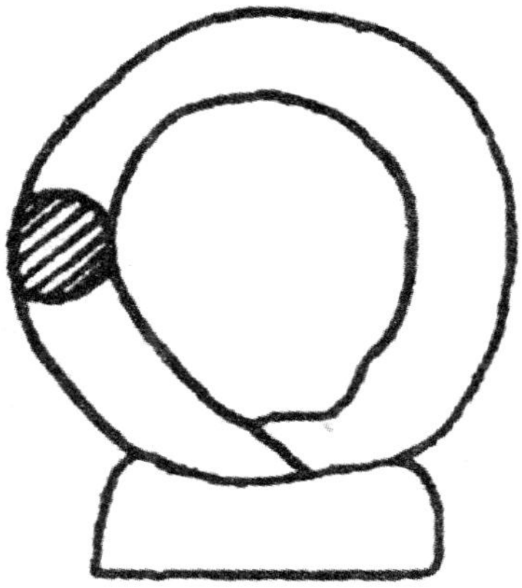

图5－7－13　唐中期邢窑的测温环
采自文献〔4〕

参考文献

〔1〕向达：《唐代长安与西域文明》，河北教育出版社，2002年。

〔2〕元开撰：《唐大和上东征传》；日本古典保存会：《景印古卷子本》。

第一节　隋、唐、五代瓷业的发展

〔1〕中国硅酸盐学会主编：《中国陶瓷史》，文物出版社，1982年9月。

〔2〕河南省文物研究所：《河南鲁山段店窑新发现》，《华夏考古》，1988年第1期。

〔3〕秦大树等：《发掘禹州钧窑群，确证钧瓷烧制时期》，《文物天地》，2002年第3期。

〔4〕湖南省文物考古工作队等：《长沙窑》，紫禁城出版社，1996年；张志刚等：《中国古代最早的长沙窑铜红釉》，《2005年古陶瓷科学技术国际讨论会论文集》，上海科学技术文献出版社，2005年。

〔5〕张福康：《中国古陶瓷的科学》，上海人民美术出版社，2000年。

〔6〕张志刚等：《唐代青花瓷与三彩钴蓝》，《景德镇陶瓷学院学报》，1986年10月；张志刚等：《扬州唐城出土青花瓷的测定及其重要意义》，《中国陶瓷》，1984年3期；张志刚等：《唐代青花瓷器研讨》、《景德镇青花瓷器研讨》，《景德镇陶瓷学院学报》，1989年10月。

〔7〕陈尧成等：《唐代青花瓷器及其色料来源研究》，《1995年古陶瓷科学技术国际讨论会论文集》，上海科学技术文献出版社，1995年。

〔8〕谢明良：《记黑石号（Batu Hitam）沉船中的中国陶瓷器》，《美术史研究集刊》第13期，台湾大学艺术研究所，2002年。

〔9〕郭木森等：《河南巩义黄冶窑唐青花瓷初步研究》，《中国古陶瓷研究》第13辑，紫禁城出版社，2007年。

〔10〕承焕生等：《唐青花产地的PIXE研究》，《2005年古陶瓷科学技术国际讨论会论文集》，上海科学技术文献出版社，2005年。

〔11〕《河南洛阳白马寺唐代窑址发掘报告》，《考古》，2005年第3期。

第二节　制胎原料的选择、加工与成型技术

〔1〕邓泽群等：《绍兴越窑青釉瓷的科学技术研究》，《1995年古陶瓷科学技术国际讨论会论文集》，上海科学技术文献出版社，1995年。

〔2〕李国桢等：《历代越窑青瓷胎的研究》，《中国陶瓷》，1988年第1期。

〔3〕陈士萍等：《湘阴城关镇窑历代青瓷的研究》；上海古陶瓷科学技术研究会：《1992年古陶瓷科学技术国际讨论会论文集》，1992年。

〔4〕李伟东等：《四川邛崃窑青釉的研究》，《2002年古陶瓷科学技术国际讨论会论文集》，上海科学技术文献出版社，2002年。

〔5〕陈尧成等：《瓯窑褐彩青瓷及其装饰工艺探讨》；上海古陶瓷科学技术研究会：《1992年古陶瓷科学技术国际讨论会论文集》，1992年。

〔6〕方邺森等：《中国主要类型制瓷高岭土的特征》，《景德镇陶瓷学院学报》，第6卷第1期，1985年6月。

〔7〕陈尧成等：《邢窑隋唐白瓷研究》，《1989年古陶瓷科学技术国际讨论会论文集》，上海科学技术文献出版社，1989年。

〔8〕郭演仪：《南北方古代制瓷原料和瓷器的特征》，《景德镇陶瓷学院学报》第5卷第1期，1984年7月。

有学者认为，晚唐、五代定窑制胎除用灵山土外，尚可能引入少量可塑性高的黏土，如紫木节土或白坩土，以提高坯泥的可塑成型性能，这从瓷胎中含钙量较高也可得到启示（见李国桢等：《历代定窑白瓷的研究》，《硅酸盐学报》，1983 年第 3 期）；有学者则认为，定窑胎的 R_2O（K_2O+Na_2O）含量比较低，一般为 2%，似乎表明在胎的原料配方中，采用了部分白云石（或滑石或石灰石）（见张进等：《定窑工艺技术的研究与仿制》，《河北陶瓷》，1983 年第 4 期）。

〔9〕张福康：《中国古陶瓷的科学》，上海人民美术出版社，2000 年，第 71 页。

〔10〕郭演仪：《中国制瓷原料》，《中国古代陶瓷科学技术成就》，上海科学技术出版社，1985 年第 294 页。

〔11〕李国桢等：《山西古代白瓷的研究》，《硅酸盐通报》，1987 年第 5 期。

〔12〕陈尧成等：《邢窑隋唐白瓷研究》，《1989 年古陶瓷科学技术国际讨论会论文集》，上海科学技术文献出版社，1989 年。

〔13〕李国桢等：《中国名瓷工艺基础》，上海科学技术出版社，1988 年，第 17 页。

〔14〕陕西省考古研究所：《唐代黄堡窑》，文物出版社，1992 年。

〔15〕陕西省考古研究所：《五代黄堡窑》，文物出版社，1997 年。

〔16〕河南省文物考古研究所等：《河南巩义市黄冶窑址发掘报告》，《华夏考古》，2007 年第 4 期。

〔17〕西北轻工业学院等编：《陶瓷工艺学》，轻工业出版社，1981 年 11 月。

〔18〕禚振西：《耀州窑唐五代陶瓷概论》，《考古与文物》，1988 年第 5 期。

〔19〕周世荣：《湖南陶瓷》，紫禁城出版社，1988 年。

〔20〕郭演仪：《中国历代南北方青瓷的研究》，《中国古陶瓷论文集》，文物出版社，1982 年。

〔21〕李家治等：《上林湖历代越瓷胎釉及其工艺的研究》，《1989 年古陶瓷科学技术国际讨论会论文集》，上海科学技术文献出版社，1992 年。

〔22〕承焕生等：《上林湖窑晚唐秘色瓷生产工艺的初步探讨》，《越窑秘色瓷》，上海古籍出版社，1996 年。

〔23〕陈显求等：《唐代洪州窑青瓷的探讨》，《中国古陶瓷研究》，科学出版社，1987 年。

〔24〕张志刚等：《长沙铜官窑色釉和彩瓷的研究》，《景德镇陶瓷学院学报》，1985 年 10 月。

〔25〕周仁等：《景德镇历代瓷器胎釉和烧制工艺研究》，《中国古陶瓷论文集》，轻工业出版社，1982 年。

〔26〕张福康等：《南方地区出土五代白瓷的比较研究》，上海书画出版社，2005 年。

〔27〕陈显求等：《唐新会官冲窑》，上海古陶瓷科学技术研究会编《1992 年古陶瓷科学技术国际讨论会论文集》，1992 年。

〔28〕李国桢等：《历代耀州窑青瓷工艺探讨》，《1989 年古陶瓷科学技术国际讨论会论文集》，上海科学技术文献出版社，1989 年。

〔29〕张志刚等：《耀州窑历代青瓷器工艺研究》，《1995 年古陶瓷科学技术国际讨论会论文集》，上海科学技术文献出版社，1997 年。

〔30〕张志刚等：《邢窑白瓷化学组成及工艺的研究》，《景德镇陶瓷学院学报》，第 13 卷第 1 期，1992 年 3 月。

〔31〕河北省邢窑研究组：《邢窑工艺技术研究》，《河北陶瓷》，1987 年第 2 期。

〔32〕李家治等：《河南巩县隋唐时期白瓷研究》，《中国古陶瓷研究》，科学出版社，1987 年。

〔33〕李国桢等：《历代定窑白瓷的研究》，《硅酸盐学报》，1983 年第 3 期。

〔34〕郭演仪等：《若干磁州窑素白瓷的研究》，《1999 年古陶瓷科学技术国际讨论会论文集》，上海科学技术文献出版社，1999 年。

〔35〕陈显求等：《唐代花瓷的结构分析研究》，《硅酸盐通报》，1987 年第 2 期。

〔36〕刘凯民等：《唐钧釉的本质及其与后世分相乳光釉的关系》，《2005 年中国禹州钧窑学术研讨会论文集》，大象出版社，2007 年。

〔37〕陈尧成等：《唐代青花瓷器及其色料来源研究》，《考古》，1996 年第 9 期。

〔38〕承焕生等：《唐青花产地的 PIXE 研究》，《2005 年古陶瓷科学技术国际讨论会论文集》，上海科学技术文献出版社，2005 年。

〔39〕李国桢等：《中国名瓷工艺基础》，第 102 页，上海科学技术出版社，1988 年。

〔40〕郭演仪：《南北方古代的制瓷原料和瓷器的特征》，《景德镇陶瓷学院学报》，第 5 卷第 1 期，1984 年第 1 期，第 65、66 页。

〔41〕李家治等：《河南巩县隋唐时期白瓷研究》，《中国古陶瓷研究》，科学出版社，1987 年。

〔42〕李家治等：《中国历代南北方著名白瓷》，《中国古代陶瓷科学技术成就》，上海科学技术出版社，1985 年。

〔43〕陈显求等：《唐代洪州窑青瓷的探讨》，《中国古陶瓷研究》，科学出版社，1987 年。

第三节　制釉技术

〔1〕李国桢等：《历代定窑白瓷的研究》，《硅酸盐学报》，第 11 卷第 3 期，1983 年 9 月。

〔2〕郭演仪：《中国制瓷原料》，《中国古代陶瓷科学技术成就》，上海科学技术出版社，1985 年第 297 页。

〔3〕本书第二章第三节。

〔4〕陈尧成等：《邢窑隋唐白瓷研究》，《1989 年古陶瓷科学技术国际讨论会论文集》，科学技术文献出版社，1989 年，第 199 页。

〔5〕郭演仪等：《中国历代南北方青瓷的研究》，《中国古陶瓷论文集》，文物出版社，1982 年。

〔6〕张福康：《邛崃窑和长沙窑的烧造工艺》，《邛窑古陶瓷研究》，中国科技大学出版社，2002 年。

〔7〕承焕生等：《上林湖窑晚唐秘色瓷生产工艺的初步探讨》，《越窑秘色瓷》，上海古籍出版社，1996 年。

〔8〕郑健华：《越窑青瓷装烧工艺的初步总结》，《东方博物》第 2 辑，杭州大学出版社，1988 年。

〔9〕张福康：《中国古陶瓷的科学》，上海人民美术出版社，2000 年，第 48 页。

〔10〕张福康：《中国古陶瓷的科学》，上海人民美术出版社，2000 年，第 47 页。

〔11〕李国桢等：《中国名瓷工艺基础》，上海科学技术出版社，1988 年，第 26 页。

〔12〕安阳县文教卫生管理站：《河南安阳县发现一座北齐墓》，《考古》，1972 年第 1 期。

〔13〕陈尧成等：《瓯窑褐彩青瓷及其装饰工艺探讨》，《江西文物》，1991 年第 4 期。

〔14〕李国桢等：《中国名瓷工艺基础》，上海科学技术出版社，1988 年，第 17 页。

〔15〕李家治等：《中国历代南北方著名白瓷》，《中国古代陶瓷科学技术成就》，上海科学技术出版社，1985 年，第 184 页。

〔16〕河北省邢窑研究组：《邢窑工艺技术研究》，《河北陶瓷》，1987 年第 2 期。

〔17〕张福康等：《南方地区出土五代白瓷的比较研究》，上海书画出版社，2005 年。

〔18〕张志刚等：《中国古代最早的长沙铜红釉》，《2005 年古陶瓷科学技术国际讨论会论文集》，上海科学技术文献出版社，2005 年。

〔19〕黄瑞福等：《唐代茶叶末瓷物理化学基础的研究》，《景德镇陶瓷学院学报》，第 14 卷第 2 期，1993 年 6 月。

〔20〕北京大学考古系：《观台磁州窑》，文物出版社，1996 年。

〔21〕张福康：《中国古陶瓷的科学》，上海人民美术出版社，2000 年，第 90 页。

〔22〕刘凯民等：《唐钧釉的本质及其与后世分相乳光釉的关系》，《2005 年中国禹州钧窑学术研讨会论文集》，大象出版社，2007 年。

〔23〕陈显求等：《唐代花瓷的结构分析研究》，《硅酸盐通报》，1987 年第 2 期。

〔24〕邓泽群等：《绍兴越窑青釉瓷的科学技术研究》，《1995 年古陶瓷科学技术国际讨论会论文集》，上海科学技术文献出版社，1995 年。

〔25〕李国桢等：《历代越窑青瓷胎釉的研究》，《中国陶瓷》，1988 年第 1 期。

〔26〕李家治等：《上林湖历代越瓷胎釉及其工艺的研究》，《1989 年古陶瓷科学技术国际讨论会论文集》，上海科学技术文献出版社，1989 年。

〔27〕张福康等：《五代越窑的烧制工艺及其对南方地区某些青瓷窑场的影响》，《越窑·秘色瓷》，上海古籍出版社，1996 年。

〔28〕陈士萍等：《湘阴城关镇窑历代青瓷的研究》；上海古陶瓷科学技术研究会：《1992 年古陶瓷国际学术讨论会论文集》，1992 年。

〔29〕陈显求等：《唐代洪州窑青瓷的探讨》，《中国古陶瓷研究》，科学出版社，1987 年。

〔30〕李国桢等：《历代耀州窑青瓷工艺探讨》，《1989 年古陶瓷科学技术国际讨论会论文集》，上海科学技术文献出版社，1989 年。

〔31〕张志刚等：《耀州窑历代青瓷器工艺研究》，《1995 年古陶瓷科学技术国际讨论会论文集》，上海科学技术文献出版社，1997 年。

〔32〕李家治等：《河南巩县隋唐时期白瓷研究》，《中国古陶瓷研究》，科学出版社，1987 年。

〔33〕凌志达：《我国古代黑釉瓷的初步研究》，《中国古陶瓷论文集》，文物出版社，1982 年。

〔34〕陈显求等：《唐耀州青瓷和黑釉瓷》，《1989 年古陶瓷科学技术国际讨论会论文集》，上海科学技术文献出版社，1989 年。

〔35〕周仁等：《景德镇历代瓷器胎釉和烧制工艺研究》，《中国古陶瓷论文集》，轻工业出版社，1982 年。

〔36〕张福康等：《白瓷和青白瓷》，《中国古代白瓷国际学术研讨会论文集》，上海书画出版社，2005 年 7 月。

第四节 装饰技术

〔1〕陈显求等：《唐代洪州窑青瓷的探讨》，《中国古陶瓷研究》，科学出版社，1987 年。

〔2〕金祖明：《浙江余姚青瓷窑址调查报告》，《考古学报》，1959 年第 3 期；绍兴市文管会：《绍兴上灶官山越窑调查》，《文物》，1981 年第 10 期。

〔3〕河北文物局文化工作队：《河北曲阳涧磁村发掘的唐宋墓葬》，《考古》，1965 年第 10 期。

〔4〕陕西省考古研究所：《唐代黄堡窑》，文物出版社，1992 年。

〔5〕陕西文物考古研究所：《五代黄堡窑》，文物出版社，1997 年。

〔6〕周军等：《珍珠地划花工艺浅析》，《考古》，1995 年第 6 期。

〔7〕冯先铭：《河南密县、登封唐宋古窑址调查》，《文物》，1964年第3期。

〔8〕中国硅酸盐学会主编：《中国陶瓷史》，文物出版社，1987年，第206页。

〔9〕郑州市文物工作队等：《河南密县西关瓷窑遗址发掘简报》，《考古》，1995年第6期。

〔10〕河北省文物研究所等：《邢窑遗址调查试掘》，《考古学集刊》第14集，文物出版社，2004年。

〔11〕胡悦谦：《寿州瓷窑址调查纪略》，《文物》，1961年第12期，第63页。

〔12〕长沙市文化局文物组：《唐代长沙铜官窑址调查》，《考古学报》，1980年第1期。

〔13〕王兰芳：《耀州窑遗址新发现的五代陶范》，《考古与文物》，1995年第3期。

〔14〕内丘县邢窑文物管理所：《河北省丘邢县邢窑调查简报》，《文物》，1987年第9期；秦大树：《宋元时期北方地区陶瓷手工业装饰工艺的成就及其所反映的问题》，《文化的馈赠》，北京大学出版社，2000年。

〔15〕安阳县文教卫生管理站：《河南安阳县发现一座北齐墓》，《考古》，1972年第1期。

〔16〕高峰：《唐代席纹黄釉执壶装饰技艺浅谈》，《文物》，1999年第4期。

〔17〕中国硅酸盐学会主编：《中国陶瓷史》，文物出版社，1987年，第213页。

〔18〕高阿申、钱伟君：《唐绞胎器的胎釉和制作工艺的研究》，《2005年古陶瓷科学技术国际讨论会论文集》，上海科学技术文献出版社，2005年。

〔19〕中国硅酸盐学会主编：《中国陶瓷史》，文物出版社，1987年，第214页。

〔20〕廖永民等：《黄冶窑唐三彩的绞胎器》，《中原文物》，2003年第4期，第79~80页。

〔21〕禚振西：《耀州窑唐五代陶瓷概论》，《考古与文物》，1988年第5期。

〔22〕孙荆：《耀州窑素胎黑花和黑花白釉瓷的研究》，《1995年古陶瓷科学技术国际讨论会论文集》，上海科学技术文献出版社，1995年。

〔23〕张福康：《邛崃窑和长沙窑的烧造工艺》，《邛窑古陶瓷研究》，中国科技大学出版社，2002年。

〔24〕张福康：《长沙窑彩瓷的研究》，《硅酸盐学报》，第14卷第3期，1986年9月。

〔25〕知宴：《浙江象山唐代青瓷窑址调查》，《考古》，1979年第5期。

〔26〕陈尧成等：《瓯窑褐彩青瓷及其装饰工艺探讨》，《1992年古陶瓷科学技术国际讨论会论文集》，上海古陶瓷科学技术研究会，1992年。

〔27〕张志刚等：《鹤壁窑釉下彩瓷》，《1992年古陶瓷科学技术国际讨论会论文集》，上海科学技术文献出版社，1992年。

〔28〕台州地区文管会等：《浙江温岭青瓷窑址调查》，《考古》，1991年第7期。

〔29〕郭演仪等：《若干磁州窑素白瓷的研究》，《1999年古陶瓷科学技术国际讨论会论文集》，上海科学技术文献出版社，1999年。

〔30〕陈尧成等：《唐代青花瓷用钴料来源研究》，《中国陶瓷》，1995年4月。

〔31〕承焕生等：《唐青花产地的PIXE研究》，《2005年古陶瓷科学技术国际讨论会论文集》，上海科学技术文献出版社，2005年。

〔32〕承焕生等：《嘉靖官窑青花瓷PIXE研究》，《2009年古陶瓷科学技术国际讨论会论文集》，上海科学技术文献出版社，2009年。

第五节　装烧技术

〔1〕本书第四章第四节。

〔2〕宋百川等：《山东曲阜、泗水隋唐瓷窑址调查》，《考古》，1985年第1期。

〔3〕河北省文物研究所等：《邢窑遗址调查试掘》，《考古学集刊》第14集，文物出版社，2004年。

〔4〕周世荣：《从湘阴古窑址的发掘看岳州窑的发展变化》，《文物》，1978 年第 1 期。

〔5〕山东大学历史系考古专业等：《山东枣庄中陈郝瓷窑址》，《考古学报》，1989 年第 3 期。

〔6〕郑州市文物工作队等：《河南密县西关瓷窑遗址发掘简报》，《考古》，1995 年第 6 期。

〔7〕陕西文物考古研究所：《唐代黄堡窑》，文物出版社，1992 年；陕西文物考古研究所：《五代黄堡窑》，文物出版社，1997 年。

〔8〕河北省文化局文物工作队：《河北曲阳县涧磁村定窑遗址调查与试掘》，《考古》，1965 年第 8 期。

〔9〕桂林博物馆：《广西桂州窑》，《考古学报》，1994 年第 4 期。

〔10〕胡悦谦：《寿州窑址调查纪略》，《文物》，1961 年第 12 期。

〔11〕长沙市文化局文物组：《唐代长沙铜官窑址调查》，《考古学报》，1980 年第 1 期。

〔12〕慈溪市博物馆：《上林湖越窑》，科学出版社，2002 年。

〔13〕路菁：《越窑寺龙口的装烧工艺》，《2002 越窑国际学术讨论会专辑》，杭州出版社，2002 年。

〔14〕知宴：《浙江象山唐代窑址调查》，《考古》，1979 年第 5 期。

〔15〕林士民：《勘察浙江宁波唐代古窑的收获》，《中国古代窑址发掘报告集》，文物出版社，1984 年。

〔16〕丁祖春：《四川邛崃十方堂古窑》，《四川省古陶瓷研究》，四川省社会科学院出版社，1984 年。

〔17〕湖北省博物馆等：《湖北鄂城窑、武昌两处古瓷窑址调查》，《考古学集刊》第 1 集，中国社会科学出版社，1981 年。

〔18〕曾广忆：《唐广东潮安北郊唐代窑址》，《考古》，1964 年第 4 期。

〔19〕杨少祥：《唐梅县市唐宋窑址》，《考古》，1994 年第 3 期。

〔20〕浙江省文物考古研究所等：《浙江慈溪市越窑石马弄窑址的发掘》，《考古》，2001 年第 10 期。

〔21〕中国社会科学院考古研究所建窑考古队等：《福建建阳水吉建窑遗址 1991—1992 年度发掘简报》，《考古》，1995 年第 2 期。

〔22〕陕西文物考古研究所：《唐代黄堡窑》，第 34 ~ 41 页，文物出版社，1992 年。

〔23〕陕西文物考古研究所：《五代黄堡窑》，文物出版社，1997 年。

〔24〕李辉炳等：《论定窑烧瓷工艺的发展与历史分期》，《考古》，1978 年第 12 期；秦大树：《论磁州观台窑制瓷工艺技术的发展》，《华夏考古》，1996 年第 3 期。

〔25〕承焕生：《上林湖窑晚唐秘色瓷生产工艺的初步探讨》，《越窑秘色瓷》，上海古籍出版社，1996 年。

〔26〕刘凤君：《山东古代烧瓷窑炉结构和装烧技术发展序列初探》，《考古》，1997 年第 4 期。

〔27〕河南省文物考古研究所等：《河南巩义市黄冶窑址发掘报告》，《华夏考古》，2007 年第 4 期。

〔28〕贡昌：《唐代婺州窑概况》，《中国古陶瓷研究》第 2 辑，紫禁城出版社，1988 年 11 月。

〔29〕朱士生：《浙江龙游方坦唐乳釉瓷窑址调查》，《考古》，1995 年第 5 期。

〔30〕台州地区文管会等：《浙江温岭青瓷窑址调查》，《考古》，1991 年第 7 期。

〔31〕广东省博物馆等：《广东高明唐代窑址发掘简报》，《考古》，1993 年第 9 期。

〔32〕陈显求等：《唐新会官冲窑》，《1992 年古陶瓷科学技术国际讨论会论文集》，上海古

陶瓷科学技术研究会，1992年。

〔33〕绍兴市文物管理委员会：《绍兴上灶官山越窑调查》，《文物》，1981年第10期。

〔34〕北京故宫博物院等：《江西景德镇丽阳蛇山五代窑址清理简报》，《文物》，2007年第3期。

〔35〕郑健华：《越窑青瓷装烧工艺的初步总结》，《东方博物》，第2期，1988年。

〔36〕景德镇市地方志编撰委员会：《中国瓷都·景德镇市瓷业志》，方志出版社，2004年。

〔37〕权奎山：《论洪州窑的装烧工艺》，《考古学研究》第4辑，北京大学出版社，2007年。

〔38〕山东大学历史系考古专业等：《山东宁阳西太平村古代瓷窑遗址试掘简报》，《考古与文物》，1989年第4期。

第六节　平焰龙窑技术

〔1〕江西省历史博物馆：《江西丰城罗湖窑发掘简报》，《中国古代窑址调查发掘报告集》，文物出版社，1984年。

〔2〕知宴：《浙江象山唐代青瓷窑址调查》，《考古》，1979年第5期。

〔3〕林士民：《青瓷与越窑》，上海古籍出版社，1999年。

〔4〕陈丽琼：《四川唐宋时代陶瓷窑炉与装烧工艺特点》，《1989年古陶瓷科学技术国际讨论会论文集》，上海科学技术文献出版社，1989年。

〔5〕四川省博物馆：《灌县玉堂公社古瓷窑址试掘》，《四川古陶瓷研究》，四川社会科学院出版社，1984年。

〔6〕中国社会科学院考古研究所建窑考古队等：《福建建阳县水吉建窑遗址1991—1992年度发掘简报》，《考古》，1995年第2期。

〔7〕南京博物院：《江苏宜兴涧滉窑》，《中国古代窑址调查发掘报告集》，文物出版社，1984年。

〔8〕广东省博物馆等：《广东高明唐代窑址发掘简报》，《考古》，1993年第9期。

〔9〕长沙市文化局文物组：《唐代长沙铜官窑址调查》，《考古学报》，1980年第1期。

〔10〕慈溪市博物馆：《上林湖越窑》，科学出版社，2002年。

〔11〕周世荣等：《湖南青瓷与青花古窑址调查报告》，《湖南考古辑刊》第2辑，岳麓书社，1984年。

〔12〕福建省博物馆：《建阳将口窑发掘简报》，《东南文化》，1990年第3期。

〔13〕四川省文管会等：《成都青羊宫窑址发掘简报》，《四川古陶瓷研究》，四川社会科学院出版社，1984年。

第七节　半倒焰马蹄窑技术

〔1〕山东大学历史系考古专业等：《山东枣庄中陈郝瓷窑址》，《考古学报》，1989年第3期。

〔2〕安阳市文物工作队：《安阳市戚家庄隋唐窑址发掘简报》，《华夏考古》，1997年第3期。

〔3〕北京大学中国考古学研究中心等：《河南禹县神垕镇下白峪窑址发掘报告》，《文物》，2005年第5期。

〔4〕河北省文物研究所等：《邢窑遗址调查试掘》，《考古学集刊》，第14集，文物出版社，2004年。

〔5〕杜葆仁：《耀州窑的窑炉和烧成技术》，《文物》，1987年第3期。

〔6〕陕西省考古研究所：《五代黄堡窑址》，文物出版社，1997年。

〔7〕湖北省博物馆等:《湖北鄂城、武昌两处古瓷窑址调查》,《考古学集刊》,第1集,1981年,中国社会科学出版社。

〔8〕杨少祥:《广东梅县市唐宋窑址》,《考古》,1994年第3期。

〔9〕河南省文物考古研究所等:《河南巩义市黄冶窑址发掘报告》,《华夏考古》,2007年第4期。

〔10〕曾广忆:《唐广东潮安北郊唐代窑址》,《考古》,1964年第4期。

〔11〕陕西省考古研究所:《唐代黄堡窑》,文物出版社,1992年。

〔12〕山东大学考古专业等:《山东宁阳西太平村古代瓷窑遗址试掘简报》,《考古与文物》,1989年第4期。

〔13〕河北省文化局文物工作队:《河北曲阳县涧磁村定窑遗址调查与试掘》,《考古》,1965年第8期。

〔14〕四川大学历史文化学考古学系等:《河南洛阳市东都外郭城五座窑址的发掘》,《考古》,2008年第2期。

〔15〕洛阳市文物工作队:《河南洛阳市瀍河东岸唐代窑址发掘简报》,《考古》,1998年第3期。

〔16〕张志刚等:《邢窑白瓷化学组成及工艺的研究》,《景德镇陶瓷学院学报》,第13卷第1期,1992年3月;河北省邢窑研究组:《邢窑工艺技术研究》,《河北陶瓷》,1987年第2期。

〔17〕李国桢等:《历代定窑白瓷的研究》,《硅酸盐学报》,1983年9月。

〔18〕邢台市文物管理处李军等:《内丘县交通局家属楼邢窑遗址的发掘》,《邢窑遗址研究》,科学出版社,2007年。

〔19〕颜劲松:《唐宋时期四川馒头窑及其装烧技术的探讨》,《成都考古研究》,科学出版社,2009年。

第六章

宋、辽、金、西夏瓷器的繁荣

公元960年，赵匡胤在陈桥驿（开封东北20千米）组织兵变，建立了北宋王朝，之后经过二十余年的统一战争，结束了晚唐、五代长期分裂割据的局面。北宋的城市经济较唐代有了进一步的发展。唐代实行“里坊制”，大街通衢禁止开店从事商业活动，坊巷（住宅区）物品交易只能在白天进行，黄昏后坊巷锁闭，禁止夜行。北宋取消了唐代的“里坊制”，当时洛阳、扬州、杭州、成都等城市允许市民在大街通衢开设店铺和作坊，这样极大地推动了手工业的发展和商业的繁荣。随着城市经济的发展，市场对瓷器的需求也急速增加，唐代窑场的“南青北白”的布局被宋代窑场的“百花齐放”所取代。加之生产上的细致分工、各地技术相互影响及出口贸易的促进，使得宋代南北方瓷窑发展形成了多个不同风格的体系。在北方有耀州窑系、定窑系、钧窑系、磁州窑系，南方则有龙泉窑系和景德镇窑系。加之两宋官窑（北宋汴京官窑，浙江上虞官窑、余姚官窑，南宋杭州修内司和郊坛下官窑等）的创办以及汝窑、定窑、耀州窑和景德镇窑等先后承担为宫廷烧造贡瓷的使命，又进一步推动了制瓷技术的发展。1949—1981年期间的陶瓷考古发掘表明，古代瓷窑遗址分布于我国19个省、市、自治区的170个县，其中分布有宋代瓷窑的达130个县，占总数的75%。

宋代瓷器制胎技术一方面继承了隋、唐、五代工艺传统，并在继承中有创新；另一方面，又启用了瓷石掺和紫金土为制胎原料的新技术。宋代北方窑场对粉碎工具之一的石杵进行了改良，同时又启用了以畜力为牵引的石碾，因而可以对槽内的原料进行持久性的研磨。宋代的淘洗池和沉淀池的容积在唐、五代的基础上大为扩容；同时由唐、五代的单组淘洗池和沉淀池的组合，改为多组淘洗池和沉淀池的组合，这种变革对提高原料的细腻度和可塑性十分有益。宋代制瓷先民对制釉工艺进行了重要的改革，具体表现在如下三方面：一是配制灰釉用的草木灰，改变了前朝采用狼棘柴或山茶树的做法，而改用柿树、毛竹或松树；二是改变了前朝那种用草木灰掺和胎泥配釉的做法，而改用植物枝叶与石灰石炼制成釉灰，然后用这种釉灰掺和胎泥来配制釉料；三是宋代北方部分窑场启用釉石制釉工艺，或单用釉石制釉，或用釉石掺和胎泥和植物灰制釉，或用釉石掺入一些添加剂制釉。宋代配制灰—碱釉时，减少釉灰的用量，增加胎泥或釉石的用量，可以克服釉面存在开裂的弊病。钧窑复色窑变釉的形成，大致有四个方面的原因：一是分相乳光釉；二是釉的熔体黏度低、表面张力小；三是用铁和铜作为着色剂；四是合理的烧成制度。宋代建窑的油滴、兔毫、曜变，吉州窑剪纸天目和木叶天目，南宋龙泉窑的粉青和梅子青釉、耀州窑的橄榄青、景德镇窑的青白釉，南宋官窑的纹片釉，宋、金磁州窑的孔雀绿釉等制釉工艺都在宋代大展风姿，表明中国瓷器制釉技术发展到一个新阶段。宋、金鹤壁集窑采用两层化妆土工艺，能使样品釉面不开裂。宋、辽、金各大窑场主要采用紫口铁足、朱砂底、出筋装饰、黑釉粉杠、刻划花、印花、珍珠地划花、雕花、剔花、剔划花、低温色釉剔划花填彩、绞胎、高温釉上彩、釉下彩、青花、釉上彩和描金等装饰技法来美化瓷器。

宋代窑场制作匣钵的原料比前代更为丰富，同时在匣钵的外底刷一层稀薄的淡青灰色釉，内面还施一层黄褐色的涂料，从而大大提高了器坯的装烧质量。宋代支圈覆烧（包括匣内支圈覆烧和无匣支圈覆烧）窑具采用瓷质原料制成，使烧成过程中的膨胀、收缩率与瓷坯一致，从而有效地提高了装烧质量。宋代龙窑随山势地形修建，容积变化较大，但是基本形制沿袭前朝传统，由于宋代龙窑出土数量比唐、五代时大大增多，因而龙窑的结构展示得比前代更为清晰。宋代龙窑由窑头、火膛（燃烧室）、窑室、窑尾等部分组成。窑头前端正中设火门，其下为风门。火膛内的主要设施是炉栅、灰坑等。火膛底部一般低于窑床 0.23 米～0.65 米。构成炉栅的炉条多为 9 条，其排列或为扇形，或作辐射状。窑室均为圆拱形窑顶，窑床的坡度大致有倾斜状、中间平缓前部和后部稍陡、前高尾低等三种形制。窑门数量一般为 9～17 个，投柴孔主要有方斗形、圆形和椭圆形三种。投柴孔的大小因窑而异，孔径一般在 0.07 米～0.18 米之间。

宋代马蹄窑改用煤为燃料，煤的燃点比柴薪高，不容易发火起燃，一旦燃烧后，火力的持续性又不如柴强。另外，用煤为燃料，升温速度慢，为适应这一变化，宋代窑工对马蹄窑，特别是对火膛的结构进行了改革，增加了通风道和漏灰装置等。宋代出现的分室龙窑外形和龙窑相似，但在窑内每隔五六米筑一道隔墙（由两堵墙构成），把窑分成多室。前室低于后室，隔墙的前墙上部向前弧收而与窑顶相连，形如火车的车厢。底部设烟火弄，隔墙的后墙不到顶，火焰由烟火弄进入隔墙，再通过隔墙中后墙的顶部进入下一室。同时在隔墙的前墙后的窑顶筑投柴孔。每室内开窑门两个，作为装窑和出窑之用。分室龙窑烧成时，先烧窑头火膛，将坯体预热，待第一间窑室内的坯体烧熟后，停止窑头烧火，改自第二间火厢（燃烧室）投柴燃烧，火焰自窑顶倒向窑底，经隔墙下部通火孔进入第三间窑室，待其坯体烧熟后，停止第二间火厢的烧火，改为第四间火厢投柴燃烧，使该处坯体烧熟，然后依次烧至窑尾。分室龙窑的这种结构，改变了单室龙窑火焰的走向和性质，即由单室龙窑的平焰，变为分室龙窑的半倒焰流向。

第一节　两宋官窑和各主要窑系

两宋是我国古代制瓷技术进入繁荣阶段的重要历史时期。按照文献记载和考古资料证实，宋代皇廷先后在北宋都城——汴京（今河南开封）、南宋都城——临安（今浙江杭州）设立专门为皇家烧造御用瓷器的官窑。宋代著名窑场——汝窑、定窑、耀州窑和景德镇窑则先后承担了为宫廷烧造贡瓷的任务。两宋时期还形成了耀州窑系、定窑系、钧窑系、磁州窑系、龙泉窑系和景德镇窑系等六大窑系。

黑瓷、彩瓷和绞胎装饰艺术都在宋代取得了重要成就。

一、官窑

中国古代官窑是指生产皇家用瓷的窑场，主要有两种类型：一是由中央政府直接派员管理、专门烧造御用或皇帝赏赐用瓷的窑场，即御窑；二是为中央政府承担烧造（包括御用和赏赐用）贡瓷的地方窑场，即贡窑。中国古代御窑设置最迟始于宋代，贡窑则在唐代就出现了。

（一）御窑

宋代设置的御窑窑场有：汴京官窑、修内司官窑、郊坛下官窑和越州官窑。

1. 汴京官窑

关于北宋汴京官窑的记载最早见于南宋·顾文荐《负暄杂录》：“宣政间（1111—1125 年）京师自置窑烧造，名曰‘官窑’。”南宋·叶寘《坦斋笔衡》也作了类似的记载：“政和间（1111—1118 年），京师自置窑烧造，名曰‘官窑’。”北宋在京城汴京（今河南开封）设立的官窑，史称“汴京官窑”。千百年来，由于黄河的多次决口泛滥，当年北宋都城汴京城古址深埋在今开封市地下 6 米深处，从而使得“汴京官窑”成为一个无法从窑址取证的瓷窑。

近年，河南汝州张公巷窑所出器物因薄胎薄釉，胎骨灰白，细腻坚实，釉面玻璃质感强烈，制作讲究，质量上乘，有学者认为它极有可能是中国宋代五大名窑中的“北宋官窑”。但也有学者认为，文献上所记载的中国宋代五大名窑中的“北宋官窑”，乃系“宣和间京师自置窑烧造”，而张公巷距当时的北宋京城开封达 200 千米之遥。另外，出土器物目前又没有和北京故宫、台北故宫里收藏的传世北宋官窑瓷器对上号，所以张公巷窑与“京师自置窑烧造”的传世北宋官窑应是两座不同的窑场。笔者倾向后一观点。

2. 修内司官窑

元代学者陶宗仪《辍耕录》卷二十九“窑器条”引南宋·叶寘《坦斋笔衡》：“中兴渡江，有邵成章提举后苑，号邵局。袭徽宗遗制，置窑于修内司造青器，名内窑。澄泥为范，极其精致，油（釉）色莹澈，为世所珍。后叫郊坛下别立新窑，亦曰官窑，比旧窑大不侔矣。”陶宗仪《说郛》卷十八收有南宋·顾文荐《负暄杂录》，其中对南宋修内司官窑也作了类似的记载。明初曹昭《格古要论》卷下：“官窑器，宋修内司烧者，土脉细润，色带粉红，浓淡不一，有蟹爪纹，紫口铁足，色好者与汝窑相类。”

由于《宋史·宦者列传》和《宋史·高宗本纪》载邵成章于建炎二年（1128 年）正月辛丑伴驾高宗从幸扬州时因上疏条具宠臣潜善和伯彦之罪，触怒高宗，而被高宗“除名勒停，遣南雄州编管”，后来一直未回到杭州伴驾，有学者由此否定南宋·叶寘《坦斋笔衡》和南宋·顾文荐《负暄杂录》所记南宋修内司官窑的存在[1]。其实，邵成章在高宗中兴渡江后被贬而未能到达杭州，并不等于“邵局”的乌有。按照陆友仁《研北杂志》卷一记载，南宋初期的“邵局”是由邵谔主持：“宋绍兴中，秦桧修礼乐，以文太平。用内侍邵谔主之，时造玉辂及卤簿仪丈，百工皆录之，谓之‘邵局’，故浑礼仪器犹铸谔之姓名。”陆友仁是宋元间著名的书法家和鉴赏家，他在《研北杂志》中所记“邵局”成立的时间、起因和主持者不仅十分具体，而且还援引了他所见到的物证：“浑礼仪器犹铸谔之姓名。”以陆友仁《研北杂志》所记，同顾文荐《负暄杂录》和叶寘《坦斋笔衡》相对照，南宋初期肯定有“邵局”，不过《负暄杂录》和《坦斋笔衡》把“邵局”的主持者邵谔误记为邵成章罢了。按照陆友仁《研北杂志》所记，内侍邵谔主持的“邵局”，不仅负责制造皇室专用的“玉辂及卤簿仪丈”，而且还统率包括为皇室烧造御用瓷器的陶工。在这一点上，《研北杂志》和《负暄杂录》与《坦斋笔衡》又完全合拍。

由于顾文荐《负暄杂录》和叶寘《坦斋笔衡》两书是南宋人记南宋事，而收录这两本书的《辍耕录》和《说郛》的作者又是元代著名学者陶宗仪，其所在生活年代也离南宋不远，他们不可能也无必要去违背事实去生造出一个修内司官窑。据宋《咸淳临安志》卷首所附“南宋皇城图”记载，南宋修内司营位于今杭州上城区凤凰山的万松岭、青平山、骆驼岭之间。

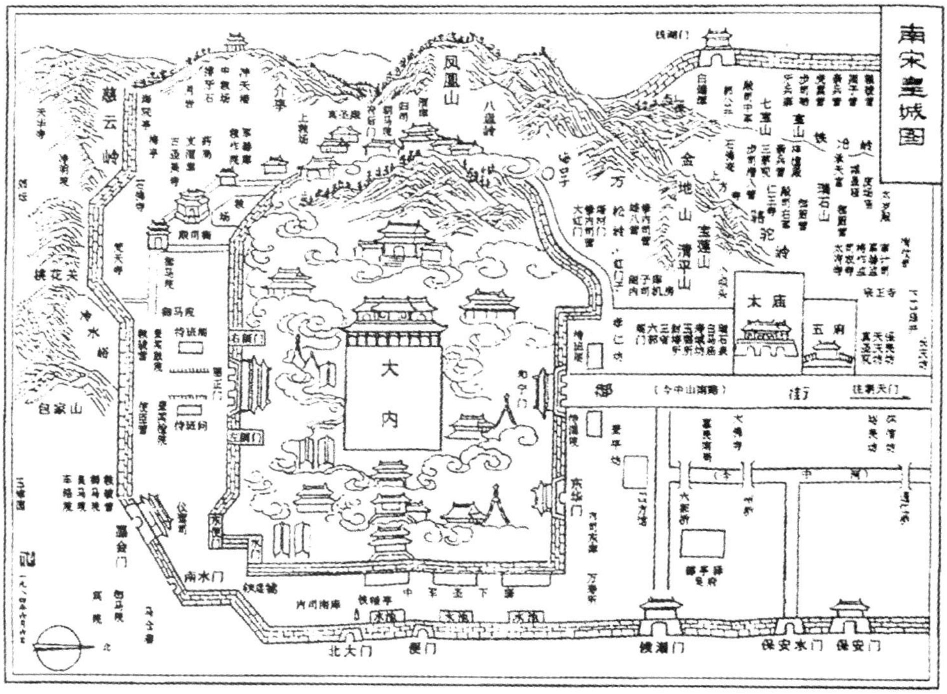

图 6－1－1　宋《咸淳临安志》卷首所附“南宋皇城图”

经考古调查、发掘确证，南宋修内司官窑具体坐落在凤凰山与九华山之间的一条长约 700 米的狭长溪沟西端的老虎洞，窑址现场为约 2000 平方米的山岙平地。1996—2001 年杭州市考古研究所对其进行了三次考古调查与发掘。发掘资料表明，杭州老虎洞窑南宋地层出土青瓷质量很高，胎呈黑色或香灰色，釉色以粉青为主，釉面开片，滋润如玉，以支烧为主，代表了南宋前期青瓷生产最高水平，并且与台北故宫博物院、北京故宫博物院收藏的许多传世南宋修内司器物相同。老虎洞窑出土的青瓷不仅有日用器物，而且还有如觚、尊、琮式瓶、香炉等礼器或陈设器物。这与清人徐松辑《中兴礼书》抄本所载宋廷于绍兴年间命修内司制造“尊、罍”等所载相同。老虎洞窑南宋地层出土器物特征与南宋人叶寘《坦斋笔衡》和顾文荐《负暄杂录》所记相合。老虎洞窑所处位置与南宋皇城城墙不足百米，又位于文献所标示的南宋“修内司营”的范围内，应属皇宫禁苑范围，这足以说明其所具有的“官窑”性质。瓷片集中在四个堆积坑，坑的四边相当规整，上面用致密的黄土覆盖，其中 H3 坑内出土一万余片瓷片，内有完器或可复原器四百余件，有二十多种器型，这就表明，此坑是落选次品打碎集中埋放地。老虎洞窑南宋地层中作坊等营建规格之高（以香糕砖铺地面的作坊和砌成倒梯形状的作坊外侧排水设施等，其中用香糕砖为建筑材料，与一些皇家建筑用料相同），也非民间所能做到[2]。

有学者认为，修内司官窑故址出土的一种釉色晶莹、呈鱼鳞纹开片的标本，为修内司官窑精品的一大特点，它的发现，为我们判定一部分传世修内司官窑器提供了重要依据。这类传世修内司官窑器主要集中在台北故宫博物院，散见在日本各博物馆的也有数件，目前留存在北京故宫博物院的只有两三件[3]。

3. 郊坛下官窑

南宋郊坛下官窑之名始见于南宋·叶寘《坦斋笔衡》：“……后郊坛下别立新窑，亦曰官窑，比旧窑大不侔矣。”南宋郊坛建于绍兴十三年（1143 年）[4]，由此可知，《坦斋笔衡》所记的南宋郊坛下官窑必定建于绍兴十三年（1143 年）之后；由此也可知，修内司官窑必定建于绍兴十三年（1143 年）之前。早在 20 世纪初，坐落在杭州江干区闸口乌龟山的南宋郊坛下官窑故址即被人发现。窑址东北距皇城仅两千米，其布局是在山岙平地上，龙窑建在乌龟山的西侧。20 世纪 50 年代，浙江省文管会对窑址进行了小规模试掘，发现一座窑炉与窑具、瓷片等。1985 年冬至 1986 年，考古工作者对杭州乌龟山南宋官窑进行了大面积的发掘，出土遗存有储泥坑、釉料缸、辘轳轮盘基坑、素烧坯堆、一座残烧炉和两座龙窑。龙窑依山顺坡修建，窑长分别为 23 米和 40.8 米。另外还出土了漏孔形研钵、杵、研磨具等。出土瓷片与窑具三万余件，其中能看出器型的瓷片有一万五千余件。可分两大类：一类属于日常生活用具，有碗、盘、碟、盒、罐、瓶等，数量约占 80%；另一类为陈设用具，绝大部分是仿周、汉的鼎、鬲、簋、奁等形式的香炉，琮式、槌式瓶，觚，尊，贯耳壶，花口壶，花盆及荷叶、莲蓬等形的器盖，熏炉盖，刻印夔龙纹的器座等，数量约占 20%。按照胎和釉的厚薄不同，杭州乌龟山南宋官窑可分为厚胎薄釉和薄胎厚釉两类。器型中碗、盘、碟、杯等小型器皿薄胎居多，觚、炉、壶、瓶、花盆等大或高的器型，则厚胎居多。薄胎厚度在 0.05 厘米 ~0.2 厘米之间，厚胎厚度在 0.3 厘米以上，个别厚胎器厚度在 0.6 厘米 ~1.1 厘米之间。两类产品比例为厚胎占 65%，薄胎占 35%。瓷胎色泽以灰色为基本色调，其中深灰色（包括黑灰或褐灰色）占全部烧成器皿的 40% 左右；浅灰或黄灰色占全部烧成器皿的 60% 左右。深灰色和部分灰色胎的胎质细腻致密，质地坚硬，气孔少；灰色、浅灰色、黄灰色胎的质地疏松脆软，气孔多，大部分属生烧品。釉色以青为主，基本上可分为粉青、灰青、米黄三种色调。南宋作坊中出土的厚釉瓷器以灰青最多，粉青次之；在薄釉器中，粉青釉很少，主要是灰青和米黄色，可见粉青色釉只代表了官窑瓷器中精品的色泽。薄釉器在出土器中占65%，釉层厚度在0.1厘米以下，釉面光泽强，有的呈透明状，部分呈乳浊状，气泡多，裂纹碎而细。厚釉器占全部出土器的35%，釉层厚度在0.1厘米～0.25厘米之间，乳浊釉面“厚若堆脂”，光洁润泽有玉质感，气泡少，裂纹粗而少。窑址出土残片中，裂纹器占全部出土器的85%。乌龟山南宋官窑器以素面者多，饰纹者少，以釉色和形制取胜，但在有花纹的瓷器上，尤其是仿古陈设用瓷上的纹饰，则分别采用刻划、模印、堆贴、捏塑、雕镂等技法，所制纹饰有多种形态的莲瓣、云龙、鸭首、花卉等。

南宋修内司官窑和郊坛下官窑既有其各自独特的个性，又有鲜明的共性：古朴刚劲的造型，典雅玉润的釉色和天然自成的开片以及别具意趣的紫口铁足，完美地共同凝聚在优雅端庄、明快和谐的统一体中。

4. 越州官窑

南宋嘉泰《会稽志》卷八记：“国初尝（在上虞县广教院）置官窑三十六所。”宋·周密《志雅堂杂钞》“诸玩”条载有：“太平兴国七年，岁次壬午，六月望日，殿前承旨监越州瓷窑务赵仁济。”这两条文献相互映照，可知北宋时中央政府在越州一带设置过官窑。据考古调查，嘉泰《会稽志》所记上虞官窑窑址，分布在今上虞县窑寺前村附近许多小山坡上。其中，位于窑寺前东南的寺山，“在长达数百米的山脚及山腰处，都是窑址所在，面积几乎占其他数处总和的一半”。窑址出土瓷器“多数用匣钵单件装烧，以垫圈间隔”，器型有“碗、碟、盘、盒、罐、壶、杯、茶托、灯盏、熏炉等。这些瓷器色泽葱翠，几乎每件都刻划花纹”[5]。

（二）贡窑

贡窑出现得比御窑早。早在晚唐、五代，越州就承担过为朝廷烧造贡瓷的任务，对此，《新唐书》卷四十一有明确记载：“越州会稽郡土贡瓷器。”学者徐夤《贡余秘色茶盏》诗中则明确指明了晚唐、五代烧造贡瓷——色茶盏的产地。另外唐代巩县窑[6]也一度烧造过贡瓷。

入宋后，贡窑增多。按照《宋会要辑稿》“食货”卷五二之三四的下述记载，“瓷器库在建隆坊，掌受明、越、饶州、定州、青州白瓷器及漆器以给用”，表明宋代明州（慈溪窑）、越州（上虞窑和余姚窑）、饶州（景德镇窑）和定州窑都曾为朝廷烧造过贡瓷。江西婺源《嵩峡齐氏宗谱》记载了时任“窑丞”的齐宗蝬于北宋庆历五年八月十五日从景德镇押运御器进京的事迹。《宋史》卷八七则记载了耀州向中央政府“贡瓷器”的史实。

在南宋高宗绍兴元年（1131年）至绍兴四年（1134年）之间，越州余姚县一度承担为皇家烧造祭祀用瓷的任务。对此，南宋《中兴礼书》卷五十九《明堂祭器》中有明确记载：“（绍兴元年）四月三日，太常寺言，条具到明堂合行事件下项：祀天并配位用匏爵陶器，乞令太常寺具数下越州制造；仍乞依见今竹木器祭样制烧造。”同书又载：“（绍兴四年四月二十七日）工部言：据太常寺申，契勘今来明堂大礼正配四位合用陶器，已降指挥下绍兴府余姚县烧造。”《宋会要辑稿》“礼”卷二四之八八作了类似的记载：绍兴四年四月六日，礼部太常寺言：“……

今来明堂大礼，合行创造，欲并依上件数目，令工部指挥文思院计会制造。内兵士乞今临安府依例差拨施行。诏：‘陶器令绍兴府余姚县烧变，余令文思院制造。余从之’。”

北宋时的汝窑也为皇廷烧制过宫廷用瓷，对此宋代文献有明确的记载。南宋·叶寘《坦斋笔衡》：“本朝以定州白瓷器有芒，不堪用，遂命汝州造青窑器。”南宋陆游《老学庵笔记》作了类似记载：“故都时定器不入禁中，惟用汝器，以定器有芒也。”南宋·周煇《清波杂志》也载：“汝窑宫中禁烧，内有玛瑙末为油（釉），惟供御拣退，方许出卖，近犹难得。”

汝窑为皇廷烧造用瓷的窑址，坐落在宝丰县大营镇清凉寺村。1987年10月至12月，河南省文物研究所发掘的宝丰县大营镇清凉寺村汝窑故址出土了二十余件胎质细洁、釉质蕴润、满釉裹足支烧与传世汝官窑相似的实物标本。1999年春，河南省文物考古研究所根据清凉寺村民提供的线索进行发掘，仅在70平方米内，就出土御用汝瓷片数千片，能复原的御用汝瓷有二十余件，特别是在未被扰乱的地层内，堆积有御用天青釉瓷片厚0.1米左右，几乎皆为单一的宫廷用瓷。2000年6月，河南省考古工作者对宝丰县大营镇清凉寺村汝窑遗址进行第六次发掘，获得多组重要的地层关系和一大批典型的天青釉、粉青釉御用瓷片及窑具。汝窑中心烧造区出土物种类齐全，远较传世品种丰富，除了瓶、尊、洗、炉、壶等陈设用瓷外，还有不少碗、盘、碟、注子、盏托、套盒等生活用具。出土的香熏炉，多层套盒，胎壁较厚，高在30厘米以上[7]。在出土的器型中，绝大多数是满釉支钉烧，器底面上常见的支钉痕都比较小，一般是3~5个，仅部分碗、套盒、盏、圈足瓶、器盖等采用垫饼烧造工艺。汝官窑釉色有卵青、青灰、灰白、月白等色，最具代表性的天青釉数量最多，约占出土总数的66.7%，淡天青次之，约占16.8%，因受土腐蚀褪色，淡天青成为接近白色或灰白色的约占11.7%，因火候过高，接近豆青釉的约占5.8%[8]。汝窑瓷器釉面失透，呈半木光，胎釉洁润，纹片缜密，裹足支烧，以纯正的天青釉、密布的人工开片和绝妙的支烧工艺为海内外倾倒。河南省文物考古研究所的考古工作者，根据发掘出土的“元丰通宝”铜钱币确定，宝丰县大营镇清凉寺村汝窑的烧造年代上限不会早于宋神宗（1078—1085年）时期，其烧造年代应在北宋晚期。陈万里先生根据北宋人徐兢《奉使高丽图经》成书于宣和五年（1123年）以及书中有“汝州新窑器”一语，推测汝窑烧造宫廷用瓷的时间是在哲宗元祐元年到徽宗崇宁五年（1086—1106年）的二十年间。

二、耀州窑系

耀州窑位于陕西省铜川市黄堡镇，至迟创烧于唐，主要烧造黑瓷、青瓷、白瓷、花釉、茶叶末釉瓷等。入宋后青瓷得到很大发展，北宋中期为其鼎盛期。宋代耀州窑青瓷以犀利洒脱的具有浅浮雕艺术效果的刻花装饰著称于世。与耀州窑同时或稍晚仿造耀州窑青瓷风格的窑场有河南省境内的临汝窑、宜阳窑、宝丰窑、新安城关窑、禹县钧台窑和内乡大窑店窑等，形成了一个北方青瓷窑系。为了外销，地处南方的广州西村窑和广西永福窑等也仿烧耀州窑青瓷。

耀州窑窑址坐落在今陕西省铜川市黄堡镇，铜川在宋代属耀州，故名耀州窑。耀州窑始烧于唐代（时称黄堡窑），北宋早期，耀州窑以青瓷占主流，器胎有两种，一为铁黑色的黑胎，一为淡灰色的白胎，黑胎器物中施化妆土。青瓷釉色沿袭五代常见的淡天青、灰青、青绿等色泽，但为数很少，大多数呈现出一种青中泛灰和泛黄的色调。品种有碗、温碗、钵、小盏、盏托、盘、供盘、碟、洗、杯、盅、渣斗、唾盂、壶、小水盂、罐、瓶、灯、灯盏、漏斗、炉、枕和盒等。器物的底足与唐末、五代器的底足比较接近。碟是北宋早期最富变化的一种器物，有圈足、平底和卧底足等分类，配之以花口、敞口、侈口、翻卷荷叶口等多种造型。

北宋早期耀州窑青瓷以素面为多，有纹样者相对较少，纹样中多见画花流云、剔花缠枝花卉及刻画的多层莲瓣之类。在表现手法上出现了浮雕式刻花工艺，此种刻花新手法，到北宋中晚期得到较大发展。北宋早期为数较少的耀州窑刻花青瓷器的纹样则多是多层仰莲瓣纹和缠枝花卉纹。

北宋中晚期，耀州窑处于极盛阶段，并一度承担为皇廷烧造贡瓷的使命。北宋·王存《元丰九域志》卷三载有耀州华原郡土贡瓷器一事。《宋史》卷八十七《地理志》也有耀州贡瓷的记载。两书所记耀州贡瓷的时间是在神宗元丰至徽宗崇宁（1078—1106 年）之间。

北宋中期，耀州窑器胎呈浅灰白色，胎内不再含有黑色铁质小颗粒，器胎的表面不再施以白色化妆土。器物底足多为高窄圈足，施釉后二次刮坯修足。釉的色调相当稳定，几乎都呈现典雅深沉的橄榄青色，釉色纯正，釉面富有玻璃感。器物种类与早期大体相似，但各大类中出现了不少小类，底足多为高窄圈足。在中晚期相交时，新出现了立狮座浅盘盏形的油灯。在施釉之后又经过二次刮坯修足，新出现花插（又称花囊）。中期带纹样者居多，纹样装饰手法以具有浅浮雕特征的刻花为主，同时开始出现与刻花风格相似的印花工艺，纹样多样，以牡丹、菊、莲等花卉为主，还有龙、凤、狮、鸭、鱼等瑞兽、珍禽和水族组成的各种图案，还有贴花行龙、海马及镂空图案。晚期胎多呈灰白和浅灰色，还发现有土灰色器，釉仍以稳定的橄榄青为主，但至宋末瓷釉出现了较为灰暗的色调，有些又呈现出较翠的青绿色调，还出现了釉色淡淡的月白色青釉，此外也生产一些黑釉、酱釉、黑釉酱斑与结晶釉。

北宋晚期耀州窑青瓷，胎骨较薄，造型以小巧消瘦为特征，底足、器底往往中心凸起鸡心底，器足比中期较矮，二次修足现象也比较少。胎多呈灰色和浅灰色。北宋晚期耀州窑青瓷，以有纹样者居多，具有浅浮雕特征的刻花工艺仍继续采用，但其地位渐被相同风格的印花工艺所替代。在晚期刻花器中，发现有先印后刻的情况，另外出现了在印花后再用白色化妆土绘彩的装饰工艺，纹样更为多种多样，除中期常见者外，又增加了梅、竹、松、蕉叶、鹤、雁、鸳鸯、鹿纹以及钱纹、云雷纹等[9]。

金代耀州窑器物造型主要以生活实用器为主，也有部分宗教供器。装饰手法以印花为主流，刻花、划花、镂孔、贴塑兼而有之为主。装饰题材较为广泛，以植物花卉为主，主要有牡丹、菊、梅、莲、海棠、石榴和慈姑等，动物有鹿、牛、羊、鸭、鱼、鹅、鸳鸯和鹤等，人物类以娃娃图为主。此外还有八卦、珍珠地和钱纹等，纹样风格简洁洗练。釉色多为青绿，也有青灰、青黄色，釉面光亮，玻璃质感强。

三、钧窑系

钧窑在今河南省禹州市，瓷窑遗址遍及市内各地。其代表性瓷器为高温窑变色釉瓷，俗称“钧瓷”。它主要以氧化亚铁和少量的铜为色料，加之其杰出的烧成技术，成瓷后的釉面往往蓝、红、紫、白诸色交织，周身布满珍珠点、兔毫纹、鱼子纹、蟹爪纹和曲折迂回的蚯蚓走泥纹等，并具有云霞般的辉光状和透光性，在不同角度观看时，会发生釉色轻微变异，给人一种既深沉又柔和瑰丽的愉悦感。钧窑凭借它的这种乳光效应和窑变釉面，在瓷苑中独树一帜。

对于钧瓷的始烧年代，目前学术界有不同的看法，大致有三说，即北宋说、金代说、元代至明初说。笔者认为，钧瓷的始烧年代应在北宋晚期，理由有二：一是宋代遗址出土了钧瓷。例如，北宋晚期河南洛阳衙署庭院遗址出土了钧瓷，其中，出土的钧瓷Ⅳ式碗，施天蓝色釉，釉肥厚，碗的内壁有玫瑰紫斑两块（有学者称其为钧瓷洗）；出土的钧瓷Ⅲ式盘，施天蓝色钧釉[10]。另外，宋代白沙水库一座北宋晚期墓也“出土了质量很高的钧瓷”[11]。二是禹州市神垕镇刘家门瓷窑遗址出土了北宋晚期钧瓷，主要为“小件器物，但制作精良、规整。部分器物如莲瓣洗、圆洗、鋬耳洗、菱口折沿盘、海棠盘等明显是仿金银器的造型”；“碗、盘的腹壁多呈优美的圆弧曲线，圈足通常较大，足壁较薄且制作得十分规整”；“胎色较浅淡，呈白褐色、灰白色或灰褐色”；胎质较细腻坚实，釉层较薄，釉色淡雅匀净。少数器物上有大片的红彩，红色几乎布满器表，红色较淡，而且与天青釉极好地交融。另外还有内施天青釉、外施红釉的器物，覆盖外壁的红釉秀美娇艳。部分产品采用裹足支烧，器底留了细小的支钉痕。部分产品采用裹足刮釉方法装烧。另外在少量未施釉的部位，如足底部加施一层酱褐色的护胎釉。与其同时出土的还有一枚“元丰通宝”铜钱和多枚宋徽宗朝的铜钱，最晚的是“宣和通宝”铜钱[12]。这就表明：北宋晚期钧釉瓷器已经问世。

近年通过对禹州市神垕镇刘家门钧窑故址发掘的实物资料的研究表明，刘家门钧窑故址出土的金代前期［金太宗天会元年至金海陵王正隆五年（1123—1160年）］的钧瓷的比重大大下降，仅占出土瓷器总数的4.5%，钧瓷的釉色变化也较大，天蓝色不如北宋的匀净淡雅，开始出现较艳的釉色，如较深的天青釉和较浅近白的月白釉。而且同一器物上的釉色差别较大，显得斑驳多彩。仅出现少量红釉器，施于碗、盘的内底，聚成物形的规整的紫红斑，多呈规则的弯曲细条状。大部分器物仅施釉至足，似随意一点而成，不如前期的裹足刮釉规整细致。金代后期［金世宗大定元年至金哀宗天兴三年（1161—1234年）］，钧釉瓷相对减少，仅占出土瓷器总数的3%，釉色多为天青色系，因烧成因素而形成深浅不同的天蓝、天青、灰蓝等色。此外还有部分灰赭色、月白色，釉面仍较光洁、润泽。紫红斑比较多见，施于碗、盘的内壁上，呈块状或条状，边界分明，凝重呆滞。白釉器多呈卵色稍泛灰[12]。钧窑系以河南禹州市钧窑为中心，影响面较广，邻近的临汝、郏县、宝丰，豫西的新安县城关、安阳市的善应镇，豫北的辉县、淇县、林州市、安阳县，河北省磁县，山西省浑源县、怀仁县的小峪，内蒙古的包头都发现了烧造钧窑风格瓷器的窑场。临汝大峪店东沟窑仿烧的钧窑风格瓷器，在天蓝釉地中带几块玫瑰紫色斑。大峪店西北的陈家庄窑仿烧的钧窑风格瓷器，则以月白、天蓝居多。临汝蜈蚣山窑出产的钧窑风格器物，于淡月白釉中带红色斑点。

四、定窑系

定窑故址在今河北省曲阳县涧磁村，曲阳县在宋代属定州，故名定窑。定窑始烧于唐代早期，极盛于北宋及金，衰于元。以烧造白瓷为主，兼烧黑釉、绿釉和酱釉瓷。

宋代定窑白瓷属高铝质胎，由于在胎料中含有较高的钙和镁，可以降低坯体的烧成温度，增加坯体的透明度，促进石英的熔解及莫来石的形成，所以定窑能够在1300℃左右的烧成温度下致密成瓷，胎的透光度比较高。加之所用镁—灰釉有利于形成薄釉层，因而胎的色调能完全透过釉面，而且釉色白中微显牙黄，柔和恬静，非常适合刻划花装饰。

宋代定窑白釉色呈牙白，装饰有刻、划和印花三种。定窑白瓷刻花常与划纹相结合，构图清新隽逸，往往在花果、莲、鸭和云龙等轮廓线的一侧，划以细线相衬，以增强纹饰的立体感。定窑白瓷印花始于北宋中期，成熟于北宋后期。印花题材以花卉（牡丹、莲花、菊花）最多，动物禽鸟、水波游鱼也有一定数量。印花布局采用缠枝、转枝和折枝等技法，讲求对称，线条清晰而繁密，工整素雅。印花定瓷是中国古瓷中的精品。

宋代定窑，所烧器物雅俗共赏，它不仅一度为官府烧造宫廷用瓷，而且广受社会大众的欢迎。为了满足市场的需求，扩大生产能力，定窑陶工发明了覆烧工艺。宋代不少窑场，如山西的平定窑、介休窑、盂县窑，山东的博山窑，安徽的萧窑、宿州窑、宣州窑、泗州窑，江西的临川窑、南丰窑，四川的彭县窑等均曾仿烧定窑风格瓷器，而形成定窑系。

五、磁州窑系

磁州窑是磁州窑系最具特色的窑场。宋代磁州窑故址位于河北省邯郸市观台镇与彭城镇附近，以及冶子村、东西艾口村一带。磁州窑器胎、釉较粗，但是烧瓷品种繁多，特别是釉下彩瓷画具有浓郁的民间生活气息。

1987年，北京大学考古系等对磁县观台窑址进行了发掘，其发展脉络大致如下：

第一期前段（从五代末至北宋初的太祖、太宗两朝），以白釉为主，其次是黑釉，另外还有少量棕黄釉瓷及铁红釉瓷。器类上，碗、盘占了绝大多数，罐、炉次之。造型一般较规整，流行薄而矮的圈足，圈足内侧斜削。由于使用三足垫饼叠烧，因而在碗、盘底部都有一平坦的平面，器壁则多斜直。主要装饰技法有白釉绿彩、白釉酱彩、划花、珍珠地划花、剔花、印花、在器物露胎部画花的黑釉花、在器物外壁刻莲瓣纹、在器口或器壁压槽的花瓣口和瓜棱腹等。此外还流行在黑釉器的器口或边部加施一道白釉的“黑釉白边”装饰。纹饰图案主要有用绿彩、酱彩画的草叶纹放射状纹，划刻的半圆形花、云头状团花、连续忍冬纹和菊瓣纹以及刻印的仰莲纹和缠枝菊花。

第一期后段（北宋初到仁宗前期，11世纪上半叶），在釉色、胎色、器物类型的比例以及装烧特点上都与第一期前段相同，但在器物组合上有所变化，器物的圈足有变高变直的趋势，腹壁变得稍圆曲。新出现了黑釉刻花、棕黄釉刻花装饰。流行在注壶的流、把和罐的系的根部施褐绿色的彩斑。纹饰发生了较大变化，连续忍冬纹变得自由、复杂；半圆形和云头状团花变得较尖，类似蕉叶纹。新出现了大叶的连续蔓草纹，在叶形枕面上出现了大片叶子的莲花纹和动物纹饰。

第二期前段（北宋神宗、哲宗两朝，1068—1100年），产品包括碗、盘、钵、注壶、盒、炉、瓶、罐、枕等，出现少量的围棋子、花盆。以碗、盘占多数，炉、瓶、罐、盆次之。器物的个体仍比较小，但制作工整，造型柔和。釉色以白釉为主，黑釉、酱釉次之，棕黄釉瓷少见。新出现了低温烧制的绿釉彩瓷和黄绿琉璃器。开始烧造造型规整、胎壁很薄、不施化妆土的仿定窑的精细白瓷。白釉多呈粉白色或直白色，光润洁净，常常有长条状开片或极细的所谓米仔开片。黑釉器大多釉色不纯，一件器物上往往是黑色和酱色间杂，口、底部等釉厚处呈黑色，釉薄处呈酱色，在黑色与酱色相交地带常有兔毫状结晶，少量器物上也有油滴状结晶。许多器物在外壁施酱釉，内壁施黑釉。当时十分流行在黑釉上洒斑花石彩料的黑釉酱彩斑纹。这一阶段是黑釉发展的一个高峰，不少黑釉器胎壁很薄，制作工整，器物施满釉，多采用“裹足刮釉”，也有少量沿用“裹足支烧”。胎色变浅，呈白灰、灰或浅褐色。胎质细腻，烧成温度高，致密坚硬。本段带装饰的器物较少，装饰技法以白釉酱彩为多，其纹样由第一期的草叶纹变成七点梅花纹。珍珠地划花仍为主要装饰，但图案与第一期相比有较大变化，珍珠地占了画面的大部，配以疏朗的草叶纹。流行双勾楷书文字书写的吉祥语为饰，出现了带有人物形象的图案和某种具有故事情节的画面。其他装饰技法还有划花、白釉绿彩、印花，在器物外壁刻莲瓣纹、很深的花瓣口和瓜棱腹、黑釉白边等。新出现的装饰技法有以篦纹作底的划花、以“沥粉”制成的白釉凸线纹、在碗口刻出缺口的葵口和在腹部压印浅浅印痕的瓜棱腹及镂空、半浮雕式的模印花、模制器物和黑釉酱彩斑纹。纹饰以各种卷草纹为主，仍有半圆形团花。新出现了七点梅花纹、小碎叶的缠枝栀子花、文字纹、人物图案等。

第二期后段（北宋徽宗至金熙宗时期，1101—1148年），主要产品有碗、盘、钵、注壶、盒、炉、熏炉、枕等日用品，陈设用的瓷塑人物、花瓶、花盆等，及各种建筑脊饰。器物变高、变大，形制匀称丰满。釉色仍以白釉、黑釉为主，酱色釉瓷数量增加，出土了大量造型丰富的白釉仿定器；低温釉类的绿釉、黄釉器明显增加。本段装饰技术有了重大变化，白釉绿彩基本消失，白釉酱彩、珍珠地划花和白釉黑边也已衰落；篦地划花丰富多样，成为最主要的装饰技法；剔花进入鼎盛时期。模制器物也有所发展，开始制作仿生型器物，如虎形枕、狮子莲花枕、瓷塑人物和兽形足等。新出现了剔刻花、深剔花、白地黑花、白地绘划花等磁州窑最具特色的装饰技法。此外，还出现了贴塑、锥刺纹、绿釉剔花、绿釉黑花、绿釉黑剔花等。流行在器盖和瓶的口部做出花形口和花形纽。其他装饰还有白釉凸线纹、葵口、花瓣口和深、浅瓜棱腹以及刻花、模印花等。纹饰也有重大变化，从本段开始出现了磁州窑最具特色的各种形态的牡丹花。牡丹、莲花成为最流行的题材，一般在大件器物上画小碎叶的缠枝牡丹，在小件器物上画大枝叶的牡丹或草叶纹，此外还有各种卷草纹和不同的边饰，最具特色的是所谓“富贵不到头”的连续回纹和花瓣边饰。其他装饰还有草叶纹、七点梅花纹、动物形、人物形装饰等。

第三期（从金海陵王到蒙古军队占领磁州，1149—1219 年），是观台窑最繁荣的时期。主要产品有碗、盘、钵、注壶、盒、炉、瓶、罐、盆、枕等日用品，还有花盆、熏炉、花瓶，各种形态的瓷塑人物，佛像、佛龛、佛座、佛塔等宗教用瓷以及各类瓦件、建筑正脊、垂脊、戗脊的吻兽，宝刹脊座、蹲兽类脊饰和贴饰等大量建筑构件，器类上碗、盘比例下降，具有典型磁州窑风格的筒形罐、梅瓶、长颈瓶、盆和枕数量大增。器型变得圆曲高瘦。釉色仍以白釉为主，仿定器的比例增加，居第二位；低温釉的黄釉、绿釉比例也有所增加；黑釉的比例下降；新出现了红绿彩瓷。白釉一般呈直白或卵白色，很少有开片，发木光。绝大部分器物施半釉，有的仅施及器物外壁的口边。白釉仿定器的质量下降，胎体变厚、变粗，釉色也不够莹润。黑釉处于下降阶段，除少量的饰以凸线纹外，大部分釉色晦暗，以黑褐色和酱褐色为主，一般不再有酱彩斑装饰。该期的胎色主要呈棕灰、棕褐和灰褐色，胎质一般较细。该期装饰技法最为丰富，白地黑花、白地绘划花、浮雕式的模印花、模制器物和镂孔等得到极大发展。其他装饰技法还有剔花、深剔花、黑剔花、绿釉剔花、绿釉黑剔花、印花、刻花、白釉凸线纹、白釉酱彩、葵口和深浅瓜棱腹、花形口和纽、贴塑等。新出现了磁州最精美的黑剔花刻填装饰、白釉黑釉、划花填黑而成的黑地白花纹和仅用篦纹表示图案的方法、在化妆土以下的胎体上划花的暗划花装饰、黑釉凸线纹、黑釉铁锈花、绿釉划花、绿釉酱彩、绿釉跳刀纹、黄釉黑彩以及釉上彩绘红绿彩等。纹饰的图案和题材更加丰富，在大件器物上流行小碎叶的缠枝牡丹、芍药，小件器物上多用复杂的大叶折枝牡丹、缠枝莲或很简单的单株草叶纹；边饰仍流行连续回纹，潇洒流畅的卷草纹，缠枝蔓草纹，连续忍冬纹，各种变形草叶、团花和花瓣纹。最有特色的是“福、禄、寿”题材的纹饰，多用于枕的侧面和花盆及盘上。其他题材还有婴戏、吉语、诗词、山水、荷塘、蕉叶、太湖石等。另外，还有花鸟蜂蝶和各种动物纹饰，如鱼、兔、鸭、鹅、鹤、鹭鸶、芦雁、凤鸟、鹌鹑、鹿、狮、龙、怪兽等[13]。

磁州窑系主要分布于今河南、河北、山西三省，其中比较重要的窑场有河南的鹤壁窑、鲁山窑、宜阳窑、禹县扒村窑、密县窑、郏县窑，山西的介休窑、霍县窑等。

六、景德镇与青白瓷窑系

宋代是青白瓷的鼎盛时期，当时我国南方地区，包括江西、安徽、浙江、湖北、福建、广东和广西等地都有不少窑场在烧造，形成了一个青白瓷窑系，其中以景德镇窑的产品最为精美，规模也比较大。景德镇的湘湖、石虎湾、黄泥头、湖田、南市街、柳家湾、杨梅亭、小坞里、银坑坞等宋代窑场都烧造青白瓷。

宋代前期，景德镇处于初创阶段时所烧的青白釉瓷，发色不够稳定，呈纯正青白色的不多，大多微带米黄（炒米黄）与灰青。宋代中期，景德镇青白釉制作工艺完全成熟，瓷器胎色洁白，密度和强度都比较高，断面有玻璃光泽，半透明。

不少青白瓷的胎体，薄而轻盈，对光透视，可见手影。釉面白中显青，青中闪白，釉薄处泛青白，积釉处呈水绿，光泽度强，透明度高，有玻璃质感，纯润清雅，似玉胜玉，晶莹碧透。刻花、篦点和篦划纹饰在器物上大量出现。进入南宋，印花装饰大为风行，印花均为阳纹，绝大多数印在盘、碗或盒盖上面。南宋后期，装烧采用支圈覆烧组合式窑具。该窑具系生坯做成后即使用，并且只能使用一次，故烧成时窑室内的水分比使用匣钵装烧坯件要高得多，而且不易排除，影响窑室升温，也影响强还原焰的形成，从而使釉色趋于阴黄，光泽度变弱，透明度降低。

宋代文献多次提到青白瓷，如耐得翁《都城纪胜》"铺席"条载：南宋"都城天街……有大小铺席，皆是广大货物，如平津桥沿河，布铺、扇铺、温州漆器铺、青白碗器铺之类"。此处明确地说到了青白碗器铺。赵汝适《诸蕃志》卷上载："阇婆国……番商兴贩夹杂金银及器皿，五色缬绢、皂绫……青白瓷器，交易此番胡椒。"此处说用青白瓷与诸蕃贸易。吴自牧《梦粱录》也说到过临安（今杭州）设有专卖"青白瓷"的瓷器铺。

七、龙泉窑系

龙泉窑位于浙江省龙泉市，创烧于北宋早期，窑场主要集中在龙泉琉田、金村等处。

北宋早期龙泉窑所出产品在器型、装饰与釉色方面与越窑接近。常见的各类花口造型的器物有碗、盘、灯盏、多管瓶、盘口壶、执壶等。胎体多为灰白色，有的相当接近白色。器物底足通常为较浅的圈足，圈足内侧斜坦，外侧有一道浅弦纹。器物通体施釉，其中一部分底部虽然无釉，但圈足仍然包釉，因而在圈足下垫泥条装匣入窑。由于所用泥条较粗，因而往往在圈足足端可见5~7个不规则的蚕茧形的垫烧痕。

北宋中期，龙泉窑器物形制有碗、盘、盆、钵、罐和执壶等，其中碗和执壶占绝大多数，钵、瓶少见。纹饰以刻花和篦纹为主，线条粗放。常用装饰手法是用刻线构图，内填篦纹，如团花、浪涛、蕉叶纹等。瓷胎薄而匀，多数坚硬呈灰或灰白色，少数疏松而轻，呈淡黄或砖红色。釉层薄，釉色黄绿。

到了南宋中期，龙泉窑形成了自己的独特风格。南宋龙泉窑有白胎青瓷和黑胎青瓷两种，前者占90%。南宋龙泉窑白胎青瓷，胎质细洁坚密，白色中微泛青色，釉层润厚，色泽晶莹，酷似美玉。釉色有粉青、梅子青、青褐、青灰、灰黄、鹅皮黄、蜜蜡、芝麻酱、淡蓝等。其中以粉青和梅子青最为贵重，成为中国古代青瓷之最。粉青，纯正清雅，光泽柔和，玉质感强。梅子青清澈透明，色泽青绿，犹如翡翠。器物有碗、盘、洗、盒、豆、盅、碟、瓶、炉、笔格、灯盏、鸟盏、塑像、棋子等。每器又有多种形制，如，炉分兽头足鼎式炉、兽头足八卦炉、葱管足鼎式炉、竹节奁式炉等；盘则分花口盘、折口浅腹盘、撇口盘、折腹平底盘。在瓷胎上刻划花纹的装饰手法已经很少采用，代之而起的是浮雕和堆贴花，尤为常见的是莲瓣纹盘、碗和碟子。鬲炉普遍采用出筋装饰予以美化。

浙江省文物管理委员会于1960年对龙泉窑的大窑、金村窑遗址进行发掘时，在溪口瓦窑墙和大窑的新亭山、树连山、亭后、牛颈头山五处窑址发现了黑胎青瓷。器物有碗、盘、盏、杯、洗、瓶、觚、盂、盒、灯、炉等标本[22]。龙泉大窑黑胎青瓷残片，釉层滋润而不开片，做工极精，但溪口窑址遗存的黑胎青瓷残片，釉面普遍开片。对于这类黑胎青瓷，学术界有三种不同的看法。一种意见认为，它就是文献记载中的哥窑器；另一种意见则认为，它属于龙泉窑仿官窑作品；还有一种意见认为，它是受当时处州府监控的龙泉官窑所产。周仁先生于1973年对龙泉大窑和溪口出土的黑胎青瓷碎片作了下述描述："温度较高的釉呈黑色玻璃状，温度较低，釉色变浅，光泽也减弱，呈半木光或木光。""其中有两块小洗碎片，釉呈灰色略带绿，是最优美的黑胎青瓷标本，釉色、纹片和英国大卫德《中国陶瓷图录》著录的哥窑鱼耳炉和哥窑葵口碗相似。露骨的圈足和釉层很薄的口部，因受二次氧化，故呈棕黑色，即所谓'紫口铁足'。釉面都有疏密不同的裂纹，有的纹呈淡棕黄色，有的隐在釉里很不明显，一部分有极细的裂纹，可能就是所谓'百圾碎'。"[14]

龙泉邻近的庆元、云和、丽水、武义、江山等县，以及福建的浦城、松溪都烧造龙泉青瓷风格的产品，从而形成了龙泉窑系。

八、宋代黑釉瓷

我国黑釉瓷的烧造历史较为悠久，早在东汉时期，浙江上虞地区就出土了黑瓷罂、黑瓷小注、黑瓷钵、黑瓷壶、黑瓷虎子和黑瓷耳杯等[23]。

入宋以后，黑瓷产量更大，烧造黑瓷的窑址遍及大江南北。在已发现的宋代窑址中有三分之一以上都能见到黑瓷，尤其是黑瓷茶盏的产量特大。

（一）建窑黑瓷

宋代黑瓷以建窑最为著名，这和宋代盛行的"斗茶"之戏是分不开的。宋代"斗茶"，又称"茗战"，也称"点茶"，即比赛烹茶技术及其茶的质量。宋代"斗茶"及其评定胜负的标准有如下两条：一是察其茶汤的水痕变化，即宋徽宗《大观茶论》所载："汤以分轻清重浊相，稀稠得中，可欲则止。欲乳露汹涌盏，而起周回旋而不动谓之咬盏。"其意谓，汤花稀稠适中，保持时间长能紧贴盏沿而不散退，叫做"咬盏"。"斗茶"时，以汤花散退早、盏的内沿先出现水痕的斗茶者为输家，即蔡襄《茶录》所说："著盏无水痕为绝佳。建安斗试以水痕先者为负，耐久者为胜，故较胜负之说曰：'相去一水、两水。'"二是视茶面的色泽，即宋徽宗《大观茶论》所载："点茶之色，以纯白为上真，清白次之，灰白次之，黄白又次之。天时得于上，人力尽于下，茶必纯白。天时暴暄，芽萌狂长，采造留积，虽白而黄矣。青白者蒸压，微生灰白者，蒸压过熟。压膏不尽则色青暗，焙火太烈则色昏赤。"蔡襄《茶录》也作了类似记载："茶色贵白，而饼茶多以珍膏油其面，故有青、黄、紫、黑之异，善别茶者，正如相工视人气色也，隐然察之于内，以肉理润者为上。既已未之黄白者，受水昏重；青黄白者，受水详明，故建安人斗试以青白胜黄白。"

宋人蔡襄认为宋代建窑所产兔毫盏的釉色和形制最适宜用于"斗茶"之戏："茶色白，宜黑盏。建安所造者绀黑，纹如兔毫，其坯微厚，熁之久热难冷，最为要用。出它处，或薄，或色紫，皆不及也。其青白盏，斗试家自不用。"[15]宋徽宗则十分推崇建安所造玉毫盏："盏色贵青黑，玉毫条达者为上，取其焕发茶采色也。底必差深而微宽，深则茶宜立而易于取乳，宽则运筅旋彻不碍击拂，然须度茶之多少，用盏之大小，盏高茶少则掩蔽茶色，茶多盏小则受汤不尽，盏惟热则茶发立耐久。"[16]宋代建安窑一度为宫廷烧制适宜于"斗茶"之用的黑釉茶盏，其底足往往刻"供御"或"进盏"字样。

宋代建窑黑釉，以"鹧鸪斑"（油滴）、兔毫和曜变盏闻名天下。宋代建窑黑釉"鹧鸪斑"之名，最初出自五代末至北宋初人陶谷（903—970年）《清异录》"锦地鸥"条："闽中造盏，花纹鹧鸪斑，点茶家珍之，因展蜀画于书馆江南黄是甫见之曰：'鹧鸪亦数种，此锦地鸥是也。'"宋代建窑"鹧鸪斑"（油滴），在乌黑光润的釉面中，满布闪烁着银灰色金属光泽的细密晶莹小圆点，在光亮处观察，它们酷似鹧鸪鸟胸前闪闪发亮的圆珠般的白斑。宋代建窑"鹧鸪斑"黑釉瓷，由于烧成工艺难度极大，致使传世稀少，几件宋代建窑油滴盏完整器均流散到日本。

宋代建窑烧造的兔毫盏，是在黑盏器面上呈现出黑蓝色或浅棕色的流纹，犹如兔子身上的毫毛。宋代建窑兔毫釉又分为金兔毫、银兔毫、黄兔毫、灰兔毫数种。棕黑色釉底上具有许多金黄色毫纹，纹稍突起于釉面，金光闪烁，叫做"金兔毫"。釉面青黑，散布着白雾状的兔毫纹，叫做"银兔毫"。棕黑色釉底上，布满黄褐色而无光泽的兔毫纹，称为"黄兔毫"，又叫"黄兔斑"，宋代书法家黄庭坚对"黄兔毫"，则以"兔褐金丝"誉之。棕黑色釉里有灰绿色的纤细兔毫纹，誉为"灰兔毫"。

宋代建窑曜变釉，在三五成群的呈色浅黄而无光泽的卵形斑点周围形成一圈圈蓝色的光环。在阳光照射下，由于内反射，釉层会放出宝光或佛光。观察方向改变，辉光面积也会改变，但辉光色彩不变。日本人认为它是宋代建窑"建盏内无上之品"。这类名贵品种，至今未见宋代建窑遗存中有残片出土。但是有四件宋代建窑曜变盏完整器流散到日本。

（二）吉州窑黑瓷

宋代另一座烧造黑釉瓷的重要窑场是吉州窑。宋代吉州窑位于江西省吉安市永和镇。北宋吉州窑黑釉瓷以木叶天目、剪纸贴花天目和玳瑁天目闻名天下。宋代吉州窑黑釉结晶机理与宋代建窑黑釉不同，它是由底釉和面釉结合而成。例如玳瑁釉，以黑釉作底釉，然后采取洒、滴、涂等各种技法，把黄釉、白釉先后施加到底釉上，形成各种不同形状和大小的斑块，最后通过高温烧成时一系列复杂的物理—化学过程冷却后在釉面上显现出状如海中玳瑁壳的色泽。玳瑁釉是吉州永和窑的一种主要装饰。吉州窑烧造的木叶天目是利用经过特殊工艺处理的树叶，烧成在紫黑光亮浅口碗底的釉面之中。天目木叶纹有一叶或两叶相叠成纹，也有半叶占满整个釉面的，多随作者匠意予以巧妙安排。

吉州窑匠师还把民间的剪纸花样移植到黑釉盏上，在蛋黄色釉面上闪烁着如云霞、细雨、火焰、青蓝绿紫的异彩缤纷的色相中，浮现出鸣鹊、夹蝶、跃鹿、鸾飞凤舞和梅、兰、竹、菊等各种不同的珍禽和花卉的剪影，富有天然意趣。（彩图10）吉州窑碗、盏胎为灰色或灰白色。

（三）临安天目窑黑瓷

把宋代黑瓷称为“天目”，源自日本。日本镰仓时期，日本到中国求法的禅僧自天目山携宋代黑瓷归而命名，并在濑户开窑仿造。天目山坐落在浙江临安天目山镇境内。近年，考古学家在临安中部的凌口乡、绍鲁乡和原西天目乡境内（三乡同属天目山脉）天目溪上游一带发现了宋代窑址 13 座，并在距离碗窑窑址仅 1 千米处发现了古代天目寺遗址及其至今尚遗存的寺院水井，在其附近的溪边还发现了宋代治平年间（1064—1067 年）重修天目寺的石碑一座（可惜被乡民用作洗衣板，致使字迹已大多漫漶），其他还有抄手石砚、长方形石雕香炉、复盆式莲花纹柱础石、石刻僧人墓碑等遗物。浙江临安天目山的宋代主要窑址群都分布在天目溪上游南北向的东关溪和丰陵溪两岸。天目窑的主要产品，可分青白瓷和黑釉瓷两类。青白瓷约占总标本的 70%，其中，碗的数量最多，还有盘、碟、钵、高足杯、壶、瓶、罐、盒、香炉、油灯盏、器盖等。不过，临安天目窑多是青白釉和黑釉瓷兼烧，其中有些窑址中黑釉瓷的质量要比青白釉瓷高，特别是绍鲁地区田干村的碗窑和凌口地区的磨石岭窑的黑釉瓷质量更高。浙江宋代临安天目窑所产黑釉瓷有精、粗之分。精品釉质细，上釉用蘸釉法，釉层较厚的纯黑釉碗、盏为多次上釉，玻璃质感强，光泽较好。一般碗、盏器内施满釉，外壁盏满釉不及底。有的碗、盏外壁除直接施黑釉或酱褐色釉外，还有部分先施一道褐色的“护胎釉”，从腹部到足部，然后挂釉。口沿大多施褐釉，有的则施青釉，或青黄釉；釉面有宽、狭两种。这种口沿上的釉色，往往与器壁上的黑釉或酱褐色釉迥然不同，形成强烈反差。比较精美的黑釉瓷，通体是窑变所呈现的不同色彩，有的如银色兔毫、金色兔毫；有的如鹧鸪斑、玳瑁斑；有的如飘动的青丝；有的如夜空隐现的繁星；有的为鸡血红斑和乌黑中闪蓝色变幻光晕。临安天目窑黑釉瓷的器型以黑釉（深酱色釉）碗、盏最多，主要是束口、光唇、斜沿、微弧浅腹（少数较深）矮圈足的小型碗、盏，应是一种茶具。临安天目窑黑釉瓷与宋代其他黑釉瓷窑场所出产品相比，其突出特点是具有洁白的胎骨[17]。

（四）宋代其他窑场黑瓷

宋代其他窑场烧造的黑釉瓷也有不少精品，如河北定窑、河南鹤壁集窑、山西临汾窑等，都发现油滴，其中定窑、鹤壁集窑油滴结晶斑点很小，但银光色泽很强。又如山西的大同窑、怀仁窑、浑源窑和晋西南的乡宁窑窑场均出产黑釉剔花，即在黑瓷上剔、刻花纹，黑釉乌黑光亮，褐黄地衬托出流利的纹饰。再如，山西的平定窑、太原孟家井窑与介休洪山镇窑烧造的黑釉印花装饰，釉为褐黄色，纹为粗线条，多印在大盘、大碗里。

九、宋金彩瓷

彩瓷装饰技术，在宋代也得到较大发展，具体表现在：釉下黑、褐彩的创烧和釉上红绿彩的发明。

（一）高温釉上彩

高温釉上彩是指在生坯釉层表面用另一种彩料进行绘画，待其干燥后入窑高温一次烧成的一类彩瓷。高温釉上彩瓷早在东晋时就问世，东晋温州窑高温釉上彩是以富铁釉料为色料在青釉釉面施褐彩。

宋代吉州窑高温釉上彩以褐色赭石为颜料，色呈酱褐或红褐等色，绘画时，色料容易晕散，加之直接在（用湿布揩干净了的）素胎上绘画纹样，不罩釉，直接入窑烧成，故难以绘精细画面。彩绘瓷采用平涂法填色，因而色不分深浅，画面还保留着使用刀刻划的特点，植物叶的茎脉、鱼的眼睛、鹿的肋骨、鸟的翅膀等都是通过刻划而突出的。素胎彩绘一般呈深褐色，如果用湿布在画面上使劲擦拭，色面则逐渐由深褐色转变为红褐色。

南宋衡山窑出产一种高温彩釉绘花瓷，它是在素胎上涂白色化妆粉，粉底上使用两色彩釉绘花，一次烧成。彩釉绘花瓷的表面不再罩釉。彩釉以深浅不同的绿、蓝、褐三色为主。绿色中有草绿、豆绿、冬瓜绿、孔雀绿、油绿、碧绿和蓝绿色。蓝色有宝石蓝或灰蓝色。褐色中有浅油黄、浅棕，深者呈板栗壳状或酱黑〔18〕。

（二）釉上彩

中国瓷器低温釉上彩工艺首现于宋代定窑。《苏东坡集》卷三“试院煎茶诗”中有云：“定州花瓷啄红玉。”上海博物馆展出的宋代釉上红彩杯，器内白釉上用釉上红彩书写“长寿酒”三字。北京故宫博物院藏有一件宋代定窑刻花碗，碗内用金彩书写“永寿福禄”四字〔19〕。近年江苏省镇江市考古工地宋代地层出土了宋代定窑釉上红绿彩诗句碗、红绿黄彩诗句碗盘、红绿彩花鸟纹碗、红绿黄彩花卉纹碗、红绿黄彩鹦鹉牡丹纹盘等〔20〕。

金代北方窑场烧造低温釉上彩瓷器的窑口增多，观台磁州窑址金代地层出土釉上彩器物施以红、绿和黑彩。例如，纨扇仕女塑像的肘部着红彩，襟边为浅色的翠绿色彩，纨扇着黑彩；又如，双髻仕女塑像的左衽施红边绿彩，眉、眼和头发施黑彩〔13〕。金代山西长治东山窑红绿彩瓷胎质比较粗，土黄色，基本烧结，但断面无光泽。白釉白中偏黄，积釉处更加明显，器外施釉不到底，且不施彩，器内有红绿彩。金代山西八义窑低温釉上彩以“红绿彩”或“红绿黄彩”绘画为纹样，为了提高瓷器外观白度，在胎、釉之间施一层化妆土。金代磁村窑加彩则是在白釉上加绘艳丽的红、黄绿彩。

十、宋代绞胎瓷

宋代绞胎工艺传播到北方许多窑场，包括河南、山西、山东等地，主要有修武当阳峪窑、焦作恩村窑和矿山窑、巩县芝田窑、新安城关窑、禹县钧台窑、宝丰清凉寺窑、山西榆次窑、山东博山大街窑和磁村窑等。其中，以修武当阳峪窑及其附近的矿山、恩村诸窑的绞胎产品数量最大，且最为精美。宋代当阳峪窑的绞胎瓷器，早在半个世纪以前就已为世人所知。近十多年来，焦作市文物工作者通过对古窑址的调查与发掘，发现了大量确定的宋代绞胎器标本，窑口有：矿山窑、恩村窑、牛庄窑和西王封窑等。尤其是1996年对矿山窑的发掘，出土了数量众多的绞胎瓷，其中可复原的绞胎瓷器物将近两百件，器型有碗、盘、钵、盒、罐、壶、瓶、枕、盆等。宋代焦作矿山窑出土的绞胎瓷，胎骨瓷化程度比较高，胎质坚硬，质地细腻；成型规整，器壁较薄，制作精细；绞胎胎土由白、褐或白、黑两色绞成。绞胎纹有两类，一类为传世品中常见的羽毛纹或鱼鳞纹，另一类如同编织席纹，纹理横竖交织。器物基本不见整体绞胎，口沿或圈足均以白胎泥制作，后接于器身。一般施无色透明釉，釉面光亮均匀。另外还发现低温绿釉绞胎器[21]。

第二节　瓷器制胎和成型技术

宋代瓷器制胎原料的选择与配方，一方面继承隋、唐、五代的工艺传统，或采用瓷石为制胎原料，或采用高岭石质瓷土为制胎原料，或采用高铝质黏土掺和熔剂性原料为制胎原料，并在继承中有创新。宋代瓷石质瓷器胎中 Al_2O_3 和碱金属氧化物 K_2O 平均含量都比汉、晋、隋、唐、五代增高，从而表明宋代制胎技术在原料的选择或原料淘洗技术上与前朝相比有较大的进步。宋代北方窑场采用高铝质黏土掺和熔剂性原料制胎的三座窑场（宋、金定窑，辽、金龙泉务窑和汝窑）的制胎工艺及其产品质量颇有特色。宋代南方窑场则推出了瓷石掺和紫金土为制胎原料和以含紫金土的瓷石原料制胎的新技术。宋代南方窑场通过原料的淘洗来提高原料中 Al_2O_3 和 K_2O 的含量，有利于烧成率的提高，有助于提高成瓷后胎质的硬度和透明度。宋代北方窑场对粉碎工具之一的石杵进行了改良，同时又启用了以畜力为牵引的石碾，因而可以对槽内的原料进行持久性的研磨。与唐、五代时期相比，宋代的淘洗池和沉淀池的容积大为扩容；同时由唐、五代的单组淘洗池和沉淀池的组合改为多组淘洗池和沉淀池的组合，这种变革对提高原料的细腻度和可塑性十分有益。

一、单用瓷石原料制胎

宋代南方多数窑场继承前朝工艺传统，单独采用瓷石为制胎原料。龙泉窑青瓷可能采用龙泉县所产瓷石为制胎原料，宋代景德镇湖田窑一度采用过三宝蓬瓷石为制胎原料。

宋代南方多数窑场，例如江西景德镇窑、福建德化窑、浙江临安天目窑、北宋龙泉窑、武昌青山窑、江西吉州窑（部分产品）和宋太平兴国二年（977 年）龙泉塔基出土的青花瓷等，继承前朝工艺传统，单独采用瓷石为制胎原料，成瓷后的胎体化学组成以高硅、低铝为基本特征。

宋代南方除景德镇窑外的福建德化窑、浙江临安天目窑、北宋龙泉窑、武昌青山窑、江西吉州窑（部分产品）和宋太平兴国二年（977 年）龙泉塔基出土的瓷器等单用瓷石制胎的十九个标本（表 6－2－1，第 1、6～23 号）胎中 SiO_2 平均含量为 73.89%，Al_2O_3 平均含量为 19.54%，四种助熔剂 CaO（0.32%）、MgO（0.26%）、K_2O（3.84%）和 Na_2O（0.27%）的总含量为 4.69%。

宋代景德镇窑场的四个标本（表 6－2－1，第 2～5 号）胎中 SiO_2 平均含量为 74.31%，Al_2O_3 平均含量为 19.13%，胎中四种助熔剂 CaO（1.04%）、MgO（0.35%）、K_2O（2.75%）和 Na_2O（1.17%）的总含量为 5.31%。

宋代景德镇窑和宋代南方福建德化窑、浙江临安天目窑、北宋龙泉窑、武昌青山窑、江西吉州窑（部分产品）和宋太平兴国二年（977 年）龙泉塔基出土的瓷器等的化学组成与东汉、三国、两晋、南朝、隋、唐、五代南方窑场单用瓷石为原料制胎的瓷胎的组成成分十分接近，可见宋代南方窑场制胎所用原料与东汉、三国、两晋、南朝、隋、唐、五代时一样，均单独用瓷石一种原料制胎。

宋代瓷石质瓷器制胎工艺与前朝相比，有两个特点：一是宋代瓷石质瓷器的胎中Al_2O_3的平均含量比东汉、三国、两晋、南朝、隋、唐、五代都有增加。东汉时瓷石质瓷器十五个标本（表3－2－1，第1～15号）胎中Al_2O_3平均含量为17.16%；三国、两晋、南朝瓷石质瓷器四十五个标本（表4－2－1，第1～45号）胎中Al_2O_3平均含量为16.74%；隋、唐、五代瓷石质瓷器五十二个标本（表5－2－1，第1～52号）胎中Al_2O_3平均含量为17.15%。宋代景德镇窑瓷石质瓷器的胎中Al_2O_3的平均含量为19.13%；宋代德化窑、龙泉窑、武昌青山窑及宋太平兴国二年龙泉塔基出土青花瓷胎中Al_2O_3含量平均为19.54%。也就是说，宋代瓷石质瓷器的胎中Al_2O_3的平均含量要比东汉、三国、两晋、南朝、隋、唐、五代同类瓷器胎中Al_2O_3的平均含量增加11.48%～14.28%。宋代瓷石质瓷器胎中Al_2O_3含量的增加，有助于提高胎的抗变形能力。

宋代瓷石质瓷器的第二个特点是，胎中碱金属氧化物K_2O的平均含量也比前朝同类瓷器有较大的增加。东汉瓷石质瓷器十五个标本（表3－2－1，第1～15号）胎中K_2O平均含量为2.74%；三国、两晋、南朝瓷石质瓷器四十五个标本（表4－2－1，第1～45号）胎中K_2O平均含量为2.60%；隋、唐、五代瓷石质瓷器五十二个标本（表5－2－1，第1～52号）胎中K_2O平均含量为2.48%。宋代瓷石质瓷器二十三个标本（表6－2－1，第1～23号）胎中K_2O平均含量为3.65%。这就是说，宋代瓷石质瓷器胎中K_2O的平均含量要比东汉、三国、两晋、南朝、隋、唐、五代同类瓷器胎中K_2O的平均含量要增加33.21%～47.18%。钾长石在高温下所产生高黏度的液相特性，可促使瓷胎充分烧结；胎中K_2O含量的增加，有利于烧成率的提高，有助于提高成瓷后胎质的硬度和透明度。

瓷器胎中Al_2O_3和K_2O含量的提高，一般可以通过两个途径来实现，一是选择Al_2O_3和K_2O含量较高的优质瓷石原料；二是通过淘洗加工来提高原料中Al_2O_3和K_2O的含量。因此，宋代瓷石质瓷器的胎中Al_2O_3和K_2O含量提高一事表明：宋代制胎技术在原料的选择或原料淘洗技术上与前朝相比有较大的进步。

有学者认为，北宋龙泉塔基出土的青花瓷（表6－2－1，第1号）与北宋龙泉金村窑碗残器和南宋龙泉窑黄釉洗残器胎的化学组成很接近，并与龙泉县所产瓷石（石层瓷石、毛家山瓷石、源底瓷石、木岱口瓷石）（表6－2－1，第107、109号）化学组成很接近[2]。宋代德化碗坪窑白瓷（表6－2－1，第12～16号）采用四班瓷石原矿（表6－2－1，第120号）或褒美瓷石原矿所产瓷石为制胎原料[3]。宋代吉州窑部分产品（表6－2－1，第21～23号）采用该窑附近南山或青原山出产的瓷石（表6－2－1，第120、121号）为制胎原料[4]，其胎的岩相结构是由高岭—石英—绢云母所组成，也表明是单用瓷石为原料烧成的。宋代景德镇窑场的四个标本（表6－2－1，第2～5号）胎中K_2O含量（平均为2.75%）均大于Na_2O（平均为1.17%），这一特征与景德镇湖田三宝蓬瓷石（表6－2－1，第104号）的化学组成相符，表明宋代景德镇一度采用过三宝蓬瓷石为制胎原料。

二、单用高岭石质瓷土一种原料制胎

宋代潮州窑、西夏灵武磁窑堡窑、宋代吉州窑的部分产品等，都单用高岭石质瓷土一种原料制胎。宋代潮州窑单用飞天燕山所产高岭石质瓷土为制胎原料；西夏灵武磁窑堡窑单用高岭石质黏土制胎；吉州窑部分产品单用猪母岭矿瓷土制胎。宋代单用高岭石质瓷土一种原料制胎的瓷器，往往胎质吸水率偏高。

如本书第二章第二节所述，高岭石质瓷土一方面具有像高岭土那样 Al_2O_3 含量比较高的特征；另一方面又具有像瓷石那样单独成瓷的性能。正因为它在理化性能上具有这种双重属性，因此，它的化学组成波动较大。例如，广东潮州市东北 3.5 千米处的笔架山（飞天燕山）所产的高岭石质瓷土是一种较为特殊的制胎原料。原矿的化学组成具有高硅、低铝、助熔剂含量偏低等特征。原矿三个标本（表 6-2-1，第 141～143 号）中 SiO_2 含量较高，一般在 76.03%～78.08% 之间波动，平均含量为 77.19%；Al_2O_3 含量偏低，一般在 14.31%～14.82% 之间波动，平均含量为 14.56%；但是飞天燕山所产高岭石质瓷土原矿经过淘洗后而形成的洗泥中，Al_2O_3 含量得以大幅度的提高。例如，标本飞天燕山高岭石质瓷土洗泥（表 6-2-1，第 144 号）中 Al_2O_3 含量为 24.56%，高出原矿 68.68%。飞天燕山高岭质“土胆”（表 6-2-1，第 145 号）中 Al_2O_3 含量则比原矿高一倍多，可达 36.47%，但土胆分布不匀，选矿困难。这类原料矿物以伊利石为主，其化学组成与瓷器坯体相仿，它不需要掺加其他制胎原料而可直接用于制胎[5]。从宋代潮州窑瓷器的化学组成可推知，该窑可能用这种原料制胎[6]。宋代潮州窑青瓷两个标本（表 6-2-1，第 35、36 号）胎中 Al_2O_3 含量较高，一般在 24.68%～26.31% 之间波动，助熔剂 CaO（0.28%）、MgO（0.36%）、K_2O（5.25%）、Na_2O（0.16%）的总含量平均为 6.05%，其化学组成与飞天燕山所产高岭石质瓷土非常接近。可见宋代潮州窑青瓷采用飞天燕山所产高岭石质瓷土为制胎原料。

西夏灵武磁窑堡窑白瓷胎（表 6-2-1，第 37 号）也是采用高岭石质瓷土一种原料制胎。研究者对在灵武磁窑堡遗址东坡附近的矿洞中所收集到的一种黏土进行化学分析后发现，Al_2O_3 含量平均为 24.44%，助熔剂总含量为 4.82%（表 6-2-1，第 106 号），其化学组成与磁窑堡窑白瓷接近；X 射线衍射分析结果表明，这种原料的主要矿物相为高岭土（与多水高岭石）、白云母、石英及长石等，矿多分布在煤系露头的地方，说明此种黏土亦属于高岭质的泥岩[7]。

按照《青原志略》卷一“永和”条记载：吉州窑于“宋时开窑取鸡冈龙度腻土作器”。有学者认为，宋代吉州窑出产的高岭石质瓷土——猪母岭矿床由炭层、夹泥、白泥层叠而成，它是一种风化良好的土质原料，Al_2O_3 含量平均为 28.03%，助熔剂总含量平均为 5.98%（表 6-2-1，第 123、124 号），过 60 目筛除去粗粒及杂质，含水量在 23% 左右，可单独成形制瓷[4]。宋代吉州窑部分产品就是用这种原料烧成的[8]。

青原志略

注释：①埋庵：未知俗姓氏，杭州人。明末清初僧人，游庐山，居上方塔院，又往建昌府广远庵，寂于南海。 ②元次山：元结(719—772)，字次山，唐代汝州鲁山(今属河南)人。文学家。天宝进士。安史之乱时，曾任山南东道节度参谋，组织义军抵抗。后任道州刺史。有《元次山集》。

石砦瀑布

入谷里许，过桥见瀑。瀑悬两崖之壁，壁削如铁，高五丈许。水溅潭中，出桥下，其声如雷，旧称文水东山之瀑，顷讯秋杉，知为斜溜，宁若此之直垂天绅乎？胡文穆广、钱文肃干所称奇观者也，壁题"青原白练"。旁有祠，岁以致祷，今惟基存。后山高处名芙蓉甘露，顶庵荒久矣。白茅坑，为宋胡公梦昱①墓，下芙蓉岭则徐崇威佥事松楸②之茔在焉，胡文穆公墓亦在其下。文穆家于大洲，子孙称大洲胡氏，其去平下，钟相闻也。自鸠盘庵西行五里，出慈济庵，须溪云戒冈，五世善医，嘉定③赐号慈济大师，此其遗乎？慈济二里，至清风寺。寺侧有慈慧庵，大觉寄幻之徒兴之。江干之渡，则梅林也，是皆青原一嶂之坡陁也。李干④曰清风寺，原额"长兴"。相传有铜像观音，嘉靖间取像铸钱，有光欻欻然上，遂不敢冶，舁还寺中。近甲申(1524)二月，郡人集会，见大士两目潸然，拭之复湿。丙戌(1646)，果值兵难，载像下流，连被铁椎，像终无损。感梦得归，因寺圮，寄像西来庵。今清风修复矣，可还故处。如此灵异，又何殊于霸城铜仙耶？日遂志之。

注释：①胡梦昱(？——1228)：字季昭，改字季汲，号竹林愚隐，南宋吉水人。嘉定进士。历官南安、都昌二县主簿、峡州司法参军、大理评事。有《竹林愚隐集》。 ②松楸：墓地上种的树木，引申为墓地的代称。 ③嘉定：南宋宁宗年号。 ④李干：字贞行，庐陵人。明崇祯己卯(1639)乡举。从福王于江南，服官一月而归隐。自号遁湖，又称韶山处士。年八十四而卒。

永和①

青原岸对江为永和东昌镇②，齐后军将军焦度③封东昌县子，则

44

卷一 山水道场

东昌为县矣。宋时开窑取鸡冈龙度腻土作器，四方鳞集，设监理其税，烟火数十家。曾右司镐④曰："郁孤、青原两收其秀，神冈汇卢、永之水，鸡冈石脊过江，其涸可征也。"有本觉、宝寿、慧灯、智度诸寺。欧阳监丞珣⑤建炎⑥靖节于燕，祠在永和。胡忠简尝以智度为荡城寓，周益公居莲池街读书，堂额俨然。洪武时，史馆伍庠曰："苏东坡以绍圣甲戌(1094)往惠州，过庐陵，书《秧马歌》与曾安止⑦。后六年，元符庚辰(1100)，提举玉局观。明年，建中靖国辛巳(1101)，北还。山谷时宰西昌⑧，送之，同游清都观，喜道士谢子和童颜，同生丙子(1036)，作诗赠之。"今市有东坡井、金钱池，刘凝然刻石，清都作逍遥堂，祠二公云。所谓石窟者，秀水沟出于石窟，为文氏祖居，竹屋先生⑨文仪士表始徙富田⑩。迨柴市⑪之难，泉不复出。士表，信公父也。所谓佛母墓者，俗以为定光佛之母，或曰西峰严阳尊者之母也。所谓金凤冈书楼者，乃曾子鲁钝所修，会友讲习之地。子鲁，宋右司镐之后也。子鲁辑志，萧时中⑫序之，载吴师尹⑬、谢矩⑭、蒋翘之诸记详矣。愚山先生即欲收青原四周，则永和至近，而隔一水。怀古遗风，过者感焉。故附载于此。

注释：①永和：镇名。位于今江西吉安市南。 ②东昌镇：即今吉安市南永和镇。 ③焦度：字文续，南朝齐南安(今四川荣县西)人。少有气度。沈攸谋反，焦度守郢城有功，官终击将军。 ④曾镐：宋代人。 ⑤欧阳珣：字全美，北宋庐陵(今江西吉安)人。崇宁进士。历官知盐官县、秘书丞。朝廷与金人议和，被任割地使节，至深州(今河北深县)，抗命据城坚守，兵败被焚而死。 ⑥建炎：南宋高宗年号。 ⑦曾安止(1048—1098)：字移忠，号屠龙翁，北宋泰和(今属江西)人。熙宁进士。历官洪州丰城县主簿、知彭泽县。潜心研究水稻种植，双目失明归乡。有《禾谱》、《车说》、《屠龙集》。 ⑧西昌：地名，今江西泰和。 ⑨竹屋先生：文仪(1215—1256)，字士表，号革斋，又号竹屋。文天祥之父。毕生未仕，隐居乡里。 ⑩富田：位于今江西吉安市南。 ⑪柴市：文天祥就义处。位于今北京市宣武门迤南及广安门内外一带。 ⑫萧时中：名可，以字行，号东白，吉安人。明永乐状元。官翰林院修撰。有《曲山三萧遗集》。 ⑬吴师尹：字萃乐，永新人。元至正进士。授吉州永丰县丞，有善政。元末弃官，隐归桂冈，时称桂冈先生。工诗，学

45

图6-2-1 《青原志略》卷一"永和"条载：吉州永和窑"宋时开窑取鸡冈龙度腻土作器"

卷十二 杂记

安于述兑阳公与紫柏老人因缘①

《西华集》序云：龙山刘公方兴曾为之记，问之安于②，云集已失矣。嘉靖丁酉(1537)举于乡，为平乐司理，与念庵诸公青原讲学。子即封宗伯公子韶，一试副榜，即不应试，曰："吾子必发，吾何苦役此？亦非仿康斋也③。"子即文节公应秋，万历癸未(1583)探花也。自兑阳先生与紫柏老人往还，始知有出世之学。紫柏尝示之曰："本光如主④，动静如奴，未会本光头面，则向来与作伴侣者皆奴耳。"临别赠金，皆不受，固进之，紫柏曰："已忝扶月供矣，此例再开，则贾客也。"以此晋卿殿撰深信宗门下事。晚示诸嗣君曰："吾子一切无所疑矣，惟宗门下犹可疑在。"噫，此公之不欺其志也，将谓公更有一哇地也耶⑤？天生寓公金玉，而复妙密钳锤之，令得出言若哇。顾安于曰："哇否？"安于曰："青原山不变。"问雪曰："紫柏老人瓜蒂发矣。"安于作吐势，愚者拍手曰："穿过多生了也。"

注释：①安于：疑为刘晋卿之子。兑阳：刘应秋，字士和，一字兑阳，吉水人。刘同升(晋卿)之父。紫柏：明代禅僧真可(1543—1603)，俗姓沈，字达观，号紫柏，江苏吴江人，一生宏扬佛法、重兴寺院，与士流交结，严于律身。与憨山德清最为契合。晚年因忌者构陷人狱，死狱中。 ②刘方兴：字龙山，刘应秋之祖。见卷三《传心堂约述》。 ③康斋：吴与弼(1391—1469)，字子溥，号康斋，崇仁(今属江西)人，明代理学家，学宗程、朱。讲学授徒，绝意仕途，屡征不赴。有《日录》、《康斋文集》。 ④本光：本心，佛性。 ⑤哇：吐。

东昌窑

青原殿上一供佛瓶，乃永和窑舒翁所陶①，其女所画者也。白地加汭②，五彩烂然，久盛水其中不变色味。相传以鸡冈龙坪昵土③，淋麻灰汁，而重函以熇之④。宋末，土尽窑变，故迻之余干⑤。欧阳铁《杂

369

图6-2-2《青原志略》卷十二"东昌窑"条载："相传以鸡冈龙坪昵土"作胎

宋代单用高岭石质瓷土一种原料制胎的瓷器，由于原料中含铝量高，需要很高的温度才能致密成瓷；如果烧成温度偏低，成瓷后的胎体就会有较大吸水率和气孔率。例如，宋代吉州窑 Ji－7 号样品烧成温度高达 1320℃ ±20℃，胎的吸水率（0.11%）和气孔率（0.22%）都很低；Ji－4～Ji－6 号三个样品的烧成温度（1260℃ ±20℃）由于比 Ji－7 号样品低 60℃，因而吸水率（1.77%～9.47%）和气孔率（2.14%～9.90%）就高得多。

三、高铝质黏土掺和熔剂性原料制胎

如本书第五章第二节所述，高铝质黏土原料由于 Al_2O_3 含量太高、助熔剂含量非常低，不能单独用来烧造瓷胎，制胎时必须在高铝质黏土中掺和熔剂性原料。

据研究，宋代河南宝丰清凉寺汝官窑青瓷和临汝窑青瓷，采用河南地区出产的神垕黏土（表 6－2－1，第 130 号）（一种含高岭等黏土矿物较高较纯的原料）为主，其 Al_2O_3 含量高达 38.87%，再加入少量召南长石（表 6－2－1，第 134 号）配制，召南长石用量为 15%～20%[9]。宋代焦作窑，当阳峪窑[10]和辽、金龙泉务窑细白瓷和黑瓷的制胎原料也是用高铝黏土掺加少量长石配制而成[11]。北宋定窑白瓷则用灵山土作为主要原料，加入少量可塑性好的紫木节土以改善坯泥的成型性能[12]，并在胎料配方中，采用了部分白云石[13]。宋代观台磁州窑的瓷胎以常见的碱石类硬质黏土掺和缸土类软质黏土制成[14]。有学者认为，宋代观台磁州窑制胎原料很可能用过老鸦峪三节土和临水三节土，或与此相类似的黏土原料。如果用当地大青土或贾壁复矿软质黏土制胎，则必须在此类原料中分别加入适量的白坩土[15]。

耀州窑附近所产黏土原料有：陈炉东山坩土、陈炉罗家泉坩土和黄堡泥池黏土等。其中陈炉所产东山坩土属一种含高岭的较纯的黏土；泥池黏土和罗家泉坩土则属含有少量石英、长石、云母以及金红石和铁矿杂质的黏土原料。据宋代元丰七年（1084 年）立石《德应侯碑》所载“合土为坯”可知：至迟于北宋元丰七年（1084 年），耀州窑已采用上述两种以上的黏土原料制胎[16]。

宋代北方窑场，例如汝窑、钧窑、定窑、磁州窑、当阳峪窑、焦作窑、扒村窑、临汝窑、北京龙泉务窑、耀州窑等窑场，采用在高铝质黏土中掺和熔剂性原料成瓷的胎体的化学组成以低硅、高铝为基本特征，其四十五个标本（表 6－2－1，第 38～79、83～85 号）胎中的 SiO_2 含量在 52.00%～70.38% 之间波动，平均含量为 61.64%；Al_2O_3 含量在 25.78%～38.80% 之间波动，平均含量为 30.88%。其 Al_2O_3 含量比前朝含量（平均为 30.25%）略高。

宋代高铝质瓷器有三座窑场（宋、金定窑，辽、金龙泉务窑和汝窑）的制胎工艺及其产品质量颇有特色。一是北宋、金代定窑白瓷胎质致密细腻，胎的抗折强度（5×10^7 Pa）和气孔率（1% 以下）达到现代日用瓷的技术标准[12]。北宋、金代定窑白瓷高质量的胎质形成与其制胎配方有关。首先，定窑白瓷的制胎原料是采用高铝质的灵山土，混以少量可塑性好的紫木节土配制而成[12]。有学者认为，定窑白瓷胎是以灵山土作为主要原料，再掺入 10%～20% 的长石和石英以及少量白云石和方解石制成[17]。成瓷后胎中的助熔剂含量比同时代其他窑场的高铝

质瓷要高。北宋、金代定窑高铝质瓷四个标本（表6－2－1，第53～56号）胎中CaO含量平均为1.38%、MgO含量平均为0.84%、K_2O含量平均为1.63%、Na_2O含量平均为0.46%，助熔剂（CaO、MgO、K_2O、Na_2O）总含量为4.31%。而磁州窑高铝质瓷四个标本（表6－2－2，第57～60号）胎中助熔剂总含量平均为2.93%。也就是说，宋代定窑高铝质瓷助熔剂平均含量比磁州窑高铝质瓷的助熔剂含量要高出1.47倍。作为助熔剂的长石在1200℃即开始熔融成玻璃态质的熔体，这种熔体在高温下与高岭、石英反应，促使瓷胎在较低的温度下即可致密瓷化。长石在高温下形成的熔体的黏度较大，如果瓷器的烧成温度适当，可使瓷器在烧成中不产生变形而增加其透明度和釉的光泽度，以改善瓷器的质量[1]。其次，定窑高铝质白瓷胎料中含有一定量的CaO和MgO，这是因为定窑高铝质白瓷制胎原料灵山土是一种主要含有高岭石$2SiO_2 \cdot Al_2O_3 \cdot 2H_2O$，并含有一定量的$\beta-SiO_2$石英和白云石$CaO \cdot MgO(CO_3)_2$的高岭土[13]，因此成瓷后胎中的CaO和MgO含量比其他窑场要高得多。胎中含有一定量的CaO和MgO作助熔剂不仅可以降低坯体的烧成温度，提高胎的致密度，同时可以起到矿化剂的作用，增加坯体的透明度，促进石英的熔解及莫来石的形成，促进莫来石的发育生长，提高胎的机械强度，所以定窑能够在1300℃左右烧成温度下致密成瓷[12]。二是辽、金龙泉务窑。该窑出产的高铝质瓷胎质细腻、气孔率很低，其中细白瓷胎气孔率一般在0.08%～0.79%之间波动[11]，黑瓷细胎的气孔率则一般在0.14%～0.47%之间波动[18]。从制胎工艺角度讲，辽、金龙泉务窑精细白瓷和黑瓷大多已经达到现代制瓷技术标准（气孔率<0.5%）[19]。究其原因，与瓷胎的化学组成有关。包括白瓷和黑瓷在内的七个标本（表6－2－2，第73～79号）胎的化学组成显示，胎中Al_2O_3平均含量高达38.37%，比宋代其他高铝质瓷三十八个标本（表6－2－1，第38～72、83～85号）胎中Al_2O_3的平均含量（29.59%）要高出29.67%。尽管辽、金龙泉务窑高铝质白瓷和黑瓷胎中的Al_2O_3含量很高，但是胎中的助熔剂含量也非常高，其七个标本（包括白瓷和黑瓷）（表6－2－2，第73～79号）胎中助熔剂CaO（0.63%）、MgO（0.19%）、K_2O（1.39%）、Na_2O（3.71%）总含量高达5.92%，为宋代其他高铝质瓷二十二个标本（表6－2－1，第38～40、53～60、65～72、83～85号）胎中助熔剂CaO（0.82%）、MgO（0.61%）、K_2O（1.86%）、Na_2O（0.34%）总含量（3.63%）的1.63倍。在辽、金龙泉务窑高铝质白瓷和黑瓷胎的助熔剂中，K_2O和Na_2O的含量又特别高，K_2O、Na_2O两者之和为5.10%。胎中Al_2O_3的含量高，有助于提高胎的抗变形能力[1]。胎中助熔剂总含量高，易使瓷胎充分烧结，胎中碱金属氧化物K_2O和Na_2O的含量高，可以提高坯体的成型性能和烧成后瓷胎的致密程度。辽、金龙泉务窑精细白瓷和黑瓷胎的这种化学组成，主要是由胎体配方所决定的，辽、金龙泉务窑高铝质细白瓷和黑瓷都是用颗粒较细、含铁量较低的高质量高铝黏土，加一定量的长石配制而成[11]。胎中Al_2O_3的含量高，主要由高质量的高铝黏土来满足，胎中助熔剂含量高，则通过配备长石来实现。三是宝丰清凉寺汝窑。一般说来，高铝质瓷的烧成温度至少要达到1300℃才能使胎完全致密化，然而，宝丰清凉寺汝官窑青瓷用的是灰釉，烧成温度不能超过1220℃，否则釉要流淌。为了追求釉面"玉质感"的艺术效果，汝窑匠师采用

“微生烧技术”，把烧成温度控制在1150℃～1220℃，结果导致胎骨不能完全致密化，断面干涩而没有玻璃光泽，有时还可看到大大小小的空洞和断层，有明显虹吸现象，特别是月白和粉青更甚。[21]

另外，宋代有些窑场出产的高铝质瓷由于高铝质黏土与熔剂性原料配伍不当，或者烧成温度偏低（生烧）致使成瓷后胎质渗水率比较高。例如，金代耀州窑高铝质瓷的一个标本（表6－2－2，第20号）胎的渗水率为4.74%；磁州窑高铝质瓷的一个标本（表6－2－2，第26号）胎的渗水率高达12.01%。

四、高铁黏土掺和软泥制胎

北宋建窑包括贡御建盏在内的黑瓷采用更为耐火的高铁黏土——所谓铁矾红土和另一种塑性较大的所谓软泥（多含伊利石、云母类矿物以及黏土矿物）制胎[22]。其八个标本（表6－2－1，第27～34号）胎中Fe_2O_3含量在7.10%～8.77%之间波动，平均为8.07%。显微观察研究发现，其胎中存在一定量的残留石英颗粒和少量气孔、玻璃相、莫来石晶体和云母颗粒以及黏土的聚集团粒。X射线衍射实验表明，御用建盏胎中的矿物组成为莫来石、石英、方石英以及铁的氧化物和玻璃相[22]。

五、瓷石掺和紫金土和含紫金土的瓷石制胎

宋代龙泉窑和南宋郊坛下官窑采用瓷石掺和紫金土制胎。其中，宋代龙泉窑采用龙泉地区所产瓷石和紫金土配伍制胎；南宋郊坛下官窑则采用窑场附近（杭州乌龟山）矿区所产瓷石和紫金土配伍制胎。

宋代龙泉窑采用瓷石掺和紫金土两种原料配伍制胎，这可从宋代龙泉窑瓷胎和龙泉地区所产瓷石两者的化学组成中看出来。宋代龙泉窑青瓷十一个标本（表6－2－1，第92～102号）胎的SiO_2平均含量为67.79%；Al_2O_3的平均含量为23.43%。其中，宋代龙泉窑白胎瓷胎六个标本（表6－2－1，第92～97号）胎的SiO_2平均含量为71.36%，Al_2O_3的平均含量为21.25%，助熔剂平均总含量为5.45%，Fe_2O_3的平均含量为1.96%，TiO_2的平均含量为0.21%；宋代龙泉窑黑胎五个标本（表6－2－1，第98～102号）胎的SiO_2平均含量为63.52%，Al_2O_3的平均含量为26.15%，助熔剂平均总含量为5.44%，着色剂Fe_2O_3的平均含量为4.19%，TiO_2的平均含量为0.71%。

龙泉地区所产瓷石中的铝含量和铁含量都比较低，其中，Al_2O_3含量一般在14.90%～18.31%之间，平均含量为17.15%；Fe_2O_3含量一般在0.58%～1.45%之间（表6－2－1，第107～110号）。虽然瓷石原料中的铝含量可以通过淘洗来提高，但是瓷石原料中的铁含量是无法通过淘洗工艺来改变的。因此如果单用瓷石来制胎，显然是无法达到上述结果的。但是，龙泉地区所产另一种制瓷原料——紫金土中的铁含量比较高，一般在3.11%～5.93%之间波动，有的高达13.85%（表6－2－1，第111～114号）。由此可知，南宋龙泉窑青瓷胎乃是通过在瓷石原料中掺和紫金土来烧造的。

按照文献记载，南宋龙泉窑制胎原料出自龙泉附近地区，即陆容《菽园杂记》所记：“青瓷初出于刘田，去县六十里……泥则取于窑之近地，其他处皆不及。”

文中“泥”指制胎原料。据测试研究，宋代龙泉青瓷胎中所含矿物成分的分布与位于龙泉窑附近的大窑瓷石、源底瓷石、坞头瓷石的矿物组成分布在同一范围，特别是淘洗后的岭根瓷石（表6－2－1，第135号）和大窑瓷石（表6－2－1，第110号）与北宋至南宋前期龙泉白胎青瓷胎中的硅、铝含量非常接近；宝溪、木岱、大窑高际头和大窑黄连坑四种紫金土的成分相差很大，所含矿物组成也复杂不一。从紫金土原料的化学组成来看，大窑高际头紫金土（表6－2－1，第111号）可能用来掺和龙泉白胎青瓷，大窑黄连坑紫金土（表6－2－1，第114号）和宝溪紫金土（表6－2－1，第112号）则用于掺和龙泉黑胎青瓷，因为大窑黄连坑紫金土原矿中 Al_2O_3 含量高达24.73%，通过淘洗还可使其 Al_2O_3 含量富集。

龙泉窑在瓷石原料中掺加紫金土是为了提高瓷胎中的含铁量，因为紫金土原料系由石英、长石、含铁云母以及其他含铁杂质矿物组成。这种原料的含铁量高，因而可作为胎釉的着色原料。南宋官窑和龙泉窑在青瓷胎中配入紫金土的目的之一在于降低胎的白度，使它白中带灰或呈灰黑色调，这样可使釉色显得更为古朴沉着；二是铁质在还原气氛下烧成后，大部分转化成氧化亚铁状态，亚铁是一种强力的熔剂。紫金土中的 Al_2O_3 含量虽然比较高，但由于亚铁以及 TiO_2 等各种杂质的含量也比较高，所以它的烧结温度比一般瓷土要低，在青瓷胎中加入一定量的紫金土，可降低其烧成温度。胎中掺加了大量紫金土后，除了赋予一种灰黑的色调，从而调节釉的色彩外，还可以借助于烧成后期的二次氧化作用，而使釉层较薄的器口或未被釉层遮盖的器盖部分形成“紫口铁足”[23]。

南宋郊坛下官窑青瓷胎的化学组成也具有龙泉窑的特征，其六个青瓷标本（表6－2－1，第86～91号）胎中 SiO_2 平均含量为65.79%、Al_2O_3 的平均含量为21.80%、着色剂 Fe_2O_3 的平均含量为5.48%。如前所述，包括龙泉地区在内的浙江所产瓷石中的铝含量和铁含量都比较低，其中，Al_2O_3 含量一般在14.90%～18.31%之间，平均含量为17.15%；Fe_2O_3 含量一般在0.58%～1.45%之间（表6－2－1,第107～110号）。虽然，瓷石原料中的铝含量可以通过淘洗来提高，但是瓷石原料中的铁含量是无法通过淘洗工艺来改变的，只有在瓷石原料中掺加紫金土才能满足胎体的需要。据研究，南宋郊坛下官窑制胎原料为南宋郊坛下官窑附近矿区所产的瓷石和紫金土。其配比大致为：60%～80%的瓷石和40%～20%的紫金土[24]。

南宋杭州老虎洞修内司官窑青瓷以当地所产含紫金土的瓷石原料制胎。南宋杭州老虎洞修内司官窑遗存的青瓷残片大部分是灰黑色，三个标本（表6－2－1，第80～82号）胎中 SiO_2 含量在63.37%～65.65%之间波动，平均含量为64.97%，Al_2O_3 含量在21.95%～23.76%之间波动，平均含量为23.06%；助熔剂 CaO（0.2%）、MgO（1.90%）、K_2O（3.76%）、Na_2O（0）含量总和为5.86%；着色剂 Fe_2O_3 的平均含量为3.02%；TiO_2 的平均含量为2.49%。南宋杭州老虎洞修内司官窑遗存的青瓷残片的这种化学组成，特别是胎中 Fe_2O_3 平均含量高达3.02%，是浙江地区所产瓷石的化学组成所无法满足的。

然而，杭州老虎洞所产的瓷石和紫金土两种矿物的天然共生矿物原料的化学组成则与南宋杭州老虎洞修内司官窑遗存的青瓷残片的化学组成非常接近。这种原料的两个标本（表 6－2－1，第 118、119 号）中的着色剂 Fe_2O_3 的平均含量为 3.54%，完全可以满足杭州老虎洞修内司官窑遗存的青瓷残片的化学组成的需求。有学者对杭州老虎洞所产的瓷石和紫金土两种矿物的天然共生矿物进行 X 射线荧光显微分析后也确认：这种原料的化学组成完全与南宋杭州老虎洞修内司官窑遗存的青瓷残片的组成相吻合〔25〕。

明·高濂《遵生八笺》也载："所谓官者，烧于修内司中，为官家造也。窑在杭之凤凰山下，其土紫……以他处之地咸不及此。"由此可见，南宋杭州修内司官窑烧造青瓷应是以杭州老虎洞出产的瓷石和紫金土两种矿物的天然共生矿物为制胎原料的。

表 6－2－1 宋代瓷胎及其原料的化学组成

编号	名称	成分（%）										参考文献
		SiO_2	Al_2O_3	Fe_2O_3	TiO_2	CaO	MgO	K_2O	Na_2O	MnO	P_2O_5	
1	太平兴国二年青花胎	74.07	18.24	1.62	0.01	0.29	0.11	4.87	0.67	0.03	—	〔2〕
2	宋湖田 S9－1 青白胎	76.24	17.56	0.58	0.06	1.36	0.10	2.76	1.02	0.03	—	〔51〕
3	宋湖田 S9－2 青白胎	74.70	18.65	0.96	0.03	1.01	0.50	2.79	1.49	0.08	—	
4	宋湖田 S9－3 青白胎	70.90	22.16	0.92	0.07	0.84	0.18	2.50	1.70	0.06	—	〔52〕
5	宋湘湖 S10－1 青白胎	75.41	18.15	0.81	0.35	0.96	0.63	2.95	0.46	0.09	—	〔51〕
6	宋青山窑 3 号青胎	74.50	21.10	0.90	0.20	0.10	0.10	3.00	<0.1	0.01	0.10	〔53〕
7	宋青山窑 12 号青胎	69.70	20.90	3.80	1.00	0.10	0.70	2.80	0.20	0.04	0.10	
8	宋青山窑 1 号白胎	72.60	22.10	0.50	0.20	0.30	0.10	4.50	0.10	0.01	0.10	
9	宋青山 5 号青白胎	74.00	19.90	0.50	0.20	1.00	0.20	4.00	<0.1	0.02	0.10	
10	宋青山 3 号青白胎	71.80	22.00	0.70	0.20	0.80	0.30	3.80	<0.1	0.04	0.20	
11	宋青山 4 号青白胎	74.80	18.80	1.10	0.20	0.90	0.20	3.20	<0.1	0.02	0.10	

续表

编号	名　称	成　分（%）										参考文献
		SiO_2	Al_2O_3	Fe_2O_3	TiO_2	CaO	MgO	K_2O	Na_2O	MnO	P_2O_5	
12	北宋德化 2－2 白胎	71. 76	21. 76	0. 64	—	0. 33	0. 18	5. 16	0. 08	—	0. 03	〔3〕
13	北宋德化 3－2 白瓷	77. 51	17. 67	0. 55	0. 04	0. 09	0. 06	4. 58	0. 12	—	0. 02	
14	北宋德化 4－2 白瓷	74. 51	21. 42	1. 12	—	0. 15	0. 22	2. 75	0. 06	—	0. 02	
15	南宋德化 1－1 白胎	81. 60	14. 92	0. 87	0. 09	0. 14	0. 13	2. 87	0. 08	—	—	
16	南宋德化 3－1 白胎	77. 80	18. 47	0. 42	0. 03	0. 17	0. 17	4. 45	0. 10	0	0. 03	
17	宋临安天目 LT 0 胎	76. 55	17. 37	1. 19	0. 11	0. 16	0. 34	2. 96	0. 96	0. 06	—	〔54〕
18	宋临安天目 LT 2 胎	79. 92	14. 26	1. 47	0. 34	0. 13	0. 34	2. 76	0. 44	0. 04	—	
19	宋临安天目 LT 3 胎	73. 45	18. 89	1. 42	0. 16	0. 77	0. 42	3. 90	1. 11	0. 08	—	
20	北宋龙泉窑 2 号青瓷胎	76. 47	17. 51	1. 28	0. 42	0. 60	0. 34	3. 08	0. 27	0. 02	—	〔55〕
21	宋吉州 6 号玳瑁胎	64. 28	22. 75	3. 58	0. 97	0. 10	0. 44	4. 38	0. 38	0. 13	0. 23	〔56〕
22	宋吉州 64 号兔毫胎	70. 41	21. 27	1. 35	1. 16	0. 02	0. 26	4. 65	0. 24	—	—	〔57〕
23	宋吉州 80 号玳瑁胎	68. 21	21. 92	1. 24	0. 69	0. 02	0. 28	5. 20	0. 31	0. 01	0. 08	
24	宋吉州 65 号玳瑁胎	59. 74	30. 42	0. 82	1. 05	0. 03	—	6. 88	0. 42	0. 01	—	
25	宋吉州 80－6 号黑胎	63. 27	29. 49	1. 33	0. 67	0. 02	0. 24	5. 70	0. 34	—	0. 08	
26	宋吉州 7 号黑胎	59. 19	27. 92	0. 94	1. 05	0. 11	0. 40	6. 60	0. 38	0. 25	0. 24	〔56〕

续表

编号	名　　称	成　分（%）										参考文献
		SiO_2	Al_2O_3	Fe_2O_3	TiO_2	CaO	MgO	K_2O	Na_2O	MnO	P_2O_5	
27	北宋建窑供御1号建盏胎	65.40	22.50	7.20	0.98	0.45	0.47	2.30	0.10	0.05	0.09	〔22〕
28	北宋建窑供御3号建盏胎	65.60	21.90	7.10	1.00	0.92	0.52	2.30	0.10	0.04	0.08	
29	北宋水吉10号黑胎	61.25	26.11	8.41	1.14	0.47	0.52	2.34	0.03	0.07	0.19	〔58〕
30	北宋水吉11号黑胎	63.24	23.63	8.77	1.22	0.34	0.58	2.73	0.04	0.10	0.22	
31	北宋水吉12号黑胎	63.28	23.56	7.86	1.05	0.65	0.52	2.68	0.04	0.10	0.22	
32	北宋水吉13号黑胎	62.71	23.47	8.61	1.06	0.44	0.53	2.42	0.04	0.07	0.18	
33	北宋水吉14号黑胎	61.27	23.10	8.38	3.81	0.20	0.44	2.45	0.07	0.11	0.18	
34	北宋水吉15号黑胎	62.62	24.14	8.21	1.01	0.48	0.39	2.57	0.07	0.10	0.15	
35	宋笔架山青瓷胎	65.45	26.30	1.48	0.12	0.27	0.43	5.96	0.20	—	—	〔6〕
36	宋潮州笔架山素胎	66.14	24.68	2.03	0.15	0.28	0.28	4.54	0.12	—	—	
37	西夏灵武窑白瓷胎	68.42	24.94	1.16	1.37	0.51	0.92	1.54	0.41	—	—	〔7〕

续表

编号	名　　称	成　分（%）										参考文献
		SiO_2	Al_2O_3	Fe_2O_3	TiO_2	CaO	MgO	K_2O	Na_2O	MnO	P_2O_5	
38	北宋汝官 104 号胎	60.04	30.90	2.51	1.21	2.20	0.64	1.85	0.22	0.03	0.16	〔21〕
39	北宋汝官 112 号胎	64.02	28.32	2.36	1.27	0.75	0.44	2.03	0.16	0.01	0.06	
40	北宋汝官 2 号胎	65.98	27.52	1.91	1.22	0.60	0.39	1.69	0.14	0.01	0.04	
41	北宋汝官 Y1 号胎	60.33	31.36	2.41	1.27	1.98	—	1.65	—	—	—	
42	北宋汝官 Y8 号胎	62.26	30.89	1.98	1.12	1.02	—	1.72	—	—	—	
43	北宋汝官 Y10 号胎	64.14	29.20	2.05	1.28	0.51	—	1.82	—	—	—	
44	北宋汝官 Y32 号胎	64.90	28.38	1.98	1.34	0.47	—	1.94	—	—	—	
45	北宋汝官 Y38 号胎	65.23	28.00	2.07	1.23	0.72	—	1.74	—	—	—	
46	北宋汝官 Y41 号胎	64.13	28.95	2.33	1.21	0.52	—	1.86	—	—	—	
47	宋临汝窑 Y1 号胎	64.57	28.55	2.44	1.20	0.55	—	1.70	—	—	—	〔59〕
48	宋临汝窑 Y2 号胎	64.26	29.79	2.02	1.16	0.28	—	1.50	—	—	—	
49	宋临汝窑 Y3 号胎	67.18	25.78	2.05	0.90	0.80	—	2.28	—	—	—	
50	宋临汝窑 Y4 号胎	61.86	31.36	2.26	1.20	0.84	—	1.49	—	—	—	
51	宋临汝窑 Y5 号胎	65.80	26.61	2.59	1.00	0.68	—	2.32	—	—	—	
52	宋临汝窑 Y7 号胎	63.11	30.46	2.05	1.50	0.52	—	1.36	—	—	—	

续表

编号	名　称	成　分（%）										参考文献
		SiO_2	Al_2O_3	Fe_2O_3	TiO_2	CaO	MgO	K_2O	Na_2O	MnO	P_2O_5	
53	宋定窑白瓷 S1 号胎	62.05	31.03	0.88	0.53	2.16	1.07	1.01	0.75	0.04	—	
54	宋定窑白瓷 S2 号胎	65.63	28.22	1.04	0.86	1.00	0.70	1.77	0.55	—	0.07	〔12〕
55	宋定窑白瓷 S3 号胎	65.72	27.34	1.00	1.07	1.51	0.46	2.05	0.23	—	0.04	
56	金定窑白瓷 J1 号胎	59.25	32.73	0.66	0.75	0.83	1.13	1.67	0.29	0.01	—	
57	北宋观台窑 1 号胎	64.28	29.98	1.66	1.23	0.36	0.30	1.61	0.49	0.01	—	
58	北宋观台窑 2 号胎	61.02	32.01	2.17	1.82	0.32	0.38	1.84	0.44	—	—	〔60〕
59	北宋观台窑 4 号胎	64.22	29.03	2.24	1.28	0.27	0.41	2.15	0.32	—	—	
60	北宋观台窑 13 号胎	57.75	35.14	1.95	1.74	0.37	0.53	1.67	0.28	—	—	
61	宋焦作窑 1 号白胎	56.39	36.76	2.41	1.73	1.39	—	1.06	0.28	—	—	
62	宋当阳峪窑 Y2 号胎	61.37	30.52	3.71	1.34	0.90	—	1.53	0.48	—	—	〔10〕
63	宋当阳峪窑 Y3 号胎	57.15	34.48	4.45	0.90	0.84	0	2.02	0.45	—	—	
64	宋扒村窑 P1 号胎	58.19	34.16	3.14	0.65	1.27	0	2.29	0.62	—	—	
65	北宋鹤壁窑 H1 号胎	61.93	28.90	6.57	1.19	0.97	0.63	1.20	0.69	0.10	0.11	
66	北宋鹤壁窑 H3 号胎	63.54	27.56	5.55	1.14	0.93	0.58	1.42	0.62	0.09	0.11	〔61〕
67	金鹤壁集窑 J2 号胎	61.07	27.59	6.82	1.16	0.96	0.59	1.48	0.27	0.08	0.13	

续表

编号	名称	成分（%）										参考文献
		SiO_2	Al_2O_3	Fe_2O_3	TiO_2	CaO	MgO	K_2O	Na_2O	MnO	P_2O_5	
68	宋耀州窑 26 号胎	67.49	25.71	1.53	1.19	0.66	0.56	2.78	0.23	0.007	0.09	〔62〕
69	宋耀州窑 67 号胎	67.37	26.60	1.77	1.45	0.57	0.54	2.32	0.08	0.005	0.06	
70	宋耀州窑 81 号胎	70.38	23.17	1.95	1.12	0.36	0.75	2.66	0.20	0.006	0.06	
71	宋耀州兔毫 1 号胎	57.70	34.50	2.60	1.60	0.40	0.50	1.70	0.30	0.01	0.20	〔63〕
72	宋耀州兔毫 2 号胎	68.10	24.10	2.50	1.40	0.70	0.50	1.50	0.50	0.01	0.20	
73	辽北京龙泉务 LB11 白胎	53.70	37.90	0.20	1.40	0.60	0.10	1.30	4.30	0.01	0.05	〔20〕
74	辽北京龙泉务 LB19 号白胎	52.40	38.60	0.30	1.30	0.50	0.30	2.00	4.10	0.01	0.06	
75	辽北京龙泉务 LB14 号白胎	54.10	38.80	0.30	1.40	0.70	0.20	1.00	3.00	0.01	0.07	
76	辽北京龙泉务 LB1 号白胎	53.10	38.30	0.30	1.40	0.80	0.30	1.90	3.20	0.01	0.20	
77	辽金北京龙泉务 LH2 号黑胎	54.40	38.70	0.30	1.40	0.50	0.10	1.00	3.10	<0.01	0.01	〔18〕
78	辽金北京龙泉务 LH9 号黑胎	54.20	38.20	0.30	1.40	0.80	0.10	1.20	3.40	0.01	0.07	
79	金北京龙泉务 JB3 号黑胎	52.00	39.10	0.20	1.30	0.50	0.20	1.30	4.90	0.01	0.04	

续表

编号	名称	成分（%）										参考文献
		SiO_2	Al_2O_3	Fe_2O_3	TiO_2	CaO	MgO	K_2O	Na_2O	MnO	P_2O_5	
80	南宋修内司902胎	63.77	23.48	2.99	2.56	0.17	1.94	4.54	0.00	—	—	〔25〕
81	南宋修内司903胎	65.50	21.95	3.36	2.22	0.38	1.69	4.29	0.00	—	—	
82	南宋修内司908胎	65.65	23.76	2.71	2.69	0.06	2.07	2.45	0.00	—	—	
83	宋钧台窑G－1号胎	66.05	25.92	2.64	1.10	0.86	0.49	2.29	0.20	0.01	—	〔64〕
84	宋钧台窑G－2号胎	64.14	29.56	1.96	0.86	0.57	0.67	1.73	0.24	—	0.16	
85	宋钧台窑G－5号胎	61.38	29.10	3.06	1.13	0.73	1.15	2.45	0.26	—	0.51	
86	南宋郊坛下K1号胎	69.12	22.42	3.87	—	0.76	0.52	3.02	0.31	—	—	〔65〕
87	南宋郊坛下K2号胎	66.72	23.67	4.94	—	0.61	0.72	3.81	0.42	—	—	
88	南宋郊坛下K3号胎	68.72	22.37	3.62	—	0.79	0.58	3.46	0.38	—	—	
89	南宋郊坛下130胎	62.23	22.05	4.99	4.31	0.35	1.58	4.00	—	—	—	〔66〕
90	南宋郊坛下1170胎	63.07	21.25	6.56	2.11	0.38	1.96	3.98	—	—	—	
91	南宋郊坛下03胎	64.89	19.03	8.90	2.35	0.36	痕量	4.08	—	—	—	

续表

编号	名　称	成　分（%）										参考文献
		SiO_2	Al_2O_3	Fe_2O_3	TiO_2	CaO	MgO	K_2O	Na_2O	MnO	P_2O_5	
92	北宋龙泉窑 L－2 胎	76.47	17.51	1.28	0.42	0.60	0.34	3.08	0.27	0.02	—	〔55〕
93	南宋初龙泉 L－1 胎	74.23	18.68	2.27	0.42	0.54	0.59	2.77	0.48	0.02	—	
94	南宋大窑 L－1 白胎	67.82	23.93	2.10	0.22	痕量	0.26	5.32	0.32	0.03	—	
95	南宋大窑 48 号白胎	68.90	23.46	1.35	0.18	0.51	0.29	4.61	0.49	0.07	—	
96	南宋龙泉 S－1 号胎	70.95	21.54	2.39	痕量	痕量	0.06	4.54	0.43	0.04	—	
97	南宋龙泉 S－2 号胎	69.76	22.39	2.36	痕量	痕量	0.39	4.42	0.75	0.05	—	
98	南宋大窑 S3－4 黑胎	61.37	27.98	4.50	0.74	0.87	0.73	3.74	0.38	0.20	—	
99	南宋大窑 K1 号黑胎	64.12	25.63	4.61	0.95	0.57	0.44	3.20	0.35	0.06	—	
100	南宋大窑 K3 号黑胎	63.79	25.54	4.07	0.63	0.76	0.51	4.34	0.36	痕量	—	
101	南宋大窑 K7 号黑胎	63.07	26.06	4.19	0.73	0.70	0.51	4.00	0.25	0.04	—	
102	南宋大窑 K8 号黑胎	65.26	24.98	3.58	0.49	0.44	0.41	4.29	0.36	痕量	—	
103	郊坛下瓷土	66.96	22.94	1.88	0.98	0.85	1.67	2.73	0.90	—	—	〔17〕
104	景德镇三宝蓬瓷石 1 号标本	65.47	22.99	1.14	—	0.58	0.09	5.46	0.07	—	—	〔67〕
105	景德镇三宝蓬瓷石 2 号标本	71.10	18.10	0.70	—	0.55	0.09	4.10	4.77	—	—	〔51〕
106	磁窑堡东坡瓷土	59.67	24.44	2.46	1.00	0.46	1.56	2.17	0.63	—	—	〔7〕

续表

编号	名　　称	成　分（%）										参考文献
		SiO_2	Al_2O_3	Fe_2O_3	TiO_2	CaO	MgO	K_2O	Na_2O	MnO	P_2O_5	
107	龙泉毛家山瓷土（已风化）	71.82	18.31	0.58	—	—	0.20	4.18	0.21	0.05	—	〔23〕
108	浙江龙泉坞头瓷土	71.82	17.41	1.21	—	—	0.22	3.87	0.28	0.08	—	
109	浙江龙泉源底瓷土	76.11	14.90	1.05	—	0.60	0.03	1.85	0.70	0.04	—	
110	浙江龙泉大窑瓷土	71.66	17.96	1.45	—	0.01	0.22	2.13	0.16	0.02	—	
111	大窑高际头紫金土	66.93	18.01	3.11	0.45	1.23	0.51	5.25	0.45	0.08	—	
112	龙泉宝溪紫金土	59.41	20.57	5.93	0.99	—	0.97	4.93	0.31	0.11	—	
113	龙泉木岱紫金土	70.26	16.30	3.62	0.56	0.14	0.89	3.09	0.34	—	—	
114	大窑黄连坑紫金土	45.92	24.77	13.85	2.00	0.46	0.86	1.53	0.53	—	—	
115	杭州乌龟山紫金土	62.65	21.95	7.80	1.09	0.79	0.24	0.59	0.29	—	—	〔24〕
116	杭州乌龟山黏土	73.56	17.02	1.03	0.93	0.15	0.25	1.81	0.18	—	—	
117	杭州老虎洞紫金土	63.87	22.91	7.86	0.88	0.84	0.44	2.88	0.35	—	—	〔25〕
118	杭州老虎洞ht1号瓷土	66.65	24.05	3.39	1.12	0.30	0.71	3.13	0.24	—	—	
119	杭州老虎洞ht2号瓷土	64.28	24.20	3.68	1.16	0.78	0.77	2.77	0.62	—	—	
120	德化四班瓷石原矿	75.91	15.31	0.62	0.10	0.04	0.05	2.51	0.05	0.06	—	〔17〕

续表

编号	名称	成分（%）										参考文献
		SiO_2	Al_2O_3	Fe_2O_3	TiO_2	CaO	MgO	K_2O	Na_2O	MnO	P_2O_5	
121	吉州窑南山土	71.60	20.40	1.35	1.22	0.33	0.42	3.96	0.12	0.01	0.09	〔8〕
122	吉州窑青原山土	71.89	19.92	2.04	1.00	0.57	0.42	3.75	0.25	0.08	0.07	
123	吉州窑猪母岭灰泥	59.88	31.88	1.92	1.02	0.37	0.43	4.16	0.08	0.02	0.24	
124	吉州窑猪母岭白泥	62.23	28.03	2.05	1.20	0.32	0.47	6.02	0.10	0.01	0.22	
125	河北峰峰白坩土	53.84	37.01	0.96	1.25	2.05	0.41	2.55	0.23	—	—	〔15〕
126	河北峰峰大青土	66.59	29.42	0.96	1.48	0.57	0.15	0.76	0.46	—	—	
127	贾壁复矿软质黏土	65.81	26.75	1.41	2.83	0.44	0.26	0.71	1.04	—	—	
128	彭城老鸭峪三节土	64.96	29.14	2.19	1.31	0.31	0.39	1.07	1.38	—	—	
129	彭城临水三节土	62.98	28.06	4.38	1.31	0.39	0.20	2.71	0.30	—	—	
130	河南神垕黏土	45.79	38.87	0.18	0.46	0.23	0.06	0.07	0.04	0.01	—	〔69〕
131	河南合石坡黏土	60.06	25.91	2.33	1.80	0.13	0.36	1.99	0.09	—	—	
132	河南李楼黏土	61.17	20.92	5.67	1.07	0.67	0.44	1.63	0.32	—	—	
133	河南临汝黄长石	78.99	11.44	0.39	0.27	0.02	0.02	9.68	0.06	—	—	
134	河南召南长石	67.61	18.23	0.10	痕量	0.29	0.02	10.51	3.67	—	—	
135	龙泉岭根瓷石	74.95	16.21	0.31	—	—	0.16	3.04	0.25	0.03	—	〔23〕
136	河南灵头长石	77.30	13.43	0.06	—	0.02	0.04	0.80	6.53	—	—	〔1〕

续表

编号	名　　称	成　分（%）										参考文献
		SiO_2	Al_2O_3	Fe_2O_3	TiO_2	CaO	MgO	K_2O	Na_2O	MnO	P_2O_5	
137	河南临汝黄长石	78.99	11.44	0.39	0.27	0.02	0.02	9.68	0.09	—	—	〔16〕
138	陕西陈炉东山坩土	46.50	33.10	0.10	0.62	0.54	0.31	0.025	0.076	—	—	
139	陈炉罗家泉坩土	57.12	22.99	0.78	1.65	0.73	1.36	2.51	0.66	—	—	
140	陕西黄堡泥池黏土	62.35	24.73	1.08	0.93	0.27	0.45	2.10	0.10	—	—	〔69〕
141	广东飞天燕高岭土原矿	76.03	14.82	0.80	0.10	1.02	2.82	0.37	—	—	—	〔70〕
142		77.45	14.31	0.77	0.08	0.08	3.41	0.08	0.11	—	—	
143		78.08	14.54	0.63	0.03	0.17	3.30	0.13	0.11	—	—	
144	飞天燕高岭洗泥	66.53	24.56	0.35	0.55	0.60	2.98		—	—	—	
145	飞天燕高岭土胆	45.58	36.47	0.40	1.03	0.60	4.98	0.38	—	—	—	
146	定窑附近灵山黏土	47.61	37.04	0.21	0.56	0.12	0.32	0.26	0.37	—	—	〔12〕
147	定窑附近紫木节土	44.90	33.50	0.59	1.69	1.68	0.84	0.20	0.40	—	—	

六、原料加工

唐、五代黄堡窑粉碎原料的工具主要为石杵和石臼的组合，不仅规模小，而且是人工操作，效率低。宋代对前代使用的原料粉碎工具之一的石杵进行了改良，同时又启用了石质磨盘和以畜力为牵引的石碾，这对提高加工原料的效率和质量大有帮助。

（一）石辊、石臼

辽代赤峰缸瓦窑在改良石杵的基础上，推出了石辊和石臼的组合。石辊有两种，一为带齿碾砣，长约0.86米，直径约0.58米。齿呈尖状，计11个，高约0.1米，宽0.12米。碾砣中心有一方眼。另一种为圆形不带齿的碾砣，长约0.68米，直径0.62米，两端中部有一方孔。前者用于初次粉碎，后者则用于第二次粉碎。石臼包括圆柱形和方柱形两种，长约0.95米、宽约0.74米~0.81米、高0.55米~0.57米，臼坎为圆形，直径大小不一[26]。

（二）石碾

宋代耀州窑出土的原料粉碎设施——石碾槽系由21块弧形石条组接砌成。石条长0.80米~1.26米不等、宽0.4米~0.45米、厚为0.1米~0.15米，弧度划一，横断面呈凹形，组成一个直径达7米的环形碾槽。石条用砂质石块凿成，边沿留有刻凿痕迹，槽面光平，表明曾长期使用，凹槽较浅，约0.07米深，但采用内外槽壁两边用弧形石条帮砌的方法处理，解决了槽壁加深和出料流孔设置的问题。为固定碾轮的中心转轴，在碾槽的圆心位置上设有直径0.25米的一个直轴。发掘中发现有埋直轴的柱洞。在直径7米的环形石碾槽之外，是用外力牵引的周围踩踏面，踩踏面呈多层状，比石碾槽低约1米。整个设置与宋应星《天工开物》中的碾石图基本相似[27]。

类似的大型石碾槽，在黄堡镇的耀州窑遗址尚有多处，如铜川四中的大操场边也有同样的碾石暴露在坡地断面上，这座石碾槽是用来加工化妆土原料的。用石碾进行原料粉碎时，可以在碾槽内原料中注入水，水在原料的粉碎过程中能起润滑和除尘作用[28]。

宋代磁州观台窑遗址，也出土了类似的石碾槽。碾槽呈圆环形，保存完好处的外直径达8.75米，槽宽1.15米~1.21米。用青石砌成。底下铺的石板厚0.34米、长0.7米~1.7米、宽1.04米。两边用方形石条砌帮，石条剖面边长0.25米~0.3米，石条长0.7米~0.88米。由于长期使用，底板中部被明显地磨去0.07米~0.08米，十分光滑。许多底板已破碎开裂，最严重的碎成8块。在碾槽北部有两处用卵石修补过，一处补了4块，一处补了1块。由于当时修补不平，碾滚长期颠动，在卵石前磨下了一个深深的坑。碾槽废弃以后，部分槽帮石被二次使用，搭建了一条水沟。石碾槽半埋于土层中，碾槽槽内和整个碾槽范围内铺满了直径约0.01米~0.05米的铝矾土颗粒，即碱石。一般陶瓷作坊都在地上铺上料泥，以免在加工时掺进杂质，由此推知这座石碾槽是用来加工化妆土原料的。这座石碾槽的中心构件已缺失。但在窑址北边的漳河岸边发现了一个石碾槽中心构件，由褐黄色砂岩制成。近圆形的磨盘形，外周的中部稍凸出，直径0.99米~1.11米、厚0.45米。构件正面中部内挖一圆形槽，直径0.65米、深0.19米，应是用来固定滑动部分的。正中是轴孔，由于长期使用，轴孔已磨偏成长椭圆形，轴孔短径0.18米、长径0.28米。正面两边有两个弧形小孔，穿过正面和侧壁，孔径0.05米~0.07米，可能是用来穿绳固定立轴之用。由于这种石碾槽一般用畜力牵引，可以对槽内的原料进行持久性的研磨，对提高原料的细腻度大有帮助[14]。

另外，宋代磁州观台窑还出土了两个粉碎原料用的石碾砣，其中一个残剩半个，黄褐色砂岩质，直径1.1米，中间厚，边部薄，厚0.18米~0.3米。两面的中心均有圆形浅槽，直径0.24米。中心是轴孔，直径0.21米。另一个石碾砣为黄白色砂岩制成，直径1.17米、厚0.38米~0.5米。两侧中心有六边形槽，对角线长0.42米、深0.07米。中心是轴孔，直径0.25米[14]。

（三）淘洗

唐、五代仅见黄堡窑作坊遗址出土了原料淘洗设施，宋代耀州窑、宝丰清凉寺汝窑，金代禹州神垕镇刘家门钧窑，宋代龙泉县金村大窑、龙泉县安福窑、龙泉山头对门山窑、武昌金凤窑，南宋景德镇湖田窑等都出土了原料淘洗设施。

宋代制瓷原料的淘洗设施，继承前朝工艺传统，依然采用淘洗池、沉淀池的组合。但是，宋代建造淘洗池和沉淀池的材质多样化；与唐、五代相比，容积也都大大扩容；同时由唐、五代的单组淘洗池和沉淀池的组合改为多组淘洗池和沉淀池的组合，排列的形式也渐趋合理。这种变革对提高原料的细腻度和可塑性十分有益。

唐代黄堡窑古址出土的淘洗池，用耐火砖砌成，宋代淘洗设施的材质趋于多样：有的用砖，有的用废匣钵，有的用石块，有的用青石，有的用石灰岩大片石夹衬青灰砖等等。

南宋龙泉山头对门山窑上世纪60年代出土的淘洗池六个池子均用废匣钵砌筑，1、3、4、5四个池子，底部用匣钵底片铺成，缝隙间实以黏土；2、6两个池子的底为生土面。池的周围用匣钵错缝仰砌，匣钵内实黏土，内壁面缝隙也经黏土填补涂抹〔29〕。龙泉大窑岙底靠场房北间后壁遗存的淘洗池，口内径约2米、深0.23米，池底用黏土铺成，四壁用砖斜砌而成，底敛，口侈，口外再用砖围墙一周。北面挖一条进水沟，西面疏一道出水沟，向南一直引到靠场房南间后壁的淘洗池。靠南间后壁的淘洗池，口内径1.63米、深0.35米，也用砖砌。龙泉大窑岙底于上世纪60年代出土的2号淘洗池，口大底小，口内径1.98米~2.02米、底径1.75米~1.8米、深0.23米。黏土底，四壁铺微微倾斜的竖砖一层，池口除西壁外均铺平砖一层，口外围单层砖墙。现存部分比池口高0.09米~0.25米。砖墙的北壁有进水沟，水沟断面呈方形，全用砖砌成。3号池，口内径1.63米，深0.35米，东、北两壁口部砌侧砖一层，东壁有砖墙一道，残高0.03米，西壁和南壁为平铺砖砌成。池中偏北处有东西向砖墙一道，将池分成南北两部分，南部用砾石铺底，北部部分为黏土底，而且堆满瓷土渣滓〔30〕。南宋龙泉安福窑出土的两个淘洗池的四壁大部分用石块砌成，底部为生土岩砂。出土的五个沉淀池四壁用匣钵平铺错缝，层层砌起。池底用匣钵底一行行铺平，保存较好的池口，还用半个匣钵顺扣砌在坑口上，起到加固作用〔31〕。宋代都江堰金凤窑淘洗池的四壁用砖砌成，壁宽0.15米~0.2米；底部为灰色土。淘洗池的西壁有一用青瓦作底的小孔与外面的排水沟相通，孔径为0.31米。排水沟的两侧用砖和不规则的石块砌成，上面用石块和砖覆盖。沉淀池平面呈长方形，斜壁平底，四壁和底部用膏泥抹平，沉淀池外面有一排水沟，先是向东南，后折向西南，总长12.3米、宽0.24米、深0.33米。排水沟的两侧用覆盖的匣钵柱砌成，上面用炭渣覆盖其上〔32〕。宋代耀州窑第78号作坊内出土的淘洗池用青石砌成，北、南、东三面有壁，形如簸箕，东面壁下有一小洞，洞底用匣钵残片砌成。沉淀池底部用匣钵残片砌实〔33〕。临江窑淘洗池用单层石灰岩大片石夹衬青灰砖，用纵、横或斜向三种形式垒砌，有的四壁用废弃匣钵砌成，底面铺一层长方砖〔34〕。金代禹州神垕镇刘家门钧窑淘洗池四壁皆用石块叠砌，池边用石块铺垫，铺砌平整〔35〕。宋代吉安临江窑淘洗池周壁用单层石灰岩大片石夹衬青灰砖，用纵、横或斜向三种形式垒砌，池南面沿池壁用青石夹衬少许青砖，纵横错缝叠砌台阶四级，黄灰泥塞缝〔34〕。南宋龙泉大窑2号淘洗池四壁微微倾斜用竖砖砌成，池口外围以单层砖墙。3号淘洗池的东、北两壁的口部砌侧砖一层，东壁有砖墙一道，西壁和南壁为平铺砖砌成；池中偏北处有东、西向砖墙一道将池分成南北两部分；南部用砾石铺底，北部为黏土底。连接淘洗池的水沟全用砖砌成[36]。

宋代出土的淘洗池的容积比唐、五代大大增加。唐、五代黄堡窑作坊遗址出土的淘洗池长1.55米~1.60米、宽0.45米~0.70米、深0.10米~0.40米[37]。宋代耀州窑第78号作坊内出土的淘洗池长1.95米、宽1.20米~1.30米、深0.95米[33]。也就是说，宋代耀州窑淘洗池比唐、五代黄堡窑作坊遗址出土的淘洗池扩容4.96倍以上。地处南方的宋代都江堰金凤窑淘洗池的坑口长1.55米与唐、五代黄堡窑淘洗池相仿，但宽1.08米~1.18米则比五代黄堡窑淘洗池增加近一倍[32]。宋代龙泉大窑2号淘洗池口大底小，口内径1.98米~2.02米、底径1.75米~1.8米、深0.23米[36]。宋代龙泉安福窑场出土的淘洗池长2.02米~2.23米、宽1.98米~2.10米、深0.60米[31]，其容积比宋代耀州窑淘洗池还要略大些。

宋代出土沉淀池的容积也比前代大。唐代黄堡窑作坊遗址出土的沉淀池长1.50米、宽0.55米、深0.60米[37]。宋代耀州窑遗址出土的沉淀池底部长3.15米、宽2.40米、深1.70米[33]。其容积为唐代黄堡窑的25.96倍。宋代龙泉县安福窑遗址出土的沉淀池长4.2米、宽2.5米、深1.07米[31]。其容积为耀州窑的1.388倍。

宋代少数窑场继承唐、五代工艺传统，淘洗设施由单个淘洗池与沉淀池组成。例如，宋代都江堰金凤窑的原料淘洗设施就是由单个淘洗池与沉淀池构成的。其淘洗池平面呈梯形，直壁平底，在淘洗池的西南侧有一排水沟通向沉淀池。沉淀池平面呈长方形，斜壁平底，四壁和底部用泥抹平。坑口长2.86米、宽1.6米，底长2.63米、宽1.38米，深0.8米[32]。然而，宋代有些窑场的淘洗池和沉淀池组合的形式比前代有较大的改进。例如，唐、五代黄堡窑作坊遗址出土的淘洗设施由单个淘洗池与沉淀池构成[37]，而宋代耀州窑第78号作坊内出土淘洗设施由两组淘洗池与沉淀池构成。两组之间相距16.5米，同时在沉淀池周围安置25个大陶缸[33]。宋代吉安临江窑淘洗池三个为一组，品字形排列[34]。金代禹州神垕镇刘家门钧窑淘洗池亦为三个一组，但作“一”字形三级落差排列，1号淘洗池底面高于2号淘洗池底面0.25米，2号淘洗池底面高于3号淘洗池底面0.12米，形成三级沉淀[35]。宋龙泉县安福窑的原料淘洗设备由两个淘洗池（编号为3号、9号）和五个沉淀池（编号为2、4、5、6、11号）组成。池壁之间留有水口相通。水口一般用匣钵砌成竖直窄条形状，宽3厘米~5厘米。有少数水口开在池壁底下，砌成沟眼状。由此设施可知，当时淘洗瓷土工序如下：首先把捣碎的瓷土放入淘洗池中加水搅拌成泥浆，泥浆通过水口流向沉淀池中贮存。淘洗池3号池与沉淀池2号池、4号池、5号池直接相通，又通过5号池、2号池间接与6号池、11号池相通，在最边远的沉淀池的外角上有放水口，泥浆经沉淀后的水分从放水口流出。水口内都有小砖（石）块塞堵，需要流向哪个池子，起开堵塞口的砖块即可。这样循环倒替，可经常淘洗瓷土，沉淀贮存瓷泥[31]。南宋龙泉对门山窑淘洗设施由1、2、3、4号四个池组成，1~3号池上口西侧筑有一道匣钵矮墙，与三池的西壁上部构成浅宽的沟槽。沟槽的一端延伸到4号池边。在1、2、3号三个池之间留有流水沟，分别由1、3号两个池向2号池倾斜。其中2号池为淘洗搅拌池，底部留有较粗的砂粒沉积。其余（1、3、4号）三池为沉淀池，底部沉积着比较细腻的瓷土。其淘洗、沉淀情形大致如下：先在2号池内倒入瓷土，加水搅拌，待泥浆中的粗粒沉积以后，即把泥浆舀入西侧长槽，在沟槽内短暂地流动，部分粗粒留存槽底，泥浆分别流入1、3、4号池内。经较长时间的沉淀，1、3号两池的清水通过2号池两侧的水沟口回流到2号池中，而4号池则在东壁另有排水沟，直接把清水排向池外[29]。由于古代原料的淘洗是利用黏土细粒水化为悬浊液，较粗的颗粒沉降，细粒悬浮的原理，将原料中的部分瘠性成分去除，选取较细颗粒，以提高所用原料的可塑性。因而淘洗池和沉淀池的增多和排列的合理性，有利于提高原料淘洗效率，因此宋代淘洗池和沉淀池的组合，由唐、五代的单组构成，改为多组组合，对提高原料的细腻度和可塑性具有重要意义。

（四）炼泥与陈腐

宋代炼泥技术继承前朝传统，出土的炼泥池的规格、大小与唐代接近。例如，南宋景德镇湖田窑出土的炼泥池为长方形，池口长2.56米、宽1.36米、残深0.04米~0.12米。池边壁由青砖单排错缝砌成，残存砖2~4块。池底长、宽与池口相同。池底为青砖两纵两横交错平铺，砖长0.2米、宽0.07米、厚0.04米。池内土质疏松、纯净，池底土质细腻、灰白，似瓷土[38]。又如，宋代吉州本觉寺窑作坊东北角出土的炼泥池，铺砌一个长方形凹槽，槽东、西、北三面砌有边框，铺底砖由南向槽内倾斜，形似簸箕。池内有两个圆形孔洞呈东、西并列。东面孔洞直径0.63米~0.66米，圆孔洞底部有一块大卵石，略呈方形（0. 2米×0. 3米），正中留有舂窝痕迹。圆孔洞深0.36米。西面圆孔洞直径0.66米~0.7米、深0.36米。池（内）长2米、宽1.82米。然而，宋代吉州本觉寺窑作坊内出土的陈腐池，在前代未见。宋代吉州本觉寺窑出土的两个陈腐池，西高东低排成一线。平面圆形，内径1.4米~1.44米、深约1.1米。池壁留有砖砌痕迹，从池内出土的弧形子母榫砖分析，其上部用弧形砖围砌，其下用长方形青砖横纵垒砌。池底保存完好，用青砖横平铺砌。池口周围用青砖夹衬大片石铺地1~4圈，池壁与池面均用黄灰泥[39]。宋代吉州本觉寺窑陈腐池的出土，表明宋代开始启用原料陈腐技术。原料陈腐是把原料较长时间置放于陈腐池中任其自然风化。在陈腐过程中，水解、氧化和细菌的作用可使胎泥料性能得以改善，可塑性提高。

七、成型

北宋元丰七年（1084年）《德应侯碑》记载耀州窑的成型工艺时写道："转轮就制，方圆大小，皆中规矩。"文中的"转轮"即指陶车（又称辘轳车、陶轮）。宋代窑场出土拉坯成型的主要工具——陶车的部件（彩图12）及其遗存的数量比唐、五代大大增多，使得陶车的整个形制清晰起来；也表明拉坯成型技术在宋代得到广泛普及。宋代部分窑场（例如耀州窑和四川彭县窑等）陶工还把陶车的转盘由木质改为石质。宋代瓷器成型的另一项重要成就是利坯技术的启用，因而使得宋代一些窑场出现了不少胎体轻薄的产品。

（一）陶车部件及其形制

南宋修内司官窑9号作坊遗址中部存留的一陶车基座（辘轳坑），以残砖平铺成圆形坑口，直径约0.26米、深0.42米。坑壁四周用瓦片围砌，用以维护坑壁。

坑底深入生土中，较平整，底部中心又有一直径约 0.1 米的装木轴的圆坑，深 0.055 米，内填黄色沙土[40]。

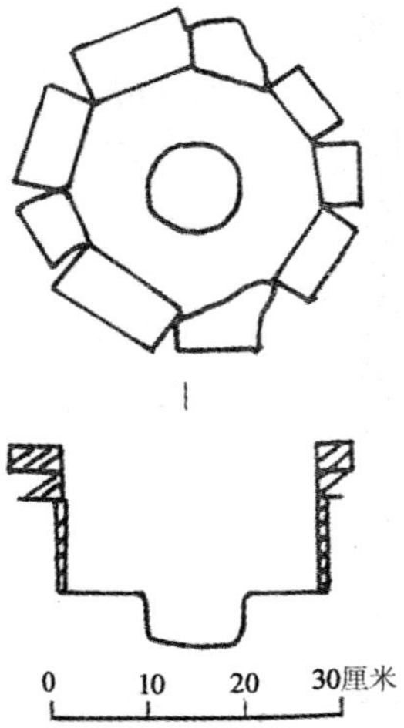

图 6-2-3 南宋修内司官窑 9 号作坊存留陶车基座（辘轳坑）采自文献〔40〕

宋代都江堰金凤窑遗存的陶车 1 号坑平面呈圆形，剖面为倒“凸”字形。坑口上部用砖砌成，坑口直径 0.55 米、深 0.4 米。坑底中部有一圆孔，孔径 0.25 米、深 0.6 米。陶车 2 号坑平面呈圆形，剖面为倒“凸”字形。坑口上部用砖砌成，直壁平底，坑口直径 0.42 米、深 0.38 米。坑底中部有一圆孔，孔径 0.22 米、深 0.6 米。陶车 3 号坑平面呈圆形，剖面为倒“凸”字形。坑口上部已被破坏，仅存底部；坑口直径约 0.7 米。坑底中部有一圆孔，孔径 0.15 米、深 0.8 米[32]。

宋代建阳芦花坪窑、水吉镇营长墘 6 号窑、南丰白舍窑百花庄窑址、永丰山口窑、武汉江夏王麻窑、龙泉山头上段窑等分别出土了陶车部件——轴顶碗、荡箍、拨手等。轴顶碗，又称轴顶帽、车顶，使用时倒嵌在陶车转盘下方中心，锥底与顶轴的尖端相接触，借以减少锥底与顶轴尖端的摩擦，使转盘转动自如。宋代建阳芦花坪窑出土轴顶碗似圆臼形，底内凹呈尖锥状，内施酱釉，使用痕迹明显，器表呈灰白色，系瓷土制成，口径 6 厘米 ~7 厘米，高 5 厘米。另外两件残，呈八角形，高 5 厘米[41]。宋南丰白舍窑百花庄窑址中出土的陶车部件——轴顶碗，柱面上刻有“元祐”年号，胎釉洁白细腻，柱面呈内接多边形，底心有锥状凹窝，凹窝有乳白釉，见旋磨痕。柱面对角线长 7 厘米，高 5.8 厘米[42]。宋代武汉江夏王麻窑出土陶车部件——轴顶帽共 3 件。其中一件，大致呈臼状。平底，外壁旋削出十五道棱。内外青白釉，个别部位泛黄。白胎。顶径 4.6 厘米，底口径 6.4 厘米，高 4.2 厘米[43]。宋代永丰山口窑出土陶车部件——轴顶帽，瓷质，圆柱状，顶平，底内凹呈圆窝形，釉色淡灰，高 2.8 厘米，直径 6.7 厘米[44]。南宋龙泉山头上段窑出土的陶车部件——轴顶碗，外形犹如一只倒扣的平底杯，中为圆锥形空腔，器外不施釉，表面略嫌粗糙，内壁满釉[29]。宋代吉州窑出土的轴顶碗，瓷质，棱柱形，有 7 ~ 8 个棱，顶平，底内凹呈圆形轴窝，轴窝内施釉，高 3.6 厘米 ~5 厘米，顶径 6 厘米 ~7 厘米[39]。

荡箍是一种镶嵌在与转盘连接的筒口内壁的瓷质配件，通过荡箍内口与轴身的微小摩擦，借以保持陶车旋转的平衡稳定。宋代景德镇柳家湾窑址出土的荡箍为圆环状，内壁有釉，有的可见旋磨痕，外径 7.5 厘米～10.6 厘米，高 1.5 厘米～2.5 厘米[45]。宋代建阳芦花坪窑出土陶车部件——荡箍，残，圆形，通体施青釉，瓷土制成，直径 14 厘米，高 2.1 厘米[41]。南宋水吉镇营长墘 6 号窑出土的陶车部件——荡箍外壁施青绿色釉，内侧釉不及底，直径 12.4 厘米。刮刀上刻“下四二”字样[46]。宋代武汉江夏王麻窑出土荡箍呈环状，外壁直，内壁上部呈弧形，灰白胎，制作极规整，口径 11.6 厘米、高 2.4 厘米[43]。南宋龙泉山头上段窑出土的陶车部件——荡箍形如扁直的玉环，口沿内向平折，内壁与口缘施釉，外壁粗糙无釉。为防止荡箍变形，成型时连底盘一起制作，连接处密扎小孔一圈，烧成后打去底盘[29]。南宋丰城白舍窑出土的荡箍为环状，腹壁断面外直内凹，直径 11 厘米，高 2.7 厘米，环内有釉[42]。

宋代耀州窑出土的荡箍可分两型：A 型，环状，束腰，从剖面看，外侧壁硬折束腰，内侧壁反弧。上下表面有摩擦痕迹。环内外和侧面均施釉，釉色青绿泛灰。内侧环面釉有磨损。浅灰胎，质极细腻。环径 13 厘米，通高 3.4 厘米。B 型，环状剖面呈反弧形束腰。可分三式：Ⅰ式，圆环状，内外侧器壁皆为弧形束腰，剖面近似环耳形，环形底边较上沿略出。内外侧面施釉，釉色青绿，略含乳浊感。上下表面有少许磨痕。内侧器壁釉已磨损。灰胎，质较细腻。环径 12.8 厘米，通高 2.4 厘米。Ⅱ式，环状，弧形束腰。底边较上沿略出，器体较扁。环内外侧面施釉，青绿色。内侧器壁釉已磨损。灰胎，质细腻。环口径 13.3 厘米，底径 14 厘米，通高 2 厘米。Ⅲ式，环状，两侧剖面近似马蹄状。上下面平行，底边略出。上沿划一道弦纹，底面刻“张文”二字。内外侧面施釉，内侧面釉呈青灰色，富含黄褐色杂点，外侧面釉色翠绿，玻璃质感强。灰胎，质略粗，为灰黑色杂点。环口径 13 厘米，底径 13.3 厘米，通高 2.3 厘米。

拨手安置在轮盘边缘处，拉坯工匠启动轮盘或加速轮盘转动时，用棍式工具插入“拨手”圆孔内，使其加速旋转。宋代建阳芦花坪窑出土陶车部件——拨手用瓷土烧成，上部圆形内凹，施黑釉，下部近方形，中穿一圆孔，口径 9.7 厘米～11 厘米，高 7.5 厘米～9.2 厘米[41]。宋代武汉江夏王麻窑还出土了一种轮盘构件，钵形口，内有二指印窝，左右各有一不规则长方形手柄，两头略向上翘，近圆形底。表面青灰色，系陶土烧成。火候较高，不施釉。口径 7.4 厘米，长 17 厘米，高 4.6 厘米[43]。

宋代耀州窑出土的铁轴承，有六个椎形角刺。铁质，已锈蚀。横长与通高皆为 7 厘米。宋代耀州窑出土的轴顶帽，瓷质，素烧，近似方形体。四壁有手指压窝，体内有一深窝，尖圆形底。深凹窝，口径 1.6 厘米，深 1.8 厘米，通高 2.7 厘米。另一个为正方形体，八个面皆有锥形凹窝。铁质，已锈蚀，表面呈褐红色。凹窝深 0.5 厘米～0.8 厘米，边长 3.5 厘米[33]。

（二）陶车的改良

宋代部分窑场陶工对拉坯成型工具——陶车进行了改良。唐五代黄堡窑等拉坯用的陶车的转盘为木质，宋代部分窑场则把陶车的转盘改为石质。宋代耀州窑出土的石质转盘可分两型：A 型，圆盘状，中心有圆形主轴孔，两侧还各有一长方形辅轴孔。边缘处有一小窝，与轴孔列成一直线，是拨动转盘的插窝。表面布满凿纹，主轴孔与辅轴孔周围还各有两圈弦纹。直径6.8厘米，厚8厘米。B型，圆盘状，中心有圆形主轴孔。表面布满凿纹。直径68厘米，厚6厘米[33]。

宋代彭县磁峰窑出土的石质转盘的构造与宋代耀州窑出土的石质转盘相似，边缘有两个小孔，直径70厘米，中间的圆孔直径7厘米，圆孔两边各有长7.5厘米、宽3厘米的长方形孔一个。[47]

有学者认为，宋代耀州窑等少数窑场将陶车的转轮由木质改为石质，转动相当厚重平稳[33]。

（三）利坯

利坯又称旋坯。利坯工借助利刀在旋转的陶车上把坯体修整得光滑端庄。隋唐以前的瓷器，手工拉坯成型后，大多未经利坯修整，器体厚重粗糙。五代定窑产品，例如盘、碗等的胎体成型后只作局部修整，即在旋削底足时，将靠近足部的器腹用刀旋削一周，在挖出底足的同时，稍稍减薄一些胎体厚度。至北宋定窑才有通体利坯的产品出现，器身外壁的“竹丝刷纹”就是利坯刀具留下的痕迹，因而胎体轻薄。北宋龙泉窑器物在拉坯成型后，都经过利坯这一操作程序进行加工处理。

利坯所用设备为陶车，利坯时将器坯扣合在陶车中央的“利头”上，拨车盘使之转动，用刮削刀旋削，使坯体的厚度适当，表里光平。在利坯处理中，龙泉窑采取“笋状泥”的手法，器物底部保持适当厚度，器壁较薄，口沿相对地也更薄，也就是胎体自下往上逐渐减薄，这样不仅可使底部荷载减轻重心下移增加稳定性，而且在高温烧成中，由于表面光洁、厚薄均匀不会因应力不匀而引起收缩变形。宋代景德镇湖田窑出土的利坯工具——瓷质利头，呈喇叭形器座状。有的中空；有的上下中空，中间内实；有的下空上实，其中以中空式为多[48]。宋代南丰白舍窑也出土类似的瓷质利头[42]。

陶工利坯时，将利头置于转盘的中心，然后把坯体扣合其上进行修整。南宋晚期龙泉上严儿村窑出土了两件利坯工具——瓷质刮削刀，为一侧面弯曲呈弧形的长条状，一端平钝，另一端被磨成光滑锐利的刀口，并可看出使用痕迹，质地坚硬。一件长10厘米、宽3.8厘米，背面刻有一“好”字；另一件长11厘米、宽4.1厘米，背面也刻有文字符号。这些文字符号，可能是当时工匠在自己使用的工具上刻的记号[49]。南宋水吉镇营长墘窑Y6窑也出土了利坯工具——瓷质刮削刀，刮刀上刻“下四二”字样[46]。南宋官窑素胎上能见到规整的同心圆和磨光痕迹，器物的形制精巧规整，棱角转折整齐分明，薄胎器能达到半透明，无疑是启用利坯工艺的结果。

（四）圈足技术

隋、唐瓷器风行平底或假圈足（又称饼形底，外形似圈足，实质为平底），晚唐、五代瓷器新兴直圈足。直圈足不仅稳定性比较好，在外观的造型上，圈足的直线和器身的曲线起到对比作用，也加强了造型的美观。五代越窑制品的圈足，采用分开成型再黏接的处理方法，在高温烧成中，尽管支钉垫于圈足内，但圈足由于承受不起器坯自身的重量（单位是克、千克）还是出现开裂或脱落。这种圈足与器身分开成型然后再拼接在一起的做法，不仅操作费时，难度也大。

宋代龙泉窑圈足器的底足中直圈足较为多见，工艺上采取和后世“留靶挖足”相类似的处理方法。

表 6-2-2　宋、金瓷器的烧成温度与吸水率、气孔率

编号	名　称	烧成温度℃	吸水率%	气孔率%	参考文献
1	北宋定窑	1320±20	0.13	0.99	〔1〕
2	宋景德镇湖田窑青白瓷碗片	1100~1150	—	0.48	〔68〕
3	宋景德镇湘湖窑青白瓷碗片	1250±20	—	0.38	
4	北宋德化窑 NST 2-2	1260±20	0.1	—	〔3〕
5	北宋德化窑 NST 3-2	1260±20	0.28	—	
6	南宋德化窑 SST 2-1	1270±20	0.71	—	
7	南宋德化窑 SST 3-1	1250±20	0.87	—	
8	北宋上林湖小姑岭盘残器	—	1.12	2.03	〔71〕
9	北宋上林湖小姑岭盘残器	—	0.67	2.37	
10	北宋武昌青山窑白瓷 WS1	1291±20	0.15	0.33	〔53〕
11	北宋武昌青山窑白瓷 WS2	1251±20	0.25	0.27	
12	北宋武昌青山窑青白瓷 WS5	—	1.59	3.49	
13	北宋武昌青山窑青白瓷 WY5	1240±20	0.43	0.95	
14	北宋武昌青山窑青瓷 WQ2	1280±20	0.24	0.53	
15	辽北京龙泉务窑细白瓷 LB10	1270±20	0.11	0.26	〔11〕
16	辽北京龙泉务窑细白瓷 LB13	1250±20	0.08	0.19	
17	金北京龙泉务窑细白瓷LB2-3	1240±20	0.30	0.74	
18	宋耀州窑 SYZ-81	1290±20	1.30	3.01	〔62〕
19	金耀州窑 SYZ-27	1230±20	2.07	4.68	
20	金耀州窑 SYZ-29	1220±20	4.74	9.09	
21	宋耀州窑青瓷	1280~1300	—	—	〔1〕

续表

编号	名　　称	烧成温度℃	吸水率%	气孔率%	参考文献
22	南宋龙泉梅子青 SSL－7	1250～1280	—	—	〔55〕
23	宋建阳水吉窑 10 号	—	4.15	8.99	〔58〕
24	宋建阳水吉窑 15 号	—	1.10	2.19	
25	宋建窑兔毫盏	1330±20	—	—	〔50〕
26	北宋观台磁州窑 Sc11	1110±20	12.01	23.87	〔60〕
27	北宋观台磁州窑 Sc1	1260±20	0.23	0.53	
28	北宋观台磁州窑 Sc4	1200±20	1.97	4.53	
29	北京龙泉务窑酱釉钵 LH10	1300±20	0.06	0.14	〔18〕
30	宋吉州窑 Ji－3	1260±20	0.62	1.56	〔56〕
31	宋吉州窑 Ji－4		4.45	10.20	
32	宋吉州窑 Ji－5		9.47	19.90	
33	宋吉州窑 Ji－6	1320±20	1.77	2.14	
34	宋吉州窑 Ji－7	1150±30	0.11	0.22	
35	宋汝窑盘 S－1	1150±30	—	21.30	〔72〕
36	南宋龙泉窑平底碗残器 S－3－1	1200±30	—	0.15	
37	北宋龙泉金村窑碗残器 NSL－1	1180±20	—	—	〔23〕
38	南宋龙泉大窑鬲炉足 SSL－1	1230±20	—	—	
39	南宋龙泉窑梅子青 SSL－7	1250～1280	—	—	
40	南宋官窑碎片 S－5	1150±30	—	3.83	〔72〕
41	宋临汝窑	1270±20	—	—	〔1〕
42	北宋汝官窑	1150～1200	—	—	
43	宋钧窑	1250 左右	—	—	

续表

编号	名　　称	烧成温度℃	吸水率%	气孔率%	参考文献
44	宋鹤壁集窑 SH1	1150±20	10.6	4.87	〔15〕
45	宋鹤壁集窑 SH3	1150±20	11.8	5.40	
46	金鹤壁集窑 JH2	1160±20	14.1	6.81	
47	金鹤壁集窑 JH5	1110±20	27.2	14.57	
48	北宋太平兴国二年金沙塔基出土青花残片 S-3	1268±20	—	0.81	〔2〕

第三节　制釉技术

自商周至汉唐，我国制瓷先民都是采用草木灰掺加胎泥来制釉，到了宋代，我国部分窑场制瓷先民对制釉工艺进行了重要的改革，具体表现在如下两个方面：宋代景德镇等窑场配制灰釉用的草木灰，改变了前朝采用狼棘柴或山茶树的做法，而改用柿树、毛竹或松树；同时改变了前朝那种用草木灰掺和胎泥配釉的做法，而改用植物枝叶与石灰石炼制成釉灰，然后用这种釉灰掺和胎泥来配制釉料。

南宋龙泉窑采用毛竹灰掺和胎泥或釉石配釉制灰—碱釉。宋、金耀州窑用富平釉石和料姜石配制灰—碱釉。宋代灰—镁釉主要是在釉料中掺加一定量的白云石或其他镁质原料，或在钠钾类长石矿物（或钠长石和钾长石的混合物）中加入适量的黏土和白云石配制而成。宋金磁州窑采用水治所产白釉土加胎泥和植物灰配制碱—灰釉，辽金北京龙泉务窑则在钠钾类长石矿物（或钠长石和钾长石混合物）中加入适量黏土和白云石配制碱—灰釉。

汝官窑青瓷釉的色调、质感往往由烧成温度和烧成气氛所决定。南宋龙泉窑粉青、梅子青的形成，主要是采用了高温黏度较大的灰—碱配方，但又把烧成温度控制在釉的熔融温度1230℃。在这种偏低的温度下，釉料因熔融不透，使入射光线产生散射，从而产生一种光泽柔和如同玉器一般的质感。南宋青瓷“纹片釉”是通过调整胎釉配方来实现的，总的原则是使釉的膨胀系数明显大于胎。宋代官钧复色窑变釉的形成，大致有四个方面的原因：一是分相乳光釉；二是釉的熔体黏度低、表面张力小；三是用铁和铜等作为着色剂；四是合理的烧成制度。

辽金北京龙泉务窑的茶叶末釉是在钠钾长石矿物中加入少量黏土和适量白云石或石灰石配制而成的。对于宋代油滴釉的成因，大致有如下两种解说：一是天目釉的液相界上异相成核；二是油滴的形成与釉层中气泡的产生和铁的氧化物在气泡四周富集有关。关于宋代黑瓷兔毫纹的形成也有两种说法：一是由于钙长石析晶而引起铁的富集；二是气泡的作用。对于曜变的成因主要有三种解说：一是气泡说；二是薄膜干涉说；三是烧成条件说。

相传宋代吉州窑的窑变天目釉是“以鸡岗龙坪昵土，淋麻灰汁而重函以煏之”而成。有学者则认为，宋代吉州窑天目釉用桑、桐树叶、松灰（窑灰）、塘泥配釉；有的学者认为，吉州窑配制窑变天目釉时，在釉料中引入了一种含铁、锰较高的天然矿物——“蓝砂矿”。吉州窑的剪纸天目和木叶天目是通过特定工艺制作而成的。

一、釉灰

自商周以来，我国制瓷先民大多采用草木灰掺加胎泥来配制瓷釉，汉晋期间，我国制瓷先民为了提高瓷釉的质量多从提高胎泥用量的角度进行制釉配方的调整，到了隋、唐、五代时期，我国制瓷先民转而在提高草木灰制釉性能上下工夫，宋代部分窑场制瓷先民在这个基础上推出了“釉灰”新工艺。

釉的化学组成显示，宋代南方部分窑场，例如南宋郊坛下官窑、南宋老虎洞修内司窑、宋代景德镇湖田窑、宋湘湖窑、南宋龙泉窑等十五个标本（表6－3－1，第2～12、31、32、34、35号）中 MgO 的平均含量为 1.17%，仅为隋、唐、五代时期南方窑场二十六个标本（表5－3－1，第1～26号）中 MgO 含量（平均为2.63%）的55.51%。与此同时，宋代灰釉中的 CaO 含量也比隋、唐、五代灰釉有所降低。南宋郊坛下官窑、南宋老虎洞修内司窑、宋代景德镇湖田窑、宋湘湖窑、南宋龙泉窑等十五个标本（表6－3－1，第2～12、31、32、34、35号）中 CaO 的平均含量为 14.12%；而隋、唐、五代南方瓷器二十六个标本（表5－3－1，第1～26号）中 CaO 的平均含量高达 16.17%。也就是说，宋代南方窑场灰釉中的 CaO 含量比隋、唐、五代时降低了 17.18%。宋代南方窑场灰釉中 MgO 和 CaO 的含量均比隋、唐、五代南方窑场灰釉中 MgO 和 CaO 含量降低一事表明：宋代南方窑场釉的炼制中草木灰的用量减少，代之以釉灰作为配釉的原料[1]。另外，坐落在我国北方的宋代磁县观台窑出土了一座古代炼制釉灰的窑炉，该窑炉的窑床上遗存有1厘米～3厘米厚的小块石灰和草木灰的混合物，灰中还夹杂有玉米、高粱秸和细树枝等未燃尽的植物。这座炼制釉灰窑炉的年代处在北宋徽宗崇宁年间至北宋末年（1102—1127年）[2]。

宋代部分窑场由于采用了炼制釉灰的新工艺，在配釉时，草木灰的用量得以较大幅度地减少，胎泥的用量也就相应的得到较大幅度的增加。例如，宋代窑场二十五个标本（表6－3－1，第1～12、16～23、31～35号）釉中 SiO_2 平均含量（62.83%）比隋、唐、五代南方青瓷窑场二十六个标本（表4－3－1，第1～26号）釉中 SiO_2 平均含量（61.16%）增加了2.7%。宋代窑场二十五个标本釉中 Al_2O_3 含量（平均为14.52%）也比隋、唐、五代二十六个标本釉中 Al_2O_3 含量（平均为13.33%）增加了8.93%。由于釉中 SiO_2、Al_2O_3 含量的变化主要是由胎泥用量的变化而引起的，宋代釉中 SiO_2、Al_2O_3 的含量比隋、唐、五代增加一事，从一个侧面显示出宋代窑场配制瓷釉时增加胎泥用量的工艺变化。

在制釉工艺中，釉灰的启用对提高制釉质量有重大的意义。这是因为，在釉灰炼制过程中，当草木煅烧时，石灰石烧失，$CaCO_3$ 变为 CaO，CaO 经风化水淋变为 $Ca(OH)_2$，以后再吸收空气中的 CO_2 变为 $CaCO_3$，经此过程后就可制成含 $CaCO_3$ 的很细的釉浆原料[1]。这样制成的釉灰就比草木灰的工艺性能好得多了。

唐、五代以前，单用草木灰与胎泥配伍制釉，草木灰的用量很大，制成的釉缺乏黏性，釉浆不容易均匀，且易开裂，施釉性能和黏附性都差。宋代采用以植物枝叶与石灰石一道烧炼制取釉灰的工艺，釉灰的主要成分是石灰石，经陈腐后其中的有机质发酵后有一定黏性，体积也比草木灰小，再用这种釉灰与胎泥配伍制成釉浆，既改善了釉浆的细度和黏附性，使得施釉容易均匀，又保证了成分的一致性[3]。

二、灰釉

至迟自春秋、战国时期起，直至东汉、三国、两晋、南北朝，我国先民配制灰釉所用草木灰并不限于某个特定的植物品种，到了隋、唐、五代时期，南方部分窑场开始选用狼棘柴或灰山茶树灰作为配釉用料。宋代部分窑场配制灰釉所选用的草木灰种类则与隋、唐、五代时期有所不同了，而改用 MgO 含量明显低于 K_2O 含量的植物，例如柿树或毛竹或松树等，与石灰石炼灰配釉。对此，可从考察其助熔剂的化学组成的变化中揭示出来。

宋代南方窑场（包括北宋越窑，北宋龙泉窑，南宋早期龙泉窑，南宋郊坛下官窑，修内司官窑，宋代景德镇湖田窑、湘湖窑，宋容县窑，广西严关窑，温州窑等）和北方部分窑场（如宝丰清凉寺汝窑、耀州窑）等，采用灰釉工艺制釉的二十三个标本（表 6－3－1，第 1～23 号）釉中助熔剂 CaO（17.96%）、MgO（1.67%）、K_2O（3.04%）、Na_2O（0.26%）总含量为 22.93%。从釉的助熔剂化学组成来看，宋代窑场的灰釉工艺与隋、唐、五代相比有如下特征：一是宋代窑场灰釉中助熔剂（CaO、MgO、K_2O、Na_2O）总含量与隋、唐、五代时期比较接近。隋、唐、五代二十六个灰釉标本（表 5－3－1，第 1～26 号）中的助熔剂（CaO、MgO、K_2O、Na_2O）总含量为 21.06%；南方宋代窑场二十三个灰釉标本（表 6－3－1，第 1～23 号）中助熔剂（CaO、MgO、K_2O、Na_2O）总含量为 22.93%。宋代窑场灰釉中助熔剂的含量比隋、唐、五代略高。二是宋代窑场灰釉中 MgO 与 K_2O 的含量变化与隋、唐、五代灰釉有明显差异：宋代采用灰釉工艺的大多数窑场，例如景德镇窑、杭州郊坛下官窑、龙泉窑、容县窑、汝窑、耀州窑等十五个灰釉标本（表 6－3－1，第 2～12、20～25 号）中 MgO 的平均含量为 1.27%，K_2O 平均含量为 3.48%，即釉中 MgO 含量明显低于 K_2O 含量；但是，隋、唐、五代采用灰釉工艺的多数窑场（绍兴窑、上林湖窑、景德镇窑、湘阴窑、洪州窑、长沙窑、邛崃窑和温州窑等）二十六个灰釉标本（表 5－3－1，第 1～26 号）中 MgO 含量（平均为 2.63%）明显高于 K_2O 含量（平均为 1.68%）。如前所述，在常见的草木灰中，MgO 含量明显高于 K_2O 含量的植物主要有狼棘柴、山茶树等。由于隋、唐、五代时期大多数窑场的灰釉化学组成显示 MgO 含量明显高于 K_2O 含量这一特征因而可知，在隋、唐、五代时期，南方部分窑场选用狼棘柴或灰山茶树灰作为配釉用料的可能性很大。在常见的草木灰中，MgO 含量明显低于 K_2O 含量的植物主要有柿树、毛竹、松树、杉树、白杨树等，另外，江南常见的稻草和北方的高粱秆灰的化学组成也具备 MgO 含量明显低于 K_2O 含量的特征，因此宋代配制灰釉所选用的草木灰种类就和隋、唐、五代时期有所不同了，而改用 MgO 含量明显低于 K_2O 含量的植物，例如用柿树或毛竹或松树等与石灰石炼灰配釉。

三、灰—碱釉

汉晋时期灰—碱釉一度停用，隋、唐内丘邢窑和唐浑源窑等少数窑场的部分产品重又采用灰—碱釉工艺，入宋后灰—碱釉工艺得到一定程度的发展。

宋代地处南方的武昌青山窑、南宋龙泉窑和北方的宋代临汝窑，宋、金耀州窑等部分产品都采用灰—碱釉工艺，其十一个标本（表6－3－1，第24、25、29～33、35～38号）釉中助熔剂 CaO（9.1%）、MgO（0.78%）、K_2O（4.41%）、Na_2O（0.72%）总含量为15.08%。宋代灰—碱釉的这种化学组成与隋、唐灰—碱釉工艺相比，具有如下特征：首先，宋代灰—碱釉中的四种助熔剂 CaO、MgO、K_2O、Na_2O总含量（15.08%）比隋、唐灰—碱釉三个标本（表5－3－1，第46、56、66号）釉中的四种助熔剂 CaO（7.67%）、MgO（1.32%）、K_2O（4.06%）、Na_2O（1.57%）总含量（14.60%）有所提高，但是宋代灰—碱釉中的 CaO 含量（9.10%）却比隋、唐灰—碱釉中的 CaO 含量（7.67%）增加了19.6%。自釉灰工艺出现后，釉中 CaO 含量的变化主要是由配釉时石灰石的用量引起的。其次，宋代灰—碱釉中的 K_2O 含量（4.41%）与 Na_2O（0.72%）两者含量（5.13%）比隋、唐灰—碱釉中的 K_2O（4.06%）、Na_2O（1.57%）两者含量（5.63%）低，而且宋代灰—碱釉中的 MgO 含量（0.78%）比隋、唐灰—碱釉中的 MgO 含量（1.32%）有大幅度减少。这就表明，宋代配制灰—碱釉的釉石（或胎泥）用量比隋、唐配制灰—碱釉的用量有较大的增加。在这个问题上，南宋龙泉窑灰—碱釉尤为突出：一是其六个标本（表6－3－1，29～33、35号）釉中 MgO 含量（0.82%）比隋、唐灰—碱釉中 MgO 含量（1.32%）低38%，表明南宋龙泉窑陶工在配制灰—碱釉时所用草木灰比隋、唐时大幅减少，而相应增加釉石（或胎泥）的用量。在釉的配方中，增加釉石或胎泥的用量，可以克服釉面开裂的弊病。二是南宋龙泉窑灰—碱釉中 K_2O 含量（4.65%）高于隋唐灰—碱釉中 K_2O 含量（4.06%），而南宋龙泉窑灰—碱釉中 Na_2O 含量（0.71%）却大大低于隋唐灰—碱釉中 Na_2O 含量（1.57%）。这表明南宋龙泉窑陶工配制灰—碱釉所用釉石（或胎泥）与隋、唐时陶工配制灰—碱釉所用釉石（或胎泥）有别。

有学者认为：南宋龙泉窑灰—碱釉中存在高含量的 K_2O 的主要原因有两个：一是采用毛竹灰配釉，毛竹灰含 K_2O 量高达27%；二是配釉用的胎泥中的钾含量也很高[4]。其九个标本（表6－2－1，第94～102号）胎中 K_2O 含量在3.2%～5.32%之间波动，平均含量为4.27%。有学者认为，宋、金耀州窑灰—碱釉用富平釉石和料姜石配制而成。（富平釉石化学组成见表6－3－1，第100号；料姜石化学组成见表6－3－1，第99号）富平釉石主要是由高岭石、方解石、石英、长石等矿物组成的一类砂钙质黏土岩，料姜石则是一种由方解石微粒组成的灰岩[1]。宋代临汝窑灰—碱釉是用适量的当地产黏土混以长石、黄长石、木灰以及方解石等原料配制而成[5]。

四、灰—镁釉

唐、五代出现的灰—镁釉是以碱土金属氧化物 CaO 和 MgO 为主要熔剂，CaO

含量一般在7%左右，MgO 的含量既超过 Na_2O 的含量，又超过 K_2O 或与 K_2O 含量接近的一种瓷釉。可能受到原料的限制，宋代只有定窑和辽龙泉务窑的少数产品采用灰—镁釉技术制釉。其四个标本（表 6 - 3 - 1，第 44、45、60、63 号）釉中助熔剂 CaO（5.19%）、MgO（2.84%）、K_2O（2%）、Na_2O（1.41%）总含量为 11.44%。也就是说，宋代灰—镁釉中的助熔剂总含量（11.44%）比唐、五代灰—镁釉中的助熔剂 CaO（4.22%）、MgO（2.78%）、K_2O（1.59%）、Na_2O（1.49%）总含量（10.08%）高 13.49%。由于北方窑场一般采用高铝质黏土掺加熔剂性原料制胎，胎中氧化铝含量较高，配釉时提高釉中的助熔剂的含量，有利于改善釉的工艺性能。有学者认为，宋代定窑灰—镁釉是在釉料中掺加一定量的白云石或其他镁质原料配制而成的[6]；有学者则认为：宋代定窑灰—镁釉是在釉中加入一定量的长石和白云石配制成的，以白云石引入镁之后，可改善釉在高温下的黏度性、流通性和透明性[1]。

五、碱—灰釉

碱—灰釉是指釉中碱金属氧化物（K_2O 与 Na_2O 两者之和）的总含量超过或相当于碱土金属氧化物 CaO 与 MgO 总含量的一类釉。早在商周时期，碱—灰釉工艺就已问世，但在汉晋时期则很少使用。隋代内丘邢窑部分白瓷产品重又用碱—灰釉技术。北宋观台窑、宋金凤窑和辽金北京龙泉务窑等少数窑场配制瓷釉时也采用过碱—灰釉工艺。其七个标本（表 6 - 3 - 1，第 39、46 ~ 48、52 ~ 54 号）釉中助熔剂 CaO（平均为 3.03%）、MgO（平均为 0.99%）、K_2O（平均为 2.54%）、Na_2O（平均为 3.31%）总含量为 9.87%。釉中 K_2O（2.54%）与 Na_2O（3.31%）含量之和（5.85%），为 CaO（3.03%）与 MgO（0.99%）含量之和（4.02%）的 1.47 倍。

宋、辽、金碱—灰釉与隋代内丘邢窑的碱—灰釉相比，有如下特点：一是宋、辽、金碱—灰七个标本（表 6 - 3 - 1，第 39、46 ~ 48、52 ~ 54 号）釉中碱土金属氧化物 CaO（平均为 3.03%）和 MgO（平均为 0.99%）总含量比隋代内丘邢窑碱—灰釉标本（表 5 - 3 - 1，第 47 号）釉中 CaO（2.70%）和 MgO（0.70%）总含量提高 18.24%；二是宋、辽、金碱—灰釉七个标本（表 6 - 3 - 1，第 39、46 ~ 48、52 ~ 54 号）釉中碱金属氧化物 K_2O 含量（2.54%）比隋代内丘邢窑碱—灰釉标本（表 5 - 3 - 1，第 47 号）釉中碱金属氧化物 K_2O 含量（6.40%）大幅度地降低，即宋、辽、金碱—灰釉中 K_2O 含量（2.54%）仅为隋代内丘邢窑碱—灰釉中 K_2O 含量（6.40%）的 39.69%；三是宋、辽、金碱—灰釉七个标本（表 6 - 3 - 1，第 39、46 ~ 48、52 ~ 54 号）釉中碱金属氧化物 Na_2O 含量（3.31%）比隋代内丘邢窑碱—灰釉中 Na_2O 含量（1.40%）大幅度地增加，即宋代碱—灰釉中 Na_2O 含量（3.31%）为隋代内丘邢窑碱—灰釉中 Na_2O 含量（1.40%）的 2.36 倍。

宋代碱—灰釉中碱土金属氧化物 CaO 和 MgO 含量比隋代内丘邢窑碱—灰釉 CaO 和 MgO 含量提高一事表明，宋代配制碱—灰釉时釉灰的用量比隋代内丘邢窑碱—灰釉有所增加。宋代碱—灰釉中碱金属氧化物 K_2O 的含量比隋代内丘邢窑碱—灰釉中碱金属氧化物 K_2O 的含量大幅度地降低，而宋代碱—灰釉中碱金属氧化

物 Na_2O 的含量比隋代内丘邢窑碱—灰釉中碱金属氧化物 Na_2O 的含量大幅度地提高，表明宋代配制碱—灰釉时的胎泥原料与隋代内丘邢窑配制碱—灰釉所用胎泥的种类有所不同。宋、辽、金碱—灰釉中碱金属氧化物 Na_2O 的含量比隋代内丘邢窑碱—灰釉中 Na_2O 的含量大幅度地增加一事，表明宋辽金配制碱—灰釉时的胎泥原料用量比隋代增大。

有学者认为，宋、金磁州窑配制碱—灰釉是采用水治所产白釉土加胎泥和植物灰配制而成。其中胎泥加入量为15%～20%，植物灰的加入量约10%，植物灰采用高粱秆灰的可能性较大[7]。有学者则认为，宋代磁州窑以及磁州窑系中的各窑大都用安阳釉石制作釉料，其具体工艺是将安阳釉石粉碎、加水研磨后直接施于坯上；安阳釉药是河南安阳地区天禧镇所产的一种矿物原料，化学分析及X射线分析结果表明，其主要矿物为钙长石、石英和钠长石等。它是一种天然的釉石，不需引入其他矿物，经过粉碎加水研磨后即可成为釉料而直接施于坯上[8]（其化学组成见表6－3－1，第102号）。

在宋、辽、金采用碱—灰釉技术的窑场中，辽金北京龙泉务窑颇有特色：釉中 K_2O、Na_2O 含量特别高，其两个标本（表6－3－1，第47、48号）釉中 K_2O（1.60%）与 Na_2O（4.20%）含量之和（5.80%）为 CaO（1.30%）与 MgO（1.35%）含量之和（2.65%）的2.19倍；辽金北京龙泉务窑另一个标本（表6－3－1，第46号）釉中 K_2O（3.10%）与 Na_2O（4.80%）含量之和（7.90%）为 CaO（0.80%）与 MgO（0.50%）含量之和（1.30%）的6.08倍。有学者认为，辽金北京龙泉务窑碱—灰釉是在钠钾类长石矿物（或钠长石和钾长石混合物）中加入适量黏土和白云石配制而成的[9]。

六、青釉

我国瓷器青釉工艺自夏商出现，发展到宋代就进入高峰期，比较著名的品种有宝丰清凉寺汝窑青瓷，龙泉窑粉青、梅子青，南宋修内司、郊坛下官窑纹片釉和耀州窑橄榄青釉等。

（一）汝窑青瓷的色调、质感

宝丰清凉寺汝窑青瓷釉属灰釉，但其色调、质感往往由烧成温度和烧成气氛所决定。例如，汝窑烧造的青瓷釉面就有月白、粉青、豆青、天青、灰青、虾青、卵青等七大类的色调，釉面质感又可分为完全失透感、玉质感和玻璃质感三大类。出现这些特点，乃是因为在烧成过程中，随着烧成温度的提高、釉料的逐渐熔融，其中的含铁矿物溶解于玻璃中，形成 $Fe^{2+}-O-Fe^{3+}$ 发色团，使釉着色。随着烧成温度的提高，釉的显微结构会发生明显变化。据观察，烧成温度为1050℃～1100℃的月白釉呈完全的失透感——这种釉里面存在大量钙长石晶族，除此之外，还有很多未熔气泡。用实体显微镜观察，发现釉层中还有一团团云雾状的东西，再用电子显微镜放大49000倍观察，发现这些云雾状物实际上就是液相分离现象，这就表明，造成失透感有多方面的原因，除了大量未熔釉料、气泡和钙长石晶族外，还有液相分离现象；烧成温度介于1100℃～1200℃的粉青釉呈玉质感——未熔釉料和钙长石比完全失透感的釉明显减少，云雾状物仍旧存在，这是造成玉质感的主要原因；烧成温度为 1200℃ ~1230℃ 的天青釉开始出现玻璃质——钙长石比玉质感釉明显减少，云雾状物也明显减少，透明度明显提高，开始出现玻璃质感；烧成温度超过 1250℃ 时的釉出现较强的玻璃质感——釉亦完全玻化，钙长石和云雾状基本消失。另外，烧成气氛的性质则能决定铁的价态：还原气氛弱，釉色青中带黄，得豆青；还原气氛逐渐加强，釉色就依次转变成灰青、天青和虾青。汝窑的各种不同色调和质感实际上是同一类的配方在不同升温阶段和不同烧成气氛条件下得到的结果〔10〕。

按照南宋·周辉《清波杂志》卷五记载："汝窑宫中禁烧，内有玛瑙末为油(釉)。"宝封县凉寺汝窑址附近有丰富的玛瑙矿，至今还遗留着古代开矿的巷道，表明汝窑配釉曾使用过玛瑙作原料。然而玛瑙在釉中的作用与石英没有太大的区别，两者的主要成分都是 SiO_2，釉料中加入玛瑙对汝窑青瓷的外观和质感不会产生影响〔10〕。不过玛瑙比石英更珍贵，用玛瑙作为一种釉料成分能显出汝窑产品的高贵。

（二）龙泉窑粉青、梅子青和耀州窑橄榄青

南宋龙泉窑青瓷粉青和梅子青釉的形成大致有如下四方面原因：一是采用灰—碱釉配方。其六个标本（表 6－3－1，第 29 ~33、35 号）釉中 K_2O 含量平均高达 4.65%。有学者认为：南宋龙泉窑灰—碱釉中存在高含量的 K_2O 主要原因有两个：第一，采用毛竹灰配釉，毛竹灰含 K_2O 量高达 27%；第二，配釉用的胎泥中的钾含量也很高〔4〕。K_2O 含量的提高，对釉呈青蓝色有利〔11〕。二是灰—碱釉具有高温黏度比灰釉增大，烧成时不易流釉的特性，龙泉窑陶工利用灰—碱釉的这种工艺特征，推出了多次施釉与多次素烧的相结合上釉方法。即先将坯体低温素烧，然后在素烧胎上施釉，每上一层釉，就入窑低温烤烧一次；再上一层釉，又入窑再低温烤烧一次。龙泉窑青瓷由于采用多次施釉与多次素烧工艺，致使釉层特别厚，一般为 1.5 毫米 ~1.8 毫米，器底部分由于流釉之故，竟厚达 3.5 毫米。多次施釉与多次素烧相结合的上釉方法，能使釉层厚而不流，具有浑厚饱满的艺术风范：粉青釉面滋润肥厚，色泽纯正淡雅，呈失透状，光泽柔和，玉质感强；梅子青釉面清澈透明，色泽青绿，有如同翡翠一般的质感。与此同时还能在胎釉之间生成中间层，使釉层牢固地附着在坯体上而不会出现剥落的现象。根据显微镜下的观察，在中间层处发现有石英晶体和莫来石的微小晶体，这些晶体是在高温时由坯和釉相互扩散和熔融的结果而形成的。中间层是胎釉性质上过渡层，它使胎釉之间的少许热膨胀差异得到补偿而将胎釉牢固地胶结在一起，从而使釉不致产生龟裂和剥落〔12〕。三是青瓷釉色的呈色还决定于烧成气氛和温度，这是因为在铁系（包括青瓷、白瓷和黑瓷）高温釉中 Fe^{2+}/Fe^{3+} 的值往往影响釉的呈色，而釉中 Fe^{2+} 和 Fe^{3+} 在釉中的存在状态和比例主要受烧成气氛和温度的影响，并与铁的浓度范围、助熔剂的种类和数量以及釉层厚度都有十分密切的关系。龙泉窑粉青与梅子青釉采用重还原焰烧成，釉中铁离子得到充分还原，使得釉中的二价铁离子含量比其他品种的青釉高，因而釉色显得更为青绿〔13〕。四是在烧成制度上对止火温度十分注意。南宋龙泉窑青瓷灰—碱釉需要 1280℃ 以上的温度才能完全熔融，但是南宋龙泉窑陶工在烧制粉青釉时，把烧成温度控制在釉的熔融温度范围以下的1230℃，在这种偏低的温度下，釉料熔融不透，因而釉层中的气泡多、析晶多、残留石英多，这些物相的存在使入射光线产生散射，从而产生一种光泽柔和、如同玉器一般的质感。对梅子青釉来说，烧成温度比粉青釉要高50℃以上，止火温度要控制在不超出釉的熔融温度的上限，使釉充分熔融，尽量不留气泡、析晶及其他未熔物料，使入射光线不会产生散射，釉面出现较强的光泽[13]。这是因为从化学平衡的角度看来，提高烧成温度和在强还原气氛下烧成可使 Fe^{3+} 与 Fe^{2+} 之间可逆反应的平衡点向右移动以生成更多的 Fe^{2+}，同时也使未熔石英、钙长石晶体和黏土团粒能更多地熔入釉中，并使釉层中的气泡大量从釉中逸出。由于晶体和气泡的显著减少，釉层的散射现象大大减弱而透射能力大大加强，从而给予人们一种较为清澈明快的感觉[4]。

宋代耀州窑青瓷釉属灰釉，釉面多呈润泽光亮的橄榄青色，其成因与在弱还原焰中烧成，或在烧成后的冷却过程中二次空气进入窑室出现氧化有关，加之烧成温度为1280℃～1300℃，比一般青瓷都高，在这样高的温度下，三价铁离子在釉中的比例较高，对导致青瓷釉色显黄也有一定作用[14]。

（三）纹片釉

青釉中的纹片又称开片，它是一种利用釉面裂纹来对青瓷进行装饰的一种工艺，这种釉叫作“纹片釉”或“开片釉”。南宋官窑修内司官窑、郊坛下官窑以及龙泉大窑和溪口窑场出土的黑胎青瓷（又称“哥窑型青瓷”）均把纹片作为一种主要的装饰。

釉产生裂纹的主要原因是由于釉的配方中含有较多量膨胀系数大的成分，而胎的配方中含有较多量膨胀系数小的成分，有意使釉的膨胀系数明显地比胎大。陶瓷氧化物的线膨胀系数大致如下（单位为 $10^{-7}/℃$）：SiO_2 为0.05、Al_2O_3 为0.17、CaO 为1.63、MgO 为0.45、K_2O 为3.90、Na_2O 为4.32、PbO 为1.06、B_2O_3 为0.66、ZnO 为0.07、BaO 为1.73[15]。

南宋青瓷“纹片釉”是通过调整胎釉配方来实现的，总的原则是使釉的膨胀系数明显大于胎，具体做法是在烧成温度的允许范围内，在胎的配方中黏土的用量要多些，其目的在于缩小胎的膨胀系数；而在釉的配方中黏土的用量要少些，而长石或釉果的用量要多些，其目的在于增大釉的膨胀系数，故意造成胎、釉膨胀系数不匹配，这样的胎釉配方在烧窑的冷却阶段后期就会使釉出现裂纹。另外还需控制釉浆的颗粒度，因为细瓷的釉浆颗粒度要求愈细愈好，而釉浆颗粒粗了釉面的光洁度就不好；但是纹片釉则不然，它要求釉浆颗粒要粗一些，太细了纹片不容易出来[16]。

有学者通过仿制实验发现：当釉层厚度保持一定时，在冷却过程中，釉的膨胀系数较胎大时差值愈大，开片也就愈大；差值小时则易产生小纹片；如果膨胀系数差值一定时，釉层厚度则起决定性的作用[17]。釉面上呈现裂纹的大小，主要取决于胎釉膨胀系数差别的大小和釉层厚度。一般胎釉的膨胀系数相差较大，釉层薄时，裂纹多成小片，反之即成大片。另外，釉层厚度、烧成温度、冷却速度与青瓷釉的开片的形成也有密切的关系[18]。

南宋官窑纹片有两大类，第一类是大纹片，长度很长，既长又粗，有时贯通全器，这类纹片，叫一次纹片；第二类纹片是小纹片，长度短而细，一部分贯通于两条同一走向的大纹片之间，这类纹片是二次纹片。一次纹片大都是在出窑时或出窑不久这段时间里生成的，可以听到“噼啪噼啪”的炸裂声。伴随着每次炸裂声，必出现一条大纹片。这个阶段出现的纹片大部分是大纹片，也有少数小纹片。许多大大小小纹片的产生，使釉的张应力大部分得以消除。冷却了一段时间之后，胎釉的温度已降到室温，此时就不再出现大纹片了，但在局部地区，釉仍受到张应力的作用，但其强度已明显减小，所以产生的纹片短而细，这就是二次纹片。产生二次纹片的时间有时会拖得很长，甚至好几年。宋代官窑陶工除了通过调节胎、釉的配方以控制开片的大小和釉的开片状态外，也可用局部急冷的方法加速局部位置的开片。一般说来，官窑青瓷釉的开片比较大，釉面形成的裂纹较少。南宋官窑纹片大都从左下面向右上的斜方向开展，这与器坯成型时陶车（辘轳车）的转动方向有关。中国传统陶车大都是按逆时针方向转动的，在成型时，陶车上的泥料受到两种力的作用，一种是平行于陶车转动的力，另一种是泥料被双手先向上提拉的力，两种力形成一个自左下而右上的斜合力，泥料中片状颗粒就按此合力的方向进行排列，这样的颗粒排列方式对裂纹的走向有一定影响。一般说来，釉裂顺着合力的方向发展，即从左下向右上的斜方向开裂[16]。

南宋官窑八角瓶、折腰炉等，裂纹容易沿着棱或折腰的方向开展，而且都是大裂纹。八角瓶有八条棱，沿着棱生成八条大裂纹。从力学角度来看，棱和折腰处都是应力集中之处，所以特别容易产生裂纹。南宋龙泉哥窑型青瓷纹片较碎小，有的纹呈淡棕黄色，有的隐在釉里很不明显，一部分有极细的裂纹，可能就是所谓“百圾碎”[16]。

七、白釉

白釉瓷在东汉时萌发，南北朝时得到初步发展，隋代邢窑和唐代巩县窑白瓷精品在工艺上都达到较高的技术水平。宋代著名白瓷有河北曲阳定窑白瓷和北京龙泉务窑白瓷等。定窑白瓷釉色多呈牙白，白度高，有的带微闪乳白，釉面非常薄，致使釉下刻花和印花能清晰地显现。辽金北京龙泉务窑白瓷釉面洁白光亮，可与定窑白瓷相媲美。

（一）定窑白釉

北宋、金代定窑白瓷釉面白度高，有的精品粉定白度高达73%[19]。这一特点的形成与胎、釉的配方有关。北宋、金代定窑白瓷制胎所用高铝质的灵山土和紫木节土[6]中的着色元素 Fe_2O_3 和 TiO_2 含量都很低。其中，灵山土中的 Fe_2O_3 含量为 0.21%、TiO_2 含量为 0.56%，紫木节土中的 Fe_2O_3 含量为 0.59%、TiO_2 含量为 1.69%（表 6-2-1，第 146、147 号），致使成瓷后的胎体中的着色元素 Fe_2O_3 和 TiO_2 含量也很低。其四个标本（表 6-2-1，第 53~56 号）胎中 Fe_2O_3 含量平均为 0.90%，TiO_2 含量平均为 0.8%。其四个标本（表 6-3-1，第 60~63 号）釉中 Fe_2O_3 含量平均为 0.85%，TiO_2 含量在 0~0.45% 之间波动。由此可见，北宋定窑白瓷胎和釉中的 Fe_2O_3 和 TiO_2 都较低，其中 TiO_2 含量更是特别低，因而白度就特别高。这是因为胎、釉中如果单含铁而不含钛时，尽管含铁量在 1% 以上，在还原焰下烧成后瓷胎仍然呈白色。如果同时存在有 TiO_2，则着色效果格外显著，TiO_2的含量愈高，着色就愈深。这是由于 Fe_2O_3 和 TiO_2 在高温下生成 $FeO \cdot TiO_2$ 与 $2FeO \cdot TiO_2$ 以及 $Fe_2O_3 \cdot TiO_2$ 等化合物使胎着色之故[20]。

北宋、金代定窑白瓷釉面非常薄而微带乳白，致使釉下刻花和印花能清晰地显现，这与釉的配方有关。定窑所采用的灰—镁釉配方有两个特点：一是釉中 Al_2O_3 含量偏高；二是釉中碱土金属氧化物 MgO + CaO 含量也偏高。先看釉中 Al_2O_3 含量。定窑灰—镁釉四个标本（表 6 - 3 - 1，第 60 ~ 63 号）釉中 Al_2O_3 含量平均为 18.59%，比同时期的北京龙泉务窑白瓷灰—镁釉两个标本（表 6 - 3 - 1，第 45、46 号）釉中 Al_2O_3 含量（平均为 14.7%）要高出 26.46%。宋代定窑白瓷灰—镁釉中 Al_2O_3 含量偏高，高温下的黏度较大，故施釉要薄[21]。再来看釉中碱土金属氧化物 MgO + CaO 含量。定窑灰—镁釉两个标本（表 6 - 3 - 1，第 60、63 号）釉中碱土金属氧化物 MgO + CaO 总含量平均达 6.16%，其中 MgO 含量平均为 1.97%。定窑釉中之所以存在较高含量的 MgO，乃是在配釉时使用了一定量的白云石质灰岩以及其他一些镁质原料。而将白云石等镁质原料引入釉中，一方面可以改善高温下釉的黏度、流通性和透明性，又有利于形成薄釉层；另外，釉中的 MgO 以白云石和滑石方式引入时还常常会形成微小的颗粒悬浮体，使釉显现光亮的微带乳白现象[6]。同时，以 MgO + CaO 作为釉的熔剂，还有利于形成薄釉层[22]，其中北宋定窑粉白釉瓷的釉层最薄的仅有 0.05 毫米，相当于弹性模数较小的釉料。这不仅对于补偿坯、釉之间接触层中所产生的应力和抵抗由于机械作用所产生的应力肯定是有益的[19]，而且釉层薄可使瓷胎颜色透过釉面而显现牙白及其花纹清晰的刻花和印花纹样，加之胎中含有大量莫来石细晶，其散射效果也必然会附加在其中呈现出来。北宋、金代定窑有些白瓷釉色呈牙白，乃是因为采用烧氧化焰技术进行烧造所致[6]。

（二）北京龙泉务窑白釉

辽、金北京龙泉务窑细白瓷釉面洁白光亮风采的形成，与胎、釉中的着色元素 Fe_2O_3、TiO_2 含量低有关。其四个胎标本（表 6 - 2 - 1，第 73 ~ 76 号）中 Fe_2O_3 含量平均为 0.28%，TiO_2 含量平均为 1.37%。虽然胎中 TiO_2 含量稍偏高，但是 Fe_2O_3 含量却非常低。其五个釉标本（表 6 - 3 - 1，第 44 ~ 48 号）中 Fe_2O_3 含量平均为 0.56%，TiO_2 含量平均为 0.28%。如上所述，如果胎、釉中的着色元素 Fe_2O_3、TiO_2 含量低，那么其白度就高。

辽、金北京龙泉务窑细白瓷釉先后采用过灰釉、灰—镁釉（表 6 - 3 - 1，第 44、45 号）、碱—灰釉（表 6 - 3 - 1，第 46、47 号）三种配釉工艺。但是，该窑配釉原料既不用胎泥，也不用草木灰。其釉的硅铝含量高出胎的 2 ~ 3 倍，表明釉料不用胎泥配制，釉中 MnO、P_2O_5 含量都比较低，有的几乎与胎中含量接近，可见样品白釉料中可能不加草木灰。其配釉原料及方法是：在钠、钾类长石矿物（或钠长石和钾长石混合物）中加入适量的黏土和白云石配制。釉中钙、镁含量的高低是由白云石的加入量决定的，而釉中钠、钾的含量高低则由长石的加入量决定。由此可以认为，北京龙泉务窑在辽早期的白瓷釉料中白云石量加入多，而长石量较少；在辽中期至金代，釉料中长石量增加，而白云石量减少，因而分别形成了上述灰釉、灰—镁釉和碱—灰釉。辽早期釉的颜色白中带淡黄，一般在氧化气氛中烧成，到了辽中期至金末釉呈洁白，使用还原焰烧成[9]。

（三）青白釉

宋代景德镇窑青白瓷釉属灰釉，其含铁量与同时代的白瓷的水平差不多，含铁量都在1%以下，但是釉的色调不是白色而是青白色或水绿色，乃是由于青白瓷较厚的釉层导致对可见光谱中某些波长的光线进行选择性吸收的结果。白瓷的釉层厚度一般在0.2毫米左右，而青白瓷的釉层厚度在0.3毫米左右，印花或刻花处更厚，可达0.6毫米。白釉釉层较薄，可见光谱各种波长的光线基本通过，结果给人以白色感觉；青白釉由于较厚的釉层对可见光谱中某些波长的光线进行选择性的吸收，加之釉中的二价铁离子（Fe^{2+}）与三价铁离子（Fe^{3+}）的比值较高，因而光谱中的青绿色的光线能够透过，其他色调的光线大部分被吸收，结果就给人以青绿色的感觉。青白瓷釉的色调有的偏绿、有的偏蓝，釉色不一的主要原因则与含铁量、助熔剂组成、烧成制度、烧成气氛和釉层厚度有关[23]。

宋代景德镇湖田窑青白瓷灰釉中几乎不含TiO_2，因此在还原气氛下烧成，将呈现由少量氧化亚铁着色的天然的淡蓝色，而不会出现在还原气氛下烧成的像唐、五代越窑由氧化铁和氧化钛产生的灰绿色。另外，宋代景德镇湖田窑青白瓷釉中Na_2O含量（1.22%），高于釉中MgO含量（0.26%）（表6－3－1，第6号）。这一特征与景德镇三宝蓬瓷石化学组成相近（表6－3－1，第95号），表明湖田窑灰釉配方中含有较多的釉果或三宝蓬瓷石[23]。三宝蓬瓷石Na_2O含量（3.70%）较高。由于在高温烧成时，钠长石对石英、黏土及莫来石的熔解速度快、熔解能力强，故用于配釉较为合适；加之钠长石熔融温度低、黏度小，故助熔作用好，有利于瓷化。

宋代安徽繁昌窑、武昌青山窑等烧造的青白瓷的釉色、质感和装饰工艺都不能与景德镇相比，这是由多种原因造成的。其一是烧造工艺不合理，例如烧成温度偏低、釉层薄、还原气氛不足或偏于氧化等；其二是当地的原料质量不好，铁、钛含量偏高，造成胎色不够白，釉色不正；三是釉的配方不稳定，既有高钙釉又有中钙釉，后者不容易完全玻化。上述原因造成了其生产的青白瓷的釉层有玻化不完全、透明感差、釉面光泽度不强之弊[24]。

八、钧釉

宋代钧釉是在唐代花釉——“唐钧”基础上发展起来的一种色釉装饰。“唐钧”主要是以普通黑釉作底釉，再把白釉施加于底釉之上，烧成后形成单色窑变釉。宋钧釉则为复色窑变釉：在天青色或紫红色背景上密布着淡蓝至蓝白色的窑变流纹，整个釉面上呈现出紫、红、蓝、白相互交织在一起的类似海棠红、玫瑰紫、蓝紫及紫等多种色调，并具有兔丝纹和比较少见的蚯蚓走泥纹等奇妙图像。

宋钧复色窑变釉的形成大致有四个方面的原因：一是分相乳光釉；二是釉的熔体黏度低、表面张力小；三是用铁和铜等作为着色剂；四是合理的烧成制度。

（一）分相乳光釉

分相釉是液—液分相釉的简称。单相的玻璃釉具有高度的光学均匀性，当光通过它时非常透明。如果釉中含有许多第二相的微粒，光学均匀性就受到破坏，当光照射到每个粒子的时候就引起散射。如果粒子的尺寸比入射光的波长大、甚至大得多时，此时散射光的强度与入射光的波长关系并不密切，所以从各个方向观察到的散射光为白光，不呈现色彩，这种釉就是（如南宋官窑和哥窑釉一类）乳浊釉；如果粒子尺寸小于入射光的波长、甚至小得多，则散射光的强度与波长有显著关系，这时以连续光谱的白光入射时，长波的光散射弱，短波的光散射强，以致从不同的散射角方向观察时，就会看到晕状的散射色彩，这就是乳光[25]。

具有蓝色乳光现象的分相釉称为分相乳光釉，或简称为乳光釉。宋代钧釉是一种典型的分相釉。钧釉的乳光蓝色是由其分相结构的光散射作用产生的，而窑变现象则是由分相结构的宏观不均匀性造成的。分相乳光釉的产生需要有适当的配方，因为釉料中有些氧化物，例如 P_2O_5、CaO、MgO 等能促进分相，如果这类氧化物含量高，就有利于分相的形成；而另外一些氧化物，例如 Al_2O_3等能抑制分相，因此保持 P_2O_5/Al_2O_3和 SiO_2/Al_2O_3的正确比率有利于分相的形成[26]。

一般说来，釉中 P_2O_5的含量必须随 Al_2O_3的含量的提高（或降低）而提高（或降低）；$P_2O_5+TiO_2$的含量与 Al_2O_3的含量也有类似的关系。只有保持 P_2O_5对 Al_2O_3的正确比率，才能使钧窑系釉保持正确的分相结构和良好的乳光蓝色。实验研究结果表明，如果 P_2O_5偏高，或者 Al_2O_3偏低，釉色就过分混浊灰暗；反之，则成为透明的橄榄绿色。这是因为良好的乳光蓝色，取决于釉层中分相液滴的正确大小和浓度，而正确的分相结构是由釉中对分相起促进作用和阻碍作用的两类氧化物之间的正确比率决定的，其中起关键作用的是 P_2O_5/Al_2O_3或（$P_2O_5+TiO_2$）$/Al_2O_3$。另外，低的 Al_2O_3含量（$<10\%$）和高的 SiO_2/Al_2O_3（$>12\%$）是获得良好的窑变效果的关键内因[27]。

钧釉的这种化学组成与其釉料配方有关。有学者认为，用瓷石、草木灰和黑药渣三种原料即可配出蓝钧等天青色乳光釉；如果在草木灰和瓷石中掺加 15% ~20% 的黑药渣即可以配制出宋代钧釉[28]。如本书第五章第三节所述，“黑药”可能是唐代花瓷黑色底釉配釉原料之一。黑药渣是用淘洗法制取唐代花瓷底釉黑釉料后剩下的那些颗粒较粗的部分，它比用作黑釉的那部分颗粒较细的原料含有更多的 SiO_2和更少的 Al_2O_3、CaO、Fe_2O_3（表 6-3-1，第 109 号），因此更适宜代替“黑药”作为配制钧釉面釉的原料之一[28]。

（二）釉的黏度和张力

化学分析表明，容易产生窑变现象的钧釉，比不易产生窑变现象的早期宋钧釉含有更低的 Al_2O_3和具有更高的 SiO_2/Al_2O_3比率，这意味着钧釉在成熟温度下具有更低的黏度和表面张力，而较低的黏度和表面张力有利于处于垂直或倾斜面上的釉在成熟温度下产生较大的流动。这两个条件促成了产生窑变现象的下述过程的发生：当釉层底部产生的气泡聚集长大并向表面移动时，不可避免地会把非乳光性的下层釉带到乳光层中，于是气泡周围发生了两种釉的互相扩散、融合。两釉互相扩散、融合的结果，必然会使气泡附近的局部地区在分相结构上因而也在外观上同其周围未融合的乳光区产生明显的差异，这就形成了一个诸色错杂的颇“花”的外观。高温时凸起在釉面之上的气泡的作用还不止于此，它对其附近区域（对蓝钧釉来说，这个区域的乳浊性较差，蓝色较深）的釉的流动也有一些阻碍作用。如果釉处于一个垂直面或倾斜面上，则气泡附近特别是其上侧的釉比其左右两侧和下侧的部分（这些未混合或混合程度较差的部分乳浊性较强，蓝色较淡，直至成为几乎不透明的蓝白色）的流动度相对要小些，于是形成了醒目而美妙的流纹。当后者的流程较短时，就形成垂直流状的“泪痕纹”。流程较长绕过许多气泡时，就形成了蜿蜒曲折的“蚯蚓走泥纹”[26]。

对于钧窑釉的“蚯蚓走泥纹”的成因还有一种说法：由于宋代钧窑采用在素烧过的坯上施一层釉便入炉，用低温烘烤一次，使釉固定下来，再施第二层釉，最后高温烧成的工艺，在初施釉后，如果烘烤的温度恰好达到使釉刚开始收缩，仅出现少量龟裂而尚未玻化，再施二次釉时，新釉自然会填满裂隙，经高温烧成时，底层釉经过了两次烧结，黏稠度和乳浊度要大于表层釉，因此填入裂纹中的新釉，因气泡较少会显得比周围有底釉的部分更透明（色较深），在下层釉中形成通常所说的蚯蚓走泥纹[29]。

（三）着色剂

高温铜红釉首现于唐代长沙窑，宋金钧窑则是中国古代第一个把铜红大量用于高温色釉的窑场，但是，它与唐代长沙窑铜红釉有所不同，其釉的呈色是过渡元素中的铜（Cu）和铁（Fe）起主要作用[30]。蓝钧和紫钧釉中的铁（Fe）大多以低价状态存在，钧釉的青蓝色主要同釉中 Fe^{2+} 所引起的选择性吸收有关，它的呈色质量和颜色深浅同釉中的 Fe_2O_3 含量有着直接的关系。钧釉中的铜（Cu）是以离子通过液相分离使小滴产生选择性地吸收和散射来呈色的[25]。

钧窑紫红釉是在蓝钧釉中添加少量的铜和锡的化合物配合而成的，由于它们之间比例的不同，烧成时造成官钧瓷呈现不同的颜色。正是以其含量多寡，控制钧窑釉从蓝紫、紫、紫红、玫瑰红到红色的呈色重要条件。SnO_2 的存在对铜红的呈色有利，锡的引入形式可能是锡灰，所以含锡的釉同时也含有数量与之相当的铅[27]。SnO_2 是一种乳浊剂，它对铜红的呈色有稳定的作用。这是因为，铜红在烧成过程中，如果烧成温度过高或保温时间过长，则胶体铜微粒会不断长大，使釉色变成橘红色或其他不正常的色调。在釉的配方中加入少量氧化锡，使其在胶体铜微粒周围生成一层保护膜，从而可使釉色保持正常[31]。有学者认为，宋代钧红釉可能是用含硫铜矿石——辉铜矿（Cu_2S）为原料，钧釉中的辉铜矿（Cu_2S）多晶小珠（0.4 微米～2 微米），与呈红色的液相小滴一起成群地呈流纹状分布，并以其含量的多寡来控制钧窑釉从蓝紫、紫、紫红、玫瑰红到红色的呈色变化[25]。

宋代钧瓷釉的着色方法有下述几种：①在天蓝乳光釉上，以含铜的薄釉浆涂刷、描画或点饰，使成纹样，入窑烧成后，含铜色剂向边缘扩散，红色逐渐淡化，从而产生深浅浓淡的变化。②在釉料中加入足够的铜色剂，施于器坯上，达到相当的厚度，烧成后成为有 1 毫米厚的红色釉层。由于铜红色剂是加到天蓝乳光釉料中的，因此整个釉层既分相又呈红色。③在较厚的红釉上施以薄层的天蓝乳光釉，烧成时两者反应，表面流淌，无上层釉处依然呈红色，两者反应处呈红紫色乳光，流淌处则呈现红、紫、蓝、白等兔丝纹（窑变花釉）。

（四）合理的烧成制度

钧瓷是在 1250℃～1270℃ 之间以还原气氛烧成的，烧成过程中的升温制度、气氛制度、止火温度乃至冷却速度，都是影响钧釉色彩变化的重要因素。例如，钧釉一般都在1200℃以下分相，而分相只能在足够缓慢的冷却过程下才能发生，钧窑所用半倒焰的马蹄窑正具有缓冷的优点[32]。另外低温素烧、多次施釉、釉层厚度、胎层的颜色等工艺也助于钧釉的形成。

九、酱釉

宋代常见的高温酱釉是指色呈棕红或与芝麻酱色调相近的釉，宋代定窑、耀州窑、临城窑、吉州窑、涂山窑、介休窑等都曾烧造过这类产品。上述宋代窑场酱釉八个标本（表6－3－1，第77～84号）属碱—灰釉或灰—碱釉。釉中氧化铁含量较高，一般在5.05%～7.80%之间，平均含量为6.20%。四种助熔剂（CaO、MgO、K_2O、Na_2O）含量低，总平均含量为10.07%。宋代酱釉采用低含量的助熔剂配方，乃是因为所用原料比较特殊所致。酱釉一般以富铁黏土为主要原料，这类富铁黏土常含有多量黑云母，而黑云母是白云母的一种矿物变体，白云母晶格中的部分三价铝离子（Al^{3+}）被二价铁离子（Fe^{2+}）或二价镁离子（Mg^{2+}）所取代。酱釉中由黑云母引入的大量一价钾离子（K^+）或二价镁离子（Mg^{2+}）会大大降低这种釉的熔融温度，这可能是大部分酱釉中助熔剂总含量都很低的原因[33]。宋代酱釉由于助熔剂含量低，故高温黏度大，不易流釉，底足处的釉层与器口处差不多同样厚，这在一般高温色釉中是较为少见的[55]。

由于化学组成上的差异，酱釉的显微结构与普通黑釉完全不同，在体视显微镜下观察表明，酱色釉的釉层断面可分两层，第一层为表面层，呈棕红色，其厚度一般为0.05毫米～0.08毫米，第二层呈棕黑色，厚度一般为0.2毫米～0.4毫米。用高倍光学显微镜对酱色釉的釉层断面作进一步观察表明，棕红色的表面层中含有大量赤铁矿和磁铁矿晶体。酱色釉的色调主要由这一表面析晶层决定。烧成制度、二次氧化及冷却速度，对釉面棕红色析晶层的形成及其色调变化有一定影响。在电子显微镜下还可看到，在表面层下面的棕黑色层中存在着液相分离区，这与釉面析晶的形成有着直接的关联[33]。有学者认为，辽金北京龙泉务窑酱釉是由部分铁含量较高、碱土金属氧化物（CaO、MgO）含量较低的黑釉，在较高的烧成温度（约1300℃）和较强的氧化气氛下烧成，从而使釉面铁离子进一步氧化生成赤铁矿晶体层，故其釉的外观表面呈酱红色，面下仍为黑色[35]。

十、茶叶末釉

茶叶末釉，釉色黄绿掺杂，在黄褐色的底色中散布着许多细小的绿色斑点，颇似茶叶细末。在化学组成上的特点是：铁高、钙高、镁高，镁含量至少在2%以上。辽金茶叶末釉与唐代叶末釉一样，均属于辉石类型的结晶釉。辽金北京龙泉务窑茶叶末釉中有数量较多的钙长石和普通辉石结晶，还有残留石英和磁铁矿晶体。

据测试，辽金北京龙泉务窑茶叶末釉两个标本（表6－3－1，第75、76号）的CaO含量为8.0%～10%、MgO含量为1.7%，属灰—碱釉。釉的SiO_2/Al_2O_3之比（66.6/12.2＝5.46）比胎的SiO_2/Al_2O_3之比（54.90/33.5＝1.64）高出3.33

倍[35]，说明釉料不是采用胎泥配制的。釉中的 MnO（0.05%）和 P_2O_5（0.20%）的含量都比较低，几乎与胎中的 MnO（0.02%）和 P_2O_5（0.20%）含量非常接近，可见瓷釉配料中不太可能加入草木灰[35]。釉中生长数量较多的钙长石和普通辉石晶体，还有残留石英和磁铁矿结晶，所以形成了茶叶末釉的外观。

有学者认为，辽金北京龙泉务窑所产包括茶叶末釉在内的瓷釉化学组成与钠、钾类长石矿物最为接近，在长石的理论化学组成中，Al_2O_3的含量较高（18.3%～19.4%），然而实际上长石矿物中往往夹杂许多其他矿物，因此有些长石矿物中的氧化铝含量较低。将辽金北京龙泉务窑的茶叶末釉等的化学组成与钠、钾类长石矿物相比较，不难发现，只要在钠钾长石矿物中加入少量黏土和适量白云石或石灰石就能配制出龙泉务窑的瓷釉样品[36]。

有学者认为，茶叶末釉的呈色还与烧成气氛有关：在氧化气氛下烧成可得鳝鱼黄釉，在还原气氛下烧成可得蛇皮绿，甚至吉翠釉，显然，掌握烧成气氛是烧制茶叶末釉的一个重要的烧成条件[37]。

十一、黑釉

宋代是我国黑釉工艺的高峰期，比较著名的品种有：油滴、兔毫、曜变、黑釉斑点、窑变天目、剪纸天目和木叶天目等。

（一）油滴

油滴是指在黑釉面上布满银灰色金属光泽的好似油滴的小圆斑的一类釉。其圆斑的大小不一，一般盏底釉层较厚处圆斑较大，直径达数毫米，而盏口部分釉层较薄处只有针尖大小，甚至没有油滴。例如，有学者测定宋代山西临汾油滴标本最大的油滴直径达 1.5 毫米，最小的只有针尖大小，部分釉面只呈现小麻点而无油滴形成。将油滴磨成薄片用肉眼观察，透射光下呈红棕色至褐棕色，反射光下呈具有金属光泽的银（钢）灰色，因此当其覆盖于黑釉面上时呈具有金属光泽的银（钢）灰色。在光亮处观察，这些点缀在黑色釉面上的银灰色斑点酷似夜空中的满天星斗，闪闪发光[38]。

油滴釉的 P_2O_3含量特别低，MnO 含量也很低。例如，表 6－3－1 第 64 号油滴釉标本中 P_2O_5含量为 1%；表 6－3－1 第 64、65 号两个油滴釉标本中 MnO 含量分别为 0.40% 和 0.09%，表明釉中没有配入草木灰[39]。根据日本学者泽村的研究，下列配方对制作油滴比较合适：长石 65.93%～65.00%，石灰石 3.95%～3.51%，煅烧滑石 4.74%～9.82%，石英 25.38%～21.67%，Fe_2O_3 7%～9%，碳酸镁 0～3%，烧成温度，氧化气氛中 10 号锥[40]。

对于油滴的成因大致有如下两种说法：一是天目釉的液相界上异相成核；二是油滴的形成与釉层中气泡的产生和铁的氧化物在气泡四周富集有关。

第一种说法认为：从微米甚至纳米的尺度来看，天目釉料的成分是不均匀的，在烧成过程中炉温超过 1000℃ 时开始出现液相。温度继续升高，大量的液相封闭了整个胎体，同时也把其孔隙中所存在的气体一起封闭起来。当达到最高烧成温度（1300℃～1350℃）时，釉已成熟，并已呈黏性流通状，同时胎中的气体由于升温，体积显著膨胀而进入釉液中形成较大的气泡，并与本来在釉中的气泡一起，大部分往釉表面迁移，并且鼓胀起来，随后爆破，形成“火山口”，最终在高温下火山口坍塌、收敛、平复。在这一过程中，如果一气泡所经过途径为富铁区，过饱和的铁氧化物会在气泡的气—液相界上异相成核，析出氧化铁的微晶，这些微晶被气泡带着一起走，并且边走边长大。当“火山口”平复时，气泡完全消失，在这个位置上留下了这些微晶组成的聚结面，而成为一个个圆斑。如果此时的温度适当，不致太高，釉的黏性流通缓慢，不致把这些圆斑拉长，变为银兔毫纹，就会产生一个个直径较大的油滴圆形斑点[41]。

第二种说法认为：油滴的形成与釉层中气泡的产生和铁的氧化物在气泡四周富集有关。在1200℃～1240℃之间，釉层中铁的氧化物大量分解成FeO和O_2，分解反应一般在铁含量较高和铁化合物分散较大处进行。随着分解反应的不断进行，大量小气泡逐渐汇集成大气泡，并在其四周形成铁的富集。当这些大气泡上升到釉面时，其四周的富铁熔体亦同时被带到釉面，而部分大气泡鼓破釉面逸出，而富铁熔体则被遗留在气泡鼓破处，并在冷却时析出赤铁矿和磁铁矿而形成油滴[42]。有学者对油滴形成的气泡说的形成机制和过程作了这样的解说：油滴是气泡自釉中出现的痕迹。陶瓷烧成时产生气泡的原因可能在釉的方面，也可能在胎的方面，也可能是两者相互作用的结果。这种气泡由釉及胎料中所含的空气及烧成过程中新产生的气体构成。釉料中含有的微量杂质，特别是Fe_2O_3与气泡的形成有很大影响。对于黑釉来说，由于其中Fe_2O_3含量较高，在窑温下Fe_2O_3是稳定的，在高温下有转变为低价氧化物的倾向，到1000℃以上时它就开始分解成Fe_3O_4型的氧化铁与氧气。在油滴的烧成过程中，Fe_2O_3分解并产生大量气体。油滴釉中Fe_2O_3分解反应一般在Fe_2O_3含量较高和分散度较大处进行并产生气泡；或者说在气泡周围铁的氧化物浓度要比其他部分高。随着分解反应的不断进行，气泡逐渐长大，或者由小的气泡汇集成较大的气泡，气泡周围铁的氧化物浓度不断提高。当气泡长大到一定程度时，将排出或鼓破釉面，随后釉面再度变平。在此过程中，气泡周围富含铁的氧化物的熔体升至釉面，形成铁的氧化物在釉面气泡排出和鼓破处富集。这些富含铁的氧化物的熔体在冷却后从中析出赤铁矿与磁铁矿，形成了反映熔体流动情况的“晶体流”。这些“晶体流”轮廓清晰，排列具有明显的方向性，晶体周围的棕色玻璃体由于晶体析出而颜色变淡[26]。

影响油滴釉形成的因素主要有三个。一是釉料中需要有足够的铁的氧化物，一般总量为5%～7%。二是釉料必须具有较大的高温黏度，釉层要有一定厚度。实验证明，釉层较厚形成的油滴较大，但油滴数目少，釉层较薄形成的油滴较小，但油滴数目较多；当釉层薄至一定程度时，则形成的油滴小至肉眼不能观察到，也就不成为油滴釉了。三是油滴釉形成的温度范围很窄，仅为10℃～20℃。温度过低则气泡未能排出而不能形成油滴；温度过高则已形成的铁的氧化物富集的釉面破坏而使油滴消失。油滴形成的温度也与釉层厚度有关，釉层薄时形成温度要低些，釉层厚时形成温度要高些，两者可相差20℃～30℃[38]。

（二）兔毫

兔毫是指在黑釉面上布满呈棕黄色或银白等色的细流纹，细流纹分布到口沿顶部越来越细和分散的一种釉，由于这种细流纹的釉面极似兔毫，故名。在宋代，我国福建、四川、山西等地的古瓷窑都能烧制这类产品，其中最负盛名的是建窑兔毫。按照兔毫纹是否反光及其反射色把兔毫分为五种，即金兔毫（对某一方向而来的入射光产生漫反射作用，使毫纹处闪光）、银兔毫（深蓝黑色底，有白色或银色反光）、灰兔毫（毫纹呈灰绿色，不反光）、黄兔毫（条纹呈现为暗哑的土黄色，不呈现闪光）、玉毫（釉面下流成乳白斑）。

关于兔毫纹的形成也有两种说法，一是由于钙长石析晶而引起铁的富集；二是气泡的作用。关于钙长石析晶引起铁的富集：兔毫釉在烧成过程中会析出大量钙长石，而钙长石在析晶时，由于 Fe_2O_3 在晶体中的溶解度比釉液中的溶解度要小，就把大部分铁排到液相中去，使晶间液相的 Fe_2O_3 浓度大大增加，当这部分富铁的液相冷却到一定温度时就发生液相分离。温度继续下降，富铁液相中的 Fe_2O_3 就会达到过饱和而析晶。其中，灰兔毫和金兔毫釉是在析晶时，首先析出大量钙长石，其中一部分露出釉面，就会形成灰绿色的灰兔毫；如果钙长石晶间析出晶粒较大、晶形完整的 Fe_2O_3，并且露出釉面，就形成金兔毫。而银兔毫和黄兔毫釉的形成则与釉中产生液相分离有关。分离的液相小滴在釉面聚集并析出 1 微米 ~2 微米厚的氧化铁晶体薄膜，如果窑内还原作用较强，薄膜中的磁铁矿含量较高，就形成银兔毫；如果氧化作用较强，薄膜中赤铁矿含量较高，就形成黄兔毫[43]。

关于气泡的作用：兔毫釉是一种熔融时黏度较大的釉，从电子探针测定和显微结构分析可知，毫毛中铁的氧化物的含量要高于釉的玻璃体，造成这种差别的原因乃是由于釉烧过程中产生的气泡将釉中的铁质（包括釉料本身含有的与富含铁质的胎体熔入釉中的）带至釉面，当烧至 1300℃ 以上釉层流通时，富含铁质的部分流成条纹，形成了覆盖于釉玻璃体上的另一种玻璃体，冷却时或多或少从中析出赤铁矿晶体并呈现出黄棕色或铁锈色犹似兔毫状的流纹。另外，建窑兔毫制品胎中 Fe_2O_3 的含量超过了 7%（表 6－2－1，第 27、28 号），在高温时部分铁质熔入釉中，它对兔毫的形成可能有一定影响。例如在釉层较薄处容易形成密集的兔毫状流纹；又如在盏边，釉流失较多，釉层较薄，胎对釉色的影响较为显著。兔毫釉的毫毛状流纹中的晶体析出情况，还因其铁质含量与冷却条件的不同会有较大的差别。由于流纹中铁的氧化物的含量比釉玻璃体中高得不多，因此不具备长成较大的粒状、块状、雪花状或树枝状晶体的条件，而只能将小颗粒或微晶形态的赤铁矿析出，一般在铁质流过的痕迹处及流纹的边缘处铁的氧化物浓度较高，容易析晶，因而在该处晶体通常析出成条状和带状，而在其周围以更小的颗粒状赤铁矿晶体析出。如果在条件适宜以及在釉玻璃体表面张力的影响下，则可形成以小赤铁矿晶体为界线的鱼鳞状结构[38]。

有学者认为，兔毫的形成还与所施底色料水有关。因为宋代建窑所烧造的盏往往用赭石（赤铁矿）料水先施在坯上作底色（又称褐色无光釉），然后罩黑釉，其目的是遮盖浅的胎色和粗糙的胎面，当融化的黑釉与富铁的底色产生亲和作用后能增加黑釉的色度、均匀性和光洁度。出土实物资料表明，盏面上兔毫多且清晰者，器盏胎骨的底色（褐色无光釉层）也较厚而色深；胎骨底色层薄而色淡者，兔毫相对少或完全没有，这就表明兔毫的形成与所施底色有关，只有坯体上的料水层达到一定厚度，黑釉的呈色才趋于稳定，才有利于兔毫的形成[44]。

兔毫纹的金、银、黄、灰、玉等各种不同色调，主要取决于烧成气氛、升温速度、保温时间等工艺条件。兔毫纹实际上是由大量铁的小晶体，包括赤铁矿（Fe_2O_3）、磁铁矿（Fe_3O_4）或两者的混合物构成。如果窑内还原气氛较强，兔毫纹中磁铁矿晶体含量较高，晶体尺寸较大且平行于釉面生长，就有强烈的金属光泽而形成银兔毫；如果烧成时窑中氧化气氛较强，兔毫纹中赤铁矿晶体含量较高，那就会出现两种情况：如果晶体尺寸较小，且杂乱生长，没有反光，就形成黄兔毫；如果晶体尺寸较大，有强烈的金属光泽，就形成金兔毫。还有一种灰兔毫，那是富铁液相中的 Fe_2O_3 由于某种原因而来不及析出，而大量钙长石晶体露出釉面。钙长石晶体的铁含量很低，又没有反光，人眼看来呈灰色或淡绿色，形成灰兔毫[43]。玉兔毫的形成原因是钙长石晶花在釉面或近釉面析晶，使入射光产生反光散射或内散射所致[45]。

（三）曜变

宋建窑曜变是在釉面上有直径大小不等、状如豹皮的圆形和椭圆形斑点，斑点之间，特别是其周围有薄的干涉膜，同时有些地方从口沿到碗底方向上出现流畅的兔毫纹。由于薄膜干涉的物理光学现象，动态地从不同的角度观察时，毫纹可以产生出整个可见光谱所含有的异常艳丽的彩色变异。阳光照射下，由于内反射，釉层会放出宝光或佛光，例如放出黛绿色光，转动中不时出现小珠状包裹体放出蓝紫色光，或旋动中时强时弱地闪动，或放出暗棕色光。观察方向改变，辉光面积也改变，但辉光的色彩不变，仍维持为蓝色。当把碗转向日光，釉上蓝色辉光浮动，斑点显示黄色。有的还随入射光方向而变，如果垂直地看这些斑点，它们呈蓝色；倾斜看，金光闪闪。宋代福建建窑和四川涂山窑都能烧造，但技术难度很大，存世稀少。

宋四川涂山窑曜变，器皿内侧的釉面，在散射光照射下呈黑棕色；在直射光照射下，闪现许多由红、金、黄、绿、蓝、紫色的色环围绕的色斑；当改变观察角度时，部分釉面的色环和色斑会消失并呈黑棕色，而另一部分釉面则会闪现出色环和色斑。器皿外侧的釉面，无论是在散射或直射光照射下，还是从各种角度观察，釉面均呈黑棕色。

对于曜变的成因大致有三种说法：一是气泡说；二是薄膜干涉说；三是烧成条件说。

气泡说者认为，曜变天目是以铁着色的黑釉，釉中 Fe_2O_3 含量约占 6%。在升温过程中，伴随 Fe_2O_3 的高温分解，放出了许多氧气，使已经熔融的釉层封闭了许多大小不等的气泡，当温度继续升高。黏度降低时，釉层的气泡逐渐长大合并，继而逸出釉层，使釉面形成许多凹坑。在界面能力的影响下，气泡周围富集了许多铁，当气泡逸出釉面破裂时，造成凹坑处铁的过饱和，釉冷却后，该处便析出许多微小的晶体群，这便是斑点的发源地。经高倍电镜分析，斑内晶体主要含有 $\alpha-Fe_2O_3$ 和 $\gamma-Fe_3O_4$，前者为棕红色，后者呈棕黄色。曜变是气泡逸出釉面的过程中，在液—气相界上伴随产生晶体核化过程的痕迹，因此气泡的大小和形状就决定了斑点的大小和形状[46]。

薄膜干涉说者认为，曜变釉的化学组成与一般古代黑釉无明显差别，但器皿内侧显示色环和色斑的釉面表层有一层厚度为零点几微米到几微米的薄膜。薄膜中分散相球粒的粒径为 0.2 微米～0.5 微米，略小于可见光的波长（0.2 微米～0.76 微米），因此当光线通过薄膜时将因 Tyndall 效应产生散射。但薄膜并非完全透明，而是存在一定的乳浊，根据瑞利（Rayleish）散射公式，散射光强度除与入射光波长的 4 次方成反比、与散射粒子体积的平方成正比外，还与单位体积中的散射粒子数成正比，即散射光强度与受散射的总次数有关。此外，由于薄膜中分散相球粒的粒径与可见光波长相近，还可能产生衍射效应及光从球粒表面反射。但是由于膜非常薄，平均厚度小于 1 微米，且膜中分散相球粒并不密集，有相当部分可视为均匀玻璃体。入射光通过薄膜时受到散射（或衍射和反射）的概率较小，受散射的总次数较少，可见光中各种波长的光通过薄膜时，受散射的程度也不完全相同，因而通过薄膜的透射光仍有相当的强度以产生光的薄膜干涉。有薄膜的釉面，发生了 SiO_2 向表面转移、Al_2O_3 和 Fe_2O_3 向釉面下转移、SiO_2 含量在表面相对增大。成分分析也表明，薄膜和膜下釉层的组成是不一致的。电镜观察表明，前者为有分散相球粒的亚稳分相和均一玻璃体，后者为两连续相互穿插的不稳分解分相，由于同一部位的釉表面及表面下釉层的冷却条件基本相同，因而釉表面和表面下釉层的组成差别导致两者结构上的差异可能是薄膜形成的主要原因[47]。

烧成条件说者认为，建窑曜变天目的釉与其他建盏釉一样，差别只在烧成条件上，它一定是在很难知道的烧结条件下产生的而且极难重复[48]。

（四）黑釉斑点

宋代建窑黑釉斑点装饰分为黑釉白斑和黑釉金黄斑两种。黑色底釉的着色剂主要是 Fe_2O_3，含量范围一般为 4.5%～5.0%，低于胎中 Fe_2O_3 的含量。黑釉白斑装饰的白色斑点，其含 Fe_2O_3 比底釉低 1% 左右，其装饰方法是用毛笔将白釉点在黑釉表面，釉点较厚。黑釉金黄斑点是用毛笔将高 Fe_2O_3 的釉点在黑釉上，釉点薄，釉的 Fe_2O_3 含量则高于底釉约 2%。出土实物资料中未烧熟的釉和胎色呈褐红色，表明宋代建窑斑点黑釉装饰器物入窑烧成时，在釉熔化以前烧氧化焰或弱还原焰；成品的黑色胎表明后期烧重还原焰[48]。

有的研究者把宋代建窑黑釉中的斑点装饰视为“鹧鸪斑”，不妥。因为宋代建窑斑点装饰是在施黑釉的基础上，以笔蘸取高铁含量的泥浆点成斑后，入窑烧成带黄色或铁锈色斑的装饰，由于点缀斑点时属信手施点，其斑点大小、形状、排列、密度均无定则而与鹧鸪鸟胸羽上的斑点样式风马牛不相及。鹧鸪鸟胸羽上独特的正圆如珠的斑点，恰与宋代建窑油滴釉那种闪烁着银灰色金属光泽的圆斑特征相符。另外，宋代油滴装饰的制作工艺难度也要比宋代建窑的黑釉斑点装饰的工艺难度大得多。

（五）窑变天目

从化学组成来看，宋代吉州窑虎皮、玳瑁、剪纸贴花等窑变天目釉多为灰釉，有的属灰—碱釉。吉州窑窑变天目釉中的锰和磷含量都特别高。例如，其五个标本（表 6－3－1，第 55～59 号）釉中 MnO 含量在 0.79%～1.52% 之间波动，平均为 1.08%；釉中 P_2O_5 含量在 1.67%～2.73% 之间波动，平均为 2.02%。由于在自然界中不存在锰和磷含量都特别高的草木灰，因此有学者推断，吉州窑天目釉中的 MnO 除一部分来源于草木灰外，主要是从一种含铁、锰较高的天然矿物中引入的。这种矿当地叫“蓝砂矿”，据说产于青原山中，它是一种直径约 1 厘米的棕黑色球核[49]，其化学组成见表 6－3－1，第 103 号。釉中的 MgO 主要来源于某些含镁较高的草木灰，例如桐树叶、蒲草和芝麻秆一类的植物灰[49]。按照《青原山志》卷十二“东昌窑”条记载：相传宋代吉州窑的窑变天目釉，“以鸡岗龙坪昵土，淋麻灰汁而重函以煏之”而成。有学者则认为，宋代吉州窑天目釉用桑、桐树叶、松灰（窑灰）、塘泥配釉[50]。

宋代吉州窑的窑变天目釉一般由底釉和面釉构成，所施釉有黑釉、黄釉和白釉三种，它们的化学组成和高温黏度都不相同。高温黏度大的黑釉一般用作底釉，高温黏度小的黄釉和白釉，则用作面釉。面釉通过洒、滴、涂、浇等不同手法施加于底釉之上。施加面釉时，通过控制面釉釉浆的浓度、釉滴的大小和流通度以形成各种不同形状和大小的斑块。用于麻点釉的白釉浆是滴小浓浆；鹧鸪斑是滴大而不稀的釉浆；玳瑁则釉浆流成斑块，流通度再大的釉浆则成虎皮。烧成温度为 1220℃～1290℃，烧成气氛既有还原也有氧化，视不同窑位而异。在烧成过程中通过流淌、渗透、扩散、交融、化学反应及液相分离等一系列复杂的物理—化学过程，在釉面形成千姿百态、色调多变的玳瑁、虎皮、油滴、兔毫等各种斑块和流纹[51]。也有学者认为，吉州窑特有的鹧鸪斑、玳瑁、兔毫等釉色乃是由于釉中的 Fe_2O_3 和 P_2O_5 对釉的不混溶性造成的液相分离，随着釉中的 Fe_2O_3 和 P_2O_5 的含量及烧成条件的变化而形成的[75]。

（六）剪纸天目和木叶天目

剪纸天目和木叶天目则通过特定工艺制作而成。剪纸天目是先在坯上施加一层黑色底釉，再把剪纸纹样贴在底釉上，接着在未被纹样遮住的部分施加一种高温黏度较低而色调较淡的面釉，然后把剪纸纹样揭去，烧成后在色调较浅的背景上显示出黑色的剪纸纹样。贴印的剪纸，形式多样，有的折叠纸张剪出对称的纹样，有的用线钉在一叠纸上来剪，有的用牛、羊油与蜡煎成胶状倾入浅木盒内，待其冷却后，再将纸放在油蜡胶上，用尖刀扦切纹样。凡“龙灯”、“竹马”、“走马灯”之类，而非对称的纹样，多用扦切法。另外还有独立剪纸，它是不规则的，像绘画一样生动。利用体视显微镜观察可以发现，吉州窑剪纸纹样处的釉层断面只有一层黑釉，而剪纸纹样以外的釉层断面则有两层，上层是浅黄色的彩，下层是黑色底釉[51]。

宋代吉州窑木叶天目烧造技术已经失传。有学者认为：木叶纹是先在坯上施加一层黑釉底釉，然后贴上经特殊处理而留存下来的木叶脉络，再全部荡黑釉，当木叶脉络撕去时，纹样就显现了[52]。有的学者推测：先在坯上施加一层黑釉，然后在经过特殊处理而留存下来的木叶脉络上施加一种高温黏度较低而色调较淡的釉，再把它贴在底釉上，烧成后的木叶脉络的釉色和底釉不一样，于是纹样就显现出来了。由于在干燥和烧成过程中，叶片容易发生翘曲变形，所以烧成后成品的叶片形状往往不太完整，叶脉非常清楚的也很少。吉州窑木叶天目的黑色底釉和木叶脉络的面釉在显微结构上完全不同，前者是一般的玻璃釉，而后者则含有大量的钙、镁、硅的氧化物所构成的透辉石[51]。研究者用体视显微镜对木叶纹的观察表明，木叶纹的细部亦系由乳白色或蓝白色的斑点流纹所构成，这表明木叶纹的形成与木叶灰的作用有关[49]。

据实验研究，木叶天目装饰的形成，与木叶自身的化学组成有关。研究者对自然界常见的三十种木叶经过处理后进行能谱分析，并将它们分别施在成功仿制吉州素天目的坯釉上，并按照素天目的烧成制度予以试烧后，发现了下述规律：Mg、Si、Fe、P、Ca 是构成木叶纹样的必不可少的元素。只有具备上述元素，而且这些元素在叶脉和叶片内的分布有明显差异的木叶才能构成清晰的纹样。典型的数据是叶脉中钙的净积分约比同条件下叶片中钙的净积分高一倍，而硅则低一倍；基本上满足上述条件，但叶脉中含钾量很高（对叶片而言），则这组木叶只能获得木叶的轮廓。吉州窑木叶盏上纹样的色彩，大体上是以黄、绿为基本色调和以黄、红为基调的两类。实验结果表明，木叶中的铁及 Cr 是主要着色剂，如果木叶中含 Mn 过多则往往使纹样灰暗，而失去吉州窑产品的风格[53]。有学者认为，宋代吉州窑木叶天目所选用的木叶可能是幼嫩的桑叶[51]；有学者则认为是菩提树叶[54]。宋代山西平定柏井窑出土的剪纸天目装饰大盘，则是在黑釉中露出胎质白色的花纹，其工艺如下：把剪或刻好的纸花在湿坯上摆好位置，用毛笔蘸水由花的中间向外压，把纸花紧紧地贴敷在坯体上，等表面水汽稍却，再蘸上化妆土或釉料，到不粘手时用镊子把纸花剥去，烧成后就在制品上现出剪纸纹样[55]。

十二、铜绿釉和花釉

铜是一种变价元素，用氧化焰烧成时可呈绿色。高温铜绿釉首现于唐代，宋代广西容县窑的部分也采用高温铜绿釉工艺。唐代（长沙窑、邛崃窑）铜绿釉和宋代（容县）铜绿窑一样，虽然两者都属 SiO_2—Al_2O_3—CaO 系统的高温铜绿釉，但是它们的外观却不一样，唐代长沙窑和邛崃窑的铜绿釉高度乳浊且没有纹片[56]；宋代容县窑高温铜绿釉呈透明或略带乳浊且有纹片[33]。宋代广西容县窑高温铜绿釉外观呈透明或略带乳浊的成因大致如下：（1）唐代高温铜绿釉的硅、铝比较高，例如唐代长沙窑高温铜绿釉标本（表 5－3－1，第 28 号）釉中 SiO_2 含量为 57.80%、Al_2O_3含量为 8.13%，其硅、铝比为 7.11。宋代容县窑高温铜绿釉标本（表 6－3－1，第 92 号）釉中的硅、铝含量比较低，釉中 SiO_2含量为 58.69%、Al_2O_3含量为 14.09%，硅、铝比为 4.17。而硅、铝比高的高温釉在烧成温度偏低的工艺条件下容易出现液相分离。（2）唐代邛崃窑和长沙窑的乳浊绿釉中 P_2O_5 含量特别高。唐代长沙窑乳浊绿釉标本（表 5－3－1，第 28 号）釉中 P_2O_5 含量为 2.31%，宋代容县铜绿釉标本（表 6－3－1，第 92 号）釉中 P_2O_5 含量为 1.17%，即宋代容县铜绿釉中 P_2O_5 含量仅为唐代长沙窑乳浊绿釉中 P_2O_5 含量的 49.35%。P_2O_5 含量高有利于液相分离的产生，而且一定含量的 P_2O_5 本身也是乳浊剂。（3）唐代长沙窑乳浊绿釉中（表 5－3－1，第 28 号）还含有 0.4% 的 SnO_2。SnO_2 是一种乳浊剂，宋代容县铜绿釉则不含 SnO_2。（4）长沙窑乳浊釉中还含有大量钙长石析晶，这些析晶也会在一定程度上产生乳浊感[56]。

宋代严关窑花釉的风貌与唐代花釉有所不同，唐代花釉多以黑釉（或褐黄釉或茶叶末釉）为底釉，以天蓝或月白釉为面釉。宋代严关窑花釉则以乳白釉为底釉，以酱色釉为面釉；或以酱色釉为底釉，以乳白釉为面釉。宋代严关窑花釉属灰釉，釉中 CaO 含量高达 16.95% ~22.66%（表 6-3-1，第 13~15 号）。宋代严关窑花釉样品中的乳白釉不论是做底釉还是做花釉，它们的钙含量很接近（表 6-3-1,第 14、15 号）（19.14% ~20.87%），差异仅在 1.73% 左右。而酱色釉就不同，在做底釉时，其钙含量比同一样品上的乳白釉低 1% ~2%，而做花釉时，则钙含量要比乳白釉高 2% 左右。这充分说明，当时工匠在配乳白釉时，不管做底釉用还是做花釉用，其石灰的加入量基本相同，约 20%。而酱色釉料中的石灰加入量就不同，当它施作花釉时，其石灰加入量要比乳白釉多加约 2%；当它施作白釉时，则要比乳白釉少加 1% ~2% 的石灰。其结果是当样品入窑烧至烧成温度时，花釉的相对黏度比底釉要小一些，所以花釉会适度向下流动，并会与底釉相互不均匀熔合。由于两釉不同含量铁离子的相互扩散，从而产生千变万化的花釉。

严关窑乳浊釉瓷样品的乳浊花釉，都具有液—液分相结构，釉中大量微米级不混溶液滴是导致使其釉乳浊失透的根本原因。釉的不混溶相组成特征是孤立相富含 SiO_2，贫含碱土金属氧化物（CaO + MgO）、Fe_2O_3、TiO_2，而连续相富含碱土金属氧化物（CaO + MgO）。乳浊花釉分相液滴粒度都呈对数正态分布，而且孤立相液滴浓度较大，因此它们对整个可见光波段会产生散射。加上釉中 Fe^{2+} 的存在，故釉外观呈乳白带青色。酱色花釉的孤立相液滴直径为 31 微米 ~246 微米，它们的粒度分布峰值分别为 85 微米和 119 微米，因此只对短波长的可见光产生散射，再加上烧成时花釉的流淌与乳白底釉的不均匀混溶，以及两釉不同浓度着色离子的相互扩散，使样品釉形成乳浊花釉装饰外观[57]。

十三、低温铅釉

宋、金观台磁州窑和吉州窑采用过低温铅釉工艺。

宋、金观台磁州窑铅釉大致有两种类型：一是“二次铅釉”，即表面为一层绿色铅釉，铅釉下面是一层透明的高温釉；二是单层低温铅釉，其中有的在铅釉表面有多种颜色，即所谓的“三彩器”。单层低温铅釉直接施在胎的表面；“二次铅釉”施在烧成了的高温釉面之上。无论是单层低温铅釉还是“二次铅釉”，都是非常均匀的玻璃体，具有非常均匀的结构，几乎不含有杂物。“二次铅釉”中的绿釉和大部分单层铅釉器物的厚度一般在 0.1 毫米 ~0.2 毫米之间波动，多数“二次铅釉”瓷器样品都施有化妆土。宋、金观台磁州窑铅釉直接施用的是生料，当时尚未启用熟料技术。铅釉器都是二次烧成，烧成温度范围大多在 700℃ ~750℃之间，只有黄色铅釉可达 800℃。宋、金观台磁州窑绿铅釉的原料可能是富含 SiO_2、含较低 Al_2O_3的富硅矿物，作为着色剂的铜的含量在 3% ~4% 之间，铁的含量则在 0.3% ~0.5% 之间；黄色铅釉的原料可能是富含铁的黏土[58]。宋代吉州窑绿釉是一种以铜为着色剂的低温铅釉，釉中除含 PbO 和 CuO 外，还含有约 2.54% 的 SnO 和 0.07% 的 ZnO[49]。

表6－3－1　宋、辽、金瓷釉的化学组成

编号	名称	成分（%）										参考文献
		SiO_2	Al_2O_3	Fe_2O_3	TiO_2	CaO	MgO	K_2O	Na_2O	MnO	P_2O_5	
1	“太平戊寅”款越窑青瓷釉	58.76	14.91	1.61	0.74	17.38	3.37	1.37	0.99	0.54	—	〔59〕
2	南宋郊坛下官窑3号青瓷釉	63.52	12.72	1.41	0.25	16.59	0.003	4.55	0.12	—	—	〔60〕
3	南宋郊坛下官窑119号青瓷釉	61.70	12.47	1.17	0.57	17.09	1.09	4.23	0.00	—	—	
4	南宋老虎洞窑908号青瓷釉	62.05	11.38	1.96	0.31	18.14	1.28	3.83	0.0001	—	—	
5	南宋老虎洞窑902号青瓷釉	62.07	11.97	1.86	0.23	16.53	1.10	5.35	0.0001	—	—	
6	宋湖田窑S9－2号青白瓷釉	66.68	14.30	0.99	痕量	14.87	0.26	2.06	1.22	0.10	0.51	〔61〕
7	宋湘湖窑S10－1号青白瓷釉	67.26	17.08	0.93	0.12	10.05	1.90	2.27	0.31	0.15	—	
8	宋容县窑XT5铜绿釉	58.69	14.09	1.30	0.07	15.37	1.91	3.59	0.22	0.55	1.17	〔33〕
9	宋容县窑XG2青釉	64.81	14.35	0.99	0.06	13.01	1.82	3.85	0.10	0.34	1.13	
10	宋容县窑XY3青白釉	63.28	14.31	0.99	0.05	15.27	1.45	3.53	0.07	0.34	1.05	

续表

编号	名称	成分（%）										参考文献
		SiO_2	Al_2O_3	Fe_2O_3	TiO_2	CaO	MgO	K_2O	Na_2O	MnO	P_2O_5	
11	北宋中期龙泉大窑DL－1青釉	59.37	15.96	1.80	0.39	16.04	2.04	3.43	0.32	0.62	—	〔13〕
12	南宋早期龙泉金村SL－1青釉	63.25	16.82	1.42	0.23	13.00	1.09	3.26	0.57	0.43	—	
13	宋严关窑SY3乳白底釉	65.27	7.80	2.50	0.88	19.14	2.00	1.45	0.08	0.08	1.04	〔57〕
	宋严关窑SY3酱色花釉	59.28	7.91	6.18	0.81	21.04	2.04	1.64	0.22	0.14	1.34	
14	宋严关窑SY5酱色底釉	61.24	8.91	7.37	0.79	16.95	2.01	1.60	0.08	—	1.78	
	宋严关窑SY5乳白花釉	64.13	7.34	2.28	0.79	19.58	2.16	1.71	—	0.10	1.80	
15	宋严关窑SY8乳白底釉	65.34	6.35	1.99	0.72	20.87	2.07	1.61	0.11	—	1.14	
	宋严关窑SY8酱色花釉	55.86	7.58	8.71	0.77	22.66	2.22	1.65	—	0.14	1.28	
16	宋温州窑OT6褐彩青瓷釉	58.00	15.40	2.00	0.70	15.80	2.70	1.90	0.70	1.60	0.70	〔62〕

续表

编号	名　　称	成　分（%）										参考文献
		SiO_2	Al_2O_3	Fe_2O_3	TiO_2	CaO	MgO	K_2O	Na_2O	MnO	P_2O_5	
17	宋代汝官窑R339G青瓷釉	61.57	14.94	1.87	0.14	15.80	—	4.01	—	0.17	—	
18	宋代汝官窑R39G青瓷釉	61.73	16.13	1.87	—	14.03	—	4.52	—	0.08	—	
19	宋代汝官窑R291G青瓷釉	65.40	14.88	1.59	—	11.42	—	4.91	—	0.12	—	〔63〕
20	宋代汝官窑R330G青瓷釉	62.64	15.75	1.90	—	13.59	—	4.28	—	0.16	—	
21	宋耀州窑71号青瓷釉	67.33	12.92	2.23	0.19	11.99	1.80	2.71	0.24	0.088	0.74	
22	宋耀州窑66号青瓷釉	64.86	13.20	2.10	0.23	13.88	2.13	3.00	0.32	0.10	0.75	〔64〕
23	宋耀州窑68号青瓷釉	65.65	13.13	1.98	0.19	13.06	1.86	3.07	0.23	0.095	0.75	
24	宋临汝LR－1青瓷釉	67.01	14.70	1.48	0.33	9.19	0.77	3.58	1.52	0.09	0.37	〔5〕
25	宋临汝LR－2青瓷釉	66.70	15.33	1.76	0.29	8.62	0.73	3.77	1.72	0.05	0.38	
26	宋钧台窑G－1瓷釉	70.74	10.07	2.06	0.43	10.30	0.91	4.70	0.33	0.07	0.44	
27	宋钧台窑G－2瓷釉	71.97	9.50	1.85	0.32	9.39	0.79	3.69	0.03	0.05	—	〔65〕
28	宋钧台窑G－5瓷釉	70.66	9.46	1.75	0.36	10.56	0.81	3.84	0.55	0.07	0.28	

续表

编号	名称	成分（%）										参考文献
		SiO_2	Al_2O_3	Fe_2O_3	TiO_2	CaO	MgO	K_2O	Na_2O	MnO	P_2O_5	
29	南宋中晚期龙泉 SSL－1 淡粉青釉	69.16	15.40	0.95	—	8.39	0.61	4.87	0.32	—	—	〔13〕
30	南宋晚期龙泉 48 号淡粉青釉	67.97	14.79	—	0.32	9.07	0.72	4.43	0.02	—	—	
31	南宋晚期龙泉 49 号粉青釉	66.97	14.71	1.01	0.14	11.51	0.65	4.26	0.54	0.20	—	
32	南宋晚期龙泉 S3－1 梅子青釉	65.63	15.92	1.10	—	9.94	0.86	5.06	1.12	0.32	—	
33	南宋晚期龙泉 S3－2 号虾青釉	65.73	14.58	2.30	0.10	9.74	0.92	4.94	1.27	0.20	—	
34	北宋龙泉 NSL－1 青釉	63.25	16.82	1.42	0.23	13.00	1.09	3.26	0.57	0.43	—	〔4〕
35	南宋龙泉 S3－3 号青釉	66.66	14.28	0.99	0.03	11.34	1.17	4.35	0.99	0.36	—	
36	宋武昌青山窑 1 号白瓷釉	71.50	14.70	0.70	0.20	6.10	0.50	5.20	0.20	0.10	0.20	〔66〕
37	宋武昌青山窑 2 号白瓷釉	71.10	14.00	0.90	0.20	7.40	0.80	4.70	0.10	0.10	0.10	
38	宋武昌青山窑 3 号白瓷釉	71.10	13.50	0.70	0.20	8.90	0.90	3.40	0.10	0.20	0.40	
39	宋金凤窑 23 号细白瓷釉	73.08	15.46	0.49	0.04	4.19	0.76	1.31	3.59	0.04	0.54	〔67〕
40	宋金凤窑 25 号细白瓷釉	71.42	14.24	0.96	0.11	5.80	1.17	2.64	2.51	0.09	0.56	

续表

编号	名　　称	成　分（%）										参考文献
		SiO_2	Al_2O_3	Fe_2O_3	TiO_2	CaO	MgO	K_2O	Na_2O	MnO	P_2O_5	
41	宋代耀州窑 Y1 青瓷釉	71. 58	14. 42	1. 94	0. 37	5. 58	1. 55	3. 05	0. 56	0. 05	0. 47	〔5〕
42	金代耀州窑 28 号青瓷釉	71. 03	13. 29	2. 58	0. 24	7. 54	1. 76	2. 53	0. 27	0. 041	0. 87	〔64〕
43	金代耀州窑 29 号青瓷釉	73. 18	15. 14	1. 57	0. 19	4. 87	1. 38	3. 23	0. 38	0. 031	0. 36	
44	辽早期北京龙泉务窑 LB11 白瓷釉	67. 70	14. 20	0. 80	0. 10	7. 80	4. 00	1. 30	3. 10	0. 12	0. 30	〔9〕
45	辽中期北京龙泉务窑 LB14 白瓷釉	70. 10	15. 20	0. 90	0. 20	4. 60	3. 40	3. 10	1. 80	0. 10	0. 20	
46	辽晚期北京龙泉务窑 LB19 白瓷釉	72. 60	16. 90	0. 30	0. 30	0. 80	0. 50	3. 10	4. 80	0. 03	0. 05	
47	金北京龙泉务窑 LJB2 白瓷釉	72. 30	17. 40	0. 40	0. 40	1. 50	1. 20	1. 70	4. 30	0. 04	0. 30	
48	金北京龙泉务窑 LJB4 白瓷釉	72. 70	17. 70	0. 40	0. 40	1. 10	1. 50	1. 50	4. 10	0. 04	0. 08	
49	宋宝丰清凉寺民窑 R688 G 青瓷釉	74. 12	12. 46	1. 21	0. 13	5. 87	—	4. 59	—	0. 12	—	〔62〕
50	宋宝丰清凉寺民窑 Mry5 青瓷釉	71. 48	12. 84	1. 26	0. 14	7. 20	—	4. 48	—	0. 09	—	〔68〕
51	宋宝丰清凉寺民窑 Mry3 青瓷釉	67. 23	14. 40	2. 35	0. 23	8. 31	—	4. 89	—	0. 09	—	

续表

编号	名称	成分（%） SiO_2	Al_2O_3	Fe_2O_3	TiO_2	CaO	MgO	K_2O	Na_2O	MnO	P_2O_5	参考文献
52	北宋观台窑 Sc－1 白地黑花釉	69.62	18.01	0.37	0.31	4.72	1.02	3.60	2.24	—	0.11	〔69〕
53	北宋观台窑 Sc－2 白地褐花釉	69.39	18.47	0.48	0.34	4.83	1.34	2.86	2.14	—	0.15	
54	北宋观台窑 Sc－4 彩绘黑花釉	72.29	16.65	0.31	0.24	4.06	0.63	3.72	2.01	—	0.13	
55	宋吉州窑 Jz5b 虎皮天目黑釉	—	—	6.02	0.51	7.71	2.77	4.67	0.39	0.93	1.90	〔49〕
56	宋吉州窑 Jz5y 虎皮天目黄釉	—	—	5.49	—	12.47	4.03	4.20	0.35	1.52	2.73	
57	宋吉州窑 Jz25b 玳瑁天目黑釉	59.27	14.36	5.44	0.69	9.21	2.77	4.75	0.35	1.12	1.67	
58	宋吉州窑 Jz25y 玳瑁天目黄釉	—	14.60	4.89	0.69	12.55	2.74	4.19	0.35	1.04	1.79	
59	宋吉州窑 Jz18 剪纸贴花花釉	58.43	14.28	7.72	0.51	7.49	2.88	5.04	0.40	0.79	2.02	
60	北宋定窑 Ds－1 白瓷釉	72.14	17.52	0.75	0.19	3.92	2.32	1.97	0.48	0.03	0.32	〔6〕
61	北宋定窑 Ds－2 白瓷釉	68.90	20.02	1.06	—	3.77	2.09	2.40	0.36	—	—	
62	北宋定窑 Ds－3 白瓷釉	70.60	18.50	0.97	—	3.79	2.06	2.43	0.28	—	—	
63	金定窑 Dj－3 白瓷釉	71.18	19.66	0.61	0.45	4.45	1.62	1.63	0.27	—	—	

续表

编号	名　　称	成　分（%）										参考文献
		SiO_2	Al_2O_3	Fe_2O_3	TiO_2	CaO	MgO	K_2O	Na_2O	MnO	P_2O_5	
64	宋建阳芦花坪窑22号油滴釉	70.00	14.90	3.40	0.40	4.70	0.70	3.60	0.40	0.40	1.00	〔70〕
65	宋临汾油滴釉4号碗	68.63	13.38	4.17	0.87	4.28	1.88	4.32	1.05	0.09	—	〔59〕
65	宋建阳芦花坪窑21号羽毫釉	61.80	17.70	5.00	0.40	7.50	1.70	2.90	0.60	0.60	1.20	〔38〕
66	宋建阳水吉窑11号黑釉	60.81	17.94	6.46	0.55	6.36	1.86	3.10	0.05	0.75	1.36	〔71〕
67	宋建阳水吉窑12号黑釉	60.84	19.66	8.66	0.50	5.08	1.69	3.00	0.01	0.51	1.14	
69	宋建阳水吉窑10号黑釉	62.13	19.32	5.41	0.50	6.50	1.54	3.16	0.06	0.35	0.84	
70	宋临安天目窑LT0黑釉	63.55	14.83	7.86	0.62	7.29	1.74	2.34	0.99	0.48	0.68	〔72〕
71	宋临安天目窑LT2黑釉	60.81	13.33	8.20	0.77	9.36	3.20	1.87	0.41	0.63	1.25	
72	宋临安天目窑LT3黑釉	59.61	12.79	7.19	0.67	11.84	2.20	2.06	0.80	1.91	1.12	
73	宋临安天目窑LT4黑釉	59.21	11.95	8.52	0.45	11.03	2.08	2.12	0.94	2.56	0.94	
74	宋涂山窑曜变釉	68.49	13.94	5.14	1.53	3.98	1.79	3.61	0.28	0.10	0.76	〔47〕

续表

编号	名称	成分（%）										参考文献
		SiO_2	Al_2O_3	Fe_2O_3	TiO_2	CaO	MgO	K_2O	Na_2O	MnO	P_2O_5	
75	辽金北京龙泉务窑 LB5 茶叶末釉	65.80	12.10	3.90	0.70	10.00	1.70	1.80	3.00	0.09	0.20	〔35〕
76	辽金北京龙泉务窑 LB7 茶叶末釉	67.40	12.30	4.60	0.70	8.00	1.70	2.50	2.00	0.009	0.20	
77	辽末金初龙泉务窑 LH11 酱釉	65.30	17.40	6.60	1.20	1.80	1.50	2.50	2.90	0.09	0.30	
78	辽中期龙泉务窑 LB6 酱釉	65.00	14.90	6.90	0.80	3.50	1.70	2.30	4.10	0.09	0.20	
79	辽末金初龙泉务窑 LH3 酱釉	63.40	16.70	7.80	1.00	3.00	1.70	1.90	3.80	0.12	0.10	
80	宋容县窑 XB6 酱釉	64.07	16.95	5.90	0.46	4.49	1.22	6.21	0.23	0.11	0.65	〔33〕
81	宋定窑 1 号酱釉	64.81	19.41	5.73	1.05	2.77	2.31	2.00	2.00	0.04	—	〔73〕
82	宋定窑 2 号酱釉	69.15	17.58	6.28	1.06	1.54	1.70	2.74	2.80	0.11	—	
83	宋耀州窑酱釉	69.70	15.44	5.05	0.98	3.55	2.06	3.31	0.62	0.09	—	
84	宋临城窑酱釉	65.56	17.44	5.30	0.86	4.53	2.13	2.83	0.80	0.09	—	
85	宋耀州窑兔毫 1 号釉	62.90	15.10	6.60	0.60	7.60	2.80	2.40	1.10	0.10	0.30	〔70〕
86	北宋建窑兔毫釉 192 号	58.66	20.59	3.22	0.69	6.85	1.92	3.72	0.74	0.82	—	〔38〕
87	北宋建窑黄兔毫釉 DJ2 号	59.50	18.40	6.60	0.60	7.90	1.60	2.50	0.60	0.60	1.20	〔45〕
88	北宋建窑黄兔毫釉 DJ4 号	59.60	19.00	5.70	0.50	7.70	2.10	2.50	0.40	0.50	1.50	

续表

编号	名　　称	成　分（%）										参考文献
		SiO_2	Al_2O_3	Fe_2O_3	TiO_2	CaO	MgO	K_2O	Na_2O	MnO	P_2O_5	
89	宋官钧 Y1－2 天蓝釉	71.86	9.71	1.95	0.36	9.36	0.91	4.48	0.57	—	0.68	〔26〕
90	宋官钧 Y1－5 玫瑰紫釉	70.45	9.50	2.16	0.37	9.52	0.95	4.28	0.52	—	0.68	
91	吉州窑绿釉	36.63	5.40	0.80	0.33	2.82	0.65	1.44	0.20	0.26		〔49〕
92	宋容县窑 XT5 铜绿釉	58.69	14.09	1.30	0.07	15.37	1.91	3.59	0.22	0.55	1.17	〔33〕
93	宋磁州观台窑 S38 铅釉	36.80	6.31	0.28	—	2.14	—	0.70	5.74	—	—	〔58〕
94	金磁州观台窑 S28 铅釉	29.47	6.45	1.67	—	1.00	—	0.33	0.17	—	—	
95	景德镇三宝蓬瓷石	73.70	15.34	0.70	—	0.70	0.16	4.13	3.70	0.04	—	〔61〕
96	河南灵头长石原矿	77.30	13.34	0.06	0.06	0.02	0.04	0.80	6.53	—	—	〔5〕
97	河南临汝黄长石	78.99	11.44	0.39	0.27	0.02	0.02	9.68	0.01	—	—	
98	河南召南长石原矿	67.60	18.23	0.10	—	0.29	0.02	10.51	3.67	—	—	
99	陕西料姜石	16.65	4.07	1.38	0.24	41.64	1.45	0.83	0.48	—	—	〔74〕
100	陕西富平釉石	65.33	12.12	1.25	0.20	6.60	3.30	2.49	1.37	—	—	
101	河南神垕木灰	20.78	4.13	1.35	0.32	34.12	2.98	3.93	0.32	0.26	1.94	
102	河南安阳釉石	69.58	17.62	0.15	0.13	3.26	1.59	0.43	5.95	—	—	〔59〕

续表

编号	名称	成分（%）										参考文献
		SiO_2	Al_2O_3	Fe_2O_3	TiO_2	CaO	MgO	K_2O	Na_2O	MnO	P_2O_5	
103	吉州窑釉用蓝砂矿	33.87	11.10	18.57	2.87	0.14	0.42	0.54	—	20.88	—	〔49〕
104	吉州窑釉用棕榈叶灰	39.74	2.68	1.16	0.36	10.92	5.29	26.81	0.09	0.10	8.02	〔49〕
105	吉州窑釉用竹灰	60.02	0.76	0.36	—	5.94	2.78	25.50	0.10	0.89	2.95	〔49〕
106	吉州窑釉用芝麻梗灰	—	—	1.20	0.27	19.56	5.37	29.51	1.39	0.76	1.38	〔49〕
107	吉州窑釉用蒲草灰	—	—	2.20	0.27	17.90	7.20	14.79	9.76	0.36	2.87	〔49〕
108	峰峰水治白釉土	70.60	17.10	0.52	0.18	4.34	0.83	0.83	5.51	—	—	〔7〕
109	钧台窑出土黑药渣	77.20	9.07	3.61	0.64	1.69	1.65	2.16	1.70	—	—	〔28〕

注：

第 26 号，宋钧台窑 G－1 天青釉中还含有 0.05% 的 CoO。

第 27 号，宋钧台窑 G－2 深青蓝釉中还含有 0.05% 的 CoO、0.01% 的 CuO。

第 28 号，宋钧台窑 G－5 紫红釉中还含有 0.02% 的 CuO。

第 74 号，宋涂山窑曜变釉中还含有 0.01% 的 CuO。

第 89 号，宋官钧 Y1－2 天蓝釉中还含有 0.01% 的 SnO_2。

第 90 号，宋官钧 Y1－5 玫瑰紫釉中还含有 0.91% 的 SnO_2、0.40% 的 CuO。

第 91 号，吉州窑绿釉中还含有 47.05% 的 PbO、2.45% 的 SnO、0.07% 的 ZnO。

第 92 号，宋容县窑 XT5 铜绿釉中还含有 2.88% 的 CuO。

第 93 号，宋磁州观台窑 S38 铅釉中还含有 52.08% 的 PbO、2.88% 的 CuO。

第 94 号，金磁州观台窑 S28 铅釉中还含有 61.08% 的 PbO、1% 的 CuO。

第四节 装饰技术

宋、金鹤壁集窑采用两层化妆土工艺能使样品釉面不开裂。宋、辽、金各大窑场主要采用紫口铁足、朱砂底、出筋装饰、黑釉粉杠、刻画花、印花、珍珠地划花、雕花、剔花、剔划花、低温色釉剔划花填彩、绞胎、高温釉上彩、釉下彩、青花、釉上彩、描金等装饰技法。

一、化妆土

从化学组成来看，宋、金北方磁州窑系一些窑场的化妆土分为两大类型：第一个

类型的化妆土中 Al_2O_3 含量非常高，Fe_2O_3 和 TiO_2 含量较低；第二个类型的化妆土中 Al_2O_3 含量较低，但是 Fe_2O_3 和 TiO_2 含量较高。

宋、金观台磁州窑、八义窑、扒村窑、焦作窑、当阳峪窑等所用化妆土属第一个类型。其六个标本（表6-4-1，第1~6号）中的 Al_2O_3 含量在37.93%~44.50%之间波动，平均含量为41.67%；但是 Fe_2O_3 和 TiO_2 含量较低，Fe_2O_3 含量在0.22%~0.96%之间波动，平均含量为0.65%；TiO_2 含量在0.35%~0.93%之间波动，平均含量为0.62%，接近纯高岭土的化学组成。这类化妆土的化学组成与唐、五代磁州窑和鹤壁集窑所用化妆土的化学成分较为接近，它是用一种经过精细加工，颗粒细，含钛、铁量比胎料低的高铝质黏土制成。

宋、金鹤壁集窑所用化妆土属第二个类型，Al_2O_3 含量比第一类低得多。其两个标本（表6-4-1，第7~8号）中的 Al_2O_3 含量在28.86%~32.53%之间波动，平均含量为30.70%；但是，Fe_2O_3 和 TiO_2 含量却比第一类高，其 Fe_2O_3 含量在1.47%~1.96%之间波动，平均含量为1.72%，TiO_2 含量在0.96%~0.99%之间波动。

宋、金鹤壁集窑化妆土的这种化学组成与其特殊用途有关，因为宋、金鹤壁集窑黑红彩瓷采用施加两层化妆土工艺。这两层化妆土的结构有明显差别，接近胎的一层化妆土的物相与胎接近，但颗粒较细、含铁量较低、化学成分也与胎接近，这一层原料可能是采用含铁量较低的胎泥；与釉相接的那一层，氧化铁颗粒更少，而且玻璃相很多，以促使其与釉的良好结合，并可减少釉层在烧成后所产生的应力，其原料可能是用第一层化妆土加釉料配成。金代大部分样品的化妆土也分两层，其结构与北宋样品相同[1]。由于有这两种结构的化妆土存在，使胎釉之间形成了良好的过渡，它不仅提高了陶瓷外观的白度，同时也减少了陶瓷在烧成冷却过程中釉层所受的应力，致使样品釉面不开裂[2]。

有学者认为，北宋磁州窑化妆土是用一种含钛、铁量比胎料低的高铝质黏土（Al_2O_3 含量为36%~38%）制成的[3]。宋代扒村窑黑彩白瓷胎中的化妆土是采用含铁量低的白色高铝较纯黏土制作而成的[4]。金代八义窑样品上施盖的化妆土是已精选过的高岭质黏土[5]。

表6-4-1　宋、金化妆土的化学组成

编号	名　称	成　分（%）								参考文献
		SiO_2	Al_2O_3	Fe_2O_3	TiO_2	CaO	MgO	K_2O	NaO	
1	宋观台磁州窑	54.16	37.93	0.96	0.93	2.69	0.21	1.79	0.80	〔2〕
2	宋扒村窑1号标本	49.10	44.50	0.90	0.80	1.50	0	2.50	0.60	〔4〕
3	金八义窑	51.90	43.34	0.62	0.35	1.07	—	2.27	0.48	

续表

编号	名　　称	成　分（%）								参考文献
		SiO_2	Al_2O_3	Fe_2O_3	TiO_2	CaO	MgO	K_2O	NaO	
4	宋焦作窑	57.97	38.62	0.22	0.40	0.64	0	1.78	0.36	〔6〕
5	宋当阳峪窑	54.66	41.12	0.28	0.49	1.11	0	1.69	0.80	
6	宋扒村窑 2 号标本	49.13	44.48	0.93	0.77	1.53	0	2.52	0.64	
7	北宋鹤壁集窑	65.40	28.86	1.47	0.99	0.79	0.43	1.80	0.80	〔2〕
8	金鹤壁集窑	60.55	32.53	1.96	0.96	0.90	0.46	1.90	0.52	

二、紫口铁足

南宋官窑和龙泉哥窑型黑胎青瓷器物的口沿往往形成紫口（即器皿口缘隐现棕红色），底部则出现铁足（即圈足无釉处呈黑色），其缘由大致如下：首先，胎中由于配入紫金土而含铁量特别高，露胎处的铁质在冷却时被氧化生成棕红色的紫口和棕黑色的铁足。其次，制备胎料和釉浆时所用的水是一般的河水，其中含有大量可溶性盐类和铁质，釉浆中所配入的釉灰也含有大量可溶性盐类。在干燥时这些盐类和铁质随着水分的蒸发而一起跑到生坯的表面上，在生坯的口沿和棱角处特别集中，在釉和露胎的交界处也很明显，在烧成过程中，这些可溶性盐类和铁质有一定的助熔剂作用和着色作用，使口沿露胎处成棕红色。再次，装烧垫饼往往用含铁量很高的耐火土制成，在高温烧成时，铁质垫饼扩散到底足处而形成铁足〔7〕。

有的学者则认为，南宋官窑的胎骨含铁质较高，其 Fe_2O_3 含量约为 3.6%，如此高含量的 Fe_2O_3 在还原焰烧成时，部分被还原成低价氧化铁而形成黑色的 Fe_3O_4 分布于胎中，因而还原较强的露骨部分，如底足呈黑色，即所谓“铁足”；胎骨还原作用较弱部分呈灰黑色，釉层较薄的器口透露的灰黑色略泛紫，即所谓“紫口”。在冷却过程中，底足黑色氧化铁虽受到空气的氧化，但因含量高，不足以影响黑色〔8〕。

三、朱砂底

朱砂底是南宋龙泉窑青瓷产品存在的普遍现象，它是指器底未上釉的部位烧成后呈现出黄色或红色的风貌。实验研究表明，当青瓷坯体内的氧化铁含量在 1.5% 以下时，制品烧成后未上釉的底部呈现白色或微黄色；如果氧化铁的含量在 1.5% ~2.5% 时，制品烧成后未上釉的底部就会呈现黄色或红色。由于南宋龙泉窑青瓷坯体的氧化铁的含量一般在 2.5% 左右，所以烧成后的龙泉青瓷未上釉的底部往往形成“朱砂底”。另外，在青瓷烧成过程中，由于 Fe_2O_3 与 $2FeO + 1/2O_2$ 是可逆反应，所以坯体中一部分的铁被还原为氧化亚铁——氧化铁被还原为氧化亚铁的数量与烧成制度有关，即与还原性气氛的强弱、还原期的起始和终结的温度、还原的时间长短和烧成后期的高温冷却速度等有关，也与原来坯体内所含氧化铁的数量有关。一般说来，如果青瓷采用氧化焰烧成时，制品未上釉的底部表面，必然产生朱砂色。但是，即使制品在还原焰中烧成，因烧成后期的高温冷却阶段窑炉内的气氛转为氧化的性质，制品底部未上釉的部位表面，依然会被氧化而形成“朱砂底”[9]。

四、出筋装饰

宋代龙泉窑青瓷的出筋装饰，往往应用于鬲炉器物。具体做法是在炉足外部塑上一条三角形的筋骨，烧成时筋骨上的釉层薄通过釉汁的流离作用在三角形的筋骨处显露出红色的瓷胎，以增加炉足的着力感，从而形成一种独特的装饰形式。有的陶工则是在利坯过程中，旋削出一条凸弦纹，或在转折处作一棱线，以达到“出筋”的装饰效果。还有一种葵口出筋装饰，其工艺流程如下：用白色料浆在碗的内壁画出 5 ~ 6 条垂直的竖线，自口沿至下腹再敷上一层釉，将画线覆盖于釉下。熔烧后，在玻璃釉下透出明晰的垂直的线痕，用手触摸有凸出釉面之感，这种装饰叫作葵口出筋。

五、黑釉粉杠

宋代磁州窑的黑釉粉杠装饰，先在坯体上通体施黑釉，后将需要装饰（往往作放射棱状分布）的部位的黑釉刮去，有时不惜削去一层胎体，然后在刮去的部分施白釉，因此常有黑白釉不相接或互相覆盖现象。完成制坯后，再用浆状化妆土堆贴于其上，从而形成长条状凸棱，其上再施透明釉。烧成后，凸线纹装饰在黑釉上呈放射状分布，庄重中露雅致[10]。

六、刻划印花装饰

宋代刻划印花装饰形式主要有：刻划花、印花、珍珠地划花、雕花等。

（一）刻划花

在坯体上用刀具进行刻划纹样以美化器物的一种装饰称为刻划花。宋代往往是刻花和划花两种装饰技法同时并用。刻花多用于纹样的轮廓线，使形象凸起；划花常用于纹样的细部刻划，形成阴刻效果。宋代刻划花所用线条大致有三种类型：一是斜角线，犹如国画十八描中的钉头鼠尾描，讲究用线的抑扬顿挫；二是月牙形，线条如同兰叶描，柔中见刚；三是铁线形，线条粗细均匀，酷似铁线描。为了突出纹样的形象完整清晰，常用斜角形线条刻划外轮廓，倾斜面在外，整齐面在内，形成纹样的主体投影。纹样的转折部分常用月牙形线条，而细部刻划和底纹、筋纹则多用铁线描。

宋代刻划花的刀笔运用有三种基本刀法，即斜刀法、正刀法和复刀法。斜刀法刻划是斜刀进入，沿纹样外轮廓线下刀，内侧用刀重，较为深凹；外侧用刀轻，较为浅薄，形成内深外浅的斜坡状。正刀法（又称直刀法）是竖刀进入（或铁、竹针划入），用力均匀，锋尖不偏不斜，尽量一刀刻下，而不重刀，以保持线条的流畅刚健。复刀法以篦状刻划工具刻复线，形成排列整齐的刻纹效果。刻划花中常见的水纹地、篦纹地、席纹地以及花叶筋脉均用复刀划之。宋代刻划的章法、刀法和笔法三者浑然一体。

宋代龙泉窑刻划花是在坯体成型后不久即开始进行的，这时坯体的含水量较高，操作较困难，因而纹饰必须简练概括。龙泉窑刻划花的操作大致有两种：一种是用侧刀一次就刻出具有斜坡状的线条，成为花纹的轮廓，内侧用刀重，较为深凹，外侧用刀轻，较为浅薄，因此同一条轮廓线条呈现出深浅浓淡粗细的不同变化。另一种方法是先用直刀刻出一条细线，然后紧靠此线外侧刻出斜坡状的宽面线条，这种分两步完成的刻划花的效果和前一种一刀刻成的相似，但仍更适合于含水率较高的坯体。

宋代耀州窑刻花是在五代划花和剔花手法基础上发展起来的，它采用直拐刀深刻，在坯胎上勾刻出纹样的大轮廓，再于深刻后的花纹轮廓外，采用斜刀广削的手法刻去纹样外的部分背衬，线角粗放流畅，同时又交错使用排线刀刮纹理（篦纹），因而使器壁的纹饰凸起，立体感强。它不仅具有明显的立体浮雕感，而且行刀手法犀利，圆活而流畅。在此深刻的凸起花纹中，再辅以篦纹精心勾划的细线叶脉和花瓣纹理，最后被映现在层次有别、色调有阶的幽静雅致的玻璃质釉下，显得晶莹华美。

宋代定窑采用外斜刀刻花，刻刀的某一边锋刻入器壁，并沿着所表现的形象的外轮廓运动，上下左右，八面往来，这样就形成了一个曲直变化、深浅不等的斜面线条，这个线条总是一边深、一边浅。深边是所表现形象的边缘，浅边融合于坯体器壁，这种刻法属于线行形外、以线托形的表现技法。

宋代景德镇青白瓷刻划花采用一边深、一边浅的所谓“半刀泥”的刻法，刻划的线条有深有浅、有宽有窄、参差不齐、变化多端。这种刻划技法和在熔烧过程中微有垂流的青白釉相结合，使得刻线深处积釉厚而呈绿色，浅处为白与青绿之间的中间色，从而使整个器面呈现出一种青白相映、素雅恬静的艺术格调。

金代磁州观台窑暗划花也称双线划花，是在器物成型后，直接在坯体上用利器划花纹，然后再施化妆土与透明釉，由于划纹没有露出胎体、纹饰不明显故名。这种装饰一般用双线表示花纹，有时也称双线划花，这样的纹饰定窑常用，由于定窑不施化妆土，因而没有明显的反差。磁州窑刻意仿定窑，不仅照用了双线，而且将纹饰划于化妆土下，达到了仿定效果。西夏灵武窑在黑釉器物上用利器划饰花纹，这种装饰在西夏灵武窑中较为多见，被称为“黑刻花”。

（二）印花

宋代印花主要流行模印印花，它是用印花模具对坯件进行整体装饰，这一工序兼具印花和修坯的功能。模印印花工艺至迟于唐代出现，宋代出土印花模具数量多，而且非常精制，不仅印面甚至背面都做了精心处理。宋代印花模具分为母模和子模。宋代耀州窑出土的母模（又称母范）系拉坯成型，外表处理稍粗，壁较厚，凹面为印面，花纹是刻饰的，刻制方法与刻制瓷坯一致。宋代耀州窑母模上的纹饰均采用正刻法，刻划层次落差较大，刀痕较深，纹样生动。母模用于翻制子模，子模（又称小范）用来印饰坯体。宋代广西地区窑场出土的印花母模也是拉坯成型、刻饰成模的。即先在陶车上将泥揉紧实，经修削大致成型，然后用刻刀在印面上刻制出阴纹纹样。印面上可见到落刀、收刀、停顿和修整的痕迹。

印花子模大部分由母模复制。母模复制子模可能有三种方法，一是在陶车上做一个泥台，将刻花母模平稳固定在其上，取一团泥揉制均匀置放于母模中，随着陶轮的转动，手压泥料沿模壁上行至口圈，在口圈处留够较厚的泥层，以防止脱模后干燥中的变形，也便于坯体印花操作。二是将揉制好的泥团拍成厚薄均匀的泥片，为了使印花清晰可将泥片拍薄一些，然后分层压进母模中，拍压按紧实，在口圈处多贴几层，形成与母模同样的形制，待泥层与母模干燥至有细小间隙后就可脱模。脱模后的子模坯还要进行表面补缺、抹光等精修处理。三是在陶车上先拉好子模胎形，再将其按进母模中压印花纹。上述三种方法以第二种最为常用。实验中发现，第二种方法最容易操作，印纹清晰，成模速度快。模坯一般较厚，有的部位厚度甚至超过4厘米，因此必须慢慢阴干，否则会造成裂坯。待模坯干燥至含水率在2%以下才能入窑烧成。一般说来，一件母模可复制数十件子模〔12〕。

宋代广西地区窑场出土的印花子模由印面体和把柄两部分组成。从结构看，则有实心、空心以及印面为实心而柄部是空心三类。实心型印花模具，印面体和把柄均是实心，印面体圆鼓突出粗大，圆柱形把柄短小，犹如张开的蘑菇。这类印花模具，出自属于青白瓷窑的藤县中和窑。空心印花模具的特点是模体空心，柄部特别粗大且长，柄径与印面径相差不大，形如刚刚破土而出的蘑菇。这类印模多为碗、盏、碟内壁的装饰花纹模具。实心与空心相结合的印花模具，印面是实心的，而柄部是空心型的短筒形。这一形式似乎是从空心型印花模具向实心型印花模具过渡的一种〔11〕。

用印花子模在坯体上印花时，坯体泥料含水率在20%时的塑性最佳。具体操作方法大致有如下三种：一是将经过陈腐、揉制的泥团制成厚薄均匀的泥片，用泥片覆在陶模上拍压印制出器皿内形，待干燥后修出外形，并挖器足等；二是先成型好坯品再修制器表，最后压印花纹；三是拉制的毛坯稍晾片刻，待浮水挥发后即按压在模具上印花，随粗模修外形，待脱模后精修、挖足。上述三种方法，以第三种方法适应范围最广，能印制各种花纹。第三种方法适于做厚坯，第二种方法只能印制较浅的器底或局部纹样〔12〕。

据研究，宋代耀州窑印花模具的化学成分接近于当地泥池黏土的化学成分，表明使用当地的泥池黏土即可制成。这些模范由高铝黏土组成，其矿相特征为未熔的石英颗粒、长石、云母颗粒和细黏土颗粒的聚集体。研究者推断是由80%的泥池黏土和20%的石英相结合所组成，其矿物组成与唐、五代模范相近，但是矿物颗粒较粗，特别是石英颗粒更粗，尺寸较大，这表明粗颗粒石英是作为添加物混入黏土中制作模范的。动物类模范气孔率为14%～17%，碗、盘模范气孔率为27%～35%，适应于精细印花的需要〔13〕。

（三）珍珠地划花

唐代晚期启用的珍珠地划花装饰，到了宋代得到迅速的发展。河南的鲁山段店、登封曲河、宝丰清凉寺、修武当阳峪、新安城关、宜阳锦屏山、郏县黄道、巩县芝田、鹤壁集窑，山西的介休洪山、河津北午芹、交城磁窑头、宁乡西坡窑，河北磁县观台窑、邯郸临水窑等宋代窑场都采用过这种装饰技法。

宋代珍珠地划花装饰在制作工艺上与唐代密县西关窑基本一致，但在艺术风格上则自有特色。宋代珍珠地划花装饰的第一个特色是色彩比唐代丰富。唐代密县西关窑珍珠地划花纹样多呈红赭色[14]；宋代新安城关窑珍珠地色彩主要为赭红色，其次为黑褐色[15]；北宋宜阳窑珍珠地色彩为黑褐色[16]，宋磁州观台窑珍珠地色彩为橙红色，色泽比其他窑口的珍珠地鲜艳[17]；北宋宝丰清凉寺窑珍珠地为赭色[18]；北宋登封曲河窑珍珠地划花装饰纹饰的色彩富于变化，大体可分为褐色、红褐色、黑褐色和黑色四种，这四种颜色又有深浅之分。有学者认为，其色彩虽然不同，但是呈色剂则使用同一种原料，其原因恐系在窑内所处位置和经烧的火度有差别所致[14]。

宋代珍珠地划花装饰的第二个特色是珍珠地圆圈富于变化。唐代密县西关窑珍珠地划花纹样装饰中的珍珠圆圈较小[14]而且密集，排列不整齐，常有出格现象，有的甚至只印半圈[15]；北宋宜阳窑珍珠地圈也具这种特征：珍珠地圆圈小而密集，排列不整齐[19]；但是，北宋中前期，密县西关窑珍珠地划花装饰圆圈大而较规整[19]；北宋宝丰清凉寺窑珍珠地圈大而整齐[20]；北宋登封曲河窑珍珠地划花装饰组成珍珠地的小圆圈直径有2、3、4毫米大小三种，采用哪一种，要看器物的大小或主题纹饰的繁简而定[14]，总体上珍珠地大而稀疏，但排列整齐[15]。

宋代珍珠地划花装饰的第三个特色是装饰题材比唐代丰富。唐代密县西关窑出土珍珠地划花主题装饰主要为禽鸟题材[14]，宋代珍珠地划花装饰多见花卉，且比唐代丰富得多。其中，北宋宜阳窑珍珠地图案主要是忍冬纹和菊花等花卉[19]；宋代新安城关窑珍珠地划花纹样主要是牡丹、菊花等花草纹[21]；北宋中前期磁县珍珠地划花装饰以卷枝纹和草叶纹为主，晚期磁县窑珍珠地划花多见文字装饰，主要是吉祥语[15]；北宋宝丰清凉寺窑珍珠地装饰的主要题材也多是吉祥语[20]，有的产品则以奔跑的梅花鹿为主题纹饰[18]；北宋登封曲河窑出土的珍珠地划花装饰题材主要有花卉、动物、人物三种，其中以花卉和人物居多。花卉主要是牡丹和菊花，动物仅见虎一种，人物纹样别具特色，既有成人，又有孩童，一般是身材丰满、手脚肥胖，珍珠地大而稀疏，但排列整齐[14]。

（四）雕花

先在坯体上刻划出纹样的轮廓，再用尖细刀在纹样边线上与坯体垂直扎划一刀，后以斜宽刀或斜弯刀沿扎线外一定宽度处与坯体平行削一刀，同扎刀痕底相交，按线条走向，将花纹轮廓以外的背衬一刀一刀地全部剔去，最后再用签子在凸起的大块花瓣和枝叶上一一点划阴线叶脉和花纹，使其更加丰富挺拔。雕花纹样大多十分疏朗，重点表现花头之美，空地较大，有取法汉唐石刻的显著痕迹，因而也称“减地法”。雕花工艺在唐时出现，但运用不广，入宋后主要流行于耀州窑。由于雕花工序多而慢，费时费力，而且运用雕刀刻饰时，由于运刀宽而深易伤坯体而降低成品率，因而这种工艺后来未得到发展。

七、剔花

剔花又称剔化妆土，它将花纹以外的化妆土剔去，使花纹微微突出于器面，主要流行于宋、金北方窑场。表现手法有白釉剔花、黑釉剔花、黑剔花刻填、剔花留地和剔划花等。

（一）白釉剔花

白釉剔花是在坯体上先上一层化妆土，再把花纹以外的化妆土剔去，露出较深的胎色，在花纹轮廓以内，用以表现植物的叶脉、花蕊和动物的羽翼，其他花纹细部的划线则依然保留，最后施盖透明釉，烧成后以灰色、褐色、赭色或褐黑色的胎质与白色化妆土相对比，取得纹样和底色不同的装饰效果。由于胎色和化妆土的颜色既有差别，又不是反差很大，加之图案是以流畅的划纹为基础，构图简洁，釉色洁白，对比柔和，给人以温柔文静、素雅大方的感觉。

白釉剔花的工艺流程是：修坯后趁湿挂一层烧成呈白色的化妆土，当挂上的化妆土不黏手时，抓紧时间剔划花纹，剔划好纹样后随即挂一层透明釉。剔划和上釉时不能让坯体干了，因为坯体是黏土制品，在挂化妆土和挂釉时，都必须保持一定的湿度，一旦坯体发干，挂上的化妆土就有可能剥落，挂上釉也容易发生拱釉。

北宋初期为白釉剔花的初创时期，采用这种装饰技法的窑场很少，主要有磁州观台窑、当阳峪窑和辽缸瓦窑等。装饰纹样图案有卷草纹、菊瓣团形花、半圆形团形花和菊花纹。所装饰的器物多为小件，花纹中剔去的部分较少，花头、花叶内填划许多碎划线，因而纹饰十分接近金银器图案。这时期由于器物的胎色较深，釉色闪青，晶莹光亮，因此当较深的胎色显现出来时，显得反差特别强，在晶莹的釉色陪衬下，十分美观。

北宋中期是白釉剔花装饰的发展时期，开始表现出复杂的缠枝花和大叶、大花的折枝牡丹，有些器物剔去的面积变大，有些则仍较小。有时剔花还与早期的白底黑花配合装饰器物，花叶内仍流行碎线划花。这时期，在河南省中西部地区和山西的晋南和雁北地区开始生产剔花瓷器。

北宋晚期是白釉剔花装饰的繁荣时期，它主要施于梅瓶和瓷枕上，以小碎叶缠枝花卉为主，并以缠枝牡丹为常见，莲花较少，还常以剔花的小卷云作为各种器物的边饰。另外还有各种动物纹、娃娃纹、人物纹及一些几何纹。这阶段的剔花装饰特点是纹饰图案复杂、剔花的面积较大，有时为了突出主题而把器表的大面积化妆土剔去。在主体花纹内，早期的碎线划花已被篦划纹所取代，使花朵显得丰满、繁密。这时期，白釉剔花装饰传播得快而广，当时的北方地区凡是生产用白化妆土来美化瓷器的窑场几乎都采用了这种技法，因此，白釉剔花成为当时最流行的一种装饰。到了南宋，白釉剔花装饰退居于次要地位〔22〕。

白釉剔花又有白釉剔褐花和白釉剔黑花之分，其区别只是色料中的含铁量不同，黑花含铁量高（5.82%～7.29%），而褐花含铁量低（2.38%）。研究者又从显微镜下观察发现，在胎釉间的着色区，不是磁铁矿晶体，而是铁锈色玻璃相，有学者认为：白地剔褐花样品中的褐彩所用色料很可能是铁矿与釉料的混合料〔3〕；有学者推测，它是在施彩时，只在化妆土表面薄薄地加上了一层色料而已〔23〕。

（二）黑釉剔花

宋、金磁州窑的黑釉剔花与白釉剔花工艺有所不同，黑釉剔花是先在坯上施一层白色化妆土，再在局部或全部施加一层黑色彩料（亦称黑色化妆土，它是用斑花石、制胎用的泥浆和黑釉按比例配制而成的），然后刻划花纹及其花蕊、叶筋，将花纹以外部分的黑色化妆土剔去，又不伤及白色化妆土，然后上透明釉，釉层厚度一般比白地绘黑花瓷要厚一倍。烧成后黑花凸起，黑白相衬，浮雕感极强，形成比白釉剔花更强的反差效果，同时又与白地黑花装饰有不同韵味。这是磁州窑最精美的装饰技法之一，在稍后的西夏窑中也较为流行。

宋、金观台磁州窑黑釉剔花千点纹工艺很特别，它是在上过化妆土的坯胎上施黑釉料，然后将器坯放在辘轳车上，一边旋转，一边用小刀或竹片跳跃着点剔刻至化妆土，使之连续出现千点纹样，烧成后犹如满天星[10]。西夏灵武窑黑釉剔花是在器物施黑釉后，剔去一部分，形成花纹；或先划花，然后剔去花纹以外的黑釉。

（三）黑剔花刻填和剔花留地

黑剔花刻填是先剔出动物的轮廓，再划线，随后在划纹上填彩。这种技法在河南修武当阳峪窑很流行。剔花留地是在上釉的坯体上，刻出花纹。刻花的花纹的线条为阴文，剔花则是将花纹整体刻出，然后将花纹内的釉及胎泥浅层剔除，使花纹全体下凹成阴文，纹内涩胎。这种装饰为宋代吉州窑用于青白釉瓷。

（四）剔划花

剔划花是把剔花与划花两种技法结合起来的一种装饰形式，主要流行于宋、金当阳峪窑和耀州窑等。宋、金当阳峪窑的剔划花装饰工艺大致有：胎地剔划白花、白地剔划黑花或赭花、黑地或赭地剔划白花等技法。

1. 胎地剔划白花

胎地剔划白花是先在器坯上施一层白化妆土，趁其未干时以竹、木工具划出花纹轮廓，再将花纹轮廓以外的化妆土剔去，露出坯胎，最后罩透明釉入窑烧成。成瓷后，花纹为白色，胎地则依胎质的不同而呈灰白、淡褐以至深褐色。纹饰有缠枝牡丹、大叶牡丹、缠枝莲、缠枝菊、卷草、卷线（俗称“富贵不到头”）和几何纹等[24]。

2. 白地剔划黑花或赭花

白地剔划黑花或赭花是在器坯上施一层白化妆土，待其半干时再施；或只在装饰部位施黑色或赭色料浆，随后用工具划出花纹轮廓（局部施料的先在化妆土上划出花纹轮廓），并剔去轮廓以外的色料层。其剔刻以不超过化妆土层为度。然后再用尖状或篦形工具划出花蕊、叶筋等细部，最后罩透明釉入窑烧成。成瓷后具有花纹凸起、色彩对比强烈的装饰效果[24]。

3. 黑地或赭地剔划白花

黑地或赭地剔划白花与白地剔划黑花或赭花相反，是剔除花纹内的黑色或赭色料层，露出化妆土，呈黑地或赭地白花，一般用来表现较简单的图案、文字等。如果要表现较复杂的内容则要用填色工艺来补充细部，即在所划的线纹中再填上黑色或赭色粉料，这种装饰工艺较为复杂[24]。

宋、金耀州窑的剔划花装饰是从雕花装饰工艺发展而来的。雕花装饰虽然具有立体凸显的浮雕般的艺术效果，但由于用刀过深、过宽，工艺操作相当费事，而且花纹的圆活生动受到刀法的限制，于是宋、金耀州窑的陶工在雕花工艺基础上推出了剔划花装饰。

宋、金耀州窑剔划花的主要特点是由雕花工艺的垂直深插、宽刀刻削改为直刀浅划、偏刀斜刻，即先用刻刀垂直浅浅划出花纹的轮廓线，再在其旁用刀沿轮廓线外侧连续斜刻，最后剔掉由于直刻和斜刻而夹在刀痕中间的底子，使纹样凸现。这种运用刻刀的方法，保存了雕花技法所形成的浅浮雕的艺术效果不伤坯体，手法灵活、简便、快速，而且因具有刀痕下的纹样而更加犀利、圆活、生动。上釉烧成后，展现出深浅不同的多层次、多色调的艺术效果。

八、绞胎

绞胎装饰首现于唐代，入宋后得到较大发展。宋代当阳峪窑、焦作恩村窑和河南修武窑的绞胎瓷器装饰，以白褐两色胎泥相间，糅合成自然花纹，或似木理，或为羽毛，或仿编织，纹理较为细腻。上海博物馆藏宋代当阳峪窑青釉绞胎瓷碗，纹理规则有如羽毛，系事先在碗模中制备好绞胎泥，按预定图案拼组碗体，然后再用白泥加上一圈口沿，接上圈足，施釉烧成。另有一类相似的品种，花纹就如行云，抑或流沙，纹理较为粗犷，这类装饰绞的不是釉，而是釉下的化妆土，其制作工艺是把两种不同颜色的土浆绞成花纹，再将成型的器物胎体在土浆表面滚过，然后上釉烧成。河南鲁山大窑店有这类标本。

宋代焦作矿山窑绞胎瓷，胎骨瓷化程度比较高，胎质坚硬，质地细腻；成型规整，器壁较薄，制作精细；绞胎胎土由白、褐或白、黑两色绞成。绞胎主要有两类，一类是传世品中常见的羽毛纹或鱼鳞纹，一类如同编织席纹，纹理横竖交织，十分独特；器物基本不见整体绞胎，口沿或圈足均以白泥制作，后接于器身；一般施无色透明釉，釉面光亮均匀；器物满釉支烧，有的底部或圈足可见小支钉痕。宋金博山大街窑黄釉绞胎瓷器，素烧后施低温黄色釉，釉面光泽很强，釉层较薄，上有透明细开片，以绞胎制作器身，然后用白胎制作口沿和圈足。其绞胎纹理是由于模制过程中，绞胎泥片拼接组合的变化而造成的[25]。

九、高温釉上彩

高温釉上彩是在生坯釉层表面用另一种彩料做出点彩，或绘画，或随手涂抹成不规则形状，即用笔蘸彩料在生坯的白釉釉面上进行绘画，干燥后高温一次烧成。晋代高温釉上彩只有一种表现手法，即在青釉上饰褐彩，唐、五代的高温釉上彩的技法增至四种，即青釉上加绿彩、青釉上加酱彩、茶叶末釉加彩、酱釉加彩等。

宋代高温釉上彩，用笔蘸色料在生坯釉层表面上进行绘画，干燥后，入窑高温中一次烧成。在烧成过程中高温釉上彩料熔融并扩散到下面的底釉层中去，使底釉的中上部成棕黑色。宋代采用高温釉上彩装饰瓷器的窑场有温州窑、磁州窑和鹤壁集窑以及吉州窑等。

宋代温州窑高温釉上彩与东晋时期的温州窑高温釉上彩一样，褐彩绘在青瓷釉面之上，用1200℃以上的高温一次烧成，因为彩瓷装饰中的彩料色层都在釉的表面。这色层的物相结构为褐色玻璃相，无色料残留；其釉上彩的彩料与宋、金时期的磁州窑和鹤壁集窑不同，很可能是富铁釉料。由于富铁釉料中含熔剂量高，在烧成过程中很容易与青釉作用而形成褐色玻璃相，表面也就不会有色料残留存在[26]。

宋、金磁州观台窑高温釉上彩多为黑彩，因无面釉的保护，在烧成后期易受二次氧化，故其色调呈棕黑色，彩薄处更加明显。宋、金观台磁州窑高温釉上彩主要有两种表现技法，一是白釉黑花，二是黑釉酱彩。

对于宋、金磁州观台窑高温釉上彩黑色彩料有三种说法：第一种说法是斑花石之类的褐铁矿，这种色料是由带一个结晶水的褐铁矿（$Fe_2O_3 \cdot H_2O$）和少量赤铁矿组成[27]。第二种说法是以白釉为基础，再添加大量含铁高的矿物，色料中铁含量高达17%[28]。第三种说法是以含铁量在80%以上的斑花石为色料，使用时用一定量的黏土稀释，一般的配比是斑花石用量为1/5～1/15，作为褐色彩料时用量为1/20～1/30[29]。

宋、金观台磁州窑的黑釉酱彩，系在黑釉器物上用毛笔或其他工具、或用手弹洒斑花彩料，烧成后在黑釉器物表面形成不规则的酱色斑块。宋、金鹤壁集窑高温釉上彩的彩料，与磁州观台窑一样，用铁含量略低的褐铁矿[2]。

宋代吉州窑白地黑褐彩，通过体视显微镜观察发现，彩绘处的釉有上下两层，上面一层是黑褐色的彩，下面一层是白色的底，彩在釉上。又由于黑褐彩所用的助熔剂不是氧化铅，而是钙、镁、钾、钠的氧化物，可以一次烧成，所以吉州窑白地黑褐彩是一种典型的高温釉上彩[30]。

十、釉下彩

唐代釉下彩以富铁釉料为色料，或以氧化铁矿物（如斑花石）为着色剂。宋代釉下彩主要有白釉釉下黑彩、白釉釉下褐（酱）彩、绿釉釉下黑彩、青花等。金代长治东山窑白釉釉下黑彩与化妆土之间也存在一个很薄很薄的中间层，主要与气泡和析晶有关，而不属釉中彩。观台磁州窑绿釉釉下黑彩为两次烧成。

（一）白色化妆土层上施彩

宋代观台磁州窑釉下彩多在坯体白色化妆土层上施彩，待色料干后，罩盖透明釉入窑高温一次烧成。其白釉下黑彩和白釉下褐彩所用着色料主要是含铁的矿石，当地称为“斑花石”，或与此相类似的褐铁矿。斑花石密度为3.74 g/cm^3。斑花石主要物相是带一个结晶水的褐铁矿，其含铁量很高（$Fe_2O_3 > 80\%$），使用时可以用釉料和一定量的黏土稀释。釉下黑彩和釉下褐彩在颜色上的差别，主要取决于彩料中所用着色矿物含量，黑彩的含铁量是褐彩含铁量的一倍以上。根据分析可大致估计作为黑彩色料一般斑花石的用量为1/5～1/15；作为褐色彩料用量在1/20～1/30。从含有色料的釉的化学成分分析可以看出，色料中含有少量的MnO、Fe_2O_3和MnO的组合与黑色的着色色调有一定关系，当色料中Fe_2O_3用量减少时就可形成褐色甚至浅茶色，用量增加即成深黑色[31]。

（二）釉下黑彩

宋观台磁州窑釉下黑彩黑色彩料位于面釉与化妆土之间，而紧贴于化妆土表面。彩料层很薄，其厚度只占整个釉层厚度的 1/10～1/5，呈黑色。釉层位于彩料的上部，色呈棕黑。这是由于彩料在高温下熔于釉中并不断向上扩散的结果，釉下黑彩由于有面釉覆盖，故釉面光亮，特别是磁州窑的某些釉下黑彩，亮如黑漆，光可鉴人〔23〕。

宋观台磁州窑釉下黑彩有时还和划花装饰相结合，即在坯体成型后，先施加一层化妆土，待其干后，在化妆土层上划出花纹，后在花纹以外的部分涂上黑彩，施透明釉，最后入窑高温一次烧成。

宋扒村窑白釉釉下黑彩所采用的黑彩颜料矿物为磁铁矿〔4〕。金代八义窑釉上黑彩经 X 射线能谱仪测试分析，含 Fe_2O_3 为 91.56%，可能采用自然褐铁矿作为着色剂〔5〕。宋代萧县黑彩白釉瓷中的黑彩是一种含 Fe_2O_3 较高的天然矿物，当其在烧制过程中析晶后，因可生成大量铁的氧化物晶体而着色。黑彩所含的主要矿物为氧化铁晶体，大部分为磁铁矿，其中含有少量的赤铁矿微晶，晶体尺寸细小均匀，一般在 1 微米～3 微米之间〔32〕。

金代北方一些窑场的白釉釉下黑彩与化妆土之间也存在一个很薄很薄的中间层，其厚度仅约为 0.02 毫米，只占釉层厚度的 1/10～1/5，玻璃相含量很高，化学组成也与面釉接近。有学者认为，它是在彩绘前特意加上去的釉浆，并由此推导出这种白釉黑彩为“釉中彩”〔32〕。有学者则认为它不属“釉中彩”而是釉下彩，理由如下：首先，这一“中间层”太薄，采用普通施釉方法不容易做到而且又无实际意义，不像是在彩绘前特意加上去的。其次，明万历景德镇官窑青花瓷的断面结构显示也有一个“中间层”。彩料与胎原先是紧贴在一起的，怎么会在两者之间产生这一“中间层”呢？这与气泡和析晶有关。紧贴彩料层的表面有大量气泡，它们是高温时从胎和彩料中排放出来的。当大量气泡向釉面运动时，它们会把彩料向上方推拉，使它稍稍离开胎的表面；另外胎和化妆土表面有大量钙长石晶体形成和生长也会产生和气泡同样的作用。第三，金代长治东山窑白釉黑彩为民用粗瓷，采用“釉中彩”工艺对其质量并无太大的改进，却增加了成本。第四，金代长治东山窑白釉黑彩是由大量 1 微米～5 微米的小晶体所组成，电子探针分析表明，晶体的成分主要是铁氧化物，即为磁铁矿（$Fe_2O_3 \cdot FeO$）。它们是彩料在高温下熔于釉液中，然后再析晶形成的。磁铁矿晶体的形成有助于增强黑彩的黑度。黑彩的黑色是由这一层深黑色的色带和位于其上方的一层棕黑色面釉共同作用的结果〔23〕。宋代釉下彩一般在氧化气氛下烧成。

（三）绿釉黑彩

北宋观台磁州窑绿釉黑彩是在素坯上彩以后，施加一层含钙釉，然后放入温度较低（1110℃～1170℃）的窑位，与其他黑花瓷一起烧成。黑花素烧器烧成后，再施铅绿釉作第二次低温烧制。因而成瓷后，釉分两层，外层是铅绿釉，里层是含钙釉。

北宋磁州窑绿釉釉下黑彩，同磁州窑白釉釉下黑彩的区别仅仅在面釉的不同。前者使用低温铜绿釉，两次烧成，后者使用高温白釉一次烧成。磁州窑绿釉黑彩所采用的铜绿釉有两种：一种为铅釉，其 PbO 含量高达 45% 左右；第二种为法翠釉，属于 K_2O～SiO_2 系统。K_2O 的引入使这种釉的膨胀系数变得很大，造成胎釉不匹配而产生大量细密纹片，容易剥落[23]。

在北宋磁州窑绿釉黑彩瓷的表面，常可见到蛤蜊光，还可见到闪闪发亮的银白色斑点，俗称银釉。蛤蜊光在各种低温铅釉中经常可以见到，但银釉则仅在以铜为着色剂的低温铅绿釉中较为常见。它是由于某些低温色釉的釉面长期受到水和大气的不断溶蚀，随后又反复沉积下来形成如同云母片一样的层状结构所致，银色沉积物大都在绿色铅釉的表面形成[23]。

（四）釉下褐彩

宋、金鹤壁集窑釉下褐彩以褐铁矿为彩料，样品上彩区的釉和彩混合组分中，Fe_2O_3的含量较高，多数在5% ~7%之间，这比样品上的黑褐釉组分中 Fe_2O_3含量（4% ~5%）要高，而一般黑褐彩陶瓷的色料层厚度与釉厚度之比约为1/10，这样色料中的实际含铁量就更高，因此可认为陶瓷样品上的彩料不可能用当时的黑釉料，很可能与磁州窑一样用铁含量略低的褐铁矿装饰瓷器[2]。

有学者认为，宋、金北方窑场釉下黑彩和釉下褐彩的彩料均为斑花石，它们两者在颜色上的差别，主要取决于彩料中所用着色矿物的含量，黑彩的含铁量是褐彩含铁量的1倍以上。根据分析可大致估计作为黑彩色料一般斑花石的用量为1/5 ~1/15；作为褐色彩料一般斑花石的用量为1/20 ~1/30。从含有色料的釉的化学分析可以看出，色料中含有少量的MnO、Fe_2O_3和 MnO 的组合对黑色的着色色调有一定影响，当色料中 Fe_2O_3用量减少时就可形成赫褐色甚至浅茶色，用量增加即成深黑色[31]。有学者也认为，磁州窑釉下黑褐彩色料是斑花石，或与此相类似的褐铁矿，而不是含铁釉料。斑花石化学组成为：SiO_2 2.18%，Fe_2O_3 84.94%，Na_2O 0.01%，K_2O 0.02%，CaO 0.03%，MgO 0.09%。斑花石是由带一个结晶水的褐铁矿（$Fe_2O_3 \cdot H_2O$）和少量赤铁矿组成，用斑花石来装饰瓷器，经过高温烧成后，褐铁矿的结晶水脱离，一部分色料与釉反应，最后必然形成褐铁矿或赤铁矿的着色层[27]。

（五）青花

唐代巩县黄冶窑烧造的青花瓷所用色料的矿源，可能出自南非、中亚或我国甘肃、河北某地等。宋代青花瓷采用国产钴土矿为色料。

我国南方龙泉金砂塔的塔基出土的宋代青花所用钴料为国产。据岩相观察发现，浙江龙泉金砂塔塔基同时出土的两片北宋青花样品的釉层残留物较多，青花颜色淡，说明青花料含量少。从青花瓷片分析出的含钴量只有0.1% ~0.24%，而且含锰量极高，约为含钴量的10倍，虽然锰在釉中显色能力较弱，但由于超过钴含量太多，因此使青花呈暗蓝色。青花的 MnO/CoO 比值都在10 ~11之间，这与江山当地所产的生青料的 MnO/CoO（11.03）的比值接近，烧成温度也接近，这就表明北宋青花瓷器所用色料是浙江当地的生青料[33]。

十一、釉上彩

釉上彩是在烧成了的瓷器釉面之上绘彩，第二次在850℃以下的炉中低温烤烧使彩料烧结于釉面之上。中国古代釉上彩于金代在北方的一些窑场，例如河北的磁州窑、山西的长治东山窑等首先烧制成功。金代釉上彩以红、绿彩为主，有的还有少量黄彩。

釉上彩中的红彩——矾红首见于金代某些北方窑场，例如山西长治东山窑、河北磁州窑等。金代长治东山窑的釉上红彩，色呈枣红，但是由于着色元素 Fe_2O_3 极大部分不熔于铅釉，而以细分散状态的颗粒使釉着色，加之颗粒细度不够，涂得不够均匀，故有一堆深、一堆浅的现象。还有少量颗粒状凸出物，用20倍放大镜进一步观察，可见其分布很不均匀且有大小不同的红色斑点，这是由于彩料颗粒细度不够造成的，表明金代北方窑场在红彩制作工艺方面还处于刚刚起步阶段。红彩的另外两个特征是没有凸起感和不透明，这是因为作为着色剂的氧化铁超细颗粒并没有熔于铅玻璃基体中，而是悬浮在铅玻璃基体的上部，由于色料没有熔融，所以外观就不透明。金代绿彩和黄彩是从汉唐低温铅绿釉和黄釉发展而来的，其中低温铅绿釉的着色元素为二价铜离子。绿彩表面层的 CuO 含量为4% ~5%，而表面层下则仅有2%左右。绿彩中的 CuO 由于全部熔于铅釉中，并呈均匀的玻璃态，铜以离子状态使釉着成绿色，因而呈纯正绿色，色调均匀，但有细密纹片，还有凸起感和透明感。釉上彩绘中的黄彩和红彩一样，都是以铁为着色剂，但它们含量不同，黄彩由于铅含量高达64.91%，而 Fe_2O_3 则仅为2.66%，故它能全部熔于铅釉中，以离子状态使铅釉着成黄色[34]，同时有透明感并具细密纹片。

测试资料表明，金代釉上彩色料的配方处于波动状态。例如，金代长治东山窑矾红中铁含量较高，为40.92% ~42.39%，铅含量偏低，为2.55% ~2.88%；金代长治八义窑矾红中铁含量却低至8.08%，铅含量则高达22.04%。又如，金代长治东山窑釉上绿彩中铜含量为1.84%[34]，但是八义窑釉上绿彩中的铜含量则为5.51%[5]，乃是八义窑铜含量的2.99倍。由于釉上彩色料没有面釉覆盖保护而直接裸露，往往料色及其画面多呈木光色。

描金是用磨碎了的本金金粉为色料在瓷器釉面上描画纹饰，再低温烤烧而成。我国瓷器描金装饰始于宋代。《南窑笔记》载，宋景德镇湖田窑有素瓷描金。《吴越备史》："太平兴国五年（980年）……九月十一日王进朝谢于崇德殿复上金装定器。"这则文献记载表明，宋代定窑也出现了"金装"瓷器。安徽合肥出土的宋代描金彩瓶，全器以酱釉为底，上用金彩描画莲塘风光图[35]。按照宋末学者周密《癸辛杂识·续集》所记："金花定碗用大蒜汁调金描画，然后入窑永不复脱。"有学者认为，宋代釉上描金使用胶水调料，到了严寒季节，胶水料会因为凝冻而难于运笔描画，因此大蒜汁的采用就解决了这个问题。另外，金彩需要相当厚度时，也须采用大蒜汁[36]。

第五节　装烧技术

宋代瓷器装烧的垫隔具，一方面继承前代工艺，沿用垫圈（垫环）、石英砂、三足支钉，另一方面先后又推出了垫饼、垫托、涩圈、圈足粘钉、裹釉支烧（又称包釉支烧）、刮釉垫烧、多级垫钵（或垫盘）覆烧、匣内支圈覆烧和支圈组合覆烧等装烧技法。

宋代窑场制作匣钵的原料比前代更为丰富，其原料和配方主要有下述六种：

一是耐火土；二是泥池黏土；三是耐火土掺和夹砂黏土配制；四是胎泥的下脚料加入石英砂配制；五是紫金土加入瓷石原矿淘洗出的淘渣料配制；六是石英、瓷石和黏土三种原料配制等。同时在匣钵的外底刷一层稀薄的淡青灰色釉，内面还施一层黄褐色的涂料，从而大大提高了器坯的装烧质量。

宋代支圈覆烧（包括匣内支圈覆烧和无匣支圈覆烧）窑具的支圈，在烧成过程中的膨胀与收缩，应与瓷坯一致。其所用原料主要有：次等胎泥、从已风化的瓷石原矿淘洗出来的精泥、用瓷石原矿淘渣加少量黏土等三种。宋代装烧用的垫隔具——垫饼的制造原料主要有泥池黏土、紫金土、粗瓷泥下脚料加入湖沙两种原料配制等三类。

宋代龙窑的装烧，凡大件瓷器置于窑室中段，取其火候均匀适度，小件瓷器置于窑室的前后两段，窑尾多半成品或烘烤的坯件。宋代北方马蹄窑的装烧容量一般为数千件瓷器，宋代南方龙窑的装烧容量一般在2万~4万件之间。

一、M型匣钵

如本书第五章第四节所述，唐代晚期河南内丘邢窑[1]、唐晚期和五代浙江慈溪寺龙口窑[2]率先使用M型匣钵（又称漏斗形匣钵）。唐、五代湖南长沙铜官窑[3]、五代陕西铜官黄堡窑[4]、五代定窑[5]等窑场也都采用M型匣钵。

M型匣钵形制小，口沿下有一个向内收敛的宽约1厘米的“台子”，以便放置另一个匣钵，其下则是一个漏斗状匣钵，钵的末端作椭圆形。它的大小恰恰比碗、盏坯体的容积稍大些。烧窑时，一个匣钵装一个碗、盏坯体，匣钵与匣钵相叠，上边匣钵的漏斗状钵正好伸入装在下面匣钵内碗盏坯体的上部空间，彼此保持一定距离，既可以一器一匣，又能重叠装烧。由于M型匣钵有上述种种优点，入宋后就更加广为流行。

然而，宋代陶工对唐、五代时期出现的M型匣钵工艺进行了改革，主要表现在下述两方面。首先，五代流行的M型匣钵由于采用粗质耐火土为原料，外底比较粗糙，装烧坯件时，由于外底坐落在下一个M型匣钵内盛装的坯件上方，在高温下烧成时，其外底毛糙的微细渣粒的掉落，往往会损坏另一个处于其下部的M型匣钵所盛装的坯体。为了防止这类毛病的出现，宋代部分窑场，例如，宋龙泉大窑的陶工就在M型匣钵内刷一层黄褐色涂料[6]，这样使得M型匣钵的内面也变得比较洁净，因而保证了M型匣钵所盛装的坯体在高温烧成时的质量。宋代部分窑场的陶工对M型匣钵工艺改进的第二个方面表现在：在所用M型匣钵外底或外壁刷一层稀薄的淡青灰色釉或者其他涂料。例如，宋代广西容县城关窑址出土匣钵以M型匣钵数量最多，绝大多数外壁都涂有一层薄薄的自然釉[7]；北宋后期禹县刘家门窑出土匣钵为黄棕色，外壁涂有一层白色灰浆[8]；宋代武夷山遇林亭窑出土M型匣钵外壁上部施褐色釉或青灰色釉[9]；匣钵外壁或外底这层釉面或光滑的表面就使M型匣钵外壁或外底变得光洁干净，从而避免了处于上部的匣钵底部的砂灰掉落在下部M型匣钵所盛装的器坯之上而造成釉面不光洁的弊病。

二、间隔具技术

隋、唐、五代启用的垫圈、三足支钉和石英砂间隔具，入宋后继续使用。宋代陶工为了提高瓷器的烧成质量，先后又推出了垫饼、垫托、涩圈、圈足粘钉、裹釉支烧（又称包釉支烧）、刮釉垫烧等装烧技法。

（一）垫圈（垫环）

垫圈又称垫环，它在五代末就已出现。宋代用垫圈作为间隔具的装烧工艺得到较大发展，具体表现在：一是采用这种装烧工艺的窑场增多，五代末用垫圈间隔多在浙江地区窑场流行，入宋后，大江南北许多窑场都相继采用。二是制作垫圈的原料趋于多样化。五代浙江地区窑场所用垫圈多以瓷土制成。北宋中晚期龙泉山头窑[10]和宋代重庆巴县清溪窑[11]制作垫圈所用的原料，继承前朝传统，依然采用粗瓷土（制胎用的下脚坯料）。宋代耀州窑所用垫圈是用耐火泥料搓成条，再弯成环形而成[12]，北宋慈溪寺龙口窑所用垫圈则用细砂质地泥料制成[2]，宋代吉州窑所用垫圈用泥条捏制[13]。三是五代和宋代所用垫圈的形制发生了重要变化。五代浙江地区窑场使用的垫圈为圆筒状，宋代作为间隔具的垫圈形制多样，宋临汝窑垫圈呈不规则圆形[14]；北宋慈溪石马弄窑出土垫圈为直筒形或喇叭形[15]。南宋慈溪寺龙口窑出土的85件垫圈分为直壁筒形和束腰形两类[2]。垫圈的大小，随承托的坯件规格变化而变化。宋临汝窑垫圈呈不规则圆形，外径5厘米~6厘米，内径3厘米，厚0.8厘米~1厘米[14]。北宋龙泉山头窑垫圈分大、中、小三型：大的直径7.4厘米~7.8厘米，高3.2厘米~3.5厘米，厚1.2厘米~1.5厘米；中型一般直径4.5厘米，高1.2厘米，厚1.1厘米；小型一般直径2.4厘米~3.4厘米，高0.8厘米，厚0.5厘米[10]。北宋慈溪石马弄窑出土垫圈为直筒形或喇叭形，高低不一，灰色细胎。一般垫圈上部的直径6厘米，垫圈下部的直径为7.2厘米，高3厘米[15]。宋代河南新安窑出土垫圈，下面内向凸起一圈[16]。四是使用方法也发生了变化。五代浙江地区所用垫圈，一般不直接与器坯外底和圈足足墙的底端接触，而是在垫圈与器坯外底之间，用泥点间隔，烧成后，器底的支烧痕不是完整的圆圈，而是一圈泥点痕。宋代窑场所用垫圈，则直接和坯接触，用以承托坯体。这是因为与五代瓷器相比，宋代瓷器的圈足的形制发生了变化。宋代流行外撇的圈足，圈足的足端变尖，器物自身的重量全部落在撇足上，如果还沿用五代垫圈的垫隔方法，必定使圈足承受的压力过大而塌毁。为了改变其承重部位，宋代陶工在装烧器坯时，把垫圈移到圈足的外底部，使垫圈不与圈足足墙的底端接触，这样器坯的全部重量由垫圈支撑。为了提高垫圈的承重力，一方面增加垫圈的厚度，有的垫圈厚度甚至超出圈足的高度，同时缩小垫圈的直径；另一方面在垫圈的一端切几个口子，使之成锯齿状，齿端与器物底部的接触面较大，这样既增加了垫圈抗压力，又分散了器坯对垫圈的压力。

（二）石英砂

以石英砂为间隔具始于唐代。唐代洪州窑[17]和邢窑[18]等，用匣钵装烧坯体时，往往在匣钵内底和器坯与匣钵底之间铺上石英砂作为间隔具。宋代一些窑场，例如宋代彭县磁峰窑[19]用石英砂做间隔具时，至少有下述三种形式：一是与前代一样直接用石英砂为间隔具，具体做法是：先将石英砂放入匣钵内底，再在石英砂上放第一个坯件，口沿向上；在坯件内底根据圈足大小放5~6堆石英砂堆，再把第二个坯件的圈足恰好置放在砂堆上，以此类推装匣。烧成后，器物的底部都有五六处石英砂堆痕。二是把垫圈间隔与石英砂间隔结合起来，其工艺流程是：①在匣钵内底放一层石英砂；②再在石英砂层上置一环垫；③然后在垫圈上放5~6堆石英砂；④再把坯件的圈足置于砂堆上；⑤于坯件内底放5~6堆石英砂；⑥其上再放环垫一个；⑦在垫圈上再放上石英砂后置第二只坯件，以此类推，叠数个或十来个坯件于匣内；⑧把已装好的匣钵套置，最后上盖入窑烧造。这种使用垫圈是用石英砂作介质，不容易与碗坯黏结，烧出的器物除留有砂粒疤痕外，大多不与环垫黏结。三是，把石英砂和瓷托珠垫烧工艺结合起来，具体做法如下：①把石英砂放入匣钵内底厚约1厘米；②根据坯件的大小，在石英砂层上面分别放5~6个小瓷托珠；③然后把第二个坯体置于托珠上，以此类推，以匣钵高低装数个或十余个坯件，为增加装烧容量及避免与上匣顶碰，最后放上一两只小盘、碟；装好的匣钵一个一个套扣上，最上一个加盖以避烟熏或尘埃。这种方法产品装烧量大，缺陷是瓷托珠常常粘留碗心或足底，每匣第一件外底常粘有较多石英砂，为产品中之次品。采用这类装烧工艺主要是地处四川的宋代窑场。除上述彭县磁峰窑外，成都金凤窑[20]、灌县玉堂窑等都使用过。例如，宋代灌县玉堂罗家窑出土瓷器的底部多沙粒痕，以灰胎和灰褐色胎为主，多数是白釉和灰白釉。器物与器物之间以沙粒和垫圈支撑叠烧为主[21]。另外，宋代南丰白舍窑的瓦子山、笠山窑场也有部分叠烧产品用细沙作隔离剂[22]。

（三）三足支钉

用三足支钉作为垫隔具始于隋、唐北方窑场，宋、金一些北方窑场，例如辽金龙泉务窑、金代赤峰缸瓦窑基本继承了这种装烧工艺。辽金龙泉务窑匣钵内坯件叠烧瓷坯用的间隔具——三足支钉（又称为三角形支钉、三叉形垫片）边线内凹，呈三角状，每一角一面都有鸡爪形的小支钉，多用于盘、碗等圆器的烧制，烧成后，器皿内底的圈足底部，常烙有支钉痕[23]。金代赤峰缸瓦窑的三足支钉，锥形泥钉捏贴于三叉泥条的末端或中部，有的三叉泥片上下两面都捏贴泥钉（即所谓“双面三脚架”者）。在这三种形式中，以第一种最常见，第三种发现很少[24]。

（四）垫饼

装烧用的间隔具——垫饼在宋代开始启用，它一旦出现之后即广为风行，宋代龙泉金村窑、七里镇窑、景德镇窑、武昌梁子湖青山窑、建阳水吉镇芦花坪窑等宋代场的瓷器装烧均予以采用。

宋代启用的间隔具——垫饼，多用黏土加粗和料，也有用夹沙的耐火泥手捏而成。垫饼的大小和形制一般视器物底足形状和大小而定，但是因用手搓捏而成都不太规整。宋代建阳水吉镇芦花坪窑出土的垫饼为圆形，用黏土制成。垫面上多印有阳文反体“供御”、“进盏”等字样，直径一般为4.5厘米~8厘米，厚1厘米~3.5厘米[25]。宋代建阳水吉窑址出土垫饼为蘑菇形，一面平、一面凹，泥土烧成，分布模印阳文反体“供御”和“进盏”，圆径6厘米~8厘米，厚2.2厘米[26]。北宋景德镇窑的垫饼一般都较厚，其厚度往往超过圈足的高度。宋代重庆巴县清溪窑出土垫饼五件，多用于盏形器垫烧，直径2厘米[11]。宋代景德镇柳家湾窑址出土的垫饼，褐色炻器，直径2.5厘米~4厘米，厚0.9厘米~2厘米[27]。

宋临汝窑垫饼，正面微凸光滑，厚度一般为0.8厘米~1厘米[14]。装烧时，一般先把垫饼放入匣钵内底上，再用双手托起坯体装入匣钵，坯体与匣壁之间的空隙约为3厘米，把坯体的圈足套在垫饼上，再把装有坯体的匣钵逐件套装送进窑室。烧成后，器物外底无釉而足端往往有釉。

图6-5-1　北宋景德镇窑的垫饼装烧　景德镇银坑坞宋窑遗存采集

（五）垫托

南宋启用的间隔具——垫托，又称渣饼，用下脚胎泥制成，比较平整光滑。垫托的大小视所装烧器物底足的大小而定，但是，一般要大于所装烧器物的底足直径。装烧时，坯件置放在垫托之上，坯件圈足的足端由垫托托住，由于垫托都用胎泥制成，烧成时坯件和垫托收缩一致，能防止制品变形和破裂。烧成后，圈足着地面一周无釉。

南宋启用的垫托形制，视所托烧的坯件底足的形状而定。南宋龙泉地区流行的垫托有碟形、浅盘形、碗形、盏形、臼形等[6]。宋代龙泉金村窑的碟形垫托多为正圆形，一面凹入，另一面外凸[28]。宋代重庆巴县清溪窑出土垫托24件，分三式：一式五件，为覆钵形，上小下大。高4.5厘米~5厘米，口径3.4厘米~6.2厘米，足径6厘米~11厘米。二式九件，为平底杯形，敞口，腰微束，平底。高3厘米~4厘米，口径5厘米~6.7厘米，足径5厘米~7.5厘米。三式十件，平底杯形，束腰或斜直壁，有的器内下部有宽沿，有的器内下沿不明显，外形似平底。高2.4厘米~3.7厘米，口径4厘米~4.5厘米，足径6.7厘米~7.2厘米[11]。南宋龙泉金村窑的产品，由于采用垫托装烧工艺，垫托的托面托住器物圈足的底端，这样，器物可以满釉，但是圈足底端的釉必先刮去，出窑后经氧化作用，圈足底端便呈现朱色或黑色。碗形、盏形垫托，壁薄而匀，用作盅、把杯和小洗叠烧的间隔具，烧成后，置在下面的器物——盅和把杯的口沿露出一条朱线[28]。南宋晚期龙泉安福大栗山窑产品烧成后，器底与圈足满釉，只是圈足着地面一周无釉，呈一线朱褐色[29]。

（六）圈足粘钉

宋代介休窑使用的圈足粘钉装烧工艺，主要用于小件精细的瓷碗和盘坯件的装烧。用黏度大、耐火度高的细泥浆挤点在碗、盘的圈足上，因泥浆的黏度自然拉出一个小尖顶，形成很小的孔钉。由于乳钉的泥料和制品的含水量不同，收缩期不同，所以在烧成后较易去掉，甚至自行脱落。圈足粘钉的坯体仰置在漏斗式碗匣中，有的匣装四件，有的装两件，一般为三件[30]。

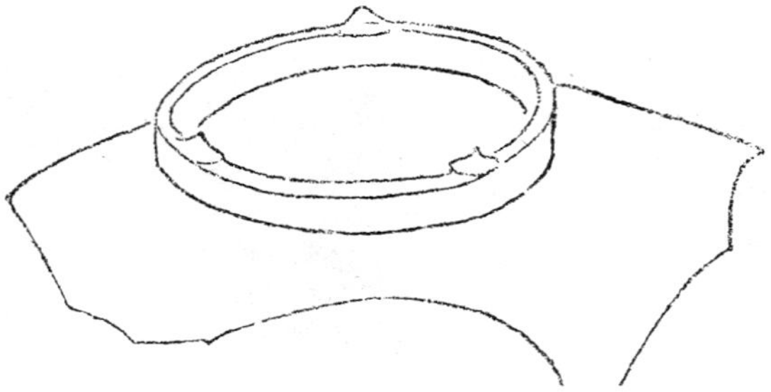

图 6－5－2 宋代介休窑圈足粘钉
（水既生《山西古代窑具及装烧方法》《河北陶瓷》1984 年第 4 期）

三、涩圈叠烧

宋代启用的涩圈叠烧，又称沙圈叠烧，它是在器胎施釉入窑焙烧之前，在器的内底部位（以碗、盘为最多）先刮去一圈釉面（俗称涩圈），使其形成漏胎环，然后将叠烧的器物底足（凡叠烧器物的底足均无釉）置于其上，由于漏胎环正好与无釉的器足接触，这样便避免了叠烧器物之间的黏结。宋代建阳窑[31]、宋代南丰白舍窑的瓦子山和笠山窑[22]、西夏中晚期灵武四民巷窑[32]、宋至金鹤壁集窑[33]、金代淄博博山大街窑[34]、金代枣庄中陈郝窑[35]、金代龙泉务窑[23]等都采用过涩圈叠烧工艺来装烧器坯。

四、对口套烧

对口套烧是用两件较大的器物对扣，作用相当于匣钵，内部再套烧小件器物。对口套烧工艺首现于唐、五代时的山东地区的磁村、中陈郝和西太平窑等窑场。宋、金北方地区部分窑场，例如北宋山东地区的磁村、中陈郝、西太平、西磁、湖村窑[36]，宋金龙泉务窑[23]、磁县观台窑[37]和金代赤峰缸瓦窑[24]等继承了这种装烧工艺。烧成后，对扣器物的口部有芒，下面一件器物内底要刮去或擦去釉，上面一件器物的外底和底部常有明显的落砂痕。但是，内部套烧的器物则无明显的支烧痕。磁县观台窑对口套烧，一般采用一种体大胎厚的钵形盆对扣作为外装器物，内部再套装叠置的碗、盘或其他小件器物。钵形盆既可充当匣钵，本身又是一种产品，增加了产出率[37]。宋代山东地区窑场对口套烧法主要适用于比较大一点的器物，如罐、盆等[36]。金代赤峰缸瓦窑对口套烧要求同径圆器芒口相对，烧成后处于上端的器物内底均光洁，而下端的内底均有垫渣痕[24]。

五、包釉支烧

包釉支烧又称裹足支烧，它是指将器物内外满施瓷釉，然后用细小的尖状支钉承托器物的底部。这种支钉一般有两种形式，一种是支钉安装在圆圈形垫隔器上；另一种是支钉安装在饼形垫隔器上。烧成后的器物通体有釉，仅外底部存留有细小的支钉痕。包釉支烧方法于北宋后期在汝窑、南宋时在修内司官窑和郊坛下官窑等先后使用，是一种烧造精细瓷器的装烧工艺。

宋代宝丰清凉寺汝窑出土的用于包釉支烧的垫隔具主要有四类：一是厚垫饼饼面上带五个支钉；二是工艺精、火候高、质硬的薄垫饼饼面上带三个或五个（一般不会脱落的）支钉，带五个支钉的垫饼一般饼径在6.7厘米~6.9厘米之间，厚0.3厘米~1厘米；三是椭圆形垫圈圈面上带支钉；四是垫圈上带支钉，有的直接在圈面上手捏间距相等的三个或五个支钉，也有的支钉是另外加上的。汝窑窑址出土的带支钉的垫圈，方棱圆形，用瓷坯原料制成，直接在圈面上手捏间距相等的五个支钉，圈径7.6厘米，高1厘米。支钉的椭圆形垫圈工艺讲究，圈面上残存一个手捏支钉，就形制而言应是烧制椭圆水仙盆的专用垫圈。烧成后，支钉尖端的支撑点极小，支钉断面处往往呈现白色。有学者认为，汝窑第一类垫隔具，即厚垫饼饼面上带五支钉的垫隔具是天青釉汝瓷在创烧阶段使用的，其他三类是汝窑为宫廷烧造器物用的包釉支烧的垫隔具[38]。汝窑采用包釉支烧工艺装烧器物，以带有三个或五个支钉的垫圈痕为常见，少数为六支钉垫圈，如椭圆形水仙盆。烧成后，全器满釉，底足处的支钉痕呈细小的芝麻钉状。

南宋郊坛下官窑采用包釉支烧工艺所用的垫隔具也有四类：一是饼形垫饼带支钉；二是碗形垫饼带支钉；三是圆形垫饼带支钉；四是垫托带支钉。上述四类垫隔具的支钉均呈圆锥形，支钉数除两个的未见外，自一个至九个都有，以三个和五个支钉的最多。支钉数与垫隔具的形制、质地与器物大小、造型有紧密关系。其中以饼形带支钉的垫隔具的数量最多，其次是碗形垫隔具带支钉、圆形垫隔具带支钉、垫托带支钉的垫隔具。南宋郊坛下官窑采用的包釉支烧垫隔具上刻印有文字，例如，饼形带三支钉的垫隔具上印有“小”字；饼形带五支钉的垫隔具上印有“天、地、玄、黄”的千字文的编号，也有刻“花、元、碗、木、二、四百”等记号的。南宋郊坛下官窑采用包釉支烧用的垫隔具的原料有两种：一种是瓷土（占整个带支钉的垫隔具的23%）；另一种是夹粗砂的耐火土（占整个带支钉的垫隔具的77%）。但是垫隔具上的支钉全部都是用瓷土制成后另行接于其上的。装烧时，垫隔具上的瓷质支钉的尖钉与瓷坯直接接触，在高温烧造时，由于瓷质支钉与瓷坯有相同的受热性能，在膨胀或冷却收缩时，取得一致，可防止瓷坯的变形或粘连，而且烧成时窑具与瓷器也容易脱落，仅在全身满釉的器底留下极小的米粒似的支钉痕[39]。

南宋修内司窑的碗、盘的装烧，以裹足包釉支烧为主，垫隔窑具最常见的是带五个支钉的垫饼[40]。另外，北宋钧窑的部分产品也采用包釉支烧工艺，其垫隔器有锯齿状支钉[8]，也有环形带支钉。支钉座为较细的褐色瓷胎[41]，装烧时支钉钉尖托住坯体，烧成后将支钉敲掉，这样往往留下支钉痕。然而，多数支钉痕较粗，不如汝官窑同期产品精美[8]。

六、裹足刮釉装烧

裹足刮釉装烧是将内外通体施釉的器坯足底部的釉小心地刮去，放置在由瓷泥制成的垫烧窑具上烧制的一种装烧工艺。南宋郊坛下官窑的厚釉器几乎都采用裹足刮釉装烧。该窑用于裹足刮釉装烧的垫烧窑具的种类很多，按照外形可分为垫饼、垫碗、垫盘、垫碟、垫托、垫圈、垫柱等。垫烧窑具的质地可分为瓷石质（占33%）和紫金土质（占67%）[42]。南宋郊坛下官窑的厚釉器在垫烧前都要在器足或底部进行一次刮釉。从器物上的痕迹看，刮釉处非常整齐划一，似乎是用慢轮刮去的；垫烧处也不见垫具的痕迹，只露出还原焰烧制后的胎色[39]。南宋修内司官窑的大型器物，例如盆形碗、盏托、瓶、尊、觚、套盒等，多采用裹足刮釉装烧，在器底施釉后，仔细地刮出一层窄条露胎，有些器物还在刮釉部分施褐黑色的护胎釉[40]。北宋晚期钧窑的部分产品也采用裹足刮釉装烧工艺[8]。

七、多级垫钵（或垫盘）覆烧

宋代启用的垫钵（或垫盘）覆烧工艺用的窑具——垫钵（或垫盘）多为瓷质，少数为耐火泥质。撇口、斜壁、轮制的大小规格不一。北宋景德镇盈田窑出土的多级垫钵，用下脚瓷胎泥料烧成，出土标本器的口径为15厘米、底径为10.4厘米、高为9.5厘米。内壁作8级（见插图6－5－3）。南宋景德镇湖田窑出土的多级垫钵（或垫盘）有瓷质和耐火泥质两种。该窑出土的多级垫盘标本器的口径为12.8厘米、底径为7厘米、高为3.4厘米。内壁作9级[43]。宋代泰顺玉塔窑出土的多级垫钵（或垫盘）窑具均为瓷质，其中标本器高14.2厘米、口径19.5厘米、底径6厘米[44]。装烧时为避免所装器坯与垫钵（或垫盘）的垫阶黏结，在垫钵（或垫盘）的垫阶上撒上一层薄薄的耐火针状粉末。经测试证明这类粉末为谷壳灰，这种耐火材料一直沿用至今[45]。装烧的具体方法是先把一件口径较小的芒口碟扣在垫钵（或垫盘）的最下一级上，再依次扣置直径由小而大的碗（或盘）坯，最后把扣好碗（或盘）坯的多级垫钵（或垫盘）放在垫圈上，即可堆叠装窑。

图6－5－3　北宋景德镇盈田窑出土的多级垫钵
景德镇盈田窑古址采集

八、匣内支圈仰烧与覆烧

北宋定窑启用的匣内支圈仰烧与覆烧，工艺非常考究，即在匣钵筒内套以用胎泥制成的瓷质圈套，并在圈套上挖有一周浅沟，然后再将口边不带釉的碗、盘坯体仰置或倒扣在置于匣钵筒内的套圈上，形成仰置或覆扣套叠装烧。由于套圈的化学成分与胎泥的成分一样，所以在高温烧成时，其膨胀率和收缩率是一致的。

（一）匣内支圈仰烧

宋代定窑启用的匣内支圈仰烧法是在筒状匣钵内先置一个高体支圈，上面放一个碗坯，其上再置一个支圈和一个碗坯，一直叠到适当高度为止。采用这种装烧方法烧制的碗，在造型上的特征是碗的口沿部位外撇，碗体重量落在碗口部位，圈足较小，整个器坯重量不大，而且为了避免与支圈粘连，碗口外沿留有较宽的无釉边（俗称芒口）[46]。

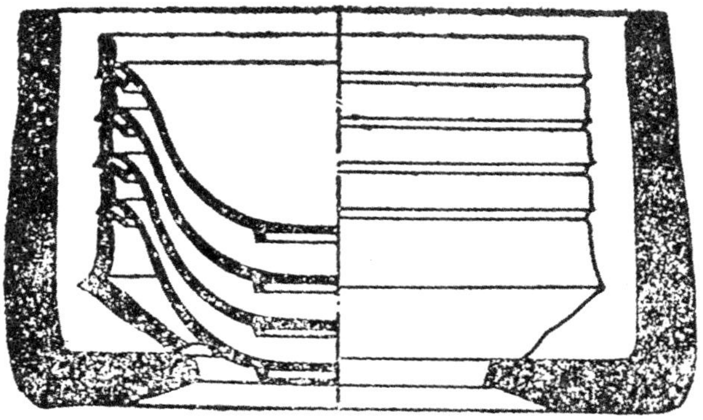

图 6－5－4　宋代定窑匣内支圈仰烧　采自文献〔46〕

（二）匣内支圈覆烧

宋代定窑陶工在启用支圈仰烧法的基础上，进而发明了支圈覆烧法。根据器物所装烧的器坯的形制不同又分为：支圈覆烧叠置法、碗形支圈覆烧法、盘形支圈覆烧法、钵形支圈覆烧法四种。

支圈覆烧叠置是在一个特别的开底式筒状匣钵内，先放一个较厚的底圈，上面放一个或两个碗坯后，其上再放一个支圈和一个碗坯，然后再放一个支圈和一个碗坯。这样一圈一坯叠置到一定高度后放入窑中烧制。

碗形支圈覆烧是在一个较浅的开底式匣钵内放入一个碗状支圈，然后扣装上口径大小不等的器物坯体，放到一定高度时，即可入窑焙烧。因为这种碗形支圈无直边，可以肯定上面不会再放支圈，所以称它为碗形支圈覆烧法。这种装烧方法适合于口径较大而器形较矮的盘状器物，因为这种碗形支圈上大下小，承重力大，是烧制不同直径的盘状器物最理想的用具。因此，用此种方法烧制的大盘尽管直径大、胎体较薄，但也不易变形[46]。

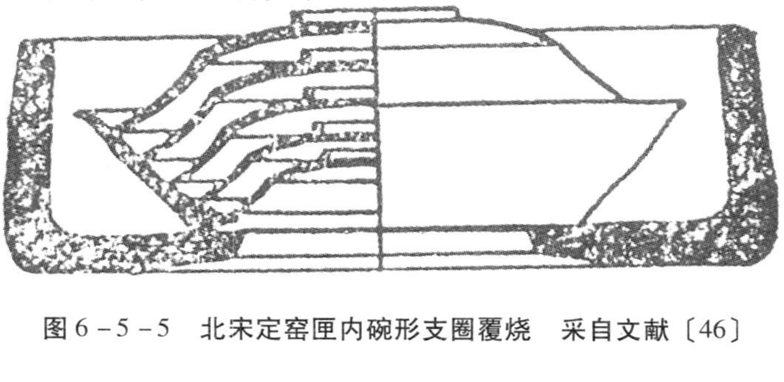

图 6－5－5　北宋定窑匣内碗形支圈覆烧　采自文献〔46〕

盘形支圈覆烧是将一盘状支圈放入开底式筒状匣钵内，先在盘状支圈内扣一两件不同口径的坯体，然后再在盘状支圈上端叠放一个支圈，圈口扣一坯体。这样一圈一坯交替叠到一定高度时即可入窑烧制。这种方法与碗形支圈覆烧法虽然大体相同，但适于烧制体矮腹浅的盘类器皿。另一种在盘形支圈上再加一盘（作45°斜出），上面扣数个不同口径的深形器皿，为了多扣并防止器与器之间的粘边，不仅从小到大扣置，而且器底均不作圈足。扣烧时为避免变形和器体下塌，口沿外部均加厚，呈一带状唇沿。这类器皿，一般称之为圆洗[46]。

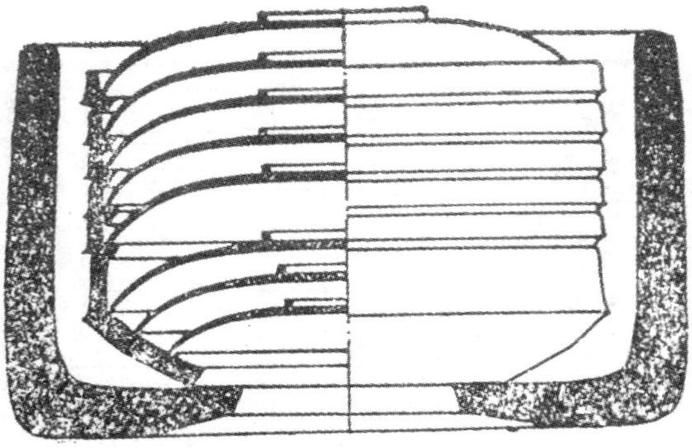

图6-5-6　北宋定窑匣内盘形支圈覆烧　采自文献〔46〕

钵形支圈覆烧是在开底式筒状匣钵内，先放入一个钵形支圈，其上带有规则的锯齿形台阶，上大下小，扣置不同口径的碗形坯体数件（一阶一个，扣满为止），然后在钵形支圈上再放支圈，一圈一坯交替置放，到一定高度时为止[46]。

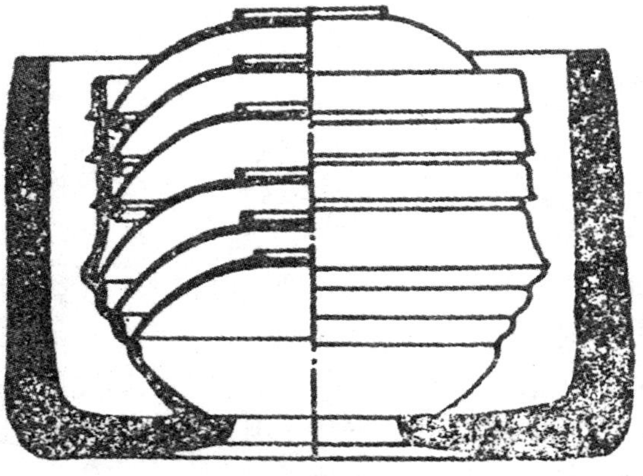

图6-5-7　北宋定窑匣内钵形支圈覆烧　采自文献〔46〕

宋代定窑陶工所启用的匣内支圈仰烧与覆烧方法出现以后，由于它的多种优越性，便成了定窑的一个主要烧制方法，同时在宋代广为传播，不少窑场纷纷仿效。金代观台磁州窑除了钵形支圈以外，其他各种支圈都有出土[37]。采用这种方法装烧的器物，口沿均无釉，文献上称其为“芒口”，一般胎薄体轻、圈足矮浅。

九、支圈组合覆烧

宋代陶工对定窑的匣内支圈覆烧工艺进行改革，推出了不用匣钵的支圈组合覆烧工艺。

支圈组合覆烧窑具材质，有的窑场，例如南丰白舍窑采用粗瓷质，即用下脚泥料制成[22]；景德镇窑所用支圈组合覆烧窑具，既有瓷质也有耐火泥质，两种兼用[43]。支圈规格随器物大小而异。支圈组合的覆烧窑具，如把它当作匣钵，则它是支圈；如把它当作支圈，则它又是匣钵。其装烧工艺大致如下：以经过干燥但未经焙烧的粗瓷质泥（或耐火泥）饼为底，在底上置一枚未经焙烧的垫圈，在圈形的垫阶上撒上一层薄谷壳灰，再把一个芒口碗（或盘）坯扣置在断面呈“L”形的垫圈的垫阶上，然后在垫圈上放置一枚粗瓷质泥垫圈，又在圈的垫阶上撒上一层薄谷壳灰，覆置一件同一规格的碗（或盘）坯，这样一件一件地覆置上去，达到一定高度之后，就用圆心下凹［其凹处正罩住碗（或盘）坯的圈足］的耐火泥饼覆盖，这样就组成了一个上下直径一致的、外观上的圆柱体，再在外壁涂上稀薄的耐火泥浆用以连接垫圈和密封空隙，再叠压装窑。用支圈组合式窑具装烧同一规格的碗、盘，碗、盘的芒口会卡在垫圈与垫圈之间，烧成后取出瓷器时就必定会弄断由垫圈组成的外壁，这样入窑前的圆柱体即被破坏。

在支圈组合覆烧装置中，为减轻对支圈的压力，往往把器物的胎壁做得平匀轻薄，使器坯均匀地传递到支圈上去。为了使器坯与支圈不粘连，器坯的口坯部位不上釉。由于覆烧工具在入窑烧造时必须保持同器坯相同的收缩率，所以只能使用一次。

支圈覆烧法的主要优点：一是缩小辅助材料的占用面，紧凑合理地堆叠制品，使窑室产量提高。二是能够充分利用热效率，节约燃料。装烧时只用一个垫圈，节省了支烧时匣钵的隔离层本身所占据空间而产生的无谓消耗的热能。三是减少变形，使成品率提高。因为在高温下，芒口碗、盘的口沿紧贴垫圈，上一个垫圈又管住了下面碗、盘的口沿，故坯泥收缩瓷化时，由于支撑范围增大、重心稳、收缩均匀而不易变形。在宋代，支圈组合覆烧工艺较为流行，宋代景德镇窑和南丰白舍窑[22]、南宋光泽光茅店窑[47]、金代赤峰缸瓦窑[24]、南宋金溪里窑[48]等先后都采用过这种装烧工艺。

十、装烧容量

宋代北方马蹄窑的装烧容量一般为数千件瓷器，宋代南方龙窑的装烧容量一般在 2 万 ~4 万件之间。

（一）马蹄窑的装烧容量

宋代耀州窑遗址第 19 号马蹄窑的窑床上有当时留下的装烧匣钵，共有 8 行 22 个，都在原先的位置上。匣钵直径 0.18 米，高为 0.05 米，按其密度计算，一层能放 235 个匣钵。馒头窑的高度如按 2.5 米计算，窑内匣钵柱最高处能摞 50 层，一窑可装数千个匣钵。宋时实行一钵一器的烧成制度，那么 19 号窑一窑便能烧成数千件瓷器[12]。宋代耀州窑第 19 号马蹄窑的装烧遗存从一个侧面反映了宋代马蹄窑的装烧容量。

（二）南方龙窑的装烧容量

宋代龙窑遗存表明，宋代南方龙窑的装烧容量一般在 2 万 ~4 万件之间。宋代安福窑 Y18 龙窑铺底匣钵横竖排列，横排为 7 个，竖排为 238 个，窑室内可置

1666 个铺底匣钵。按窑室高 2 米、匣钵高 0.4 米计算，每个铺底匣钵上平均可叠放 16 个匣钵，整个窑室内可叠放装烧匣钵两万件以上。按每个匣钵内装坯两件，一个窑一次可烧成四万件瓷器[29]。宋龙泉金村窑 Y1 号龙窑最大的匣钵直径达 0.3 米，最小的 0.15 米。匣钵排列大小参差，但大体上是窑床中段放较大的，两头放较小的。匣钵的数目，以龙泉金村窑 Y1 号龙窑为例，虽然中段被 Y2 号龙窑打破无法计数，但参照前后两段的排列密度计算，在全部残长 50.35 米的窑床上可放匣钵 170 行，每行一般 7～8 只，平均以 7.5 只计算，总平面上可放 1275 只以上。每一匣钵高度一般 0.08 米，全窑可装烧大小器物两万件以上[28]。有学者从宋建阳芦花坪窑龙窑窑床的宽度和窑墙残存的高度推测窑高 1.60 米～1.70 米。根据前后两段窑床放置的匣钵密度计算，窑底可放置匣钵 200 行，一千六百件以上，每一匣钵高 0.06 米～0.08 米，估计全窑可装烧瓷器三万件以上[25]。有学者以宋代容县城关窑 Y1 号龙窑为例来考察其装烧量，假设其窑室高度为 1.8 米，用常见的口径 0.22 米、壁高 0.08 米的漏斗形匣钵装置，每串至少可套叠匣钵 16 只，装烧 16 只口径 0.18 米、高 0.08 米左右的碗、盘之类器物。每个匣钵柱之间间距为 0.05 米，整个窑室每次至少可装烧两万余件较大的器物[7]。

十一、窑内装烧匣钵排列

宋代龙窑的装烧，凡大件瓷器置于窑室中段，取其火候均匀适度，小件瓷器置于窑室的前后两段，窑尾多是半成品或烘烤的坯件。例如，龙泉山头窑龙窑窑头装烧的多是小碗、杯、盏、小盘，大型、中型碗数量较少。在龙窑中部，大型的罐、壶、碗装烧的数量多，小型器物装烧的数量较少。在龙窑中后部，大、中型碗均有，小盘、小盏、小碗也很多。窑尾多半是成品或烘烤的坯件。凡大件瓷器置于窑室中段，小件瓷器置于窑室的前后两段，其中也间隔大件瓷器，起着稳定匣钵柱的作用。又如，龙泉大窑龙窑装烧时，也是在窑床中段放置较大的匣钵（直径达 0.3 米），窑床前后两头放置较小的匣钵（直径最小的为 0.15 米）[10]。同样，南宋晚期龙泉上严儿村 Y1 号龙窑也是在靠近窑头处的铺底匣钵个体较小，直径为 0.2 米～0.22 米，在窑床中段的铺底匣钵较大，直径为25 厘米～27厘米，把较大的器物置于烧窑火候最好的窑床中段烧制[49]。

宋代龙窑装烧匣钵排列的数量各窑做法不一。建阳芦花坪窑龙窑前段窑床一般横排 8 个直壁中型匣钵（口径 0.16 米～0.18 米）；后段窑床一般横排 9 个直壁小型匣钵（口径 0.148 米～0.158 米），匣钵叠放多者高达 8 个[25]。但是，永福窑田岭龙窑 Y2 号龙窑窑室内残留纵两列、横五个大型匣钵[7]。南宋晚期龙泉上严儿村 Y1 号窑，每一横排置铺底匣钵 6～7 个[49]。

宋代龙窑装烧匣钵排列的方法，一般是前后紧密衔接，左右则保持一定的间隙。例如，龙泉山头上段山窑 BY13 号窑室中段和尾部所遗存的匣钵排列有序，左右间隔为 0.05 米，前后间隔为 0.03 米，每排个数除前端（自窑头向后 1.3 米）为 6 个，其余均为 7 个。匣钵个体的大小前后不一，其中置于前端的匣钵直径为 0.2 米，中间的为 0.28 米，后部为 0.25 米。大型物品似均置于窑室中段。可见中段烧成的产品要优于前后部[50]。

宋代龙窑由于具有一定的坡度，为了在窑床斜面装烧取得相应的水平位置，大致采用了下述三种方法：一是在底层匣钵处用匣钵碎片或碎瓷片垫平放稳。例如，宋龙泉山头上段山窑 BY13 号窑，在底层匣钵前沿底端预先铺一层匣钵片或碎瓷片，有的还在底层匣钵凹面边沿垫塞废弃的泥饼[51]。二是像北宋龙泉金村 Y1 和 Y2 号龙窑那样，在放置垫底一层匣钵时是用挖、垫方法使之保持水平的，整个窑床底部的匣钵布置则是成阶梯形的[28]。三是像南宋晚期龙泉上严儿村 Y1 号龙窑那样，在窑底先铺一层细沙土，然后将匣钵口朝下插入沙土内，并使匣钵底的表面保持水平[49]。另外，南宋一些窑场还采用在匣钵内置泥坨的办法来使匣内的坯件保持平稳。例如南宋晚期龙泉上严儿村窑装烧时，是利用其匣钵向内凹的钵形底来装坯，先在底内放一坨湿泥，再将垫饼固定于泥坨中使之表面呈水平状，以便安放瓷坯，然后扣上一个匣钵，如此向上摞成柱状来烧制的[49]。

十二、装烧窑具

宋代各个窑场制作装烧窑具的原料不尽相同，大致有胎泥掺加湖沙、耐火土、泥池黏土、高硅质黏土、胎泥等。南宋郊坛下官窑装烧匣钵的原料则以紫金土为主，配以瓷石原料淘洗后的淘渣，并掺用含石英砂的原料配制而成。

（一）匣钵配制

宋代窑场的匣钵制作主要有下述六种原料和配方：一是耐火土；二是制胎原料之一的泥池黏土或瓷土；三是耐火土掺和夹砂黏土配制；四是胎泥的下脚料加入石英砂配制；五是紫金土加入瓷石原矿淘洗出的淘渣料配制；六是石英、瓷石和黏土三种原料配制等。

宋代用耐火土一种原料制造匣钵的窑场主要有宋代广西容县城关窑[7]、北宋龙泉山头 12 号窑[10]和南宋郊坛下官窑[39]，以及北宋定窑。其中，北宋定窑装烧匣钵的制匣原料为附近灵山镇所产耐火土。根据 X 射线衍射与差热分析鉴定，灵山土是一种含水铝石的高岭土，其中水铝石团粒最大可达 70 微米。化学组成中 Al_2O_3 为 41.54%，熔剂氧化物总量为 1.72%，烧后呈微黄的白色，耐火度测定为 1770℃。[52]

宋代用制胎原料来制作匣钵的窑场主要是耀州窑和南宋郊坛下官窑。其中，宋代耀州窑的装烧匣钵是用当地所产泥池黏土制成。泥池黏土为烧造耀州瓷胎原料之一，Al_2O_3 含量为 24.73%，TiO_2 含量为 0.93%，SiO_2 含量低至 62.35%（表 6-2-1，第 140 号），矿相组成有石英、莫来石、富铁莫来石、长石残骸、磁—赤铁矿等[53]。南宋郊坛下官窑部分瓷器（例如碗、盆、小钵）的烧制是用瓷土制作的匣钵来装烧[39]。有学者则认为，南宋郊坛下官窑用来装烧部分精细瓷器（碗、盆、小钵等）的匣钵是用 60%～70% 的紫金土和 30%～40% 的瓷石原矿淘洗出的淘渣料配制而成的。制成的匣钵内的绢云母和高岭石矿物均为中等含量，但由于有比较高的石英含量（SiO_2 含量在 70% 左右），基本属于石英—绢云母质[54]。而以石英—绢云母为基形而形成的材料有一定的耐火度，且其抗急冷、急热的能力优于硅砖耐火材料[55]。由此可见，南宋郊坛下官窑的匣钵材料是一种性能优越、可连续使用和寿命比较长的窑具。宋代用耐火土掺和夹砂黏土配制匣钵的窑场主要见于辽、金龙泉务窑，所制匣钵大多粗糙坚硬，呈土黄色或铁锈色[23]。

宋代用粗瓷泥下脚料加入较粗的湖沙配制匣钵的窑场主要见于北宋武昌青山窑，其配比为粗瓷泥下脚料66%、湖沙34%，烧成后其化学组成中有较高含量的氧化铁（2.94%～3.27%），同时坯体中有大颗粒黏土团粒[56]。利用粗瓷泥下脚料加入湖沙制作匣钵，可以大大提高窑具的使用寿命，而石英砂的加入，不仅提高了窑具的耐火度，而且能大大提高其抗震性能。

宋代景德镇湖田窑装烧匣钵则是用石英、瓷石和黏土三种原料配制。其主要晶相为石英、方石英、莫来石等矿物。其骨架是以粗颗粒石英为主，即由大小不等的石英矿物组成，颗粒一般在100微米～200微米，最大可超过500微米。由于石英、α石英及β石英的同质异构体的转变，因此在颗粒表面上布满裂纹。这些粗大的石英颗粒，有一部分转变为蜂窝状的α石英。从化学成分来看，宋景德镇湖田窑匣钵的SiO_2含量一般在70%以上，从组成匣钵的矿物相来看，都含有大量的石英。匣钵中的玻璃相较少，一般小于10%，因此石英的多型转变大多数是在无矿化剂的情况下进行的，主要转变为方石英。高硅质的湖田窑匣钵的特点是：耐火度与高温荷重软化点之间的温差较小，其耐火度不高，但开始变形温度大于1300℃，所以使用温度可达1280℃±20℃。从显微结构看，匣钵中有的黏土颗粒比较大，石英颗粒大小也很不匀，这说明当时制匣时，黏土原料没有淘洗，是先将干黏土粗碎，用干料混合，加入适量水分，经人工捏捻而后成型的。另外，这些粗料的石英、瓷石和黏土团粒在匣钵中起到了类似熟料的作用。硅质材料中的石英颗粒在玻璃相较少的情况下是向方石英转化，而方石英是沿着石英的网状裂纹和颗粒的表面向内转变，所以石英颗粒愈大时，因转变而产生的体积变化就愈少，故热稳定性就提高了。另外匣钵的粗糙结构中的颗粒，由于在热应力的影响下彼此间会产生很少的位移，因而能消除其应力，这样也会增进其热稳定性。宋代景德镇湖田窑匣钵正是由于其石英颗粒比较粗大，玻璃相又较少，加之具有粗糙结构，因而热稳定性也较好[57]。

（二）支圈配制

宋代支圈覆烧（包括匣内支圈覆烧和无匣支圈覆烧）窑具的支圈，在烧成过程中的膨胀与收缩应与瓷坯一致。其所用原料主要有：次等胎泥、从已风化的瓷石原矿淘洗出来的精泥、用瓷石原矿淘渣加少量黏土等三种。

1. 以次等胎泥制造支圈

定窑支圈与瓷胎用料基本相同，其化学组成颇为近似，两者的Al_2O_3都为高含量，但瓷胎的Al_2O_3含量比支圈的高，瓷胎的含量为34.78%，支圈的含量为31.24%～31.56%；而Fe_2O_3含量均较少，瓷胎的含量为0.48%，支圈的含量为0.62%～0.78%。可见当时对制瓷原料进行了细致拣选，用优质原料制胎，用次一等的原料制作支圈。定窑支圈显微结构显示，坯料中的黏土团块与石英颗粒分布较为均匀，说明原料加工受到较大关注。支圈中莫来石为主要晶相，由于组成中熔剂氧化物较多，故晶体发育较瓷胎中莫来石更为良好，残留石英较粗大，边缘已熔蚀并在周围有方石英生成，呈锯齿状细小结晶。偏光显微镜鉴定结果表明，支圈与瓷胎的烧成温度在1290℃左右[52]。

2. 用从已风化的瓷石原矿淘洗出来的精泥制造支钉、垫饼

南宋郊坛下官窑陶工从已风化的瓷石原矿淘洗出精泥，来制作支钉、带支钉的垫饼（用于裹足支烧的装烧窑具），其瓷石原矿淘洗程度大致为淘出的渣料占50% ~60%[54]。

3. 用瓷石原矿淘渣加少量黏土制造支圈

宋代景德镇窑所用支圈，从显微结构特征与化学组成看，它类似于瓷胎，其特征是已瓷化、较致密。主要晶相有石英、莫来石和云母残骸等。这些均与匣钵的显微结构不同，而与瓷胎相近，唯颗粒比瓷胎稍粗。研究者认为，支圈的创造过程是先将瓷石粉碎，用水淘洗，先淘出细浆作为瓷胎原料，后将淘渣加少量黏土制成支圈[57]。

（三）垫饼配制

宋代装烧用的垫隔具——垫饼的制造原料主要有泥池黏土、紫金土、粗瓷泥下脚料加入湖沙配制等三类。耀州窑装烧的垫隔具——垫饼的化学组成接近于当地泥池黏土，矿相组成有石英、莫来石、富铁莫来石、长石残骸、磁—赤铁矿等，显然是用泥池黏土制成的[53]。南宋郊坛下官窑夹砂垫饼（一般用于裹足刮釉的装烧窑具）含铁量较高，其矿物组成与紫金土十分接近，可能是直接使用紫金土制成的[54]。北宋武昌青山窑垫饼为粗瓷泥下脚料加入湖沙配制而成，其中湖沙加入量为36%[56]。

第六节 龙　窑

宋代龙窑随山势地形修建，容积变化较大，但是基本形制沿袭前朝传统，由于宋代龙窑遗址出土数量比唐、五代时大大增多，因而龙窑的结构展示得比前代更为清晰。宋代龙窑由窑头、火膛（燃烧室）、窑室、窑尾等部分组成。窑头前端正中设火门，其下为风门。风门向火膛后壁展开若干股为通风道，通风道的上面覆以匣钵底片，凹面向下，中心穿孔，形成透火眼。

宋代龙窑火膛内的主要设施是炉栅、灰坑等。火膛平面多呈半圆形，火膛长度一般在0.45米~1.9米之间，宽度一般在0.8米~2.4米之间，少数窑场的复原火膛高度应为2米左右。火膛底部一般低于窑床0.23米~0.65米。构成炉栅的炉条多为9条，其排列或为扇形，或作辐射状。制造炉条所用材料也不尽相同，有的用砖坯，有的用熟砖，有的用匣钵砌筑。火膛中的灰池或作长方形凹坑，或呈半圆形平底，其容积大小不尽相同。宋代修建龙窑火膛膛壁的材料主要是熟砖。宋代龙窑的窑床坡度大致有四种类型：（1）倾斜状；（2）前段平缓，后段较陡；（3）前段陡，后段平缓；（4）总体呈斜坡状，但是各段的倾斜度不一致。汉唐南方龙窑的投柴孔的结构及其设置情况不明，宋代龙窑窑室侧壁上的投柴孔有方斗形、圆形和椭圆形三种。一般外壁较敞，窑墙里面较窄，到墙里壁又敞开。投柴孔的大小及其设置也因窑而异。

宋代龙窑所存窑门在9~17个之间，窑门大小也有所变化，宽度一般在0.39米~0.63米之间波动。残高或复原高度在1.15米~1.3米之间。所设位置大

致有四种：一是窑门开于窑炉的一侧；二是多数窑门设在窑体的一侧，另一侧开设一个窑门；三是窑门分别开于窑炉的两侧；四是在接近窑室尾端开门或集中于窑室的前中段设置窑门。宋代龙窑与汉、唐时期一样，尾部不设烟囱，排烟设施由窑尾墙、烟火柱墙、聚烟室（又称排烟室）、烟火弄（又称排烟孔）和出烟口等部分组成。

一、窑体容积与拱顶

宋代各地龙窑随山势地形修建，窑体往往大小不一，波动较大（表6－6－1），窑体长度大者，例如南宋建阳水吉镇营长墘窑7号窑（表6－6－1，第18号），窑体斜长为118米，经实测长113米；北宋建阳水吉镇大路后门山Y1号窑斜长123.6米，实测长115.15米（表6－6－1，第21号）；北宋建阳水吉镇大路后门山Y3号窑斜长135.6米，实测长127米（表6－6－1，第22号）[1]。长度小者，例如宋南平茶洋大岭干山Y1号窑实测长24.14米（表6－6－1，第24号）；宋代武昌青山窑Y2窑墙大部分保存在2米左右，最高处达2.66米（表6－6－1，第14号），有学者认为其高度应在3米左右[2]。

宋代出土龙窑的窑顶大多倒塌，但是尚有少数窑场遗留有局部窑顶，例如南宋赣州七里镇张家岭窑出土的龙窑窑头部位的券拱尚清晰可见，火膛至窑头两侧残留有券拱迹[3]。又如宋武昌青山窑出土的Y1号窑火膛顶券基本保存，最高为1.97米[2]。另外，不少龙窑内的遗存，特别是窑内遗存的楔形砖，可证其为拱顶。

宋代龙窑砌筑拱顶的方法因窑而异。宋广西桂平Y1号窑床壁前头在高于床底30厘米处起券；尾部在高于床低90厘米处起券。根据残存的起券弧度，可推测床底的券顶高于地面0.9米～1.7米[4]。宋代泰顺玉塔窑Y1号窑从其窑墙保存较高部分观察，可知其约在墙高0.5米～0.6米处开始起券[5]。南宋杭州郊坛下2号窑自墙高0.6米处开始往上向内弧收[6]。南宋晚期龙泉上严儿村Y1号窑壁砌至0.7米时开始内收，然后向上起券成弧形顶[7]。南宋龙泉大窑Y2号龙窑从窑壁高0.74米处开始起券[8]。宋代灌县玉堂罗家窑包窑自窑壁1.2米处起券[9]。南宋建阳水吉营长墘窑6号窑从窑室内局部保存较整齐的塌砖看，顶砖排列的方向与窑墙垂直，表明其构筑方法是横排起券[10]。北宋中晚期龙泉山头BY12号窑壁的下部用匣钵砌筑，在砌筑拱顶之前，先在匣钵砌成的墙面上用红色楔形砖铺砌二层，形成平坦而坚固的平面，再用长18.5厘米、宽13厘米、厚5.8厘米的红砖从窑床两边的墙面起坡，至顶面起券而成[11]。北宋末至南宋初龙泉山头上段山BY13号窑的拱顶砌筑方法与之相类似：先在匣钵砌成的窑壁上平砌两层方形砖，其上再用扇形泥坯砖平起错缝上砌，并逐渐内收形成平缓的券顶[12]。

宋代龙窑砌筑拱顶用材大致有三类：一为土坯砖，二为砖（熟砖），三为砖和匣钵混砌。

土坯砖，又称泥坯砖或生砖。宋代用土坯砖砌筑拱顶的窑场有北宋末至南宋初龙泉对门山BY15号窑、宋建阳芦花坪窑、宋代灌县玉堂罗家窑包窑、宋泰顺玉塔窑 Y1 号窑、南宋郊坛下官窑 Y2 号窑等。北宋末至南宋初龙泉对门山 BY15 号窑的拱顶用扇形泥坯砖横放错缝砌成，所用砖坯一般长 15 厘米～16 厘米、宽 12 厘米～13 厘米、厚 4 厘米[13]。宋建阳芦花坪窑用楔形生砖砌筑拱顶，砖长 16 厘米～20 厘米、上宽 16 厘米～18 厘米、下宽 12 厘米～13 厘米、厚 4 厘米～6 厘米[14]。宋代灌县玉堂罗家窑包窑南北二墙均用双层土坯砖平铺直砌至 1.2 米起券[9]。南宋郊坛下官窑 Y2 号窑的拱顶用楔形土坯砖建。楔形砖的规格有两种：一是长 19 厘米、宽 14.5 厘米、厚 10 厘米；二是长 20 厘米、宽 14.5 厘米、厚 10 厘米。在窑顶倒塌处和窑头火膛部位都发现了楔形砖[6]。

宋代用砖（熟砖）砌筑拱顶的窑场有：宋代泰顺玉塔窑 Y1 号窑、宋代吉州窑本觉寺岭窑、北宋晚期德化盖德碗坪仑 2 号窑、南宋建阳水吉镇营长墩窑出土的 Y6 窑等。宋代泰顺玉塔窑 Y1 号窑砌券拱顶用的是楔形砖[5]。宋代吉州窑本觉寺岭龙窑窑顶用的是红砖券拱，窑砖长 23 厘米、宽 15 厘米、厚 5 厘米[15]。北宋晚期德化盖德碗坪仑 2 号窑砌筑拱顶用的楔形砖长 23 厘米、上宽 12 厘米、下宽 6.5 厘米、厚 5 厘米[16]。南宋建阳水吉镇营长墩窑出土 Y6 龙窑的拱顶是横排起券，楔形砖长 17.5 厘米～19 厘米、上宽 9 厘米～16.5 厘米、下宽 14.8 厘米～16 厘米、厚 4 厘米～5 厘米[10]。

宋代用砖（土坯砖或熟砖）和匣钵砌筑拱顶的窑场主要有北宋中晚期龙泉山头 BY12 号窑[17]、北宋末至南宋初龙泉山头上段山 BY13 号窑[12]、南宋龙泉大窑 Y2 号龙窑[8]等。前两座窑是用土坯砖和匣钵组合砌筑，后一座窑则是用熟砖与匣钵组合砌筑。窑墙一般是下部用匣钵砌筑，上部用砖砌拱顶。

表 6－6－1　宋、金龙窑火膛、窑室、窑体尺寸表

编号、名称	火膛		窑室		窑体		参考文献
	长（米）	宽（米）	宽（米）	高（米）	长（米）	宽（米）	
1. 北宋慈溪石马弄 Y1 号窑	1.25	1.65	1.9～2.4	约 1.3	斜长 49.5	—	〔20〕
2. 南宋慈溪寺龙口 1 号窑	1.1	1.64	1.64～2	—	49.5	1.8～2	〔23〕
3. 南宋龙泉大窑 2 号窑	—	—	2.5～2.58	—	残长 46.3	—	〔8〕
4. 南宋龙泉大窑 3 号窑	径 0.57	—	1.85～2	1.4	30	—	
5. 北宋中晚期龙泉山头 12 号窑	0.86	1.5	1.5～2.1	—	62.6	—	〔17〕
6. 宋龙泉山头上段 BY13 号窑	0.8	1.48	—	—	82	1.48～2.5	〔45〕

续表

编号、名称	火膛		窑室		窑体		参考文献
	长（米）	宽（米）	宽（米）	高（米）	长（米）	宽（米）	
7. 北宋末至南宋初龙泉金钟湾BY22号窑	0.6	—	—	—	残56.3	1.3～2.3	〔36〕
8. 宋广西桂平Y1号窑	1.08	0.3～1.68	1.34～2.7	—	24.12	—	〔30〕
9. 南宋龙泉金村窑1号窑	—	—	2.25～2.80	0.45～1.45	残长50.35	—	〔22〕
10. 南宋龙泉金村2号窑	—	—	2～2.75	—	28.85	—	
11. 北宋晚期德化盖德碗坪仑2号窑	0.8	0.45	—	—	—	1.4	〔16〕
12. 南宋晚期龙泉上严儿村Y1号窑	—	—	1.6～2.46	1.15	—	—	〔7〕
13. 宋武昌青山窑Y1号窑	1.3	1.32	2.2～2.9	—	—	—	〔2〕
14. 宋武昌青山窑Y2号窑	1.05	2.17	—	2～2.66	—	—	
15. 宋武汉江夏王麻窑Y1－1号窑	1.9	2.4	2.65～3.2	—	长24.7	—	〔19〕
16. 宋武汉江夏王麻窑Y1－2号窑	—	—	—	2.65～3.2	56.2	—	
17. 南宋建阳水吉镇营长墘6号窑	—	1.26	1.33～2.6	—	40.5	1.33～2.6	〔46〕
18. 南宋建阳水吉镇营长墘7号窑	—	—	—	—	113	1.1～2.25	〔10〕
19. 南宋建阳水吉镇大路后门山Y4号窑	—	—	1.9～2.2	—	81.5	1.9～2.2	〔28〕
20. 北宋建阳水吉镇大路后门山Y9号窑	0.7	1	—	—	30.8	1.3～2.4	
21. 北宋建阳水吉镇大路后门山Y1号窑	半径0.7	0.95		残高1.03	实测115.15	0.95～2.2	〔1〕
22. 北宋建阳水吉镇大路后门山Y3号窑	半径0.6	—	—	—	实测127	1～2.35	

续表

编号、名称	火膛		窑室		窑体		参考文献
	长（米）	宽（米）	宽（米）	高（米）	长（米）	宽（米）	
23. 宋建阳芦花坪窑	—	—	1.8~2	0.25~1.4	前段33.1，后段23	—	〔14〕
24. 宋南平茶洋大岭干山Y1号窑	半径0.55	1.1	—	—	实测24.14	1.1~2.2	〔27〕
25. 宋永福窑田岭1号窑	—	—	1.43~2.5	—	残46.2	—	〔37〕
26. 南宋银厝尾Y1-a号窑	—	0.90~1.2	—	—	—	—	〔18〕
27. 宋容县城关窑	1.2	1.2~1.9	2.45~2.8	1.8以上	26.40	—	〔29〕
28. 宋龙泉对门山BY15号窑	—	—	—	0.4~1.1	残59.7	2.3~2.35	〔34〕
29. 宋泰顺玉塔1号窑	0.48	0.36~1	—	—	37.36	1~2.32	〔5〕
30. 宋南平遇林亭Y1号窑	半径0.5	1.1~1.12	—	—	71.35	1.15~2.2	〔21〕
31. 宋南平遇林亭Y2号窑	半径0.5	0.85	—	—	107.65	0.8~2	
32. 宋代本觉寺岭窑	—	—	0.42~3.95	—	36.8	0.42~3.95	〔15〕
33. 南宋修内司1号窑	0.73	—	1.35~1.98	—	残15	—	〔25〕
34. 南宋郊坛下2号窑	半径0.45	—	1.4~1.8	—	斜长37.5	1.34~1.8	〔6〕
35. 宋代灌县玉堂罗家窑包窑	—	—	1.76~2.62	—	42.92	—	〔9〕
36. 宋银厝尾Y1-b号窑	—	0.75~0.85	—	—	—	—	〔18〕
37. 宋建阳水吉镇庵尾山8号窑	0.8	1.26	—	—	37.5	1.1~1.5	〔46〕
38. 北宋建阳水吉镇大路后门山Y1窑	半径0.7	0.95	—	—	111.5	0.95~2.2	〔1〕

续表

编号、名称	火膛		窑室		窑体		参考文献
	长（米）	宽（米）	宽（米）	高（米）	长（米）	宽（米）	
39. 北宋建阳水吉镇大路后门山Y3窑	半径0.6	1	—	—	127	1~2.35	〔1〕
40. 宋代藤县中和Y1窑	—	—	前端宽3；中部宽3.4；尾宽1.5	—	残长51.6	—	〔32〕
41. 宋代藤县中和Y2窑	1.6	—	两头宽2~2.5；中部宽3~3.3	—	残长51	—	〔32〕

注：

第1号，北宋慈溪石马弄1号窑，火膛高约0.6米，窑室高1.3米。

第5号，北宋中晚期龙泉山头12号窑，窑体水平长度58.6米。

第6号，南宋龙泉山头上段BY13号窑，窑体残高0.2米~1米，窑室残高0.67米~1米。

第8号，宋广西桂平Y1窑，火膛后壁高1.17米；发掘者推测窑床的券顶高于现底面0.9米~1.7米。

第12号，南宋晚期龙泉上严儿村Y1号窑，火膛残高1.15米。

第13号，宋武昌青山窑1号窑，火膛高2米。

第14号，宋武昌青山窑2号窑，火膛高1.97米。

第15号，宋武汉江夏王麻窑，Y1-1号窑，火膛残高0.2米~1米，窑室残高0.67米~1米。

第16号，宋武汉江夏王麻窑，Y1-2号窑，窑室长46.2米。

第17号，南宋建阳水吉镇营长墘6号窑，斜长41.9米。

第18号，南宋建阳水吉镇营长墘7号窑，斜长118米。

第19号，北宋建阳水吉镇大路后门山Y4号窑，窑体斜长86.5米。

第20号，北宋建阳水吉镇大路后Y9号窑，火膛后壁高0.7米。

第21号，北宋建阳水吉镇大路后门山Y3号窑，火膛后壁高1.25米。

第23号，宋建阳芦花坪窑，窑体窑墙残高0.25米~1.4米，墙厚0.15米~0.39米。

第35号，宋代灌县玉堂罗家窑包窑，窑体残高1.04米~2.08米。

第36号，宋银厝尾Y1-b号窑，火膛残高1.05米。

第38号，北宋建阳水吉镇大路后门山Y1窑，斜长123.6米，火膛后壁高0.7米，窑室窑墙高1.03米。

第 39 号，北宋建阳水吉大路后门山 Y3 窑，斜长 135.6 米，火膛后壁高 1.25 米。

第 40 号，宋代藤县中和 Y1 窑，窑室残高 0.4 米～0.9 米，火膛低于窑床 0.35 米。

二、窑头

龙窑前端俗称窑头，由火门、风门、火膛等部分组成。火膛前方的中央设火门，其下为风门。风门向火膛后壁展开若干股为通风道，通风道的上面覆以匣钵底片，凹面向下，中心穿孔，形成透火眼。

（一）火门

火门又称进柴口，火膛燃烧需添柴时将其打开，添完柴后将其封闭。宋代龙窑火门一般筑于风门之上，形制不一。南宋晚期龙泉上严儿村窑 Y1 龙窑火门呈“凸”字形[7]，宋代武昌青山窑 Y1 和 Y2 两座龙窑的火门均呈长方形[2]，南宋惠安银厝尾窑 Y1－b 窑的火门略呈“V”字形[18]。

宋代龙窑火门的大小也不尽相同。北宋晚期德化盖德碗坪仑 2 号窑火门残高 0.75 米、宽 0.2 米[16]。宋泰顺玉塔窑 Y1 号窑的残存火门宽 0.36 米，比火膛底部高出约 0.05 米，即一块砖的厚度[5]。宋代江夏王麻窑 Y1－1 号窑的火门宽 0.50 米[19]。宋代武昌青山窑 Y1 和 Y2 号两座龙窑的火门高约 1 米、宽 0.6 米[2]。北宋石马弄窑 Y1 号火门保存完好，火门至火膛后壁长约 1.25 米[20]。宋代福建武夷山遇林亭窑 Y1 号窑火门宽 0.7 米～0.8 米。Y2 号窑火门宽 0.4 米、残高 0.4 米，两侧规整，底未铺砖[21]。南宋晚期龙泉上严儿村窑 Y1 号龙窑火门宽 0.12 米、下宽 0.2 米、通高 0.9 米[7]。南宋龙泉金村窑 2 号窑火门宽 0.2 米[22]。南宋惠安银厝尾窑火门残高 1.05 米[18]。南宋初慈溪寺龙口窑 Y1 号火门宽约 0.27 米[23]。

（二）风门

风门为火膛的送风口，位于火门之下。宋代福建武夷山遇林亭窑 Y1 号窑的风门是在火门内砌起一道砖墙。具体做法是在底部平铺一层砖，砖上铺沙土，高与火膛地面平，然后在沙层上又铺一层，最后在砖面上按一定间隔侧立砖块，其中中间偏两侧用两块长条砖，前后凸出墙面，后侧伸向火膛，由此留出两个竖长方形的通风口，宽 0.06 米、高 0.12 米，顶部与火膛的炉栅持平[21]。北宋末至南宋初龙泉山头上段 BY13 号窑风门内窄外宽，立面呈扁方形，高 0.7 米、外宽 0.4 米、内宽 0.2 米[24]。宋代武昌青山窑 Y1 号龙窑风门也呈扁方形，由漏斗形匣钵复式叠置的三个匣钵柱组成，高 0.32 米～0.36 米，宽 0.6 米[2]。

（三）火膛

火膛即燃烧室，其主要设施为炉栅、灰坑等。宋代龙窑火膛平面多呈半圆形，火膛长度一般在 0.45 米～1.9 米之间，宽度一般在 0.8 米～2.4 米之间，少数窑场的复原火膛高度应为 2 米左右。火膛底部一般低于窑床 0.23 米～0.65 米。构成炉栅的炉条多为 9 条，其排列或为扇形，或作辐射状。制造炉条所用材料也不尽相同，有的用砖坯、有的用熟砖、有的用匣钵砌筑。火膛中的灰池或作长方形凹坑，或呈半圆形平底，其容积也不尽相同。宋代修建龙窑火膛膛壁的材料主要是熟砖。

1. 火膛形制

宋代龙窑火膛平面主要有半圆形（又称扇形）、梯形和三角形三类。宋代龙窑火膛平面呈半圆形的窑场较多，其中，北宋建阳水吉镇大路后门山1号窑和3号窑[1]、南宋郊坛下官窑2号窑[6]（彩图14）、南宋修内司官窑1号窑[25]、南宋龙泉山头上段BY13号窑、南宋大白岸金钟湾BY22号窑[26]、宋代南平茶洋1号窑[27]、宋代建阳水吉镇大路后门山9号窑[28]、南宋建阳水吉镇营长墘6号窑[10]等火膛的平面都呈半圆形（又称扇形）。

宋代龙窑火膛平面呈梯形，主要见于宋代容县城关窑和宋广西桂平Y1号窑。宋代容县城关窑龙窑火膛呈倒置梯形，临窑门较窄[29]，宋广西桂平Y1号窑火膛前窄后宽、上拱下宽，膛底平面也呈梯形[30]。宋代龙窑火膛平面略近三角形，目前仅见于宋代泰顺1号窑[5]。

宋代龙窑火膛结构有两大类型：一是在火膛后壁用砖砌建矮墙；二是火膛不砌后壁而直接与窑室连通。在宋代龙窑中，第一种类型火膛较为流行。宋代福建武夷山遇林亭窑Y1号窑火膛略宽（内层火膛半径为0.53米、底宽1.07米、面宽1.12米），后壁为直立砖砌矮墙，高0.94米[21]。北宋水吉镇大路后门山窑Y1号窑的火膛后壁高0.7米，共用14层砖砌成；北宋水吉镇大路后门山窑Y3号火膛后壁高1.25米，共用23层砖砌成[1]。宋水吉镇大路后门山窑Y9号窑火膛后壁保存完整，高0.7米，皆以平砖错缝顺砌，共用12层砖砌成[10]。宋南平茶洋大岭干窑Y1号窑的火膛后壁宽1.1米，为方砖平铺[27]。

南宋杭州老虎洞修内司1号窑火膛后壁隔墙南北宽约1.3米[25]。南宋杭州乌龟山郊坛下官窑2号窑火膛后壁的隔墙宽1.34米、南北半径0.45米、残存高度为0.4米、墙厚0.13米，墙用长方形单砖东西向横排错缝叠砌[6]。北宋石马弄窑Y1号窑火膛后壁宽约1.65米、高约0.6米[20]。北宋建阳水吉大路后门山1号窑火膛后壁宽0.95米、高0.70米，共用14层砖砌成。北宋建阳水吉大路后门山3号窑火膛后壁宽1米、高1.25米，共用23层砖砌成。北宋建阳水吉大路后门山1号窑火膛两侧的弧形砖保存最高处为0.88米；3号窑火膛两侧的弧形砖保存最高处为1.40米[1]。这种类型的火膛烧成时火焰的流动形式当为：火焰因后壁矮墙的阻隔抬升后流入上方窑室。

采用第二种类型的火膛结构（火膛不砌后壁而径直与窑室连通）的窑场比较少，目前仅见宋代福建武夷山遇林亭窑Y2号窑等。该窑火膛与窑室同在一个斜坡面上，它们之间有一条前窄后宽（前与火膛、后与窑室等宽）的窄长的通火道。斜长约2米多，通道内为层层相叠（达17排）的倒置匣钵柱，其间留有0.2米～0.3米空隙，因此该窑火膛的火焰是穿过匣钵柱的空隙这条通火道后再逐步斜升至窑室的[21]。另外，宋广西桂平Y1号窑还在火膛顶部设置添加燃料的洞口，具体结构是：在火膛两侧壁弧形向前，在高于膛底0.6米处起券，券顶前低后尖，用楔形砖顺砌。顶尖留一圆洞，洞口径距膛底1.88米，洞与观火口相通，似作添加燃料之用[30]。

宋代龙窑火膛的底部形制不尽相同，南宋水吉镇营长墘窑Y8－1号窑火膛底呈弧形[31]、南宋惠安银厝尾窑Y1－b号窑火膛底也呈弧形[18]。宋龙泉金村窑Y2

号窑的火膛的底部为半月形[22]。北宋至南宋早期建阳水吉镇大路后门山窑 Y4 号窑和 Y9 号窑火膛的底部平整，坡度与窑室相同[28]。

宋代绝大多数窑场的龙窑火膛底部一般低于窑床 0.23 米 ~0.65 米。南宋修内司官窑出土龙窑火膛底部比窑床底部低 0.23 米[25]，宋龙泉金村窑 Y2 号窑[22]和南宋龙泉大窑 Y3 号窑龙窑火膛底部比窑床低 0.25 米[8]，宋代藤县中和窑 Y1 号窑火膛底部低于窑床 0.3 米[32]，宋代泰顺玉塔窑 1 号窑火膛低于窑床 0.32 米[5]。南宋惠安银厝尾窑 Y1（B）号窑火膛低于窑床 0.4 米[18]，宋代德化盖德碗坪仑窑出土龙窑火膛低于窑床 0.43 米[16]，宋代武汉江夏王麻窑出土的龙窑 Y1－3 号窑火膛底与窑床底高差近 0.5 米[19]，宋代武昌青山窑 Y2 号窑的火膛底低于窑床 0.6 米[2]，宋代容县城关窑火膛底低于窑床 0.65 米[29]。

宋代龙窑火膛面积大小不一，南宋惠安银厝尾窑 Y1－b 号窑火膛宽度只有 0.75 米 ~0.85 米[18]，而宋武昌青山窑 2 号窑火膛宽度则达 2.17 米[2]，相当于南宋惠安银厝尾窑 Y1－b 号窑火膛宽度的 2.9 倍。

宋代龙窑火膛长度一般在 0.45 米 ~1.9 米之间波动，宽度一般在 0.75 米 ~2.4 米之间波动（表 6－6－1）。宋代龙窑火膛顶部绝大部分塌毁，高度不明。但是，宋代武昌青山窑 Y2 号窑的火膛顶券基本保存，最高为 1.97 米，复原高度应为 2 米左右[2]。

2. 炉栅

炉栅又称炉床，由炉条、炉桥和箅眼组成，即若干炉条架设在炉桥上，箅眼平铺在炉条上。炉栅一般置于火膛的下部，燃料铺在炉栅上面燃烧，燃烧所需的一部分空气自炉栅下部通过炉栅的隙缝进入燃料层中。由于受到考古实物资料的限制，隋、唐、五代龙窑火膛中的炉栅及其结构不明。按照宋代考古发掘资料可知宋代龙窑火膛炉栅构成形式较为多样。从架设炉栅用材角度看，主要有砖、匣钵、砖与匣钵混砌三种构成方式。

宋代架设炉栅的第一类方法是用砖砌筑。具体方法是在火膛底部正中砌砖构成炉桥，再用匣钵、瓦片等架在用砖砌成的炉桥上以充当炉条。例如，宋代龙泉金村窑 2 号窑的炉栅是在火膛底部正中直砌侧砖 3 块，排列成一线，其两旁又分别砌位置不规则的侧砖 4 块和 5 块。沿火膛的弧形前（南）壁，用去底的半边匣钵拱式并列砌成一行[22]。又如，宋福建南平茶洋大岭干山 Y1 号窑的炉栅用长方形砖顺向立砌，共有 7 道，排列前紧后疏，呈扇形，其长度分别为 0.3 米、0.4 米、0.5 米，砖的规格为长 18 厘米、宽 9 厘米、厚 4.5 厘米[27]。再如，南宋建阳水吉镇营长墘窑 6 号龙窑的炉栅设施也是用残砖竖置于火膛底部，高出膛底面 0.1 米，自出灰口向后壁分 9 排，呈扇形，每排砖数为 1、2、4 块不等，每排间距最宽 0.1 米。再在其上比较均匀地分布着大块的垫钵、匣钵、匣钵盖及板瓦的残片，相互之间由大小不等的空隙而构成炉栅[10]。

宋代架设炉栅的第二类方法是用匣钵砌筑。例如，宋代福建武夷山遇林亭窑 Y1 号窑的炉栅是在火膛的底面设一层覆置的匣钵，匣钵的缝隙面上又平铺一层匣钵盖，下与火门通风口相通，炉栅距底 0.18 米[21]。又如，宋建阳水吉镇大路后门山 Y9 号龙窑在距火膛后壁 0.12 米处自北向南排列三柱倒置的匣钵，每柱两个，柱间分别为

0.13 米、0.1 米。距火膛后壁 0.31 米处，也排列两柱倒置的匣钵，每柱两个，柱间距 0.14 米，其位置与前排的正好错开。这些匣钵可能是作炉栅用的[28]。

宋代架设炉栅的第三类方法是用砖和匣钵混砌，主要见于北宋末至南宋初龙泉山头上段 BY13 窑和南宋晚期龙泉上严儿村窑等。前者火膛中的炉栅平面布局自火门向窑室呈放射状，系用 3 ~5 块不等的泥坯砖前后相连、纵向侧立于底部。各砖左右相隔出 0.05 米 ~0.13 米的空间，既可以使柴灰落于其间，又起到一定的通风作用。炉条上铺盖匣钵底片，各匣钵片之间留有一个 0.05 米左右的空隙，以便送风和落灰。炉栅与火膛壁之间，系用去底后的半圆形匣钵片前后排列，同时一端置于底部，另一端紧贴火膛壁，以此形成长 0.7 米、宽 0.14 米的通风道[33]。后者火膛底部铺有构成炉栅的炉条共有 9 条，从火门的通风口处向内排列成辐射状。炉栅中间的 7 根炉条是由长条形砖坯组成，每条用砖坯 2 ~3 块，其间留有空隙以便通风；靠外面的两根是用半个无底的匣钵一头斜搭在炉壁上，一头置于火膛底部排列而成，中间的空隙可以通风[7]。

宋代架设炉栅的第四类方法是用砖坯砌建。例如，南宋晚期龙泉上严儿村窑 Y1 龙窑火膛底部铺有 9 根炉条，从火门的通风口处向内排列成辐射状，中间的 7 根炉条是由长条形砖坯组成，每根炉条用砖坯 2 ~3 块，其间留有空隙，以便通风；靠外面的两根炉条是用半个无底的匣钵一头斜搭在炉壁上，另一头置于火膛底部排列而成。炉条之上铺以残匣钵底构成炉栅[7]。

3. 出灰口

宋代龙窑火膛中的出灰口（又称灰池）或为长方形凹坑，或呈半圆形平底状，其容积也大小不一。南宋晚期建阳营长墘窑 Y6 号窑出灰口宽 0.44 米，两侧有砖柱，残高均为 1.3 米，宽 0.42 米 ~0.62 米，表面为青灰色烧结面[10]。宋代德化盖德碗坪仑窑出土龙窑火门的下面用砖砌一灰池，呈半圆形，平底，长 0.53 米、宽 1 米、深约 0.2 米，低于火门 0.43 米[16]。

4. 火膛构建材料

宋代龙窑火膛主要是用土坯砖、砖、匣钵、石块等砌建的。用土坯砖修建火膛的窑场主要见于北宋末至南宋初龙泉山头上段 BY13 窑和南宋修内司官窑出土 1 号龙窑。前者火膛侧壁用土坯砖错缝平砌，自后向前弧收[33]。后者建窑用材主要是土坯砖，有素面长方形和楔形两种。制砖时夹粗沙，质地较坚硬，制作规整厚实。长方形砖的规格有三种：一是长 28 厘米、宽 14 厘米、厚 10 厘米；二是长 33 厘米、宽 12.5 厘米、厚 10 厘米；三是长 28 厘米、宽 13 厘米、厚 10 厘米。楔形砖的规格有两种：一是长 19 厘米、宽 14.5 厘米、厚 10 厘米；二是长 20 厘米、宽 14.5 厘米、厚 10 厘米。楔形砖发现于窑头火膛和窑顶倒塌部位[25]。

宋代多数窑场的火膛一般都用熟砖砌筑。其中，宋代泰顺玉塔窑 Y1 号窑火膛四壁均用砖块砌成[5]；宋代龙泉大窑出土 Y3 号龙窑的火膛周围窑壁全用长 18 厘米、宽 15 厘米 ~18 厘米、厚 5.5 厘米的斧形砖砌成[8]；北宋至南宋早期建阳水吉镇大路后门山 Y9 号窑的火膛后壁保存完整，高 0.7 米、宽 1 米，皆以平砖错缝顺砌，共有 12 层砖，砖的尺寸为（长）24 厘米 ×（宽）20 厘米 ×6（厚）厘米，两侧的弧形砖墙残高 0.7 米[28]；宋武昌青山窑出土的 Y1 号窑的火膛侧壁和顶部用小砖错缝叠砌[2]；南宋修内司官窑出土1号龙窑火膛壁用规格为长37厘米、宽17厘米、厚7厘米的长方形砖错缝叠砌。两侧壁尚存，其中南壁厚0.17米、残高0.19米，北壁厚0.17米、残高0.35米[25]。宋南平茶洋1号窑火膛后壁为方砖平铺，方砖规格为边长18厘米、厚5厘米；火膛两侧的弧形墙残存三层，残高0.17米，用半块或整块的长方形砖错缝顺砌，砖规格为长20.5厘米、宽19厘米、厚4.5厘米[27]。南宋福建惠安银厝Y1号窑的火膛用单砖错缝平砌[18]。宋代用砖石和匣钵砌成的龙窑火膛，目前仅见北宋石慈溪马弄窑Y1号窑，该窑的火膛系用砖石和匣钵混砌而成[20]。

三、窑室

龙窑窑室是装烧坯体的地方，窑室底部称为窑床。宋代龙窑的窑床坡度大致有四种类型：（1）倾斜状；（2）前段平缓，后段较陡；（3）前段陡，后段平缓；（4）总体呈斜坡状，但是各段的倾斜度不一致。

1. 窑床坡度

宋代龙窑的窑床第一种形制为倾斜状，各窑的倾斜坡度不一。南宋惠安银厝尾窑出土龙窑窑床为倾斜状，坡度为7度[18]；北宋晚期德化盖德碗坪仑窑窑床倾斜坡度为10度[16]；北宋末至南宋初龙泉对门山BY15号窑倾斜度为13度[13]；宋代容县城关窑址出土龙窑窑床倾斜坡度约为17.5度[29]；宋代江夏王麻窑Y1－1号窑的窑床坡度为20度；宋代江夏王麻窑Y1－2号窑的坡度渐缓为11度[19]；南宋晚期龙泉上严儿村窑Y1龙窑床呈倾斜状，靠近窑头为5度，窑床中段及尾部为16度~17度[7]。

宋代龙窑窑床坡度的第二种形制是前段平缓，后段较陡。例如，南宋郊坛下官窑Y2号，前段比较平缓，坡度为11.5度；后段较陡，坡度为13.5度[6]。南宋龙泉金村1号窑前段比较平缓，坡度13度，后段较陡，为18度[22]；宋代泰顺玉塔窑Y2号窑床坡度是前段小、后段大，后段坡度近23度[5]。

宋代龙窑窑床坡度的第三种形制是前段陡，后段平缓。例如，北宋慈溪石马弄窑Y1号龙窑窑床的前部和中部坡度10度，近尾部坡度仅5度[20]；又如，南宋慈溪寺龙口Y1号窑前、中段坡度为9度~12度，近尾部稍缓为4度~6度[23]。

宋代龙窑窑床坡度的第四种形制是总体呈斜坡状，但是各段的倾斜度不一致。这种类型主要见于北宋末至南宋初龙泉山头上段BY13号窑和北宋末龙泉金钟湾BY22号窑。前者前、后段倾斜度为15度，中间为12.5度[35]；后者头部为8度、中部为16度、尾部为10度[26]。

2. 窑室底部

宋代龙窑窑室底部多为泥底、生土层或白灰及沙土底，但是绝大多数的龙窑，都在生土或垫基上垫平拍打坚实后又铺盖一层薄河沙。所铺沙层一般为0.05米~0.2米，有的厚达0.24米，用以保护窑底和放置底层匣钵。其中，宋建阳芦花坪窑底铺垫0.10米左右的沙层[14]；宋永福窑田岭1号窑底铺垫约0.1厘米厚的细沙[37]；南宋晚期建阳水吉镇营长墘窑Y6号龙窑底铺垫0.1米~0.15米厚的沙层[10]；宋代灌县玉堂罗家窑包窑底铺0.15米~0.24米厚的河沙[9]。当第一层窑底上的沙粒烧到黏结成块后，就需要铺底换砂。据有经验的老工人估计，这类用匣钵筑墙的窑，使用二十年左右，必须补墙换底，大修一次[8]。

3. 窑壁

宋代龙窑窑壁的修建有：土坯砖（生砖）、砖（熟砖）、土坯砖与砖混砌、废匣钵、砖和废匣钵混砌、土坯砖和废匣钵叠砌、竹木材料编结成栅格并内外糊泥等七大类。

宋代修建龙窑窑壁的第一类材料为土坯砖。宋代用土坯砖砌建龙窑窑壁的窑场较多：宋代泰顺玉塔1号窑[5]、北宋慈溪石马弄窑Y1号窑[20]、北宋建阳水吉镇大路后门山1号窑[1]、北宋末至南宋初龙泉大白岸金钟湾BY22号窑[26]、杭州郊坛下南宋官窑Y2号龙窑[6]、南宋慈溪寺龙口1号窑[23]、南宋惠安银厝尾窑Y1（B）号窑[18]等都用土坯砖砌建窑壁。其中，宋代泰顺玉塔1号窑墙所用土坯砖长25厘米~35厘米、宽15厘米、厚12厘米~15厘米。内壁因长期烘烧，呈红褐色，加之窑汗的黏结，极为坚硬[5]；南宋惠安银厝尾窑Y1（B）号的窑壁用20厘米×12厘米×10厘米的土坯砖单砖顺砌[18]。北宋水吉镇大路后门山窑Y1号窑残存窑墙最高为1.03米，共20层砖块，均用土坯砖砌。所用土坯砖块有两种形制，一为长方形砖，二为楔形砖。长方形砖的尺寸有两种，一是长16厘米、宽15厘米、厚3.4厘米，二是长20厘米、宽16厘米、厚4.5厘米。楔形砖的尺寸也有两种，一是长为18厘米，宽为上12厘米、下16厘米，厚4厘米；二是长为18厘米，宽为上15.4厘米、下18厘米，厚4.8厘米。窑墙以单砖上下错缝竖排砌建[1]。杭州郊坛下南宋官窑Y2号龙窑的窑壁修建用材主要是素面长方形土坯砖块，这种土坯砖夹粗沙，质地坚硬，规整厚实。砖的规格大致有三种，一是长28厘米、宽14厘米、厚10厘米；二是长33厘米、宽12.5厘米、厚10厘米；三是长33厘米、宽13厘米、厚10厘米。砌筑时，单砖东西向横排错缝叠砌[6]。南宋慈溪寺龙口Y1号窑壁均用土坯砖错缝平砌[23]。

宋代修建龙窑窑壁的第二类材料为砖（熟砖）。宋代用砖修建龙窑窑壁的窑场有：北宋晚期德化盖德碗坪仑窑[16]、北宋建阳水吉镇营大路后门山Y4号窑[28]、宋代容县城关窑[29]、宋代藤县中和窑[32]、宋广西桂平Y1号窑[30]、宋代吉州本觉寺岭窑[15]、南宋赣州七里镇张家岭窑[3]、南宋杭州老虎洞修内司官窑[6]、宋代江夏王麻窑Y1-1号窑[19]、龙泉金村窑出土1号窑[22]、南宋杭州郊坛下官窑2号窑[6]等。其中，宋代吉州本觉寺窑岭龙窑窑床两壁用红砖横平错缝铺砌，窑砖长23厘米、宽15厘米、厚5厘米[15]；北宋晚期德化盖德碗坪仑窑龙窑窑壁用耐火砖砌成，砖长35厘米、宽2厘米、厚6厘米~10厘米[16]；南宋赣州七里镇张家岭窑龙窑窑壁用青灰砖纵向错缝铺砌，砖长10厘米~17厘米，宽11厘米~23厘米，厚3.5厘米~5厘米[3]；南宋杭州老虎洞修内司官窑出土龙窑窑墙用长方形砖错缝叠砌而成，窑墙内壁涂抹有0.04米~0.06米厚的耐火泥，已烧结[25]；宋代江夏王麻窑Y1-1窑墙用砖错缝平砌而成，残高0.67米~1米，砖长16厘米~23.4厘米、宽12厘米~16厘米、厚3.4厘米~6厘米[19]。

宋代修建龙窑窑壁的第三类材料为土坯砖与熟砖混砌。这类窑场主要见于宋建阳芦花坪窑和南宋晚期建阳水吉镇营长墘Y6号窑。前者窑墙大部分用熟砖砌成，少数用土坯砖筑造。砌法为单砖平置叠砌[14]。后者窑墙以平砖上下错缝平砌，窑墙除用楔形砖外，墙根多用土坯砖，尺寸为长 40 厘米、宽 14 厘米、厚 14 厘米。部分窑墙的烧烤面向外或在侧面，说明利用旧砖较为普遍[10]。

宋代修建龙窑窑壁的第四类材料为废匣钵。这类窑场有：宋代龙泉大窑 Y2 号窑[8]、宋龙泉金村窑出土 Y1 号窑[22]、北宋末至南宋初龙泉山头上段 BY13 号窑[34]、南宋晚期龙泉上严儿村 Y1 号窑[7]等。

宋代修建龙窑窑壁的第五类乃用砖和废匣钵混砌。这类窑场有：宋武昌青山窑、北宋中晚期龙泉山头 BY12 号窑、北宋晚期至南宋早期建阳水吉镇营大路后门山 9 号窑、南宋龙泉金村窑 Y1 号窑等。其中，武昌青山窑出土 Y1 号龙窑窑墙下部均用小砖叠砌，上部用废筒形匣钵和小砖混合砌。宋武昌青山窑出土的 Y2 号龙窑墙壁是用大小厚薄不同的长方形红砖和大红砖及废旧筒形匣钵，分别按不同层次，间隔交替平砌而成。窑墙结构规整，层次分明。一般在窑墙砖基或生土面直放错缝砌筑三四层小红砖后，平砌一层长方形厚砖，或垒筑一层横卧的匣钵（底面向内，口朝外，中间用泥土填实），也有整段窑墙都用小红砖或大小砖交替叠砌，还有一段全用大半截的筒形匣钵垒砌双墙的。窑墙砖与砖，或砖与匣钵之间，都用黏泥黏合，内壁有一层较厚的烧结层（窑汗），呈青褐色[2]。北宋中晚期龙泉山头 BY12 号窑从窑头末端算起，往上面 5 米处的一段窑床，用红色楔形砖砌成，再上用废匣钵砌成窑墙。匣钵都是直径 0. 28 米 ~0. 3 米的大型匣钵，砌好后涂抹厚约 0. 05 米的耐火泥，窑墙厚 0. 33 米 ~ 0. 35 米，耐火泥掺有较粗的沙粒[17]。南宋龙泉金村窑出土 Y1 号窑的窑壁残高 0. 45 米 ~ 1. 45 米，主要用长方形砖砌成，也有用匣钵砌的。匣钵都用于壁的上部，有的是在墙壁损坏后修补上去的。南宋龙泉金村窑出土 Y2 号窑的窑壁残高 0. 20 米 ~ 0. 90 米，用砖和匣钵砌成错缝叠砌而成。其中窑的前半段和末段主要用砖砌成，中段用匣钵砌成[22]。北宋晚期至南宋早期建阳水吉镇营大路后门山 9 号龙窑墙残高 0 ~ 1. 65 米，用砖砌筑，局部窑墙内侧有用泥层或匣钵片抹砌的痕迹[10]。南宋晚期龙泉上严儿村窑 Y1 号龙窑床两壁用材与砌法前后略有不同，靠前面窑头的一段，采用楔形砖坯一正一反平铺交错砌成。其中夹杂有很多旧砖，说明这段窑壁曾经修补过；窑床中段是用 25. 3 厘米、宽 18 厘米、厚 8 厘米的长方形砖坯平铺交错叠砌；靠窑尾部分大多是在平砌五层长方形砖坯之上，再砌以匣钵[7]。

宋代修建龙窑窑壁的第六类乃用土坯砖和废匣钵叠砌。这类窑场有北宋末至南宋早期龙泉山头上段 BY13 窑、北宋末至南宋早期龙泉对门山 BY15 号窑等。其中，北宋末至南宋初龙泉山头上段 BY13 号窑室前段窑壁（火膛至 1 号窑门处）用长 16 厘米、宽 12 厘米、厚 5 厘米的泥坯砖砌筑。砌筑方法是用两块上下平叠的砖平起错缝，在砖的内壁涂抹一层 5 厘米厚的杂有较多细石英粒的耐高温黏土。自 1 号门以后的窑壁则均用内填黏土的废匣钵错缝平叠构筑，匣钵与匣钵之间均用黏土抹平，这种做法显然是为了提高窑内保温程度和延长使用寿命。北宋末至南宋初龙泉对门山 BY15 号窑头部分用扇形泥坯砖砌筑，泥坯砖长 15 厘米 ~ 16 厘米、宽12 厘米 ~13厘米、厚 4 厘米。窑壁其余部分用填满黏土的匣钵构筑，其结构为平起错缝，各匣钵间的缝隙用黏土抹平[13]。

宋代修建龙窑窑壁的第七类，乃用竹木材料编结成栅格状，在外侧堆砌泥坯，内面抹上泥层，然后烧烤而成的。用这类材料建窑主要见于宋代福建武夷山遇林亭窑 Y2 号窑，该窑侧墙有的用土坯砖砌，有的用土坯砖与匣钵混合砌建[21]。

4. 火弄柱

宋代泰顺玉塔窑 Y1 号窑由于就山势地形修建龙窑，窑的两壁基本成直线，窑的头部内敛，宽仅 1 米左右，窑身较宽，最宽处达 2.32 米，整条窑平面似楔形。加之窑床斜平，后段坡度近 25 度。窑的这种结构势必造成火焰的流速过快，于是宋代泰顺玉塔窑陶工就在窑室内砌结“火弄柱”，以减慢窑内火速。该窑窑室内共清出 15 道“火弄柱”，两道火弄柱之间的距离由窑头向窑尾逐渐稍有增长，最长处达 1.80 米。每道火弄柱分两层，两层之间的距离在 0.20 米左右，柱子用耐火泥制成，平面呈方形或长方形，每个柱子也有一定距离，以便炉火流通。两层间的火弄柱多不对称，略有交叉。柱子多残断，从靠墙边缘高的一个量得长宽各 0.14 米、高 0.50 米，估计中间的柱子可能略高。柱子底部一般平置于窑床，也有少量埋入生土 0.20 米左右。最后一道火弄柱较特殊，为侧放的砖块组成，每块砖之间也有一定距离。窑室内设了如此众多的火弄柱，是颇具科学道理的。由于窑的坡度大（后段坡度近 25 度，前段坡度略大），势必造成火焰的流速过快，这些火弄柱的设立，显然是起着减慢窑内火速，并调整火路，起提高和均匀窑温的作用。两道火弄柱之间，是装烧器坯的地方[5]。

四、投柴孔

龙窑由于窑身很长，仅靠火膛内的火力，还达不到（或维持不了）瓷器理想的烧成温度与气氛，于是古代窑工在窑室侧壁上安设若干个投柴孔。由于考古实物资料的限制，汉唐时期南方龙窑的投柴孔的结构及其设置的具体情况不明，但是宋代有几座龙窑留下了一些投柴孔的痕迹，使得我们对龙窑中的投柴孔有一定程度的了解。

宋代龙窑的投柴孔有方斗形、圆形和椭圆形三种。一般外壁较敞，窑墙里面较窄，到墙里壁又敞开。其中，北宋中晚期龙泉山头 BY12 号窑的投柴孔呈方斗形[17]，北宋末至南宋初龙泉对门山 BY15 号窑出土的投柴孔普遍用泥抹成圆形；南宋龙泉山头上段 BY13 号窑的投柴孔亦为圆形[13]，南宋杭州郊坛下官窑复原的投柴孔为椭圆形[6]。

投柴孔的大小因窑而异，宋代武昌青山窑投柴孔的孔径一般在 0.11 米 ~0.18 米之间，孔深在 0.21 米左右[2]；北宋晚期龙泉山头 BY12 号窑的方斗形投柴孔底部宽 0.12 米、上部宽 0.07 米、高 0.07 米。一般外壁较敞，窑墙里面较窄，到墙里壁又较敞；北宋末至南宋龙泉山头上段 BY13 窑中保存较好的投柴孔直径为 0.15 米左右，孔壁均涂抹一层黏土[17]。

宋代龙窑投柴孔的设置，也因窑而异。宋代武昌青山窑投柴孔设在窑床侧壁上部于拱券交界处，从窑床头端即开始设置。其中 Y2 号龙窑第一个投柴孔距火膛后壁仅 0.13 米，窑床前段孔距 0.6 米，后段孔距较稀，间距 0.94 米 ~1.23 米不等，左右相应，大致对称[2]。北宋中晚期龙泉山头 BY12 号窑投柴孔设在窑墙的两侧，两个投柴孔之间相隔只有 0.5 米，最后一个投柴孔距 14 号窑门 1.06 米，离底部高 1.35 米。北宋末至南宋龙泉山头上段 BY13 号窑中共发现 43 块大小不等的投柴孔的残骸，从其分布的情况可以看出，各投柴孔的间距一般在 1.5 米以内，且靠近窑壁。发掘工作者推测，其原应置于窑顶的两侧。北宋末至南宋初龙泉对门山 BY15 号窑前后两个窑门之间设 6 个投柴孔，每边各 3 个，且呈对称状；前后两个投柴孔的距离在 1.1 米左右，也处于紧挨窑壁处，说明其原来位置可能在窑壁起券处〔17〕。

五、窑门

宋代出土龙窑除了宋广西桂平 Y1 号窑不设窑门〔4〕外，其余均有窑门。龙窑窑门是装坯和烧成后出瓷的地方。宋代龙窑所存窑门在 9～17 个之间，由于绝大多数龙窑顶部塌毁，窑门高度不详，其中北宋中晚期龙泉山头 BY12 号窑遗存窑门残高有的为 1.15 米〔17〕。宋代多数窑场的龙窑窑门宽度在 0.39 米～0.88 米之间波动，详见表 6－6－2。窑门之间的间距远近不一，即使同一座窑，所设窑门之间的间距远近也不相同，例如北宋末至南宋初龙泉金钟湾 BY22 号窑的所有窑门中最远者 6.1 米，最近者 1.5 米，一般为 3 米左右〔36〕。

表 6－6－2　宋代龙窑窑门尺寸表

编号	名　　称	数量（个）	宽（米）	高（米）	参考文献
1	北宋石马弄窑 Y1 号窑	5	0.5～0.55	—	〔20〕
2	南宋慈溪寺龙口 Y1 号窑	11	0.39～0.55	—	〔23〕
3	北宋中晚期龙泉山头 12 号窑	13	0.4～0.5	残高 1.15	〔17〕
4	北宋末至南宋初龙泉山头上段 BY13 号窑	17	—	残高 0.2～1.1	〔38〕
5	宋龙泉大窑 Y2 号窑	9	0.45～0.63	—	〔8〕
6	宋龙泉金村窑 Y2 号窑	5	0.47～0.7	—	〔22〕
7	南宋龙泉上严儿村 1 号窑	7	0.6	—	〔7〕
8	宋代武昌青山窑 Y2 号窑	—	0.88	残高 0.95	〔2〕
9	宋江夏王麻窑 Y1－3 号窑	—	0.88	残高 0.75	〔19〕
10	北宋建阳水吉镇大路后门山窑 Y1 号窑	16	0.6 左右	—	〔1〕
11	南宋郊坛下官窑 Y2 号窑	4	0.49～0.63	—	〔6〕

续表

编号	名　　称	数量（个）	宽（米）	高（米）	参考文献
12	南宋建阳水吉镇营长墘窑 Y6 号窑	8	0.42～0.57	—	〔10〕
13	南宋建阳水吉镇营长墘窑 Y7 号窑	13	0.5～0.68	—	
14	宋建阳芦花坪窑	10	0.5～0.6	—	〔14〕
15	宋遇林亭窑 Y1 号窑	6	0.42～0.62	0.3～0.6	〔21〕
16	宋遇林亭窑 Y2 号窑	12	0.42～0.65	0.35～1.3	
17	北宋水吉镇大路后门山 Y4 号窑	—	0.5	0.7	〔28〕
18	南宋银厝尾窑 Y1（B）号窑	—	0.75～0.85	—	〔18〕
19	宋代泰顺玉塔窑	12	0.5～0.7	—	〔5〕
20	宋代容县城关窑	—	0.8	—	〔29〕
21	北宋末大白岸金钟湾 BY22 号窑	14	0.4～0.7	—	〔26〕
22	南宋晚期龙泉大白岸金窑岗 BY25 号窑	4	0.5～0.65	—	〔47〕

宋代龙窑窑门所设位置大致有四种：一是窑门开于窑炉的一侧；二是多数窑门设在窑体的一侧，另一侧开设一个窑门；三是多数窑门设在窑体的一侧，另一侧开设二至三个窑门；四是窑门或集中于窑室的前中段，或均接近窑室尾部；五是两侧窑门的分布较为接近。

宋代龙窑窑门设置的第一种样式是窑门开于窑炉的一侧。南宋初慈溪寺龙口窑 Y1 号龙窑 11 个窑门皆开于窑炉的北壁，窑门之间距离不等，近的不足 2.5 米，远的则相距 3.75 米〔23〕。南宋杭州郊坛下官窑出土 2 号龙窑四个窑门皆开在西壁〔6〕。北宋中晚期龙泉山头窑 BY12 号窑的 13 个窑门均在窑床右侧，第 1 号窑门距离窑头 2.98 米，最后一个窑门即第 14 号窑门距离窑头 55.92 米，每个窑门之间的距离为 3 米～4.6 米不等。北宋末至南宋初龙泉山头上段 BY13 号窑的各个窑门均设在窑室左侧，这与窑炉所处地势有关：其右面为高坡，不利于倾倒废品；而左面则是一个大陡坡，可以大量堆积废品。窑门的间距在 3.3 米～5.7 米之间。各窑门均残，门呈上窄下宽状，推测其顶应为拱形，烧窑时各门均用楔形泥坯砖或废匣钵封堵〔11〕。南宋建阳水吉镇营长墘窑 Y6 号龙窑，有八个窑门遗迹，均在窑室东侧〔10〕。北宋慈溪石马弄窑 Y1 号残存窑门五个，皆开在南侧，各窑门的间距不等，2 号门距 1 号门约 1.75 米，3 号门距 2 号门约 3 米，4 号门距 3 号门约 4 米，5 号门距 4 号门约 2.15 米〔20〕。

宋代龙窑窑门设置的第二种样式是多数窑门设在窑体的一侧，另一侧开设一个窑门。例如南宋龙泉金村窑 Y2 号龙窑，安设了五个窑门，其中四个开在东壁，另一个开在西壁[22]。南宋龙泉大窑 Y2 号窑安设了九个窑门，大多开在东南壁，西北壁只在接近烟囱处开了一个窑门[8]。泰顺玉塔窑 1 号龙窑设有十二个窑门，其中十一个窑门开在窑的左侧，只有一个开在右侧，位于窑的中部[5]。宋代福建武夷山遇林亭窑 Y1 号窑的六个窑门，除 4 号窑门位于窑的西侧外，其余五个窑门均安设在窑的东侧[21]。北宋末至南宋初龙泉对门山 BY15 号窑设有十一个窑门，其中十个设在窑的北侧，另一个设在南侧的近尾处[13]。南宋晚期龙泉上严儿村窑 Y1 号龙窑共发现七个窑门，其中除北壁距窑头 5.2 米处有一座窑门外，其他六座窑门均分布在窑床的南壁上[7]。

宋代龙窑窑门设置的第三种样式是多数窑门设在窑体的一侧，另一侧开设两至三个窑门。其中，南宋晚期建阳水吉镇营长墘窑出土龙窑 Y7 号窑清理出十三个窑门，其中东侧十个，西侧三个[10]。宋建阳芦花坪窑址龙窑窑门总计有十个，东墙三个，西墙七个[14]。北宋末龙泉金钟湾 BY22 号窑遗存十四个窑门，其中十个设在窑的右侧，另两个设在左侧。底部筑有门槛。各门的间距远近不一，其中最远者 6.1 米，最近者 1.5 米，一般为 3 米左右[26]。

宋代龙窑窑门设置的第四种样式是窑门或集中于窑室的前中段，或均接近窑室尾部。前者如南宋杭州郊坛下官窑出土龙窑的四个窑门集中于窑室的前中段[6]；后者如宋代武昌青山窑 Y1、Y2 号两座龙窑的窑门设置较为特殊，两窑的侧门较少，均在窑室尾端开门[2]。

宋代龙窑窑门设置的第五种样式是两侧窑门的分布较为接近。例如北宋建阳水吉镇大路后门山窑 Y1 号窑共有十六个窑门，其中北侧九个，南侧七个[1]；宋代武夷山遇林亭窑 Y2 号窑共有十二个窑门，其中 1、2、9、11、12 号五个窑门位于北侧，其余七个窑门位于南侧[21]。

窑门的建筑材料一般采用匣钵、土坯砖或砖。北宋末至南宋初龙泉山头上段 BY13 号窑龙窑门框用填满黄泥的匣钵叠成柱状，部分门的底部留有高 10 厘米左右、用泥坯砖平起错缝而成的门槛[38]。宋代武汉江夏王麻窑出土的 1 号龙窑窑门系用砖砌成[19]。北宋中晚期龙泉山头 BY12 号窑出土龙窑窑门的建筑材料多为匣钵和红砖，窑门两侧的柱子是用直径 28 厘米的匣钵由下而上砌起来的，封门材料为砖、石头、废匣钵，有的为一层砖加一层匣钵。门槛则分别用石头、大方砖、废匣钵修筑而成[17]。宋代福建武夷山遇林亭窑 Y1 号窑的六个窑门，除 6 号窑门使用匣钵柱外，其余侧墙均为砖砌。宋代福建武夷山遇林亭窑 Y2 号窑窑门的砌筑材料又分为两种情况：该窑 2 号窑门的两侧墙的下部用砖砌，上部砌匣钵；4 号窑门的侧墙一侧均用砖砌，另一侧下部为匣钵砌，上部为砖砌[21]。北宋末龙泉金钟湾 BY22 号窑的窑门两侧均用匣钵平起垒叠成门柱，底部门槛是用泥坯砖平起错缝砌筑而成。南宋龙泉大白岸碗圾山 BY24y2 号窑柱是用匣钵堆叠而成[26]。

六、窑尾

宋代龙窑与汉唐时期一样，尾部不设烟囱，排烟设施由窑尾墙、烟火柱墙、聚烟室（又称排烟室）、烟火弄（又称排烟孔）和出烟口等部分组成。窑尾墙位于窑的最末端，窑尾墙的前面若干厘米处为烟火柱墙。烟火柱墙的上部为挡火墙，挡火墙直通窑顶。烟火柱墙下部之间的空隙构成若干烟火弄（又称排烟孔）。窑尾墙与烟火柱墙之间构成一窄条状的空间为聚烟室（又称排烟室），聚烟室的顶部开出烟口。烧成时窑内烟气通过烟火柱墙间的烟火弄流向聚烟室内，最后从聚烟室上部的出烟口或出烟孔排泄出窑外。

（一）烟火柱墙

宋代龙窑尾部的烟火柱墙的上部为挡火墙，挡火墙直通窑顶。烟火柱墙下部砌建若干根烟火柱，烟火柱之间的空隙构成若干条烟火弄（又称出烟口）。宋代龙窑烟火柱墙下部烟火柱的数量及其烟火孔的大小，各窑并不一致，其中以安设5根和8根烟火柱为最常见，但是也有安设6根、7根、9根，甚至更多烟火柱的情况。

宋代龙窑烟火柱墙下部烟火柱安设5根的窑场有：北宋末至南宋初龙泉山头上段BY13号窑和南宋晚期龙泉大白岸金窑岗BY25号窑等。其中，北宋末至南宋初龙泉山头上段BY13号窑窑尾烟火柱的直径为0.25米、高0.15米~0.32米[39]；南宋晚期龙泉大白岸金窑岗BY25号窑残存5根烟火柱的高为0.25米[40]。

宋代龙窑烟火柱墙下部烟火柱安设6根的窑场有：北宋中晚期龙泉山头BY12号窑、北宋末至南宋初龙泉对门山BY15号窑等。其中，前者烟火柱高为0.44米~0.46米[17]；后者烟火柱的残高为0.18米~0.32米，各烟火柱之间留有0.06米~0.18米间距的烟火弄[34]。

宋代龙窑烟火柱墙下部烟火柱安设7根的窑场有：南宋建阳水吉镇营长墘窑Y7号窑，该窑的窑尾烟火柱墙自底部向上略作弧形，残高1.4米、宽1.7米；挡火墙下部横排7根烟火柱，烟火柱之间形成间距0.04米~0.09米的烟火弄[10]。

宋代龙窑烟火柱墙下部烟火柱安设8根的窑场有：南宋晚期龙泉上严儿村窑Y1号龙窑、南宋杭州乌龟山郊坛下官窑2号窑等。其中，南宋晚期龙泉上严儿村窑出土Y1号龙窑第一条窑尾挡火墙下共设有烟火柱8根，相邻两柱的间距为0.08米~0.1米，柱间空隙构成了7条烟火弄。烟火柱墙上部已残，上面叠砌的匣钵只有3~4层。宋晚期龙泉上严儿村窑出土Y1号龙窑第二条窑尾挡火墙下设有7根烟火柱，构成6条烟火弄。其中，靠外边的两根烟火柱紧贴窑壁，是用三块长方形砖坯砌成的；处于窑床中间的5根，则用三层匣钵砌成柱状。柱间相距0.10米~0.13米，即其烟火弄的宽度[7]。南宋杭州乌龟山郊坛下官窑2号窑烟火柱之间的间距（烟火弄的宽度）为0.1米左右[6]。另外，宋福建南平茶洋大岭干Y1号窑窑尾烟火柱仅存两根，两柱之间的出烟口宽0.06米，以此推算该窑烟火柱约为16根[27]。宋代武汉江夏王麻窑Y1-2号龙窑的烟火柱残高0.5米~0.7米、宽0.4米，烟火柱之间形成的烟火弄（排烟孔）长0.27米、宽0.12米，孔底距窑床约0.18米[19]；宋龙泉金村Y1号窑烟火柱墙下端有八条烟火弄（又称烟火孔），孔高0.26米~0.28米、宽0.13米~0.16米；Y2号窑烟火柱墙下部的七条烟火弄中间的几条较高，两旁的几条则较矮，底部呈弧形，各条高0.1米~0.28米、宽0.13米~0.2米[22]；宋永福窑田岭1号窑烟火柱下有10个烟火弄，其间距为0.14米~0.16米[37]。

宋代龙窑构筑烟火柱墙的材料大致有土坯砖、砖、匣钵、砖和匣钵的混合物、泥土羼和碎瓷片混合物等。宋代龙窑构成烟火柱墙的第一类材料为土坯砖。北宋慈溪石马弄窑 Y1 号龙窑的烟火柱墙是用土坯砖错缝平砌而成[20]。南宋杭州郊坛下官窑 2 号窑窑尾的烟火柱墙用长 25 厘米、宽 10 厘米、厚 14 厘米的土坯砖，顺南北向直放平铺叠砌，目前残存一砖高，各砖柱间距 0.1 米，形成孔道为烟火弄[6]。

宋代龙窑构筑烟火柱墙的第二类材料为砖。宋代广西永福窑田岭 Y1 号窑的烟火柱墙是用青灰色单砖侧立间排而成，砖长 32 厘米、宽 18 厘米、厚 9 厘米，孔距 0.14 米～0.16 米[37]。宋福建南平茶洋大岭干山 Y1 号窑砌筑尾烟火柱的砖块长 20 厘米、宽 18 厘米、厚 5 厘米[27]。

宋代龙窑构筑烟火柱墙的第三类材料为匣钵。采用这类材料砌筑烟火柱墙的窑场主要有：北宋水吉镇大路后门山窑 Y1 号窑、北宋中晚期龙泉山头 BY12 号窑、北宋末至南宋初龙泉山头上段 BY13 号窑、南宋晚期建阳水吉镇营长墘窑 Y6 号和 Y7 号窑、南宋晚期龙泉大白岸金窑岗 BY25 号窑等。其中，北宋水吉镇大路后门山窑 Y1 号窑的烟火柱是以匣钵扣置叠砌或仰置叠砌而成[41]；北宋中晚期龙泉山头 BY12 号窑烟火柱墙是由底部向上先砌六根匣钵柱，匣钵柱之间构成七条烟火弄，然后在烟火柱墙上面用匣钵相错排列砌（挡火）墙[17]。北宋末至南宋初龙泉山头上段 BY13 号窑烟火柱墙是先在窑底分立六根匣钵柱，每根是用三个倒扣的匣钵直砌而成，其高度即与三个匣钵高度之和相当。两根间保留 0.14 米～0.17 米的不等距离，而形成 7 个烟火孔[39]。北宋末至南宋初龙泉山头对门山 BY15 号窑烟火柱也是用匣钵平叠而成[42]。南宋晚期建阳水吉镇营长墘窑 Y6 号窑烟火柱墙是在窑室内横置一排倒扣的匣钵，计 8～9 根柱，每根三个匣钵，柱间距 0.05 米～0.1 米，匣钵柱上砌砖，现残存 4 层上下错缝横排平砌的楔形砖[10]。南宋晚期建阳水吉镇营长墘窑 Y7 号龙窑烟火柱也是用扣置的匣钵叠砌，柱与柱之间还用垫块相衬以保持平稳。每根柱残存匣钵 5～9 个，高度 0.43 米～0.86 米不等[10]。南宋晚期龙泉大白岸金窑岗 BY25 号窑残存 5 根烟火柱，每柱系由两个大小不等内填满黏土的匣钵平叠而成，各柱左右间隔 0.25 米，形成 6 条烟火弄[47]。

宋代龙窑构筑烟火柱墙的第四类材料为砖和匣钵的混合物。采用这类材料砌筑烟火柱墙的窑场主要见于宋代武昌青山窑，该窑烟火柱一般是由叠砌的小砖和筒形匣钵穿底间隔而成，孔宽 0.18 米、深 0.31 米、高 0.2 米～0.5 米[2]。

宋代龙窑构筑烟火柱墙的第五类材料为泥土羼和碎瓷片混合物，用这种混合物砌烟火柱墙的砌法仅见于宋代晚期德化盖德碗坪仑窑[16]。

（二）窑尾墙和聚烟室

窑尾墙是指龙窑末端的最后一道墙，窑尾墙与烟火柱墙之间的空间构成聚烟室（又称排烟室）。

宋代龙窑的聚烟室的宽度大多与窑体尾部宽度相同，但是，聚烟室的进深（即窑尾墙与烟火柱墙之间距离的尺寸）则因窑而异，一般在 0.08 米～0.55 米之间波动。其中，南宋建阳水吉镇营长墘 7 号窑聚烟室平面呈圆角长方形，进深 0.08 米～0.13 米[10]；北宋末至南宋初龙泉山头对门山 BY15 号窑的聚烟室进深为 0.18 米，残高 0.32 米[13]；宋晚期龙泉上严儿村窑出土 Y1 号龙窑第一条尾中的聚烟室呈向后略弯曲的弧形状，残高 0.7 米，进深约 0.2 米[7]；北宋末至南宋初龙泉山头上段 BY13

号窑的聚烟室上部已毁坏，平面呈扁方形，进深为0.4米[39]；宋福建南平茶洋大岭干Y1号窑尾聚烟室进深约0.5米[27]；南宋杭州郊坛下官窑2号窑尾的聚烟室呈东西宽、南北窄的圆角长方形，进深0.55米，残高0.3米[6]。

宋代有两座龙窑的聚烟室较为别致：一是宋代福建武夷山遇林亭窑Y1号窑聚烟室进深大；二是北宋末至南宋初龙泉山头对门山BY15号窑聚烟室结构特殊。宋代福建武夷山遇林亭窑Y1号窑在使用一段时期之后改建过，因此在窑的中部和尾部各有一个聚烟室。其中前一个聚烟室是在将长窑炉改成短窑炉、后聚烟室弃而不用之后再设置的。存留的这两个聚烟室的面积都比较大。其中，短窑炉所用的前聚烟室进深2.60米~3.10米、残高0.92米、宽1.95米~2.07米；长窑炉所用的后聚烟室进深1.35米、宽2米~2.10米、残高0.85米[21]。

北宋末至南宋初龙泉山头对门山BY15号窑中的聚烟室较为特殊，平面近方形，进深0.18米、宽0.24米、残高0.32米。该窑聚烟室的窑尾墙的底部挖有一条宽0.88米、深0.38米的凹槽，凹槽的两侧均置有匣钵，其中西侧的以两个匣钵上下相叠为一组，共计六组，各组间相隔0.08米~0.16米不等。其结构颇像烟火柱。东侧的匣钵排列密集，并上下相叠成四个阶梯形。这种罕见的聚烟室尾部结构很可能与为了控制窑内的火焰有关[42]。

七、护墙

宋代部分龙窑砌有护墙，其中，宋代吉州窑本觉寺岭龙窑护窑墙宽0.64米~0.72米、残高0.25米~0.7米[15]；宋建阳芦花坪窑址龙窑在窑体上复加一层黏土充当护墙[14]；宋武昌青山窑出土的2号龙窑护墙的砌建是从头到尾均用小砖和筒形匣钵较规整地叠砌，护墙紧挨主体墙，两墙之间的空隙填塞泥土，护墙外再用土和窑渣筑成缓坡形[2]；宋代江夏王麻窑Y1-1号窑的火膛外围的左右两侧用砖错缝平砌成略呈八字形的护墙，左侧残长1.22米、右侧残长1.46米、残高0.65米~0.8米[19]。护墙既能加固窑体，又能起到保温作用。

八、燃料和火照

南宋杭州老虎洞修内司1号窑火膛内尚残存部分草木灰烬[25]，表明该窑是以杂柴为燃料。但是，未见宋代其他窑使用具体燃料的报道。

宋代龙窑和前朝一样采用火照来测定窑内烧成状况。宋代龙窑火照（又称照子、试火板等）多用碗、盏坯片制成。例如宋代武汉江夏王麻窑窑址出土火照69件，均系不规则长方形，中间开一小孔，一般用碗或盏片制成[19]。赣州七里镇窑宋代地层出土火照，也由碗坯挖孔制作而成[3]。南宋晚期龙泉上严儿村窑陶工在照子上钻1~2个小孔，以便从窑炉内向外勾取[7]。南宋郊坛下官窑陶工使用的火照，则是用残破坯皮钻孔而成。该窑遗存中出土的火照标本，乃是用瓷杵坯体的中部残段制成，呈八角形，中空，腹壁中部钻有一对对称的小孔，孔径0.6厘米。浅灰色胎，青灰色薄釉，直径2.8厘米~3.3厘米。另一件出土标本为器腹残片，扁平长方形，中钻一孔，孔径0.9厘米，黑灰色胎，黄绿色釉，长4.6米、宽4米、厚0.3厘米[6]。宋晚期德化盖德碗坪仑窑火照又称火标，用碗胎制成，上宽下窄，上端穿孔处挂青灰釉或白釉，泛黄，长 8 厘米、宽 1.3 厘米、厚 0.3 厘米[16]。宋代福建武夷山遇林亭窑出土的火照是呈长方形或方形的薄片状，中有一圆孔。出土的火照标本残长 3.6 厘米、残宽 2.8 厘米、孔径 0.9 厘米[21]。宋建阳芦花坪窑址出土的 7 件黑釉瓷火照略呈方形，中穿一孔[14]。

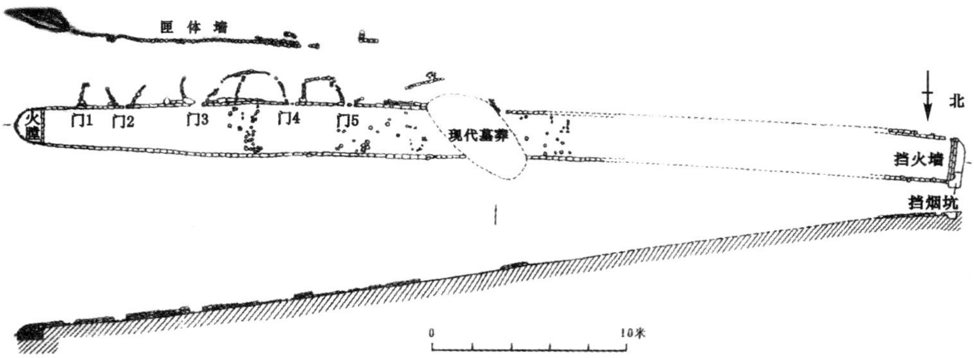

图 6－6－1　北宋慈溪石马弄 1 号窑平、剖面图
（浙江省文物考古研究所《浙江慈溪越窑石马弄窑址的发掘》，《考古》，2001 年第 10 期）

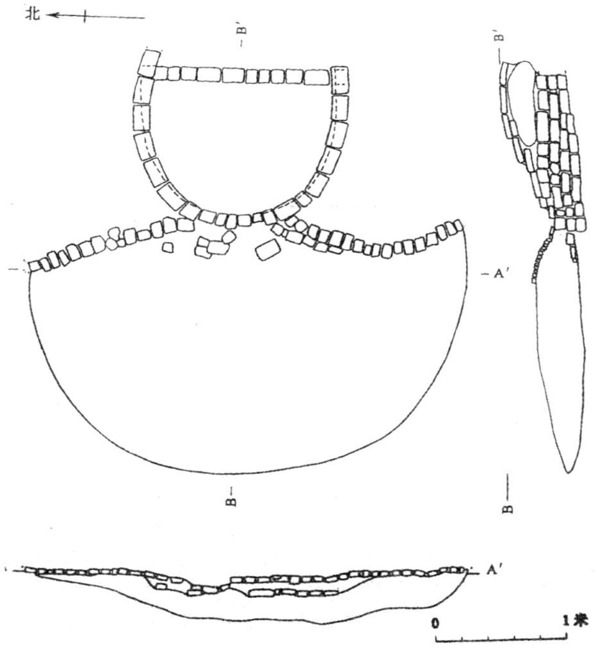

图 6－6－2　北宋慈溪石马弄窑 1 号龙窑火膛平、剖面图
（浙江省文物考古研究所《浙江慈溪越窑石马弄窑址的发掘》，《考古》，2001 年第 10 期）

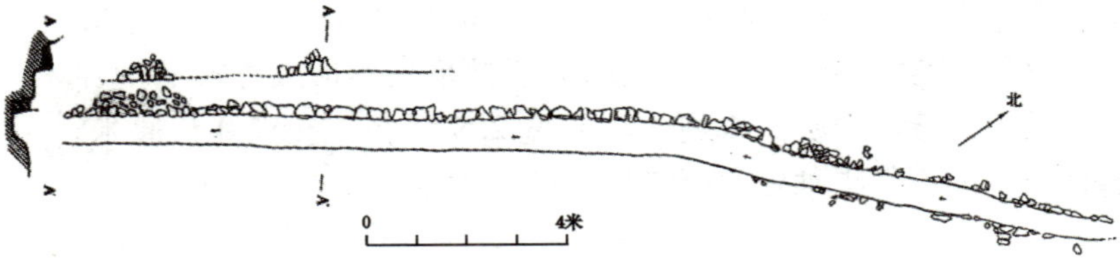

图 6-6-3　南宋郊坛下官窑 1 号平、剖面图　采自文献〔6〕

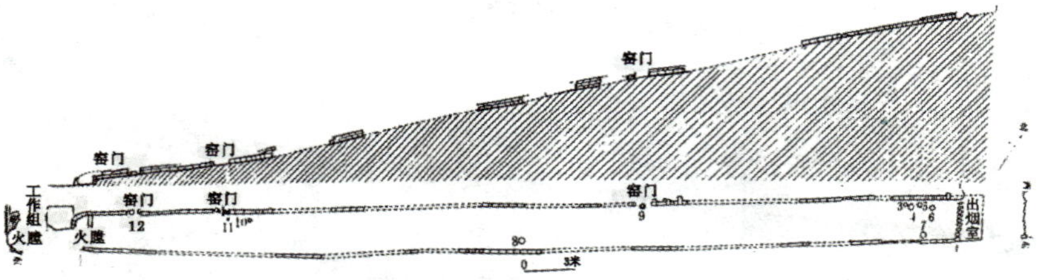

图 6-6-4　南宋郊坛下官窑 2 号龙窑平、剖面图　采自文献〔6〕

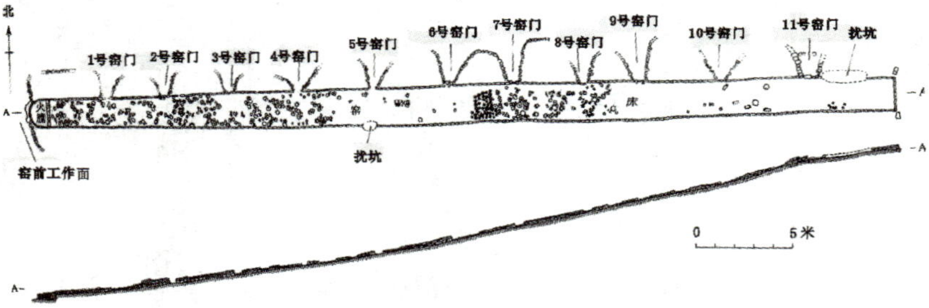

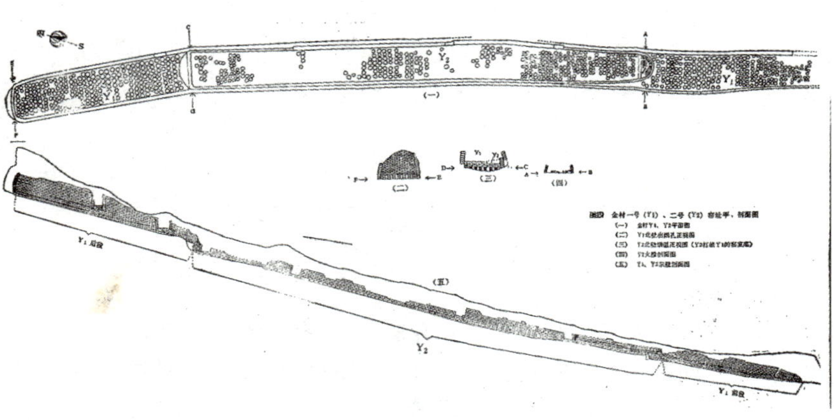

图 6-6-6　南宋龙泉金村 1、2 号窑平、剖面图　采自文献〔22〕

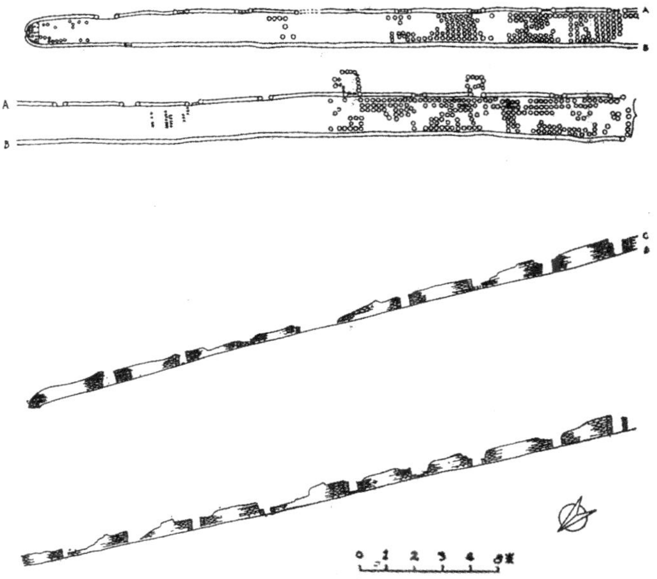

图 6－6－7　南宋龙泉山头上段 BY13 号窑平、剖面图　采自文献〔44〕

图 6－6－8　宋吉州窑本觉寺岭龙窑平、剖面图　采自文献〔15〕

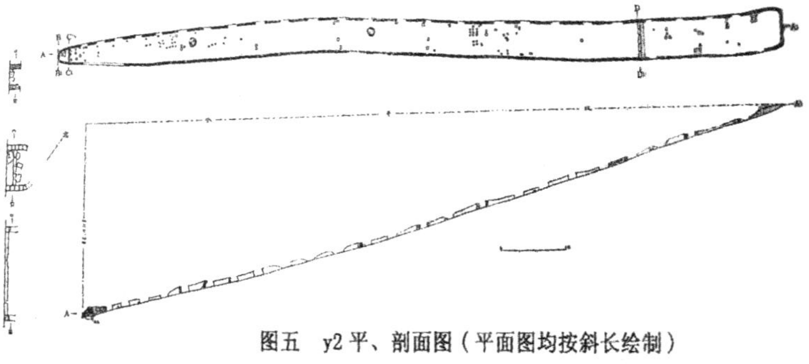

图 6－6－9　宋泰顺玉塔 2 号龙窑平、剖面图　采自文献〔5〕

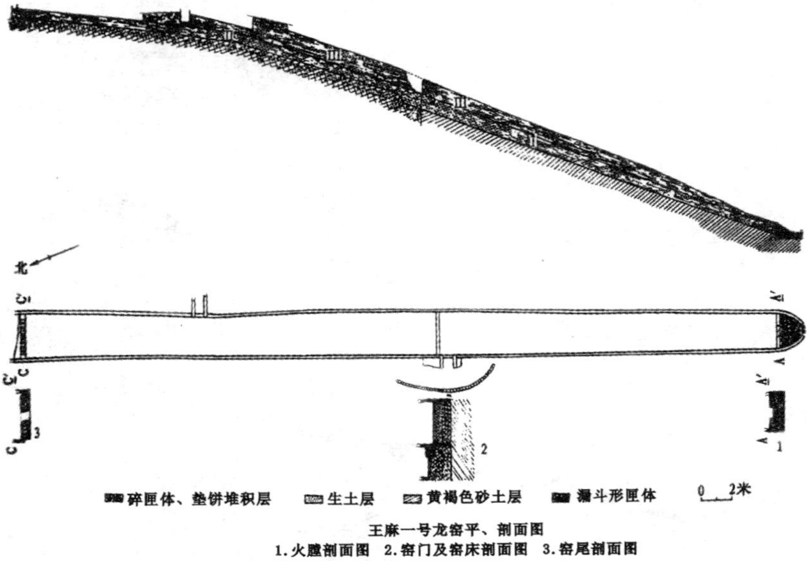

图6-6-10 宋武汉江夏王麻1号龙窑平、剖面图 采自文献〔19〕

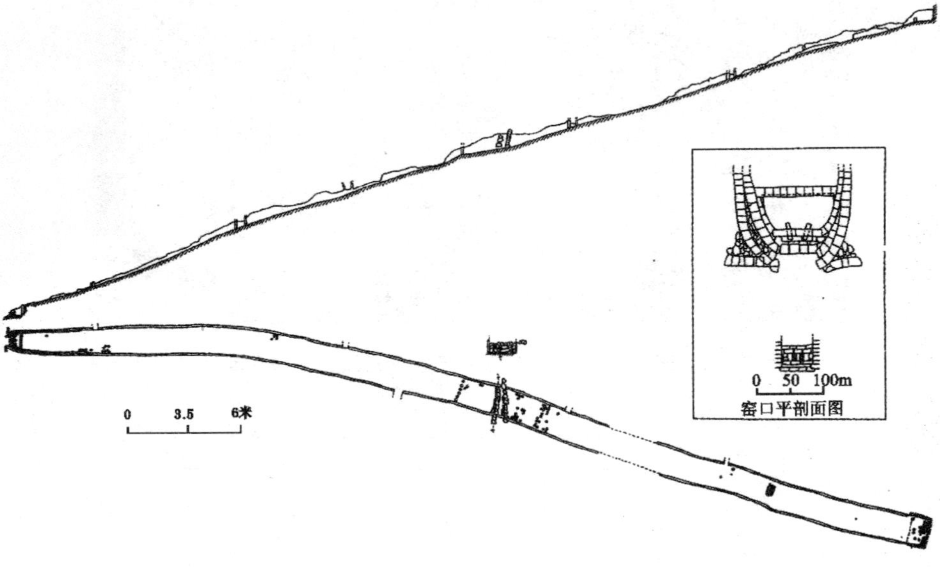

图6-6-11 宋武夷山遇林亭1号窑平、剖面图 采自文献〔21〕

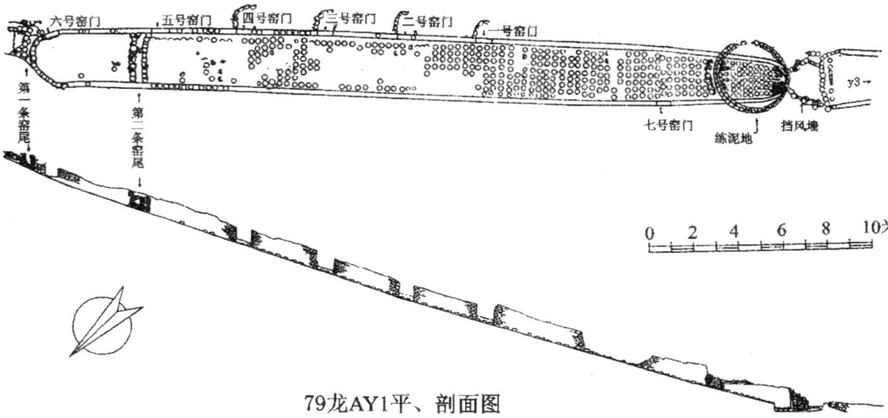

图 6－6－12　南宋龙泉上严儿村窑 1 号龙窑平、剖面图　采自文献〔7〕

图 6－6－13　南宋龙泉上严儿村窑 1 号龙窑第一条窑尾　采自文献〔7〕

第七节　分室龙窑

自商周以来直至隋、唐，流行于南方地区的龙窑窑室均不分室而连成一体，可称为“通室龙窑”。宋代南方有一部分窑场工匠在修建龙窑时，把长长的窑室分成若干间，而构成“分室龙窑”。

宋代分室龙窑一般由火膛、窑室、窑门、火道（火厢或挡火墙）和窑尾排烟装置等五个部分组成，但是宋代分室龙窑遗存数量少并残缺不全，目前只能窥见分室及其火道的结构。

从分室中火道形式的角度来看，宋代出现的分室龙窑的结构有两种类型：第一种类型是在分室之间构筑火厢；第二种类型是在分室之间设置挡火墙。

一、分室与火厢

在分室之间构筑火厢的分室龙窑的结构大致如下：火厢由两堵隔墙组成，火厢隔墙的前墙上部向前弧收而与窑顶相连，形如火车的车厢，从而在整个龙窑内形成火厢与装坯分室依次交替布局的结构。火厢前隔墙底部设烟火柱及其由烟火柱之间的间距而形成的烟火弄（又称通烟孔、火道孔），火厢后隔墙底部则不设烟火柱而直砌到底，但是墙不到顶。火厢中设烟火柱的隔墙往往砌成双层墙，并在其顶部筑投柴孔，在燃烧以后，主要从这些孔中投柴助燃。火厢隔墙之间的壁面用黏土涂抹平整，以利火焰的流通。每室内开窑门两个，作为装窑和出窑之用。

烧成时，先烧窑头火膛，将坯体预热，待第一间窑室内的坯体烧熟后，停止窑头烧火，改自第二间火厢（燃烧室）投柴燃烧，火焰自窑顶倒向窑底，经火厢前隔墙底部的烟火弄穿过后隔墙顶部进入第三间窑室，待其坯体烧熟后，停止第二间火厢的烧火，改为第四间火厢投柴燃烧，使该处坯体烧熟，然后依次烧至窑尾。分室龙窑的这种结构改变了通室龙窑火焰的走向和性质，即由通室龙窑的平焰变为分室龙窑的半倒焰流向。

宋代在分室之间构筑火厢的分室龙窑主要有：北宋惠州窑分室龙窑[1]、宋代永福窑田岭 2 号分室龙窑[2]和宋代潮州笔架山窑 4 号分室龙窑[3]等。宋代分室龙窑的分室与火厢的组合有两种构成方式：一是单个窑室与火厢交错布置；二是两个窑室相连，然后这两个窑室分别与前、后的火厢相连。

宋代采用单个窑室与火厢交错布置的分室龙窑主要见于宋代潮州笔架山窑 4 号窑和北宋惠州窑分室龙窑等。宋代潮州笔架山窑 4 号分室龙窑残长 31.76 米，分为七室，现存第一、三、五、七室为装烧瓷器的窑室，第二、四、六室为火厢[3]。北宋惠州窑分室龙窑的窑室及火厢与宋代潮州笔架山窑相同，即单个窑室的前后为火厢[1]。

宋代采用两个窑室相连，然后这两个窑室分别与前后的火厢相连布置的分室龙窑主要见于宋代永福窑田岭 2 号分室龙窑。该窑窑室与火厢的具体布置是：在残留的三个分室中，第一分室紧接火厢，南北长 1.2 米，宽 1.74 米。第二分室接连第一个分室，长 2.7 米，宽 1.9 米。这就表明：宋代永福窑田岭 2 号分室龙窑的窑室与火厢布置是两个窑室相连，然后这两个窑室分别与前后的火厢相连接[2]。

宋代分室龙窑火厢的宽度与分室窑床宽度相同，但是火厢的进深（长度）则长短不一。火厢的进深大者，例如宋代潮州笔架山 4 号分室龙窑残留的 2、4、6 号三个火厢的进深分别为 0.68 米、0.74 米、1.17 米～1.46 米[3]。但是，北宋惠州分室龙窑的南面火厢残长只有 0.21 米，北面火厢残长为 0.64 米[1]；宋代广元分室龙窑火厢东西长度也为 0.64 米[4]。

如前所述，火厢中设烟火柱的隔墙往往砌成双层墙，并在其顶部筑投柴孔。然而，宋代分室龙窑火厢中所设烟火柱的隔墙底部的烟火柱及其形成的烟火弄的数量不一。其中，宋代永福窑田岭 2 号分室龙窑与第一分室相连接的火厢的南隔墙已毁，北隔墙为双层砖，每层间距 8 厘米。前一层隔墙脚下残留五条烟火弄，后一层残留六条烟火弄，烟火弄之间前后交错，使火焰能均匀地进入窑室[2]。宋代分室龙窑火厢的底部均比窑室底部低，其中，宋代永福窑田岭 2 号分室龙窑的火厢厢底比窑床低 0.25 米[2]；北宋惠州窑分室龙窑残存的火厢，其底部低于窑床底部 0.14 米[1]。

二、分室与挡火墙

宋代分室龙窑的第二种类型是在各个分室之间不设由两堵隔墙构成的火厢，

而只设一堵挡火墙。挡火墙上部直砌至顶，下部设若干烟火柱及其柱与柱之间形成的烟火弄。烧成时，火膛中的火焰受到各个分室之间的挡火墙上部封闭的窑顶的阻挡，倒流下来通过挡火墙下部的烟火弄依次进入后面各室。这种类型的分室龙窑，主要见于宋代梅县瑶上区阶级窑[5]和宋代龙泉安福金坝坨 58 号阶级窑等。其中，宋代龙泉安福金坝坨 58 号分室龙窑中的挡火墙下部墙基下有 6～7 条烟火弄[14]；宋代梅县瑶上区分室龙窑中的挡火墙上部用长方形砖顺放侧转叠砌，下部顺放平铺叠砌，最下端设有 10 条长方形烟火弄[6]。

三、斜坡式和台阶式

宋代分室龙窑中的火道采用火厢形式的窑炉多为斜坡式，例如分室中的火道采用火厢形式的宋代潮州笔架山窑 4 号分室龙窑的窑床为斜坡式，窑床斜坡度为 17 度[3]。分室中的火道采用挡火墙形式的分室龙窑多为台阶式。例如分室中的火道采用挡火墙形式的宋代龙泉安福金坝坨 58 号分室龙窑所残存的后半段窑底由下往上修筑六级台阶，每级台阶间距约 4 米、高 0.25 米～0.4 米[5]，每级台阶前的一侧均开一座窑门[6]。

表 6－7－1　宋代分室龙窑火厢、挡火墙、窑床尺寸表（厘米）

编号、名称	火厢		窑床		参考文献
	长度	宽度	长度	宽度	
1. 宋潮州笔架山窑 4 号分室龙窑 1 号窑床	—	—	4～4.9	3.08～3.16	〔3〕
2. 宋潮州笔架山窑 4 号分室龙窑 2 号火厢	68～87	308	—	—	
3. 宋潮州笔架山窑 4 号分室龙窑 3 号窑床	—	—	488～494	300～306	
4. 宋潮州笔架山窑 4 号分室龙窑 4 号火厢	74	300	—	—	
5. 宋潮州笔架山窑 4 号分室龙窑 5 号窑床	—	—	596～628	—	
6. 宋潮州笔架山窑 4 号分室龙窑 6 号火厢	117～146	300	—	—	
7. 宋潮州笔架山窑 4 号分室龙窑 7 号窑床	—	—	1132～1144	300	
8. 北宋惠州分室龙窑	0.21	3.21～3.28	残 4.69	2.76～3.16	〔1〕

续表

编号、名称	火厢		窑床		参考文献
	长度	宽度	长度	宽度	
9. 宋永福窑田岭2号分室龙窑1号分室	—	—	120	374	〔2〕
10. 宋永福窑田岭2号分室龙窑与1号分室连接的火厢	—	139	—	—	
11. 宋永福窑田岭2号分室龙窑2号分室	—	—	270	190	
12. 宋永福窑田岭2号分室龙窑3号分室	—	—	250	240	
13. 宋永福窑田岭2号分室龙窑2、3号分室之间的火厢	250	240	—	—	
14. 宋代广元窑分室龙窑	60	—	580	380	〔4〕

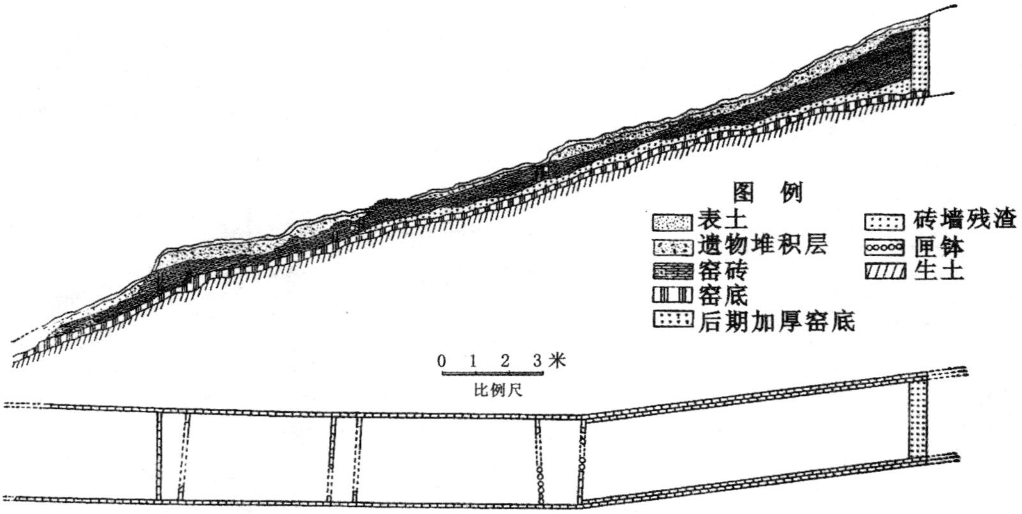

图6-7-1 宋潮州笔架山4号分室窑平、剖面图 采自文献〔3〕

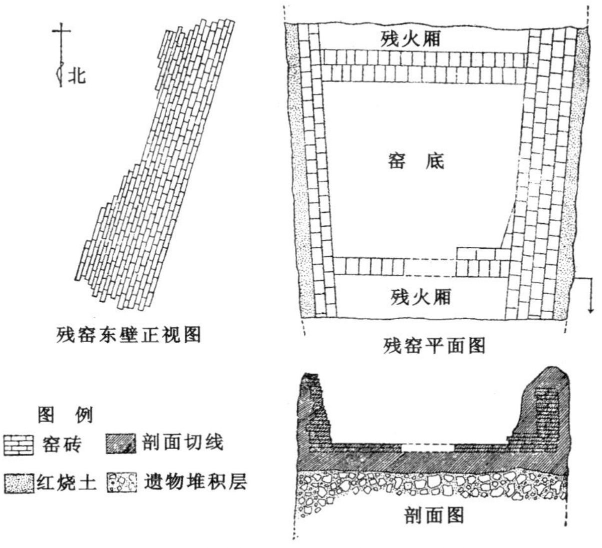

图6－7－2　北宋惠州分室龙窑（局部）　采自文献〔1〕

第八节　马　蹄　窑

唐代马蹄窑以木材为燃料，木材的特点是易燃，火焰长，好掌握，加之马蹄窑启用时间不长，所以火膛结构比较简单，既不设漏灰装置，又不设通风道，只在窑门内砌出一个低于窑床的凹槽，柴薪可直接投在火膛内燃烧，前面留出投柴口，兼做通风洞。宋代改用煤为燃料，煤的燃点比柴薪高，不容易发火起燃，一旦燃烧后，火力的持续性又不如柴强。另外，用煤为燃料，升温速度慢，为适应这一变化，宋代窑工对马蹄窑，特别是对火膛的建构进行了改革，增加了通风道和漏灰装置等。

宋代马蹄窑的火膛多为拱顶，火膛底部形制大致有扇形、三角形和弧壁梯形三种。部分火膛底部用卵石铺底，底部一般低于窑床0.1米～1.9米。容积有大有小，一般约占室内面积的三分之一。火膛构建有四种方式：一是在火膛底部挖落灰坑，在落灰坑上端铺设炉栅；二是不设落灰坑，而是在炉膛底部搭建炉桥和炉栅等设施；三是用煤炭和沙的混合物在火膛内烧结而形成类似炉桥和炉栅的功能；四是用耐火土烧制的粗大炉条搭置炉栅。修建马蹄窑火膛的材料有土坯、耐火砖、匣钵片及耐火砖混合、坩子土、砖和石块混合等五类材料。

宋代马蹄窑的窑室与火膛之间砌有挡火墙。窑室的底部（又称窑床）或用白色耐火土分层夯打而成，或铺沙。窑室构建有五种方式：一是用耐火砖建造；二是用耐火砖和匣钵混砌；三是用条形耐火砖和少量废窑柱砌建；四是用废窑柱、碎砖和匣钵片砌建；五是用夯土构筑。

宋代马蹄窑的窑门高度一般在1米～2.4米之间，宽度在0.36米～2.6米之间。窑门形制以宋磁州观台窑最为讲究。窑门的修建材料一般有四类：一是单独用砖；二是单独用天然石块；三是废匣钵、砖与废窑柱相混合；四是以小砖、窑柱与天然石块混合。

宋代马蹄窑排烟装置主要由隔烟墙、排烟孔、烟囱或排烟室组成。隔烟墙的宽度一般与窑室相同，多用砖砌成。排烟孔一般安设于窑尾隔烟墙的下端，其数量一般在6~24个之间波动，或作一排布列或作两排、三排布列。隔烟墙后面的烟囱以两个烟囱最为多见，烟囱底大致有半月形、圆角方形、方形、长方形、圆形等五种。修建马蹄窑烟囱大致有砖、废匣钵、耐火砖和废匣钵混合、坩子土与残砖混合等四类用料。宋代马蹄窑的烟囱大致有三种构建方式：一是在窑尾建一个烟囱；二是在窑尾建三个烟囱；三是在窑尾建两个烟囱。宋代马蹄窑的烧成温度及其气氛的调节多通过烟火孔的堵塞或开启来实施。

宋代马蹄窑的护墙设施以北京龙泉务窑和磁州观台窑最具特色，既能加固窑炉，又可起到保温作用。

一、风道

宋马蹄窑中的风道是对火膛送风助燃的一种装置，多建在地下，两壁用砖垒砌，顶用石板棚盖。通风道由进风口、风道和送风口三个部分组成。宋代马蹄窑通风道的构筑一般有三种类型：一是通风道设在窑的前面地下，风道狭小，但却很长；二是通风道短，但有三条；三是通风道宽大且深，与落灰坑没有明显的分界线。在这三大类型通风道中，以第一类通风道居多。

宋代马蹄窑第一种类型的通风道又有三个特点：一是风道比较狭小，但却很长；二是进风口较宽，多呈喇叭形；三是吹风眼（又称出风口）的大小粗细及其间距也不相同。

宋代马蹄窑通风道的第一种类型的第一个特征是风道比较狭小，但却很长。例如，宋代耀州窑第六十三号窑通风道长3.4米，宋代耀州窑第5号窑通风道长4.4米，宋代耀州窑第2号窑通风道长5.5米。宋代马蹄窑第一种类型通风道的第二个特征是进风口较宽，多呈喇叭形，外面往往有一个长方形浅池。例如，宋代耀州窑第5号窑通风道的进风口处呈喇叭形，摆有两块石头，外面有一个四方形浅池，池长1.06米、宽0.98米、深0.34米。宋代耀州窑第19号窑通风道进口处外面有一个长方形浅池，池长0.46米、宽0.44米~0.64米、深0.2米，用三层砖砌成；第44号窑通风道进口处的近方形浅池长1.3米、宽1.3米、深0.2米，池中央竖砌高0.2米的砖台；第21号窑喇叭形的进风口宽0.24米~0.42米、深0.2米、长0.3米。宋代马蹄窑第一种类型通风道的第三个特征是通风道接近火膛时分为4~6个吹风眼（又称出风口）通入炉栅的下面，吹风眼的大小粗细及其间距也不相同。宋代耀州窑第5号窑的通风道接近火膛时分为4个进风眼通入炉栅的下面，进风眼高0.12米、宽0.1米、间距0.08米。宋代耀州窑第19号窑四个吹风眼由左往右数：第一个宽0.14米~0.16米、高0.14米，第二个宽0.14米~0.16米、高0.14米，第三个宽0.12米~0.14米、高0.14米，第四个宽0.14米、高0.14米，吹风眼的间距一般为0.06~0.08米。宋代耀州窑第21号窑通风道进入窑门通入落灰坑的上部，距落灰坑底0.54米，分成六个吹风眼，自左而右，第一个吹风眼宽0.26米、高0.1米，第二个距第一个0.28米、宽0.12米、高0.1米，第三个距第二个0.2米、宽0.1米、高0.1米，第四个距第三个0.2米、宽0.1米、高0.1米，第五个距第四个0.24米、宽0.1米、高0.1米，第六个距第五个0.13米、宽0.28米、高0.1米。宋代耀州窑第44号窑4个吹风眼各宽0.2米、高0.1米、长0.5米，间距0.1米。宋代耀州窑第47号窑通风道分为6个进风眼通入燃烧室内落灰坑的上部，进风眼宽0.12米、高0.12米、长1.15米~1.3米、间距0.14米~0.2米，距落灰坑底0.74米、距坑口0.13米[1]。

宋代马蹄窑第一种类型的通风道由于落灰坑设在火膛下面，人不能进入通风道内，在烧制过程中无法掏灰，只能等一窑烧成后，打开窑门，去掉炉栅，才能把落灰坑内的炉灰清除。这种类型的窑多用高质量的煤作燃料，燃烧后灰渣少。

宋代马蹄窑第二种类型的通风道以宋代耀州窑第36号窑为代表，通风道仅长0.5米，但有三条，两条位于火膛左右两侧壁下，一条位于窑门下面。窑门下面的通风道既能进行通风，又能用它进行掏灰。左侧通风道距窑门0.7米、高0.2米、宽0.24米、深0.5米；右侧通风道距窑门0.8米、高0.24米、宽0.22米、深0.5米[1]。

宋代马蹄窑第三种类型的通风道宽大且深，与落灰坑没有明显的分界线。落灰坑面积大，几乎占满火膛的下部空间，落灰坑直通窑外，人能下蹲出入其间，可起落灰、掏灰和通风等多种作用。宋代马蹄窑在这三大类型通风道中以第一类通风道居多。

二、火膛

宋代马蹄窑的火膛多为拱顶，火膛底部形制大致有扇形、三角形和弧壁梯形三种。部分火膛底部用卵石铺底，底部一般低于窑床0.1米~1.9米。容积有大有小，一般约占室内面积的三分之一。火膛构建有四种形式：一是在火膛底部挖落灰坑，在落灰坑上端铺设炉栅；二是不设落灰坑，而是在炉膛底部搭建炉桥和炉栅等设施；三是用煤炭和沙的混合物在火膛内烧结而具有类似炉桥和炉栅的功能；四是用耐火土烧制的粗大炉条搭置炉栅。修建马蹄窑火膛的材料有土坯、耐火砖、匣钵片及耐火砖的混合物、坩子土、砖和石块的混合物等五类材料。

（一）火膛形制及其容积

宋代马蹄窑火膛多为拱顶，北宋禹县钧台窑第7号马蹄窑火膛顶部前由门额拱起，后与窑室顶部相连接，由土券成弧形顶[2]。北宋晚期磁州观台马蹄窑第3号马蹄窑火膛的中前部保存较好，从火膛底起2.3米处开始发券内收。北宋晚期磁州观台马蹄窑第4号窑从火膛底起2.15米处发券内收[3]。

隋、唐、五代马蹄窑的火膛底部形制大致有扇形、三角形和弧壁梯形三种。宋、辽、金马蹄窑火膛底部形制也为三种，即扇形（又称半月形、半圆形）、长方形、椭圆形。隋、唐、五代流行的三角形和弧壁梯形的火膛被宋、辽、金长方形、椭圆形火膛所取代，但以扇形火膛最为常见。

马蹄窑火膛底部呈扇形的窑场有：北宋晚期磁州观台第4号窑[4]，北宋晚期淄博磁村北窑洼区第2号窑[5]，宋代耀州窑第1号窑、第4号窑、第5号窑、第7

号窑、第19号窑[1]，宋代重庆涂山第2号窑[6]，宋代重庆涂山锯木湾窑[7]，宋代四川彭县瓷峰窑[8]，北宋清凉寺汝官窑第14号窑[9]，金代鹤壁集龙家村窑[10]，宋代都江堰金凤窑第4号窑[11]，宋代吉安临江窑第2号窑[12]，宋巴县清溪梓桐窑[13]，西夏灵武窑第1号窑[14]等。

宋代马蹄窑火膛底部呈长方形的窑场有：北宋清凉寺汝官窑第1号窑[9]，宋临汝严和店Y3号窑[15]，宋代宁阳西太平窑第3号窑[16]，辽中期北京龙泉务窑第10号窑、第13号窑，辽晚期北京龙泉务窑第2号窑、第9号窑，金代北京龙泉务窑第6号窑[17]，辽早期北京龙泉务窑第12号窑[18]等。

马蹄窑火膛底部呈椭圆形的窑场有金代禹州刘家门钧窑第4号窑等[19]。

宋代部分马蹄窑火膛底部用卵石铺底。例如，宋代磁州观台窑第3号窑用直径0.1米~0.15米的卵石掺泥铺底、第6号窑火膛底部用小块卵石和红烧土铺底、第4号和第8号窑火膛底部则是用卵石和红烧土夯成铺底[20]。

宋代马蹄窑火膛底部一般低于窑床0.1米~1.9米。其中，宋代耀州窑火膛底部与窑床面落差不大，一般为0.1米~0.4米。例如，宋代耀州窑第63号窑火膛底部低于窑床0.12米、第5号窑火膛底低于窑床0.14米、第4号窑火膛底部低于窑床0.28米、第44号窑和第47号窑低于窑床0.4米[21]。

宋代其他马蹄窑火膛底部则比窑床面低得多，一般在0.7米~1.9米之间。例如，北宋清凉寺汝官窑第14号窑火膛底部低于窑床约0.7米[9]，北宋密县西关窑火膛底比窑床低0.7米[26]，北宋禹县钧台窑第1号马蹄窑火膛底部低于窑床0.71米[2]，宋代都江堰金凤窑第4号马蹄窑火膛底部低于窑床1.4米，第11号马蹄窑火膛底部低于窑床1米[22]，宋代四川彭县瓷峰窑址出土马蹄窑的半月形火膛底部低于窑床1.80米[8]，磁县观台窑第3号窑火膛低于窑床1.38米[20]，金代枣庄中陈郝窑1号窑火膛底比窑床低1.9米[23]。

宋代马蹄窑火膛（又称燃烧室）的容积有大有小，一般约占室内面积的三分之一。宋、金马蹄窑火膛和窑室容量见表6-8-1。宋代马蹄窑火膛容积波动较大，宋汝官窑第5号窑火膛长度为1.5~1.8米，宽度为1.8米（表6-8-1，第1号）；宋代观台窑第2号窑火膛长度为1.35米，宽度为2.8米（表6-8-1，第37号）；金代禹县钧台窑第4号窑火膛长度为2.38米，宽度为1.15米（表6-8-1，第8号）；宋代彭县磁峰窑火膛长度为5.32米，宽度为2.16米（表6-8-1，第16号）。

表6-8-1　宋、金马蹄窑火膛、窑室、窑体尺寸表

编号、名称	火膛		窑室		窑体		参考文献
	长（米）	宽（米）	长（米）	宽（米）	长（米）	宽（米）	
1. 宋汝官5号窑	1.5~1.8	1.8	1.8	1.5	—	—	〔9〕
2. 宋汝官14号窑	—	—	—	—	3.06	2.36	
3. 宋汝官6号窑	0.34	0.95	1.06	0.64	4.6	1.66	

续表

编号、名称	火　膛		窑　室		窑　体		参考文献
	长（米）	宽（米）	长（米）	宽（米）	长（米）	宽（米）	
4. 宋临汝严和店窑	残 1.5	0.3	2	3.1	—	—	〔15〕
5. 北宋宁阳西太平村 3 号窑	0.8	1.6	1.7	3.89	—	—	〔16〕
6. 宋钧台 1 号窑	东火膛长 1.44	东火膛宽 1.7	底长 3.61	底宽 1.56	—	—	〔2〕
7. 宋钧台 7 号窑	南北长 1.6	东西宽 0.6～2.18	南北长 2.74	东西宽 2.22～2.5	—	—	
8. 金钧台 4 号窑	2.38	1.15	—	—	4.8	残 3.81	〔2〕
9. 宋密县西关 Y2 号窑	—	—	3.4	2.5	—	—	〔66〕
10. 北宋淄博磁村北 Y2 号窑	2.35	—	2	3.15	8.25	3.75	〔31〕
11. 宋都江堰金凤 Y4 号窑	4.4	0.96	4.04～4.4	2	4.04～4.4	2	〔11〕
12. 宋都江堰金凤 Y11 号窑	3.44	0.7	3.24～3.4	1.5	3.2～3.44	1.5～2.6	
13. 宋重庆涂山 Y1－a 窑	1.20	1.90	1.36	2.08	3.76	2.6	〔41〕
14. 宋重庆涂山 Y1－b 窑	东西长 1.26	南北宽 2.52	南北长 1.36	东西宽 2.8	4.3	3.4	
15. 宋重庆涂山 Y2 号窑	0.88	2.34	1.46	2.16	南北长 5	东西宽 2.98	
16. 宋彭县磁峰 Y2 号窑	5.32	2.16	3.6	4.64	8.32	5.76	〔8〕
17. 宋巴县清溪梓桐窑	1.08	4.12	1.72	4.2	4.2	4.1	〔13〕
18. 宋重庆涂山窑锯木湾窑	1.5	2.68	横长 2.4	进深宽 1.84	6	2	〔7〕
19. 金代鹤壁集龙家村 E1 号窑	—	—	4.1	—	—	—	〔10〕

续表

编号、名称	火膛		窑室		窑体		参考文献
	长（米）	宽（米）	长（米）	宽（米）	长（米）	宽（米）	
20. 西夏灵武 Y4 号窑	1.08	1.04	—	—	东西长 3.6	南北宽 1.84	〔14〕
21. 西夏灵武 Y1 号窑	1.32	—	2.92	上宽 3.1，底宽 3.44	5.95	4.06	
22. 西夏灵武 Y10 号窑	2.5	1.2	3.3	2.7	—	—	
23. 宋耀州窑 1 号窑	长 0.95	前宽 0.85，后宽 2.4	2	前宽 2.4，后宽 2.8	—	—	〔63〕
24. 宋耀州窑 3 号窑	0.65	前宽 0.9，后宽 2.25	1.9	前宽 2.25，后宽 2.65	—	—	〔54〕
25. 宋耀州窑 4 号窑	0.75	前宽 0.5，后宽 3.1	2.46	前宽 3.1，中宽 3.28，后宽 3	—	—	
26. 宋耀州窑 5 号窑	1.35	前宽 0.68，后宽 2.3	1.6	前宽 2.3，后宽 2.4	—	—	〔42〕

续表

编号、名称	火膛		窑室		窑体		参考文献
	长（米）	宽（米）	长（米）	宽（米）	长（米）	宽（米）	
27. 宋耀州窑 7 号窑	0.36	前宽 0.9，后宽 1.6	2.98	前宽 1.6，后宽 2.6	—	—	〔53〕
28. 宋耀州窑 19 号窑	0.7	前宽 1，后宽 2.28	—	前宽 2.28，中宽 3.35，后宽 3.25	—	—	
29. 宋耀州窑 20 号窑	0.98	前宽 1，后宽 2.1	—	—	—	—	〔42〕
30. 宋耀州窑 21 号窑	1	前宽 0.85，后宽 2.54	—	—	—	—	
31. 宋耀州窑 25 号窑	0.68	前宽 0.56，后宽 2.42	—	—	—	—	〔56〕
32. 宋耀州窑 36 号窑	0.86	前宽 0.62，后宽 1.82	2.02	前宽 1.82，后宽 2.12	—	—	

续表

编号、名称	火膛		窑室		窑体		参考文献
	长（米）	宽（米）	长（米）	宽（米）	长（米）	宽（米）	
33. 宋耀州窑46号窑	1.8	南北宽0.4，深0.6	—	前残宽1.8，后宽2.5	—	—	〔74〕
34. 宋耀州窑47号窑	1.24	前宽1.2，后宽2.35	—	2.58	—	—	
35. 宋耀州窑56号窑	0.9	前残宽1.1，后宽2.94	—	前宽2.3，后宽2.66	—	—	
36. 宋耀州窑62号窑	1.85	前宽0.54，后宽2.1	1～1.5	前宽2.1，后宽2.65	—	—	
37. 宋观台窑2号窑	1.35	2.8	1.72	2.86	6	3.32	〔43〕
38. 宋观台窑3号窑	1.98	3.51	2.3	3.54	7.36	4.17	〔64〕
39. 宋观台窑4号窑	1.35	2.35	1.7	2.34	5.86	2.7	〔43〕
40. 宋观台窑5号窑	—	—	2.17	2.31	5.7	2.68	
41. 宋观台窑6号窑	1.4	2.27	1.37	2.31	4.15	2.68	〔4〕
42. 辽早期龙泉务Y1号窑	0.7	0.9	2.4	1.5	东西长3.1	1.4～1.5	〔18〕
43. 辽中期龙泉务Y13号窑	前长1.7，后长1.3	0.88	3.12	3.44	5.44	5.8	〔32〕
44. 辽中期龙泉务Y10号窑	南北长3	东西宽1.2	南北横长3	东西残宽2.3	—	—	

续表

编号、名称	火膛		窑室		窑体		参考文献
	长（米）	宽（米）	长（米）	宽（米）	长（米）	宽（米）	
45. 辽晚期龙泉务Y2号窑	3	1.2	3	残2.3	4.9	3	〔29〕
46. 金龙泉务Y3号窑	0.96~1.2	1.1	3.7	3.3	6.4	3.3	
47. 金龙泉务窑Y6号窑	南北残长2.5	1.5	—	—	残长5	残宽2.2	〔32〕
48. 金枣庄中陈郝Y1号窑	1.6	5.9	2.72	5~5.6	—	—	〔23〕
49. 金枣庄中陈郝NY1号窑	南北长5.9	东西宽1.6	东西长2.72	南北宽5~5.6	8.9	—	
50. 金枣庄中陈郝Y2号窑	2.43	1.1	3.08	2.04~2.82	6.44	3.8	
51. 金淄博磁村华严寺Y2号窑	东西直径4	南北半径1.2	残0.93	—	7.5	4.5	〔31〕
52. 金淄博磁村北洼Y2号窑	2.35	—	2	3.15	8.25	3.75	
53. 金禹县刘家门Y4号窑	2.38	1.15	—	残2.65	残4.8	残3.81	〔19〕
54. 成都瓦岗坝Y5号窑	东西长4.3	南北宽1.04	东西长4.4	南北宽1.7	东西长4.76	南北宽4.6	〔84〕
55. 成都瓦岗坝Y6号窑	东西长2.2	南北宽1.32	东西前长2.8，后长2.62	南北宽1.7	南北长4.4	东西宽3.2	
56. 成都瓷窑铺Y3号窑	东西长4.4	南北宽2.24	3.64~4.04	2.24	南北长6.52	东西宽4.38	
57. 金井陉窑5号窑	—	—	5.5	2.5	8.6	6.6	〔27〕

注：

第1号，宋汝官5号窑，火膛高0.58米。

第6号，宋钧台1号窑，窑体残高1.86米。

第7号，宋钧台7号窑，窑体残高1.86米；窑室高1.2米~1.4米。

第10号，北宋淄博磁村北Y2号窑，火膛残高1.45米。

第11号，宋都江堰金凤Y4号窑，窑室残高1.3米，窑体高3米。

第12号，宋都江堰金凤Y11号窑，窑体高2.86米。

第 14 号，宋重庆涂山 Y1－b 窑，火膛深 1.3 米。

第 15 号，宋重庆涂山 Y2 号窑，窑体残高 0.4 米～1.62 米。

第 16 号，宋彭县磁峰 Y2 号窑，窑体残高 2.66 米，火膛残高 1.82 米，火膛底部低于窑床 1.8 米。

第 17 号，宋巴县清溪梓桐窑，火膛残高 2.1 米，窑室残高 1.12 米～2.1 米，窑体残高 2.1 米。

第 18 号，宋重庆涂山锯木湾窑，窑体残高 1.2 米～2.9 米，火膛残高 2.2 米～2.8 米，窑室南壁残高 0.9 米～1.6 米。

第 19 号，鹤壁集龙家村金代 E1 号窑，窑室高 2 米，火膛为半圆形。

第 21 号，西夏灵武 Y1 号窑，火膛残高 1.25 米，窑床壁残高 1.74 米。

第 23 号，宋耀州官 1 号窑，窑室残高 0.85 米。

第 25 号，宋耀州窑 4 号窑，火膛低于窑床 0.28 米。

第 33 号，宋耀州窑 46 号窑，窑室残高 1.25 米。

第 34 号，宋耀州窑 47 号窑，窑室残高 0.8 米～1.1 米。

第 37 号，宋观台窑 2 号窑，火膛深 1.5 米。

第 38 号，宋观台窑 3 号窑，窑室残高 3.12 米，火膛低于窑床面 1.36 米。

第 39 号，宋观台窑 4 号窑，窑体残高 2.55 米，火膛深 1.11 米。

第 40 号，宋观台窑 5 号窑，窑体残高 2.81 米。

第 41 号，宋观台窑 6 号窑，窑体残高 2.81 米。

第 43 号，辽中期龙泉务 Y13 号窑，原火膛东西宽 1.03 米，南北长 3.2 米，深 0.84 米。

第 44 号，辽中期龙泉务 10 号窑，火膛深 1.2 米，低于窑床 1.3 米～1.4 米。

第 47 号，金龙泉务窑 Y6 号窑，火膛低于窑床 0.6 米。

第 49 号，金中陈郝 NY1 号窑，窑体最高处为 7 米，火膛低于窑床面 1.9 米。

第 51 号，金淄博磁村华严寺 Y2 号窑，火膛残高 0.93 米。

第 52 号，金淄博磁村北洼 Y2 号窑，火膛残高 1.45 米。

第 53 号，金禹县刘家门 Y4 号窑，窑体残高 1.65 米。

第 54 号，成都瓦岗坝 Y5 号窑，窑体残高 1.78 米；火膛腹壁残高 1.3 米，火膛底部低于窑床面 1.32 米，窑床壁残高 0.36 米。

第 55 号，成都瓦岗坝 Y6 号窑，窑体残高 2.35 米，火膛腹壁残高 1.3 米，火膛底部低于窑床面 1.3 米。

第 56 号，成都瓷窑铺 Y3 号窑，窑体残高 2.78 米，火膛腹壁残高 2.78 米，火膛底部低于窑床面 1.2 米。

（二）火膛构建

宋、辽、金、西夏时期的马蹄窑火膛结构有四种形式：一是在火膛底部挖落灰坑，在落灰坑上端铺设炉栅；二是不设落灰坑，而是在炉膛底部搭建炉桥和炉栅等设施；三是用煤炭和沙的混合物在火膛内烧结而形成类似炉桥和炉栅的功能；四是用耐火土烧制的粗大炉条搭置炉栅。

宋、辽、金、西夏时期马蹄窑火膛结构的第一种方式是在火膛底部挖落灰坑，在落灰坑上端铺设炉栅。采用这种方式的主要见于宋代耀州窑场建造的马蹄窑。长方形的落灰坑一般设在火膛中部或后部，坑深 1.35 米 ~ 2 米，坑口安设炉栅。例如，宋代耀州窑 3 号马蹄窑安装炉栅的孔迹保留在燃烧室的后壁上，共有七个孔，每孔宽 0.1 米，高 0.2 米，比火膛底低 0.4 米。按位置推算，当初应安有十根炉栅。炉栅下面的落灰坑坑宽 0.8 米，深 1.95 米，残长 1.5 米。坑内有两排匣钵柱，间距 0.9 米，残高 0.8 米 ~ 0.85 米，当初用于支撑炉桥[24]。

宋代耀州窑 4 号马蹄窑火膛中部保留有完整的炉栅和炉桥。两条炉桥均用石条做成。上面棚架炉栅。炉栅用耐火材料烧成，呈等腰三角形，分两排，尖端朝下，与炉桥卡得十分牢固。炉桥长 0.94 米，宽 0.21 米，厚 0.24 米。南面一根，下面用石条支撑，北面一根，下面用匣钵柱支撑，共用了十八个圆形匣钵，匣钵直径 0.26 米。由十四根炉条组成的炉栅呈长方形，东西宽 1 米，南北长 0.62 米。炉栅下面为落灰坑。落灰坑为长方形，东西长 1 米，南北宽 0.6 米，深 1.3 米 ~ 1.6 米。落灰坑和通风道直接相通。宋代耀州窑 36 号马蹄窑，落灰坑位于火膛后部，长方形，宽 0.3 米，长 1.54 米，深 0.4 米，用耐火砖砌成。落灰坑内用耐火砖砌成三个砖柱，柱高 0.34 米。柱顶上架设炉桥。炉桥长 1.32 米，上面安置用耐火材料烧成的八根炉条构成炉栅。炉栅呈等腰三角形[25]。金代淄博华严寺二号马蹄窑炉膛也采用这种结构形式。炉栅以下为灰坑。灰坑用自然石块砌成。炉栅以上为燃烧室，燃烧室用耐火砖砌成。放置炉栅的地方，使用小砖叠塞，以承托炉栅，小砖上遗留有放置炉栅的痕迹和固定炉栅用的耐火泥。炉栅间距 0.2 米。炉栅用耐火材料制成，断面为三角形[5]。

宋、辽、金、西夏时期马蹄窑炉膛结构的第二种方式是不设落灰坑，而在炉膛底部用废匣钵垒成柱子，在柱顶部搭建炉栅。例如，宋代磁州观台窑 3 号马蹄窑火膛内用废匣钵垒成四排匣钵柱，靠窑床的第一排有七个匣钵柱，第二排六个，第三排五个，靠近窑门的第四排有两个。匣钵柱用大个的盆形匣钵或漏斗形匣钵覆扣或对扣着搭建，每柱用二至五个匣钵。匣钵柱之间搭上砖和废窑柱，构成密密的栅网。这种炉膛是不成熟的早期形态，每烧完一窑都要拆除清灰[20]。

宋、辽、金、西夏时期马蹄窑炉膛结构的第三种方式是以宋都江堰金凤窑 28 号马蹄窑为代表的。根据该窑火膛内保留的部分烧结面来看，其烧制方法是在火膛内先铺设覆置的匣钵柱，其上架木柴，最后在上面铺一层煤炭和沙的混合物。点燃木柴后，经过一定时间的火烧，其上的煤炭和沙的混合物便形成一个烧结面，这个烧结面就起着窑箅和炉桥的作用，覆置的匣钵柱则起着支撑烧结面的作用。烧结面一般高于火膛 0.2 米 ~ 0.3 米[26]。

宋、辽、金、西夏时期马蹄窑火膛结构的第四种方式是以金代井陉窑 5 号马蹄窑为代表的。该窑火膛南端下部完整地保留着高 1.07 米、宽 0.9 米的方整石砌灰门及门外长 1.6 米、宽 0.7 米、深 1.7 米的灰道。火门与灰门之间，周壁内出沿以搭置炉条。火膛内完整遗存有支撑炉栅的耐火砖砌与匣钵叠置的并体双柱三组。柱间横搭直梁式炉条，两侧再搭置弓形炉条组成的炉栅尚存 28 根。这些由耐火土烧制的粗大炉条搭置的炉栅，曾多次连续使用，未经拆动。每次清灰只需由灰沟通过火门进行[27]。

宋代修建马蹄窑火膛的材料有土坯、耐火砖、匣钵片及耐火砖混砌、坩子土、砖和石块混砌等五类材料。

宋代修建马蹄窑火膛的第一类材料为土坯。例如西夏灵武窑第3号马蹄窑火膛后墙用土坯平铺砌成，仅保存一层，长3.15米。土坯长0.36米、宽0.22米、厚0.08米，靠近内侧已烧成红色。火膛两壁残存三层，高0.25米[28]。

宋代修建马蹄窑火膛的第二类材料为耐火砖。辽中期北京龙泉务窑第10号、13号马蹄窑和辽晚期北京龙泉务窑第9号窑的火膛全部用耐火残砖平铺错缝叠砌，内壁经过烧结十分坚硬[29]。北宋晚期磁州观台马蹄窑第3号马蹄窑火膛中的壁面用长方形耐火砖和近方形的楔形耐火砖顺砌，前部用单层砖，后部用双层砖砌建，厚0.19米~0.43米。内壁抹耐火泥，已烧结，厚0.03米[20]。宋代宁阳西太平窑第3号窑火膛砖筑，内壁涂耐火土[16]。宋代重庆市巴县清溪梓桐窑的火膛后壁用长22厘米、宽19厘米、厚10厘米的长方形砖砌建[30]。北宋淄博磁村北洼窑2号窑火膛也用砖砌成[31]。

宋代修建马蹄窑火膛的第三类材料用匣钵片和耐火砖混砌。辽中期北京龙泉务文化窑第2号窑火膛用匣钵片和耐火砖混砌。垒砌方法是先在生土上挖出基槽，然后立砌一层匣钵片，其上用匣钵片人字形交错立砌四层，最后用长22厘米、宽12厘米、厚4.5厘米的耐火砖平铺错缝砌半圆形的火膛。为了使其牢固，在火膛内外分别抹一层厚0.02米~0.03米的黏土[32]。

修建马蹄窑火膛的第四类材料为坩子土。例如，金代北京龙泉务窑第6号火膛底部和火膛壁为坩子土堆砌而成[44]。

宋代修建马蹄窑火膛的第五类材料为砖和石块。例如，金代中陈郝窑第1号窑火膛两壁用砖砌成，其他壁用石块砌成，内涂一层瓷土[33]。

三、炉栅

炉栅是火膛中承放燃料烧成的托架。宋代马蹄窑火膛中的炉栅是由炉条、炉桥和支柱组成。炉条棚架于炉桥之上，炉桥由支柱承托。炉条一般用耐火材料、砂石或瓷土制成。支柱一般用石头或匣钵或小砖或耐火砖四类材料砌筑而成。

（一）炉栅材料

宋代用砂石制作炉栅部件的窑场主要见于重庆涂山窑，该窑2号窑中的砂岩质炉条厚0.12米，略呈圆柱形[34]。宋代重庆涂山锯木湾窑的石质炉条剖面呈不规则的方形[7]。宋代用耐火材料和砂石制作炉栅部件的窑场主要见于宋代耀州窑，宋代耀州窑第4号马蹄窑、第36号马蹄窑和第67号马蹄窑的炉条用耐火材料烧成。其中宋代耀州窑第36号马蹄窑的炉条呈等腰三角形，腰长0.25米、底边长0.3米、厚0.06米。宋代耀州窑第5号窑和第26号窑的炉条均由两块方形耐火砖加工而成，耐火砖长0.16米、宽0.16米、厚0.05米[36]。用瓷土制作炉条主要见于金代磁村华严寺2号窑，该窑的瓷质炉条断面呈三角形[37]。

宋代马蹄窑炉栅的支柱一般用石头或匣钵或小砖或耐火砖四类材料砌筑而成。宋代耀州窑第3号马蹄窑炉栅中的支柱均为匣钵砌筑而成[24]。宋代耀州窑第36号窑中炉栅的支柱用耐火砖砌成三个砖柱，柱高0.34米。柱顶上架设有炉桥[9]。后者的支柱分别用石条和匣钵柱构成，即南面一根下面用石条支撑，北面一根下面用匣钵柱支撑，一共用了十八个圆形匣钵，匣钵直径0.26米[40]。

（二）炉栅构成

宋代马蹄窑中由炉条、炉桥和支柱组成的炉栅，大致有四种构成方式，一是炉桥上的炉条（一般7～10根）作扇形排列；二是炉桥上的炉条呈长方形组合；三是横搭多根直梁式炉条与弓形炉条相组合；四是炉栅由废匣钵柱、砖和窑柱垒成。

宋代马蹄窑中炉栅的第一种构成方式——炉桥上的炉条作扇形排列。宋代重庆涂山马蹄窑第2号窑的炉栅直砌修建于火膛中部，正中炉条共计八根，加上左右两角各一根炉条，合计10根炉条。其排列形式呈扇形，炉条间距0.12米～0.16米，炉条厚0.12米，略呈圆柱形[41]。宋代重庆涂山锯木湾窑火膛后壁有七个炉栅窝，七根砂石质炉条也呈扇形分布，下有石柱支撑[34]。

宋代马蹄窑中炉栅的第二种构成方式是炉桥上的炉条呈长方形组合，这种构成方式，以宋代耀州窑第4号马蹄窑为代表。该窑在火膛中部保留有完整的炉条和炉桥。两条炉桥均用石条做成，上面棚架炉条。炉条用耐火材料烧成，呈等腰三角形，分两排，尖端朝下，与炉桥卡得十分牢固。十四根炉条（由东南角顺时针往下）的规格是：0.3米×0.2米×0.2米；0.32米×0.2米×0.25米；0.3米×0.23米×0.23米；0.3米×0.2米×0.2米；0.3米×0.25米×0.2米；0.3米×0.25米×0.22米；0.3米×0.2米×0.2米；0.3米×0.2米×0.23米；0.3米×0.25米×0.2米；0.3米×0.2米×0.2米；0.3米×0.2米×0.3米；0.3米×0.2米×0.25米；0.3米×0.25米×0.25米；0.3米×0.2米×0.25米；厚度一般为0.06米。炉栅整个范围呈长方形，东西宽1米、南北长0.62米[25]。

宋代马蹄窑中炉栅的第三种构成方式是横搭多根直梁式炉条与弓形炉条相组合。例如，金代井陉窑膛内完整遗存有支撑炉栅的耐火砖砌与匣钵叠置的并体双柱三组（根）。柱间横搭直梁式炉条，两侧再搭置弓形炉条组成的炉栅尚存28根炉条。这些由耐火土烧制的粗大炉条搭置成的炉栅曾多次连续使用，未经拆动。每次清灰只需由灰沟通过灰门进行，简化了操作工序[27]。

宋代马蹄窑中炉栅的第四种构成方式是由废匣钵柱、砖和窑柱垒成。这种构成方式，主要流行于北宋晚期磁州观台窑。例如，北宋晚期磁州观台马蹄窑第3号马蹄窑火膛中较完好地保存了炉栅设施。这种炉栅是由废匣钵柱、砖和窑柱垒成。下面用废匣钵垒成四排匣钵柱，靠窑床的第一排有七个匣钵柱，第二排六个，第三排五个，靠近窑门的第四排有两个。匣钵柱用大个的盆形匣钵或漏斗形匣钵覆扣或对扣着搭建，每柱用2～5个匣钵。匣钵柱之间搭上砖和废窑柱，构成密密的栅网。又如，北宋晚期磁县观台马蹄窑第4号马蹄窑火膛中可以看出有三排匣钵柱，第一排有六柱，第二排和第三排各有五柱。每柱用2～3个盆形或漏斗形匣钵搭建，柱间用废窑柱和条砖相搭。炉栅整体显得很矮。北宋晚期磁县观台窑第2号窑火膛中的炉栅情况大体与3号窑相近，四排匣钵柱，每柱用2～3个盆形匣钵或筒形匣钵搭建，与三号窑不同的是匣钵柱间主要用大块的近方形的楔形耐火砖相搭，这种砖是砌建窑壁的主要用砖，搭建炉栅应比用废窑柱好搭[20]。

四、落灰坑

宋代部分马蹄窑火膛设落灰坑，落灰坑位于火膛炉栅的下部，为承载燃料燃烧后变为灰渣的处所。落灰坑又称炉坑、火坑等。容积大小不一，西夏灵武窑第1号马蹄窑落灰坑口宽0.66米、长1米、深0.46米~0.85米，下部较陡呈斜坡状，推测炉灰由暗道而出[14]。宋代耀州窑第1号窑落灰坑深2米、第2号窑落灰坑长0.95米、宽0.6米、深0.75米。宋代耀州窑第3号窑落灰坑宽0.8米、深1.95米、残长1.5米。宋代耀州窑第4号窑落灰坑为长方形，东西1米、南北0.6米、深1.3米~1.6米。宋代耀州窑第21号窑火膛下面的落灰坑长2.38米、宽0.3米、深1米，前沿深0.54米，后沿深0.6米。宋代耀州窑第36号窑落灰坑为长方形，位于火膛后部，宽0.3米、长1.54米、深0.4米。宋代耀州窑第47号窑落灰坑长2.5米、宽0.4米、深1米，距窑床前沿0.6米，坑口比窑床低0.4米。宋代马蹄窑落灰坑一般用自然石块或砖砌成。例如，宋代耀州窑第2号、第7号、第19号、第20号、第25号等马蹄窑落灰坑用砖砌成[42]。北宋晚期山东淄博磁村窑第2号窑落灰坑，则用自然石块砌成[39]。

五、窑室

马蹄窑的窑室是盛装待烧坯件的空间。宋代马蹄窑的窑室与火膛之间砌有挡火墙。窑室的底部（又称窑床）或用白色耐火土分层夯打而成，或铺沙。窑室构建材料有六类：一是耐火砖建造；二是耐火砖和匣钵混砌；三是条形耐火砖和少量废窑柱砌建；五是废窑柱、碎砖和匣钵片砌建；六是夯土构筑。

宋代马蹄窑的窑室与火膛之间的挡火墙有的用砖砌，有的用匣钵砌。北宋晚期磁州观台马蹄窑多用砖砌挡火墙，例如，北宋晚期磁州观台马蹄窑第2号窑床前端的挡火墙用单层砖顺砌，加上砖外抹的耐火泥和胶结物厚0.24米~0.32米；北宋晚期磁州观台马蹄窑第3号窑窑床前端的挡火墙用平砖顺砌，砖前抹0.04米厚的耐火泥，被高温烧结成琉璃质。挡火墙总厚0.27米；北宋晚期磁州观台马蹄窑第4号窑和第5号窑的窑床前端的挡火墙用条砖横砌，加上外边的耐火泥层厚0.2米[43]。金代北京龙泉雾9号窑与火膛交接处用残匣钵立砌，保存两层，深0.4米。下层匣钵半圆心向南，上层匣钵半圆心向北，使匣钵相互吻合而坚固[44]。

宋代马蹄窑的窑室的底部（又称窑床）或用白色耐火土分层夯打而成，或铺沙。宋代广东新会官冲窑窑壁均系用白色耐火土分层夯打而成[45]。辽中期京龙泉务窑第13号窑窑床上铺一层耐火沙，最厚处为0.18米。辽中期北京龙泉务窑第10号窑窑床上铺设较厚的耐火沙，呈缓坡状，东侧较薄，向西渐渐加厚至排烟孔，厚0.2米。耐火沙可分四层，第一层厚0.12米，为红褐色粗砂土；第二层厚0.08米，为黄白色耐火沙；第三层厚0.03米，呈青灰色；第四层为窑床底的耐火沙，呈赤红色，厚0.06米[46]。宋代都江堰金凤窑第11号马蹄窑窑床底铺沙，厚0.02米~0.03米。宋代都江堰金凤窑第4号马蹄窑窑床底先用砖头、匣钵碎片和沙子垫平后，在上面铺一层厚约0.02米~0.03米，细沙[47]。金代中陈郝窑1号窑床铺一层厚约0.2米的沙粒[23]。

用砖建造窑室的窑场有：宋代耀州窑、辽金北京龙泉务窑、北宋磁州观台窑、西夏灵武窑和金代枣庄中陈郝窑等。宋代耀州窑第 1 号、第 3 号、第 4 号、第 5 号窑室周壁也用耐火砖砌成，其中，宋代耀州窑第 4 号窑砌建窑室所用的砖长 0.25 米 ~0.3 米、宽 0.2 米、厚 0.06 米。窑室周壁用砖砌好后，窑壁表面用耐火泥抹平，泥厚 0.02 米。宋代耀州窑第 5 号窑砌墙所用的耐火砖近方形，长、宽为 0.17 米 ~0.18 米、厚 0.06 米。窑室壁残高 0.65 米；宋代耀州窑第 47 号窑室壁宽 0.2 米、残高 0.8 米 ~1.1 米，用 12 层耐火砖砌成〔48〕。北宋晚期磁州观台马蹄窑第 3 号窑壁面用长方形耐火砖和近方形的楔形砖顺砌，前部用单砖、后部用双层砖砌建，厚0.19 米 ~0.43米，内壁抹耐火泥〔49〕。辽金北京龙泉雾第 10 号窑仅保留后半部残壁，北壁保留 5 层，残高 0.38 米；南壁保留 7 层，残高 0.42 米，均用耐火砖平铺错缝垒砌。辽金北京龙泉务窑第 13 号窑壁也用长 0.32 米、宽 0.1 米、厚 0.06 米的长方形耐火砖平铺错缝垒砌〔32〕。西夏灵武窑第 1 号窑室墙壁保存的后墙，用碎砖错缝平铺砌成，长 1.44 米、宽 0.28 米、残高 0.98 米〔14〕。金代枣庄中陈郝窑 1 号窑南北两壁用砖砌成〔23〕。

用耐火砖和匣钵混砌窑室，主要见于金代北京龙泉务第 2 号窑。该窑窑室仅保留东、西、南三面窑壁，东壁下部用长 29 厘米、宽 16 厘米、厚 6 厘米的耐火砖平铺错缝垒砌。西壁即窑床前端的砌法是先在生土层下挖墙基槽与火膛底取平，然后叠砌 4 层匣钵，高约 0.45 米，其上平铺长方形砖 5 层，其上再叠砌匣钵及匣钵片，通高 1.4 米。南壁也用耐火砖叠砌，残高 0.2 米〔18〕。

用条形耐火砖和少量废窑柱砌建窑壁主要建于北宋晚期磁州观台窑第 6 号窑，其保存高度为 1.54 米〔50〕。用废窑柱、碎砖和匣钵片砌建窑壁主要见于北宋晚期磁州观台窑第 4 号窑〔51〕。用夯土构筑窑室主要见于北宋广东新会官冲窑，该窑室残长 1.8 米 ~2.89 米、宽 2.43 米，窑壁残高 2.15 米，厚 0.028 米，均系用白色耐火土分层夯打而成〔45〕。

六、窑门

宋代马蹄窑的窑门高度一般在 1 米 ~2.4 米之间，少数窑的窑门高度 2.4 米以上，宽度在 0.36 米 ~2.6 米之间（表 6－8－2）。窑门形制以宋代磁州观台窑最为讲究，宋代磁州观台 3 号窑窑门为五边形拱券门，两侧用平砖顺砌，顶部用两根粗大的废窑柱搭成“人字拱”起券。

表 6－8－2　宋代马蹄窑窑门尺寸表

编号	名　　称	长（米）	宽（米）	高（米）	参考文献
1	宋重庆涂山 Y1－a 号窑	—	0.56	—	〔7〕
2	宋重庆涂山 Y1－b 号窑	0.5	0.52	1.00	
3	宋重庆涂山 Y2 号窑	0.8 ~1.08	0.48	残 1.30	
4	宋巴县清溪窑	—	0.5	残 1.1	〔13〕

续表

编号	名　　称	长（米）	宽（米）	高（米）	参考文献
5	宋重庆涂山锯木湾窑	—	残0.2	残2.4	〔7〕
6	北宋晚期淄博磁村2号窑	2.65	0.65～1.9	残0.8	〔39〕
7	宋都江堰金凤Y4号窑	—	0.5	残2.3	〔11〕
8	宋都江堰金凤Y11号窑	—	0.7	残2	
9	西夏灵武4号窑	—	0.50	—	〔14〕
10	北宋西太平村Y3号窑	—	0.74	高1.72	〔16〕
11	辽金龙泉务2号窑	0.44～0.50	—	—	〔29〕
12	宋观台窑2号窑	—	0.48	残1.65	〔61〕
13	宋观台窑3号窑	—	0.45～0.7	2.2	〔64〕
14	宋观台窑4号窑	—	0.38	残1.48	〔43〕
15	宋观台窑6号窑	—	0.39	残0.61	〔59〕
16	宋耀州窑1号窑	—	0.85	—	〔63〕
17	宋耀州窑2号窑	—	0.6	—	〔63〕
18	宋耀州窑3号窑	—	0.9	残0.85	〔54〕
19	宋耀州窑4号窑	—	0.5	残1.25	
20	宋耀州窑5号窑	—	0.68	残0.75	〔42〕
21	宋耀州窑7号窑	—	0.9	残0.1	〔53〕
22	宋耀州窑19号窑	—	1	0.15	
23	宋耀州窑20号窑	—	1	—	〔42〕
24	宋耀州窑21号窑	—	0.85	残高0.6～0.82	
25	宋耀州窑25号窑	—	0.56	—	〔56〕
26	宋耀州窑44号窑	—	0.8	残高0.25	〔82〕
27	宋耀州窑45号窑	—	0.9	—	
28	宋耀州窑47号窑	—	下部残宽1.2	—	〔48〕
29	宋钧台1号窑	—	0.53	残高0.72	〔2〕
30	宋钧台7号窑	—	1	高1.12	

续表

编号	名 称	长（米）	宽（米）	高（米）	参考文献
31	宋彭县磁峰 Y2 号窑	—	0.62～0.72	高 1.12	〔8〕
32	宋成都瓦岗坝 Y5 号窑	—	0.56	残高 1.1	〔83〕
33	宋成都瓦岗坝 Y6 号窑	—	0.64	残高 0.34	
34	宋成都瓷窑铺 Y3 号窑	—	0.6	—	
35	金枣庄中陈郝 NY1 号窑	—	0.6	残高 1.5	〔23〕
36	金淄博磁村华严寺 Y2 号窑	—	0.6	—	〔31〕

宋代马蹄窑的窑门一般用砖、天然石块、废匣钵、砖与废窑柱为修建材料；有时用小砖、窑柱和天然石块混砌。

宋代用砖砌筑窑门的窑场有：都江堰金凤窑第 4 号窑、北宋宁阳西太平村窑第 3 号窑、宋代耀州窑、西夏灵武窑第 4 号窑等。宋代都江堰金凤窑第 4 号、11 号马蹄窑窑门两侧用平砖砌成〔52〕。北宋宁阳西太平村窑第 3 号窑门也用砖砌筑而成，高 1.72 米、宽 0.74 米，东西两壁各错缝平砌 18 层砖，壁宽 0.48 米，顶部存 4 层横砖，厚约 0.35 米，砖长 28 厘米、宽 13 厘米、厚 8 厘米，窑门内壁涂耐火土〔16〕。西夏灵武窑第 4 号窑的窑门宽 0.5 米，两侧有砖壁保存，错缝平砌，北壁残存 4 层，南壁 3 层〔28〕。宋代耀州窑第 5、7、19、25、36、44、45 号窑等均用耐火砖砌成〔53〕。

宋代用天然石块砌筑窑门的窑场主要见于：宋代重庆涂山锯木湾窑、北宋晚期淄博磁村窑 2 号窑、宋代耀州窑第 4 号窑等。宋代重庆涂山锯木湾窑窑门门道宽 2.6 米、长 1.24 米。门道壁用砂岩质的大石块砌成〔34〕。北宋晚期淄博磁村窑 Y2 号窑窑门宽 0.65 米～1.9 米，用小砖、窑棒、自然石块砌成〔5〕。宋代耀州窑第 4 号窑门向南，宽 0.5 米、东壁和西壁均残高 1.25 米，两壁都用石条砌成〔54〕。

宋代用废匣钵砌筑窑门的窑场主要见于宋代耀州窑第 3 号。该窑门宽 0.29 米，两壁用废匣钵砌成〔82〕。宋代用废匣钵、砖与废窑柱混砌窑门，主要见于北宋晚期磁州观台马蹄窑 3 号窑，该窑的窑门两侧壁用平砖顺砌。顶部用两根粗大的废窑柱搭成“人字拱”起券。高 2.22 米、宽 0.45 米～0.7 米。4 号窑窑门两侧用耐火条砖和废窑柱顺砌〔20〕。

宋代用小砖、窑柱、天然石块混砌窑门，主要见于北宋晚期磁州观台马蹄窑 4 号窑和北宋晚期淄博磁村北 Y2 号窑。北宋晚期磁州观台马蹄窑 4 号窑窑门上部残，宽 0.79 米，残高 1.48 米，两侧用耐火砖和废窑柱顺砌〔3〕。北宋磁村北 Y2 号窑的窑门用小砖、窑柱、天然石块砌成〔31〕。

七、排烟装置

宋代马蹄窑排烟装置主要由隔烟墙、排烟孔、烟囱或排烟室组成。隔烟墙的宽度一般与窑室相同，多用砖砌成。排烟孔一般安设于窑尾隔烟墙的下端，其数量一般在 6 ~ 24 个之间，或作一排布列或作两排布列或作三排布列。

（一）隔烟墙

隔烟墙位于窑尾，其前端面向窑室，后端与烟囱或排烟室相连，成为烟囱或排烟室的一个组成部分。隔烟墙通过处于墙下端的若干排烟孔，把窑室内的烟火废气导入烟囱或排烟室，最后烟气从烟囱或排烟室排出窑外。

隔烟墙的宽度一般与窑室相同，多用砖砌成，例如，宋代重庆巴县清溪梓桐窑的窑室后壁隔烟墙残高 1.24 米 ~ 2 米，该窑隔烟墙除第二、三层砖系用长 24 厘米、宽 20 厘米、厚 6 厘米的砖外，其他均用长 22 厘米、宽 19 厘米、厚 10 厘米的长方形砖砌建[13]。

（二）排烟孔

排烟孔一般安设于窑尾隔烟墙的下端，排烟孔穿过隔烟墙，一端与窑室相通，另一端与烟囱或排烟室相连。排烟孔砌法大致分为两类，排烟孔的数量一般在 6 ~ 24 个之间，排烟孔的大小不尽相同，或作一排布列或作两排布列或作三排布列。

排烟孔砌法大致有两类，第一种砌法是：如辽中期北京龙泉务窑第 13 号窑那样，先用耐火砖在窑尾端隔烟墙的下部平铺错缝砌两层基砖，基砖正中砌砖，两侧各留出 0.2 米的空隙为排烟孔[46]；又如宋代耀州窑第 61 号窑靠近窑室一侧烟囱壁下置三块方形耐火砖，距离相等，构成四个排烟孔，每个孔宽 0.2 米、深 0.2 米、间距 0.2 米、残高 0.06 米。右侧烟囱和左侧烟囱相距 1 米、宽 1.5 米、长 1.1 米、残高 0.06 米。靠近窑床的另一侧烟囱壁下等距置有三块方形耐火砖，形成四个排烟孔，每个孔宽约 0.23 米、深 0.2 米、残高 0.06 米、间距 2 米[55]。

宋代排烟孔的第二种砌法，如辽中期北京龙泉务窑二期第 10 号窑，用长 0.26 米、宽 0.18 米、厚 0.06 米的长方砖砌两层，然后在两个烟囱之间各砌两个砖垛，残高 0.14 米 ~ 0.18 米，其空挡处即排烟孔。南侧排烟孔分别宽 0.12 米、0.14 米；北侧排烟孔均宽 0.15 米。为了使砖垛坚固，在每个砖垛后再贴砌一层立砖[46]。

宋代排烟孔的第三种砌法，如宋代耀州窑第 36 号窑，烟囱前边用方形耐火砖砌成六个方形柱，柱宽 0.16 米、残高 0.12 米 ~ 0.24 米，中间形成七个排烟孔，由东往西，第一个长 0.16 米、宽 0.18 米、残高 0.12 米；第二个长 0.16 米、宽 0.18 米、残高 0.12 米；第三个长 0.18 米、宽 0.18 米、残高 0.12 米；第四个长 0.18 米、宽 0.18 米、残高 0.24 米；第五个长 0.18 米、宽 0.18 米、残高 0.24 米；第六个长 0.16 米、宽 0.18 米、残高 0.24 米；第七个长 0.18 米、宽 0.18 米、残高 0.24 米[56]。

宋代马蹄窑隔烟墙下部所安设的排烟孔的数量一般在 5 ~ 24 个之间。宋代重庆涂山锯木湾窑窑床后壁隔烟墙左半截有三个排烟孔，推测右半截也有三个排烟孔，并且每三个排烟孔为一组，与其后的烟囱相通[7]。金代禹州刘家门钧窑第 4 号窑可见排烟孔 9 个，分布均匀，孔宽 0.08 米 ~ 0.11 米、长 0.15 米 ~ 0.17 米[19]。

北宋晚期磁州观台第三号马蹄窑隔烟墙底部的排烟孔下边一排共 10 个，上边一排较小，残存 4 个。北宋晚期磁州观台马蹄窑第 6 号窑有 12 个排烟孔，其中下排较大，共 6 个，上排较小，共 6 个。北宋晚期磁州观台马蹄窑第 2 号窑隔烟墙下部有 13 个排烟孔，其中下排较大，共 8 个，上排较小，共 5 个[59]。宋代河南临汝县严和店窑在隔墙下也设 13 个排烟孔，两侧的较大[15]。宋代重庆巴县清溪梓桐窑的窑室后壁隔烟墙有大小不等的长 0. 14 米 ~0. 18 米、宽 0. 1 米、深 0. 12 米的排烟孔 24 个[30]。宋代都江堰金凤窑第 4 号马蹄窑窑尾隔烟墙上有 3 排烟孔，共 24 个排烟孔，其中下面一排较大，共 8 个，大小基本相同；上面两排较小，残存 16 个排烟孔[11]。

宋代马蹄窑隔烟墙下部排烟孔的大小也不相同。北宋晚期磁州观台马蹄窑第 2 号窑，上排的排烟孔，孔宽 0. 08 米 ~0. 13 米、高 0. 06 米 ~0. 09 米，下排的排烟孔，孔宽 0. 1 米 ~0. 17 米、高 0. 16 米 ~0. 22 米。北宋晚期磁州观台马蹄窑第 3 号窑上排的排烟孔，孔宽 0. 09 米 ~0. 12 米、高 0. 04 米 ~0. 06 米，下排的排烟孔宽 0. 09 米 ~0. 12 米、高 0. 04 米 ~0. 06 米。宋晚期磁州观台马蹄窑第 4 号窑，孔宽 0. 1 米 ~0. 4 米、高 0. 15 米 ~0. 24 米。北宋晚期磁州观台马蹄窑第 6 号窑的后壁有两排排烟孔，下排较大，宽 0. 12 米 ~0. 18 米、高 0. 14 米 ~0. 18 米；上排较小，大体是边长 0. 07 米 ~0. 11 米的正方形[59]。宋代重庆巴县清溪梓桐窑的窑室后壁隔烟墙有排烟孔 24 个，其大小不等，一般为长 0. 14 米 ~0. 18 米、宽 0. 1 米、深 0. 12 米[30]。宋代重庆涂山锯木湾窑窑床后壁隔烟墙的烟孔，高约 40 厘米、宽 8 厘米 ~14 厘米[34]。宋代都江堰金凤窑第 4 号马蹄窑窑尾隔烟墙，下面一排烟火孔较大，宽 0. 1 米 ~0. 16 米、高 0. 36 米，上面两排较小，有两种形制，一种为方形，为 0. 08 米 ~0. 1 米见方；另一种为长方形，宽 0. 14 米 ~0. 16 米、高 0. 08 米[11]。宋代耀州窑第 5 号窑靠近窑床一侧西侧烟囱壁的墙脚上有三个排烟孔，第一个孔宽 0. 18 米、高 0. 32 米、深 0. 18 米；第二个孔距第一个孔 0. 14 米、宽 0. 12 米、高 0. 32 米、深 0. 18 米；第三个孔距第二个孔 0. 16 米、宽 0. 17 米、高 0. 32 米、深 0. 18 米。靠近窑床一侧东侧烟囱壁的下部也有三个排烟孔，自左往右：第一个孔宽 0. 17 米、高 0. 28 米、深 0. 18 米；第二个孔距第一个孔 0. 15 米、宽 0. 15 米、高 0. 28 米、深 0. 18 米[60]。

宋代马蹄窑隔烟墙下部排烟孔的排列大致有三种形式：一是作一排布列；二是作两排布列；三是作三排布列。

隔烟墙下部排烟孔作一排布列的窑场，主要见于宋晚期磁州观台第 4 号窑。该窑后壁隔烟墙下部只有一排排烟孔，共 6 个，还残存 3 个，宽 0. 1 米 ~0. 4 米、高 0. 15 米 ~0. 24 米[3]。隔烟墙下部排烟孔作两排布列的窑场，主要见于北宋晚期磁州观台马蹄窑第 2、3、6 号窑等。隔烟墙下部排烟孔作两排布列，一般下边一排较大，上边一排较小。例如，北宋晚期磁州观台马蹄窑第 3 号窑隔烟墙下排的排烟孔较大，宽 0. 12 米 ~0. 18 米、高 0. 14 米 ~0. 18 米，上排的排烟孔较小大体是边长 0. 07 米 ~0. 11 米的正方形[61]。

隔烟墙下部排烟孔作三排布列的窑场，主要见于宋代都江堰金凤窑。宋代都江堰金凤窑第 4 号窑，窑尾隔烟墙上有三排烟火孔，下面一排较大，共 8 个，大小基本相同，宽 0. 1 米 ~0. 16 米、高 0. 36 米；上面两排较小，残存 16 个烟火孔。有两种形制，一种为方形，为 0. 08 米 ~0. 1 米见方，另一种为长方形，宽 0. 14 米 ~0. 16 米、高 0. 08 米。宋代都江堰金凤窑第 11 号窑的窑尾隔烟墙上也有三排烟火孔，下面一排较大，共 6 个，大小基本相同，宽 0. 2 米、高 0. 36 米；上面两排比较小，残存的8个烟火孔大小基本相同，宽0.1米、高0.08米[11]。

（三）烟囱

隔烟墙后面的烟囱以两个烟囱为多见，烟囱底大致有半月形、圆角方形、方形、长方形、圆形等五种，宋代马蹄窑烟囱底部的大小因窑而异。修建马蹄窑烟囱的材质大致有：砖、废匣钵、耐火砖和废匣钵混用、坩子土与残砖混砌等四类用料。

宋代马蹄窑的烟囱大致有三种构建方式：一是在窑尾建一个烟囱；二是在窑尾建三个烟囱；三是在窑尾建两个烟囱；四是在窑尾建四个或五个烟囱。

在窑尾建一个烟囱，主要见于宋代耀州窑第36号窑、宋代河南临汝严和店窑和金代禹州刘家门钧窑第4号窑等。金代禹州刘家门钧窑第4号窑尾的单室烟囱较大，长1.1米、残宽2.9米[19]。宋代耀州窑第36号窑位于窑床后面的单室烟囱的下部，面积也比较大，长0.5米~0.65米，前宽2.14米、后宽2.18米，宽与窑床宽度相等，共有7个排烟孔，分布均匀。烧窑时将窑门封闭，空气由门下和火膛两侧的通风道进入落灰坑内，通过炉栅之间的空隙进入火膛内助煤燃烧。火焰上升至窑顶后又下折至后下方，烟气通过7个排烟孔进入烟囱内，从烟囱内把烟气排出窑外[56]。宋代河南临汝严和店窑在窑室后部建一个半圆形的大烟囱，窑尾一道隔烟墙与窑床相隔，在隔烟墙下设13个吸烟孔。半圆形烟囱保护住窑床后部，减缓了通过窑壁散热的速度[15]。有学者认为，这种烟囱有利于控制火焰的流通，特别"对于后期还原有利，烧成温度约1270℃"[62]。

在窑尾建三个烟囱，主要见北宋宁阳西太平村窑第3号窑，该窑三个烟囱建于北壁。烟囱门砖筑，保存较好，中间的烟囱大，两边的烟囱小皆近似长方形。中烟囱口大底小，上口南北长0.97米、东西宽0.68米、残高0.93米。烟道由两个6层砖柱分隔为3个出烟孔。东烟囱南北长1米、东西宽0.74米、残高0.92米。烟道由一个5层砖柱分隔成2个出烟孔。西烟囱南北长0.9米、东西宽0.7米。烟道由一个6层砖柱分隔成2个出烟孔。在窑的后壁设置三个烟囱，优点是有利于通风，可尽快排除炉内的烟雾，但抽力太大，火流在窑室内流通太快，当时陶工可能认识到了这一问题，于是堵塞了一个[16]。

宋代马蹄窑以两个烟囱最为多见，隔烟墙后面的双烟囱，往往分别坐落在窑尾的两侧。两个烟囱之间以隔墙连接。例如，宋代耀州窑第1号窑窑尾的两侧烟囱，中间以墙相隔。隔墙宽0.45米~0.5米，残高0.85米[63]；宋代重庆涂山锯木湾窑窑尾两侧的两个烟囱间有堵隔墙，长1米、厚0.4米、残高0.38米[34]。有些窑场的双烟囱，每个烟囱又从中间一分为二，例如，宋代都江堰金凤窑4号马蹄窑两个烟囱呈半月形，每个烟囱又从中间一分为二[11]。另外，金代还有一种特殊的烟囱，例如，陕西旬邑安仁7号窑的窑后部下为两个半圆形的烟囱，往上合成一个圆形大烟囱，呈倒放漏斗形[83]。

宋代钧窑马蹄窑所置烟囱较为特殊，例如宋代钧窑1号窑，设有四个烟囱，其中东烟囱底宽0.16米、底长0.07米，口宽0.16米、口长0.32米。中烟囱底宽0.17米、底长0.13米，口宽0.17米、口长0.4米，残高1.32米。西烟囱底宽0.08米、底长0.15米，口宽0.14米、口长0.38米，残高1.4米。宋代钧窑7号窑，建有五个烟囱，其中位于中间的烟囱直通窑顶，两侧的四个烟囱围绕中烟囱，分别向内弯曲成对称的弧线形，通向中间的竖直烟囱的口部。其底部各留有长方形的烟孔。烟孔高 0.22 米～0.34 米，纵深 0.13 米～0.2 米、横宽 0.18 米～0.34 米。[62]

宋代马蹄窑烟囱底部大致有半月形、圆角方形、方形、长方形、圆形等五种。烟囱底部呈半月形（又称半圆形）的窑场有：宋代都江堰金凤窑第 4 号窑[11]、西夏灵武窑第 1 号窑[14]、北宋晚期磁州观台马蹄窑 3 号窑[64]、金代禹州刘家门钧窑第 4 号窑（刘家门）[19]等。烟囱底部呈圆角方形的窑场有宋代都江堰金凤窑第 11 号窑[11]。烟囱底部为半圆形的窑场有西夏灵武窑 1 号窑[14]。烟囱底部呈方形的窑场有：宋代耀州窑第 5、19、36 号窑[65]、辽中期北京龙泉务窑 13 号窑[46]。烟囱底部呈平面呈长方形的窑场有宋代耀州窑第 56 号窑[55]。烟囱底部呈平面呈圆形的窑场有金代枣庄中陈郝窑 1 号窑[23]、北宋密县西关窑等[66]。宋代马蹄窑烟囱底部还有一种比较特殊的形制：即宋代耀州窑第 47 号窑烟囱从底部看被分割成三个部分，中间呈弧形，东西两侧呈长方形。西侧部分宽 0.6 米、长 0.85 米、残高 0.5 米～1.1 米[67]。

宋代马蹄窑烟囱底部的大小因窑而异，烟囱底部宽度在 2 米以上的窑场，有金代禹州刘家门钧窑第 4 号窑（刘家门）[19]和宋代耀州窑第 36 号窑[56]等。宋代马蹄窑烟囱底部长宽在 1 米以上的窑场有：宋代都江堰金凤窑第 11 号、辽中期北京龙泉务窑第 13 号、辽晚期北京龙泉务窑第 10 号、北宋密县西关窑、金代枣庄中陈郝窑 1 号窑、宋代耀州窑第 61 号窑等。宋代都江堰金凤窑第 11 号北烟囱底部东西长 1.2 米、南北宽 1.14 米、残高 1.6 米[11]；西夏灵武窑 1 号窑东烟囱保存较好，宽 1 米、长 1.22 米、残高 0.98 米[14]；辽中期北京龙泉务窑第 13 号窑北侧烟囱东西长 1.15 米、南北宽 1.25 米、残高 0.16 米[46]；北宋密县西关窑尾两个圆形烟囱，底径约 1.5 米，残高 1.2 米[66]；金代枣庄中陈郝窑第 1 号窑烟囱两个直径约 1.4 米、壁厚 0.2 米[23]；宋代耀州窑第 61 号窑烟囱底部残宽 1.1 米～1.3 米、残长 1.1 米[55]。

宋代马蹄窑烟囱底部长、宽在 1 米以下的窑场有：宋代耀州窑第 5 号、辽晚期北京龙泉务窑第 9 号窑等。宋代耀州窑第 5 号窑西侧烟囱底部宽 0.7 米、残高 0.6 米；东侧烟囱宽 0.65 米～0.7 米、残高 0.68 米[60]；辽晚期北京龙泉务窑第 9 号窑的北侧烟囱东西长 0.8 米、南北宽 0.6 米、残高 0.3 米，南侧烟囱形制与北侧相同。底部长、宽也都在 1 米以下[44]。

宋代马蹄窑烟囱底部长度在 1 米以下、宽度在 1 米以上的窑场主要有宋代都江堰金凤窑 4 号和宋代耀州窑第 3 号窑。宋代都江堰金凤窑 4 号窑东烟囱经过两次修建，第一次修建的南北长 0.8 米、东西宽 2 米；第二次修建的南北长 0.6 米、东西宽 1.6 米、残高 1.44 米[11]。宋代耀州窑第 3 号窑西侧烟囱宽 0.9 米、长 1 米；东侧烟囱宽 0.95 米、长 1.05 米，残高 0.06 米[68]。

宋代修建马蹄窑烟囱大致有砖、废匣钵、耐火砖和废匣钵混用、坩子土与残砖混砌等四类用料。

宋代用砖砌建烟囱的窑场有宋代耀州窑第 1、4、5 号窑[69]；宋代都江堰金凤窑第 11 号窑[11]、金代枣庄中陈郝窑 1 号窑[23]、西夏灵武窑第 1 号窑[14]等。其中，宋代都江堰金凤窑第11号窑烟囱两侧壁用砖砌成，后壁用黄泥抹成[11]。金代枣庄中陈郝Y1号窑的烟囱用砖砌成，直径约1.4米，壁厚0.2米[23]。西夏灵武窑第1号窑的东烟囱保存较好，宽1米、长1.2米、高0.98米，由碎砖错缝平铺砌成[14]。用废匣钵残片垒砌烟囱的窑场有宋代耀州窑第1号窑[63]、辽中期北京龙泉务窑第13号窑[46]等。用坩子土及残砖叠砌烟囱的窑场有辽晚期北京龙泉务窑第9号窑[44]等。有些窑场用废匣钵残片和耐火砖混砌烟囱。其中，宋代耀州窑第1号窑烟囱大部分用废匣钵残片垒砌，靠前部分用耐火砖砌成，东侧烟囱和西侧烟囱相距0.5米，也用耐火砖和废匣钵残片砌成，所用耐火砖宽0.15米、长0.18米、厚0.06米[63]。北宋晚期磁州观台马蹄窑3号窑烟囱用砖、废窑柱和匣钵残片砌建。一般基部用整齐的条砖顺砌，往上开始用各种废料砌建[64]。北宋晚期淄博磁村窑第2号窑烟囱用废匣钵和碎砖砌成，内壁挂一层耐火泥[39]。

八、护墙

护墙是建在马蹄窑外面的一种附加装置，既能加固窑炉，又可起到保温作用。宋代马蹄窑的护墙设施以北京龙泉务窑和磁州观台窑最具特色。

辽代北京龙泉务窑的护墙，是先建护窑基，后在护窑基以内培土至窑顶。例如，辽代中期北京龙泉务窑第13号窑沿火膛南北侧及窑床两侧，用青石和匣钵混用叠砌弧形护窑基。烧窑时为保持窑内温度，在护窑基以内培土至窑室顶部。北侧护窑基全长6.9米、宽0.32米、残高0.17米，前半部用大小不等的石块叠砌，后半部用较完整的匣钵倒扣或匣钵片立砌。南护窑基全长5.1米、宽0.19米、残高0.13米，均为大小不等的青石块叠砌[46]。又如，辽代晚期北京龙泉务窑第9号窑，顺火膛南北两端及窑床两侧用长0.5米~0.8米、宽0.3米~0.4米、厚0.2米~0.3米不等的大石块夹杂着匣钵叠砌护窑基。北护窑基全长5.25米、宽0.4米、残高0.35米。南护窑基全长5米、宽0.3米、残高0.2米。窑室与护窑基之间相距0.3~0.6米，内填坩子土或杂土，待烧窑时可堆积至窑室顶部[38]。宋代观台窑的护墙则是砌在窑壁之外，然后在护墙与窑壁之间填土。例如，宋代观台窑第8号马蹄窑的护墙，下部用大块卵石，上部用碎砖砌建，厚0.25米~0.65米。护墙与窑壁之间填土。又如，宋代观台窑第3号马蹄窑护墙在窑壁外，外边用大块卵石和废窑具砌建，厚0.18米~0.42米，里边填土，高度仅及窑壁的发券处[70]。

九、烧成温度及其气氛的调节

宋代马蹄窑烧成温度及其气氛的调节，多通过烟火孔的堵塞或开启来实施。北宋晚期磁州观台马蹄窑第2号窑的后壁排烟孔部分孔内塞有砖头或匣钵残片，用以控制排烟量；北宋晚期磁州观台马蹄窑第3号窑的后壁排烟孔中塞有碎砖和残匣钵，也是用来控制排烟量的[71]。宋代耀州窑第5号窑的两个烟囱位于窑室后部东西两侧。位于西侧靠近窑床一侧的烟囱壁下有三个排烟孔，发掘时发现第一个排烟孔被用砖堵住；第二个排烟孔用砖堵住一半，唯第三个孔完全畅通。位于东侧靠近窑床一侧的烟囱壁下的三个排烟孔，其中第二个排烟孔堵住一半，第三个排烟孔完全被堵塞，和西侧烟囱下的排烟孔相对称，似为当时窑工有意所为。在两个烟囱后面的烟囱壁上个有一个长方形孔，西侧烟囱窗孔宽 0.24 米、高 0.45 米、深 0.18 米；东侧烟囱窗孔宽 0.28 米、高 0.44 米、深 0.18 米。这种烟囱下部的窗孔的作用有二：一是利用它进行清理烟囱内的落灰；二是通过它调节排烟孔烟的放烟量，控制室内的烧成气氛[60]。

由于马蹄窑的竖烟道不高，烧成时所产生的抽力不够大，在升温和降温时都不能提供充分的空气量，故升温速度比较慢，烧成时间较长，降温速度也比较慢，易于产生二次氧化，故北方瓷器的色调一般都是白中带黄。

十、燃料

宋代部分马蹄窑的燃料为木材，部分马蹄窑的燃料为煤。宋代临汝严和店 3 号窑[15]、宋代耀州窑第三种类型窑（即落灰坑面积大，通风道宽大且深的马蹄窑）[72]、辽中期北京龙泉务窑第 10 号窑、辽晚期北京龙泉务窑 9 号窑、金代北京龙泉务窑 6 号窑[73]、宋代宁阳西太平窑 3 号窑[16]等的火膛底部或落灰坑内存有木炭灰，表明这些马蹄窑以木材为燃料。

宋代重庆涂山 1 号马蹄窑[34]，宋代耀州窑第 1、25、26、47、63 号窑[74]，北宋晚期磁县观台窑第 3 号窑[20]，宋都江堰窑金凤窑第 11 号窑[11]，北宋至金代鹤壁集龙家村窑[10]，北宋晚期淄博磁村窑第 2 号窑[5]，金代枣庄中陈郝窑第 1 号窑[23]，宋重庆涂山锯木湾窑[7]，北宋禹县钧台第 1 号窑[2]等，火膛底部或落灰坑内都存留煤渣，表明这些马蹄窑以煤为燃料。宋代观台磁州窑第 2 号窑的窑门东侧还发现了一堆未使用过的煤块，煤堆厚 0.32 米～0.35 米，南北长 1.37 米，东西宽 1.2 米，堆放量很大，考古发掘专家取出的就有数百千克[4]。

十一、火照和测温锥

宋代马蹄窑的火照与前朝一样，也是用器坯制成，但是火照的形制与前朝不同，唐、五代时所用火照多以杯形、盒形居多，也有作碗形的，宋代火照形制却富于变化。北宋钧窑火照用器物残片做成梯形，中间有一孔，标本残高 2.8 厘米，浅褐色、细腻，满施灰绿色钧釉；标本，残高 3 厘米，胎色灰白，细腻致密[2]。宝丰清凉寺汝窑火照一般利用碗坯改做成长方形或上平下尖的三角形，在上端挖一个圆孔，蘸半截釉，然后将下端无釉处插入盛满沙粒的匣钵内，匣钵置于窑炉的观火孔前[35]。北宋江西临江窑火照采用罐的口沿，其上用削刀旋挖圆形镂孔[12]。北宋彭县瓷峰窑火照的样式，以碗壁分切成几块长方形，三方断面无釉，中挖一圆孔[8]。

宋代有些马蹄窑使用测温锥来观察窑内烧成情况。宋代重庆涂山窑出土的测温锥为弯头锥形状：前端呈圆锥形，后端有一弯头。前端施褐釉，弯头不施釉，残长 5.9 厘米[34]。宋代巴县清溪梓桐窑出土测温锥，用瓷土制成，长短不一，尖端有黑釉，长 14.2 厘米。有两种式样，一为圆平纽，施褐釉，高 2 厘米；一为平顶、斜面，直壁施褐釉，高 3 厘米[30]。宋代观台磁州窑出土的测温锥呈棒状，用瓷土捏制。一端粗，用手捏扁，再穿一孔；另一端较细，施化妆土和釉[75]。

出土实物资料还表明，宋代使用火照或测温锥来观察窑内烧成状况的做法，比唐、五代更为普及。据《宋代耀州窑》一书作者根据发掘实物资料推断："此种火标（指火照）唐代还没有，五代虽有，但数量很少，在宋代耀州窑各窑场废弃物中均有不少发现，说明了它的普及程度。"宋代耀州窑关于火照的出现与流行状况，实际上是中国各大窑场的缩影。另外，宋宝丰清凉寺窑还出土了一种试烧插饼器，用耐火泥制成，有方形、圆形和椭圆形三种，上面插槽一般在 10 个左右[76]。

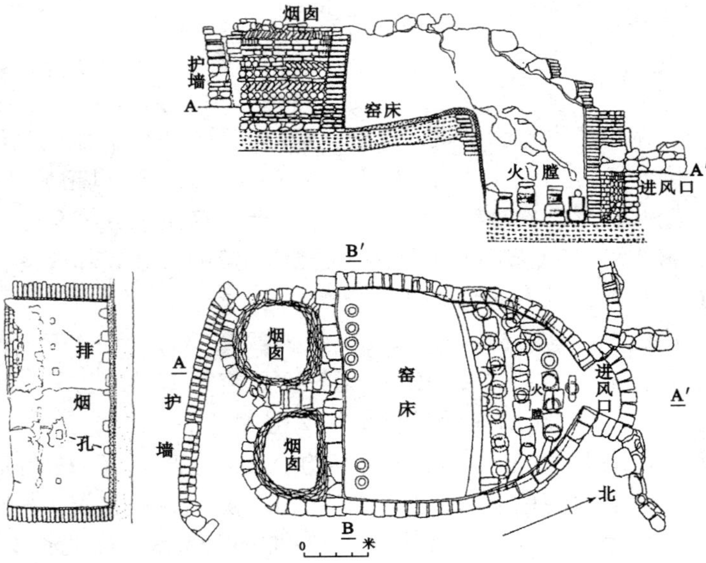

图 6-8-1　北宋磁州观台 2 号窑　采自文献〔20〕

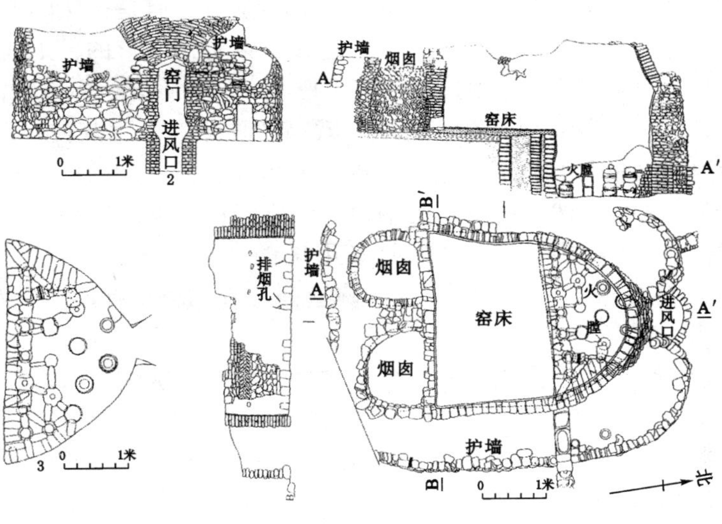

1. 平、剖面图　2. 正视图　3. 火膛俯视图

图 6-8-2　北宋磁州观台 3 号窑　采自文献〔64〕

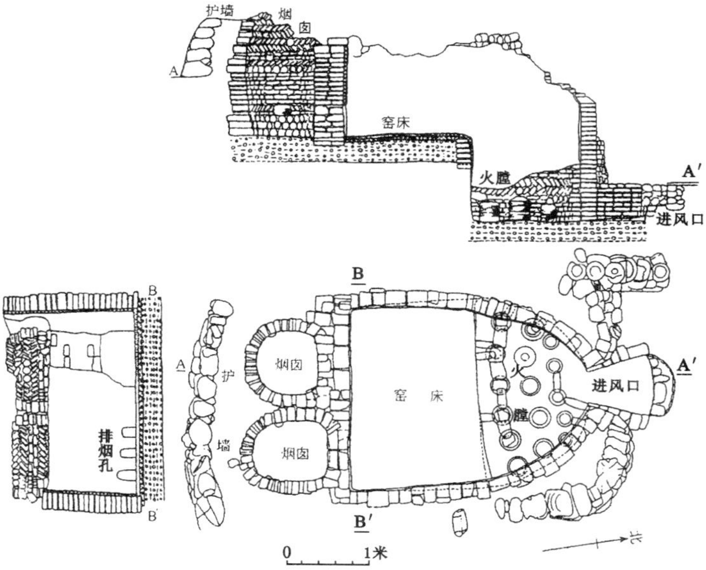

图6－8－3　北宋晚期磁州观台4号窑　采自文献〔77〕

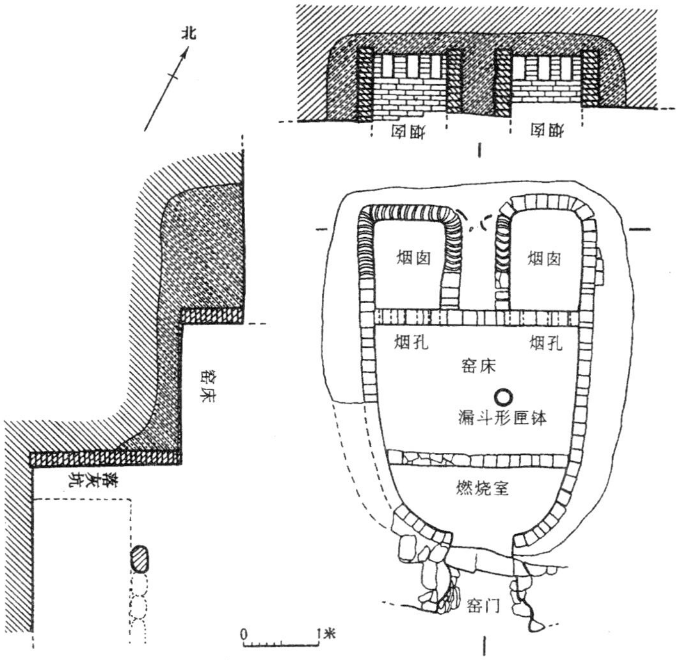

第1号窑84ⅠT1③Y1平、剖面图

图6－8－4　宋耀州1号窑　采自文献〔24〕

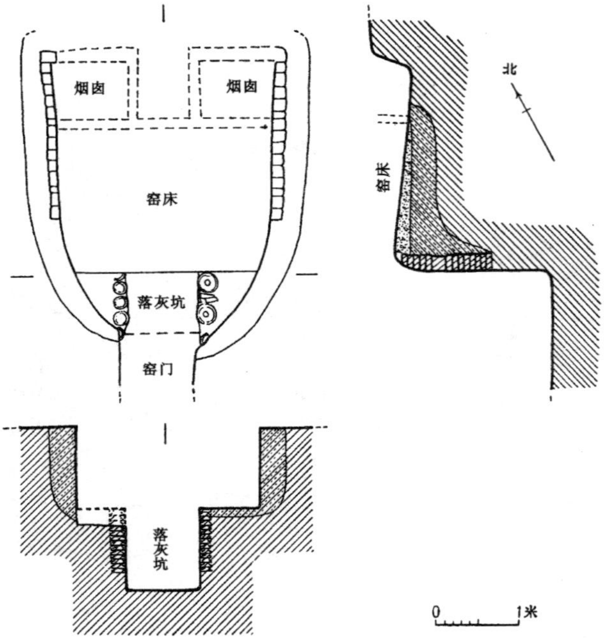

第3号窑85ⅡY3平、剖面图

图6-8-5　宋耀州3号窑　采自文献〔54〕

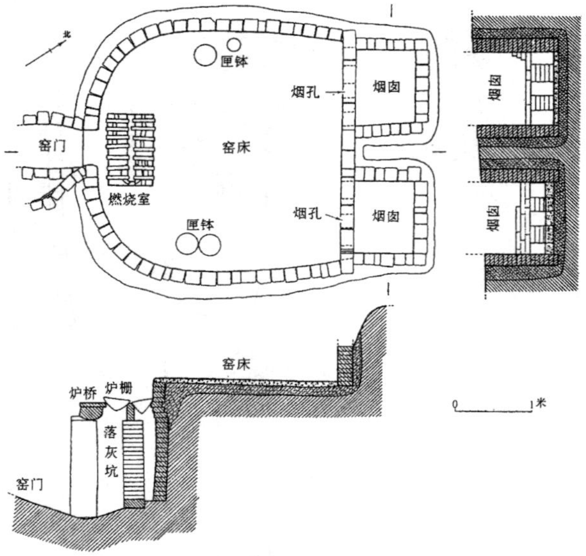

第4号窑85ⅡY4平、剖面图

图6-8-6　宋耀州4号窑　采自文献〔78〕

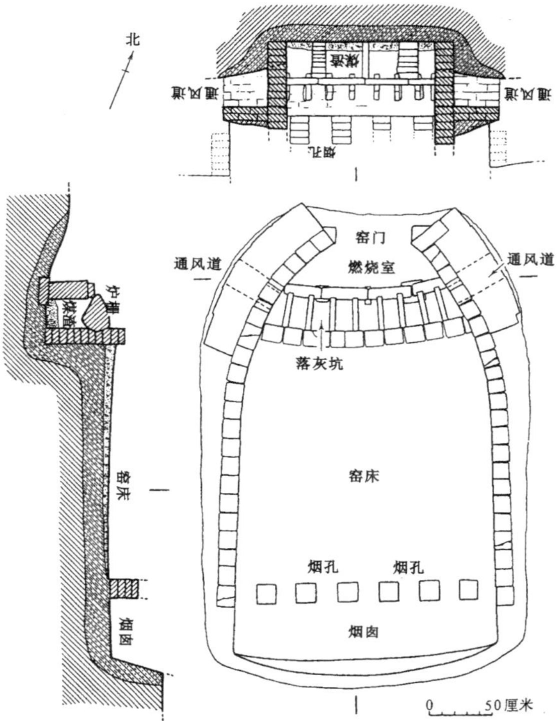

第 36 号窑 90ⅥT37④Y36 平、剖面图

图 6－8－7　宋耀州 36 号窑　采自文献〔79〕

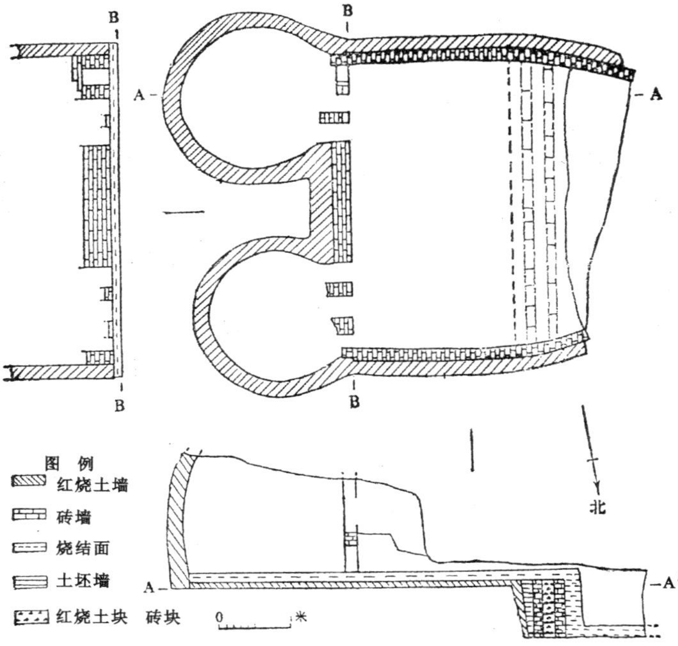

93MXT3Y2平、剖面图

图 6－8－8　宋密县西关 2 号窑　采自文献〔66〕

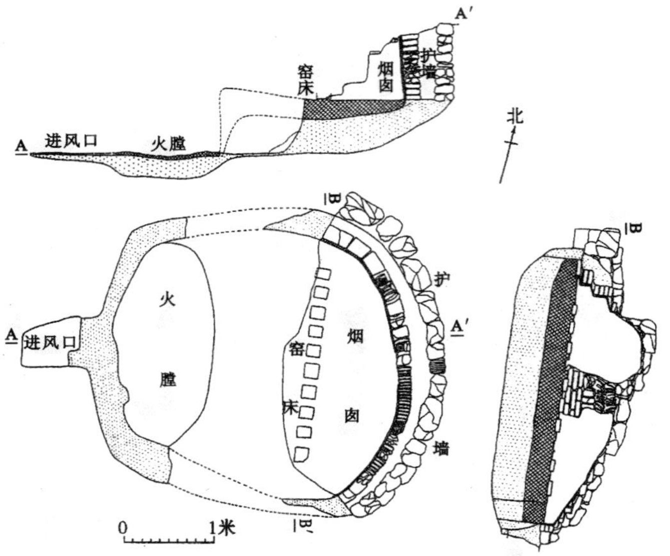

刘家门4号窑(01SLY4)平、剖面图

图6－8－9　金禹县刘家门4号钧窑　采自文献〔19〕

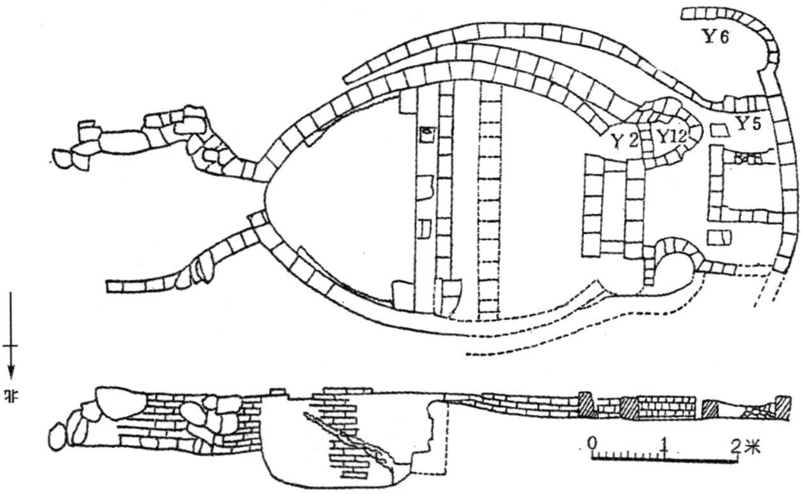

图6－8－10　北宋淄博北Y2号窑平、剖面图　采自文献〔5〕

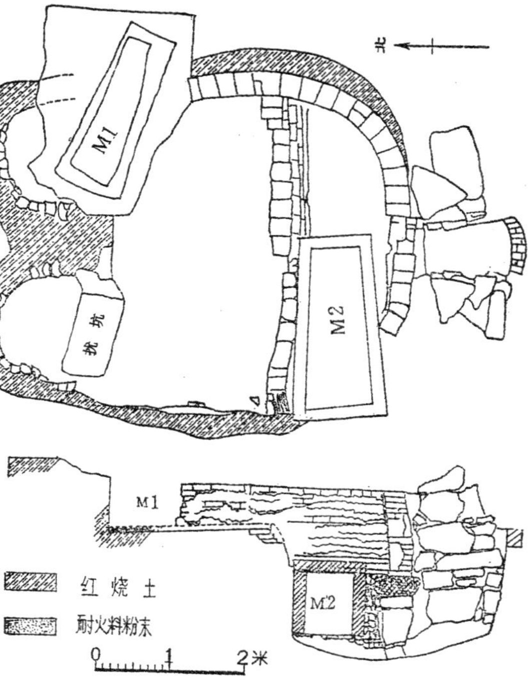

图6-8-11　金淄博华 Y2 号窑平、剖面图　采自文献〔5〕

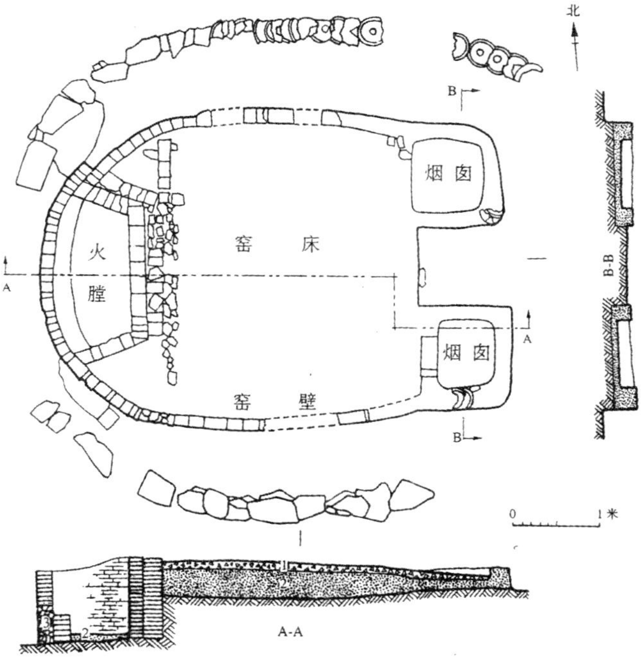

图6-8-12　辽中期北京龙泉务 Y13 号窑平、剖面图　采自文献〔81〕

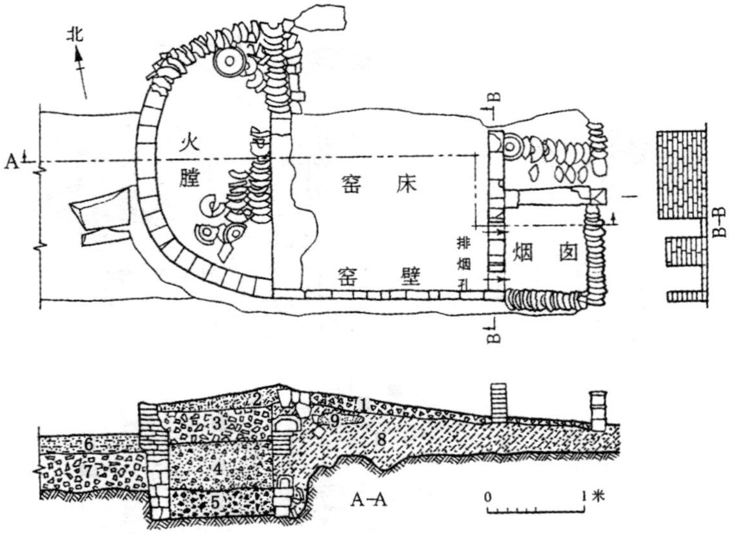

1. 耐火沙砾 2. 草木灰 3. 碎匣钵 4. 红沙质土 5. 煤炭渣 6. 硬土面

7. 碎匣钵 8. 杂土 9. 红烧土

图 6-8-13 辽晚期北京龙泉务 Y2 号窑平、剖面图 采自文献〔80〕

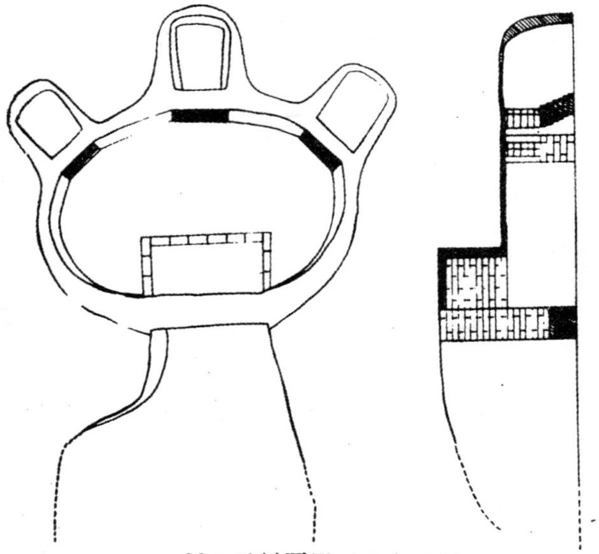

Y 3 平剖面图（1 / 120）

图 6-8-14 北宋宁阳西太平 Y3 号窑 采自文献〔16〕

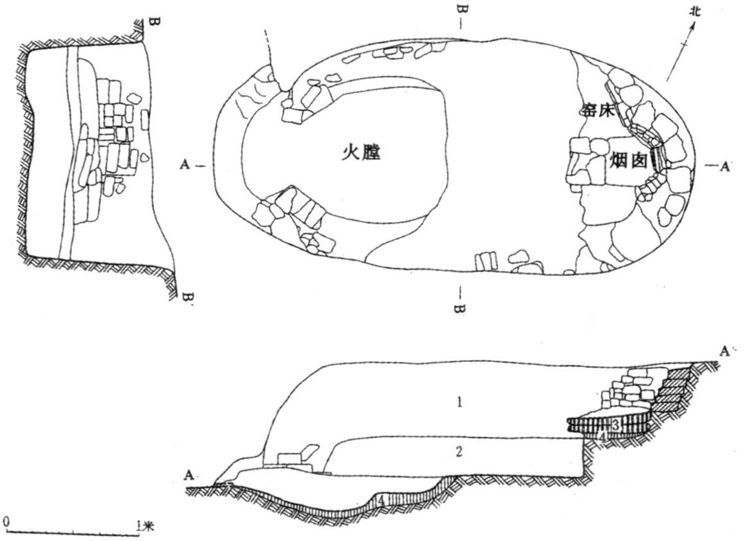

1.红沙土　2.黄沙土　3.烧结面　4.红烧土

图6－8－15　西夏灵武 Y4 号窑平、剖面图　采自文献〔14〕

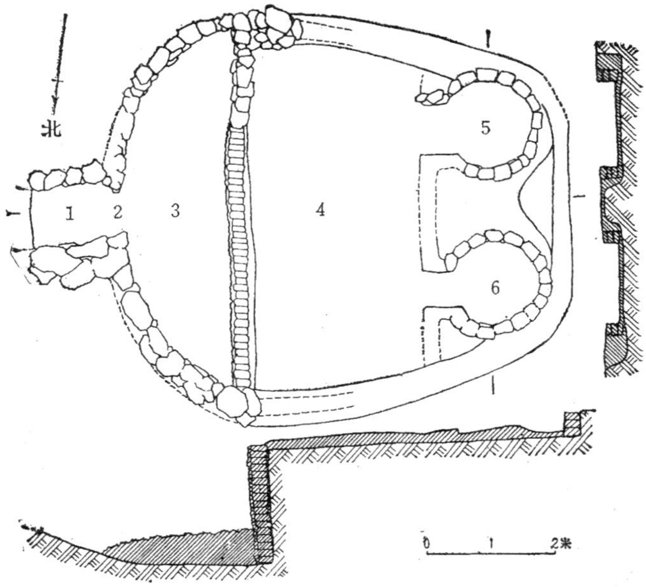

1.火道　2.窑门　3.火膛　4.窑床　5、6.烟囱

图6－8－16　金枣庄中陈郝 NY1 号窑平、剖面图　采自文献〔23〕

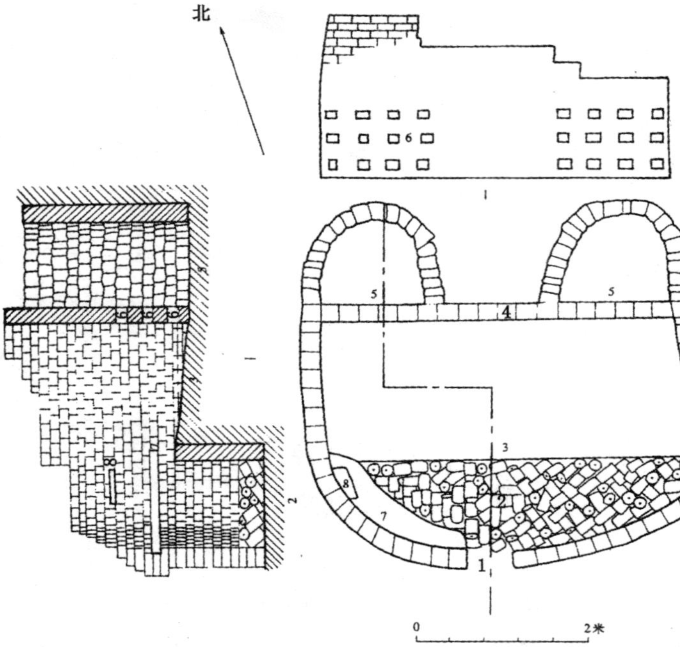

1.窑门 2.火膛 3.窑床 4.烟室隔墙 5.烟室 6.烟孔 7.月牙形平台 8.长方形平台

图6-8-17 宋代巴县清溪梓桐窑窑炉平、剖面图和烟室隔墙立面图 采自文献〔30〕

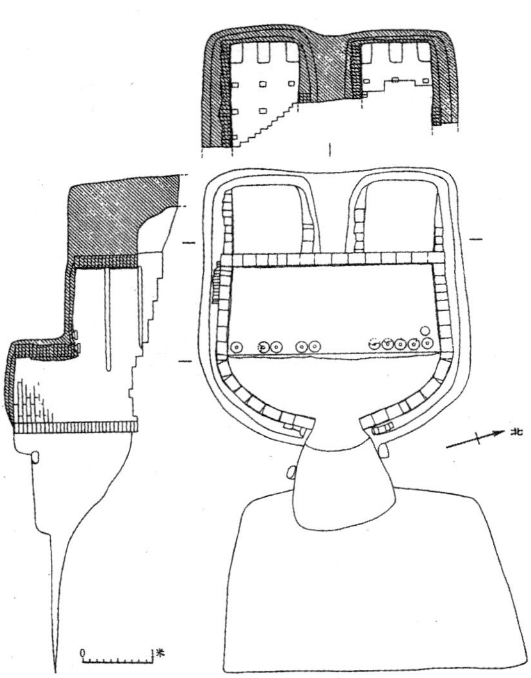

图6-8-18 宋都江堰Y11号窑平、剖面图 采自文献〔26〕

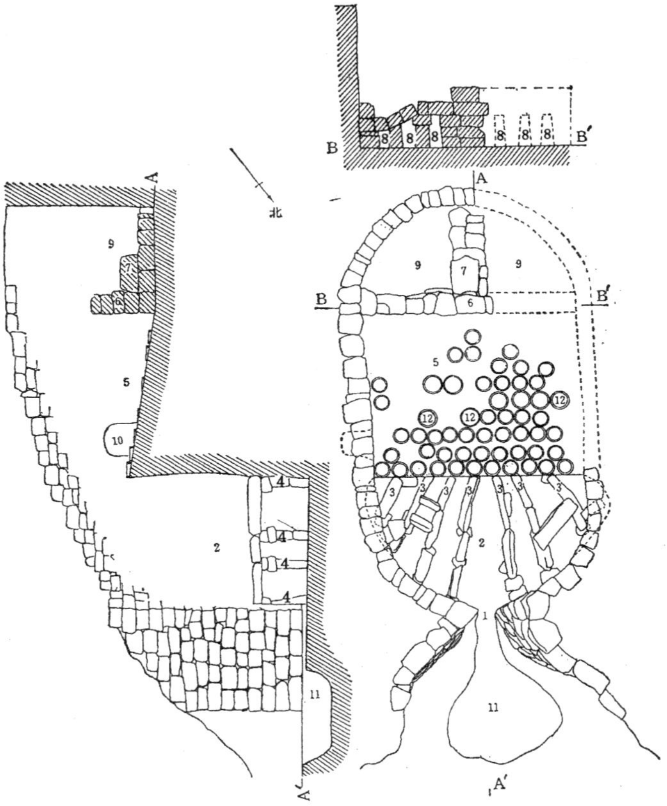

窑炉结构图（1/50）

1.窑门　2.火膛　3.砂石　4.石支柱　5.窑床　6.烟孔墙　7.烟孔隔墙
8.烟孔　9.烟窗　10.壁龛　11.灰道坑　12.匣钵

图6－8－19　宋涂山锯木湾窑　采自文献〔7〕

参考文献

第一节　两宋官窑和各主要窑系

〔1〕沙孟海：《南宋修内司官窑址问题的商榷》，《考古与文物》，1985 年第 6 期。

〔2〕杭州市文物考古所：《杭州老虎洞南宋官窑址》，《文物》，2002 年第 4 期。

〔3〕汪庆正：《老虎洞南宋修内司官窑遗址的重要发现与其相关诸问题》，《上海博物馆集刊》第 8 期，上海书画出版社，2000 年 12 月。

〔4〕《宋史·高宗本纪》第三十，“高宗”七；《续资治通鉴》卷一百二十六。

〔5〕汪济英：《记五代吴越国的另一官窑》，《文物》，1963 年第 1 期。

〔6〕《新唐书》卷三十八；中国硅酸盐学会：《中国陶瓷史》第 205 页，文物出版社，1987 年。

〔7〕赵文军等：《清凉寺汝窑遗址的新发现与再认识》，《中国古陶瓷研究》第七辑，紫禁城出版社，2001 年。

〔8〕孙新民：《清凉寺欲解汝官窑烧造之谜》，《中国文物报》，2001 年 10 月 22 日。

〔9〕陕西省文物考古研究所：《宋代耀州窑》，文物出版社，1998 年。

〔10〕中国社会科学院考古研究所洛阳唐城队：《洛阳宋代衙署廷园遗址发掘简报》，《考古》，1996 年第 6 期。

〔11〕李知宴：《学术总结》，《2005 年中国禹州钧窑学术研讨会论文集》，大象出版社，2007 年。

〔12〕北京大学中国考古学研究中心等：《河南省禹州市神垕镇刘家门钧窑遗址发掘简报》，《文物》，2003 年第 11 期。

〔13〕北京大学文博学院考古系等：《观台磁州窑》，文物出版社，1996 年。

〔14〕周仁等：《历代龙泉青瓷烧制工艺的科学总结》，《考古学报》，1973 年第 1 期。

〔15〕蔡襄：《茶录》，《格至丛书》版。

〔16〕宋徽宗：《大观茶论》，文渊阁《钦定四库丛书》。

〔17〕姚桂芳：《论天目窑》，《中国古陶瓷研究》第四辑，紫禁城出版社，1997 年。

〔18〕周世荣：《湖南陶瓷》，紫禁城出版社，1988 年。

〔19〕叶佩兰撰文：《五彩名瓷》，台北艺术图书公司，1996 年。

〔20〕王书敏等：《镇江出土的紫定和红绿彩瓷器》，《2002 年古陶瓷科学技术国际讨论会论文集》，上海科学技术文献出版社，2002 年。

〔21〕李仲谋：《上海博物馆藏绞胎陶瓷及相关诸问题》，《上海博物馆集刊》，上海书画出版社，2000 年 12 月。

〔22〕浙江省文物管理委员会：《龙泉大窑古瓷窑遗址发掘报告》，《龙泉青瓷研究》，文物出版社，1989 年；浙江省文物管理委员会：《龙泉金村古瓷窑址调查发掘报告》，《龙泉青瓷研究》，文物出版社，1989 年。

〔23〕王惠娟：《浙江上虞出土的黑釉瓷》，《南方文物》，1994 年第 4 期。

第二节　瓷器制胎和成型技术

〔1〕李国桢等：《中国名瓷工艺基础》，上海科学技术出版社，1988 年。

〔2〕陈尧成等：《宋元时代的青花瓷器》，《考古》，1980 年第 6 期。

〔3〕郭演仪等：《历代德化白瓷的研究》，《中国古陶瓷研究》，科学出版社，1987 年。

〔4〕敖镜秋等：《吉州窑址出土原料及其具有生釉的坯体》，《中国陶瓷》，1984 年第 4 期。

〔5〕方邺森等：《中国主要类形制瓷高岭土的特征》，《景德镇陶瓷学院学报》第 6 卷第 1 期。

〔6〕张典奎等：《广东省潮州笔架山宋代古瓷的研究》，《1989 年古陶瓷科学技术国际讨论会论文集》，上海科学技术文献出版社，1989 年。

〔7〕李国桢等：《灵武窑制瓷工艺总结和研究》，《中国陶瓷》，1991 年第 1 期。

〔8〕敖镜秋等：《吉州窑瓷用原料考察》，《景德镇陶瓷学院学报》第 10 卷第 2 期，1989 年 10 月。

〔9〕李国桢等：《中国名瓷工艺基础》，上海科学技术出版社，1988 年；郭演仪等《宋代汝窑和耀州窑青瓷》，《中国古陶瓷研究》，科学出版社，1987 年。

〔10〕郭演仪等：《若干磁州窑系白瓷的研究》，《1999 年古陶瓷科学技术国际讨论会论文集》，上海科学技术文献出版社，1999 年。

〔11〕陈尧成等：《北京龙泉务窑辽金白瓷研究》，《1999 年古陶瓷科学技术国际讨论会论文集》，上海科学技术文献出版社；陈尧成等：《北京龙泉务窑辽金代黑瓷的制作工艺和显微结构研究》，《中国陶瓷》，1999 年 12 月。

〔12〕李国桢等：《历代定窑白瓷的研究》，《硅酸盐学报》第 11 卷第 3 期，1983 年 9 月。

〔13〕张进等：《定窑工艺技术的研究与仿制》，《河北陶瓷》，1983 年第 4 期。

〔14〕北京大学文博学院考古系等：《观台磁州窑》，文物出版社，1996 年。

〔15〕陈尧成等：《磁州窑黑褐彩瓷用原料研究》，《景德镇陶瓷学院学报》，1988 年 10 月。

〔16〕李国桢等：《耀州青瓷的研究》，《中国古陶瓷论文集》，文物出版社，1982 年。

〔17〕郭演仪：《中国制瓷原料》，《中国古代陶瓷科学技术成就》，上海科学技术出版社。

〔18〕陈尧成等：《北京龙泉务窑辽金代黑瓷的制作工艺和显微结构研究》，《中国陶瓷》，1999 年 12 月。

〔19〕杜海清等：《陶瓷原料与配方》，轻工业出版社，1986 年。

〔20〕陈尧成等：《北京龙泉务窑辽金白瓷研究》，《1999 年古陶瓷科学技术国际讨论会论文集》，上海科学技术文献出版社，1999 年。

〔21〕张福康等：《汝官窑的釉色、质感、斜开片及土蚀斑的形成原因》，《2002 年古陶瓷科学技术国际讨论会论文集》，上海科学技术文献出版社，2002 年。

〔22〕陈显求等：《皇室专用的建盏》，《1989 年古陶瓷科学技术国际讨论会论文集》，上海科学技术文献出版社，1989 年。

〔23〕周仁等：《龙泉历代清瓷烧制工艺的科学总结》，《考古学报》，1973 年第 1 期。

〔24〕周少华等：《杭州乌龟山郊坛官窑原料的研究》，《1992 年古陶瓷科学技术国际讨论会论文集》，上海古陶瓷科学技术研究会，1992 年。

〔25〕周少华等：《南宋官窑青瓷原料的研究与中国瓷器二元配方起源的探讨》，《2002 年古陶瓷科学技术国际讨论会论文集》，上海科学技术文献出版社，2002 年。

〔26〕洲杰：《赤峰缸瓦窑村辽代瓷窑调查记》，《考古》，1973 年第 4 期。

〔27〕禚振西等：《耀州窑遗址调查发掘新收获》，《考古与文物》，1980 年第 3 期。

〔28〕耀州窑出土的石碾槽，发掘者认为是用于加工化妆土原料的设备。参阅：禚振西等：《耀州窑遗址调查发掘新收获》，《考古与文物》，1980 年第 3 期。

〔29〕紧水滩工程考古队浙江组：《山头窑与大白岸》，《浙江省文物考古所学刊》，文物出版社，1981 年。

〔30〕朱伯谦等：《浙江龙泉青瓷窑址调查发掘的主要收获》，《文物》，1963 年第 1 期。

〔31〕中国社会科学院考古研究所浙江工作队：《浙江龙泉县安福龙泉窑址发掘简报》，《考古》，1981 年第 6 期。

〔32〕成都市文物考古工作队：《都江堰市金凤窑发掘简报》，《文物》，2002 年第 2 期。

〔33〕陕西省文物考古研究所：《宋代耀州窑》，文物出版社，1998 年。

〔34〕江西省文物考古所：《江西吉安市临江窑遗址》，《考古学报》，1995 年第 2 期。

〔35〕北京大学中国考古学研究中心等：《河南省禹州市神垕镇刘家门钧窑遗址发掘简报》，《文物》，2003 年第 11 期。

〔36〕朱伯谦：《龙泉大窑古瓷窑址发掘报告》，《龙泉青瓷研究》，文物出版社，1989 年。

〔37〕陕西省考古研究所：《唐代黄堡窑》，文物出版社，1992 年。

〔38〕江西省文物考古所等：《江西湖田窑址 H 区发掘简报》，《考古》，2000 年第 12 期。

〔39〕江西省文物考古所：《吉州窑址发掘报告》，《景德镇陶瓷·中国古陶瓷专辑》，1983 年。

〔40〕杭州市文物考古所：《杭州老虎洞南宋官窑址》，《文物》，2002 年第 4 期。

〔41〕福建省博物馆等：《福建建阳芦花坪窑址发掘简报》，《中国古代窑址调查发掘报告集》，文物出版社，1984 年。

〔42〕江西省文物工作队等：《江西南丰白舍调查纪实》，《考古》，1985 年第 3 期。

〔43〕武汉市博物馆等：《湖北武汉江夏王麻窑址 1988—1996 年的发掘》，《考古学报》，2000 年第 1 期。

〔44〕余家栋等：《永丰县山口瓷窑调查记》，《江西历史文物》，1983 年第 3 期。

〔45〕江西省文物工作队：《江西景德镇柳家湾古瓷窑址调查》，《考古》，1985 年第 4 期。

〔46〕中国社会科学院考古研究所：《福建建阳水吉建窑遗址 1991—1992 年度发掘简报》，《考古》，1995 年第 2 期。

〔47〕冯德安等：《四川彭县磁峰宋代白瓷窑址试掘》，《四川古陶瓷研究》，四川省社会科学院出版社，1984 年 6 月。

〔48〕徐长青：《湖田窑出土的喇叭形座形器考》，《文物》，2001 年第 2 期。

〔49〕中国历史博物馆考古部：《浙江龙泉青瓷上严儿村窑址发掘报告》，《中国历史博物馆馆刊》第八辑，1997 年 1 月。

〔50〕张福康：《铁系高温瓷釉综述》，《中国古代陶瓷科学技术成就》，上海科学技术出版社，1985 年。

〔51〕周仁等：《景德镇历代瓷器胎釉和烧制工艺的研究》，《硅酸盐》，1960 年第 2 期。

〔52〕李家治等：《中国历代南北方著名青瓷》，《中国古代陶瓷科学技术成就》，上海科学技术出版社，1985 年。

〔53〕陈尧成等：《武昌青山窑古瓷制作工艺的科学总结》，《1995 年古陶瓷科学技术国际讨论会论文集》上海科学技术文献出版社，1995 年。

〔54〕李家治等：《浙江临安天目窑黑釉瓷的科学技术研究》，《陶瓷学报》，1997 年 12 月。

〔55〕张福康：《龙泉窑》，《中国古代陶瓷科学技术成就》，上海科学技术出版社，1985 年。

〔56〕王全玉：《吉州窑黑釉瓷的研究》，《中国陶瓷》，1994 年第 4 期。

〔57〕陈显求等：《绚丽多姿的吉州天目釉的内在本质》，《中国古代陶瓷科学技术成就》，上海科学技术出版社，1985 年。

〔58〕郭演仪等：《建窑窑址发掘的宋代黑釉瓷片》，《2002 年古陶瓷科学技术国际讨论会论文集》，上海科学技术文献出版社，2002 年。

〔59〕承焕生等：《宋代汝瓷研究》，《1999 年古陶瓷科学技术国际讨论会论文集》，上海科学技术文献出版社，1999 年。

〔60〕陈尧成等：《历代磁州窑黑褐色彩瓷的研究》，《硅酸盐通报》，1988 年第 3 期。

〔61〕陈尧成等：《鹤壁窑黑褐彩陶瓷的初步研究》，《中国陶瓷》，1988 年第 5 期。

〔62〕张志刚等：《耀州窑历代青釉瓷器工艺研究》，《1995 年古陶瓷科学技术国际讨论会论文集》，上海科学技术文献出版，1995 年。

〔63〕陈显求等：《宋耀州兔毫盏》，《1995 年古陶瓷科学技术国际讨论会论文集》，上海科学技术文献出版，1995 年。

〔64〕郭演仪等：《古代钧瓷的科学分析》，《1989 年古陶瓷科学技术国际讨论会论文集》，上海科学技术文献出版社，1989 年。

〔65〕叶宏明等：《南宋官窑青瓷的研究》，《中国古陶瓷研究》，科学出版社，1987 年。

〔66〕周少华等：《从工艺学的角度探讨越窑黑胎厚釉青瓷与南宋官窑的关系》，《浙江省考古研究所学刊·2002 年越窑国际学术讨论会专辑》，杭州出版社，2002 年。

〔67〕周仁等：《“中央”陶瓷试验场工作报告》，《南京“中央研究院”工程研究所专刊》，1930 年。

〔68〕周仁等：《景德镇历代瓷器胎釉和烧制工艺的研究》，《硅酸盐》，1960 年第 2 期。

〔69〕郭演仪等：《宋代汝窑和耀州窑青瓷》，《中国古陶瓷研究》，科学出版社，1987 年。

〔70〕方邺森等：《中国主要类形制瓷高岭土的特征》，《景德镇陶瓷学院学报》第 6 卷第 1 期，1985 年 10 月。

〔71〕李国桢等：《历代越窑青瓷胎釉的研究》，《中国陶瓷》，1988 年第 1 期。

〔72〕周仁等：《中国历代名窑陶瓷工艺的初步科学总结》，《考古学报》，1960 年第 1 期。

第三节　制釉技术

〔1〕郭演仪：《中国制瓷原料》，《中国古代陶瓷科学技术成就》，上海科学技术出版社，1985 年。

〔2〕秦大树：《釉灰新证》，《考古》，2001 年第 10 期。

〔3〕李国桢等：《中国名瓷工艺基础》第 30 页，上海科学技术出版社，1988 年。

〔4〕周仁等：《历代龙泉青瓷烧制工艺的科学研究》，《考古学报》，1972 年第 1 期。

〔5〕郭演仪等：《宋代汝窑和耀州窑青瓷》，《中国古陶瓷研究》，科学出版社，1987 年。

〔6〕李国桢等：《历代定窑白瓷的研究》，《硅酸盐学报》第 11 卷第 3 期，1983 年 9 月。

〔7〕陈尧成等：《磁州窑黑褐彩瓷用原料研究》，《景德镇陶瓷学院学报》，1988 年第 10 期。

〔8〕李国桢等：《中国名瓷工艺基础》第 108 页，上海科学技术出版社，1988 年。

〔9〕陈尧成等：《北京龙泉务窑辽金白瓷研究》，《1999 年古陶瓷科学技术国际讨论会论文集》，上海科学技术文献出版社，1999 年。

〔10〕张福康等：《汝官窑的釉色、质感、斜开片及土蚀斑形成原因》，《2002 年古陶瓷科学技术国际讨论会论文集》，上海科学技术文献出版社，2002 年。

〔11〕李国桢等：《耀州青瓷的研究》，《中国古陶瓷论文集》，文物出版社，1982 年。

〔12〕叶宏明等：《宋代龙泉青瓷的研究》，《陶瓷学报》第 20 卷第 2 期，1999 年 6 月。

〔13〕张福康：《龙泉窑》，《中国古代陶瓷科学技术成就》，上海科学技术出版社，1985 年。

〔14〕李国桢等：《中国名瓷工艺基础》第 82 页，上海科学技术出版社，1988 年。

〔15〕张福康：《中国古陶瓷的科学》第 64 页，上海人民美术出版社，2000 年。

〔16〕张福康：《中国古陶瓷的科学》第 65 页，上海人民美术出版社，2000 年。

〔17〕叶宏明等：《南宋官窑青瓷的研究》，《中国古陶瓷研究》，科学出版社，1987 年。

〔18〕叶宏明等：《宋代龙泉青瓷的研究》，《陶瓷学报》第 20 卷第 2 期，1999 年 6 月。

〔19〕张进等：《定窑工艺技术的研究与仿制》，《河北陶瓷》，1983 年第 4 期。

〔20〕郭演仪：《中国南北方青瓷》，《中国古代陶瓷科学技术成就》，上海科学技术出版社，1985 年。

〔21〕李国桢等：《中国名瓷工艺基础》第 106 页，上海科学技术出版社，1988 年。

〔22〕李国桢等：《历代定窑白瓷的研究》，《硅酸盐学报》第 11 卷第 3 期，1983 年 9 月；张进等：《定窑工艺技术的研究与仿制》，《河北陶瓷》，1983 年第 4 期。

〔23〕张福康：《铁系高温釉综述》，《中国古代陶瓷科学技术成就》，上海科学技术出版社，1985 年。

〔24〕张福康等：《白瓷和青白瓷》，《中国古代白瓷国际学术研讨论会论文集》，上海书画出版社，2005 年。

〔25〕陈显求等：《宋元钧瓷的中间层、乳光和呈色问题》，《硅酸盐学报》第 11 卷第 2 期，1983 年 6 月。

〔26〕刘凯民：《钧窑釉研究》，《山东陶瓷》，1981 年第 1 期。

〔27〕刘凯民：《钧窑釉的进一步研究》，《中国古陶瓷研究》，科学出版社，1987 年。

〔28〕刘凯民等：《唐钧釉的本质及其与后世分相乳光釉的关系》，《2005 年中国禹州钧窑学术研讨会论文集》，大象出版社，2007 年。

〔29〕李铧：《宋代钧窑釉中的蚯蚓走泥纹的成因探讨》，《中国古陶瓷研究》第 7 辑，紫禁城出版社，2001 年。

〔30〕李国桢等：《中国名瓷工艺基础》第 138 页，上海科学技术出版社，1988 年。

〔31〕张福康：《中国古陶瓷的科学》第 111 页，上海人民美术出版社，2000 年。

〔32〕陈显求等：《中国古代瓷釉中液相不混溶性研究的进展》，《中国古代陶瓷科学技术成就》，上海科学技术出版社，1985 年。

〔33〕张福康等：《广西宋代容县窑的研究》，上海古陶瓷科学研究会编：《1992 年古陶瓷科学技术国际讨论会论文集》。

〔34〕张福康：《中国古陶瓷的科学》第 86 页，上海人民美术出版社，2000 年。

〔35〕陈尧成等：《北京龙泉务窑辽金代黑瓷的制作工艺和显微结构研究》，《1999 年古陶瓷科学技术国际讨论会论文集》，上海科学技术文献出版社，1999 年。

〔36〕陈尧成等：《北京龙泉务窑辽金代瓷器初步研究》，《陶瓷学报》第 18 卷第 1 期，1997 年 3 月。

〔37〕陈显求等：《金元时期旬色窑茶叶末瓷的研究》，《陶瓷学报》，1996 年第 9 期。

〔38〕凌志达：《我国古代黑釉瓷初步研究》，《中国古陶瓷论文集》，文物出版社，1982 年。

〔39〕张福康：《中国古陶瓷的科学》第 86、87 页，上海人民美术出版社，2000 年。

〔40〕山崎一雄：《特种天目茶碗、曜变和油滴的科学研究》，《中国古陶瓷研究》，科学出版社，1987 年。

〔41〕陈显求等：《宋代稀珍油滴和羽毫建盏残片的研究》，《1995 年古陶瓷科学技术国际讨论会论文集》，上海科学技术文献出版社，1995 年。

〔42〕张福康：《铁系高温釉综述》，《中国古代陶瓷科学技术成就》，上海科学技术出版社，1985 年。

〔43〕陈显求等：《宋代建盏的科学研究》，《中国古陶瓷研究》，科学出版社，1987 年。

〔44〕李铧：《宋代黑釉茶盏工艺与兔毫的形成》，《1999 年古陶瓷科学技术国际讨论会论文集》，上海科学技术文献出版社，1999 年。

〔45〕陈显求等：《大型御用建盏》，《景德镇陶瓷学院学报》，1995 年 3 月。

〔46〕王金田等：《影响曜变天目釉特征的几个因素》，《中国陶瓷》，1986 年第 6 期。

〔47〕凌志达：《南宋涂山窑黑釉瓷釉面光的薄膜干涉》，《硅酸盐学报》第 21 卷第 5 期，

1993年10月。

〔48〕陈显求等:《宋供御鹧鸪斑建盏的研究》,上海古陶瓷科学技术研究会:《1992年古陶瓷科学技术国际讨论会论文集》。

〔49〕张福康:《吉州天目的研究》,《景德镇陶瓷学院学报》第7卷第1期,1986年10月。

〔50〕敖镜秋等:《吉州窑瓷用原料考察》,《景德镇陶瓷学院学报》第10卷第2期,1989年10月。

〔51〕张福康:《中国古陶瓷的科学》第99页,上海人民美术出版社,2000年。

〔52〕蒋玄怡:《吉州窑》,文物出版社,1985年。

〔53〕敖镜秋等:《吉州天目盏木叶纹样形成过程的探讨》,《中国陶瓷》,1987年第2期。

〔54〕韩国·李庆熙:《南宋吉州窑天目茶碗装饰用树叶》,上海古陶瓷科学技术研究会:《1992年古陶瓷科学技术国际讨论会论文集》。

〔55〕水既生:《山西古代陶瓷装饰技法及其运用》,《河北陶瓷》,1980年第4期。

〔56〕张福康:《邛崃窑和长沙窑的烧造工艺》,《邛窑古陶瓷研究》,中国科技大学出版社,2002年。

〔57〕陈尧成等:《广西严关窑乳浊花釉分相结构研究》,《2005年古陶瓷科学技术国际讨论会论文集》,上海科学技术文献出版社,2005年。

〔58〕刘伟等:《观台磁州窑的铅釉器研究》,《2002年古陶瓷科学技术国际讨论会论文集》,上海科学技术文献出版社,2002年。

〔59〕李国桢等:《中国名瓷工艺基础》,上海科学技术出版社,1988年。

〔60〕周少华等:《南宋官窑青瓷原料的研究与中国瓷器二元配方起源的探讨》,《2002年古陶瓷科学技术国际讨论会论文集》,上海科学技术文献出版社,2002年。

〔61〕周仁等:《景德镇历代瓷器胎釉烧制工艺研究》,《硅酸盐》,1960年第2期。

〔62〕陈尧成等:《瓯窑褐彩青瓷的初步研究》,上海古陶瓷科学技术研究会编:《1992年古陶瓷科学技术国际讨论会论文集》。

〔63〕赵维娟等:《清凉寺窑与张巩巷窑青瓷釉料的主量化学组成》,《中国科学》G集,2005年,35(2)。

〔64〕张志刚等:《耀州窑历代青釉瓷器工艺研究》,《1995年古陶瓷科学技术国际讨论会论文集》,上海科学技术文献出版社,1995年。

〔65〕郭演仪等:《古代钧瓷的科学分析》,《1989年古陶瓷科学技术国际讨论会论文集》,上海科学技术文献出版,1989年。

〔66〕陈尧成等:《武昌青山窑古瓷制作工艺的科学总结》,《1995年古陶瓷科学技术国际讨论会论文集》,上海科学技术文献出版社,1995年。

〔67〕张志刚等:《宋代金凤窑白瓷工艺研究》,《2002年古陶瓷科学技术国际讨论会论文集》,上海科学技术文献出版社,2002年。

〔68〕承焕生等:《宋代汝瓷研究》,《1999年古陶瓷科学技术国际讨论会论文集》,上海科学技术文献出版社,1999年。

〔69〕陈尧成等:《历代磁州窑黑褐色彩瓷的研究》,《硅酸盐通报》,1988年第3期。

〔70〕陈显求等:《宋代稀珍油滴和羽毫建盏残片的研究》,《1995年古陶瓷科学技术国际讨论会论文集》,上海科学技术文献出版社,1995年。

〔71〕郭演仪等:《建窑窑址发掘的宋代黑釉瓷片》,《2002年古陶瓷科学技术国际讨论会论文集》,上海科学技术文献出版社,2002年。

〔72〕李家治等:《浙江临安天目窑黑釉瓷的科学技术研究》,《陶瓷学报》第18卷第4期,1997年12月。

〔73〕张福康：《中国古陶瓷的科学》第83页，上海人民美术出版社，2000年。

〔74〕郭演仪：《南北方古代的制瓷原料和瓷器特征》，《景德镇陶瓷学院学报》第5卷第1期，1984年7月。

〔75〕李国祯等：《中国名瓷工艺基础》第150页，上海科学技术出版社，1988年。

第四节　装饰技术

〔1〕陈尧成等：《鹤壁集窑黑红彩陶瓷的显微结构特征》，《1989年古陶瓷科学技术国际讨论会论文集》，上海科学技术文献出版社，1989年。

〔2〕陈尧成等：《鹤壁集窑黑褐彩陶瓷的初步研究》，《中国陶瓷》，1988年第5期。

〔3〕陈尧成等：《历代磁州窑黑褐色彩瓷的研究》，《硅酸盐通报》，1988年第3期。

〔4〕钱伟君等：《宋代扒村窑黑彩白瓷的电子探针研究》，《1999年古陶瓷科学技术国际讨论会论文集》，上海科学技术文献出版社，1999年。

〔5〕张志刚等：《山西省八义窑金代彩瓷研究》，《1999年古陶瓷科学技术国际讨论会论文集》，上海科学技术文献出版社，1999年。

〔6〕郭演仪等：《若干磁州窑系白瓷的研究》，《1999年古陶瓷科学技术国际讨论会论文集》，上海科学技术文献出版社，1999年。

〔7〕张福康：《中国古陶瓷的科学》第63页，上海人民美术出版社，2000年。

〔8〕周仁等：《中国历代名窑陶瓷的初步科学总结》，《考古学报》，1960年第1期。

〔9〕叶宏明等：《宋代龙泉青瓷的研究》，《陶瓷学报》第20卷第2期，1999年6月。

〔10〕北京大学文博学院考古系等：《观台磁州窑》，文物出版社，1996年。

〔11〕韦仁义：《广西宋元瓷窑址出土的印花模具及其特色》，《东南文化》，1994年增刊。

〔12〕王芬等：《耀窑陶模的制作工艺及其特色》，《1995年古陶瓷科学技术国际讨论会论文集》，上海科学技术文献出版社，1995年。

〔13〕郭演仪等：《古代耀州窑印花模范的研究》，《1995年古陶瓷科学技术国际讨论会论文集》，上海科学技术文献出版社。

〔14〕冯先铭：《河南密县、登封唐宋古窑址调查》第49页，《文物》，1964年第3期。

〔15〕周军等：《珍珠地划花工艺浅析》，《考古》，1995年第6期。

〔16〕河南省文物研究所：《河南宜阳窑调查报告》，《中国古代窑址发掘报告集》，文物出版社，1984年。

〔17〕中国硅酸盐学会：《中国陶瓷史》第242页，文物出版社，1987年。

〔18〕河南省文物研究所：《宝丰清凉寺窑址的调查与试掘》第10页，《文物》，1989年11月。

〔19〕周军等：《珍珠地划花工艺浅析》，《考古》，1995年第6期；河南省文物研究所：《河南宜阳窑调查报告》，《中国古代窑址发掘报告集》文物出版社，1984年。

〔20〕周军等：《珍珠地划花工艺浅析》，《考古》，1995年第6期；孙新民：《宝丰清凉寺汝窑址第二、三次发掘简报》，《华夏考古》，1992年第3期。

〔21〕周军等：《珍珠地划花工艺浅析》，《考古》，1995年第6期；河南省文物研究所：《河南新安古窑德新发现》，《中国古代窑址发掘报告集》，文物出版社，1984年。

〔22〕秦大树：《宋元时期北方地区陶瓷手工业装饰工艺的成就及其所反映的问题》，《文化的馈赠》，北京大学出版社，2000年。

〔23〕张福康：《长治东山窑和磁州窑白釉黑彩瓷的研究》，《1999年古陶瓷科学技术国际讨论会论文集》，上海科学技术文献出版社，1999年。

〔24〕刘涛：《当阳峪窑剔划花瓷器》，《中原文物》，2000年第1期。

〔25〕李仲谋：《上海博物馆藏绞胎陶瓷及相关诸问题》，《上海博物馆集刊》，上海书画出版社，2000年12月。

〔26〕陈尧成等：《瓯窑褐彩青瓷的初步研究》，《江西文物》，1991年第4期。

〔27〕陈尧成等：《磁州窑黑褐彩瓷用原料研究》，《景德镇陶瓷学院学报》第九卷第1期，1988年10月。

〔28〕张福康：《中国古陶瓷的科学》第101页，上海人民美术出版社，2000年。

〔29〕李国桢等：《中国古代名瓷工艺基础》第158页，上海科学技术出版社，1988年。

〔30〕张福康：《中国古陶瓷的科学》第99页，上海人民美术出版社，2000年。

〔31〕李国桢等：《中国古代名瓷工艺基础》第156页，上海科学技术出版社，1988年。

〔32〕孙荆等：《宋代萧县窑黑彩白瓷的研究》，《广东陶瓷》，1988年，第2期。

〔33〕陈尧成等：《宋元时代的青花瓷器》，《考古》，1988年第6期。

〔34〕张福康：《我国古代红绿彩瓷的研究》，《1999年古陶瓷科学技术国际讨论会论文集》，上海科学技术文献出版社，1999年。

〔35〕袁南征：《合肥出土的紫定金彩瓶》，《文物》，1988年第6期。

〔36〕周觉民：《描金仿拔蜡法和绞胎工艺在陶瓷器上的应用》，《上海博物馆集刊》，《建馆三十周年专辑》，上海古籍出版社，1982年。

〔37〕张福康：《中国历代低温色釉的研究》，《硅酸盐学报》，1980年第1期。

第五节 装烧技术

〔1〕河北省文物研究所：《邢窑遗址调查试掘》，《考古学集刊》第14集，文物出版社，2004年。

〔2〕浙江文物考古研究所：《寺龙口越窑》，文物出版社，2008年。

〔3〕长沙市文化局文物组：《唐代长沙铜官窑址调查》，《考古学报》，1980年第1期。

〔4〕陕西文物考古研究所：《五代黄堡窑》，文物出版社，1997年。

〔5〕河北省文化局文物工作队：《河北曲阳县涧磁村定窑遗址调查与试掘》，《考古》，1965年第8期。

〔6〕朱伯谦：《龙泉大窑发掘报告》，《龙泉青瓷研究》，文物出版社，1989年。

〔7〕广西壮族自治区文物工作队：《广西容县城关宋代瓷窑》，《考古学集刊》第5集，中国社会科学出版社，1987年。

〔8〕北京大学中国考古学研究中心等：《河南省禹州市神垕镇刘家门钧窑遗址发掘简报》，《文物》，2003年第11期。

〔9〕福建省博物馆：《武夷山遇林亭窑址发掘报告》，《福建文博》，2000年第2期。

〔10〕李知宴：《浙江龙泉山头窑发掘的主要收获》，《考古》，1987年第10期。

〔11〕重庆市博物馆等：《重庆市巴县清溪宋代瓷窑址》，《考古学集刊》第13集，中国大百科全书出版社，2002年。

〔12〕陕西省文物考古研究所：《宋代耀州窑》，文物出版社，1998年。

〔13〕江西省文物工作队等：《吉州窑遗址发掘报告》，《景德镇陶瓷·中国古陶瓷研究专辑》，1983年。

〔14〕河南省文物考古研究所：《河南临汝严和店窑遗址的发掘》，《华夏考古》，1995年第3期。

〔15〕浙江省文物考古研究所等：《浙江慈溪市越窑石马弄窑址发掘》，《考古》，2001年第10期。

〔16〕河南省文物考古所等：《河南新安古窑址的新发现》，《中国古代窑址调查报告集》，

文物出版社，1984年。

〔17〕权奎山：《论洪州窑的装烧工艺》，《考古学研究》第4辑，北京大学出版社，2007年。

〔18〕毕南海等：《邢窑历代窑具和装烧方法》，《1989年古陶瓷国际学术讨论会论文集》，上海科学技术文献出版社，1989年。

〔19〕陈丽琼：《四川彭县瓷峰窑调查与发掘》，《中国古代窑址调查发掘报告》，文物出版社，1982年。

〔20〕成都市文物工作队等：《都江堰市金凤窑址发掘报告》，《文物》，2002年第2期。

〔21〕四川省博物馆：《灌县玉堂公社古瓷窑址试掘》，《四川古陶瓷研究》，四川社会科学院出版社，1984年。

〔22〕江西省文物工作队等：《江西南丰白舍调查纪实》，《考古》，1985年第3期。

〔23〕北京市文物研究所：《北京龙泉务窑址发掘报告》，文物出版社，2002年。

〔24〕彭善国：《赤峰缸瓦窑的制瓷工具、窑具及相关问题》，《北方文物》，2000年第4期。

〔25〕福建省博物馆等：《宋代建阳芦花坪窑址发掘报告》，《中国古代窑址调查发掘报告集》，1984年。

〔26〕建阳县文化馆：《福建建阳古瓷窑调查报告》，《考古》，1984年第7期。

〔27〕江西省文物工作队：《江西景德镇柳家湾古瓷窑址调查》，《考古》，1985年第4期。

〔28〕张翔：《龙泉金村古瓷窑址发掘报告》，《龙泉青瓷研究》，文物出版社，1989年。

〔29〕中国社会科学院考古研究所浙江工作队：《浙江龙泉县安福窑址发掘简报》，《考古》，1981年第6期。

〔30〕水既生：《山西古代窑具及装烧方法初探》，《中国古陶瓷研究》，科学出版社，1987年。

〔31〕林忠干等：《建阳古瓷窑考察》，《景德镇陶瓷》，1983年增刊。

〔32〕中国社会科学院考古研究所：《宁夏灵武窑发掘报告》，中国大百科全书出版社，1995年。

〔33〕鹤壁市博物馆：《河南省鹤壁集窑遗址发掘简报》，《中国古代窑址调查发掘报告》，文物出版社，1984年。

〔34〕淄博市博物馆：《淄博市金元博山大街窑址》，《文物》，1987年第9期。

〔35〕山东大学历史系考古专业：《山东枣庄中陈郝瓷窑址》，《考古学报》，1989年第3期。

〔36〕刘凤君：《山东古代烧瓷窑炉结构和装烧技术发展序列初探》，《考古》，1997年第4期。

〔37〕北京大学文博学院考古系等：《观台磁州窑》，文物出版社，1996年。

〔38〕河南省文物考古研究所：《宝丰清凉寺汝窑址2000年发掘简报》，《文物》，2001年第11期。

〔39〕李德金：《乌龟山南宋官窑出土的产品及烧制工艺》，《庆祝苏秉琦考古五十五周年》，文物出版社，1988年。

〔40〕杭州市文物考古所：《杭州老虎洞南宋官窑址》，《文物》，2002年第10期。

〔41〕秦大树：《钧窑始烧年代考》，《华夏考古》，2004年第2期。

〔42〕李德金：《乌龟山南宋官窑出土的产品及烧制工艺》，《庆祝苏秉琦考古五十五周年》，文物出版社，1988年。文中称其为“粗砂土质”，经测试实为紫金土。参阅：郭演仪等：《乌龟山南宋官窑遗址发掘的原料和窑具》，《2002年古陶瓷科学技术国际讨论会论文集》，上海科学技术文出版社，2002年。

〔43〕刘新园：《景德镇宋元芒口瓷器与覆烧工艺初步研究》，《考古》，1976年第4期。

〔44〕浙江文物考古研究所：《浙江泰顺玉塔古窑址调查与发掘》，《考古学集刊》第一辑，中国社会科学出版社，1981 年。

〔45〕景德镇市地方志编撰委员会：《景德镇市瓷业志》第二编第三章，方志出版社，2004 年。

〔46〕李辉炳等：《论定窑烧瓷工艺的发展与历史分期》，《考古》，1978 年第 12 期。

〔47〕林忠干：《福建光泽茅店窑的瓷业成就》，《东南文化》，1990 年第 3 期。

〔48〕江西省文物工作队：《江西金溪两处古窑的调查》，《中国古代窑址调查发掘报告》，文物出版社，1982 年。

〔49〕中国历史博物馆考古部：《浙江龙泉青瓷上严儿村窑址发掘报告》，《中国历史博物馆馆刊》，1981 年第 8 期。

〔50〕浙江省文物考古研究所：《龙泉东区窑址发掘报告》，文物出版社，2005 年 6 月。

〔51〕紧水滩工程考古队浙江组：《山头窑与大白岸——龙泉东区窑址发掘报告之一》，《浙江文物考古研究所学刊》，文物出版社，1981 年。

〔52〕游恩溥：《陕西耀州窑、河北定窑窑具与装烧方法研究》，《中国古陶瓷研究》，科学出版社，1987 年。

〔53〕张志刚等：《耀州窑窑具剖析》，《1999 年古陶瓷科学技术国际讨论会论文集》，上海科学技术文献出版社，1999 年。

〔54〕郭演仪等：《乌龟山南宋官窑遗址发掘的原料和窑具》，《2002 年古陶瓷科学技术国际讨论会论文集》，上海科学技术文献出版社，2002 年。

〔55〕吉木文平著，张绶庆译：《矿物学》，科学出版社，1962 年。

〔56〕陈尧成等：《武昌青山窑古代窑具及原料研究》，《1995 年古陶瓷科学技术国际讨论会论文集》，上海科学技术文献出版社，1995 年。

〔57〕戴粹新：《湖田古瓷窑匣钵的研究》，《景德镇陶瓷学院学报》，1982 年 10 月。

第六节　龙　　窑

〔1〕中国社会科学院考古研究所：《福建建阳水吉北宋建窑遗址发掘简报》，《考古》，1990 年第 12 期。

〔2〕陈振裕等：《武昌青山瓷窑遗址发掘的主要收获》，上海古陶瓷科学技术研究会：《1992 年古陶瓷科学技术国际讨论会论文集》。

〔3〕江西省文物考古研究所等：《江西赣州七里镇窑址发掘简报》，《江西文物》，1990 年第 4 期。

〔4〕广西壮族自治区博物馆：《广西桂平宋瓷窑》，《考古学报》，1983 年第 4 期。

〔5〕浙江省考古研究所等：《浙江泰顺玉塔窑址的调查与发掘》，《考古学集刊》第 1 集，中国社会科学出版社，1981 年。

〔6〕中国社会科学院考古研究所等：《南宋官窑》，中国大百科全书出版社，1994 年。

〔7〕中国历史博物馆考古部：《浙江龙泉上严儿村窑址发掘报告》，《中国历史博物馆馆刊》第 8 期。

〔8〕朱伯谦：《龙泉大窑发掘报告》，《龙泉青瓷研究》，文物出版社，1989 年。

〔9〕四川省博物馆等：《灌县玉堂公社古瓷窑址试掘》，《四川省陶瓷研究》，四川省社会科学出版社，1984 年。

〔10〕中国社会科学院考古研究所：《福建建阳县水吉建窑遗址 1991—1992 年度发掘简报》，《考古》，1995 年第 2 期。

〔11〕李知宴：《浙江龙泉山头窑发掘的主要收获》，《文物》，1981 年第 10 期。

〔12〕浙江省文物考古研究所：《龙泉东区窑址发掘报告》第65页，文物出版社，2005年6月。

〔13〕浙江省文物考古研究所：《龙泉东区窑址发掘报告》第81页，文物出版社，2005年6月。

〔14〕福建省博物馆等：《福建建阳芦花坪窑址发掘简报》，《中国古代窑址调查发掘报告集》，文物出版社，1984年，

〔15〕江西省文物工作队等：《吉州窑遗址发掘报告》，《景德镇陶瓷·中国古陶瓷研究专辑》，1983年。

〔16〕福建省博物馆：《德化窑》，文物出版社，1990年。

〔17〕李知宴：《浙江龙泉山头窑发掘的主要收获》，《文物》，1981年第10期。

〔18〕福建省博物馆：《福建惠安银厝尾古窑址发掘简报》，《考古》，1993年第1期。

〔19〕武汉市博物馆等：《湖北武汉江夏王麻窑址1988—1996年的发掘》，《考古学报》，2000年第1期。

〔20〕浙江省文物考古研究所：《浙江慈溪越窑石马弄窑址的发掘》，《考古》，2001年第10期。

〔21〕福建省博物馆：《武夷山遇林亭窑址发掘报告》，《福建文博》，2000年第2期。

〔22〕张翔：《龙泉金村古瓷窑址发掘报告》，《龙泉青瓷研究》，文物出版社，1989年。

〔23〕浙江文物考古研究所：《寺龙口越窑》，文物出版社，2008年。

〔24〕浙江省文物考古研究所：《龙泉东区窑址发掘报告》第63页、第64页，文物出版社，2005年6月。

〔25〕杭州市文物考古所：《杭州老虎洞南宋官窑址》，《文物》，2002年第10期。

〔26〕浙江省文物考古研究所：《龙泉东区窑址发掘报告》第117页，文物出版社，2005年6月。

〔27〕福建省博物馆：《南平茶洋窑址1995年—1996年发掘简报》，《福建文博》，2000年第2期。

〔28〕中国社会科学院考古研究所：《福建建阳县水吉建窑遗址1991—1992年度发掘简报》，《考古》，1995年第2期。

〔29〕广西壮族自治区文物工作队：《广西容县城关宋代瓷窑》，《考古学集刊》第5集，中国社会科学出版社，1987年。

〔30〕广西壮族自治区博物馆：《广西桂平宋瓷窑》，《考古学报》，1983年第4期。

〔31〕中国社会科学院考古研究所等：《福建建阳县水吉建窑遗址1991—1992年度发掘简报》，《考古》，1995年第2期。

〔32〕韦仁义：《广西藤县宋代中和窑》，《中国古代窑址调查发掘报告集》，文物出版社，1984年。

〔33〕浙江省文物考古研究所：《龙泉东区窑址发掘报告》第64页，文物出版社，2005年6月。

〔34〕浙江省文物考古研究所：《龙泉东区窑址发掘报告》第81页，文物出版社，2005年6月。

〔35〕浙江省文物考古研究所：《龙泉东区窑址发掘报告》第68页，文物出版社，2005年6月。

〔36〕浙江省文物考古研究所：《龙泉东区窑址发掘报告》第117页，文物出版社，2005年6月。

〔37〕广西壮族自治区博物馆：《广西永福窑田岭窑宋代窑址发掘简报》，《中国古代窑址调

查发掘报告集》，文物出版社，1984 年。

〔38〕浙江省文物考古研究所：《龙泉东区窑址发掘报告》第 67 页，文物出版社，2005 年 6 月。

〔39〕浙江省文物考古研究所：《龙泉东区窑址发掘报告》第 72 页，文物出版社，2005 年 6 月。

〔40〕浙江省文物考古研究所：《龙泉东区窑址发掘报告》第 72 页，文物出版社，2005 年 6 月。

〔41〕中国社会科学院考古研究所建窑考古队等：《福建建阳县水吉北宋建窑遗址发掘简报》，《考古》，1990 年第 12 期。

〔42〕浙江省文物考古研究所：《龙泉东区窑址发掘报告》第 83 页，文物出版社，2005 年 6 月。

〔43〕浙江省文物考古研究所：《龙泉东区窑址发掘报告》第 203 页，文物出版社，2005 年 6 月。

〔44〕浙江省文物考古研究所：《龙泉东区窑址发掘报告》第 70 页，文物出版社，2005 年 6 月。

〔45〕浙江省文物考古研究所：《龙泉东区窑址发掘报告》第 61 页，文物出版社，2005 年 6 月。

〔46〕中国社会科学院考古研究所等：《福建建阳县水吉建窑遗址 1991—1992 年度发掘简报》，《考古》，1995 年第 2 期。

〔47〕浙江省文物考古研究所：《龙泉东区窑址发掘报告》第 201 页，文物出版社，2005 年 6 月。

第七节 分室龙窑

〔1〕惠阳地区文化局等：《广东惠州北宋窑址清理简报》，《文物》，1977 年第 8 期。

〔2〕广西壮族自治区博物馆：《广西永福窑田岭窑宋代窑址发掘简报》，《中国古代窑址调查发掘报告集》，文物出版社，1984 年。

〔3〕广东省博物馆：《潮州笔架山宋代窑址发掘报告》，文物出版社，1981 年。

〔4〕重庆市博物馆：《四川广元瓷窑的调查收获》，《考古与文物》，1982 年 4 期。

〔5〕杨少祥：《广东梅县市唐宋窑址》，《考古》，1994 年 3 期。

〔6〕中国社会科学院考古研究所浙江工作队：《浙江龙泉县安福龙泉窑址发掘简报》，《考古》，1981 年第 6 期。

第八节 马 蹄 窑

〔1〕陕西省考古研究所等：《宋代耀州窑》第 84、67、61、70、71、75 页，文物出版社，1998 年。

〔2〕赵青云等：《钧窑瓷鉴定与鉴赏》，江西美术出版社，2000 年。

〔3〕北京大学文博学院考古系等：《观台磁州窑》第 27 页，文物出版社，1996 年。

〔4〕秦大树：《磁州窑炉研究及北方地区瓷窑发展的相关问题》，《考古学研究》第 4 集，科学出版社，2000 年。

〔5〕山东淄博陶瓷史编写组：《山东淄博市淄川区磁村古窑址试掘简报》，《文物》，1978 年第 6 期，第 49 页。

〔6〕陈丽琼：《宋代石炉栅馒头窑》，《河北陶瓷》，1982 年第 4 期。

〔7〕重庆市博物馆等：《宋代重庆涂山锯木湾宋代瓷窑发掘简报》，《考古》，1991 年第 3

期，第228页。

〔8〕冯德安等：《宋代彭县瓷峰窑试掘》，《四川陶瓷史料》第1辑，四川社会科学出版社，1979年。

〔9〕赵文景等：《清凉寺汝窑遗址的新发现与再认识》，《中国古陶瓷研究》第7辑，紫禁城出版社，2001年；郭木森等：《汝官窑瓷器烧造区找到了》，《中国文物报》，2000年10月18日。

〔10〕鹤壁集市博物馆：《河南省鹤壁集窑遗址1978年发掘简报》，《中国古代窑址调查与发掘报告集》，文物出版社，1984年。

〔11〕成都市文物考古工作队等：《都江堰市金凤窑址发掘简报》第56页，《文物》，2002年第2期。

〔12〕江西省文物考古所：《江西吉安市临江窑遗址》，《考古学报》，1995年第2期。

〔13〕重庆市博物馆等：《重庆市巴县清溪宋代瓷窑址》，《考古学集刊》第13集，第289页，中国大百科全书出版社，2002年。

〔14〕中国社会科学院考古研究所：《宁夏灵武窑发掘报告》第12页，中国大百科全书出版社，1995年。

〔15〕河南省文物考古研究所：《河南临汝严和店汝窑遗址的发掘》，《华夏考古》，1995年第3期。

〔16〕山东大学考古专业等：《山东宁阳西太平村古代瓷窑遗址试掘简报》，《考古与文物》，1989年第4期，第39页。

〔17〕北京市文物研究所：《北京龙泉务窑址发掘报告》第46页，文物出版社，2002年。

〔18〕北京市文物研究所：《北京龙泉务窑址发掘报告》第40页，文物出版社，2002年。

〔19〕北京大学中国考古学研究中心等：《河南省禹州市神垕镇刘家门钧窑遗址发掘简报》，《文物》，2003年第11期。

〔20〕北京大学文博学院考古系等：《观台磁州窑》第22页，文物出版社，1996年。

〔21〕陕西省考古研究所等：《宋代耀州窑》第84页，文物出版社，1998年。

〔22〕成都市文物考古工作队等：《都江堰市金凤窑址发掘简报》第55页、第56页，《文物》，2002年第2期。

〔23〕山东大学历史系考古专业等：《山东枣庄中陈郝瓷窑址》，《考古学报》，1989年第3期，第366页。

〔24〕陕西省考古研究所等：《宋代耀州窑》第62页，文物出版社，1998年。

〔25〕陕西省考古研究所等：《宋代耀州窑》第65页，文物出版社，1998年

〔26〕成都市文物考古工作队等：《都江堰市金凤窑址发掘简报》第55页，《文物》，2002年第2期。

〔27〕孟繁峰等：《井陉窑调查发掘又有新进展》，《中国文物报》，2000年3月12日。

〔28〕中国社会科学院考古研究所：《宁夏灵武窑发掘报告》第11页，中国大百科全书出版社，1995年。

〔29〕北京市文物研究所：《北京龙泉务窑址发掘报告》第43～45、50页，文物出版社，2002年。

〔30〕重庆市博物馆等：《重庆市巴县清溪宋代瓷窑址》，《考古学集刊》第13集，第290页，中国社会科学出版社，2000年。

〔31〕山东淄博陶瓷史编写组：《山东淄博市淄川区磁村古窑址试掘简报》第48页，《文物》，1978年第6期。

〔32〕北京市文物研究所：《北京龙泉务窑址发掘报告》第44、47页，文物出版社，

2002 年。

〔33〕北京市文物研究所：《北京龙泉务窑址发掘报告》第 52 页，文物出版社，2002 年。

〔34〕重庆市博物馆：《重庆市涂山宋代瓷窑试掘报告》，《考古》，1986 年第 10 期。

〔35〕汪庆正等：《汝窑的发现》，上海人民美术出版社，1987 年。

〔36〕陕西省考古研究所等：《宋代耀州窑》第 66、75、84 页，文物出版社，1998 年。

〔37〕刘凤君：《山东古代烧瓷窑炉结构和装烧技术发展序列初探》，《考古》，1997 年第 4 期，第 81 页。但是，有学者认为，金代磁村华严寺 2 号窑的炉条是用耐火料制成。参阅山东大学淄博陶瓷史编写组：《山东淄博市淄川区磁村古窑址始掘报告》，《文物》，1978 年第 6 期，第 49 页。

〔38〕北京市文物研究所：《北京龙泉务窑址发掘报告》第 51 页，文物出版社，2002 年。

〔39〕山东大学淄博陶瓷史编写组：《山东淄博市淄川区磁村古窑址始掘报告》，《文物》，1978 年第 6 期，第 49 页。

〔40〕陕西省考古研究所等：《宋代耀州窑》第 75 页，文物出版社，1998 年。

〔41〕重庆市博物馆：《重庆涂山市宋代瓷窑试掘报告》，《考古》，1986 年第 10 期。

〔42〕陕西省考古研究所等：《宋代耀州窑》第 60 ~ 62、65 ~ 67、70、71、74、75、77 页，文物出版社，1998 年。

〔43〕北京大学文博学院考古系等：《观台磁州窑址》第 22、25、27、29、50 页，文物出版社，1997 年。

〔44〕北京市文物研究所：《北京龙泉务窑发掘报告》第 50 页，文物出版社，2002 年。

〔45〕广东省文管会等：《广东新会官冲古代窑址》，《考古》，1963 年第 4 期。

〔46〕北京市文物研究所：《北京龙泉务窑址发掘报告》第 44 页，文物出版社，2002 年。

〔47〕成都市文物考古工作队等：《都江堰市金凤窑址发掘简报》第 55 页，《文物》，2002 年第 2 期。

〔48〕陕西省考古研究所等：《宋代耀州窑》第 67、79 页，文物出版社，1998 年。

〔49〕北京大学文博学院考古系等：《观台磁州窑》第 40、44 页，文物出版社，1996 年。

〔50〕北京大学文博学院考古系等：《观台磁州窑》第 31 页，文物出版社，1996 年。

〔51〕北京市文物研究所：《北京龙泉务窑址发掘报告》第 27、28 页，文物出版社，2002 年。

〔52〕成都市文物考古工作队等：《都江堰市金凤窑址发掘简报》第 55、56 页，《文物》，2002 年第 2 期。

〔53〕陕西省考古研究所等：《宋代耀州窑》第 67 ~ 70、74、75、77 页，文物出版社，1998 年。

〔54〕陕西省考古研究所等：《宋代耀州窑》第 62 ~ 65 页，文物出版社，1998 年。

〔55〕陕西省考古研究所等：《宋代耀州窑》第 81 页，文物出版社，1998 年。

〔56〕陕西省考古研究所等：《宋代耀州窑》第 74 页、第 75 页，文物出版社，1998 年。

〔57〕北京大学中国考古学研究中心等：《河南省禹州市神垕镇刘家门钧窑遗址发掘简报》，《文物》，2003 年第 11 期。

〔58〕北京市文物研究所：《北京龙泉务窑址发掘报告》第 25、31 页，文物出版社，2002 年。

〔59〕北京大学文博学院考古系等：《观台磁州窑》第 23、27、31 页，文物出版社，1996 年。

〔60〕陕西省考古研究所等：《宋代耀州窑》第 67 页，文物出版社，1998 年。

〔61〕北京大学文博学院考古系等：《观台磁州窑》第 23、25、31 页，文物出版社，

1996 年。

〔62〕刘凤君：《山东古代烧瓷窑炉结构和装烧技术发展序列初探》，《考古》，1997 年第 4 期。

〔63〕陕西省考古研究所等：《宋代耀州窑》第 60 页、第 61 页，文物出版社，1998 年。

〔64〕北京大学文博学院考古系等：《观台磁州窑》第 22、27 页，文物出版社，1996 年。

〔65〕陕西省考古研究所等：《宋代耀州窑》第 67、70、75 页，文物出版社，1998 年。

〔66〕郑州市文物工作队等：《河南密县西关遗址发掘简报》，《考古》，1995 年第 6 期。

〔67〕陕西省考古研究所等：《宋代耀州窑》第 79 页，文物出版社，1998 年。

〔68〕陕西省考古研究所等：《宋代耀州窑》第 63 页，文物出版社，1998 年。

〔69〕陕西省考古研究所等：《宋代耀州窑》第 61、65、67 页，文物出版社，1998 年。

〔70〕北京大学文博学院考古系等：《观台磁州窑》第 23 ~ 34 页，文物出版社，1996 年。

〔71〕北京大学文博学院考古系等：《观台磁州窑》第 23 ~ 27 页，文物出版社，1996 年。

〔72〕陕西省考古研究所等：《宋代耀州窑》第 87 页、第 88 页，文物出版社，1998 年。

〔73〕北京市文物研究所：《北京龙泉务窑址发掘报告》第 44、50、52 页，文物出版社，2002 年。

〔74〕陕西省考古研究所等：《宋代耀州窑》第 61、74、77、79、84 页，文物出版社，1998 年。

〔75〕北京大学文博学院考古系等：《观台磁州窑》第 449 页，文物出版社，1996 年。

〔76〕河南省文物考古研究所：《宋宝丰清凉寺汝窑址 2000 年发掘简报》，2001 年第 11 期。

〔77〕北京大学文博学院考古系等：《观台磁州窑》第 28 页，文物出版社，1996 年。

〔78〕陕西省考古研究所等：《宋代耀州窑》第 66 页，文物出版社，1998 年。

〔79〕陕西省考古研究所等：《宋代耀州窑》第 76 页，文物出版社，1998 年。

〔80〕北京市文物研究所：《北京龙泉务窑址发掘报告》第 48 页，文物出版社，2002 年。

〔81〕北京市文物研究所：《北京龙泉务窑址发掘报告》第 43 页，文物出版社，2002 年。

〔82〕陕西省考古研究所等：《宋代耀州窑》第 75 ~ 79 页，文物出版社，1998 年。

〔83〕咸阳地区文物管理委员会：《旬邑安仁古瓷窑遗址发掘简报》，《考古与文物》，1980 年第 3 期。

〔84〕颜劲松：《唐宋时期四川馒头窑及其装烧技术的探讨》，《成都考古研究》，科学出版社，2009 年。

第 七 章

元代制瓷中心移往景德镇

元帝国的建立，结束了宋、金、西夏三方对峙的分裂局面，统一了国内市场，促进了商品经济的繁荣，刺激了手工业的发展。元代曾提倡农业，早在元初就诏修《农商辑要》，主张推广种棉，育蚕缫丝也相当发达。元帝国重视对外贸易，在未建国前，就与西域、阿拉伯国家进行贸易。统一全国后，即在泉州、庆元、上海、澉浦等处设立市舶司，终元一代，官营和民营的海外贸易都十分发达。外贸商品需要的增加，必然促使各类手工业生产的进一步发展。在统一的元帝国中，由于民族众多及其相互交流，给传统的中国制瓷技术增加了若干新因素。

元帝国虽然存世时间较短，但从中国窑业布局和制瓷技术发展的角度看，它处于一个极为重要的转折时期：一方面，由于蒙古军队在征服金和南宋的战争中，实行"拔城必屠"的野蛮政策，许多地区和城池都遭到了蒙古军队的血洗，而使当时的南北名窑（除了景德镇窑场外）几乎都遭受到致命的打击。尽管立国后的元帝国一度开放海禁，随着海外出口所需，元代窑业得以复苏，然而，当时的龙泉窑、钧窑、磁州窑等由于能工巧匠的流失，加之出于海外出口的需要，过分追求产品数量，而忽视产品质量，不少窑场在技术上步入下降的通道。另一方面，由于景德镇地处偏僻的皖赣山区，交通闭塞，非兵家必争之地，所以当国内各大著名窑场蒙受战火洗劫时，景德镇却安然无恙。在元朝忽必烈与南宋王朝的军事对抗中，景德镇不仅没有遭到战祸的侵扰，相反，倒成为收纳各地能工巧匠和廉价劳动力的天然场所。加之元政府在景德镇先后设立了"浮梁瓷局"和"御土窑"以及景德镇至正型青花瓷、釉里红、高温蓝釉、戗金五色花等名瓷的问世，中国古代制瓷中心也就开始逐步移往景德镇。

景德镇等南方多数窑场依然单用瓷石一种原料制胎。龙泉青瓷则继承南宋工艺传统，采用瓷石掺和紫金土制胎。北方彭城磁州窑等窑场采用高铝质黏土掺和熔剂性原料制胎。哥窑坐落在杭州凤凰山下，制胎原料出自窑场附近的矿区。元代窑场的淘洗池和沉淀池的面积缩小，但是配套的淘洗池、沉淀池的数目增加，从而增加了原料淘洗的次数，有利于原料的细腻度和可塑性的提高。

元代景德镇窑场制釉的一项重要贡献是：改变了宋代采用胎泥与釉灰配伍制釉的传统做法，而改用"釉泥"与釉灰配伍制釉。元代灰—碱釉的革新主要立足于减少釉灰的用量，增加釉泥的用量。元代霍州窑白瓷碱—灰釉采用闻喜长石和石英、大同砂石及木灰等为原料。元代钧釉窑变的形成，除了沿用宋代传统工艺外，还与色料中的钴、铜、铁含量的配置，以及在使还原比值增大的还原气氛中烧成有关。

浙江江山碰河窑、云南玉溪和建水窑出产青花瓷均以国产钴土矿为色料。景德镇至正型青花瓷和非至正型青花瓷所用色料均为“进口钴料”。景德镇创烧的釉里红色料的主要原料为铜花，色料中所含的微量元素砷可能是铜料中带来的。鹤壁集窑高温釉上黑彩以斑花石为彩料；衢州窑高温釉上彩料用铁矿石细料加少量釉料配成；龙泉窑高温釉上“点彩”乃是用笔蘸紫金土的釉浆点饰而成。耀州窑釉中彩是在涂了化妆土的素坯之上施一层薄釉浆，再在上面蘸色料画花，最后通体上釉，入窑高温烧成。龙泉窑的印花有阴纹细线条、阳纹细线条、阳纹凸花和露胎凸花等四种技法。龙泉窑的贴花主要有施釉贴花和露胎贴花两种技法。

元代景德镇等窑场的日用粗瓷一般采用涩圈叠烧法或支圈组合覆烧法；较为精细的瓷器多用一匣一器的仰烧法。元代浙江地区窑场多沿用南宋官窑和龙泉窑的裹足刮釉装烧工艺。元代龙窑由于前部和中部为最佳烧成地带，因此，精细瓷器装匣置放于龙窑前部和中部，普通粗货制品裸烧并安放在窑室的后部。

元代龙窑的窑体长度和弧度趋于规范，火膛面积也渐趋一致。投柴孔用砖坯砌成方斗形，窑尾烟火柱墙一般由 5 ~ 7 列匣钵柱构成若干个烟火孔。元代分室龙窑主要采用斜坡式的形制。火膛呈凸字形或半月形。窑室的长度比宋时增大，底部均铺沙，每一间窑室都开设窑门。火厢由两堵隔墙（挡火墙）构成。隔墙一般从底部砌叠至窑顶，每一隔墙下部有若干个通火孔。元代马蹄窑容积相对稳定，且容量较大。火膛底部形制均为扇形。炉栅的构建主要有两种式样：一是在火膛底部向下挖建灰坑；二是在火膛中建三道灰渣墙，在灰墙之上覆扣筒形匣钵残片，其上再密密地搭上特制的炉条。排烟装置则有四种类型：一是窑尾后面的两个烟囱之间的隔烟墙上安装一个方形小吸烟孔，火膛内的火焰和烟气通过吸烟孔导入烟道墙排出；二是烟囱下部与烟道相连；三是在挡火墙与烟囱相连接的排烟孔中塞有砖头和残匣钵片用来调节排烟量；四是烟道分两部分，穹形烟室有三个烟孔相通，内室空间大，可以保证充足的氧气，使窑膛火候均匀。元代景德镇出现的葫芦窑的主要特点是腰部内收，窑床平面形状犹如卧地葫芦。

第一节　元代景德镇官窑与其他地区名窑

入元后，中国制瓷中心开始移往景德镇。元朝皇帝大约在至治到泰定年间（1321—1327 年）在景德镇设置御土窑。元代御土窑故址可能在景德镇湖田窑，产品主要为“枢府”卵白釉瓷。元代景德镇至正型青花瓷、釉里红、戗金五色花以及高温蓝釉的问世，展示了景德镇窑业的创新能力。元河北保定窖藏等出土的蓝釉描金折枝花朵云纹匜、蓝釉金彩酒杯和蓝釉金彩盘，呈宝石蓝，十分纯正，代表了元代景德镇高温蓝釉的烧造水平。终元一代，只有龙泉窑青瓷、钧窑窑变、磁州窑彩瓷和德化窑白瓷等部分产品能和景德镇窑相抗衡。

元代龙泉窑产品器型高大、胎骨厚重、釉层变薄，釉色青中泛黄，瓷器美化主要靠刻、划、印、堆、贴等技法。元代哥窑坐落在杭州凤凰山下。元代前期钧窑器的釉色变化丰富，天青釉的器物有所减少，月白色的器物出现得越来越多，还有紫蓝色、褐绿色等颜色的。元代后期钧釉器数量减少，釉层厚，流动性强，普遍有垂釉、积釉现象。釉色以偏紫色的为多，有少量美丽的深紫蓝色釉。元代磁州窑铁锈花纹饰趋于草率简陋，产量却有所增加。

一、浮梁瓷局和御土窑

元世祖忽必烈在统一中国的前夕——至元十五年（1278 年），在景德镇设置浮梁瓷局。但是，元初设置的“浮梁瓷局”使命庞杂，不仅掌烧造瓷器，而且还要负责“漆造、马尾、棕藤、笠帽等事”[1]。关于元代“浮梁瓷局”的有关窑业活动，史载不详。至迟在至大四年（1311 年）就被撤销了[2]。

浮梁瓷局撤销之后，蒙古皇帝至迟于至治泰定年间（1321—1327 年）在景德镇设置御土窑。御土窑由中央皇朝直接管理，“每岁差官监造器皿以贡”。御土窑的制胎原料由官方控制，“烧罢即封，土不敢私也”[3]。元代至治、泰定年间的浮梁州知州涂济亨于泰定乙丑年（1325 年）写的《浮梁州志·序》，则记载了饶州路总管段廷圭于至治年间奉命督陶一事：“余出守是州之二月，郡刺史清泉段公蒙旨董陶至州。”[4]至顺二年七月，镇江等处稻田提举堵闰又“奉命督陶器于饶”[5]。

元代御土窑的产品主要为“枢府”卵白釉瓷。元代学者孔齐《至正直记》卷四“窑器不足珍”谈到御土窑产品的特征时写道：“表兄沈子成自余干州归，携至旧御土窑器径尺肉碟两个，云是三十前所造者，其质与色绝类定器之中等者。”明曹昭著、王佐增补《新增格古要论》卷七《古饶器》条：“御土窑者体薄而润”，“元朝烧小足印花者，内有‘枢府’字者高。”[6]清蓝浦著、郑廷桂补辑《景德镇陶录》卷五“景德镇历代窑考”则明确记载“枢府窑，元之进御器”；“亦有戗金五色花”。“各名式器内皆作‘枢府’字号。当时民窑亦仿造，然所贡者俱千中选十，百中选一，非民器可逮”[7]。

考古发掘资料表明，元代御土窑故址可能在景德镇湖田窑。这是因为湖田窑刘家坞所遗留的元代御土窑产品——枢府瓷堆积中，以印花四爪、五爪龙纹高足杯为大宗，兼有素面竹节形高足杯，大圈足薄砂底的素面碗、盘以及带“枢府”字款的印花折腰碗和小足盘。器物的造型总的说来相当规整，胎色洁白，胎骨细腻。高足杯内壁模印的云龙纹均作二龙同向追逐状。高足杯内底常见六瓣团花，或团花外环绕八大码或杂宝图案。带“枢府”字款的印花折腰碗和小足盘内壁的印花均为六方连续的缠枝番莲或牡丹。“枢府”两字字体端庄秀丽[8]。在枢府瓷中，除了“枢府”字样外，还有“太禧”、“福禄”、“福寿”、“寿”、“福”等铭文。北京故宫博物院收藏的“太禧”铭印花云龙八宝纹枢府釉瓷盘，北京大学赛克勒考古与艺术博物院收藏的“太禧”铭印花云龙八宝纹枢府釉瓷盘，都为御土窑产品。

二、元代景德镇名瓷

元代景德镇烧造的名瓷主要有青白瓷、黑瓷、蓝釉瓷、青花瓷、釉里红和釉下黑彩以及戗金五色花等。

（一）青白瓷

青白瓷在元代不仅是重要的出口产品，而且也是内销的主要品种之一，特别是景德镇烧造的青白瓷，有较大的市场份额。对此元代蒋祈的《陶记》有明确记载：“江、河、川、广，器尚青白，出于镇之窑者。”[9]元代早期景德镇青白瓷继承南宋传统，显得光致茂美。到了元代中后期则与宋代所造有所区别：首先，元代青白瓷器物胎体普遍增厚，宋时那种具有透影性的薄胎器物很少见到。其次，宋代青白瓷釉面青中闪白，白中闪青，而元代中期青白瓷的青色比重增大，到晚期或泛青或泛白。再次，宋代青白瓷的刻划花，所刻线条有宽有窄、有深有浅，因而在刻划深处积釉较厚而呈青绿色，刻划浅处釉层较薄而呈浅淡青色或近似白色。元代中后期青白瓷由于胎厚，釉质不如宋代清澈润泽，一些粗器釉面青白间还往往泛黄色，因而多用镂雕或堆贴花等技法。元代青白瓷的器形则比宋代增多，除常见的碗、盘、瓶、罐、炉、枕外，新添有扁形执壶、葫芦形执壶、匜、笔山、多穆壶、动物形砚滴等。有些前代有的器形，例如瓶，形制变化也多，其中以瓶口论，有敞口瓶、洗口瓶、直口瓶、撇口瓶、花口瓶。以瓶身论有瓜棱瓶、连座瓶、玉壶春瓶、琮式瓶、扁方瓶、八棱瓶、梅瓶、枇杷式方瓶、狮纽盖瓶及塔式盖瓶等。以瓶耳分，有摩羯衔环耳瓶、S形耳瓶、兽面衔环耳瓶、云头式耳瓶、戟形耳瓶、龙首衔环耳瓶等。从总体来说，元代景德镇青白瓷不如宋时精美。

（二）黑瓷

元代景德镇湖田窑出土的黑釉瓷釉色偏黄褐，即蒋祈《陶记》所云：“浙之东西，器尚黄黑，出于湖田窑者也。”[9]元代湖田窑刘家坞遗址出土的黑釉瓷，制作比较粗糙，坯体不经打磨，明显可见轮状修胎痕，挖足草率，一般施釉不到底[8]。元代景德镇湖田窑龙头山遗址存留的黑釉器堆积，且大多粘边窑渣和匣钵，其釉色偏黄褐，釉面常见棕眼及缩釉现象，釉层较薄，胎质粗松，胎色或白或灰，器形较单一，以高足杯和浅盏最多[10]。

（三）蓝釉瓷

用钴着色的陶器，最早见于唐三彩，不过那是钴在低温铅釉中的呈色，唯有绮丽之感，缺乏沉着色调。景德镇窑场在元代烧成高温蓝釉瓷，釉色纯净明亮，犹如蓝宝石。元代出土和传世的蓝釉瓷器较多。从造型看，主要有壶、瓶、碗、盘、匜、高足杯等。20世纪80年代，安徽歙县元代窖藏出土的“蓝釉爵杯”，釉腴润而色艳，蓝如宝石[11]。元代高温蓝釉往往和金彩装饰相结合，例如，河北保定元代窖藏出土的三件蓝釉瓷器中，有碗、盘、匜，皆带金彩装饰[12]，其中蓝釉描金折枝花朵云纹匜（彩图15），通体施钴蓝釉，器内绘金色流云、折枝花叶纹，蓝釉晶莹，闪烁着蓝宝石般的光泽，配上夺目的金彩，交相辉映。有的高温蓝釉器上缀饰白花装饰，其做法是在坯体上先堆贴雕刻好的图案，然后把纹样遮住，全器喷施钴蓝釉，待其干后，通体用透明釉覆盖，最后入窑高温一次烧成，白花在蓝釉映衬下非常悦目。扬州博物馆收藏的蓝釉梅瓶，以蓝釉为地，镌刻白釉龙纹盘绕在器腹，犹如蛟龙在深蓝大海中翻腾奔吼。

（四）青花瓷

元代前期青花瓷和元代中期的一部分青花瓷，仅用青料作点缀，但工艺不成熟。发色明艳的绘画性装饰“至正型”青花是在元代晚期出现的，主要用于外销，元代景德镇烧造青花瓷器的窑址分布较广。

考古发掘资料表明，元代前期景德镇青花瓷，仅用青料作点缀。例如，浙江杭州前至元十三年（1276 年）墓出土的三件青白釉观音坐像，在其发、眼、眉及服饰的突出部位，用青花和褐彩描绘，胸部如意头纹蓝色可见[13]。

元代中期青花因袭前期工艺传统，依然用青料作点缀，如江西丰城发现的 1338 年的墓出土的塔式四灵盖罐，在堆塑纹样处用青料点缀，刻划轻处为蓝灰色，重处为褐色。同墓所出楼阁式瓷仓也是用青料点缀或书写，刻划均匀者为蓝灰色，重处为褐色[14]。正因为元代中前期青花工艺尚未成熟，所以元代中期至治三年（1323 年）之后的不久，沉没于韩国新安海底的中国元代沉船[16]内打捞出 20850 件瓷器[17]，内中有全国各大窑口的瓷器，唯独不见一件青花瓷。

1928 年，英国戴维德爵士得到带有元至正十一年（1351 年）题记的青花云龙纹象耳瓶。该瓶高 63.6 厘米，瓶身主题纹饰为四爪龙，自口、颈、肩至底足，共有八个层次的图案装饰，顺序为缠枝扁菊、蕉叶、飞凤灵芝、缠枝莲、四爪云龙、海涛、缠枝牡丹和覆莲杂宝。其颈部有题记："信州路玉山县顺城乡德教里荆塘社奉圣弟子张文进喜舍香炉花瓶一副，祈保合家清吉，子女平安。至正十一年四月良辰谨记。星源祖殿，胡净一元帅打供。"英国学者霍布逊于 1929 年在英国一本杂志上所发表的《明朝以前的青花瓷》（Blue and White Porcelain before the Ming Dynasty）提到此瓶[18]。20 世纪 50 年代初，美国学者波普（John Alexander Pope）根据这对带有元至正十一年（1351 年）题记的青花云龙纹象耳瓶（现藏英国戴维德基金会【David foundation】），对照伊朗阿特别尔寺和土耳其托布卡比博物馆所藏青花云龙纹瓶进行深入研究，出版了两本著作[19]，书中以此瓶为标准器，把凡是与此相类似的青花瓷器都定为"至正型"，从而在传世的青花瓷器中，辨认出一大批中国元代青花瓷器来。与此瓶相类似的元青花，除上述伊朗阿特别尔寺和土耳其托布卡比博物馆外，近年在印度托古拉古宫殿也出土了一批大器。此外，菲律宾和印度尼西亚等国也都有元青花出土，说明这类青花瓷应是元代输出的外销瓷[20]。

但是，国内带纪年墓葬出土的一些"至正型"元青花，大多出自明洪武朝墓葬。例如，"至正型"元青花萧何月下追韩信图梅瓶，出自南京江宁明洪武二十五年（1392 年）沐英墓[21]；"至正型"元青花牡丹莲菊纹兽耳衔环大盖罐，出自江苏淮安颜年村一座明墓[22]；"至正型"元青花牡丹莲杂宝纹兽耳衔环大盖罐，出自明洪武二十八年（1395 年）汤和墓[18]。由此笔者推测，"至正型"青花瓷的烧造，可能从元代晚期至正十一年（1351 年）前后启动，沿至明洪武年间。"至正型"青花瓷器流散到海外，也大致在此期间。

"至正型"元青花（彩图 16），瓷胎色泽不够洁白，器底多有砂眼、刷痕或铁质斑点，底足及缩釉露胎处呈现火石红色。较大的器物接口旋削较为草率，用手抚摸多凹凸不平。碗、把杯、碟的底心露胎处，多有一脐状凸起（俗称鸡心底）。"至正型"元青花的釉色白微青，光润透亮，器物接痕处釉面凸起，多数器底不施釉。青花料青翠披离，光彩焕发。

据考证，最早一幅绘有中国元青花瓷器的伊斯兰细密画，是以巴格达为首府的贾拉伊儿王朝（Jalayirid dynasty，1336—1432 年）宫廷画师朱奈德·纳夸什

(Junayd Naqqash) 于 1396 年为诗人赫瓦朱·凯尔马尼 (Khwaju Kermani) 的诗集画的一幅表现宴会场景的画，画中桌上放有三个玉壶春瓶，两旁是元青花装饰，中间的一件饰以蓝釉白龙纹[19]。既然贾拉伊儿王朝宫廷画师朱奈德·纳夸什创作此画的时间是在 1396 年（相当于明洪武二十九年），那么由此也从侧面说明，中国“至正型”青花瓷器进入中东是在元末明初。

出土实物资料还表明，元代景德镇在优质瓷胎上烧制成功了孔雀绿釉釉下青花的新品种，近年在印度尼西亚苏拉威西中部的邦盖 (Banggai, Central Sulawesi) 出土了一件元代典型的孔雀绿釉釉下青花玉壶春瓶，瓶的腹部主题图案为莲池水禽画面，颈、肩和底部的仰覆莲及颈部的蕉叶纹都是元代典型画法[20]。

景德镇元代烧造青花瓷器的窑址分布甚广，除了湖田窑、珠山周围主要窑场外，还在景德镇市内落马桥、观音阁、赛宝坦、新华印刷厂、艺术瓷厂、毕家上弄等处都先后发现了烧制元青花瓷的窑业遗存。

（五）釉里红和釉下黑彩

釉里红用还原铜显色，在釉下绘画纹样，在高温还原气氛下烧成，成瓷后，红色花纹在釉下。由于铜红对窑室烧成气氛的要求十分严格，烧成难度极大。至迟在元代中期，景德镇才创烧出釉里红瓷器，因为江西丰城发现了 1338 年的塔式四灵盖罐，该器在堆塑纹样处用青料和釉里红点缀，釉里红呈色浅者为紫红，深者为褐色。同墓所出瓷俑，衣帽用釉里红涂饰，但颜色红褐不匀，浅者鲜红，深者紫红或红褐色[11]。

韩国新安海底中国元代沉船内打捞出来的元代釉里红诗盘，在修好的盘坯上，先刻相向的梧桐叶两片，叶脉、叶筋清晰可见，在两片叶片上用铜红各书五言诗一句：“流水何太急，深宫尽日闲”，后施透明釉罩盖，最后在梧桐叶上，用铜红各点数点。在装烧过程中，红点渐次渗入釉中并晕散，使梧桐叶成为红色[21]。因此，由上述沉船内打捞出来的元代釉里红诗盘表明，元代中期景德镇釉里红瓷器确已问世。

元代景德镇创烧的釉里红瓷器，一般呈色不太稳定，多数是青白釉红斑器，少数则发赭褐色。绘画纹饰比较简单，色泽也无浓淡之分，只有一个比较浓重的色阶，纹饰线条常见晕散。胎质多呈灰白色，釉面以青白釉为主，器面有明显的旋削痕和接痕，器底无釉处呈火石色。常见元代釉里红器形有罐、瓶、壶、盘、高足杯、匜等。元代景德镇创烧的釉里红是在前世釉下彩和铜红釉的基础上演变过来的，它的出现和发展为明、清景德镇颜色釉瓷的繁荣奠定了技术基础。

元代景德镇还烧造过釉下黑彩。这种装饰是以氧化铁为着色剂，在坯体上绘画，然后施盖透明釉，在高温下一次烧成的釉下彩瓷。韩国新安海底元代沉船第八次打捞时，发现十多件景德镇釉下黑彩盘，绘有犀牛、鹿、兔、人物、花卉等[27]。

（六）戗金彩

元代景德镇创烧的戗金彩是指戗金与釉上彩相结合的一种瓷器装饰。这种装饰技法多用于卵白釉枢府瓷，并与堆花技术相结合。其纹样主要有栀子花、梅、莲瓣、杂宝、卷枝、牡丹、龙、凤、梵文和阿拉伯文等。釉上色彩有绿、孔雀蓝、黄、红、白，另外还有金。其中孔雀蓝的色泽鲜艳而较亮丽；红色接近于紫酱色，有的接近于黑色，蓝、白、黄显得较为平和[28]，但色彩易剥落。1992 年，内蒙古自治区乌兰浩特市郊窖藏出土了一件元代戗金彩高足杯[29]。近年来，上海博物馆征集入藏了 6 件戗金彩瓷，器型有高足碗（2 件）、盘、碗、三足炉、玉壶春瓶等[28]。清代学者蓝浦、郑廷桂的《景德镇陶录》卷五称其为“戗金五色花”[7]。明代学者曹昭著、王佐增补《新增格古要论》卷七则把这种装饰呼之为“青黑色戗金”[6]。

三、龙泉窑

元代龙泉窑产品器型高大、胎骨厚重、釉层变薄，釉色青中泛黄，瓷器美化主要靠刻、划、印、堆、贴等技法。

元代青瓷外销的主要品种为龙泉窑所产。元代汪大渊《岛夷志略》记述元瓷外贸时，多次提到“处州瓷”、“处瓷”和“青处器”[30]。龙泉窑在元代归处州所辖，《岛夷志略》中的“处州瓷”、“处瓷”和“青处器”即指龙泉青瓷。1975 年韩国新安附近海底沉船中打捞出 20850 件中国元代瓷器，其中完整的龙泉青瓷就有 10652 件[17]。随着外销的急需，元代龙泉窑场不断扩展，仅在龙泉大窑周围就有五十多处。元代龙泉窑系也颇为繁荣，龙泉东部到丽水县的瓯江两岸，元代窑址密集，窑场总数超过 200 处，浙江西南部几个县共发现 300 多处。其中元朝窑址即占 200 多处[31]。

元代龙泉窑青瓷一改南宋龙泉青瓷的风采，器型高大，胎骨厚重。大盘、大瓶、大罐、大壶、大碗，形制之大，前所未见。龙泉大窑元代青瓷窑址出土的花瓶，通高 1 米左右，瓷盘口径达 60 厘米[32]，也有精致秀美的小件物品，如器高 10 厘米左右的小罐、小壶、小瓶、小砚滴、小杯等；其次，造型丰富，例如，瓶的器型就有葫芦式瓶、玉壶春瓶、梅瓶、环耳瓶、双系扁瓶、连坐琮式瓶、八方瓶、连坐式瓶、长颈瓶、觚式瓶、蒜头瓶等；再次，元代龙泉青瓷由于胎体厚重，釉层变薄，常常只上一次釉，釉色青中泛黄，无法以釉色之美取胜，瓷器美化主要靠刻、划、印、堆、贴等技法，同时还大量使用褐色点彩、镂雕、刮釉贴花、模印贴花和露胎贴花等手段来美饰器面，其中以露胎贴花运用最为成功，即在瓶腹部或盘心部位，先模印或贴塑纹饰，这些纹饰不上釉，烧成后，露胎部位呈现一种火石红色，与周围青釉相映成趣。

四、哥窑

一般认为哥窑始创于宋，但较为确凿的记载却是到了元代才看到的。元孔齐《至正直记》卷四“窑器不足珍”载：“乙未（元至正十五年，1355 年）冬，在杭州时，市哥哥洞窑器者一香鼎，质细虽新，其色莹润如旧造，识者犹疑之，会荆溪王德翁亦云：‘近日哥哥窑绝类古官窑，不可不细辨也。’”[33]文中所说：“哥哥洞窑”和“哥哥窑”，即是中国陶瓷史中所说的哥窑。这段记述表明，元代哥窑在元晚期至正年间，仿造南宋官窑器，而且仿得惟妙惟肖。明曹昭《新增格古要论》卷七也记述了元代哥窑器：“旧哥哥窑出……色青，浓淡不一，亦有铁足紫口，色好者类董窑。今亦少有。成群结队者，是元末新烧，土脉粗燥，色亦也不好。”曹昭在这里虽然没有指出哥窑所在的位置和烧造青瓷的上限时间，但是他不仅阐明了哥窑烧造青瓷的下限时间，而且还指出了哥窑青瓷的特征：“色青，浓淡不一”，“亦有紫口铁足”[6]。

据报导[34]，杭州老虎洞南宋官窑遗址第四期为元代地层，出土了哥窑器，器型有碗、盘、洗、瓶、炉、鸟食罐等，尤其以洗、炉等文具和陈设瓷为多。流行花瓣口和瓜瓣腹，器物大多形制较小，应是日用品。胎质主要有两种，数量较多的是较淡的褐色胎，另外还有相当部分为近黑色的黑褐色，还有少量呈棕色或赭褐色，胎质均较粗。釉色是灰青色或青泛黄色，少量呈黄色，且釉色不够统一、匀净，釉的玻璃质感较强，釉面多布满繁密的小块开片，也间杂一些较大块或长条状开片，小块开片多呈金黄色或淡黄色，有大块或长条形开片的则呈褐黑色。器物的胎体一般较厚，釉层较薄，以厚胎薄釉式为主。裹足支烧，成为最常见的方式。裹足刮釉工艺较精致，尽管刮去的釉面较大，但刮釉很规整。另外碗、盘类器物有些采用涩圈叠烧法，制作较粗率，表明这时老虎洞窑有精粗两类产品。窑具以五头或四头的片状支钉为主，这些支钉中有许多印有老虎纹或八思巴文字。发掘者选送部分样本到中国科学院上海硅酸盐研究所进行测试研究后得出结论：北京故宫博物院提供的所谓传世哥窑和元大都出土的哥窑型瓷片胎釉的化学组成和显微结构都与杭州老虎洞窑元代堆积层出土瓷片胎釉的化学组成和显微结构比较接近，研究者由此认定：传世哥窑是在老虎洞窑元代时烧造的制品[35]。高濂《燕闲清赏笺》也载：“哥窑烧于私家，取土俱在此地（指杭州凤凰山下）。”[36]

五、钧窑

相当于宋代后期到元代前期的禹县刘家门钧窑故址，素烧器仍是出土遗物中数量最多的品种，占78%，青釉器占14.5%，钧釉器占2.2%，白釉器占2.2%，黑釉器占2%。其中白釉瓷器的生产十分兴旺，有碗、盘、罐、瓶等，白地黑花器大量出现，以内壁饰一粗二细的三道环纹和草叶、游鱼、诗文等纹样的碗最多，还有一些红绿彩器。黑瓷的数量也大大增加，主要器物有碗、盘、罐、瓶等。其中碗、盘类器物的腹壁变得通体斜曲，弧度不大，圈足变小，足墙多外撇，圈足大多变得宽厚，且挖足较粗，足心出现脐底。器物变得胎体厚重，胎质也比较粗糙，杂质多。

钧釉器釉色变化丰富，天青釉的器物有所减少，月白色开始较多出现，还有紫蓝色、褐绿色等，釉色变幻多端，釉的流动性很强，一件器物上不同部位也会因釉层的厚薄和烧成因素的不同而呈现出多种色彩，过渡部分还常有白色或灰蓝色的针状结晶，即所谓兔丝纹。釉层较厚且不匀，乳浊感强，釉面光亮，多密布小棕眼，器物流釉、积釉现象较多。在大中型香炉的颈部和腹部、大瓶的腹部等较大型器物上开始出现堆贴花装饰。碗、盘的内壁和罐上带紫红斑的器物增多。青釉器的釉色多深绿中泛黄，釉色多白灰色，白中泛黄，釉中还杂有许多黑色杂质，光泽暗淡。

元代后期，禹县刘家门钧窑故址，素胎器占61.4%，青釉器占31.1%，钧釉器占6.9%，白釉、黑釉器的数量减少。器类变得单调，且主要是变化较小的碗、盘类器物，另有少量大个的香炉、梅瓶和连座瓶等。在器型上，碗、盘的腹壁多数呈斜直稍外鼓的形态，圈足相对比前期规整，有脐底的不多，但大部分足底有一外高内低的斜面。钧釉器的釉层厚，流动性强，普遍有垂釉、积釉现象。釉色以偏紫色的为多，有少量美丽的深紫蓝色釉。正天青色的少见，且色泽较沉暗。有相当数量的月白色釉，釉面有明显的白色和天青色交融、流淌状。另有灰蓝、灰绿、灰赭等色的钧釉。同一件器物上的釉色也深浅各异，釉面光亮，但不够细腻，多有大大小小的棕眼。青釉器的釉色有两种，一种是深绿发黄，不开片，釉光暗晦；另一种是呈浅淡的青绿色，透明度和玻璃质感都很强。香炉、瓶等大型器物上较多地采用堆贴花装饰。紫红斑比前期减少[37]。

六、磁州窑

元代磁州窑白釉剔花瓷器的生产急剧衰落，精致的仿定瓷也逐渐停烧。然而，磁州窑的白釉黑花（铁锈花）瓷器的烧造数量比前朝大为增加，成为最为风行的装饰手法，其产品在元大都，甚至在元代的宫城里也有发现。另外，韩国新安海底元代沉船和辽宁绥中海底元代沉船都打捞出了元代磁州窑瓷器，这就表明，磁州窑在元代的传输范围较为广远[38]。元代北方地区的一些窑场，例如，元代耀州窑、汝窑、定窑、钧窑等都在烧制这类瓷器。

宋、金时期的磁州窑白釉黑花装饰较多地用于各种瓶、罐类的琢器；元代磁州窑白釉黑花装饰则大量用于碗、盘类的器物上，具体纹饰出现两种变化趋势，一是用于碗、盘和部分盆内的纹饰变得简单、草率，大多数是双环纹、草书文字和一些简单的散草纹；另一种是用于盆、瓶、罐和枕上的纹饰，比前期变得复杂繁缛，花纹多用细线表示，纹样规范，画风比较细致。特别是瓷枕装饰，堪称图解元杂剧的宝库。尽管现在还不能解读多数器物上所表现的故事，但是，已经知道有“邯郸梦”、“西游记”、“陈桥兵变”、“三顾茅庐”、“昭君出塞”、“文姬归汉”等戏曲和故事。此外还有一些表现仙人和其他一些不明内容的人物故事。另外，很多枕面上还书写长篇的赋、诗文、大曲以及大场面的山水人物画[39]。

七、瓷器文献

元代比较重要的瓷器文献有孔齐《至正直记》和蒋祈《陶记》。《至正直记》的作者孔齐，字笔素，号静斋，曲阜人。其父退之为建康椽（县吏），孔齐随父定居溧阳县，元末避战乱迁居福建四明县，仕历不详。《至正直记》乃是孔齐元末避战乱期间所见所闻的笔记性的著述。书中多次记述了元代窑业，特别是关于元代景德镇御土窑及其产品、管理制度和元代哥窑产品等事实，成为研究元代窑业的重要史料。

《陶记》的作者蒋祈生平不详。《陶记》是通过《浮梁县志》流传下来的记述景德镇窑业情况的第一篇专文，也是世界上最早的瓷器专著，文中对当时景德镇窑场的制胎、制釉、装饰、窑炉、产品、市场、税制等都作了比较具体的记述。但是康熙二十一年版《浮梁县志》刊载此文未注明其写作时代，乾隆七年《浮梁县志》刊载此文时注明其写于元代。按照笔者的研究，蒋祈《陶记》的下限可到元代，理由如下：一是，《陶记》中的“州家”，具有著于元代的历史烙印。浮梁地区自建县以来，历来称为“浮梁县”，只有在元代改为“浮梁州”，《陶记》把浮梁地区政府称为“州家”，乃是元人对地区政府称谓的习俗。二是，《陶记》把河北曲阳窑烧造的“红瓷”称为“真定红瓷”。河北曲阳在宋代为“定州”所辖，所以宋人把曲阳窑称为“定窑”，把曲阳窑烧制的“红瓷”称为“定窑红瓷”。入元后，河北曲阳由于隶属于“真定府”，故元人把河北曲阳窑称为“真定窑”，把河北曲阳窑烧造的“红瓷”称为“真定红瓷”。三是，《陶记》把“景德镇”称为“景德”，显示了其著于元代的印痕。这是因为，景德镇自宋真宗景德元年得名之时起，宋代典籍和宋代学者从不把表示地名的“景德镇”，简称为“景德”。例如，《宋会要辑稿》中的《食货五六》记载：绍兴五年“四月五日，户部言臣僚上言：‘请仿景德会计录，自绍兴元年至四年为率，以每岁所入之数列之于前，却以今岁之量入为出’”。文中“景德”指北宋真宗景德年号，即景德年间（1004—1007年）。又如，南宋学者洪迈《夷坚志》乙卷：“淳熙元年（1174年）夏，浮梁景德镇渔者设网于鄱江”。文中把“浮梁县”简称为“浮梁”，但对景德镇却不简称，而是书其全称。同书多次谈到“景德镇”这一地名时，均称其全称。入元以后，元代典籍，例如《元典章》等，才把景德镇简称为“景德”。蒋祈在《陶记》中也把“景德镇”，简称为“景德”，表明它不可能著于宋代，而必定写于元代或元代以后。又因《陶记》文中未涉及到明代的事物，由此可知其必定写于元代。四是，《陶记》所载“浙之东西，器尚黄黑，出于湖田窑者也”，也表明它必定写于元代。这是因为景德镇湖田窑出产黄黑釉瓷是在元代的事情，而且元代景德镇湖田窑烧造黄黑釉瓷的窑址也被考古学家发现了。据江西省考古研究所公布的考古发掘报告称：湖田刘家坞窑址北面围墙外遗址出土的元代“A型黑釉碗，内壁半腰有一周突棱，小平底，内满釉，外壁半釉不到底，只口沿下有釉，釉色黄褐；B型黑釉碗，斜弧腹，饼足，外壁施釉不及底，内底环形一圈刮釉，留下叠烧痕；C型黑釉碗，深弧腹，饼足，外壁施釉不及底；D型黑釉碗，浅弧腹，内底心隆起，饼足，外壁施釉不及底；E型黑釉碗弧腹，内壁近颈部有一周突棱，内底有环形涩圈，留下叠烧痕，饼足，外壁施釉不及底”[8]。在古文献断代研究中，只要发现和确证了其下限的一个证据，即可确认该文献的著作年代，何况《陶记》文中存在多个著于元代的历史印痕，可见蒋祈《陶记》必定著于元代。

第二节　制胎原料与成型技术

元代景德镇、衢州、玉溪、建水等南方窑场烧造的瓷胎的化学组成、显微结构都表明：它们依然单用瓷石一种原料制胎。元代龙泉青瓷则继承南宋工艺传统，依然采用瓷石掺和紫金土制胎。元代北方彭城磁州窑等窑场继承宋代制胎工艺传统，采用高铝质黏土掺和熔剂性原料制胎，由于其 Al_2O_3 含量偏高、熔剂含量偏低，加之烧成温度偏低，因而导致多数胎体存在不能烧结、胎体吸水率偏高的弊病。

杭州老虎洞南宋修内司官窑故址元代地层出土的青瓷，不仅与南宋修内司官窑青瓷一样，而且，也和北京故宫博物院收藏的传世哥器标本化学组成十分接近，由此证实文献所载：元代哥窑坐落在杭州凤凰山下，制胎原料也出自窑场附近的矿区。

元代景德镇青花瓷器底露胎处呈“火石红”，乃是由于胎中的铁质和可溶性盐类在干燥过程中在露胎处的器底富集，在烧窑结束后的冷却过程中，由于二次氧化所形成的色调。元代窑场原料淘洗在继承了宋代淘洗工艺传统基础上，作了两方面的改进，一是淘洗池和沉淀池的面积缩小，二是淘洗、沉淀池数目增加，这样既便于管理，同时又增加了原料淘洗的次数，更有利于原料的细腻度和可塑性的提高。元代部分窑场的成型工具——辘轳（陶车）的立轴为木质，但是转盘、轴顶碗和档箍等部件则为瓷质。

一、单一瓷石质胎料

元代景德镇、衢州、玉溪、建水等南方窑场烧造的瓷胎的化学组成、显微结构都表明：依然单用瓷石一种原料制胎。

据测试，元代衢州、玉溪、建水、础河窑（除景德镇外）十个标本（表7－2－1，第19～28号）胎中SiO_2平均含量为75.22%；Al_2O_3平均含量为17.28%；四种助熔剂CaO（0.12%）、MgO（0.73%）、K_2O（2.69%）、Na_2O（0.15%）总含量为3.69%。元代景德镇窑场（包括青花瓷、枢府瓷、青白瓷、釉里红瓷）二十六个标本（表7－2－1，第29～54号）胎中SiO_2平均含量为73.28%，Al_2O_3平均含量为19.99%，胎中四种助熔剂CaO（0.31%）、MgO（0.21%）、K_2O（2.85%）、Na_2O（2.17%）总含量为5.54%。元代南方窑场瓷胎这种以高硅、低铝为特征的化学组成与唐、宋乃至夏、商以来的以瓷石质原料制胎的历代瓷器的特征相符。

有学者通过显微结构观察元代景德镇枢府窑瓷胎和元代景德镇青白瓷的研究结果证实：它们两者均是“由石英、云母和少量的长石组成，成瓷所依靠的液相主要由云母类矿物供应，瓷胎的结构是石英、云母残骸分布于玻璃基质之中，这种结构是以瓷石为原料的我国古代南方精细瓷胎的典型代表”[1]。有学者研究景德镇落马桥元代窑址出土的四件元代青花瓷样品显微结构时同样也发现：其“胎主要矿物为石英、长石、云母、铁和少量玻璃相”组成[2]。毋庸置疑，瓷胎的这种显微结构，乃是单独用瓷石为原料制作而成的。另外，元代文献也明确记载，元代景德镇窑场单用（瓷石）一种原料制胎。例如，蒋祈《陶记》：“进坑石泥制之精巧，湖坑、岭背、界田之所产已为次矣。”[3]按照蒋祈《陶记》所载，蒋祈所生活的年代，景德镇烧造瓷器时主要采用“进坑石泥”为制胎原料；湖坑、岭背、界田三地所产制胎原料，已逐渐被“进坑石泥”所取代。元代另一部重要文献——孔齐《至正直记》卷二“饶州御土”条，也记载了当时景德镇采用一种原料制胎：“饶州御土，其色白如粉垩，每岁差官监造器皿以贡，谓之‘御土窑’。烧罢即封，土不敢私也。或有贡余土作盘、盂、碗、碟、壶、注、盏之类，白而莹，色可爱。底色未着油（釉）药处，犹如白粉甚雅，薄难爱护，世亦难得佳者。今货者皆别土也，虽白而垩等耳。”[4]制瓷工艺常识告诉我们，景德镇自古至今从未单独使用高岭土一种原料制胎。当它采用一种原料制胎时，这种原料必定是瓷石，而不是高岭土。这是因为高岭土含铝量很高（Al_2O_3含量高达40%），含熔剂量非常低，如果单独用纯高岭土制胎，即使在1400℃下也难使它致密烧结，所以景德镇窑场历来是把高岭土当作只可供掺和制造之用的一种制胎原料。因此，元代蒋祈《陶记》所载，景德镇窑场采用的“进坑、湖坑、岭背、界田”四处所产制胎原料和孔齐《至正直记》所载景德镇“御土”窑所用的制胎原料的“御土”和“余土”均为瓷石质原料。其中，蒋祈《陶记》所记瓷器制胎原料产地“进坑”，即今景德镇东8.5千米处的“进坑村”，此地至今尚有粉碎瓷石用的水碓等遗存。景德镇陶瓷研究所于1982年9月测试“进坑”铭文碗残片胎的化学组成（表7－2－1，第80号），确证为瓷石质原料“界田”，即景德镇东北34千米处的“界田”村，其南侧4千米处的干坑也产瓷石[5]。蒋祈《陶记》所记的瓷器制胎原料产地“湖坑”（府坑），即今天三宝蓬以东两千米处[5]，此地至今仍产瓷石。而孔齐《至正直记》卷二中所载的“余土”，为景德镇的近邻余干土即余干瓷石。据《中国瓷都·景德镇市瓷业志》载，相传余干瓷石自唐代开始就断续开采，瓷石产地距余干县黄金埠镇周围10千米～20千米的马岭、阳坊、谬坊、渗汤、梅港、塞上、大岭背等处[5]。

元代景德镇湖田窑黑釉瓷标本（表7－2－1，第55号）胎中的四种助熔剂（CaO、MgO、K_2O、Na_2O）总含量只有3.50%，也就是说，元代景德镇湖田窑黑釉瓷的四种助熔剂总含量比同时期景德镇的青花瓷、枢府瓷、青白瓷的总含量要低52%。由于元代景德镇湖田窑黑釉瓷胎中助熔剂含量比同时期景德镇的青花瓷、枢府瓷、青白瓷胎偏低，致使烧成后胎体致密度也比同时期景德镇的青花瓷、枢府瓷、青白瓷胎偏低，这可从两者吸水率的变化中显示出来：元大都出土的景德镇青花瓷、枢府瓷和青白瓷共五个标本的吸水率平均为0.278%（表7－2－2，第1～5号），而元代景德镇湖田窑黑釉瓷吸水率为1.4%（表7－2－2，第6号），即元代景德镇湖田窑黑釉瓷的吸水率比同时期景德镇的青花瓷、枢府瓷、青白瓷的吸水率要高出约5.04倍。

在以瓷石为原料的元代南方窑场中，元代云南玉溪、建水窑胎的质量较差，其四个样品（表7－2－2，第9～12号）胎的显气孔率在4.67～11.93之间波动，胎的显气孔率平均高达7.898%。这是因为玉溪、建水窑青花瓷四个标本（表7－2－1，第24～27号）的胎中助熔剂（CaO、MgO、K_2O、Na_2O）平均总含量为2.97%，比元代景德镇窑瓷胎中助熔剂（CaO、MgO、K_2O、Na_2O）平均总含量（5.53%）低46%。由于元代云南玉溪、建水窑胎中助熔剂总含量偏低，因而烧成质量很不理想。

元代福建德化窑白瓷胎与同时期北方白瓷胎和景德镇白瓷胎相比，以元代德化窑白瓷胎的透光率和透明度最高[6]。究其原因大致有四：首先，元代德化窑白瓷胎中K_2O含量比较高。元代德化屈斗宫窑白瓷五个标本（表7－2－1，第56～60号）胎中K_2O平均含量高达5.07%。胎中K_2O含量高，在高温阶段能形成较多的玻璃相，从而促使瓷胎充分烧结，增加胎体半透明的美感[6]。其次，胎中着色氧化物TiO_2对胎的透光度的影响十分显著，因为TiO_2具有很高的折射率，会降低瓷胎的透光度[7]。但是元代福建德化屈斗宫窑白瓷胎中 TiO_2 含量很低，其四个标本（表 7－2－1，第 56～59 号）胎中 TiO_2 平均含量仅为 0.1%，从而在化学组成上为胎体高透光率的形成创造了条件。第三，元代德化屈斗宫窑白瓷烧成温度比较高，一般在 1260℃ ±20℃ ～1270℃ ±20℃（表 7－2－2，第 14～16 号）之间波动，最高可达 1280℃ ±20℃（表 7－2－2，第 13 号），而胎的透光率的大小又与烧成温度的高低有直接的关系[6]。第四，元代福建德化窑对制瓷原料采用长时间的陈腐工艺，有助于提高胎的透光度。关于元代福建德化窑的原料陈腐技术，《马可·波罗游记》中有所涉及："他们从地下挖取一种泥土，将它叠成一个大堆，任凭风吹、雨打、日晒，从不翻动，历时三四十年。泥土经过这种处理，质地变得更加纯化精练，适合制造"瓷器[8]。原料在陈腐过程中，通过水解、氧化和细菌的作用，可使制胎泥料的性能得以改善、塑性提高。对原料进行超长时间陈腐，不仅有利于提高原料的可塑性能，而且还可以增加成瓷后胎体的透光率。

二、高铝质黏土掺和熔剂性原料的胎料

元代北方磁州彭城窑等继承宋代制胎工艺传统，依然采用高铝质黏土掺和熔剂性原料制胎，但是宋、元两代北方窑场所用原料的矿源有所不同。元代北方窑场所用原料由于 Al_2O_3 含量偏高，熔剂含量偏低，加之烧成温度偏低，因而导致多数胎体不能烧结、胎体吸水率偏高的弊病。

元代地处北方的彭城磁州窑、鹤壁窑、霍窑和耀州窑等以高铝黏土作为主要原料，并掺加少量熔剂性原料制胎，其化学组成以低硅、高铝为基本特征。据测试，上述窑场的十二个标本（表 7－2－1，7～18 号）胎中的 SiO_2 含量在 57.37%～67.21% 之间波动，平均含量为 63.59%；Al_2O_3 含量在 26.77%～39.36% 之间波动，平均含量为 29.83%；助熔剂 CaO（0.56%）、MgO（0.35%）、K_2O（1.70%）、Na_2O（0.37%）总含量平均为 2.98%。

有学者认为，元代霍窑白瓷胎是采用高铝黏土作为主要原料，掺和少量（0.1%～10%）长石及石英（0.1%～10%）配制而成。在山西有质量很好的黏土，如大同砂石，是一种含碳素较高的黑色碳质高岭土[9]，其 Al_2O_3 含量为 38.78%（表 7－2－1，第 79 号）。

宋代磁州观台窑多采用峰峰大青土掺加白坩土制胎（见本书第六章第二节），元代磁州彭城窑则改用贾壁复矿软质土掺和峰峰白坩土制胎。其配比一般为贾壁复矿软质土 80%、白坩土 20%。白坩土中所含主要矿物组成为高岭石类矿物，贾壁复矿软质土属熔剂性原料[10]。

元代耀州窑五个标本（表 7－2－1，第 11～15 号）胎中的 SiO_2 平均含量为 66.31%，Al_2O_3 平均含量为 27.11%，元代耀州窑瓷胎这种化学组成与宋金耀州窑瓷胎五个标本（表 6－2－1，第 68～72 号）（SiO_2 平均含量为 66.21%，Al_2O_3 平均含量为 26.82%）比较接近，可见也是采用高铝黏土作为主要原料，并掺加少量熔剂性原料制胎。但是，元代耀州窑瓷五个标本（表 7－2－1，第 11～15 号）胎中的四种助熔剂 CaO（0.45%）、MgO（0.27%）、K_2O（1.96%）、Na_2O（0.23%）总含量（2.91%）要比宋金耀州窑瓷（表 6－2－1，第 68～72 号）胎中的四种助

熔剂 CaO（0.54%）、MgO（0.57%）、K_2O（2.19%）、Na_2O（0.26%）总含量（3.56%）降低 18.26%；另外元代耀州窑五个标本（表 7－2－1，第 11～15 号）瓷胎中的着色剂 Fe_2O_3平均含量（2.24%）又比宋金耀州窑（表 6－2－1，第 68～72 号）瓷胎中的 Fe_2O_3平均含量（2.07%）高出 0.82 倍。由此可见，元代耀州窑瓷胎的矿源与宋金耀州窑不同。

元代磁州彭城窑、鹤壁窑、霍窑和耀州窑等，与宋代北方窑场采用高铝质黏土掺和熔剂性原料制胎成瓷的化学组成相对照，可以发现：元代磁州彭城窑、鹤壁窑、霍窑和耀州窑等十二个标本（表 7－2－1，第 7～18 号）瓷胎中的 Al_2O_3平均含量（29.83%）要比宋代北方窑场采用高铝质黏土掺和熔剂性原料制胎成瓷的四十五个标本（表 6－2－1，第 38～79、第 83～85 号）胎中的 Al_2O_3平均含量（30.88%）略低些；但是，由于元代磁州彭城窑、鹤壁窑、霍窑等瓷胎中的四种助熔剂总含量（平均含量为 2.98%）偏低，故其需要较高的烧成温度，有学者估计其烧成温度在 1300℃～1350℃才能达到致密烧结的程度，然而，其不少标本的实际烧成温度却在 1140℃～1200℃±20℃之间波动（表 7－2－2，第 17～25 号），因此往往致使胎体不能烧结，导致胎体的吸水率偏高。

据测试，元代磁州彭城窑、鹤壁窑和霍窑等北方窑场九个标本（表 7－2－2，第 17～25 号）的吸水率在 0.08%～13.96%之间波动，平均吸水率为 6.59%，其中有些样品的吸水率甚至高为 12.04%（表 7－2－2，第 23 号），有的达 13.96%（表 7－2－2，第 20 号）。但是，元耀州窑青瓷有一个样品（表 7－2－2，第 30 号）的烧成温度由于达到 1320±20℃，因而其吸水率降至 0.44%。

三、瓷石掺和紫金土胎料

元代龙泉青瓷继承南宋工艺传统，依然采用瓷石掺和紫金土制胎，但是，南宋和元代龙泉青瓷两者的矿源有所不同。

元大都出土的龙泉白胎青瓷和元龙泉福源遗址出土的白胎青瓷的八个标本（表 7－2－1，第 61～68 号）胎中的 SiO_2含量在 69.13%～78.21%之间波动，平均含量为 73.10%；Al_2O_3含量在 14%～22.17%之间波动，平均含量为 18.51%；四种助熔剂（CaO、MgO、K_2O、Na_2O）总含量平均为 6.07%，Fe_2O_3的平均含量为 1.95%，TiO_2的平均含量为 0.23%。其化学组成和宋代龙泉窑白胎青瓷相比较可以发现：元大都出土的龙泉白胎青瓷和元龙泉福源遗址出土的白胎青瓷的八个标本（表 7－2－1，第 61～68 号）胎中的 Fe_2O_3的平均含量（1.95%），与宋代龙泉窑白胎瓷六个标本（表 6－2－1，第 92～97 号）胎中的 Fe_2O_3的平均含量（1.96%）非常接近。如前所述，龙泉地区所产瓷石中的铁含量比较低，一般为 0.58%～1.45%（表 6－2－1，第 107～110 号）。如果单用瓷石来制胎，显然无法导致上述结果。但是，龙泉地区所产另一种制瓷原料——紫金土中的铁含量比较高，一般在 3.11%～5.93%之间波动，有的高达 13.85%（表 6－2－1，第111～114 号）。由此可知，元大都出土的龙泉白胎青瓷和元龙泉福源遗址出土的白胎青瓷，与南宋龙泉窑青瓷胎一样，乃是通过在瓷石原料中掺和紫金土来烧造。

通过对元代龙泉窑白胎青瓷和宋代龙泉窑白胎青瓷二者化学组成的比较还可

以发现：元大都出土的龙泉白胎青瓷和元龙泉福源遗址出土的白胎青瓷的八个标本（表7－2－1，第61～68号）胎中的 Al_2O_3 平均含量（为18.51%）比宋代龙泉窑白胎瓷六个标本（表6－2－1，第92～97号）胎中的 Al_2O_3 平均含量（为21.25%），要低13%；但是，四种助熔剂（CaO、MgO、K_2O、Na_2O）平均总含量（6.08%），却比宋代龙泉窑白胎青瓷六个标本（表6－2－1，第92～97号）胎中四种助熔剂平均总含量（5.18%）略为增高。由此可见，元大都出土的龙泉白胎青瓷和元龙泉福源遗址出土的白胎青瓷与宋代龙泉青瓷两者的矿源应有所不同。

四、含紫金土的瓷石质胎料

杭州老虎洞南宋修内司官窑故址元代地层出土青瓷，不仅与南宋修内司官窑青瓷一样，也是采用含紫金土的瓷石原料制胎，而且，也和北京故宫博物院收藏的传世哥器标本化学组成十分接近，由此证实文献所载：杭州修内司官窑和哥窑两座窑都坐落在杭州凤凰山下，制胎原料均出自窑场附近的矿区。

杭州老虎洞南宋修内司官窑故址元代地层出土的青瓷的三个标本（表7－2－1，第1～3号）胎中的 SiO_2 平均含量为65.46%，Al_2O_3 平均含量为25.80%，助熔剂（CaO、MgO、K_2O、Na_2O）总含量平均为4.07%，Fe_2O_3 的平均含量为2.97%，TiO_2 的平均含量为1.29%。杭州老虎洞南宋修内司官窑故址元代地层出土青瓷的这种化学组成，与杭州老虎洞南宋修内司官窑故址出土含紫金土的瓷石矿两个标本（表6－2－1，第118、119号）的化学组成（SiO_2 的平均含量为65.47%、Al_2O_3 的平均含量为24.12%、Fe_2O_3 的平均含量为3.54%、TiO_2 的平均含量为1.14%、助熔剂总含量平均为4.66%）非常接近。可见杭州老虎洞南宋修内司官窑故址元代地层出土的青瓷乃是采用窑址附近所产含紫金土的瓷石矿为制胎原料的。

值得注意的是，杭州老虎洞南宋修内司官窑故址元代地层出土的青瓷的三个标本（表7－2－1，第1～3号）胎，还和北京故宫博物院收藏的传世哥器标本（表7－2－1，第69号）的化学组成十分接近。这就验证了明代学者高濂《遵生八笺·燕闲清赏笺》的下述论断——杭州修内司官窑和哥窑两座窑都坐落在杭州凤凰山下，不过一为官窑、一为民窑。两窑都用当地所产原料制胎，用其原话说就是："所谓官者，烧于修内司中，为官家造也，窑在杭之凤凰山下，其土紫……以他处之地咸不及此；哥窑烧于私家，取土俱在此地。"

五、局部富铁的胎料——器底火石红器

元代景德镇青花瓷器底露胎处，常呈浅浅的橘红色，俗称"火石红"，又称"窑红"。"火石红"是由于胎中的铁质和可溶性盐类于干燥过程中在露胎处的器底富集，在烧窑结束后的冷却过程中二次氧化便出现这种色调。现代景德镇仿制的元、明青花瓷器，人为地涂上一层含铁量较高的浆水，或以受潮的新沙垫烧，也会出现"火石红"。仿制实验表明，产生"火石红"需具备如下三个条件，一是坯泥中含有0.1%以上的 Fe_2O_3，德化象牙白胎内含铁甚微，涩胎就不会有"火石红"；二是釉和垫渣要碱性强，碱性物可起氧化剂的作用；三是窑歇火后，窑门闭住，窑室内降温慢，有充分的保温时间产生"火石红"[11]。

六、原料淘洗

唐、五代仅见黄堡窑作坊遗址出土了原料淘洗设施。宋代出土原料淘洗设施的窑场大为增加，建造淘洗池和沉淀池的材质多样化，容积也都比唐、五代大为扩展，同时由唐、五代的单组淘洗池和沉淀池的组合，改为多组淘洗池和沉淀池的组合，排列的形式也渐趋合理。这种变革对提高原料的细腻度和可塑性十分有益。

元代窑场原料淘洗在继承了宋代淘洗工艺传统的基础上，做了两方面的改进，一是淘洗池和沉淀池的面积缩小，二是淘洗、沉淀池数目增加，这样既便于管理，同时又增加了原料淘洗的次数，更加有利于原料的细腻度和可塑性的提高。

元代窑场淘洗设施与宋代相近，由淘洗池、沉淀池和贮泥池组成，然而，宋代往往淘洗池与沉淀池相搭，且池小规模不大；元代窑场淘洗设施由多个淘洗池组成，而且池子较大。例如，元代龙泉上严儿村窑发现有四个淘洗池套在一起，连成一组。其中的第1、第2和第3号池，是以东边山坡的断崖做东壁的。第一号池呈长方形，长1.4米、宽0.94米，被套在第2、3号池的中间，所处地势较高。池壁全部用匣钵砌成，在西壁的南端设有一出浆口，泥浆由此流入第2号淘洗池内。第2号淘洗池环套在第1号池外的西、北两面，呈“L”形，南北长2.4米、东西宽1.7米。除西壁是用石块垒砌外，其余均用匣钵砌成。在南壁西端也有一出浆口通往第3号淘洗池。第3号淘洗池呈长方形，长1.7米、宽1.4米，位于第1、2号池的南边，池壁皆用匣钵垒砌，西壁北端，有一通向第4号淘洗池的出浆口。第4号淘洗池位于第2、3号池的西边，其东壁即第2、3号池的西壁，用匣钵垒砌，西、北、南三壁皆用石块砌成，呈梯形，南宽1.8米、北宽2.05米、东西长3.65米（图7－2－1）。从这组淘洗池的结构、分布以及所处的地势各不相同，可知其使用情况是先将从山坡上引来的流水注入第一号池内，搅拌瓷土泥浆，再流入第2号池里进行淘漂沉淀，然后将澄出的细泥浆分别注入第3、4号淘洗池，逐步澄出较细腻的瓷土原料。最后将瓷土原料取出，经过陈腐之后即可用于制坯。在淘洗池底部沉淀出来的含砂粗质瓷土原料，则用于制作匣钵一类的窑具[12]。

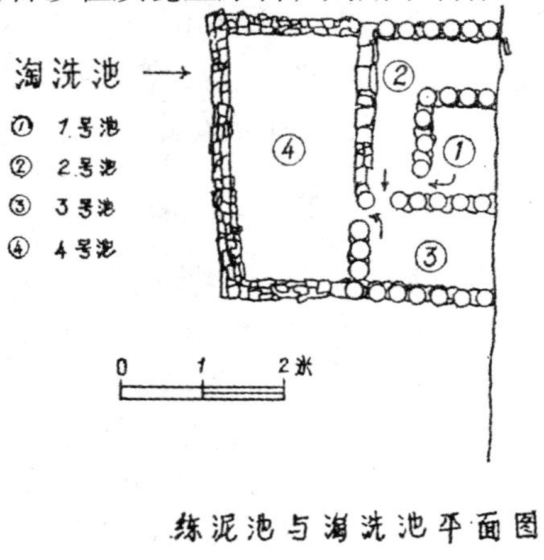

图7－2－1　元代龙泉上严儿村窑淘洗设施　采自文献〔12〕

表 7－2－1　元代瓷胎的化学组成

编号	元代瓷胎	成　分（%）										参考文献
		SiO_2	Al_2O_3	Fe_2O_3	TiO_2	CaO	MgO	K_2O	Na_2O	MnO	P_2O_5	
1	元老虎洞 98LYT74－2－2 胎	67.01	25.51	2.91	1.32	0.16	0.21	2.29	0.30	0.02	0.29	
2	元老虎洞 98LYT74－2－1 胎	64.10	27.16	2.72	1.32	0.25	0.49	3.73	0.62	0.03	0.30	[13]
3	元老虎洞 98LYT57－2－1 胎	65.28	24.74	3.28	1.24	0.20	0.41	3.22	0.33	0.03	0.30	
4	元大都出土哥窑 YU69 Ⅲ－1	63.04	27.03	3.55	1.33	0.11	0.69	3.33	0.54	0.01	0.17	
5	元大都出土哥窑 YG69 Ⅲ－2	58.23	28.79	3.53	0.82	0.23	0.44	3.79	0.64	—	0.07	[14]
6	元大都出土哥窑 YH69 Ⅲ－4 胎	65.47	24.17	3.75	1.22	0.38	0.44	3.31	0.63	—	0.13	
7	元霍窑 YG（73）V 1 白胎	57.37	39.36	0.47	0.72	0.44	0.22	0.90	0.50	0.01	0.04	[7]
8	元霍窑 YG（73）V 2 白胎	57.90	38.61	0.87	—	0.37	0.27	0.99	0.54	0.004	0.05	
9	元大都出土磁州窑 Yc3 胎	62.63	30.15	2.24	1.26	0.59	0.35	1.88	0.42	0.01	—	[15]
10	元大都出土彭城窑 Yc2 胎	63.56	29.52	1.86	1.69	0.32	0.36	2.02	0.45	0.01	—	

续表

编号	元代瓷胎	成分(%)										参考文献
		SiO_2	Al_2O_3	Fe_2O_3	TiO_2	CaO	MgO	K_2O	Na_2O	MnO	P_2O_5	
11	元耀州窑白釉Y3黑花胎	67.21	27.23	1.70	1.00	0.66	0.08	1.85	0.27	—	—	[16]
12	元耀州窑白釉 Y76 黑花胎	66.92	27.25	2.23	0.98	0.52	—	1.95	0.08	—	—	
13	元耀州窑YYZ－31青瓷胎	66.66	26.98	1.17	1.10	0.35	0.45	2.20	0.27	—	—	[17]
14	元耀州窑YYZ－36青瓷胎	65.83	26.77	3.30	1.14	0.31	0.39	1.84	0.28	—	—	
15	元耀州窑YYZ－85青瓷胎	64.95	27.34	2.81	1.07	0.39	0.44	1.97	0.24	—	—	
16	元鹤壁窑YH2白地黑彩胎	61.02	28.46	6.73	1.18	0.77	0.48	1.12	0.27	0.05	0.13	[18]
17	元鹤壁窑YH3白地黑彩胎	65.13	27.95	1.92	1.05	1.21	0.54	1.85	0.82	0.01	0.06	
18	元鹤壁窑YH5白地黑彩胎	63.93	28.30	3.25	1.13	0.81	0.62	1.87	0.33	0.02	0.07	

续表

编号	元代瓷胎	成分（%）										参考文献
		SiO_2	Al_2O_3	Fe_2O_3	TiO_2	CaO	MgO	K_2O	Na_2O	MnO	P_2O_5	
19	元衢州窑 QY4 白釉绘彩瓷胎	72.20	19.60	2.80	0.50	0.10	1.00	2.80	0.30	0.03	0.10	
20	元衢州窑 QY7 白釉绘彩瓷胎	70.50	19.90	4.60	0.70	0.10	1.00	2.60	0.10	0.03	0.10	
21	元衢州窑 QY8 白釉绘彩瓷胎	71.50	19.40	4.20	0.50	0.10	1.00	2.70	0.10	0.03	0.10	[19]
22	元衢州窑 QY12 白釉绘彩瓷胎	75.20	15.60	3.20	0.50	0.10	0.90	2.90	0.10	0.05	0.10	
23	元衢州窑 QY16 白釉绘彩瓷胎	70.40	20.20	4.00	0.60	0.30	1.10	2.30	0.10	0.05	0.10	
24	元玉溪窑 YU-1 青花胎	80.76	15.52	0.94	1.35	0.01	0.32	1.35	0.13	<0.01	0.03	
25	元末玉溪窑 YU-3 青花胎	80.08	14.60	1.16	1.27	0.09	0.46	2.09	0.22	<0.01	0.03	[20]
26	元建水窑 YJ-4 青花胎	77.73	15.53	1.40	1.07	0.18	0.62	2.69	0.18	0.02	—	
27	元建水窑 YJ-5 青花胎	76.30	16.98	1.27	1.12	0.09	0.59	2.77	0.10	0.01	—	
28	元浙江础河窑 Y-3 青花碎片胎	77.51	15.49	1.64	0.19	0.09	0.29	4.65	0.15	0.05	—	[21]

续表

编号	元代瓷胎	成分(%)										参考文献
		SiO_2	Al_2O_3	Fe_2O_3	TiO_2	CaO	MgO	K_2O	Na_2O	MnO	P_2O_5	
29	元大都出土 YM74－1 青白胎	74.02	19.34	1.17	0.06	0.12	0.12	2.84	2.69	0.06	0.04	[22]
30	元大都出土 YM74－2 青白胎	72.08	21.01	0.84	0.09	0.40	0.23	2.50	2.56	0.05	0.04	
31	元景德镇 Shufu－2 枢府胎	73.75	19.52	1.40	0.23	0.18	0.21	3.18	2.03	0.08	痕量	
32	元景德镇 Shufu－3 枢府胎	72.73	20.70	1.16	0.21	0.14	0.17	2.74	2.39	0.07	痕量	
33	元景德镇 Shufu－4 枢府胎	72.15	21.59	1.19	0.20	0.06	0.18	2.81	2.12	0.07		[1]
34	元景德镇 Shufu－5 枢府胎	73.06	20.89	1.17	0.20	0.10	0.25	2.84	1.96	0.07	—	
35	元景德镇 Shufu－64 枢府胎	72.71	21.43	1.25	0.09	0.18	0.20	3.07	1.57	0.08		
36	元大都出土 YGⅣ－3 枢府胎	72.04	20.45	0.98	—	0.16	0.11	3.16	3.43	0.07	0.04	
37	元大都出土 YGⅤ－3 枢府胎	72.00	21.28	1.27	0.16	0.20	0.16	2.87	1.76	0.07	0.05	[22]
38	元大都出土 YM74Ⅳ－5 青花胎	71.95	20.75	0.84	0.12	0.15	0.16	2.73	2.76	0.09	0.05	

续表

编号	元代瓷胎	成分（%）										参考文献
		SiO_2	Al_2O_3	Fe_2O_3	TiO_2	CaO	MgO	K_2O	Na_2O	MnO	P_2O_5	
39	元至元墓 Y－10 青花观音胎	74.62	18.75	1.17	0.17	0.28	0.18	2.80	2.42	0.06	0.29	[23]
40	元景德镇湖田 Y－8 青花胎	74.91	19.47	0.16	0.07	0.90	0.08	3.03	2.39	—	—	[23]
41	元湖田 HT－1－1 青花胎	73.03	20.55	—	0.04	0.20	0.26	3.08	1.79	0.06	—	[24]
42	元湖田 HT－1－2 青花胎	71.55	21.02	0.89	—	0.66	0.48	3.64	1.88	—	—	[24]
43	元保定窖藏青花八棱梅瓶胎	73.68	19.43	1.43	0.08	0.46	—	2.39	—	0.04	0.79	[25]
44	元保定窖藏青花执壶胎	68.39	18.60	2.82	0.08	1.84	—	3.76	—	0.13	2.97	[25]
45	景德镇落马桥 YL－1 青花胎	74.76	17.74	1.17	0.11	0.35	0.18	2.80	2.50	0.06	0.04	[26]
46	景德镇落马桥 YL－2 青花胎	74.71	19.62	0.82	0.09	0.07	0.18	2.56	1.31	0.06	0.03	[26]
47	景德镇落马桥 YL－3 青花胎	69.75	22.63	1.15	0.09	0.17	0.19	2.84	2.56	0.07	0.04	[26]
48	景德镇落马桥 YL－4 青花胎	73.45	19.56	0.90	0.09	0.13	0.19	2.50	2.07	0.07	0.02	[26]

续表

编号	元代瓷胎	成分（%）										参考文献
		SiO_2	Al_2O_3	Fe_2O_3	TiO_2	CaO	MgO	K_2O	Na_2O	MnO	P_2O_5	
49	元釉里红玉壶春瓶残器胎	75.21	19.68	0.73	0.08	0.23	0.27	2.77	1.05	—	—	[27]
50	元釉里红1号残片胎	75.64	18.29	1.07	0.07	0.32	—	2.78	—	0.04	—	[28]
51	元釉里红2号残片胎	75.46	18.54	1.11	0.07	0.19	—	2.87	—	0.06	—	
52	元釉里红3号残片胎	76.03	18.83	0.81	0.05	0.17	—	2.35	—	0.06	—	
53	元釉里红4号残片胎	74.46	19.48	1.23	0.10	0.14	—	2.63	—	0.066	—	
54	元釉里红5号残片胎	73.36	20.71	1.33	0.08	0.27	—	2.64	—	0.07	—	
55	元湖田窑158号黑釉瓷胎	71.18	18.44	4.84	1.22	0.23	0.46	2.46	0.35	—	—	[29]
56	元德化屈斗宫YT12白瓷胎	76.38	17.38	0.27	0.08	0.04	0.06	5.71	0.10	—	0.03	[30]
57	元德化屈斗宫YT13白瓷胎	72.26	20.68	0.55	0.18	0.17	0.14	5.82	0.10	—	0.02	
58	元德化屈斗宫YT7白瓷胎	75.33	19.12	0.37	0.08	0.17	0.10	5.00	0.09	—	0.02	
59	元德化屈斗宫YG2白瓷胎	77.22	17.96	0.25	0.07	0.04	0.10	4.43	0.08	—	0.02	
60	元德化屈斗宫YG2-1白瓷胎	75.19	20.13	0.39	—	0.24	0.16	4.37	0.10	—	0.01	

续表

编号	元代瓷胎	成分（%）										参考文献
		SiO_2	Al_2O_3	Fe_2O_3	TiO_2	CaO	MgO	K_2O	Na_2O	MnO	P_2O_5	
61	元大都出土 YM74－1 龙泉胎	75.22	17.45	1.87	0.40	0.46	0.38	3.53	0.34	0.05	0.70	
62	元大都出土 YM74－2 龙泉胎	71.72	18.51	2.43	0.20	0.008	0.37	6.08	0.54	0.08	0.11	
63	元大都出土 YG72－3 龙泉胎	75.87	16.44	2.73	0.51	0.18	0.59	2.82	1.25	0.03	0.02	[31]
64	元大都出土 YG3－4 龙泉胎	78.21	14.00	1.67	0.14	0.14	0.16	4.96	0.50	0.039	0.07	
65	元大都出土 YU69－5 龙泉胎	69.13	22.17	2.22	0.28	0.03	0.18	5.47	0.36	—	0.07	
66	元龙泉福源出土 14 号青瓷胎	73.36	18.88	1.57	0.12	0.08	0.17	4.96	0.44	0.09	—	
67	元龙泉福源出土 16 号青瓷胎	70.90	20.48	1.50	<0.01	0.06	0.13	6.30	0.51	0.11	—	[32]
68	元龙泉福源出土 17 号青瓷胎	70.36	20.14	1.64	0.15	0.07	0.10	7.07	0.35	0.10	—	
69	北京故宫藏 SK01 哥窑器	64.33	25.97	3.31	1.27	0.42	0.56	2.69	0.74	—	—	[13]

续表

编号	元代瓷胎	成 分（%）										参考文献
		SiO_2	Al_2O_3	Fe_2O_3	TiO_2	CaO	MgO	K_2O	Na_2O	MnO	P_2O_5	
70	元刘家门钧瓷 LJ－2 胎	65.10	26.70	2.70	1.20	0.70	0.50	2.70	<0.1	<0.1	0.10	[33]
71	元刘家门钧瓷 LJ－3 胎	65.90	27.00	2.60	1.10	0.90	0.40	1.70	<0.1	0.01	0.10	
72	元刘家门钧瓷 LJ－4 胎	66.90	26.10	2.40	1.20	0.50	0.50	2.00	<0.1	0.03	0.03	
73	元刘家门钧瓷 LJ－6 胎	64.70	28.50	2.40	1.20	0.90	0.30	1.70	<0.1	0.01	0.05	
74	元刘家门钧瓷 LJ－7 胎	66.30	26.40	2.70	1.10	0.80	0.40	1.90	<0.1	0.01	0.05	
75	德化四班瓷石原矿	75.91	15.30	0.62	0.10	0.04	0.05	2.51	0.05	0.06	—	[30]
76	德化四班瓷石细颗粒部分	51.81	34.08	1.19	0.15	0.04	0.13	4.71	0.10	0.09	—	
77	德化褒美瓷石原矿	78.61	12.95	0.31	0.09	0.07	0.07	5.89	0.07	0.07	—	
78	德化褒美瓷石细颗粒部分	60.64	24.57	0.76	0.19	0.05	0.19	8.32	0.21	0.18	—	
79	大同砂石	43.93	38.78	0.17	—	0.14	0.51	—	—	—	—	[6]
80	“进坑”铭碗残片	77.64	16.93	0.73	—	1.07	0.62	2.46	0.47	微	—	[5]

注： 52 号～55 号样品还分别含有 0.25%、0.17%、0.077%、0.068% 的硫。

七、成型设施

唐、五代黄堡窑拉坯用的辘轳（陶车）的转盘和立轴皆为木质，转盘和立轴的连接部分出现专用的生铁铸件和耐磨的瓷质构件。转盘上安装瓷质盘头，修坯、刮泥有特制的玉石刮板和瓷质刮泥板，表明成型设施已趋完善。宋代窑场出土拉坯成型的主要工具——辘轳（陶车）的部件及其遗存的数量比唐、五代大大增多，使得陶车的整个形制比较清晰起来，也表明拉坯成型技术在宋代得以广泛普及。宋代部分窑场（例如耀州窑和四川彭县窑等）陶工还把辘轳（陶车）的转盘由木质改为石质。元代部分窑场辘轳（陶车）的立轴为木质，但是转盘、轴顶碗和档箍等部件则为瓷质。

元代龙泉安福石大门山窑使用的辘轳（陶车）立轴为木质。在元代龙泉安福石大门山第一层台地上的上层元代作坊内，发现四个辘轳基坑，为东西向一排，间距 1.5 米 ~3 米。第二层台地的作坊内，发现三个辘轳基坑，也呈东西向一排，间距 1.5 米 ~2 米。第三层台地的作坊内发现一个辘轳基坑。辘轳基础结构基本相同。首先，在地面以下挖直径 0.7 米 ~1 米，深 0.8 米的圆形基础坑，坑口大于底。然后在坑中立一根木轴，轴径约 0.1 米，再填红土夯实。红土厚约 0.5 米，使木轴固定于坑中心，红土之上用砖（或匣钵）围砌坑口，砌好的坑口直径 0.4 米，深 0.3 米。因木轴已朽，现基坑中心遗有 0.1 米的圆洞穴[34]。元代龙泉安仁口碗圈山 2 号窑和元代屈斗宫窑辘轳转盘为瓷质。其中，元代龙泉安仁口碗圈山 2 号窑出土的辘轳转盘，细泥轮制，胎呈红褐色，器外施黄釉，近圆形，器心竖一短圆柱，柱顶隆起，内壁刻“□□中小镇记”六字，高 5 厘米，柱径 4.9 厘米，底径 8.2 厘米[35]。

元代屈斗宫窑出土的辘轳部件——转盘属瓷质，呈红褐色，内施一层灰青色薄釉[36]。元代龙泉安仁口岭脚窑出土的辘轳部件轴顶碗，也为瓷质，红褐色胎，圆形，直壁，一端平底实心，一端作窠臼形，器内光滑，施黄绿色釉，高 3.5 厘米、口径 7 厘米[35]。

元代龙泉安福石大门山窑的作坊内出土的辘轳部件——轴顶碗也为瓷质。该遗址出土的一件轴顶碗，直径 7 厘米，高 3.7 厘米，顶端齐平，下面有圆锥形凹槽，槽内上釉，它直接套戴在木轴顶上，可起到耐磨光滑易旋转的轴碗作用。另一件为档箍，圆圈形，直径 12.5 厘米，高 3 厘米，内径口边上釉，穿套在木轴上，也起到上面所讲的作用[34]。这两种瓷制轴件，在今天一些手工垃坯的辘轳上还在应用。

表7-2-2　元代瓷器的烧成温度与吸水率、气孔率

编号	名　称	烧成温度℃	吸水率%	气孔率%	参考文献
1	元大都出土景德镇青花瓷 YM74-4-5	1280±20	0.13	0.29	[22]
2	元大都出土景德镇青白瓷 YM74-4-1	—	0.27	0.60	
3	元大都出土景德镇青白瓷 YM74-4-2	—	0.30	0.59	
4	元大都出土景德镇枢府瓷 YG74-4-3	—	0.32	0.72	
5	元大都出土景德镇枢府瓷 YG74-4-4	—	0.37	0.84	
6	元景德镇湖田黑瓷	1250±20	1.4	—	[29]
7	元景德镇湖田窑青花 Y-8	1250±20	0.26	0.58	[37]
8	元景德镇青花大瓶残器 Y2	1100~1150	—	0.68	[38]
9	元玉溪窑青花 YU-1	1250±20	5.78	11.93	[20]
10	元玉溪窑青花 YU-3	1240±20	3.96	8.53	
11	元建水窑青花 YJ-4	1210±20	2.91	6.46	
12	元建水窑青花 YJ-1	1210±20	2.09	4.67	
13	元德化窑白瓷 YT7-1	1280±20	0.27	—	[6]
14	元德化窑白瓷 YT12	1260±20	1.41	—	[30]
15	元德化窑白瓷 YG-2	1270±20	0.92	—	
16	元德化窑白瓷 YG-2-1	1260±20	0.12	—	
17	元霍窑白瓷 YG73-5-1	—	4.12	9.79	[9]
18	元霍窑白瓷 YG73-5-2	—	0.08	0.19	
19	元霍窑白瓷 H-1	—	3.44	8.15	
20	元彭城窑黑花瓷 Yc-1	1160±20	13.96	25.96	[18]
21	元彭城窑黑花瓷 Yc-2	1160±20	6.01	12.63	
22	元大都出土磁州窑白地黑花瓷片 Yc-3	1200±20	9.18	18.04	
23	元鹤壁集窑 YH2	1120±20	12.04	23.1	
24	元鹤壁集窑 YH3	—	3.91	8.80	
25	元鹤壁集窑 YH5	1140±20	6.59	13.80	

续表

编号	名 称	烧成温度℃	吸水率%	气孔率%	参考文献
26	元衢州窑白釉绘彩 QY8	1194 ±20	4.66	9.90	〔19〕
27	元衢州窑白釉绘彩 QY9	1212 ±20	0.99	2.17	
28	元衢州窑白釉绘彩 QY10	1172 ±20	1.25	2.77	
29	元耀州窑 SYY -31	1220 ±20	1.59	3.67	〔17〕
30	元耀州窑 SYY -85	1320 ±20	0.44	1.03	
31	元景德镇青花	1250 ±20	—	—	〔39〕
32	元观台磁州窑白地黑花碗 9 号	1070 ±20	5.81	12.66	
33	元观台磁州窑黑釉碗 10 号	1140 ±20	0.90	2 -12	

第三节 制釉技术

元代景德镇窑场制釉的一项重要贡献是：改变了宋代采用胎泥与釉灰配伍制釉的传统做法，而改用“釉泥”与釉灰配伍制釉。

元代灰—碱釉的革新主要立足于：减少釉灰的用量，增加釉泥的用量。元代霍州窑白瓷碱—灰釉采用闻喜长石和石英、大同砂石及木灰等为原料。元代景德镇枢府卵白瓷使用的碱—灰釉则是通过两个途径来实现的：一是在元代景德镇灰—碱釉配方的基础上降低釉灰的用量、提高釉果的用量；二是通过选择风化程度较深的釉果，或者对釉果进行精细的淘洗，因为淘洗后也会提高云母的含量并降低长石的含量。元代钧釉窑变的形成，除了沿用宋代传统工艺外，还与色料中的钴、铜、铁含量的配置，以及在使还原比值大的还原气氛中烧成有关。元代纹片釉主要是通过调整胎釉配方来实现的，总的原则是使釉的膨胀系数明显大于胎。

一、釉灰与釉泥

唐、五代以前，我国陶工历来使用草木灰掺和胎泥制釉，自宋代开始，我国部分窑场改用釉灰掺和胎泥制釉。釉灰是用植物枝叶与石灰石混合炼制而成的，宋代炼制釉灰的具体制作方法待考。元代制釉继承宋代工艺传统，依然采用植物枝叶与石灰石叠合炼制釉灰。按照文献记载，元代景德镇炼制釉灰的方法是用“石垩炼灰，杂以槎叶、木柿，火而毁之”〔2〕。文中所说炼制釉灰的原料“石垩”为石灰石；“槎叶”为一种蕨类植物，俗称狼棘柴；“木柿”为柿子树的枝叶。具体炼制釉灰的方法如下：制釉者从攸山（游山）、山槎（仙槎）采掘石灰石（石垩），然后把石灰石（石垩）烧成生石灰，生石灰用水发开成粉末状的熟石灰，与槎叶、木柿进行叠烧。熟石灰与狼棘柴、木柿的煨烧是一个碳酸化过程，因木柿和槎叶煨烧生成多量 CO_2，而粉末状的熟石灰 Ca（OH）$_2$夹在柴层中，在空气中易与 CO_2作用而产生碳酸盐，生成蓬松细粉状的“釉灰”，实际是生成粉末状的

$CaCO_3$。经过此过程后已可制成含 $CaCO_3$很细的料浆原料[1]。这种料浆原料就是学界所谓的“釉灰”，其工艺性能比草木灰好得多，对此本书第六章第三节有所说明。

元代景德镇窑场制釉的一项重要贡献是：改变了宋代采用胎泥与釉灰配伍制釉的传统做法，而改用“釉泥”与釉灰配伍制釉。

对此，元人蒋祈《陶记》有明确记载：炼制成的釉灰“必剂以岭背釉泥而后可用”[2]。文中的“岭背”是指浮梁县“岭背”，即今景德镇南 11.5 千米的牛角岭南麓的邱冲坞与下项村一带。

按照景德镇的工艺传统习惯，风化程度高的瓷石用来制胎，风化程度差的瓷石用来配釉。用于配釉的瓷石称为釉石，釉石粉碎后制成的不子原料在景德镇叫做釉果。釉果用水调和即成“釉泥”。虽然在我国南方窑场，釉果和胎泥都属瓷石类原料，其矿物组成主要是石英和绢云母；但是随着风化程度的不同，瓷石中还含有一定量的高岭石或长石。其中风化程度深的瓷石，含有一定量的高岭石；风化程度浅的瓷石，则含有一定量的长石。前者适宜制胎；后者适宜制釉。适宜制釉的这一类瓷石又称为釉石。釉果就是用这类风化程度较浅的瓷石经过粉碎、淘洗加工而成的。

有学者通过比较研究瓷石和历代景德镇青花瓷釉中的 SiO_2 和 R_2O（K_2O + Na_2O）的组成和含量变化后也发现：元代景德镇青花配制瓷釉所用的瓷石类型与明、清景德镇青花一样均为釉果或釉石类原料[3]。有学者认为，元代枢府釉的主要原料之一也是含有钠长石和云母的某种釉果[4]。

另外，考察一个窑场是用釉果还是用胎泥（瓷石）配釉，还可从测试胎、釉的硅、铝比值和胎、釉的碱金属氧化物 R_2O（K_2O + Na_2O）的比值入手：凡用胎泥配釉者，其胎、釉的硅、铝比值和胎、釉的碱金属氧化物 R_2O（K_2O + Na_2O）比值基本一致；凡用釉果配釉者，其釉的硅、铝比要超出胎的硅、铝比；釉的碱金属氧化物 R_2O（K_2O + Na_2O）含量也超出胎的碱金属氧化物 R_2O（K_2O + Na_2O）含量[5]。元代景德镇瓷胎二十七个标本（表 7－2－1，第 29～55 号），胎中 SiO_2含量平均为 73.21%；Al_2O_3含量平均为 19.94%。胎的硅、铝比值为 3.67。元代景德镇瓷釉二十四个标本（表 7－3－1，第 6～14、16～18、20～31 号），釉中 SiO_2含量平均为 71.39%，Al_2O_3含量平均为 14.29%。釉的硅、铝比值为 5。由此可见，元代景德镇瓷釉的硅、铝比（5）要高出胎的硅、铝比（3.67）的 0.36 倍。

再来研究胎、釉的碱金属氧化物 R_2O 的（K_2O + Na_2O）比值变化。元代景德镇瓷胎二十个标本（表 7－3－1，第 29～42、45～49、55 号），胎中 R_2O（K_2O + Na_2O）含量平均为 4.93%。元代景德镇瓷釉十二个标本（表 7－3－1，第 12～16、20～26 号），釉中 R_2O（K_2O + Na_2O）含量平均为 6.26%。由此可见，元代景德镇瓷釉中 R_2O（K_2O + Na_2O）的含量（6.26%）要超出胎中 R_2O（K_2O + Na_2O）的含量（4.93%）的 0.27 倍。这就进一步证实，元代景德镇确实是采用釉果配釉。

由于釉果的矿物组成中除含有大量的石英和绢云母外，还有少量长石矿物，而用含有一定量长石矿物的釉果中的 K_2O 代替部分 CaO 的含量，既可提高釉的高温黏度和熔融范围，同时又可减弱釉的高温熔融 Fe^{2+} 的能力，从而可以提高釉面白度，因此釉果的启用，乃是提高景德镇白瓷质量的一项有力的技术措施[6]。

二、灰釉

元代南方部分窑场陶工配制灰釉与前代相比，减少了石灰石的用量，相应的增加釉石或胎泥的用量。但是，元代北方部分窑场配制灰釉所用石灰石和草木灰的用量比南方窑场略高，胎泥或釉石用量则比南方略低。元代云南玉溪和建水窑与同时代南方其他窑场的灰釉工艺有别，由于石灰石和草木灰用量偏多，加之在氧化焰中烧成，成瓷后的釉面质量较差。

元代南方窑场部分灰釉制品，例如，元大都出土的景德镇青白瓷、元安徽繁昌窑青白瓷、元浙江龙泉福源乡出土青瓷、元大都出土龙泉青瓷、元浙江杭州老虎洞窑出土哥窑青瓷、元福建德化窑白瓷等共十四个灰釉标本（表7－3－1，第6、7、46～48、51、52、59～62、64～66 号）釉中助熔剂 CaO 含量平均为 11.89%、MgO 含量平均为 1.09%，K_2O 含量平均为 4.14%，Na_2O 含量平均为 0.99%。

元代北方部分窑场（例如，元代耀州窑）的部分产品也采用灰釉工艺。其中两个标本（表7－3－1，第 37、38 号）灰釉中四种助熔剂 CaO（14.24%）、MgO（2.34%）、K_2O（2.51%）、Na_2O（0.18%）的总含量为 19.27%。元代北方部分窑场灰釉的化学组成与同时代的南方窑场灰釉相比有如下特征：元代北方部分窑场灰釉中的 CaO 含量比同时代的南方窑场灰釉的含量高，釉中的 K_2O 和 Na_2O 含量则比南方窑场灰釉的含量低，表明元代北方部分窑场在配制灰釉时，釉灰的用量比南方高，釉胎泥的用量比南方低。

但是，元代云南玉溪和建水窑的灰釉却与同时代南方其他窑场的灰釉工艺有别，这可从其化学组成中显示出来。其五个灰釉标本（表7－3－1，第1～5号）中四种助熔剂：CaO（14.61%）、MgO（1.97%）、K_2O（2.22%）、Na_2O（0.15 %）的总含量为 18.95%。元代云南玉溪和建水窑灰釉的这种化学组成，与同时代南方其他窑场的灰釉的化学组成相比有如下特点：一是元代云南玉溪和建水窑的灰釉中的钙含量偏高。其中五个灰釉标本（表7－3－1，第1～5号）釉中 CaO 含量（平均为 14.61%），比同时代南方其他窑场十四个灰釉标本（表7－3－1，第6、7、46～48、51、52、59～62、64～66 号）釉中 CaO 含量（平均为 11.80%）增加了 23.81%；二是元代云南玉溪和建水窑五个灰釉标本（表7－3－1，第1～5号）釉中的 MgO 含量（平均为 1.97%）为同时代南方其他窑场十四个灰釉标本（表7－3－1，第6、7、46～48、51、52、59～62、64～66 号）釉中 MgO 含量（平均为 1.09%）的 1.81 倍。如前所述，釉中 CaO 含量的增加，表明配釉时草木灰的用量增大；而该窑釉中高含量的 MgO，乃是当时烧石灰时曾掺入过少量白云石[5]。有学者通过测试研究还发现：元代云南玉溪和建水窑灰釉标本的胎、釉的硅、铝比值基本一致；在熔剂氧化物中，胎、釉中的碱金属氧化物 R_2O（$K_2O + Na_2O$）的分子数（平均比值）也一致，并由此推断：元代云南玉溪和建水窑的釉料配制是用胎泥加石灰和草木灰[5]，这与景德镇用釉果或釉石作为制釉原料有明显区别。元代云南玉溪和建水窑配制灰釉时，由于草木灰用量偏多，导致釉中 CaO 含量偏高，而釉中 CaO 含量偏高，往往使釉的光泽度和透明度较差。另外，元代云南玉溪和建水窑是在弱还原气氛中烧成，由于其釉中含有一定量氧化铁，而釉中的氧化铁在弱还原气氛中易呈青黄色[5]。

三、灰—碱釉

灰—碱釉是以碱土金属氧化物 CaO 和碱金属氧化物 K_2O 或 Na_2O 为主要助熔剂的一类瓷釉，釉中的 CaO 含量在5%～11%之间；釉中的 K_2O 或 Na_2O 的含量超过 MgO 的含量。灰—碱釉始用于商周，汉晋一度停用。隋、唐内丘邢窑和唐浑源窑等少数窑场的部分产品重又采用灰—碱釉工艺，入宋后灰—碱釉工艺得到一定程度的发展。元代灰—碱釉得到进一步发展，特别是景德镇基本不用灰釉，而多采用灰—碱釉工艺。

元代景德镇十一个灰—碱釉标本（表7－3－1，第8～16、20、26）釉中的四种助熔剂 CaO（7.45%）、MgO（0.33%）、K_2O（2.71%）、Na_2O（3.22%）的总含量为13.71%，釉中的 SiO_2 平均含量为70.17%。元代除了景德镇窑场外，龙泉窑、哥窑、江山础河窑、霍窑、耀州窑、钧窑等也采用灰—碱釉工艺，其中十五个灰—碱釉标本（表7－3－1，第19、35、39～42、50、52～59号）釉中的四种助熔剂 CaO（8.68%）、MgO（1.11%）、K_2O（5.02%）、Na_2O（0.82%）的总含量为15.63%，釉中的 SiO_2 平均含量为67.73%。

元代景德镇灰—碱釉的化学组成，与元代除了景德镇以外的龙泉窑、哥窑、江山础河窑、霍窑、耀州窑、钧窑等灰—碱釉相比有如下两个特点：（1）元代景德镇灰—碱釉中的碱土金属氧化物 CaO（7.45%）和 MgO（0.33%）总量（7.78%），比元代除了景德镇以外的其他窑场灰—碱釉中的 CaO（8.68%）和 MgO（1.11%）的总量（9.79%）降低37.4%，表明元代景德镇配制灰—碱釉用的釉灰用量，比元代除了景德镇外其他窑场配制灰—碱釉用的釉灰用量有所减少。（2）元代景德镇灰—碱釉中的碱金属氧化物 K_2O（2.71%）和 Na_2O（3.22%）总量（为5.93%），比元代除了景德镇窑场外其他窑的灰—碱釉中的 K_2O（5.02%）和 Na_2O（0.82%）总量（5.84%）略高些；元代景德镇灰—碱釉中的 K_2O 含量（2.71%），比元代除了景德镇窑场外其他窑的灰—碱釉中的 K_2O（5.02%）要低70%。但是，元代景德镇灰—碱釉中的 Na_2O 含量（3.22%）则比元代除了景德镇窑场外其他窑的灰—碱釉中的 Na_2O 含量（0.82%）要高出3.9倍。表明元代景德镇配制灰—碱釉用的釉石种类与元代除了景德镇窑场外其他窑配制灰—碱釉所用的釉石种类有所不同。

元代景德镇枢府瓷和元大都出土的哥窑型青瓷灰—碱釉面都显乳浊感。前者乃是釉中存在较多的残留石英和气泡，使入射光产生散射，导致枢府釉略带乳浊感，因而在外观上略有玉石感[4]；后者则是釉中有数量相当多的钙斜长石针晶，比较均匀地分布于整个釉中，特别是针晶与针晶之间的部位，都存在数量不少的亚显微散射颗粒，它是使釉面产生乳浊的主要原因[7]。

四、碱—灰釉

碱—灰釉是指釉中助熔剂碱金属氧化物（K_2O 与 Na_2O 两者之和）的总含量超

过了碱土金属氧化物 CaO 与 MgO 总含量的一类釉。这种釉首现于商周时期，但是秦、汉均未见采用。隋代内丘邢窑、北宋观台窑、宋代金凤窑和辽金北京龙泉务窑等等少数窑场配制瓷釉时曾采用过碱—灰釉工艺。元代主要有四个窑场——景德镇窑、霍州窑、磁州窑和鹤壁集窑采用碱—灰釉工艺。

元代景德镇枢府瓷碱—灰釉五个标本（表 7－3－1，第 21～25 号）釉中四种助熔剂 CaO（5.06%）、MgO（0.19%）、K_2O（3.07%）、Na_2O（3.49%）总含量为 11.81%；釉中 SiO_2 含量平均为 72.66%。

元代霍州窑、磁州窑和鹤壁集窑碱—灰釉七个标本（表 7－3－1，第 32～34、70～72、74 号）四种助熔剂 CaO（3.47%）、MgO（1.06%）、K_2O（3.03%）、Na_2O（2.55%）总含量为 10.11%；釉中 SiO_2 含量平均为 70.39%。

元代景德镇碱—灰釉的化学组成与同时期北方（霍州窑、磁州窑和鹤壁集窑）窑场碱—灰釉相比有如下特点：（1）元代景德镇碱—灰釉中四种助熔剂 CaO、MgO、K_2O、Na_2O 总含量（11.81%），比元代北方（霍州窑、磁州窑和鹤壁集窑）窑场碱—灰釉四种助熔剂总含量（10.11%）要高出 0.17 倍。（2）元代景德镇碱—灰釉中碱土金属氧化物 CaO（5.06%）的含量，比元代北方（霍州窑、磁州窑和鹤壁集窑）窑场碱—灰釉中 CaO（3.56%）的含量要高出 0.42 倍。（3）元代景德镇碱—灰釉中碱土金属氧化物 MgO（0.19%）的含量，仅为元代北方（霍州窑、磁州窑和鹤壁集窑）窑碱—灰釉中 MgO（1.20%）含量的 15.8%。（4）元代景德镇碱—灰釉中碱金属氧化物中 K_2O（3.07%）的含量，要比元代北方（霍州窑、磁州窑和鹤壁集窑）窑碱—灰釉中 K_2O（2.88%）的含量高 0.07 倍。（5）元代景德镇碱—灰釉中碱金属氧化物 Na_2O（3.49%）的含量，要比元代北方（霍州窑、磁州窑和鹤壁集窑）窑碱—灰釉中 Na_2O（2.90%）的含量高 0.2 倍。（6）元代景德镇碱—灰釉中 SiO_2 含量（72.66%）比元代北方窑碱—灰釉中 SiO_2 含量（70.39%）要高出 0.03 倍。

元代景德镇碱—灰釉与元代北方（霍州窑、磁州窑和鹤壁集窑）窑碱—灰釉的化学组成之所以出现如此较大的差异，乃是因为元代景德镇碱—灰釉和元代北方（霍州窑、磁州窑和鹤壁集窑）窑所使用的碱—灰釉的配制方法不同。有学者认为，元代霍州窑碱—灰釉的配制，可采用闻喜长石和石英、大同砂石及木灰等原料，其配比大致为石英 35%，砂石 20%，长石 37%，木灰 8%。通过使用木灰而引入 CaO；通过正长石而满足 K_2O（平均含量为 3.1%）和 Na_2O（平均含量为 1.9%）的成分需要[8]，包括元代在内的历代磁州窑的制釉原料很可能是用白釉土加胎泥和高粱茎灰的混合物[9]。元代景德镇使用的碱—灰釉则是通过两个途径来实现的：一是在元代景德镇灰—碱釉配方的基础上降低釉灰的用量、提高釉果的用量；二是通过选择风化程度较深的釉果，或者对釉果进行精细的淘洗，因为淘洗后也会提高云母的含量和降低长石的含量。碱—灰釉在与灰—碱釉差不多相近的烧成温度下，具有更高的黏度。元代景德镇的碱—灰釉主要用于枢府卵白釉瓷，元代霍州窑碱—灰釉主要用于白瓷。

五、白釉

元代著名白瓷釉品种主要有景德镇枢府卵白釉和德化白釉。

（一）枢府卵白釉

元代景德镇枢府卵白瓷所用的碱—灰釉中，Na_2O 含量（平均为3.49%）高于 K_2O 含量（平均为3.07%），这一特征与景德镇三宝蓬所产釉果的化学组成相符，因而有学者认为，元代景德镇枢府卵白釉很可能就是采用这类瓷石配制而成[10]；有学者则认为，枢府卵白釉料主要是由石英、云母和钠长石三种矿物所构成，它们都来自天然的釉果，如果它还使用釉灰的话，即使有也不会太多[4]。

元代景德镇枢府卵白釉在外观上略有玉石感，有轻微的乳浊性，原因是釉中存在大量钙长石析晶，这些钙长石析晶绝大部分都在胎釉中间层的表面上形成，其中一部分在烧成过程中会被从胎中冲出来的气泡往上顶，使它们脱离原来的位置而被带到釉层中。枢府窑卵白釉中还存在较多的残留石英和气泡，这些固体微粒和气泡使入射光产生散射，导致枢府窑卵白釉略带乳浊感[4]。

（二）德化白釉

据测试，元代德化白瓷的白度达到84.54%[6]，为元代白瓷之最。首先因为其胎釉中的着色剂 Fe_2O_3 含量特别低所致。测试研究资料表明，在元代各大窑场中，元德化屈斗宫窑白瓷胎中 Fe_2O_3 含量最低。其五个标本（表7－2－1，第56～60号）胎中 Fe_2O_3 含量（平均为0.37%），仅为同时期的北方（耀州窑、磁州窑、鹤壁集窑、霍窑）窑场烧造的白瓷或白地彩瓷九个标本（表7－2－1，第7～12、16～18号）胎中 Fe_2O_3 含量（平均为2.36%）的15.68%；仅为元代景德镇枢府白瓷、青白瓷、白地青花或白地釉里红二十五个标本（表7－2－1，第29～40、42～54号）胎中 Fe_2O_3 含量（平均为1.22%）的30.33%。在元代各大窑场中，元德化屈斗宫窑白瓷釉中 Fe_2O_3 含量也属最低者。其五个标本（表7－3－1，第63～67号）釉中 Fe_2O_3 含量（平均为0.39%），仅为同时期的北方（霍窑、耀州窑、磁州窑、鹤壁集窑）窑场烧造的白瓷或白地彩瓷十个标本（表7－3－1，第32～36、70～74号）釉中 Fe_2O_3 含量（平均为0.99%）的39.39%；仅为元代景德镇枢府白瓷、青白瓷、白地青花或白地釉里红二十三个标本（表7－2－1，第6～14、16、17、20～31号）釉中 Fe_2O_3 含量（平均为1.02%）的36.27%。既然元德化屈斗宫窑白瓷标本胎和釉中的 Fe_2O_3 含量，均比同时期的北方白瓷和景德镇白瓷胎与釉中的 Fe_2O_3 含量都低，那么，必然导致元德化屈斗宫窑白瓷的白度为翘首。

其次，在瓷用天然矿物原料中，单含铁而不含钛时，尽管含铁量超过了1%，但在还原焰下烧成后瓷胎仍然呈白色。如果同时存在有 TiO_2，则着色效果格外显著[11]。TiO_2 在胎中着色不是其本身的作用，而是因为与氧化铁在高温下生成显色能力很强的深棕色的尖晶石（$TiO_2 \cdot Fe_2O_3$）[12]。而元代德化屈斗宫窑白瓷胎中的 TiO_2 含量也属元代最低。元德化屈斗宫窑白瓷四个标本（表7－2－1，第56～59号）胎中 TiO_2 含量（平均为0.1%），仅为同时期的北方（耀州窑、磁州窑、鹤壁集窑、霍窑）窑场烧造的白瓷或白地彩瓷六个标本（表7－2－1，第7、9～11、17～18号）胎中 TiO_2 含量（平均为1.28%）的7.81%；仅为元代景德镇枢府白瓷、青白瓷、白地青花或白地釉里红二十五个标本（表7－2－1，第29～35、37～

41、43～55号）胎中TiO_2含量（平均为0.15%）的66.67%。同样，元德化屈斗宫窑白瓷四个标本（表7－3－1，第64～67号）釉中TiO_2含量（0.07%），也仅为同时期的北方（耀州窑、磁州窑、鹤壁集窑、霍窑）窑场烧造的白瓷或白地彩瓷十个标本（表7－3－1，第32～36、70～74号）釉中TiO_2含量（0.27%）的25.93%；与元代景德镇枢府白瓷、青白瓷、白地青花或白地釉里红十七个标本（表7－3－1，第6～11、14、16、17、18、25～31号）釉中TiO_2含量（0.07%）接近。元德化屈斗宫窑白瓷胎釉这种化学组成，与当地出产的原料特性有关，德化四班瓷石原矿和德化褒美瓷石原矿四个标本（表7－2－1，第75～78号）中的Fe_2O_3含量为0.31%～0.62%；TiO_2含量为0.09%～0.10%。

六、高温蓝釉

元代景德镇创烧的高温蓝釉，属钴系釉，即以钴为着色剂的一类釉。元代景德镇高温蓝釉所用着色剂钴料属进口钴土矿料，这是因为，元代景德镇高温蓝釉中钴含量为0.47%（表7－3－1，第69号），与元代景德镇至正型青花瓷（表7－4－1，第19～24号）所用色料中钴含量（平均为0.65%）和非至正型青花瓷（表7－4－1，第7～18号）所用色料中钴含量（平均为0.59%）相近；而元代景德镇至正型青花瓷和非至正型青花瓷所用着色剂均为进口钴土矿料[13]。由于元代景德镇高温蓝釉与元青花（包括至正型青花和非至正型青花）一样，均用进口钴料为色料，因而在化学组成上，也具有与元青花色料相类似的高铁（Fe_2O_3含量为2.83%）、低锰（MnO含量为0.11%）的化学组成的特征。尽管景德镇非至正型青花与至正型青花一样，两者都用进口钴土矿料为着色剂，但是，由于景德镇非至正型青花出现在元代前期，当时尚未掌握其烧成工艺，因而发色不好；元代末期出现的至正型青花瓷，由于烧成工艺获得突破，成瓷后的青花料呈色青翠披离，光彩焕发。元代景德镇高温蓝釉呈现蓝色娇艳、光泽莹润的这一特征表明：元代景德镇高温蓝釉产生于元代末期。

七、钧釉

宋代钧釉属复色窑变釉，其形成大致有四个方面的原因：一是分相乳光釉；二是釉的熔体黏度低、表面张力小；三是用铁和铜作为着色剂；四是合理的烧成制度。

元代钧釉的形成除上述成因外，还和下列因素有关：

首先，钧瓷只能在使还原比值大的还原气氛中烧成，其中，铁离子在钧窑釉中的呈色起关键性的作用，我国科学家曾对天青色钧瓷残片进行重烧实验，在空气中重烧，因铁离子发生氧化反应，烧到1150℃时釉色变为乳浊黄绿，高于1150℃时，变为半透明黄绿色。当用它在还原气氛中重烧时，高温时仍然保持还原状态，1100℃～1300℃仍然保留天青色，而且是使釉色变得更加漂亮的天青色，显然是两价铁离子（Fe^{2+}）和三价铁离子（Fe^{3+}）之比这一还原比值发生变化所致[14]。

其次，元代钧釉的釉色变化，不仅基于铁的着色作用，而且与钴和铜的含量及其比例也有关。少量的钴会对钧瓷的蓝色和紫色起重要作用；适量的铜对红色和紫色釉也是很重要的。不同的钧釉颜色的变化将依于铁、钴、铜等的着色成分的组合。例如，河南禹县元刘家沟钧釉深天青（表7－3－1，第40号）中含有0.048%的CoO、0.01%的CuO和1.90%的Fe_2O_3；又如，禹县刘家沟钧釉深紫蓝L5标本（表7－3－1，第43号）中含有0.04%的CoO、0.028%的CuO和2.58%的Fe_2O_3。再次，形成钧釉乳浊的原因是多方面的，除了釉中钙长石（CAS_2）小晶体、残留石英和其他颗粒以及气泡等原因外，钧釉中的P_2O_3对钧釉的乳浊也有所影响。据测试，元代钧瓷釉中P_2O_3含量一般在0.10%～0.99%的范围之间波动（表7－3－1，第39～45号），尽管该含量很少，但其作用是非常重要的[15]。

八、纹片釉

元代纹片釉继承南宋工艺传统，主要是通过调整胎釉配方来实现的，总的原则是使釉的膨胀系数明显大于胎。元大都出土的哥窑由于胎相当厚，因此胎釉间热膨胀系数之差比南宋官窑大，其开片呈较密集的小纹片。哥窑的金丝铁线，则是在烧成之后，用人工方法把纹片着色。着色剂有墨汁、茶叶汁、没食子汁等高丹宁含量的液汁。大纹片由于粗而深，着色剂很容易渗透进去，着色后颜色很深，呈深灰色似铁，十分醒目。小纹片由于细而浅，着色剂不容易渗透进去，着色后颜色较浅，呈酱褐色。深色纹片与浅色纹片相互交织在一起，形成网络，装饰效果强。有时为了使大纹片与小纹片的色调反差更加明显，而分两次着色：第一次是在刚出窑时用色调深一些的着色剂着色，过一段时间待小纹片大部分出现后，再用色调浅一些的着色剂着色。用这样的方法着色，两种纹片的色调反差比一次着色更加明显[11]。有的学者认为，哥窑的金丝铁线，第一次着色用的着色剂是墨汁、茶叶汁、没食子汁等高丹宁含量的液汁，将裂纹染成黑色；第二次把其裂纹染成黄色或红色，则是用相应颜料的液汁[7]。

九、高碱釉

高碱釉是指以碱金属氧化物K_2O和Na_2O为主要助熔剂的一类釉，釉中K_2O和Na_2O含量很高，大多用牙硝和石末按一定比例配制而成，少数釉中含有氧化铅。烧成温度介于高温釉和中温釉中间，有学者称其为“中温釉”，也有学者把它划为低温釉[10]。用于陶器装饰的高碱釉中的蓝釉出现较早，例如，伊斯兰地区早在9世纪就有烧造[16]。用于瓷器装饰的高碱蓝釉，我国至迟产生于元代磁州窑。河北观台磁州窑址元代地层就出土了多件高碱蓝釉瓷器[17]。对于高碱蓝釉瓷器的称呼各不相同：有的称为“孔雀绿”[18]；有的称为“孔雀蓝”[19]；有的称为“翠蓝釉”[17]；有的称其为“法翠”[20]。

河北观台磁州窑址元代地层出土的高碱蓝釉瓷器有三个特征：一是釉呈翠蓝色、釉面光亮；二是釉面出现细碎开片；三是釉面剥落严重[17]。元代观台磁州窑高碱蓝釉这种特点的形成与其化学组成及其烧成工艺密切相关。

首先，其一个标本（表7－3－1，第68号）釉中着色剂CuO含量高达5.64%，助熔剂K_2O含量高达8.93%。含铜量高易使其釉呈青翠色；K_2O含量高易使其釉面光亮，这是因为K_2O是一种强烈的助熔剂，如果用量很高，再加上较高的烧成温度，釉的高温黏度就会变得很低，在这种情况下，釉层中的气泡就会跑掉，石英等颗粒状釉料也会熔入而使釉玻化。再加上大量的二价铜离子的存在，从而使釉面翠蓝光亮[21]。

其次，河北观台磁州窑元代高碱蓝釉的釉面出现细碎开片，主要是因为釉中碱金属氧化物K_2O和Na_2O含量太高所引起的。据测试，陶瓷中的K_2O和Na_2O两者的膨胀系数都很高，前者的膨胀系数为3.90，后者的膨胀系数更高为4.32[10]。元代磁州窑高碱孔雀绿釉一个标本（表7－3－1，第68号）釉中碱金属氧化物K_2O含量高达8.93%，Na_2O含量也较高，为2.93%。而元大都出土的元代磁州窑Yc3（表7－2－1，第9号）胎中的K_2O含量为1.88%、Na_2O含量为0.42%，也就是说，元代磁州窑高碱孔雀绿釉中的K_2O含量（8.93%）为胎中的K_2O含量（1.88%）的4.75倍；元代磁州窑高碱孔雀绿釉中的Na_2O含量（2.93%）为胎中的Na_2O含量（0.42%）的6.976倍。由于元代磁州窑高碱蓝釉中的K_2O和Na_2O含量，比胎中的K_2O和Na_2O含量高出4.750～6.976倍，所以釉面就会出现细碎开片。

再次，河北观台磁州窑元代高碱蓝釉容易脱落，也与其制作工艺有关，因为元代磁州窑制胎原料所含杂质较多，致使成瓷后的胎中Fe_2O_3和TiO_2含量较高，例如，标本元大都出土磁州窑Yc3胎（表7－2－1，第9号）中Fe_2O_3含量为2.24%、TiO_2含量为1.26%。元代磁州窑陶工为了改善胎质的外在效果，于是继承宋、金传统，采用化妆土技术，即在坯体上施加化妆土。观台磁州窑元代高碱蓝釉一般是施加在经过素烧的胎体化妆土层上面，由于其烧成温度比较低，多数制品在1100℃～1160℃之间烧成（表7－2－2，第32、33号），瓷胎和化妆土都生烧。在这种情况下，化妆土与高碱釉之间无法通过高温化学反应而生成反应层，结果造成胎釉结合不好，年代长久了釉会逐渐剥落，甚至完全剥光[10]。

表7－3－1　元代瓷釉及其制釉的部分原料的化学组成

编号	名称	成分（%）										参考文献
		SiO_2	Al_2O_3	Fe_2O_3	TiO_2	CaO	MgO	K_2O	Na_2O	MnO	P_2O_5	
1	元玉溪 YU1 青花釉	63.01	13.57	1.23	1.41	18.39	0.80	1.73	0.04	0.18	—	〔5〕
2	元玉溪 YU3 青花釉	60.54	13.23	1.51	0.91	15.52	2.22	2.36	0.23	0.47	0.99	
3	元玉溪 YU2 青花釉	63.50	11.68	1.52	1.02	13.96	2.04	2.43	0.06	0.45	—	
4	元建水 YJ4 青花釉	66.96	11.05	1.08	0.89	12.59	1.75	2.16	0.22	0.29	0.90	
5	元建水 YJ5 青花釉	64.22	12.56	1.24	0.86	12.58	3.04	2.40	0.19	0.33	1.41	
6	元大都 74－4－1 青白釉	66.48	12.96	0.90	0.12	12.85	0.18	2.24	4.00	0.10	—	
7	元大都 74－4－2 青白釉	67.56	14.07	0.86	0.08	11.98	0.45	2.07	2.92	0.09	—	
8	元景德镇落马桥 YL－1 青花釉	69.81	14.70	0.90	0.03	7.06	0.33	2.69	3.54	0.07	0.10	〔23〕
9	元景德镇落马桥 YL－2 青花釉	70.13	15.22	0.84	0.02	6.86	0.30	2.90	3.30	0.09	<0.01	
10	元景德镇落马桥 YL－3 青花釉	72.83	15.39	0.92	0.02	5.08	0.24	2.35	2.54	0.92	0.10	
11	元景德镇落马桥 YL－4 青花釉	67.52	14.75	1.11	0.03	9.86	0.35	2.44	3.25	0.12	0.14	
12	元大都 YM－4－6 青花釉	70.17	14.02	0.78	—	8.00	0.40	2.72	3.13	0.12	—	〔22〕
13	元大都 YK－4－7 青花釉	68.81	14.72	1.24	—	8.04	0.26	2.47	4.04	0.10	—	
14	元大都 YK－4－6 青花釉	69.82	14.52	0.84	0.25	7.57	0.26	2.24	3.65	0.10	—	
15	杭州至元墓 Y10 青花釉	—	—	2.11	—	9.65	0.62	2.76	3.58	—	—	〔24〕
16	元湖田 Y8 青花釉	70.54	15.11	0.97	0.05	7.32	0.40	3.09	3.14	0.11	—	

续表

编号	名称	成分（%）										参考文献
		SiO_2	Al_2O_3	Fe_2O_3	TiO_2	CaO	MgO	K_2O	Na_2O	MnO	P_2O_5	
17	元保定窖藏青花八棱梅瓶釉	73.32	13.52	1.52	0.01	6.55	—	2.98	—	0.10	0.48	〔25〕
18	元保定窖藏青花执壶	72.87	13.01	2.26	0.01	6.35	—	3.28	—	0.14	0.54	
19	元江山磁河窑青花 Y3	69.36	13.71	1.43	—	8.19	0.61	4.77	0.17	—	—	〔26〕
20	元景德镇枢府6号釉	72.15	15.17	1.01	—	6.06	0.26	2.88	2.27	0.11	—	〔4〕
21	元景德镇枢府3号釉	72.70	15.23	0.78	—	4.81	0.18	2.99	3.72	0.10	—	
22	元景德镇枢府4号釉	71.98	15.58	0.85	—	5.56	0.20	3.06	3.47	0.10	—	
23	元景德镇枢府5号釉	73.41	15.63	0.95	—	4.03	0.24	3.22	3.34	0.10	—	
24	元景德镇枢府2号釉	73.36	14.61	0.78	—	5.33	0.16	2.89	3.31	0.08	—	
25	元大都 YG4－3 枢府釉	71.87	13.68	0.83	0.22	5.59	0.19	3.17	3.60	0.09	—	〔22〕
26	元大都 YG4－4 枢府釉	70.09	15.24	0.83	0.16	6.40	0.18	3.22	3.13	0.09	—	

续表

编号	名称	成分（%）										参考文献
		SiO_2	Al_2O_3	Fe_2O_3	TiO_2	CaO	MgO	K_2O	Na_2O	MnO	P_2O_5	
27	元景德镇釉里红1号透明白釉	72.56	13.26	1.32	0.02	7.52	—	3.33	—	0.09	—	〔27〕
28	元景德镇釉里红2号透明白釉	73.93	13.52	1.02	0.02	6.39	—	3.28	—	0.08	—	
29	元景德镇釉里红3号透明白釉	74.10	12.75	1.18	0.05	7.02	—	2.79	—	0.14	—	
30	元景德镇釉里红5号透明白釉	73.48	13.77	1.71	0.05	5.61	—	3.68	—	0.14	—	
31	元景德镇釉里红6号透明白釉	73.98	12.52	1.29	0.01	6.79	—	2.78	—	0.16	—	
32	元霍窑白瓷73－5－1釉	70.50	18.00	1.50	0.30	3.30	1.00	2.90	2.00	—	—	〔8〕
33	元霍窑白瓷73－5－2釉	72.20	16.00	0.80	0.20	3.40	0.70	3.50	2.20	—	0.40	
34	元霍窑白瓷H－1釉	73.70	17.10	0.60	0.10	3.20	0.60	2.90	1.50	—	0.60	
35	元耀州窑Y3白瓷釉	68.49	18.76	1.34	0.49	5.93	2.11	2.42	0.45	—	—	〔28〕
36	元耀州窑Y76白瓷釉	72.03	14.36	1.41	0.34	6.65	2.68	2.12	0.38	0.03	—	
37	元耀州窑YYZ31青釉	61.02	14.03	2.70	0.29	17.45	1.90	2.06	0.24	0.05	0.93	〔29〕
38	元耀州窑YYZ85青釉	62.25	17.38	2.62	0.38	11.02	2.78	2.95	0.11	0.072	1.07	
39	元刘家沟钧瓷LJ1釉	72.50	10.20	1.20	0.20	9.60	0.60	4.40	0.30	0.08	0.30	〔15〕
40	元刘家沟钧釉深天青L1	72.97	9.07	1.90	0.30	9.55	0.90	3.22	0.96	0.13	0.55	〔14〕

续表

编号	名　称	成　分（%）										参考文献
		SiO_2	Al_2O_3	Fe_2O_3	TiO_2	CaO	MgO	K_2O	Na_2O	MnO	P_2O_5	
41	元刘家沟钧瓷 J3 釉	69.50	12.00	4.70	0.40	8.70	0.80	5.60	0.40	0.10	0.50	〔15〕
42	元刘家沟钧釉深紫蓝 L3	72.77	12.01	1.91	0.23	9.16	0.74	4.13	0.25	—	0.48	〔14〕
43	元刘家沟钧釉深紫蓝 L5	68.93	10.71	2.58	0.21	10.58	1.08	4.55	0.49	—	0.99	
44	元刘家沟钧瓷 J6 釉	75.80	9.70	1.10	0.20	7.60	0.40	4.30	0.20	0.06	0.10	〔15〕
45	刘家沟钧釉天青 L7	71.20	10.07	1.42	0.43	9.56	0.85	4.78	0.31	—	0.45	〔14〕
46	元龙泉福源乡出土 14 号青瓷釉	67.85	13.50	1.45	0.01	10.92	1.04	3.42	0.33	0.35	0.30	〔30〕
47	元龙泉福源乡出土 16 号青瓷釉	65.63	13.63	1.12	0.01	12.56	1.44	3.84	0.53	0.28	0.68	
48	元龙泉福源乡出土 17 号青瓷釉	64.14	13.96	1.66	0.01	13.01	1.60	3.80	0.25	0.49	1.05	

续表

编号	名称	成分（%）										参考文献
		SiO_2	Al_2O_3	Fe_2O_3	TiO_2	CaO	MgO	K_2O	Na_2O	MnO	P_2O_5	
49	元大都出土龙泉青瓷 YM74 - 3 - 1 釉	70.95	15.51	1.42	0.20	4.83	0.60	5.38	0.52	0.14	0.30	
50	元大都出土龙泉青瓷 YM74 - 3 - 2 釉	66.64	14.52	1.54	0.20	9.48	1.24	4.40	0.46	0.41	0.76	
51	元大都出土龙泉青瓷 YM74 - 3 - 3 釉	67.12	12.56	1.04	0.16	10.11	1.20	4.50	0.56	0.49	0.69	
52	元大都出土龙泉青瓷 YM74 - 3 - 4 釉	66.30	14.37	1.52	0.11	10.00	1.38	4.50	0.44	0.52	—	
53	元大都出土龙泉青瓷 YM74 - 3 - 5 釉	66.70	13.67	1.29	0.09	9.93	1.09	5.28	0.68	0.01	0.44	〔7〕
54	元大都出土哥窑青瓷 YU69 - 3 - 1 釉	63.54	17.32	1.04	—	8.84	1.36	5.24	1.68	0.01	0.45	
55	元大都出土哥窑青瓷 YU69 - 3 - 2 釉	61.66	19.23	1.40	0.82	8.68	1.14	4.75	1.35	—	0.62	
56	元大都出土哥窑青瓷 YU69 - 3 - 3 釉	63.37	18.68	1.34	0.73	7.37	1.13	4.78	1.35	—	0.94	
57	元大都出土哥窑青瓷 YU69 - 3 - 4 釉	66.18	17.82	1.83	1.22	6.23	0.92	4.40	0.91	—	0.60	

续表

编号	名　称	成　分（%）										参考文献
		SiO_2	Al_2O_3	Fe_2O_3	TiO_2	CaO	MgO	K_2O	Na_2O	MnO	P_2O_5	
58	杭州老虎洞窑出土元哥窑 98LYT74－2－2 青釉	65.41	14.41	1.35	0.10	8.55	1.26	6.58	1.63	0.53	0.53	〔31〕
59	杭州老虎洞窑出土元哥窑 98LYT74－2－1 青釉	61.42	15.75	1.33	0.09	10.00	1.74	6.36	1.68	0.52	0.90	
60	杭州老虎洞窑出土元哥窑 98LYT19－2－1 青釉	65.11	13.56	1.20	0.09	12.81	0.66	5.10	0.77	0.11	0.31	
61	杭州老虎洞窑出土元哥窑 98LYT39－2－2 青釉	60.25	13.12	1.74	0.30	18.25	2.23	2.75	0.61	0.48	0.98	
62	杭州老虎洞窑出土元哥窑 98LYT57－2－1 青釉	62.30	14.43	1.01	0.06	10.75	1.42	6.96	1.55	0.41	0.78	
63	元德化屈斗宫白瓷 YT12 釉	66.99	15.20	0.25	—	9.92	0.55	5.00	0.12	0.33	0.02	〔32〕
64	元德化屈斗宫白瓷 YT15 釉	66.59	15.64	0.54	0.18	11.04	0.65	4.59	0.13	0.30	0.08	
65	元德化屈斗宫白瓷 YT7（1）釉	65.85	16.43	0.30	0.02	11.47	0.60	3.85	0.10	0.24	0.18	
66	元德化屈斗宫白瓷 YG（2）釉	65.81	17.11	0.39	0.07	10.70	0.73	4.01	0.11	0.28	0.20	
67	元德化屈斗宫白瓷 YG（3）釉	66.46	14.11	0.45	0.02	12.65	0.62	3.77	0.10	0.25	0.21	

续表

编号	名称	成分（%）										参考文献
		SiO_2	Al_2O_3	Fe_2O_3	TiO_2	CaO	MgO	K_2O	Na_2O	MnO	P_2O_5	
68	元磁州窑孔雀绿釉	70.78	5.06	0.36	—	1.99	1.06	8.93	2.93	—	—	〔21〕
69	元景德镇蓝釉砚	66.76	14.79	2.83	0.06	6.98	0.36	4.39	2.68	0.11	0.19	〔33〕
70	元磁州彭城窑 Yc-2 白釉	69.76	19.11	0.92	0.23	3.31	0.82	3.91	1.86	—	—	〔34〕
71	元大都出土磁州窑 Yc-3 白地黑花瓷釉	70.31	18.47	0.55	0.22	3.39	1.15	3.22	2.41	—	—	
72	元鹤壁集窑 YH2 白地黑花瓷釉	69.34	17.53	1.01	0.29	3.48	1.64	2.43	3.69	0.013	0.09	〔35〕
73	元鹤壁集窑 YH3 白地黑花瓷釉	68.84	17.52	0.70	0.27	5.05	0.92	3.15	2.44	0.01	0.10	
74	元鹤壁集窑 YH5 白地绘褐红花瓷釉	66.94	18.82	1.05	0.27	4.21	1.52	2.34	4.20	0.019	0.13	
75	闻喜长石	64.62	19.98	0.17	0.26	0.62	0.32	8.72	4.51	—	—	〔35〕
76	大同砂石（北方硬质高岭土）	43.94	38.73	0.17	—	0.14	0.51	—	—	—	—	
77	景德镇三宝蓬瓷石	73.70	15.34	0.70	—	0.70	0.16	4.13	3.79	0.04	—	〔36〕
78	江西青树下釉果	74.58	14.66	1.30	—	1.52	0.21	3.11	2.39	0.14	—	
79	江西屋柱槽釉果	74.43	14.64	0.62	0.06	1.97	0.16	2.90	2.38	0.02	—	〔37〕

注：

第 39 号，还含有 0.047% 的 CoO、0.028% 的 CuO。

第 40 号，还含有 0.048% 的 CoO 、0.01% 的 CuO。
第 42 号，还含有 0.04% 的 CoO 、0.01% 的 CuO。
第 43 号，还含有 0.04% 的 CoO 、0.28% 的 CuO。
第 68 号，还含有 5.64% 的 CuO、4.18% 的 SbO、0.10% 的 SnO_2。
第 69 号，还含有 0.47% 的 CoO。

第四节 装饰技术

元代浙江江山碰河窑以及云南玉溪和建水窑出产青花瓷均以国产钴土矿为色料。元代景德镇至正型青花瓷和非至正型青花瓷所用色料均为“进口钴料”。其中，景德镇至正型青花瓷所用色料，可能来自同一个矿源；非至正型青花瓷所用色料的来源，可能来自三处不同的钴矿。元代景德镇创烧的釉里红色料的主要原料为铜花，色料中所含的微量元素砷可能是铜料中带来的。装饰方法有线绘、拔白和涂绘等三种。元代鹤壁集窑高温釉上黑彩以斑花石为彩料；元代衢州窑高温釉上彩料用铁矿石细料加少量釉料配成；龙泉窑高温釉上“点彩”乃是用笔蘸紫金土的釉浆点饰而成。元代景德镇瓷器戗金五色花装饰往往以卵白釉或蓝釉为色底，把戗金与堆花立粉加彩两种技法相糅合。元代耀州窑釉中彩是在涂了化妆土的素坯之上施一层薄釉浆，再在上面蘸色料画花，最后通体上面釉后入窑高温烧成。元代龙泉窑的印花有阴纹细线条、阳纹细线条、阳纹凸花和露胎凸花等四种技法。元代龙泉窑的贴花主要有施釉贴花和露胎贴花两种技法。元代衢州两弓塘窑的刻花填彩是用一种尖利的工具，在胎体上勾勒出细劲而缜密的纹样轮廓线条，然后在空底上填上紫红的釉彩后入窑高温烧成。

一、青花

目前主要是通过计算青花色料中的 MnO/CoO 和 Fe_2O_3/CoO 的比值作为鉴别青花钴料所属类型（国产或进口）的依据。元代浙江江山碰河窑以及元代云南玉溪和建水窑均由当地出产的钴料为色料。元代碰河窑使用的国产钴料含锰量极高，使青花呈暗蓝色。元代云南玉溪、建水窑青花的色料很可能是以含钴量较低的国产钴土矿原矿经粉碎研磨，再加釉料配成。元代景德镇至正型青花瓷和非至正型青花瓷所用色料均为“进口钴料”。其中，至正型青花瓷所用色料，可能来自同一个矿源；非至正型青花瓷所用色料的来源，可能来自三处不同的钴矿。青花瓷器中的色料显色与该器“青花加釉”中的含钴量有关，锰含量超过钴含量太多，也会影响青花的发色。另外，青花料中釉灰的用量、青花料的浓度、作画时的运笔速度与方式、烧成温度和气氛等都会影响到发色效果。

（一）鉴别青花钴料所属类型的方法

由于青花显色与料中着色元素钴、铁和锰的含量及其比例密切相关。又因青料在胎釉之间一般只有 10μm 厚，高温下尚与釉相互作用，即使采用磨取釉法取样，还是无法把色料从釉中分离出来进行分析，因此，目前主要是通过计算青花加釉中的 MnO/CoO 和 Fe_2O_3/CoO 的比值作为鉴别青花钴料所属类型（国产或进口）的依据[7]。

鉴别青花钴料的属性不能着眼于青花发色的浓淡和是否有黑斑，而应该考察色料中的 MnO/CoO 和 Fe_2O_3/CoO 的比值。实践经验表明，青花发色的浓淡不仅与色料的产地和化学组成有关，而且也与色料的浓度有关。某些钴含量较高、色料浓度较大的国产料也会出现色调明艳的特征[1]；不论国产钴料还是进口钴料在一定条件下都会产生黑斑（详见本书第八章第三节）。在目前条件下，鉴别青花钴料所属类型比较可靠的办法是测定青花色料中的锰、钴比值和铁、钴比值。这是因为自然界中的钴常常与其他矿物共生，影响青花色泽的主要着色元素是青花料中的钴、锰和铁三个元素的相对量。由于产地不同，钴矿中的锰和铁的含量也有较大的差别。测试资料表明，国产钴土矿（包括原矿和拣选料）中锰含量非常高，其十个标本（表 7－4－1，第 25～34 号）中 MnO 含量很高，一般在 20.56%～49.48%之间波动，平均含量为 32.10%；而铁含量相应较低，一般在 1.2%～16.92%之间波动，平均含量为 5.8%。国产钴土矿这种化学组成特征，决定了成瓷的青花瓷中"青花加釉"的 MnO 和 Fe_2O_3 含量的特点，即"青花加釉"中的 MnO 含量高于 Fe_2O_3 的含量及其由此形成的 MnO/CoO 比值高于 Fe_2O_3/CoO 比值的特点。而采用进口料作为色料的青花瓷不具备这种特征。因此目前主要是采用计算青花所用色料的 MnO/CoO 和 Fe_2O_3/CoO 比值作为表征，作为鉴别青花钴料所属类型（国产或进口）的依据。也就是说，凡 MnO/CoO 的比值高于 Fe_2O_3/CoO 的比值者，为国产钴料；凡 MnO/CoO 比值低于 Fe_2O_3/CoO 比值者，为进口钴料。

表 7－4－1　元青花加釉、青花钴料和国产钴土矿的化学组成

编号	名　称	成　分（%）									参考文献
		CaO	MgO	K_2O	Na_2O	MnO	CoO	Fe_2O_3	MnO/CoO	Fe_2O_3/CoO	
1	元江山石达河 Y－3	6.80	0.37	4.40	0.17	1.30	0.13	1.56	9.41	2.36	〔2〕
2	元玉溪青花 YU－1	16.18	0.76	1.53	0.03	2.90	0.27	1.64	10.2	2.07	〔3〕
3	元玉溪青花 YU－2	11.94	1.74	2.37	0.04	2.72	0.48	2.25	4.86	1.98	
4	元玉溪青花 YU－8	14.23	2.07	2.23	0.075	1.92	0.13	1.51	11.45	0.97	
5	元建水青花 YJ－4	11.48	1.63	2.16	0.055	2.08	0.14	1.21	12.97	1.61	
6	元建水青花 YJ－5	10.06	2.67	2.22	0.07	1.67	0.12	1.29	11.72	2.49	

续表

编号	名　称	成　分（%）									参考文献
		CaO	MgO	K_2O	Na_2O	MnO	CoO	Fe_2O_3	MnO/CoO	Fe_2O_3/CoO	
7	元景德镇落马桥青花 YL1	6.00	0.31	2.70	3.23	0.08	0.30	3.01	0.26	10.03	〔4〕
8	元景德镇落马桥青花 YL2	6.74	0.21	2.88	2.84	0.11	0.39	2.23	0.39	5.72	
9	元景德镇落马桥青花 YL3	5.61	0.35	2.43	3.44	0.11	0.24	1.86	0.46	7.75	
10	元景德镇落马桥青花 YL4	10.03	0.44	2.49	3.04	0.13	0.31	2.54	0.42	8.19	
11	元景德镇民窑青花 1 号	6.94	—	2.57	—	0.14	0.79	10.6	0.025	11.3	〔5〕
12	元景德镇民窑青花 2 号	6.55	—	3.32	—	0.13	0.36	6.92	0.19	16.2	
13	元景德镇民窑青花 3 号	8.68	—	3.22	—	0.10	0.51	7.61	0.02	12.4	
14	元景德镇民窑青花 4 号	6.69	—	5.03	—	0.12	0.65	6.59	0.06	8.00	
15	元景德镇民窑青花 5 号	8.71	—	2.63	—	0.14	0.78	6.17	0.01	5.00	
16	元景德镇民窑青花 6 号	3.69	—	4.40	—	0.14	0.66	10.5	0.03	12.00	
17	元景德镇民窑青花 7 号	6.52	—	2.66	—	0.10	1.15	4.52	0.02	3.20	
18	元景德镇民窑青花 8 号	6.75	—	3.85	—	0.10	0.98	8.77	0.01	7.4	
19	元大都至正型 Y－5	7.51	0.42	2.85	3.31	0.11	0.50	1.84	0.02	2.21	〔2〕
20	元大都至正型 Y－6	6.49	0.03	2.29	3.85	0.12	0.58	2.47	0.06	3.02	
21	元大都至正型 Y－7	6.32	0.03	2.48	3.57	0.12	1.14	4.26	0.04	2.83	
22	保定元窖藏至正型梅瓶	6.37	—	2.79	—	0.10	0.61	5.97	0.01	7.3	〔6〕
23	保定元窖藏至正型执壶	6.92	—	3.17	—	0.08	0.43	3.83	0.012	3.7	

续表

编号	名称	成分（%）									参考文献
		CaO	MgO	K_2O	Na_2O	MnO	CoO	Fe_2O_3	MnO/CoO	Fe_2O_3/CoO	
24	元景德镇湖田窑青花 Y8	5.82	0.43	3.21	3.11	0.12	0.63	3.60	0.05	4.49	〔7〕
25	云南珠明料原矿	0.65	0.83	0.09	0.45	20.56	2.80	3.22	7.35	1.15	
26	云南珠明料拣选	0.38	0.42	0.05	0.30	22.85	6.11	2.84	—	—	
27	浙江钴土矿原矿	0.18	0.23	—	—	34.79	2.15	8.04	16.19	3.74	
28	上高钴土矿原矿	0.06	0.17	—	0.01	36.14	5.02	6.51	7.20	1.30	
29	赣州钴土矿原矿	0.37	0.54	1.16	0.12	22.47	1.41	5.22	—	—	
30	宣威钴土矿原矿	0.04	0.32	—	0.01	26.79	5.44	7.23	—	—	
31	嵩明钴土矿拣选	0.06	0.02	—	—	49.48	11.20	1.20	—	—	
32	江山钴土矿原矿	0.07	0.29	—	0.02	24.01	2.18	5.29	11.03	2.43	
33	江山钴土矿拣选	0.03	0.09	—	—	48.90	6.92	1.54	—	—	
34	东阳钴土矿原矿	—	—	—	—	34.96	6.13	16.92	5.70	2.76	

（二）国产钴料

元代浙江江山碰河窑以及元代云南玉溪和建水窑均由当地出产的钴料为色料。元代碰河窑使用的国产钴料含锰量极高，使青花呈暗蓝色。元代云南玉溪、建水窑青花的色料很可能是以含钴量较低的国产钴土矿原矿经粉碎研磨，再加釉料配成。

元代浙江江山碰河窑一个青花瓷标本（表7－4－1，第1号）色料中“青花加釉”中的MnO/CoO比值为9.41，Fe_2O_3/CoO比值为2.36，“青花加釉”中的MnO/CoO比值（9.41）为Fe_2O_3/CoO比值（2.36）的3.987倍。查浙江东阳所产钴土矿原矿标本（表7－4－1，第32号）中的MnO/CoO比值为11.03，Fe_2O_3/CoO比值为2.43，其MnO/CoO比值（11.03）为Fe_2O_3/CoO比值（2.43）的4.539倍。由于浙江江山元代碰河窑青花瓷“青花加釉”中的MnO/CoO比值，远远大于Fe_2O_3/CoO比值的这一鲜明特征，与浙江江山所产钴土矿原矿的化学组成相符，因此可见浙江江山元代𥕢河窑青花瓷所用色料应为国产钴土矿。

云南玉溪和建水窑元青花瓷五个样品（表7－4－1，第2～6号）“青花加釉”中的MnO/CoO比值在4.86～12.97之间波动，平均为10.24；Fe_2O_3/CoO比值在0.97～2.49之间波动，平均为1.82。由于云南玉溪和建水窑元青花瓷“青花加釉”中的MnO/CoO比值（平均为10.24）远远大于Fe_2O_3/CoO比值（平均为1.82）这一特征，因此云南玉溪和建水窑元青花瓷所用色料必定为国产钴土。

有学者从浙江江山元代𥕢河窑青花瓷片分析出的钴含量只有0.1%～0.2%，而且含锰量极高，约为含钴量的10倍，虽然锰在釉中显色能力较弱，但是由于超过钴含量太多，因此使青花呈暗蓝色[2]。有学者从显微观察研究发现，元代玉溪青花样品胎釉之间的色料残留，比景德镇使用钴土矿着色的青花少得多，这说明元玉溪窑青花色料是用钴土矿经粉碎磨细，再加入一定量的釉料配成，青花在烧成过程中，由于钴土矿比例较少，大部分被釉熔融成蓝色玻璃相，故色料残留较少，由于钴土矿中含氧化钴较高，当钴土矿被釉熔融，在色料周围形成富钴玻璃相，当釉冷却时，着色区有钙长石生长。从显微镜下还可以看到，建水窑样品胎釉间的色料残留比玉溪窑样品更少，且很难找到，这说明建水窑青花色料中加入了比玉溪窑青花更多的釉料，以使钴土矿料被釉料几乎全部熔融。研究者由此推断：元代云南玉溪、建水窑青花的色料很可能是以含钴量较低的钴土矿原矿经粉碎研磨，再加釉料配成[3]。

（三）进口钴料

元代景德镇至正型青花瓷和非至正型青花瓷所用色料均为“进口钴料”。其中，至正型青花瓷所用色料可能来自同一个矿源，非至正型青花瓷所用色料的来源可能来自三处不同的钴矿。

测试资料表明，景德镇元代至正型青花瓷[8]（包括元大都出土和保定元窖藏出土至正型青花瓷）五个样品（表7－4－1，第19～23号）“青花加釉”中的MnO/CoO比值平均为0.03；“青花加釉”中Fe_2O_3/CoO比值平均为3.81。这就是说，至正型青花瓷中“青花加釉”中的Fe_2O_3/CoO比值（3.81）为MnO/CoO比值（0.03）的127倍。

景德镇元代非至正型青花瓷（包括景德镇落马桥、新华印刷厂、艺术瓷厂、毕家弄等元代遗址出土非至正型青花瓷）十二个标本（表7－4－1，第7～18号）“青花加釉”中的MnO/CoO比值在0.01～0.46之间波动，平均为0.16；“青花加釉”中的Fe_2O_3/CoO比值在5.72～16.20之间波动，平均为8.93。这就是说，元代景德镇非至正型青花瓷中“青花加釉”中的Fe_2O_3/CoO比值（平均8.93）为MnO/CoO比值（平均0.16）的55.81倍。这就表明，景德镇元代至正型青花瓷和非至正型青花瓷中的“青花加釉”的化学组成均具有高铁、低锰的特征。这种化学组成是目前所见的国产钴土矿所不具备的，因而陶瓷学界一般称其为“进口钴料”。

由于景德镇元代至正型青花瓷中“青花加釉”的Fe_2O_3/CoO比值（3.81）为MnO/CoO比值（0.03）的127倍，而景德镇元代非至正型青花瓷“青花加釉”中的Fe_2O_3/CoO比值（8.93）为MnO/CoO比值（0.16）的55.81倍。两者的Fe_2O_3/

CoO 比值与 MnO/CoO 比值相差 1 倍多，可见元代景德镇至正型青花瓷和非至正型青花瓷所用色料的矿源应该有所差别。

但是，元代景德镇至正型青花瓷所用色料可能来自同一个矿源，对此，有学者通过对元代景德镇湖田窑所产青花（表 7-4-2，第 8 号）和元大都出土青花（表 7-4-2，第 9、10 号）（两者均属至正型青花）的色料进行能谱（EDS）定量分析后得到证实：元代湖田窑青花使用的色料为低铁、高砷钴矿，与元大都青花瓷片所用色料几乎接近，只是元大都出土青花瓷的色料颗粒中含有极少量的硫元素，不含锰，但从矿物类型上看，它们两者属使用了同一类钴矿原料[9]。关于元代景德镇至正型青花瓷所用色料的来源，有学者认为，可能来自中亚或欧洲以及我国处于与中亚同一地质构造的甘肃、新疆地区所产的“钴毒砂矿”。因为这种“钴毒砂矿”的化学组成最接近元代景德镇至正型青花色料[10]。

元代非至正型青花瓷所用色料的来源，可能来自三处不同的钴矿，因为有学者[9]通过能谱（EDS）定量分析证实，元代景德镇落马桥出土的非至正型青花瓷有三种类型：第一种为高铁、高钴和高砷的钴矿色料（表 7-4-2，第 1 号）；第二种为高铁、高钴和无砷的钴矿色料（表 7-4-2，第 5 号）；第三种为低铁、高镍、钴、铜、砷的钴矿色料（表 7-4-2，第 2 号）。

表 7-4-2　元青花瓷色料的 EDS 定量分析（%）

编号	名称		SiO_2	Al_2O_3	CaO	Na_2O	FeO	CoO	As_2O_3	Sb_2O_3	NiO	CuO
1	元落马桥		1.91	0.57	0.72	—	37.30	30.01	27.68	1.81	—	—
2	元落马桥		8.50	1.58	0.48	—	1.18	18.17	39.32	—	22.28	8.49
3		少氧颗粒	Fe：1.12　Co：17.39　Ni：21.28　Cu：8.26　As：37.79									
4	元落马桥		24.32	8.70	2.60	—	0.87	5.61	21.82	—	—	8.84
5	元落马桥	含 C 颗粒	21.12	11.73	4.97	0.84	20.10	3.16	—	—	—	—
6			39.11	18.99	8.03	1.36	32.96	5.10	—	—	—	—
7		不含 C	28.36	19.81	7.40	1.23	34.69	7.23	—	—	—	—
8	元湖田窑		21.83	9.44	2.90	0.89	4.24	32.74	27.70	—	—	—
9	元青花钴料		52.00	21.90	1.53	—	—	—	—	—	—	—
9	元大都	少氧颗粒	Si：3.84　Al：1.09　Ca：0.38　Fe：2.09　Co：52.03　As：37.31　S：0.97　O：2.28									
10		无氧颗粒	CO：41.68　As：57.36　S：0.96									

注：采自文献〔9〕。

第 5 号还含有 38.08% 的 CO_2；6 号数值为除 CO_2 后的计算成分。

（四）青花显色

青花瓷器中的色料显色与该器“青花加釉”中的含钴量有关，即“青花加釉”

中含钴量愈高，烧成后的青花显色就越佳。景德镇元青花（包括至正型青花和非至正型青花）十八个标本（表7－4－1，第7～24号）“青花加釉”中的含钴量（平均含量0.61%）为浙江元青花（表7－4－1，第1号）含钴量（0.13%）的4.69倍，为云南元青花（表7－4－1，第2～6号）含钴量（平均为0.23%）的2.65倍，所以景德镇元青花显色要比浙江元青花和云南元青花的色调鲜艳得多。

在一般情况下，锰在釉中显色能力较弱，但是如果“青花加釉”中的锰含量超过钴含量太多，也会影响青花的发色。浙江元青花瓷标本（表7－4－1，第1号）中“青花加釉”的锰含量（1.3%）为钴含量（0.13%）的10倍；云南元青花瓷标本（表7－4－1，第2～6号）中“青花加釉”中锰含量（2.26%）为钴含量（0.23%）的9.83倍。正因为浙江元青花和云南元青花中“青花加釉”的锰含量超过钴含量近10倍，因而使得青花呈暗蓝色。景德镇元青花（包括至正型青花和非至正型青花）十八个标本（表7－4－1，第7～24号）“青花加釉”中的锰含量（平均为0.11%），仅及钴含量（0.61%）的0.18倍，因而使得青花显色十分明艳。

另外，青花发色的色调还受下列一些工艺因素的影响：①青花料中釉灰的用量。因为青花料中必须要配入一定量的釉灰才能使用，而釉灰用量的多少，对釉色有较大的影响。②青花料的细度。③青花料的浓度。画师作画前，要根据画面的要求，将青料用水或油调到适当浓度。如果色料很浓，烧成后的青花呈深蓝色；如果色料很淡，则呈浅蓝色。④运笔速度与方式。作画时运笔慢，色料厚，色泽就深，反之就淡。运笔停留处的色料特别厚，往往形成黑斑。⑤烧成温度和气氛。实验证明，窑温1000℃以后，如果不采用强还原焰气氛，其青花发色将是灰暗的[5]。在1250℃烧成时，青花呈蓝到深蓝色，如果把烧成温度提高到1350℃，则呈蓝黑色。另外，气氛对青花本身和釉的色调都有一定影响[1]。

二、釉里红

元代景德镇创烧的釉里红是一种用铜花作基本着色料，绘于生坯表面，其上罩盖一层透明釉，在高温还原焰中烧成的釉下彩瓷。如前所述，釉里红是元代景德镇瓷工创烧的一种名贵釉下彩品种，由于铜在高温下易挥发和在釉中易扩散，因而在制作工艺上非常难控制，所以传世实物甚为罕见。元代釉里红色料中所含的微量元素砷可能是铜料中带来的。装饰方法有釉里红线绘、拔白和涂绘等三种。

测试研究结果表明，元代景德镇釉里红七件标本（表7－3－4，第1～7号）的红彩部位测得的氧化铜含量，可在相当大的范围内变动：红彩区的氧化铜含量在0.21%～0.93%之间波动，在红色较淡的区域，例如，表7－3－4，第2号，氧化铜的含量要少些；在色彩偏黑的区域，氧化铜含量则在4.32%～5.97%之间波动（表7－3－4，第3、5号）。在外观上看，这些颜色偏黑的区域，釉面通常下凹，不如发色较好的其他位置平整光滑。

值得注意的是，在元代釉里红彩色区都含有相当含量的元素砷（As），浓度在160微克（μg）/克（g）～360微克（μg）/克（g）之间。这就表明元代釉里红铜料中含有元素砷（As）。景德镇地区，釉里红色料配制的传统工艺是采用铜花作基本着色料。铜花是铜棒在高温中氧化产生的黑色氧化铜皮，将这些黑色氧化铜皮在玛瑙研钵中仔细磨成极细粉末，再与一定比例的瓷石粉混合，即可用作釉里红颜料。元代釉里红色料中的微量元素砷可能是铜料中带来的。据文献报道，与砷共生的砷矿物有毒砂（FeAsS）和砷铜矿（$CuAsS_3$）等。我国广西、云南出土的战国、宋代制造的铜鼓以及内蒙赤峰地区林西县大井古铜矿（春秋早期或稍早）遗址中的铜矿石中都有相当含量的砷〔11〕。

元代景德镇釉里红有三种装饰方法：釉里红线绘、拔白和涂绘。釉里红线绘是在胎上用线条描绘各种不同的图案花纹，它主要见于江西高安元代窖藏釉里红开光花鸟纹大罐，但是元代景德镇釉里红线绘纹样往往产生飞红的现象，所以细线条描绘的釉里红纹样烧成比较困难。拔白是在白胎上留出所需之图案花纹部位，或在该部位上刻划出图案花纹，用铜红料涂抹其他空余之地，烧成后，图案花纹即在周围红色之中以胎釉的本色显现出来。例如，江苏吴县出土的釉里红拔白龙纹大罐、北京故宫博物院所藏的元釉里红拔白划花兔纹玉壶春瓶、日本大和文华馆和松岗美术馆藏的元釉里红拔白飞凤纹玉壶春瓶、英国大维德基金会藏的元釉里红拔白花草纹玉壶春瓶，都是用这种方法进行装饰的。涂绘是以铜红料成片、成块地涂绘成一定的图案花纹。例如，江西高安元代窖藏出土的釉里红芦雁纹匜用红料涂绘出雁纹的形态。

表 7-4-3　元代釉里红中红彩的化学组分（%）

样品及编号		SiO_2	Al_2O_3	Fe_2O_3	TiO_2	CaO	K_2O	MnO	S	CuO	注
一	1	72.09	13.38	1.80	0.02	7.11	3.58	0.14	0.13	0.23	—
二	2	72.01	13.54	1.10	0.02	7.59	3.19	0.10	0.16	0.08	红色区
	3	66.72	12.79	1.15	—	8.48	2.84	0.13	0.36	5.97	偏黑区
三	4	72.85	12.69	1.34	—	7.77	2.48	0.13	0.26	0.93	红色区
	5	68.77	12.71	1.09	—	9.10	2.25	0.14	0.12	4.32	偏黑区
四	6	73.94	14.10	2.35	0.08	4.46	4.00	0.15	—	0.25	—
五	7	70.87	12.28	1.16	0.01	10.86	2.78	0.07	0.24	0.21	—

注：采自文献〔11〕。

三、高温釉上彩

元代采用高温釉上彩装饰技法的窑场主要有河南鹤壁集窑、浙江衢州窑和龙泉窑。元代鹤壁集窑高温釉上黑彩以斑花石为彩料；元代衢州窑高温釉上彩的彩料用铁矿石细料加少量釉料配成；龙泉窑高温釉上“点彩”乃是用笔蘸紫金土的釉浆点饰而成。

元代鹤壁集窑高温釉上彩的色层中保留了大量的铁矿相残留。关于色料来源，有学者认为很可能与磁州窑黑褐彩瓷相同，是用含铁量稍低的褐铁矿（即斑花石）一类的矿石磨细而成。高温釉上彩由于色料直接与窑炉空气接触，色层结构较易受烧成气氛影响[12]。

浙江衢州窑元代一部分绘彩瓷产品的装饰也为高温釉上彩，其色层结构与鹤壁集窑相似，表明其样品所用彩料很可能是铁矿石细料加少量釉料配成。该窑釉上彩瓷色料易受烧成气氛的影响，使色料中的铁离子变价，从而形成多种彩绘颜色，当样品在弱还原气氛下烧成时，色料中的物相以磁铁矿为主，彩绘处呈褐色；当样品在氧化气氛下烧成或受二次氧化，彩绘处就会呈褐红色，当窑炉气氛为强氧化焰时，釉上色料被充分氧化，使色料层结构以赤铁矿为主，样品外观呈铁红花[13]。元代龙泉窑高温釉上彩主要为“点彩”装饰形式，具体做法是用笔蘸紫金土的釉浆，在已上釉的坯上较规则地点成瓜子大小的点子，烧成后呈赭色[14]。

四、戗金彩

瓷器戗金装饰为元代景德镇瓷工所首创。戗金原是一种髹漆工艺，其法是先将金粒制成金箔（将小金粒夹入乌金纸，用金锤不断地旋转敲打，蒙以薄绵纸切割而成。因其遇风即飞，俗呼飞金。7 厘米长的金可打金箔千张）[15]，然后在制成漆器上，用刀、针等工具刻划阴线花纹，并将金箔捣碎成粉末状，再在其内调入雌黄成胶状（俗称金胶），趁其将干未干时用棉球蘸金胶泥，擦入勾划好的阴纹内。待其干透后，揩去溢出漆面的金胶泥。

元代景德镇制瓷匠师把漆器“戗金”工艺移植到瓷器装饰时，往往以卵白釉或蓝釉为色底。例如，江西高安窖藏出土卵白釉戗金行龙纹玉壶春瓶，器腹以金箔饰行龙纹[16]。具体工艺流程是：先烧成高温釉的素器，釉中加细沙以使釉面略粗，将金箔用刀刻成所需的大致图案，贴在素器上。待其稍干后用针在金箔戗划，划透金箔露出釉面，形成金彩上的细部花纹，然后入窑低温烘烤即成[17]。

元代瓷器戗金五色花还有一种装饰形式，就是把戗金与堆花立粉加彩技法相结合。具体做法是：先在乳浊的卵白釉地上，堆出纹饰的轮廓线，再用特制的带管的袋子挤出釉彩色料，按照纹样的轮廓线施彩堆花；然后按照同样的方法，沿着纹样的轮廓线，施加另一种釉彩色料的堆花。纹样的轮廓线施彩堆花完毕后，再在部分轮廓内贴金。装饰图案常见龙、凤和花卉三类。例如，玉壶春瓶，在瓶的腹部，堆花成龙、凤的轮廓以及龙鳞、发须、羽毛等细部纹样，然后在龙、凤的轮廓内贴以金箔。最后入炉，用低温烤烧而成。有学者认为，元代瓷器戗金五色花所用色料中掺以一定的粉料，或是瓷土类物质，用水调和后形成稠酱类物质，这样就能较为方便地在卵白釉上堆花。低温烧成后，纹饰微微凸起，其风格与以平涂技法施彩的釉上彩不同[18]。《景德镇陶录》卷五“景德镇历代窑考·枢府窑”载：“枢府窑，元之进御器”，“亦有戗金五色花”者。元代采用“戗金五色花”装饰技法的瓷器多为枢府釉瓷，器型有玉壶春瓶、罐、匜、爵、盏托、高矮把杯、墩碗等，题材广泛，有云龙、折枝花卉、缠枝花卉、莲瓣、八宝、梵文等。在乳浊的枢府釉上，以堆花立粉技艺堆出纹饰的轮廓，或在其形成的纹路内分别填彩并加嵌金片。

传世实物和出土资料表明，元代山西窑场和元代景德镇先后都采用过堆花立粉技法，其工艺有某些相似之处，即均用特制的带管子的袋子在器物上勾勒出凸起于器物表面的纹饰轮廓线，然后根据所设画面的需要，在轮廓线内填色，最后烧制而成。但是两者的工艺特点有所不同。具体表现在：一是载体不同。山西窑场使用的堆花立粉技法用于陶器装饰，景德镇的堆花立粉技法则用于瓷器。二是施加对象不同。山西窑场使用的堆花立粉技法是在陶坯上操作，景德镇使用的堆花立粉技法是在瓷器釉面上施加纹样。三是两者使用的料彩不同。山西窑场的堆花色料是以泥浆为原料。而景德镇使用的堆花立粉技法是以釉料为色料。四是具体操作方法有别。山西窑场的堆花立粉技法是在陶胎上勾勒出凸起于器物表面的纹饰轮廓，然后再根据画面的需要，分别填以黄、绿、紫釉料。景德镇的堆花立粉技法则是在堆花成轮廓后，不在其内进行填彩，而是在部分轮廓内予以贴金装饰。

五、釉中彩与刻花填彩

釉中彩是指先在坯体（或在坯体上罩盖化妆土）上施一层薄釉，待其干后，用彩料绘画纹饰，最后再施盖一层面釉在高温中烧成。我国古代瓷器很少采用这种装饰技法。有学者认为，元代耀州窑白釉黑花属釉中彩，其黑彩原料是一种用含铁颇高、研磨很细的铁矿砂为色料，工匠在用色料画花之前，先在上了化妆土的素坯上施一层薄釉浆，待釉浆干后，蘸色料在上面画花。所绘花纹的色层很薄，仅20微米~60微米，最后通体上面釉，因此这种白釉黑花是一种釉中彩瓷。其白釉是用长石作为熔剂的长石釉，此釉的 SiO_2 含量较高[19]。

元代衢州两弓塘窑的刻花填彩，是用一种尖利的工具，在胎体上勾勒出细劲而缜密的纹样轮廓线条，然后在空底上填上紫红的釉彩，使花纹突出。例如画一株牡丹花，先用“没骨画法”画出花叶的形影，然后用剔线勾勒出花叶的结构与筋纹。所用工具与刻花填彩一样[13]。

六、印花

印花是元代龙泉窑广泛采用的一种装饰技法。它的制作工艺是将带有纹饰的印戳或模子在成型的瓷胎上印出花纹。元代龙泉窑印花有阴纹细线条、阳纹细线条、阳纹凸花和露胎凸花等四种技法[20]。

（一）阴纹细线条印花

阴纹细线条印花是以下凹细线条勾勒纹饰轮廓的装饰，有印戳印花和模子印花两种。印戳印花都呈小块平面状，花纹也比较简单，使用时像图章一样，十分方便，但有很大的局限性，只能装饰器物的面部，而且要求装饰面平整，因此这类装饰多运用于高足杯、盘、墩子式碗的内底心。花纹也受印戳的局限，以杂花、文字、八宝、小动物、双凤、凤衔莲花及各种折枝花卉纹为常见。模子印花的印模有钵形和对合模之分，圆琢器上的阴纹细线条印花工艺难度大，它要求模子上的花纹为阳线，线条雕粗了，花纹不精美，线条刻细了，花纹容易损坏，因此，元代龙泉窑在中小器具上采用这种装饰，并在使用阴纹细线条印花的同时，配合阳纹印花，使单纯的印花装饰产生多样化的效果。

（二）阳纹细条线印花

阳纹细线条印花是以上凸的细线条勾勒纹饰的轮廓线，也有印戳和模子印花两种。阳纹的印戳印花与阴纹是一样的，多施于高足杯、盘、墩子式碗的内底心，花纹也以朵花、文字、八宝、小动物及各种折枝花卉纹为常见。阳纹模子印花，花纹外凸，呈浮雕状，有施釉和露胎两种。

（三）阳纹凸花印花

阳纹凸花印花是元代龙泉窑颇具特色的装饰技法，有施釉与露胎两种。施釉阳纹模子印花，由于花纹外凸，故该处的釉层薄于其他部位，经煅烧，虽同是青釉，却有深浅浓淡之分，从而增强了纹饰的凹凸感。这类印花既适用于小型器，也适用于大型器。器型越大，花纹也随之增大。印法手法十分活泼，有的全器印花，有的局部印花，有的则在开光内印花。

（四）露胎凸花印花

露胎阳纹凸花印花为龙泉窑所创，这是一种利用贴花胎中的含铁量与烧成最后阶段的一定量的氧结合，经二次氧化后，呈现出三氧化二铁的红褐色泽与瓷器上的青绿釉色相互映衬的装饰手法。露胎凸花印花均表现为开光的形式，操作方法如下：用胎泥在模具中压印成浅浮雕纹样，然后以泥浆把它粘贴在未上釉的露胎部位，烧成后无釉的贴花纹样呈紫红色，在青绿釉色衬托下别具一格。这类装饰主要使用在八角形瓶、八角形高足杯等琢器上，多作主题纹饰。花纹都呈阳文浮雕状，系模子印花，以八仙、折枝花卉、仙鹤、寿桃等为常见。露胎开光印花一般都与施釉开光印花结合在一起使用。

七、贴花

贴花是指在施过釉的坯体上，将模子成型的各种图案，贴在器物所需要的部位而形成的一种装饰。元代龙泉窑贴花主要有施釉贴花和露胎贴花两种技法。

传统的施釉贴花，即在贴花图案上施釉。这种装饰手法曾在三国、两晋时期采用过，花纹纹样以铺兽衔环、佛像、骑兽人像等为典型。南宋龙泉窑施釉贴花则以双鱼为多见，元代龙泉窑施釉贴花大大丰富了图案的内容，并根据其中不同的器型有规律地贴饰各种图案。例如，龙纹、云纹大多贴饰在盘、罐、玉壶春瓶、四系扁壶等器物上，缠枝牡丹大多贴饰在三足炉、敞口大瓶、梅瓶葫芦形瓶、盖罐等器物上，折枝花、团花、莲花荷叶大多贴饰在大型瓶、罐等器物上，凤纹大多贴饰在盖罐等器物上，朵菊、朵花多贴在高足杯、盘、碗的内底心，双鱼多贴在小洗内，小龟多贴在小足敞口碗的内底心等。

露胎胎花是元代龙泉窑独创的装饰技法。它主要是利用贴花胎中含铁量与烧成最后阶段的一定量的氧结合，经二次氧化后，呈现出 Fe_2O_3的红褐色泽，与龙泉瓷的青绿釉色相映生辉，产生出一种特殊的装饰效果。露胎贴花主要装饰在制作精细的折沿浅平盘内。露胎贴花的纹样十分丰富，有云龙、朵梅、双螭虎、双虎、朵菊、荔枝、折枝梅月、折枝桃、折枝瓜果、鸟、云雁等。图案的立体感很强，呈高浮雕状[20]。贴花印模系用坯泥制造，再经煅烧而成，有的还上釉。

八、化妆土

元代北方少数窑场（如鹤壁集窑等）还在使用化妆土装饰。宋、金代鹤壁集窑黑红彩瓷采用施加两层化妆土工艺，入元后鹤壁集窑由于开始使用含低铁的胎泥制胎，胎的白度有所提高，因此从宋、金时期施加两层化妆土工艺，改用一层。这一层化妆土的结构大多数与北宋样品胎相接的那一层化妆土结构基本相同。物相与胎接近，但颗粒较细，含铁量较低，化学成分也与胎接近，这一层原料可能是含铁量较低的胎泥。元鹤壁集窑也有个别样品的化妆土中有大量玻璃相，而与北宋样品釉相接的那一层化妆土结构基本相同。由于元鹤壁集窑瓷胎用的是一层化妆土，其结构和化学组成或接近于胎，或接近于釉，因而在烧成冷却过程中，釉面所受应力就比施具有过渡型结构的两层化妆土的样品来得高，故造成元鹤壁集窑瓷不少样品釉面开裂[12]。

第五节　窑炉和装烧技术

元代龙窑的窑体长度和弧度趋于规范，火膛面积也渐趋一致。投柴孔是用砖坯砌成方斗形，窑尾烟火柱墙一般由 5 ~7 列匣钵柱构成若干个烟火孔。

元代分室龙窑的火膛呈凸字形或半月形。窑室的长度比宋时增大，底部均铺沙，每一间窑室都开设窑门。元代分室龙窑不设火厢，窑室下面有火道，窑室与窑室之间有挡火墙（或称隔墙），墙下有通火孔。这种火道与通火孔构成分室龙窑的加热和传热设施。

元代马蹄窑容积相对稳定，且容量较大。火膛底部型制均为扇形。炉栅的构建主要有两种式样：一是在火膛底部向下挖建灰坑；二是在火膛中建三道灰渣墙，在灰墙之上覆扣筒形匣钵残片，其上再密密地搭上特制的炉条。排烟装置则有四种类型：一是窑尾后面的两个烟囱之间的隔烟墙上安装一个方形小吸烟孔，火膛内的火焰和烟气通过吸烟孔导入烟道墙排出；二是烟囱下部与烟道相连；三是在挡火墙与烟囱相连接的排烟孔中塞有砖头和残匣钵片用来调节排烟量；四是烟道分两部分，穹形烟室有三个烟孔相通，内室间大，可以保证充足的氧气，使窑膛火候均匀。

元代景德镇出现的葫芦窑有四大特点：一是从龙窑衍生出来的；二是腰部内收，窑床平面形状犹如卧地葫芦；三是火膛面积比龙窑火膛大为增加；四是窑尾没有龙窑常见的排烟孔设施。

元代景德镇窑场等日用粗瓷一般采用涩圈叠烧或支圈组合覆烧；较为精细的瓷器多用一匣一器的仰烧法。元代浙江地区窑场多沿用南宋官窑和龙泉窑的裹足刮釉装烧工艺。元代龙窑由于前部和中部为最佳烧成地带，因此精细瓷器装匣置放于龙窑前部和中部，普通粗货制品裸烧并安放在窑室的后部。

一、龙窑

从总体上看，元代龙窑建构继承宋代传统，但是，元代龙窑又有自己的时代特点：元代龙窑往往依山形貌顺势而为，窑体走向多有一定的弧度。元代龙窑一般修建在较为平缓的山坡上，窑体则是依照筑窑匠师认定的结构，修筑得规整笔直，在元代筑窑匠师看来，窑床斜直线的布局，有利于窑炉内的火焰均匀地流布。元代龙窑长度，不像前代那样窑体长短波动较大，元代龙窑除了个别窑外，长度一般控制在35米~60米之间（表7－5－1）。元代龙窑随着长度的缩短，坡度也大为减缓。

（一）拱形窑顶

元代龙窑的顶部均已塌毁，但是，从其残迹及其窑内存留的楔形砖来看，元代龙窑窑室的顶部与宋代龙窑一样，亦为圆拱形窑顶。其中，元龙泉大白岸碗圾山BY24y2号窑顶系用两端大小不一的楔形砖，大端向外，小端向内纵向砌筑，砖长16厘米、厚5厘米、一端宽17厘米[1]；元龙泉上严儿村Y2号窑从窑壁叠砌至80厘米~100厘米时，即用两层砖坯砌出一个平面，然后向上起券[2]。

（二）火膛

元代龙窑的窑头结构继承宋代传统，窑头前端火膛正中设火门（又称进柴口）。然而，宋代龙窑的火门大小不尽相同；而元代龙窑的火门一般都较小，例如，元龙泉安仁口入窑湾2号窑的火门很小，宽仅11厘米；元龙泉安仁口岭脚窑的龙窑火膛的前端正中火门（已残）宽仅17厘米[3]；元龙泉大白岸碗圾山BY24y2号窑火门位于前端火膛中央，火门高6厘米、下宽16厘米，用泥坯砖砌筑，顶部作小叠涩式逐级内收；元龙泉源口EY16y2号窑的火门残高30厘米、宽20厘米[1]；元代江山龙头山窑火膛，前端正中火门宽40厘米，底垫砖块[4]。

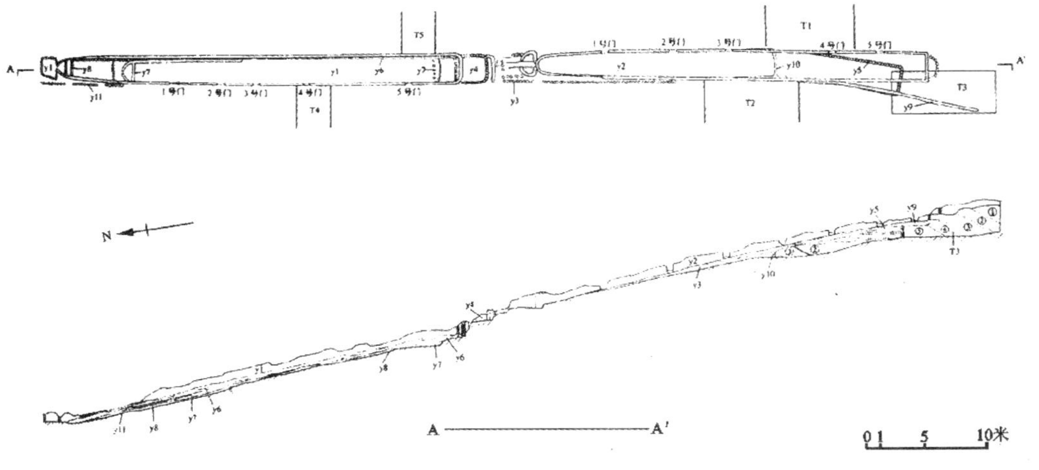

图7－5－1　元龙泉大白岸碗圾山BY24y2号窑窑炉平、剖面图

采自文献〔1〕

火门下为风门（又称送风口）。元龙泉大白岸碗圾山BY24y2号窑在火门与风门两者上下之间横置一块长14厘米、宽13厘米、厚5厘米的平砖，其下的送风口高18厘米[1]；元龙泉安仁口入窑湾窑3号窑风门口宽18厘米、残高50厘米[3]。

风门下为风道，元龙泉源口EY16y3窑两条通风道设在火膛内壁两侧，系用半块去底的匣钵前后衔接，并覆盖底面而成。其中北侧的一道已被破坏，南侧的一道残长0.56米、孔径0.16米、高0.18米[1]。

元代龙窑火膛底部平面多呈半圆形，火膛长度一般为0.6米~0.75米，宽度为1.25米~1.54米（表7-5-1）。其中，元宋龙泉大白岸碗圾山BY24y2号窑火膛呈半圆形，两壁均用泥坯砖砌成，高1.3米、进深0.6米，后壁宽1.4米，系用6层平砖错缝砌筑而成。元龙泉源口EY16y2火膛壁也是用泥坯制成的楔砖砌成[1]。龙泉安仁口岭脚窑火膛后壁垂直，是用红色土坯砖叠砌而成[3]。元龙窑火膛底部一般都低于窑床18厘米~40厘米。其中，元龙泉源口EY16y2号窑的火膛底低于窑室底面18厘米；元宋龙泉大白岸碗圾山BY24y2号窑火膛底低于窑室底面25厘米；元龙泉源口杉木林EY16y1号窑火膛底面自后向前呈5度倾斜，并低于窑室底面29厘米[1]。元龙泉安仁口窑2号窑火膛低于窑床30厘米；元龙泉安仁口入窑湾3号窑火膛低于窑床32厘米；元龙泉安仁口岭脚窑火膛低于窑床40厘米[3]。

元代龙窑砌建炉栅用材主要有：砖、土坯砖和匣钵底片三大类。元龙泉大白岸碗圾山BY24y2号窑炉栅置于火膛中部，用砖侧向排列。从所遗留残迹观之，自前向后每排分别为一、四、六块构成炉条。砖之上覆盖中心透空的匣钵底片，形成箅眼。通风道置于炉栅与火膛壁之间，系用半块匣钵侧片覆盖而成。元龙泉源口杉木林EY16y1号窑在通风道中间设有炉栅，系用数块刀形砖侧立构成，平面呈“八”字形，构成炉条，各排砖间隔5厘米~10厘米之间，上面覆盖匣钵片，其中有一片中心穿孔，形成箅眼。元龙泉源口杉木林EY16y2号窑炉栅设施也是用长短不一的砖块构成炉条，各砖间的空隙宽5厘米~9厘米不等，其上盖以中心钻孔的匣钵底片形成炉箅。通风道设在炉栅的左右两侧，即炉栅与火膛壁之间，由七块去底的半圆形匣钵片覆扣连接而成，孔径0.16米[1]。元代龙泉安仁口入窑湾窑2号龙窑则用土坯砖砌建炉栅，炉栅的炉柱两排成一线地排列[3]。元代福建南平茶洋安后山1号窑用长方形砖顺向立砌，共有3道，排列前紧后疏，呈扇形构成炉条，其长度分别为0.3米、0.4米、0.5米，砖的规格为长18厘米、宽9厘米、厚4.5厘米[5]。

（三）窑室与投柴孔

元代龙窑的窑床和宋代龙窑一样，窑室底部铺盖一层薄河沙，其中，元末云南玉溪窑1号和3号窑的窑床铺一层厚约1厘米~5厘米的赭红色细沙层[6]；元代福建南平茶洋安后山1号窑的窑底沙层厚度为8厘米~10厘米[5]；元龙泉安仁口岭脚窑龙窑窑底所铺细沙约10厘米[3]；元龙泉大白岸碗圾山BY24y2号窑底铺有厚达13厘米的沙层[1]。

宋代龙窑窑床的倾斜坡度波动较大，元代龙窑窑床的倾斜坡度渐趋规范。其中，元龙泉安仁口入窑湾2号窑床倾斜坡度为10度~15度[3]；元龙泉源口EY16y1号窑底呈15度倾斜；元龙泉源口EY16y2号窑底呈16度倾斜[1]；元代龙泉上严儿村窑2号窑床呈前陡后缓状，窑床中段以前倾斜为19度~22度，在靠近窑尾处倾斜14度[2]。

宋代龙窑投柴孔的设置，因窑而异，投柴孔的形制有方斗形、圆形和椭圆形三种。元代龙泉上严儿村窑 2 号窑在窑床两壁向上起券的交接处发现有九个投柴孔，均用砖坯砌成方斗形，面上涂有厚 4 厘米 ~5 厘米的一层耐火泥，由于长期经受高温已被烧成较结实的熔结面[2]。元龙泉大白岸碗圾山 BY24y2 号窑遗存中有两处残损的泥质投柴孔和两处砖质投柴孔[1]。元代福建南平茶洋安后山 1 号窑西窑墙近窑底处的烧结面厚为 10 厘米 ~30 厘米，发掘者推测其上方可能是投柴孔的设置，据此推算，投柴孔的间距为 3 米 ~4 米[5]。

元代龙窑窑室的砌建材料主要有：土坯砖、废匣钵、土坯砖和废匣钵混砌等三种类型。

用土坯砖砌建窑室，主要见于元龙泉源口杉木林 EY16y1 号窑和 EY16y3 号窑。其中，元龙泉源口 EY16y3 号窑室两壁用泥坯砖平起错缝砌筑；元龙泉源口 EY16y1 号窑壁用泥坯砖砌筑，砖长 18 厘米、宽 15 厘米、厚 5 厘米[1]。用废匣钵砌建窑室主要见于元龙泉安仁口入窑湾 1 号窑[3]、元安福金岙湾窑 17 号窑[7]和元龙泉上严儿村 Y3 号、Y5 号窑[2]等。用土坯砖和废匣钵混砌窑室主要见于元代福建南平茶洋安后山 1 号窑[5]、元龙泉源口杉木林 EY16y2 号窑[1]、元龙泉安仁口碗圈山窑 2 号窑[3]、元龙泉大白岸碗圾山 BY24y2 号窑[1]、元龙泉安仁口岭脚窑[3]、元龙泉上严儿村 Y2 号窑[2]、元龙泉安仁口入窑湾 2 号窑和 3 号窑[3]等。其中，元代福建南平茶洋安后山 1 号窑的窑壁用单砖平铺顺砌，局部有用匣钵叠砌的现象。窑砖平面呈梯形，大头 18 厘米、小头 16 厘米、宽 19 厘米、厚 3 厘米 ~4 厘米，青灰色。砌筑时大小头相间而筑[5]；元龙泉源口杉木林 EY16y2 号窑壁大多采用填满黏土的匣钵砌筑，部分为泥坯砖；元龙泉大白岸碗圾山 BY24y2 号窑壁残高 0.5 米 ~1 米，系用泥坯砖或满填黏土的匣钵砌筑而成，缝隙间用掺有沙砾的黏土抹平[1]；元龙泉上严儿村 Y2 号窑床南壁残高 20 厘米 ~110 厘米，用长 19 厘米、前宽 14 厘米、后宽 18 厘米、厚 6 厘米的楔形砖坯砌成。局部毁坏处用匣钵修补[2]。

（四）窑门

元代龙窑残存窑门数量不一，一般在 5 ~11 个之间。各个龙窑所设窑门之间的间距不一。其中，元龙泉大白岸碗圾山 BY24y2 号窑遗存五个窑门之间的距离为 3.4 米 ~8.1 米，其中以 5 米左右为多[1]。元代龙泉上严儿村 2 号窑所遗存的六个窑门的间距在 1.4 米 ~5.3 米，多数在 3.22 米 ~3.82 米之间波动[2]。元龙泉源口杉木林 EY16y1 号窑、EY16y2 号窑的六个窑门的间距在 3.5 米 ~5 米之间；元龙泉源口杉木林 EY16y3 号窑室的右侧设六个窑门，各个窑门的间距在 3.14 米 ~4.25 米之间；元龙泉源口 EY16y2 号窑残存的三个窑门，其中 1 号窑门西距窑头 10.8 米；2 号窑门西距窑头 6.4 米；3 号门距离后壁 1.7 米[1]。

元代龙窑残存窑门的宽度也不一致，一般在 0.4 米 ~0.75 米之间波动。其中，元代龙泉安仁口碗圈山 2 号窑残存的五个窑门，门宽 0.6 米 ~0.7 米[3]；元代福建南平茶洋安后山 1 号窑的 11 个窑门，宽度在 0.53 米 ~0.66 米之间[5]。元龙泉源口 EY16y2 号窑残存的三个窑门，其中，1 号窑门上宽 0.4 米、下宽 0.6 米，2 号窑门残高 0.63 米、宽 0.65 米，3 号门宽 0.45 米[1]。元代龙泉上严儿村 2 号窑残存的六个窑门宽度在 0.55 米 ~0.75 米之间[2]。元代龙泉安仁口岭脚窑所发现的八个窑门宽0.55米~0.7米[3]。

元代龙窑窑门开在一侧的窑场有：元龙泉源口杉木林EY16y1号窑、EY16y2号窑，元龙泉安福石大门山Y61号窑，元福建南平茶洋安后山1号窑。其中，元龙泉源口杉木林EY16y1号窑、EY16y2号窑门六个均设在左侧，门的两侧用泥坯砖砌成门柱，残高0.2米~1米[1]；元龙泉上严儿村2号窑残存的6个窑门均开在窑床北壁[2]，其建构见表7-5-2；元龙泉安福石大门山Y61号窑七个窑门均开在窑室西侧的窑壁上[7]。元代福建南平茶洋安后山1号窑的窑门11个，均开在西壁，窑门宽度在0.53米~0.66米之间[5]。

元代龙窑窑门分别开在两侧的窑场有：元龙泉源口EY16y2号窑、元龙泉安仁口岭脚窑、元龙泉安仁口入窑湾3号窑等。其中，元龙泉源口EY16y2号窑门残存三个，位于窑室两侧，其中1号窑门西距窑头10.8米，残高0.8米、上宽0.4米、下宽0.6米，底部设有高0.26米的门槛。2、3号门均位于窑的右侧，其中2号窑门西距窑头6.4米、残高0.63米、宽0.65米，门槛高0.24米。3号门距离后壁1.7米、残高1米、宽0.45米，门槛高0.22米[1]。元龙泉安仁口入窑湾窑3号窑残存5个窑门，其中两个开在东壁，三个开在西壁。窑门宽0.7米~0.75米。元龙泉安仁口入窑湾窑2号窑中残存6个窑门，其中三个开在东壁，三个开在西壁，窑门宽0.55米~0.75米。元龙泉安仁口岭脚窑龙窑在窑的前、中、后段发现窑门8个，有一个开在西壁，七个开在东壁。窑门宽0.55米~0.7米。大多数开在一边。这说明当时装窑与出窑集中在一边[3]。

窑门两侧用匣钵砌有窑门柱，元龙泉大白岸碗圾山BY24y2号窑门两侧有匣钵叠砌的门柱，两柱间的底部用砖砌出高于窑床底0.15米~0.3米的门槛。元龙泉源口杉木林EY16y3号窑门两侧的门柱用泥坯砖砌成，残高0.2米~1米，底部设有门槛，高0.2米~1米不等[1]。

（五）窑尾

元代龙窑与唐宋时期的龙窑一样，尾部排烟设施不设烟囱，而由烟火柱墙、窑尾墙、聚烟室（又称排烟室）和出烟口构成。烟火柱墙的上部为挡火墙，挡火墙直通向上与窑顶连接密封。烟火柱墙下部砌建若干个烟火柱，烟火柱之间的空隙构成若干条烟火弄（又称出烟口、烟火孔、排烟孔或通火孔）。烟火柱墙与窑尾墙之间的空间构成聚烟室，聚烟室的顶部开出烟口。

1. 烟火柱墙

元代窑尾的烟火柱墙上部，俗称挡火墙，大多残缺，烟火柱墙的下部一般砌建烟火柱5~7根，烟火柱与烟火柱之间构成若干条烟火弄。烟火柱的高度一般在30厘米~38厘米之间，烟火弄的宽度一般在8厘米~16厘米之间波动。其中，元龙泉源口杉木林EY16y1号窑烟火柱墙上端（俗称挡火墙）呈弧形，与窑顶相接，残高1.05米，烟火柱墙的底部设有五根高30厘米的烟火柱，烟火柱之间留有宽8厘米~12厘米不等的烟火弄。其中靠近侧壁的较为宽矮[1]。元龙泉上严儿村Y5号窑尾烟火柱墙下的烟火柱共有5根，高33厘米~38厘米。其特点是烟火柱位于窑床中间，两端则利用窑壁代替，这样即构成了6条烟火弄。烟火弄宽12.5厘米~13厘米。元龙泉上严儿村Y2号烟火柱墙下部的5根烟火柱的布局与Y5号窑相同，也都位于窑床中间，构成了6条烟火弄。烟火弄宽14厘米~22厘米[2]。元龙泉源口EY16y2号窑烟火柱墙残高0.92米、宽2.25米。烟火柱墙的底部设6个烟火柱，烟火柱高33厘米、宽11厘米~16厘米。元龙泉源口EY16y3号窑烟火柱墙的底部也设六个烟火柱，依次间隔出七个烟火弄。烟火柱高15厘米~18厘米，烟火柱之间形成的烟火弄宽8厘米~12厘米[1]。元代龙泉安仁口入窑湾窑2号窑尾的烟火柱墙宽1.95米，残高1.46米。下部砌成烟火弄7个，各高30厘米，宽15厘米。元龙泉安仁口碗圈山窑2号窑窑尾的烟火柱墙垂直，宽2.3米、残高1.1米，下部砌成烟火弄7个，各高30厘米、宽15厘米。元龙泉安仁口入窑湾窑3号窑窑尾的烟火柱墙宽1.9米、残高1.46米，下部砌成烟火弄7个，各高30厘米、宽15厘米[3]。元福建南平茶洋安后山1号窑烟火柱墙底部高20厘米，用三层砖平铺错缝顺砌，其上以单砖竖置作为烟火柱，仅存两柱。两柱之间形成的烟火弄宽6厘米，以此推算烟火柱约为16柱。砌烟火柱的砖块长20厘米、宽18厘米、厚5厘米[5]。

元代龙窑的烟火柱墙，包括上部的挡火墙和下部的烟火柱都用匣钵筑成，仅有少数龙窑，例如，元龙泉上严儿村Y5号窑的窑尾墙，从其残迹来看是利用长方形的旧砖坯砌成[2]。

2. 窑尾墙与聚烟室

龙窑尾端墙称为窑尾墙，窑尾墙与烟火柱墙之间构成聚烟室。元龙泉上严儿村2号龙窑的窑尾墙宽2.34米，已塌毁。从其剩下的残迹看，此墙用匣钵砌成，它与前面的烟火柱墙相距40厘米而构成聚烟室[2]。元龙泉源口杉木林EY16y1号窑由窑尾壁与烟火柱墙构成的聚烟室进深约30厘米。在聚烟室两侧壁上排列由五个匣钵圈组成的排烟孔，孔径29厘米[1]。元代福建南平茶洋安后山1号窑尾聚烟室后壁已毁，根据地表残留的红烧土和黑灰土痕迹判断，聚烟室后壁可能为弧形，聚烟室的进深约50厘米[5]。元龙泉源口杉木林EY16y2号窑则在窑尾墙与烟火柱墙之间（聚烟室）的上端设有出烟口，即利用去底的匣钵平置而成。元龙泉源口杉木林EY16y3号窑聚烟室进深为25厘米。窑尾墙残高65厘米，两墙相连的侧壁自底向上65厘米处，设有用去底匣钵做成的出烟孔[1]。元龙泉安仁口入窑湾窑3号窑在窑尾墙顶上横砌一排六个无底的废匣钵作为烟孔[3]。元龙泉大白岸碗圾山BY24y2号窑聚烟室形状较为特殊，平面呈半圆形，进深为60厘米，窑尾墙呈圆弧形与烟火柱墙相接[1]。

表 7－5－1　元代龙窑窑体、火膛、窑室尺寸表（米）

编号、名称	窑体		火膛		窑室		参考文献
	长度	宽度	长度	宽度	长度	宽度	
1. 元龙泉安仁口入窑湾窑 1 号窑	残 17	1.80～2.05	—	—	—	—	〔3〕
2. 元龙泉安仁口入窑湾窑 2 号窑	45.5	—	0.58	1.54	—	—	
3. 元龙泉安仁口入窑湾窑 3 号窑	残 50.15	—	0.62	1.32	49.13	1.35～2.25	
4. 元安仁口碗圈山窑 2 号窑	残 34.55	2.3～3.45	—	—	—	—	
5. 元安仁口碗圈山窑 3 号窑	残 10.25	2.15～2.30	—	—	—	—	
6. 元龙泉安仁口岭脚窑	残 48.5	—	0.58	1.54	47.92	1.3～2.35	
7. 元安福金岙湾窑 55 号窑	34.3	—	—	—	—	—	〔7〕
8. 元安福金岙湾窑 17 号窑	49.6	1.55～2.35	—	—	—	—	
9. 元玉溪窑 1 号窑	残 28.2	1.6	—	—	—	—	〔6〕
10. 元玉溪窑 3 号窑	残 30	—	—	—	—	—	
11. 元龙泉上严儿村 Y2 号窑	残 37.8	2.2～2.3	—	—	—	—	〔2〕
12. 元龙泉大白岸碗圾山 BY24y2 号窑	34	1～2	0.60	1.4	—	—	〔1〕
13. 元龙泉源口 EY16y1 号窑	—	—	0.75	1.5	26.9	—	
14. 元龙泉源口 EY16y2 号窑	—	—	0.65	—	19.35	—	
15. 元龙泉源口 EY16y3 号窑	28.3	1.25～2	0.60	1.25	27.45		
16. 元南平茶洋安后山 Y1 号窑	斜长 62	1.2～2.6	—	—	—	—	〔5〕
17. 元安福石大门山 Y17 号窑	49.6	—	—	—	1.55～2.35	—	〔7〕

注：

第1号元安仁口入窑湾窑1号窑坡度为20度。

第2号元安仁口入窑湾窑2号窑坡度为10度~15度，窑尾的挡火墙宽1.95米、残高1.46米。

第3号元安仁口入窑湾窑3号窑窑尾烟火墙宽1.9米、残高1.46米，窑壁残高0.2米~1.9米。

第4号元安仁口碗圈山窑2号窑坡度为12度~20度，窑壁残高0.2度~1.45米，窑尾的挡火墙垂直，宽2.3米、残高1.1米。

第5号元安仁口碗圈山窑3号窑坡度为10度~18度。

第6号元安仁口岭脚窑坡度为10度~20度。

第8号元安福窑金岙湾窑17号窑坡度为11.6度，窑壁残高1米。

第9号元玉溪窑1号窑坡度为16度。

第11号元龙泉上严儿村Y2号窑窑床南壁残高0.2米~1.1米。

第12号元龙泉大白岸碗圾山BY24y2号窑火膛高1.3米，窑壁残高0.5米~1米，窑门残高0.1米~0.8米。

第13号元龙泉源口EY16y1号窑窑壁残高0.32米~0.8米，挡火墙残高1.05米。

第14号元龙泉源口EY16y2号窑火膛高1.5米，窑室残高0.4米~1.2米。

第15号元龙泉源口EY16y3号窑窑室残高0.2米~1.1米。

第17号元龙泉安福石大门山Y17号窑窑壁残高1米。

表7-5-2　元代龙泉上严儿村2号窑的窑门结构情况统计表

窑门编号	位　置	现在高度（厘米）	窑门宽度（厘米）		
			上宽	中宽	下宽
1号门	位于窑床北壁距2号门1.4米	36	—	75	69
2号门	位于窑床北壁距3号门5.3米	61	—	67	66.5
3号门	位于窑床北壁距4号门3.82米	80	48	61	62.5
4号门	位于窑床北壁距5号门3.33米	82	57	61	61
5号门	位于窑床北壁距6号门3.22米	41	—	60	58
6号门	位于窑床北壁距5号门3.22米	22	—	60	59

注：采自文献〔2〕。

二、分室龙窑

元代分室龙窑主要见于元代德化屈斗宫窑和元代江山龙头山窑Y9y1号窑。宋代分室龙窑的火道由窑头的火膛和窑体中的若干火厢构成，元代分室龙窑的火道与宋代分室龙窑有所不同，它有两种建构形式：第一种火道的建构是在窑室内建双排隔墙（挡火墙），前墙的窑顶处筑投柴孔，墙的下面安设烟火弄；后墙则不到顶。这两排隔墙的间距很小，一般在20厘米左右。烧窑时，先烧窑头火膛，把靠近火膛第一间内的瓷器烧熟后，再在第二间窑室中的前墙窑顶投柴孔处投柴燃烧。

元代分室龙窑的第二种火道的建构是：分室龙窑中的隔墙只建一堵，但是同样在隔墙窑顶处修筑投柴孔，隔墙下面建烟火弄；与此同时，在隔墙前后的窑室两边墙壁下各修一条火道，这条火道与隔墙的烟火弄相通，从而使从窑头到窑尾形成一条窑炉加热系统。

（一）形制

元代分室龙窑继承宋制，依山而建，其中元德化屈斗宫窑出土的分室龙窑，方向南偏西 15 度，全长（坡长）57.1 米，窑体宽 1.4 米 ~2.95 米，窑室共 17 间。第一间为窑头（含火膛），其余 16 间为窑室，窑室之间安设火厢[8]。元代江山龙头山窑 Y9y1 号分室龙窑（图 7-5-2），方向西偏南 4 度，残长 43.5 米，倾斜度 14 度；窑头已毁。窑室及其火厢尚存 14 间[4]。

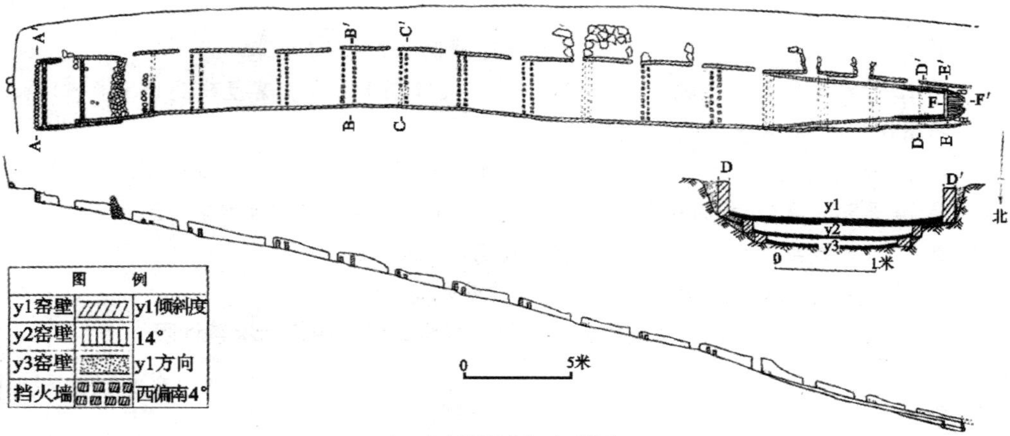

江Y9窑床遗迹及其叠压打破关系

图 7-5-2　元代江山龙头山窑 Y9y1 分室龙窑
采自文献〔4〕

宋代分室龙窑形制主要有斜坡式和台阶式两种类型，但是元代分室龙窑主要采用斜坡式。元德化屈斗宫窑出土的分室龙窑，整个窑体呈斜坡状，倾斜度为 12 度 ~22 度，南北水平高差 14.4 米。窑室斜平，不分阶级[8]。元代江山龙头山窑 Y9y1 号分室龙窑底部是由后向前整体倾斜的，也不分阶级，倾斜度 14 度[4]。

元代分室龙窑与宋代分室龙窑一样亦为拱形顶。元代江山龙头山窑 Y9y1 号分室龙窑侧壁壁厚 0.12 米 ~0.13 米，保存最高处 0.7 米，已见起券[4]。元代德化屈斗宫窑分室龙窑窑壁残存高度 0.13 米 ~0.6 米。一般在 0.5 米以上起券，因此推知窑室不甚高，约在 1.4 米。俗称“鸡笼窑”，意思是如鸡笼一样低矮[8]。

（二）火膛

宋代遗存的分室龙窑火膛呈凸字形[9]，元代江山龙头山窑 Y9y1 号分室龙窑火膛已毁，结构不明。元代德化屈斗宫分室龙窑的火膛保存较为完好。火膛位于窑头第一间的前面，呈半圆形，但是面积比宋代缩小，东西宽 1.65 米、深 0.5 米。火膛与窑床相交处尚保存通火孔五个，每孔宽 0.12 米 ~0.17 米[8]。

（三）分室

元代分室龙窑由挡火墙在长条形窑身内分成若干间窑室，窑室长度比宋代有所增大，拱形顶，窑室底部均铺沙。其中，元代德化屈斗宫窑分室龙窑有 16 间窑室，窑室之间以挡火墙相隔[8]。元代江山龙头山窑 1 号分室龙窑的窑室尚存 14 间，窑室之间也以挡火墙相隔[4]。

元代分室龙窑窑室的长度比宋代有所增大，一般在 1.9 米 ~3.95 米之间波动。其中，元代德化屈斗宫窑分室龙窑的窑室，从头至尾共有 17 间，一般呈长方形。各室长短不一（表 7－5－3），第 15 间最长，达 4.2 米；第 5 间和第 6 间最短，仅 2.8 米[8]。元代江山龙头山窑 Y9y1 号分室龙窑的窑室尚存 14 间，前段窑室底部窄，最窄处仅 1.95 米，中段窑室底部宽，最宽处 3 米。后段窑室底部宽度多 2.9 米左右。窑室前后深度，前段一般在 2.2 米左右，中后段多在 2.5 米 ~3.1 米之间，最后两室一个深达 3.9 米，一个深仅 1.9 米。窑室底部面积，最前端 3 室和最后 1 室都在 6 平方米以下，其余 10 室一般在 7.5 平方米左右，最大者超过 11 平方米[4]（表 7－5－4）。

元代分室龙窑窑室的底部一般铺沙，其中，元代江山龙头山窑 Y9y1 分室龙窑窑室的底部铺细沙[4]，元代德化屈斗宫窑分室龙窑的窑室底部也铺石英细砂，厚约 0.1 米左右[8]。

表 7－5－3　元代屈斗宫窑各间窑室长度表（米）

窑头	1	2	3	4	5	6	7	8	9	10	11	12	13	14	15	16
宽	3.3	3.2	3.5	4	2.8	2.8	4.1	3.2	3.5	3	3.7	3.1	3.4	3.4	4.2	3.2

注：采自文献〔8〕。

表 7－5－4　元代江山龙头山窑 1 号分室龙窑各室底宽、深、面积

窑室编号	1	2	3	4	5	6	7	8	9	10	11	12	13	14
宽（米）	2.1	2.3	2.7	2.9	2.9	3	3	3	2.8	2.9	2.9	2.9	2.9	3
深（米）	1.8 残	2	2.2	2.3	2.2	3.1	2.5	2.5	2.9	2.6	2.2	2.7	3.9	1.3
面积（平方米^2）	3.78	4.6	5.94	6.67	6.38	9.3	7.5	7.5	8.12	7.54	6.67	7.83	11.31	5.7

注：采自文献〔4〕。

（四）火道

元代分室龙窑不设火厢，其火道有两种构成方式，第一种火道的建构是在窑室内建双排隔墙（挡火墙），也就是说，分室龙窑的各个窑室之间的隔墙有两排，同时在前墙的窑顶处筑投柴孔，墙的下面安设烟火弄；后墙则不到顶。

这种结构与宋代分室龙窑的“火厢”有某些相似之处，但是又与宋代分室龙窑的“火厢”有别，因为这两排隔墙的间距很小，一般在 20 厘米左右。烧窑时，先烧窑头火膛，把靠近火膛第一间内的瓷器烧熟后，再在第二间窑室中的前墙窑顶投柴孔处投柴燃烧，燃烧着的火焰由烟火弄进入后面的隔墙，再通过后墙的顶部进入第三间窑室。

元代分室龙窑火道的这种建构，主要见于以元代江山龙头山窑 Y9y1 分室龙窑。该窑隔墙都砌在窑门的侧下方，前段窑室的隔墙已毁，结构不明；后段尚存隔墙 9 道。残存的隔墙中最高者为 0.55 米。除最后一道挡火墙为单排外，其余每道挡火墙都由两排构成，排间的间距为 20 厘米左右。砌筑挡火墙材料有砂土坯、土坯砖和匣钵三种。砂土坯断面大者为 0.2×0.25 平方米，小者断面为 0.13×0.16 平方米。挡火墙一般用土坯和砖块砌成，匣钵多用于修补。具体砌法是：每排挡火墙用土坯或砖块平砌或竖砌成烟火柱（又称火弄柱）10～12 根，柱间留有空隙，构成烟火弄，两排烟火弄多不相对。烟火柱高 0.3 米～0.35 米，其上平砌砖块或土块，连接各柱。

遗存表面还有砌火弄柱和其间烟熏的痕迹，可见每排挡火墙至少有两层通火孔，且上下相对。发掘者根据该窑室侧壁高至 0.7 米处即起券，两层火弄柱的高度相加已有 0.6 米～0.7 米，再加柱上平砌的土坯或砖块的厚度，总高度要超出侧壁起券处，照此推算，隔墙可能是一直砌到窑室的顶部[8]。

元代江山龙头山窑 Y9y1 分室龙窑各窑室中的隔墙两排通火孔不是一排在上、一排在下，而是每排至少有上下两层；而且最后一道隔墙通火孔特别狭窄，其作用旨在使各窑室中的火焰分布均匀，速度减缓；而两排隔墙的通火孔互不相对，目的是促使火焰在各窑室的停留时间延长[4]。

元代分室龙窑火道的第二种建构是：分室龙窑中的隔墙只建一堵，但是同样在隔墙窑顶处修筑投柴孔，隔墙下面建烟火弄；与此同时，在隔墙前后的窑室两边墙壁下各修一条火道，这条火道与隔墙的烟火弄相通，从而使从窑头到窑尾形成一条窑炉加热系统。例如，元代德化屈斗宫窑分室龙窑不设火厢，而是通过隔墙把窑室分成若干间，隔墙用砖砌成，从残墙来看，挡火墙原来可能由底部砌叠至窑顶，墙的下部有通火孔 5～8 个，每孔宽 0.08 米～0.19 米、高 0.26 米，厚度与挡火墙相同。被隔墙分割成的窑室的两边墙壁下各有一条火道（又称火路沟），宽 0.12 米～0.22 米，从窑头直通到窑尾[8]。

开窑点火先烧窑头火膛，把靠近火膛的第一间窑室内的瓷器烧熟后，再在其后窑室中的隔墙窑顶投柴孔投柴燃烧，火焰由隔墙下部的烟火弄进入窑室的两边墙壁下的火道，待窑室内的器坯烧熟后，燃烧着的火焰进入下一个窑室。

（五）窑门

元代分室龙窑的每一间窑室都开设窑门，装坯与出窑都从同一扇门出入。德化屈斗宫分室龙窑 14 间窑室均开设窑门，装坯与出窑都从同一扇门出入。窑门一般安在各个窑室的前端，东边 11 个，西边 3 个，共计 14 个。门宽 0.4 米～0.8 米、残高 0.1 米～0.55 米。有的窑门还堵塞着砖头与匣钵，保持着当时封闭的情形[8]。

元代江山龙头山窑 Y9y1 号分室龙窑也是每间窑室开设一座窑门。其残存的 14 间窑室除最前端窑室门无存外，每室 1 门，尚存 13 个，均开于南壁，里小外大，平面呈喇叭形。里口宽 0.5 米～0.55 米。从保存较好处可以看出，门道两侧和相邻两门外口之间都用块石围护，从而在两门之间形成一个台面[4]。

（六）窑尾烟道

元代德化屈斗宫分室龙窑不设烟囱，但在窑室两边墙壁下各有一条火道，从窑头直通窑尾。窑尾后壁亦留有烟孔。烧窑时利用窑床坡度产生的抽力，使窑内烟气最后从后壁的烟孔中排出窑外。元代江山龙头山 Y9y1 号分室龙窑的窑尾由挡火墙、排烟坑和拦土坎三部分构成。窑尾后面的挡火墙仅存两层土坯砖，砖面烟火柱和烟熏痕迹清晰可见。窑尾挡火墙留有烟火弄宽 0.03 米～0.05 米，比各窑室中的隔墙的通火孔要狭窄得多。排烟坑位于窑尾挡火墙之后，由侧壁和后墙构成。其宽度与挡火墙相当，前后深仅 0.15 米。排烟坑后墙用匣钵柱密砌而成，柱间用泥封实，残高 0.7 米。排烟坑后约 0.80 米处有一堵废旧匣钵、窑砖砌成的坎，坎面向后倾斜，残高 0.75 米～1.20 米，不见均匀的烟熏痕迹，可能是用于拦挡山体坍土，保护窑体[4]。

（七）护墙

为了保护窑的坚固耐用，防止烧窑时炸裂，元代德化屈斗宫窑陶工在窑室外面的两边都加筑护墙，一般在两个窑门之间。这些护墙似女人乳房一样在两边鼓出来，因此，俗称“窑乳”或“窑奶”，至今建窑仍保留着这种遗制。窑乳的遗迹大部分保存在东边，西边只有一个，用石头、废匣钵、瓷片和泥土堆砌起来的。残高 0.2 米～0.5 米、长 2.5 米～2.8 米、宽 1.2 米～1.5 米[8]。

（八）修建材料

元代砌建分室龙窑主要用土坯砖、耐火砖或者土坯、土坯砖、匣钵混砌三大类材料。元代江山龙头山窑 Y1 号分室龙窑侧壁都用土坯砖错缝平砌而成[4]。元代德化屈斗宫窑分室龙窑窑壁，全用耐火砖砌成，砖长 0.3 米、宽 0.2 米、厚 0.9 米。由于经过屡次的高温燃烧，砖都呈褐红色，有的尚有一层窑腊，光泽发亮。又因为火焰温度比较高的关系，窑壁的砖缝都比较松散，接近窑壁的泥土都烧成了火红色，而且有了一定的厚度，一般厚 0.1 米～0.15 米[8]。元代江山龙头山窑一号分室龙窑火厢中的挡火墙材料有砂土坯、土坯砖、匣钵三种。砂土坯断面大者 0.2×0.25 平方米；小者 0.3×0.16 平方米。挡火墙一般都用土坯和砖块砌成，匣钵多用于修补。窑室侧壁用土坯砖错缝平砌而成[4]。

三、马蹄窑

元代遗存的马蹄窑不多，主要见于元代观台磁州窑 8 号窑（图 7－5－3）、元代铜川黄堡耀州窑 2 号窑、元代山东淄博坡地窑和元代兴州窑等。

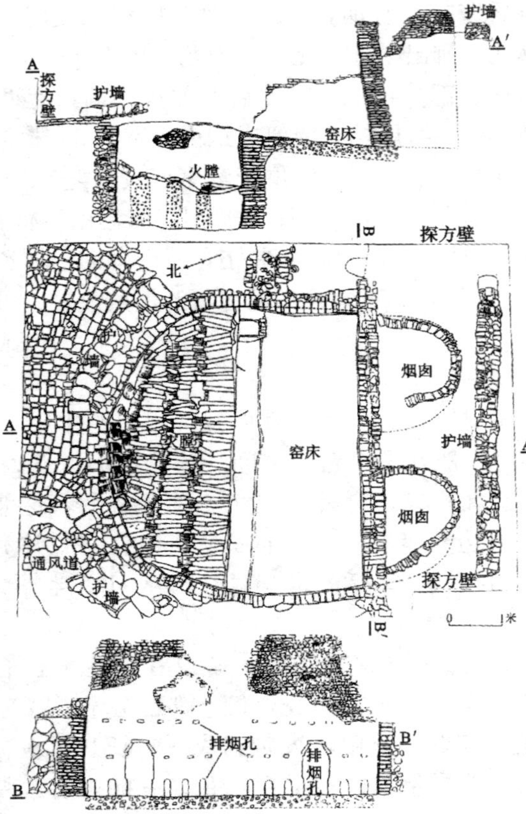

图 7-5-3 元代观台 8 号窑

采自文献〔10〕

元代马蹄窑容积相对稳定，且容量较大。火膛底部形制均为扇形。炉栅的构建主要有两种式样：一是在火膛底部向下挖建灰坑；二是在火膛中建三道灰渣墙，在灰墙之上覆扣筒形匣钵残片，其上再密密地搭上特制的炉条。排烟装置则有四种类型：一是窑尾后面的两个烟囱之间的隔烟墙上安装一个方形小吸烟孔，火膛内的火焰和烟气通过吸烟孔导入烟道墙排出；二是烟囱下部与烟道相连；三是在挡火墙与烟囱相连接的排烟孔中塞有砖头和残匣钵片用来调节排烟量；四是烟道分两部分，穹形烟室有三个烟孔相通，内室间大，可以保证充足的氧气，使窑膛火候均匀。

（一）窑体容量与火膛构建

宋、金马蹄窑的容积波动较大，元代出土的几座马蹄窑的窑体容积相对稳定，且容量较大。例如，元代观台磁州窑 8 号马蹄窑的窑体长为 8.35 米、宽为 6.5 米、残高 5.03 米[10]；元代山东淄博坡地窑窑体长 7.5 米、宽 5.15 米，高度不明[11]。宋代马蹄窑火膛底部形制大致有扇形、三角形和弧壁梯形三种，而元代遗存的几座马蹄窑火膛底部形制均为扇形（又称半月形、半圆形等），其中，元代山东淄博坡地窑出土马蹄窑火膛略呈半圆形，东西长 5.1 米，南北长 1.3 米[11]；元代铜川黄堡耀州窑 2 号马蹄窑燃烧室平面呈扇形，长 0.94 米、宽 2.68 米[12]；元代观台磁州窑 8 号马蹄窑火膛呈半月形，长 2.73 米、宽 5.8 米、深（底部到窑床面）2.15 米[10]。

元代马蹄窑火膛炉栅的构建主要有两种式样，一是承袭宋代工艺传统，在火膛底部向下挖建灰坑。例如，元代铜川黄堡耀州窑 2 号马蹄窑火膛中部向下挖成的灰坑，坑口长 0.3 米～0.36 米、宽 0.95 米、深 1.35 米。坑底长 0.37 米～0.42 米、宽 1.36 米[12]。又如，元代山东淄博坡地窑出土马蹄窑火膛下为存灰坑，均用砖块砌成。燃烧室残高 0.3 米，壁上布满了青绿色的窑汗。出灰道为长方形竖穴状通道与火膛相通，长 1.3 米、宽 0.95 米、深 1.7 米，砖块砌成，底部较凹，略高于火膛底部。与火膛连接处用砖砌成高约 1.75 米、宽 0.9 米的拱门，为清除炉灰的进出口[11]。

元代马蹄窑炉膛炉栅的第二种构建方式以元代观台磁州窑 8 号马蹄窑为代表，比较独特，它是在火膛中建三道灰渣墙，墙中相隔一定距离有一个匣钵柱作为"支撑"，在灰墙之上覆扣筒形匣钵残片，其上再密密地搭上特制的炉条。三排灰墙相距 0.2 米～0.45 米，靠挡火墙的第一道灰墙高 1.1 米，第二道高 0.9 米，第三道高 0.75 米。炉条长 0.4 米～0.45 米，直径 0.1 米，两端呈舌形，共计 84 根。最南的一排搭在第一道灰墙和挡火墙上，向外伸出 0.1 米的两层砖上。这已经是相当成熟的烧煤的窑炉了。与众不同的是，火膛壁下部用大块卵石砌建，中部用残筒形匣钵覆扣着叠砌，只是接近窑前地面的上部才使用耐火砖平砌。在火膛北端靠近进风道处有一个高 1.4 米的匣钵柱，不明用途[10]。

（二）排烟装置

元代马蹄窑的排烟装置与宋代一样主要由烟囱、隔烟墙、排烟孔或排烟室组成。元代马蹄窑烟囱形制规格不一。元代铜川黄堡耀州窑 2 号马蹄窑烟囱平面呈长方形，长 0.98 米、宽 1.16 米。底部各有四个高 0.4 米、宽 0.15 米的吸烟孔[12]。元代淄博坡地窑马蹄窑烟囱呈半圆形，直径 1.55 米，用砖砌成，较为规整，内壁涂一层厚 1 厘米～2 厘米的耐火泥[11]。元代观台磁州窑 8 号马蹄窑烟囱呈不规则半圆形，东侧烟囱长 2.04 米、宽 2.33 米、残高 3.07 米。西侧烟囱长 1.89 米、宽 2.35 米、高 3.17 米，底大上小，底部的宽度，根据排烟孔的位置，推测在 2.5 米左右。烟囱是用废窑柱，匣钵、碎砖和大块炉渣砌筑，厚仅 0.2 米[10]。

元代马蹄窑排烟装置有三种类型。一是以元黄堡耀州窑 2 号马蹄窑为代表，窑尾后面的两个烟囱之间以隔烟墙相隔，墙中的烟道宽 0.26 米～0.32 米，距地 0.76 米，残高 0.47 米。窑床中间砌筑一堵隔墙（墙厚 0.22 米，残高 1.1 米～1.2 米），隔墙上安装一个方形小吸烟孔。这个小吸烟孔与后面的隔烟墙相通。烧窑时，火膛内的火焰和烟气通过窑室隔烟墙上方的吸烟孔，导入烟道墙，最后从烟囱中排出去[12]。元代马蹄窑排烟装置的第二种类型，以元代山东淄博坡地窑出土马蹄窑为代表，窑尾后面东西并列着两个半圆形的烟囱，间距 0.38 米。西面的烟囱已残，仅留红烧土痕迹。另一烟囱直径 1.55 米，残高 0.35 米，砖块砌成，较为规整，内壁涂厚 1 厘米～2 厘米的耐火泥一层，呈青灰色，烟囱下部与烟道相连，烟道宽约 30 厘米，残高 15 厘米[11]。元代马蹄窑排烟装置的第三种类型，以观台磁州窑 8

号马蹄窑为代表。它与上述两种排烟装置的差异，主要体现在窑室后挡火墙与烟囱相连接的排烟孔的设置上面。挡火墙高2.1米，用条砖纵砌，上部砌两层，外部抹耐火泥。挡火墙厚0.6米~0.92米。后壁中间有两个五边形的大排烟孔，高1.08米、宽0.5米，顶部用三块大耐火砖搭建。旁边和上方有三排小排烟孔，下排10个，左右各5个，分别通向两个烟囱，高0.29米~0.33米、宽0.11米~0.15米，位置与窑床紧挨着。中排9个，东侧4个，西侧5个，宽0.1米~0.12米、高0.06米，距窑床0.7米。上排12个，两侧各6个，大小与中排相同，距窑床1.5米。在这些排烟孔中都塞有砖头和残匣钵片，用来调节排烟量[10]。元代马蹄窑排烟装置的第四种类型，以元代兴州窑2号窑为代表，该窑烟道分两部分，平面均作半圆形。上部穹形烟室用耐火砖纵砌，呈环形，距地表高2厘米，半径142厘米。每个穹形烟室有三个烟孔相通，内室间大，可以保证充足的氧气，使窑膛火候均匀。烟囱在上部。在烟道孔的外侧和窑内相通的中间一段，有的做一道拐弯，有的填一道缸坯，可能用以调节火候[13]。

（三）砌建材料

元代砌建马蹄窑的材料有耐火砖、条砖、废窑柱和匣钵等。观台磁州元马蹄窑的底部、窑门和后壁等部分多用长方形窑砖砌建；中部烟囱等部位多用碎砖、窑柱和残匣钵砌建；顶部用楔形砖起券；后壁的排烟孔用大的长方形或方形砖砌建。所用长方形砖又分大小两种。其中小者为黄灰色加沙耐火砖，长27厘米、宽13.5厘米、厚5厘米；大者为黄棕色加沙耐火砖，长52厘米、宽26.5厘米、厚6厘米。所用方形砖也分大小两种，其中大者为灰褐色胎，粗而硬，长32厘米、宽30厘米、厚4厘米；小者为棕黄色加沙胎，长26.6厘米、宽24.5厘米、厚3.5厘米。所用楔形砖为棕灰色加耐火土胎，内侧长23.5厘米、外侧长23.5厘米、宽19.8厘米、厚5.5厘米；外侧凸出1厘米、内侧凹进0.5厘米[10]。元代山东淄博坡地窑出土马蹄窑窑门破坏严重，形状已不能复原。从残迹来看，应为砖石砌成[11]。元代铜川黄堡耀州窑出土的2号马蹄窑中部有耐火砖做成的炉栅[12]。

四、葫芦窑

古代景德镇窑场使用葫芦窑，窑体束腰，从而形成窑室前大后小，或者前小后大，整个窑体犹如卧地的葫芦。古代景德镇葫芦窑首现于元代晚期。考古学家早在1979年，就在景德镇南河北岸的印刷机械厂院内古代遗址中发现了元代晚期葫芦窑。其结构如下：该窑除后窑壁部分被破坏外，底基完整，全长19.8米，窑室底部前宽后窄，前短后长，其中窑室宽4.56米，后室宽2.74米。窑床坡度为12度[14]（图7－5－4）。

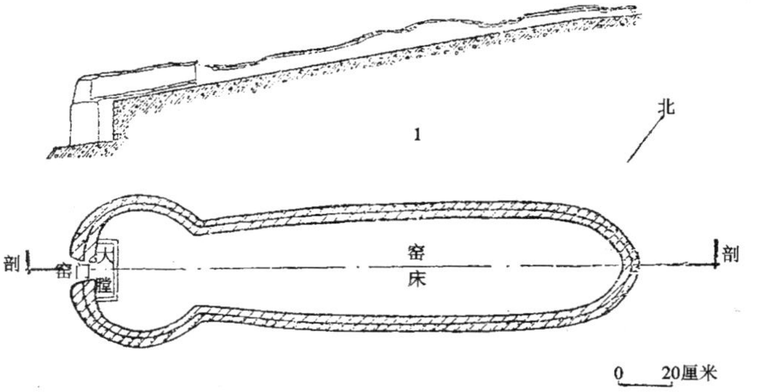

图7-5-4　元湖田窑葫芦窑雏形
采自文献〔14〕

五、装烧

元代日用粗瓷一般采用涩圈叠烧或支圈组合覆烧。元景德镇湖田窑涩圈叠烧多用于黄黑釉瓷，烧成后的内底有一周无釉的涩圈[14]。元代建阳窑采用涩圈叠烧的器坯，涩圈刮釉比较草率，涩圈面积增大，底心的釉面往往只保留圆脐状的一小块[16]。元代邢窑器坯采用涩圈叠烧时往往将十几个坯体为一摞[17]。

采用涩圈叠烧法装烧时，器坯正置，重量集中在碗、盘的内底中心，就必须加厚器物底部，以增进器物的承受能力。所以器坯的底足都比较厚实，圈足也随之增大，同时器壁也相应的加厚些，因而耐碰撞，易保存，可延长使用寿命，所以它渐渐取代了前朝流行的芒口瓷的地位。

元代景德镇湖田窑出产的黑釉瓷碗、盏等采用支圈覆烧，窑具均为耐火质支圈。支圈组装套烧时，最下面覆烧装坯的空隙部分，装进一个白瓷粉盒，以填充其空间。为了使罩釉与装烧窑具在覆烧过程中不相粘连，器坯唇沿部分内外均以旋车取釉，外唇近釉处，旋削较深，成斜坡，这一形制特点元代景德镇覆烧黑釉瓷所独具[18]。元代福州宦溪窑支圈覆烧工具——支圈为瓷质，有两种，一为扁环形，内径10.8厘米~11.2厘米、外径14.8厘米~16厘米；另一种是圆筒形，敛口，平沿或斜沿，沿下内束，直腹，口径15.2厘米~16.4厘米、高8.8厘米~9.2厘米[19]。

元代景德镇窑场制作的较为精细的瓷器，例如，卵白釉枢府瓷和青花瓷器等多用一匣一器的仰烧法，但是元代景德镇窑场匣内仰烧所用间隔具与唐、宋时不同，一般不用垫饼而直接放在沙渣垫上焙烧。这种沙渣垫是用谷壳灰与深酱色（含锰、铁较高的）匣土拌和而成的。具体操作方法是：在匣钵底部铺一层垫渣。这层垫渣是用谷壳灰与深酱色（含锰、铁较高的）匣土拌和而成的；装匣时的具体操作方法是：如果是小型器坯，例如，碗、盏、高足杯等，直接器坯置于垫渣之上；如果是瓶、罐、大盘和大碗之类的大型器坯，圈足“底空处以沙实之”，以顶住底部使其不下沉，所以烧成后器足端和底部往往有粘渣痕[20]。

元代浙江地区窑场多沿用南宋官窑和龙泉窑的裹足刮釉装烧工艺，不过，南宋浙江地区窑场用于裹足刮釉装烧的垫烧窑具的种类很多，按照外形可分为垫饼、垫碗、垫盘、垫碟、垫托、垫圈、垫柱等，而元代杭州老虎洞窑的包釉支烧和裹足刮釉装烧所用窑具以五头或四头片状支钉为主。其中有许多支钉印有老虎纹或八思巴文[21]。

元代龙窑由于前部和中部为最佳烧成地带，后部烧成不够稳定，因此精细瓷器装匣置放于龙窑前部和中部，普通粗货制品裸烧并安放在窑室的后部。例如，元代福建德化屈斗宫分室龙窑出土资料显示：匣钵一般都排列于窑室的前部和中部，大小相间，横排 12 个，纵排 11 个，间隔距离在 5 厘米左右，以便通火，流通热量，散发热流。托座裸烧坯件则都排列在窑室的后部，纵行 3 至 5 个，横行 19 至 21 个。这些托座，根据发掘情形看，其上所放置的坯件都是不装匣钵的粗货。又根据各室的排列情形估计，瓷器的装烧量是相当可观的[8]。又如，元代景德镇丽阳碓臼山窑址出土的葫芦窑的窑床上所保留的摞叠成柱状的匣钵，尤以中部保存较多，前部亦有保留，而尾部由于温度较低，器物基本不摆放在此烧造[15]。

参考文献

第一节　元代景德镇官窑与其他地区名窑

〔1〕《元史》卷八十八《百官志》，中华书局，1974 年。

〔2〕拙作：《中国古陶瓷研究中若干“悬案”的新证》第八章，上海三联书店，2008 年。

〔3〕孔齐：《至正直记》卷二，上海古籍出版社，1987 年。

〔4〕涂济亨：《浮梁州志·序》，《浮梁县志》卷首《旧序》，清康熙二十一年。另外，清康熙《江南通志》卷一百一十四引《镇江府志》：“段廷圭，字君璋，济宁人”；雍正《江西通志》卷十一载：“元时（饶州府）总管段廷圭”在饶州府城南隅金鱼池“砌石桥于右”。王朝矩《番郡琐录》卷三：“元段廷圭，字君璋，清泉人。至治、泰定间饶州路总管，对路学与荐福寺争东湖，久不决。廷圭断归路学，又申免海道运粮，踏勘水旱，赈恤饥贫。”

〔5〕俞希鲁编纂：《至顺镇江志》卷十九，第 762 页，江苏省古籍出版社据镇江市图书馆藏 1923 年刊印朱、墨二本，并以陈庆年手录影钞本对校，1998 年版。

〔6〕曹昭著、王佐增补：《新增格古要论》卷七，《丛书集成》，商务印书馆，1960 年。

〔7〕蓝浦著、郑廷桂补辑：《景德镇陶录》卷五，“景德镇历代窑考”，《美术全书》，第 1149 页，江苏省古籍出版社据神州国光社 1936 年版影印出版。

〔8〕肖发标等：《湖田刘家坞枢府窑清理报告》，《南方文物》2001 年第 2 期。

〔9〕蒋祈：《陶记》，《浮梁县志》，康熙二十一年版。

〔10〕赵曰斌：《景德镇湖田窑的黑釉瓷》，《景德镇陶瓷》，1983 年增刊。

〔11〕叶函鋆：《歙县出土两批窖藏元瓷珍品》，《文物》，1988 年第 5 期。

〔12〕河北省博物馆：《保定市发现一批元代瓷器》，《文物》，1965 年第 4 期。

〔13〕杭州市文管会：《本市发现元初观音塑像》，《杭州日报》，1979 年 7 月 25 日。

〔14〕江西省博物馆杨后礼等：《江西丰城发现元代纪年青花釉里红瓷器》，《文物》，1982 年第 11 期。

〔15〕九江市博物馆：《元代青花牡丹塔盖瓷瓶》，《文物》，1981 年第 1 期。

〔16〕新安海底元代沉船内打捞出墨书“至治三年（1323 年）六月”铭货签。参阅韩国郑良谟（丁炯淳译）《新安海底发现的陶瓷器及其问题所在》，《中国古陶瓷研究通讯》第 16 期；又据三上次男《元代陶瓷和南朝鲜新安海底出现的新资料》（刊于《中国古陶瓷外销研究资料》，第三辑）载：“沉船内有‘辛未’铭文漆器”，终元一代，“辛未”年只有一个，即元文宗至顺二年（1331 年）。

〔17〕韩国文化公报部文化财管理局：《新安海底遗物》（综合篇），1988 年。转印自李德金《安福地区龙泉窑的有关问题》，《东方博物》第三辑，杭州大学出版社，1999 年。

〔18〕张锴：《风格定器物——元至正型青花在西方的整理及实践》，台北《故宫文物》第 291 期，2007 年 6 月；中国硅酸盐学会：《中国陶瓷史》作了类似简要记载，文物出版社，1987 年。

〔19〕Pope J. A.: *Chinese Porcelain from the Ardebil Shrine*, Washington, 1956; *Fourteenth Century Blue-and-white: A Group of Chinese Porcelains in the Topkapu Sarayi Muzesi*, *Istanbul*, Washington, 1952.

〔20〕冯先铭等：《中国陶瓷》，第 456 页，上海古籍出版社，1994 年 11 月。

〔21〕南京市博物馆：《南京江宁明沐晟墓发掘简报》，《考古》，1960 年第 9 期。

〔22〕刘桂山等：《介绍一件元青花瓷盖罐》，《文物》，1991 年第 7 期。

〔23〕蚌埠市博物馆：《明汤和墓清理简报》，《文物》，1991年第7期。

〔24〕J. L. B. Ashton, *Early Blue-and-White in Persian MSS*, 1934—1935。转引自马文宽：《关于陶瓷考古与研究的几点思考》，《考古》，2005年第2期。

〔25〕江西省博物馆杨后礼等：《江西丰城发现元代纪年青花釉里红瓷器》，《文物》，1982年第11期。

〔26〕冯先铭：《南朝鲜新安沉船积瓷器问题探讨》，《故宫博物院刊》，1985年第3期。

〔27〕李建毛：《元青花、釉里红探源》，《中国古陶瓷研究》第10辑，紫禁城出版社，2004年12月。

〔28〕张东：《景德镇窑元代卵白釉堆花加彩贴金瓷器初探》，《中国古陶瓷研究》第10辑，紫禁城出版社，2004年12月。

〔29〕中国陶瓷全集编辑委员会：《中国陶瓷全集》元代卷下，图246，上海人民美术出版社，2000年。

〔30〕汪大渊：《岛夷志略》，《钦定四库全书》版。

〔31〕中国硅酸盐学会：《中国陶瓷史》，第336页，文物出版社，1982年。

〔32〕朱伯谦等：《浙江省龙泉青瓷窑址调查发掘的主要收获》，《文物》，1963年第1期。

〔33〕孔齐：《至正直记》卷四，上海古籍出版社，1987年。

〔34〕杭州市文物考古所：《杭州老虎洞南宋官窑》，《文物》，2002年第10期。

〔35〕李家治等：《杭州凤凰山麓老虎洞窑出土瓷片的工艺研究》，《建筑材料学报》，2000年4月。但有些学者认为杭州老虎洞南宋官窑址出土的哥窑青瓷，其造型与宋瓷相合。

〔36〕高濂：《燕闲清赏笺·论官哥窑器》，《美术丛书》，第1926页，江苏省古籍出版社，1997年。

〔37〕北京大学考古学研究中心、河南省文物考古研究所：《河南省禹州市神垕镇刘家门钧窑遗址发掘简报》，《文物》，2003年第11期。

〔38〕北京大学文博学院考古系等：《观台磁州窑址》，文物出版社，1996年。

〔39〕秦大树：《宋元时期北方地区陶瓷手工业装饰工艺的成就及其所反映的问题》，《文化的馈赠——汉学研究国际会议论文集》，北京大学出版社，2000年。

〔40〕熊寥：《中国古陶瓷研究中若干“悬案”的新证》，第六章第七节，上海三联书店，2008年。

〔41〕《元史》卷六十二《地理志》，中华书局，1974年。

〔42〕正德《建昌府志》卷一《沿革·郡县革》；卷六《公署》。《天一阁》版。

〔43〕清同治《南丰县志》，引元大德《南丰州志》。

〔44〕《宋史》卷八十九《地理志》，中华书局，1974年。

〔45〕《宋史》卷一百八十六《食货志》，中华书局，1974年。

〔46〕王宗沐修、陆万垓增纂：万历《江西省大志》卷七《陶书·建置》，第813页，南京图书馆藏万历版《江西省大志》影印本，北京线装书局，2003年。

〔47〕本章第三节。

第二节　制胎原料与成型技术

〔1〕陈显求等：《湖田影青、枢府瓷的结构和影青瓷釉的ESR谱》，《中国古代陶瓷科学技术成就》，上海科学技术出版社，1985年。

〔2〕张志刚等：《景德镇元落马桥青花瓷的科学研究》，《1999年古陶瓷科学技术国际讨论会论文集》，上海科学技术文献出版社。

〔3〕蒋祈：《陶记》，《浮梁县志》，康熙二十一年版。

〔4〕孔齐：《至正直记》卷二，上海古籍出版社，1987年。

〔5〕景德镇市地方志编撰委员会：《中国瓷都·景德镇市瓷业志》第一编第二章，方志出版社，2004年。

〔6〕李国桢等：《中国名瓷工艺基础》，第115页，上海科学技术出版社，1988年。

〔7〕西北轻工业学院等：《陶瓷工艺学》，轻工业出版社，1981年。

〔8〕陈开俊等译：《马可·波罗游记》第二卷第八十二章，福建省科学技术出版社，1981年。

〔9〕郭演仪等：《元代霍窑白瓷的研究》，《1999年古陶瓷科学技术国际讨论会论文集》，上海科学技术文献出版社，1999年。

〔10〕陈尧成等：《磁州窑黑褐彩瓷用原料研究》，《景德镇陶瓷学院学报》，1988年10月。

〔11〕黄云鹏等：《元代景德镇青花的烧制工艺》，《元青花国际学术研讨会论文集》，上海辞书出版社，2007年。

〔12〕中国历史博物馆考古部：《浙江龙泉青瓷上严儿村窑址发掘报告》，《浙江历史博物馆馆刊》第8集。

〔13〕李家治等：《杭州凤凰山麓老虎洞窑出土瓷片的工艺研究》，《建筑材料学报》第3卷第4期，2000年4月。

〔14〕陈显求等：《元大都哥窑型和青瓷残片的显微结构》，《中国古陶瓷论文集》，文物出版社，1982年。

〔15〕陈尧成等：《历代磁州窑黑褐色彩瓷的研究》，《硅酸盐学报》，1988年7月第3期。

〔16〕孙荆等：《耀州窑素胎黑花和黑花白釉瓷的研究》，《1995年古陶瓷科学技术国际讨论会论文集》，上海科学技术文献出版社，1995年。

〔17〕张志刚等：《耀州窑历代青釉瓷器工艺研究》，《1995年古陶瓷科学技术国际讨论会论文集》，上海科学技术文献出版社，1995年。

〔18〕陈尧成等：《鹤壁窑黑褐彩陶瓷的初步研究》，《中国陶瓷》，1988年第5期。

〔19〕陈尧成等：《衢州绘彩瓷研究》，《景德镇陶瓷学院学报》，13卷1期，1992年3月。

〔20〕陈尧成等：《玉溪建水窑青花瓷器研究》，《1989年古陶瓷科学技术国际讨论会论文集》，上海科学技术文献出版社，1989年。

〔21〕陈尧成等：《宋元时代的青花瓷器》，《考古》，1980年第3期。

〔22〕中国科学院上海硅酸盐研究所：《元大都发掘的青花和影青瓷》，《考古》，1982年第1期。

〔23〕陈尧成等：《历代青花瓷和着色青料》，《中国古代陶瓷科学技术成就》，上海科学技术出版社，1985年。

〔24〕郭演仪等：《几件元代青花瓷片的研究——关于元青花瓷钴蓝色料的新发现》，《2005年古陶瓷科学技术国际讨论会论文集》，上海科学技术文献出版社。

〔25〕承焕生等：《景德镇元青花的PIXE研究》，《元青花研究》，上海辞书出版社，2006年。

〔26〕张志刚等：《景德镇元落马桥青花瓷的科学研究》，《1999年古陶瓷科学技术国际讨论会论文集》，上海科学技术文献出版社，1999年。

〔27〕周仁等：《中国历代名窑陶瓷工艺的初步科学总结》，《考古学报》，1960年第2期。

〔28〕承焕生等：《元代釉里红的PIXE研究》，《2002年古陶瓷科学技术国际讨论会论文集》，上海科学技术文献出版社，2002年。

〔29〕凌志达：《我国古代黑釉瓷的初步研究》，《硅酸盐学报》第7卷第3期，1979年8月。

〔30〕郭演仪等：《历代德化窑白瓷的研究》，《中国古陶瓷研究》，科学出版社，1987 年。

〔31〕陈显求等：《元大都哥窑型和青瓷残片的显微结构》，《中国古陶瓷论文集》，文物出版社，1982 年。

〔32〕郭演仪等：《古代龙泉青瓷与瓷石》，《考古》，1992 年第 4 期。

〔33〕黄瑞福等：《禹县刘家门钧窑的研究》，《1999 年古陶瓷科学技术国际讨论会论文集》，上海科学技术文献出版社，1999 年。

〔34〕中国社会科学院考古研究所等：《浙江龙泉县安福窑发掘简报》，《考古》，1981 年第 6 期。

〔35〕上海博物馆考古部：《浙江龙泉安仁口古窑址发掘报告》，《上海博物馆馆刊》第 3 集，上海古籍出版社，1986 年。

〔36〕德化古瓷窑址考古发掘队工作队等：《福建德化屈斗宫窑址发掘简报》，《文物》，1975 年第 5 期。

〔37〕陈尧成等：《元代青花瓷器的研究》，《中国古陶瓷研究》，科学出版社，1987 年。

〔38〕周仁等：《景德镇历代瓷器胎釉和烧制工艺的研究》，《硅酸盐》，1960 年第 2 期。

〔39〕北京大学文博学院考古系等：《观台磁州窑址》，文物出版社，1996 年。

第三节　制釉技术

〔1〕郭演仪等：《中国制瓷原料》，《中国古代陶瓷科学技术成就》，上海科学技术出版社，1985 年。

〔2〕蒋祈：《陶记》，《浮梁县志》，康熙二十一年版。

〔3〕陈尧成等：《景德镇历代青花瓷胎釉用原料》，《景德镇陶瓷学院学报》第 9 卷第 2 期，1984 年 12 月。

〔4〕陈显求等：《湖田影青、枢府瓷的结构和影青瓷釉的 ESR 谱》，《中国古代陶瓷科学技术成就》，上海科学技术出版社，1985 年。

〔5〕陈尧成等：《玉溪建水窑青花瓷器研究》，《中国陶瓷》，1989 年第 6 期。

〔6〕李国桢等：《中国名瓷工艺基础》，第 116 页，上海科学技术出版社，1988 年。

〔7〕陈显求等：《元大都哥窑型和青瓷残片的显微结构》，《中国古陶瓷论文集》，文物出版社，1982 年。

〔8〕郭演仪等：《元代霍窑白瓷的研究》，《1999 年古陶瓷科学技术国际讨论会论文集》，上海科学技术文献出版社，1999 年。

〔9〕陈尧成等：《磁州窑黑褐彩瓷用原料研究》，《景德镇陶瓷学院学报》第 9 卷第 1 期，1988 年 10 月。

〔10〕张福康：《中国古代陶瓷的科学》，第 137 页，上海人民美术出版社，2000 年。

〔11〕郭演仪等：《中国历代南北方青瓷的研究》，《中国古陶瓷论文集》，文物出版社，1982 年。

〔12〕西北轻工业学院等：《陶瓷工艺学》，轻工业出版社，1981 年。

〔13〕见本章第四节。

〔14〕郭演仪等：《古代钧瓷的科学分析》，《1989 年古陶瓷科学技术国际讨论会论文集》，上海科学技术文献出版社，1989 年。

〔15〕黄瑞福等：《禹县刘家门钧窑的研究》，《1999 年古陶瓷科学技术国际讨论会论文集》，上海科学技术文献出版社，1999 年。

〔16〕Helen Philon, *Early Islamic Ceramics: Ninth to Late Twelfth Centuries*, Islamic Art Publications, 1980. Arthur Lane, *Early Islamic Pottery: Mesopotamia, Egypt and Persia*, Faber and Faber,

1947。转引自北京大学文博学院考古系等：《观台磁州窑》，文物出版社，1996年。

〔17〕北京大学文博学院考古系等：《观台磁州窑》，文物出版社，1996年。

〔18〕中国硅酸盐学会：《中国陶瓷史》，第389页，文物出版社，1982年。

〔19〕李知宴：《中国釉陶艺术》，轻工业出版社、（香港）两木出版社，1989年。

〔20〕佚名（清·雍正）：《南窑笔记》，《美术丛书》，第2044页，神州国光社，1936年。

〔21〕熊樱菲等：《中国古代孔雀绿釉的研究》，《2009年古陶瓷科学技术国际讨论会论文集》，上海科学技术文献出版社，2009年。

〔22〕中国科学院上海硅酸盐研究所：《元大都发掘的青花和影青瓷》，《考古》，1982年第1期。

〔23〕张志刚等：《景德镇元落马桥青花瓷的科学研究》，《1999年古陶瓷科学技术国际讨论会论文集》，上海科学技术文献出版社，1999年。

〔24〕陈尧成等：《历代青花瓷和着色青料》，《中国古代陶瓷科学技术成就》，上海科学技术出版社，1985年。

〔25〕承焕生等：《景德镇元青花的PIXE研究》，《元青花研究》，上海辞书出版社，2006年。

〔26〕陈尧成等：《宋元时代的青花瓷器》，《考古》，1980年第6期。

〔27〕承焕生等：《元代釉里红的PIXE研究》，《2002年古陶瓷科学技术国际讨论会论文集》，上海科学技术文献出版社，2002年。

〔28〕孙荆等：《耀州窑素胎黑花和黑花白釉瓷的研究》，《1995年古陶瓷科学技术国际讨论会论文集》，上海科学技术文献出版社，1995年。

〔29〕张志刚等：《耀州窑历代青釉瓷器工艺研究》，《1995年古陶瓷科学技术国际讨论会论文集》，上海科学技术文献出版社，1995年。

〔30〕郭演仪等：《古代龙泉安福龙泉青瓷和瓷石》，《考古》，1992年第4期。

〔31〕李家治等：《杭州凤凰山麓老虎洞窑出土瓷片的工艺研究》，《建筑材料学报》第3卷第4期，2000年4月。

〔32〕郭演仪：《历代德化窑白瓷的研究》，《中国古陶瓷研究》，科学出版社，1987年。

〔33〕李家治等：《景德镇元代及明初官窑青花瓷器的工艺研究》，《景德镇出土明初官窑瓷器》，鸿禧美术馆，1996年。

〔34〕陈尧成等：《历代磁州窑黑褐色彩瓷的研究》，《硅酸盐学报》，1988年第3期。

〔35〕陈尧成等：《鹤壁窑黑褐彩陶瓷的初步研究》，《中国陶瓷》，1988年第5期。

〔36〕李国桢等：《中国名瓷工艺基础》，上海科学技术出版社，1988年；引自张绶庆等：《景德镇制瓷原料的化学矿物组成》，中国科学院硅酸盐化学与工学研究所编印，1959年11月。

〔37〕周仁等：《景德镇瓷器的研究》，科学出版社，1958年。

第四节　装饰技术

〔1〕张福康：《中国古代陶瓷的科学》，第123页，上海人民美术出版社，2000年。

〔2〕陈尧成等：《宋元时代的青花瓷器》，《考古》，1980年第11期。

〔3〕陈尧成等：《玉溪建水窑青花瓷器研究》，《1989年古陶瓷科学技术国际讨论会论文集》，上海科学技术文献出版社，1989年。

〔4〕张志刚等：《景德镇元落马桥青花瓷的科学研究》，《1999年古陶瓷科学技术国际讨论会论文集》，上海科学技术文献出版社，1999年。

〔5〕承焕生等：《景德镇元明清民窑青花的PIXE研究》，《2005年古陶瓷科学技术国际讨论会论文集》，上海科学技术文献出版社，2005年。

〔6〕承焕生等:《景德镇元青花的PIXE研究》,《元青花研究》,上海辞书出版社,2006年。

〔7〕陈尧成等:《历代青花瓷和着色青料》,《中国古代陶瓷科学技术成就》,上海科学技术出版社,1985年。

〔8〕至正型青花瓷,见本章第一节。

〔9〕郭演仪等:《几件元代青花瓷片的研究——关于元青花瓷钴蓝色料的新发现》,《2005年古陶瓷科学技术国际讨论会论文集》,上海科学技术文献出版社,2005年。

〔10〕陈尧成等:《景德镇元代官窑青花用色料与钴矿》,《景德镇陶瓷学院学报》,第14卷第2期,1993年6月。

〔11〕承焕生:《元代釉里红的PIXE研究》,《2002年古陶瓷科学技术国际讨论会论文集》,上海科学技术文献出版社。

〔12〕陈尧成等:《鹤壁集窑黑红彩陶瓷的显微结构特征》,《1989年古陶瓷科学技术国际讨论会论文集》,上海科学技术文献出版社,1989年。

〔13〕陈尧成等:《衢州绘彩瓷器研究》,《1992年古陶瓷科学技术国际讨论会论文集》,上海古陶瓷科学技术研究会。

〔14〕张福康:《龙泉窑》,《中国古代陶瓷科学技术》,上海科学技术出版社,1985年。

〔15〕黄成著,扬明注,长北校勘、解说:《髹饰录图说》,第4页,山东画报出版社,2007年。

〔16〕刘裕黑等:《江西高安县发现元青花、釉里红等瓷器窖藏》,第61页,《文物》,1982年第4期。

〔17〕杨穗敏:《瓷器装饰中戗金和描金的异同与鉴定》,《文物鉴定与研究》,文物出版社,2002年。

〔18〕张东:《景德镇窑元代卵白釉堆花加彩贴金瓷器初探》,《中国古陶瓷研究》第10辑,紫禁城出版社。

〔19〕孙荆等:《耀州窑素胎黑花和黑花白釉瓷研究》,《1995年古陶瓷科学技术国际讨论会论文集》,上海科学技术文献出版社,1995年。

〔20〕周丽丽:《略述元代龙泉窑瓷器装饰技术》,《陶瓷研究》,1986年第3期。

第五节　窑炉和装烧技术

〔1〕浙江省文物考古研究所:《龙泉东区窑址发掘报告》,文物出版社,2005年6月。

〔2〕中国历史博物馆考古部:《浙江龙泉青瓷上严儿村窑址发掘报告》,《浙江历史博物馆馆刊》,第3集。

〔3〕上海博物馆考古队:《浙江龙泉安仁口古瓷窑址发掘报告》,《上海博物馆集刊》,第3集,上海古籍出版社,1986年。

〔4〕浙江省文物考古研究所等:《江山碗窑窑址发掘报告》,《浙江省文物考古研究所学刊》,长征出版社,1997年。

〔5〕福建省博物馆:《南平茶洋窑址1995年—1996年发掘简报》,《福建文博》,2000年第2期。

〔6〕苏伏涛:《云南玉溪元末明初龙窑的发掘》,《考古》,1987年第8期。

〔7〕中国社会科学院考古研究所浙江工作队:《浙江龙泉安福窑址发掘简报》,《考古》,1981年6期。

〔8〕福建省博物馆:《德化窑》,文物出版社,1990年。

〔9〕参阅本书第六章第七节。

〔10〕北京大学文博学院考古系等:《观台磁州窑》,文物出版社,1996年。

〔11〕淄博市博物馆：《山东淄博坡地窑址的调查与试掘》，《中国古代窑址调查发掘报告集》，文物出版社，1984 年。

〔12〕杜葆仁：《耀州窑窑炉和烧成技术》，《文物》，1987 年第 3 期。

〔13〕姜振利等：《河北隆化兴州窑发掘报告》，《文物春秋》，1985 年第 3 期。

〔14〕刘新园等：《景德镇湖田窑考察纪要》，《文物》，1980 年第 11 期。

〔15〕北京故宫博物院等：《景德镇丽阳碓臼山元代窑址发掘简报》，《文物》，2007 年第 3 期。

〔16〕林忠干等：《建阳古瓷窑的考察》，《景德镇陶瓷》，1983 年增刊。

〔17〕毕南海等：《邢窑历代窑具和装烧方法》，《1989 年古陶瓷科学技术国际讨论会论文集》，上海古陶瓷科学技术研究会。

〔18〕赵曰斌：《景德镇湖田窑的黑釉瓷》，《景德镇陶瓷》，1983 年增刊。

〔19〕栗建安等：《福州市宦溪古窑址调查》，《东南文化》，1994 年增刊。

〔20〕黄云鹏等：《元代景德镇青花的烧制工艺》，《元青花国际学术研讨会论文集》，上海辞书出版社，2007 年。元代景德镇南河北岸的印刷机械厂院内葫芦窑内遗存的实物资料也表明："该窑产品装匣时均采用带沙渣的粗垫饼。"参阅文献〔14〕。

〔21〕杭州文物考古所：《杭州老虎洞南宋官窑址》，《文物》，2002 年第 10 期。

第八章

明代以景德镇为中心的制瓷技术

我国古代制瓷技术发展的大致历程是：夏代初期，原始青瓷技术问世；经商代、西周、春秋、战国、秦、西汉，我国南方先民在烧造原始瓷器的基础上，于东汉时期发明了青瓷；魏、晋、南北朝期间，青瓷和黑瓷在南方有了发展。此时北方也烧出了瓷器，并烧制出白瓷；隋唐时期，出现了“南青北白”的局面；宋代在南北方制瓷技术普遍发展的基础上，形成了“六大窑系”；元代景德镇开始显现，并呈现与多个窑系并列的局面；明代制瓷业的一个基本特点便是“一个中心”，即瓷都景德镇的出现。

明代景德镇窑场，不管是生产规模，还是烧造技术，在全国都占了主导地位：烧造的瓷器产量大、品种多、质量好、销路广。这里既生产了大量的日用瓷，又烧制了大量的宫廷御用品和明政府内外赏赐、交换的全部官用器，从而满足了国内外各方面的需要。谢肇淛《五杂俎》卷十二（刊行于明万历四十四年）有语：“唯饶州景德镇所造遍行天下”。宋应星《天工开物》（刊行于明崇祯）卷七“陶埏·白瓷”条载：全国瓷器“合并数郡不及江西饶郡产……中华四夷，驰名猎取者，皆饶郡浮梁景德镇之产也”。明代学者王士性《广志绎》卷四也作了类似的记载：“他窑无是，遍国中以至海外彝方，凡舟车所到无非饶器也”，因而景德镇有“瓷都”之称。

景德镇的“瓷都”地位的形成是由多方面因素所决定的，归纳起来至少与下列三方面有关：一是优越的自然条件。其位于江河交汇处，四面环山，交通便利，具有丰富的粉碎瓷石的水力资源。明代的浮梁县境及其附近的婺源等地都蕴藏有丰富的制瓷原料。二是较好的技术背景。早在宋代，景德镇瓷器就崭露头角，及元，由于青花、釉里红、卵白釉、戗金五色花等的成功烧制，为其明代的彩瓷和颜色釉瓷的发展准备了较好的技术条件。三是较好的机遇。入明之后，由于多种原因，景德镇以外的南北各大窑场日趋衰落，钧窑系的各种产品几乎全部停止，龙泉青瓷、磁州白瓷在一个时期内虽然仍大量烧造，但是在技术上无法与景德镇匹敌，明代中期之后也逐渐衰落，一些具有特殊技能的优秀工匠汇聚景德镇。

明代制瓷技术的重大成就，大部分是在景德镇取得的，其中较为重要的有：景德镇二元配方制胎技术开始确立，创造了薄胎瓷器；灰—碱釉工艺进一步完善和碱—灰釉的启用；青花瓷器的普遍发展及其制造技术趋于成熟；在低温釉基础上发展起来的各种釉上彩处于繁荣阶段；创立了釉下青花和釉上多彩相结合的新工艺；颜色釉技术有了较大的提高，尤其是永乐、宣德时期的铜红釉，充分显示了明代窑工的高超技艺。明代景德镇御器厂用胎泥制成的垫饼装烧器坯入匣烧成，成瓷后，未上釉的圈足的足端也显得洁白细腻。明代景德镇葫芦窑比元代葫芦窑的窑体大大缩短；民间葫芦窑的容积，则比御器厂所用同类型的葫芦窑的容积为大，尾部安设有烟囱，窑体设有护窑墙，多用砖砌筑，以木柴为燃料。最佳烧成地带为窑炉的中段。明代瓷业，除了江西景德镇窑场外，附近德化的象牙白也达到了较高的水平。

第一节 御器厂及其主要产品（附德化窑）

明代洪武二年（1369 年）设置的景德镇陶厂属贡窑，中央直接管理的景德镇御器厂始设于洪武三十五年。贡窑与御器厂两者的属性及其管理制度有别。御器厂于嘉靖二十六年（1547 年）烧造瓷器 123320 件；万历五年（1577 年）烧造 174800 件，十九年烧造 153230 件。嘉靖二十五年，为烧造御器，在江西全省随粮带征银十二万两，专备烧造，节年支尽；嘉靖三十年，又加派银二万两，亦烧造支尽。

明代景德镇御器厂烧造的高温色釉比较重要的有：永乐鲜红、宣德霁红、宣德霁蓝、永乐甜白等。永乐鲜红釉明艳似初凝的鸡血，宣德霁红釉宝光四溢。宣德霁蓝釉光润肥厚，嘉靖高温蓝釉以回青为色料，蓝中微泛紫。永乐甜白釉晶莹似脂，温润如玉。

明代御器厂烧造的低温色釉比较重要的有：矾红、浇黄、孔雀绿、法华等。嘉靖矾红釉红中发黑，如干枣之色；弘治黄釉颜色正黄，恬淡娇柔；正德官窑孔雀绿浓重青翠；嘉靖瓷胎法华釉别具一格。明代釉下彩瓷主要为釉里红和青花两大类。永乐、宣德官窑釉里红，色泽浓重艳丽。明早期永乐、宣德时期，官窑青花宝蓝苍翠，纹样线条有晕散现象并现笔触痕。明中期成化、弘治年间，青花呈偏灰的蓝青色，画面色彩深浅浓淡比较统一。明晚期嘉靖时，官窑青花蓝中泛紫。明代釉上彩主要有斗彩、青花五彩和青花加彩三种工艺形式。

一、陶厂

按照文献记载：明代洪武二年，景德镇“设厂制陶，以供尚方之用”[1]。明初的皇室祭祀用瓷和明太祖的一些重要国事活动中的赏赐用瓷的烧制，有一部分是由景德镇陶厂来承担。关于明初皇廷下达饶州府烧造贡瓷的指令，屡见明代官方文献记载，例如，《大明会典》卷二百零一载：“洪武九年定：四郊各陵瓷器，圜丘青色，方丘黄色，日坛赤色，月坛白色。行江西饶州如式烧造解”；洪武“十七年，饶州府解到烧完，长陵等陵白瓷盘、爵共一千五百一十件，附余一百五十件，行太常寺收贮”[2]。《明会典》卷一百九十四载：“洪武二十六年定，凡烧造供用器皿等物，须要定夺样制，计算人工物料。如果数多，起取人匠赴京置窑兴工；或数少，行移饶、处等府烧造。”[3]

1994 年 6 月至 8 月间，明御器厂故址东院出土的一件残瓦，其上用黑褐色料书写有“监工浮梁县丞赵万初，监造提举周成，作头潘成，甲首吴昌秀，浇色匠凡（樊）道名，风火匠方南，万字壹号，人匠羊（杨）远二，下长原都”[4]。按照康熙二十一年（1682 年）《浮梁县志》卷五《官制》记载，浮梁县丞赵万初任职于明洪武朝。也从侧面证实：洪武年间，浮梁县丞赵万初一度担任“景德镇陶厂”烧造供尚方之用瓷器的“监工”。综合上述文献和出土实物资料可知，由于明太祖朱元璋执政时的洪武年间，朝廷不定期地把烧造明太祖国事活动所需瓷器的任务下达给饶州府，于是有关部门在景德镇建了一个“陶厂”来烧造贡瓷。

明代洪武二年设立的“景德镇陶厂”与其后设置的“景德镇御器厂”，虽然两者都承担有为皇家烧造用瓷的使命，但是它们在地位、性质、存在时间等方面却有所不同，这是因为，御器厂是朝廷直接在景德镇设置的唯一的皇家制瓷机构，督陶官由朝廷选派，经费、产品等也由朝廷直接管理。景德镇陶厂则为地方贡窑（当时除景德镇外，处州府等也设有贡窑），其行政管辖不与朝廷直接发生关系，中央皇朝需要瓷器，并非直接下达任务给景德镇陶厂，而是由饶州府负责组织烧造[5]。

二、御器厂

明代景德镇御器厂始设于洪武三十五年（即建文四年，1402 年），御器厂督陶官由朝廷委派。明代后期，御器厂管理制度出现变化，主要表现在：督陶官的选派、“匠籍制”的松动和散搭民窑的出现。

明初洪武年间，景德镇烧造贡瓷的“陶厂”的存世时间并不长，当明成祖朱棣于建文四年（1402 年）登基称帝时，就在景德镇设置御器厂而完全取代了“景德镇陶厂”。对此，多种明代文献和碑石都作了明确的记载。王宗沐修、陆万垓增纂[6]《江西省大志》卷七：明代景德镇御器厂于“洪武三十五年始开窑烧造，解京供用”[7]；詹珊[8]《重建敕封万硕师主佑陶庙碑记》（嘉靖三十九年刻石）：“至我朝洪武末，始置御器厂”[9]；朱应熊等《关中王老公祖鼎建贻休堂记》（明崇祯十年刻石）：“洪武三十五年改陶厂为御器厂”[10]。

永乐、宣德两朝为御器厂烧造活动的鼎盛时期，工艺精美，烧造数量大。正统、天顺、景泰三朝，因宫廷内乱，御器厂一度停烧。到了正德年间重又恢复烧造。嘉靖、万历间烧造数量颇巨，直至万历三十八年后，御器厂的烧造活动“渐寝”[11]。但是，明末天启、崇祯年间，御瓷的烧造活动并没有完全停止。对此，《明史》卷三百零六《阉党列传·王绍徽列传》有所记载：天启五年（1625 年）十二月，官居吏部尚书的王绍徽上言：“四方多事，九边缺饷，难免催科，乞定分数。宽年限以缓急之宜付抚按。正殿既成，两殿宜缓。请敕工部裁省织造、瓷器诸费用，用佐大工。”加之流传到海外的明代崇祯青花十八罗汉三足炉上的“己卯秋月卢洪声监制”[12]铭文，也从一个侧面反映明末的御瓷烧造活动没有终止。因为《浮梁县志》卷五《官师志》的记载，卢洪声在崇祯十一年（1638 年）至十四年（1641 年）为浮梁县知县。明末御用瓷器的烧造，是由景德镇御器厂来承担，还是下达给地方政府的贡窑来完成，目前还是个有待揭示的疑案。

明代后期，景德镇御器厂管理制度出现变化，主要表现在：督陶官的选派、“匠籍制”的松动和散搭民窑的出现三个方面。在永乐、洪熙年间和宣德初年，明廷往往从工部选派官员前往景德镇御器厂督陶。永乐年间，任职工部员外郎的段廷珪，曾到景德镇御器厂“董陶务，建署于珠山之南”[13]，不久“部使祁鸿莅事至厂”[14]。“洪熙元年九月己酉，命行在工部，江西饶州造奉先殿太祖皇帝几宴、仁宗皇帝几宴白磁祭器”[15]。

自宣德二年（1427年）起，皇廷开始从太监中选派督陶官。按照《明实录·宣宗实录》卷三十四记载：“宣德二年十二月癸亥，内官张善伏诛。善往饶州监造瓷器，贪黩酷虐下人不堪，所造御用瓷器多以分馈其同列。事闻，上命斩于都市枭首以徇。”“宣德八年，尚膳监题准，烧造龙、凤瓷器，差本部官一员，关出该监式样，往饶州烧造各样瓷器”[3]，“以营膳所丞专督工匠”[16]。

自天顺元年（1457年）开始，明廷恢复从太监中选派督陶官制度。用陆万垓《江西省大志续补》卷七“陶书·建置”的话说就是：“天顺丁丑，仍委中官烧造。”明中期，在选派督陶官上继承了这一制度：“成化间，遣中官之浮梁景德镇烧造御用瓷器，最多且久”；“孝宗初，撤回中官，寻复遣”[17]；“弘治十五年三月癸未，命取回饶州府督造瓷器内官”[18]；“自正德初至嘉靖初，中官一员专督，（嘉靖）九年奉文裁革，于各府佐轮选一员管理。（嘉靖）四十四年添设本厂通判，专驻本厂烧造，后因停止取回，赴京别选。隆庆六年复起烧造，仍于各府轮选。先是南康府通判陈学乾议得烧造事关通省合无除南赣二府极远外，于附近府佐遴选，委管一年，交代将经手钱粮、工料并解过器皿数目造册通详。如果节约依期，廉能称职，呈详两院，先行旌奖，仍列荐。剡其有掯索冒破事迹显著者亦听参革。若遇钦限紧急，供用仍听本官呈守道咨司，挪借应急，不致缺乏掣肘。抚按各批允行”[19]。“万历十年以来，会议将本府督捕通判改驻景德镇、兼理烧造，诚为妥便，永宜遵守。”[20]“万历己亥（1599年），矿税役兴，厂委开采。潘太监兼理，府佐仍董之。内监驻省，起运时驻镇。”[21]

明代前期和中期，御器厂的管理制度主要为“匠籍制”。服役的工匠有“官匠”和“编役匠”两类。“官匠”被编入御器厂二十三作；编役匠分为“上功夫”和“沙土夫”。前者编为各作“官匠”的助手；后者司职挑沙土、黄土。明代在籍工匠分“住坐”和“轮班”两种。“住坐匠”必须住到京城附近，每月服役十天[22]。“轮班匠”是外地在籍工匠，洪武十九年定，“以三年为班，更番赴京轮作三月”[23]。景德镇的在籍工匠属“轮班匠”，就地在御器厂服役。服役时需自备工食[21]。嘉靖年间，景德镇御器厂“官匠凡三百余”[24]；隆庆年间，景德镇御器厂“大小工匠约有五百，奔走力役之人不下千计”[25]。

明代中期成化年间，“匠籍制”出现松动，具体表现在班银制的实行和“雇役”的出现。所谓“班银制”是指即以银代役。“轮班匠”只要缴纳一定量的银两，就可以免除服役。成化年间开始试行，成化二十一年（1485年）奏准，轮班工匠有愿出银价者，每名每月南匠银九钱免赴京。所司类赍勘合，赴部批工。北匠出银六钱，到部随即批放；不愿者仍旧当班[26]。到明后期嘉靖四十一年开始全面实施“以银代役”制。即文献所载：是年（嘉靖四十一年）题准，“行各司府，自本年春季开始，将该年班匠通行征价类解，不许赴部投当”；“每班征银一两八钱，分为四年，每名每年征银四钱五分”[27]。景德镇御器厂是在明中期实行班银制的。按《江西省大志》卷七记载：交纳班银者，虽然可不赴南京服役，但当景德镇御器厂“遇蒙烧造，拘集各厂上工，自备工食”[24]。

御器厂中的“雇役”制最迟在嘉靖年间出现，“盖工致之匠少，而绘事尤难也”。“画役今各作募人日给银二分五厘，各窑募役，龙缸大匠、敲青匠日给银三分五厘。”[28]万历年间，沿用旧制，“各作应募诸役并敲青、淘青等匠，除给赏外，每日各给雇工银二分五厘，紧急之时加五厘”；“今议高手三分，中手二分五厘。如果钦限紧急，功夫勤劳，每高手日给银四分，中手给银三分”[29]。

由于“御器细腻脆薄，最为难成，官匠因循”，至迟在嘉靖年间“管厂之官乃以散之民窑”，当时虽然有“赏给银两”的规定，但实际上并不执行，“民窑赔偿，习以为常”[30]。例如，万历年间“大样瓷缸每口原估价银五十八两八钱，二样瓷缸每口原估价银五十两”，但是“管厂推官范永官烧造除官厂外，定给民窑每二样一口给赏银二十两。又该管厂通判王允武定给大样缸每口给银二十两，二样缸每口给银十八两。据民窑户告称贫苦，难以赔造”[31]；有的民窑则“以歪斜浅淡瓷器塞责，厂官事逼故收凑解”[30]。

明代前期，御器厂烧造费用“系布政使公帑支给”[31]，具体花费数字待考。明代后期，耗费较大。如“嘉靖二十五年，烧造数倍十百加派，阖省随粮带征银一十二万两专备烧造，节年支尽。嘉靖三十三年，又加派银二万两，亦烧造支尽”[31]。

永乐年间，景德镇御器厂烧造数量不可考，但宣德年间的烧造数量却有案可查。仅宣德八年，景德镇御器厂就承担了 44 万多件的御用瓷器烧造任务，对此《大明会典》卷二百九十四有明确的记载：宣德八年，“往饶州烧造各样瓷器四十四万三仟五百件”[32]。据不完全统计，在嘉靖九年至三十八年间，以嘉靖十六年烧造数量最低，为 948 件；嘉靖二十六年烧造数量最高，为 123320 件；隆庆五年（1571 年）烧造 124810 件；在万历五年至二十二年间，以万历五年和十九年（1591 年）烧造数量最高，前者为 174800 件，后者为 153230 件[33]。

三、高温颜色釉瓷

明代景德镇御器厂烧造著名的高温色釉有：永乐鲜红、宣德霁红、宣德霁蓝、永乐甜白等。永乐鲜红明艳似初凝的鸡血；宣德霁红宝光四溢；宣德霁蓝光润肥厚，嘉靖高温蓝釉以回青为色料，蓝中微泛紫；永乐甜白晶莹似脂，温润如玉。

高温铜红釉为唐代长沙窑首创，由于铜红釉对温度、气氛、冷却速度、铜含量等因素极为敏感，只有在这些条件都合适的情况下，才会出现鲜艳的红色，如果工艺条件稍有偏离，就不能得到真正的红色，或者红色根本就不出现。虽然宋代钧窑初步掌握了铜红釉的烧造技术，并能进行批量生产，但是，通体一色的铜红釉仍然很难制作。直到元代，景德镇才烧造成功。明代永乐、宣德时期，景德镇御器厂已熟练掌握了铜红釉的烧制技术，其产品素有“宝石红”之美誉。

永乐鲜红，红色纯正，色调鲜艳，如同熟透了的樱桃，鲜艳则似初凝的鸡血。宣德高温铜红釉，红中稍带黯黑，但釉面宝光四溢，犹似雨后的霁霞，而称霁红。由于皇廷把它作祭祀用器，又得名祭红。永乐、宣德高温铜红釉器内白釉微泛青色，器面与器内交界处的口沿，形成一圈整齐而又自然的淡青白釉宽白线（俗称灯草边)。口沿的这圈淡青白釉与全器浑然一体的红釉相互映衬，益发显出红釉之艳。近底足处凝釉截齐，垂积釉处呈青灰色。器底多数为白釉底，另有一种为米黄色底。

明代高温铜红釉于宣德年后不久失传，即《天工开物》卷中“陶埏”所云：“宣红未已失传，正德中历试复造出。”[34]到了明嘉靖年间，高温铜红釉烧造技术重又失传，对此，明代典籍屡有记载。例如《大明会典》卷二〇一：“嘉靖二年，令江西烧造瓷器，内鲜红改作深矾红。”[2]又如，《江西省大志》卷七：“该本部查有嘉靖九年事例，题奉世宗皇帝圣旨：这鲜红瓷器，准照先年例，用矾红烧造，只要鲜明，如法着作，烧造解进”[35]；“又查得嘉靖二十六年二月，内据江西布政司咨呈开称，鲜红桌器，拘护高匠，重悬赏格烧造未成，欲照嘉靖九年日坛赤色器皿，改造矾红”[35]。再如，王世懋《窥天外乘》：“穆宗登极，诏发宣德间鲜红样命造，抚臣徐拭力言此土已绝，止可造采矾红。上姑允之。”[36]有学者认为，对一般性质的釉来说，某种土的枯竭不会使生产停顿，因为通过一些试验后，可改用别种土来代替。然而，对高温铜红釉来说，要调整一下配方可不是一件简单的事，因为一个高温铜红釉配方的试验成功，是在一定的升降温曲线和气氛变化曲线的条件下实现的，如果由于原料方面的原因而要改动配方，则在原先制定的烧成条件下进行烧成时，势必得不到原来的效果，因为高温铜红釉对烧成条件是极为敏感的，所以说，如果原来的宣德祭红釉配方中某种原料枯竭，必将使这一配方失效[37]。

永乐高温蓝釉，平滑滋润，胎薄体轻，釉面光润肥厚，蓝色纯正。宣德高温蓝釉又称霁青、霁蓝或祭蓝，以盘、碗多见，此外亦有莲瓣卤壶、梅瓶、水仙盆等。釉面不流不裂，色调浓淡均匀，釉质肥腻，呈橘皮纹，色带暗蓝，犹如蓝宝石。盘、碗口沿之“灯草边”，除个别极整齐外，有的线条弯曲，并不齐整。宣德高温蓝釉常以蓝釉白花装饰为主，用宝石蓝作色底，留出空白作纹饰图案，用刻、堆、镶嵌等方法，或作折枝花，或作鱼藻纹，或作葡萄，或作牡丹，但因釉质凝厚，纹饰为暗花，多不清晰。器底内足皆为白釉。宣德雪花蓝，又称洒蓝，以竹管蘸蓝釉汁水吹于器表，形成厚薄不同、深浅不一的斑片，如飘落的雪花嵌于蓝釉之中。明代高温蓝釉白花器，多在宝石蓝般的釉面上用浓厚的白釉（加有粉质）堆成纹饰，颇有立体感。明景德镇御器厂故址出土的成化蓝釉白花大碗残器，蓝釉艳而泛紫，凸起的白色花纹赛过法华画。嘉靖高温蓝釉以回青为色料，蓝中微泛紫，接近底足的流釉处往往发黑，有的釉面有细小开片，少数有棕色斑点。

永乐高温甜白釉，釉质细白，色微泛青，釉呈半木光，釉层肥厚，晶莹似脂，温润如玉。器物口沿和足边沿及带系的棱角处，微露胎骨。足边沿的釉面截削整齐，现隐隐橘皮纹。器物足边和折角积釉处，常闪烁灰青的光泽，釉面偶尔显现如同青、灰、白三色交织在一起的虾青色。其中薄胎甜白釉可达到光照见影的程度。有的甜白釉瓷带有划花或印花装饰。(彩图 17)

四、低温色釉

明代比较著名的低温色釉有：矾红、浇黄、孔雀绿、法华等。嘉靖矾红釉红中发黑，如干枣之色；弘治黄釉颜色正黄，恬淡娇柔；正德官窑孔雀绿浓重青翠；瓷胎法华釉别具一格。

明代低温“矾红”釉是在釉上矾红彩基础上创烧出来的，因为矾红彩和矾红釉的制造工艺相似。明代嘉靖年间烧造的以铁为着色剂的矾红釉，釉色红中发黑，如干枣之色，釉面刷痕明显。

明代弘治官窑低温黄釉，釉薄透亮，颜色正黄，恬淡娇柔。由于烧成温度稍高，并含有一部分赭石，所以化学稳定性和热稳定性都比其他低温色釉为高。明代以前的低温黄釉多为黄褐或深黄，弘治、正德低温黄釉超群出众，色如鸡油，属真正的黄色。并且其色调均匀一致，釉面平整光亮，犹如一泓清水，达到历史最高水平。由于其色较淡而显得娇艳，又称“娇黄”。

孔雀绿是一种以铜为着色剂、以牙硝为助熔剂的透明蓝釉，也称法翠。孔雀绿萌发于宋，明代宣德、成化也有烧造，唯正德官窑孔雀绿更加完美，釉色有的浓重青翠，有的浅淡而鲜艳，垂流处呈现透明的玻璃态，酷似孔雀的羽毛，惹人喜爱。有的加饰刻花，有的把孔雀绿釉施于绘有青花纹饰的器物之上，青花透过釉层而显黑色，别具风韵。

明代嘉靖年间景德镇创烧的法华器，是在仿制明代中期北方山西蒲州、榆次等窑场陶胎法华工艺的基础上而推出的一种装饰。明代中期北方山西地区窑场的陶胎法华，釉色以蓝、绿、紫为主，间有黄、白等色。因其多用作庙宇祭器之用，故都冠以“法”字，通常分别称之为“法蓝”、“法翠”、“法紫”和“法黄”、“法白”。其中“法翠”又称“孔雀绿”。

明代中期以后，在山西的蒲州、榆次、平阳、平定、霍州一带盛行陶胎法华三彩，花纹凸出釉面，釉色有黄、绿、蓝、紫、白等数种。山西陶胎法华装饰采用彩画中的立粉技术，在陶胎表面用特制带管的泥袋，勾勒成凸线的纹饰轮廓，然后分别以黄、绿、紫等釉料填出底子和花纹色彩，入窑烧成[38]。明代嘉靖年间景德镇仿制法华器的工艺与北方窑场法华有所不同，首先，北方窑场烧造的法华器为陶胎，景德镇制作的法华器为瓷胎；其次，北方窑场烧造的法华器装饰采用彩画中的立粉技术，景德镇制作的法华器则采用堆花和色釉工艺制作而成。

五、釉下彩

明代釉下彩瓷主要为釉里红和青花两大类。永乐、宣德官窑釉里红色泽浓重鲜丽。明早期永乐、宣德官窑青花宝蓝苍翠，纹样线条有晕散现象并现笔触痕。明中期成化、弘治青花呈偏灰的蓝青色，画面色彩深浅比较统一。明晚期嘉靖官窑青花，蓝中泛紫。

元代景德镇创烧的釉里红瓷，发色往往红褐不匀，浅者鲜红，深者紫红或红褐色。明代烧造的釉里红，特别是永乐、宣德官窑釉里红发色质量上远胜于前朝，胎质洁白细腻，釉面晶莹肥厚，釉里红色泽浓重艳丽。画面多用涂抹技法绘画而成，即使淡描，色泽也很鲜亮，纹饰清晰。不过不少釉里红产品与元代一样都有晕散现象，图案中线条的边缘略见模糊，呈现一圈色调较浅的晕散层。这种现象在清代釉里红中很少见到。洪武釉里红以花卉纹为主，特别多见扁菊纹。

明代早期青花以永乐、宣德最为杰出。永乐、宣德青花采用进口色料，青花画面发色宝蓝苍翠，明艳深厚。纹样线条有晕散现象，很像中国画在宣纸上所形成的墨晕。永乐、宣德时期工匠绘画青花纹样往往双勾轮廓，再用小笔在廓线内渲染填色。由于小笔蘸料有限，需不断重新蘸料描画，这样就使纹样上留下许多深浅不一的笔触痕。纹饰多见缠枝四季花——梅、牡丹、莲花、菊花。在绘画风格上，永乐、宣德官窑青花，趋于多留空白地，追求疏朗秀丽之美。

明代中期成化、弘治青花采用国产色料，青花画面发色为偏灰的蓝青色，在绘画技巧上采用双钩边线，用大笔一笔涂抹画法，画面色彩深浅比较统一，给人以清新典雅之感。

明代晚期嘉靖官窑青花，以西域回青与国产石子青配伍为色料，烧成后，蓝中泛紫。隆庆官窑青花，由于提炼技术成熟，浓重深翠，酷似蓝宝石，色调别具一格。万历早期官窑青花，继承隆庆官窑传统，使用进口西域回青，呈色浓艳泛紫，与嘉靖官窑青花接近。万历中期官窑青花，因回青难觅，改用国产土青，以浙江金华、绍兴出的石子青为上，蓝中泛灰，色泽含蓄适中，无颗粒状沉淀，能熔入釉汁之中。万历晚期官窑青花，由于钴料提炼从以前的水选法改为煅烧法，使得蓝中泛灰的浅淡色调变为明艳的蓝青色，色泽淡雅清新，出现浓淡不同的多种色阶，浅薄之处由于兑水过多而常在纹样轮廓之外溢出水渎印，从而开辟了康熙朝青花“墨分五色”的先河。嘉靖皇帝好黄老之道，嘉靖官窑瓷器，特别是嘉靖官窑青花纹饰，道教色彩浓重，“八仙”“八宝”“八卦”“老子讲经”“缠枝莲捧八宝”“卐”字一类题材，广泛流行。

明代晚期嘉靖、隆庆、万历三朝青花瓷画多用双钩分水画法，中锋线条细而流畅，风行铁线描。分水由过去的浓淡两个色阶，过渡到两个以上的色阶，浓淡也较分明。

六、釉上彩

明代釉上彩主要有斗彩、青花五彩和青花加彩三种工艺形式。

斗彩是指用青花钴料在瓷胎上钩出纹饰的轮廓线的全体或主体，同时还加上青花钴料渲染的局部纹饰，罩上透明釉，烧成青花瓷，再在瓷面上按照设色需要，用多种不同的方法施以釉上黄、绿、红等彩，再经炉火烘烤而成。斗彩工艺画法首现于宣德（彩图 18），到了成化朝就非常流行。成化斗彩瓷大多属专为宫廷御用而烧制的一种精美细瓷。在形体上玲珑隽秀，色彩上清雅富丽。施彩方法洗练多变。

青花五彩是指彩瓷纹饰不用青花勾轮廓线，而是根据纹饰设色的需要，将需用青花表现的部位先画出来。再在纹饰不完整的青花瓷器上面的空白处进行彩绘，把画面补齐。明早期的青花五彩色调丰富，风格典雅。例如，西藏萨迦寺收藏的宣德官窑青花五彩莲池鸳鸯纹碗，画工精细、纯正艳丽。明代晚期青花五彩，刚劲挺拔，用色多为红、黄、绿、紫和青花的饱和色，并以红浓绿艳取胜，尤其突出红色，画风饱满，纹样趋于图案化，具有浓重的装饰性。

青花加彩一般有青花填黄、青花填红和青花填绿三种。“青花填黄”是在青花瓷器的空白处填铅质黄料，再经低温烧成后，使青花出现在娇艳的黄底之上。该类装饰始创于宣德朝御器厂，成化朝御器厂也可见到这类产品；“青花填红”又称青花红彩，多于青花纹饰中，留出兽形、龙形等，再在其内填以矾红，低温烧成后，青花作底，色彩凝厚，红中闪黑，少有光泽。成化朝青花填红中的矾红料，施彩较薄，呈色清淡，并泛出油亮光泽，故又称“油红”或“朱红”。“青花填绿”，即在青花瓷器的空白处廓填铅质绿料。成化朝青花填绿，绿彩泛黄，玻璃质感强，所绘青花和所填绿彩都很淡雅。

七、德化窑（附）

万历十四年《泉州府志》载：“白瓷器出德化程寺后山中，洁白可爱。”据考古调查资料，明代德化地区窑址计 18 处[39]。明代德化白瓷风格独特，瓷胎致密，透光度极其良好。德化白瓷釉色纯净，光润明亮，乳白似凝脂，在光照之下，釉中隐现粉红或乳白，因此有“猪油白”“象牙白”之称。法国人称其为“中国白”或“鹅绒白”。

正如宋应星《天工开物》卷中《陶埏》篇所说，明代德化白瓷“唯以烧造瓷仙精巧人物”而富有特色。明代德化窑瓷塑常见达摩、观音、罗汉、寿星等仙道人物。并出现了一些有影响的瓷塑艺术家，其中最为著名的是何朝宗。明代德化窑为了发挥自身特色，即使日用器皿也往往采用堆贴、透雕、镂雕进行雕饰美化。

八、瓷器文献

明代比较重要的瓷器文献有王宗沐《江西省大志·陶书》、陆万垓《江西省大志·陶书续补》和宋应星《天工开物·陶埏》等。王宗沐《江西省大志·陶书》和陆万垓《江西省大志·陶书续补》两书，主要记载明代嘉靖、万历年间景德镇御器厂的制胎、制釉、色料、装饰、窑制、燃料、产品品种、解运、设官、工匠、御供等。王宗沐《江西省大志·陶书》中《御供》载：“查得嘉靖四十三年（御器厂）被烬，以前案卷无存”可知，王宗沐编撰《江西省大志·陶书》应在嘉靖三十八年（1559）至四十二年（1563）之间。陆万垓《江西省大志·陶书续补》中《御供》刊载的资料截止于万历二十二年（1594），书前载有“江西等处宣布政使、左布政使夏良心于万历丁酉（1597 年）”写的《重刻〈江西省大志·序〉》可知，该书写于万历二十三年（1595）至万历二十五年（1597）之间。宋应星《天工开物·陶埏》则记载了明末景德镇民窑制胎、制釉、色料、成型、窑制等情况，该书写于崇祯十年（1637）。

第二节　景德镇制胎原料及其配方与成型（附德化猪油白胎）

元代景德镇单用瓷石一种原料制胎，明代洪武至正德年间，景德镇窑场（包括官窑和民窑）继承元代制瓷传统，依然单用瓷石一种原料制胎，到了明代后期的嘉靖、万历年间，景德镇御器厂为烧造特大件的御用龙缸不断调整制胎配方，先后出现了湖田石末掺和麻仓土配伍制胎；麻仓土、余干土、石末、坯屑、石斛纸配伍制胎；婺源土、余干土、石末、坯屑配伍制胎；婺源土（高岭土）掺和麻仓官土（瓷石）二元配方制胎等工艺。其中前两项制胎配方均属用瓷石制胎工艺，后两项则属高岭土掺和瓷石制胎工艺。景德镇高岭土掺和瓷石二元配方制胎工艺，形成于明代万历年间。

明代景德镇御器厂当时对在矿场经过淘洗后的原料还要进行再加工，主要方法是采用“入缸水澄”工艺。明代德化窑由于对制胎原料采用比元代更为精细的长时间的露天风化陈腐技术，进一步提高了原料中助熔剂 K_2O 的含量，增加了成瓷胎体的半透明性和玉质感。

明代景德镇窑场把瓷器形制及其成型方法分为两大类别，即“圆器”与“印器”。圆器成型是在陶车（即辘轳）上进行，印器成型是先模印后以釉水涂合其缝。

一、制胎原料及其配方的演变

景德镇窑场自创烧瓷器开始，直至明代中期，景德镇均单用瓷石一种原料制料。对于景德镇从单用瓷石制胎，发展到采用高岭土掺和瓷石制胎，即“二元配方”制胎新工艺的启用时间，目前陶瓷学界流行“元代说”，即所谓入元后，景德镇开始采用高岭土掺和瓷石二元配方的新工艺[1]。另外还出现一种“南宋说”，即所谓“南宋初年的孝宗时期（1163—1189 年）（景德镇）初开高岭土”[2]。笔者认为这两种说法均与历史事实不合，对于这两种说法的种种失误之处，笔者已在《中国古陶瓷研究中若干“悬案”的新证》[3]第六章和第七章中作了具体剖析。在此不再赘述。

下面就明代景德镇制胎配方及其高岭土掺和瓷石二元配方工艺的出现简述如下。

（一）单一瓷石质胎料

明洪武至正德年间，景德镇窑场（包括官窑和民窑）和嘉靖至崇祯年间景德镇窑场的部分瓷器的制作，继承元代传统，依然单用瓷石制胎，其七十五个标本（表 8－2－1，第 1～61、63～72、74～77 号）胎中的 SiO_2 平均含量为 73.74%；Al_2O_3 为 19.90%，四种助熔剂 CaO（0.47%）、MgO（0.24%）、K_2O（3.40%）、Na_2O（1.13%）平均总含量为 5.24%。这种化学组成与汉唐乃至夏商以来的以瓷石质原料制胎的历代瓷器的特征相符。有学者对洪武官窑瓷胎进行显微结构研究时发现：胎中有相当量的石英，并伴有少量石英周围有熔融边，还有玻璃相、云母残骸、团聚状微细铁的氧化物和黏土团[4]。这种显微结构表明，该瓷胎系用瓷石原料烧成。

按照《江西省大志》卷七记载，明代嘉靖年间景德镇御器厂单用麻仓土为制胎原料[5]。（图 8－2－1）

制瓷工艺常识告诉我们，景德镇自古至今从未单独使用高岭土一种原料制胎。当它采用一种原料制胎时，这种原料必定是瓷石，而不是高岭土。这是因为高岭土含铝量很高（Al_2O_3含量高达 40%），含熔剂量非常低，如果单独用纯高岭土制胎，即使在 1400℃下也难使它致密烧结。又按王宗沐《江西省大志》卷七《陶书·砂土》记载，麻仓土的产地为浮梁县新正都。今景德镇浮梁县瑶（窑）里乡即为明代浮梁县新正都故址[3]，浮梁县瑶（窑）里乡自古至今从不出产高岭土，而是明清景德镇窑场的重要瓷石原料产地[6]。据测试，瑶里出产的瓷石，氧化铁和氧化钛含量低，其一个标本（表8－2－1，第81号）氧化铁含量为0.85%；氧化钛含量为0.07%；助熔剂 CaO（0.38%）、MgO（0.46%）、K_2O（3.54%）、Na_2O（0.19%）总含量为4.57%，属景德镇地区制作瓷胎的优质瓷石原料。

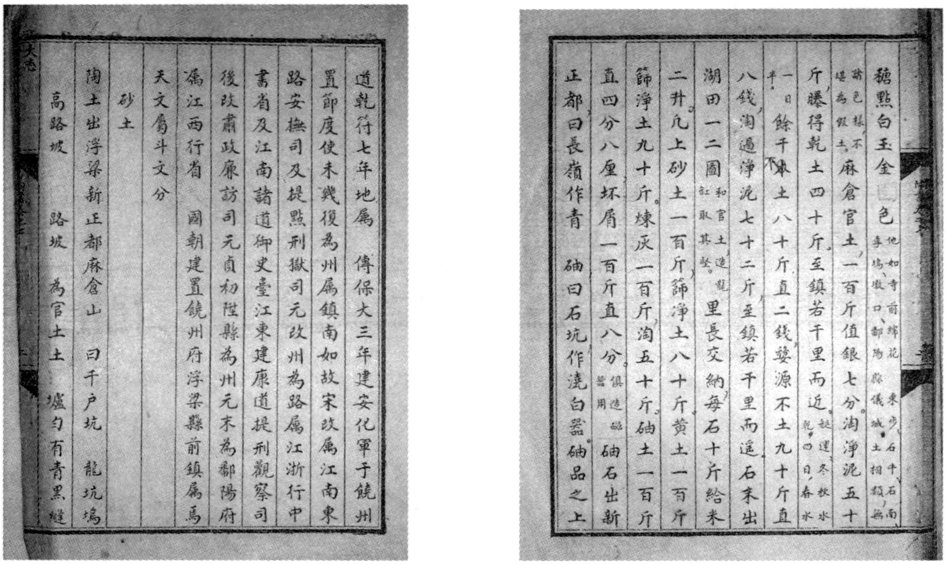

道乾符七年地屬　傳保大三年建安化軍于饒州
置節度使未幾復為州屬鎮南如故宋改屬江南東
路安撫司及提點刑獄司元改州為路屬江浙行中
書省及江南諸道御史臺江東建康道提刑觀察司
後改肅政廉訪司元貞初陞縣為州元末為鄱陽府
屬江西行省　國朝建置饒州府浮梁縣前鎮屬焉
天文屬斗文分
砂土
陶土出浮梁新正都麻倉山　曰千戶坑　龍坑塢
高路坡　路坡　為官土土　壚勻有青黑縫

䃼點白玉金　色（他如寺前、婦花、東步、石牛、石南、手塢、嶺口、都陽、餘、儀城，土相類，無
諸色，不堪為假土）麻倉官土，一百斤值銀七分，淘淨泥五十
斤，滕得乾土四十斤。至鎮若干里而近。（起運冬秋水，乾四日，春水
一日半。）餘干不土八十斤直二錢，婺源不土九十斤直
八錢，淘過淨泥七十二斤，至鎮若干里而遥。石末出
湖田一二圖（和官土造龍缸取其堅）里長交納，每石十斤給米
二升。凡上砂土一百斤，篩淨土八十斤，黃土一百斤，
篩淨土九十斤。煉灰一百斤，淘五十斤，釉土一百斤
直四分八厘，坏屑一百斤直八分（俱造磁器用）。釉石出新
正都曰長嶺作青　釉曰石坑作澆白器，釉品之上

图8－2－1　《江西省大志》卷七《陶书·砂土》记载麻仓官土的产地和属性

明代景德镇单用瓷石成瓷的胎体的化学组成与元代同类瓷器相比可以发现：明代景德镇单用瓷石制胎的瓷器胎中 Al_2O_3（19.90%），比元代景德镇瓷器胎中 Al_2O_3 平均含量（19.94%）[4]仅降低0.2%，但是明代景德镇单用瓷石成瓷的胎体中 K_2O（3.40%）含量，则比元代景德镇瓷器胎中 K_2O（2.85%）[7]含量提高了20%，这就表明明代对制瓷原料的淘洗加工又比元代有所进步。

（二）制胎配方的新探索

历史文献记载和景德镇历代瓷胎化学组成变化显示，景德镇部分瓷器开始采用高岭土作为制瓷的一种胎料，乃是明代后期嘉靖年间的事情。其根源是由于当时景德镇御器厂为了完成烧造御用大龙缸而需提高瓷胎内在坚固性能。在此前还先后出现过：石末掺和麻仓官土制胎配方；麻仓官土、余干土、石末、坯屑、石斛纸制胎配方。

1. *石末掺和麻仓官土制胎配方*

明世宗朱厚熜笃信道教，于嘉靖二十一年（1542年）移居西苑永寿宫专事修炼[8]。皇廷出于明世宗斋醮的需要，下令景德镇御器厂烧造瓷器大龙缸。但是，宋、元时期景德镇窑场习用的单用瓷石为原料的制胎工艺，很难适应和完成烧制这样口径超大的特大件瓷器的任务，烧成时不是变形，就是塌胎。于是景德镇御器厂的技术人员开始去寻找一种能强化坯体骨架的原料。他们首先用来进行试用的不是高岭土，因为当时尚不知道高岭土为何物，而是采用湖田石末，即景德镇湖田出的鹅卵石的粉末（属石英类原料[9]），《江西省大志》卷七有记载："石末出湖田一二图"，夹行小字注"和官土，造龙缸取其坚也"[10]。文中"官土"，即指麻仓官土。

麻仓官土属瓷石质原料，理由有三：一是麻仓官土（简称麻仓土）产地为"浮梁新正都麻仓山"[5]，而明清时期的"浮梁新正都麻仓山"就是今天浮梁县瑶里乡[11]（图8－2－2）。瑶里自古至今，从不出产高岭土，而是以盛产瓷石著称于世，由此可知，麻仓官土属瓷石质原料。二是麻仓土的淘洗率与高岭土不同，按照王宗沐《江西省大志》卷七的记载，麻仓土的淘洗率为50%，用其原话说就是："麻仓官土每百斤值银七分，淘净泥五十斤。"[5]而"浮梁东埠高岭山出产的高岭土淘洗出的渣滓约占26%"[12]，即浮梁东埠高岭山出产的高岭土淘洗率为74%。三是从原料加工过程来看，高岭土为细粉末状物，无需粉碎，直接取矿淘洗制不（dǔn），而浮梁新正都麻仓山所产制胎原料因系石质矿物，先需粉碎，再进行淘洗。综合上述三个方面情况，可以确证：明清时期的"浮梁新正都麻仓山"所产的麻仓土必定属瓷石质原料。

前引《江西省大志》卷七所记："石末出湖田一二图"[10]，文中的"石末"，乃是指粉碎了的石英，景德镇窑场将其多用作低温色釉和彩料的主要原料。明清陶瓷文献对此有明确记载。《江西省大志》卷七《陶书·颜色》中记载明代釉上绿彩的原料时说："用炼过黑铅末一斤、古铜末一两四钱、石末六两合成。"[13]清代釉上绿彩配方与之相似，见《南窑笔记》所述："铅粉、石末入铜花为绿色[14]"；又按照《耶稣教传教士昂特雷科莱于1712年9月1日（康熙五十一年）给中国和印度传教会会计奥日神父的信》的记载，清代康熙年间配制釉上绿彩原料具体配比是："往一盎司白铅粉和半盎司卵石粉末中添加三盎司称之为铜花片的原料。"[15]由此可知，石末即为卵石粉末。既然麻仓官土为瓷石质原料，湖田一二图出产的石末为石英质原料，那么湖田石末掺和麻仓官土配伍制胎，实际上是属于使用瓷石制胎或瓷石掺和石英沙制胎。

由于麻仓土属瓷石质原料，石末为石英质原料，因而在瓷石质原料中掺加石英质原料，不仅不能从提高胎中Al_2O_3含量来达到提高坯胎强度的目的，相反会降低胎中Al_2O_3含量，而使成瓷质量下降，因此石末掺和麻仓官土制胎的配方工艺，在嘉靖年间试行后，不久就废弃了。正是基于这种原因，陆万垓《江西省大志续补》卷七记载当时景德镇御器厂制胎配方时，就不再提及石末掺和麻仓官土配伍制胎一事了。

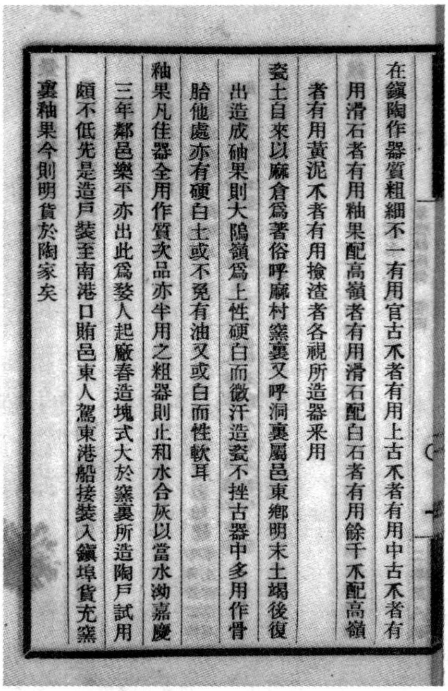
在鎭陶作器質粗細不一有用官古不者有用上古不者有用中古不者有
用滑石者有用釉果配高嶺者有用滑石配白石者有用餘干不配高嶺
者有用黃泥不者有用撿渣者各視所造器采用
瓷土自來以麻倉爲著俗呼麻村窯裏又呼洞裏屬邑東鄉明末土竭後復
出造成釉果則大隖嶺爲上性硬白而微汗造瓷不挫古器中多用作骨
胎他處亦有硬白土或不免有油叉或白而性軟耳
釉果凡佳器全用作質次品亦半用之粗器則止和水合灰以當水泑嘉慶
三年鄰邑樂平亦出此爲婺人起廠舂造塊式大於窯裏所造陶戶試用
頗不低先是造戶裝至南港口賄邑東人駕東港船接裝入鎭埠貨充窯
裏釉果今則明貨於陶家矣

图 8-2-2　《景德镇陶录》载：麻仓俗呼“麻村窑里”

2. 麻仓官土、余干土、石末、坯屑、石斛纸的制胎配方

按照《江西省大志》卷七所载，万历前期，景德镇御器厂烧造御用大样鱼缸的制胎配方是：麻仓官土、余干土、石末、坯屑、石斛纸，共五种原料。用其原话说就是：“大样瓷缸每只约用（麻仓）官土百三十斤、余干不（dǔn）土八十斤、坯屑三十斤、石斛纸三十张、石末一升。”[16]文中的“余干不土”为瓷石质原料，蓝浦著、郑廷桂增补的《景德镇陶录》卷四谈到其性能时写道：“‘余干不’性颇健，少以高岭配合便可用。”[17]《景德镇瓷业志》载：“余干瓷石在明代或明代以前就已成为景德镇制瓷原料之一”，产地在余干“梅港乡”[18]。如上所述，陆万垓《江西省大志续补》卷七所记景德镇万历年间制胎配方中的“石末”为石英质原料；坯屑为修整坯体时留下的余料，石斛纸是指用石斛（植物名，又叫千年竹）为原料制成的纸，又称“竹纸”。可见：麻仓官土、余干土、石末、坯屑、石斛纸五种原料配伍制胎，实质上仍属瓷石掺和石英沙制胎。如上所述，这种制胎配方是无法提高成瓷质量的，因而在试行不久后也就搁置下来了。

（三）高岭土的出现

明万历前期，景德镇御器厂为烧造御用龙缸，在烧造大样鱼缸配方——麻仓官土、余干土、坯屑、石末四种原料合成制胎的基础上，用婺源不土取代麻仓官土。对此，《江西省大志》卷七有具体记载：“造龙缸参用余干、婺源不土及石末、坯屑相兼匀和，取其泥质坚劲，以便成造。”[19]如上所述，余干土、坯屑属瓷石原料；石末为粉碎了的石英沙。该配方中出现的“婺源土”则属高岭土。

关于《江西省大志》卷七中所记“婺源土”应为高岭土的理由有如下三条：一是宋应星《天工开物》卷中《陶埏》明确指明“婺源土”的产地在高梁（岭）

山[20]，即浮梁县东埠高岭山。二是按照浮梁东埠高岭《何氏宗谱》的记载，东埠高岭村民何召一在浮梁东埠高岭山“初开高岭土”的时间，约在明代正德至嘉靖年间[21]。三是《江西省大志》卷七载：“婺源不土五十斤，淘得净土四十斤”，其淘洗率为80%。与周仁先生（于1958年）测试明砂高岭不子淘洗率为74%相当接近[22]。

明代嘉靖、万历、崇祯年间，景德镇窑场把高岭土称为“婺源土”，乃是因为明代高岭土的产地“地连婺源石城山”[23]，而明代在高岭山从事开采高岭土的，又多是婺源人。对此，明代学者王士性《广志绎》卷四有所记载：“近则饶土入地渐恶，多取于祁、婺之间。婺人造土成砖，磨砖作浆，澄浆作块，计块受钱，饶人买之，以为瓷料。”[24]婺源人在高岭山开采高岭土的这种状况一直延续到清代前期。据光绪年间编撰的高岭《冯氏宗谱》卷三《冯光发传》记载，在清朝乾隆年间，婺源人在高岭山搭篷开采瓷土的“篷厂”有“数百”，开采高岭土的工匠有“千余”人。

如前所述，在这四元制胎配方中的“婺源土”为高岭土，余干土和坯屑属瓷石质矿物，石末为石英粉。由此可见，婺源土、余干土、石末、坯屑配伍制胎，实质上是高岭土掺和瓷石质配伍制胎工艺的先导。

（四）高岭土掺和瓷石二元配方的形成

到了万历年间，景德镇御器厂在对烧造大件龙缸的制胎配方进行反复摸索、试验的基础上，终于认识了高岭土的基本性能，于是形成了高岭土掺和瓷石二元配方制胎的新工艺。对此，万历《江西省大志》卷七有明确记载：“碗、碟、盘、盅、盏、盂、尊、爵各项器皿，大小高下不等，大约各项已成坯器，约重一百斤，该用（麻仓）官土百五十斤，淘得净土六十斤。又婺源不土五十斤，淘得净土四十斤，共百斤。”[25]文中记载表明，当时景德镇御器厂烧造的碗、碟、盘、盅、盏、盂、尊、爵各项器皿的坯胎原料，采用经淘洗的（麻仓）官土与婺源土（高岭土）二元配方制胎，其比例为6:4，即（麻仓）官土占60%，婺源土（高岭土）占40%。

由于陆万垓增纂《江西省大志》卷七记载了景德镇瓷器制胎配方的演变和高岭土掺入瓷石二元配方制胎工艺的出现，而陆万垓增纂该书成于明万历二十三至二十五年之间[26]，由此可知：高岭土掺入瓷石二元配方制胎工艺至迟于万历二十三至二十五（1595—1597年）年间诞生。

尽管在万历年间，景德镇御器厂采用婺源土（高岭土）掺入瓷石二元配方制胎工艺，但是婺源土（高岭土）一直为民营，对此康熙二十一年版《浮梁县志》卷四有明确记载：“（明）万历三十二年（1604年）镇土牙戴良等赴内监称高岭土为官业，欲渐以括他土也。檄，采取。地方民衣食于土者，甚恐，守道叶云仍知县周起元争之，还其檄。”又据万历《江西省大志》卷七《陶书》记载：“万历十一年间，该管厂（景德镇御器厂）同知张化美见得麻仓老坑土膏已竭，掘挖甚难，每百斤加银三分。近用该县地名吴门托新土有糖点者尤佳，但离镇百六十余里。”[19]这就是说，在万历二十三至二十五年间，即陆万垓在校定、增补《江西省大志》一书期间，景德镇御器厂启用吴门托瓷石来取代麻仓土。

到了崇祯年间，景德镇窑场风行二元配方制胎，这从成书于明代崇祯十年的《天工开物》卷中《陶埏》所载可证："土出婺源、祁门两山。一名高梁山，出粳米土，其性坚硬；一名开化山，出糯米土，其性柔软。两土和合，瓷器方成。"文中所说的"婺源高梁山粳米土"即是高岭土，"祁门开化山出产的糯米土"即是瓷石。宋应星在这里明确记载了景德镇瓷器原料组成是高岭土掺和瓷石。

景德镇于嘉靖年间萌发、万历年间形成的高岭土掺和瓷石二元配方制胎工艺，也可从瓷胎的化学组成变化中显示出来。其三个标本（表8－2－1，第62、73、78号）胎中SiO_2平均含量为67.98%，Al_2O_3平均含量为24.50%。高岭土掺和瓷石二元配方制胎成瓷的胎中的Al_2O_3的平均含量（24.50%），比单用瓷石制胎成瓷的胎中Al_2O_3平均含量（19.90%）提高了23%。

表8－2－1　明代瓷胎的化学组成

编号	名　称	成　分（%）										参考文献
		SiO_2	Al_2O_3	Fe_2O_3	TiO_2	CaO	MgO	K_2O	Na_2O	MnO	P_2O_5	
1	洪武官窑青花MH1胎	75.31	18.11	0.91	0.07	0.21	0.23	3.25	1.84	0.05	—	〔4〕
2	洪武官窑青花MH2胎	75.11	18.92	0.91	0.07	0.27	0.24	3.41	0.18	0.05	—	
3	洪武官窑青花MH4胎	75.20	19.18	1.00	0.10	0.27	0.25	2.79	1.38	0.12	—	
4	洪武官窑青花MH3胎	75.92	18.50	0.95	0.09	0.24	0.23	3.27	0.86	0.10	—	
5	洪武民窑青花MM1胎	75.31	18.20	0.73	—	0.65	0.16	4.28	1.75	0.05	0.06	
6	洪武民窑青花MM2胎	74.39	20.49	0.87	—	0.41	0.18	3.52	0.63	0.06	0.08	
7	洪武民窑青花1号胎	74.20	19.20	0.69	0.04	0.29	—	4.06	—	0.03	—	〔27〕
8	洪武民窑青花2号胎	74.20	18.40	0.94	0.04	0.87	—	4.04	—	0.05	—	
9	永乐民窑青花1号胎	72.50	19.70	1.08	—	1.00	—	4.08	—	0.06	—	
10	永乐民窑青花2号胎	74.50	19.10	0.74	—	0.27	—	3.77	—	0.01	—	
11	永乐民窑青花3号胎	72.90	22.20	0.92	—	0.44	—	3.91	—	0.04	—	

续表

编号	名称	成分（%）										参考文献
		SiO_2	Al_2O_3	Fe_2O_3	TiO_2	CaO	MgO	K_2O	Na_2O	MnO	P_2O_5	
12	永乐祭红瓷胎	73.80	20.42	0.80	—	0.12	0.16	2.30	1.08	0.01	—	〔28〕
13	永乐民窑青花M14胎	74.87	19.40	0.88	0.10	0.09	0.21	3.50	1.61	—	—	〔29〕
14	永乐民窑青花M15胎	74.57	20.13	0.80	0.08	0.19	0.19	2.76	1.09	—	—	
15	永乐官窑青花碗MY1胎	75.32	19.90	0.92	0.12	0.11	0.16	2.97	0.64	0.03	—	〔30〕
16	永乐官窑青花盘MY2胎	74.56	19.48	0.94	0.10	0.32	0.16	3.10	1.34	0.06	—	
17	永乐官窑青花盘MY3胎	73.95	19.55	0.97	0.11	0.53	0.20	3.22	1.94	0.07	—	
18	永乐甜白MY1胎	72.90	22.00	0.70	0.09	0.20	0.20	2.60	0.82	0.01	0.05	〔31〕
19	永乐甜白MY2胎	72.51	21.40	0.80	0.05	0.60	0.28	2.86	0.83	—	—	
20	永乐祭红胎	75.18	20.41	0.82	—	0.13	0.18	2.60	0.68	—	—	〔32〕
21	宣德祭红胎	74.45	20.29	0.97	—	0.07	0.22	3.08	0.81	—	—	
22	宣德民窑1号胎	71.00	21.50	0.89	0.05	0.59	—	4.41	—	0.04	—	〔27〕
23	宣德民窑2号胎	72.60	19.80	1.10	0.11	0.14	—	4.80	—	0.03	—	
24	宣德祭红SXD1胎	73.72	20.91	0.79	0.11	0.24	0.18	2.75	1.06	0.02	—	〔33〕
25	宣德祭红剔花胎	75.13	20.28	0.76	—	0.03	0.17	3.11	0.71	—	—	〔32〕
26	宣德青花大盘M1胎	70.84	19.03	0.60	0.28	0.75	0.30	3.11	3.54	0.01	—	〔34〕
27	宣德青花大盘残器M2胎	73.58	20.05	0.90	—	0.53	0.14	2.87	2.01	—	—	
28	宣德青花碎片M3胎	74.05	19.97	0.79	0.43	0.13	0.16	3.13	1.16	—	—	

续表

编号	名称	成分（%）										参考文献
		SiO_2	Al_2O_3	Fe_2O_3	TiO_2	CaO	MgO	K_2O	Na_2O	MnO	P_2O_5	
29	宣德官窑青花盘 MX2 胎	74.63	20.43	0.95	0.089	0.34	0.19	2.79	1.05	0.039	—	〔30〕
30	宣德官窑青花盘 MX4 胎	72.43	21.65	1.19	0.089	0.38	0.20	2.92	1.23	0.043	—	
31	宣德官窑青花盘 MX1 胎	74.89	20.28	1.10	0.095	0.11	0.19	3.03	0.44	0.033	—	
32	宣德官窑青花盘 MX5 胎	72.97	21.12	0.95	0.01	0.39	0.20	3.03	1.06	—	—	
33	宣德仿龙泉 07 号胎	71.86	20.85	—	0.23	0.77	0.32	2.87	1.67	—	—	〔35〕
34	宣德祭红 SXD1 胎	73.72	20.91	0.79	0.11	0.24	0.18	2.75	1.06	0.02	—	〔33〕
35	空白期民窑 1 号青花胎	74.60	18.30	0.97	0.08	0.27	—	4.34	—	0.04	—	〔27〕
36	空白期民窑 2 号青花胎	73.60	19.40	0.81	0.09	0.39	—	4.25	—	0.02		
37	正统民窑 1 号青花胎	70.70	20.90	1.47	0.11	0.44	—	4.82	—	0.06	—	
38	景泰民窑 1 号青花胎	71.10	18.70	0.92	0.07	0.21	—	4.47	—	0.04	—	
39	成化民窑青花 1 号胎	73.30	20.80	0.69	0.06	0.67	—	3.03	—	0.01	—	
40	成化民窑青花 2 号胎	72.90	21.20	0.68	0.08	0.48	—	3.15	—	0.02	—	
41	成化青花碗 M4 胎	73.66	21.24	0.59	0.09	0.12	0.15	3.12	0.60	0.02	—	〔34〕
42	成化青花碗 MM－7 胎	74.63	18.83	1.25	—	1.02	0.26	3.18	1.15	0.08	0.04	〔36〕
43	成化青花碗 MM－6 胎	72.80	20.64	1.66	—	0.54	0.31	4.08	0.14	0.06	0.07	

续表

编号	名　　称	成　分（%）										参考文献
		SiO_2	Al_2O_3	Fe_2O_3	TiO_2	CaO	MgO	K_2O	Na_2O	MnO	P_2O_5	
44	成化官窑青花 MC1 胎	75.92	19.97	0.57	0.09	0.10	0.20	2.50	0.65	0.017	—	
45	成化官窑青花 MC2 胎	73.21	22.51	0.85	0.09	0.16	0.24	2.31	0.82	0.022	—	〔30〕
46	成化官窑青花 MC3 青花胎	73.05	21.87	0.85	0.04	0.21	0.21	2.36	1.09	—	—	
47	弘治民窑青花 1 号胎	73.70	18.90	1.00	0.08	0.17	—	4.63	0.04	—	—	〔27〕
48	弘治民窑青花 MM－8 胎	74.35	18.33	1.27	—	1.31	0.28	3.81	1.09	0.06	0.06	〔36〕
49	弘治黄釉盘胎	74.83	19.23	0.64	0.24	0.06	0.21	3.32	0.92	0.012	—	〔37〕
50	正德黄釉盘 M－10 胎	74.53	19.97	0.84	0.25	0.45	0.15	3.18	0.60	0.01	—	〔38〕
51	正德民窑青花 1 号胎	73.70	20.10	0.86	0.09	0.30	—	3.43	—	0.03	—	
52	正德民窑青花 2 号胎	74.40	19.30	0.81	0.07	0.50	—	3.39	—	0.03	—	
53	正德民窑青花 3 号胎	71.30	20.50	0.91	0.08	0.80	—	4.85	—	0.08	—	〔27〕
54	正德民窑青花 4 号胎	73.20	20.50	0.88	—	0.41	—	3.39	—	0.04	—	
55	嘉靖民窑青花 1 号胎	70.70	21.70	1.09	0.05	0.86	—	4.02	—	0.07	—	
56	嘉靖民窑青花 2 号胎	72.20	19.50	0.97	0.08	1.89	—	3.72	—	0.06	—	
57	嘉靖民窑青花 MM9 胎	75.33	18.99	0.76	—	0.39	0.22	3.36	1.60	0.04	0.02	〔36〕
58	嘉靖官窑青花 M－8 胎	73.38	18.49	1.24	0.19	1.21	0.18	3.30	1.00	0.49	—	
59	嘉靖官窑青花 M－10 胎	74.29	19.41	0.88	0.15	0.27	0.20	3.80	1.42	0.04	—	〔34〕
60	嘉靖官窑青花 M－9 胎	73.99	18.90	1.08	0.12	1.19	0.27	3.05	1.69	0.03	—	

续表

编号	名称	成分（%）										参考文献
		SiO_2	Al_2O_3	Fe_2O_3	TiO_2	CaO	MgO	K_2O	Na_2O	MnO	P_2O_5	
61	嘉靖矾红盘胎	74.93	18.03	0.70	—	0.12	0.19	3.21	1.66	0.19	—	〔37〕
62	嘉靖祭蓝M－7胎	68.14	23.59	1.05	0.10	0.77	0.44	3.24	2.23	0.09	—	〔34〕
63	嘉靖官窑青花1号胎	72.60	19.80	0.81	0.08	0.15	0.68	3.43	1.93	0.02	—	〔39〕
64	嘉靖官窑青花4号胎	75.40	18.30	0.87	0.07	0.11	0.54	3.37	1.12	0.03	—	
65	嘉靖官窑青花6号胎	76.10	17.80	0.81	0.09	0.10	0.30	3.51	1.10	0.04	—	
66	嘉靖官窑青花11号胎	75.00	17.70	0.92	0.08	1.24	0.45	3.08	1.45	0.04	—	
67	嘉靖官窑青花12号胎	73.50	20.30	0.90	0.06	0.59	0.44	3.91	0.98	0.02	—	
68	万历民窑青花1号胎	74.30	19.20	0.90	0.15	0.40	—	3.53	—	0.03	—	〔27〕
69	万历民窑青花2号胎	75.10	18.80	0.85	0.13	0.27	—	3.28	—	0.06	—	
70	万历青花碎片M－11胎	73.56	19.61	0.87	—	0.46	0.17	3.46	1.95	0.07	—	〔34〕
71	万历青花碎片M－12胎	75.62	19.12	0.99	—	0.24	0.18	3.55	0.86	0.03	—	
72	万历青花盒底M－13胎	71.69	20.69	1.26	—	1.01	0.28	3.37	1.55	0.05	—	
73	万历五彩M－2胎	68.30	25.61	0.90	0.02	0.80	0.24	2.99	1.00	0.02	—	〔6〕
74	万历青花盘M－4胎	74.00	20.40	0.97	—	0.50	0.51	2.69	1.11	—	—	
75	天启民窑青花1号胎	71.00	20.60	0.96	0.10	2.38	—	3.44	—	0.06	—	〔27〕
76	天启民窑青花2号胎	73.00	20.50	0.82	0.07	0.41	—	3.67	—	0.05	—	
77	崇祯民窑青花MM13胎	72.43	21.69	0.74	0.05	1.02	0.18	3.51	0.95	0.06	0.04	〔36〕

续表

编号	名称	成分（%）										参考文献
		SiO_2	Al_2O_3	Fe_2O_3	TiO_2	CaO	MgO	K_2O	Na_2O	MnO	P_2O_5	
78	崇祯民窑1号青花胎	67.50	24.30	1.29	0.07	1.36	—	3.93	—	0.09	—	［27］
79	明德化MZ－159白瓷胎	76.74	16.76	0.35	0.10	0.15	0.08	5.94	0.13	—	0.03	［40］
80	明德化MTB－1白瓷胎	75.63	17.29	0.18	0.13	0.04	0.10	6.51	0.13	—	0.02	
81	瑶里瓷石	80.50	14.45	0.85	0.07	0.38	0.46	3.54	0.19	—	—	［6］
82	明砂高岭	55.62	37.89	1.27	0.06	0.37	0.26	3.02	1.15	—	—	
83	屋柱槽釉果精泥	76.50	15.25	0.64	0.06	2.03	0.16	2.99	2.45	0.02	—	
84	陈湾釉石	76.60	15.57	0.64	—	—	1.83	1.83	4.93	—	—	
85	寿溪坞瓷石	77.70	16.20	1.18	0.13	0.03	0.24	3.97	0.56	0.04	—	
86	四班瓷石原矿	75.91	15.31	0.62	0.10	0.04	0.05	2.51	0.05	0.06	—	［40］

二、原料再加工

明代景德镇御器厂当时对在矿场经过淘洗后的制胎原料还要进行再加工，主要方法是采用“入缸水澄”工艺。具体做法是：按照制胎配方将原料配好后入臼“舂一日，然后入缸水澄。其上浮者为细料，倾跌过一缸，其下沉底者为粗料。细料缸中再取上浮者，倾过为最细料，沉底者为中料。既澄之后，以砖砌方长塘，逼靠火窑，以借火力。倾所澄之泥于中，吸干，然后重用清水调和造坯”[41]。

三、圆器、印器成型与瓷器修补

明代景德镇窑场把瓷器形制及其成型方法分为两大类别，即“圆器”与“印器”。圆器成型是在陶车（即辘轳）上进行，印器成型是先模印后以釉水涂合其缝。

按照宋应星《天工开物》的说法，圆器为“大小亿万杯盘之类，乃人生日用必需，造者居十九”；印器为“方圆不等瓶、瓮、炉、盒之类，御器则有瓷屏风、烛台之类”，造者则“十一”。圆器成型是在陶车（即辘轳）上进行。明代景德镇窑场所用陶车为木质结构，用宋应星《天工开物·陶埏》说：“造此器坯，以制陶车，车竖直木一根，埋三尺入土内，使之安稳。上高二尺许，上下列圆盘，盘沿以短竹棍拨运旋转，盘顶正中用檀木刻成盔头，冒其上。”宋应星还对当时的圆器在陶车上进行的成型工艺作了具体记载："凡造杯盘，无有定形模式，以两手捧泥盔冒之上，旋盘使转，拇指剪去甲，按定泥底，就大指薄旋而上，即成一杯碗之形（初学者任从作费，破坏取泥再造），功多业熟，即千万如出一范。凡盔冒上造小坯者，不必加泥；造中盘大碗，即增泥大其冒，使干燥而后受功。凡手指旋成坯后，覆转用盔冒一印，微晒留滋润，又一印，晒成极白干，入水一汶，漉上盔冒；过利刀二次（过刀时手脉微振，烧出即成雀口），然后补整碎块，就车上旋转打圈。圈后或画或书字，画后喷水数口，然后过釉。"按照宋应星《天工开物》卷中《陶埏》记载，印器成型，"先以黄泥塑成模印，或两破，或两截，亦或囫囵，然后埏白泥印成，以釉水涂合其缝，烧出时自圆成无隙"。明代瓷瓶、瓮、炉、盒等印器，由于采用模印法成型，器身上往往烙下接痕。

永乐时期出现半脱胎，成化时期有些官窑器坯胎薄的程度达到了几乎脱胎的地步。隆庆、万历时期的民窑的蛋皮式白瓷也能达到脱胎的程度，脱胎器的制作从配方、拉坯、修坯、上釉到装烧都有一套技术要领和工艺要求，其中修坯是最要紧的一环。脱胎的修坯一般要经过粗修、细修定型、粘接修去接头的余泥，并修整外形、荡内釉，然后精修成坯并施外釉。在修坯过程中，坯体在利篓上取下装上，反复近十次之多，才能将 2 毫米 ~3 毫米厚的粗坯修到蛋壳一样薄的程度[20]。

明代有学者认为，瓷器破碎修补时可用白圾、石灰为末，用鸡卵白调匀，碎处缚定，待干。但修补好的瓷器不可盛鸡汤。官窑器粘补，以青竹烧沥，合鸡卵青，缚窑破处，汤内煮一二沸，放阴处三五日，其牢如钉。定窑则浓楮汁可粘。另外，生面筋入石灰，久杵，或化水叶可粘瓷器，但不可于水内久浸[42]。

根据有关文献，现将明代瓷器的烧成温度与吸水率、气孔率归纳为下表。

表 8-2-2　明代瓷器的烧成温度与吸水率、气孔率

编号	名　　称	烧成温度℃	吸水率%	气孔率%	参考文献
1	明洪武民窑青花碗片 MM-1	—	0.45	1.00	〔34〕
2	明洪武民窑青花碗片 MM-2	—	4.57	10.02	
3	明永乐至宣德民窑青花碗片 MM-4	1270±20	1.36	3.12	
4	明宣德青花大盘 M1	1200±30	—	1.63	〔6〕
5	明宣德青花碎片 M-3	1240±20	0.24	0.56	〔34〕
6	明成化青花碎片 M-4	1280±20	0.17	0.38	
7	明成化民窑青花碗片 MM-6	1270±20	1.20	2.27	
8	明成化民窑青花碗片 MM-7	—	0.36	0.80	
9	明弘治民窑青花碗片 MM-8	1260±20	0.44	1.01	
10	弘治黄釉盘	—	0.08	—	〔37〕

续表

编号	名　　称	烧成温度℃	吸水率%	气孔率%	参考文献
11	明嘉靖民窑青花盘片 MM－9	1280±20	0.31	0.71	〔34〕
12	嘉靖至万历民窑青花盘片 MM－10	—	0.28	0.64	
13	嘉靖祭蓝瓷片 M－7	1280 左右	0.07	0.16	
14	嘉靖青花碎片 M－10	1240±20	0.16	0.36	
15	嘉靖青花罐残器	—	—	0.82	〔6〕
16	嘉靖矾红盘残器	—	0.24	—	〔37〕
17	隆庆至万历民窑青花碗片 MM－11	—	0.25	0.57	〔34〕
18	万历民窑青花碗片 MM－12	—	0.26	0.59	
19	明万历青花 M－11	1240±20	0.22	0.51	
20	明万历青花 M－12	—	0.36	0.82	
21	明万历五彩盘 M2	1200±30	—	1.38	〔6〕
22	明万历青花方盒底 M3	1200±20	—	1.51	
23	崇祯民窑青花碟 MM－13	1240±20	0.23	0.56	〔34〕
24	明德化窑白瓷 MTB－1	1270±20	0.58	—	〔40〕
25	明德化窑白盘 MF1	1200±30	—	—	〔38〕

第三节 制釉技术

明代景德镇窑场基本不用灰釉而采用灰—碱釉或碱—灰釉。明代景德镇配制灰—碱釉的釉果的产地与元代有所不同。我国早在商周间就开始采用碱—灰釉，但是汉、唐、宋、元以来历朝制釉都未见运用。明代景德镇碱—灰釉中的 K_2O 和 Na_2O 总含量的提高，主要是通过选择风化程度较高的釉果，同时对釉果进行精细淘洗来实现的。被誉为“一代绝品”的永乐、宣德甜白得益于碱—灰釉工艺和对制胎和配釉用的釉果原料的精细淘洗。

明代永乐、宣德高温铜红釉工艺完全成熟，嘉靖年间启用的低温矾红釉是由青矾加铅粉配制而成的。宣德霁蓝釉以钴土矿为着色剂，呈色稳定。洒蓝釉是在烧成了的白釉器上，用竹管蘸釉汁水，吹于器表。明代“碎器釉”是在成型修坯时，“利刃过后，日晒极热，入清水一蘸而起，烧出自成裂文”，裂文着色视色彩需要而定。弘治、正德娇黄釉由于采用底面釉的工艺，烧成后不但釉面光泽好，而且透明度也很高。

景德镇制作的高碱釉器为瓷胎，着色元素主要为 Cu、Fe、Co、Mn 等，釉中的 Fe、Co、Mn 等着色元素可能主要来自钴土矿，Cu 是另外加入的。紫青色高碱釉的配方大致是：石英（或含大量石英的釉灰）56%、硝 24%、钴土矿 17%、氧化铜或硫化铜 3%。绿松石色釉是在高 K_2O、高 SiO_2 的碱釉中加入 0.8% ~5.2% 的 CuO 和 0.2% ~0.6% 的 Fe_2O_3 配制而成的。

明代景德镇素三彩釉的配方与唐三彩低温色釉没有太大的区别，也是用铅粉与石末配制而成，但施釉工艺有独到之处。

明代德化窑白瓷釉晶莹剔透的外观特征的形成，主要是由于德化地区出产全国少见的优质瓷石，同时对制瓷原料进行超长时间的陈腐，从而大大增加了胎和釉中的 K_2O 含量，加之釉层又十分薄，极有利于通过这层薄釉层显现出半透明胎的特点。明代德化窑白瓷呈色如凝脂、似象牙，则与其烧成时采用烧成偏重氧化气氛有关。

一、灰—碱釉

灰—碱釉是以碱土金属氧化物 CaO 和碱金属氧化物 K_2O 或 Na_2O 为主要助熔剂的一类瓷釉，釉中的 CaO 含量在 5% ~11% 之间；釉中的 K_2O 或 Na_2O 的含量均超过 MgO 含量。灰—碱釉始用于商周，汉晋一度停用。隋唐内丘邢窑和唐浑源窑等少数窑场的部分产品重又采用灰—碱釉工艺，入宋后灰—碱釉工艺得到一定程度的发展。景德镇自元代开始采用灰—碱釉工艺，明代景德镇大多数产品也采用灰—碱釉工艺。

明代景德镇（包括青花、高温红釉、甜白、低温黄釉瓷器等）二十六件灰—碱釉标本（表 8 -3 -1，第 5 ~7、11、12、16、17、22 ~29、34、37、38、41、48、52、53、55 ~57、63 号）釉中四种助熔剂 CaO（7.6%）、MgO（0.38%）、K_2O（4%）、Na_2O（2%）总含量为 13.98%。明代景德镇二十二件灰—碱釉标本（第 5、6、10、11、22 ~29、37、38、41、48、52、53、55 ~57、63 号）釉中 SiO_2 的平均含量为 69.63%。

明代景德镇灰—碱釉的这种化学组成与元代景德镇灰—碱釉相比有如下特征：（1）明代景德镇灰—碱釉中碱土金属氧化物 CaO（7.6%）和 MgO（0.38%）含量与元代景德镇灰—碱釉 CaO（7.45%）、MgO（0.33%）（表 7 -3 -1，第 8 ~16、20、26 号）含量相近而略高一点，表明明代景德镇配制灰—碱釉的釉灰用量，与元代景德镇配制灰—碱釉的釉灰用量相近或略高一点。（2）明代景德镇灰—碱釉中碱金属氧化物 K_2O 含量（4%）是元代景德镇灰—碱釉中 K_2O 含量（2.71%）（表 7 -3 -1，第 8 ~16、20、26 号）的 1.476 倍；而明代景德镇灰—碱釉中碱金属氧化物 Na_2O 含量（2%）则比元代景德镇灰—碱釉中 Na_2O 含量（3.22%）（表 7 -3 -1，第 8 ~16、20、26 号）降低 37.89%，表明元、明两代景德镇陶工配制灰—碱釉用的釉泥的产地不同。对此，文献是有记载实证的，按照元人蒋祈《陶记》所载，元代一度采用“岭背”出产的“釉泥”为配釉原料[1]。“岭背”坐落在景德镇南 11.5 千米的牛角岭南麓的邱冲坞与下项村（距景德镇南约 3 千米）一带。据《江西省大志》卷七《陶书·砂土》载：明嘉靖年间，景德镇御器厂采用新正都出产的釉石（即釉土）为制釉原料，其中新正都长岭出产的釉土“作青黄釉”；新正都义坑出产的釉土“作浇白器釉”[2]。明代的新正都坐落在浮梁县瑶里乡。又据《江西省大志》卷七《陶书·砂土》载：明万历年间，景德镇御器厂制釉用的“釉土俱桃树坞，浇青、青花、白器通并用之。止白器釉稍加炼灰相合为美”[3]。文中的桃树坞坐落在今浮梁县西湖乡桃墅村附近。到了崇祯年间，“凡饶镇白瓷釉，用小港嘴泥浆和桃竹叶灰调成”[4]。文中的小港嘴坐落在今景德镇市太白园与南山之间。

二、碱—灰釉

碱—灰釉是指釉中碱金属氧化物 K_2O 与 Na_2O 两者之和超过了碱土金属氧化物 CaO 与 MgO 总含量的一类釉。这种釉首现于商周时期，但是秦、汉均未见采用。之后，隋唐内丘邢窑，北宋观台窑、宋代金凤窑、辽金北京龙泉务窑、元代景德镇窑和霍州窑等部分产品先后都采用过碱—灰釉工艺。

明代景德镇洪武、正德和嘉靖青花、永乐铜红釉、甜白釉瓷的部分产品也采用碱—灰釉工艺，其十一个标本（表 8－3－1，第 1～4、12、18、19、35、36、51、64 号）釉中四种助熔剂 CaO（4.66%）、MgO（0.62%）、K_2O（4.73%）、Na_2O（2.57%）的总含量为 12.58%；釉中 SiO_2 平均含量为 70.69%。明代景德镇碱—灰釉的化学组成与元景德镇碱—灰釉相比有如下特征：（1）明代景德镇碱土金属氧化物 CaO（4.66%）含量元代景德镇碱—灰釉中 CaO（5.06%）降低了 7.90%，表明明代配制碱—灰釉的石灰石用量比元代有所降低。（2）明代景德镇碱土金属氧化物 MgO（0.62%）含量是元代景德镇碱—灰釉中 MgO（0.19%）含量的 3.26 倍，表明元、明两代所用草木灰的种类有别。（3）明代景德镇碱—灰釉中的碱金属氧化物 K_2O（4.73%）和 Na_2O（2.57%）总含量为 7.3%，比元代景德镇 K_2O（3.07%）和 Na_2O（3.49%）总含量（6.56%）略有提高，表明明代景德镇配制碱—灰釉时的釉果用量比元代有所增加。（4）明代景德镇碱—灰釉中碱金属氧化物 K_2O（4.73%）含量是元代景德镇碱—灰釉中 K_2O（3.07%）含量的 1.54 倍，但是明代景德镇碱—灰釉中的碱金属氧化物 Na_2O（2.57%）含量则比元代景德镇碱—灰釉中 Na_2O（3.49%）含量降低了 26.36%，表明元、明两代配制碱—灰釉时用釉果的产地有别。（5）明代景德镇碱—灰釉中 SiO_2 平均含量（70.69%）比元代景德镇碱—灰釉中 SiO_2 平均含量（72.66%）低 2.71%，表明明代景德镇配制碱—灰釉的釉果用量比元代有所降低。

明代景德镇御器厂所用制胎原料——麻仓官土，即瑶里瓷石中碱金属氧化物 K_2O 和 Na_2O 总含量并不很高，标本（表 8－2－1，第 81 号）中的 K_2O 和 Na_2O 总含量为 3.73%。景德镇其他制釉用的釉石原料，例如，屋柱槽釉果精泥、陈湾釉石等中的 K_2O 和 Na_2O 总含量也在 5.44%～6.76% 之间波动，其中，屋柱槽釉果精泥样品的 K_2O 和 Na_2O 总含量为 5.44%（表 8－2－1，第 83 号）；陈湾釉石样品的 K_2O 和 Na_2O 总含量为 6.76%（表 8－2－1，第 84 号）。

而明代景德镇碱—灰釉十一个标本（表 8－3－1，第 1～4、12、18、19、35、36、51、64 号）中的 K_2O（4.73%）和 Na_2O（2.57%）总含量却高达 7.3%。明

代景德镇碱—灰釉中的 K_2O 和 Na_2O 总含量的提高，主要是通过对釉果进行精细淘洗来实现的，因为釉果经过精细淘洗，会提高原料中的云母和降低原料中长石的含量，从而提升原料中的 K_2O 和 Na_2O 含量。另外，配釉时降低釉灰的用量、提高釉果的用量也有助于 K_2O 和 Na_2O 的含量增高。碱—灰釉在与灰—碱釉差不多相近的烧成温度下，具有更高的黏度，有利于提高釉的质量。

三、高温釉

明代景德镇著名高温釉品种主要有永乐甜白，永乐、宣德铜红釉，宣德霁蓝釉、碎器釉。另外，德化窑象牙白也蜚声中外。

（一）白釉

明代著名白釉品种有：景德镇御器厂烧造的永乐甜白和福建德化窑烧造的象牙白。明景德镇御器厂烧造的永乐白瓷历来被陶瓷学界誉称为景德镇烧造的最佳白瓷，其特点是胎薄釉莹，很多制品都薄到半脱胎的程度，能够光照见影[5]，给人一种甜润如玉的感觉。永乐白瓷半脱胎及其光照见影风貌的形成，是对制胎原料进行精细淘洗的结果。这可从胎的显微结构显示出来，有学者对永乐白瓷进行显微结构观察研究时发现：胎中石英颗粒的大小很均匀，除个别的最大粒度可达 50 微米外，其中，2 微米～10 微米的颗粒要占 70% 以上[6]。胎中石英颗粒的粒度如此细微，必然与精工淘洗有关。

另外从研究胎体硅、铝比值也能证实：永乐时期，景德镇陶工烧造白瓷时，对制胎原料进行了精细的加工。其两个标本（表 8－2－1，第 18、19 号）胎的硅、铝比值为 3.35，比元代枢府瓷七个标本（表 7－2－1，第 31～37 号）胎的硅、铝比值（3.49）要低 4%；比明代宣德瓷器十四个标本（表 8－2－1，第 21～34 号）胎的硅、铝比值（3.57）要低 6.2%；比明代空白期四个标本（表 8－2－1，第 35～38号）胎的硅、铝比值（3.75）要低 11%；比明代成化青花八个标本（表 8－2－1，第 39～46 号）胎的硅、铝比值（3.53）要低 5.1%。对制胎原料的淘洗次数越多、控制越精细，制出的精泥的 SiO_2/Al_2O_3 的比值就越低；对制胎原料进行精细淘洗，可使原料中高岭石黏土矿物和绢云母矿物细颗粒部分的含量相应得到富集。这两个因素使得胎泥的成型性能和烧成后瓷胎的致密程度也随着增加[7]。对原料进行精细淘洗还有一个重要作用：增加胎中的玻璃相。而胎中的玻璃相的增多有利于胎体透光度的增加[8]。

永乐白瓷的釉面甜润如玉风貌的形成，则与釉的配方有关。永乐白瓷釉在化学组成上属于碱—灰釉，釉的化学组成显示：釉中碱金属氧化物 K_2O、Na_2O 含量高。其两个标本（表 8－3－1，第 18、19 号）釉中 K_2O 含量平均为 5.31%，Na_2O 含量平均为 2.35%，K_2O、Na_2O 两者含量之和高达 7.66%。釉中 K_2O、Na_2O 含量高，表明配釉用的釉果中含有较多的长石，而长石在釉中可使釉具有光亮的玻璃质表面和产生各种艺术效果。这是因为，钾离子半径（0.132 纳米）较钙离子半径（0.103 纳米）大，对提高釉的高温黏度和表面张力有利，因此釉中 K_2O 和 Na_2O 含量高，往往导致釉面出现如玉似脂的感觉[9]。

永乐白瓷釉面甜润如玉风貌的形成，还与对配釉用的釉果进行精细淘洗有关。

有学者通过显微观察研究发现，永乐白釉中存在多量残留石英和一定量的云母残骸。由图像仪测得它们的颗粒大小在6微米~14微米范围内的约占75%，10微米以下的颗粒亦占50%。一般釉中含有多量的残留石英，就会因玻璃相和晶相膨胀系数之差而出现裂纹，但是永乐白瓷釉虽然含有甚多的残留石英却没有引起釉的开裂，这就不能不归功于残留石英颗粒非常细小的缘故。釉中石英和云母残骸的颗粒细腻到如此程度，必然是通过对配釉用的釉果进行精细淘洗来实现的。根据光的散射理论以及釉中残留颗粒度范围，可见颗粒在釉中主要起散射作用。由于永乐甜白釉中存在许多颗粒大小在10微米以下的残留石英和一定量的云母残骸，因而使这种釉具有高度散射效果而形成光莹如玉的视感[8]。

有些永乐甜白釉出现橘皮纹，则与采用麻仓釉果有关。对此《南窑笔记》有所记载："有麻仓釉一种，多用于仿古釉，宣釉为最，甜白亦用此种釉，肥润有橘皮纹，出浮梁麻仓窑。"[10]

明代德化窑白瓷有三大特点：一是白度非常高，二是透明度好，三是色呈象牙白。

明代德化白瓷第一个特点即白度非常高，其白度一般在85%~96.7%之间波动，其中明代德化白瓷一个标本MTB-1的白度高达96.7%[11]。明代德化白瓷的白度不仅超过永乐景德镇甜白，而且堪称我国古代瓷器白度之冠。德化白瓷之所以有如此高的白度，乃是因为其胎、釉中的着色元素铁和钛含量都特别低的缘故。明代德化窑白瓷两个标本（表8-2-1，第79、80号）胎中着色剂Fe_2O_3和TiO_2的含量平均为0.38%，比明永乐景德镇白瓷两个标本（表8-2-1，第18、19号）胎中着色剂Fe_2O_3和TiO_2的平均含量（0.82%）降低了53.66%；明代德化窑白瓷两个标本（表8-3-1，第65、66号）釉中着色剂Fe_2O_3和TiO_2的含量平均为0.61%，比明永乐景德镇白瓷两个标本（表8-3-1，第18、19号）釉中着色剂Fe_2O_3和TiO_2的平均含量（1.02%）降低了40.2%。由于瓷器的白度受胎、釉中的Fe_2O_3和TiO_2含量的制约，也就是说，胎釉中的Fe_2O_3和TiO_2含量越低，其白度就愈高。而明代德化窑白瓷的胎和釉中的Fe_2O_3和TiO_2含量均比明永乐景德镇白瓷低，因此明代德化窑白瓷的白度，就超过了明永乐景德镇白瓷的白度。

明代德化白瓷第二个特点是透明度好。瓷胎透明度主要取决于胎中无色玻璃相的含量和气孔率的高低，而无色玻璃相的含量和气孔率的高低主要决定于胎中助熔剂的总含量和铁、钛含量以及烧成温度[12]。如上所述，德化窑白瓷胎中铁、钛含量极低。与此同时，明代德化窑白瓷胎中的助熔剂总含量很高，其两个标本（表8-2-1，第79、80号）胎中CaO（0.1%）、MgO（0.09%）、K_2O（6.23%）、Na_2O（0.13%）四种助熔剂总含量为6.55%，是明代永乐景德镇白瓷两个标本（表8-2-1，第18、19号）胎中CaO（0.40%）、MgO（0.24%）、K_2O（2.73%）、Na_2O（0.83%）四种助熔剂总含量（4.20%）的1.56倍。特别是德化窑白瓷胎中钾含量较高（6.23%），而胎内钾含量高，在高温阶段能形成较多的玻璃相，增加胎体半透明，增强制品的玉石感[9]。加之，烧成温度又达1270℃±20℃（表8-2-2，第24号），因此烧成后瓷胎中形成的无色玻璃相多、气孔率低、致密度很高，故白瓷胎透明度特别好[12]。胎中由于K_2O含量高而生成的无色玻璃相多这一特征，还有一个好处，就是随着温度的升高，其黏度变化较小，胎在高温下不易变形，而适宜于雕塑[8]。

明代德化白瓷第三个特点是釉色光润明亮，乳白似凝脂。在光照之下，釉中隐现粉红或乳白，因此有“猪油白”和“象牙白”之称。这种特征的形成乃是由于其胎和釉中 K_2O 含量都高的缘故。明代德化白瓷两个标本（表8-2-1，第79、80号）胎中 K_2O 平均为6.23%；明代德化窑白瓷两个标本（表8-3-1，第65、66号）釉中 K_2O 含量平均为6.04%。由于明代德化白瓷胎、釉中 K_2O 含量都非常高，而且，胎中的 K_2O 含量（6.23%），还超过釉中 K_2O 含量（6.04%）。如上所述，瓷器胎、釉中的钾离子半径（0.132微米）较钙离子半径（0.103微米）大，这对提高釉的高温黏度和表面张力是有利的，因为它可防止淌釉和增加光亮度，并使得明代德化白瓷具有光润明亮、乳白似凝脂的特殊美感[9]。至于明代德化白瓷在光照之下，釉中隐现粉红或乳白的美感，则与其烧成气氛有关，成瓷后的釉色白中闪红乃是烧成气氛偏重氧化所致，因为明代德化窑陶工熟练掌握了氧化烧成技术[13]。

总之，明代德化窑陶工较好地发挥了德化窑白瓷这一材质优势，并为后世留下了不少瓷雕艺术精品。

（二）铜红釉

以铜为着色剂的高温铜红釉的制作技术在唐代长沙窑首现，由于铜红呈色很不稳定，工艺上不容易控制，所以发展缓慢，直到宋代的钧窑才比较多见，但也不是通体一色的铜红。明代永乐、宣德年间时铜红釉工艺才完全成熟。

从工艺角度看，高温铜红釉烧成难度大，这是因为：①铜是一种变价元素，对还原气氛的变化非常敏感，要得到满意的红色，首先必须使窑中烧造高温铜红釉部位的气氛和温度保持均匀和稳定。在古代要做到这一点非常困难。②铜红釉的着色机理复杂多变，有的是胶体铜着色，有的则是胶体铜和 Cu_2O 微粒共同着色。无论是胶体铜或 Cu_2O 微粒共同着色，它们的颗粒大小对釉色都至关重要，如果烧成温度过高或保温时间过长，则会使胶体铜微粒不断长大，而使釉色变成橘红或其他不正常的色调。③釉的配方非常重要，用于配制铜红釉的原料不能太纯，其中必须含有少量 Fe_2O_3，否则就烧不出好的釉色。这是因为少量 Fe_2O_3 的存在能够促使内部氧化还原反应的进行。然而，Fe_2O_3 也是一种着色剂，含量太多对釉色会产生不利影响。④釉层的厚度必须控制在一定范围之内，太薄了红色显示不出来，太厚了又只能得到暗红色，否则就烧不出红釉。⑤釉料的细度，特别是铜的细度，对釉色也有一定影响[14]。⑥铜红釉的最佳烧成气氛必须是较强的还原气氛，而且还原气氛不能弱，又不能太强，否则铜红发色不佳。当在烧成时窑内氧氛压被控制在一定范围内，使 Cu^+ 和 Cu 取得合理比例，才能形成比较优质的铜红釉。同时，瓷器的烧成温度也很重要，必须控制在1250℃~1330℃。因为在1250℃以下，釉层通体为灰蓝色，没有红色；而在1250℃~1300℃，釉表面开始形成断断续续的红色层；温度升至1330℃，铜红釉成熟[15]。总之，高温铜红釉的色调变化与一系列的烧造工艺条件有关。

明代永乐、宣德高温铜红釉多为暗粉红色，具有脂感，不甚透明，釉层厚度多波动于0.5毫米~0.8毫米之间，个别可达到1.8毫米。显微观察研究结果表明，典型的永乐、宣德高温铜红釉呈鲜红色，铜红釉的断面结构通常分为三层，即上透明层、红色层和下透明层，红色层夹在上下透层明之间。上透明层的形成是由于在高温冷却阶段表面层中的还原铜受到冷空气的作用而被重新氧化所致，但高温冷却阶段为时很短，所以处于表面层以下的还原铜可免遭氧化。这些还原铜在冷却过程中，以胶体状金属铜的形态从釉中析出，形成红色层。但是，釉中有大量小红斑，其釉色不是均匀的红色，而是由不规则的橘红色小斑块与鲜红色小斑块相套而成。研究者进一步通过显微结构观察、研究发现，其釉层中和釉面上都存在大量鲜红斑，有的单个存在，有的两三个或更多个连成一片。大多数鲜红色斑点都以一个气泡为核心。祭红釉的色调不是单一的红色，而是由鲜红色斑块与橘红色斑块构成，两者在数量上的比例不定，有时鲜红色斑多于橘红色斑块，在这种情况下，釉色就呈鲜红；如果橘红色斑多于鲜红色斑，釉色就呈红中偏黄。釉的断面可分三层，这三层的厚度变化视不同品质而定。就祭红釉而言，上下透明层各占整个釉层厚度的1/20～1/10，中间的红色层是主体，其厚度和显微结构对祭红釉的色调和釉色深浅有决定性的影响[16]。

明代永乐、宣德高温铜红釉玻化程度较差，高温下釉没有流通性，加之釉层中存在大量气泡、析晶及残留石英等，它们能够阻止裂纹的延伸。除此以外，永乐、宣德红釉的胎釉配方合理，不会因胎釉膨胀系数不匹配而产生开裂；由于采取了合理的工艺措施，所以它们不容易出现开片，釉面没有龟裂纹。明代宣德红釉中的釉泡特别多，在烧成过程中，大量釉泡要通过釉层表面而外逸，并在釉面上留下许多凹坑，但其高温黏度比较大，而且烧成温度不能太高，在这种情况下，这些凹坑不能及时填平，于是就出现了橘皮现象[17]。

明代永乐、宣德高温铜红釉器的口边呈白色或淡青白色，俗称“灯草边”，这是由于器口处的釉向下流动而使釉层变薄所造成的。研究结果表明，以铜为着色剂的高温铜红釉的釉层必须达到一定厚度才能在釉层中部形成一层红色层，如果釉层太薄，红色层就无法形成，釉就不会形成红色。祭红釉的高温黏度较大，在严格控制的烧成条件下，能使流釉适可而止，恰到好处，从而形成一条宽为1毫米～2毫米的白边，这就是“灯草边”。如果流釉过度，白边过宽，那就不是“灯草边”了[18]。

明代永乐、宣德祭红釉器，都是在明代景德镇御器厂的“色窑”中烧成的。这种窑的窑室内的气氛和温度分布比较均匀，也容易控制，但容积很小，装烧量少，产量低。

（三）霁蓝釉

元代景德镇创烧的高温蓝釉纯净明亮，明代景德镇宣德年间烧造的高温霁蓝釉，一方面继承了元代工艺的基本特点，色调浓淡均匀一致，釉面不流不裂；另一方面，在外观风貌上又有自己的时代特征：呈色暗蓝，深沉安定。这种风格变化的出现，主要是通过对发色钴料的选用所导致的。

元、明两代，景德镇烧造高温蓝釉，虽然都是采用天然钴料为着色剂，但是，元代景德镇烧造高温蓝釉是采用进口的高铁、低锰的天然钴土矿为色料，而明代景德镇烧造高温蓝釉则用国产高锰、低铁钴土矿为色料。元、明两代，景德镇烧造高温蓝釉所用色料的变化，可通过它们两者的化学组成显示出来。

明代景德镇宣德年间烧造的高温霁蓝釉标本（表8－3－1，第64号），助熔剂 CaO（5.28%）、MgO（0.25%）、K_2O（4.62%）、Na_2O（2.76%）总量为12.91%；着色剂 Fe_2O_3 含量为0.98%、MnO 含量为4.19%、CoO 含量为0.55%。明代宣德霁蓝釉的这种化学组成与元代景德镇创烧的高温蓝釉标本（表7－3－1，第69号）相比，有如下特点：一是两者的基础釉都采用灰—碱釉工艺，以碱土金属氧化物 CaO 和碱金属氧化物 K_2O 为主要助熔剂。釉中 CaO 含量在5.28%～6.98%之间波动，K_2O含量在4.39%～4.62%之间波动。二是两者釉中所用着色剂里的 CoO 含量比较接近，明代宣德霁蓝釉 CoO 含量为0.55%（表8－3－1，第64号），元代高温蓝釉中 CoO 含量为0.47%（表7－3－1，第69号），明代宣德霁蓝釉 CoO 含量仅比元代高温蓝釉 CoO 含量略高。三是两者釉中所用着色剂里的 Fe_2O_3 和 MnO 含量差异较大。元代高温蓝釉中的 Fe_2O_3含量（2.83%）远远高于釉中的 MnO 含量（0.11%），即釉中的 Fe_2O_3含量为 MnO 含量的25.73倍。元代景德镇高温蓝釉所用色料这种特征，与元青花所用钴料非常接近，由此可知其采用进口的高铁、低锰天然钴土矿为色料。但是，明代宣德霁蓝釉中的 MnO 含量（4.19%）则大大高于Fe_2O_3含量（0.98%），即釉中的 MnO 含量为 Fe_2O_3含量的4.28倍。按照明代宣德霁蓝釉的这种化学组成，可知其所用色料应属国产高锰、低铁钴土矿。由于明代前期，景德镇窑场对国产钴料加工技术尚不成熟，因此釉面呈色暗蓝，不如元代产品明亮。明代景德镇御器厂选用国产钴土为高温霁蓝釉的着色剂，似与其用途有关，因为高温霁蓝釉瓷器多用于祖先的祭祀，釉面深沉安定的色相，更适合于这种氛围。

（四）碎器釉

明代景德镇窑场称纹片釉为“碎器釉”。其制作工艺与宋、元时的龙泉窑有所不同，宋、元时的龙泉窑纹片釉是通过胎、釉膨胀系数不匹配的工艺手段来实现的；明代景德镇窑场“碎器釉”则是在成型修坯时，“利刃过后，日晒极热，入清水一蘸而起，烧出自成裂文”。裂文着色视色彩需要而定，如果要使器面取得“千钟粟”（器面布满黄色小米般）的釉面效果，采用“釉浆捷点”（快速地在器面点饰釉浆）；如果要使器面纹片取得“褐色”的釉面效果，那么就用“老茶叶（储存时间较长的陈年茶叶）煎水”快速地涂抹器面；如果要使器面纹片取得“紫霞色”的釉面效果，那么就“用胭脂打湿，将铁线扭一兜络，盛碎器其中，炭火炙热，然后以湿胭脂一抹即成”[19]。

四、低温釉

明代著名低温釉的品种主要有：矾红釉、弘治娇黄釉、素三彩等。

（一）矾红釉

金代北方窑场发明了矾红彩，明代景德镇窑场继承了这一工艺，把它广泛用于釉上彩装饰。由于矾红彩和矾红釉的制造工艺相似，景德镇窑场又在矾红彩基础上，创烧了低温矾红釉。明代景德镇低温矾红釉的配方与矾红彩一样：“用青矾炼红，每一两（青矾）用铅粉五两，用广胶合成。”[20]有学者通过研究嘉靖矾红釉的显微结构时发现：矾红釉的釉层有底釉和面釉两层。底釉厚约0.2毫米，无色透明，属于典型的灰釉结构。面釉极薄，只有0.02毫米。作为着色剂的Fe_2O_3细颗粒不是均匀地分布在面釉中，而是悬浮于面釉层的上部，其厚度小于0.01毫米。化学分析的结果表明，这层面釉的主要成分为Fe_2O_3和PbO，其比值约为1:9[21]。矾红釉的制造工艺和矾红彩近似，具体工艺详见后述“矾红彩”。

（二）黄釉

我国低温黄釉从汉代开始历代都有烧造，但是明代以前的低温黄釉的色调不是真正的黄色，多数为黄褐色或深黄色。明代弘治、正德时期的黄釉才是真正的黄色，而且色调均匀，釉面平整，光泽度好，达到了历史最高水平。由于其色较淡而显得娇艳，又称“娇黄”[22]。

明代弘治以前的黄釉，釉中所用着色剂多为含铁较高的黏土；明代弘治低温黄釉采用铅末与赭石配制而成，其比例为16:1.1，即王宗沐《江西省大志·陶书》所载：“用黑铅末一斤碾成，赭石一两一钱。”[20]着色剂中的Fe_2O_3是通过赭石引入的。

明代弘治以前的黄釉，所用胎体多为经过素烧而未上釉的“涩胎”，施釉时采用蘸釉法。烧成时，作为着色剂的Fe_2O_3细颗粒虽然均匀地分布在釉中，但是由于色釉是直接施加在无釉的“涩胎”上，因而降低了釉色亮度和鲜艳度，烧成后不是真正的黄色，多数为褐黄色或深黄色。明代弘治黄釉是把低温釉浆涂在已经玻化的瓷胎透明白釉表面，这样就出现了底釉和面釉结构。采用底釉上再施面釉的工艺有助于提高釉面质量。化学分析的结果表明，这层面釉的主要成分为Fe_2O_3和PbO，其比值约为1:9。处于面釉层的上部的黄釉，在洁白透明的底釉衬托下，不仅呈色正黄，色调均匀，釉面平整，而且光泽好、透明度也很高。景德镇陶工利用这一特点，还往往在瓷胎上刻出花纹图案，然后浇上黄釉，烧成后图案在黄釉层下映现出来，具有独特的艺术效果[21]。

（三）素三彩

低温色釉中的素三彩是将几种不同色调的低温色釉，按照瓷胎上预先雕刻好的图案花纹，在相应部位填釉而制成的。明代景德镇素三彩色釉装饰，始现于成化朝，以正德时期的制品最为精美。其特征是所用色釉不用红色。按我国传统习俗，结婚、祝寿等称为荤事，用红色；丧葬称为素事，一般用白、蓝、绿、黄等色。这些非红的色彩，也叫素色，这是“素三彩”得名的由来。传统的素三彩色釉以低温黄、绿、紫釉为主，但也不一定仅限于这三种颜色，常见的品种有黄地绿彩、黄地紫彩、紫地黄白彩、紫地黄彩、紫地紫彩、绿地紫彩等，也有四种色釉同时施于一器的。素三彩的施釉工艺有独到之处，大致步骤如下：先在坯体上进行浅描纹样，然后按照所浅描的纹样进行雕刻，干燥后置于窑中高温（1280℃～1320℃）素烧而成为未上釉的涩胎。再将作为底色的低温色釉浇于涩胎之上，待其干燥后，刮去花纹图案中应施其他色釉的底釉，然后用毛笔把以铁、铜、锰等元素为着色剂的铅釉低温色釉按相应部位填进去，待其干燥后，第二次入炉以850℃～900℃的低温烤烧而成。也有在白釉瓷器上涂以色底，再绘素彩，如黄地加绿、紫、白彩或绿地加黄、紫彩等。有的是在填好色釉后再罩盖一层雪白，然后再去烧成的[23]。

五、高碱釉

高碱釉是指以碱金属氧化物 K_2O 和 Na_2O 为主要助熔剂的一类釉，釉中 K_2O 和 Na_2O 含量很高，这类釉有时含有氧化铅。烧成温度介于高温釉和低温釉之间，有学者称其为中温釉，也有学者把它划为低温釉[24]。中国高碱釉瓷始现于元代磁州窑。明代高碱釉瓷主要产自景德镇。明代景德镇高碱釉瓷可分为高钾釉和高钠釉两种。其中以碱金属氧化物 K_2O 为主要助熔剂的一类釉（例如，表 8－3－1，第67～71 号）称为高 K_2O 釉，一般釉中 K_2O 含量在 10% 以上；以碱金属氧化物 Na_2O 为主要助熔剂的一类釉（例如，表 8－3－1，第 72 号）称为高 Na_2O 釉，釉中 Na_2O 含量近 7%。

明代景德镇高碱釉瓷与元代相比具有如下五个特征：

第一个特征是元代磁州窑高碱釉仅为高钾釉，明代景德镇高碱釉则有高钾釉和高钠釉两大类。例如，明后期瓷胎 VA7－1 透明绿釉等五个标本（表 8－3－1，第 67～71 号）均为高钾釉，釉中助熔剂碱金属氧化物 K_2O 含量平均高达 15.06%、Na_2O含量平均为 2.32%；又如，明瓷胎 AM2－2 高碱绿松石色釉一个标本（表 8－3－1，第 72 号）则为高钠釉，釉中助熔剂碱金属氧化物 Na_2O 含量高达 6.80%、K_2O含量只有 2.70%。

第二个特征是釉色丰富。元代磁州窑高碱釉瓷仅限于以铜为着色剂的孔雀绿（又称翠蓝釉或孔雀蓝釉等），明代景德镇陶工在高碱釉中加入 Mn、Co、Cu 和 Fe 等着色剂而制成各种不同颜色的色釉，主要有紫黑色、茄皮紫、紫蓝色、绿松石等色。其中紫黑色和茄皮紫釉中的 CuO 含量较低，它们主要由 Mn、Co、Fe 着色，它们的 CoO 含量也比紫蓝色釉低得多。在紫蓝色高碱釉中的 Cu 和 Co 都是主要着色元素，紫蓝色是由 Cu、Mn、Co、Fe 共同着色作用的结果。着色剂 Co、Mn、Fe 可能主要来自钴土矿，CuO 则是另外加入的。有学者推算紫蓝色高碱釉的配方中含有 18% 钴土矿和 3% 左右的氧化铜或硫化铜。典型的紫蓝色高碱釉，例如，明后期瓷胎 VA6－1 高碱紫蓝色釉（表 8－3－1，第 68 号）可能是：石英（或含大量石英的釉灰）56%、硝 24%、钴土矿 17%、氧化铜或硫化铜 3%。明代景德镇高碱釉中的绿松石色的着色剂为 CuO，此外还有少量的 Fe_2O_3、MnO 和 SnO_2。其中，明后期瓷胎 VA6－3 高碱透明绿松石色釉（表 8－3－1，第 69 号）的着色剂主要是：4% 的 CuO、0.5% 的 Fe_2O_3、0.5% 的 SnO_2。明代高钠釉中绿松石色釉（表 8－3－1，第 72 号）的着色剂主要是 0.8% 的 CuO、0.4% 的 Fe_2O_3、0.05% 的 MnO[25]。按照文献记载，明代景德镇高碱釉中的孔雀绿均称为“翠色”，系用炼成古铜水、硝石合成[20]。

第三个特征是发色明艳。明代景德镇高碱釉的发色比前代更为明艳。河北观台磁州窑元代高碱蓝釉虽然有的产品釉面也显光亮[26]，但是，没有达到亮翠程度。明代景德镇高碱孔雀绿釉，发色翠碧雅丽，好似孔雀羽毛般鲜艳青翠。特别是正德朝的制品更为成功：釉色有的浓重而葱翠，有的浅淡而鲜艳，釉面虽有厚薄不同，但均有细碎片纹，垂流处呈现透明的玻璃态。明代景德镇高碱釉之所以比前朝更显翠碧雅丽，乃是因为明代景德镇陶工对高碱釉的配方用料作了调整。这可在其化学组成上显示出来。明代景德镇高碱釉瓷五个标本（表 8－3－1，第67～71

号）釉中 K_2O 含量高达 15.06%，为元代磁州窑高碱釉中 K_2O 含量（8.93%）的 1.686 倍。如本书第七章所述，K_2O 是一种强烈的助熔剂，如果用量很高，再加上较高的烧成温度，釉的高温黏度就会变得很低，在这种情况下，釉层中的气泡就会跑掉，石英等颗粒状釉料也会熔入而使釉玻化。再加上大量的二价铜离子的存在，从而使釉面更为青翠光亮[27]。

第四个特征是明代景德镇高碱釉均有细碎片纹，这与其化学组成有关。据测试，明代景德镇高碱釉五个标本（表 8－3－1，第 67～71 号）的釉中 K_2O 平均含量高达 15.06%，Na_2O 平含量均为 2.32%。明代景德镇洪武至正德三十七个标本（表 8－2－1，第 1～6、12～21、24～34、41～50 号）胎中 K_2O 平均含量为 3.09%、Na_2O 平均含量为 1.07%。明代景德镇嘉靖至崇祯十七个标本（表 8－2－1，第 57～67、70～74、77 号）胎中 K_2O 平均含量为 3.34%、Na_2O 平均含量为 1.39%。这就是说，明代景德镇高碱釉中 K_2O 平均含量（15.06%）为明代瓷胎中的 K_2O 平均含量（3.09%～3.34%）的 4.51～4.87 倍；明代景德镇高碱釉中 Na_2O 平均含量（2.32%），为明代瓷胎中的 Na_2O 平均含量（1.07%～1.39%）的 1.67～2.17 倍。如前所述，陶瓷中的碱性氧化物 K_2O 和 Na_2O 两者的膨胀系数都很高，前者的膨胀系数为 3.90、后者的膨胀系数更高为 4.32[23]。既然明代景德镇高碱釉中的 K_2O 平均含量是胎中 K_2O 平均含量的 4.51～4.87 倍，而且釉中的 Na_2O 平均含量也是胎中的 Na_2O 平均含量的 1.67～2.17 倍，那么釉面势必出现细碎片纹。

第五个特征是胎釉结合紧密。元代磁州窑孔雀绿釉是在化妆土上施釉，加之胎和化妆土都处于生烧状态，因而，在化妆土与孔雀绿釉之间，无法通过高温化学反应而生成反应层，结果造成胎、釉结合不紧密，年代长了，釉会逐渐剥落。明代景德镇高碱釉是施加在经过高温（1280℃～1320℃）烧成完全瓷化的无釉涩胎上，或者在高温烧成的白釉器上施釉，然后装入匣钵第二次入窑置于柴窑的窑室尾部与烟囱交界处的底部——俗称“余堂”处烧成，成熟温度约为 1200℃[23]（一说为 1000～1100℃[25]），烧成后的胎釉结合非常紧密。明代景德镇高碱蓝釉（时称“翠色”）用炼成的古铜水和硝石合成[20]。

表 8－3－1 明代瓷釉的化学组成

编号	名称	成分（%）										参考文献
		SiO_2	Al_2O_3	Fe_2O_3	TiO_2	CaO	MgO	K_2O	Na_2O	MnO	P_2O_5	
1	洪武青花 MH1 釉	69.38	15.23	1.13	0.04	5.03	1.25	4.35	3.52	0.13	0.08	
2	洪武青花 MH2 釉	69.97	15.37	1.16	0.05	4.48	1.56	4.20	2.95	0.11	0.15	
3	洪武青花 MH3 釉	69.80	15.41	0.91	0.04	4.83	1.14	4.63	3.04	0.10	0.10	
4	洪武青花 MH4 釉	70.90	15.88	1.00	0.04	4.32	0.33	4.73	2.71	0.10	0.15	〔28〕
5	洪武青花 MM1 釉	68.64	15.18	0.77	—	9.95	0.23	3.74	1.80	0.10	—	
6	洪武青花 MM2 釉	70.57	15.20	0.78	—	7.27	0.22	4.80	1.19	0.08	—	
7	洪武青花 MM3 釉	—	—	1.03	—	6.03	0.30	4.88	0.75	0.09	—	
8	洪武青花 1 号釉	72.90	13.90	0.84	0.03	4.43	—	6.41	—	0.03	—	〔29〕
9	洪武青花 2 号釉	67.90	15.80	1.14	0.06	4.80	—	4.80	—	0.10	—	
10	洪武釉里红 U4 釉	69.00	14.80	0.70	0.10	6.60	1.10	3.90	2.00	0.10	0.30	
11	永乐填红 U1 釉	68.20	15.30	0.80	0.10	8.30	0.30	3.50	2.40	0.10	0.20	〔30〕
12	永乐鲜红 SYL－1 釉	70.90	14.00	1.00	0.10	6.40	0.40	4.50	2.60	0.10	0.10	
13	永乐民窑青花 1 釉	69.00	14.40	1.36	0.03	8.86	—	4.74	—	0.11	—	
14	永乐民窑青花 2 釉	70.50	14.30	0.88	0.05	7.10	—	5.61	—	0.05	—	〔29〕
15	永乐民窑青花 3 釉	72.00	14.30	0.81	0.03	5.50	—	5.76	—	0.05	—	
16	永乐青花 M－14 釉	—	14.87	0.96	—	8.64	0.28	4.30	2.83	0.09	—	〔31〕
17	永乐青花 M－15 釉	—	14.29	0.92	—	8.53	0.22	4.24	2.50	0.09	—	

续表

编号	名称	成分（%）										参考文献
		SiO_2	Al_2O_3	Fe_2O_3	TiO_2	CaO	MgO	K_2O	Na_2O	MnO	P_2O_5	
18	永乐甜白 MY1 釉	71.18	15.22	1.17	0.01	2.36	0.60	5.28	2.70	0.09	0.16	〔6〕
19	永乐甜白 MY2 釉	72.25	16.01	0.80	0.05	2.65	0.40	5.34	2.00	痕量	—	
20	宣德青花 1 号釉	73.40	12.20	0.63	0	5.34	—	6.87	—	0.05	—	〔29〕
21	宣德青花 2 号釉	72.20	13.70	0.75	0	5.50	—	6.38	—	0.04	—	
22	宣德祭红 SXD1 釉	69.27	13.89	0.69	0.08	7.71	0.22	4.85	2.37	0.10	0.08	〔16〕
23	宣德祭红 SXD2 釉	71.44	14.09	0.67	0.03	7.25	0.32	4.63	2.61	0.08	0.10	
24	宣德祭红 SXD3 釉	70.40	13.40	0.70	0.05	7.40	0.80	4.00	2.50	0.10	0.20	
25	宣德祭红 MO1 釉	70.06	13.05	0.65	0.08	7.41	0.75	4.65	2.25	0.08	0.10	
26	宣德青花大盘 M1 釉	70.74	14.16	0.97	—	6.79	1.35	3.10	2.76	0.07	—	〔32〕
27	宣德青花大盘 M2 釉	69.15	14.30	0.83	—	8.44	0.44	3.74	3.34	0.06	—	
28	宣德青花 M3 釉	69.48	16.07	0.85	—	6.43	0.55	3.98	2.80	—	—	
29	宣德仿龙泉 07 号釉	69.27	14.42	0.10	—	7.30	1.11	3.89	1.90	—	—	〔33〕
30	空白期民窑青花 1 号釉	73.70	12.90	0.90	0.04	4.93	—	5.99	—	0.03	—	〔29〕
31	空白期民窑青花 2 号釉	70.80	14.60	1.26	0.02	5.03	—	6.73	—	0.05	—	
32	正统民窑青花 1 釉	75.80	13.50	0.97	0.04	3.46	—	6.73	—	0.07	—	
33	景泰民窑青花 1 釉	71.30	15.00	1.05	0.03	4.19	—	6.89	—	0.05	—	
34	景泰青花 MM5 釉	—	—	0.58	—	6.98	0.17	6.17	0.81	0.08	—	〔34〕

续表

编号	名称	成分（%）										参考文献
		SiO_2	Al_2O_3	Fe_2O_3	TiO_2	CaO	MgO	K_2O	Na_2O	MnO	P_2O_5	
35	成化青花 MXC1 釉	—	16.18	0.95	0.08	5.35	0.30	5.79	1.33	—	0.10	〔35〕
36	成化青花 MC1 釉	71.44	15.36	1.11	0.06	4.52	0.38	4.39	2.19	0.12	—	
37	成化民窑青花 MM－6 釉	70.09	14.22	0.92	—	8.08	0.24	5.09	1.48	0.11	—	〔34〕
38	成化民窑青花 MM－7 釉	70.50	13.94	0.90	—	10.28	0.25	3.05	1.64	0.12	—	
39	成化民窑青花 1 釉	73.90	14.10	0.98	0.03	4.90	—	4.56	—	0.05	—	〔29〕
40	成化民窑青花 2 釉	73.00	14.10	0.89	0.03	5.16	—	5.26	—	0.05	—	
41	弘治民窑青花 MM8 釉	70.43	13.90	0.65	—	8.11	0.29	4.70	1.96	—	—	〔34〕
42	弘治民窑青花 1 釉	72.70	15.10	1.02	0.06	2.48	—	7.15	—	0.04	—	〔29〕
43	弘治娇黄釉	42.93	4.52	3.66	—	1.16	0.10	1.30	0.73	0.03	—	〔23〕
44	正德民窑青花 1 釉	73.20	13.60	1.14	0.04	5.24	—	5.25	—	0.05	—	〔29〕
45	正德民窑青花 2 釉	74.10	12.80	1.11	0.04	5.48	—	4.83	—	0.05	—	
46	正德民窑青花 3 釉	74.10	12.70	0.80	0.05	3.95	—	6.91	—	0.04	—	
47	正德民窑青花 4 釉	72.30	13.50	1.21	0.06	7.21	—	4.16	—	0.07	—	
48	正德民窑青花 5 釉	68.88	15.09	0.81	—	7.87	0.30	5.37	1.63	0.13	0.19	〔36〕
49	嘉靖民窑青花 1 釉	72.20	13.60	1.18	0.02	7.05	—	4.43	—	0.06	—	〔29〕
50	嘉靖民窑青花 2 釉	73.30	12.90	1.35	0.04	5.78	—	5.03	—	0.06	—	

续表

编号	名　　称	成　分（%）										参考文献
		SiO_2	Al_2O_3	Fe_2O_3	TiO_2	CaO	MgO	K_2O	Na_2O	MnO	P_2O_5	
51	嘉靖民窑青花 MM9 釉	70.38	15.32	0.46	—	6.00	0.21	4.14	2.43	0.11	—	
52	嘉靖至万历民窑青花 MM10 釉	68.80	13.90	0.52	—	8.49	0.18	4.02	2.41	0.23	—	〔34〕
53	隆庆至万历民窑青花 MM11 釉	67.26	15.22	0.63	—	9.22	0.19	1.76	1.82	0.21	—	
54	万历五彩盘 M2 釉	69.60	15.45	1.00	—	7.50	—	4.14	2.68	0.35	—	
55	万历青花盒 M3 釉	68.41	13.35	0.99	—	9.59	0.14	4.93	1.85	0.03	—	〔37〕
56	万历青花梵字盘 M4 釉	66.78	16.55	1.16	—	7.54	0.07	3.33	2.52	—	—	
57	万历民窑青花 MM11 釉	70.47	14.18	—	—	7.54	0.12	4.08	2.38	0.11	0.50	〔34〕
58	万历民窑青花 1 釉	72.60	13.30	1.26	0.08	5.85	—	5.60	—	0.06	—	
59	万历民窑青花 2 釉	69.60	15.60	1.21	0.06	8.12	—	3.87	—	0.08	—	
60	天启民窑青花 1 釉	73.10	12.70	1.21	0.04	7.05	—	4.32	—	0.07	—	〔29〕
61	天启民窑青花 2 釉	72.00	14.90	1.36	0.04	5.36	—	4.74	—	0.05	—	
62	崇祯民窑青花 1 釉	70.90	13.20	1.01	0.04	10.40	—	2.92	—	0.09	—	
63	崇祯民窑青花 MM13 釉	72.20	14.09	0.27	—	7.59	0.13	3.44	1.57	0.07	0.27	〔34〕
64	宣德蓝釉	—	15.83	0.98	0.06	5.28	0.25	4.62	2.76	4.19	0.15	〔35〕
65	明德化白瓷 MZ159 釉	69.66	15.64	0.62	—	6.98	0.43	5.42	0.17	0.34	0.08	〔13〕
66	明德化白瓷 MTB1 釉	69.01	15.56	0.24	0.35	6.04	0.78	6.65	0.16	0.45	0.02	

续表

编号	名　　称	成　分（%）										参考文献
		SiO_2	Al_2O_3	Fe_2O_3	TiO_2	CaO	MgO	K_2O	Na_2O	MnO	P_2O_5	
67	明后期瓷胎 VA7－1 高碱透明绿釉	69.70	1.10	2.10	—	0.90	0.10	15.20	3.30	—	0.20	〔38〕
68	明后期瓷胎 VA6－1 高碱紫蓝色釉	73.20	3.10	0.70	—	0.70	—	12.30	1.50	5.70	0.10	
69	明瓷胎 VA6－3 高碱透明绿松石色釉	—	1.00	0.40	—	0.90	0.20	13.20	2.70	—	0.10	
70	明瓷胎 AM2－1 高碱深紫色釉	61.40	4.80	0.30	—	0.90	0.10	19.20	2.10	4.70	—	
71	明瓷胎 AM2－3 高碱浅绿松石色釉	67.60	2.90	0.40	—	0.90	0.10	15.40	2.00	4.30	—	
72	明瓷胎 AM2－2 高碱绿松石色釉	75.00	0.90	0.40	—	9.10	3.90	2.70	6.80	0.05	—	
73	瑶里屋柱槽釉果	74.43	14.64	0.62	0.06	1.97	0.16	2.90	2.38	0.02	—	〔23〕

注：

第 10 号，还含有≥0.90% 的 CuO。

第 11 号，还含有 0.20% 的 CuO。

第 12 号，还含有 0.30% 的 CuO。

第 22 号，还含有 0.30% 的 CuO。

第 23 号，还含有 0.27% 的 CuO。

第 25 号，还含有 0.19% 的 CuO。

第 43 号，还含有 0.05% 的 CuO、45% 的 SbO。

第 64 号，还含有 0.55 的 CoO。

第 67 号，还含有 5.20% 的 CuO、1.10% 的 SbO、1.20% 的 ZnO、0.10% 的 SnO_2。

第 68 号，还含有 0.70% 的 SnO_2、2.40% 的 CuO、0.60% 的 CoO、0.40% 的 SnO_2。

第 69 号，还含有 4.00% 的 CuO、0.50% 的 SnO_2。

第 70 号，还含有 1.10% 的 SbO、3.20% 的 CuO、0.30% 的 CoO、0.10%

的 SnO_2。

第 71 号，还含有 5.00% 的 SbO、2.90% 的 CuO。

第 72 号，还含有 0.80% 的 CuO。

第四节　装饰技术

明代景德镇烧造的官窑青花瓷先后采用过与元代相同的进口钴料、进口“苏麻离青”钴料、进口“苏麻离青”钴料掺和江西乐平所产陂塘青（又称平等青）的混合钴料、进口回青与国产石子青混合料等为色料。明代景德镇民窑青花则均用国产钴土矿为色料。对进口回青钴料的加工方法有：敲青、淘青、研乳、验青等工序。对国产钴料的加工方法有“煅烧”和“研乳”两法，宣德官窑青花色料的“晕散”同色料的配方、青花料中铁的含量的高低以及以蓝玻璃相着色有关。进口钴料形成的黑斑大都有银白色金属光泽，国产钴料形成的黑斑不会出现银白色金属光泽。明代景德镇洪武釉里红绿苔点的形成与色料的配方和施彩工艺有关。釉里红纹样边缘晕散的出现，则受制于色料和基础釉的配方。填红是以单色铜红釉在剔釉露胎处进行填绘的一种装饰。其工艺要点是：先将生坯通体施好釉，干后用工具按图案形状剔去白釉，剔釉露胎处用祭红填绘，最后入窑烧成。明代釉上彩色料主要有红、绿、黄、紫四色。矾红是用青矾炼制成的生红、铅粉为原料，再用广胶合成。黄彩用黑铅末、赭石配制而成的。绿彩用炼过的黑铅末、古铜末、石末合成。紫彩用黑铅末、石子青和石末合成。

一、青花

明代洪武朝官窑青花瓷和永乐朝部分官窑青花瓷，采用与元代相同的进口钴料为色料；永乐朝官窑部分青花瓷和宣德官窑青花瓷以进口“苏麻离青”钴料为色料。关于“苏麻离青”的产地，目前有两种说法：一说是西亚的波斯；二说是索马里，集散地在西亚某地。明成化早期，景德御器厂官窑部分青花产品，采用进口的苏麻离青钴料掺和江西乐平所产陂塘青（又称平等青）的混合钴料为色料。明代正德至万历年间，景德镇官窑青花采用进口回青与国产石子青混合料为色料。明代洪武至崇祯历朝景德镇民窑青花均用国产钴土矿为色料。明代中前期，景德镇民窑采用江西上高县所产石子青；明代中期的成化年间，景德镇民窑（也包括部分官窑器）青花瓷所用色料改用江西乐平县出产的陂塘青钴土矿；明代晚期的嘉靖、万历年间，景德镇民窑（也包括部分官窑器）青花瓷所用色料改用“浙青”——浙江东阳、永康、江山等地出产的钴土矿为色料；明末——天启、崇祯年间，景德镇烧造青花瓷所用色料以衢、信两郡山中者为上料、上高诸邑者为中料，丰城诸处者为下料。

明代前期，由于主要采用进口钴料为着色剂，因而未见景德镇对青花钴料加工的记载。明代后期嘉靖年间，景德镇御器厂对进口回青钴料的加工有：敲青、淘青、研乳、验青等工序。明代末期，景德镇运用“煅烧”和“研乳”方法，对国产青花钴料进行加工。

明宣德官窑青花色料的“晕散”同色料的配方、青花料中铁含量的高低以及以蓝玻璃相着色有关。无论是进口钴料还是国产钴料，在一定条件下由于色料中的铁或锰的局部富集，都易形成黑斑。进口钴料形成的黑斑大都有银白色金属光泽，国产钴料形成的黑斑则不会出现银白色金属光泽。

（一）与元代相同的进口钴料

明代洪武朝官窑青花瓷和永乐朝部分官窑青花瓷，采用与元代相同的进口钴料为色料。如本书第七章第四节所述，在目前技术条件下，鉴别青花钴料为进口还是国产的属性，主要是考察色料中的 MnO/CoO 和 Fe_2O_3/CoO 的比值。由于青花色料一般被面釉覆盖，在高温烧成中，色料与面釉往往融于一体，因此，考察青花色料的 MnO/CoO 和 Fe_2O_3/CoO 的比值，多从研究“青花加釉”中的 MnO/CoO 和 Fe_2O_3/CoO 比值入手。一般说来，凡是 Fe_2O_3/CoO 比值高于 MnO/CoO 比值者多为进口钴料。

明代洪武朝官窑青花瓷四个标本（表8－4－1，第1～4号）“青花加釉”中的 Fe_2O_3/CoO 比值（在3.42～17.78之间波动，平均为10.62），为 MnO/CoO 比值（在0.04～0.19之间波动，平均为0.09）的118倍。这一特征与元代至正型青花瓷［“青花加釉”中的 Fe_2O_3/CoO 比值（3.81）为 MnO/CoO 比值（0.03）的127倍］（见本书第七章第四节）相符，可见明代洪武朝官窑青花瓷所用色料与元代青花瓷相同。明代永乐朝部分官窑青花瓷标本（表8－4－1，第10号）“青花加釉”中 Fe_2O_3/CoO 比值（3.91）为 MnO/CoO 比值（0.03）的130倍，这一特征也与元代至正型青花瓷相同，可见明代永乐朝这种类型的官窑青花瓷所用色料也与元代用料相同。

（二）苏麻离青钴料

永乐朝官窑另外一部分青花瓷和宣德官窑青花瓷以进口“苏麻离青”钴料为色料。关于“苏麻离青”的产地，目前有两种说法：一说是西亚的波斯；二说是索马里，集散地在西亚某地。

测试资料表明，永乐朝官窑部分青花瓷和宣德官窑青花瓷所用色料也为进口钴料，因为它们两者的 Fe_2O_3/CoO 比值均高于 MnO/CoO 比值。其中明代永乐朝官窑青花瓷另一个标本（表8－4－1，第11号）“青花加釉”中 Fe_2O_3/CoO 比值（4.88）为 MnO/CoO 比值（0.46）的10.61倍。宣德官窑青花瓷两个标本（表8－4－1，第15、16号）“青花加釉”中 Fe_2O_3/CoO 比值（分别为5.81和2.50，平均4.16）为 MnO/CoO 比值（分别为0.81和0.68，平均0.75）的5.55倍。

测试资料同时又显示，永乐朝官窑部分青花瓷和宣德官窑青花瓷色料中的 Fe_2O_3/CoO 比值和 MnO/CoO 比值同元代与明代洪武朝官窑青花瓷不同，表明它们所采用的矿源不同。

按照文献记载，明代永乐朝官窑（部分青花瓷）和宣德朝官窑青花瓷采用进口“苏麻离青”钴料为色料。明代王世懋《窥天外乘》谈到此事时写道：“永乐、宣德间内府烧造，迄今为贵。其时以棕眼甜白为常，以苏麻离青为饰”；明代王士性《广志绎》卷四作了类似的记载：“宣窑之青真苏勃泥青也”；明代高濂《燕闲清赏笺》也说：“宣窑之青乃苏勃尼青”。

关于“苏麻离青”的产地，有学者认为是西亚的波斯[1]；也有学者认为是非州的索马里，而集散地在西亚某地。当时印度尼西亚的苏门答腊是东西方过往商船的避风港，从西亚来的商船带了许多东方各国所需要的货物到这里进行贸易，郑和于永乐时从南洋带回的苏麻离青很可能就是从这些商船上获得的[2]。

（三）进口钴料与国产钴料的混合料

有学者通过对宣德官窑某些青花样品标本的釉下色料残留颗粒进行 Co、As、S 线扫描和探针能谱分析，证实宣德官窑这类青花样品标本的色料与元代青花所用砷硫钴矿色料相同；同时从探针对色料残留颗粒组成分析后发现青料中加入过含低钴、高铁的锰结核矿（即药材无名异）。由此确认宣德官窑某些青花样品标本是用元代存留的钴矿加少量低钴、高铁的锰结核矿（无名异）所配制的[3]。

明成化早期，景德御器厂官窑部分青花产品，采用进口的苏麻离青钴料掺加江西乐平所产陂塘青（又称平等青）的混合钴料为色料。其化学组成特点是中锰、中铁，钴含量低，MnO/CoO 比值（1.82）与 Fe_2O_3/CoO 比值（1.91）两者较为接近（表 8－4－1，第 23 号）。

明代景德镇御器厂在进口的苏麻离青耗尽之后，大约在正德年间启用回青为青花色料，即明代王世懋《窥天外乘》所说：“回青者出外国，正德间，大珰镇云南得之，以炼石为伪宝，其价初倍黄金，已知其可烧窑器，用之果佳，嗣是阖镇用之。内府亦有输积而青价稍贱矣。”[4]到了嘉靖朝，回青成为嘉靖官窑青花器主要的着色青料，而且由官方储备。对此，《江西省大志》卷七《陶书》有明确记载：“陶用回青，本外国贡也。嘉靖中，遇烧御器，奏发工部，行江西布政司贮库时给之。”[5]万历前期，景德镇御器厂烧造御用青花瓷也是以回青为主要色料。这可从下述两则史料显示出来，其一是《江西省大志》卷七《陶书·回青》记有万历朝景德镇御器厂区分进口回青与国产青料的“验青法”技术[6]；《明神宗实录》卷三〇一又载：“万历二十四年八月癸未，先是奏回青出土鲁番异域，去京师万余里，去嘉峪关数千里。而御用回青系西域回夷大小贡，买之甚难，因命甘肃巡抚田乐设法买进，以应烧造急用，不许迟误。”[7]用于青花装饰的进口回青钴料往往与石子青钴料混合配伍，其剂量是：“每两（回青）加石青一钱，谓之上青，四六分加，谓之中青”，即回青与石青的配比为 10:1 属“上青”，配比为 6:4 为“属中青”。“中青用以设色，则笔路分明；上青用以混水，则颜色青亮。”[6]关于石青有两种说法：第一种是指江西省瑞州出产的钴土矿，又名石子青，即王宗沐《江西省大志·陶书》所载：“石子青，于瑞州诸处。”第二种说法是指云南所产钴土矿物，《云南通志》卷六十五所载：“碗花属钴矿物，且为滇中特产。元明以来即已开采”；“牟定大湾山麓出产碗花，一名石青。华宁宝珠山也出产碗花，混名石青”。笔者倾向前说。

明代正德至万历年间，景德镇官窑青花由于采用进口回青与国产石子青混合钴料为色料，反映在化学组成上则具有 MnO/CoO 比值高于 Fe_2O_3/CoO 比值，但是由于进口回青与国产石子青配方比例的变化（10:1 属“上青”、6:4 为“属中青”），致使 MnO/CoO 比值高于 Fe_2O_3/CoO 比值的具体数值也相应出现波动。

有学者认为，《江西省大志》卷七《陶书》所记嘉靖、万历朝景德镇御器厂烧造青花瓷所用回青应为钴蓝玻璃（Smalt），它很可能是用石英砂加含高钾、高钠的矿物，例如长石等和钴矿石原料配制并在高温下烧成的。由于钴蓝玻璃（Smalt）中的助熔剂含量很高（K_2O 与 Na_2O 之和高达 16.31%～21.41%）、Al_2O_3 含量较低（0.43%～8.64%）（表 8－4－1，第 44～46 号），如果单独用它作青料，在高温下会使着色釉区的黏度大大下降，花纹会流散而不成形，因此钴蓝玻璃（Smalt）必须和含高铝、低熔剂的钴土矿混合才能作青料[3]。有学者则认为，明嘉靖景德镇官窑青花瓷器所使用的回青很可能产自我国甘肃省境内[8]。

（四）国产钴料

明代洪武至崇祯历朝景德镇民窑青花均用国产钴土矿为色料。明代中前期，主要采用江西瑞州所产石子青为着色青料，明代中期的成化年间采用江西乐平县出产的“平等青”（又称陂塘青）钴土矿料。明代晚期的嘉靖、万历年间，改用“浙青”——浙江东阳、永康、江山等地出产的钴土矿为色料，明末——天启、崇祯年间，以衢、信两郡山中者为上料，上高诸邑者为中，丰城诸处者为下。

明代洪武至崇祯历朝民窑青花均用国产钴土矿为色料，这可从青花瓷“青花加釉”中的 MnO/CoO 和 Fe_2O_3/CoO 的比值反映出来。这是因为，凡是青花瓷“青花加釉”中 MnO/CoO 比值高于 Fe_2O_3/CoO 比值者必定为国产钴料，而明代洪武至崇祯历朝民窑青花均具有这种特征：洪武朝民窑青花“青花加釉”中的 MnO/CoO 比值为 Fe_2O_3/CoO 比值的 3.01～5.91 倍（表 8－4－1，第 5～9 号）；永乐朝民窑青花“青花加釉”中的 MnO/CoO 比值为 Fe_2O_3/CoO 比值的 5.22～7.51 倍（表 8－4－1，第 12～14 号）；宣德朝民窑青花“青花加釉”中的 MnO/CoO 比值为 Fe_2O_3/CoO 比值的 5.65～5.85 倍（表 8－4－1，第 17、18 号）；空白期民窑青花“青花加釉”中的 MnO/CoO 比值为 Fe_2O_3/CoO 比值的 2.42～27.16 倍（表 8－4－1，第 19～20 号）；成化民窑青花“青花加釉”中的 MnO/CoO 比值为 Fe_2O_3/CoO 比值的 2.64～4.80 倍（表 8－4－1，第 24、25 号）；弘治民窑青花“青花加釉”中的 MnO/CoO 比值为 Fe_2O_3/CoO 比值的 4.39 倍（表 8－4－1，第 26 号）；正德民窑青花“青花加釉”中的 MnO/CoO 比值为 Fe_2O_3/CoO 比值的 1.81～3.04 倍（表 8－4－1，第 28～30 号）；嘉靖民窑青花“青花加釉”中的 MnO/CoO 比值为 Fe_2O_3/CoO 比值的 4.05～5.85 倍（表 8－4－1，第 34、35 号）；万历民窑青花“青花加釉”中的 MnO/CoO 比值为 Fe_2O_3/CoO 比值的 1.90～3.18 倍（表 8－4－1，第 38、39 号）；天启民窑青花“青花加釉”中的 MnO/CoO 比值为 Fe_2O_3/CoO 比值的 3.35～5.81 倍（表 8－4－1，第 40、41 号）；崇祯民窑青花“青花加釉”中的 MnO/CoO 比值为 Fe_2O_3/CoO 比值的 3.85 倍（表 8－4－1，第 42 号）。

明代早期景德镇所用国产青料产地不详，明代中期景德镇所用国产青料一度出自江西乐平出产的陂塘青钴土矿，这可从明代学者高濂《燕闲清赏笺》所记显示出来：“至成窑时皆平等青矣。”[9] 高濂文中所说的“平等青”，即指江西乐平县出产的陂塘青钴土矿料。《江西省大志》卷七《陶书·回青》也作了类似记载：“旧陂塘青产于本府乐平一方，嘉靖中，乐平格杀，遂塞。”[5]

万历后期，景德镇窑场（包括当时的御器厂在内）烧造青花瓷主要采用“浙青”——浙江东阳、永康、江山、新昌等地出产的钴土矿为色料，对此，《明神宗实录》卷四百一十九有记载：万历三十四年三月乙亥，“江西矿税太监潘相以矿撤销，移住景德镇，上疏请专窑务；又言描画瓷器须用土青，唯浙青为上，其余庐陵、永丰、玉山县所出土青颜色浅淡，请变价以进。从之。科臣萧近高、孟成已等疏：……土青既取浙省，则庐陵等三邑何事?”《明英宗实录》卷四百三十也作了类似的记载：“万历三十五年六月丙辰，工部右侍郎刘元震罢新昌等县土青，不报。言浙江土青随矿暂采，无补于实用，在新昌解，本色则青竭而粗恶不堪；在东阳、永康、江山解，折色又力疲而输将难继。”到了明末天启、崇祯年间，景德镇烧造青花瓷所用色料采用“以衢、信两郡山中者为上料，名曰浙料；上高诸邑者为中，丰城诸处者为下也”[10]。

（五）钴料加工

明代前期，未见景德镇对青花钴料加工的记载，明代后期嘉靖年间，景德镇御器厂对进口回青钴料的加工程序有：敲青、淘青、研乳、验青等工序。所谓“敲青”是“首用锤碎，内朱砂斑者为上青，有银星者为中青，每斤可得青三两”。“淘青”工艺则是：“敲青后取其奇零琐碎碾青，入注水中，用磁石引杂石，真青沉淀，每斤可得五六钱。”“研乳”时，要配伍石青同研，一般要“研乳三日”[11]。检验回青与石青是否配伍恰当的“验青法”，主要是观察其烧成后的色泽变化：“回青纯，则色散而不收；石青加多，则色沉而不亮。”“真青混在坯上如灰色，然石青多则黑。”[6]

明代末期，景德镇运用“煅烧”和“研乳”方法，对国产青花钴料进行加工。所谓煅烧法，是将钴料在燃烧状态中的炭火上面加热。经过煅烧过的优质钴料，出火时呈翠毛色；中等钴料呈色微青；下脚钴料色近土褐。一般说来，天然钴土矿经过煅烧后，优质钴料每千克只煅得出0.7千克，中等钴料和下脚钴料依次缩减。研乳法是将煅烧过的钴料放在乳钵（钵底留粗，不转釉）中尽可能研细，直到被研乳的钴料“色如皂，入火则成青碧色”[10]。

（六）色料“晕散”

明宣德官窑青花和元代景德镇至正型青花一样，画面上的线条轮廓往往不分明，浓淡不匀，很像用淡墨写的字，笔路周围墨汁化开成晕，这种现象称之为“晕散”。其成因大致有如下三点：首先，青花色料的“晕散”程度主要同色料的配方和反应层上的钙长石晶体的发育程度有关。一般说来，色料中加入较多的助熔剂有利于发色。显微结构观察研究表明，元代景德镇至正型青花反应层上钙长石晶体发育得特别好，造成这一现象的原因是由于元青花色料中含有较多的钙，使反应层附近釉的高温黏度降低，流动性提高，因而有利于色料从着色区向非着色区扩散而造成“晕散”现象。反应层上钙长石晶体的蓬勃生长也产生同样的效果[12]。其次，明宣德官窑青花和元代景德镇至正型青花色料是以蓝玻璃相着色，其色料没露出釉面的区域色淡，被釉全部熔融，形成蓝色玻璃相，呈深蓝色，像蓝云一样流散在釉中，由于二价钴离子在玻璃相中的扩散比较容易，在黏度较小的釉中易随釉流动而流散[13]。再次，青花料中铁的含量的高低，对“晕散”现象的产生也有一定影响，明宣德官窑青花和元代景德镇至正型青花色料中的铁含量明显高于清代，在还原烧成条件下形成的 FeO 有一定助熔作用，会降低色料的熔融温度，促进“晕散”现象的产生[14]。

（七）黑斑

青花黑斑又称铁锈斑。无论是进口钴料还是国产钴料，在一定件下由于色料中的铁或锰的局部富集，都易形成黑斑。进口钴料形成的黑斑大都有银白色金属光泽，国产钴料形成的黑斑不会出现银白色金属光泽。

永乐和宣德时期的官窑青花所采用的苏麻离青进口钴料中含高铁、低锰，烧成时容易形成不同价态的铁的氧化物晶体所构成的斑点，这种黑斑实际上是一种树枝状结晶，主要成分是 Fe_3O_4，而不是金属铁。永乐和宣德进口青花料的 Fe_2O_3 含量很高，析晶区的 Fe_2O_3 含量比黑斑中的非析晶区高出 8 倍以上，冷却时发生析晶并受氧化而形成黑斑[15]。

黑斑形成的首要条件是釉层要薄（0.29 毫米左右），色料中含铁量要高，Fe_2O_3/CoO 比值一般在 2～6 之间，而含铝、锰量要低，而且色料堆积要厚一些（绘画停笔处一般色料多一些），这样色料就容易被在烧成过程中产生的气泡冲到釉面，从而形成黑斑。有学者通过重烧试验后发现：宣德青花黑斑中的磁铁矿晶体是在弱氧化气氛中形成并长大，由于黑斑不透光故称黑色。然而黑点中的磁铁矿晶体光反射性高，致使宣德青花黑斑闪金属光泽[14]，而且黑斑都明显凹下去，有时看不到它的上面有透明釉。永乐、宣德青花黑斑明显凹下去的主要原因与黑斑处的吸浆能力较差有关，而吸浆能力又取决于色料的细度和色料层的厚度。永乐和宣德青花黑斑处的色料特别厚，在上釉时，色料厚的地方吸浆能力较差，造成该处的釉明显较薄，刚上好釉稍加干燥就能看出来。凡是色料厚的地方，釉都明显凹下去，烧成以后保持这种状态，有时甚至在黑斑上看不到透明釉[15]。

明代民窑使用国产钴料在一定条件下，也会形成黑斑，那是因为国产钴料含锰量高，烧成时由于锰的局部富集，使固熔了铁、钴离子的锰的氧化物晶体大量析出[16]。不过国产钴料形成的黑斑不会出现银白色金属光泽。

二、釉里红

明代洪武景德镇釉里红与元代景德镇釉里红一样，是一种以氧化铜为着色剂的釉下彩瓷产品。它有两个特点：一是红彩区有绿苔点；二是釉里红纹样边缘晕散。绿苔点的形成与色料的配方和施彩工艺有关。釉里红纹样边缘晕散的出现，则受制于色料和基础釉的配方。

绿苔点一般在高温铜红桃花片釉中容易形成，而在釉里红中较为少见。但是，明代洪武景德镇釉里红的红彩区也常有大小不等的绿苔点，其中大的肉眼就可以看到，绿苔点的形成主要与明代釉里红施彩工艺有关。明代釉里红装饰系瓷画家用毛笔蘸色料在坯体进行绘画，绘画时由于笔上所含色料的饱满程度不一，笔在胎上逗留时间有长有短，在这种情况下，色料在坯体上的分布不可能均匀，在某些微区域色料层较厚，出现铜的局部富集，粗颗粒铜也比较多，而另外一些地方则不是这样。洪武釉里红标本 U4 色料中含有 6.6% 的 CaO 和大于 0.9% 的 CuO（表 8－3－1，第 10 号，附注）。其中，CuO 的含量为清代雍正年间鲜红和祭红釉中 CuO 含量（平均为 0.29%）的 3 倍（表 9－3－1，第 13、14 号）。

在陶瓷釉中，CaO 是助熔剂，CuO 是着色剂，但是 CuO 含量较高时也兼有助熔作用，因此在铜富集的部位上，其熔融温度较其他部位明显较低，于是在烧氧化焰期间，就先于别的部位而熔融，其中的铜以二价铜离子（Cu^{2+}）状态熔解于釉中，使这些部位出现大量的绿苔点。当烧还原焰时由于该处的釉已经熔融，釉料间的毛细管已经封闭，CO 气体不易进去，无法将处于玻璃网络结构中的二价铜离子（Cu^{2+}）改变价态，所以绿苔点依旧存在。但是在铜含量比较低的部位上情况就不同，由于该处的釉还没有熔融，CO 气体能够自由进去，把 Cu 还原成Cu_2O或金属铜而把该处着成红色，这样就在红色的基底上形成大量的小绿点[17]。

明洪武釉里红纹样边缘晕散的出现，主要与釉、色料和基础釉的配方有关。明代早期釉里红的基础釉的制备，继承元代传统，依然采用灰釉工艺，因而在高温烧成中，釉的黏度小，流通性较好，有利于红釉区边缘的铜向其周围的白釉区域扩散，从而产生晕散。[17]另外，明代早期釉里红色料中的助熔剂含量高，例如，明洪武釉里红一个标本（表 8－3－1，第 10 号），釉中助熔剂 CaO（6.60%）、MgO（1.10%）、K_2O（3.90%）、Na_2O（2.00%）的总含量高达 13.60%。助熔剂含量高有利于色料向釉层扩散[17]，从而产生晕散现象。

三、填红

填红是以单色铜红釉在剔釉露胎处进行填绘的一种装饰。其工艺要点是：先将生坯通体施好釉，干后用工具按图案形状剔去白釉，剔釉露胎处用祭红填绘，最后入窑烧成。

明代永乐出现的填红——红三鱼、红三果之类产品——的工艺特征与釉里红不一样。釉里红（包括线绘装饰和涂绘装饰）采用典型的釉下彩工艺；而填红采用单色铜红釉工艺，即以单色铜红釉在剔釉露胎处进行填绘。它与釉里红的区别大致有如下四点：首先，釉里红在手感和视觉上都没有明显的凸起感，它们和白釉一样平。釉里红的釉层厚度一般为 0.15 毫米～0.25 毫米。与此相比，用填红制成的红三鱼和其他图案在手感上或视觉上都有明显的凸起感。釉层明显较厚，一般在 0.25 毫米～0.5 毫米之间，填红图案的中部和鱼腹处更厚，有时会超过 0.5 毫米，明显厚于同器上的白釉，这是造成凸起感的主要原因。其次，釉里红的红彩区常有大小不等的苔点绿存在，大的用肉眼可看到，小的通过放大镜或体视显微镜也可发现。而填红图案中却没有发现苔点绿。第三，釉里红所用的彩料中的铜分布不均匀，故在烧成后釉色也不均匀。填红所用彩料，铜的分布较为均匀，烧成后釉色较为均匀。第四，明代早期釉里红都有晕散现象，填红不易产生晕散。

明代永乐填红料为永乐鲜红釉料。首先，从氧化铜含量来看，洪武釉里红的氧化铜含量≥0.9%（表 8－3－1，第 10 号），永乐填红氧化铜含量为 0.2%（表 8－3－1，第 11 号），这一对比结果说明永乐填红与洪武釉里红不一样。其次，从釉的化学组成来看，永乐填红（表8－3－1，第 11 号）与永乐鲜红釉（表 8－3－1，第 12 号）的组成非常接近，主要特点都是高硅、高钾。这一对比结果证明填红料就是当时所用的鲜红釉。再次，永乐填红与永乐鲜红釉的釉层断面的铜含量的电子扫描曲线完全一致，进一步证明永乐填红就是采用当时的鲜红釉进行填绘的。另外，从显微结构特征来看，填红的显微结构与典型鲜红釉属同一类型而与釉里红则完全不同，其主要特征为：釉层厚，未见绿苔点，胎表面无色料残留，釉层中气泡少而尺寸大，未熔石英少见。

填红的制作工艺，古代文献上未见记载。有学者在观察永乐薄胎白地填红图案断面的显微结构时发现，红色图案的边缘釉分上下两层，上层与祭红釉的特征相同，下层则与同器白釉的特征相同。这些白釉是在加工时剔釉未尽而残留下来的。研究者就此推断填红是明代初期创制的一种装饰新工艺，其工艺要点如下：先将生坯通体施好釉，干后用工具按图案形状剔去白釉，剔釉露胎处用祭红填绘，最后入窑烧成。[18]

四、釉上彩

中国瓷器釉上彩工艺首现于金代观台磁州窑和山西长治东山窑等北方窑场，元代景德镇也烧造过少量釉上彩制品。

明代釉上彩色料主要有红、绿、黄、紫四色。矾红是用青矾炼制成的生红、铅粉为原料，再用广胶合成。黄彩用黑铅末、赭石配制而成。绿彩用炼过黑铅末、古铜末、石末合成。紫彩用黑铅末、石子青和石末合成。

明代釉上彩红彩为矾红。矾红彩始见于金代山西长治东山窑、河北磁州窑等北方窑场，其配方及其制造方法待考。明代景德镇釉上矾红彩的制作方法，据王宗沐《江西省大志》卷七《陶书》记载："用青矾炼红，每一两用铅粉五两，用广胶合成。"有学者认为，"青矾炼红"是用青矾（$FeSO_4 \cdot 7H_2O$）为原料，经加热除去结晶水，制成无水硫酸亚铁，再经煅烧、细磨、漂洗、烘干等工序而制成的超细红色 Fe_2O_3 粉末，称为"生红"，其纯度超过95%。[19]进行彩绘时，必须在"生红"中配入适量铅粉，即《江西省大志》卷七《陶书》所云："每一两（生红）用铅粉五两，用广胶合成。"[20]矾红又因其着色剂是氧化铁，故名"铁红"。

金代长治东山窑的釉上矾红色呈枣红，由于着色元素 Fe_2O_3 极大部分不溶于铅釉，而以细分散状态的颗粒使釉着色，加之颗粒细度不够，涂得不够均匀，故有一堆深、一堆浅的现象，还有少量颗粒状凸出物。景德镇明代釉上矾红的呈色，虽然与金代长治东山窑呈色近似，但是由于对色料增加了细磨、漂洗工艺，从而大大增加了颗粒细度，使得矾红彩色料在釉中分散得比较完全，加之涂得也比较均匀，故其色调均匀一致。[19]

矾红彩是一种以 Fe_2O_3 结晶为主体的铅釉，在光学显微镜下其显微结构分成三层，最下面的一层底釉为高温釉，即灰—碱釉，其特征是存在大量气泡和少量析晶；此层上面为铅釉，其特征是透明清澈，没有气泡和析晶，其厚度只有灰—碱釉的1/15～1/10。最上面的一条深色线即为矾红彩，这一层非常薄，最厚处不过0.02毫米，最薄处小于0.01毫米。作为红彩着色剂的氧化铁超细颗粒并未溶于铅釉中，而是漂浮在铅釉层的表面[21]。由于色料没有熔融，所以矾红彩外观都呈不透明状[22]。不过矾红彩容易磨损，这是因为矾红彩中的PbO含量不高，而 Fe_2O_3 含量则高达30%～50%，在这种情况下，红色的氧化铁极大部分不溶于釉中而以超细颗粒状态悬浮于铅釉表面而使之着色[21]。这样就造成它与白釉结合不牢，如果经常受到外力的摩擦，就会从釉面上剥落下来。

明代釉上黄彩和矾红彩虽然一样，都是铁着色，但是它们的化学组成和着色机理完全不同，黄彩的 PbO 含量超过 40%，而 Fe_2O_3 含量只有 3%，在这种情况下，Fe_2O_3 能全部溶于釉中并以三价铁离子的形式使釉着成黄色。[21] 据文献记载，明代釉上黄彩色料系用“黑铅末一斤、赭石一两一钱”配制而成。釉上绿彩色料“用炼过黑铅末一斤、古铜末一两四钱、石末六两合成”。釉上紫彩色料“用黑铅末一斤、石子青一两、石末六两合成”。[20] 明成化青花间装五彩中的“姹紫”和茄皮紫等紫彩，色调犹如烧焦了的锅巴，与标准的紫色相去甚远。有学者认为，明代釉上紫彩是用含锰量高的钴土矿为着色剂而制成的。[23]

五、贴金、堆花和锥花

明代贴金装饰又称“戗金”，它是用黄金加工成金箔，再将金箔贴饰在器面之上，其工艺早在元代就已出现。具体做法是：先烧成高温釉的素器，釉中加细沙以使釉面略粗，将金箔用刀刻成所需的大致图案，贴在素器上。待其稍干后用针在金箔戗划，划透金箔露出釉面，形成金彩上的细部花纹，然后入窑低温烘烤即成。明代戗金往往和矾红之类釉上彩结合，其做法是先施彩，入炉低温烤烧后再进行戗金装饰[24]。明代的堆花装饰（又称“堆器”）是用白色胎泥在坯体上以笔堆成各样龙凤花草，再在其上施加釉水炼灰后烧成。锥花装饰则是在坯体上用铁锥，锥成龙凤花草，然后在其上施加釉水炼灰后烧成。[20]

表 8-4-1　明青花（加釉）及其 MnO/CoO 与 Fe_2O_3/CoO 比值和部分钴料的化学组成

编号	名　称	成　分（%）									参考文献
		CoO	Fe_2O_3	CaO	MgO	K_2O	NaO	MnO	MnO/CoO	Fe_2O_3/CoO	
1	洪武官窑 MH1	0.15	3.45	4.47	1.23	4.22	3.53	0.13	0.10	16.28	［25］
2	洪武官窑 MH2	0.24	2.23	4.03	1.43	4.12	2.70	0.11	0.05	4.98	
3	洪武官窑 MH3	0.13	3.09	4.13	1.06	4.45	2.68	0.11	0.19	17.78	
4	洪武官窑 MH4	0.46	2.25	3.49	0.33	4.36	2.39	0.10	0.04	3.42	
5	洪武民窑 MM1	0.46	1.12	7.90	0.21	3.72	1.80	3.07	6.50	1.10	
6	洪武民窑 MM2	0.61	1.29	5.63	0.22	4.39	1.25	3.74	6.01	1.13	
7	洪武民窑 MM3	0.51	1.60	6.95	0.36	3.76	0.79	3.60	6.94	1.59	
8	洪武民窑 1 号	0.45	1.83	3.57	—	5.65	—	3.49	7.62	2.53	［26］
9	洪武民窑 2 号	0.80	1.97	6.84	—	4.37	—	5.73	7.07	1.33	

续表

编号	名称	成　分（%）									参考文献
		CoO	Fe_2O_3	CaO	MgO	K_2O	NaO	MnO	MnO / CoO	Fe_2O_3 / CoO	
10	永乐官窑青花 M－14	0. 44	2. 53	7. 21	0. 25	4. 23	2. 61	0. 09	0. 03	3. 91	〔27〕
11	永乐官窑青花 M－15	0. 30	2. 30	7. 75	0. 21	4. 48	2. 31	0. 22	0. 46	4. 88	
12	永乐民窑青花 1 号	0. 71	1. 60	5. 65	—	5. 25	—	4. 56	6. 37	1. 03	
13	永乐民窑青花 2 号	0. 97	1. 47	4. 53	—	5. 13	—	6. 83	6. 98	0. 93	〔26〕
14	永乐民窑青花 3 号	0. 68	1. 73	3. 67	—	4. 95	—	6. 26	9. 19	1. 76	
15	宣德官窑青花 M－1	0. 24	2. 17	5. 98	0. 97	3. 16	2. 84	0. 25	0. 81	5. 81	〔13〕
16	宣德官窑青花 M－3	0. 34	1. 60	6. 35	0. 49	4. 05	2. 80	—	0. 68	2. 50	
17	宣德民窑 1 号	0. 41	1. 10	4. 55	—	6. 54	—	3. 22	7. 68	1. 36	
18	宣德民窑 2 号	0. 16	0. 91	5. 14	—	5. 93	—	1. 21	7. 37	1. 26	
19	空白期民窑 1 号	0. 30	1. 77	4. 84	—	5. 69	—	2. 18	7. 19	2. 97	〔26〕
20	空白期民窑 2 号	1. 10	1. 63	4. 88	—	4. 86	—	11. 1	10. 05	0. 37	
21	正统民窑 1 号	0. 53	1. 87	2. 70	—	5. 96	—	4. 38	8. 18	2. 10	
22	景泰民窑 1 号	0. 77	2. 23	3. 48	—	5. 73	—	6. 43	8. 25	1. 76	
23	成化官窑青花 M－4	0. 19	1. 14	4. 10	0. 26	5. 48	1. 84	0. 44	1. 82	1. 91	〔13〕
24	成化民窑 1 号	0. 24	1. 35	4. 85	—	4. 95	—	1. 90	7. 58	1. 58	
25	成化民窑 2 号	0. 08	1. 11	4. 76	—	5. 23	—	0. 79	9. 89	3. 74	〔26〕
26	弘治民窑 1 号	0. 31	1. 11	1. 36	—	5. 87	—	2. 45	7. 95	1. 81	
27	正德官窑青花 M－6	0. 53	0. 90	5. 51	0. 28	5. 00	1. 31	3. 35	6. 08	0. 41	〔13〕
28	正德民窑 1 号	0. 20	1. 43	3. 95	—	5. 47	—	1. 78	8. 83	2. 90	
29	正德民窑 2 号	0. 16	1. 52	4. 79	—	4. 81	—	1. 05	6. 41	3. 55	〔26〕
30	正德民窑 3 号	0. 42	2. 21	3. 79	—	6. 50	—	2. 80	6. 56	3. 42	
31	正德民窑 4 号	0. 44	1. 72	5. 35	—	4. 21	—	3. 79	8. 54	1. 89	

续表

编号	名称	成分（%）									参考文献
		CoO	Fe_2O_3	CaO	MgO	K_2O	NaO	MnO	MnO / CoO	Fe_2O_3 / CoO	
32	嘉靖官窑青花 M－7	0.42	1.06	7.92	0.27	4.23	2.34	0.46	5.40	0.89	〔13〕
33	嘉靖官窑青花 M－8	0.75	0.86	10.36	0.29	3.37	1.33	2.25	2.91	0.17	
34	嘉靖民窑青花 1 号	0.10	1.21	6.07	—	4.38	—	1.22	11.81	2.02	〔26〕
35	嘉靖民窑青花 2 号	0.21	1.56	5.23	—	4.84	—	1.44	6.68	1.65	
36	万历官窑青花 M－1	0.28	0.98	6.95	0.25	3.76	2.78	2.22	7.93	1.31	〔13〕
37	万历官窑青花 M－11	0.32	1.36	5.37	0.34	4.75	1.63	0.56	1.75	1.42	
38	万历民窑青花 1 号	0.13	1.26	4.92	—	5.56	—	1.35	9.86	3.10	〔27〕
39	万历民窑青花 2 号	0.26	1.34	3.12	—	3.88	—	1.69	6.34	3.33	
40	天启民窑 1 号	0.22	1.41	5.50	—	4.45	—	1.62	7.11	2.12	
41	天启民窑 2 号	0.93	2.11	4.98	—	4.45	—	4.96	5.29	0.91	
42	崇祯民窑青花 1 号	0.16	1.32	8.88	—	3.15	—	1.82	11.12	2.89	
43	甘肃优质钴料	11.80	4.72	0.58	10.10	1.84	0.24	0.65	0.055	0.40	〔28〕
44	钴蓝玻璃 Smalt 深蓝 1 号	6.49	0.24	—	—	21.41	—	—	0.037	—	〔3〕
45	钴蓝玻璃 Smalt 深蓝 2 号	6.75	1.36	—	—	16.31	—	—	0.20	—	
46	钴蓝玻璃 Smalt 浅蓝	1.95	1.55	1.90	—	20.04	—	—	0.79	—	

注：

第 43 号，甘肃优质钴料中还含有 48.10% 的 SiO_2、16.70% 的 Al_2O_3。

第 44 号，钴蓝玻璃 Smalt 深蓝 1 号还含有 70.86% 的 SiO_2、0.43% 的 Al_2O_3。

第 45 号，钴蓝玻璃 Smalt 深蓝 2 号还含有 66.20% 的 SiO_2、8.64% 的 Al_2O_3。

第 46 号，钴蓝玻璃 Smalt 浅蓝还含有 72.12% 的 SiO_2、1.80% 的 Al_2O_3。

第五节　装烧和窑炉技术

明代景德镇御器厂用胎泥制成的垫饼装烧器坯入匣烧成的精细瓷器，除了圈足的足端不上釉外，包括圈足内外的足墙在内的其余部分，都可上釉。成瓷后，未上釉的圈足的足端也显得洁白细腻。

明代景德镇葫芦窑的最佳烧成地带为窑炉的中段，匣钵柱入窑安排是：民窑装烧“自入窑门始九行，前一行皆粗器障火，三行间有好器杂火中间，前四、中五、后四皆好器，后三、后二皆粗，视前行”；“官窑烧造者重器一色，前以空匣障火”[1]。装烧匣钵采用“砂土、黄土相兼”为原料。

明代景德镇葫芦窑有九大特点：一是明代葫芦窑的长度比元代葫芦窑雏形的窑体大大缩短；二是元代葫芦窑的火膛形制不明，明代葫芦窑的火膛形制有半圆形、扁平形等；三是明代早期葫芦窑的前室大，后室小；明代晚期葫芦窑的前室小，后室大；四是明代葫芦窑的窑床坡度波动较大；五是明代葫芦窑的窑门宽度一般在 0.62 米～0.70 米之间；六是明代葫芦窑的尾部安设有烟囱；七是明代御器厂所用葫芦窑往往设有护窑墙；八是明代葫芦窑多用砖砌筑；九是明代葫芦窑用木柴为燃料。

明代残存的分室龙窑结构有五大特点：一是火道的结构有两种类型；二是窑室的数量较多，窑室的面积较大；三是每间分室均开一个窑门；四是窑尾的排烟设施由窑尾挡火墙、排烟坑等组成；五是砌建材料为砖、匣钵等。

明代后期出现的阶级窑的窑室数量一般在 1～3 间之间波动，后室顶高于前一室，整体呈阶级状，窑壁下都有竖长方形的 14～19 个通火孔。烧窑时，火膛点燃后，窑室内的火焰通过窑室前后的窑壁下面的通火孔依次逐个进入后面的窑室，加热器坯，最后从出烟室中排出窑外。

一、葫芦窑

明代景德镇窑场烧造瓷器，多使用葫芦窑。按照考古出土实物资料和文献记载，明代景德镇葫芦窑的结构有如下九大特点：

第一，明代景德镇葫芦窑的窑体长度比元代葫芦窑的窑体大大缩短。景德镇湖田南河北岸的印刷机械厂院内古代遗址中出土的元代晚期葫芦窑的窑体长为 19.8 米[2]，明代中期以前的葫芦窑的窑体缩短至 7.1 米～10.66 米之间，而且随着时间的推移，越往后窑体就越短。其中，景德镇明洪武至永乐御器厂遗址 Y6 号葫芦窑，窑体斜长 10.66 米[3]；景德镇丽阳乡瓷器山明宣德至天顺遗址 Y1 号葫芦窑，窑体长 9.48 米[8]；景德镇湖田乌泥岭东明早中期遗址葫芦窑，残长 8.4 米[2]；景德镇湖田明中晚期（正德）遗址葫芦窑全长 7.1 米[5]。到了明晚期嘉靖年间，景德镇御器厂使用的葫芦窑比明代中前期的葫芦窑更小，其中，用于烧造“龙缸”的葫芦式缸窑，窑体长六尺（2 米）；用于烧造“小器”的葫芦式青窑，窑体长四尺五寸（1.5 米）[1]。

不过，在明晚期嘉靖年间，景德镇民间窑场使用的葫芦窑，要比同时期的御器厂所用葫芦窑要大得多。对此，《江西省大志》卷七有所记载：“民间青窑制长阔大”，其装烧容量为御器厂所用葫芦形青窑的三倍多。用其原话说就是：御器厂所用葫芦形青窑“每座容烧小器三百余件”；而民间青窑“每座容烧小器千余件”[1]。

第二，元代葫芦窑的火膛形制不明，明代葫芦窑的火膛形制有半圆形、扁平形等。其中，明洪武至永乐御器厂遗址 Y6 号葫芦窑的火膛为半圆形[3]；景德镇丽阳乡瓷器山明宣德至天顺遗址 Y1 号葫芦窑的火膛平面呈扁平形[4]。元代葫芦窑的火膛的大小也不明，明洪武至永乐御器厂遗址 Y6 号葫芦窑的火膛进深 1 米，最宽处 3.2 米，面积约为 3.2 平方米[3]；景德镇丽阳乡瓷器山明宣德至天顺遗址 Y1 号葫芦窑的火膛进深 0.69、宽 3.6 米[4]，面积约为 2.48 平方米。

第三，明代前期葫芦窑的窑体布局继承元代传统：前室宽而短，后室窄而长。例如，明洪武至永乐景德镇珠山北麓葫芦窑的前室进深 1.46 米、宽 3.2 米～3.28 米，后室长 6.8 米、宽 1.96 米～2.28 米[3]。明后期葫芦窑的结构有所变化：后室长度缩至与前室接近，甚至后室长度超过前室，后室宽度也比前室增大。例如，景德镇湖田明中晚期遗址葫芦窑的前室长 3.2 米、宽 3.7 米，束腰处 2.1 米；后室长 3.9 米、宽 2.9 米[5]。明晚期万历年间，景德镇御器厂烧造瓷器所用葫芦室亦是如此：窑的前室宽度比后室宽度缩小。其中，葫芦形“缸窑”窑室“前宽六尺(2 米)，后如前饶五寸（约 2.17 米），入身六尺”[1]，后室宽度比前室宽度增加了 8.3%；葫芦形“青窑”的前窑室“宽五尺（约 1.67 米）”“后如前饶五寸”[1]（后窑室比前室宽五寸）为五尺五寸（约 1.83 米），即后室宽度比前室宽度增加了约 10%。

第四，元代晚期景德镇湖田葫芦窑的窑床坡度为 12 度，明代葫芦窑的窑床坡度波动较大，一般在 3 度～13 度之间。其中，明洪武至永乐御器厂 Y6 号葫芦窑窑床坡度为 8 度[3]；明宣德至天顺御器厂 Y1 号葫芦窑前室坡度为 4 度，后室前部较陡，后部渐缓，坡度分别为 13 度和 6 度[4]；景德镇湖田乌泥岭东明早中期（约景泰至天顺之间）葫芦窑窑床倾斜度为 4 度～10 度[2]；景德镇湖田明中晚期遗址葫芦窑的窑床坡度为 3 度[5]。

第五，景德镇明代葫芦窑窑门的高度不详，窑门宽度一般在 0.62 米～0.70 米之间。其中，明洪武至永乐御器厂 Y6 号葫芦窑窑门宽 0.7 米，呈八字形向外弧撇，窑门处作缓坡状[3]；景德镇丽阳瓷器山明宣德至天顺遗址 Y1 号葫芦窑，窑门宽 0.62 米，平面呈八字形外弧撇，外高内低呈缓坡状与火膛相连[4]。

第六，明代景德镇葫芦窑的尾部安设有烟囱，窑顶设有投柴孔。按照宋应星《天工开物》卷中《陶埏》记载，明代崇祯年间，景德镇民间使用的葫芦窑的尾部安设有一根独立但高度比窑顶稍高的烟囱，窑顶有 12 个圆眼，名曰天窗（投柴孔）[6]（图 8－5－1）。对于明代早中期湖田乌泥岭葫芦窑，发掘者认为“窑的两侧很可能有投柴孔”[2]。

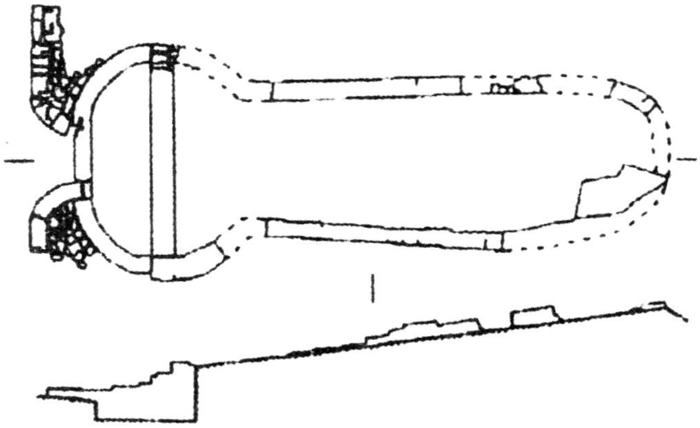

图 8－5－1　明初景德镇珠山御窑厂葫芦窑　采自文献〔5〕

第七，元代景德镇葫芦窑未见有护窑墙的报道，明代景德镇部分葫芦窑设有护窑墙。其中，明洪武至永乐御器厂Y6号葫芦窑窑壁厚0.3米，窑壁外侧有一道宽约0.4米~0.44米的护窑墙[3]；明宣德至天顺御器厂Y1号葫芦窑护窑墙宽0.15米~0.5米〔4〕。

第八，元代景德镇葫芦窑未见有筑窑材料的报道，明代景德镇葫芦窑的筑窑材料有砖、残瓦、匣钵片和岩块等。其中，明洪武至永乐御器厂Y6号葫芦窑，窑床系在平地上垫成，先垫一层较厚的宋元的窑业废弃物，再铺一层红土，其前沿用残瓦、匣钵片、废窑砖砌成，起挡土作用。窑门、火膛、前室、后室皆由楔形红砖斜向错缝平砌，砖长0.27米~0.30米、厚0.06米~0.07米、大头宽0.14米~0.15米、小头宽0.1米~0.2米。护窑墙则以残砖碎瓦和匣钵片砌制而成。砖大多采用人字斜砌法，匣钵片则采用横向垒砌，中间杂有碎瓷片、碎砖块和红土[3]。景德镇丽阳瓷器山明宣德至天顺御器厂Y1号葫芦窑的护窑墙用经过挑选的岩块紧贴窑壁外侧砌建，岩块大小不一，起加固窑炉和保温作用。[4]。

第九，明代景德镇葫芦窑以木柴为燃料。例如，景德镇丽阳瓷器山明宣德至天顺御器厂Y1号葫芦窑火膛内残存大量木材燃烧后的灰尘[4]，按照《江西省大志》卷七《陶书·柴料》所载：明代御器厂窑炉所用燃料“有船柴（船载松柴）”、“有水柴（大松木锯劈二片、四片成排，曳水至镇）”。御器厂“窑用船柴六、水柴四。船柴传焰则易，水柴拥燎则久”[1]。明代早期景德镇丽阳瓷器山Y1号葫芦窑火膛内残存大量木材燃烧后的灰烬，表明景德镇民间所用葫芦窑也以木材为燃料[4]。

另外，明代葫芦窑的烧成时间和方法不一。其中，御器厂所用葫芦窑的烧成耗时较长，而民间窑场所用葫芦窑的烧成时间较短。明代嘉靖、万历年间，景德镇御器厂葫芦形龙缸大窑烧成时间为九天，冷却时间为十天。一窑瓷器烧成耗时长达十九天之久。具体操作方法是：“溜火（溜火者，小火也，如水滴，溜小小起火，使水气渐干渐熟云）七日夜。然后起紧火二日夜，见缸匣既红而复白色，前后皆明亮方可止火封门。又十日，窑冷方开。”葫芦形青窑的烧成时间为三天，冷却时间为两天。一窑瓷器烧成需耗时五天。具体操作方法是：“溜火对日，紧火一日一夜。其看火色亦如龙缸窑法。火住、封门，则去顶，故窑易冷。首尾五日，方可出器。”[7]

明代崇祯年间，景德镇民间窑场所用葫芦形窑烧成时间缩短至一昼夜，冷却时间不详。具体操作方法如《天工开物》卷中《陶埏》所云：“凡匣钵装器入窑，然后举火”，“火以十二时辰（24小时）为足。先发门火十个时（20小时），火力从下攻上，然后天窗掷柴烧两时（4小时），火力从上透下。器在火中，其软如棉絮，以铁叉取一，以验火候之足。辨认真足，然后绝薪止火”[6]。

图 8－5－2　明早期丽阳葫芦窑　采自文献〔8〕

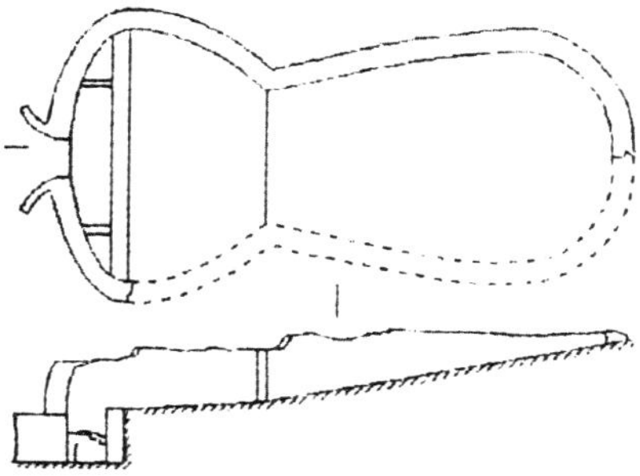

图 8－5－3　明中期景德镇湖田葫芦窑　采自文献〔5〕

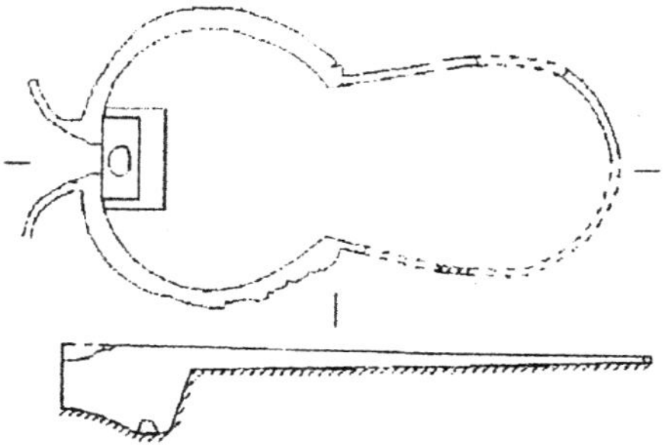

图 8－5－4　明中晚期景德镇湖田葫芦窑　采自文献〔5〕

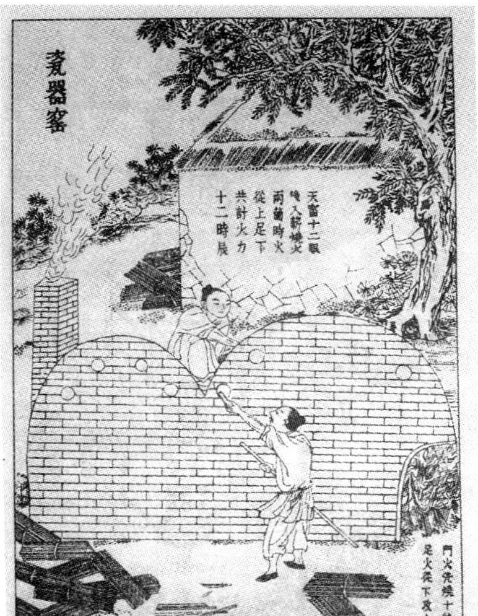

图 8－5－5　宋应星：《天工开物·陶埏》中明朝末期葫芦窑

二、分室龙窑

明代分室龙窑主要见于德化甲杯山窑和龙泉大窑 Y6 号窑。明代德化甲杯山窑两座分室龙窑的窑头和窑室前段均残，中、后段保存尚好。窑顶已塌毁，但从窑底残存的窑顶塌砖看，窑砖的排列与窑炉方向一致，由此可知窑顶的结构是左右起券。1 号窑尚存 6 间窑室和 1 间出烟室。2 号窑尚存 5 间窑室和出烟室的底部遗迹。从窑内与窑旁的废品堆积中出土的瓷器绝大部分是白瓷，釉色有白、乳白（象牙白）、青白等，其中以乳白色釉最多。由此可见，明代德化窑出产的乳白就是在这种窑内烧成的[8]。南宋龙泉大窑 Y6 号分室龙窑仅残存尾部两个窑室和一个排烟坑[9]。

明代残存的分室龙窑结构有如下五大特点：

第一个特点是火道的结构有两种类型。第一种类型是窑体分室之间建双排隔墙，排间的间距较短。前排隔墙直通窑顶，窑顶处筑投柴孔，隔墙的下部安设烟火弄。后排隔墙上部不到顶，隔墙底部也不设烟火孔。烧成时，先烧窑头火膛，把靠近火膛第一间内的瓷器烧熟后，再在第二间窑室中的前墙窑顶投柴孔处投柴燃烧，燃烧着的火焰由烟火弄进入后面的隔墙，再通过后墙的顶部进入第三间窑室。明代具有这种结构的分室龙窑，主要见于龙泉大窑 Y6 号分室龙窑。该窑残存的前室与后室之间、后室与排烟坑之间，各有墙两堵，两墙之间的间距 13 厘米～20 厘米。前墙下部有烟火弄 7 个，其中处于窑边的两个烟火弄比较宽大，计高 30 厘米～48 厘米、宽 13 厘米～30 厘米、深 20 厘米。前墙上部向前弧收与窑顶相连，顶部呈半圆形。后墙不到顶，下部也不设烟火弄[9]。明代分室龙窑火道的这种结构，与元代分室龙窑同类型的火道基本相似，只是分室中的第二道隔墙的底部不设烟火弄。这种情况有两种可能：一是明代分室龙窑火道的这种结构，与元代分室龙窑同类型的火道存在差异，即元代分室龙窑的窑室之间的隔墙的后墙下部设烟火弄，而明代分室龙窑的窑室之间的隔墙的后墙不设烟火弄；二是由于元代遗存的分室龙窑处于尾部分室中的第二道隔墙已毁，也有可能是元代分室龙窑处于尾部分室中的第二道隔墙的底部也不设烟火弄。

明代分室龙窑火道结构的第二种类型是：在分室龙窑中的各个窑室之间只建一堵隔墙。隔墙上面不设投柴孔，隔墙下面建烟火弄；同时在隔墙前后的窑室的两边墙壁下各修一条火道，这两条火道与隔墙的烟火弄相通，从而使从窑头到窑尾形成一条窑炉加热系统。与此同时，在每间窑室的两侧设投柴孔。明代德化甲杯山窑分室龙窑的火道就属这种类型。德化甲杯山窑分室龙窑的窑室与窑室之间只建一道隔墙，隔墙为单砖平铺顺砌，残高 76 厘米。隔墙下有烟火弄9～11个竖长方形，平均高 20 厘米、宽 10 厘米，两侧的通火孔紧贴窑壁。同时在窑室的两壁下留有通火道。由于隔墙与窑内遗存的匣钵柱的间距很小，因此隔墙所在处不可能是投柴的位置。考古发掘工作者“从窑壁观察，有多处地方烧结程度较高、窑汗较多，因此推测是从窑的两侧投柴的”[8]。明代分室龙窑火道的这种结构，与元代分室龙窑同类型的火道相同之处在于，两者在窑内各个分室之间只建一堵隔墙，并在隔墙下面建烟火弄，同时在隔墙前后的窑室的两边墙壁下各修一条火道，这条火道与隔墙的烟火弄相通。明代分室龙窑火道的这种结构，与元代分室龙窑同类型的火道不同之处在于，明代分室龙窑中的隔墙窑顶部均不设投柴孔，而是在各个窑室的两侧筑投柴孔。由于缺乏实物遗存资料，关于明代分室龙窑的投柴孔的结构不详。然而，明代安福 Y13 号龙窑所遗存的投柴孔结构及其位置较为清晰：投柴孔设在窑壁与券顶脚相接处，墙壁上端还可见两个半圆形凹槽，表面用泥抹光。投柴孔径约 10 厘米，两孔间距 0.7 米。另外还出现了陶质专门用于堵塞投柴孔的圆形堵塞。堵塞的大小与投柴孔略同[10]。

明代分室龙窑的第二个特点是与元代分室龙窑一样，明代分室龙窑中的窑室的数量较多，窑室的面积较大。其中，明代德化甲杯山窑分室龙窑 1 号窑残存的六间窑室的宽度在 2.5 米 ~ 3.6 米，进深在 3.2 米 ~ 3.4 米；2 号窑残存的五间窑室的宽度在 2.7 米 ~ 3.4 米，进深在 3.3 米 ~ 3.4 米[8]（表 8-5-1）。明代龙泉大窑 Y6 号分室龙窑尾部残存的两个窑室，前室残长 3.3 米，后室长 5.4 米[9]。

表 8-5-1　明代德化甲杯山分室龙窑窑室宽度和进深（米）

窑炉编号	一号窑						二号窑				
窑室编号	1	2	3	4	5	6	1	2	3	4	5
宽度	2.5	2.7	2.9	3.1	3.3	3.6	2.7	2.9	3.1	3.3	3.4
进深	3.2	3.4	3.4	3.3	3.3	3.4	3.4	3.4	3.3	3.3	3.4

注：采自文献〔8〕。

明代分室龙窑的第三个特点是每间分室均开一个窑门。明龙泉大窑 Y6 号分室龙窑的两个窑室的两个窑门均开在东壁，窑门分别宽 56 厘米和 60 厘米。[9]明代德化甲杯山窑分室龙窑的窑门，则开在窑室前端的北壁。窑门宽度为 40 厘米 ~ 60 厘米。[8]

明代分室龙窑的第四个特点是窑尾的排烟设施与元代分室龙窑相似，由窑尾挡火墙、排烟坑等组成。其中，明龙泉大窑 Y6 分室龙窑的排烟坑狭窄，呈长条形，南北直径仅 30 厘米。[9]明代德化甲杯山窑分室龙窑的出烟室与窑室等宽，进深 40 厘米，两侧砖砌，后壁是用匣钵片垒砌。[8]

明代分室龙窑的第五个特点是窑炉的砌建材料为砖、匣钵等。南宋龙泉大窑 Y6 号分室龙窑的窑壁残高 0.57 米 ~ 1.18 米，先铺平砖五层作为基础，上砌匣钵。前一堵隔墙上部用口径 21 厘米的匣钵砌成，外涂黏土一层，隔墙下部的烟火弄全用耐火砖砌成；后一堵隔墙墙身较宽，全用残破的大型匣钵叠砌而成；窑尾的排烟坑的后壁用匣钵砌成。[9]

明代甲杯山窑 1 号和 2 号两座分室龙窑，基本上都是单砖平铺错缝顺砌；窑砖大部分为楔形砖，规格分别为大头 21 厘米、小头 18 厘米、长 19 厘米、厚 6 厘米和大头 20 厘米、小头 18 厘米、长 21 厘米、厚 5 厘米 ~ 6 厘米。[8]

三、阶级窑

明代首现的阶级窑又称横室连房阶级窑，依山坡而建，后室顶部要高于前一室，全窑整体呈阶级状。由火膛、窑室、出烟室三大部分组成。明代福建漳州地区阶级窑的每间窑室单独成间，窑底为斜坡式，底部铺沙。窑室两边设窑门，窑室前壁下部（一般在窑室左右的两座窑门之间的长条形的连接线处）设截面呈凹弧形的燃烧沟。燃烧沟低于窑床。窑室后壁下部设有一排整齐的栅栏状的通火孔（即出烟孔）。烧窑时，火膛点燃后，火焰自窑顶倒向窑底，经隔墙下部通火孔进入次室加热器坯，最后从窑尾出烟室排走。阶级窑可以利用坡度增加抽力，利用烟气预热以后各室的坯体，又可以形成还原气氛。

明代阶级窑主要流行于福建漳州平和县地区，窑的各个部位的尺寸详见本节表8－5－2。

表8－5－2　明代漳州平和县阶级窑的窑体、火膛、窑室和出烟室规格（米）

编号	窑址	窑炉名	窑体			火膛进深	进深			出烟室	参考文献
			残长	宽	残高		前室	中室	后室		
1	南胜	花仔楼 Y1	6.24	3.92	—	—	2.44	—	2.44	0.2	〔11〕
2	南胜	花仔楼 Y2	3.70	4.30	—	—	—	—	—	0.3	〔11〕
3	南胜	花仔楼 Y3	3.90	4.40	—	—	—	2.10	—	—	〔11〕
4	五寨	洞口陂沟窑 Y1	7.5	—	—	1.86	2.44	—	2.52	0.5	〔12〕
5	五寨	洞口陂沟窑 Y2	8.5	—	—	—	2	2.60	2.52	0.2	〔12〕
6	五寨	大垅 Y1	6.50	4.20	1.7	—	残1.3	—	2.84	0.3	〔11〕
7	五寨	二垅 Y1	9.10	3.96	1.26	—	残1.4	2.40	2.40	0.3	〔11〕

（一）火膛

明代阶级窑中只有两座窑遗存有火膛的局部，即福建漳州平和县五寨洞口陂沟 Y1 号窑的火膛残存右侧小部分和 Y2 号窑所残存的火膛后段。〔12〕明代其他四座阶级窑，即福建漳州平和县南胜镇花仔楼 Y1 号、Y2 号窑，漳州平和县五寨乡大垅 Y1 号窑，漳州平和县五寨乡二垅 Y1 号窑的火膛均残。〔11〕因此研究明代阶级窑的火膛结构，只有通过研究福建漳州平和县五寨洞口陂沟 Y1 号窑和 Y2 号窑残留火膛遗存来实现。

阶级窑的火膛位于窑的前部，火膛平面呈“凸”字形。火膛前部当属投柴所在，后部为火室，高于前部，有两道横向隔墙，前后隔墙的下部都有若干个通火孔，以调节火焰方向、温度，使之达到整体火焰均衡入窑的目的。

福建漳州平和县五寨洞口陂沟 Y1 号窑火膛位于窑炉前方，残存右侧小部分，进深1.86米（含后隔墙）、残宽2.26米、残高0～0.64米。该窑发掘者通过残迹复原的平面大约呈“凸”字形。前面凸出部分为长方形，由砖块铺设成基座，上部被破坏，结构不明。进深0.75米、残宽0.88米，周边用长方砖侧立环绕，表面被火烤成红褐色。后部为火室，高于前部。有两道横向隔墙，后一道与窑室相连并等宽；前一道与前方基座等宽，进深0.80米，后一道隔墙一侧与两道纵向窑墙成曲尺形连接。两道纵向墙间距0.12米，内侧一道与前隔墙间距0.15米。前后隔墙间距0.34米，并与纵向窑墙之间形成沟槽状的火室底面。火室底面有厚0.05米的青灰色烧结硬面。前后隔墙下部都有通火孔，前者孔宽0.11米、孔距0.27米；后者孔宽0.14米、孔距0.14米。前墙残存两孔，后墙残存六孔。[12]

福建漳州平和县五寨洞口陂沟窑Y2号窑火膛残存后段，右侧窑墙和后隔墙平面完整。左侧窑墙靠前方低处挡土石基的位置和右侧完整窑墙的形状可得到复原。残迹平面为长方形，由前、后两道横向隔墙与左右纵向窑墙连接而构成一个沟槽状的火室，左窑墙纵长0.80米、厚0.32米、残高0.26米。火室含前后隔墙进深共0.64米。其中内部进深为0.18米，隔墙各厚0.24米、通宽3.24米、内宽2.66米、残高0.26米。前隔墙残存2~3层砖，后隔墙残存二层砖。从后隔墙平砖表面不同部位火烤颜色的深浅痕迹可以看出该墙上设置有八个通火孔通往前室。孔宽0.15米~0.32米不等，孔距为0.08米。砌法为单砖竖立作间隔，现残。[12]

（二）窑室

明代福建漳州地区阶级窑，大多都有窑室遗存。其窑室设置主要有两类：一是设前、后两间；二是设前、中、后三间。明代福建漳州地区阶级窑的窑室设前、后两室的窑场有：明代福建漳州平和五寨洞口陂沟窑Y1号窑[12]、福建漳州平和县南胜镇花仔楼Y1号窑、福建漳州平和县五寨乡大垅Y1号窑（前室已残）[11]等。明代福建漳州地区阶级窑的窑室设三间的窑场有：福建漳州平和县五寨洞口陂沟窑Y2号窑[12]、福建漳州平和县五寨乡二垅Y1号[11]。

阶级窑的每间窑室的前端底部都设燃烧沟，后端隔墙下部则设通火孔。阶级窑的每间窑室前端下部燃烧沟的截面有的呈倒梯形，有的呈凹弧形，有的下凹呈沟状等。其中，五寨洞口陂沟窑Y2号窑前室的燃烧沟截面呈倒梯形；该窑中室和后室燃烧沟截面则呈凹弧形[12]。福建漳州平和县南胜镇花仔楼Y1号后室的燃烧沟下凹成沟状[11]。

阶级窑的每间窑室前端下部燃烧沟的进深一般为0.26米~0.50米，深度一般在0.18米~0.50米。其中，明代福建漳州平和五寨洞口陂沟窑Y1号窑前室前端的燃烧沟的进深：口部0.28米、底部0.22米、深0.32米。两侧墙残高0.14米~1.04米，壁厚0.28米~0.34米。五寨洞口陂沟窑Y2号窑前室的燃烧沟的进深在0.26米~0.30米之间、深0.20米；该窑中室燃烧沟进深0.42米、深0.32米；该窑后室燃烧沟进深0.46米、深0.18米。[12]福建漳州平和县五寨乡大垅Y1号窑后室前端（东南边）是一道残宽约0.5米的烧结硬面，应是投柴位置（即燃烧沟）。福建漳州平和县五寨乡二垅Y1号窑前室燃烧沟已残；该窑中室的燃烧沟残宽约0.30米；该窑后室前部，即中室的隔墙之下是一道燃烧沟，宽0.40米、深0.08米~0.10米。福建漳州平和县南胜镇花仔楼Y1号后室的燃烧沟位于两个窑门之间，宽约0.30米[11]。

（三）通火孔

明代福建漳州阶级窑的每间窑室的后端隔墙下部均设通火孔，通火孔的数量一般为 10 ~ 20 个。孔宽一般为 7 厘米 ~ 17 厘米，高一般为 16 厘米 ~ 28 厘米，孔距一般为11 厘米 ~ 16厘米。

明代福建漳州平和五寨洞口陂沟窑 Y1 号窑前室的后隔墙下设 14 个通火孔通往后室，孔宽 10 厘米 ~ 13 厘米、高 22 厘米、孔距 11 厘米 ~ 12 厘米。福建漳州平和县五寨洞口陂沟窑 Y2 号窑前室的后隔墙下方距底 0. 08 米处，设 10 个通火孔通往中室，孔宽 7 厘米 ~ 17 厘米、高 18 厘米 ~ 28 厘米。该窑中室后隔墙下部设 11 个通火孔通往后室，孔宽度、孔距、结构与前室相同，该窑后室的后隔墙下部设 11 个通火孔通往出烟室，孔宽 12 厘米、高 26 厘米、孔距 16 厘米〔12〕。

福建漳州平和县南胜镇花仔楼 Y1 号窑的前室的后壁下部的通火孔的构成是：底面平铺一层窑砖，在砖面上用两层条砖（均是方砖切成的）砌作栅栏状的通火孔，再在通火孔上砌砖成隔墙。孔的高度 16 厘米，宽度 10 厘米、14 厘米、16 厘米不等，共有通火孔 16 个。该窑后室的通火孔的结构是：后室的后壁（北壁）残高 38 厘米，仅存西侧一个通火孔，在墙底部平铺的砖面上可看见清晰的砌砖痕迹，由此可知，这道隔墙有通火孔 16 个，孔的宽度 8 厘米、10 厘米、13 厘米、14 厘米不等〔11〕。福建漳州平和县南胜镇花仔楼 Y2 号窑后室的北壁与出烟室之间的隔墙残高 0. 54 米，仅两端保存完整的通火孔，西三个，东两个，其余的通火孔仅存半截，共计通火孔 15 个。〔11〕

福建漳州平和县五寨乡大垅 Y1 号窑的后室后壁的隔墙厚 0. 24 米、残高 0. 38 米 ~0. 90 米。底部为两条砖砌成栅栏状的通火孔，共有 19 孔，孔高 18 厘米、宽 7 厘米 ~ 12 厘米不等。福建漳州平和县五寨乡二垅 Y1 号窑中室的后隔墙残高 0. 44 米 ~0. 80 米，底部用竖立的单砖砌成栅栏状的通火孔，孔有 19 个，孔高 28 厘米、宽 7 厘米 ~ 14 厘米不等，其中北边的四个通火孔用匣钵片填堵，可能是为了改变燃烧条件而有意为之。福建漳州平和县五寨乡二垅 Y1 号窑的后室后壁隔墙残高 0. 26 米 ~ 1. 3 米，中段残损，南段现存通火孔八个，北段六个，按中段的宽度，可有通火孔六个，则共有通火孔 20 个，砌法与中室相同。〔11〕

明代福建漳州地区阶级窑每间窑室后面的隔墙一般是单墙及单排通火孔，少数阶级窑窑室后面的隔墙为双层及双排通火孔。例如，福建漳州平和县南胜镇花仔楼 Y3 号某间窑（该窑只挖掘出窑的局部，全窑窑室的间数不详）窑室北壁为双层隔墙，其结构是墙的底部是紧靠着的两排砖。前排（南）与窑室斜坡相接，在平铺的砖面上残存 11 块规格和完残程度不等的窑砖，间距 10 厘米 ~ 26 厘米，隔成通火孔的位置；后排（北）砖排列较规整，底面高出前排一层砖，用条砖隔成 14 个通火孔，孔距 10 厘米 ~ 16 厘米不等。孔高也是两层砖，上面用平砖铺砌。前后排的通火孔大部分是相对应的，仅有个别相错。〔11〕

（四）窑门

明代福建漳州阶级窑的每间窑室两边设窑门，窑门宽一般在 0. 46 米 ~0. 6 米。

明代福建漳州平和五寨洞口陂沟窑 Y1 号窑前室的左窑门残高 0. 6 米 ~ 1. 04 米、宽 0. 48 米。右窑门前残缺，后侧残高 0. 32 米。明代福建漳州平和五寨洞口陂沟窑 Y1 号窑后室的右窑门宽 0.46 米、残高 0.88 米～1.02 米；左窑门宽 0.5 米、残高 0.8 米。窑墙残高 0.5 米～1.2 米。福建漳州平和县五寨洞口陂沟窑 Y2 号窑后室左右窑门均宽 0.6 米[12]。福建漳州平和县南胜镇花仔楼 Y1 号窑的后室的前壁（前后室之间的隔墙）两端各有一个窑门。西面为西窑门，东面为东窑门。西窑门宽 0.5 米、残高 0.4 米，门道底面铺沙，与窑底齐平；东窑门与西窑门相对，宽 0.6 米、残高 0.35 米，门道底部用两层砖平铺顺砌，外侧（东侧）紧贴一层竖砌立砖做成门槛，门槛高出窑底面约 25 厘米，在两个窑门之间。[11]

（五）出烟室

明代阶级窑的出烟室位于窑室后方，宽度同于窑室，但进深较小，一般在 0.2 米～0.5 米之间波动。其后壁或为砖砌，或利用山坡土壁筑成。有的出烟室侧面略呈口大底小的倒梯形。

明代福建漳州平和县五寨乡洞口陂沟窑 Y1 号窑的出烟室进深 0.4 米～0.5 米。其中内部进深 0.14 米～0.24 米，后壁墙厚 0.26 米，后壁上部略向后倾斜，依基岩而建。[12]明代福建漳州平和县五寨乡洞口陂沟窑 Y2 号窑的出烟室，平面呈窄长方形，内部进深 0.2 米，后壁厚 0.2 米～0.26 米，残高 1.96 米。[12]福建漳州平和县南胜镇花仔楼 Y1 号窑的出烟室宽度与窑室相同，进深 20 厘米，底部平，铺沙，后壁是沿山坡挖成。福建漳州平和县南胜镇花仔楼 Y2 号窑的出烟室的进深 0.3 米，平底，底面垫约 6 厘米厚的沙层，后壁向北倾斜约 4 度，残高 0.5 米～2.4 米，也是利用山坡挖成的。福建漳州平和县五寨乡大垅 Y1 号窑的出烟室进深 0.3 米，两侧与后壁均用砖砌，东北壁残高 1.14 米，西南壁残高 0.9 米，后壁残高 0.88 米。后壁的底下一排砖是平面立砌的，其上改为平铺错缝顺砌，出烟室底部平。福建漳州平和县五寨乡二垅 Y1 号窑出烟室进深 0.3 米，后壁残高 0.42 米～1.3 米，因后壁稍向山坡一侧（东面）倾斜，出烟室上口的进深则为 0.36 米～0.4 米，侧面略呈口大底小的倒梯形。从平面看，出烟室南北两端略呈弧形。[11]

（六）护墙

明代阶级窑外侧大多设有护墙，护墙残存高度与所依窑墙相同。砌筑护墙用材主要有毛石、碎匣钵、残砖等。护墙与窑墙之间填以乱石和泥土。其中，福建漳州平和县五寨洞口明代晚期陂沟窑 Y1 号窑火膛外侧的护墙用毛石、碎匣钵、残砖等垒砌。该窑后室窑门外右侧护墙利用自然基岩作护墙，上部用毛石补充叠砌。该窑前室窑墙外右侧所围护墙体进深 1.94 米、宽 1.10 米。左侧所围护墙未全面揭露，进深 1.86 米、宽 0.72 米。后室窑门外右侧利用自然基岩作护墙，上部用毛石补充叠砌，左侧外护墙未被完全挖掘。福建漳州平和县五寨洞口明代晚期陂沟窑 Y2 号窑前室窑墙外右侧护墙保存较好，进深 1.64 米、宽 0.87 米；左侧护墙甚残、依残迹也约呈半圆形，毛石叠砌。[12]福建漳州平和县五寨乡大垅 Y1 号窑残存的后室外测有宽约 1.20 米、高约 1.50 米的石块垒筑的护坡墙。福建漳州平和县五寨乡二垅 Y1 号窑后室窑门外东侧有一道用石块、砖块混合砌成的护墙，残高 0.10 米～0.74 米。明代漳州平和县南胜镇花仔楼 Y3 号窑遗存的某间窑室的窑门外北侧有砖砌的护墙[11]。护墙设施一方面对窑炉本身起保护加固作用，另一方面也能提高窑炉内的温度并达到均衡的目的。

（七）构建材料和燃料

明代阶级窑的窑壁多为砖砌而成。用砖一般有楔形和长方形两种。福建漳州平和县五寨乡大垅 Y1 号窑，红砖砌筑，窑砖规格有：长条形砖，长 28 厘米、宽 14 厘米、厚 9 厘米；楔形砖，长 28 厘米、大头宽 26 厘米、小头宽 22 厘米、厚 9 厘米和长 24 厘米、大头宽 28 厘米、小头宽 22 厘米、厚 9 厘米的两种。楔形砖发现的数量多，多用于窑壁、隔墙等。条砖用于窑壁上部以及通火孔。福建漳州平和县南胜镇花仔楼 Y2 号窑的窑壁是用条砖单砖错缝顺砌，砖的规格与 Y2 号窑相同。福建漳州平和县五寨乡二垅 Y1 号窑砖砌，单砖错缝顺砌，用砖皆为长 33 厘米、大头宽 27 厘米、小头宽 24 厘米、厚 9 厘米的楔形砖。福建漳州平和县南胜镇花仔楼 Y2 号窑的后室内壁是用楔形砖等较宽的砖砌成，厚约 28 厘米 ~ 30 厘米，内外壁间距 16 厘米，南端用条砖堵砌。[11]

明代阶级窑有少数采用砖砌和利用山坡挖成。例如，福建漳州平和县五寨乡二垅 Y1 号窑出烟室后壁和北壁用砖砌，南壁是土质，即利用山坡挖就。福建漳州平和县南胜镇花仔楼 Y1 和 Y2 号窑的出烟室后壁也都是山坡挖成[11]。

烧阶级窑所用燃料为木柴，因为在平和县五寨乡洞口陂沟窑 Y1 号和 Y2 号两座阶级窑的燃烧沟底和侧壁残留有炭粒和灰尘。[12]

有学者认为，明代福建漳州地区首现的阶级窑，“利用坡度可以增加抽力，而且可以利用烟气预热以后各室的坯体，又能利用产品冷却的热来预热空气，使燃烧温度高，节约燃料，又可以形成还原气氛。这些都是具有龙窑的特点而比单个馒头窑（马蹄窑）优越之处”[13]。

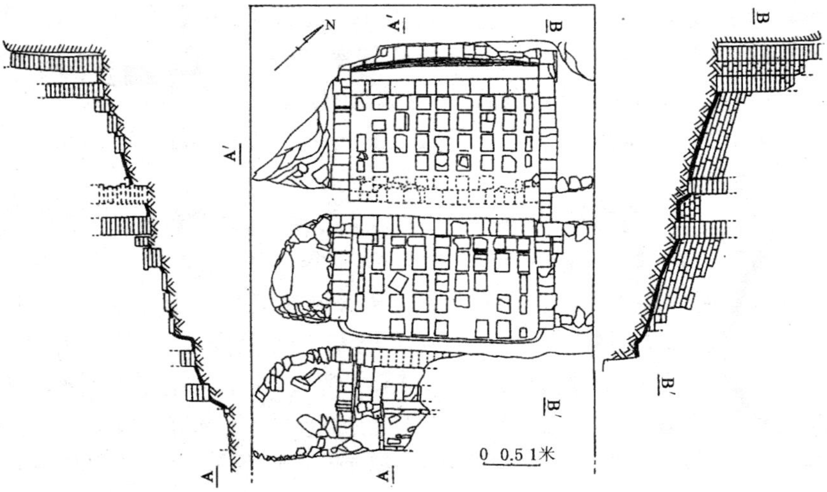

图 8－5－6　明平和县五寨乡洞口陂沟窑 Y1 号窑　采自文献〔12〕

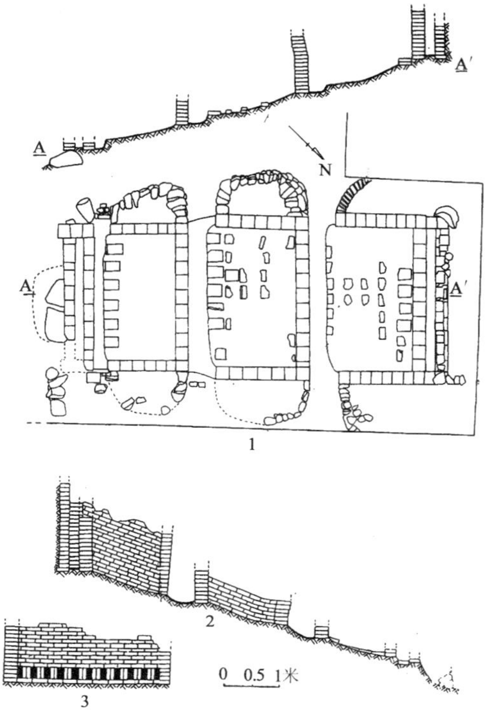

1.平剖面图　2.左壁剖面图　3.中后室隔墙剖面图

图 8－5－7　明平和县五寨乡洞口陂沟窑 Y2 号窑平剖面图　采自文献〔12〕

四、装烧

明代景德镇窑场官窑瓷器装烧，是在继承元代的一匣一器仰置沙渣垫烧工艺的基础上进行的改良，即把沙渣垫烧与垫饼垫烧结合起来。用宋应星《天工开物·陶埏》中的话讲就是：“凡瓷器经画过釉之后，装入匣钵。钵以粗泥造，其中一泥饼托一器，底空处以沙实之。”〔14〕这种“一泥饼托一器”的“泥饼”，又称“垫饼”。在明代乃是用胎泥制成的，对此陆万垓《江西省大志·陶书续补·沙土》有明确的记载：造坯用原料所遗留的“剩土作底饼”。

明代沙渣垫烧与垫饼垫烧相结合的匣内仰烧的装烧方法的具体做法是：使用与胎泥相同的原料来制作垫饼，装烧坯体所用垫饼的直径均大于所垫烧器坯的圈足。装烧时，先将沙渣（用谷壳灰与含锰、铁较高的深酱色匣土拌和而成）置于匣钵内底〔2〕，再在沙渣上放置垫饼，然后将瓷坯放在大于坯体圈足的垫饼上入窑。烧成后，由于“垫饼”与胎体的原料一致，因而器坯底足与垫饼不会粘连，因此明代精细瓷器除了圈足的足端不上釉外，包括圈足内外的足墙在内的其余部分，统统都可上釉。而且，未上釉的圈足的足端也显得洁白细腻。

元代龙窑由于前部和中部为最佳烧成地带，后部烧成不够稳定，因此精细瓷器装匣置于龙窑前部和中部，普通粗货制品裸烧并安放在窑室的后部。

明代景德镇窑场无论是精细瓷器，还是粗货制品均装匣入窑烧成。由于明代景德镇窑场不用龙窑而改用葫芦窑烧成，而葫芦窑的最佳烧成地带是在窑炉的中段，因此装烧方法与元代不同。明代景德镇民窑采用葫芦窑烧成装烧时："自入窑门始九行，前一行皆粗器障火，三行间有好器杂火中间，前四、中五、后四皆好器，后三、后二皆粗，视前行"；"官窑烧造者重器一色，前以空匣障火"[1]。

明代景德镇御器厂用匣钵的制造，采用"砂土、黄土相兼"为原料[15]，明代景德镇民窑所用匣钵"以粗泥造"[14]。据研究，明代景德镇湖田窑匣钵的骨架是以黏土团粒为主。研究者在显微镜下观察发现，黏土团粒为褐黄色，或浅黄色，这是一种含富铁的黏土团粒，在高倍显微镜下观察，可见石英颗粒和针毡状的莫来石。由于这种匣钵中玻璃相含量比较多，因此有部分石英在矿化剂的作用下，转化为矛头状的 α－鳞石英。明代几种匣钵的化学组成、显微结构与耐火度均很接近，故可认为这时的原料选择、匣钵的配方和坯泥混合等方面，较以前有了显著的提高。[17]

参考文献

第一节　御器厂及其主要产品（附德化窑）

〔1〕乾隆七年《浮梁县志》卷二《建置》；康熙二十一年《浮梁县志》卷四《陶政》也载："明洪武初始烧造岁解。"

〔2〕李东阳撰，申时行重修：（于万历十五年二月）《大明会典》卷二〇一，新文丰出版公社影印。

〔3〕申时行等修：万历朝重修《明会典》卷一九四"陶器"，第981页，中华书局，1989年，据1936年商务印书馆万有文库本缩印。

〔4〕刘新园：《景德镇珠山出土的明初与永乐官窑瓷器之研究》，《景德镇出土明初官窑瓷器》，台北鸿禧美术馆，1996年。

〔5〕熊寰：《明初陶厂考》，《考古与文物》，2009年第2期。

〔6〕《江西省大志》增纂作者陆万垓于万历年间，官居江西省"中丞"，即总揽全省的军事、吏治、刑狱、民政的首席长官。

〔7〕王宗沐修、陆万垓增纂：《江西省大志》卷七《陶书·设官》，第8页，南京图书馆藏万历版《江西省大志》影印本，2010年。

〔8〕王临元总修的（康熙二十一年）《浮梁县志》卷七《人物·名臣》中记载："詹珊，字廷珮，有孝行。举进士，历官知府，清介自励，贫不改。"

〔9〕詹珊：（嘉靖三十九年刻石）《重建敕封万硕师主佑陶庙碑记》，《浮梁县志》康熙二十一年版。

〔10〕原碑在清代景德镇御窑厂旧址，现存景德镇陶瓷馆。碑高237.5厘米，宽110厘米。

〔11〕张廷玉等：《明史》卷八十二《食货志六·烧造》，中华书局，1974年。

〔12〕上海博物馆：《上海博物馆与英国巴特勒家族所藏十七世纪景德镇瓷器特展》，上海书画出版社，2005年。

〔13〕乾隆四十八年《浮梁县志》卷十五。

〔14〕乾隆四十八年《浮梁县志》卷二。

〔15〕《明实录·宣宗实录》卷九。

〔16〕王宗沐修、陆万垓增纂：《江西省大志》卷七《陶书·建置》，第851页，南京图书馆藏万历版《江西省大志》影印本，2010年。

〔17〕李东阳撰，申时行重修：（于万历十五年二月）《大明会典》卷一九四，新文丰出版公社影印。

〔18〕《明实录·孝宗实录》卷一百八十五，"中央研究院"历史语言研究所据国立北平图书馆红格钞本微卷影印。

〔19〕王宗沐修、陆万垓增纂：《江西省大志》卷七《陶书·设官》，第830页、第831页，南京图书馆藏万历版《江西省大志》影印本，2010年。

〔20〕王宗沐修、陆万垓增纂：《江西省大志》卷七《陶书·设官》，第832页，南京图书馆藏万历版《江西省大志》影印本，2010年。

〔21〕王临元总修：（康熙二十一年）《浮梁县志》卷四《陶政》。

〔22〕胡铁文：《试论清前期景德镇制瓷业中官窑行会同资本主义萌芽的关系》，《中国社会科学院经济研究所集刊》第五集，第212页，中国社会科学出版社，1983年。

〔23〕申时行等修：万历朝重修《明会典》卷一八九《工匠二》，第 950 页，中华书局，1989 年，据 1936 年商务印书馆万有文库本缩印。

〔24〕王宗沐修、陆万垓增纂：《江西省大志》卷七《陶书·匠役》，第 851 页，南京图书馆藏万历版《江西省大志》影印本，2010 年。

〔25〕王宗沐修、陆万垓增纂：《江西省大志》卷七《陶书·附请改陶疏抄》，第 902 页，南京图书馆藏万历版《江西省大志》影印本，2010 年。

〔26〕申时行等修：万历朝重修《明会典》卷一八九《工匠二》，第 951 页，中华书局，1989 年，据 1936 年商务印书馆万有文库本缩印。

〔27〕申时行等修：万历朝重修《明会典》卷一八九《工匠二》，第 952 页，中华书局，1989 年，据 1936 年商务印书馆万有文库本缩印。

〔28〕王宗沐修、陆万垓增纂：《江西省大志》卷七《陶书·附请改陶疏抄》，第 851 页、第 852 页，南京图书馆藏万历版《江西省大志》影印本，2010 年。

〔29〕王宗沐修、陆万垓增纂：《江西省大志》卷七《陶书·召募工食》，第 853 页、第 854 页，南京图书馆藏万历版《江西省大志》影印本，2010 年。

〔30〕王宗沐修、陆万垓增纂：《江西省大志》卷七《陶书·设官》，第 829 页，南京图书馆藏万历版《江西省大志》影印本，2010 年。

〔31〕王宗沐修、陆万垓增纂：《江西省大志》卷七《陶书·料价》，第 898 页，南京图书馆藏万历版《江西省大志》影印本，2010 年。

〔32〕李东阳撰，申时行重修：（于万历十五年二月）《大明会典》卷二九四，新文丰出版社影印。

〔33〕王钰欣：《清代前期景德镇瓷业中官窑地位的考察》，《中国史研究》，1980 年第 3 期。

〔34〕宋应星：《天工开物》卷中《陶埏》。崇祯十年初刊本为：“宣德元末失传，正德中历试复造出。”文中所说“宣红元末失传”属误刊。《中国古陶瓷文献集成》第 55 页，江西科学技术出版社，2000 年。

〔35〕王宗沐修、陆万垓增纂：《江西省大志》卷七《陶书·附请改陶疏抄》，第 904 页，南京图书馆藏万历版《江西省大志》影印本，2010 年。

〔36〕王世懋：《窥天外乘》，《纪录汇编》，上海涵芬楼影印万历刻本。

〔37〕张福康等：《明清祭红釉的化学组成》，《1989 年古陶瓷科学技术国际讨论会论文集》，上海科学技术文献出版社，1989 年。

〔38〕高寿田：《山西琉璃》，《文物》，1962 年 4 ~ 5 期。

〔39〕中国硅酸盐学会：《中国陶瓷史》第九章，文物出版社，1982 年。

第二节　景德镇制胎原料及其配方与成型（附德化猪油白胎）

〔1〕刘新园：《蒋祈〈陶记〉著作时代考辨》，《景德镇陶瓷》1981 年《陶记研究专刊》；李家治等：《中国科学技术史·陶瓷卷》，科学出版社，1998 年。

〔2〕冯云龙：《高岭山之高岭土始开年代考》，《景德镇陶瓷学院学报》，1992 年，第 13 卷第 1 期。

〔3〕熊寥：《中国古陶瓷研究中若干“悬案”的新证》第六章、第七章，上海三联书店，2008 年 3 月。

〔4〕张志刚等：《明洪武时期青花瓷研究》，《1999 年古陶瓷科学技术国际讨论会论文集》，上海科学技术文献出版社，1999 年。

〔5〕王宗沐修、陆万垓增纂：万历《江西省大志》卷七《陶书·砂土》，第 817 页，南京图书馆藏万历版《江西省大志》影印本，北京线装书局，2003 年。

〔6〕周仁等：《景德镇历代瓷器胎釉和烧制工艺的研究》，《硅酸盐》，1960 年第 2 期。

〔7〕见本书第七章第三节单一瓷石质胎料。

〔8〕白寿彝总主编：《中国通史》卷九，上海人民出版社，2002 年。

〔9〕李国桢等：《中国名瓷工艺基础》，第 17 页，上海科学技术出版社，1988 年。

〔10〕王宗沐修、陆万垓增纂：《江西省大志》卷七《陶书·砂土》，第 818 页，南京图书馆藏万历版《江西省大志》影印本，北京线装书局，2003 年。

〔11〕熊寥：《中国古陶瓷研究中若干“悬案”的新证》第七章第二节，第 293 页、第 294 页，上海三联书店，2008 年 3 月。

〔12〕周仁等：《景德镇瓷器的研究》，科学出版社，1958 年。

〔13〕王宗沐修、陆万垓增纂：万历《江西省大志》卷七《陶书·颜色》，第 861 页，南京图书馆藏万历版《江西省大志》影印本，北京线装书局，2003 年。

〔14〕佚名（清·雍正）：《南窑笔记》，《美术丛书》，第 2044 页，江苏古籍出版社，1986 年，据 1936 年神州国光社第三版影印。

〔15〕《耶稣教传教士昂特雷科莱于 1712 年 9 月 1 日（康熙五十一年）给中国和印度传教会会计奥日神父的信》，第 19 页，王景圣译，《陶瓷资料》1978 年 1 期，景德镇陶瓷馆编印。

〔16〕王宗沐修、陆万垓增纂：万历《江西省大志》卷七《陶书·坯土实用数》，第 820 页，南京图书馆藏万历版《江西省大志》影印本，北京线装书局，2003 年。

〔17〕蓝浦著、郑廷桂补辑：《景德镇陶录》卷四《陶务方略》，第 1145 页，《美术丛书》第 2044 页，江苏古籍出版社，据 1936 年神州国光社第三版影印，1986 年。

〔18〕景德镇市地方志编撰委员会：《中国瓷都·景德镇市瓷业志》第一篇第二章，方志出版社，2004 年。

〔19〕王宗沐修、陆万垓增纂：万历《江西省大志》卷七《陶书·砂土》，第 819 页，南京图书馆藏万历版《江西省大志》影印本，北京线装书局，2003 年。

〔20〕景德镇市地方志编撰委员会：《中国瓷都·景德镇市瓷业志》第二篇第四章，第 118 页，方志出版社，2004 年。

〔21〕熊寥：《中国古陶瓷研究中若干“悬案”的新证》第七章第一节，上海三联书店，2008 年 3 月。

〔22〕周仁等：《景德镇历代瓷器胎釉和烧制工艺的研究》，《硅酸盐》，1960 年第 2 期。

〔23〕王临元总修：（康熙二十一年）《浮梁县志》卷一。

〔24〕王士性：《广志绎》卷四，中华书局，1981 年。

〔25〕王宗沐修、陆万垓增纂：万历《江西省大志》卷七《陶书·坯土实用数》，第 821 页，南京图书馆藏万历版《江西省大志》影印本，北京线装书局，2003 年。

〔26〕万历《江西省大志》系由明万历间江西省巡抚陆万垓校定、增补王宗沐《江西省大志·陶书》而成。江西等处承宣布政使、左布政使夏良心于万历丁酉岁，季夏月，谷旦写的“重刻《江西省大志》序”有言：陆万垓“取故司空王公（王宗沐）长臬时为大志，复校定之”。又按夏良心“重刻《江西省大志》序”作于“万历丁酉岁”，查“万历丁酉”为万历二十五年（1597），加之，该书记载“御供”资料，截止于万历二十二年（1594），由此可推断：陆万垓《江西省大志·陶书续补》属官方史籍，其成书、刊行时间应在明万历二十三至二十五年之间，即 1595 年至 1597 年之间。

〔27〕承焕生等：《景德镇元明清民窑青花的 PIXE 研究》，《2005 年古陶瓷科学技术国际讨论会论文集》，上海科学技术文献出版社，2005 年。

〔28〕张福康：《中国古陶瓷的科学》，第 108 页，上海人民美术出版社，2000 年。

〔29〕张志刚等：《明永乐青花瓷器》，《1989 年古陶瓷科学技术国际讨论会论文集》，上海

科学技术文献出版社，1989 年。

〔30〕李家治等：《景德镇元代及明初官窑青花瓷器的工艺研究》，《景德镇出土明初官窑瓷器》，鸿禧美术馆，1996 年。

〔31〕李家治等：《景德镇永乐白瓷的研究》，《1989 年古陶瓷科学技术国际讨论会论文集》，上海科学技术文献出版社，1989 年。

〔32〕李国祯等：《中国名瓷工艺基础》，第 139 页，上海科学技术出版社，1988 年。

〔33〕张福康等：《明清祭红釉的化学组成》，《1989 年古陶瓷科学技术国际讨论会论文集》，上海科学技术文献出版社，1989 年。

〔34〕陈尧成等：《历代青花瓷和着色青料》，《中国古代陶瓷科学技术成就》，上海科学技术出版社，1985 年。

〔35〕李国祯等：《明清景德镇青瓷的组成和结构》，《1989 年古陶瓷科学技术国际讨论会论文集》，上海科学技术文献出版社，1989 年。

〔36〕张志刚等：《景德镇明代民间青花瓷器》，《硅酸盐通报》，1987 年第 3 期。

〔37〕张福康等：《中国历代低温色釉和釉上彩的研究》，《中国古陶瓷论文集》，文物出版社，1982 年。

〔38〕周仁等：《中国历代名窑陶瓷工艺的初步科学总结》，《考古学报》，1960 年第 1 期。

〔39〕承焕生等：《嘉靖官窑青花的 PIXE 研究》，《2009 年古陶瓷科学技术国际讨论会论文集》，上海科学技术文献出版社，2009 年。

〔40〕郭演仪等：《历代德化窑白瓷研究》，《中国古陶瓷研究》，科学出版社，1987 年。

〔41〕宋应星：《天工开物》卷中，江西科学技术出版社，2000 年。

〔42〕方以智：《物理小识》卷八，《钦定四库全书》。

〔43〕熊寥：《关于〈陶记〉断代研究的若干问题》，《南京艺术学院学报》，2012 年第 1 期。

第三节　制釉技术

〔1〕蒋祈《陶记》，康熙二十一年版《浮梁县志》。

〔2〕王宗沐修、陆万垓增纂：《江西省大志》卷七《陶书・砂土》，第 818 页，南京图书馆藏万历版《江西省大志》影印本，北京线装书局，2003 年。

〔3〕王宗沐修、陆万垓增纂：《江西省大志》卷七《陶书・砂土》，第 819 页，南京图书馆藏万历版《江西省大志》影印本，北京线装书局，2003 年。

〔4〕宋应星：《天工开物》卷中《陶埏》，第 52 页，江西科学技术出版社，2000 年。

〔5〕冯先铭主编：《中国陶瓷》，第 481 页，上海古籍出版社，2001 年。

〔6〕李家治等：《景德镇永乐白瓷的研究》，《1989 年古陶瓷科学技术国际讨论会论文集》，上海科学技术文献出版社，1989 年。

〔7〕李国桢等：《中国名瓷工艺基础》第二章，第 29 页，上海科学技术出版社，1988 年。

〔8〕李家治等：《中国历代南北方著名白瓷》，《中国古代陶瓷科学技术成就》，第 193 页，上海科学技术出版社，1985 年。

〔9〕李国桢等：《中国名瓷工艺基础》第六章，第 114 页，上海科学技术出版社，1988 年。

〔10〕佚名（清・雍正）《南窑笔记・釉》，《美术丛书》，第 2045 页，江苏古籍出版社，1986 年，据 1936 年神州国光社第三版影印。

〔11〕李国桢等：《中国名瓷工艺基础》第六章，第 116 页，上海科学技术出版社，1988 年。

〔12〕张福康：《中国古陶瓷的科学》，第 80 页，上海人民美术出版社，2000 年。

〔13〕郭演仪等：《历代德化窑白瓷研究》，《中国古陶瓷研究》，科学出版社，1987 年。

〔14〕张福康：《中国古陶瓷的科学》，第 111 页，上海人民美术出版社，2000 年。

〔15〕赵达峰等：《铜红釉的色层结构》，《中国古陶瓷研究》，科学出版社，1987 年；陈尧成等：《广西、湖南宋元代铜绿釉瓷器研究》，《2009 年古陶瓷科学技术国际讨论会论文集》，上海科学技术文献出版社，2009 年。

〔16〕张福康等：《明清祭红釉的化学组成》，《1989 年古陶瓷科学技术国际讨论会论文集》，上海科学技术文献出版社，1989 年。

〔17〕张福康：《中国古陶瓷的科学》，第 112 页，上海人民美术出版社，2000 年。

〔18〕张福康：《中国古陶瓷的科学》，第 110 页，上海人民美术出版社，2000 年。

〔19〕宋应星：《天工开物》卷中《陶埏》，第 79 页，万卷出版公司，2009 年。

〔20〕王宗沐修、陆万垓增纂：《江西省大志》卷七《陶书 · 颜色》，第 861 页，南京图书馆藏万历版《江西省大志》影印本，北京线装书局，2003 年。

〔21〕张福康等：《中国历代低温色釉的研究》，《硅酸盐学报》，1980 年第 1 期。

〔22〕张福康：《中国古陶瓷的科学》，第 136 页，上海人民美术出版社，2000 年。

〔23〕张福康：《中国传统低温色釉和釉上彩》，《中国古代陶瓷科学技术成就》，上海科学技术出版社，1985 年。

〔24〕张福康：《中国古陶瓷的科学》，第 137 页，上海人民美术出版社，2000 年。

〔25〕张福康：《中国古陶瓷的科学》，第 138 页，上海人民美术出版社，2000 年。

〔26〕北京大学文博学院考古系等：《观台磁州窑》，文物出版社，1996 年。

〔27〕熊樱菲等：《中国古代孔雀绿釉的研究》，《2009 年古陶瓷陶瓷科学技术国际讨论会论文集》，上海科学技术文献出版社，2009 年。

〔28〕张志刚等：《明洪武时期青花瓷研究》，《1999 年古陶瓷科学技术国际讨论会论文集》，上海科学技术文献出版社，1999 年。

〔29〕承焕生等：《景德镇元明清民窑青花的 PIXE 研究》，《2005 年古陶瓷科学技术国际讨论会论文集》，上海科学技术文献出版社，2005 年。

〔30〕张福康等：《景德镇历代釉里红和填红的研究》，《1995 年古陶瓷科学技术国际讨论会论文集》，上海科学技术文献出版社，1995 年。

〔31〕张志刚等：《明永乐青花瓷器》，《1989 年古陶瓷科学技术国际讨论会论文集》，上海科学技术文献出版社，1989 年。

〔32〕陈尧成等：《历代青花瓷和着色青料》，《中国古代陶瓷科学技术成就》，上海科学技术出版社，1985 年。

〔33〕李国祯等：《明清景德镇青瓷的组成和结构》，《1989 年古陶瓷科学技术国际讨论会论文集》，上海科学技术文献出版社，1989 年。

〔34〕张志刚等：《景德镇明代民间青花瓷器》，《硅酸盐通报》，1987 年第 3 期。

〔35〕李家治等：《景德镇元代及明初官窑青花瓷器的工艺研究》，《景德镇出土明初官窑瓷器》，鸿禧美术馆，1996 年。

〔36〕李国桢等：《中国名瓷工艺基础》，第 162 页，上海科学技术出版社，1988 年。

〔37〕周仁等：《中国历代名窑陶瓷工艺的初步科学总结》，《考古学报》，1960 年第 1 期。

〔38〕Nigel Wood：《中国法华釉的研究》，《1989 年古陶瓷科学技术国际讨论会论文集》，上海科学技术文献出版社，1989 年。

〔39〕周仁等：《景德镇制瓷原料的研究》，《中国古陶瓷论文集》，文物出版社，1987 年。

第四节　装饰技术

〔1〕按照马文宽先生研究，伊朗人阿布尔 · 卡西姆（Abu'l-Qasim）于 1301 年在大不里士

(Tabriz) 著有一篇关于制造壁砖和陶器的论著，现保存有两个抄本，分别为回历 700 年（1301 年）和回历 991 年（1583 年）。该文献对于钴料的产地、种类、性能及配方有详细的说明，文中第八节记载了第六种原料——拉杰瓦德（Lajvard）石。它产于卡善的卡姆萨尔（Qamsar）村，那里的人们说是先知苏莱曼（Sulaiman）发现的，故工匠称之为“苏莱马尼”（Sulaimani）。它很像一种外壳闪有银光的硬黑石。从此石中提炼出拉杰瓦德色料，制成拉杰瓦德色釉。文中第 24 节记“在白地上彩绘……用苏莱马尼，呈拉杰瓦德（蓝）色”。上述内容，英国学者阿伦（Allan）曾给予详细的注释，他认为，文中所说的“拉杰瓦德”指的一定是钴矿；这种“外壳闪有银光的硬黑石”的描述很适合于含钴的硫砷物，更好的辉砷钴矿（Cobaltite）。参阅马文宽：《唐青花瓷研究》，《考古》，1997 年第 1 期。

〔2〕张福康：《中国古陶瓷的科学》，第 119 页，上海人民美术出版社，2000 年。

〔3〕陈尧成：《回青的科学解释》，《2009 年古陶瓷科学技术国际讨论会论文集》，上海科学技术文献出版社，2009 年。

〔4〕王世懋：《窥天外乘》，《纪录汇编》，景明刻本。

〔5〕王宗沐修、陆万垓增纂：《江西省大志》卷七《陶书·回青》，第 832 页，南京图书馆藏万历版《江西省大志》影印本，北京线装书局，2003 年。

〔6〕王宗沐修、陆万垓增补：《江西省大志》卷七《陶书·回青》，第 835 页，南京图书馆藏万历版《江西省大志》影印本，北京线装书局，2003 年。

〔7〕《明神宗实录》卷三〇一。

〔8〕承焕生等：《嘉靖官窑青花的 PIXE 研究》，《2009 年古陶瓷科学技术国际讨论会论文集》，上海科学技术文献出版社，2009 年。

〔9〕高濂：《燕闲清赏笺》，《美术丛书》，第 1928 页，江苏古籍出版社，1986 年，据 1936 年神州国光社第三版影印。

〔10〕宋应星：《天工开物》卷中《陶埏·画碗青》，第 80 页，万卷出版公司，2009 年。

〔11〕王宗沐修、陆万垓增纂：《江西省大志》卷七《陶书·回青》，第 833 页，南京图书馆藏万历版《江西省大志》影印本，北京线装书局，2003 年。

〔12〕张福康：《中国古陶瓷的科学》，第 124 页，上海人民美术出版社，2000 年。

〔13〕陈尧成等：《历代青花瓷和着色青料》，《中国古代陶瓷科学技术成就》，上海科学技术出版社，1985 年。

〔14〕陈尧成等：《明代宣德青花黑点的形成》，《硅酸盐通报》第 14 卷 2 期，1986 年 6 月。

〔15〕张福康：《中国古陶瓷的科学》，第 125 页，上海人民美术出版社，2000 年。

〔16〕吴隽等：《景德镇青花瓷彩上斑点显微结构的研究》，《无机材料学报》14 卷 1 期，1999 年 2 月。

〔17〕张福康：《中国古陶瓷的科学》，第 117 页，上海人民美术出版社，2000 年。

〔18〕张福康等：《景德镇历代釉里红和填红的研究》，《1995 年古陶瓷科学技术国际讨论会论文集》，上海科学技术文献出版社，1995 年。

〔19〕张福康：《我国古代红绿彩瓷的研究》，《1999 年古陶瓷科学技术国际讨论会论文集》，上海科学技术文献出版社，1999 年。

〔20〕王宗沐修、陆万垓增纂：《江西省大志》卷七《陶书·颜色》，第 861 页，南京图书馆藏万历版《江西省大志》影印本，2010 年。

〔21〕张福康：《中国古陶瓷的科学》，第 135 页，上海人民美术出版社，2000 年。

〔22〕张福康：《我国古代釉上彩研究》，《硅酸盐学报》第 8 卷第 4 期，1980 年 12 月。

〔23〕张福康：《中国古陶瓷的科学》，第 140 页，上海人民美术出版社，2000 年。

〔24〕杨穗敏：《瓷器装饰中戗金和描金的异同与鉴定》，《文物鉴定与研究》，文物出版社，

2002 年。

〔25〕张志刚等：《明洪武时期青花瓷研究》，《1999 年古陶瓷科学技术国际讨论会论文集》，上海科学技术文献出版社，1999 年。

〔26〕承焕生等：《景德镇元明清民窑青花的 PIXE 研究》，《2005 年古陶瓷科学技术国际讨论会论文集》，上海科学技术文献出版社，2005 年。

〔27〕张志刚等：《明代永乐青花瓷器》，《1989 年古陶瓷科学技术国际讨论会论文集》，上海科学技术文献出版社，1989 年。

〔28〕承焕生等：《嘉靖官窑青花的 PIXE 研究》，《2009 年古陶瓷科学技术国际讨论会论文集》，上海科学技术文献出版社，2009 年。

第五节　装烧和窑炉技术

〔1〕王宗沐修、陆万垓增纂：《江西省大志》卷七《陶书·窑制》，第 845 页，南京图书馆藏万历版《江西省大志》影印本，北京线装书局，2003 年。

〔2〕刘新园等：《景德镇湖田窑考察纪要》，《文物》，1980 年第 4 期。

〔3〕北京大学文博学院考古系等：《江西省景德镇市珠山明清御窑遗址 2004 年的发掘》，《考古》，2005 年第 7 期。

〔4〕北京故宫博物院等：《江西景德镇丽阳瓷器山明代窑址发掘简报》，《文物》，2007 年第 3 期。

〔5〕王上海：《从景德镇制瓷工艺的发展谈葫芦形窑的演变》，《文物》，2007 年 3 期。

〔6〕宋应星：《天工开物》卷中《陶埏·画碗青》，第 80 页，万卷出版公司，2009 年。

〔7〕王宗沐修、陆万垓增纂：《江西省大志》卷七《陶书·窑制》，第 844 页、第 845 页，南京图书馆藏万历版《江西省大志》影印本，北京线装书局，2003 年。

〔8〕栗建安：《德化明代窑址的发现与发掘》，《2002 年古陶瓷科学技术国际讨论会论文集》，上海科学技术文献出版社，2002 年。

〔9〕朱伯谦：《龙泉大窑古瓷窑址发掘报告》，《龙泉青瓷研究》，文物出版社，1989 年。

〔10〕中国社会科学院考古研究所浙江工作队：《浙江龙泉安福龙泉窑址发掘简报》，《考古》，1981 年第 6 期。

〔11〕福建省博物馆：《漳州窑》，福建人民出版社，1997 年。

〔12〕福建省博物馆：《平和五寨洞口窑址的发掘》，《福建文博》1998 年增刊，1998 年 9 月。

〔13〕刘振群：《窑炉的改进和我国古陶瓷发展的关系》，《中国古陶瓷论文集》，文物出版社，1982 年。

〔14〕宋应星：《天工开物》卷中《陶埏》，第 8 页，凤凰出版社，2012 年。

〔15〕王宗沐修、陆万垓增纂：《江西省大志》卷七《陶书·砂土》，第 819 页，南京图书馆藏万历版《江西省大志》影印本，北京线装书局，2003 年。

〔16〕戴粹新：《湖田古瓷窑匣钵的研究》，《景德镇陶瓷学院学报》，1982 年 10 月。

第九章

清代以景德镇为中心的瓷器技术

清代开拓并治理了千余万平方千米的广袤土地，统一的多民族国家进一步得到巩固和发展。康熙皇帝励精图治，苦研儒学，提倡程朱理学，设馆编纂《古今图书集成》《佩文韵府》《全唐诗》和《康熙字典》等。轻徭薄赋，经济繁荣，渐有盛世景象。雍正皇帝勤于政务，实施“摊丁入亩”政策，解除了农民对封建国家的人身依附，商品经济发展，四大名镇兴起，江南城镇星罗棋布。乾隆皇帝承两代之荫，促进了多民族国家的融合与经济发展。由于政治稳定、经济文化事业发展，清康熙、雍正、乾隆三朝人口大幅增长，全国税收也相应增加。

顺治末年，全国人口不到两千万，乾隆末年则达到三亿。顺治末年，岁征银2150余万两、粮640多万担。乾隆末年，岁征银2900余万两、粮830多万担。[1]“自康熙之年至乾隆六十年，凡一百三十余年，可算是大清帝国的黄金时代”[2]。

以景德镇为代表的中国古代制瓷工艺，从技术角度看是以清三代（康熙、雍正、乾隆三朝）为它的鼎盛期，形制之实用而纷繁、瓷质之良、色釉之多、彩料之美、画工之巧，正如许之衡《饮流斋说瓷》所言：“几于鬼斧神工，三朝鼎盛殆叹观止矣。”清三代不仅瓷质优良，装饰美观，而且生产规模大，正如文献所记：雍正、乾隆年间，景德镇“周延十余里”，“民窑二三百区，终岁烟火相望，工匠人夫不下数十余万，靡不借瓷资生”[3]；所产瓷器不仅供皇家御用和赏赐所需，而且还“行于九域，施及外洋”[4]。

第一节　清代景德镇御窑厂、郎窑及其制瓷成就

清廷立国之初就接管了景德镇御器厂。康熙年间，御器烧造步入繁荣时期，雍正四年至乾隆二十一年（1726—1756年）为清代御窑的鼎盛时期。清代御窑的繁荣和昌盛与其比较先进的管理制度有关。清代郎窑为康熙四十四年至五十年间（1705—1711年）江西巡抚郎廷极主持的一座私家窑。清代景德镇烧造的高温色釉主要有青釉、郎窑红、桃花片、祭红、洒蓝、天蓝釉、青金蓝、茶叶末、窑变花釉等。低温色釉主要有：胭脂水、炉钧、钧红、黄釉、孔雀绿、金釉、银釉和素三彩等。

清代青花发色以康熙时期最佳，由于“分水”技艺精纯，往往一器之上的画面层次呈现七色或九色色阶。雍正釉里红又名宝烧红，鲜艳而明丽。康熙五彩所用色彩比明代增多，其中矾红彩料表面光亮并闪现五光十色的光晕，同时在画风

上与大明五彩有很大不同。清代宫廷首现的珐琅彩瓷画具有阴阳向背、明暗深浅之分。康熙珐琅彩瓷装饰画面多以色底衬托，雍正珐琅瓷画善于突出物像的肌理质感，乾隆宫廷珐琅彩瓷多以精细入微的轧道技艺来衬托图案式的朵花，工巧华丽。雍正年间出现的粉彩，实际上是清宫造办处珐琅作的工艺家于雍正六年（1728年），在破解欧洲珐琅彩工艺、自行炼制出珐琅彩色料的基础上推出的一种新型装饰技法。

一、御窑厂

在清统一中国的军事征战中，明朝在景德镇设置的御器厂未遭受破坏，而被清廷接管，并由饶州府通判厅“总捕并清军，兼督景德镇烧造，设有衙署，驻扎御器厂”[1]。至迟于雍正十年（1732年），御器厂改称为御窑厂[2]。

清代景德镇御窑厂的生产大抵经历了恢复时期、繁荣时期、鼎盛时期和走向衰落时期四个阶段。

第一阶段（清顺治十一年至康熙十八年）为御器厂生产的恢复时期，御器生产尚不大正常。按照康熙二十一年（1682年）《浮梁县志》卷四《陶政》记载：“清顺治十一年至十四年（龙）缸造二百余口无一成器。经饶守道董显忠、王天眷、王瑛，巡南道安世鼎、巡抚部院郎廷佐、张朝璘俱亲临监督，纵不克成。顺治十六年，奉旨烧造栏板阔二尺五寸、高三尺，厚如龙缸。经守道张思明、工部理事官葛巴、工部郎中张日藻监督烧造，亦不成。”“康熙（十年）辛亥，部题烧造祭器，转行巡抚委府县监造。”[1]

第二阶段（康熙二十年至康熙二十七年）为御器厂的繁荣时期。康熙十九年清廷平定叛乱之后，皇室开始注重瓷器烧造事宜，据《钦定大清会典事例》卷一百五十九记载：康熙“十九年命内务府、工部司员各一人往江西烧造瓷器”。按照康熙二十三年（1684年）《饶州府志》卷十一《陶志考》所载，康熙十九年，清廷内务府和工部奉命前往景德镇御器厂督造御器烧造的具体官员是总管内务府广储司郎中徐廷弼、主事李延禧、工部虞衡司郎中加三级臧应选、六品笔帖式车尔德，他们于康熙二十年（1681年）二月进驻御器厂。又据同书记载，江西地方政府有关官员协同董理，其中有：饶九南道分巡查继培、饶州府知府黄家璘、饶州府同知陶燿。康熙“二十七年奏准停止江西烧造瓷器”[3]。蓝浦著、郑廷桂补辑《景德镇陶录》卷五《景德镇历代窑考》把这一时期的康熙官窑称为“臧窑”。其产品特色是：“土埴腻，质莹薄，诸色兼备，有蛇皮绿、鳝鱼黄、吉翠、黄斑点四种尤佳。其浇黄、浇紫、浇绿亦美。”[4]据刘廷玑《在园杂志》（成书于康熙五十四年）卷一的记载：清康熙二十年至康熙二十七年的景德镇御器厂产品的主要设计师为刘源，用《在园杂志》的原话说就是：“刑部主事伴阮兄源”，“在内廷供奉时，呈样瓷数百种，烧成绝佳，即民间所谓御窑者也”。《清史稿》卷五百零五对此有类似的记载：“时江西景德镇开御窑，（刘）源呈瓷样数百种，参古今之式，运以新意，备诸巧妙。于彩绘人物、山水、花鸟尤各极胜。及成，其精美过于明代诸窑。”刘源是康熙前期一位杰出的画家，史载其“于殿壁画竹，风枝雨叶，极生动之致，为时所称”[5]。传世的画作多在康熙前期，其中《马教师桃园修志图》，康熙元年（1662 年）作，藏北京故宫博物院；《墨竹图》，康熙八年（1669 年）作，藏北京故宫博物院；《烟火神仙图卷》，康熙十六年（1677 年）作，藏北京故宫博物院。据考证：刘源卒于康熙二十年后短短的几年中[6]。上述史料表明，刘源主要活动于康熙前期，刘源“呈样瓷数百种”实际上是为康熙二十年至康熙二十七年（1681—1688 年）的景德镇御器厂烧造御瓷而设计的。

第三阶段（雍正四年至乾隆二十一年）为御器厂的鼎盛时期。此时御器厂一般改称为“御窑厂”。按照《钦定大清会典事例》卷一百五十九记载：“雍正四年，遵旨委内务府官一人，于江西烧造瓷器。”督陶官为年希尧，其职衔是淮关监督兼理陶务[7]。雍正六年（1728 年）八月，清廷派遣唐英协助年希尧前往景德镇督陶，唐英于同年“十月内到（御）厂”管理御器烧造事项[8]。年希尧《重修风火神庙碑记》也记载了此事：“我自丁未之岁，曾按行至镇”，“越明年而员外郎唐侯衔命来偕余董其事”[9]。年希尧文中“丁未之岁”为雍正五年（1727 年）；“唐侯”是指唐英。唐英于雍正六年（1728 年）十月进驻御厂，直至雍正十三年（1735 年）十一月二日年希尧被革职的这七年间，年希尧督陶实际上是起承上启下的作用，即唐英于乾隆十年（1745 年）二月二十五日《奏请老格留厂协造折》中所云：“窃奴才于雍正六年奉差江西监造瓷器，一切烧造事宜，俱系奴才经管。”[10]

雍正十三年（1735 年）十一月二日，年希尧被革职，同月二十三日唐英奉命暂行管理淮关税务，停止原管制造瓷务[11]。乾隆二年（1737 年），唐英管理淮关税务兼理督陶[12]。乾隆四年（1739 年）调单管宿迁关税务兼烧造瓷器[13]。乾隆六年（1741 年）五月十五日内务府员外郎六十三奉命到九江关协理唐英管理御窑厂。同年五月十八日唐英陪同六十三自九江赴景德镇御窑厂署[14]。同年十二月，朝廷又派催总老格为御窑厂协造[15]。唐英自雍正六年（1728 年）直至乾隆二十一年（1756 年），担任景德镇御窑厂督陶官长达近二十八年之久。其上任之初，“茫然不晓，唯诺于工匠之意旨，惴惴不安”。唐英为了自己从陶瓷烧造的门外汉，变为精通陶瓷工艺的行家，“用杜门谢交游，聚精会神，苦心竭力与工匠同其食息者三年，抵九年辛亥，于物料、火候生克变化之理，虽不敢谓全知，颇有得于抽添变通之道。向之惟若于工匠意旨者，今可出其意旨惟诸夫工匠矣。因于泥土、釉料、坯胎、窑火诸务，研究探讨，往往得心应手。至于赏勤儆怠，矜老恤孤与夫医药棺槥拯灾济患之事，则又仰体皇仁寓赈贷于造作中之圣意”。在他主管下的御窑厂，烧造的御器不仅品种、花色繁多，工艺精美，而且年产量也达到相当高的水平。雍正九年至十三年（1731—1735 年），御器厂为皇廷“制进圆、琢等项不下三四十万件”[16]。乾隆五年（1740 年），唐英总结十多年来御器生产状况时写道：“岁虽縻帑项几及万金，而所得之大小瓷器，则岁亦不下数十万件。”[17]蓝浦著、郑廷桂补辑《景德镇陶录》卷五《景德镇历代窑考》谈到唐英督陶的成就时说得好：“公深谙土脉火性，慎选诸料；所造俱精莹纯全，又仿肖古名窑诸器，无不媲美；仿各种名釉，无不巧合；举工呈能，无不盛备。又新制洋紫、法青、抹银、彩水墨、洋乌金、珐琅画法洋彩、乌金、黑地白花、黑地描金、天蓝、窑变等釉色器皿。土则白壤而埴，体厚薄唯腻，厂窑至此集大成矣。”

第四阶段（乾隆二十二年至宣统）为御器厂走向衰落时期，御用瓷器的烧造质量和产量均日趋下降。清康熙、雍正和乾隆朝（俗称清三代）御窑的繁荣和昌盛与其比较先进的管理制度有关。早在顺治二年（1645 年），清世祖就下达诏令，取消明代的匠籍制，“前明之例，民以籍分，故有官籍、民籍、军籍、医、匠、驿、灶籍，皆世其业，以应差役，至是除之”[18]。康熙十九年（1680 年），清圣祖下诏：“动用江西藩库正项钱粮烧造瓷器，以供内用”[19]；“凡工匠物料题明，动支正项钱粮，按项给发。至于运费等项，毫不遗累地方”[1]；“雍正五年二月奏准，（御瓷制作）停用正项钱粮，于淮关盈余银两内动支烧造……所用钱粮岁底呈销内务府”[19]。

自雍正六年到雍正十三年，“每年烧造钱粮，皆系淮安监督年希尧自淮安板关陆续运解来厂，计烧造所费，岁不过八千余两”[20]；“经内大臣海望议复，每年于淮关留存银内支领一万两，以为烧瓷之用。如有不敷，再行奏请添支”；“或于九江关内赢余内，每年动支一万两，如不敷用，再行奏请添支，年满报销”[21]。由于皇廷提供的制瓷经费充足，使得督陶官可以实施，“一应工价饭食、泥土、釉料俱照民间时价采买，毫无当官科派之累；再众工婚丧、劝赏以及医药、置产之用并在于内”[16]；“窑价公发之外，增添酒食”[22]。

在烧成制度上，尽管继承前明传统，御窑厂的各种坯件的烧成全部“搭烧民窑”，但是照数给值，无派役之累，即使烧成次品，也不追究承烧窑户的责任，正如龚鉽《景德镇陶歌》所咏：“御窑诸作办钦单，宫式全颁自内官。坯就搭烧民户领，不赔龟瓶圣恩宽（厂器造成搭烧民窑，跷损一体解运）。”唐英由于忠于职守，管理得法，把中国古代制瓷技术推向高峰。

二、郎窑

清代郎窑为康熙四十四年至五十年（1705—1711 年）江西巡抚郎廷极主持的一座私家窑。郎廷极，字紫衡，于康熙二年（1663 年）生于盛京广宁（今辽宁北镇县），入仕之初，荫授江宁府同知，后迁云南顺宁知府。康熙四十四年（1705 年）四月己丑奉旨升任江西巡抚驻于南昌府，康熙五十一年（1712 年）钦命兼任两江总督后离开江西驻于江宁。五十一年十月丙寅出任漕运总督，五十四年（1715 年）卒[23]。

关于郎窑的性质，可从成书于康熙五十二年（1713 年）许志进《谨斋诗稿·癸巳年稿》[24]和成书于康熙五十四年（1715 年）的刘廷玑《在园杂志》[25]所记郎窑的烧造活动中显示出来。许志进《谨斋诗稿·癸巳年稿》中的《郎窑行戏呈紫衡中丞》诗中吟诵到郎窑的特点时写道：“郎窑本以中丞名”，“中丞嗜古得遗意，政治余闲程艺事”，“比视成宣欲乱真”。诗中“紫衡”系指郎廷极，字紫垣；“中丞”乃指郎廷极的官职，因为郎廷极于康熙四十四年至五十年（1705—1711 年）间任职江西巡抚。诗中所写“政治余闲程艺事”，表明郎廷极制作瓷器是“政治余闲”的一种业余爱好；诗中所写“嗜古得遗意”，表明郎廷极烧造瓷器是专攻仿古瓷。许志进《谨斋诗稿·癸巳年稿》中的《戏赠叶生》诗中所说“混入成宣价更高”，则进一步说明郎廷极从事仿古瓷主要是着力仿明代成化官窑和宣德官窑的研制。

刘廷玑《在园杂志》对清康熙年间的郎窑作了类似的记载。按照刘廷玑《在园杂志》卷四所载，郎窑专攻仿古瓷，有如下三类产品：一是仿明宣德、成化官窑颜色釉瓷，用《在园杂志》的原话说就是："其摹成、宣釉水、颜色、橘皮、棕眼、款字酷肖，极难鉴别"；"曹织部子清始买得脱胎极薄白碗三只"，"与真成毫发不爽"；二是仿明代釉上描金，"予初得描金五爪双龙酒杯一只，欣以为旧。后饶州司马许玠以十杯见贻，与前杯同，询之乃郎窑也"；三是仿明宣德青花，"又于董妹倩斋头见青花白地盘一面，以为真宣也。次日董妹倩复惠其八"。有学者认为，刘廷玑《在园杂志》卷四文中提到的"始买得脱胎极薄白碗三只"的"曹织部子清"，即为康熙朝江宁织造、《红楼梦》作者曹雪芹的祖父曹寅[26]。

由于许志进、刘廷玑与郎廷极生活在同一历史时期，而且都在康熙四十年至四十三年（1701—1704年）在清廷任要职，其中许志进于康熙四十年至四十三年（1701—1704年）任职给事中[27]；刘廷玑于康熙四十三年（1704年）任江西按察使一职[28]，所以许志进《谨斋诗稿·癸巳年稿》和刘廷玑《在园杂志》卷四所记郎窑及其产品应属确凿无疑。另外，从许志进《谨斋诗稿·癸巳年稿》和刘廷玑《在园杂志》所记郎窑及其产品特征可知，郎窑属康熙年间的一座私家窑场，其产品主要在上层社会流通和作礼品赠送给同僚，而且从未承担过烧造"贡瓷"的任务。正是基于这种原因，所以清宫档案和景德镇康熙、乾隆等版《浮梁县志》以及成书于清乾隆年间的朱琰《陶说》、成书于嘉庆二十年（1815年）《景德镇陶录》记载清代景德镇御器厂及其产品，均未涉及郎窑。

三、高温颜色釉瓷

清代景德镇烧造的高温色釉主要有青釉、郎窑红、桃花片、祭红、洒蓝、天蓝釉、青金蓝、茶叶末、窑变花釉等。

康熙青釉器的釉色匀净，色如豆青，装饰以刻花为主。除纯色的豆青器外，尚有豆青地釉里红、豆青地青花加红彩等。雍正青釉有粉青、冬青、豆青、仿龙泉等多种。从色泽上看，粉青最淡，冬青稍深，豆青最重。从工艺上看，青釉制作到雍正朝才真正完全成熟，因为只有雍正青釉器，才能达到相同器物的色泽保持一致。乾隆青釉器除采用刻花、印花装饰外，有时还启用豆青地堆白花技法予以美化。乾隆青釉器，不论官窑还是民窑，其中有一部分器物往往在圈足上涂抹一层黑色釉酱，不过这类圈足上的黑釉多数有剥落痕。

郎窑红属高温铜红釉，为清代康熙年间郎窑首创，它在外观上同明永乐、宣德和清代祭红釉差别很大。康熙郎窑红有两种：一种是单层釉；另一种是双层釉。单层釉器物施釉较薄，开有细片纹，琢器口沿处的釉面在高温熔融下往往垂流，使器口显露胎骨，并使器上半部为浅红色或淡青色，釉面接近露胎处，一般呈白色或米黄色。双层釉器物，釉质凝厚，釉面匀净，无垂流，多开有较深纹路的片纹，釉色浓淡不一：深色红艳，浓者泛黑，间有黑色小点与渍久形成的酱色污垢斑点和纹路；浅色粉红如桃花。康熙郎窑红器内釉为白色，或米黄色，或微泛青色，开有片纹。器身黑褐色的垂釉多不过底足旋削线，俗称"郎不流"。康熙郎窑红器口和足部，涂施一层厚而含粉质的白釉或浆白釉。康熙郎窑红器多见瓶、碗、盘、盂。

桃花片，又称“桃花红”、“娃娃脸”、“美人醉”，属康熙年间烧造的名贵的高温颜色釉瓷品种。它的外观特征是局部呈现浓淡相应的仙桃红色，其间散布着一些绿色苔点，某些部位红中泛绿，甚至出现苹果绿。色泽柔和，莹润秀丽。美人醉釉多为小件器物，大多是文房用具，如印盒、水盂、笔洗等。另外还有少量的柳叶瓶、菊瓣瓶之类。

康熙祭红，红釉色彩多泛黑，个别的较为浅淡鲜亮。釉面失透深沉，釉如橘皮。有的因釉质较粗而呈垂流状，足边往往因垂流积釉而呈黑褐色。器物有瓶、盘、碗之类。雍正祭红，釉质与色调较康熙祭红更为润泽艳丽，绝大部分釉面无片纹，釉色浓淡不一，红润光洁。

康熙、雍正时期高温蓝釉有三大类：一是洒蓝，二是天蓝釉，三是青金蓝。清代康熙、雍正洒蓝属仿明宣德洒蓝制品。康熙洒蓝釉面布满均匀的水渍样蓝色斑点，莹润清新，器口边的白釉凝厚古朴，多辅以描金装饰。雍正洒蓝釉色浅淡，浅蓝透白的斑片相间匀称，模印的白花纹饰突起。

天蓝釉为清代康熙年间景德镇窑场的创新产品，康熙天蓝釉用微量钴为着色剂，釉呈晴天蓝空之色，淡雅幽闲。雍正天蓝釉匀润细净，色深者如雨过天晴后的蓝天。乾隆天蓝釉因釉质肥润，积釉处微泛极淡的黄绿色。

雍正青金蓝是受康熙洒蓝影响而创新的品种，刻意仿青金石的颜色，在微显青白色的釉面上，加吹深浅不一的宝蓝色釉，形成青、蓝、白错落有致的斑点，并伴有黄褐金星色彩，娇艳显目。

茶叶末为我国传统结晶釉，釉面呈失透状，釉色黄、绿掺杂，颇似茶叶细末。茶叶末釉始于唐，清代雍正、乾隆朝景德镇御器厂的烧造技术十分成熟，使其一跃而成为名贵的色釉品种。从传世实物看，以雍正和乾隆时期产品为多见。雍正茶叶末釉偏黄的居多，呈色类似鳝鱼黄，釉面平整，在青褐色釉中，散布有不规则的黄色星点。乾隆茶叶末釉，偏绿的居多，釉色深者略显黑褐色，浅者因黄色小黑点较多而显黄色。釉面或有棕眼和丝纹，不及雍正釉滋润，器足为黑褐色。

唐英主持清代景德镇御器厂时，为了仿造宋、元钧窑名瓷，于雍正年间特地派遣吴芝圃去河南钧州考察，他在题为《春暮送吴芝圃之均州》诗中写道：“……此行陶冶赖成功，钟鼎尊罍关国宝。玫瑰翡翠倘流传，搜物探书寻故老。”[29]唐英又在《陶成纪事碑记》中载：“仿内发（均釉）旧器”，“新得新紫、米色、天蓝、窑变四种”。窑变是釉在窑内自然变化所产生的色泽。雍正、乾隆年间，唐英主持的景德镇御器厂采用两种不同的着色剂烧制成窑变花釉。雍正窑变蓝、紫、绿、酱、青、褐等色与红色交织，千变万化，流荡的条丝和斑片，有火焰青、火焰红之称。乾隆窑变红、蓝、月白各色交织成块状的斑片和条纹，不及雍正时釉面流动多变。乾隆晚期窑变釉中的月白与蓝色较少，成为缺乏变化的红色釉。雍正年间景德镇御器厂创烧的铁锈花釉，釉面颜色呈铁锈色，釉中有大量氧化铁析晶出来的细小晶体，就像一朵朵闪有金属光泽的雪花状鳞片涂在釉面，釉色间有紫、褐、红，在有光泽的釉面之上，杂有闪光的铁质黑色丝纹或斑点。雍正年间创烧的旧玉釉，为较淡的赭色，有隐约的纹片，形似碎玉状。雍正木纹釉，纹理接近淡黄色。

四、低温色釉

清代景德镇窑场烧造的低温色釉主要有：胭脂水、炉钧、钧红、蛋黄釉、孔雀绿、金釉、银釉和素三彩等。

低温胭脂水釉，色如胭脂，又称“蔷薇红”、“洋金红”、“玫瑰红”。浅者为胭脂水，浓者为胭脂紫。康熙晚期烧成，雍正、乾隆两朝颇为流行。胎骨采用上等薄胎白瓷，器外施胭脂水釉，匀净明艳。里釉极白，因外釉所照，映出极其美丽的淡红色，显得娇润欲滴。

雍正、乾隆年间，景德镇仿钧窑釉制品称为炉钧。正如《南窑笔记·官窑》所云：“炉钧一种乃炉中所烧，颜色流淌中有红点者佳，青点次之。”它是先以高温烧成涩胎，釉色在低温炉中第二次烧成。炉钧分晕、素两种：晕者有金红色斑点；素者不见金红。雍正炉钧釉厚不透明，釉面开细小片纹，其结晶体呈深浅不一的红、蓝、紫、绿、月白，组成各种长短不同的垂流条纹，釉中红色似刚熟的高粱穗色，蓝色釉水成水波状。乾隆炉钧变为交织的蓝、绿、月白各色条纹和垂流状小片斑，其中蓝色釉成密集点状，底足漆黑。

康熙黄釉器一般为素面，其色较明弘治浇黄釉为深。景德镇于雍正年间创烧的淡黄釉，为掺杂有粉质的乳浊釉，比明代浇黄釉更为浅淡，似蛋黄色，又名“蛋黄釉”。乾隆黄釉呈色深浅不一，但以浅淡含有粉质的蛋黄釉为佳。

金釉、银釉是在器物外壁釉上涂以金粉或银粉，烧出后似纯金、银一样辉煌。康熙银釉器，有的内外同时涂施，有的则在器内特意镶嵌银色壳。乾隆金釉器，有时金釉上面加饰粉彩瓷画。

康熙高碱绿釉的烧造比明代更为成功，色泽浓重葱翠或色淡而艳，釉面均开有细碎片纹，垂流处呈现透明的玻璃体，但是薄釉处常常出现剥落。乾隆孔雀绿釉施釉较薄，绿色明艳，釉至足边稍有垂流。

素三彩又称“釉下三色”，以黄、绿、紫三色为主，属低温彩釉。创于明代，明成化时期已达很高的水平，正德、嘉靖、万历间有很大发展。康熙素三彩比明代有所发展，在色彩上，除常见的黄、绿、紫外，增加了釉上蓝色，而且还有雪白（用铅粉和石英熔制成的低温透明玻璃，即 $PbO\text{-}SiO_2$ 玻璃粉）。在技法上常用绘画方法勾描花卉、禽鸟、荷花等图案，并用色地衬托，例如黄地、绿地、紫地、米地等，其中以墨地素三彩最为名贵。

五、釉下彩

清代景德镇釉下彩主要有青花和釉里红。顺治青花器，多见庙宇中佛前供器，发色稍显灰暗；但流散到海外的出口瓷，青花发色则比较青翠。康熙早期青花发色泛青，中期青花，呈色鲜蓝青翠，明净艳丽，清朗不浑，艳而不俗，有的呈宝石蓝，鲜艳而无火气。青花“分水”技艺精纯，往往一器之上的画面分七色、九色之多，富有层次节奏感和立体感，结合晕染法的使用，使青花接近国画题材的表现境界。康熙晚期青花纹样生动活泼，充满浓郁的生活气息，画山水多用披麻皴画法，线条纤细而刚劲，给人以景物深远，于幽静中富有诗意。雍正青花色调有蓝、浅蓝、青翠数种，纹样以花蝶、石榴、三果、竹石、折枝花卉等为主，画面构图从康熙时期的“顶天立地”，纹样满布器身，改为用笔纤细，画面退之一隅，画风工丽，意境深邃，尤其是花卉瓷画更是细腻妩媚隽秀尔雅。乾隆青花瓷画呈色淡雅，画面繁缛，细巧有余，浑厚不足。

釉里红由于烧成难度大，明代只在洪武、永乐、宣德时期一度盛行后即消失。清康熙朝恢复了釉里红的生产，传世康熙釉里红基本上为官窑器。早期的色调有多种表现：浓重的有凝厚感，浅淡呈粉紫色，细笔线条清晰而深沉，如同刻划一般；中期的釉里红团龙、团凤纹饰，线条纤细清晰。雍正釉里红又名“宝烧红”，制作比康熙更为鲜艳而精细，但描绘的色调较为轻淡。乾隆釉里红有深浅不一的多层色阶，所绘纹样趋于图案规矩化。

釉下青花和铜红在同一器物上烧造始于元代，但元青花釉里红以涂抹为主。明代青花釉里红的成功之作也较少。清康熙前期青花釉里红主要是官窑器，到了康熙晚期，青花釉里红也有较大发展。雍正青花釉里红是历史上烧制最为成功的，青花和釉里红两种呈色，在同一件器物上都能烧得十分鲜艳。乾隆青花釉里红，青花色泽浓艳，釉里红则显淡雅，红色中常见绿色苔点。清康熙朝还创烧出釉里三彩，除了青花、釉里红外，又增加了一种以铁为着色剂的釉下豆青色，此类制品也以官窑为主。

六、釉上彩

清代景德镇釉上彩主要有五彩、珐琅彩、粉彩、浅绛彩四大类。嘉庆、道光年间，广州出产的广州织金彩（简称为广彩）也属釉上彩。

（一）五彩和墨彩

清代釉上五彩主要流行于康熙朝。由于雍正粉彩出现以后，五彩几乎被粉彩所取代，因而康熙釉上五彩又称古彩。康熙五彩所用色彩比明代增多，常用色料有矾红、黄彩、紫彩、绿彩、蓝彩、金彩和黑彩。其中釉上蓝彩（又称釉上古翠）为康熙朝所创，从而取代了釉下青花色料。明代的矾红彩多呈浓重的枣皮色，康熙矾红彩料表面光亮并闪现五光十色的光晕。黄彩为深浅不一的蜜蜡黄。紫彩深者呈茄皮色，浅者为葡萄紫。绿彩色调多样，常见有墨绿、黑绿、大绿、水绿等。蓝彩多用于绘画山石。黑彩漆黑光亮，一般用于勾勒物像的轮廓，也有用于点染人物发髻、衣襟、鞋靴。施彩时，矾红、金彩和黑彩都是平涂，用手触摸没有凸起感，且都不透明。绿彩、蓝彩、黄彩则有明显凸起感，且都有较好的透明度。用于绘制植物叶片的绿彩，呈透明的翠绿色，再加外形凸起，宛如一颗颗镶嵌在瓷器上的翡翠。蓝彩有明显凸起感，但没有光泽，其外观犹如烧焦的锅巴。金彩用得较少，其附着力不强，易褪色。

康熙官窑五彩纹饰常见龙、凤、花、果、鱼、鸟等。康熙民窑五彩题材十分丰富，除了花卉、梅、雀、古装仕女以及其他常见的纹样外，大量采用以戏曲、小说，例如《西厢记》《水浒》《三国演义》《岳飞传》等题材的人物故事画为主题。康熙五彩人物画因受明末画家陈洪绶的影响，画风夸张奇特，人物面部不正。

康熙五彩在画风上与大明五彩有很大不同：大明五彩把各种形象压缩成剪影效果平铺在器皿上，具有较强的图案性装饰；康熙五彩则为绘画性的纹样，画意浓郁，意境深邃。

康熙中期出现的墨彩，后来成为釉上彩的一个独立品种。康熙墨彩着色浓重，彩釉配制纯净，又于彩上涂施一层透明釉，烧就的墨彩有漆黑莹亮的特点。康熙墨彩中还有一种是以绿彩打底来衬托墨彩纹饰，使得墨彩画面更加浓郁晶亮。康熙墨彩瓷画以花卉禽鸟为主。雍正墨彩往往采用纤细的画笔在釉面上绘画纹饰，墨色浓淡有致，风格轻盈，线条纤细，层次分明，犹如于纸绢上作的水墨画。乾隆墨彩继承雍正朝的风格，施彩浅淡，渲染描绘似水墨国画，偶有加施珊瑚红彩〔30〕。

（二）珐琅彩瓷

珐琅彩瓷即珐琅彩瓷画，又名“瓷胎画珐琅”，它是用珐琅为色料在瓷胎釉面上作画，再入炉低温烤烧而成。我国金、元、明釉上彩瓷和清代五彩（除矾红外）的色彩均为平涂，所作纹装饰趋于图案化，画面物象缺乏立体感和真实感。清代宫廷首现的珐琅彩瓷画具有阴阳向背、明暗深浅之分，形象生动活泼。

清代珐琅彩瓷均在清宫制作，康熙宫廷珐琅彩瓷至迟于康熙五十七年（1718年）烧成。而当时的彩料完全依赖欧洲进口，装饰画面多以黄、蓝、紫红或豆绿为色底，或绘牡丹，或写月季，或画莲花，或勾菊花，突出花头之美，纹样趋于图案化。

雍正六年（1728年）清宫造办处工艺家自行炼制出国产珐琅彩料后，清宫珐琅瓷画的工艺和画风均发生变化（详见下文“粉彩”），清宫雍正珐琅瓷画善于突出物像的肌理质感，画意浓郁，集诗、书、画、印为一体，风格隽秀尔雅。乾隆朝宫廷珐琅彩瓷多以精细入微的轧道〔31〕技艺来衬托图案式的朵花，工巧华丽。乾隆朝宫廷珐琅彩绝大部分完成于乾隆早期，即乾隆四年至八年（1739—1743年）。其中，以乾隆五、六年数量达到高峰，之后数量极少，乾隆十四年（1749年）之后，清宫瓷胎画珐琅风华不再〔32〕。

1. 清宫康熙进口珐琅彩瓷

清宫康熙进口珐琅彩，乃指清康熙年间在清宫造办处珐琅作〔57〕烧造的瓷胎画珐琅，所用色料均从欧洲引进。清顺治七年（1650年），荷兰莱顿医生安德烈亚斯·卡修斯（Andreas Cassius）用氯化金（Gold Chloride）和锡调配出玫瑰色的金红发色剂〔33〕，并利用这种胶体金呈色剂而调配出珐琅彩〔34〕。它首先用于德国的玻璃器皿制造业〔35〕，后又被用于德国纽伦堡的瓷器装饰〔36〕。

由于耶稣会士们的媒介作用，欧洲珐琅彩艺术于18世纪初叶传入中国宫廷。清康熙四十九年（1710年）梵蒂冈传信部派遣一名教士画家马国贤（Matteo Ripa）来中国服务。他在1716年3月写的日记中谈道：“康熙皇帝对欧洲的珐琅着了迷，想法子将珐琅画的新技术引进到宫中作坊来。好在宫中有欧洲输入的大件珐琅器可资参考、仿效；再加上中国人原有的瓷器上施彩经验，珐琅的烧制应该办得到。”〔37〕

清宫造办处工艺家于康熙五十七年将欧洲原用于玻璃装饰的进口珐琅彩料，

移植于中国的瓷器装饰艺术之中。可从下述文献、实物资料和测试资料得到印证：第一，清圣祖于康熙五十七年（1718 年）六月二十五日赏赐一个珐琅彩瓷碗给两广总督杨琳[38]；第二，康熙六十年（1721 年），葡萄牙国王克莱门特十一世（ClementⅪ）的使臣麦嘉（Mezza Barbal）及同行的博尔戈（Angelo de Borgo San Siro OFM）来到北京。后者在书中提到康熙皇帝给他们看宫中做的珐琅彩瓷，并且赠送 10 个珐琅瓶、136 个玻璃瓶和 128 个瓷瓶及 16 张国画等礼物给葡萄牙国王[39]；第三，清宫存留多件署款“康熙御制”的珐琅彩瓷，这就充分表明康熙朝珐琅彩瓷烧制成功。

然而，康熙清宫烧造珐琅彩瓷用的是进口料，对此，著名瓷学家郭葆昌在《参加伦敦中国艺术国际展览会出品图说》第二册《瓷器》中提到：康熙瓷胎画珐琅“颜料也用西来之品”。冯秉正（Joseph-Anne-Marie de Moyriac de Mailla）神父 1720 年（康熙五十九年）10 月 16 日书简中也有表述：“五六年以来，奉陛下的诏令而在那里工作的中国人，都取得了可观的进步……我们于此（清宫）处于绝对缺乏欧洲颜料的境地。商船未曾运来过任何这种颜料，而中国的颜料却大部分都无济于事。”[40]另外，测试资料表明，康熙珐琅彩的化学成分也与中国传统釉上彩的差别较大（详见本章第四节装饰技术）。

2. 清宫雍正国产珐琅彩

雍正六年（1728 年）二月，清宫开始自行试制珐琅彩料，对此文献有明确记载：“雍正六年二月二十二日，柏唐阿、宋七格等奉怡亲王谕：‘着试烧炼备用珐琅料，遵此。’[41]（图 9－1－1）于本日员外郎沈喻、唐英说：此系怡亲王着试烧珐琅料，所用钱粮另记一档，以待试炼完时再行启明入档。本日遂交柏唐阿、宋七格。”[42]

经过五个月的研发与试验，清宫造办处的匠师终于自行烧炼出国产珐琅料，对此文献也有明确记载：“雍正六年七月十二日，据圆明园来帖内称：本月初十，怡亲王交西洋珐琅料：月白色、白色、黄色、绿色、深亮绿色、浅蓝色、松黄色、浅亮绿色、黑色，以上共九样。旧有西洋珐琅料：月白色、黄色、绿色、深亮蓝色、浅蓝色、松黄色、深亮绿色、黑色，以上共八样。新炼珐琅料：月白色、白色、黄色、浅绿色、亮青色、蓝色、松绿色、亮绿色、黑色共九样。新增珐琅料：软白色、香色、浅松黄色、藕荷色、浅绿色、酱色、深葡萄色、青铜色、松黄色，以上共九样。”[43]（图 9－1－1）

嗣后，清宫造办处珐琅作陆续烧制出一批又一批的国产珐琅彩料。例如，雍正七年（1729 年）“十一月初二日，郎中海望、员外郎毗满传：为陆续烧造珐琅活计，着炼珐琅料三十四斤备用，记此。于本月二十日烧炼得各色珐琅料三十四斤，陆续画活计用讫。二十六日又传：为陆续烧造珐琅活计，着配珐琅料广白二十斤、月白二十斤、松绿五斤、大绿五斤、水黄十斤。记此。十二月二十日炼得，陆续画活计用讫”[44]。

另外下述两则史料，记录了怡亲王于雍正六年（1728 年）九月在清宫造办处挑选两名学配制珐琅红彩的技术人员，以及在清宫从事炼制珐琅彩料的杰出匠师——邓八格等在雍正八年（1730 年）三月初六日受到雍正皇帝奖赏的史实：

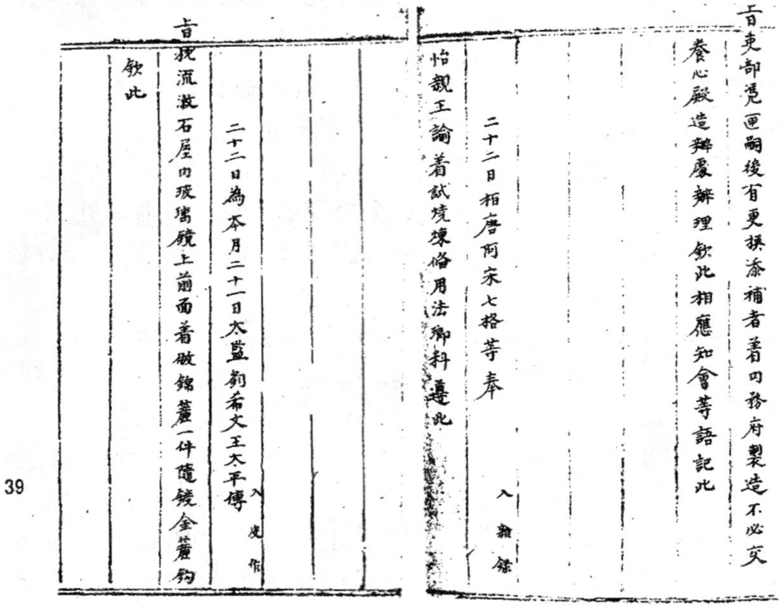

旨吏部覔画嗣後有更换添補者着内務府製造不必交
養心殿造辦處辦理欽此相應知會等語記此

二十二日栢唐阿宋七格等奉　入雜錄
怡親王諭着試燒煉㕘用法瑯料遵此

二十二日為本月二十一日太監劉希文王太平傳　入皮作
旨抚流激石屋内玻璃鏡上面着做錦簾一件隨鏡金簾鈎
欽此

39

图9-1-1 中国历史第一档案馆等：《清档内务府造办处档案总汇·雍正六年》载雍正六年二月二十二日清宫开始自行试制国产珐琅彩料

“雍正六年九月初二日，首领太监吴书来说，奉王谕：‘今配烧珐琅用的红料，将玻璃柏唐阿着吴书挑选二名学配红料。遵此。’”[45]雍正八年“三月初六日，据圆明园来帖内称：郎中海望持进画飞鸣食宿雁珐琅鼻烟壶一对，呈进。奉旨：‘此鼻烟壶画得甚好，烧造得亦甚好。画此珐琅是何人？烧造是何人？钦此’。海望随奏称：‘此鼻烟壶系谭荣画的，炼珐琅料是邓八格，还有太监几名、匠役几名，帮助办理烧造’等语奏闻。奉旨：‘赏给邓八格银二十两、谭荣二十两。其余匠役人等，尔酌量每人赏给银十两，钦此。’”[44]

测试研究结果表明，雍正、乾隆年间，清宫用自行炼制出来的国产珐琅彩料进行创作的瓷胎画珐琅的化学组成，与康熙年间清宫用进口珐琅色料制作的珐琅彩瓷的化学组成不同：清宫康熙瓷胎画珐琅由于采用进口珐琅色料，使之所用色料中助熔剂的基质为含有少量氧化钾的铅硼（B_2O_3）玻璃，而与中国传统釉上彩有明显的区别[46]。但是，雍正、乾隆年间，清宫瓷胎画珐琅由于采用自行炼制出来的国产珐琅彩料为色料进行创作瓷画，因而色料中的化学组成与同时期的粉彩样品的化学组成一致[47]。

（三）粉彩

景德镇陶瓷中的“粉彩”一词首现于陈浏（成书于清宣统二年，1910 年）《匋雅》卷上：“雍正软彩（沿用厂人[48]通行之名称）。软彩者，粉彩也”；“粉彩以雍正朝为最美（彩图 19），前无古人，后无来者。鲜艳夺目，工致殊常”。许之衡[49]在《饮流斋说瓷》中提到：“软彩又名粉彩，谓彩色稍淡，有粉匀之故。”[50]嗣后“粉彩”之名传播开来。

按照陈浏《匋雅》卷上的说法，“粉彩”有如下两大特点：一是粉彩色料中掺粉。用陈浏《匋雅》的原话说就是："将粉质孱于他色釉汁之中，则为粉彩"；"粉彩云者，不专指红色而言，黄、绿、茄、紫亦皆有粉"；"彩之有粉者，红为淡红、绿为淡绿，故曰'软'也。唯蓝、黄亦然"。二是粉彩画笔生动，娇润绝艳。用其原话说就是：雍正粉彩"以花卉最工"；"每一朵横斜萦拂，袅娜多姿，笔法绝不呆滞。花作茄紫、蛋黄、天青各色"；"尤以粉红秋海棠为绝艳"；"雍正粉彩小碟，直径约二寸，各画红白秋海棠数枝，娇润欲滴"；雍正粉彩大瓶"上画白桃花一枝、红桃花两枝，所谓碧桃也。画笔生动，娇丽无匹，使南田命笔，难以复过"；"雍正粉彩盘碟于牡丹一门，无美不备"[51]。许之衡《饮流斋说瓷》谈到"粉彩"特征时也作了类似的表达："粉彩艳丽而清逸。"[50]国家轻工部第一轻工业局主编《日用陶瓷工业手册》谈到景德镇传统"粉彩"工艺特征时写道："采用了玻璃白一类不透明的'粉'颜色，使画面有一种'粉'的感觉，故称'粉彩'"；画面"颜色明亮，粉润柔和，色彩丰富，绚丽雅致，现象生动逼真"[52]。由此可见，陈浏《匋雅》和许之衡《饮流斋说瓷》所谈"粉彩"，同景德镇传统"粉彩"工艺特征相吻合。

自清雍正朝直至清光绪朝的一百四十多年间，无论是清宫档案，还是其他文献，均把景德镇窑场（包括官窑和民窑）烧造的这种画笔生动、粉润柔和、娇艳欲滴的彩瓷，称为"洋彩"。对此，清代文献有明确记载：瓷胎洋彩，"仿西洋珐琅画法，人物、山水、花卉、翎毛无不精细入神"[16]。从瓷画粉润柔和、精细入神的角度来看，毋庸置疑，清代"粉彩"和"洋彩"实际上指同一类装饰技法。正是基于这种工艺原因，在1936年北京故宫文物赴英国伦敦威灵顿宫展览时，清宫原称为"洋彩"的器皿全数改为"粉彩"[53]。嗣后"粉彩"之名逐渐取代了"洋彩"。

清代景德镇粉彩工艺不是从天上掉下来的，而是在对珐琅彩工艺进行继承和革新的基础上产生的。清宫造办处珐琅作于雍正六年（1728年）七月十二日自行炼制出国产珐琅彩料，即开始将其调拨给景德镇御窑厂，对此，清档有明确记载：郎中海望奉怡亲王谕："造办处收贮的料内月白色、松花色有多少数目？尔等查明回我知道，给年希尧烧瓷器用。遵此。"[54]（图9-1-2）

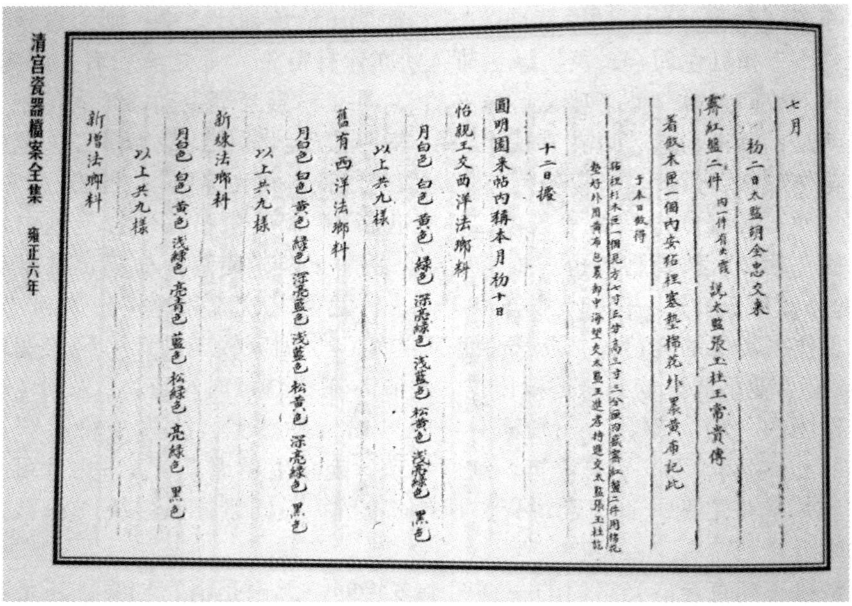
七月
初二日太監明全忠交來
霽紅盤二件 內一件有土霞 說太監張玉柱王常貴傳
着做木匣一個內安毡裡塞墊棉花外裹黃布記此
於本日做得
毡裡杉木匣一個見方七寸五分高三寸三分盛內霽紅盤二件用棉花
墊好外用黃布包裹郎中海望交太監王進孝持進交太監張玉柱訖
十二日據
圓明園來帖內稱本月初十日
怡親王交西洋法琺瑯料
月白色 白色 黃色 綠色 深亮綠色 淺藍色 松黃色 淺亮綠色 黑色
以上共九樣
舊有西洋法琺瑯料
月白色 白色 黃色 綠色 深亮藍色 淺藍色 松黃色 深亮綠色 黑色
以上共九樣
新煉法琺瑯料
月白色 白色 黃色 淺綠色 亮青色 藍色 松綠色 亮綠色 黑色
以上共九樣
新增法琺瑯料

清宮瓷器檔案全集 雍正六年

图 9－1－2 中国历史第一档案馆等：《清档内务府造办处档案总汇·雍正六年》载：雍正六年七月十二日清宫成功炼制出国产珐琅彩料并调拨给景德镇御窑厂

当时，年希尧为景德镇御窑厂的总管，怡亲王于雍正六年七月十二日下令把清宫自行炼制出的部分国产珐琅彩料调拨“年希尧烧瓷器用”。这就表明景德镇御窑厂开始用清宫自行炼制的国产珐琅彩料烧造粉彩（时称“洋彩”）瓷器，即唐英《陶冶图编次》所云：景德镇御窑厂洋彩瓷器“所用颜料与珐琅同”[55]。不久，景德镇工艺家也掌握了此项技术，对此，成书于雍正六年至乾隆八年的《南窑笔记》有所记载：“今之洋色则有胭脂红、羌水红，皆用赤金与水晶料配成，价甚贵。其洋绿、洋黄、洋白、翡翠等色，俱人言硝粉、石末、硼砂各项炼就。其鲜明娇艳迥异常色。使名手仿绘古人，可供洗染点缀之妙。”[56]

总之，雍正年间出现的粉彩（时称“洋彩”），实际上是清宫造办处珐琅作[57]的工艺家于雍正六年，在破译欧洲珐琅彩工艺，自行炼制出珐琅彩色料的基础上推出的一种新型装饰技法。这种技法的主要特点是：一方面吸取了欧洲进口珐琅彩工艺的先进工艺因素，同时也剔除了其中的不合理成分；另一方面又糅进了我国传统釉上五彩的精华，从而形成了一种别具一格的粉彩装饰工艺。（具体工艺特征详见本章第三节）

自雍正六年七月以后，清宫造办处工艺家用自行炼制的国产珐琅彩料在宫内进行烧制的产品，称为清宫（国产）珐琅彩瓷。景德镇艺术家采用国产珐琅彩料（先是清宫调拨，后来景德镇也能自行制造），在景德镇御窑厂或民间作坊烧造釉上彩的产品则为粉彩，不过当时景德镇窑场把它们称为“洋彩”。自陈浏于清宣统二年出版的《匋雅》一书内称其为“粉彩”之后，“粉彩”之名才开始流行开来。

七、瓷器文献

清代比较重要的瓷器文献有：法国传教士昂特雷科莱（汉名殷宏绪）关于景

德镇制瓷技术的两封信、佚名《南窑笔记》和唐英《陶冶图说》等。法国传教士昂特雷科莱于康熙晚期利用自己长期在景德镇传教的机会，从制瓷信徒中比较全面地收集了景德镇窑场烧造瓷器的技术资料，并用书信描述的方式向欧洲传递了这些信息。昂特雷科莱关于景德镇制瓷技术的两封信（《1712 年（康熙五十一年）9 月 1 日致耶稣会中国和印度传教会巡阅使奥里神父的信》《1722 年（康熙六十一年）1 月 25 日致本会某神父的信》），对景德镇窑场烧造瓷器的制胎、制釉、青花钴料、彩瓷色料、颜色釉色料、成型、装烧、窑制等工艺技术作了较为全面的记述。随着昂特雷科莱书信的发表（先用法文在欧洲传播，不久被译成日文），欧洲也烧造出了瓷器。

《南窑笔记》目前存在两个版本：一是神州国光社于 1936 年出版的由黄宾虹、邓实主编的《美术丛书》中收录的《南窑笔记》（简称“神州社本”）；二是广西师范大学出版社于 2012 年出版的《南窑笔记》（简称“广西社本”）。这两个版本有两个共同特点：一是都未注明写成时间；二是内容基本一致，它们都记载了当时景德镇瓷器的制胎、制釉原料、釉上彩的种种色料的配制与仿制历代名窑的胎骨与色釉的配方，以及装烧、窑炉、烤花炉设施等工艺技术，成为研究景德镇瓷器工艺技术演变的极为重要的技术资料。然而，这两个版本存在四个差别：一是“神州社本”为铅印本，题下注明为“旧抄本”，但未刊布“旧抄本”的影印件。“广西社本”在刊布印刷本的同时刊录了手抄本的影印件；二是题名不同，“神州社本”的题名是“《南窑笔记》”，“广西社本”手抄本影印件的封页题名为“南窑笔记抄”，卷端题名为“《抄南窑笔记》”；三是作者姓名有异，“神州社本”作者“阙名”。“广西社本”刊录的手抄本的影印件，封页题名为“图书渊主人手录”，卷端印章题名“九戊”和“陶园”。“陶园”为张九钺的“号”，“九戊”为其名“九钺”的谐音；四是“神州社本”所记相对准确些，而“广西社本”手录影印件存在一些工艺技术错误。例如，“神州社本”“彩色”条记载釉上绿彩色料：“用铅粉、石末入铜花为绿色”，意指釉上绿彩色料是用铅粉、石末和铜花三种原料配制而成的。“广西社本”手录影印件则将句中的“铅粉”改为“铅石”；将句中的“石末”改为“粉本”。这样就把陶瓷工艺界众所周知的配制釉上彩色料的两种常用原料——“铅粉、石末”，变成了不知为何物的“铅石、粉本”。又如，“神州社本”“定窑”条载：当时南昌仿宋定窑白瓷“纯用碪子釉”中的“碪子”，为古时妇女洗衣时槌衣用的青石板，这种青石板为制釉的一种原料。“广西社本”手录影印件却把“碪子”，改为“碁子”，“碁”同“棋”，“碁子”即“棋子”，这样一改就把《南窑笔记》所记的配制仿宋定窑白釉的配方术，搞得面目全非了。再如，“广西社本”手录影印什，将“神州社本”中的“官窑”条并入“法蓝”条内也与全文体例不合。由于“神州社本”和“广西社本”在内容相同的情况下出现了一些差异，加之“神州社本”未刊布《南窑笔记》“旧抄本”的影印件，因此我们目前尚不能确定“神州社本”和“广西社本”是否出自同一人手笔，是否有原本与后传抄本之分。

目前，对《南窑笔记》成文年代有三种说法：一是写于“乾隆四十二年”[58]；二是写于“乾隆初年”[59]；三是写于“清乾隆、嘉庆之际”[60]。这三种判断均未提出论据支撑，属于“科学猜测”。笔者认为，从考察《南窑笔记》内容触及的历史下限的烙印可知其写成于雍正六年八月至乾隆八年四月之间。理由如下：

（一）洋色工艺与《南窑笔记》的写成年代

《南窑笔记·导语》在叙述明代官窑简况之后接着写道：“迨我朝定鼎之后，即于镇厂仿作诸窑毕备”，显然是指清廷立国，取代前明，即在景德镇建立御窑厂烧造皇家用瓷一事。《南窑笔记·导语》接着所述：“更得洋色一种，诚一代巨观”，文中“洋色”，又称洋彩或（国产）珐琅彩，清宣统二年后改称为粉彩。“更得洋色一种”乃指清宫造办处工艺家于康熙五十七年将欧洲原用于玻璃装饰的进口珐琅彩料，移植于中国瓷器装饰艺术[61]之后，又于雍正六年二月，自行试制珐琅彩料，经过五个月的研发与试验，在雍正六年七月十二日自行炼制出国产珐琅彩料。国产珐琅彩料研制成功之后，清廷立即将其调拨给景德镇御窑厂[62]。起初，景德镇御窑厂用清宫调拨的国产珐琅彩料烧造洋色（又称洋彩，后称粉彩）御用瓷器，不久，景德镇工艺家也掌握了此项技术，可以自行炼制洋色工艺所需色料。即《南窑笔记·导语》所载：“今之洋色则有胭脂红、羌水红，皆用赤金与水晶料配成”；“其洋绿、洋黄、洋白、翡翠等色，俱人言硝粉、石末、硼砂各项炼就。”因此，通过考察清代“洋色”工艺的变迁，可知《南窑笔记》问世应在雍正六年八月之后。这是因为，在雍正六年七月清廷自行炼制出国产珐琅彩料之前，景德镇御窑厂无法制作洋色瓷器。

（二）葫芦窑、覆瓮窑的变迁与《南窑笔记》的写成年代

唐英的《陶冶图说·成坯入窑》中记载了当时景德镇御窑厂使用覆瓮窑烧造瓷器，用其原话说就是“窑制，长圆形如覆瓮”。据《清档》记载，唐英于乾隆八年四月二十二日奉敕编《陶冶图说》，于同年五月二十二日定稿，并经乾隆皇帝御前览阅审定[63]。这就表明，至迟于乾隆八年四月景德镇就开始启用覆瓮窑烧造瓷器。又据首刊于乾隆三十九年的朱琰《陶说》卷一、乾隆四十八年《浮梁县志·陶政》和刊于嘉庆二十年蓝浦著、郑廷桂补辑的《景德镇陶录》卷一以及道光十二年《浮梁县志》卷八等，记载景德镇所用瓷窑，均引《陶冶图说·成坯入窑》所说“窑制，长圆形如覆瓮”，表明至迟于乾隆八年四月起，直至道光十二年，景德镇一直是使用覆瓮窑烧造瓷器。然而，《南窑笔记》记载当时景德镇烧造瓷器的窑炉，不是覆瓮窑，而是葫芦窑，用其原话说就是“窑形似卧地葫芦，前大后小，如育婴儿鼎器也”。考古出土实物资料表明，景德镇使用葫芦窑烧造瓷器始现于元代[64]，流行于明代[65]。按照王宗沐原著、陆万垓续补的《江西省大志·陶书·窑制》载，明万历年间，景德镇御器厂使用葫芦式“缸窑”和葫芦式“青窑”烧造瓷器。其规格是：葫芦式“缸窑”，“每座前宽六尺（2 米），后如前饶五寸（2.17 米），入身六尺（2 米）”宋应星写于崇祯十年的《天工开物·陶埏》显示，明末崇祯年间，景德镇瓷器烧成依然使用葫芦窑。由于康熙二十一年《浮梁县志》卷四、康熙五十九年《西江志》卷二十七和雍正十年《江西通志》卷二十七等文献所记载的景德镇烧造瓷器的窑炉，均引用《江两省大志·陶书·窑制》，而未出现新型窑炉的使用；而乾隆四十八年《浮梁县志·陶政》和道光十二年《浮梁县志》卷八等所记载的清代景德镇烧造瓷器的窑炉，则引用唐英《陶冶图说》。这就表

明，自元代起，中经明代，直至雍正十年，景德镇瓷器烧成一直是沿用葫芦窑，而在乾隆八年四月起直至清道光十二年，景德镇瓷器烧造改用覆瓮窑。因此，通过《南窑笔记》记载的当时景德镇使用葫芦窑烧成瓷器一事可知：其写作年代应在乾隆八年四月之前。

唐英于乾隆八年撰写的《陶冶图说》则对雍正六年后至乾隆八年景德镇御窑厂制瓷工艺作了比较系统的记述。

第二节　制胎和成型技术

清代景德镇单用瓷石制胎和高岭土掺入瓷石二元配方制胎同时并存。其中，官窑精细瓷器一般单用祁门瓷石一种原料制胎；烧造粗厚器皿则采用高岭土掺入瓷石二元配方制胎。民窑瓷器多用高岭土掺入瓷石二元配方制胎工艺。雍正、乾隆年间，所用高岭土多产于高岭山。乾隆、嘉庆年间，浮梁西乡李家田、浮梁县龙潭大洲也出高岭土，清代还一度使用过滑石为制胎原料。清代更加重视制瓷原料的淘洗，并增加了制胎原料的炼泥和捏炼工艺。圆器成型一般分为拉坯、印坯、镟坯、镟柄挖足四道工序。琢器中的浑圆者“亦如造圆器之法。其方菱者则用布包泥，以平板拍练成片，裁方粘合”。镶器成型乃是先将泥料打成薄饼状，然后按照预定的形制拼镶而成。

一、单用瓷石制胎

清代雍正、乾隆年间，景德镇烧造精细瓷器一般单用距景德镇御窑厂100千米的安徽祁门县的坪里、谷口二处所产瓷石为制胎原料[1]。

清代景德镇窑场单用瓷石制胎成瓷的六个标本（表9－2－1，第1、9、10、12、18、19号）的胎中SiO_2含量在70.22%～76.35%之间，平均含量为72.44%。Al_2O_3含量在19.57%～22.97%，平均含量为21.41%。四种助熔剂CaO（平均含量0.33%）、MgO（平均含量0.16%）、K_2O（平均含量3.09%）、Na_2O（平均含量1.61%）总含量平均为5.19%，其化学组成与明代景德镇窑场单用瓷石制胎的瓷器组成非常接近。

二、高岭土掺入瓷石二元配方制胎

如本书第八章第二节所述，景德镇窑场至迟于明嘉靖年间开始使用高岭土（当时称为“婺源土”），至迟在万历二十三年至二十五年（1595—1597年）摸索出高岭土掺入瓷石二元配方制胎工艺。清代景德镇御器厂烧造粗厚器皿大多采用这种制胎配方，即唐英《陶冶图说》所载：“别有高岭、玉红、箭滩数种，各就产地为名，皆出江西饶州府属各境。采制法同白不子。止可供搀合制造之用于粗厚器皿为宜。”按照文献记载，雍正、乾隆年间，所用高岭土主要出自高岭山[1]。清嘉庆年间，浮梁西乡李家田、浮梁县龙潭大洲也出高岭土，但造佳瓷者必求东埠（高岭山）所产。另外位于浮梁县东部的方家山一度也产红高岭，“后其姓以土竭近祖茔，遂请禁绝”[2]。

清代景德镇除了部分瓷器用高岭土掺入祁门瓷石制胎外，还采用过用余干不配高岭土、用釉果配高岭土制胎[2]。清代景德镇所用高岭土掺入瓷石二元制胎配方的配比大致在三七开，或四六开[3]，或五五开，或一比三[4]之间。随着高岭土的加入量不同，成瓷后胎中 Al_2O_3 一般含量在 24% ~32.82% 之间，其十三个标本（表 9-2-1，第 2~8、11、13~17 号）胎中 SiO_2 平均含量为 65.60%，Al_2O_3 平均含量为 27.41%。四种助熔剂 CaO（平均含量 0.81%）、MgO（平均含量 0.20%）、K_2O（平均含量 2.73%）、Na_2O（平均含量 1.51%）总含量平均为 5.25%。

三、滑石制胎

滑石是一种含水的镁硅酸盐。在当代，滑石主要用于制造各种滑石质工业瓷和釉。清代康熙年间的部分瓷器一度采用滑石为制胎原料。按照文献记载，康熙年间采掘和加工滑石及其配制工艺大致如下："从矿坑内取出滑石后，首先用河水或雨水将其洗涤，以排除黏附在上面的黄土，然后将其研碎，倒入水缸内使它溶解，其后以处理高岭土的方法处理之。以此法精制的滑石可以不掺以其他物质，而直接用来制作瓷器。但是据仿制这种瓷器的一个新信徒说，必须往八份滑石中掺入二份白不子，而其他的操作方法则与用白不子和高岭土作普通瓷器的方法相同。"[5]据此可知，在清代康熙年间，用滑石烧造瓷器可能有两种配方：第一，单独用滑石制胎；第二，以滑石掺和瓷石制胎。蓝浦著、郑廷桂补辑《景德镇陶录》卷四《陶务方略》对此也作了类似记载："用滑石配白石"，文中的白石即瓷石。按照昂特雷科莱的记载：滑石掺和瓷石制胎，其配比为 8:2，即八份滑石中掺入两份白不子（瓷石）[5]。

又据《南窑笔记》所载：以滑石掺和红泥（以景德镇鸡脚岭白石林出产者为佳）制胎，主要用于仿造宋官窑和宋、元哥窑器胎，这种配方胎泥，时称"铁骨泥"[3]。以滑石为主体成分烧成的瓷器的器表非常细腻，胎质非常轻，但是比普通瓷器更容易破损，其准确的烧成温度也不易控制，因此陶工们后来不再用滑石作坯体，而用它来作薄浆，将干坯浸于此浆中使之黏附上一层，然后进行彩绘和施釉[5]。清嘉庆年间，由于以滑石作器胎所衬釉色，反不如用瓷石经粉碎淘洗后制成的"不泥"胎上釉后莹润耐看，故"官、古不多用，洋器半用，唯雕镶小琢器[6]肯用"。

四、原料加工

经过粉碎加工过的瓷石原料，通过淘洗可以提高瓷石原料中的 Al_2O_3 含量。这是因为南方瓷石中所含矿物组成主要是石英、绢云母，有的瓷石中含有部分高岭石矿物。石英为脊性原料。瓷石质原料中 Al_2O_3 含量偏低，SiO_2 含量高，乃是由于游离石英较多的缘故。如果将瓷石进行淘洗，可除去游离石英和岩石碎屑，从而提高细分散部分的铝含量。例如，祁门瓷石不子中的 Al_2O_3 含量为 16.30%（表 9-2-1，第 22 号），经过淘洗的祁门瓷石精泥中的 Al_2O_3 含量升至 18.45%（表 9-2-1，第 23 号）。又如，有学者研究测试杭州乌龟山南宋郊坛下官窑所用瓷土淘洗不同程度的泥料中 Al_2O_3 含量的变化时发现：发掘出来瓷石样品（呈淡灰色的硬质石块状，断面呈粗岩石状）Al_2O_3含量为13.30%，发掘出来的经粗淘后制胎泥料样品（呈不均匀的浅土黄色和松散的土块状）Al_2O_3含量19.61%；当淘渣比为80%时，泥料中Al_2O_3含量为20.36%；当淘渣比为50%时，泥料中Al_2O_3含量上升为24.85%；淘渣比为40%时，泥料中Al_2O_3含量上升到25.32%[7]。再如，有学者"藉沉降分离法从清代景德镇窑场所用祁门瓷石不子中将小于一微米的颗粒部分"分离出来，并测试其化学组成，发现其Al_2O_3含量上升到29.87%[8]。

清代景德镇制瓷工匠由于认识到瓷器制胎原料"淘炼尤在精纯，土星、石子定带瑕疵，土杂泥松，必至坼裂"，所以更加重视制胎原料的加工。清代景德镇窑场一方面继承明代工艺传统，对在原料开采矿场经过淘洗后的瓷石原料再次进行精淘加工，另一方面又启用炼泥和捏炼工艺。

（一）精淘再加工

自东汉真瓷发明以来，历代制瓷陶工对天然瓷石都需进行粉碎和淘洗，"土人借溪流设轮作碓，舂细淘净，制如砖式，名曰白不"[1]。对于清康熙年间的瓷石粉碎和淘洗工艺，文献作过这样的记载："先用铁锤破碎岩块，后将小碎块倒入乳钵内。用顶端固定有以铁皮加固的石块的杠杆把它捣成微细粉末。这种杠杆可用人力或水力不停顿地操作。其操作方式与磨纸机上的捣锤无异。然后，取出粉末倒入盛满水的大缸内，用铁铲用力搅拌。停止搅拌数分钟后，有乳状物浮出表面。它有四五根手指厚。再把乳状物取出，倒入盛满水的另一个容器内。这一操作要重复多次，直到头一个缸内的水经过数次搅拌和取浆，在其底部只剩下不能用来制备粉料的渣子。然后取出渣子重新加以捣碎。将乳状物从第一个缸取出来倒入第二个容器内，不久便在底部产生泥浆的沉淀，俟上面的水澄清之后，将容器倾斜倒出水。这时要注意，不要使沉淀物把水弄混，再将泥浆移入干燥的大模子内。在没有完全变硬以前，把它切成小方块，成百件的出售。这个倒浆用的模子又大又宽，像箱子，其底是用砖竖砌的，表面平整。在这个排列整齐的砖层上，铺一张面积和箱子相等的粗布，往里倒入泥浆，稍等片刻，用另外的布把它覆盖，再在其上平铺一层砖，这就能迅速地排除水分，不浪费瓷用原料、硬化和干燥后容易作成砖形。"[9]

至迟自明代起，景德镇对于在原料开采矿场经过粉碎、淘洗加工后的瓷石原料——白不子，还要进行精淘再加工。清代景德镇窑场继承了明代这一工艺传统，

关于清康熙年间对在原料开采矿场经过淘洗后的瓷石原料，再次进行精淘也是采用"沉降分离法"，对此，文献有具体的记述：成型作坊"将白不子（天然瓷石经过粉碎、淘洗制成泥状的白块）粉碎，倒入盛满水的缸内，用大搅泥棒拌匀，放置顷刻，取出浮在表层的物质，按前述方法继续处理"。

由于高岭土为天然粉末状原料，不需要进行粉碎加工，但至迟自乾隆、嘉庆时期起，供应商对开采出来的高岭土进行淘炼成泥印块后再投放市场[2]。然而在康熙年间，高岭土的供应商不对高岭土进行淘洗，制瓷作坊制胎"一般直接使用自然土"[10]。由于成型作坊所购进的高岭土往往会混入一些渣滓，因而成型作坊自行对其进行淘洗加工。加工的方法也是采用"沉降分离法"：将高岭土直接倒入粗格篓内，浸于盛满水的缸内，这样高岭土就很容易溶解。篓内留下的残渣要

倒掉[4]。

清代雍正、乾隆年间，景德镇御器厂对制胎原料（包括瓷石和高岭土）的“精淘”，在继承明代和康熙时的传统工艺“沉降分离法”的基础上，对淘洗技术进行了改革。对此，唐英《陶冶图说·二淘炼泥土》作了具体记载：“淘炼之法，多以水缸浸泥，木钯扰标（漂），起渣沉过，以马尾细箩再澄双层绢袋，分注过泥匣钵，俾水渗浆稠，用无底木匣，下铺新砖数层，内以细布大单，将稠浆倾入，紧包砖压吸水。水渗成泥，移贮大石片上，用铁锹翻扑结实，以便制器。”据此可知，雍正、乾隆年间，景德镇对明代和康熙时的“沉降分离法”工艺作了如下的改革：（1）在“入缸水澄”时，用木钯扰标（漂）、起渣后得到的“最细料”，以马尾细箩过滤；（2）过滤后所得的“最细料”再用双层绢袋进行第二次过滤；（3）经过双层绢袋过滤的“极细料”，分注过泥匣钵，使其水渗浆稠。毋庸置疑，分别用“马尾细箩”和“双层绢袋”再经两次过滤所得胎料，肯定比旧法所得更为精细得多。

从工艺角度讲，对制胎原料进行精细淘洗加工，控制越精细，制出的精泥的 SiO_2/Al_2O_3 的比就越低，K_2O 含量越高。由于所含绢云母比例或高岭石的含量增加，因此淘洗的程度直接影响瓷石原料的成型性能和烧成后瓷胎的致密程度。[11]

（二）炼泥和捏炼

与前代相比，清代制胎原料加工技术的进步之处，还表现在增加了“炼泥”工序，即把通过上述方法处理过的制胎原料泥浆，按照坯体的需要，进行配伍后倒入用石块砌结的大坑内。“在坑内，工人将泥浆连压带捏，直至结块为止”，“从用这种方法制成的团泥任意割取泥块，把它铺在大石板上向各个方向进行捏炼。这时要特别注意，勿使空隙和杂质留在里面，即使有一根毛发或一粒沙子，也会使瓷器的制作归于失败；如果不充分捏炼泥块，瓷器就会龟裂、坍塌，甚至变形”。[12]炼泥可以排除泥饼中的残留空气，提高泥料的致密程度和可塑性，并使泥料组织均匀，改善成型性能干燥强度和成瓷后的机械强度[13]。清代由于对制胎泥料加工得法，使得瓷器胎质质量大大提高，这可从胎的显微结构中反映出来，“瓷胎中玻璃的含量占着绝大部分，石英的颗粒一般都是比较小的，而且显得浑圆。从被观察的瓷胎中，从未发现有超过 50 微米的石英颗粒，一般都在 20 微米左右。石英颗粒的外形都是圆形”；“石英颗粒的细小，是由于精工粉碎、淘洗原料所致”[14]。另外从胎体的吸水率和气孔率也可反映出来：清康熙、雍正、乾隆三朝七个标本（其中，康熙五彩标本一个、雍正粉彩二个、康熙青花二个、雍正青花一个、乾隆青花一个）胎的吸水率均在 0.065% 以下，气孔率则在 0.19% 以下（表 9－2－2，第 3～7 号）。

表 9－2－1　清代瓷胎及其原料的化学组成

编号	名称	成分（%）										参考文献
		SiO_2	Al_2O_3	Fe_2O_3	TiO_2	CaO	MgO	K_2O	Na_2O	MnO	P_2O_5	
1	康熙民窑青花 1 号胎	71.70	21.90	0.78	0.04	0.54	—	3.47	—	0.08	—	〔26〕
2	康熙青花 C1 胎	68.07	25.82	0.83	—	0.36	0.11	3.04	1.54	0.09	0.08	
3	康熙青花 C2 胎	65.75	28.57	0.84	0.05	0.50	0.13	3.22	0.83	0.09	0.10	〔24〕
4	康熙青花 C4 胎	65.09	26.72	1.05	0.13	1.62	0.13	3.11	2.57	0.07	—	
5	康熙五彩觚 C11 胎	66.33	26.33	1.37	—	0.65	0.09	2.91	2.44	0.07	—	
6	康熙五彩 C14 胎	66.67	26.25	0.91	—	1.25	0.33	2.56	2.15	—	—	〔14〕
7	康熙斗彩 C17 胎	65.09	26.72	1.06	—	1.62	0.13	3.11	2.57	0.07	—	
8	康熙青花 C12 胎	68.59	24.08	1.15	0.12	0.71	0.30	3.13	2.35	0.07	—	〔8〕
9	康熙桃花片铜红胎	72.10	21.69	0.90	0.08	0.29	0.14	3.09	1.66	0.04	0.01	〔27〕
10	康熙祭红胎	76.35	19.57	0.74	0.09	0.22	0.14	2.48	0.61	0.02	—	〔28〕
11	康熙郎窑红胎	66.97	24.70	0.91	—	0.53	0.11	2.54	1.96	—	—	〔29〕
12	雍正青花 C－6胎	70.22	22.97	0.81	0.31	0.68	0.11	3.49	1.18	0.08	—	〔24〕
13	雍正粉彩盘 C13 胎	67.78	26.25	0.84	—	0.71	0.16	3.28	1.12	0.07	—	
14	雍正粉彩碟 C15 胎	66.27	27.42	0.77	—	1.36	0.13	3.07	1.29	—	—	〔14〕
15	雍正青花盘 C22 胎	65.81	30.51	1.07	—	0.22	0.15	1.81	0.26	—	—	
16	雍正仿汝 721 号胎	58.87	32.82	4.33	0.77	0.68	0.25	1.55	0.25	—	—	〔30〕
17	雍正仿官 411 号胎	61.57	30.10	3.84	0.69	0.31	0.55	2.12	0.30	—	—	

续表

编号	名称	成分（%）										参考文献
		SiO_2	Al_2O_3	Fe_2O_3	TiO_2	CaO	MgO	K_2O	Na_2O	MnO	P_2O_5	
18	雍正祭红胎	73.09	20.17	0.96	—	0.12	0.13	2.91	2.64	—	—	〔29〕
19	乾隆祭红SQL1胎	71.20	22.16	1.16	—	0.11	0.30	3.09	1.98	0.06	—	〔31〕
20	嘉庆蓝釉黄龙盘C20胎	67.28	27.20	0.67	—	0.63	0.18	3.41	0.95	0.11	—	〔14〕
21	光绪青花盘C21胎	68.93	24.25	0.84	0.10	0.74	0.20	3.38	1.78	—	—	
22	祁门瓷石不子	76.20	16.30	0.58	0.09	1.90	0.36	3.92	0.61	0.02	—	
23	祁门瓷石精泥	73.00	18.45	0.69	0.07	2.20	0.42	4.82	0.56	0.01	—	
24	寿溪坞瓷石	77.70	16.20	1.18	0.13	0.03	0.24	3.97	0.56	0.04	—	
25	景德镇三宝蓬瓷石	65.47	22.99	1.14	—	0.58	0.09	5.46		—	—	〔8〕

五、成型工艺

明代景德镇窑场把瓷器形制归纳为圆器和印器两大类。入清后，景德镇窑场把瓷器形制划分为三大类：圆器、琢器和镶器。圆器沿用明代之说；琢器是指圆式花瓶、缸、盒之类器物；镶器则指六方、八方之类花瓶。[15]

圆器成型一般分为拉坯、印坯、镟坯、镟柄挖足四道工序，这四道工序均在轮车上进行。圆器成型第一道工序为拉坯。拉坯，俗呼“做坯”，拉坯工匠俗称拉坯工。拉坯成型的工具主要是“轮车”，“轮车”又叫“坯车”。其“车如木盘，下设机局，俾旋转无滞，则所拉之坯方免厚薄偏侧，故用木匠随时修治”。用轮车拉坯时，“拉坯者坐于车架，以竹杖拨车使之轮转，双手按泥，随手法之屈仰收放以定圆器款式，其大小不失毫黍”[16]。圆器成型第二道工序为印坯。大小圆器拉成水坯，俟其潮干，不可令见日色，恐日晒则有坼裂之患，故有印坯一行。印坯时，印坯工用修就模子套坯其上，以小轮车旋转印拍，褪下模子阴干，以备旋削[17]。由于“圆器之造，每一式款，动经千百，不模范式款，断难划一。其模子必须与原样相似，但尺寸不能计算放大，则成器必较原样收小。盖成坯泥松性浮。一经窑火，松者紧，浮者实，一尺之坯，只得七八寸之器，其抽缩之理然也。欲求生坯之准，必先模子是修，故模匠不曰造而曰修。凡一器之模，非修数次，其尺寸、款式烧出时，定不能吻合。此行工匠务熟谙窑火、泥性，方能计算加减，以成模范。景德一镇，群推名手，不过三两人”[18]。圆器成型第三道工序为镟坯。镟坯又称“利坯”，从事镟坯的工匠称为利坯工。景德镇至迟于宋代开始采用利坯工艺。

宋代利坯工具——利头为瓷质，清代景德镇利坯工具——利头改为木质，呈木桩状。“桩视坯之大小，其顶浑圆，名曰顶钟，裹以丝帛，恐损坯也”。利坯时，利坯工将利头立于轮车车盘的中心部位，然后“将坯扣合桩上，拨轮使转，用刀镟削，则器之里外皆光平矣”[19]。圆器成型第四道工序为镟柄挖足，镟柄挖足即挖削碗、皿等之底部。拉坯之时，坯足必留一靶，长二三寸，便于把握画坯。蘸釉工毕，始镟去其柄，挖足写款[20]。

“一切大小花瓶、缸、盆圆式者，俱名琢器”[21]。琢器中的浑圆者“亦如造圆器之法。其方菱者则用布包泥，以平板拍练成片，裁方黏合”[19]。

凡六方、八方花瓶之类为镶器。镶器成型，乃是先将泥料打成薄饼状，然后将泥状薄饼按照预定的形制拼镶成器。

六、坯体晾干

雍正年间，景德镇御窑厂重视坯体晾干工序，这从《清档》下述记载可以反映出来：雍正四年十二月十三日，雍正皇帝在有关烧茶圆、盘、碟的传旨中指出：“朕闻瓷器胎骨过三年以后烧造更好，将此原故亦传给年希尧知道。”[22]

表 9－2－2　清代瓷器烧成温度与吸水率、气孔率

编号	名　　称	烧成温度℃	吸水率%	显气孔率%	参考文献
1	康熙五彩盘 C14	1300 ±30	—	—	〔23〕
2	雍正粉彩盘 C13	1300 ±30	—	—	
3	康熙五彩觚	—	—	0. 19	〔8〕
4	康熙青花碎片 C－1	1320 ±20℃	0. 065	0. 16	〔24〕
5	康熙青花碎片 C－2	1300 ±20℃	0. 065	0. 165	
6	雍正青花碎片 C－6	1280 ±20℃	0. 045	0. 10	
7	乾隆青花碎片 C－7	1260 ±20℃	0. 03	0. 06	
8	清德化窑白瓷 C74	1270 ±20℃	1. 22	—	〔25〕
9	清德化窑白瓷 C14	1270 ±20℃	1. 43	—	

第三节　制釉技术

清代景德镇炼制釉灰时，以凤尾草取代前朝所用的柿子树。灰釉和灰—碱釉所用釉果的产地与明代不同，但是碱—灰釉工艺却与明代一脉相承。清代霁红釉制造有两种配方：一是“用红铜条、紫英石合成，兼配碎器不、宝石、玛瑙”，二是“用白釉、麻仓釉为主，入红铜花、紫英石合成，加乐平绿石、火青少许”。郎窑红的外观风貌、化学组成和显微结构都与明永乐、宣德和清代祭红釉差别很大。

清代高温铜红釉桃花片和郎窑红的配方不一样。桃花片铜红釉中的绿苔点是二价铜离子在基质釉中的局部富集，以溶液的形式呈色。清代高温紫金釉以普通的黄土（另一说为出景镇山土舂成）进行精淘，待其浓度与透明釉相同的情况下，将两者混合而成。低温茄皮紫釉则是用黑铅粉末加石子青、石青合成色泽为法翠、法蓝等色。清代法华器“用涩胎上色，复入窑烧成”，主要色泽为法翠、法蓝等色。清代康熙年间景德镇制作碎器釉与宋元纹片釉不同，它是以白卵石制釉，如果在坯体全部涂上青料，再上这种瓷釉，烧成后，上面的裂纹好像在釉下。清康熙乌金釉是用钴料同白釉与紫金釉混合，并添加少量灰釉制成。清代高碱蓝釉青翠亮丽、釉层清澈、釉面布满鱼子纹。

一、制釉原料及其配制

清代釉灰的炼制方法与元代大致近似，不过清代炼制釉灰以凤尾草取代前朝所用的柿子树，釉果制作重视水质的选择。配釉时，用釉果与釉灰调合成浆，稀稠相等，各按瓷之种类以成方加减。五金八石，皆可配入，色之诡怪，奇异不一。

（一）釉灰原料及其炼制

明代釉灰的原料及其炼制方法待考，清代制作釉灰的原料与元代相比有所调整：元代炼制釉灰的主要原料是石灰石和槎叶与柿子树[1]，清代改为石灰石（时称青白石）和凤尾草（蕨类），即唐英《陶冶图说·炼灰配釉》所载“以青白石与凤尾草迭叠烧炼”。雍正年间，炼灰用的石灰石“出浮梁之长山”。炼制方法与元代大致近似：取大块生石灰[2]，用手洒以少量水，使其化成粉末为熟石灰，然后铺上一层凤尾草，再在其上敷一层熟石灰。这样交替地敷多层后，用火点燃凤尾草。在它全部烧尽之后，再把燃灰和凤尾草相间地铺上几层，用火点燃。这一过程至少要连续重复五六次，重复的次数越多，釉的质量就越好[3]，雍正年间需费时三昼夜[4]。烧炼成灰后再用水淘洗[5]，具体方法是：经烧炼过的石灰与凤尾草灰适量配合后，倒入盛满水的缸内，再按100:1的比例掺以石膏，拌匀混合液，停止搅拌后放置起来，直到在其表面出现皮层为止。然后取出皮层，移入别的容器内，该操作要重复数次。如果器底产生了泥浆的沉淀，即将容器倾斜，排除余水，再取底浆，此浆就是二级釉。这种二级釉浆应与上述的釉浆加以混合。为了使两种釉浆充分混合，必须使它们的浓度相等。为了测定这两种釉浆的浓度是否相等，分别将白不子碎块分次浸泡于这两种釉浆之内，看两者的吸附层的厚度是否相等。[6]

清代炼制釉灰用的凤尾草是一种蕨类植物，在自然界多见，农民多用作燃料，生命力强，南方冬季在石缝中生长，经一两个月干旱仍不致完全枯死。清代炼制釉灰以凤尾草取代前朝所用的柿子树，乃是因为自然界中柿子树比较少，需要精心培育，才能成材。采用凤尾草煅烧石灰石的主要优点是能够就地取材，容易采集，煅烧时与石灰石分层堆叠方便。

（二）釉石产地及其加工

制釉原料——釉果（元代称为“釉泥”）是用釉石（又称“釉土”）加工而成。清代景德镇配釉用的釉石的产地与明代景德镇不同。明代嘉靖年间，景德镇配釉用的“釉石”“釉土”多出于浮梁县新正都（今江西浮梁县瑶里乡）辖境内的长岭和义坑。其中长岭所产作青黄釉，义坑所产作浇白釉[7]。万历年间景德镇配釉用的“釉土俱桃树坞，浇青花白器通并用之。止白器釉稍加炼灰相合为美”[54]。文中所说桃树坞，即今江西浮梁县西湖乡桃墅村附近。崇祯年间，景德镇配制白瓷釉用的“釉泥”多出于景德镇小港嘴，配釉时与桃竹叶灰调成。[55]

清代雍正年间，景德镇配釉用的釉石，主要出于“（安徽祁门县）平里、溶口、祁山、（浙江）开化、（江西浮梁县）里乐、女岭、银坑、东埠、郭口”等地[4]。嘉庆年间江西乐平和浮梁县瑶里大坞岭也出釉果[7]。

开采釉石选矿时以颜色最白且带艳丽的绿斑（柏树叶斑）或者像油芝麻糖，在浅褐色底色上有红色斑点的为佳[6]。采掘后，先洗去石上浮土，再用火把它烤红后锤碎[6]成小块，然后杵臼一昼夜成土，始淘炼印造。“大约上春水大，每棚碓可全舂，下年水小力微，必减几支碓舂。水急力匀，舂土稠细；水缓力轻，舂土稍粗，故所出不釉，上舂者佳，作坯亦比下年者胜。”[5]

清代加工釉果重视水质，认为选择水源对杵臼加工釉果[7]的质量有较大的影响。对此清代文献有明确记载：“盖釉之本质，取之于石，色泽则发以水也。如溶口、祁山、开化、里乐、女岭、银坑、东埠、郭口各种石，俱可舂釉。在配者取合不同，各有专秘之妙。”“选平里石舂者佳，镇之小港水舂者为上，色泽光润如明镜，易显料色，宜描青花。祁邑之昌水舂者为次，惟甜白宜之，因其肥而耐火，仿古釉色多用之，取其无浮滑之色，殊有旧意。”[8]

（三）配釉

配釉者购入釉果后不需进行再淘洗加工，而是将其“与釉灰调合成浆，稀稠相等，各按瓷之种类以成方加减。盛之缸内，用曲木棍横贯铁锅之耳，以为舀注之具，其名曰盆。如（釉）泥十盆，（釉）灰一盆为上品瓷器之釉；泥七八而灰二三为中品之釉；若泥灰平对，灰多于泥则成粗釉”[9]。“或合甜白釉，用釉十五盆，入灰一盆。如合成窑釉，用釉八盆，入灰一盆。灰多则釉色青，灰少则釉白。青者入火易熟，白者入火难熟。盖釉之青白不同者，在灰之添减多寡。凡配各种釉，约数十余钟，俱以灰为主。如调百味，必须盐也。夫釉水配法非有书传，亦无定则，法多配试，自有独得之妙。五金八石，皆可配入，色之诡怪，奇异不一，而足千变万化，俱成文章，神而明之，存乎其人。”[10]

二、灰釉

明代景德镇基本不用灰釉，到了清代，景德镇部分制品又恢复使用灰釉。清代景德镇青花、祭红、郎红和桃花片釉瓷等共九个灰釉标本（表 9－3－1，第 6、9、10、13～16、20、21 号）釉中四种助熔剂 CaO（平均含量为 13.70%）、MgO（平均含量为 0.55%）、K_2O（平均含量为 2.36%）、Na_2O（平均含量为 2.63%）的总含量为 19.24%。釉中 SiO_2 含量为 63.20%。清代景德镇灰釉这种化学组成与元代南方部分窑场十四个灰釉标本（表 6－3－1，第 6、7、46～48、51、52、59～62、64～66 号）相比有如下特征：（1）清代景德镇灰釉中碱土金属氧化物 CaO 含量（平均为 13.70%）比元代南方窑场灰釉中的 CaO 含量（平均为 11.80%）增加了0.16倍，表明清代景德镇配制灰釉石灰石的用量比元代有所增加。（2）清代景德镇灰釉中的 MgO 含量（平均为0.55%），比元代南方窑场灰釉中的 MgO 含量（平均为1.09%）降低了49.54%，表明清代景德镇配制灰釉用的草木灰的种类与元代有所不同。（3）清代景德镇灰釉中 SiO_2 含量（平均为63.20%）比元代南方窑场灰釉中 SiO_2 的含量（平均为65.20%）降低了3%，表明清代景德镇配制灰釉时的胎泥用量比元代有所降低。（4）清代景德镇灰釉中碱金属氧化物 K_2O 含量（平均为2.36%）比元代南方窑场灰釉中的 K_2O 含量（平均为4.14%）降低了43%；清代景德镇灰釉中碱金属 Na_2O 含量（平均为2.63%）比元代南方窑场灰釉 Na_2O 含量（平均为0.99%）增加了1.66倍，表明清代景德镇配制灰釉用的釉泥与元代景德镇灰釉有所不同。

三、灰—碱釉

灰—碱釉是以碱土金属氧化物 CaO 和碱金属 K_2O 或 Na_2O 为主要助熔剂的一类瓷釉，釉中的 CaO 含量在5%～11%之间，釉中的 K_2O 或 Na_2O 的含量超过 MgO 含量。灰—碱釉始用于商、周，汉、晋一度停用。隋、唐内丘邢窑和唐浑源窑等少数窑场的部分产品重又采用灰—碱釉工艺，入宋后灰—碱釉工艺得到一定程度的发展。景德镇自元代开始采用灰—碱釉，明代景德镇瓷器制品多用灰—碱釉进行美饰。

清代景德镇配制灰—碱釉的石灰石的用量比明代稍高，釉泥用量则比明代略低，明、清两代配制灰—碱釉所用草木灰的种类有别。

清代景德镇青花、斗彩和郎窑红釉瓷等八个灰—碱釉标本（表9－3－1，第2、4、5、7、8、12、17、19号）釉中四种助熔剂 CaO（7.97%）、MgO（0.62%）、K_2O（3.17%）、Na_2O（2.32%）总含量为14.08%，釉中 SiO_2 平均含量为68.77%。清代景德镇灰—碱釉这种化学组成与明代景德镇碱—灰釉相比有如下特征：（1）清代景德镇灰—碱釉中碱土金属氧化物 CaO（7.97%）含量，比明代景德镇灰—碱釉中 CaO（7.6%）高出4.87%，表明清代景德镇配制灰—碱釉的石灰石的用量，比明代景德镇配制灰—碱釉的石灰石的用量稍高些。（2）清代景德镇灰—碱釉中碱土金属氧化物 MgO（0.62%）含量，比明代景德镇灰—碱釉中 MgO（0.38%）含量高出0.63倍，由此可推知：明、清两代配制灰—碱釉所用草木灰的种类有别。（3）清代景德镇灰—碱釉中釉中 SiO_2 含量（68.77%），比明代景德镇灰—碱釉中 SiO_2 含量（69.63%）略有降低，表明清代景德镇配制灰—碱釉时的釉泥用量亦比明代略有降低。（4）清代景德镇灰—碱釉中碱金属氧化物 K_2O（3.17%）与 Na_2O（2.32%）两者之和含量（5.49%），比明代景德镇灰—碱釉中 K_2O（4%）与 Na_2O（2%）两者之和含量（6%）低8.5%，可知明、清两代景德镇配制灰—碱釉的釉泥产地有别。

四、碱—灰釉

碱—灰釉是指釉中碱金属氧化物 K_2O 与 Na_2O 两者之和，超过或相当于碱土金属氧化物 CaO 与 MgO 总含量的一类釉。这类釉首现于商、周时期，但是秦、汉均未见使用。隋代内丘邢窑，辽金北京龙泉务窑、北宋观台窑和宋金凤窑等一度使用碱—灰釉。元、明两代景德镇部分瓷器制品也采用过碱—灰釉工艺。

清代景德镇配制碱—灰釉的石灰石和釉果的用量，均比明代用量有较大幅度的降低，清代景德镇配制碱—灰釉用的草木灰的种类与明代景德镇所用不同。

清代景德镇窑场出产的五彩、粉彩和青花四个标本（表9－3－1，第1、3、11、18号）碱—灰釉中四种助熔剂 CaO（2.91%）、MgO（0.35%）、K_2O（3.83%）、Na_2O（2.11%）总含量为9.20%。清代景德镇碱—灰釉这种化学组成与明代景德镇碱—灰釉相比有如下特征：（1）清代景德镇碱—灰釉中碱土金属氧化物 CaO 含量（2.91%），比明代景德镇碱—灰釉中 CaO 含量（4.66%）降低了37.55%。表明清代景德镇配制碱—灰釉的石灰石的用量，比明代景德镇配制碱—灰釉的石灰石的用量有较大幅度的降低。（2）清代景德镇碱—灰釉中碱土金属氧化物 MgO 含量（0.35%），比明代景德镇碱—灰釉中 MgO 含量（0.62%）降低了43.55%。表明清代景德镇配制碱—灰釉用的草木灰的种类，与明代景德镇配制碱—灰釉用的草木灰有所不同。（3）清代景德镇碱—灰釉中 SiO_2 含量（平均为74.87%），比明代景德镇碱—灰釉中 SiO_2 含量（70.69%）增加了5.91%，表明清代景德镇配制碱—灰釉的釉果用量比明代有所增加。

五、高温颜色釉

清代著名高温颜色釉的品种有铜红釉、窑变、碎器釉、洒蓝釉、乌金釉、紫金釉等。

（一）铜红釉

清代烧造的高温铜红釉的具体品种主要有霁红、郎窑红、桃花片等。

1. 霁红

霁红为高温铜红釉品种之一，全器釉面通体一色，色泽深沉犹如初凝的牛血。明永乐、宣德年间就较为流行，但是，至迟于嘉靖年间，景德镇烧造霁红釉的配方失传，清康熙年间，恢复烧造。按照文献记载，清代景德镇霁红釉制造有两种配方：一是“用红铜条、紫英石合成，兼配碎器不、宝石、玛瑙”[11]；二是“用白釉、麻仓釉为主，入红铜花、紫英石合成，加乐平绿石、火青少许”[12]。

明清两代霁红釉在化学组成和显微结构上均存在较大的差异。首先，它们两者之间釉料配釉工艺不一。明代霁红釉采用灰—碱釉或碱—灰釉工艺，而清霁红釉采用灰釉工艺；其次，它们两者之间的助熔剂的组成不同。清代景德镇霁红釉五个标本（表9－3－1，第6、13、14、20、21号）助熔剂中的碱土金属氧化物 CaO（13.61%）和 MgO（0.56%）两者含量之和（14.17%），为明宣德霁红釉四个标本（表8－3－1，第22～25号）中的碱土金属氧化物 CaO（7.44%）与 MgO（0.52%）两者含量之和（7.96%）的0.78倍；清代景德镇霁红釉五个标本（表9－3－1，第6、13、14、20、21号）助熔剂中的碱金属氧化物 K_2O（2.56%）与 Na_2O（2.95%）含量之和（5.51%），仅为明宣德霁红釉四个标本（表8－3－1，第22～25号）中的碱金属氧化物 K_2O（4.53%）与 Na_2O（2.43%）含量之和（6.96%）的79%。

从釉层厚度来考察，清代景德镇霁红釉的釉层比明代永乐、宣德祭红釉要薄。永乐、宣德祭红釉的釉层厚度大多波动于0.5毫米与0.8毫米之间，个别可达1.5毫米；清代祭红釉的釉层厚度大多在0.3毫米~0.4毫米，个别可达0.6毫米[13]。另外，清代景德镇祭红釉和明永乐、宣德祭红釉的显微结构也存在很大差别：永乐、宣德祭红釉的釉层中和釉面都存在大量鲜红斑，有的单个存在，有的两三个或更多个连成一片，大多数鲜红斑都有一个气泡为核心。永乐、宣德祭红釉的色调不是单一的红色，而是由鲜红斑与橘红斑所构成，两者在数量上的比例并不固定，有时鲜红斑多于橘红斑，在这种情况下，釉色就呈鲜红；如果橘红斑多于鲜红斑，则釉色就红中偏黄。清代景德镇祭红釉的显微结构要简单得多，釉中虽然也有许多气泡，但气泡的外层没有红圈，因而也就没有鲜红斑，釉的色调为单一而均匀的红色，多数红中偏黄，没有永乐、宣德祭红的鲜红色调。其次，由于清代祭红釉属灰釉，明永乐、宣德祭红釉为灰—碱釉或碱—灰釉，因而在烧成温度上，它们两者也不同。清代祭红釉的半球温度为1150℃左右，明永乐、宣德祭红釉的半球温度为1230℃左右[14]。既然明、清两代霁红釉的化学组成、显微结构和烧成温度都不相同，那么由此可见明、清两代霁红釉所用原料及其配方也就完全不同。

2. 郎窑红

清代首创的郎窑红釉在外观上同明永乐、宣德和清代祭红釉差别很大。其主要特点：釉层清澈透明，具有强烈的玻璃光泽和细密的龟裂纹。高温下釉的流通性极为强烈，致使制品上下部分的颜色有明显的差别，俗称“脱口”严重，通常上部颜色极淡，中部为血红色，下部略暗[15]，底足常有积釉。康熙郎窑红的底足旋削工艺水平很高，流釉不过足，不会出现黏釉的缺陷，故有“脱口垂足郎不流”之说。底足内呈透明的米黄色或浅绿色，俗称“米汤底”或“苹果底”，也有少数为本色釉底。而明永乐、宣德祭红釉和清代祭红釉的釉面没有纹片、器口和器底均无流釉或积釉现象。这种现象的出现，主要是它们之间的化学组成不同，而致使釉的显微结构不同所致。

首先，釉的配方不同。清代景德镇郎窑红一般采用灰釉或灰—碱釉两种配方工艺。明代永乐、宣德霁红釉则采用灰—碱釉或碱—灰釉配方，清代景德镇霁红釉均采用灰釉工艺。

其次，釉的助熔剂组成不同。清代部分郎窑红虽然也采用灰釉工艺，但是，它与采用灰釉工艺烧造的清代霁红釉中的助熔剂组成不同。采用灰釉烧造的郎窑红三个标本（表9-3-1，第8、9、10号）釉中碱土金属氧化物CaO（平均为9.14%）和MgO（0.85%）含量之和为9.99%，它比清代五个采用灰釉烧造的霁红釉标本（表9-3-1，第6、13、14、20、21号）釉中碱土金属氧化物CaO和MgO含量之和14.17%要低29.5%。而采用灰釉烧造的郎窑红三个标本（表9-3-1,第8、9、10号）釉中碱金属氧化物K_2O（2.61%）与Na_2O（3.20%）含量之和为5.81%，亦比清代霁红釉碱金属氧化物K_2O与Na_2O平均含量之和（5.51%）低。

再次，釉中铁含量不同。铁是铜红釉的内部还原剂，它的存在对铜红的形成是非常重要的。配釉时，如果采用无铁的高纯原料，就不能形成铜红；如果有过量的铁存在也是不利的，因铁本身也是一种着色剂[16]。清代景德镇郎窑红三个标本（表9－3－1，第8、9、10号）釉中Fe_2O_3含量平均为0.9%，清代景德镇霁红釉五个标本（表9－3－1，第6、13、14、20、21号）釉中Fe_2O_3含量平均为1.13%，明代永乐、宣德五个铜红釉（表8－3－1，第12、22～25号）釉中Fe_2O_3含量平均为0.74%。也就是说，郎窑红釉中Fe_2O_3含量（平均为0.9%）要比同时代的霁红釉中Fe_2O_3含量（平均为1.13%）低20.35%，比明代永乐、宣德五个铜红釉中Fe_2O_3含量（平均为0.74%）要高0.22倍。

另外，郎窑红在显微结构上与霁红釉差别很大，其主要特点是：釉层中未见析晶和大气泡，只有少量小气泡。反应层上有蓬勃生长的钙长石析晶群，呈鲜红色，这一层鲜红色的钙长石析晶群，对郎窑红的釉色有决定性影响，钙长石析晶群上面的釉层，即釉层的下半部，其色调呈淡红色，釉层的上半部，则无色透明。这种色层结构非常特别，既不像釉里红，也不像铜红釉。这种特殊的色层结构表明，郎窑红可能采用与釉里红相似的施彩方法，既先施彩，再施透明釉，但所用彩料不是釉里红彩料，而是普通铜红釉料。有学者则认为，郎窑红有五个层次：表面第一层为无色或稍带青色，第二层为淡黄色，第三层为较厚的红色层，第四层为淡蓝色，第五层为无色或少许蓝色层，其下面即为瓷胎。研究者认为，氧化亚铁或氧化亚锡接受了新侵入的氧，成为氧化铁或氧化锡，起了保护红色胶体层的作用，然后再施以一层不含铜的釉，避免铜的氧化[17]。

郎窑红釉面出现开片，乃是因为郎窑红属玻璃釉（玻化比较完全、具有较强玻璃质感的釉），而绝大多数玻璃釉容易出现开片，加之其釉层较厚。而霁红釉的玻化程度差，釉层中存在大量气泡、析晶及残留石英，它们能够阻止裂纹的延伸，因而不容易形成开片[18]。

3．桃花片

康熙时期，景德镇创烧的桃花片又称“豇豆红”“美人醉”“娃娃脸”和“吹红”等，也属高温铜红釉的一个品种。但是它的外观呈色与霁红和郎窑红都不同：釉色浅红娇艳，红中泛绿，酷似美人醉酒时的面色，十分雅致。桃花片虽然在工艺上采用灰釉配方，但是它与采用灰釉工艺的郎窑红的化学组成不同，其标本（表9－3－1，第10号）釉中碱土金属氧化物CaO含量高达17.10%，比采用灰釉或灰—碱釉工艺的康熙郎窑红三个标本（表9－3－1，第7～9号）中的碱土金属氧化物CaO含量（7.92%～10.18%）要高出0.65～1.5倍。

康熙桃花片（表9－3－1，第10号）釉中碱金属氧化物K_2O（1.70%）与Na_2O（1.60%）两者含量之和（3.30%），比康熙郎窑红釉三个标本（表9－3－1，第7～9号）釉中碱金属氧化物K_2O（平均含量2.61%）与Na_2O（平均含量3.20%）两者含量之和（5.81%）要低43.2%。而且釉中着色剂CuO含量高达2.40%，为郎窑红釉中着色剂CuO含量（平均为0.17%）的14.12倍。由此可见，清代景德镇高温铜红釉桃花片和郎窑红的配方不一样。

有学者用光学显微镜在暗场下检查桃花片的显微结构时发现：在红釉区近胎处，有一片流纹状分布的呈流纹状沙金色的反射区。扫描电镜观察确定，在这些呈沙金色的反射区中是大量小于2微米的小圆珠以胶体颗粒散布在基质釉中。用电子探针微区成分分析测定这些小粒子的结果表明这些细分散的粒子群是含有微量铅、砷、锑、钡的铜粒子。对这种铜粒子分别进行了 Cu、O、S 的面扫描证实，此类颗粒中不含 O，也不含 S，为金属 Cu 颗粒。电子衍射鉴定再次证明，这种小粒子是金属铜，就是这一类细分散的铜粒子使铜红釉桃花片呈现红色。

桃花片铜红釉的另一个结构特征是有相当数量的边缘附着气泡的圆颗粒，这些颗粒的内反射呈绿色，电子探针鉴定它们含有硫化铜的颗粒。这些颗粒是桃花片铜红釉在宏观上呈现泛绿区的主要原因。铜红釉中的绿苔点是二价铜离子在基质釉中的局部富集，以溶液的形式呈色[19]。

桃花片釉最易产生苔绿点，位于苔绿点上面的釉往往形成一个凹坑。釉层断面测量结果表明，凡是易产生绿点的品种和部位，其釉层都比较薄。多数苔绿点成美丽的苹果绿色或墨绿色，其边缘都有一圈色调较浅的晕散层。桃花片中的苔绿点的形成与制作工艺密切相关，桃花片在制作时先施一层底釉，再用喷釉法把色料浆喷在底釉上，然后再施一层透明釉把色料盖起来。用喷釉法喷色料浆时，由于喷嘴与器物之间的距离远近和吹力的大小等因素的变化，使得喷射出去的色料浆，其颗粒尺寸大小不一，其中有些颗粒特别粗大，从而导致某些微区域部位上铜的富集。桃花片色料中所含的钙和铜本来就很高，铜的富集使这些部位上的铜含量更高，而铜是着色剂，但其熔点只有 1148℃，含有杂质的氧化铜的熔点更低，所以在含量较高的情况下它也兼有助熔作用，因此在铜富集的部位上熔融温度较其他部位明显较低，于是在烧氧化焰期间就先于其他部位而熔融，其中的铜以二价铜离子状态熔于釉中使这些部位着成绿色。由于这些二价铜离子已经结合于玻璃釉的网络结构中而受到保护，当温度继续升高并开始烧还原焰时，一氧化碳气体不能渗透到已经熔融的釉层中把二价铜离子还原，而那些铜含量较低的部位因熔融温度较高，在烧还原焰期间未能完全熔融，一氧化碳气体仍能渗透到釉层中而把铜还原，使这些部位着成红色，结果在烧成后的同一器物上，出现“满身苔点泛于桃花春浪间的奇妙现象”[19]。

（二）窑变釉

清代窑变釉是雍正、乾隆年间，景德镇御器厂仿宋代钧窑釉而衍生出来的一种色釉。雍正窑变釉，蓝、紫、绿、酱、青、褐等色与红色交织，千变万化，流荡的条丝和斑片，有“火焰青”和“火焰红”之称。乾隆窑变釉，红、蓝、月白各色交织成块状的斑片和条纹，不及雍正时釉面流动多变。乾隆晚期窑变釉，釉中的月白与蓝色较少，成为缺乏变化的红色釉。

按照文献记载，清代烧造窑变釉的配方如下：“用白釉为底，外加釉里红，元子少许，罩以玻璃、红宝石、晶料为釉，涂于胎外，入火借其流淌，颜色变幻，听其自然，而非有意预定为某色也。其覆火数次成者，其色愈佳。”[20]

（三）紫金釉

清代康熙、雍正年间，景德镇烧造的高温紫金釉以当地山中的黄土为原料[21]。其制作方法如下：取普通的黄土以处理白不子的方法来处理它，精制后将其最微细的成分倒入水中，制备成浓度与叫做白釉的普通透明釉相同的糊状。在紫金的浓度与透明釉相同的情况下，将紫金釉与透明釉混合。为了测定浓度，将两块白不子分别浸于这两种釉中，如果这两块白不子的吸釉程度相同，这就说明这两种釉的浓度相同，因而也就可以混合了。此外，往紫金釉中还可以掺入用石灰和凤尾草炼制成的釉灰而配制成的釉，但该釉的浓度应与紫金釉相同。人们可以根据紫金颜色的深浅来决定这两种釉在紫金中的用量，这是通过试验来确定的，如往四杯由两杯紫金液和八杯透明釉配制的混合液中，调入一杯由石灰和凤尾草配的釉[22]。

清康熙年间的高温紫金釉开光装饰是“在所要施紫金釉的坯体表面，先贴上一两张圆形或方形湿纸。施紫金釉后，把纸揭去，尔后在没有釉的空白处用笔描上青料或红料，干燥后即行吹釉，或以其他方法施釉。有时，在这些空白处全面地涂上青料或黑料，以便在初烧后施金彩，综合地利用这些方法，可以绘出各种各样的装饰图案”[22]。在清代，紫金釉还往往作为调配其他色釉色泽的一种用料，即《南窑笔记》所言：“凡配龙泉、冬青、宋釉、厂官及观、哥等釉，俱入紫金少许。盖它釉纯白，以紫金稍变其色耳。”[8]

（四）碎器釉

碎器釉又称“纹片釉”。南宋修内司官窑、郊坛下官窑、龙泉大窑和龙泉溪口窑场出土的黑胎青瓷（又称“哥窑型青瓷”）和元代哥窑均把纹片作为一种主要的装饰。宋元纹片釉主要是通过调整胎釉配方来实现的。

清代制作碎器釉大致有四种方法。一是用白卵石制釉，色泽白里透灰，如果在坯体全部涂上青料，再上这种瓷釉，烧成后，上面的裂纹好像在釉下[23]。二是采用三宝棚（蓬）出产的碎器不子通过淘洗工艺来实现的，细淘则成碎器，粗淘则成大纹片[11]。三是用紫金釉、白釉、灰釉和卵石碎器釉为原料，具体工艺操作是“往七杯紫金釉中调入四杯白釉、约两杯由石灰和凤尾草灰配制的釉及一杯用卵石作的碎釉。碎器釉使瓷器表面出现许多小纹路。仅施有碎器釉的瓷器很脆，叩击时无音响，但是，如果把碎釉掺入其他釉中使用，那么所制得的瓷器不但带纹路，有音响，而且并不比普通瓷器脆”[24]。四是做哥窑（碎器釉）者用女儿岭釉加椹子石末配釉，铁骨则加以粗料配其黑色[25]。

（五）乌金釉

高温乌金釉为黑釉中的一种，清代出现的高温乌金釉，釉色漆黑光亮犹如金属。清代康熙年间，景德镇烧造高温乌金釉的原料为钴料、白釉、紫金釉和釉灰。具体制作工艺如下：“定要使用优质青料，但其浓度要求稍大些。制作时，将青料同白釉与紫金釉混合，并添加少量由石灰与凤尾草灰配制的釉。例如往十盎司（1盎司 =28.3495 克）用碾钵捣碎的青料中，调入一杯紫金釉，七杯白釉和两杯由石灰和凤尾草灰配制的釉。由于此混合液已经含釉，所以无需另外添加釉了。焙烧这种黑瓷时，将其置于窑内的中央部位，切勿置于火力最强的拱顶附近。”[26]

（六）洒蓝釉

康熙洒蓝釉是仿明宣德洒蓝的品种，它以钴为着色剂，采用喷吹法在坯体上施釉，然后罩以透明釉，最后入窑高温烧成。出窑后，在通体的浅蓝色地上，呈现水迹般的深色点子，犹如洒落的水点，因此称为“洒蓝”，又叫“鱼子蓝”，更因其水点成雪花片状，又有“雪花蓝”之名。

（七）青釉

清代烧造的青釉主要是仿古代名窑青釉，品种主要有仿南宋杭州官窑、仿北宋汝官窑、仿南宋龙泉窑、仿宋元哥窑、仿宣德霁青、仿明豆青釉等。

仿北宋汝官窑器，“用里乐釉入青料少许，以不泥为骨，多鱼子纹者，略得遗意矣”〔27〕。仿南宋官窑器，“咸用椹子、玛瑙等料配之，里乐釉为之，亦可混真，但纹片久则零断碎烂不堪，气味与古远甚。骨子则用白石、红土为上”〔28〕。仿宋代龙泉弟窑型青瓷釉有两种配方：一是“用麻油釉入紫金釉，用乐平绿石少许，烧成后肥润翠艳，不亚于古窑”〔29〕；二是“用紫金釉微掺青料合成”〔11〕。清代仿宣德“霁青则用元子料配釉”〔12〕。仿明豆青釉“用豆青油水炼灰、黄土合成”〔11〕。

（八）白釉

白釉是用透明的卵石像处理青料那样置于窑内煅烧后磨成粉末的方法制得的〔30〕。制作纯白釉时，往十三杯白釉中添加一杯与其浓度相等的凤尾草灰浆。这种釉很硬，不能用在青花瓷器上，因为烧成中，青色难以透过该釉层显现出来。施有这种硬釉的瓷器，完全能经受住窑内的强火，烧成后呈纯白色。这种硬白釉器也可作釉上彩瓷的胎骨，但是不能用在青花瓷器上，因为烧成中钴料青色难以透过该釉层显现出来。要制作青花瓷器用的白釉，就将由石灰与凤尾草配制成的釉同白釉按一杯比七杯的比例加以调剂〔31〕。清代仿宋定窑白瓷，滑石合泥作骨子，纯用椹子釉；仿明永乐甜白，以麻仓釉为主〔32〕。

六、低温颜色釉

清代著名低温颜色釉的品种主要有胭脂水釉、黄釉、炉钧、素三彩等。

（一）胭脂水釉

胭脂水釉属低温色釉，以其釉色酷似胭脂水而得名，亦称“蔷薇红”，又叫“玫瑰紫”或“洋金红”。清康熙年间从西方国家引进，康熙晚期烧成，雍正时制作最精。据《饮流斋说瓷·说彩色第四》载：“始制者胎极薄，其里釉极白，因为外釉所照而发粉红色。乾隆时制，胎质渐厚，色略发紫。”金红的着色机理和铜红一样，也是胶体着色，它是以胶体金粒子悬浮于铅硼溶剂中制备。由于对光有选择性的吸收，其色略带紫红，加之器外红色与器内白釉相映成趣〔37〕。

（二）黄釉

清代低温黄釉与明代低温黄釉一样，着色机理属于三价铁离子着色，Fe_2O_3都已熔入釉中，因此，岩相观察研究结果表明，清代低温黄釉与明代低温黄釉一样，色釉层中基本上没有气泡和晶体的存在，清澈透明，好像玻璃一样，色调很均匀〔33〕。清代低温黄釉与明代低温黄釉一样都属铁黄，其中，明弘治黄釉中的Fe_2O_3含量为3.66%〔56〕，光绪黄釉Fe_2O_3含量为1.39%〔33〕。不过明代低温黄釉中的Fe_2O_3是由矾红料——青矾引入，而清代低温黄釉中的Fe_2O_3则由赭石引入，即《景德镇陶录》卷三《陶务条目》所载：清代浇黄釉用牙硝、赭石合成。

（三）炉钧

清代景德镇仿宜钧，称为“炉钧”。清代炉钧釉与唐钧工艺相似，先施黑釉，再洒白釉，烧成时两者发生化学反应并形成分相，在流淌过程中出现蓝色的兔丝纹，而浓处则成乳白。据蓝浦著、郑廷桂补辑《景德镇陶录》卷三《陶务方略》记载，炉钧釉用牙硝、晶料配釉合成。具体工艺是：先以高温烧成涩胎，后施底釉和面釉，再在炉中烧制而成。炉钧有荤、有素，素者不见金红，荤者有金红斑点。

“雍正炉钧釉中掺有粉剂，因而釉厚不透明，釉面开细小纹片，其结晶体呈深浅不一的红、蓝、紫、绿、月白等色（如同铅釉器表面的反射光泽），并熔融于一体，组成各种长短不同的垂流条纹”[34]。有人则认为，雍正炉钧釉面“颜色流淌中有红点者为佳，青点次之”[35]。雍正炉钧釉中“红点”因似高粱穗状，又名高粱红。乾隆炉钧釉面多呈蓝、绿、月白各色条制和垂流状小片斑，釉质凝厚。道光炉钧釉面多为浅绿和蓝色中杂以紫色的圆点。光绪炉钧釉面往往在浅绿色地中幻化出紫色或白色小圆点[34]。

（四）素三彩

素三彩釉是将几种（除红色以外）不同色调的低温色釉，照瓷胎上预先雕刻好的图案花纹，按相应部位填釉而制成的。素三彩色釉装饰是明代正德时期创制的新品种，清代康熙素三彩釉表现方法较为多样。较为常见的有：一是在素坯上先刻划花纹，施白釉高温烧成素瓷，然后素瓷上施底色，待其干燥后，刮去纹样中应施其他色彩的底釉，填绘所需色釉，经800℃～850℃低温烧成；二是在素胎上刻划纹饰后，即高温烧成素瓷，再施以各种彩釉，然后罩上一层雪白，用低温（约850℃～900℃）烧成；三是胎体不加刻划，通体由黄、绿、紫、白等色点染而成斑点状，经晕散形成犹如虎皮斑状；四是在白釉瓷上涂一层色底，然后再加彩料，如黄底加绿、紫、白彩，绿底加黄、紫彩等。

七、高碱釉

高碱釉是指以碱金属氧化物 K_2O 和 Na_2O 为主要助熔剂的一类釉，釉中 K_2O 和 Na_2O 含量很高，烧成温度介于高温釉和低温釉之间，有学者称其为中温釉[36]。中国高碱釉瓷始现于元代磁州窑，景德镇在明代也开始采用高碱釉。清代景德镇重点发展了以铜为着色剂的高碱蓝釉，另外还有少数高碱紫釉制品。

清代高碱蓝釉有三个特点：一是釉色青翠亮丽；二是釉层清澈，很少气泡、析晶和未熔釉料；三是釉面布满鱼子纹大小的细密开片。

清代高碱蓝釉比前朝更现青翠亮丽与釉中着色剂 CuO 含量高有关。其三个标本（表9－3－1，第27～29号）釉中 CuO 含量在6.87%～9.00%之间波动，平均含量为7.92%，其含量比元代磁州窑孔雀绿釉标本（表7－3－1，第67号）中的 CuO 含量（5.64%）要高出0.40倍；比明代景德镇孔雀绿釉（又称绿松石釉）两个标本（表8－3－1，第67、69号）釉中的 CuO 含量（平均为4.60%）要高出0.72倍。高碱蓝釉的主要着色剂是铜，含铜量高有助于釉色愈加青翠[37]。

清代高碱蓝釉比前朝更显青翠亮丽，还与釉中助熔剂 K_2O 含量密切相关。其三个标本（表9－3－1，第26、28、29号）釉中 K_2O 含量平均为17.55%，其含量比元代磁州窑孔雀绿釉标本（表7－3－1，第68号）釉中的 K_2O 含量（8.93%）高出近1倍；比明代景德镇孔雀绿釉（又称“绿松石釉”）标本（表8－3－1，第71号）釉

中的 K_2O 含量（平均为 15.40%）也高出 0.14 倍。K_2O 是一种较强的助熔剂，如果用量很高，再加上较高的烧成温度（900℃～1000℃），釉的高温黏度就会变得很低，在这种情况下釉层中的气泡就会全部跑掉，石英等颗粒也会全部熔入釉中，使釉玻化。釉的完全玻化，再加上大量二价铜离子的存在和洁白瓷胎的衬托，瓷器就呈现釉色青翠亮丽，釉层清澈，如同翡翠一样[37]。

高碱釉一般都有细密纹片，清代景德镇烧制的高碱蓝釉的纹片特别细密，产生这种现象的原因也和工艺有关。清代景德镇高碱蓝釉中的 K_2O 和 Na_2O 的含量高，其中两个标本高钾釉（表 9－3－1，第 26、29 号）釉中 K_2O 平均含量为 21.20%；两个高钠釉标本（表 9－3－1，第 25、27 号）釉中 Na_2O 平均含量为 7.07%。在陶瓷胎釉氧化物元素中，以 K_2O 和 Na_2O 的线膨胀系数最高，其中 K_2O 的线膨胀系数为 $3.90^{10^{-7}}$/℃，Na_2O 的线膨胀系数为 $4.32^{10^{-7}}$/℃，比釉中其他助熔剂氧化物，例如 CaO、MgO 和 Sb 等要高好几倍[38]。所以用 K_2O 和 Na_2O 为主要助熔剂的配方会带来一种无法避免的副作用，就是釉的膨胀系数太大，胎、釉膨胀系数严重不匹配而产生很大的应力，消除应力最有效的途径是釉层不断开裂，直到釉层裂成无数小纹片。清代孔雀绿釉纹片特别细密，乃是釉的玻化比较完全，釉层中很少有气泡、微熔釉料和断晶等异相的存在，而这些异相的存在可以阻止裂纹的扩张，如果没有这些异相则十分有利于裂纹的扩张[37]。

按照文献记载，明代景德镇高碱蓝釉（翠色）以炼成古铜水和硝石合成[39]。清代康熙年间，景德镇配制高碱蓝釉的配方是：将铜花片、硝石和卵石粉末三种原料分别制成极细微的粉末后，把它们溶解和加温混合[40]。清代雍正年间配制高碱蓝釉的配方是：用石末、铜花、牙硝为法翠；加入青料为法蓝[41]。

八、施釉技术

法国传教士殷弘绪谈到景德镇窑场康熙年间的施釉技术时写道："施釉前，要轻轻地拭擦瓷坯表面，以消除微疵。为此使用非常纤细的用小羽毛做的毛笔，将笔用水沾湿，轻轻地擦拭瓷坯的整个表面。釉既不可上得过多，又要上得全面、均匀。薄胎细瓷上釉分两次进行，即在里面和外面上釉。釉要上得薄些，如果釉层过厚，坯体的薄壁因承受不住自重而立刻会变形。较坚硬的细瓷一般也上两次釉，但有时只上一次釉。第一次上釉是浇釉，第二次上釉是浸釉。上釉时先用一只手从外部托住坯体，将坯口斜着对准釉壶嘴，再用另一只手浇釉。这时务必使釉浆荡遍整个坯体内部。这样即可对许多坯体连续进行浇釉，当第一部分坯体内部的釉变干时，按下述方式在坯外部上釉：用一只手顶住坯体内底心，用小棍支撑底足中央，浸于盛满釉的容器内，一浸釉就立即提出来。"[42]

按照殷弘绪的记载，康熙年间还采用过喷吹法上釉，其中有"吹红""吹青"等法。吹红制作方法如下："预先准备红料和管子，把管子的一端用纱布包紧，轻轻地放在红料上，使红料渗入纱里，然后将管子对着瓷器喷吹，以使红色的小斑点遮蔽瓷胎表面。吹红比釉里红珍贵，价格也比较高。"[43]"喷吹青料时，为了不使它从坯体散落和尽可能达到节约的目的，窑工采取一种预防措施，这就是在台架上放一件器皿，并在台架上铺一张耐用的厚纸，当青料变干时，抖动纸张，用小毛刷把它收集起来。”[44]

唐英《陶冶图编次》则对代雍正、乾隆年间景德镇窑场的施釉工艺技术作了说明：“至大小圆器及浑圆之琢器，俱在缸内蘸釉，其弊又失于体重多破坏，全器倍为难得。今圆器之小者，仍于缸内蘸釉；其琢器与圆器大件俱用吹釉法。以径寸竹筒截长七寸，头蒙细沙，蘸釉以吹，俱视坯之大小与釉之等类，别其吹之遍数，有自三四遍至十七八遍者。”[45]

表 9－3－1　清代瓷釉的化学组成

编号	名称	成分（%）											参考文献
		SiO_2	Al_2O_3	Fe_2O_3	TiO_2	CaO	MgO	K_2O	Na_2O	MnO	P_2O_5	CuO	
1	康熙五彩花觚釉 C11	77.82	11.81	0.80	—	2.17	0.47	4.07	2.25	—	—	0.21	[46]
2	康熙青花釉 C1	70.22	14.25	0.79	0.11	9.12	0.22	3.03	2.28	0.12	0.10	—	[47]
3	康熙青花釉 C2	73.48	15.38	0.96	0.34	3.82	0.33	3.97	1.34	0.14	0.90	—	
4	康熙五彩盘白釉 C14	70.79	14.94	0.97	—	5.47	0.75	3.16	2.63	0.13	—	0.06	[46]
5	康熙斗彩盘釉 C11	67.92	15.66	1.22	—	7.11	1.06	4.11	2.14	—	—	0.16	[48]
6	康熙祭红釉 SKX－1	63.26	16.11	1.21	—	13.23	0.23	2.63	3.19	0.11	—	0.58	[49]
7	康熙郎红釉－1	69.10	14.60	0.95	—	7.92	1.07	3.22	3.44	0.07	—	0.12	[18]
8	康熙郎红釉－2	67.89	13.46	0.76	—	9.33	1.02	2.16	3.39	0.06	—	0.17	
9	康熙郎红釉－3	67.87	14.39	0.99	—	10.18	0.45	2.45	2.78	0.12	—	0.21	
10	康熙桃花片釉	60.50	13.90	1.20	0.05	17.10	0.40	1.70	1.60	0.11	0.08	2.40	[50]
11	雍正粉彩碟白釉 C18	72.09	14.71	1.39	—	3.54	0.45	4.61	2.25	—	—	0.24	[51]

续表

编号	名称	成分（%）											参考文献
		SiO_2	Al_2O_3	Fe_2O_3	TiO_2	CaO	MgO	K_2O	Na_2O	MnO	P_2O_5	CuO	
12	雍正仿汝釉	63.62	19.61	0.04	—	8.71	0.42	3.56	2.42	—	—	—	〔51〕
13	雍正祭红釉 SYZ1	62.06	15.34	1.09	—	14.85	0.28	2.32	3.00	0.12	—	0.27	〔49〕
14	雍正祭红釉 SYZ－1	62.00	15.30	1.10	—	14.90	0.30	2.30	3.00	0.10	—	0.30	
15	雍正填红釉 U5B	66.00	15.10	1.00	0.10	11.70	0.90	2.40	2.00	0.10	0.10	0.20	〔52〕
16	雍正填红釉 SYZ－2	59.89	16.50	1.20	0.10	16.30	0.40	1.90	2.50	0.10	0.20	0.50	
17	雍正青花釉 C6	70.54	14.43	0.74	—	8.90	0.21	2.98	1.36	—	—	—	
18	乾隆青花釉 C8	76.09	14.39	0.92	0.25	2.11	0.14	2.67	2.61	0.27	0.08	—	〔47〕
19	乾隆青花釉 C7	70.09	17.63	0.83	—	7.20	0.22	3.13	0.90	—	—	—	
20	乾隆祭红釉 SQL2	63.09	16.38	1.15	0.01	13.37	0.88	2.89	2.17	0.09	—	0.10	〔49〕
21	乾隆祭红釉 SQL1	64.16	16.27	1.09	—	11.68	1.09	2.65	3.39	0.08	0.05	0.15	
22	窑里釉果	74.43	14.64	0.62	0.06	1.97	0.16	2.90	2.38	0.03	—	—	〔46〕
23	祁门釉果	74.23	14.86	0.74	0.05	1.72	0.35	4.86	—	—	—	—	
24	广彩底釉	74.57	13.04	—	—	4.53	3.24	3.04	—	—	—	—	〔53〕

续表

编号	名　称	成　分（%）											参考文献
		SiO_2	Al_2O_3	Fe_2O_3	TiO_2	CaO	MgO	K_2O	Na_2O	MnO	P_2O_5	CuO	
25	清孔雀绿釉 1	66.37	3.67	0.60	—	1.55	1.15	6.47	6.75	—	—	16	〔37〕
26	清孔雀绿釉 2	60.57	3.34	0.39	—	0.70	1.07	16.09	0.98	—	—	20.8	
27	清孔雀绿釉 3	70.50	3.60	0.96	—	1.14	0.96	8.53	7.39	—	—	6.87	
28	清孔雀绿釉 4	74.06	4.15	1.16	—	1.57	0.73	10.27	1.38	—	—	7.88	
29	清 1882 孔雀绿釉	61.30	2.30	—	—	0.30	0.30	26.30	0.40	—	—	9.00	

注：

第 24 号还含有 0.22% 的 FeO，含有 1.35% 的 PbO。

第 25 号还含有 0.52% 的 PbO，该标本 CuO 含量出现异相，原因不明。（见参考文献 25）

第 26 号还含有 0.06% 的 PbO，该标本 CuO 含量出现异相，原因不明。（见参考文献 25）

第 27 号还含有 1.22% 的 PbO。

第 29 号还含有 0.10% 的 PbO。

第四节　装饰技术

清代景德镇青花瓷采用国产钴料为色料，由于加工得法，烧成后色泽鲜艳，纹路清晰。清代釉里红的色料是用铜矿粉和一种稍带黄色的石头或卵石配制的。清代古彩装饰启用釉上蓝彩和描金，黑彩呈乌金般的色泽，部分矾红彩开始采用分染工艺。在古彩色料中，除了矾红和黑料外，其他色彩则继承明代传统，依然用平涂法填色。

清宫康熙珐琅彩色料从欧洲进口，在化学组成上同传统釉上彩色料的差别主要表现在：两者色料中的助熔剂和着色剂不同，珐琅彩启用低温乳白玻璃对画面纹饰进行调色和洗染。

清代粉彩工艺是在对珐琅彩工艺进行继承和革新的基础上产生的。它吸取了进口欧洲珐琅彩的白色彩料（玻璃白）并在其中引入砷（As）作为乳浊元素的先进工艺，但是对其进行了改良，不再在熔剂中掺加 B_2O_3。以砷为乳浊剂的“玻璃白”主要有三种用途：一是直接作白颜料使用；二是用于色彩的洗染，使画面富有立体感；三是将玻璃白作为粉化剂，对粉彩中的净颜料进行“粉化”。我国粉彩还吸收了欧洲进口珐琅彩中常用色料及其配制方法的先进工艺。

一、青花

清代景德镇（包括官窑和民窑在内）青花瓷均用国产钴料为色料，并在继承明末钴料加工工艺的基础上，形成了一套较为完整的钴料加工工艺流程，大致有：选料与洗涤、煅烧、拣选、开水淘洗、研乳等五道工序。由于加工得法，不仅使色料的含钴量富集，而且使得青料中的Al_2O_3的含量也得以提高，使用含高钴、高铝的青料着色，不但色泽鲜艳，纹路清晰，而且烧成工艺易于掌握。

（一）国产钴料

明代官窑青花用苏麻离青等进口钴料，或用进口与国产混合钴料为色料；明代民窑青花才专门用国产钴料为色料。入清后，由于国产钴料加工技术获得重大突破，国产钴料质量得到大幅度提高，于是清代青花瓷，无论是官窑还是民窑均用国产钴料为色料。这可从其化学组成显示出来。清代顺治至乾隆年间青花瓷（包括官窑和民窑）八个标本（表9-4-1，第1~8号）青花（加釉）中的CoO含量在0.15%~0.70%之间波动，平均含量为0.34%；Fe_2O_3含量在0.91%~1.58%之间波动，平均含量为1.10%；MnO含量在1.17%~4.11%之间波动，平均含量为2.21%。这就是说，清代包括官窑和民窑在内的八个青花加釉标本的MnO/CoO比值（平均为6.5）为Fe_2O_3/CoO比值（平均为3.24）的2倍。

如本书第七章第四节所述，目前主要通过研究和计算青花加釉中的MnO/CoO和Fe_2O_3/CoO的比值，作为鉴别青花钴料类型（国产或进口）的依据。凡MnO/CoO比值高于Fe_2O_3/CoO比值者为国产钴料，反之为进口钴料。既然清代官窑和民窑青花标本的MnO/CoO比值均高于Fe_2O_3/CoO比值，那么，清代官窑和民窑青花所用钴料必定为国产钴料。

关于清代康熙、雍正、乾隆三朝青花所用国产着色钴料一事，清代文献有明确记载。据《南窑笔记》记载，明末清初，景德镇青花瓷所用“青料有数种，产于浙江、江西、两广”；“浙料有元子、紫料、天青各种。而江西有筠州、丰城。至本朝则广东、广西俱出料，亦属可用，但不耐火，绘彩入炉则黑矣。故总以浙料为上，重则浓红，轻则淡翠，入炉不辨老少。头出者稀少难满，新出者次之。若江西料差次于浙料，而广料又次于江西矣”。“配料之法：浙料为主，佐以紫料，然不若元子独用为全耳”。据唐英的《陶冶图说》“采取青料”条记载，清代雍正、乾隆年间，景德镇御窑厂烧造的官窑青花，所用钴料出自“浙江绍兴、金华两郡所属诸山”，而“江西、广东诸山间有产者，色泽淡薄，不耐锻炼，止可画染市卖粗器”。清嘉庆年间后，云南珠明料成为景德镇主要青料。清光绪年间，云南销往景德镇的珠明料年约计三四十万元（每斤售价五元，较次者三元，而后十元也难买到）[1]。

表9-4-1　清代青花（加釉）化学组成与MnO/CoO、Fe_2O_3/CoO

编号	名称	成分（%）									参考文献
		CoO	Fe_2O_3	CaO	MgO	K_2O	Na_2O	MnO	MnO/CoO	Fe_2O_3/CoO	
1	顺治民窑青花1号	0.15	1.04	5.90	—	2.29	—	1.17	7.48	6.93	〔42〕
2	康熙青花C-1	0.32	0.96	7.23	0.03	3.11	2.13	2.29	7.16	3	〔8〕
3	康熙青花C-2	0.32	0.91	2.31	0.24	4.16	1.19	2.11	6.59	2.84	
4	康熙民窑青花1号	0.17	1.34	9.25	—	3.12	—	1.60	9.41	7.88	〔42〕
5	康熙民窑青花2号	0.27	1.58	6.04	—	3.62	—	1.74	6.44	5.85	
6	雍正青花C-6	0.36	0.93	8.35	0.20	2.99	1.39	2.34	6.50	2.58	〔8〕
7	乾隆青花C-7	0.45	0.92	6.43	0.21	3.00	0.90	2.28	5.07	2.04	
8	乾隆青花C-8	0.70	1.10	1.64	0.14	2.54	2.36	4.11	5.87	1.57	

（二）钴料加工

国产钴土矿是由MnO、CoO、Al_2O_3等组成的复合矿，其含钴量较低，但通过技术加工可以提高钴的含量。明代末期，景德镇主要采用“煅烧”和“研乳”方法，来加工国产青花钴料。清代景德镇陶工在继承明末钴料加工工艺的基础上，形成了较为完整的钴料加工工艺流程。大致有：选料与洗涤、煅烧、拣选、开水淘洗、研乳等五道工序。第一道工序是选料与洗涤。“采者赴山挖取，于溪流洗去浮土”，而且必须经过充分洗涤，选“其色黑黄大而圆者为顶选，名为顶圆子，俱以产地分别名目。贩者携至烧瓷之所”〔2〕。第二道工序是煅烧。明代末年煅烧钴料是在燃烧状态中的炭火上面进行〔3〕，清代煅烧钴料改在窑内进行，具体方法是：“把洗涤过的钴料封入经过充分烧炼的匣钵内；然后把装有钴料的匣钵埋入窑内（余堂）深半尺多的沙砾层里”进行煅烧。康熙〔4〕和雍正年间〔5〕煅烧时间为一昼夜（24小时）。到了乾隆年间，钴料在窑内煅烧的时间延长至三日〔2〕。第三道工序是拣选。钴料在窑内经煅烧后，必须进行拣选，即如《陶冶图说·采取青料》所说：“青料炼出后，尤须拣选，有料户一行专司其事。料之黑绿润泽、光色俱全者乃为上选，于仿古、霁青、青花细瓷用之；色虽黑绿而欠鲜润者，为市卖粗瓷之用；至光色全无者，性薄炼枯悉应选弃。”第四道工序是用开水淘洗。经拣选出来的优质钴料，“将其破碎、筛过，倒入罩了釉的器物之中，浇入滚烫的开水，稍搅拌后捞出浮泡，然后倾斜器物，进行排水。用滚烫的开水淘洗钴料要做两次。第五道工序是研乳。经过开水淘洗后的钴料，把它“倒入内底无釉的大瓷钵内，用头部无釉的瓷槌研磨成粉末”〔6〕。“研乳宜细，粗则起刺不鲜。每料十两为一钵，专供乳研，经月之后始堪应用。乳研用钵，贮于矮凳，凳头装有直木，上横一板，镂孔以装乳锤柄，人坐凳握锤乳之。”〔7〕在清代，由于采用了这一整套的钴料煅烧、精选工艺，不仅使色料的含钴量富集，而且使得青料中的Al_2O_3的含量也得以提高。

前面谈到，元和明宣德青花多用进口的低锰、低铝的青料着色，色料中的 Al_2O_3 的含量一般不会超过18%，明正德、嘉靖和万历青花中的部分样品使用的青料中的 Al_2O_3 的含量在18%～20%。入清后，由于对青料进行精细淘洗，色料中的 Al_2O_3 含量大幅度提高，例如，浙江江山经拣选的钴土 Al_2O_3 的含量高达27.25%[8]，使用高锰、高铝的青料着色，不但色泽鲜艳，纹路清晰，而且烧成工艺易于掌握。

（三）配料和用料

据《南窑笔记》记载，清雍正初年，景德镇窑场青花钴料的配制，以“浙料为主，佐以紫料。然不若元子独用为全耳”。从《陶冶图编次》所记可知，雍正、乾隆年间，当时所用青花钴料中，“唯青料中有韭菜边一种，独为清楚，入窑不改，故细描必用之”。“画生坯，罩以釉水，过窑烧出俱成青翠，若不罩釉仍是黑色。如窑火稍过，则所画青花多至散漫。”另外，烧成温度对青花呈色也有影响，实验证明，在1250℃烧成时，青花呈蓝到深蓝色，如果烧成温度提高到1350℃则呈蓝黑色。烧制氛围对青花本身和釉的色调都有一定的影响[9]。

清代青花，一笔下去能表现出浓淡深浅的韵味，还和绘画技巧有关。清代青花瓷器绘画分工较细，蓝浦的《景德镇陶录》卷三说到的“彩之工”包括“乳颜料工、画样工、绘事工、填彩工、烧炉工”。唐英的《陶冶图说·十一圆器青花》所载：“青花绘于圆器，一号动累百千，若非画款相同，必致参差互异。故画者止学画而不学染，染者止学染而不学画，所以一其手而不分其心。画者、染者各分类聚处一室，以成其画一之工。”

（四）夹青

清康熙年间，景德镇一度使用过“夹青”装饰技法。其特点是：器皿内侧有用青花钴料绘制的游鱼等动物画，当倒满某种液体时，画面才浮现出来。用“夹青”技法装饰的器物必须是非常薄的，具体操作方法如下：当坯体变干后，把发色较深的青料涂在它的内侧，而不像一般的瓷器那样涂在坯体的外侧。通常在其内侧绘上鱼纹，而鱼纹在倒满水时就很容易浮现出来。当色料变干时，就在纹样上薄薄地涂上一层坯泥做成的制作瓷坯用的非常稀的泥浆，这就使得青料夹在双层薄如刀片的坯土中间了。待薄浆层变干后进行施釉，不久坯体就被置于辘轳车的修坯台上。由于坯体内侧有涂物，所以把外侧削得尽量薄些，即削到快要显露出色料为止，然后将外侧进行浸釉。坯体在完全变干后，被装进窑内烧[10]。

二、釉里红原料

元、明景德镇烧造釉里红所用原料待考。清代康熙年间釉里红的色料是用“铜矿粉和一种稍带黄色的石头或卵石配制的”，“这种石头是作医药用的明矾中的一种。这种明矾要掺入幼年儿童的尿和白釉后倒入碾钵内捣碎，其用量多系保密，故不得而知。仅仅将此混合液涂在瓷坯上，如果是生坯，则不可再涂其他釉。必须注意，勿使红色颜料在烧成中流淌。据可靠的说法，涂这种红料的瓷坯，不是用白不子做的，而是以精制白不子的方法将精制的黄土与高岭土混合后成型的，想必这种红料特别容易着色于这种瓷坯之上”[11]。

清代康熙年间，铜矿粉的制备方法大致如下：“众所周知，中国的银币不是铸造的，小块银子虽然一般在交易上通用，但也有许多品位相当低的，因而往往有必要把它提炼成纯银，如缴纳人头税和类似的税时就这样做。在这种情况下，请这一行的手艺人将银子置于熔炉里烧炼，分离出其中所含的铜和铅，这就能获得铜矿粒。照道理其中不可避免地含有极其微量的银或铅。在液态铜凝固以前，将小帚轻轻沾水，拍打着帚柄使水洒在处于熔融状态的铜上，使其表面产生一层薄片。接着用铁制小镊子把铜片夹出来，放在冷水中，便可获得铜料。如多重复这一操作，便能获得多量铜粒。我想用硝酸溶化的铜，更适于作这种红料。但（当时）中国人不知硝酸和王水的用处。”[12]

三、古彩

自康熙朝起，景德镇多用釉上五彩技法仿明代彩瓷，嗣后景德镇就把五彩装饰称为“古彩”。清代康熙古彩所用色料，一方面沿用明代五彩中的红、绿、黄等色，另一方面，在色料的使用上有五大特点：一是釉上蓝彩的发明及其运用；二是描金的启用；三是黑彩呈乌金般的色泽；四是部分矾红彩开始采用分染工艺；五是在古彩色料中，除了矾红和黑料外，其他色彩则继承明代传统，依然用平涂法填色。

（一）彩料配制

清代古彩所用色料比明代丰富，主要有白、黄、绿、紫、蓝、黑、矾红、金等。

1．白彩色料

清代釉上白色彩料是用透明的卵石置于窑内煅烧后磨成粉末后与白铅粉配制而成[13]。其配比有三种处方：一是在四钱卵石粉末中，添加一两铅粉，上述原料要用水调稀[14]。二是往半盎司卵石粉末里掺入一盎司白铅粉末[13]。三是往一两铅粉中，调入三钱三分非常透明的卵石粉末，这种卵石粉是把卵石破碎后装入瓷钵内，在点窑火前埋在窑内（余堂部位）的沙砾中经过煅烧之物。所使用的卵石粉应该非常细微。将无胶水的普通水与铅粉加以调剂[15]。古彩中的白色彩料一般用于覆盖不着色的钴料部分。

2．绿彩色料

明代釉上绿彩以炼过黑铅末一斤、古铜末一两四钱、石末六两合成[16]。清代釉上绿色彩料也是用“铅粉、石末入铜花”配制而成[17]，但是具体配比有所调整：往一盎司白铅粉和半盎司卵石粉末中添加三盎司称之为铜花片的原料（即经过炼制的纯度最高的细铜粉）[13]。配制釉上深绿色彩料则是往一两铅粉中添加三钱三分卵石粉和大约八分至一钱的铜花片。以铜花片作绿料时，必须将其洗净，仔细地分离出铜花片上的碎粒，如果混有杂质就呈现不出纯绿色，其使用的部分仅仅是鳞片，即精炼时从铜分离出来的细片[15]。配制釉上哥绿（枯绿）色彩料，是用绿料与黄料混合，具体配比是：两杯深绿料和一杯黄料就能获得色泽犹如枯萎的树叶那样的绿色[18]。

3. 黄彩色料

明代景德镇釉上黄彩色料是用黑铅末一斤、赭石一两二钱配制而成[16]，着色剂为赭石。光谱分析结果表明，康熙五彩中的黄彩以氧化铁为主要着色剂，其特点是透明而不乳浊[19]。其色料配制有两种类型配方：一是在白色彩料里添加一定量的皂矾红料，具体配比是在七特拉姆[20]白色彩料中添加三特拉姆矾红料[13]。二是用铅粉、卵石粉末和矾红为原料制成。这种类型配方的原料配比方法又分三种情形：①石末、铅粉，入矾红少许配成[17]；②往一两铅粉中添加三钱三分卵石粉末和一分八厘不含铅粉的纯质矾红料，如果调入两分半纯质矾红料，便会获得美丽的黄色[15]；③往三盎司卵石粉末和三盎司铅粉中调入三钱矾红料[14]。

4. 紫彩色料

明代釉上紫彩色料是用黑铅末一斤、石子青一两、石末六两合成[16]。清代釉上紫色彩料的配制则有三种配伍方法，一是在绿色彩料中添加一定量的白色彩料，深紫色彩料则按其浓度要求，再添加绿色彩料[13]。二是在普通的青料中添加硝石和卵石粉末配伍而成[14]。三是用从某种天然铅矿中提炼出来的矿物质作原料。这种矿物质原料含有铅的成分，甚至含有看不到的非常细微的铅颗粒。其制备方法如下：它不像青料那样要经过煅烧，而是在破碎并制成极细微的粉末之后，倒入盛满水的器物中稍加搅拌后，把水倒出，以使之带走一些尘埃，保留沉在器底的凝块。这种经过水洗的凝块已失去艳丽的色调而稍带灰色，但是只要涂在瓷器上烧成，就能恢复其固有的紫色，这种紫能长期保存而不变质。用其装饰瓷器时，只用水把它溶解即可，有时也掺入少量牛胶[21]。

有学者认为，清康熙时期有的紫彩（例如，珐琅彩中的紫彩）主要着色元素为钴、金、铁、锰，显然是用金红和钴蓝配制成的[19]；有学者则对我国19世纪中叶（相当于清道光、咸丰年间）的紫彩作了如下的描述：“此色外表为淡紫色粉末，置于水中可以见到三种不同颜色物质，其一无色，其二玫瑰色，其三蓝色。”[22]从其测试的化学组成来看，这种紫彩的主要着色元素为金、钴、铁、铜，表明其也是用金红和钴蓝配制成，可能还配入少量铜绿[19]。

5. 黑彩色料

康熙古彩中的黑彩漆黑光亮，呈真正的黑色。用手触摸没有突起感，系平涂而成。按照文献记载，康熙年间，釉上黑彩用钴料和灰釉配制而成。具体配比是：由三盎司钴料和七盎司普通灰釉配成。按照画面对色彩的深度要求调剂这两种成分[23]。制备时，用水溶解青料，稍调深其浓度，然后添加少量与石灰掺和烧成的硬度和鱼胶相同的牛胶。将这种黑料绘于瓷器上进行彩烧之前，应在涂黑料之处施一层白料。白料在烧成中熔入黑料，这与普通瓷器上的普通釉同青料熔合的情形一样[18]。古彩中的黑料主要用来勾勒纹样的轮廓线，由于烤烧温度低往往呈灰褐色，且手抹即掉，无任何附着力，因此又名“生料”，所以必须在烧成前覆盖古彩的透明水颜料，或透明的“雪白”料，这样就可防止黑料的脱落。

据测试，清代后期景德镇釉上黑彩色料的主要着色元素是铁、锰、钴、铜，有学者认为可能是用叫珠[24]和铜花配制而成的。清代后期釉上乌金料的主要着色元素是锰和铜，可能是用化工原料氧化锰和铜花配制而成。这两种黑料的化学组成还有两个特点：一是氧化钾和氧化钠含量极低，显然在配制时没有用硝；二是烧失量高为14%～25.6%，这是由于在黑色彩料中掺加了有机物牛皮胶之故[19]。

6. 蓝彩色料

陶瓷学界一般认为釉上蓝彩是康熙时期陶工的一项重要发明。在色调方面，中国古瓷只有康熙古彩中的蓝彩跟一般青花的色调比较接近，烧成后有明显凸起感，但没有光泽，色呈紫灰色。彩层特别厚，且在彩的四周有一圈光晕，这种现象在别的釉上蓝彩或其他色调的彩色中没有看到过，这种光晕在古瓷鉴定中常作为康熙古彩的特征。釉上蓝彩的化学组成和蓝釉不同，蓝釉的着色元素为钴，釉上五彩中的蓝彩的着色元素除钴外，有时还有少量铜[25]。

康熙年间的釉上蓝彩[45]是用石末、青料和铅粉配制而成，具体配方是：一两（37.3克）铅粉、三钱三分（3.73克×3+0.373克×3=12.309克）卵石粉末和两厘（0.0373克×2=0.0746克）青料配伍而成[46]。

（二）描金

描金是用磨碎了的本金金粉为色料在瓷器釉面上描画纹饰，再低温烤烧而成。早在宋代，定窑就采用了描金工艺。至迟于元代，景德镇窑场也出现了描金工艺。但是宋、元时期描金多为一门独立的装饰技法，清代描金往往与五彩相糅合。宋、元时期描金所用熔剂不详，清代描金以铅粉为熔剂。清代使用的金彩色料是把黄金制成金粉，并与铅粉配伍制成，然后用笔蘸金彩色料在瓷釉表面描绘纹样，最后入低温炉在700℃～850℃中进行烤烧，金彩就能烧牢在釉面之上。按照文献记载，清代康熙年间把黄金加工成金彩色料的具体方法是：“将金子磨碎，倒入瓷钵内，使之与水混合，直至水底出现一层金为止。平时将其保持干燥，使用时取其一部分溶于适量的橡胶水（橡胶水可能为牛胶或树胶之误记）里，然后掺入铅粉。金子和铅粉的配比为30:3。在瓷胎上上金彩的方法，同上色料的方法一样。”[26]“瓷器上的金彩，天长日久会褪色而失去光泽。要使其光泽重新出现，就得先将瓷器在清水中浸泡，后用玛瑙加以摩擦。摩擦时注意要始终保持同一个方向，如从右向左。”[27]

康熙年间出现的墨地描金是以乌金釉为色底，其上画以金彩的一种装饰。具体制作工艺是，在生坯上施乌金料，待其干燥后入窑高温烧成；然后在漆黑的色底上，用金彩描绘纹样，第二次入炉低温烤烧。乌金料是用天然钴料和普通灰釉按照三七开的比例配制而成，即三盎司青料和七盎司普通灰釉配成。根据所需色泽深度的要求来调节这两种成分[28]。清乾隆时期的釉上描金器图案规整，笔致流畅，能够用不同纯度的金箔（库金、苏大赤、田赤金等）制成金泥描绘深浅浓淡不同的金色。例如，清乾隆蓝釉描金银桃果纹盖瓶[29]就是其中的精彩之作，其纹样线条流畅，色彩明艳，金彩不易剥落，给人富丽堂皇之感[30]。

（三）矾红及洗染

明代景德镇釉上矾红彩是“用青矾炼红，每一两用铅粉五两，用广胶合成”[16]。清代釉上彩矾红色料，与明代一样，也是用青矾制成的。制作工艺要点，一是先用皂矾炼成“生红”；二是按照一定比例把铅粉与生红配伍；三是将生红与铅粉的混合物过筛后掺以带少量牛胶的水而合成矾红彩料。

康熙年间，景德镇用青矾提炼“生红”的具体方法是：“先往坩埚内倒入两斤皂矾，用另一个坩埚把它扣起来，严密封泥。上面的坩埚上开一个小孔，小孔要用盖子盖起来，这个盖子能随时自由地启开。坩埚要置于木炭火中以强火加热。为了增加反射热，用砖把炭火围起来，冒出熊熊黑烟，说明火候未到；而开始冒出薄而细密的云彩般的烟，说明火候适宜。这时从坩埚内取出此少量原料，加水后在柏木上做实验。试验时，如果它呈现鲜丽的红色，那么拆除包围和覆盖坩埚的炭火。完全冷却后，取出在坩埚底上并已成块的红料。最好的红料是黏着在上面的坩埚上的。用一斤（500克）皂矾，可制得四盎司（约113.40克）红料。”[31]提炼出来的这种红料称为“生红”。矾红炼制的第二道工序是将“生红”与铅粉配伍，具体配比是10:2，即往一两铅粉中添加两钱生红料。矾红炼制的第三道工序是将“生红”与铅粉两者过筛后，以干燥状态进行混合，然后掺以带少量牛胶的水。彩绘时，牛胶使红料附着胎面上，免于流淌。如果色料涂得过厚其面颜色就不匀，所以常用水轻轻地沾湿画笔把颜色涂匀[15]。

矾红的呈色效果与矾红料的纯度、细度及分散度有关。一般说来，纯度愈高、料愈细、分散得愈完全，色调就愈鲜艳。另外，矾红的呈色还和彩烧温度和彩烧时间有关，彩烧温度和时间必须恰到好处，温度太高或时间太长，矾红的发色效果都不好[32]。

明代景德镇釉上彩使用矾红时均为平涂上色，但是，清代釉上彩使用矾红料则启用了洗染工艺。矾红洗染又称“洗矾红”，即在画面的必要部位（多为莲花花头）进行分步地、有层次地由深到浅的染色过程。具体方法大致如下：画师用矾红料笔和洗染笔在手上交替使用。操作时先用矾红料笔在碟中将矾红料与胶水调配到一定浓度，按照纹饰画意对色泽深浅的要求填于画面，接着用洗染笔蘸清水并用手指将笔上一部分水排除，使笔锋扁平齐正，然后在填矾红的部位一层一层地往下分染。洗染时要注意过渡均匀，按一定顺序和方向，由深到浅、一遍一遍地层层往下染。

四、清宫康熙进口珐琅彩

清宫康熙珐琅彩瓷所用色料均系从欧洲进口，这种进口色料在化学组成上同我国康熙以前的传统釉上彩色料差别很大，主要表现在如下三个方面：

（1）色料中的助熔剂不同。欧洲进口珐琅彩料采用硼、铅作主要熔剂，光谱定性分析结果表明，康熙珐琅彩除黑彩无硼外，蓝彩、紫彩、白彩、黄彩、红彩、绿彩等都含有硼（表9-4-2，第7~13号），而中国康熙以前的传统釉上彩和低温色釉从来不用硼（表9-4-2，第1~6号）。

（2）色料中的着色剂不同。欧洲进口珐琅彩色料品种主要有胭脂红、粉红、黄、蓝、绿等。除绿彩外，其他几种彩的着色剂与色调都与中国传统釉上彩不同。康熙以前的中国釉上红彩只有以铁着色的矾红一种，康熙清宫进口珐琅彩中的红彩则为胭脂红，这种色料属用黄金着色的金红，其着色机理和铜红一样，它是以胶体金粒子悬浮于铅硼熔剂中制备的。由于对光有选择性的吸收，其呈色略带紫红，极似胭脂，故又称胭脂红。在外观上它和中国传统铜红、铁红迥然不同[25]。

在康熙朝以前，我国不论五彩中的黄彩或是低温色釉中的黄彩，都采用氧化铁作为着色剂，透明而不乳浊。康熙进口珐琅彩中的黄彩有明显乳浊感，它用氧化锑作着色剂，色料中除含有锑外，还含有锡，二氧化锡是作为锑黄的稳定剂而特意引进去的[19]。康熙古彩中的蓝彩呈紫灰色，系用含锰较高的钴土矿制成，着色元素除钴外，有时还有少量铜[25]。康熙进口珐琅彩中的蓝彩呈艳丽的蓝色，且较稳定，它是用人工合成的钴、铝尖晶石色料制成的[19]。

（3）乳浊剂。康熙以前的中国青花五彩和釉上五彩都不用乳浊剂，白色彩料中也不含砷。康熙进口珐琅彩中的白色彩料中含有一定量的砷（As）（表9－4－2，第13号），形成一种低温乳白玻璃，并用砷白（玻璃白）作为乳浊剂来进行调色，因而在康熙珐琅彩多数彩料中均含有砷（As）（表9－4－2，第8、10～13号）。

五、粉彩

雍正六年七月，清宫造办处珐琅作的工艺家，在破译欧洲珐琅彩工艺的基础上自行炼制出珐琅彩色料。嗣后，清宫造办处工艺家采用这种国产珐琅彩色料及其技法在宫内进行创作的彩瓷，称为“清宫（国产）珐琅彩”；景德镇艺术家采用这种国产珐琅彩色料及其技法在景德镇御窑厂或民间作坊烧造的彩瓷则为粉彩。不过当时景德镇窑场把它们称为“洋彩”。自陈浏于清宣统二年（1910年）出版《匋雅》称其为“粉彩”之后，粉彩之名才开始流行开来。正是基于这个原因，雍正六年（1728年）以后的雍正与乾隆清宫（国产）珐琅彩同雍正与乾隆粉彩的化学组成基本一致，对此，科技测试研究结果也得以证实。有学者采用能量色散X荧光谱仪（EDXRF）测试八件雍正和乾隆粉彩样品（其中：七件为雍正粉彩、一件为乾隆粉彩）、两件乾隆珐琅彩和一件康熙五彩后发现：乾隆珐琅彩同雍正、乾隆粉彩样品“在元素成分含量上进行严格区分是非常困难的”；而“（雍正、乾隆）粉彩和（康熙）五彩在元素成分含量上的差异是非常明显的”；“通过（能量色散X荧光谱仪）EDXRF技术尚没有发现官窑粉彩和民窑粉彩在相关彩料上的元素成分含量差异”[33]。这就表明：乾隆珐琅彩瓷的化学组成同景德镇于雍正、乾隆年间（包括御窑和民窑）烧造的粉彩瓷相同。

粉彩工艺特征主要表现在如下三个方面：

（1）中国粉彩技法是吸取了欧洲进口珐琅彩的白色彩料（玻璃白）并在其中引入砷（As）作为乳浊元素（砷白玻璃）的先进工艺，并对其进行了改良。光谱定性分析结果表明，康熙清宫所用欧洲进口珐琅彩中的玻璃白内含硼（表9－4－2，第13号），我国粉彩所用玻璃白（表9－4－2，第19号）不含硼。康熙清宫所用欧洲进口珐琅彩中不仅“玻璃白”中含硼，除了黑彩外，其他色料都含硼（表9－4－2，第7～12号），我国粉彩所用色料均不含硼（表9－4－2，第15～26号）。我国粉彩在色料中不用硼乃是由自身的工艺特点所决定的。从欧洲传入的珐琅彩料最初用于玻璃胎的装饰美化[34]，由于玻璃的软化点低，普通的酒精灯就足以使它软化，加入B_2O_3的目的在于降低玻璃胎画珐琅的彩烧温度。康熙晚期使用这种掺加B_2O_3的进口珐琅彩料被试用于瓷胎画珐琅而获成功，于是就出现了含B_2O_3和PbO的珐琅彩瓷。清代粉彩的彩料主要用于美化高温烧成的瓷胎，第二次入炉的烤烧温度也较高，因而不必再在熔剂中掺加 B_2O_3。以砷为乳浊剂的“玻璃白”主要有三种用途：一是直接作白颜料使用，例如在山水作品中，玻璃白可以表现雪景和瀑布的艺术效果。二是用于色彩的洗染，与国画绘制工笔花鸟、人物一样，在勾好线后用玻璃白在花头和人物服饰等部位打一下白底，然后用净颜料[35]在玻璃白上洗染，使之出现明暗深浅的变化，这是玻璃白最常用的方法。用这种洗染方法画出来的人物、花鸟、山水都有明暗、深浅和阴阳背向之分，更接近于现实生动的自然形象，而且经低温烧成后，玻璃白与色料熔融渗化，使色彩变为粉润俊逸。三是将玻璃白作为粉化剂，对粉彩中的净颜料进行“粉化”，即把玻璃白添加到净颜料中，使之出现粉化乳浊效果，使红彩变成粉红色，绿彩变成淡绿色，蓝彩变成淡蓝色。同时借助于改变玻璃白的加入量，可以把同一种彩色化成一系列不同深浅的色调，这样就使釉上彩的色调品种，在原来五彩的基础上大大增加了。雍正时期的粉彩，大部分颜色都调入玻璃白，如洋红入玻璃白为宫粉（粉红色），广翠入玻璃白为淡翠（淡蓝色），锡黄入玻璃白为淡黄，净大绿入玻璃白为翡翠，净苦绿入玻璃白为松绿。

（2）我国粉彩吸收了欧洲进口珐琅彩中常用色料及其配制方法。清代粉彩中的不少色料，例如金红、锑黄、砷白以及标准的紫彩等的制造技术都来自欧洲进口珐琅彩。其中，雍正、乾隆粉彩中的金红与康熙进口珐琅彩中的金红一样，呈色似胭脂，用金作主要着色剂。雍正粉彩中的有明显乳浊感的黄彩与康熙进口珐琅彩中的黄彩一样，都用氧化锑作着色剂，色料中除含有锑外，还含有锡。二氧化锡是作为锑黄的稳定剂而特意引进去的。康熙清宫珐琅彩中的紫彩呈真正的紫色，其主要着色元素为钴、金、铁、锰，显然是用金红和蓝彩调配而成。据测试，晚清时（19 世纪中叶），景德镇粉彩中紫彩的主要着色原料是金、钴、铁、铜，表明这种紫彩也是用金红和钴蓝配制而成，可能还配入少量铜绿[22]。按照文献记载，景德镇御窑厂起初是使用清宫下拨的国产珐琅料，即唐英《陶冶图说·十七圆琢洋彩》所云：“所用颜料与珐琅同。”不久，景德镇也能制造出御窑厂所用的洋彩颜料，即《南窑笔记·彩色》所云有：“今之洋色则有胭脂红、羌水红，皆用赤金与水晶料配成，价甚贵。其洋绿、洋黄、洋白、翡翠等色，俱人言硝粉、石末、硼砂各项炼就。”

（3）康熙古彩除矾红外，颜色均为平涂，无阴阳深浅之分。粉彩由于采用了砷白玻璃技术，可以通过洗染之法使画面富有立体感。粉彩洗染“调色之法有三：一用芸香油，一用胶水，一用清水。盖油色便于渲染，胶水所调便于拓抹，而清水之色便于堆填也”[36]。用油染色一般都在玻璃白上进行，具体操作是，先用嫩油在玻璃白上涂一遍，使其饱吸一层油，然后用洗染笔蘸色料敷于画面的深色部，再用洗染笔蘸油（一般使笔毛湿润即可），将颜色由深到浅逐渐洗染，分出明暗关系。胶水料中含有桃胶，在瓷器釉面上具有一定的固着力，在其上面覆盖其他的釉料不会被蹭掉。用水调色一般采用国画的点染法，用羊毫笔蘸水，然后在笔尖上蘸色料，在玻璃白上点染。用水调色多用于花朵染色，也有用于人物衣服上的，方法是在玻璃白上薄薄平染一层净颜色。粉彩的烧成温度比五彩略低，大致为 780℃ ~830℃。

清宫传世实物表明，乾隆官窑粉彩使用了“耙花”装饰工艺。“耙花”又称

"锦上添花"，它是用针笔或竹笔在已打好的玻璃白的花瓣等处扒出花之筋纹，或在色底上扒出凤尾草等纹样，使画面更显富丽。

六、黑彩、墨彩与浅绛彩

康熙年间的黑彩属古彩范畴。按照文献记载，康熙黑彩色料是用水溶解青花钴料，稍调深其浓度，然后添加少量与石灰掺和烧成的硬度和鱼胶相同的牛胶。将这种黑料绘于瓷器上进行彩烧以前，应在黑料之处施一层白料。白料在烧成中熔入黑料，这与普通瓷器上的普通釉同青料相熔合的情形相同[19]。有学者通过测试康熙黑彩色料标本后发现黑彩粉料的主要着色元素是铁、锰、钴和铜，并由此推断：康熙黑彩粉料色料可能是用叫珠[24]和铜花配制的[19]。用黑彩色料作画时以淡绿彩打底，然后在淡绿彩上平涂黑彩，绿、黑彩交融于釉面之上烧成后，彩料凝重，漆黑光亮。

雍正年间始现的墨彩瓷画是从粉彩中衍生出来的一个陶瓷装饰品种，作画时，不填玻璃质的透明颜色，而是用墨彩色料直接在釉面上进行描绘和染色，不填罩任何透明颜色，烤烧成瓷后，瓷器釉面之上的纹样浓淡有致而富有层次感，恰似纸绢上的水墨画。

光绪年间出现的浅绛彩是从传统粉彩工艺衍生出来的一种瓷画技法。一方面，它所用色料，除黑料之外，其他用料均与粉彩用料大致相同；另一方面，又具有线条柔软，艺术表现力比五彩强，色料较新彩有一定厚度的艺术特征。从这个角度讲，它本质上属于粉彩工艺范畴。

然而，浅绛彩瓷画的用色、艺术格调与黑料的使用又与粉彩有异：瓷画家采用粉彩技法在瓷器釉面上用黑料（又称生料）作画时，必须在所画黑料上面罩盖雪白（粉彩色料的基本色之一，其成分是石末22.3%，铅粉77.7%）[43]，这是因为，釉面上不罩盖雪白的黑彩，拷烧后用手轻刮黑彩便会脱落；又因黑彩上所罩盖的雪白为透明料，因此经其罩盖的黑料拷烧后不仅不会剥落，而且还呈现亮黑的风采。

采用浅绛彩工艺的瓷画家为了使自己的瓷画达到纸绢国画的墨趣意境，必须使釉面上的黑彩呈现无光泽的黑色，这样就不能像粉彩工艺那样在黑料上罩盖透明的雪白。但是釉面上的黑彩如果不罩盖雪白，拷烧后稍遇外力就会脱落，浅绛彩瓷画家为了实现自己的艺术追求，于是在所用黑料中掺入一定量的铅粉。由于铅粉与黑料相融合的化合物作为溶剂具有很强的附着釉面的作用，这样未罩盖雪白的黑料就不会出现从釉面上脱落的弊病。加之浅绛彩瓷画家借用浅绛国画的设色技法，画面以绿色为基调，多施淡赭，也有洋红等，同时未罩盖雪白的黑料经拷烧后呈现无光泽的墨韵，从而在瓷器釉面之上形成一种独特的浅淡朦胧、凹凸有致、意境幽远的国画般的墨趣意境。[44]

表9－4－2　清代釉上彩的光谱定性分析

编号	名称		主量	大量	少量	微量	着色元素	主要熔剂	参考文献
1	康熙五彩	蓝彩	Si	Al、Ca、Pb、Na	Fe、K	Mg、Co、Mn、Ti、Li、Bi、Cu、Sn、Ni、Ba、Sr、Ga、Ag	Co	Pb、K	〔25〕
2		黑彩	Si	Al、Na、K、Pb、Ca	Fe	Mg、Li、Co、Mn、Ti、Bi、B、Cu、Ni、Cr、Ga、Ag、Be、Sn	Fe、Co、Mn、Cu	Pb、K	
3	康熙青花五彩	黄彩	Si	Al、Ca、Na、Pb	Fe、K	Mg、Mn、Ti、B、Li、Co、Ni、Ag、Cu、Sr、Ba、Ga	Fe	Pb、K	
4		蓝彩	Si	Al、Pb、Na、Ca	Mn、Fe、K	Co、Mg、Li、Ti、Ni、B、Ga、Cu、Ag、Be、Ba、Sr、Sn	Co	Pb、K	
5		绿彩	Si	Al、Pb、Ca、Na、	Fe、Cu、K	Mg、Mn、Co、Sn、Ti、B、Ni、Ag、Ba、Sr、Ga	Cu	Pb、K	
6		矾红	Si	Al、Ca、Na	Fe、Pb	Mg、Mn、Ti、Li、Co、Ni、Cr、Ba、Sr、Cu、Ga、Ag	Fe	Fe	
7	康熙珐琅彩	黄彩	Si	Al、Pb	Ca、Na、K、Fe、Sn、B	Mn、Mg、Sb、Cu、Ti、Na、Ga、Ag、Be	Sb	Pb、B	
8		蓝彩	Si	Al、B	Ca、Na、Fe、Pb、Co、As	Mg、Mn、Cu、Ti、Ni、Bi、Ag、V、Sr、Ba、Sn、Ga	Co	B、Pb	
9		绿彩	Si	Al、Pb	Ca、Na、Cu、Sn、B、Fe	Mg、Mn、Sb、Co、Ni、Ag、Be	Cu、Sb	Pb、B	
10		紫彩	Si	Pb、B	Fe、Ca、Na、Pb、As、Co	Mn、Mg、Au、Ti、Cu、Bi、Ni、Sn、Li、Ba、Sr、Ag、Be	Co、Cu	B、Pb	

续表

编号	名称		主量	大量	少量	微量	着色元素	主要熔剂	参考文献
11	康熙珐琅彩	胭脂红	Si	Al、B	Fe、Ca、Na、K、Pb、As、Au	Mg、Mn、Li、Cu、Ti、Ca、Ni、Sn、Co、Cr、Sr、Ba、Ag	Au	B、Pb	〔25〕
12	康熙珐琅彩	粉红	Si	Al、B	Fe、Ca、K、Na、Pb、As	Mg、Mn、Au、Li、Bi、Cu、Sn、Ti、V、Ni、Ga、Co、Cr、Ba、Sr、Ag	Au	B、Pb	〔25〕
13	康熙珐琅彩	白彩	Si	Al、Na	K、As、Pb、B	Ca、Fe、Mg、Mn、Li、Cu、Ti、Sn	As	Pb、B	〔25〕
14	康熙珐琅彩	黑线条	Si	Al、Ca、Pb		Fe、Mn、Mg、Na、Cu、Co、Sn、B、Ni	Fe、Co、Mn、Cu	Ca	〔25〕
15	雍正粉彩	粉红	Si	Al、Ca	K、Na、Pb	Fe、Mg、Au、As、Mn、Ti	Au	Pb、K	〔25〕
16	雍正粉彩	蓝彩	Si	Al、Ca	K、Na、Pb	Co、Fe、Mg、As、Mn、Ti	Co	Pb、K	〔25〕
17	雍正粉彩	黄彩	Si	Al	Pb	Sn、Mg、Sb、Fe、Na、Ca、Cu、Mn、B、Ti、Ni、Ba、Ga	Sb	Pb	〔25〕
18	雍正粉彩	黄绿彩	Si	Al、Ca	K、Na、Pb	Fe、Cu、Sn、Mg、Sb、As、Mn、Ti	Cu、Sb	Pb、K	〔25〕
19	雍正粉彩	白彩		Si、Pb	Al、K、Ca、Mn、Fe	Ti、Co、Cu、Zn、Ni、Sb、Ba	—	—	〔33〕
20	雍正粉彩	绿彩		Si、Pb	Al、K、Ca、Na、Fe	Cu、Ti、Mn、Ni、Zn、Sn、Ba	—	—	〔33〕
21	雍正粉彩	矾红		Si、Pb	Al、K、Ca、Fe、Na	Mn、Cu、Zn、Ti、Sn、Ba、Sb	—	—	〔33〕
22	乾隆粉彩	黄彩		Si、Pb	Al	K、Fe、Sn、Ti、Mn、Cu、Zn、Sb、Sn、Ba	—	—	〔33〕
23	乾隆粉彩	绿彩		Si、Pb	Al、K、Cu、Na	Mn、Fe、Ca、Ti、Sn、Sb、Ba	—	—	〔33〕

续表

编号	名称		主量	大量	少量	微量	着色元素	主要熔剂	参考文献
24	乾隆粉彩	金色		Si、Pb	Au、Al、Cu、K、Ca、Fe	Mn、Ag、Sn、Sb、Zn、Cu、Ni、Ti、Ba	—	—	〔33〕
25		红色		Si、Pb	Al、K、Ca、Na	Cu、Zn、Fe、Mn、As、Ti、Cu、Ni、Sn、Ba	—	—	
26		深黄		Si、Pb	Al、K、Ca、Na	As、Fe、Zn、Mn、Ti、Ni、Sb、Sn、Ba	—	—	
27	乾隆珐琅彩	金色		Si、Pb	Al、K、Au	Cu、Ca、Fe、Ti、Mn、Sn、Ag、Ba	—	—	
28		矾红		Si、Pb	Al、K、Ca、Fe、Na	Mn、Ti、Cu、Zn、As、Sn、Sb、Ba、Ag	—	—	
29		绿色		Si、Pb	Al、K、Na	Cu、Ca、Fe、Mn、Ti、Zn、Sn、Sb、Ba、Ni	—	—	
30	乾隆珐琅彩	褐色		Si、Pb	Al、K、Ca、Fe	Mn、Cu、Zn、Co、Sn、Ba、Ti	—	—	〔33〕
31		粉红		Si、Pb	Al、K、Ca、Na	Fe、Mn、Au、Cu、As、Zn、Sb、Ba、Ti、Sn	—	—	
32		绿色		Si、Pb	Al、K、Ca、Fe、Na	Mn、Cu、Sn、Ti、Ni、Cu、Zn、Sb、Ba	—	—	
33		白色		Si、Pb	Al、K、Ca、Na	As、Zn、Fe、Ti、Mn、Cu、Sn、Ba	—	—	

注：第24～33号，光谱定性分析的含量依次为：大量（>10%）、中量（1%～10%）、少量或微量（<1%）。

七、玲珑

玲珑装饰是指瓷胎两面镂空洞透、用釉糊盖，镂花处透光明亮的一种装饰。这种装饰首现于隋代洪州窑。隋代洪州窑遗址象山窑址出土的青瓷玲珑装饰瓷钵，器腹上端至口沿有一排小圆孔，两面糊釉透光〔38〕。元代前期景德镇湖田窑遗址出土过采用玲珑装饰的青白瓷炉残器，炉上的玲珑眼比20世纪70年代烧造的玲珑还更透剔[39]。明永乐年间景德镇窑场制作过白釉米花玲珑装饰瓷器，玲珑眼组成的花纹像是立形米粒拼缀而成[40]。成化年间，景德镇玲珑瓷的玲珑眼大如黄豆，极为平整，如用手抚摸很难找到玲珑眼的部位，用眼观察也难发现其与一般青花瓷相异之处，然而对光一照，透明的玲珑眼便跃然眼前。清代乾隆朝后，与青花组合的玲珑装饰较为盛行，嘉庆之后，除官窑外，民窑也烧制青花玲珑瓷。清代乾隆以后景德镇窑场流行的青花玲珑装饰，乃是先在尚未烧炼的瓷坯的胎体上选择与青花图案相配合的部位，镂雕花纹形状的孔眼，使两面洞透，然后内外上釉糊盖将孔填平，再通体施釉入窑烧炼。成瓷后镂空纹样部分透亮[41]。

第五节　装烧和窑炉技术

清代景德镇窑场制作匣钵通常用黄土、牢土和“油土”配置而成，或采用白土、黑土、沙土数种配合作匣。有的还在原料中掺入利坯泥百余斤使其匣自然坚固。新制匣钵必须入窑空烧一次。装烧时，匣钵内底要敷一层沙子，沙层要用细高岭粉覆盖。凡坯入匣内必用渣饼垫足，精细瓷坯垫足用的渣饼是用胎泥制成。装坯工从料板上提坯时，使用工具把坯轻轻地提起来，放在匣钵内的垫饼上。窑内装烧，一般在窑内中央部位安置最精细的瓷坯，在其后面装次等瓷坯，入口处装颜色较深的器坯。或者上下四围俱满粗瓷卫火，中央十路位次俱满细瓷。每排匣钵柱最下面的两个匣钵和匣钵柱最上面的匣钵都不装坯。

清代景德镇覆瓮窑与葫芦形窑相比，在窑体结构上有四大特点：一是葫芦形窑形似卧地葫芦，覆瓮窑则似一个平卧在地的半个鸭蛋；二是葫芦形窑体厚，不设护窑墙，覆瓮窑窑体很薄，设有护墙；三是葫芦形窑的尾部烟囱比窑体略高，覆瓮窑尾部的烟囱为窑体高度的 2.12 倍；四是葫芦形窑的烧成时间波动较大，覆瓮窑的烧成时间相对稳定，模拟实验表明，覆瓮窑烧成时间快，烧成气氛变化合理。

一、匣钵装烧

清康熙年间，匣钵通常使用的原料有三种：其一是自然界普遍存在的黄色土，其数量多，因而是主要原料；其二为牢土，即硬质土；其三为油性土，当时称之为“油土”。后两种土，冬季采自某一矿山的极深处，因为夏季在那里不能采矿。将上述三种土等量相配的混合土，虽然价格较高，但所制匣钵经久耐用。匣钵在烧成以前呈黄色，烧成后呈暗红色[1]。雍正初年，景德镇窑场采用白土、黑土、沙土数种配合作匣。制作匣钵的这些原料出自“景镇左右十里之内”。为了提高匣钵的牢固程度，有的还在原料中“掺入利坯泥百余斤，其匣自然坚固”[2]。乾隆、嘉庆年间，“匣钵之泥土，产于景德镇之东北里淳村，有黑、红、白三色之异。有（浮梁县）宝石山出黑黄沙一种，配合成泥，取其入火劲炼”；匣钵制造“用轮车，与拉坯之车相似，泥不用过细，俟匣钵微干略旋”[3]。绝对不能以未烧过的新匣钵满窑[5]，新制匣钵必须“入窑空烧一次，方堪应用，名曰镀匣”[1]。

明代景德镇匣内装烧用的垫隔具——渣饼用胎泥制成[4]。清代景德镇匣内装烧用的垫隔具——渣饼的制作原料有两类：平正细白的渣饼用制胎原料——白不子制成；粗样渣饼用泥土打成[5]。明代景德镇匣内装烧用的垫隔物为沙渣（用谷壳灰与含锰、铁较高的深酱色匣土拌和而成）[4]，清代景德镇匣内装烧用的垫隔物改为高岭粉。明代景德镇匣内装烧是将器坯直接置放于沙渣上，清代景德镇匣内装烧是在"匣钵内底要敷一层沙子，沙层要用细高岭粉覆盖"。凡坯装匣内必用渣饼垫足，器坯放在厚度与两块银元相等，直径与瓷坯底足相等的垫饼上。这些垫饼也要撒上细高岭粉[6]，烧成后器足乃不粘匣底。随着装烧用的垫隔物——高岭粉的启用，清代在装烧技术问题上，完全解决了器坯底足粘连异物的弊病。

在匣钵内装坯时，先用成品坯件摁压匣钵内底的沙层，做成相应的凹形，后把坯件置于其上。使用较大的匣钵装坯时，不应把瓷坯置于匣内的中央部位，因为如果瓷坯离匣壁太远，有的瓷坯就由于强度不够而容易歪倒或溃塌，以致使整个堆垛有遭受破坏的危险。装坯时，装坯工不直接用手拿坯，因为它很脆，易破裂、剥落或变形。从坯板提坯时，使用细绳，绳子绑在稍弯曲的木制叉棒的两个分枝上，装坯工一只手拿着叉棒，用另一只手拿着绳子的两端，交叉地绕挂住瓷坯，轻轻地提起来，放在匣钵内的垫饼上。装瓷坯用的匣钵不带盖子，而卡入与之形状相同的、同样装有瓷坯的另一个匣钵内。堆叠匣钵时要注意，勿磕碰底下的瓷坯[7]。

二、窑内装烧

清代景德镇覆瓮窑（蛋形窑）的"窑火有前、中、后之分。前火烈，中火缓，后火微。凡安放坯胎者，量釉之软硬以配合窑位"[8]。康熙年间，景德镇窑内装烧，一般在窑内中央部位安置最精细的瓷坯，在其后面装次等瓷坯，入口处装颜色较深的器坯[7]。施有凤尾草含量较多的釉的瓷器，通常被置于窑内的温度较低的部位，即前三排的后面，或者被置于离窑底有一尺至一尺半高的部位进行焙烧。如果置于窑内的高处，灰分因急剧熔融而往下流淌。这种现象在釉里红、吹红和龙泉等瓷器上同样发生，这是由于釉中含有铜矿料的缘故。相反的，仅施有碎釉的瓷器，则被置于窑内的高处进行焙烧，如上所述，这种釉会产生许多纹路，其外表像是由许多小瓷片巧妙地拼合而成[9]。安放在窑内中央部位的匣钵柱从密排列，并在上部、下部和中部匣钵柱的隙缝中塞进一些泥巴[7]。

雍正、乾隆年间，景德镇窑内装烧"上下四围俱满粗瓷卫火。中央十路位次俱满细瓷"[10]，乾隆、嘉庆年间，"其满烧之规：当窑门前一、二行皆以粗器障搪怒火，三行后始有细器，其左右火眼处则用填白器拥燎搪焰，正中几行则满官、古、东青等器，尾后三四行又用粗器拥焰。若窑冲惟排砖靠砌而已"[5]。

装坯匣钵按照窑位安放后，在窑内的中央部位，匣钵柱的高度至少有七尺高。每排匣钵柱最下面的两个匣钵是空着的，因为火焰很难回流到下部，而且这些匣钵的局部埋在沙砾之中。由于同样原因，也把匣钵柱最上面的匣钵空起来[7]。如果是往烧成后熄火的窑内装烧器坯，则应"瓷器既出，乘热以安放新坯，因新坯潮湿就热窑焙烧，可免火后拆裂穿空漏之病"[11]。

三、葫芦形窑

清康熙二十一年《浮梁县志》卷、康熙五十九年《西江志》卷二十七和雍正十年《江西通志》在记述明代葫芦形窑的特征之后，均未记载不同于明代葫芦形窑的新型窑炉，表明这一历史时期，景德镇烧造瓷器继续沿用葫芦形窑。《南窑笔记》则对雍正后期至乾隆初年的葫芦形窑的型制特征作了具体记载。

清代葫芦窑与明代相比，有如下三大特点：

第一个特点是，在窑的整体形制上，清代景德镇葫芦窑恢复了明代前期传统。如本书第八章第五节所述，明代前期景德镇所用葫芦窑，前室面积小，后室面积大，明代后期景德镇所用葫芦窑则改为前室面积大，后室面积小。清代景德镇所用葫芦形窑继承明代前期葫芦窑的型制传统："窑形似卧地葫芦，（窑室）前大后小，如育婴儿鼎器也。"[10]

第二个特点是，清代葫芦窑的体积比明代后期御器厂所用葫芦形窑大得多。明代后期万历年间景德镇御器厂烧造龙缸大器的葫芦式缸窑"前宽六尺（2 米），后如前饶五寸（六尺五寸，即 2. 17 米），入身六尺（2 米）[28]"，"高度为六尺（2 米）"[29]，体积［（2. 17 米 +2 米）÷2 ×2 米 ×2 米］为 8. 34 立方米。明代后期万历年间，景德镇御器厂烧造小器的葫芦式青窑，"前宽五尺（1. 67 米），后如前饶五寸（后窑室比前室宽五寸，为五尺五寸，即 1. 83 米），入身四尺五寸（1. 5 米）"[28]，"高度为六尺（2 米）"[29]，体积［（1. 67 米 +1. 83 米）÷2 ×1. 5 米 ×2 米］为 5. 25 立方米。也就是说，明代后期万历年间景德镇御器厂烧造瓷器的葫芦窑的体积在 5. 25 立方米 ~8. 34 立方米之间。

清康熙年间景德镇葫芦形窑的长度为四寻（古代长度单位，1 寻等于 1. 62 米，四寻为 6. 48 米），宽度为两寻（3. 24 米），高亦为两寻（3. 24 米）[29]，容积（6. 48 米 ×3. 24 米 ×3. 24 米）为 68. 02 立方米，其容积比明后期万历年间景德镇葫芦式青窑的容量（5. 25 立方米）增加了近 12 倍。清代雍正后期至乾隆初年之间景德镇使用的葫芦窑"深一丈五尺（5 米），腹阔一丈五尺（5 米）"[8]，又参照殷弘绪的说法，窑的"高度为两寻（3. 24 米）[29]"，那么窑的体积（5 米 ×5 米 ×3. 24 米）为 81 立方米。与明万历景德镇御器厂所用葫芦窑的体积相比较，可以发现前者比后者扩容 15. 4 倍。又按照明成书于嘉靖三十八年（1559 年）至四十二年（1563 年）之间的《江西省大志 · 陶书》所载，明代晚期景德镇民间使用的葫芦形青窑的装烧容量，为当时景德镇御器厂使用的葫芦形青窑装烧容量的三倍多[30]，可知清雍正七年至乾隆七年景德镇使用的葫芦窑的容量，比明代晚期景德镇民间使用的葫芦形青窑的装烧容量也要超出 5 倍多。

清代景德镇葫芦形窑第三个特点是，清代景德镇葫芦形窑的结构，比明代有较大的改进。按照宋应星《天工开物 · 陶埏》记载，明末景德镇窑场使用的葫芦窑，"其窑上空十二圆眼"。清雍正后至乾隆初年景德镇使用的葫芦窑，"其顶有火门、火窗、库口、对口、引火处、牛角抄、平风起、末墙、火眼、过桥处、鹰嘴、余堂、靠背以至烟囱"，"架屋以蔽风雨。烟囱居屋之外，以腾火焰"[10]。

四、覆瓮窑（蛋形窑）

至迟于乾隆八年，景德镇在葫芦窑的基础上，推出了覆瓮窑。即唐英《陶冶图说·成坯入窑》所云："窑制，长圆形如覆瓮，高宽皆丈许（3.3 米多），深长倍之（6.6 米多）。上罩以大瓦屋名窑棚。其烟突围圆，高二丈余（7 米左右），在后窑棚之外"。[29]覆瓮窑有如下六大特点：

第一个特点是，覆瓮窑的形制与葫芦窑不同，葫芦窑的形状"似卧地葫芦前大后小，如育婴儿鼎器也"[10]，而覆瓮窑则是"长圆形如覆瓮"[8]，略似一个平卧在地上的半个鸭蛋，又称蛋形窑或蛋壳窑。

第二个特点是，覆瓮窑的体积与康熙年间葫芦窑接近，比雍正六年至乾隆七年之间的葫芦窑的体积要小。如前所述，康熙年间葫芦窑体积为 68.02 立方米，雍正六年至乾隆七年葫芦窑体积为 81 立方米[28]，而乾隆八年出现的覆瓮窑"高宽皆丈许，深长倍之"[8]，又按照《特雷科莱于 1712 年 9 月 1 日（康熙五十一年）给中国和印度传教会会计奥日神父的信》所载，康熙年间"窑的高度为两寻（3.24 米）"，可知乾隆八年出现覆瓮窑的体积（3.24 米×3.24 米×6.48 米）为 68.02 立方米，与康熙葫芦窑的容积大小一样，而比雍正七年至乾隆七年葫芦窑的体积缩小 16%。

第三个特点是，覆瓮窑体结构更趋合理。葫芦窑体中间内收，形成前后两室，或前室大，后室小；或前室小，后拄大。覆瓮窑体改为"长圆形"，窑体前宽后窄，从前向后缓缓地向内收，形如覆瓮，故称覆瓮窑，又似一个平卧在地上的半个鸭蛋，又有"蛋形窑"之别名。窑底自前向后逐渐倾斜向上，构成一定坡度。窑尾树立一个高烟囱，烧成时有利于窑内热流从前向后均匀地流通，最后从烟囱排出。

第四个特点是，覆瓮窑的烟囱比葫芦窑高得多。明宋应星《天工开物·陶埏》插图显示的明末葫芦窑的烟囱略于高于窑体。按照《特雷科莱于 1712 年 9 月 1 日（康熙五十一年）给中国和印度传教会会计奥日神父的信》中所述"在拱顶的尽处有一个大通风口，烟火就是从这里冒出去的"，表明清康熙年间的葫芦窑的烟囱的高度，与明代葫芦窑的烟囱设置近似，处于窑尾的烟囱略高于窑的拱顶。从《特雷科莱于 1712 年 9 月 1 日（康熙五十一年）给中国和印度传教会会计奥日神父的信》中所记：清康熙年间的葫芦窑的高度为"两寻（3.24 米）"，可知其烟囱高度在 3.5 米左右，而清乾隆八年出现的覆瓮窑的"烟突围圆，高二丈余（7 米左右）"，比葫芦窑的烟囱高出 1 倍多。随着烟囱的增高，其抽力也大，有利于促进窑内热流的流通，有利于提高烧成质量。

第五个特点是，在护窑墙与窑墙之间留有 0.20 米~0.30 米的空隙，并填以沙土，作为隔热层[13]，以减少损失并缓冲窑墙、窑顶因胀缩而引起的开裂。

第六个特点是，明代葫芦形窑的烧成时间波动较大，明万历年间，景德镇御器厂葫芦形龙缸大窑烧成时间为九天（其中，溜火七日夜，紧火二日夜），冷却时间为十天。一窑瓷器烧成耗时长达十九天之久。葫芦形青窑烧成时间为五日（其中溜火对日，紧火一日夜。火住封门则去顶，故窑易冷，首尾五日方可出器）[14]。明代崇祯年间，景德镇民间窑场所用葫芦形窑烧成时间缩短至一昼夜[15]，冷却时间不详。清代覆瓮窑的烧成时间相对稳定。例如清代雍正、乾隆年间景德镇御器厂覆瓮窑烧成，无龙缸大窑和青窑之分，窑炉点火后“计入窑至出窑类以三日为率，至第四日清晨开窑”[11]。郑廷桂写于清嘉庆年间的《陶阳竹枝词》也作了类似的记载：“烧窑多以三日为度。”[16]

清代覆瓮窑所用燃料与明清葫芦形窑一样均为木材，但是具体用材又有“柴、槎”之别。郑廷桂《陶阳竹枝词》对此有所涉及：“码头柴、槎各分堆，伙计收筹记数来。”文中的“柴”指松柴，它是由松树干劈制而成，火度高；文中的“槎”指杂木树枝[17]，火度较低。以松柴为燃料的覆瓮窑称为“柴窑”，用于烧造精细瓷器；以槎柴为燃料的覆瓮窑俗称“槎窑”，用于烧造粗瓷。柴窑和槎窑的结构相同，只是槎窑的规模要稍小些。

清代景德镇覆瓮窑的烧成有两大特点：一是增用了“沟火”和“上熮”技术；二是“窨火”时间缩短。

清代覆瓮窑烧成技术的第一个特点是：在继承明代葫芦形窑烧“溜火”“紧火”技术的基础上，增加“沟火”和“上熮”技术。所谓“沟火”，即沟通火路。《景德镇陶录》卷四《陶务方略》描述这类技术时写道：“火不紧洪，则不能一气成熟；火不小溜，则水气不由渐干，成熟色不漂亮；火不沟疏，则中后左右不能烧透，而生黗所不免矣。”因此，清代窑炉“烧夫中又分紧火工、溜火工、沟火工。”[5]清代瓷窑烧成采用的烧“沟火”技术是通过“泼水法”来实现的，即蓝浦《景德镇陶录》卷四所云：“烧夫有泼水一法，要火路周通，使烧不到处能回焰向彼，全恃泼火手段。凡窑皆有眼，照来焰泼去，颇为工巧。”所谓“上熮”是极力益柴，助火猛烧，对于此项烧成技术《南窑笔记·窑》有具体记载：“火用文武，经一昼夜，瓷将熟时，凡有火眼处，极力益柴，助火之猛烈十余刻，名曰：上熮。”

清代瓷窑烧成的第二个特点是：“窨火”时间缩短。所谓“窨火”是指瓷器在窑内烧熟后，不能立即开启，需在窑内冷却一定时间，否则瓷器会惊裂。明代瓷窑“窨火”时间较长，明代嘉靖、万历年间，景德镇御器厂葫芦形龙缸大窑“窨火”时间长达十天，青窑“窨火”时间为两天[18]。清代康熙瓷窑“窨火”时间缩短。清康熙年间，大件瓷器在窑炉熄火几天就可取出，小件瓷器，如果夜晚熄火，次晨便可取出[19]。雍正、乾隆年间“火窨一昼夜始开”。开窑时，“窑中套装瓷器之匣钵尚带紫红色。人不能近，唯开窑之匠用布十数层制成手套，蘸以冷水护手，复用湿布包裹头面肩背，方能入窑搬取瓷器”[19]。清代瓷窑烧成缩短“窨火”时间，目的在于利用歇火后的窑火余热进行烘坯，这样可以达到“乘热以安放新坯，因新坯潮湿，就热窑烘焙，可免火后坼裂穿漏之病”[11]。

有学者砌建了一座覆瓮窑（又称“蛋形窑”），其规格、形制与唐英《陶冶图编次》所载覆瓮窑的结构相近。窑室底全长 7.51 米，宽度最大处为 3.75 米，高度最大处为 3.33 米，烟囱最高为 10.5 米[20]。其构造如下图：

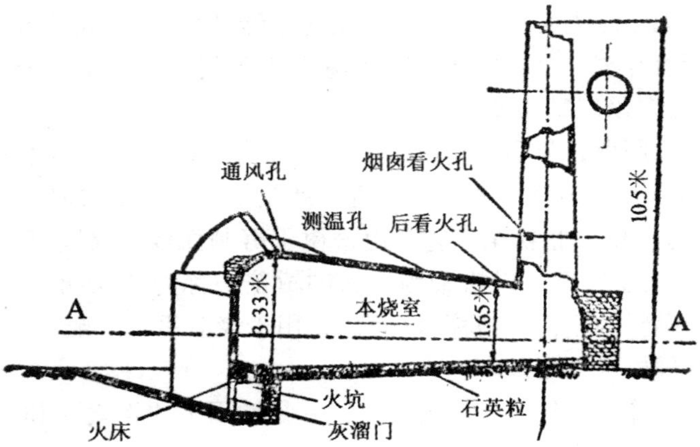

图 9－5－1　清代雍正、乾隆时期景德镇的镇式窑侧视图（复原图）　采自文献〔20〕

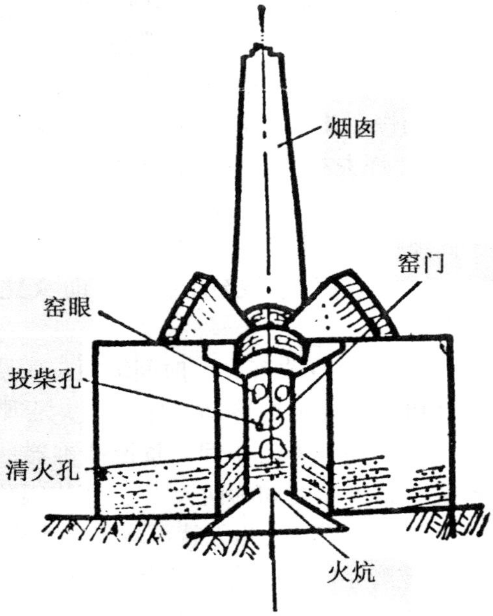

图 9－5－2　清代雍正、乾隆时期景德镇的镇式窑正视图（复原图）　采自文献〔20〕

A—A截面图

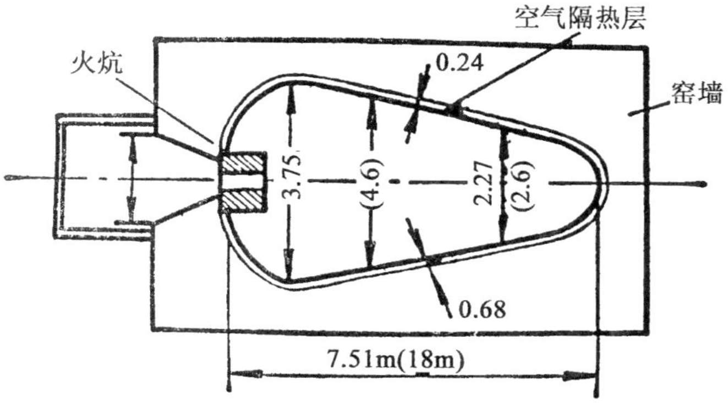

图9－5－3 清代雍正、乾隆时期景德镇的镇式窑截面图（复原图） 采自文献〔20〕

通过烧成实验发现该窑在技术上有两大特点。首先，窑炉烧成时间快，在11次烧成试验中，最快的一次只有6个半小时，即升温达1350℃，最慢一次也不过14小时，一般均在8小时～10小时之间即停火。升温最快是在点火后的3小时内，这时窑内温度为1100℃左右。在实验中还发现在烟囱内也可达到1280℃，所以窑的后半部和烟囱内是可以而且也是应当利用的。其次，烧成气氛变化合理。在几次烧成中，曾用奥氏分析器进行气体分析。取气管插在窑壁中部，根据分析，在窑温达到800℃以前的2小时内为氧化焰；这时气氛中含有大量的CO_2和O_2，而几乎没有CO。在温度达到800℃以后，一直至停火时期，炉气中除CO_2仍有相当的百分数外，CO有6%～7%，O_2差不多始终等于零。这样的气氛情况是非常合理的，而且是煤窑中很难得到的。

清代康熙年间窑内瓷器烧成判断的主要方法如下：当点火连续烧窑一昼夜后，窑工通过安设在窑顶的五个用破壶盖着的观察小孔（俗称“窑眼”）察看窑内下述征候来判断瓷器之烧成与否。第一，从窑内冒出的火焰已由红色变成白红色；第二，从观察孔窥视时发现匣钵已变成火红色；第三，打开最上面的一个匣钵冷却后看装在里面的坯件的釉和彩料的颜色都符合要求；第四，从窑顶窥视时发现，窑底的沙砾发出灼热的光泽[22]。清代雍正年间主要采用试火照之法来判断瓷器是否烧成：用铁锹从火眼取出坯片，验其生熟，然后歇火。缓去门砖，俟冷透开之[10]。乾隆年间，判断窑内瓷器是否烧成主要是观察窑内燃烧状态：当窑内匣钵呈银红色时止火，窨一昼夜始开窑[11]。嘉庆年间复用火照之法：“盖坯器入窑，火候生熟究不可定，因取破坯一大片，中挖一圆孔，置窑眼内，用钩探验生熟。若坯片孔内皆熟，则窑渐陶成，然后可歇火。”[5]

五、烤花炉

烤花炉是指用于烤烧低温釉上彩瓷（包括五彩、粉彩和珐琅彩等釉上彩）和低温色釉瓷的窑炉。低温彩瓷和低温色釉瓷需置放于低温（一般在700℃～850℃之间）炉中烤烧，以使器面的色彩与器体融合。

1. 康熙烤花炉

康熙朝景德镇流行的釉上烤花炉"约有一人高"，"炉体呈圆筒状，底部离地面约有半尺高，建在两三层厚而不宽的砖上。圆筒状炉体的周壁用砖砌筑，在炉壁下部开有三、四个起风箱作用的通风孔。在炉的周壁与炉体之间留有大约半尺宽的空隙，在这个空隙中仅有三、四处设有支壁，它们把炉与周壁连接起来了。在炉顶中央留下一个观察瓷器的烧成状况的小孔。这种烤花炉是用大约一指厚、一尺半长的砖砌成的。制砖用的原料就是制作匣钵用的原土。用这种土砌筑成圆筒状之后，要加以烧固。建炉时，把砖一块一块地用水泥密砌起来。低温烤花炉装烧时，把小件瓷器放在大件内堆积成垛。勿使瓷器的彩面相互接触，否则瓷器会污损。但是业已上彩的杯子的底心，可以支承另一杯子的底足，因为成垛的杯子的底足是不带彩的。切勿使杯子的侧面相互接触，为此，陶工按下述方式垛放难以成垛的瓷器。例如，垛放适于作饮可可用的筒杯之类的瓷器时，先把瓷器摆在窑床上，再用建窑泥土作的盖板或匣钵破片把它们覆盖，然后在盖板上再置放一层瓷器。瓷器就是这样一层一层地被堆积到窑顶的。烧成时，炉顶看火孔要用破壶盖起来。当火烧旺时，应频繁地从这个小孔窥视炉内"[21]。"瓷器是否烧熟，彩瓷或加金彩的瓷器之烧成与否，只有在它冷却之后才能看出，何时从烤花炉内取出瓷器要看下述征候：从顶部的观察孔窥视窑内时看到，从上部到窑底的瓷器被火烤得发红；能辨出所堆积的每件瓷器；彩瓷表面的色料与瓷胎熔合而使凹凸处消失，犹如施于青料上的釉因本烧窑内的火候而同青料熔合一样"[21]。

2. 雍正、乾隆明炉

雍正、乾隆年间流行的明炉，用于烤烧小件釉上彩瓷。这种烤花炉"出自西洋，其制用匣横卧，围砖炙炭先烧匣红，而后用车盘置瓷盘上旋转，渐次进入匣中，俟瓷色度，即出炉，用它匣覆之，俟瓷冷透，揭匣出焉"[24]。

3. 雍正、乾隆暗炉

雍正、乾隆年间流行的暗炉，"其制用桶匣为炉，腹间匣五六寸许，环砌窑砖以卫匣。砖之内为纳炭藏火之路。大概形如太极，足开八门，即八卦炉也。有中小数种。入彩瓷匣中，泥封其顶，开一火眼，视瓷色之生熟。周围燃炭灸之，火遍于匣而内瓷渐红，则彩色变动，斯为炉熟之候。烧法：必须溜火缓烧，渐次上顶，更无惊裂泛红之病。炉忌潮气冲着，色即剥落。计烧一日乃成。有满炉工、烧窑工"[24]。

成书于乾隆八年的《陶冶图说》所记"暗炉"："大件则用暗炉，炉高三尺，径二尺六七寸，周围夹层以贮炭火，下留风眼。将瓷器贮于炉膛，人执圆板以避火气，炉顶盖板黑泥封固，烧一昼夜为度。凡烧浅黄、绿、紫等器，法亦相同。"暗炉多烧大件彩瓷和浅黄、绿紫等低温色釉瓷。

4. 嘉庆烧炉

到了嘉庆年间，釉上彩的烤烧"皆不用古法明暗之制，但以砖就地围砌，如井样高三尺余，径围三两尺，下留穴，中置彩器，上封火而已。谓之'烧炉'，亦有期候，若问以'明炉'、'暗炉'，多不知为何"[5]。

六、阶级窑（附）

清代阶级窑主要见于福建漳州华安县。其结构与明代阶级窑相似，主要由火膛、窑室、出烟室三大部分组成，窑底部为斜坡状，每间窑室的两侧均开有窑门。但是清代阶级窑的容积比明代增大，窑室的间数也比明代有所增加。

明代漳州地区阶级窑遗存的窑室一般为2~3间[25]，清代福建漳州华安县东溪窑出土的三座阶级窑遗存的窑室均为5间。其中，清代福建华安县东溪马饭坑窑址1号阶级窑窑头部分残缺，残存五间窑室和出烟室；清代福建华安县东溪下洋坑阶级窑，窑头部分残缺，也残存五间窑室和出烟室[26]。

清代福建华安县东溪阶级窑的窑体遗存也比明代阶级窑的窑体遗存增长：明代阶级窑的窑体遗存在3.7米~9.1米之间[25]；清代福建华安县东溪下洋坑阶级窑残存斜长16米；清代福建华安县东溪马饭坑窑址1号阶级窑残长约20米。清代福建华安县东溪下洋坑窑的窑室隔墙残存最高的约3米，在距窑底约1.7米的高度，隔墙窑砖的砌法由平砖错缝顺砌改为自中间开始窑砖呈“V”字形斜砌。从该窑出烟室的顶部结构也可以看出，其窑砖的砌法也是“V”字形斜砌，表明窑室和出烟室均为顶部起券[26]。

清代福建华安县所遗存的三座阶级窑，只有东溪马饭坑窑址2号阶级窑的窑头（即火膛）保存较为完整，其他两座阶级窑的火膛已经毁坏。明代福建漳州地区阶级窑的火膛都较小，清代福建华安县东溪马饭坑窑址2号阶级窑的火膛比明代增大：火膛与窑室等宽，火膛内平均分为四间，每间的宽度与进深大致相等，均约1.2米。火膛底部略呈锅底形。火膛后壁残存高度约2米，前壁仅存0.2米~0.3米，前壁的中央有一宽0.2米的缺口（出灰口），整个火膛部分显得十分宽大[26]。

清代阶级窑的窑室面积比明代阶级窑增大。明代福建漳州平和县南胜镇花仔楼Y1号窑的前室隔墙宽4.2米[27]；清代福建华安县东溪下洋坑窑炉残存五间窑室，每间窑室的内宽约5.7米，进深约2.75米；清代福建华安县东溪马饭坑窑址1号阶级窑每间窑室的内宽约6.4米，进深2.75米[26]。

明代阶级窑的前后窑室之间的隔墙多为单墙，其遗存的七座窑，只有一座窑的隔墙为双层，其余六座窑的隔墙均为单层[25]。清代阶级窑前后窑室之间的隔墙均为双层，亦即各间窑室均有自己的前后壁。清代福建华安县东溪下洋坑窑前后窑室之间的隔墙厚度为0.78米~1.2米，两隔墙的间隔为0.15米~0.25米。每间窑室前隔墙的壁下方有一道宽0.2米~0.3米、深约0.15米的燃烧沟，窑室的后隔墙壁下方有一排13~16个竖长方形的通火孔，窑底部为斜坡状。清代福建华安县东溪马饭坑窑址1号阶级窑隔墙厚约0.8米。窑室内的燃烧沟、通火孔等皆与下洋坑窑基本相同[26]。清福建华安县东溪下洋坑窑的出烟室的面积和结构与明代阶级窑较为接近：出烟室的宽度同于窑室，进深狭窄，一般在0.35米~0.40米。其中，清代福建华安县东溪马饭坑窑址1号阶级窑出烟室进深0.35米；清福建华安县东溪下洋坑窑的出烟室进深为0.4米。明代阶级窑出烟室的高度不明，清代福建华安县东溪马饭坑窑址1号阶级窑出烟室进深0.35米，出烟室的出烟口即在地表，与后壁的地面大致齐平。出烟口上平架着几块窑砖，可能是调整出烟口的大小所用。清代福建漳州华安县阶级窑遗存与明代福建漳州阶级窑遗存一样，也设护窑墙。清代福建华安县东溪下洋坑窑的前后窑门之间的窑墙外侧，构筑着平面略呈弧形的护窑墙。马饭坑窑址1号护窑墙与下洋坑窑基本相同[25]。

参考文献

〔1〕夏家馂：《清朝史话》，中国国际广播出版社，2007 年 8 月。

〔2〕周谷城：《中国通史》，上海人民出版社，2004 年 6 月。

〔3〕唐英：《陶冶图编次·二十　祀神酬愿》，载道光十二年版《浮梁县志·陶政》。

〔4〕沈嘉徵：《浮梁县志·序》（乾隆四年），载道光十二年版《浮梁县志·旧序十六》。

第一节　清代景德镇御窑厂、郎窑及其制瓷成就

〔1〕黄家遴等：康熙二十三年版《饶州府志》卷十一《陶政》。

〔2〕《清档·雍正记事杂录》：雍正十年“二月二十二日，海望奉上谕，将霁红、霁青、黄色、白色高足靶碗每样烧造些，厚些的也烧造些，以备赏蒙古王用。年希尧家人郑天赐交景德镇御窑厂办理”。由此可见：至迟于雍正十年，景德镇御器厂改称为“御窑厂”了。

〔3〕《清雍正钦定大清会典事例》卷九百《内务府》。

〔4〕蓝浦著、郑廷桂补辑：《景德镇陶录》卷五，《美术丛书》，江苏省古籍出版社，1986 年影印神州国光社 1936 年第三版。

〔5〕赵尔巽等：《清史稿》卷五百零五，中华书局，1974 年。

〔6〕汪庆正：《景德镇康熙瓷》，《上海博物馆藏康熙瓷》第 294 页，香港两木出版社，1998 年。

〔7〕杨伯达：《从档案管窥清代官窑之盛衰》，《中国古代艺术文物论丛》第 130 页，紫禁城出版社，2002 年 12 月。

〔8〕唐英：《陶务叙略》，《江西通志·陶政》清光绪。

〔9〕年希尧：《重修风火神庙碑记》，《浮梁县志》乾隆四十八年。

〔10〕唐英：《瓷务事宜示谕稿序》，《浮梁县志·陶政》清道光。

〔11〕傅振伦等：《唐英瓷务年谱长编》（《景德镇陶瓷》，1982 年第 2 期）引台北故宫博物院图书馆档案《起居注·实录》：“上诣皇太后宫请安。是日总理事务王大臣奉谕旨：年希尧已经革职，其淮关税务着员外郎唐英前往暂行管理，唐英原管制造器事务着停止。”

〔12〕中国历史第一档案馆等：《唐英乾隆二年六月初九日奏折》，《清宫瓷器档案全集》，中国画报出版社，2008 年 8 月。

〔13〕中国历史第一档案馆等：《唐英乾隆四年正月二十三日奏折》，《清档瓷器档案全集》，中国画报出版社，2008 年 8 月。

〔14〕中国历史第一档案馆等：《唐英乾隆六年五月二十四日奏折》，《清档瓷器档案全集》，中国画报出版社，2008 年 8 月。

〔15〕中国历史第一档案馆等：《唐英乾隆十年二月二十五日奏折》，《清档瓷器档案全集》，中国画报出版社，2008 年 8 月。

〔16〕唐英：《陶成纪事碑记》，《浮梁县志》乾隆四十八年。

〔17〕唐英：《重修〈浮梁县志〉序》（写于乾隆五年），《浮梁县志·旧序》乾隆四十八年。

〔18〕嵇璜清：《皇朝文献通考》卷二十一《职役》，《钦定四库全书》第 632 ~ 644 页。

〔19〕《清档·现行总管内务府则例》“广储司”卷一。

〔20〕中国历史第一档案馆等：《唐英乾隆六年十一月初七日奏折》，《清档瓷器档案全集》乾隆六年，中国画报出版社，2008 年 8 月。

〔21〕中国历史第一档案馆等：《唐英乾隆四年正月二十日奏折》，《清档瓷器档案全集》乾

隆四年，中国画报出版社，2008 年 8 月。

〔22〕《唐公仁寿碑记》，原碑在景德镇清代御窑厂古址，碑高 180 厘米，现藏景德镇陶瓷馆。

〔23〕关于郎廷极的生平，参阅下述文献：①《清史稿》卷二百七十三《郎廷佐附永清子廷极传》；②《康熙朝汉文朱批奏折汇编》第 1～8 册；③陆明华：《郎窑及其作品研究》，《上海博物馆集刊》第 7 期，上海书画出版社，1996 年；④陈浏：《匋雅》。

〔24〕许志进：《谨斋诗稿·癸巳年稿》，中国国家图书馆微缩胶片。

〔25〕刘廷玑：《在园杂志》，中华书局，2005 年。

〔26〕陆明华：《郎窑及其作品研究》，《上海博物馆集刊》第 7 期，上海书画出版社，1996 年。

〔27〕赵尔巽等：《清史稿》卷二百六十八《李光地传》、卷二百七十八《阿山传》，中华书局，1974 年。

〔28〕赵尔巽等：《清史稿》卷二百七十八《阿山传》，中华书局，1974 年。

〔29〕唐英：《陶人心语》，《四库未收辑刊》第十辑，2000 年。

〔30〕耿宝昌：《明清瓷器鉴定》第 281 页，紫禁城出版社等，1993 年。

〔31〕轧道：又称“耙花”或“锦上添花”。它是在填好色料的底上用尖状工具扒出较浅的各种纹路，以卷草纹为多，露出胎质，从而形成浅浮雕般的色地效果。

〔32〕廖宝秀：《从档案内品名看乾隆瓷胎珐琅彩诸问题》，《故宫八十年华诞古陶瓷国际学术研讨会论文集》，紫禁城出版社，2007 年。

〔33〕Partin J. R：*General and Inorganic Chemistry*，London. 转引自：张临生《试论清宫画珐琅工艺发展史》，《故宫季刊》第 17 卷第 3 期，2008 年 3 月；法·伯德莱原著、耿昇译：《清宫洋画家》第十三章，第 133 页（山东画报出版社 2002 年 1 月）认为：荷兰莱顿医生安德烈亚斯·卡修斯（Andreas Cassius）于 1680 年研制出“玫瑰色的金红发色剂”；但是该译文称其为“金氯化物的玫瑰色”。

〔34〕R. S. Jenyns：*Partin Enamels on Copper and Gpld*. 转引张临生：《试论清宫画珐琅工艺发展史》，《故宫季刊》第 17 卷第 3 期，2008 年 3 月。

〔35〕有学者认为，欧洲于 1675 年以氯化金配方作红色发色剂的金红运用到烧制红色玻璃。参阅张临生：《试论清宫画珐琅工艺发展史》，《故宫季刊》第 17 卷第 3 期，2008 年 3 月。

〔36〕法·伯德莱著、耿昇译：《清宫洋画家》第十三章第 133 页，山东画报出版社，2002 年；有学者认为，欧洲于 1685 年把用氯化金配方作红色发色剂的金红运用到装饰瓷器。参阅张临生：《试论清宫画珐琅工艺发展史》，《故宫季刊》第 17 卷第 3 期，1983 年。

〔37〕见马国贤（Matteo Ripa）于 1716 年 3 月写的日记译文。引自张临生：《试论清宫画珐琅工艺发展史》，《故宫季刊》第 17 卷第 3 期，2008 年 3 月；法·伯德莱著、耿昇译：《清宫洋画家》第十三章第 133 页、第 134 页（山东画报出版社 2002 年 1 月）也做了类似的记载。

〔38〕中国第一历史档案馆编：《康熙朝汉文朱批奏折汇编》第八册第 2942 条：“康熙五十七年（1718）七月二十日，两广总督杨琳为叩谢天恩启奏：‘本年闰六月二十五日奴才赍摺兵丁回粤，捧到皇上赏赐……珐琅瓷碗一个。’”

〔39〕施静菲：《十八世纪东西交流的见证——清宫画珐琅工艺康熙朝的建立》，《故宫学术季刊》，第 24 卷第 3 期。引自 Loethr，“Missionary-artist at the Manchu Court”，57；Curtis，米辰峰译，《清朝的玻璃制造与耶稣会士在蚕池口的作坊》，第 65 页，注 36。

〔40〕转引自法·伯德莱著、耿昇译：《清宫洋画家》第十三章第 134 页，山东画报出版社，2002 年 1 月。同书第十四章第 221 页载：冯秉正（Joseph-Anne-Marie de Moyriac de Mailla，1669—1748 年）于 1703 年入华，应康熙皇帝的要求，绘制了中国中原与鞑靼地区的大地图，将

朱熹的《通鉴纲目》摘要译成法文。

〔41〕中国历史第一档案馆等：《清宫瓷器档案全集·雍正六年》，中国画报出版社，2008年8月。

〔42〕朱家溍：《养心殿造办处史料辑览》第一辑《雍正朝》第124页，紫禁城出版社，2003年8月。

〔43〕中国历史第一档案馆等：《清档内务府造办处档案总汇·雍正六年》，人民出版社，2005年。

〔44〕朱家溍：《养心殿造办处史料辑览》第一辑《雍正朝》第182页，紫禁城出版社，2003年8月。

〔45〕朱家溍：《养心殿造办处史料辑览》第一辑《雍正朝》第152页，紫禁城出版社，2003年8月。

〔46〕张福康等：《我国古代釉上彩的研究》，《硅酸盐学报》，1980年12月。

〔47〕何文权等：《清代粉彩的初步分析》，《2005年古陶瓷科学技术国际讨论会论文集》，上海科学技术文献出版社，2005年。

〔48〕厂人：北京琉璃厂古玩商人。

〔49〕《饮流斋说瓷》的作者许之衡，字守白，广东广州人，生年不详，卒于1925年。早年毕业于日本明治大学，归国后任北京大学国文系教授及研究所国学门导师等职。参阅伍跃等：《古瓷鉴定指南》，北京燕山出版社，1991年。

〔50〕许之衡：《饮流斋说瓷·说彩色第四》，《古瓷鉴定指南》，北京燕山出版社，1991年。

〔51〕陈浏：《匋雅》，《古瓷鉴定指南》，北京燕山出版社，1991年。

〔52〕国家轻工部第一轻工业局主编：《日用陶瓷工业手册》第三章第五节第336页，轻工业出版社，1984年。

〔53〕廖宝秀：《乾隆磁胎洋彩综述》，《华丽彩瓷——乾隆洋彩》，台北故宫博物院，2008年10月。

〔54〕中国历史第一档案馆等：《清档内务府造办处档案总汇·雍正六年》，人民出版社，2005年。

〔55〕《陶冶图说·十七 圆琢洋彩》，清道光《浮梁县志·陶政》。

〔56〕佚名：《南窑笔记·彩色》，《美术丛书》，江苏省古籍出版社，1986年影印神州国光社1936年第三版。

〔57〕台北故宫博物院廖宝秀先生认为：康熙三十二年，宫中造办处设珐琅作。参阅：廖宝秀：《乾隆磁胎洋彩综述》，《华丽彩瓷——乾隆洋彩》，台北故宫博物院，2008年10月。

〔58〕张家栻：《陶园年谱》，引自：广西师范大学出版社《南窑笔记·前言》，2012年。据《清实录·宣宗成皇帝实录》卷之五十九载：道光三年九月壬辰，“前署万年县试用知县张家栻，着交部严加议处”，由此可知：张九钺的侄孙张家栻于道光三年（1823年），一度任职“江西万年县试用知县”；张家栻所处年代与张九钺所生活的年代相距约半个世纪。另外，张家栻把张九钺自署的《抄南窑笔记》和《南窑笔记抄》，改为“撰南窑笔记”也与张九钺的本意不合。

〔59〕沈柔坚主编：《中国美术辞典》，上海辞书出版社，1998年。

〔60〕刘新园、白焜：《景德镇湖田窑考察纪要》，《文物》，1980年11期。

〔61〕参阅本书第九章第一节“六、釉上彩”“（二）珐琅彩”“1. 清宫康熙进口珐琅彩瓷”和第四节“四、清宫康熙进口珐琅彩”。

〔62〕参阅本书第九章第一节“六、釉上彩”“（二）珐琅彩”“2. 清宫雍正国产珐琅彩瓷”和第四节“五、粉彩”。

〔63〕《清档·乾隆八年五月二十二日唐英奏折》。

〔64〕参阅本书第七章第五节“四、葫芦窑”。

〔65〕参阅本书第八章第五节“一、葫芦窑”。

第二节　制胎和成型技术

〔1〕唐英：《陶冶图说·采石制泥》，清道光《浮梁县志·陶政》。

〔2〕蓝浦著、郑廷桂补辑：《景德镇陶录》卷四《陶务方略》，《美术丛书》，江苏省古籍出版社，1986年影印神州国光社1936年第三版。

〔3〕佚名（清·雍正）：《南窑笔记·合泥》，《美术丛书》，江苏省古籍出版社，1986年影印神州国光社1936年第三版。

〔4〕《耶稣会传教士昂特雷科莱于1712年9月1日（康熙五十一年）给中国和印度传教会会计奥日神父的信》第12页，王景圣译自《支那陶瓷见闻录》（日文本），原文为法文本，《陶瓷资料》1978年第1期，景德镇陶瓷馆编印。

〔5〕《耶稣会传教士昂特雷科莱神父于1722年1月25日（康熙六十一年）给该教神父的信》第43页，王景圣译自《支那陶瓷见闻录》（日文本），原文为法文本，《陶瓷资料》1978年第1期，景德镇陶瓷馆编印。

〔6〕小琢器：亦呼雕削，如造汤匙、挂瓶、茶托等具。

参阅：蓝浦著、郑廷桂补辑：《景德镇陶录》卷四《陶务方略》，《美术丛书》，江苏省古籍出版社，1986年影印神州国光社1936年第3版。

〔7〕郭演仪：《乌龟山南宋官窑遗址发掘的原料和窑具》，《2002年古陶瓷科学技术国际讨论会论文集》，上海科学技术文献出版社，2002年。

〔8〕周仁等：《景德镇瓷器研究·清初瓷器胎釉研究》，科学出版社，1958年。

〔9〕《耶稣会传教士昂特雷科莱于1712年9月1日（康熙五十一年）给中国和印度传教会会计奥日神父的信》第8页，王景圣译自《支那陶瓷见闻录》（日文本），原文为法文本，《陶瓷资料》1978年第1期，景德镇陶瓷馆编印。

〔10〕《耶稣会传教士昂特雷科莱于1712年9月1日（康熙五十一年）给中国和印度传教会会计奥日神父的信》第9页，王景圣译自《支那陶瓷见闻录》（日文本），原文为法文本，《陶瓷资料》1978年第1期，景德镇陶瓷馆编印。

〔11〕李国桢等：《中国名瓷工艺基础》第29页，上海科学技术出版社，1988年。

〔12〕《耶稣会传教士昂特雷科莱于1712年9月1日（康熙五十一年）给中国和印度传教会会计奥日神父的信》第13页，王景圣译自《支那陶瓷见闻录》（日文本），原文为法文本，《陶瓷资料》1978年第1期，景德镇陶瓷馆编印。

〔13〕西北轻工业学院等：《陶瓷工艺学》第202页，轻工业出版社，1981年。

〔14〕周仁等：《景德镇历代瓷器胎、釉和烧制工艺的研究》，《硅酸盐》，1960年第2期。

〔15〕佚名（清·雍正）：《南窑笔记·圆器》，《美术丛书》，江苏省古籍出版社，1986年影印神州国光社1936年第三版。

〔16〕唐英：《陶冶图说·六　圆器拉坯》，清道光《浮梁县志·陶政》。

〔17〕唐英：《陶冶图编次·七　琢器做坯》，清道光《浮梁县志·陶政》。

〔18〕唐英：《陶冶图说·五　圆器修模》，清道光《浮梁县志·陶政》。

〔19〕蓝浦著、郑廷桂补辑：《景德镇陶录》卷一，《美术丛书》，江苏省古籍出版社，1986年影印神州国光社1936年第三版。

〔20〕唐英：《陶冶图说·十四　旋坯挖足》，清道光《浮梁县志·陶政》。

〔21〕佚名（清·雍正）：《南窑笔记·琢器》，《美术丛书》，江苏省古籍出版社，1986年影印神州国光社1936年第三版。

〔22〕朱家溍：《养心殿造办处史料辑览》第一辑《雍正朝》第62页，紫禁城出版社，2003年8月。

〔23〕周仁等：《中国历代名窑陶瓷工艺的初步科学总结》，《考古学报》，1960年1期。

〔24〕陈尧成等：《历代青花瓷和着色青料》，《中国古代陶瓷科学技术成就》，上海科学技术出版社，1985年。

〔25〕郭演仪等：《历代德化窑白瓷的研究》，《中国古陶瓷研究》，科学出版社，1987年。

〔26〕承焕生等：《景德镇元明清民窑青花的PIXE研究》，《2005年古陶瓷科学技术国际讨论会论文集》，上海科学技术文献出版社，2005年。

〔27〕孙荆等：《桃花片铜红釉的研究》，《1989年古陶瓷科学技术国际讨论会论文集》，上海科学技术文献出版社，1989年。

〔28〕黄瑞福等：《明清铜红釉的亚显微结构》，《中国陶瓷》，1986年3期。

〔29〕李国桢等：《中国名瓷工艺基础》第139页，上海科学技术出版社，1988年。

〔30〕李国桢等：《明清景德镇青瓷的组成和结构》，《1989年古陶瓷科学技术国际讨论会论文集》，上海科学技术文献出版社，1989年。

〔31〕张福康等：《明清祭红釉的化学组成》，《1989年古陶瓷科学技术国际讨论会论文集》，上海科学技术文献出版社，1989年。

第三节 制釉技术

〔1〕本书第七章第三节。

〔2〕唐英：《陶冶图说·三 炼灰配釉》称其为“青白石”，清道光《浮梁县志·陶政》。

〔3〕《耶稣会传教士昂特雷科莱于1712年9月1日（康熙五十一年）给中国和印度传教会会计奥日神父的信》第10页、第11页，王景圣译自《支那陶瓷见闻录》（日文本），原文为法文本，《陶瓷资料》1978年第1期，景德镇陶瓷馆编印。

〔4〕佚名（清·雍正）：《南窑笔记·灰》，《美术丛书》，江苏古籍出版社，1986年影印神州国光社1936年第三版。

〔5〕蓝浦著、郑廷桂补辑：《景德镇陶录》卷四，江苏古籍出版社，1986年影印神州国光社1936年第三版。

〔6〕《耶稣会传教士昂特雷科莱于1712年9月1日（康熙五十一年）给中国和印度传教会会计奥日神父的信》第10页，王景圣译自《支那陶瓷见闻录》（日文本），原文为法文本，《陶瓷资料》1978年第1期，景德镇陶瓷馆编印。

〔7〕王宗沐修、陆万垓增纂：《江西省大志》卷七《陶书·砂土》，818页，南京图书馆藏万历版《江西省大志》影印本，北京线装书局，2003年。

〔8〕佚名（清·雍正）：《南窑笔记·釉》，《美术丛书》，江苏古籍出版社，1986年影印神州国光社1936年第三版。

〔9〕唐英：《陶冶图说·三 炼灰配釉》，清道光《浮梁县志·陶政》。

〔10〕佚名（清·雍正）：《南窑笔记·配釉》，《美术丛书》，江苏古籍出版社，1986年影印神州国光社1936年第三版。

〔11〕蓝浦著、郑廷桂补辑：《景德镇陶录》卷三，江苏古籍出版社，1986年影印神州国光社1936年第三版。

〔12〕佚名（清·雍正）：《南窑笔记·宣窑》，《美术丛书》，江苏古籍出版社，1986年影印神州国光社1936年第三版。

〔13〕张福康：《中国古代陶瓷的科学》第109页，上海人民美术出版社，2000年。

〔14〕张福康：《中国古代陶瓷的科学》第110页，上海人民美术出版社，2000年。

〔15〕赵达峰等:《铜红釉的色层结构》,《中国古陶瓷研究》,科学出版社,1987年。

〔16〕张福康等:《明清祭红釉的化学组成》,《1989年古陶瓷科学技术国际讨论会论文集》,上海科学技术文献出版社,1989年。

〔17〕内藤匡著:《新订古陶瓷的科学》,雄山阁出版株式会社,1964年。刘志国译,载《景德镇陶瓷》1983年第4期。

〔18〕张福康:《中国古代陶瓷的科学》第113页,上海人民美术出版社,2000年。

〔19〕孙荆等:《桃花片铜红釉的研究》,《1989年古陶瓷科学技术国际讨论会论文集》,上海科学技术文献出版社,1989年。

〔20〕佚名(清·雍正):《南窑笔记·均窑》,《美术丛书》,江苏古籍出版社,1986年影印神州国光社1936年第三版。

〔21〕王景圣译:《耶稣会传教士昂特雷科莱于1712年9月1日(康熙五十一年)给中国和印度传教会会计奥日神父的信》第44页,《陶瓷资料》1978年第1期,景德镇陶瓷馆编印;佚名(清·雍正):《南窑笔记·釉》,《美术丛书》,神州国光社,1936年。

〔22〕《耶稣会传教士昂特雷科莱神父于1722年1月25日(康熙六十一年)给该教神父的信》第45页,王景圣译自《支那陶瓷见闻录》(日文本),原文为法文本,《陶瓷资料》1978年第1期,景德镇陶瓷馆编印。

〔23〕《耶稣会传教士昂特雷科莱于1712年9月1日(康熙五十一年)给中国和印度传教会会计奥日神父的信》第20页、第21页,王景圣译自《支那陶瓷见闻录》(日文本),原文为法文本,《陶瓷资料》1978年第1期,景德镇陶瓷馆编印。

〔24〕《耶稣会传教士昂特雷科莱神父于1722年1月25日(康熙六十一年)给该教神父的信》第45页、第46页,王景圣译自《支那陶瓷见闻录》(日文本),原文为法文本,《陶瓷资料》1978年第1期,景德镇陶瓷馆编印。

〔25〕佚名(清·雍正):《南窑笔记·哥窑》,《美术丛书》,江苏古籍出版社,1986年影印神州国光社1936年第三版。

〔26〕《耶稣会传教士昂特雷科莱神父于1722年1月25日(康熙六十一年)给该教神父的信》第46页,王景圣译自《支那陶瓷见闻录》(日文本),原文为法文本,《陶瓷资料》1978年第1期,景德镇陶瓷馆编印。

〔27〕佚名(清·雍正):《南窑笔记·汝窑》,《美术丛书》,江苏古籍出版社,1986年影印神州国光社1936年第三版。

〔28〕佚名(清·雍正):《南窑笔记·观窑》,《美术丛书》,江苏古籍出版社,1986年影印神州国光社1936年第三版。

〔29〕佚名(清·雍正):《南窑笔记·龙泉窑》,《美术丛书》,江苏古籍出版社,1986年影印神州国光社1936年第三版。

〔30〕《耶稣会传教士昂特雷科莱神父于1722年1月25日(康熙六十一年)给该教神父的信》第19页,王景圣译自《支那陶瓷见闻录》(日文本),原文为法文本,《陶瓷资料》1978年第1期,景德镇陶瓷馆编印;蓝浦著、郑廷桂补辑:《景德镇陶录》卷三对清代白釉配方做了类似的记载:"纯白釉用釉水、炼灰合成。"

〔31〕《耶稣会传教士昂特雷科莱神父于1722年1月25日(康熙六十一年)给该教神父的信》第48页,王景圣译自《支那陶瓷见闻录》(日文本),原文为法文本,《陶瓷资料》1978年第1期,景德镇陶瓷馆编印。

〔32〕佚名(清·雍正):《南窑笔记·定窑》,《美术丛书》,江苏古籍出版社,1986年影印神州国光社1936年第三版。

〔33〕张福康:《中国历代低温色釉的研究》,《硅酸盐学报》第8卷第1期,1980年3月。

〔34〕耿宝昌：《明清瓷器鉴定》，紫禁城出版社等，1993 年。

〔35〕佚名（清·雍正）：《南窑笔记·官窑》，《美术丛书》，江苏古籍出版社，1986 年影印神州国光社 1936 年第三版。

〔36〕张福康：《中国古代陶瓷的科学》第 137 页，上海人民美术出版社，2000 年。

〔37〕熊樱菲等：《中国古代孔雀绿釉的研究》，《2009 年古陶瓷科学技术国际讨论会论文集》，上海科学技术文献出版社，2009 年。

〔38〕张福康：《中国古代陶瓷的科学》第 64 页，上海人民美术出版社，2000 年。

〔39〕王宗沐修、陆万垓增补：《江西省大志》卷七《陶书·颜色》第 861 页，南京图书馆藏万历版《江西省大志》影印本，北京线装书局，2003 年。

〔40〕《耶稣会传教士昂特雷科莱神父于 1722 年 1 月 25 日（康熙六十一年）给该教神父的信》第 53 页，王景圣译自《支那陶瓷见闻录》（日文本），原文为法文本，《陶瓷资料》1978 年第 1 期，景德镇陶瓷馆编印。

〔41〕佚名（清·雍正）：《南窑笔记·彩色》，《美术丛书》，江苏古籍出版社，1986 年影印神州国光社 1936 年第三版。

〔42〕《耶稣会传教士昂特雷科莱于 1712 年 9 月 1 日（康熙五十一年）给中国和印度传教会会计奥日神父的信》第 23 页、第 24 页，王景圣译自《支那陶瓷见闻录》（日文本），原文为法文本，《陶瓷资料》1978 年第 1 期，景德镇陶瓷馆编印。

〔43〕《耶稣会传教士昂特雷科莱于 1712 年 9 月 1 日（康熙五十一年）给中国和印度传教会会计奥日神父的信》第 20 页，王景圣译自《支那陶瓷见闻录》（日文本），原文为法文本，《陶瓷资料》1978 年第 1 期，景德镇陶瓷馆编印。

〔44〕《耶稣会传教士昂特雷科莱神父于 1722 年 1 月 25 日（康熙六十一年）给该教神父的信》第 42 页，王景圣译自《支那陶瓷见闻录》（日文本），原文为法文本，《陶瓷资料》，1978 年第 1 期，景德镇陶瓷馆编印。

〔45〕唐英：《陶冶图说·十三　蘸釉吹釉》，清道光《浮梁县志·陶政》。

〔46〕周仁等：《景德镇瓷器的研究》，科学出版社，1958 年。

〔47〕陈尧成等：《历代青花瓷和青花色料的研究》，《中国陶瓷科学技术成就》，上海科学技术出版社，1985 年。

〔48〕周仁等：《景德镇历代瓷器胎釉和烧制工艺的研究》，《硅酸盐》，1960 年第 2 期。

〔49〕张福康等：《明清祭红釉的化学组成》，《1989 年古陶瓷科学技术国际讨论会论文集》，上海科学技术文献出版社，1989 年。

〔50〕孙荆等：《桃花片铜红釉的研究》，《1989 年古陶瓷科学技术国际讨论会论文集》，上海科学技术文献出版社，1989 年。

〔51〕李国桢等：《明清景德镇青瓷的组成和结构》，《1989 年古陶瓷科学技术国际讨论会论文集》，上海科学技术文献出版社，1989 年。

〔52〕张福康：《景德镇历代釉里红和填红的研究》，《1995 年古陶瓷科学技术国际讨论会论文集》，上海科学技术文献出版社，1995 年。

〔53〕孙荆等：《广彩鼻烟壶胎釉彩的研究》，《1992 年古陶瓷科学技术国际讨论会论文集》，上海古陶瓷科学技术研究会，1992 年。

〔54〕王宗沐修、陆万垓增补：《江西省大志》卷七，第 819 页，南京图书馆藏万历版《江西省大志》影印本，北京线装书局，2003 年。

〔55〕宋应星：《天工开物·陶埏》，《中国陶瓷古籍集成》第 206 页，上海文化出版社，2006 年。

〔56〕张福康：《中国传统低温色釉和釉上彩》，《中国古代科学技术成就》，上海科学技术

出版社，1985 年，第 338 页。

第四节　装饰技术

〔1〕景德镇市地方志编撰委员会：《中国瓷都·景德镇市瓷业志》第一篇第四章，第 57 页，方志出版社，2004 年。

〔2〕唐英：《陶冶图说·八　采取青料》，《浮梁县志·陶政》清道光版。

〔3〕宋应星：《天工开物·陶埏》，《中国陶瓷古籍集成》，上海文化出版社，2006 年。

〔4〕《耶稣会传教士昂特雷科莱于 1712 年 9 月 1 日（康熙五十一年）给中国和印度传教会会计奥日神父的信》第 18 页，《陶瓷资料》1978 年第 1 期，景德镇陶瓷馆编印。

〔5〕佚名（清·雍正）：《南窑笔记·料》，《美术丛书》，江苏古籍出版社，1986 年影印神州国光社 1936 年第三版。

〔6〕王景圣译：《耶稣会传教士昂特雷科莱于 1722 年 1 月 25 日（康熙六十一年）给中国和印度传教会会计奥日神父的信》第 55 页，《陶瓷资料》1978 年第 1 期，景德镇陶瓷馆编印。

〔7〕唐英：《陶冶图说·十　印坯乳料》，《浮梁县志·陶政》清道光版。

〔8〕陈尧成等：《历代青花瓷和着色青料》，《中国陶瓷科学技术成就》，上海科学技术出版社，1985 年。

〔9〕张福康：《中国古代陶瓷的科学》第 123 页，上海人民美术出版社，2000 年。

〔10〕《耶稣会传教士昂特雷科莱于 1712 年 9 月 1 日（康熙五十一年）给中国和印度传教会会计奥日神父的信》第 22 页、第 23 页，王景圣译自《支那陶瓷见闻录》（日文本），原文为法文本，《陶瓷资料》1978 年第 1 期，景德镇陶瓷馆编印。

〔11〕《耶稣会传教士昂特雷科莱于 1712 年 9 月 1 日（康熙五十一年）给中国和印度传教会会计奥日神父的信》第 46 页、第 47 页，王景圣译自《支那陶瓷见闻录》（日文本），原文为法文本，《陶瓷资料》1978 年第 1 期，景德镇陶瓷馆编印。

〔12〕《耶稣会传教士昂特雷科莱于 1712 年 9 月 1 日（康熙五十一年）给中国和印度传教会会计奥日神父的信》第 47 页，王景圣译自《支那陶瓷见闻录》（日文本），原文为法文本，《陶瓷资料》1978 年第 1 期，景德镇陶瓷馆编印。

〔13〕《耶稣会传教士昂特雷科莱于 1712 年 9 月 1 日（康熙五十一年）给中国和印度传教会会计奥日神父的信》第 19 页，王景圣译自《支那陶瓷见闻录》（日文本），原文为法文本，《陶瓷资料》1978 年第 1 期，景德镇陶瓷馆编印。

〔14〕《耶稣会传教士昂特雷科莱于 1712 年 9 月 1 日（康熙五十一年）给中国和印度传教会会计奥日神父的信》第 53 页，王景圣译自《支那陶瓷见闻录》（日文本），原文为法文本，《陶瓷资料》1978 年第 1 期，景德镇陶瓷馆编印。

〔15〕《耶稣会传教士昂特雷科莱于 1712 年 9 月 1 日（康熙五十一年）给中国和印度传教会会计奥日神父的信》第 50 页，王景圣译自《支那陶瓷见闻录》（日文本），原文为法文本，《陶瓷资料》1978 年第 1 期，景德镇陶瓷馆编印。

〔16〕王宗沐修、陆万垓增纂：《江西省大志》卷七《陶书·颜色》第 861 页，南京图书馆藏万历版《江西省大志》影印本，北京线装书局，2003 年。

〔17〕佚名（清·雍正）：《南窑笔记·彩色》，《美术丛书》，江苏古籍出版社，1986 年影印神州国光社 1936 年第三版。

〔18〕《耶稣会传教士昂特雷科莱于 1712 年 9 月 1 日（康熙五十一年）给中国和印度传教会会计奥日神父的信》第 51 页，王景圣译自《支那陶瓷见闻录》（日文本），原文为法文本，《陶瓷资料》1978 年第 1 期，景德镇陶瓷馆编印。

〔19〕张福康：《中国传统低温色釉和釉上彩》，《中国古代陶瓷科学技术成就》第 346 页，

上海科学技术出版社，1985 年。

〔20〕特拉姆：衡量单位，在药量中等于八分之一英唡；在常衡中等于十六分之一英唡。

〔21〕《耶稣会传教士昂特雷科莱神父于 1722 年 1 月 25 日（康熙六十一年）给该教神父的信》第 51 页、第 52 页、第 53 页，王景圣译自《支那陶瓷见闻录》（日文本），原文为法文本，《陶瓷资料》1978 年第 1 期，景德镇陶瓷馆编印。

〔22〕Ebelmen and M. Solvetat，< Annales de Chimie et de Physique >，3e série，Tome XXXV，第 312～365 页，(1852)。转引自张福康：《中国传统低温色釉和釉上彩》，《中国陶瓷科学技术成就》，上海科学技术出版社，1985 年。

〔23〕《耶稣会传教士昂特雷科莱神父于 1722 年 1 月 25 日（康熙六十一年）给该教神父的信》第 20 页，王景圣译自《支那陶瓷见闻录》（日文本），原文为法文本，《陶瓷资料》1978 年第 1 期，景德镇陶瓷馆编印。

〔24〕叫珠为一种国产青料。有学者认为，其产地在江西赣州，参阅李国桢等：《中国名瓷工艺基础》，上海科学技术出版社，1988 年；有学者认为，其产地在江西南、赣北、赣中诸县，其中以吉安、上高所产较好，参阅潘文锦等：《景德镇的颜色釉》，江西教育出版社，1986 年。

〔25〕张福康：《我国古代釉上彩的研究》，《硅酸盐学报》第 8 卷第 4 期，1980 年 12 月。

〔26〕《耶稣会传教士昂特雷科莱神父于 1722 年 1 月 25 日（康熙六十一年）给该教神父的信》第 21 页，王景圣译自《支那陶瓷见闻录》（日文本），原文为法文本，《陶瓷资料》1978 年第 1 期，景德镇陶瓷馆编印。

〔27〕《耶稣会传教士昂特雷科莱神父于 1722 年 1 月 25 日（康熙六十一年）给该教神父的信》第 41 页，王景圣译自《支那陶瓷见闻录》（日文本），原文为法文本，《陶瓷资料》1978 年第 1 期，景德镇陶瓷馆编印。

〔28〕《耶稣会传教士昂特雷科莱神父于 1722 年 1 月 25 日（康熙六十一年）给该教神父的信》第 46 页，王景圣译自《支那陶瓷见闻录》（日文本），原文为法文本，《陶瓷资料》1978 年第 1 期，景德镇陶瓷馆编印。

〔29〕国家文物局：《中国文物精华大辞典》，上海辞书出版社，1995 年。

〔30〕杨穗敏：《瓷器装饰中戗金和描金的异同与鉴定》，《文物鉴定与研究》，文物出版社，2002 年。

〔31〕《耶稣会传教士昂特雷科莱神父于 1722 年 1 月 25 日（康熙六十一年）给该教神父的信》第 18 页，王景圣译自《支那陶瓷见闻录》（日文本），原文为法文本，《陶瓷资料》1978 年第 1 期，景德镇陶瓷馆编印。

〔32〕张福康：《中国古代陶瓷的科学》第 136 页，上海人民美术出版社，2000 年。

〔33〕何文权等：《清代粉彩彩料的初步分析研究》，《2005 年古陶瓷科学技术国际讨论会论文集》，上海科学技术文献出版社，2005 年。

〔34〕法·伯德莱著、耿昇译：《清宫洋画家》第十三章第 133 页，山东画报出版社，2002 年 1 月；又见张临生：《试论清宫画珐琅工艺发展史》，《故宫季刊》第 17 卷第 3 期，2008 年 3 月。

〔35〕粉彩中的净颜料，又称“洗染颜料”。这类颜料呈色敏感，比较贵重。一般不单独使用，因为单独使用难以发色，颜料烧后没有光泽，必须在玻璃白上洗染，或在画好珠明料的纹饰上打底，后用透明颜料罩填。主要有广翠、茄花、净苦绿、净大绿、豆绿、麻黄、淡黄、净黄、青灰、淡翠等。

〔36〕唐英：《陶冶图说·十七　圆琢洋彩》，《浮梁县志·陶政》清道光版。

〔37〕吕成龙：《论康熙黑彩画竹纹瓷器》，《景德镇陶瓷》，1994 年第 1 期。

〔38〕赖金明：《洪州窑制瓷工艺的突出成就》，《南方文物》，2001 年 2 期。

〔39〕刘新园等：《景德镇湖田考察纪要》，《文物》，1980 年 11 期。

〔40〕王志敏：《学瓷琐记》第 91 页，文汇出版社，2002 年 1 月。

〔41〕景德镇市地方志编撰委员会：《中国瓷都·景德镇市瓷业志》第三篇第二章，第 180 页，方志出版社，2004 年。

〔42〕承焕生等：《景德镇元明清民窑青花的 PIXE 研究》，《2005 年古陶瓷科学技术国际讨论会论文集》，上海科学技术文献出版社，2005 年。

〔43〕李文跃：《景德镇粉彩瓷绘艺术》，第 172 页，江西高校出版社，2004 年。

〔44〕熊寰：《浅绛彩的属性与界定研究》，《南方文物》，2009 年第 1 期。

〔45〕康熙年间的釉上蓝彩，色呈紫灰，昂特雷科莱把它称为："近乎紫色的深青色"。参阅《耶稣会传教士昂特雷科莱神父于 1722 年 1 月 25 日（康熙六十一年）给该教神父的信》第 50 页，景德镇陶瓷馆《陶瓷资料》1978 年第 1 期，油印本。

〔46〕康熙年间，衡制单位"斤""两""钱""分""厘""毫"之间的换算为：一斤等于十六两，一两等于 37.3 克，一钱为一两的十分之一，一分为一钱的十分之一，一厘为一分的十分之一，一毫为一厘的十分之一。参阅《耶稣会传教士昂特雷科莱神父于 1722 年 1 月 25 日（康熙六十一年）给该教神父的信》第 49 页，景德镇陶瓷馆《陶瓷资料》，1978 年第 1 期，油印本。

第五节　装烧和窑炉技术

〔1〕《耶稣会传教士昂特雷科莱于 1712 年 9 月 1 日（康熙五十一年）给中国和印度传教会会计奥日神父的信》第 27 页，王景圣译自《支那陶瓷见闻录》（日文本），原文为法文本，《陶瓷资料》1978 年第 1 期，景德镇陶瓷馆编印。

〔2〕佚名（清·雍正）：《南窑笔记·匣钵》，《美术丛书》，江苏古籍出版社，1986 年影印神州国光社 1936 年第三版。

〔3〕唐英：《陶冶图说·四　制造匣钵》，《浮梁县志·陶政》清道光版。

〔4〕本书第八章第五节。

〔5〕蓝浦著、郑廷桂补辑：《景德镇陶录》卷四，江苏古籍出版社，1986 年影印神州国光社 1936 年第三版。

〔6〕《耶稣会传教士昂特雷科莱于 1712 年 9 月 1 日（康熙五十一年）给中国和印度传教会会计奥日神父的信》第 25 页，王景圣译自《支那陶瓷见闻录》（日文本），原文为法文本，《陶瓷资料》1978 年第 1 期，景德镇陶瓷馆编印。

〔7〕《耶稣会传教士昂特雷科莱于 1712 年 9 月 1 日（康熙五十一年）给中国和印度传教会会计奥日神父的信》第 26 页，王景圣译自《支那陶瓷见闻录》（日文本），原文为法文本，《陶瓷资料》1978 年第 1 期，景德镇陶瓷馆编印。

〔8〕唐英：《陶冶图说·十五　成坯入窑》，《浮梁县志·陶政》清道光版。

〔9〕《耶稣会传教士昂特雷科莱于 1712 年 9 月 1 日（康熙五十一年）给中国和印度传教会会计奥日神父的信》第 49 页，王景圣译自《支那陶瓷见闻录》（日文本），原文为法文本，《陶瓷资料》1978 年第 1 期，景德镇陶瓷馆编印。

〔10〕佚名（清·雍正）：《南窑笔记·窑》，《美术丛书》，江苏古籍出版社，1986 年影印神州国光社 1936 年第三版。

〔11〕唐英：《陶冶图说·十六　烧坯开窑》，《浮梁县志·陶政》清道光版。

〔12〕《耶稣会传教士昂特雷科莱于 1712 年 9 月 1 日（康熙五十一年）给中国和印度传教会会计奥日神父的信》第 28 页，王景圣译自《支那陶瓷见闻录》（日文本），原文为法文本，《陶瓷资料》1978 年第 1 期，景德镇陶瓷馆编印。

〔13〕刘振群：《窑炉的改进和我国古陶瓷发展的关系》，《中国古陶瓷论文集》，文物出版社，1982年。

〔14〕王宗沐修、陆万垓增补：《江西省大志》卷七《陶书·窑制》第844～845页，南京图书馆藏万历版《江西省大志》影印本，2010年。

〔15〕宋应星：《天工开物·陶埏》，《中国古陶瓷文献集成》，江西科技出版社，1999年。

〔16〕郑廷桂：《陶阳竹枝词》，清乾隆四十八年《浮梁县志》。

〔17〕槎柴：一说槎柴为杂木树枝，参阅向焯：《景德镇陶业纪事》，汉熙印刷所，景德镇开智印刷局经营处，1920年；第二种说法为槎柴系松桠、蕨棘，参阅刘胜：《保槎公所》，《景德镇文史资料》第十一辑，1995年8月；第三种说法为槎柴以草本蕨类植物为主，夹杂一些较小的树苗或枝丫，其中以松树枝丫最优，参阅程光辉：《槎柴的产与销》，《景德镇文史资料》第十一辑，1995年8月。

〔18〕王宗沐修、陆万垓增补：《江西省大志》卷七《陶书·窑制》第845页，南京图书馆藏万历版《江西省大志》影印本，2010年。

〔19〕《耶稣会传教士昂特雷科莱于1712年9月1日（康熙五十一年）给中国和印度传教会会计奥日神父的信》第28页、第29页，王景圣译自《支那陶瓷见闻录》（日文本），原文为法文本，《陶瓷资料》1978年第1期，景德镇陶瓷馆编印。

〔20〕周仁等：《景德镇瓷器研究》，《中国古陶瓷研究论文集》第72页，轻工业出版社，1982年。

〔21〕《耶稣会传教士昂特雷科莱于1712年9月1日（康熙五十一年）给中国和印度传教会会计奥日神父的信》第22页，王景圣译自《支那陶瓷见闻录》（日文本），原文为法文本，《陶瓷资料》1978年第1期，景德镇陶瓷馆编印。

〔22〕《耶稣会传教士昂特雷科莱神父于1722年1月25日（康熙六十一年）给该教神父的信》第54页，王景圣译自《支那陶瓷见闻录》（日文本），原文为法文本，《陶瓷资料》1978年第1期，景德镇陶瓷馆编印。

〔23〕唐英：《陶冶图说·十八　明炉暗炉》，《浮梁县志·陶政》清道光版。

〔24〕佚名（清·雍正）：《南窑笔记·釉炉》，《美术丛书》，江苏古籍出版社，1986年影印神州国光社1936年第三版。

〔25〕福建省博物馆：《平和五寨洞口窑址的发掘》，《福建文博》1998年增刊，1998年9月；福建省博物馆：《漳州窑》，福建人民出版社，1997年1月。

〔26〕栗建安：《华安东溪窑址的横室阶级窑》，《2009年古陶瓷科学技术国际讨论会论文集》，上海科学技术文献出版社，2009年。

〔27〕福建省博物馆：《漳州窑》，福建人民出版社，1997年1月。

〔28〕参阅本章第五节“三、葫芦形窑”。

〔29〕蓝浦著、郑廷桂补辑：《景德镇陶录》卷一，谈到乾隆、嘉庆年间景德镇窑制时，也作了类似的记载：“窑制：长圆形如覆瓮，高宽皆丈余，深长倍之，上罩窑棚，其烟突围圆，高二丈余，在窑棚之外。”

第十章

以景德镇为代表的传统制瓷技术

景德镇窑场传统瓷器制胎原料主要有高岭土和瓷石两类。龙泉地区窑场采用瓷石掺和紫金土配伍制胎。瓷石原矿被开采后需进行碓舂粉碎和淘洗，高岭土为细粉末状矿物，不需粉碎但须淘洗。圆器成型需经过坯泥揉炼、拉坯成型、印坯、干燥、利坯、挖坯（挖足）等工序。尺寸复杂的瓶、罐等类琢器中圆形部分采用圆器成型方法制坯。成型时所用车盘和拉坯的操作与圆器基本相同，琢器坯体中四方、六角等有棱角的琢器部位以及壶嘴、壶把等，成型时是把胎泥在麻布上拍炼成片，然后截割成所需大小的片料，待稍干能拿动时，用泥浆镶接，最后将表面加以修整成器。传统景德镇瓷器用釉果（风化程度浅的瓷石）掺以釉灰配釉。传统龙泉青釉则用瓷土、紫金土和釉灰配制而成。景德镇窑场配釉用的釉灰是以石灰石和狼萁柴煅烧而成，龙泉青釉配釉用的釉灰则用早稻谷壳与石灰烧炼而成。施釉方法一般是根据坯体的形状大小来决定的，有荡釉、蘸釉、吹釉、涂釉等法。景德镇传统陶瓷釉上装饰主要有古彩、粉彩、新彩等，釉下装饰有青花、釉里红，另外还有颜色釉装饰等。传统装烧工序大致有：匣钵整理、装坯、安排窑位、“安兜脚”“满窑”“架表”等工序。景德镇柴窑窑身全长约16米~18米，窑体内分“大肚”“小肚”“理想”“窝里”“挂窑口”烟囱等部位。窑蓬和烟囱上留有若干个窑眼，整个窑内壁均用黏土浆涂抹，以增强窑室的气密性。周身砌有宽2米、高3米余的护墙，护墙与内墙为绝热空隙层。柴窑烧成分为“烧上半夜”与“烧下半夜”两个阶段。烧上半夜又分三个小段：发火阶段、烘坯和烧还原焰阶段；烧下半夜分作热火和速火两个阶段。热火阶段是通过卸去火床中的“骑子”来实现的，速火阶段分作第一次、第二次清除窑内炭渣及熄火三个小段。景德镇瓷器包装主要有：包纸、茭草、卷龙和打络四道工序。

第一节　制胎原料及其加工技术

景德镇窑场传统瓷器制胎原料主要有高岭土和瓷石两类。龙泉窑场传统瓷器制胎原料主要为瓷石和紫金土两类。

瓷石原矿被开采后需进行碓舂粉碎和淘洗，用传统碓舂和淘洗加工的坯泥不子，比用现代机械粉碎的雷蒙粉坯料的细度高近一倍或一倍以上，经碓舂淘洗的不子的平均粒度为5微米左右，而雷蒙粒的平均粒度为9微米。

高岭土为细粉末状矿物，不需粉碎但须淘洗。在瓷石原料中掺和适量的高岭土能赋予坯料可塑性、扩大烧成范围以及提高成品的机械强度、化学稳定性与热稳定性。但是，单独用高岭土一种原料不能烧成瓷器。

紫金土为外观呈赭色的块状土质原料，夹杂有石英、长石颗粒和含铁矿物，淘洗后可塑性良好。

景德镇窑场制胎用原料（包括瓷石和高岭土）经过碓舂和淘洗加工后制成的不子，还不能直接用来制瓷，必须经过成型作坊精淘、陈腐等加工后方可使用。瓷器胎泥是用高岭土和瓷石（不子）两类原料配合而成。这两类原料的配方是以制品的形状、大小、厚薄以及烧成温度等条件决定的。配方的成分可以从30%高岭土、70%瓷石（不子）到60%高岭土、40%瓷石（不子）。

一、瓷石

瓷石原料主要是一种含石英—高岭—绢云母类型的花岗岩类风化后的矿物。有些风化程度差些的含部分长石，风化程度厉害的则含有部分高岭石黏土矿物。就形成了一种天然有利条件，以这种瓷石作为原料就可以制成瓷器的胎，因为它里面包含了制备瓷胎所必需的三种基本成分，即石英、高岭和绢云母[1]，在1100℃～1300℃具有良好的瓷化性能，其中，祁门瓷石的玻化温度在1050℃～1260℃之间[2]。近代景德镇窑场所用瓷石主要来自浮梁、三宝蓬、东流、寿溪坞、窑里、鄱阳陈湾、乐平礼林里、祁门横路头等十余区。

瓷石开采分为明坑和暗坑两种方法。瓷石原矿被开采后需进行粉碎和入水碓舂细，然后进行淘洗。用传统碓舂和淘洗加工成的坯泥不子，比用现代机械粉碎的雷蒙粉坯料的细度高近一倍或一倍以上，而且碓舂淘洗的颗度多集中在1微米以下和1微米～10微米[3]。

（一）开采

瓷石矿藏系坚硬石类，开采方法分为两种：一为明坑，一为暗坑。明坑系将山面废土全部搬开，所取之矿石，凿以小孔，用炸药爆裂。此种方法，废土层次不厚者适用之。原料距地面甚深者，采用“暗坑”法取之。暗坑有直井、横井两种。直井系由山岭或地面凿一孔，下达原料所在地，然后随地层开横洞采取之。横井系由山腰开横洞开采之。20世纪前期，采用明坑法开采瓷石矿的有祁门瓷石矿和浮梁东流浮南瓷石矿等，前者不施炸药而只需尖锄劈挖；后者采用明坑法，需施以炸药烘裂。窑里瓷石矿，有的矿区采用明坑法，也需施以炸药；有些矿区因废土层过厚，采用暗坑法，开采时，是由山间凿一横洞，高约1.67米，上宽约1米，下宽约1.33米。以三四寸直径之松木制成两足架支持，崩裂采取，不用炸药，只用薪柴，附石着火，利用原矿所含水分受热膨胀而崩裂，然后用铁铲凿下，肩负而出[4]。

（二）碓舂

瓷石原矿被开采后需进行粉碎。瓷石粉碎时，先将大块矿石用人力以铁锤击成小块，再入水碓将其舂细。水碓多种多样：有“鼓车”，水流从上面冲动轮翼而带动碓杆；有“下脚龙”，水流从下部冲击轮翼作反向转动而带动碓杆；有“缭车”，它的轮翼较大，直径一般有2米～3米，需要较大的水力才能冲动，故其传动力也大，可带动多支碓杆。三宝篷瓷石矿历来用鼓车式水碓，一鼓车带4支碓[5]。

水碓是由水轮、碓杵和碓臼三部分组成。水轮是由水力带动的原动机，一般由松木制成，水轮直径越大，轮的转矩也越大，能扳动的碓杆质量也越大，但水轮直径还受水流落差的限制，水轮直径随水流落差而增大。碓杵由碓杆、碓脑、碓嘴三部分组成，碓杆由圆木制作，碓脑用一般木料制作。石质碓嘴外表面用翻砂铸造的生铁包起来，重约10千克，碓嘴是平头而不是圆头或锥头，主要作用是借冲击力将瓷石击碎或压碎，而不是碾碎或劈碎。铸铁碓嘴是套在碓脑下端的。碓臼是方形的〔一般容积（长×宽×高）为50厘米×50厘米×60厘米到60厘米×60厘米×60厘米〕，碓臼底用块状石英埋入土中，底部成凹锅形。碓臼四方壁中里面一方是用栗木板打入土中，并有一定斜度，其他三方壁均用石块垂直砌成。舂碎是利用碓杆、碓嘴对瓷石的冲击力，克服瓷石的结构内聚力而将瓷石粉碎的。由于碓嘴上下运动的轨迹成弧线形，可知碓嘴有向碓臼里面一方拨动物料的作用，即碓嘴有一个横向力作用于碓臼里面一方的下部，从而产生一个力矩。碓嘴每舂一次，碓臼里面一方的下部则受到横向力推一下，而其上部则向反方向，也就是向碓臼中心推一下，这样使物料上下翻动，碓臼中的物料受到冲击粉碎。为了适应这种机械原理，故正方形碓臼的三方用石材，朝碓臼里面的一方用木材。为了便于物料的翻动，碓嘴不宜对准碓臼中心，而是尽可能偏向碓臼外面一方，使碓嘴更好地向里面拨动物料。据研究，景德镇现存水碓的水轮外径1.26米～2.33米，水轮转速15转/分～25转/分。碓杆重量30千克～50千克，舂频30次/分～50次/分，用直径0.6米～1米的圆木作碓杆，可以帮助碓臼中的物料上下翻动。这是因为在舂碎物料过程中圆木碓杆受到张弛式抗弯运动即碓杆尾端在受到水轮轴上横梁压下，而碓杆抬起时，碓杆受到弯曲应力，当水轮轴上横梁脱离碓杆尾部而碓杵下落时，碓杆处于松弛状态。由于碓杆间歇地弯曲和松弛，致使舂杵产生弹跳运动，这种弹跳运动与碓嘴上下运动成弧线形的横推力以及碓臼的里面一方木板壁振动构成有节奏的机械振荡使物料上下翻动[6]。20世纪前期，瓷石经水碓舂约十二小时后，取其淘洗[7]。

图10－1－1　景德镇银坑坞还在使用的水碓（碓杆和碓臼）

（三）淘洗

瓷石中所含矿物组成主要是石英和绢云母，有的瓷石中含有部分高岭石矿物。石英为瘠性原料，绢云母和高岭石的可塑性均属中等，瓷石经过舂碎之后，各类矿物成分分离和细化，但总有部分粗颗粒存在。要去除粗颗粒部分和杂质矿物，必须经过淘洗以提高其使用质量。瓷石淘洗是通过淘洗池和沉淀池来实现的。每一座水碓旁都有上下两口宽约 0. 67 米、长约 1. 33 米的淘洗池（俗称“水塘”），池底部如锅状[8]。浮梁窑里矿区设置淘洗池和沉淀池是挖掘而成的，池的四周及底部均以乱石切成方形或长方形，塘厂四周装制数层木架，底铺以青砖。安徽祁门淘洗池和沉淀池多用松木板制成，而且淘洗池和沉淀池均高于地面二三寸[7]。

淘洗时先将天然之水导入塘内，再将水碓舂细的原料倾入水塘内进行淘浆。淘浆时，用长柄葫芦瓢不停地在浆池搅动，待浆水混浊时，用瓢将泥浆舀入流浆沟，泥浆沿着细长的流浆沟缓缓流入储浆池进行沉浆。储浆到一定时，即放去池上清水，把沉附的泥舀起，摊在碓篷干净地上，让其自然干燥。待到水干碓停无法生产时，碓工们开始踩泥制不，用木匣把摊干的瓷土搭成一块块重四斤“四角端方六面光”的不块，晾在棚架上，让其干燥发白，即是成品不子[5]。与现代陶瓷厂坯料制备过程相比，舂碎相当于中碎和细碎，淘洗排沙相当于搅拌池搅拌和过筛。据研究，用传统碓舂和淘洗加工的坯泥不子，比用现代机械粉碎的雷蒙粉坯料的细度高近一倍或一倍以上，而且碓舂淘洗的颗度多集中在 1 微米以下和 1 微米 ~10 微米。这是因为碓舂淘洗的泥料中排除了许多游离石英等杂质，相对提高了瓷石不子中的绢云母和高岭石含量，其可塑性和生坯强度也相应提高了。而且由传统的碓臼淘洗粉碎制成的不子，同现代雷蒙机粉碎制成的雷蒙粉相比，两者有明显不同的颗粒分布。一般来说，不子的平均粒度为 5 微米左右，而雷蒙粉的平均粒度为 9 微米左右。不子比雷蒙粉有更好的工艺性能，这是因为不子比雷蒙粉有更大的比表面积，这就使得不子比雷蒙粉有更大的干燥强度和更高的可塑指数[3]。

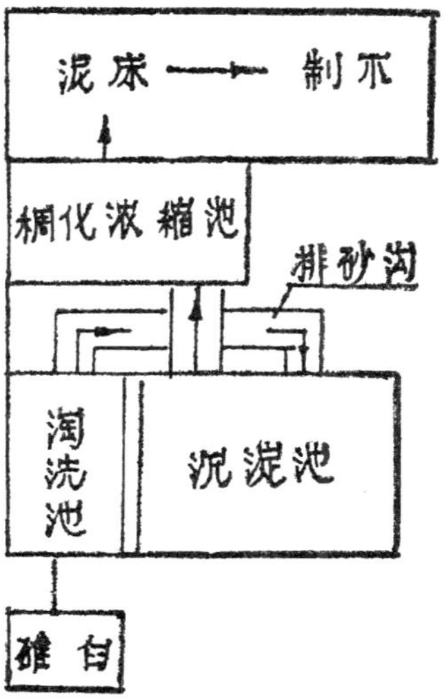

图 10－1－2　沉淀池示意图　采自文献〔6〕

二、高岭土

高岭土的矿物组成以“高岭石”为主。在瓷石原料中掺和适量的高岭土能赋予坯料可塑性、干燥强度等成型性能，而在高温烧成中能生成莫来石晶相，构成瓷胎的骨架；同时可提高坯料的烧成温度，扩大烧成范围以及提高成品的机械强度、化学稳定性与热稳定性。但是，单独用高岭土一种原料不能烧成瓷器，这是因为：高岭土含铝量很高，含熔剂量甚低，单独使用纯高岭土制造瓷胎，即使在1400℃下也难使它致密烧结，况且古代还达不到如此高的温度，因此用纯高岭土只能烧成陶器[9]。

明代晚期和清代前期景德镇制瓷所用高岭土，产于江西浮梁东乡高岭山，即以产地命名，以后这类特殊的黏土都称为高岭土。清代嘉庆朝后又采用过浮梁大洲、李家田[10]、九江星子[11]等地出产的高岭土，新中国成立后景德镇所用高岭土多出自星子县、临川和抚州等矿区。

高岭土不是成块的矿石，而是混杂在白色沙土中的呈淡灰黄色的细粉末状物。高岭土的开采一般有露天开采和隧道开采两种方法。抚州高岭土采用露天开采法，因其表面废土层很薄，开采时只需将废土排去，不用穿洞凿井。星子高岭土和浮梁东乡高岭山所产高岭土的开采，则用隧道法，即先在山上挖一个横洞，高约1.67米，上宽约1米，下宽约1.33米，以三四寸直径之松木制成两足架，其每架之距离0.5米左右。其上架以小树枝和茅草支持，以防崩裂。内部之矿土以人肩去，至矿土尽时，或因路远再将内部之两足架顺次倒退拆去，则其上部及两旁之矿土自行逐次崩下。再由洞之下部另挖一洞，依照前法采取之[7]。

高岭土须经淘洗，这是因为景德镇附近所产高岭土（包括浮梁东埠高岭山、星子、临川等高岭矿区）都属原生高岭，原矿中含石英、云母杂质矿物很多，不能直接用来制造瓷器，必须经过淘洗方可使用[12]。淘洗方法与粉碎后的瓷石淘洗近似，也是利用山坡自然落差的水流力量。

高岭土的淘洗设施由水槽、闸板、排砂槽等组成。水槽顺山势用杂石块砌成，一般宽约0.27米，深约0.5米，长达0.5千米至1千米，水槽中安设五道闸板，依次构成四个淘洗池。高岭土从山上采来后，运送到水槽口，利用溪水将其冲下流入水槽。水中的高岭土矿物在顺山势流下的过程中，其中大颗粒的杂质沉于槽底。由于闸板的高度仅为水槽深度的一半，或略多一些，所以槽底的沙石杂物在闸板处受阻而不能继续流动，而高岭土则化解于水中形成泥浆液体，可以越过闸板而流入下一个淘洗池。待槽底的沙石杂物厚度接近闸板的高度时，则在山坡上截住泥浆流，然后开启下一个闸板，用水将槽底的沙石杂物冲掉，并沿排砂槽排往山下，然后再放流，让高岭土泥浆继续沿水槽流下。高岭土泥浆流入淘洗池后，稍等沉淀片刻，再将第三个闸板打开，让第一个淘洗池中上部的泥浆流入第二个淘洗池，再稍沉淀后，打开第四个闸板，将第二个淘洗池中上部的泥浆流入第三个淘洗池，待其充分沉淀后，打开第五个闸板，放掉淘洗池上部的清液，至此，淘洗过程结束。淘洗池中的高岭土稍微干燥后，将稠泥取出，分别堆放在晒滩，待其干燥至一定程度，然后用铁丝弦的方形木弓，把它切成大小不一的土块，堆放在草棚中，最后用木匣印成三到四斤的瓷土块，挨次码好，晾干，等待船运[13]。浮梁东埠高岭土在矿场经淘洗后制成的不子，所得质量只占原矿的74%[14]。

三、制胎配方及其胎泥加工

瓷石的突出优点是化学组成十分接近一般瓷器的成分，并且具有瓷器生产所需要的工艺性能，因此，景德镇窑场在明代以前只用瓷石一种原料单独成瓷。由于瓷石的风化程度不够完全，矿物中含铝量不足，在烧成时容易变形。到了明代后期，景德镇窑工在实践中逐渐悟出了这个道理，配方有了改进，除瓷石外，同时采用高岭土配合。不过在清雍正、乾隆年间，景德镇御窑厂烧造精细瓷器一般还是单用祁门县“坪里、谷口二处”所产瓷石为制胎原料，粗厚器皿才用高岭土掺和瓷石制胎。

清代乾隆朝以后烧造的传统景德镇瓷器胎泥一般是用高岭土和瓷石两类原料配合而成。圆器制胎配方主要是按照试烧“照子”的情况进行调整。当“照子”出现“大汗”（器面呈现过分油腻现象），表明配少了“硬货”（高岭土），可能会产生沉在匣钵内的危险，应增配“硬货”高岭土；如果配多了“硬货”（高岭土），烧出来的瓷器色面就不亮，甚至烧不熟，应增配“软货”（瓷石）成分[15]。

琢器中的雕塑瓷由于耗泥少，产品售价高，因此用料考究，一般是以祁门瓷石、南港瓷石为主，间或也掺用三宝蓬瓷石。特别是人物瓷裸露在外的头、胸、手等肉身部位，一定要用精制的祁门瓷石配料、贵重瓷器还要用临川滑石子（高岭土）和福建界牌泥做肉身衬贴[16]。琢器中的针匙[17]、器物胎体多以南港瓷石和明砂高岭土配制而成[18]；琢器中的厚沿灯盏坯胎使用的原料多数来于捡渣（坯屑）[19]。

制胎原料用量配好之后经充分搅拌，还要进行“精淘”“滤水”“上饼里”“陈腐”和“打泥”五道工序加工。“精淘”工具是由三个木制淘桶组成，中间为椭圆形桶，两旁圆形桶为细桶，成“小”字形排列，俗称一副桶（一套的意思），视生产规模大小，副数不一。精淘过程大致如下：先把一个木栅置于盛水粗桶内，然后把原料不子击破（每批约20千克）浸入水中，让其浸透，自然崩解。由于这一过程费时较长，通常在傍晚时，浸料过夜，便于次日精淘。精淘时，先从粗桶内取出木栅，将粗桶内已溶化的原料经搅动，之后，用筛捞去浮在上面的杂质，再用泥锅把细桶内清水倾满粗桶，待其沉降片刻，将其泥浆水一锅一锅地掏起后倾置于细桶内。为控制精淘泥料的细度，传统经验是根据粗桶内澄清水厚度和泥锅舀料的锅数多寡来加以掌握的。依此法逐次精淘，直淘至粗桶内无细料止，最后将余渣取出，再可重新下料。“滤水”是把细桶内的细泥浆搅匀之后，通过马尾筛注入搁泥桶，此桶是用耐火材料制成，借其多孔性滤去多余水分。“上饼里”是待搁泥桶内的细泥经滤去多余水分呈浓稠状态，用手揉起置于耐火饼上（或直接取入泥房栽砖吸水），让其自然干燥，干至含水25%左右，入泥房陈腐。入泥房的泥料，由于混合不均匀或干湿不一，在干燥和烧成过程中产生不均匀的收缩而导致变形，又因泥料中空气泡的存在会降低可塑性或形成分层或开裂等缺陷，所以泥料一定要经过陈腐。泥料陈腐是在专用的陈腐室内进行的，景德镇称之为泥房。

泥房的设置应低于地面30厘米~40厘米，在地面铺一层青石板，以保持泥房底板平整光滑，干净而又不吸水。泥料陈腐期间，可促使水分均匀，同时还由于有细菌的作用，促使有机物腐烂，并产生有机酸，使泥料的可塑性提高。实践证明，泥料陈腐期愈长愈好。

配料后下窖（泥窖用砖砌成，约深2米、长2米、宽1.5米），窖前设一个炼泥场为“打泥”用。打泥时，打杂工[20]用铁锹将泥窖内的泥料铲上炼泥场，酌情淋水，踩出浆水，然后把利坯和剐坯下来的坯粉（又称“利车垅”）掺入泥浆内，拌成半干后，将泥巴铲堆，打杂工打赤脚围着小堆周围一脚跟一脚踩，踩成“莲花墩、菊花心”，踩完一堆又铲一堆，踩完了叫“过了一场”。经过三场[15]，再用泥铲打泥，即将已踩过的泥料，用泥铲铲至另一处，每铲一铲，形成口型泥片，须用力拍打四下，并有节奏地宛如拼音声调符号的“平、上、去、入”由口型打成“田字形”，盘堆拍打三次使泥料排去空气，更加适用[21]。再把它们堆成一个圆堆，约1立方米，刮光表面，以防干燥[15]。传统打泥有“三道脚板两道铲，莲花墩、菊花心”之称。泥料在泥房内陈腐和打踩过程，即是泥料在静态和动态相结合中，促使其均匀化和致密化的过程[21]。

四、紫金土

龙泉地区窑场采用瓷石掺和紫金土配伍制胎。所用瓷石的性能及其粉碎、淘洗加工方法与景德镇窑场近似。紫金土外观为赭色的块状土质原料，夹杂有石英、长石颗粒和含铁矿物，可塑性良好。在瓷石坯料配方中掺加紫金土是龙泉青瓷的传统配制方法。紫金土中铁含量很高，铁质在还原气氛下烧成，大部分转化成亚铁状态，亚铁是一种强力的熔剂。紫金土中的Al_2O_3含量虽然比较高，但由于亚铁和TiO_2等各种杂质的含量也比较高，所以它的烧结温度比一般瓷石要低，因此在青瓷胎中引入一定量的紫金土可降低其烧成温度。胎中掺加了大量紫金土后，除了能赋予胎以一种灰黑的色调外，还能借助于烧成后期的二次氧化作用，而使釉层较薄的器口或未被釉层遮盖的器底部分形成官窑类型的紫口铁足[22]。

第二节　成型技术

景德镇窑场圆器成型需经过坯泥揉练、拉坯成型、印坯、干燥、利坯、挖坯（挖足）等工序。琢器成型工具和操作是和圆器成型基本相同，不同之处在于：不启用印坯加工工艺，瓷坯内外两面都用利坯法旋削成型；四方、六角等有棱角的瓷器以及壶嘴、壶把是把胎泥在麻布上拍练成片，然后截割成所需大小的片料，待稍干能拿动时，用泥浆镶接，最后将表面加以修整成器。

一、坯泥揉练

先将泥仓中的泥料用铁铲铲出一部分，用铲对其反复进行拍打、挤压，直到泥料中水分分布均匀。拉坯成型将开始时，再把坯泥放在盘车前的石板凳上，双腋吸紧，使劲向前连续推动，一手压一手捺匀，栽三个翻斗，泥里的空气被排除，可塑性和手感达到最佳程度，最后捺成腰鼓形，俗称“泥鼓”。泥鼓不能太大，每只重 4 千克 ~5 千克[1]。

图 10－2－1　坯泥揉练图　采自文献〔11〕

二、圆器成型

景德镇瓷器传统成型方法主要有圆器成型、琢器成型和雕镶成型等方法。

（一）车盘

圆器是指在车盘（又称“陶车”“辘轳”“陶钧”“轮车”等）上拉坯成型的碗、杯、碟等瓷器。圆器分为四大器、四小器、灰可器、二白釉器、脱胎器等。四大器做的是正德大碗、正德宫碗、鲜花大碗、鲜花宫碗四种较大的瓷器。四小器做的是发汤碗、发饭碗、冬青石器、冬青汤碗四种较小的瓷器。灰可器做的是渣胎碗。二白釉器的釉色与白釉脱胎器相同，唯质量次之。其中又有白釉金边、二白釉蓝边。脱胎器分为五大类：①双造脱胎（内分为折边器、和合器、罗汉器、罄口器、铜锣器、玉簪器、金钟器、矮子器等）；②青花脱胎；③普通脱胎；④黄泥巴脱胎（主要产品有：蓝边罗汉汤碗、二碗、罗汉五寸、二寸半、二江盅等）；⑤令盅脱胎（主要生产蓝边汉大令、汉二令）。

1912 年以前，景德镇窑场拉坯成型的工具——“车盘”是用斧刀砍削而成，因而外表粗糙。其质量要求是旋转时不歪斜、不摇摆、不震荡。车盘分干车和湿车两种，形状都像蘑菇。湿车是做坯（拉坯成型）的工具（又称“琢车”），干车是利坯的工具。做干车的木料要干透，否则，其车盘用不到半年就会变形。做湿车，可用湿料，但必须保湿，而不能干[2]。车盘以三块木板[3]镶成，反面用两根杉木作串。中间一块板很狭，占车盘直径约 22%，两边两块呈半月形，各占车盘直径约 39%。这种两边阔，中间狭的比例，圆器、琢器所用的车盘都一样。车盘的面积大小，要根据所制的瓷坯而定。琢器用的车盘最大，直径有 1.3 米左右（一说琢车车盘直径多为 95 厘米，厚 5 厘米）；圆器用的次之，1.1 米左右。做坯用的湿车车盘用手启动，即在车盘上面一侧开一只直径 2 厘米的浅眼，启动车盘时，用木棍（又称“绞车棍”）戳在眼内，向左绞着车盘旋转。利坯用的干车车盘的启动方式及其构造与做坯用的湿车相同[4]。车盘底下中心处，嵌一个平底的“顶子碗”，碗内上釉，碗口朝下，以固定好的车桩顶着，便于旋转。为了防止车盘旋转时东倒西歪，紧靠顶子碗的口沿，安有四根木质“网脚”，其长度为车盘直径的80%。网脚下面内安一瓷箍，叫做“荡箍”，箍内上釉，内径约13厘米，比车桩稍大，以利旋转；外有一铁箍，叫做“网脚箍”（也可用“篾箍”），以使“荡箍”紧固[2]。

利坯用的干车与做坯用的琢车相似，所不同的是干车的四根网脚伸出车盘面上2厘米，再固定一只30厘米长、直径7厘米、上圆下方的杉木，叫“羊脑”[8]。利坯工在干车的“羊脑”上，做上用泥巴、羊毛合成，贴上羊脑的“利脑”[4]。

车盘制成后，要检验其旋转时是否平稳，检验的方法行话叫“称”。不是用真的秤来“称”，而是用一个模拟车桩（木桩刨圆，斗在丁字形的脚上）穿过“荡箍”，顶住车盘底下中心的顶子碗，让其旋转，观察荡箍与模拟车桩的距离远近，远的部位表明重量轻，需削一个杂木块放在车盘面上去试一试。如果还远，就换一块重一些的木块；太近，就将木块削去一些，还近就再削去一些，直到荡箍周围与车盘距离均等，再用铁钉把杂木钉在车盘的反面。还要正式试车，试车旋转平稳，才算合格合用。安装车盘，行话叫“扛车”。首先要埋好车桩，制坯的车桩是垂直的，大器匣钵厂的车桩是斜的（斜度在15度左右）。做匣的车桩向东南方向倾斜，利匣的车桩向西南方向倾斜。口诀叫“东倒西歪”。埋的深度占车桩全长的30%左右，要用大小鹅卵石筑实舂紧，然后安一匣钵圈，以防利坯时切削下来的泥屑掩埋荡箍，影响旋转[2]。

（二）做坯

“做坯”又称“拉坯”“琢坯”。做坯工要熟悉所使用原料的收缩性能，依据大小品种和不同器型予以放尺，从水坯到干燥包括修坯到烧成的横直收缩，一般应放大20%～25%。做坯时要估计所拉品种的需泥量，要预测每个泥团能拉制几个坯件，如做大件缸、瓶，每件需要4个泥团，以后必须按一定标准来捏练，否则拉出来的毛坯必然大小不一，厚薄不匀。要随时注意品种或图样的器型曲线，测定口径、肚径、高度，准确后再放在板上[5]。

做坯工操作时排开双腿，手提绞车棍，将车绞得旋转，速度是根据个人的使用习惯而定。弯着腰，双臂搁在腿上，双手蘸水抱着泥鼓往车盘中心摔下，又用双手蘸水将泥鼓往上抱尖（用手蘸水是起滑性作用），用右手的大拇指插入泥巴中心，扒开一个洞，慢慢分开，立即扶起来成为喇叭形（俗称“扯喇叭”）。又双手蘸水，左手用自制的一种弯形薄薄的叫做“荡坯”的瓷质工具，插入喇叭内部靠紧泥，右手在喇叭外部将食指托准喇叭内部的荡坯，双手同时使劲把喇叭慢慢向上拉开，叫做“关坯”。定死边沿后摘下来再栽上料板，称为“琢坯”。定死边沿的作用是在做坯时不会出现“活边沿”“狗舌头”“马鞍坯”等而导致翘扁的毛病[4]。

图 10－2－2　拉坯

整坯是做坯操作过程中的一道工序，但必须掌握坯体的干湿程度，一般普通坯体整坯时的含水量在 20%，大件坯体在 19%～20% 之间。整坯时要切去底部多余的泥料，再用坯刀将底部击平，并击出浅痕迹形；并同时校正坯的口面，否则容易产生开裂缺陷。这是因为，毛坯的底部全面放在平板上，由于底中多余的泥料尚含有一定量的水分而形成干湿不匀的现象，在干燥过程中必然导致开裂[5]。经做坯成型的琢坯由打杂工捧上架或晒架后由印坯工管理[4]。

（三）印坯

圆器碗、盘等坯体做成后，需经印坯工用模子（又称“模利”“模范”“模型”等）印圆，这道工序叫做印坯。“圆器之造，每一式款，动经千百，不模范式款，断难画一”[6]。从毛坯到成瓷，有两个收缩阶段：一是从湿毛坯到入窑前的半成品，有一个收缩阶段；二是从坯胎到成瓷，又是一个收缩阶段。而最难掌握的是后一个收缩阶段。不同的产品，收缩率不一样，这全靠长期实践经验的积累，一代一代往下传。做模子所用的土是田土，土质既要有黏性，又要稍带细沙，但含沙量不能太多，否则模子容易破，不含沙，坯胎又不易脱模。印坯工把这种模子称为“油模子”。做模子，俗称“修模”。从事修模的技师有三件工具：一是一根禾草芯子，修模技师称其为“三节半草”，其意是这根禾草芯子的长度是模型直径的 3.5 倍。修模时用这根禾草芯子，在模型口子上测量三下半；二是“铸头”，它用瓷土做成，按产品的内径定大小，做成后，置放在地窖内，长期保持不干不湿，待模型修到一定程度时，修模技师就用这只铸头，放到模型上卡一下，哪里大，就修一下。有经验的修模技师只要反复两三次就行；三是一把长为 20 英寸（1 英寸 = 2.54 厘米）的四方形尺，一面为世界通用的英制长度，其余三面是内深、口径、肚大的收缩标准。其具体换算方法则是修模技师严守的秘密[7]。印坯时，印坯工坐在“四脚码边平头竹椅”上，右手将“琢坯”瞄准“模利”的中心扑下，双手拍着模利转动，连续拍十余下，将坯拍圆，刷边沿，再将坯起脱模利，架上料板。这要经过两次，第一次叫打“头套”（又称“印头道坯”），第二次叫“套坯”（又称“印二道坯”）[4]。“印头道坯”拿坯上模，一是掌正坯上模；二是要捺死“鬼眼睛”；三是坯底子要锤圆。拍坯要依肩拍下，一手压一手，不能有折迹。盘类八寸以上、碗类顶碗以上“印头道坯”要用模底；“印二道坯”要打“水饮子”。折边和有“子口”的坯，要压死“子口”[1]。印坯时干湿要适度，否则坯干会患脚嘴，坯湿会翘扁。如果琢坯有缺嘴，印坯工要把它放在石板上补平整。上模没有瞄准模利中心会患“驼子”。两次完毕后的成品叫做“朴坯”，朴坯由打杂工捧到利坯间架子上，由利坯工管理[4]。

（四）利坯

利坯又称“修坯”。利坯时，利坯工先在干车（利坯用的车盘）的羊脑[8]上，做上用泥巴、羊毛合成、贴上羊脑的“利脑”，这是固定坯位操作之用，待其干后开始工作。操作时利坯工旋转车盘，侧着腰，左手摘朴坯放在“利脑”上，右手用坯刀连续经过七个半动作——切泥（将坯足切下来）、扎笃子（将实心的坯足挖空）、平泥（将坯体表面修光）、破肩、滚脑利、扯泥、剿边沿、掏边沿（半动作），把坯的整体凸凹修平，利出产品的规格样款。其中“掏边沿”是把坯中的边沿修圆[4]。利坯一要对样，二要刀路匀，三要厚薄一致，四不能有边风，五要削清包边釉[1]。

当利削坯体接近完成时，用准备好的竹尺量器检验坯体，对照规范，确保要求。坯体的表面质量通过观察易掌握，但坯体的整体形态和坯体各部位的厚薄关系，则必须凭借经验及特殊检测方法掌握。测定厚薄均以手指抚摸和手指轻弹坯体，听其不同部位的响声，随修、随时倒出多余的泥屑。其响声经验：如坯厚，指弹发出“咯咯咯”带硬声；中等坯胎修至适当厚度则为“咚咚咚”声；高档坯胎修至适当薄度则为“卜卜卜”带脆声。修制薄胎坯，还可采取用水笔滴水，由口部直线流下的方法，滴水后，坯体受水漫湿，明显地会产生一条湿的痕迹。如果修制薄度一致，则坯体水痕均匀；如果修制厚薄不一致，则坯体水痕有“湿显”和“湿暗”之别，表明坯体不符合要求[5]。利好之的坯体，叫做“毛单板坯”，由打杂工捧上架，然后由刹合坯工管理。

（五）衲水和打箍

“衲水”又称“补水”，由“刹合坯”[9]工承担。因为手工利坯产品表面多呈细小刀丝痕，或附随坯粉和尘埃，有的嵌有杂物，必须剔除之。不经过补水的坯件，施釉后不但表面不平整光滑，而且因坯上积有粉尘，易导致麻点、针孔剥釉等缺陷。衲水方法一般采用笔洗。补水工具分大、中、小号毛笔（特制补水笔），有的用排笔刷水。各式补水笔必须放入浓度大的泥釉浆中充分浸透，至少浸放 4～5 天，主要使其笔毛柔润好用，否则毛硬易脱。补水前应轻扫吹净坯件内外灰尘、粉尘杂质等，用水要保持清洁，经常换水，防止水中混有油渍或污物及泥浆混浊杂质，否则易产生脱釉缺陷。圆器补水用大水笔蘸水绕坯内一转，双造脱胎的大碗以上、盘类 5 寸以上，衲内水二至三笔，还要躺一笔，衲外水不能流到坯内去[1]。遇有“脚嘴”“子屑眼”等毛病，用泥巴补填。

刹合坯工对坯体进行“打箍”是在干车上进行，操作时排开双腿，把车绞旋转，左手拿坯上利脑，右手用双毛头笔蘸料，在坯的内部中间和外部坝子上，画上两根线，这叫“打箍”。完毕后称“打箍坯”，由打杂工将其捧上架，由画坯工管理[4]。

（六）剐坯

经过画坯装饰后，进行剐坯即挖足。圆器成型时，为了使画坯和上釉的施工方便，往往在坯足处留有6.5厘米～10厘米的坝子。待画完坯、上完釉后就要用剐坯刀（一头上圆下方，另一头成尖形，两面刃口）将坯足切短，剐坯是在车盘上进行。操作时，“剐坯工”坐在干车上，排开双腿，把车绞旋转，左手提蘸釉坯扑在利脑上，右手用坯刀把坯的底部剐空，这要经过七个半动作：切泥、取釉（半个动作）、雕泥、隔坝子、扒泥、闭泥、衲水和打箍（在坯底内部划两根线），最后把坯底内部剐空成微凸形[4]，剐的坯不能一边高、一边低，要求高低统一、厚薄一致[1]。再经过刹合坯工的一套工序，将坯的底部上釉，两三只重成一合，每条15合（俗称“重坯”）捧上架子，待驮坯工装匣入窑烧成[4]。

三、琢器成型

不能完全依靠盘车（辘轳）制成的瓶、钵、罐、盆、罍方圆异形等器型的瓷器称为琢器。成型时先将其口、腹、底分为三部分，各具本形，再使黏合。琢器中的圆形部分是采用圆器成型方法制坯的。所用的车盘和拉坯的操作和圆器成型基本相同，不同之处在于：（1）琢器成型拉坯所用的胎泥含水量较圆器成型的胎泥少，较为硬实，拉成的坯不易坍塌；（2）圆器成型有印坯工序，琢器成型不用印坯加工工艺，瓷坯内外两面都用利坯法旋削成型；（3）琢器坯体未经旋削的毛坯厚度远较成品的厚度为大，亦即为旋削预留的部分是很充分的；（4）琢器坯体中四方、六角等有棱角的琢器部位以及壶嘴、壶把等，成型时是把胎泥在麻布上拍练成片，然后截割成所需大小的片料，待稍干能拿动时，用泥浆镶接，最后将表面加以修整成器。大件花瓶坯体的各部分黏结的技术操作难度较大，并且都是在旋转的车盘上，利用调制好的黏性泥浆进行坯与坯的黏结。由于器物形体高大，几部分坯体黏结成一个整体，所以对坯体厚薄关系要求较严。

大件花瓶黏结后，再进行利坯修整，其工艺顺序是：启动盘车，待其转速达到要求时，将瓶颈置于利脑上定死位，用坯刀分别将其上、下、内、外修削至所需高、低、大、小、厚、薄及其形状后，取下放在一边。再利瓶底、瓶身的方法与利瓶颈同。瓶身利好后，将瓶的下端朝上置于利脑上，接着用瓷瓢舀上泥浆，淋适量泥浆于瓶身接头处，将瓶底下端朝上，用手轻轻将其扇死定位，再用坯刀将接头处修平，接着将已黏结好的坯体取出，换成下端朝上，用坯刀伸入瓶内，再将接头处修平。瓶颈的利法与瓶身同。在整个利坯过程中，要多次启动车盘，使其不停地旋转。利坯时要屏住呼吸，为测定所利坯体的厚度，还须用手指弹击坯体，并细心听其发出的响声，从响声大小变化来判断坯体各部位的厚薄，以便整个器物上下里外连接协调，从而达到质量要求[10]。

琢器成型后也要进行衲水，琢器大小坯体，衲水时分粗补和细补。右手依处不同部件部位轻巧转动，有规律地由上而下，而笔上所含水分不宜细涌。每补一次，又必须洗去积存的泥浆混物，换以清水，再轻巧补擦，以达到光洁平滑。

第三节 制釉和施釉技术

景德镇自元代以来用釉泥，即风化程度浅的瓷石（又称“釉石”）经过细粉碎后呈泥状物，掺以釉灰配釉。龙泉青釉系用瓷土、紫金土和釉灰配制而成。景德镇配釉用的釉灰是以石灰石和狼棘柴煅烧而成，龙泉青釉配釉用的釉灰是用早稻谷壳与石灰烧炼而成。龙泉青瓷为了追求釉色之美还采用坯体素烧工艺。景德镇配釉用的釉石还须粉碎。粉碎的工具和方法与制胎瓷石相同。釉灰是以石灰石和狼棘柴煅烧而成。以釉果和釉灰酿成的釉料，称为釉浆。用釉果和釉灰配釉要根据窑位和季节的不同而予以调整配方。施釉方法一般是根据坯体的形状大小来决定的，有荡釉、蘸釉、吹釉、涂釉等法。

一、釉石开采

制造釉果原料产地之一的瑶里釉石（又称“釉土”）矿开采的过程如下：先把树木砍掉，腾出一定宽度的山皮，再挖甬道。每前进 0.7 米就加一个木架，以防顶部倒塌，直到发现釉土层为止。出现釉土层后，要做“大坑”。大坑的上顶须用粗大的松木做横梁，以确保安全。釉土层是个整体的石壁，相当坚固，一般的铁器工具是挖不动的，必须用火攻。办法是：用与釉土壁层等高的木棍柴，紧靠釉土壁，上铺稻草，稻草上覆盖稻草灰，最后发火燃烧。点着火后，人要尽快撤出，否则会中毒致死。从当天傍晚发火起，让它烧一整晚，到第二天早晨进洞，柴草已化为灰烬。把草木灰扫开，再用铁锤在釉土壁层上试敲几下，如果发出“铛铛”声响，说明没有烧透，必须重烧；如果发出“咕咕”的声响，那就说明已经烧“酥”。矿工凭着声响，就能初步估定其储藏量。被烧过的釉土壁会出现一条条的裂痕，以铁钎插入缝隙用力撬动，撬下来的釉土块，大小不一，最大的有 50 多千克，再用铁锤敲碎，一担担地挑出洞口下山到水碓边。

景德镇瑶里出产的釉土有三种：第一种叫“头式土”，性硬，耐烧，其出产在得而坝、清水下、棕皮树窟、屋柱槽、枫树脑下（土呈红色）和玉器炕等六处；第二种叫“二式土”，性软，油润，必须掺入三分之一的“头式土”，才适宜制釉，但无光彩，它出产在粟米槽、横路口、蛤蟆石、扫帚坞、心口和次二口等六处；第三种叫“麻土”（土中有麻点），其性有软有硬，也必须掺入三分之一的“头式土”或三分之二的“二式土”，它出产在横槽降、师嘴炕、船垅沟、大土泊、大水坞、小水坞、船石炕、马鞍山、江家磅、搭桥坞、竹降上、湖山上、沿槽炕、大土坝、平沿坞、窑坞、平坦炕、石屋卡和方家等二十余处。上述三类釉土以“头式土”最好，“二式土”稍差，“麻土”更差，属下等土。挖出来的釉土，还须粉碎，粉碎的工具和方法与制胎瓷石相同。水碓粉碎釉土，一般是每年农历三月初一开工，到七月半后，水源减少，无力带动水碓。釉土经过水碓粉碎后，还须经过淘洗，淘洗加工方法与制胎瓷石相同[1]。

二、釉灰炼制及其加工

传统釉灰以草木灰与石灰石炼成。20 世纪前期，釉灰产于浮梁南乡之界首、邱家、枧田、丰湾、寺前、宁村、双坑等地。其制法是将薇草铺于地上，再将发开之石灰置于其上。如此反复堆积数层，再着火于其四周任其燃烧。至少反复施行三次，即成釉灰[2]。

目前流行的釉灰是以石灰石和狼棘柴煅烧而成。其工艺如下：选采出的黝黑色石灰石，敲成适当大小，堆装于石灰窑内，以槎柴或杂木为燃料，煅烧二昼夜，烧成半成品——生石灰。将生石灰堆放在炼灰场内，或让其吸收湿气自然地消解粉化（二至三个月）；或急用时洒水消解成粉状熟石灰。在炼灰场内，先铺一层狼棘柴，再通过 10～12 目/平方英寸（1 英寸 =2.54 厘米）筛，将熟石灰筛布于狼棘柴层上（筛上物弃去或再消解），熟石灰即自由充填入狼棘柴层中的空隙，并逐渐布盖成约 8 厘米～15 厘米厚的熟石灰层，一层狼棘柴隔一层熟石灰地堆叠成约 1 米高的长方堆。其煨烧堆的规格并无定尺，仅大体依人工操作方便为度，长度尺寸则依场地和产量而定。间隔层数，一般为 2×3 个自然层，精工细作的亦可为 2×4个自然层，但总的高度均在人工筛粉方便高度的 1 米左右。煨烧堆铺好，即在底脚四周点燃。狼棘柴层在熟石灰层的充填和覆盖下，在空气不甚通畅的条件下，维持 250℃～350℃的温度下，保持灰料碳酸盐化所适宜的水分蒸发速度，缓慢地燃烧。约经 6 小时煨烧后，耙开煨烧堆，翻动拌匀，使煨烧均匀。待余火熄灭后，可再如前法堆叠煨烧。如此连续三次煨烧，约需两个昼夜，再陈放均化数日，即成釉灰成品。稍加水润湿以免吹扬。三次煨烧消耗的狼棘柴用量，与生石灰用量基本相等，亦即各自然层的狼棘柴与生石灰的重量搭配基本相当。在釉灰煅烧过程中石灰石烧失 CO_2变为 CaO，在陈腐阶段，CaO 经分化、雨淋受水的作用变为 $Ca(OH)_2$，同时分解成粉状，与草灰混合呈灰色，最后 $Ca(OH)_2$吸收空气中的 CO_2变成 $CaCO_3$。评判釉灰是否煨烧完成的标准如下：使纯白色粉料烧至呈均匀的灰色，而不是灰白相间的不均匀色调；由粘舌、有辛凉刺激味，烧至不粘舌、无刺激味；粉料倾倒在地上，由有明显流动性，烧至比较滞重不流动。实践经验表明，如此煨烧三次是可以达到标准的。当然堆叠的层次多而薄，比少而厚的，更易达到预期的煨烧质量标准[3]。釉灰的主要成分是石灰石，经煅烧后，其中含 CaO 为 90% 左右[4]。

用石灰石和狼棘柴煅烧而成的釉灰还不能直接用于配釉，必须经尿沤、陈腐、淘洗加工后才能使用。具体加工方法如下：釉灰陈放应历时一年之久，其间要经常洒水并加尿液，以助陈腐解凝，然后安排淘洗。淘洗时，将已经陈腐到时的釉灰，用箩箕计量，倒入腰圆形的木桶中，每次倒入 2～3 箕，重约 10 千克～15 千克，加水 5～6 倍，用铁耙进行搅拌，使之混合成浆。随之用马尾筛捞掉浮在灰浆上的杂屑，待浆液平面露出一层清水时，即用曲柄双耳铁锅，把上部细浆舀入陶器大圆缸中。沉在木桶下部的余浆，继续加水搅拌，按原法淘洗，取尽其细浆。如此从原装釉灰中，首批淘洗取得的釉灰细浆，叫做“头灰”。在淘洗“头灰”的过程中，最后沉淀在木桶底部的粗颗粒，谓之“灰渣”，是制备“二灰”的原料。

用铁耙捞取，与购进的灰渣同放一处，晒干后倒入碓臼中舂细，再取出，按前法加水淘洗，所得细浆，即为“二灰”。如此每次舂细和淘洗所得“二灰”，另设陶器大圆缸储存，并贴上标记[5]。

三、配釉和施釉技术

用釉果和釉灰配釉要根据窑位和季节的不同调整配方。例如，圆器中的灰可器产品出窑后釉面漂亮，表明釉果和釉灰配比用量合适；如果器面烧流了料（颜色），表明配釉配软了，应即增加陈湾釉果的用量；如果器面烧不出色，有层白云盖着，这是配硬了釉，应酌情掺头灰配釉[6]。

施釉方法一般是根据坯体的形状大小来决定，有荡釉、蘸釉、吹釉、涂釉等。荡釉多用于器内上釉。圆器中的灰可器荡釉是左手拿着坯体，右手拿着一根长30厘米有倒勾、下开一条小槽、夹着一只小盏的木质荡釉盏，在釉缸中舀起釉对准坯的中心浇釉，称为“荡釉”。操作时要浇两盏，有的一次浇两盏，有的两盏做两次浇[6]。琢器一类品种（大小件花瓶以及陈设复杂器制品）荡釉操作：先用笔扫去内部粉屑，左手拿坯，右手执釉勺，取定量釉倒入瓶内，随着右手托扶瓶颈，左手迅速轻巧旋转倒置，釉浆随口径均匀散开流出[7]。

内釉荡好后，须干燥后方可蘸外釉。圆器中的灰可器蘸外釉方法是：右手拿着一根50厘米长的木柄铁勺，左手抓在坯内，用钩勾着坯的底部，先往水缸内蘸一下，叫做“不水”，以利产品的下半部不患“猪毛孔”；然后往釉缸内蘸两下，有的产品要求高，则蘸三下[6]。琢器中小件花瓶蘸釉的方法是：先在坯体有棱角处补上一笔水，再以适合底径、口径的渣饼包上一层薄细布，托盖在坯体的口、底上，左手以“丁”字形托住，右手按住瓶口渣饼盖双手连续在釉盆中浸釉一至两次，左手轻微旋动使釉流清。500件大瓶以上的坯体蘸釉方法是：大瓶坯体的底径、口径上都要用薄细布扎的渣饼托盖，然后将瓶坯悬空（盆上安两根木条）托放在釉盆的中央，左右手各执一碗釉，同时连续1~2次将釉浆从口部沿坯体周围浇入，使釉浆均匀流遍坯体全身[7]。

吹釉是用竹筒一端蒙纱，将其浸入釉浆中蘸釉，再将釉浆吹在坯面，吹釉的遍数有3~18遍不等，视其上釉所需厚度而定。薄胎和脱胎器皿多用此法上釉。

涂釉又称“塌釉”或“刷釉”。凡长方棱角的器物，用毛笔或刷子蘸取釉浆，涂布在器坯表面，部分色釉装饰器坯的上釉，也多用此法。

四、龙泉青釉配制与素烧

传统龙泉青釉系用瓷土、紫金土和釉灰配制而成。紫金土为配制龙泉青釉的重要原料，当它作为釉的原料时，其高含量的铁质便成为主要的着色剂。青瓷釉的色调是由釉料内的铁质在还原气氛中形成的氧化亚铁（FeO）与二氧化硅（SiO_2）作用生成青绿色的偏硅酸铁（$FeO \cdot SiO_2$），当偏硅酸铁进一步在石灰釉内熔融时，便生成具有青绿色的 $CaO-FeO-Al_2O_3-SiO_2$系的硅酸盐熔体，即所谓青瓷釉或玻璃。由于紫金土中的碱性物质含量高，在青釉烧成过程中，碱性物质起到助熔剂的作用。它又含有较高的Al_2O_3，一方面可提高釉的高温黏度，增加釉的玻化温度范围，使釉内具有均匀分布的微小气泡，呈现出柔和的光泽；另一方面可降低釉的膨胀系数，使釉面不致开裂[8]。

制釉用的瓷土和紫金土必须先经煅烧，再行粉碎。这是因为，如果不经煅烧，配成釉浆时黏度较大，上釉操作比较困难，釉层容易剥落；同时也由于黏性大，在上釉时容易使釉和坯体之间带入气泡，而且不易排出，烧成后产品容易发生跳釉现象。煅烧时，将瓷石和紫金土分别置于龙窑的尾部。瓷石的煅烧温度在1000℃，紫金土的煅烧温度在1000℃以下，煅烧后从窑内取出。龙泉青瓷制釉用的瓷土和紫金土多为未完全风化的土质块状，可直接在水碓或电力带动的动力碓内粉碎，粉碎时间共约24小时。然后进行水处理[8]。

配制传统龙泉青釉的釉灰，一般是用早稻谷壳与石灰烧炼而成，俗称“乌釉”。按10千克石灰和26千克早稻谷壳的配比叠置煅烧而成。具体操作方法是：先称量好早稻谷壳，再按比例称量石灰。将它们两者叠置前，先在地面铺上大约6.5厘米厚的谷壳，然后将石灰与谷壳间层叠置。用稻草引燃进行烧炼，表面温度约在500℃，中心温度约在800℃，待全部烧透后，每天应有2～3次的上下翻搅，并要把地上的谷壳翻起充分燃烧，一直烧炼到无火为止。烧炼时间约为7～10天，此时呈现白色或灰白色粉末。然后用电力带动的动力碓粉碎约48小时，再进行淘洗，以供配釉之用[8]。

龙泉青瓷为了追求釉色之美还采用坯体素烧工艺。具体方法是：将未上釉而经干燥后的半成品放在圆形烘炉内加热到500℃～600℃之间，然后冷却至室温。实践证明，未经素烧的坯体，干燥强度不大，吸水性不强，致使釉层不易上厚，影响龙泉青釉固有的风格；或者虽得到厚釉制品，但在烧成后往往发生跳釉及流釉等现象。经素烧可克服上述缺点，且制品强度增大，便于装窑。小件制品素烧一般在7小时到8小时内完成。素烧时，制品装入圆形烘炉时，往往是按大小放置，把大的放在下面，小的放在上面，用铁皮或耐火板将圆形烘炉的顶部盖住后，开始点火。先是用小火在炉门口徐徐加热，待制品内机械水和混合水排完（温度在150℃左右），改用中火在炉门口加热，至制品表面上熏了一层黑烟，而且按经验判断此时制品已完全干燥后，就用大火在炉底加热，一直素烧到制品表面上的炭黑燃尽为止。此时制品呈白色（白胎制品）或浅红色（朱砂胎制品）。素烧结束后，制品必须冷却至室温，才可上釉，否则会导致坯体发生开裂[8]。

第四节 装饰技术

景德镇传统陶瓷釉上装饰主要有古彩、粉彩、新彩等；釉下装饰有青花、釉里红；另外还有颜色釉、墨彩描金、腐蚀金、刷花、刻瓷等表现技法。

一、古彩

景德镇目前流行的传统古彩，在继承清康熙古彩工艺的基础上有所改良，主要表现在吸取了新彩中的艳黑和西赤等色料。古彩其他色料及其工艺，例如，油料中的红料的洗染和透明水颜料的填色工艺大致与传统古彩相近。传统古彩主要颜料分为油料和透明料两大类。油料是指用乳香油调和的颜料，主要是黑料、红料两类。现代古彩油料中的黑料有珠明料和艳黑两种。其中珠明料的性能和用法与清康熙古彩所用黑料相近，因为这种料是以氧化钴为着色剂，化学成分基本类似于青花料，在釉下经高温还原气氛（1310℃～1330℃）烧成后呈蓝色，在釉上经低温（750℃～800℃）烤烧后因熔点不够而烧不熟呈灰褐色，且手抹即掉，几乎无任何附着力，因而又称“生料”。使用时必须在烧成前覆盖透明水颜料或透明的雪白料。现代古彩油料中的另一种黑料为“艳黑”，属“新彩”颜料，可直接绘于瓷器釉面之上，多用于画人物的头发、眼睛、眉毛和落款等[1]。

传统古彩油料中的红料多为矾红和西赤。矾红为传统古彩颜料，它是先用皂矾（$FeSO_4 \cdot 7H_2O$）为原料，经煅烧、漂洗制成“生红”。然后将生红与铅粉配伍成矾红料。清代是按照5:1的比例把铅粉与生红配伍，然后将生红与铅粉的混合物过筛后掺以带少量牛胶的水而合成[2]。现代矾红也是由生红、铅粉、胶水组成，其比例为生红14%、铅粉86%。现代古彩油料中的西赤又称“油红”或“光明红”，属新彩颜料，可直接绘于瓷器釉面之上[1]。现代古彩透明水颜料（用水调和的颜料）有：老黄、古黄、古紫、古翠、古绿等，其配方详见表10－4－1，第1～9号。

传统古彩画面主要通过不同的线条、各种形状的点，运用装饰性的构图来表现的。传统古彩画面多用黑料线条勾画轮廓，或铁线描，或行云流水描，或钉头鼠尾描。外轮廓线刚劲有力，顿挫有致，方圆结合。轮廓线内的排线，有的是排列有序的短直线，有的则是根据结构而排列成的斜线或弧线。这些线大多用来表现物体的暗部，在石头和树干上采用的多，这样既可展现物象的装饰性，又能表现其苍老厚实的质感。

传统古彩画面除对矾红进行洗染外，其他均以透明色平填。为了达到色面平整、厚薄均匀，需笔笔紧凑，一笔压一笔，保持前后左右的料都平整如一。由于古彩的线条和颜色一般无层次，艺人往往通过点沙点的方法来体现物象的疏密和明暗关系的变化。点沙点时，点的排列要略带弧形，有节奏地错开。

古彩画面中的矾红料洗染旨在表现描绘对象的浓淡深浅，多用于花头、鸟的羽毛、尾巴和蝶的翅膀。方法是：用矾红笔和洗染笔在手上交替使用，操作时先用矾红笔在碟中将矾红与胶水调配到一定的浓度，根据深浅的要求填于画面，接着用洗染笔蘸清水并用手指将笔上一部分水排除，使笔锋扁平齐正，然后沿着填好的颜色一层一层地往下分染。洗染时要注意过渡均匀，按一定的方向和顺序，一遍一遍地往下染。只要料未干，就可以进行反复分染，但每次分染都需遵循由深到浅、层层分染的规律，不可跳跃性地随意洗染，否则画面出现花而乱的败笔。大面积的洗染，则将矾红拓平后用丝棉球轻轻拍匀即可。矾红洗染由于用胶水，天气干燥则难以操作，因此需保持其一定湿度，为了方便，一般采取在瓷器洗染的部位用口呵气的方法解决[1]。古彩的彩烧温度一般为800℃～850℃，其特点是颜色微浓，微微凸起，色泽鲜明透底呈玻璃质感，线条劲健有力，色彩对比强烈而又耐久不变，特别是矾红使用年代愈长，则愈红亮。

二、粉彩

传统粉彩所用色料大多沿用清代雍正、乾隆时的工艺，也有少数色料，例如，艳黑、西赤（又称“光明红”）和麻色等是从新彩移植过来的。粉彩绘制工艺主要是两大块：一是绘画，二是填色。粉彩绘画是用线条勾勒纹样的外轮廓和局部纹样勾线。填色又称“设色”，粉彩的明暗层次和粉润柔和的画面主要通过填色来实现，填色工艺一般包含：填、罩、打、接、洗、拖六种技法。

（一）绘画

粉彩绘画主要是指用线条勾勒纹样的外轮廓和局部纹样勾线。画线所用的颜料基本上有珠明料、西赤、艳黑、麻色四种。珠明料也叫“生料”，是钴土原矿经粉碎擂细而成的，即画釉下青花的用料。西赤、艳黑、麻色均为新彩中的颜料，按画面需要，油与料配合适度，为画瓷的主要技巧。生料是粉彩中主要用料，像国画中用墨一样。西赤（朱红）用于画朱红花朵、红叶、红色羽毛、人物面部、红色衣纹等。艳黑用于画人物头发、眼睛、眉毛、黑色羽毛及写字。麻色为艳黑、西赤调成，多用于画老人皮肤和鸟类羽毛、朱红花朵勾线。西赤、艳黑、麻色都是新彩颜料，这三种颜料只能在瓷上单独使用，不能与粉彩颜色接触和调用，也不能盖填任何粉彩颜色[3]。

粉彩绘画主要有打图、打料、采料等工序。打图即据器物的形制设计图稿，然后用淡黑料在瓷胎上起稿草图，最后以浓黑料在草图上双勾定稿。一般形象内部结构不详勾，只勾出外表和范围即可，有经验的画师可直接用色料在器物上起稿描绘。画好的粉彩图稿好像是一幅单色画。粉彩勾画纹样轮廓的主要用料是珠明料，也叫“生料”。它是用钴土原矿经粉碎擂细而成的，即画釉下青花的用料。生料需用乳香油调和，当用笔在料碟中蘸料时，应使画笔饱含色料，俗称“打料”。料色的浓、淡视打料和用油的多少而定。瓷用画笔能饱含色料，故打好一笔料色均可画一段时间。使用时将笔杆拍打手指，产生震动使笔肚上的料慢慢流到笔尖上便于描绘。

粉彩采料分勾勒和勾线采料两种技法。勾勒法即勾好线条后再填玻璃白染净颜色，所有的明暗层次由填色来完成。而勾线采料法是在勾好轮廓线后用珠明料采出明暗层次来，这种方法多用于山水画中的山石皴擦、花鸟画中的丝采以及人物画的配景。采色前，要注意瓷面上所留下的汗污油迹必须用棉花擦干净，以防止水颜色填上去把线条和所采的料浮起冲掉而破坏画面效果。采色时用两支鸡毫笔，一支蘸料，一支笔梢上稍蘸老油。先把油料填入画面，用油彩笔渐次采匀。

采料有点采法、皴采法、平采法、手采法等表现手法。点采主要用来画鸟的羽毛，先用一支鸡毫笔蘸料，一笔压一笔点出自然笔触，然后用采笔依照上料顺势点彩下去使这个块面有浓淡过渡，又有片片羽毛蓬松的质感。此法也可用于草点、树叶的画法。皴采主要以侧锋进行，用笔宜虚虚实实，笔断意连，笔触灵活多变，用来表现山石、树干，特别是老树皮的粗糙、坚实的质感和立体感。具体方法是在勾好的轮廓结构（大的层次纹理）基础上，先用一支羊毫蘸料笔画出大体块面，其中要有笔触和空隙，然后以一支干净采笔顺势皴、擦、点结合，从浓料往空白处采，使块面有阴阳光、浓淡过渡、笔触、质感、层次自然出现。平采不现笔触，要使块面一平二光或浓淡平缓过渡，方法是以羊毫笔蘸上较湿的料色（含一些乳香油会帮助渗平），按画面需要平涂上去，但不要上得太满，再以另一支羊毫扁笔（先用乳香油浸透，压扁笔头）把料色拖平，或以绒头秃笔采平，面积再大的可用丝棉拍平。手采法是以手指和掌面拍打料面，产生画笔难以达到的艺术效果，此法多用于粉彩山水画。例如小面积的粉化（粉化即浓淡平缓过渡等明显笔触的效果）以拇指关节轻敲细按。大面积可用拇指根凸起掌面拍出若隐若现的效果，如云雾缥缈、山石下部的消失、远处朦胧景象，手采都可表现得惟妙惟肖[4]。

粉彩的没骨法是先打一层玻白，打玻白时，依照花朵的轮廓，一片平涂，然后以水调色料在玻白上洗染。如画单件东西，可先用淡墨勾出轮廓，后根据花瓣的层次，转折位置，薄薄的平涂一层玻白。瓣与瓣之间只要大致分清就行。再在玻白上以水洋红洗出层层花瓣。

表 10－4－1　现代古彩和粉彩色料配方（%）

编号	品种	名称	雪白	玻璃白	净黄	矾红	古大绿	大绿	苦绿	翡翠	老黄	珠明料	铅粉	石末	参考文献
1	古彩	古大绿	—	—	—	—	—	—	—	—	2.8	—	68.8	22.8	〔14〕
2		古淡大绿	50	—	—	—	50	—	—	—	—	—	—	—	
3		古苦绿	56.6	—	—	0.9	23.6	—	—	—	18.9	—	—	—	
4		古淡水绿	94.2	—	—	—	5.8	—	—	—	—	—	—	—	
5		古深水绿	88.9	—	—	—	11.1	—	—	—	—	—	—	—	
6		古翠	82.8	—	—	—	3.5	—	—	—	—	—	—	—	
7		古黄	79.2	—	—	1	—	—	—	—	19.8	—	—	—	
8		古紫	93.8	—	—	—	—	—	—	—	—	1	—	—	
9		矾红	—	—	—	—	—	—	—	—	—	—	10	—	〔7〕

续表

编号	品种	名　称	雪白	玻璃白	净黄	矾红	古大绿	大绿	苦绿	翡翠	老黄	珠明料	铅粉	石末	参考文献
10		苦绿	—	—	—	—	—	13.6	—	—	59.1	—	27.3	—	
11		粉苦绿	16.8	—	—	—	5.5	—	77.7	—	—	—	—	—	
12		粉翡翠	5.6	5.6	—	—	—	—	—	88.8	—	—	—	—	
13		粉大绿	13	—	—	—	17.3	69.7	—	—	—	—	—	—	
14		墨绿	59.7	—	—	—	—	37.3	—	—	—	3	—	—	〔14〕
15		松绿	13.2	8.8	—	—	—	—	—	44.1	—	—	—	—	
16		石头绿	23.1	—	—	—	—	76.9	—	—	—	—	—	—	
17		淡翡翠	—	20	—	—	—	—	—	—	—	—	—	—	
18		淡古翠	66.7	—	—	—	—	—	—	—	—	—	—	—	
19	粉	粉淡水绿	85	—	—	—	—	15	—	—	—	—	—	—	
20	彩	粉淡苦绿	75.8	—	—	—	—	—	24.2	—	—	—	—	—	〔14〕
21		净苦绿	—	—	46.2	—	—	—	—	—	—	—	—	—	
22		净大绿	—	—	—	—	—	90	—	—	—	—	10	—	
23		淡黄	—	10	—	—	—	—	—	—	—	—	—	—	
24		宫粉	—	50	—	—	—	—	—	—	—	—	—	—	
25		粉黄	20	30	—	—	—	—	—	—	—	—	—	—	
26		玻璃白	—	—	—	—	—	—	—	—	—	—	4.38	—	〔19〕
27		淡古紫	67	—	—	—	—	—	—	—	—	—	—	—	
28		雪白	—	—	—	—	—	—	—	—	—	—	77.7	22.3	
29		广翠	—	—	—	—	—	—	—	—	—	—	4.4	—	
30		淡赭石	60	—	—	—	—	—	—	—	—	—	—	—	
31		麻色	—	—	—	97	—	—	—	—	—	—	—	—	〔7〕
32		青灰色	—	—	—	—	—	2	—	—	—	—	—	—	

注：

第 1 号古大绿配制还需铜花 5.6%。

第 6 号古翠配制还需广翠 13.7%。

第 8 号古紫配制还需顶红 5.2%。

第 9 号矾红配制还需氧化铁 90%。

第 15 号松绿的配制还需锡黄 33.9%。

第 17 号淡翡翠的配制还需粉翡翠 80%。

第 18 号淡古翠配制还需广翠 33.3%。

第 21 号净苦绿的配制还需净大绿 53.8%。

第 23 号淡黄的配制还需老黄 90%。

第 24 号宫粉的配制还需洋红 50%。

第 25 号粉黄的配制还需锡黄 50%。

第 26 号玻璃白的配制还需铅丹 50.17%、石英 30.48%、硝酸钾 10.09%、氧化砷 3.27%、玻璃粉 1.61%。

第 27 号淡古紫的配制还需广翠 33%。

第 29 号广翠配制还需铅末 87.9%、牙硝 4.4%、氧化钴 3.3%。

第 30 号淡赭石的配制还需深赭石 40%。

第 31 号麻色的配制还需艳黑 3%。

第 32 号青灰色的配制还需艳黑 36%、胭脂红 62%。

（二）填色

粉彩填色用料分透明色、不透明色和净色三大类。填色用的透明色料，具有良好的透明度和玻璃质光泽，烤烧后能在瓷器上透出底色，因这类颜料多用于罩填在生料（珠明料）彩画的纹饰，又叫“覆盖色料”。主要有大绿、苦绿、石头绿、淡苦绿、淡水绿、墨绿、淡古紫、赭色、雪白等。其中，大绿多用于填花叶的正面、深绿色的树叶和近景石头及配色。苦绿呈透明的黄绿色，多用于填花叶的背面及树叶。石头绿呈透明的淡翠绿色，多用于填石头、草地和浅色花叶。淡苦绿呈透明的嫩绿色，多用来填草地、嫩叶及草虫等。淡水绿呈透明的淡水绿色，多用来填山水近石的消失部分及草地、树丛等。墨绿呈半透明的灰绿色，多用来填枯树枝。淡古紫呈透明的淡蓝紫色，多用来填老树枝。赭色呈透明的赭石色，多用来填树干、树叶、老草等。雪白呈无色透明的玻璃体，用来覆盖珠明料所绘纹饰和做配色之用，减淡粉彩透明颜料的浓度，既可单独使用，也可用于接填其他粉彩透明颜料。

填色用的不透明色料含玻璃白成分，不能在瓷器上透底，粉质感较强，仅作单线平涂用，但具有覆盖作用，烧成后表面凸起，光泽度好，具有粉润亮丽的艺术效果，因此，不透明色料又叫“填充色料”。这类色料主要有翡翠、淡翡翠、松绿、锡黄、宫粉、玻璃白等。翡翠呈不透明的绿色，多用于填人物服饰、图案边角、色地或山石点苔，也可填某些杂树叶或配色。淡翡翠呈不透明的浅豆绿色，用来平填粉彩图案纹饰或色地。松绿呈不透明的深绿色，多用来平填粉彩边脚图案纹饰或色地。锡黄呈不透明的黄色，多用来填图案纹饰及粉彩色底。宫粉呈不透明的粉红色，多用来填图案色底或图案纹饰，也可在此色调上勾绘纹饰，俗称“结果”。玻璃白呈不透明白色，既能对各种粉彩颜料进行粉化，又可通过玻璃白的不同分量把同一种色彩调配成一系列深浅浓淡的不同色调，用于人物衣服、花朵打底，以便于其上渲染洋红、茄色、麻黄等净颜色。此外，还可用于雪景、浪花、瀑布等一类乳白效果的纹饰。

洗染类颜料称为“净色”，这类颜料呈色敏感，比较贵重。一般不单独使用，因为单独使用难以发色，颜料烧后没有光泽，必须在玻璃白上洗染，或在画好珠明料的纹饰上打底，后用透明颜料罩填。这类颜料主要有净大绿、净苦绿、广翠、净黄、麻黄、胭脂红、茄花、青灰、豆绿、淡黄、淡翠等。净大绿呈不透明的淡翠绿色，多用来在玻璃白上洗染纹饰，如牡丹白色花朵或人物服饰等，但不能直接填上瓷面，否则烧后涩而无光。净苦绿为不透明的淡黄绿色，用途与净大绿相同，烧成呈淡绿色。广翠呈不透明蓝色，用于画面纹饰、打底色，再罩填其他透明颜色，烧成后呈淡蓝色，山水之远近、山石变化均用其打底，也可用来配色。净黄为不透明的淡黄色，多用来渲染花朵、人物衣服。麻黄为不透明的棕黄色，多用在玻璃白上渲染人物的服饰。胭脂红多用于玻璃白上渲染人物服饰与花朵等。茄花呈不透明的鲜紫色，多用来洗染紫色花朵和服饰。青灰呈淡灰色，多用来洗染人物的服饰图案和鸟的羽毛[3]。现代粉彩所用上述三类颜料（透明色、不透明色和净色）的配方详见表10－4－1，第10～32号。

粉彩填色又称“设色”，粉彩的明暗层次和粉润柔和的画面主要通过填色来实现，即勾好线条后再填玻璃白染净颜色，其工艺一般包含填、罩、打、接、洗、拖六种技法。填是指用不透明的粉质颜料，例如，翡翠、松绿、锡黄、宫粉、淡翠、玻璃白等，填入用勾勒法绘制的轮廓线内，填色时要求挨线条不能留有隙缝，同时又不能遮盖线条。罩色是在色面上重罩另一种颜色，其方法是在生料画的底色上用平填的方法罩上各种透明水色，如同国画的设色，在花青、洋红的底色上敷上各种颜色。先在嫩枝干上填以洋红，然后罩上淡苦绿，使嫩绿枝干中透出红色，增加其嫩的感觉。又如在叶子上敷以薄薄的广翠底，后罩上大绿颜色，增添了绿的层次与浑厚感，丰富了色彩。罩色时运笔要轻，笔锋与瓷面要保持一定距离，不可触到底色，以免将底色翻动[3]。“打”，又称“打底”，专指上玻璃白和上底色的方法，因为这两类颜色都是作为底色，上面还要上色，因此用得要薄，故称其为“打”，要求是薄不现底色或不现瓷胎。例如，石头的暗面要打广翠底，亮面要打耐火红底，嫩叶上面打洋红底，凡是要洗染的地方，如花头、衣服的轮廓内要打玻璃白底，玻璃白要打得薄而平，广翠底要打得有浓淡过渡。“打底”可使画面的色调统一和谐，又有层次感。“接”色是用两种以上的粉彩透明颜料填在画面的同一部位，使画面纹样由深渐浅、衔接自然。操作时，先填上一种颜料，而后用另一支笔或多支不同颜色的笔，在画面需要接色的位置轻轻地上下来回接填颜色，并将颜色接匀填平，再用另一支笔来回扫平，使数种颜色之间充分混合，渐变过渡自然[4]。“洗”，即洗染，粉彩洗染有两种方法：一是用油染色，一般在玻璃白上进行，具体方法是，先用嫩油在玻璃白上涂一遍，使其饱吸一层油，然后用洗染笔蘸色料敷于画面深色部，再用洗染笔蘸油（不宜多，一般使毛笔湿润即可)，将颜色由深至淡逐渐洗染，分出明暗转折关系。操作时下笔要轻要浮，要掌握一只手交替使用两支笔的技巧。二是用水染色，一般采用国画的点染法，用羊毫笔蘸水，然后在笔尖上蘸色在玻璃白上点染。此种方法多用于花朵染色，但也有用于人物衣服上的，其方法是在玻璃白上薄薄平染一层净颜色。用水染色要求快、准，犹如在宣纸上点染一样。运用得法，可达到生动活泼、淋漓尽致的效果[3]。

（三）落地粉彩与水点桃花

“落地粉彩”工艺，乃是珠山八友成员之一的王大凡于1939年采用过的一种新的粉彩技法，即彩绘人物衣纹时，不用“玻璃白”打底。而是用生料直接彩出深浅衣褶，干后根据画面需要直接将诸如广翠、净大绿、净苦绿等色料填在所需衣纹上，再罩雪白、水绿等色料入炉烧成。不过，如果一幅人物画作品全部用此法填色，那么粉彩的丰厚华滋乃至立体效果将荡然无存，因此，只能偶尔地适用在一部分衣纹上。水点桃花技法由珠山八友成员之一的刘雨岑首创，传统粉彩绘画花头以玻璃白打底，再用洋红之类色料洗染出层次变化，刘雨岑仅以含色料的水笔在涂得很薄的玻璃白上直接点出花头的明暗关系。

粉彩在烤花炉内烧成。粉彩颜色烧成后，在瓷面上有一定厚度，光泽透亮。烧成温度比五彩略低，具体烧成温度有三种说法：一是720℃ ~750℃[5]；二是700℃ ~750℃[6]；三是780℃ ~800℃[7]。粉彩烤烧，以洋红最难烧，温度略微偏高或偏低都会影响色面，所以其他颜色烧成一般以洋红的呈色为标准。

三、新彩

新彩是清末民初从国外引进的一种瓷器装饰技术。新彩颜色可直接画于瓷面，无需罩色，而且发色稳定。新彩颜料除少数色料外，大部分颜色可以互相调配，色相丰富，烧成前后的色相基本保持一致，既可表现国画效果，又能表现油画、水彩装饰效果，它是釉上彩绘品种中局限性最小的一种陶瓷绘画技法。

新彩色料品种比较丰富，常见色料有艳黑、玛瑙红、洋红、黛赭、薄黄、浓黄、宝石红、橄榄绿、灰色、草青、川色、皮色、海碧等。新彩大多数颜料都能和一般绘画一样可以配色。例如，麻代色由黛赭35%、小豆茶30%、艳黑35%配合而成；麻色由西赤75%、艳黑25%配成；深紫色由玛瑙红80%、海碧20%配成；粉红由玛瑙红20%、白溶剂80%配成；深红色由红黄75%、小豆茶25%配成；墨绿色由艳黑20%、草青80%配成；灰蓝色由艳黑30%、海碧70%配成；橙色由浓黄25%、西赤75%配成。总之，新彩的许多种颜色相互调配可调出丰富的间色和复色，经过长期的配色实践，反复试烧色片可以积累更多的配色经验，配制出更多的新彩色相与色调。不过新彩也有少数颜料呈色很弱，若靠近旁色或调入他色，烤烧后就会失色。例如，西赤与薄黄调和，烧成后薄黄会被吃掉。又如红黄不能与其他颜色调配，否则烤花后容易失色。新彩中以金为主要成分的颜色，例如宝石红、洋红、玛瑙红等，同以铁为主要成分的颜色，例如西赤、小豆茶、黛赭等，也不能混合使用，否则都会被破坏而出现失色现象[8]。

新彩手工彩绘常用的技法主要有勾、填、点、采、跺拍、刷、重色、扒刮、喷色、刮擦、流淌、油渍、拓印、残留、泼彩等。“勾”是指用料笔或其他勾线笔来勾画轮廓，新彩的线条勾勒可运用中国画的多种勾勒方法。如采用工笔的笔法则中锋用笔，线条挺拔均衡；如表现写意的笔法韵味，线条则灵活多变。新彩的填色可以平填，也可以分浓淡变化。平填所用色料最好是用胶水料用笔填平，用油料填色则会有笔触和浓淡之分。勾线和填色常常结合在一起使用，或先勾线再填色，或先填色再勾勒线条。新彩的“点”类似国画中表现写意和没骨画法中的“点厾”[9]，用笔蘸色后用中锋或侧锋“点厾”，形成的笔触点，有浓有淡，自然而有变化。“踩拍”是将油颜料涂于瓷面后用笃笔、丝棉、海绵、料拍等“踩拍”工具拍匀颜色。笃笔适用“踩拍”小面积的色块；如果是天空、背景等大色块则用丝棉、海绵、料拍等较适合。“采”是先用羊毫笔蘸取油料颜色填涂瓷面上，然后再用干净采笔采出该颜色的浓淡渐变关系，使色彩过渡自然。“刷”是指利用较宽的扁笔进行刷色，如刷粉墙般涂布大的色块，刷色时可用胶水料，也可用油料来平涂色块，或叠加刷色；还可利用扁笔的宽大，一边蘸浓料，一边蘸淡料，刷出有自然浓淡变化的色带或色块。为了使画面的色彩丰富而有厚重感，常常使用“重色法”，即使用较薄的颜料采取多次叠加，使之产生厚重感。“重色”一般采用两次烧成或多次烧成，先把绘好的第一遍颜色入烤花炉烧成，目的是经过烤花后使第一道颜色固结，再次叠色时就避免了上下层颜色相互影响而发生变化，便于操作。“扒刮”技法是用针笔或竹笔在新彩色块上进行扒、刮，扒去颜色后露出瓷胎，形成图案或痕迹。“喷色”是使用喷枪或喷笔来喷色。用来喷色的新彩颜料必须用清水调和，而不用油来调剂，否则喷不出效果来。“刮擦”法是用丝瓜络、海绵或吸水性较差的纸团等物，在已涂好色的瓷面上按照创作意图进行刮、擦，使之产生出肌理痕迹或纹样。“流淌”法是将新彩颜料泼洒、涂布于瓷面上，倾斜或竖起画面，使颜料渐渐流淌而形成肌理。“油渍”法只适用于新彩的油颜料，方法是将新彩油料涂于瓷面上，待其稍干，用笔蘸取樟脑油、煤油、松节油等稀释剂，滴在需要部位的颜料上，使其晕散渗化，产生斑点状肌理效果。“拓印”法是用性能较硬的油画笔、棕笔或纸团等工具，蘸上浓稠的颜色，在需要的部位进行拓印，产生各种形状的肌理效果。“残留法”是在已涂好色的画面中待其颜色稍干后，用小块海绵或棉布等蘸取少许樟脑油，轻轻擦去不需要的部分，留下预想的效果。“泼彩”法是用新彩干粉料调和酒精等稀释剂，并将其泼洒到光洁的瓷面上，任其自然流淌形成肌理效果的作画方法，泼彩具有一定的偶然性、随机性和自然天成的艺术效果[8]。

四、墨彩描金和腐蚀金

墨彩描金是以新彩颜料艳黑、西赤勾勒轮廓、渲染明暗浓淡层次变化，烧成后在原来的纹样上用金色在黑色的纹样中勾线描画衣裙上的织锦或花鸟的筋纹等。金色是中性色，与黑色配用，突破了黑色的沉闷，加之金色熠熠发光，使画面更显富贵华丽。为了防止颜料和金色互相吃色，墨彩描金需进行两次烤烧，即先绘制黑色画面入炉烧结后，再用金进行描绘，一般使用黄金水描绘后，第二次入炉烤烧而成。墨彩描金多以人物、鱼虫、花鸟图案为主。对于墨彩描金的属性，目前有两种不同的看法：一种意见认为，虽然它应用了满地粉彩技法，但是在釉面染色并不需罩填各种水颜色，因此把它视为与粉彩、新彩并列的一种技法[10]；另一种意见认为，墨彩描金均用新彩颜料作画，因此属于新彩范畴[8]。

腐蚀金装饰又称“雕金彩”，采用沥青、石蜡等耐氢氟酸以汽油稀释后绘制画面或纹样，再用氢氟酸涂布于画面上进行腐蚀，待冲去氢氟酸和涂去沥青后的瓷面上出现光、毛面花纹后，再在纹样上平涂金水，入炉烤烧后，釉面被腐蚀部分金色呈现亚光色泽，而未被腐蚀部分的金色则金碧辉煌，形成质感上的“光”“毛”对比，极富立体感，故有“雕金”之称[8]。

五、刷花

刷花装饰是受西方传入的搪瓷喷洒画的启发、影响而发明的。刷花技艺始现于清末，波阳陶业学堂学生冯完白将其推广到景德镇[11]。刷花工具主要有笔刷、小刀笔、小铁钳、画笔和铜丝制成的小筛。操作过程如下：用胶水在器表糊上事先按瓷器形状设计好的专用图纸，待胶水干后，用小刀笔依照图样刻出花纹，然后陆续剔去有纹样的地方，这样瓷面上就呈现出空白的花纹，再用笔刷蘸着所需要表现的各种新彩颜料，隔着铜丝网筛来刷，细小的颜色粉末就会透过空白花纹而附着在瓷面上。根据需要达到浓淡、深浅的变化，再在颜色面上用料笔勾线调整，最后经 700℃ ~800℃红炉烤烧，就形成了色彩明丽柔软的刷花瓷。刷花瓷在 20 世纪前期最为鼎盛。其间，程桂森的刷花技艺尤为杰出，他不仅开创了薄刷法的表现技巧，而且采用了釉上人物刷花瓷的技艺。创作的刷花人物，线条平整洁净、流畅而有节奏，人物外在的形貌、内在的气质及其动感，都表现得丝丝入扣，用色也极为考究。操作时，先从深色衣服凹处的衣纹开始，暗部的色彩常用复色多次上色，使色泽厚重，逐渐向亮面过渡。刷完衣服，再刷脸和手的颜色，脸部先刷头发和嘴唇，次刷暗部和皱纹，最后刷亮部，从深暗处逐渐向亮凸处刷色。颜色上好后，用单料画笔按需要颜色蘸胶水料或油料调和，在色面上勾画出五官、胡须和手部轮廓线以及领边、腰带和头巾等[12]。

六、刻瓷

刻瓷是在施釉烧成后的瓷器器面上，进行刻凿纹样的一种装饰技术。陶艺家通过手中的小占子（杆用普通钢制成，刀头用合金钢制成，根据需要用砂轮磨成几种形状）、刻笔（笔尖为金刚石）和小锤等工具，在瓷器器面上刻饰出各种凹凸纹样，再用新彩原料填充的一种装饰方法。成瓷后的画面既有素描般的层次、油画般的厚重质感，又有金石般的刚健韵味。刻瓷步骤如下：起稿作图，在瓷器器面上用拍图或直接用笔画上所设计的画面；细刻画面，用刻笔或斜形小占子刻出纹样的轮廓线，用尖形的小占子刻出大小不同的点，用平铲形小占子刻出画面中需要的面。刻制时，把小占子的刀尖放在要刻的部位，使之顺着小锤敲打的方向，向前移动。敲打快些就成线；慢些则成点。通过点、线、面组合成各种具象画面。再使用不需烧制的新彩颜料，其中多为浓重艳丽的油画色。着色时，用毛笔在已刻好的瓷器上，涂上所需色料，然后用干净的布来回擦，使颜色充分渗透到刻好的胎骨里去而牢固附着。

七、青花与釉里红

从20世纪初到20世纪90年代，云南出产的珠明料依然是景德镇的主要青料。1925年，云南省复成煤矿公司兼营“碗花”矿业，以“天元”牌售往景德镇。1949年4月后，景德镇陶瓷原燃料供应处派人常年驻滇，委托当地供销社向农民收购珠明料[13]。

自1912年以后的珠明料的加工工艺与清代接近：以约15千克为一批，用篾箕盛装后斜置于木盆中，并在盆内放入小半盆清水，然后将木盆置于一个与地面成15度～18度倾斜的长方形洗料凳上。洗料者坐于凳之一端，左手套上四个铁手指套，拇指不套，右手套上三个铁手指套，拇指与食指则握一直径约5厘米的瓷片（渣饼），双手不停地将半浸于水中的珠明料向上捞起，用力向下搓洗。如是进行30分钟～40分钟，即可将篾箕自木盆中移开，并将污水倒入木桶中，任其沉淀，此沉淀物即为“铁骨泥”，可充上等乌金釉原料。自篾箕漏入木盆中之碎料称“马牙料”，污水倒尽后，将此碎料移入篾箕中，与大料一起在盆中重加清水搓洗，如是反复进行七八次至水不见混浊为止。将洗净的钴土矿料，除马牙料外，带湿分装在若干只大器匣钵（直径约16.5厘米～17.5厘米）中，以装平沿口为度，匣钵内须事先覆一瓷灯盏，满料后，面上须盖黄草纸一张，并以黄泥饼封没。将装好匣钵的钴土青料挑入柴窑中，埋置于柴窑余堂处（烟囱下部）。埋设的深浅，视该窑余堂温度高低而定；温度高则坑宜深一点，温度低则可浅一点。匣钵按菊花之瓣形排列，左右各五钵，自中央各向左右倾斜成30°～40°角。摆好后，即以老土子（匣钵原料，类似耐火土，一说为石英砂）覆盖，然后按柴窑烧成制度进行，经一次烧窑，俟出窑时取出。经煅烧后的青料除烧去矿石中水分外，并可能使所含的钴变为CoO状态存在。煅烧温度估计在1000℃～1100℃之间[14]。然后将煅烧过的青料以大、中号筛重叠筛选，筛去沙土、泥屑。筛过的青料逐料拣选，色润泽、密度大、花多、拨动发金属声者为正料（上等料），反之色暗淡、密度小、花少、音哑者为副料（次等料）。拣选出来的青料先行舂碎，再放入瓷钵中加少量水用人工进行研磨。1949年后，采用瓷质坛，内装瓷球研磨体和青料，封闭后排列装上机架用电力驱动研磨，效率大大提高[15]。

青花画面设计可以在坯体上和纸上进行。纸上设计的纹样为了适应各种器物造型的曲线，仍须将纸上的纹样画到坯体上去。同一个画面的重复和画面的连续，就须要进行过稿，其法如下：①在定稿的坯体上，用浓黄篾灰按纹样勾线，然后用棉纸或毛边纸贴在画面上，用手指轻轻地在背上摩擦，纹样就会清晰地翻印在纸面上。②在纸上用浓黄篾灰把翻印下来的纹样重描一遍。③将纸贴于坯体上，用手指在纸背上摩擦，把纹样印到坯胎上。瓷厂采用的过稿方法，是将誊写蜡纸用针笔沿图样线条刺出小孔，形成点状花纹，再贴在坯面上，用棉花蘸黄篾灰或红粉，在蜡纸上轻轻地刷抹，粉料就从针孔落到坯面，形成小点连接起来的清晰纹样。蜡纸图样可以连续使用。用珠明料在坯胎上描绘物体的形象，一般以线条勾勒较多，具体方法是：①画线用的珠明料应磨细。使用前将珠明料加水调成泥状（一般含水量为50%～60%）放入三寸（直径约为10厘米）碟中，筑成一条料坝，坝的一边盛水，一边调料。为了画线时容易掌握，可在调料时加入甘油数滴，以减慢坯体对料水的吸收，使画出来的线条流畅，同时可增强其对坯面的黏结力，分水时不易冲掉。②用笔蘸饱青花料在坯体上按纹样进行描绘，不同的对象用各种不同的线描。在描绘细微的纹样时，可在其范围内涂一层清水，以减慢坯体的吸水性。青花的分水料一般分为五色，有头浓、正浓、二浓、正淡、影淡，其深浅浓淡主要是以含水的多少而定。含水量一般波动于69%～80%之间。将磨细的青花料置于碗内加水调匀，然后加入大量的开水，用汤匙搅动见有泡沫泛起，便成了分水用的熟料。待熟料沉淀澄清后，将上面的清水倒去，取沉淀的熟料与茶汁调配成浓淡不同的料水，分别盛于碗内备用。分水笔，俗称鸡头笔，其状如国画的斗笔，特点是笔肚大，笔锋短，并往一个方向偏斜。分水方法一般有两种：一种是在纹样的勾勒线条内，用不同的浓淡料水分色。方法是将分水笔放入搅匀的料水中，蘸料提出，待笔上料水下流成滴后，将笔在碗边填成肚大、笔头尖的形状，然后分水。小面积分水，笔的含水略少一点，大面积含水多一点。运笔时从左至右，顺料水的流势用笔引用到需要的地方，收笔时将积水用侧笔吸尽。另一种是先分水，后勾轮廓，此种方法的优点是画面活泼自然，线条清楚，适用于写意画[16]。青花施面釉一般采用浇、浸、喷三种。不同品种，器型大小厚薄不同运用不同的施釉方法。青花产品是以还原气氛烧成，烧成温度一般在1280℃～1350℃之间。

传统釉里红色料配方如下：铜花10%、寒水石65%、灯泡玻璃25%[17]。釉里红纹样画好后，必须罩上一层白里泛青的透明釉。施釉方法根据坯体的形状或大小来决定，有荡、浇、蘸、吹等。现代釉里红瓷多采用以液化气为燃料的气窑烧成，分为三个阶段：氧化期，窑温从点火时温度起到980℃左右，烧成时间4.5小时左右；强还原期980℃～1230℃，烧成时间3小时左右，CO含量2%～6%；弱还原期1230℃～1340℃，烧成时间2.5小时左右，CO含量0.5%～2%[18]。

八、颜色釉

颜色釉是用含有着色金属元素的原料配制的釉料，它除了具备一般釉料固有的防污、不吸水等性能外，还富有装饰作用。颜色釉是由呈色原料和它相适应的基础釉料，按适当的比例配合，经过球磨、过筛制成釉浆，施釉于泥料性质相适应的胎骨上，在适当的温度和气氛下焙烧而成。配釉是颜色釉制造工艺中的关键工序，配釉一般是基础釉加着色金属的天然矿物。例如，将含有铜、铁、锰、钴的矿石，分别加入釉料，使烧成后的釉面呈现各种颜色。其中仿钧红釉配方：釉果28.44%、釉灰8.21%、玻璃22.20%、窑渣16.01%、锡晶料15.58%、铅晶料8.00%、食盐1.04%、铜花0.41%；仿祭红釉配方：釉果73.85%、二灰14.40%、铜花0.41%、寒水石2.35%、花浮石2.35%、海浮石1.23%、陀星石1.23%、锡灰0.90%、云母石0.82%、铅晶料1.64%、珊瑚0.41%、石英0.41%[17]；仿桃花片（美人醉）红釉配方：寒水石65%、铜花10%、玻璃25%[17]。

配釉方式一般是将着色原料的粉末与组成基础釉的各种料粉同时混磨制成；有的则是将着色原料的粉末直接加入到制成的基础釉中混磨制成。球磨时间同加入坛中的料粉细度，料、水、球的比例，以及不同的色釉对釉浆细度的不同要求等因素有关。釉浆细度对釉面质量有一定的影响，太细则表面张力大，易出现釉层干燥开裂，烧后产生缩釉；太粗则相应的提高熔融温度，并影响色釉的光泽度。一般说来，单色釉、无光釉宜细；裂纹釉、花釉（面釉）可粗些。施釉是色釉制作工艺中的重要一环，不同的色釉和不同的坯胎应采用不同浓度的釉浆与不同的施釉方法，以求达到适当的釉层厚度。

施釉方法一般有浸釉、浇釉、喷釉、刷釉、涂釉等。浸釉是把坯体浸入釉中片刻后取出，借坯体的吸水性，使釉均匀地吸附在表面。浇釉是把坯体置于坯座或旋转的辘轳机上，用手工或机械把釉浆浇于坯体上，形成釉层。喷釉是利用压缩空气将釉浆喷射成雾状而黏附在坯体表面。此法适用于大件、薄胎或异形生坯的施釉。另外，它可采用多次喷釉，所以也适用于釉层特厚或需施多种色釉的制品。刷釉是用毛笔蘸取釉浆，均匀地刷在坯体上。此法适用于一种坯体上施几种颜色釉的制品，例如“三阳开泰”。涂釉与刷釉大体相同，但操作手法以潇洒自然、厚薄均一为前提，以期达到预想效果。

第五节　装烧技术

传统装烧工序大致有：整理匣钵、装坯、安排窑位、安兜脚、满窑、架表等工序。

一、整理匣钵和装坯

传统瓷器均采用匣钵装烧，装坯前由“二码头”[1]负责整理匣钵，即对装坯用的大器匣[2]、小器匣[3]、分土匣[4]、响匣[5]逐个进行检查校正，清扫匣钵内外，将上次装坯的老糠灰刮掉，匣钵内敷釉、有裂纹补泥、箍篾（用两根“刹利蔑”箍紧以防满窑时匣钵被磨损发裂）、匣内施好糠灰等[6]。然后，左手再撮一把新配老糠灰（煅烧过的老糠灰与未煅烧的老糠灰相混合[7]）放在匣钵底部，老糠灰是有收缩性的，在烧炼过程中随着成瓷的收缩而收缩，不会粘匣。右手用一只自制的瓷质“拿推”（又称“压渣瓷脑”[7]）将老糠灰压紧[8]，然后放平垫饼，再将氧化铝粉或石英粉均匀地撒于垫饼上面。

柴窑成坯装匣由“驮坯工”[9]负责，槎窑成坯装匣由“做重工”[10]负责。装坯时先钉好一只“码头”，即用一条7尺长、1尺宽的凳子，凳上有七八只眼，楼梯状，叫“花凳”。然后从坯房用双肩扛着两条成坯（再加两块料板，将近20千克）放在“码头”（装坯工作凳）上。然后进坯房用双肩扛着两条料板成坯（约20千克）进窑。装匣时双手用两根线（俗称“吊线”）把坯吊到匣钵内。每只坯吊下匣都要吹灰，使坯内没有灰尘和子屑[8]。装完坯后，打好记号搬到“落”[11]。然后由“驮坯工”或“做重工”在存放成坯匣钵的“落里”[11]与“一夫半”[12]“两夫半”[13]“三夫半”[14]等人把坯传送到窑弄里[15]。满槎窑则由“打大锤”[16]和“收沙帽”[17]发坯，由“红半股”[18]和“黑半股”[19]传递匣钵进窑。

二、窑位安排

满窑分满大器匣、满小器匣两部分。槎窑全装为烧大器，前后没有分别。槎窑容积较小，一般满33路（排）[20]。柴窑比槎窑容积大，一般满44排匣柱[21]。另一说是：每窑柴窑一般总装52路，其中大器匣35路；小器匣17路[22]。满窑时，窑前端装35厘米口径较大的小器匣柱17～22排，窑后端装19.5厘米口径较小的大器匣柱10余排，再装21厘米口径匣柱10余排。有的窑在此大小器匣柱之间，装设口径中等的匣柱二三排。如果大器匣柱多装数排，则小器匣柱应少装数排，不过应以不少于17排为限。在前面口径较大的小器匣钵窑位区域内，不论窑身宽度的变化，每排全装10柱，即以窑身中心线为界，两侧各满装5柱。左方一侧俗称“起手”，右方一侧俗称“落手”。到了后面大器匣钵窑位区域内，其每排所装柱数，要按照窑身宽度变化予以增减，每排11～14柱不等。在靠窑门装12排匣钵位置的左右，叫做“拉前”，主要装“白釉”（质量最好的瓷器），因为这里火力最高，但其上下两层仍烧“青釉”（质量差一点的瓷器）。12排以后，叫做“拉后”，专装颜色釉和二白釉、蓝边三大、大件、灰可器，因其火力较低。由于柴窑为左右对称的平焰窑，加之窑身长，装烧时应分排满装，并应注意到左右对称，仅在中央满装一柱，切忌在一排匣柱之内，将大小口径的匣柱装得过分参差不齐，使火焰流在窑内左右两方的行程速率不一致，通风不匀，而产生窑内温度差距过大的恶果。但是，在全窑所有匣柱每排之间所留下的孔隙，也就是所谓“横行火路”，有多种不同的差别，大抵是由后往前渐次缩小。景德镇烧窑工人流传“前紧后松，快似祖宗；后紧前松，前倒后空”的谚语表明，后半段火路松于前半段时，通风顺畅，易使全窑瓷器烧熟，否则火焰将阻滞于后半段，发生局部温度过高，不但使最后部匣柱倒空，后部前半段的匣柱也有倒塌的危险[21]。烟囱里面下部装烧少量的低温青釉粗瓷或珐华釉瓷器。烟囱后壁下部突出的观音堂长约80厘米窑位内及余堂左右两方边缘下部斜出部分满装火砖。

三、满窑

满窑时，根据匣钵在窑室内应烧的部位（简称“窑位”）自下而上分兜脚、青釉、重三、重四、扶窑、表上等五个“窑位”依次叠放。兜脚部位为空匣，“青釉”为安放质量较差一点瓷坯的窑位，“扶窑”为置放用小器匣钵装烧细瓷的窑位[15]。“埋兜脚”即置放垫底的空匣钵，由“收兜脚工”[23]按照把庄者确定的窑位，操作时，将一个质量好的空匣钵的一半埋入像蚕豆大小的“老土子”[24]里，要求做到前后左右距离相等，平面必须成水平状，不得有丝毫倾斜。俗语云：“兜脚歪一分，扶窑歪一寸”，否则，进入高温时会产生倒窑事故[15]。“青釉”“重三”“重四”“扶窑”四个“窑位”由满窑店的技术人员负责安放[22]（另一说由学徒或技术差的人担任[15]）。这四个“窑位”一般满一手，传统陶瓷工艺中的“一手”也叫“一垛”，即一叠匣钵。随着匣钵所盛瓷坯的品种不同，“一手”匣钵的数量也不同。例如，装罗汉汤碗坯体的匣钵称为“剎利”，“一手”匣钵为七只，又名

“七浅”；装汤匙（又称针匙）的匣钵“一手”为五只匣钵，又名“五浅”。此外还有三只匣钵为一手、四只匣钵为一手，或八九只匣钵为一手的[25]。随着匣钵柱的升高，满窑人员先后换坐“低三脚马”和“高三脚马”，或左或右，或高举过头，全靠两手臂力进行叠置。最高的一手（即第六手）匣钵称为“表上”[26]，由“架表师傅”[27]完成。架表时，柴窑由“三夫半”负责把地面上的匣钵撑到上面传给“架表师傅”。槎窑“架表”分别由“打大锤”和“收纱帽”负责，其中，槎窑中的“打大锤”一般为两人，架表时一人架一边；“收纱帽”则架中间的“表”[20]。

当一路（横的一排）满好后，把庄师傅[28]目测一巡，如果发现其中某一浅匣钵“口面”没有对齐，就及时移动到对齐时为止。这一动作不仅力气要大，能移动几百斤重叠的匣钵，而且要求一次成功，因为反复移动会使匣钵摩擦而产生匣屑落入坯中，烧成后患“黑渣”或“黑点”毛病。满大器匣完成一排之后，将“匣屑”调上泥，按一定距离塞在匣钵的前后左右，使其固定位置，俗称“贴挂窑”，旨在调节火度。这种“匣屑”由窑工打杂者敲打成长 3 寸、宽约 2 寸，形似元宝状。满小器匣则不用固定，一根到表，直立不动，技术要求高，有“不雄”（不向前倾斜）、“不善”（不向后倾斜）、“不歪”（不向左右倾斜）之说[15]。

四、匣钵原料和成型

20 世纪前期，景德镇制匣业分为大器匣和小器匣两个行业。小器匣钵的制作原料和大器匣钵相同，仅在配料分量上有轻重而已。小器匣钵在用料上比大器匣钵多一种耐火性强的白土和几种老结的操家山、张家塘的老土。到了 20 世纪 30 年代，由于采用马鞍山土制作小器匣钵，此时除了白土外，操家山和张家塘所出的老土便不用了，只是在做大缸匣钵时，还掺用张家塘老土[29]。19 世纪以前，由匣土户（匣钵业主）开塘取土卖给匣户。19 世纪之后，匣户就向土户买得上山开采土矿的山权，并逐渐购买整个矿山。匣户买矿山，必须先挖一两块小土，塑成一只约 3 厘米宽、7 厘米长的长方块，放在窑里试烧，俗称“试照子”，烧熟后，先看面上的颜色，再敲开看里面有骨无骨、或结或散，确认土质可以制匣，才将矿山买下。再挖一车土，与其他各种原料配成几种配方，制成土匣，放在窑里试烧，烧熟后看哪一种配方的匣钵质量好，便依照那种配方进行生产[30]。原料开采时，先在矿山选好挖土的塘口，然后采土，就地晒干，用铁锤敲打成粉，过筛后运到工厂。各矿原料不同，配方也不一样，但总的原则是老嫩搭配，但一般都略带老一些。

制匣所用原料也要加工，这一工序称为“炼泥”，炼泥先要过泥场。20 世纪 30 年代，炼泥是由运输工负责的，后来由帮工、打杂的进行。土粉挑到泥场后，扒成外圆中空的泥塘，叫做“扒塘”。挑水浸透后，由徒工用脚反复踩熟，扒成圆馒头形，叫“扒泥头”，还要把以前做匣修削下来的利皮（泥脚）掺入，加水再踩，最后把泥堆抹光，一抱一抱地搬到泥墩板上去待用[30]。

匣钵制作与圆器、琢器瓷坯一样，也需使用车盘，但是制匣用的车盘与圆器、琢器瓷坯（简称“制坯”）所用车盘在结构上有所不同：一是制匣用的车盘直径比圆器、琢器制坯所用的车盘直径都小。圆器、琢器所用车盘的直径一般在1.1米~1.3米之间[31]。制匣成型用的车盘直径则在70厘米左右[29]。二是车盘的车桩构造有别。圆器、琢器制坯用的车盘的车桩是垂直的，而制匣用的车盘的车桩是斜的，斜度约在15度左右。其中，做匣用的车盘的车桩向东南倾斜；利匣用的车盘的车桩向西南倾斜，俗称“东倒西歪”。三是做坯和利坯车盘与做匣用车盘的启动方式不同。做坯和利坯用的车盘面两边都有一个小眼，车盘底下中心处嵌一个平底的顶子碗，便于旋转。启动车盘时，手持绞车棍插入车盘面边的小眼后用力转动。利匣用的干车盘启动方式及其结构与做坯、利坯用车盘相同，但是做匣用的车盘启动方式则与之不同，它是在车盘边设一个方眼，内嵌绞车碗，用脚启动[31]。四是利坯和利匣所用车盘的利脑构造不同。利坯用的干车上的利脑是利坯工在干车的“羊脑”上，做上用泥巴、羊毛合成，贴上羊脑的“利脑”[8]。利匣所用车盘的利脑，是在车盘中心安一块与匣桶内径相等的圆木板而成[29]。

大器匣钵，形如砂钵，分高肩和低肩两种。高肩装碗类，低肩装盘、碟，一匣装一坯。做大器匣在湿车上进行，先在车盘的托板上，撒上少许干土粉，再取匣泥揉成团，用脚绞动车盘，把泥果搭在托板正中，浇些水后，用大拇指插入，拉成筒子；再左手四指插入，右手拿“荡”（瓷片），抵在筒子外面，两手内外配合，慢慢向上抽拉，拉到适合尺度时，在锅形半腰划一条“内大肩”；最后三指伸直，把上面的“片手”慢慢磨光，这叫“游荡”，技艺高超的可把半成品的外形“荡”得内紧外亮，光可鉴人。以竹刷的“码子”比一下大小，就端起来放在车前的料板上，一只半成品才算完成。这道工序难度大，没有模子，全凭手上功夫，既要做得快、做得好，又要每只大小不差2毫米。

利匣在利车（干车）上进行。利匣时，利匣师傅要提前一天做好泥模，再将半成品置在模子上，双手绞动车盘。先拿竹刀浇些水到匣钵顶上压平，随即做成圆形的匣钵顶，叫“做脑子”；再将多余的泥修削掉，叫“吃皮子”；继而浇些水，把修削处的粗糙面压光，叫“压匣”；最后把压得向下翻的泥，做成“飞肩”，端起来放在“码尔板”上，这便利完了一只匣钵。匣钵做好后，即放在外面的晒场上进行干燥。冬天要防冻，天气转暖，放在外面不收，叫做“瓢架”[30]。

小器匣钵形如圆筒，上下一样粗细，由“底”和“圈子”两部分组成。其底径约1市尺（3市尺=1米），“圈子”则根据瓷坯需要有高低之分。除圆形外，还有方形、腰子形及锅底形。其容量有装一只坯的，也有装三五只坯的，甚至数十只坯的，还有两只匣钵合装一只坯的。小器匣钵并非比大器匣钵小，相反，它们大多比大器匣钵要大。

小器匣成型过程分为锯叠、做匣、整匣和重匣四个部分。用一根细铁丝，两人各执一端，将做匣钵用的泥坨锯成厚薄均匀的泥片，称为“锯叠”。做匣分踩饼子、做圈子两道工序。踩饼子是将底箍[32]放在地上，撒一把老糠灰，将泥巴拍成桃子形，丢入底箍，然后用脚（穿着特制厚布底鞋）踩平，再在饼子中心挖一个洞，使劲摔进一个泥坨，最后踩平，这叫“加尖”，目的是使饼子更加扎实一些。做圈子是把匣桶[25]罩上一层“衣子布”（白细布，便于脱模）嵌在车盘圆板的“利脑”上，洒少许水，然后双手一前一后从坨上掀下“叠”（泥片），贴在匣桶上（每只匣钵要贴两片），按紧后扳动车盘，用“荡子”（加工好的锋利瓷片）将“叠”刮平，这叫“荡匣”。再用“码子”刮下余泥，捺平口沿，再轻轻地荡一箍，使之出浆，然后与饼子黏合，取掉匣桶，掀掉“衣子布”。由于匣圈含水量多，会出现歪斜，做匣技师还要身子半蹲，从左到右轻轻地摸一圈。

当匣钵的水分干燥到七八成后要进行整匣，以便将土匣打紧整圆，使其规格统一。操作时，先用“整板”[33]把口沿拍平，再用抵板[34]抵住内圈，用“整板”拍打外围，最后用“墩锤”在匣钵的底上加尖处，墩三四下，使匣钵底平整紧凑。

最后一道工序为重匣，整好的土匣干到九成，不会变形时，就要底部向上重叠起来，叫做“重匣”。一叠重多少只，根据匣钵的品种而定。一叠称为“一手”。例如装“罗汉汤碗”的匣钵，叫做“刹利”，七只为“一手”，又名“七浅”；装汤匙的叫“针匙”，五只为“一手”；此外还有三只为“一手”、四只为“一手”、或八九只为“一手”的[29]。

如果是窑户来定做的，装坯技师还会来“被印”，即验收。其方法是：用棕毛做的四方印（窑户的招牌字号）蘸上高岭土液，印在土匣上。[29]

第六节　窑炉与烧成技术

20 世纪前期，景德镇使用的瓷窑，沿用了清雍正、乾隆年间的覆瓮窑形制，但容积扩张，烧成时间才大为缩短。当时的覆瓮窑有槎窑与柴窑之分，两者结构相同，其差别在于两方面：一是槎窑以杂木树枝为燃料，主要用于烧造粗瓷；柴窑以松柴为燃料，主要用于烧造精细瓷器。二是柴窑体积略大于槎窑。按照文献记载，1919 年前后，景德镇全镇有柴窑 98 座、槎窑 23 座[1]。中华人民共和国成立后，槎窑被淘汰，为此，探讨景德镇传统瓷窑的重点放在了柴窑上面。

景德镇柴窑窑身全长约 16 米～18 米，窑体内分“大肚”“小肚”“理想”“窝里”、挂窑口、烟囱等部位。窑蓬和烟囱上留有若干个窑眼，整个窑内壁均用黏土浆涂抹，以增强窑室的气密性。周身砌有宽 2 米、高约 3 米的护墙，护墙与内墙为绝热空隙层。柴窑采用松柴作燃料，对瓷器色面有利；柴窑瓷器在还原气氛下烧成，故对石灰质瓷釉和绢云母质瓷器最有利。

柴窑烧成分为“烧上半夜”与“烧下半夜”两个阶段。“烧上半夜”又分三个小段：发火阶段、烘坯和烧还原焰阶段。烧下半夜分作热火和速火两个阶段，热火阶段是通过卸去火床中的“骑子”来实现的，速火阶段分作第一次、第二次清除窑内炭渣及熄火三个小段。

一、窑炉构造

柴窑的窑型似半个鸭蛋，故又称“蛋形窑”。窑身前端大，后端小。柴门、火床、投薪口皆设在前端，烟囱紧接着砌在窑身的后端。由于火焰前进方向较平，又称“平焰式窑”。窑身全长约 16 米～18 米，前端正中设有窑门，高约 3 米，宽约 0.6 米。窑门内设有一长方形火坑，长约 1.2 米、宽约 0.7 米～0.8 米。坑的前端较后端略宽且深，烧火时用小型匣钵临时架设活动火床于火坑上部，作为炉栅之用。窑底前端较后端略低，其倾斜度约3度。窑室前端较高，但其最高处与最宽处都在距窑门3米~4米之间，向后渐次降低。窑底宽度一般大于窑身，但在距前端约4米的位置，也有窑身略大于窑底或相等于窑底的。在距窑顶篷最高点以后1.5米~2米处，构筑得比别处略为扩大的形式的地方称为“大肚”，是精细瓷器与高温色釉的装烧区。距“大肚”退后7米左右的侧墙壁间，又构筑与大肚相似形式的略阔大的腹部，其长约1米，墙壁曲度急陡（即窑底宽度变化甚大），该处称为“小肚”，是普通瓷或低温色釉瓷的装烧区。在窑身与烟囱的交界处为“挂窑口”，即窑室与烟囱之界口，为控制火焰流向与烟囱之抽力部位。紧接着沿烟囱底部为一甬道，这一甬道两边的窑墙俗称“燕尾”，主要是为负荷烟囱的重量而设置的。挂窑口到窑的小肚一段窑身，谓之“理想”，为普通细瓷装烧区。“小肚”以前一段谓之“窝里”。故实际上窑身各处的横断面均可构成一个单椭圆形，只是各处弧度略有差异。烟囱高度常等于窑身之长，自挂窑口背算起，一般在16.5米~17.5米左右。烟囱口上下之横断面积形似鸭蛋，上口横断面积为1.75平方米~2平方米，囱壁厚约10厘米，因此常被称为薄壁烟囱。烟囱底部空间为“余堂”，为土匣或粗瓷的装烧区。窑背部穹隆所构成的“佛龛”式空间，俗称“观音堂”，用于装烧窑砖〔2〕。

为了烧窑时便于观察火焰情况以及其他用途，在砌窑时留有窑眼，窑篷上共有四只眼，最前头一只眼为发火眼，其作用是冷却窑温。窑篷中间左右各一只眼，其作用是望火，望火时把庄师傅的脚必须站在一个固定点上才能看得准。紧靠烟囱的一只眼是看瓷眼，把庄师傅在这里吐痰下去分析痰色、判断瓷器的生熟。中华人民共和国成立后窑篷中间增加了一只眼，目的是加速冷却窑温。烟囱前后各一只眼，旁边一只眼都是望火的〔3〕。

另一说柴窑留有七个眼，眼的直径为0.15米~0.18米。其中四个为圆形孔：一个在窑的前端，距火床约0.31米，高约4.04米的窑顶天篷上，在发火约一小时后盖闭，称为“发火通风孔”。一个在后部近挂窑口处，距烟囱约0.66米的窑顶天篷正中。一个在距离火床约9.2米，距窑中央约1.2米，高约3.25米处的左侧天篷上。一个在距离火床约7.28米，距窑中央约0.8米，高约3.85米处的右侧天篷上。这四个孔常以大器匣钵盖闭，欲观察窑内火度时，则开启，故可称为“看火孔”。另外三个眼为方形孔，均在烟囱下部距挂窑口天篷顶约1米处，其中一个在烟囱后壁观音堂的上部，一个在烟囱前壁挂窑口背侧的上端，经常半开（塞入两块火砖），用作望烟囱火焰左右分布是否平均之用。一个在烟囱前端右侧或左侧（右侧的占多数），始终敞开，在烧后半夜大火时，把庄师傅在远处观看此孔内的火焰有无烟痕，以及火焰在此孔内的上升和降落情况，以便分布烧火号令，故称之为“望火孔”〔4〕。

有学者认为，在柴窑窑顶和烟囱壁上设有八个直径为15厘米~18厘米的圆窗形的窑眼〔5〕。

柴窑的周身砌有宽2米、高约3米的护墙，护墙厚1.5米~2米，高3米左右〔5〕。护墙是用机砖（红砖或青砖）砌筑，护墙内用碎砖和泥浆填心。为增加护墙的整体强度，防止开裂，常在护墙中摆放大型木料，增加相互拉力，实际上就是用木材代钢筋。护墙与内墙之间留有空隙带，是用以绝热和给予在加热与冷却时窑身膨胀收缩之余地[6]。

护墙以上至护墙面一段，间隙渐次加宽，其间每隔 0.4 米 ~0.6 米，堆叠 0.4 米 ~0.6 米的火砖至护墙面为止，并以铁条或木柱搭架于各段堆叠火砖上，再以火砖散铺其上。其作用有三：一是因有不流通而难传热的空气层在此间隙内起保温效果，可大大减少热损；二是可使窑壁在高温烧成时稍有膨胀的余地；三是窑身翻修时护墙可免翻动，较为节省工费。其不足之处是窑身与护墙间无固结联系，窑身易变形，未真正起到护墙的作用而只有保温作用[4]。

大型柴窑容积为 250 立方米左右，普通为 200 立方米以上，中型的为 160 立方米 ~180 立方米。依 180 立方米的窑室而言，每窑可烧净瓷 10 吨 ~15 吨，其中精细瓷器占 47% ~50%，普通瓷器占 22% ~23%，粗瓷占 27% ~28%，装窑密度（瓷坯）达到 0.052 吨/立方米 ~0.084 吨/立方米，每次窑热量总消耗为 71834813 千卡，每小时最高耗热量可达 526831 千卡。平均每千克瓷器消耗松柴 2 千克 ~2.4 千克。烧成的最终温度为三种：最高 1300℃ ~1320℃，中间为1260℃ ~1280℃，最低 1130℃ ~1170℃。烧成时间为 24 小时 ~32 小时之间。从柴窑的结构和效果来看，具有如下优点：构造简单，建筑成本低，比倒焰式窑的建筑费用低 70% 以上。这是因为所采用的材料的价格较其他窑低，建筑时间快；另外，该烧室大而长，所耗燃料比阶级窑节约（阶级窑每千克瓷器耗柴 3 千克 ~4 千克）。护墙与内墙之绝热空隙是现代窑的先进砌造法，但这一绝热的构筑在千余年前已被景德镇所采用。柴窑由于一窑一囱，适宜于快速烧成与快速冷却，对加速窑炉周转具有良好作用；柴窑由于采用松柴作燃料，故瓷质较高，这是因为松柴火焰清净，不含硫黄，对瓷器色面有利；柴窑瓷器系在还原气氛下烧成，故对石灰质瓷釉和绢云母质瓷器最有利。虽然柴窑有它的独特之处，然而由于燃料价格昂贵，窑室长而且大，亦有许多缺点：温度不均匀，全窑温差大者为 150℃ ~250℃，故不适用烧一种原料组成（或一种配料）的瓷坯，必须用各种坯釉去适应窑室温度阶梯过大的特点；满窑和烧窑工艺复杂，没有丰富的经验不易控制，对烧炼技工要求具有纯熟的操作技术；用松柴作燃料消耗量巨大，燃料供应不易，特别是影响工业和建筑上的木材使用。燃料堆放占用厂房面积太大，同时伐木和运输工作量大，不符合近代工业发展的要求；窑的使用寿命短，每座窑只能烧 80 ~90 次[6]。

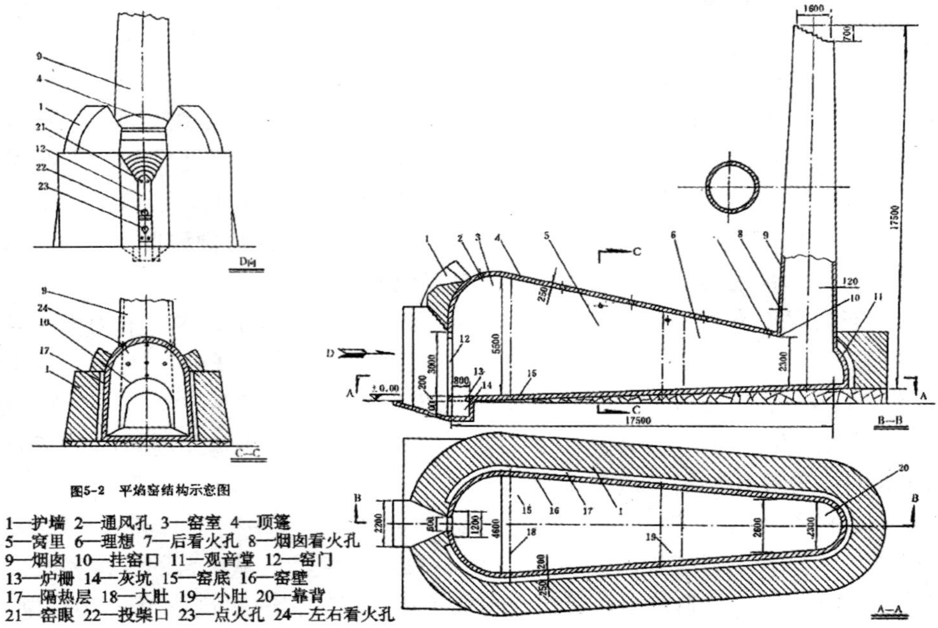

图 10－6－1　景德镇传统柴窑　采自文献〔5〕

二、窑炉重建

一座柴窑烧炼到 80～90 次之后必须重建。柴窑重建俗称“挛窑”。柴窑砌筑材料品种简单，主要有窑砖、黄土泥浆、石灰砂浆、高岭土淘渣、老土子、圆杂木、青石板等。窑砖一律为普通直形砖，用当地红黏土手工成型，搭在柴窑“观音堂”部位内经 1000℃～1100℃温度中烧成，累计一年，即可用于“挛窑”。这种窑砖物理性能较好，抗压强度为 111.5 kg/cm^2，抗折强度达 23.3 kg/cm^2。规正的正烧砖用于砌结窑体，生烧砖用作压篷垛，半截砖用于砌结烟囱，碎砖及变形扭曲砖用作侧墙外空及护墙内空的填充。

表 10－6－1　砌筑一座新窑的材料

名　称	规　格	用　途	用　量	备　注
窑砖	22～23×8～8.5×3～3.3 立方厘米	砌结窑体与护墙	约 13.5 万块	
黄土泥浆	含水量 32%～38%	砌结窑体	约 6 立方米	半流动泥浆
石灰砂浆	普通建筑用	砌结护墙	约 12 立方米	
高岭土淘渣	晒干	铺垫篷顶	2 吨	也可用干沙土

续表

名　称	规　格	用　途	用　量	备　注
老土子	颗粒2毫米~5毫米	窑底垫层	15立方米	也可用石英砂或熟料颗粒
圆杂木	直径120毫米~160毫米，长2米~5米	埋于窑头两侧护墙内	6~8根	
青石板	大于150×30×20立方厘米	用于观音堂及门拱上部		

注：采自文献〔7〕。

表10-6-2　窑砖的物理性能

抗压强度（kg/cm^2）	抗折强度（kg/cm^2）	密度（g/cm^3）	气孔率（%）	耐火度（℃）
111.5	23.3	1.95	27.09	约1300

注：采自文献〔7〕。

旧窑重建时需先拆掉老窑房。在拆窑之前要依照老窑篷的形象用铁丝吊好砣得（确定拱顶标高点的线垂砣），作为结顶篷的标志。砣得要吊得合适，相互距离不超过50厘米。再将窑弄（窑室）里的老土子扒出来放在一边，扎好架子，先拆窑囱，再拆窑篷。

在开始“挛窑”前，要划线摆脚，其顺序为：在窑房中线上划出窑体的中线→与中线垂直相交划出窑门、窑头、大肚、小肚、挂窑口及窑背端的横宽线→在窑头至大肚区用“五尺中点量矢定墙弯法”定出五个墙弯点→在大肚线至小肚线再至挂窑口线拉直线，定出该两部分的中点矢高→连接各横宽线端点与墙弯点，划顺弧线，即成所要求的窑体底面轮廓线→沿此轮廓线外放36厘米至38厘米划线，即为护墙底面的内缘线→再按图所示尺寸划出护墙的外缘线→按窑体底面轮廓线眠砖错缝顶砌两层砖，即确定了窑底形状。

砌筑时按常规砖墙体砌筑方法进行，依内缘线与外缘线，用石灰砂浆眠砖砌筑一砖或一砖半厚的墙体外框，内腔用碎砖或片石填砌。每填砌30厘米至50厘米高，找平、灌浆一次。在大肚区的两侧护墙内，各埋放直径12厘米~16厘米的圆木三根，以增强护墙该区间的抵抗推力的整体强度。护墙八字门上部，依窑门拱形向外逐渐扩大，砌成喇叭式砖拱过桥。护墙顶面用眠砖铺浆找平。

开始砌窑体时，应先定好高程，自窑头至挂窑口，沿中线每隔50厘米吊一垂线砣，以标定各该部位之拱顶标高；再将砌侧墙砖堆放在窑室地坪上备用，脚篷和顶篷用砖备放在护墙顶面周围。

砌侧窑时，先要复核窑底轮廓线，尤其要认真复核窑头区墙弯弧线，按照所设计的侧墙高度与斜度，在护墙壁上划出灰线。由门端至背端一顶一顺地眠砖砌至54厘米高，然后逐层稍斜砌，直至灰线。其中有两道侧砌锁砖层，第一道位于门端1.05米高处，第二道位于门端1.7米高处。侧墙与护墙之间的间隙，用碎砖和沙土逐层填充。

砌拱门俗称“攀内弓”，即在门端侧墙上砌拱形部分，不用模架，一人砌砖，由两人在两边扶住，合龙成拱。再在两边竖直部分，用侧砖镶砌成三角形填充体，使其斜边与上部圆弧部分呈约 14 度的切线，从而构成椭圆拱形墙，俗称“扇门墙”。这就是镇窑拱篷的基础拱形，亦即此后砌拱的样板。最后，在门拱与护墙过桥拱之间，及时用砖支撑好。

整个窑篷分上下两节砌筑，下部由侧墙口往上的竖向微弧部分为脚篷；上部由脚篷口向另一侧脚篷口，横空起拱过渡连接的部分为顶篷。脚篷砌法要点如下：①两个人分别在“扇门墙”两侧 14 度斜边砖面上铺洒泥浆，砖块以与侧墙口面轴线成约 8 度的张角，由下往上砌至预定标高；②双曲拱区的脚篷，前后砖层依墙弯起弧砌，竖向砖列依拱弧按罩度起弧砌，用砖块往外平推泥浆，使砖块外端两个方向的起弧开口能填满泥浆，内端不挂浆，摩擦拼合；③单曲拱面的脚篷，基本上仅有砖列内砖块间的外端起弧开口，用平推泥浆填充；④脚篷应根据顶篷砌筑进度提前分段砌结，随砌随打砖撑，窑头区每隔半块砖距打一个，此后则每隔一块砖距打一个；⑤砌好一段顶篷应在其口上吊铅垂线检测罩度，用撑砖列中的楔入砖的进退来调整；⑥罩度比较大的部段，先用木板条撑住，待此处顶篷合龙后即可拆除。

顶篷是从“扇门墙”的拱顶面开始砌第一环起，依 14 度倾斜，鼎足支承地、一环靠一环地铺浆眠砌，直至挂窑口止，最后一环改为侧转锁口。砌法要点是：①两人同时在两侧自脚篷口往上砌，至拱顶中心由另一个人由上往下打入一块楔形砖合龙；②泥浆铺洒在前一环砖面中部，用砖块向外并向内侧平推，内端不挂浆摩擦拼合，外端及两侧带浆以填充砖缝；③砖块按脚篷砖的样式摆，俗称“（照）应着墙弯与内弓结”，即环内砖列按跨距（或罩度）与拱高（吊线砣），依脚篷砖列的弧势砌，而前后砖环则依脚篷砖层的弧势砌；④由于各砖环为倾斜套叠式砌合，故每层砖环均较前一砖环向内挑出约 2 厘米，而在逐渐下降的单曲拱部分，则要向内挑出约 2 厘米 ~3 厘米；⑤顶篷每砌好一段（约 1.5 米）要拉出一次“人字线”量矢高，以校核两边弧形的对称度。如果有偏差可用木槌敲打整形；⑥顶篷每砌好一段，应即堆码压篷砖垛，依拱高的不同，依次为 9、8、7 与 6 块顺砖厚度，堆码高度为低于拱高约 46 厘米；⑦通风孔与看火孔均系用相应直径的去底匣钵及时砌筑在拱环内，空缺处用泥浆或碎砖填充。

余堂是先砌窑背端，后砌“燕尾墙”。一层眠一层侧地交替往上砌，最后一层为眠砖顶砌，与护墙面平齐，然后盖上两块青石板。背端墙上部的最后 5 ~6 层眠砖，应逐层呈月牙形向内收缩，其最大向内挑出量约 2 厘米。侧墙与护墙间的间隙，用碎砖填充，或用砖列支撑。

烟囱砌法是在“挂窑口”篷顶与“余堂”上部形成的缺口上，镶砌烟囱圈足，找平成约 14 度的斜面。其砌法要点如下：①在倾斜砖环面上铺洒泥浆，用半截断砖加部分整砖，顺环轴眠砌；②以保持“挂窑口”篷顶上竖向沿直壁为基准，周边呈月牙形向中心，并向直壁方向内收，后壁的内收率约为 8.6%，至给定标高时，用整砖顺环砌收口；③为覆盖囱口砖环的竖向泥缝，亦为了装饰美观，囱顶作退台式尖顶处理（俗称“纱帽顶”）；④囱身每砌好一段（相当于脚手架的层高80厘米），要检查一遍周身的工整度，偏离处要用木槌敲打矫正；⑤囱外壁要涂抹黏土涂料，随脚手架拆卸逐层往下涂抹；⑥现代在囱体竖向加扁钢、横向用铅丝围箍，以补强其整体性，有的囱内壁也增加泥浆涂抹。

整个窑内壁均用黏土浆涂抹，以增强窑室的气密性。涂抹作业应随窑体砌筑进度随砌随抹。要求抹得均匀，无堆积，无疏漏，找平拱环之间的挑砖齿槽，使内壁基本平滑。顶面由打龙口砖工人将挤出篷顶外表面的泥浆，刮平填入砖缝，再铺撒一层干土粉，即可站人作业，而无黏脚之弊。

涂抹完成后，即清理窑底面，先以三合土打好牢固的基础，再在表面以石英砂（俗名“老土子”）或耐火颗粒熟料平铺一层[7]。

三、烧成技术

烧柴窑分为“烧上半夜”与“烧下半夜”两个阶段。“烧上半夜”也称“烧上半段”，这一段又分三个小段：发火阶段、烘坯和烧还原焰阶段。

柴窑一般在黄昏时发火[8]。发火前，在火床的左右及后缘周围，预先用松柴堆成高约1米的中空半圆形柴围墙，另以篾箕盛干柴10余块，置于火床上封好窑门，再以引火物从窑门的发火孔投入，使篾箕上干柴点燃。待火焰提高后，便将发火孔封闭，徐徐以5～8块干柴从投柴孔投入，烧火一个半小时，等窑内前面一、二、三排匣柱略红，且能看清匣柱和窑篷顶后，再开始掩门烧火。

在发火约两小时、窑眼暗红以前，进入烘坯阶段。这时烟囱发生通风作用，每次投柴量可渐次增多。经四小时左右，烟囱内冒烟渐渐乌浓，此因助燃空气不足，火焰内有大量游离之碳素而形成乌烟，由烟囱冒出。不过此时带还原性的火焰尚未停积在窑内，仅有烟囱通风作用，完成吸引火焰经过窑身至烟囱内的过程，即是表明火焰对坯的加热作用并不显著，温度自然不会很快上升，恰恰符合烘坯所需要缓慢提高温度的要求，烟囱内所冒淡烟混有水蒸气，当其内水蒸气极微，烘坯工作渐告结束[4]。

在烧成中，烧还原焰这一阶段最为重要。这是因为，烧还原焰阶段旨在将坯胎中的高价氧化铁质还原为氧化亚铁，因为氧化亚铁的熔点较氧化铁低，因而易和二氧化硅生成易熔的玻璃相物质。由于氧化铁是呈赤黄色，如果还原焰烧得不好，会使瓷器产生发黄的缺陷；同时由于氧化铁熔点高，生成的玻璃相物质少，瓷器断面较粗糙。如果坯体充分被还原，瓷器就会呈淡青色，而且断口致密[9]。

然而在烧成中，烧还原焰又难以掌握。这是因为，柴窑在烧成中无法减少其通风量，只有用增加投柴量的方法来产生还原气氛。此时烟囱的通风作用，已由吸引火焰进入烟囱内而转向浓集火焰于窑身内。窑身内火焰渐次浓集可促使其行程速率减慢，其作用与减少通风量相同。因此可借此投柴量递增与火焰行程速率之递减的交互作用，使窑前端至后端对瓷坯的还原作用渐次完成。这可由烟囱内冒乌烟而进至冒狮子头烟而得知。在整个烧还原焰的5小时～7小时内，仅其中间略后1小时～2小时的一段时间内会冒狮子头烟，其投柴量当比烘坯阶段为多[4]。

有学者认为，根据肉眼的观察，在添加燃料后，窑内燃烧生成的气体普通要呈现不甚透明的混浊程度（含有一氧化碳要在5%以上，普通7%左右），如果看见窑内有明显的游离碳发生光辉，或是燃烧气体成为波状，那就是还原性过强的表现。此时往往出现烟气从封闭好的窑门上或看火孔上很小的裂缝处喷出，或从烟囱发出比较浓厚黑烟的现象[10]。

"烧下半夜"也称"烧下半段"。这一段又分作热火和速火两个阶段。热火阶段是通过卸去火床中的"骑子"来实现的。当余堂内的匣柱已烧红五分之三，火苗已超过匣柱顶1米~1.33米时，烧窑工须将铁钩伸入火床卸去前装的平铺"骑子"，扩大火网通风面积，加强烟囱通风力。这是因为，柴窑没有烟道闸板及烟囱顶盖口板等调节风量的装置。柴窑烧成是通过装卸"骑子"来达到控制通风量之目的。具体办法是在开始烧成前，在柴窑火坑中，用口径约19厘米的大器匣钵、重叠的短匣钵，横直支架构成若干个以支撑松柴的十字架与八个通风方格。所谓"骑子"是在八个通风方格的每一个空格的对角线上斜装一块耐火砖。"骑子"全未卸时，通风面积较小，逐个卸去"骑子"，通风面积也随之增大。各窑卸"骑子"的做法不尽相同，有第一次卸四个"骑子"后停两小时左右，再卸两个"骑子"的；有分作三次卸的（仅卸四个"骑子"）；还有分作几次卸八个"骑子"的。总之，卸"骑子"时间的选定，卸去块数的多少，都要视窑室温度上升等情况而定。

在烧还原焰时禁止使用湿柴，但是进入热火阶段却不忌水分和湿气。在整个"烧下半夜"期间，由火网大空隙落下的仍在着火的柴炭过多，在每投一两次柴后即应泼水入火坑内使之扑灭。究其原因，一是窑腹部瓷坯已熟，虽有水蒸气进入窑内，但是不影响瓷器发色；二是此时窑温已高至1000℃以上，水蒸气一入窑内即被分解；三是将攻烧窑后端下部时，窑前端温度已很高，并与后部温度相差很大，此时正需要引进少许水分于窑内前端高温处，消耗其一部分热量来分解水分，借以缓和前端过快升温，而此分解之水分渗透入火焰内，反呈半水性气体效用，可在窑中部后端发挥其性能，提高此处温度。总之在烧速火时，混加一定的湿气和水分可以达到加强窑前端清烟、窑后端下部攻烧的目的。

速火阶段分作第一次、第二次清除窑内炭渣及熄火三个小段。在这一阶段，每小时投柴分量略减少，但是投柴次数却渐多。也就是说，投柴次数渐趋频繁，而柴又投得快，故为"速火"。

在烧热火末期，开始对窑前端瓷坯进行第一次清烟。具体操作是：先用小块柴投烧一次或两次，而在后一次投柴后，不用柴封门而用一个匣钵，口向内、底向外，嵌入投柴口过5分钟~6分钟，见匣底暗红后，则表示火床上薪柴已经炭化，乃以盆盛水泼入火坑内，降低坑底温度，而用通钩将火床上未烧化的柴块及炭屑全都钩下，并洒以冷水扒出移走，再开启除渣孔（即前之发火孔）用通钩插入，扒倒前堆为活火屏的柴围墙（此时已烧化成炭，而且渐次加厚为高1米左右半圆形之炭屑堆），并扒清掺入前一、二排匣柱下部直行火路内的炭屑，使其全落在火坑内，再泼水移去。然后将十余块大块干柴置放于已清除炭屑的火床上，封闭除渣孔，投柴掩门烧。

在第一次清烟后，继续烧火1小时~2小时，再依照以前同样的方法清理窑内炭渣。其作用是彻底清除窑前、窑后端与中下部的烟气。

在经两次清除窑内炭渣后，窑内大肚、小肚处的温度已相当高，把庄师傅此时特别注意观察窑内情况，如果在第二次清除窑内炭渣后，发现窑腹部（小肚）的火光未呈眩白色时，宜补烧干柴若干次，以提高其温度至眩白色止；如果窑内“大肚”部温度已提高，而其后部温度尚未升至正常情况时，宜令投湿柴若干次。总之，此时应根据烟囱背看火孔所观察到的情况，及时调整烧法直至熄火时为止。

熄火前的保温烧炼目的是维持窑内等温烧 1 小时 ~2 小时，使全窑上下温差减少。具体烧法是：加快烧速火的速率，亦即在一定时间内的停投时间变短，投柴次数加多，所投柴量减少，而投柴速度则加快，从而使得全窑的火焰流通渐由细嫩而变得无烟痕可寻。此时可见到：窑后端的火焰亦略呈眩白色，每一匣柱的上下与匣底无明暗之分，匣钵与匣钵的重合隙缝上现出一丝眩白光后，再在烟囱背后看火孔内吐一口浓痰下去，见其一落窑底即呈白光沫而飞散，即可断定全窑已经烧熟，可以止火停烧。在一般情况下，整个烧窑时间为 18 小时 ~24 小时〔4〕。“窑既熄火，窨一昼夜，始行开窑”，“瓷匣出窑，尚未全冷，工人以布作手套，身着厚衣，从事搬运”，“若遇千‘圾’之瓶、尊，必先携带旧絮入窑，乘其余热将匣包裹，始敢臾出，恐受激烈之变动故也”〔1〕。

四、锦窑

用于烤烧低温釉上彩瓷和低温色釉瓷的烤花炉，在清雍正、乾隆年间有“明炉”和“暗炉”之制。“明炉”用于烤烧小件彩瓷，“暗炉”用于烤烧大件低温彩瓷和低温色釉瓷。清嘉庆年间，釉上彩的烤烧“皆不用古法明暗炉之制，但以砖就地围砌如井样高三尺余，径围三两尺，下留穴中，置彩器上，封火而已。谓之‘上炉’”〔11〕。

20 世纪前期，用于烤烧大件低温彩瓷和低温色釉瓷的烤花炉的结构，在继承清嘉庆烤花炉工艺传统基础上，改良如下：“炉如圆形，分内外层，内为瓦质，外以砖就地围砌，高三尺余，圆径约两尺，周围夹壁之中相离二寸许，以贮炭火。底之周围，以砖作孔，因以通风，中装瓷器，顶加泥封，并留小孔，以觇火色。炽炭烧之，约八、九时为度。”〔1〕

第七节　瓷器包装

景德镇瓷器包装成件，最迟出现于元代，明代景德镇御器厂烧造的皇家用瓷，纸包装箱解运，至迟在清雍正、乾隆年间，景德镇御窑厂烧造的皇家用圆器与上色、二色之琢器俱用纸包装桶，各省行用之粗瓷，则不用纸包桶装，只用茭草包扎。至迟于 1919 年以后，瓷器装运，必先束以稻草。

一般粗瓷直接用稻草包装，遇有细瓷，就需要包纸后再茭草。瓷器包装以“仔草”为计数单位。瓷器包装主要有包纸、茭草、卷龙和打络四道工序。

一、瓷器包装的历史回顾

据宋代朱彧《萍洲可谈》记载，在宋代以前，我国输出陶瓷时，“船舶深阔数十丈……货多陶器，大小相套，无少隙地”，文中的“大小相套”，应是瓷器本身相套，而非包装成件形式。

景德镇瓷器包装成件，最迟出现于元代。对此，元代蒋祈《陶记》有所记载：“窑火既歇，商争取售，而上者择焉，谓之拣窑……运器下河，肩夫执券，次第件具，以凭商算，谓之非子。”文中的“上者择焉”，表明瓷器已有精粗的分类。对于瓷器而言，包装与品种分类是密切相联系的。文中所说的“次第件具”中的“件”应是现代景德镇的包装成件，而非瓷器的个体单位。文中的“具”应是指包装的形式和工具。

明代景德镇御器厂烧造的皇家用瓷，纸包装箱解运。明万历年间，景德镇御器厂烧造的皇家用大龙缸，包裹用大黄纸十张，棉花十三斤。小器箱包裹每碗、碟二件用小黄纸一张，包裹至十一件却用中黄纸一张。总包之计，每箱装小器一百二十件者则用中小黄纸共七十二张[1]。

至迟在清雍正、乾隆年间，景德镇御窑厂烧造的皇家用瓷，“脚货即在本地货卖，其上色之圆器与上色、二色之琢器俱用纸包装桶，有装桶匠以专其事。至二色之圆器每十件为一筒，用草包扎桶以便运载。其各省行用之粗瓷，则不用纸包桶装，只用茭草包扎，或三四十件为一仔，或五六十件为一仔。一仔犹云一驮，茭草直缚于内，竹篾横缠于外，水陆搬移，便易结实。其匠众多，以茭草为名目”[2]。至迟于1919年以后，瓷器装运，必先束以稻草[3]。

二、包装单位

自1912年以后，景德镇瓷器包装计量渐趋统一：以“仔（又作‘支’）草”为计数单位。所谓“仔草”是将若干只瓷器器皿叠合束以稻草者。随着瓷器品种的不同，每“仔草”的瓷器数量各异。例如，蓝边大碗36只叠合为一仔草，蓝边二大碗30只叠合为一仔草，蓝边汤碗50只叠合为一仔草。两仔草扎在一起称为“一帮”，四仔、六仔、九仔扎在一起分别称为四仔包、六仔包、九仔包。十仔草扎在一起称为“十仔捆”。一帮和四仔包均是碗类，六仔包、九仔包和十仔捆均是水筒（茶杯）、皂盒、油盒、粉盒之类小件瓷。发运瓷器以担为计数单位，例如，可大碗四仔为一担，可二碗六仔为一担[4]。

三、包装材料

传统瓷器包装材料主要有纸（宜黄纸、表芯纸、牛皮纸和江连纸），稻草，瓷篾等。包装用稻草要先作一番整理，即用钉耙耙去稻草衣，然后将稻草一束一束地连接起来，延长稻草的尺寸，这一工艺称为“结草”或“打草结”。结草时，先要扒草。每把草结一头用稻草10~12根（根头小的用15根）。扒草是把草比得一样齐，拍干净，草衣内不现长草。其次是拢草，把草拢齐，使之施于瓷器上，不掉短草。草结头达到光、滑、紧，结头不散。

包装瓷器用篾取材很严格，要用竹子中段，两头的竹屑和竹兜都锯下来不要，然后破成3分宽的竹条，面上青皮篾和底下的屎黄篾都不要，只把中黄篾一层一层地劈破成很薄的篾。其长短是根据瓷器的种类规定的，主要种类如下：①“寸篾”，长约1.67米，茭渣碗用。②“短5寸”，长1.47米，扎大匣和茭草用。③“短箍拢”，长2米，打针匙包用。④“长箍拢”，长2.17米，打大包用。⑤“尺4”，长2.67米，扎大包用。⑥“尺8”，长3米，打包用。⑦“长龙”，长4米，打包用。⑧“吊缸”，长5.33米，窑里吊大器匣钵用。⑨“过缸”，长4.67米，吊匣钵下窑用。⑩“9寸”，小器匣钵打箍用[5]。

四、包装工序

瓷器包装主要有包纸、茭草、卷龙和打络四道工序。其中茭草又包括用草结束缚成叠的器物、扎内篾、“满草”、扎“皮子篾”四道流程。

（一）包纸

一般粗瓷直接用稻草包装，遇有细瓷，如金边器、红花瓷，就需要包纸后再茭草。包瓷用纸有四种：宜黄纸、表芯纸用作内层，牛皮纸和江连纸用作外层[4]。包纸不是一个一个地包，而是照成件数量（如10个或12个）统包。圆器要包得紧，纸贴骨；包琢器，菱角要折死；缠壶嘴，要缠上嘴的最尖端，最少缠三缠；壶盖垫纸要下槽。

（二）茭草

茭草包含用草结束缚成叠的器物、扎内篾、“满草”、扎“皮子篾”四道工序。茭草第一道工序是将包纸后的瓷器（也有不包纸的），按规定的件数要求叠成一“仔”，然后在“仔”的上下端垫以空心草饼，用草结捆扎。一般情况下第一次是“稀草”，草路稀疏，多为6~8花，可以见纸，但包草要均匀，打饼扎紧，中间垫草要平。茭草第二道工序是扎内篾。为使成“仔”的产品牢固，在竖的草束之上横扎5~7道篾。扎篾时先扎中间，后扎两端。扎篾要围绕成“仔”的产品缠箍两层，相互重合。接头要拼齐并自扭一转半，折插在草束之下，并要求每道扎篾的接头，压在同一草束之下。扎篾之间距离均匀，要求扎紧、扎正、扎平[6]。茭草第三道工序是“满草”，即把经过扎内篾成“仔”的产品，再用草结束缚加固。满草时，草结股数增加，满满包扎。如圆器茭满草，要茭紧草把，草路一条一条地整齐排列，草结头不现“香炉脚”（三结凸起）；如茭琢器，瓷器重叠归中，器嘴与把手形成一条线，添上草把，两头应不现瓷器。茭草第四道工序是扎“皮子篾”，即在第二次满草后，所进行的第二次扎篾。扎皮子篾时篾箍加多，间隔均匀，篾头应扭死。扎琢器须长短配齐，周身大小一样粗。扎篾时要作标记：金边红花等细瓷，扎红篾；篮边、二白釉等瓷，扎绿篾；次等瓷，扎白篾；上色瓷，头上扎三片篾；中色瓷，中间扎三片篾；下色瓷，下面扎三片篾[5]。以上四道工序均由茭草专司其职。

（三）卷龙

有些需要长途运输的瓷件，还要进行卷龙。卷龙是在已茭草的瓷件上，再卷上草衣或草绳。卷龙有两种：一种为摸龙，即在已茭草的瓷件上，再卷上一层草衣；另一种为扭龙，即在已茭草的瓷件上，用稻草旋扭成单股的条索，有规则又紧密地缠绕在成“仔”产品的周围，使产品加上耐冲击强度的防护层。操作时，先将草头压在成“仔”产品的草路一端，然后滚动产品，顺序缠绕，要求紧密，厚薄均匀[6]。瓷件卷龙由汇色人员[7]负责[4]。

（四）打络子

有的瓷件较重，途中又要经多次中转的，还需要“打络子”。“打络子”是竹子破成一定长度和宽度的篾片，将茭草或卷龙后的仔草拼合成包，在包的外表用竹篾片织成六角形格子的篾网。操作时应根据瓷客之需要，分大包、中包、小包不等，运输路线长的多打小包。大包放在地下打；小包放在大腿上进行。打络的程序是：先将茭草卷龙的一仔或两仔草拼合成包，用篾横的扎紧，尔后斜的穿插，编成六角形篾网，形似装木炭的炭篓。络式有两种：花络和密络，图案差不多，仅网络的眼有大小、疏密之分，花络的网眼较大，密络的网眼较小。无论花络与密络，都须打得紧，篾门清，能紧密地络住瓷器。打了络子的瓷包非常牢固，可以从楼上摔下来不破一个器皿。瓷件打络子由专工负责[8]。

参考文献

第一节　制胎原料及其加工技术

〔1〕郭演仪：《中国历代南北方青瓷的研究》，《中国古陶瓷论文集》，文物出版社，1982 年 12 月。

〔2〕周仁等：《景德镇瓷器的研究》，科学出版社，1958 年。

〔3〕王养民：《雷蒙粉与不子物理性能的探讨》，《景德镇陶瓷》，1987 年第 1 期。

〔4〕江西陶业管理局：《民国二十四年调查瓷土概况》，《民众月刊》第一卷第七期，1936 年 7 月。

〔5〕彭文豪：《三宝篷瓷石矿》，《景德镇文史资料》第十一辑，1995 年。

〔6〕祝桂洪：《景德镇瓷石碓舂淘洗利不工艺的研究》，《景德镇陶瓷》，1987 年第 1 期。

〔7〕江西陶业管理局：《民国二十四年调查瓷土概况》，《民众月刊》第一卷第七期，1936 年 7 月。

〔8〕程光辉：《瑶里釉果》，《景德镇文史资料》第十一辑，1995 年。

〔9〕郭演仪：《中国制瓷原料》，《中国古代陶瓷科学技术成就》，上海科学技术出版社，1985 年。

〔10〕蓝浦著、郑廷桂补辑：《景德镇陶录》卷四，江苏古籍出版社，1986 年影印神州国光社 1936 年第三版。

〔11〕景德镇市地方志编撰委员会：《中国瓷都·景德镇市瓷业志》第 38 页，方志出版社，2004 年。

〔12〕李国桢等：《中国名瓷工艺基础》第 21 页，上海科学技术出版社，1987 年。

〔13〕景德镇市地方志编撰委员会：《中国瓷都·景德镇市瓷业志》，方志出版社，2004 年。

〔14〕周仁等：《景德镇历代瓷器胎釉和烧制工艺的研究》，《硅酸盐》，1960 年第 2 期。

〔15〕朱均福：《圆器之灰可器》，《景德镇文史资料》第十辑，1994 年 4 月。

〔16〕杨珑：《雕塑业》，《景德镇文史资料》第十一辑，1995 年 8 月。

〔17〕针匙：舀汤器皿，由于它是用瓷针顶着烧炼成器而得名。

〔18〕金世栎等：《针匙业》，《景德镇文史资料》第十一辑，1995 年 8 月。

〔19〕刘贤诚：《灯盏业》，《景德镇文史资料》第十一辑，1995 年 8 月。

〔20〕打杂工：陶瓷工种名，主要负责淘泥、翻泥（将打好的泥巴重新翻打）、捺泥鼓，将泥鼓锯线成段、捧坯、拿料板晒车、参加烧下半夜、开窑等。

〔21〕熊理卿等：《传统手工制泥釉料配制工艺简介》，《景德镇陶瓷》，1984 年第 1 期。

〔22〕周仁等：《历代龙泉青瓷烧制工艺的科学总结》，《中国古陶瓷研究论文集》，轻工业出版社，1982 年。

第二节　成型技术

〔1〕刘贤诚等：《圆器之脱胎》，《景德镇文史资料》第十辑，1994 年 4 月。

〔2〕方峻山：《车盘店》，《景德镇文史资料》第十一辑，1995 年 8 月。

〔3〕另一说为樟木板。参阅朱均福：《圆器之灰可器》，《景德镇文史资料》第十辑，1994 年 4 月。

〔4〕朱均福：《圆器之灰可器》，《景德镇文史资料》第十辑，1994 年 4 月。

〔5〕邹建军：《试谈景德镇传统手工制瓷工艺》，《景德镇陶瓷》，1984 年第 1 期。

〔6〕唐英：《陶冶图说·五　圆器修模》，《浮梁县志·陶政》清道光版。

〔7〕刘老五口述、刘贤诚整理：《模型店》，《景德镇文史资料》第十一辑，1995年8月。

〔8〕羊脑：利坯用的干车的四根网脚伸出车盘面上2厘米，再固定一只30厘米长、直径7厘米，上圆下方的杉木，叫羊脑。参阅朱均福：《圆器之灰可器》，《景德镇文史资料》第十辑，1994年4月。

〔9〕剁合坯：传统陶瓷工种名，职责主要是：负责配釉、衲内水、荡釉、衲外水、蘸釉、青花脱胎和普通脱胎打蓝边等。

〔10〕景德镇市地方志编撰委员会：《中国瓷都·景德镇市瓷业志》第二篇第二章第120页，方志出版社，2004年。

〔11〕向焯：《景德镇陶业纪事》，汉熙印刷所，景德镇开智印刷局经营处，1920年。

第三节　制釉和施釉技术

〔1〕程光辉：《瑶里釉果》，《景德镇文史资料》第十一辑，1995年8月。

〔2〕江西陶业管理局：《民国二十四年调查瓷土概况》，《民众月刊》第一卷第七期，1936年7月。

〔3〕刘桢等：《传统釉灰的制法及其工艺原理》，《景德镇陶瓷学院学报》，1986年10月。

〔4〕周仁等：《景德镇历代瓷器胎、釉和烧制工艺的研究》，《硅酸盐》，1960年第2期。

〔5〕梁聚淦：《水灰与灰渣店》，《景德镇文史资料》第十一辑，1995年8月。

〔6〕朱均福：《圆器之灰可器》，《景德镇文史资料》第十辑，1994年4月。

〔7〕邹建军：《试谈景德镇传统手工制瓷工艺》，《景德镇陶瓷》，1984年第1期。

〔8〕叶宏明等：《龙泉青瓷生产工艺总结》，《龙泉青瓷研究》，文物出版社，1989年。

第四节　装饰技术

〔1〕宁刚等：《传统陶瓷古彩装饰》，武汉理工大学出版社，2005年。

〔2〕《耶稣会传教士昂特雷科莱于1712年9月1日（康熙五十一年）给中国和印度传教会会计奥日神父的信》，王景圣译自《支那陶瓷见闻录》（日文本），原文为法文本，《陶瓷资料》1978年1期，景德镇陶瓷馆编印。

〔3〕王成之：《浅谈景德镇粉彩陶瓷》，《景德镇陶瓷》，1995年第1期。

〔4〕李美珍等：《粉彩艺术创作与技法》，辽宁美术出版社，2007年。

〔5〕张松茂：《怎样画粉彩》，《瓷器》，1976年第4期。

〔6〕觉民等：《粉彩装饰》，《景德镇陶瓷》，1981年第1期。

〔7〕王镇谱：《怎样使用粉彩颜料》，《景德镇陶瓷》，1981年第1期。

〔8〕李磊颖：《传统陶瓷新彩装饰》，武汉理工大学出版社，2006年。

〔9〕点虱：国画中一种用笔随意点染的表现技法。

〔10〕轻工部第一轻工业局：《日用陶瓷工业手册》第339页，轻工业出版社，1984年。

〔11〕严毅：《景德镇瓷业概况》，《民众月刊》第一卷第四期，1936年。

〔12〕熊寥等：《中国历代瓷器装饰大典》，上海文化出版社，2003年。

〔13〕景德镇市地方志编撰委员会：《中国瓷都·景德镇市瓷业志》第一篇第四章第57页，方志出版社，2004年。

〔14〕李国桢等：《中国名瓷工艺基础》第164页，上海科学技术出版社，1987年。

〔15〕景德镇市地方志编撰委员会：《中国瓷都·景德镇市瓷业志》第一篇第四章第60页，方志出版社，2004年。

〔16〕周觉民等：《青花瓷的装饰》，《景德镇陶瓷》，1980年第1期。

〔17〕潘文锦：《景德镇的颜色釉》，江西教育出版社，1986年。

〔18〕李会中等：《洪武釉里红瓷的复制》，《1995年古陶瓷科学技术国际学术讨论会论文集》，上海科学技术文献出版社。

〔19〕李文跃：《景德镇粉彩瓷绘艺术》，江西高校出版社，2004年。

第五节　装烧技术

〔1〕二码头：传统陶瓷工种名，职责是：除承担在装烧时整理匣钵外，在成型时还承担衲80件坯以上的内水、补所有坯外水；挑坯匣钵至窑里，开窑之后与三码头各挑一半空匣钵回厂。

〔2〕大器匣：匣钵的一种类型，其形制是一匣装一坯，形如沙钵，分高肩、低肩两种。高肩装碗类，低肩装钵类。

〔3〕小器匣：形如圆桶，上下一样粗，有底和圈子两部分，底径一市尺（约0.33米），圈子根据瓷坯的需要，除圆形外还有方形、腰子形和锅底形。容量有装一只坯，也有装三五只坯甚至数十只坯，还有两个匣钵合装一只坯。

〔4〕土匣：成型后未经烧炼的匣钵。

〔5〕响匣：入窑高温烧了一次的匣钵。

〔6〕杨石成口述、陈海澄整理：《漫话琢器业》，《景德镇文史资料》第十一辑，1995年8月。

〔7〕邹建军：《试谈景德镇传统手工制瓷工艺》，《景德镇陶瓷》，1984年第1期。按照向焯《景德镇陶业纪事》所载，20世纪初期，景德镇装烧器坯是用煅烧过的糠灰置匣底。

〔8〕朱均福：《圆器之灰可器》，《景德镇文史资料》第十辑，1994年4月。

〔9〕驮坯工：又称装坯工，传统陶瓷工种名，职责是：进坯房用双肩扛着两条料板成坯（约20千克）的成坯进窑、装坯入匣，另外还要承担荡80件以上坯胎内釉，蘸全部坯胎外釉，烧上半夜，开窑等工作。

〔10〕做重工：槎窑工种名，与柴窑中的“驮坯”工作相同，因其责任重故名。

〔11〕落：景德镇窑屋除正中央建造窑炉外，还有铺房、客房、阁楼和堆放匣钵的“落”（又称“落里”）。窑屋中的“落”位于窑屋正门两边。一般的窑屋正门两边的“落”各有四五间呈“田”字形的空间，每间约10平方米，是存放匣钵和大器装坯的“码头”以及开窑取出瓷器后的空匣存放处。

〔12〕一夫半：传统陶瓷工种名，比一般徒弟技术稍高些。其工作范围主要是配料、淘泥、翻泥、捧坯、拿料板、捺泥鼓、晒车，满窑时传坯、开窑等。

〔13〕两夫半：传统陶瓷工种名，工作范围与“一夫半”同，但是技术和工作都比“一夫半”好些。

〔14〕三夫半：传统陶瓷工种名，工作范围与“两夫半”同，但是技术和工作都比“两夫半”好些。

〔15〕刘世基：《力重技难的满窑店》，《景德镇文史资料》第十辑，1994年4月。

〔16〕打大锤：传统陶瓷槎窑中的工种名，职责主要是：槎窑中的打大锤一般为两人，任务一是发坯，二是烧下半夜，三是满窑架表，即从前到后的匣钵都由他两人负责，一人一边。由于这类工作劳动强度大，犹如铁匠打大锤。

〔17〕收沙帽：传统陶瓷槎窑中的工种名。槎窑前面装烧小器，后面烧大器，因此匣钵柱顶部不能放平，于是在部分空隙处便拿些小件器坯去烧，专门有一个工人经营。由于小件器坯排在匣钵柱顶部像顶帽子故名。另外他还参加发坯、烧上半夜、清理桩得（码脚）等工作。

〔18〕红半股：传统陶瓷槎窑中的工种名，工作范围是：传坯、撑坯、烧下半夜窑等。技术只相当于最好的学徒，工资较一般工人只可拿一半。从清末到中华人民共和国成立前，窑厂工

人的工资是以肉牌计算，而肉是红的，故名。

〔19〕黑半股：传统陶瓷槎窑中的工种名，属学徒，技术比红半股还差。

〔20〕刘贤诚等：《专烧灰可器的槎窑》，《景德镇文史资料》第十辑，1994 年 4 月。

〔21〕潘文锦：《景德镇的颜色釉》，江西教育出版社，1986 年。

〔22〕刘贤诚等：《垄断瓷器命脉的柴窑》，《景德镇文史资料》第十辑，1994 年 4 月。

〔23〕收兜脚工：传统陶瓷窑厂中的工种名。柴窑装烧时，收兜脚工一般配备两人。其工作是：满大器匣时，一个在“落”里协助驮坯师傅发坯，一个在窑弄内协助“打表”（站在特别的高凳上把匣钵传给架表师傅）；满小器匣时，帮助传匣；开窑时要参加开大器；开小器时，一个开窑并负责“剿表”（又称“拆表”，取最高层匣钵下来），另一个到各搭坯户去通知开窑的时间；烧窑时两人轮流烧上半夜和下半夜；开窑后，当把匣钵全部搬出去后，他们负责把最下一层匣钵（俗称兜脚）收集起来。

〔24〕老土子：类似耐火土，一说为石英砂。烧窑前要将其铺在窑室内。

〔25〕匣桶：匣桶用小形木条，以棕绳穿连而成。两头有柄，可开可合，弯曲自如。它是做匣钵的主要工具，起着“模型”作用。其规格大小，以所制匣钵品种而定。参阅：方维新《小器匣钵厂》，《景德镇文史资料》第十一辑，1995 年 8 月。

〔26〕架表：每一根窑（满窑是一只一只匣钵堆垒起来的，每一列匣钵柱叫一根窑）的最高处，叫做“表”。

〔27〕架表师傅：传统陶瓷窑厂中的工种名，满窑时负责“架表”，即每一根窑的最高处的匣钵由他安放。烧窑时，负责烧下半夜的技术工作。

〔28〕把庄师傅：窑厂生产技术总指挥，从满窑到开窑都要亲自指导。满窑时要根据各种坯的数量，指导本次窑的满法，在烧炼过程中，测看窑温以及根据窑温变换烧法、确定烧成的停火时间。把庄的意见，其他各脚必须绝对服从。

〔29〕方维新：《小器匣钵厂》，《景德镇文史资料》第十一辑，1993 年 5 月。

〔30〕张铭、方峻山：《大器匣钵厂》，《景德镇文史资料》第十一辑，1995 年 8 月。

〔31〕方峻山：《车盘店》，《景德镇文史资料》第十一辑，1995 年 8 月。

〔32〕底箍：为铁质圆形，内径约 0.33 米，厚薄以品种而定，用于踩制匣钵底板。圆形约 0.33 米的底箍是标准型。20 世纪前期，小器匣钵厂道路众组织，每年农历三月十六日都要到各厂用先辈留下来的铁尺，测量底箍，以防不合规范。此外，根据窑户的需要，底箍内径还有小到 0.167 米~0.2 米，大到 1.07 米的。除圆形外，也有方形、锅底形及腰子形。参阅：方维新《小器匣钵厂》，《景德镇文史资料》第十一辑，1995 年 8 月。

〔33〕整板：做匣钵的工具，一般用檀木或枣木制成，板短柄长。把口沿拍平，再用“抵板”。

〔34〕抵板：木制，形如瓦，上端有一斜柄，是匣钵的整形工具。

第六节　窑炉与烧成技术

〔1〕向焯：《景德镇陶业纪事》，汉熙印刷所，景德镇开智印刷局经营处，1920 年。

〔2〕景德镇陶瓷研究所：《陶瓷制品烧成》，第 8 页，江西轻工业出版，1961 年。

〔3〕余昭林：《余姓独业的孪窑店》，《景德镇市文史资料》第十辑，1994 年。

〔4〕潘文锦等：《景德镇颜色釉》，第 195 页，江西教育出版社，1986 年。

〔5〕轻工部第一轻工业局：《日用陶瓷工业手册》，轻工业出版社，1984 年。

〔6〕景德镇市陶瓷研究所：《窑炉革新与热工技术的发展》，景德镇市人民出版社，1960 年。

〔7〕刘桢等：《镇窑的构造及其砌筑技术的研究》，《景德镇陶瓷学院学报》第 5 卷第 2 期，

1984 年。

〔8〕刘贤诚等：《垄断瓷器的柴窑》，《景德镇文史资料》第十辑，1994 年。

〔9〕常续和：《阶级窑与倒焰窑》，轻工业出版社，1965 年。

〔10〕叶麟趾：《陶瓷烧窑法》，轻工业出版社，1958 年 11 月。

〔11〕蓝浦著、郑廷桂补辑：《景德镇陶录》卷四，《美术丛书》，江苏古籍出版社，1986 年影印神州国光社 1936 年第三版。

第七节　瓷器包装

〔1〕王宗沐修、陆万垓增补：《江西省大志》卷七《陶书·解运》，南京图书馆藏万历版《江西省大志》影印本，北京线装书局，2003 年。

〔2〕唐英：《陶冶图说·十九　束草装桶》，《浮梁县志·陶政》清道光版。

〔3〕向焯：《景德镇陶业纪事》，汉熙印刷所，景德镇开智印刷局经营处，1920 年。

〔4〕李文彬：《汇色、茭草、把庄》，《景德镇市文史资料》第十一辑，1995 年 8 月。

〔5〕夏巧亭：《瓷用花篾店》，《景德镇文史资料》第十一辑，1995 年 8 月。

〔6〕轻工部第一轻工业局：《日用陶瓷工业手册》，轻工业出版社，1984 年。

〔7〕汇色人员：瓷器鉴定复查俗称“汇色”。“汇色人员”的职责是：对客商购买的瓷器，检验质量，核实数量。

〔8〕汪家苟口述，陈海橙整理：《打络子》，《景德镇市文史资料》第九辑，1993 年 5 月。

后　记

1995年秋天某日，我接到来自中国科学院自然科学技术史研究所何堂坤先生发来的电报，他说由北京故宫博物院研究室李辉炳先生的推荐，有要事相托。我与何先生电话联系后才知道，他希望我与中国国家博物馆研究员李文杰先生合作承担中国科学院立项的“九五”国家重大科研项目“中国古代工程技术史大系”中的子项目“中国古代陶瓷工程技术史”的研究与撰写。李先生负责《中国古代制陶工程技术史》，我撰写《中国古代制瓷工程技术史》。

这无疑是一项具有重大意义的历史研究项目。一方面，陶瓷文化是中国传统文化中的核心成分之一，传统的陶瓷研究方法多从文献、考古、考证、鉴赏等角度展开，如果我们立足于历代陶瓷工艺技术之上，通过对古代陶瓷技术奥秘的探究，我们就可能从科学的高度揭示和把握中国古代陶瓷的文化内涵和艺术特性；另一方面，中国古代陶瓷技术又是中国古代科技的重要组成部分之一。通过此项研究，我们可以具体而深刻地了解我国先民们在漫长历史长河中所展现出的科学智慧和技术传承。这对完整认识中华民族传统文化提供了一个全新的角度。

能参与这样一个重大科研项目，我感到非常荣幸。同时我也清醒地意识到，要写出一部高质量的《中国古代制瓷工程技术史》难度很大。要完成这一研究和撰写任务，必须遵循瓷器自身的制作工艺过程，从其原料、制胎、制釉、成型、色料、装饰、装烧、窑炉以及烧成等各方面的工艺技术问题进行多角度探讨。这不仅牵涉到陶瓷艺术手法、考古实物和古典文献等人文学科内容，更需要充分了解制造陶瓷的窑炉结构、材料技术和化工流程等自然科学知识。经过再三考虑，我还是接受了这项艰巨的任务。

从前期资料的收集与分析，到断代技术史的研究，直至叙史框架的整合，几度增删、九易其稿，断断续续耗费了多年的光阴。回顾这段研究工作的艰难历程，有几点体会愿与相关人士分享。首先，研究陶瓷应打破学科的界限。这是因为陶瓷造物既属于科学技术的范畴，又是一种艺术创造，同时也积淀着中国传统文化的精髓。陶瓷学知识既然横跨数个学科，那么对其进行深入研究，势必就会涉及多学科的研究和整合。以前，我曾一度认为陶瓷的一切科学技术问题均由科学家来解决即可。其实，陶瓷研究中的许多科技问题，陶瓷史学者参与其中会使研究更加全面。因为当分析这些测试数据时，陶瓷史学者由于熟悉史料，可以进行更全面的比异。事实上，即使是那些纯粹的陶瓷胎和釉的化学组成的测定，科技界也是由有专门测试资质的部门来进行的。其次，从事陶瓷史学研究一定要杜绝先验论。我们在研究任何一项陶瓷现象时，不能先入为主，而应该在广泛收集各种材料（包括历史文献、科技测试数据、考古出土实物资料、同行的看法等）的基础上，进行去伪存真、实事求是的辩证分析，然后形成自己的判断。再次，包括陶瓷在内的任何史学研究，不能受到任何现实人际关系的约束，亚里士多德说得好，“吾爱吾师，吾更爱真理”。

史学研究属于科学范畴，它当以还原历史本来面目，探求历史发展的内在规律、追求客观历史真理为终极目标。然而，人类只能逐步发现真理、接近真理，而不可能穷尽真理，因此本书的不足和失误在所难免，期望得到有识之士的赐教，使得中国制瓷工程技术史的研究更趋深入。

本书在付印之际，真诚地感谢中国科学院自然科学技术研究所的何堂坤先生，他对本书的构思、体例提过不少有益的建议。同时，感谢中国美术学院和景德镇陶瓷学院的有关领导，没有他们在研究时间和技术设施方面的支持，我的研究工作不会进展得如此顺利和愉快。此外，要感谢北京故宫博物院研究室的李辉炳先生，没有他当初的引荐，可能我会失去这个研究机会。另外，还要感谢出版社的编辑，尤其是康红刚编辑的敬业精神使我很敬佩，正是由于他们的辛勤劳动，精益求精，才使得本书更加完善。最后，感谢曾经向我提供帮助和支持、批评和建议的一切人员。谢谢！

熊寥

2014 年 5 月 26 日

图书在版编目（CIP）数据

中国古代制瓷工程技术史/熊寥著. —太原：山西教育出版社，2014.7
ISBN 978-7-5440-6989-2

Ⅰ. ①中… Ⅱ. ①熊… Ⅲ. ①古代陶瓷-工业史-中国 Ⅳ. ①TQ174-092

中国版本图书馆 CIP 数据核字（2014）第 117419 号

中国古代制瓷工程技术史

责任编辑 康　健　康红刚
复　　审 薛海斌
终　　审 刘立平
装帧设计 薛　菲
印装监制 贾永胜

出版发行： 山西出版传媒集团·山西教育出版社
（太原市水西门街馒头巷 7 号　电话：0351-4035711　4729801　邮编：030002）
印　　装 山西新华印业有限公司
开　　本 787×1092　1/16
印　　张 46.75
字　　数 985 千字
版　　次 2014 年 7 月第 1 版　2014 年 7 月山西第 1 次印刷
印　　数 1—5000 册
书　　号 ISBN 978-7-5440-6989-2
定　　价 169.00 元